2025년 개정신판

# 건축법규

학생용

최찬환 | 김문일 | 최기원 공저

세진사

# 2025년도 2월 개정판을 내면서

2025년도 개정판에 포함된 건축법 및 관련법령을 보면 기존 주택단지에 다함께돌봄센터를 설치하는 경우 용적률 기준을 완화 적용할 수 있고, 공사시공자는 다중이용건축물을 건축하는 경우 방화구획설치 공사와 관련하여 일정한 단계에 다다를 때마다 사진 및 동영상을 촬영하여 보관하여야 하며, 내부 마감재료를 방화에 지장이 없는 재료로 해야 하는 건축물에 제1종근린생활시설인 의원, 치과의원, 한의원 및 조산원이 추가되었다. 이와 함께 주택법에서는 소형주택에 대한 요건을 개정하여 다양한 형태의 주거수요에 대응할 수 있도록 하였고, 건축물의 설비기준 등에 관한 규칙에서는 물막이 설비 설치대상 건축물의 연면적 10,000$m^2$ 이상을 없애고, 모든 건축물을 대상으로 하되 예외규정도 두고 있다. 이처럼 2025년도 개정판에는 건축법령과 관련법령에 대한 개정내용을 추가·개정보완하여 독자 여러분의 활용에 편리와 도움을 주고자 하였다.

최근까지 건축 관련법령의 주요개정을 보면 건축법(2024.3.26, 2024.1.16), 건축법 시행령(2024.12.17, 2024.6.18, 2024.3.26, 2024.2.13), 건축법 시행규칙(2025.1.14, 2024.12.17, 2024.12.16, 2024.7.1), 건축물의 피난·방화구조 등의 기준에 관한 규칙(2024.11.15, 2024.8.26), 건축물의 설비기준 등에 관한 규칙(2024.8.7, 2024.3.21), 건축물의 구조기준 등에 관한 규칙(2024.12.17), 건축물관리법 시행령(2024.1.2), 건축물관리법 시행규칙(2024.1.3), 국토의 계획 및 이용에 관한 법률(2024.2.6)과 동법 시행령(2024.7.30, 2024.5.28, 2024.3.19, 2024.1.26)과 동법 시행규칙(2024.5.29), 주차장법(2025.1.31, 2024.3.19, 2024.1.9), 주차장법 시행령(2024.9.19, 2024.8.16, 2024.7.9), 주차장법 시행규칙(2024.9.20, 2024.2.16), 주택법(2024.3.19, 2024.1.16)과 동법 시행령(2025.1.21, 2024.7.9, 2024.6.18, 2024.3.19)과 동법 시행규칙(2025.1.21, 2024.8.2, 2024.6.19) 등 이 밖에 많은 법령이 개정되었고 본 책자에 이를 수록하였다.

본 책자가 「건축법」과 관련법령을 적용하는데 독자 여러분의 이해에 도움이 되길 바라며, 「건축법」과 관련법령이 한 해에도 수차례 개정됨으로써 실무에 적용할 때는 가장 최근에 개정된 법령이 적용될 수 있도록 반드시 관련 법령을 확인해야 함을 당부드립니다.

1977년 처음 발간된 후 지금까지 「**건축법규해설**」에 깊은 애정과 끊임없는 관심을 가져주신 독자 분들께 깊은 감사를 드리며 앞으로도 지속적인 관심과 지도를 바랍니다.

2025년 을사년(乙巳年) 한 해에도 큰 성취 있으시길 기원합니다.

2025년 2월

저 자

# 목 차

◈ 건축법의 개요 <10>

## 건축법규해설 학생용

## 제2장 건축물의 건축 187



## 제3장 건축물의 유지와 관리 335

# 건축법의 개요

## 1. 「건축법」의 목적

「건축법」은 건축물의 대지, 구조, 설비의 기준 및 용도에 관하여 규정함으로써 공공복리의 증진을 도모함을 목적으로 한다. 따라서 「건축법」 및 이에 따르는 명령, 그리고 지방자치단체의 조례(條例)와 규정의 제정, 운용, 해석 등은 모두 이 목적에 부합되어야 한다.

## 2. 「건축법」의 필요성

개인이 자기의 대지에 자기의 집을 건축하는데 도로, 건폐율, 용적률, 채광, 방화(防火) 등의 복잡한 건축법규에 구속을 받아야 할 이유가 무엇인지 의문을 가지는 사람도 많을 것이다.

그러나 인간이 사회적인 집단생활을 해 나가는 과정에 있어 「건축법」도 다른 법률과 마찬가지로 건축물을 건축함에 있어서 타인에게 피해를 주지 않고 집단에게 이롭게 하도록 상호 협력하는 데서 시작되었다. 이러한 「건축법」의 초기 단계에서는 이웃 근린(近隣)끼리나 부락 내에서만 인정하면 허용되는 관습법적인 것에 불과하였다. 그러나 사회가 점차 발달해감에 따라 인구의 조밀, 지배계급의 발생 등으로 지배계급이 사는 지역, 일반시민이 사는 지역, 공공시설이 설치되는 지역 등이 구별되었다. 가로(街路) 등의 정비에 따라 도로와 건축물과의 관계, 건축물 상호간의 관계 등이 법률로서 정해졌으며, 전염병의 발생, 대화재, 대지진, 풍수해 등의 커다란 재해의 경험을 토대로 하여 건축물의 위생, 구조방법, 방화상의 규제 등을 첨가하여 발전되어 왔다.(로마 법, 영국 「건축법」)

산업혁명 후 19세기에 와서는 도시의 팽창이 급속히 진전되고 산업화에 의한 공장의 출현, 증기기관차·자동차 등 교통기관의 발전 등은 도시의 혼란을 야기시켰다. 계획적인 도시발전의 강력한 수단으로서 지역별 건축규제가 독일, 프랑스, 이탈리아 등 유럽 대륙의 각국에서 채용되어 건축법규와 도시계획과는 따로 생각할 수 없는 밀접한 관계를 가지게 되었다. 건축법규 중 국민의 생명, 재산 등의 보호에 직접 관계가 있는 위생, 안전 방화(防火) 등 재해방지를 위한 규정에 관한 부분에 대해서는 이해되기 쉬우나 지역지구제 등의 도시계획에 관한 규정 부분은 대지가 소재(所在)하고 있는 장소에 따라 차이가 있으므로 도시관리계획 그 자체의 합리성이 결여되면 주민의 이해를 얻기 어렵게 된다. 과거 건축법은 도시계획의 집단적 규정 즉 용도지역·지구·구역에서의 건축행위와 해당지역 등에서의 용적률·건폐율 범위 등을 규정하였다. 그러나 현재는 「국토의 계획 및 이용에 관한 법률」에서 정함으로 건축법에는 대지 또는 건축물의 집단적 규제가 상당부분 배제되어 있다. 하지만 최근의 건축법을 조화롭고 창의적인 건축물의 건축을 위하여 특별건축구역을 도입하였으며 경관지구에서 도로에 접한 대지의 일정구역을 특별가로구역으로 지정하여 가로의 미관향상을 꾀할 수 있도록 하였다. 또한 토지 및 건축물의 소유자간에 협의를 통하여 상호 건축적 협정이 가능한 구역을 정할 수 있도록 하는 건축협정구역을 만들었고 소규모건축물의 재건축, 리모델링을 위한 결합건축제도의 신설, 공유지분자의 매도청구, 대지간 통합용적률 적용, 빈집철거규정, 도로의 사선제한폐지 등 보다 아름답고 살기 좋은 마을을 형성할 수 있도록 하는 등 새로운 법의 체제로 전환되고 있다.

## 3. 우리나라 「건축법」의 변천

### (1) 시가지 건축규칙(市街地建築規則, 1913)

우리나라 최초의 근대적인 건축에 관한 법규라 할 수 있다.

이것은 구한국 경무청령(舊韓國 警務廳令)으로 시행하여 오던 가로취체규칙(街路取締規則)·가로관리규칙(街路管理規則) 및 도로취체규칙(道路取締規則)과 과거 일본인들의 영사관령 또는 이사청령(理事廳令)으로서 그들 거류민단이 시행하여 오던 준칙(準則)을 일원화할 취지에서 이루어진 것이었다.

### (2) 조선시가지계획령(朝鮮市街地計劃令, 1934)

이후 도시가 근대화 경향을 띠고 시가지의 창설(創設) 또는 개량의 필요가 생겨 제정 공포된 것이 조선시가지계획령(1934년 6월 20일 제정 제18호)이다. 이것은 시가지계획과 건축물통제의 내용이 복합된 것으로 해방 후 미군정법령(美軍政 法令) 제3호[1945년에 의해 계속 시행되었으며 대한민국 수립 후에도 구 헌법(1948년 7월 17일)], 제100조에 의하여 효력을 지속하였다.

### (3) 「건축법」(1962.1.20, 법률 제984호)

5·16 이후 당시의 국가재건최고회의는 구법 정리(舊法整理)에 관한 임시조치법을 제정 공포하여 구한국(舊韓國), 일제(日帝), 미군정시대(美軍政時代)에 제정한 법은 1961년 말까지 정리 못 하면 1962년 1월 20일을 기해 폐지하도록 하였다.

이에 따라 조선시가지계획령(朝鮮市街地計劃令) 중 시가지계획에 관한 부분은 「도시계획법」(1962.1.20, 법률 제983호, 이후 「도시계획법」과 「국토이용관리법」을 통합하여 「국토의 계획 및 이용에 관한 법률」이 제정되어 2003.1.1부터 시행됨)으로, 건축통제에 관한 부분은 「건축법」으로 각각 정리 확충되어 독립된 법률로서의 면모를 갖추게 됨과 동시에 30여 년 동안 시행되어 온 조선시가지계획령은 폐지되었다.

그 후 「건축법」(建築法)은 1991년 5월 31일 처음으로 전문개정 된 것을 포함하여 시행령과 시행규칙 등을 포함한 규정과 기준 등이 필요에 따라 매년 수시로 개정되고 있다.

## 4. 법의 체계

### (1) 헌 법(憲法)

헌법이란 국가의 조직 및 작용에 관한 기준법을 의미하며 국가의 최고 규범으로서 이른바 최상위(最上位)의 법이다. 그러므로 국가의 모든 법령은 이 헌법에 의거하여 제정되며, 모든 법질서도 이 헌법을 정점(頂点)으로 하여 단계적으로 구성된다. 즉, 헌법 밑에 법률, 법률 밑에 명령, 규칙의 순으로 되어 있다.

〔예〕 헌법 → 건축법 (법률) → 건축법 시행령 (대통령령) → 건축법 시행규칙 (국토교통부령) → 건축법 시행 세칙 (○○도·시·군·읍령)

### (2) 법 률

헌법이 정하는 절차에 따라 국회에서 제정하고 대통령이 이를 공포한다. 일반적으로 국민의 권리 또는 의무를 제한 또는 부과하는 것은 모두 법률에 의한다.

〔예〕 「건축법」(建築法)

### (3) 행정기관이 제정하는 명령

명령에는 대통령령, 총리령, ○○부령(部令) 등이 있다.

① 대통령령 : 대통령이 법률에서 구체적으로 범위를 정하여 위임한 사항이나 법률을 시행하기 위하여 필요한 사항에 관하여 제정하는 명령, 즉 시행령이라 한다.

〔예〕 「건축법 시행령」(建築法 施行令)

② 총리령, 부령(部令) : 국무총리 또는 행정 각 부의 장(長)이 그의 소관업무에 관하여 법률이나 대통령령의 위임 또는 직권으로 제정하는 명령, 즉 시행규칙이라 한다.

〔예〕 「건축법 시행규칙」(建築法 施行規則)

### (4) 지방자치 법규(地方自治 法規)

지방자치 법규는 법률, 명령의 하위(下位) 규범이므로 어떠한 경우에도 법률이나 명령에 위배될 수 없다. 지방자치 법규에는 조례(條例), 규칙 등이 있다.

① 조례(條例) : 지방자치단체가 지방의회의 의결에 의하여 법령의 범위 안에서 자기 사무에 관하여 제정하는 법이다.

〔예〕 서울특별시 조례

② 규칙 : 지방자치단체의 장(長)이 법령 또는 조례에 위임한 범위 안에서나 그 권한에 속하는 사무에 관하여 제정하는 명령, 시행세칙이라고도 한다.

## 5. 법령(法令)의 형식

법령(法令)은 일반적으로 제명(題名), 본칙(本則), 부칙(附則)의 부분으로 구성되는데, 「건축법」의 형식은 다음과 같다.

| 구분 | 내용 |
|---|---|
| 제명 및 법령번호 | 건축법(1962. 1. 20 법률 제984호) |
| 본 칙 | 제1장 총 칙<br>**제1조 【목적】** 이 법은 건축물의 대지·구조·설비의 …… 을 목적으로 한다.<br>(이하 중략) |
| 부 칙 | 부칙 〈1962. 1. 20〉<br>① **【시행령】** 이 법은 공포한 날로부터 시행한다.<br>(이하 중략) |

### (1) 제명(題名) 및 법령번호(法令番號)

제명에는 법령의 종류를 법령번호에는 그 법령을 공포한 날짜와 법령번호를 표시한다.

### (2) 본 칙

그 법령이 목적하는 실질적 규정을 내용으로 한 것으로 본칙의 내용이 길고 나눌 필요가 있을 때 조(條)를 편(編), 장(章), 절(節), 관(款)의 순으로 묶는다. 「건축법」에서는 장으로, 동 시행령(同施行令)에서는 장, 절로 묶고 있으며, 법령 내용의 구분 규정은 다음과 같다.

조(條) → 항(項) → 호(號) → 목(目)

〔예〕 「건축법」 제27조 제2항 제2호 나목

① 조(條)

법령 내용의 기본적인 사항을 구분 규정한 것으로서 각 조(各條)에는 괄호에 표제가 표시된다.

② 항(項)

조에 있어서 규정되는 사항이 복잡할 때에는 이를 2 이상의 항으로 나누어 ①, ②, ③……과 같이 표시한다.

③ 호(號)

조(條) 또는 항(項)에 있어서 어떤 사항의 명칭 등을 게기(揭記)할 때에는 호(號)로 나누어 1, 2, 3……과 같이 표시한다.

④ 목(目)

호(號)를 다시 구분할 때에는 목(目)으로 나누어 가, 나, 다……와 같이 표시한다.

하나의 조(條), 항(項) 또는 호(號)에 있어서 문장을 끊는 경우가 있다. 이때 전자(前者)의 규정을 전단(前段), 후자(後者)의 규정을 후단(後段)이라고 한다.

전단의 규정에 대한 예외 또는 제한적인 조건을 규정하는 후단의 규정은 "다만"(이전에는 단(但))으로 시작하는데, 이때 후단의 규정을 단서(但書), 전단의 규정을 본문(本文)이라고 한다.

## 6. 법(法)의 효력

### (1) 법의 효력발생시기

법령은 관보(官報)에 의하여 공포되며 공포 후 이를 국민에게 주지시키기 위한 일정 기간의 경과 후 효력을 발생하게 된다. 즉, 법률은 특별한 규정이 없는 한 공포(公布)한 날로부터 20일을 경과함으로써 효력을 발생한다고 헌법에 명시되어 있다. 그 효력의 발생이 시작되는 날인 시행일(施行日)은 그 법령의 부칙(附則)에 반드시 규정되어 있다.

### (2) 법률 불소급(不遡及)의 원칙

법은 시행일(施行日)로부터 효력을 발생하며 그 전에 발생한 사실에 대해서는 적용하지 아니함을 원칙으로 한다는 뜻으로 이 법률 불소급의 원칙은 기득권(旣得權)의 존중 및 법적 안정성의 요구에 의하여 성립된다.

### (3) 신법(新法)과 구법(舊法)

신법은 구법을 개폐(改廢)한다. 즉, 동일 사항에 관하여 구법에 저촉되는 신법이 제정되면, 신법의 효력발생과 동시에 구법의 효력은 상실된다. 이때 구법 밑에서 이루어져서 신법 시행 후에도 존속하는 관계를 신법 밑에서 어떻게 규율하느냐는 것은 경과규정(經過規定)으로 정한다.

### (4) 특별법(特別法)과 일반법(一般法)

특별법은 일반법에 우선한다. 특별법과 일반법은 법(法)의 효력범위에 따라 구별되나 법이 규율하는 사항을 표준으로 하면, 일반적 사항을 규율하는 법을 일반법, 특별한 사항을 규율하는 법을 특별법이라 하며, 이의 구별은 상대적인 것이다. 특별법과 일반법이 서로 저촉할 때는 특별법은 일반법에 우선하여 적용되고 일반법은 특별법에 규정이 없을 때에 보충적으로 적용된다.

## 7. 법의 용어(用語)

### (1) 이상(以上), 이하(以下), 이전(以前), 이후(以後), 이내(以內)

수(數) 또는 시간 등의 한계를 표현할 때 법조문(法條文)에서 "이(以)"자(字)를 붙여 제한되는 것이 적지 않은데 이것은 기산점(起算點)이 포함된다.

예를 들어 "20m 이상"이라 하면 20m를 포함하면서 20m보다 큰 경우를 가리키며 "10m 이하"라 하면 10m를 포함하면서 10m보다 작은 경우를 가리킨다.

### (2) 초과(超過), 미만(未滿), 넘는

이상, 이하와는 달리 기산점이 포함되지 않는다.

예를 들어 "10m 미만"이라 하면 10m는 포함되지 않고 10m보다 작은 수치를 나타냄.

### (3) 또는, 이거나

명사(名詞) 또는 동사(動詞)를 2개 이상 게기하여 선택적으로 연결할 때 쓰는 것으로, 게기하는 어구에 어떤 단계를 지우는 경우 큰 뜻으로 선택적 연결로서 "이거나"를, 작은 뜻의 선택적 연결로서 "또는"을 쓴다.

### (4) 준용(準用)한다.

비슷한 내용의 조문(條文)을 되풀이하지 않고 그 조문에 필요한 사항만을 적용한다는 뜻이다.

### (5) 각 호(各號)에, 각 호(各號)의 1

"각 호에" 하는 것은 게기되어 있는 호(號) 전부를 가리키는 병합적 지정이며, "각 호의 1"이라 함은 게기되어 있는 호 중에서 어느 하나의 호만을 가리키는 선택적 지정이다.

### (6) 전2항(前2項), 제2항(第2項)

"전2항"이라 하면 그 항(項)을 포함하지 않은 그 항에 앞서 있는 2개의 항을 가리키며 "제2항"이라 하면 제1항 다음에 오는 제2항만을 가리킨다.

### (7) 그러하지 아니하다(그렇지 않다), 하여서는 아니 된다.

"그러하지 아니하다"란 허용(許容)된다는 뜻이며 "하여서는 아니 된다"란 불허(不許)한다는 뜻이다.

### (8) 내지

"에서까지"를 뜻하며, "제2항 내지 제5항"이란 제2항에서 제5항까지의 전체를 뜻한다.

### (9) 공(供)하는

"사용되는", "쓰이는" 것을 뜻한다.

### (10) 갈음할 수 있다

"대신(대체)할 수 있다"는 뜻이다.

### (11) 다음의 1에

"다음의 어느 하나에"와 같은 뜻이다.

### (12) 의거(依據)

"따라"와 같은 뜻이다.

## 8. 정부의 입법절차

### (1) 입법의 흐름도

|  |  |
|---|---|
| 입 안 | 장관결재 / 제·개정이유, 주요골자, 제·개정조문, 신·구조문대비표 |
| ↓ 관계부처 협의 | 실·국장전결 / 10일 이상 |
| ↓ 입법 예고 | 실·국장전결 / 관보게재 의뢰 / 20일 이상, 인터넷 등 홍보 |
| ↓ 당정 협의 | 법률 및 대통령령 안 차관회의 상정 2주 전까지, 부령은 확정 전에 |
| ↓ 규제 심사 | 실·국장전결 / 규제 개혁 위원회 / 2～60일 |
| ↓ 법제처 심사 | 실·국장전결 |
| ↓ 차관·국무회의 | |
| ↓ 대통령 재가 | |
| ↓ 국회 제출 | 법제처 → 국회 의안과(상임위, 법사위, 본회의) |
| ↓ 법률안 정부이송 | |
| ↓ 국무회의 | 공포 안 의결 |
| ↓ 공 포 | 법제처(총무과) → 행자부(법무담당관실)에 관보게재 의뢰<br>※ 정부에 이송된 날부터 15일 이내 공포 |
| ↓ 효력 발생 | 부칙으로 정한 시행일에 효력발생 |

※ 대통령령 : 국회심의절차를 제외하고는 법률과 동일

※ 부령 : 차관·국무회의 심의, 대통령 재가를 제외하고는 대통령령과 동일

### (2) 의원입법과 정부입법의 차이

국회에서 심의하는 입법은 크게 의원발의 입법안과 정부제출 입법안으로 구분되며, 일단 발의 또는 제출된 법안은 동일한 절차를 거쳐 심의를 한다. 다만, 제안 설명자가 다르고(의원발의 : 대표발의 의원, 정부제출 : 제출부처 장관) 정부제출 입법안은 정부 내에서 관계부처 협의, 입법예고, 규제심사, 국무회의심의 등 제반 절차의 이행으로 입법에 상당기간이 소요되는데 비해 의원입법은 비교적 단기간 내에 입법이 가능한 차이점이 있다. 그러나 의원입법이라도 입법심의 과정에서 정부 측의 입장을 확인하고 관련 자료를 요구하므로 소관부서에서는 입법조사관의 심사 및 상임위에 참여하여 신중한 검토는 물론, 의견을 제시하여야 한다.

## 20대 정부조직 (2025. 2월 현재)

• 정부조직 19부5처20청 체제

**〈19부〉**

1. 행정안전부 – 경찰청, 소방청
2. 기획재정부 – 국세청, 관세청, 조달청, 통계청
3. 국토교통부 – 새만금개발청, 행정중심복합도시건설청
4. 교육부
5. 과학기술정보통신부 – 우주항공청
6. 국방부 – 병무청, 방위사업청
7. 외교부 – 재외동포청
8. 통일부
9. 법무부 – 검찰청
10. 국가보훈부
11. 문화체육관광부 – 문화유산청
12. 농림축산식품부 – 농촌진흥청, 산림청
13. 산업통상자원부 – 특허청
14. 보건복지부 – 질병관리청
15. 환경부 – 기상청
16. 고용노동부
17. 여성가족부
18. 해양수산부 – 해양경찰청
19. 중소벤처기업부

**〈5처〉**

① 인사혁신처
② 법제처
③ 식품의약품안전처
④ 대통령경호처
⑤ 고위공직자범죄수사처

**〈20청〉**

경찰청, 소방청, 국세청, 관세청, 조달청, 통계청, 병무청, 방위사업청, 우주항공청, 재외동포청, 검찰청, 국가유산청, 농촌진흥청, 산림청, 특허청, 질병관리청, 기상청, 해양경찰청, 행정중심복합도시건설청, 새만금개발청

* **국토교통부의 개명**
부흥부(1955) → 건설부(1962), 교통부(1948) → 건설교통부(1994) → 국토해양부(2008.2) → 국토교통부(2013.3)

# 제1장

# 총 칙

**법 제1조 【목 적】**

이 법은 건축물의 대지·구조·설비 기준 및 용도 등을 정하여 건축물의 안전·기능·환경 및 미관을 향상시킴으로써 **공공복리의 증진**에 이바지하는 것을 목적으로 한다.

**해설** 법규는 사권제한(私權制限)을 통하여 공익증진(公益增進)을 도모하는 데 목적이 있으며, 「건축법」은 건축에 관한 기본적인 행정법률로서 그 최저의 기준을 설정하여 이를 규정하고 있다.

「건축법」은 내용의 특성상 다음과 같이 3개로 구분할 수 있다.

1. **운용절차에 관한 규정** : 1장 총칙, 2장 건축물의 건축, 3장 건축물의 유지 관리, 8장 특별건축구역, 8장의2 건축협정, 9장 보칙, 10장 벌칙, 11장 부칙
2. **개별건축물에 관한 규정**(안전·위생·재해 등) : 4장 건축물의 대지 및 도로(일부), 5장 건축물의 구조 및 재료, 7장 건축설비
3. **집단규정** : 4장 건축물의 대지 및 도로(일부), 6장 지역 및 지구 안의 건축물(건축물의 높이), 8장 특별건축구역, 8장의2 건축협정, 8장의3 결합건축

**영 제1조 【목 적】**

이 영은 「건축법」에서 위임된 사항과 그 시행에 필요한 사항을 규정함을 목적으로 한다.
(2008.10.29 본조 개정)

**규칙 제1조 【목 적】**

이 규칙은 「건축법」 및 「건축법 시행령」에서 위임된 사항과 그 시행에 필요한 사항을 규정함을 목적으로 한다.(2012.12.12 본조 개정)

**법 제2조 [정 의]**

① 이 법에서 사용하는 용어의 뜻은 다음과 같다.

1. "**대지**(垈地)"란 「공간정보의 구축 및 관리 등에 관한 법률」에 따라 각 필지(筆地)로 나눈 토지를 말한다. 다만, 대통령령으로 정하는 토지는 둘 이상의 필지를 하나의 대지로 하거나 하나 이상의 필지의 일부를 하나의 대지로 할 수 있다.(2014.6.3 「공간정보의 구축 및 관리 등에 관한 법률」 부칙에 의거 본호 개정)
2. "**건축물**"이란 **토지에 정착**(定着)**하는 공작물** 중 **지붕**과 **기둥** 또는 **벽**이 있는 것과 이에 딸린 시설물, 지하나 고가(高架)의 공작물에 설치하는 사무소·공연장·점포·차고·창고, 그 밖에 대통령령으로 정하는 것을 말한다.
3. "**건축물의 용도**"란 **건축물의 종류를 유사한 구조, 이용 목적 및 형태별**로 묶어 분류한 것을 말한다.
4. "**건축설비**"란 건축물에 설치하는 전기·전화 설비, 초고속 정보통신 설비, 지능형 홈네트워크 설비, 가스·급수·배수(配水)·배수(排水)·환기·난방·냉방·소화(消火)·배연(排煙) 및 오물처리의 설비, 굴뚝, 승강기, 피뢰침, 국기 게양대, 공동시청 안테나, 유선방송 수신시설, 우편함, 저수조(貯水槽), 방범시설, 그 밖에 국토교통부령으로 정하는 설비를 말한다.(2016.1.19 본호 개정)
5. "**지하층**"이란 건축물의 바닥이 지표면 아래에 있는 층으로서 **바닥에서 지표면까지 평균높이가 해당 층 높이의 1/2 이상**인 것을 말한다.
6. "**거실**"이란 건축물 안에서 **거주, 집무, 작업, 집회, 오락**, 그 밖에 이와 유사한 목적을 위하여 사용되는 방을 말한다.
7. "**주요구조부**"란 **내력벽**(耐力壁)**, 기둥, 바닥, 보, 지붕틀** 및 **주계단**(主階段)을 말한다. 다만, 사이 기둥, 최하층 바닥, 작은 보, 차양, 옥외 계단, 그 밖에 이와 유사한 것으로 건축물의 구조상 중요하지 아니한 부분은 제외한다.
8. "**건축**"이란 건축물을 **신축·증축·개축·재축**(再築)하거나 건축물을 **이전**하는 것을 말한다.

8의2. "**결합건축**"이란 제56조에 따른 용적률을 개별 대지마다 적용하지 아니하고, 2개 이상의 대지를 대상으로 통합적용하여 건축물을 건축하는 것을 말한다.(2020.4.7 본호 신설)

9. "**대수선**"이란 건축물의 기둥, 보, 내력벽, 주계단 등의 **구조나 외부 형태를 수선·변경**하거나 **증설**하는 것으로서 대통령령으로 정하는 것을 말한다.
10. "**리모델링**"이란 건축물의 노후화를 억제하거나 기능 향상 등을 위하여 대수선하거나 건축물의 일부를 증축 또는 개축하는 행위를 말한다.(2017.12.16 본호 개정)
11. "**도로**"란 보행과 자동차 통행이 가능한 **너비 4m 이상**의 도로(지형적으로 자동차 통행이 불가능한 경우와 막다른 도로의 경우에는 대통령령으로 정하는 구조와 너비의 도로)로서 다음 각 목의 어느 하나에 해당하는 도로나 그 예정도로를 말한다.
    가. 「국토의 계획 및 이용에 관한 법률」, 「도로법」, 「사도법」, 그 밖의 관계 법령에 따라 신설 또는 변경에 관한 고시가 된 도로

나. 건축허가 또는 신고 시에 특별시장·광역시장·특별자치시장·도지사·특별자치도지사(이하 "시·도지사"라 한다) 또는 시장·군수·구청장(자치구의 구청장을 말한다. 이하 같다)이 위치를 지정하여 공고한 도로(2014.1.12 본목 개정)

12. "**건축주**"란 건축물의 건축·대수선·용도변경, 건축설비의 설치 또는 공작물의 축조(이하 "건축물의 건축등"이라 한다)에 관한 공사를 발주하거나 현장 관리인을 두어 스스로 그 공사를 하는 자를 말한다.

12의2. "**제조업자**"란 건축물의 건축·대수선·용도변경, 건축설비의 설치 또는 공작물의 축조 등에 필요한 건축자재를 제조하는 사람을 말한다.(2016.2.3 본호 신설)

12의3. "**유통업자**"란 건축물의 건축·대수선·용도변경, 건축설비의 설치 또는 공작물의 축조에 필요한 건축자재를 판매하거나 공사현장에 납품하는 사람을 말한다.(2016.2.3 본호 신설)

13. "**설계자**"란 자기의 책임(보조자의 도움을 받는 경우를 포함한다)으로 설계도서를 작성하고 그 설계도서에서 의도하는 바를 해설하며, 지도하고 자문에 응하는 자를 말한다.

14. "**설계도서**"란 건축물의 건축등에 관한 **공사용 도면, 구조 계산서, 시방서**(示方書), 그 밖에 국토교통부령으로 정하는 공사에 필요한 서류를 말한다.

15. "**공사감리자**"란 자기의 책임(보조자의 도움을 받는 경우를 포함한다)으로 이 법으로 정하는 바에 따라 건축물, 건축설비 또는 공작물이 설계도서의 내용대로 시공되는지를 확인하고, 품질관리·공사관리·안전관리 등에 대하여 지도·감독하는 자를 말한다.

16. "**공사시공자**"란 「건설산업기본법」 제2조제4호에 따른 건설공사를 하는 자를 말한다.

16의2. "**건축물의 유지·관리**"란 건축물의 소유자나 관리자가 사용 승인된 건축물의 대지·구조·설비 및 용도 등을 지속적으로 유지하기 위하여 건축물이 멸실(滅失)될 때까지 관리하는 행위를 말한다.(2012.1.17 본호 신설)

17. "**관계전문기술자**"란 건축물의 구조·설비 등 건축물과 관련된 전문기술자격을 보유하고 설계와 공사감리에 참여하여 설계자 및 공사감리자와 협력하는 자를 말한다.

18. "**특별건축구역**"이란 조화롭고 창의적인 건축물의 건축을 통하여 도시경관의 창출, 건설기술 수준향상 및 건축 관련 제도개선을 도모하기 위하여 이 법 또는 관계 법령에 따라 일부 규정을 적용하지 아니하거나 완화 또는 통합하여 적용할 수 있도록 특별히 지정하는 구역을 말한다.

19. "**고층건축물**"이란 층수가 30층 이상이거나 높이가 120m 이상인 건축물을 말한다.
(2011. 9.16 본호 신설)

20. "**실내건축**"이란 건축물의 실내를 안전하고 쾌적하며 효율적으로 사용하기 위하여 내부 공간을 칸막이로 구획하거나 벽지, 천장재, 바닥재, 유리 등 대통령령으로 정하는 재료 또는 장식물을 설치하는 것을 말한다.(2014.5.28 본호 신설)

21. "**부속구조물**"이란 건축물의 안전·기능·환경 등을 향상시키기 위하여 건축물에 추가적으로 설치하는 환기시설물 등 대통령령으로 정하는 구조물을 말한다.(2016.2.3 본호 신설)

② **건축물의 용도**는 다음과 같이 구분하되, 각 용도에 속하는 건축물의 세부 용도는 대통령령으로 정한다.

1. 단독주택
2. 공동주택
3. 제1종 근린생활시설
4. 제2종 근린생활시설
5. 문화 및 집회시설
6. 종교시설
7. 판매시설
8. 운수시설
9. 의료시설
10. 교육연구시설
11. 노유자(老幼者: 노인 및 어린이)시설
12. 수련시설
13. 운동시설
14. 업무시설
15. 숙박시설
16. 위락(慰樂)시설
17. 공장
18. 창고시설
19. 위험물 저장 및 처리 시설
20. 자동차 관련 시설
21. 동물 및 식물 관련 시설
22. 자원순환 관련 시설
23. 교정(矯正)시설(2022.11.15 본호 개정)
24. 국방·군사시설(2022.11.15 본호 개정)
25. 방송통신시설
26. 발전시설
27. 묘지 관련 시설
28. 관광 휴게시설
29. 그 밖에 대통령령으로 정하는 시설

**해설** 건축법규를 이해하기 어렵다는 이유의 하나로서 건축법규에 사용되는 용어가 일반적인 용어와 표기상은 같으나 그 정의(定義)된 내용이 달라 해석에 혼동을 일으키고 있기 때문에 용어의 정의를 정확히 알아두는 것은 건축법규를 이해하는 데 중요하다.

**영 제2조 [정 의]**

이 영에서 사용하는 용어의 뜻은 다음과 같다.

1. "**신축**"이란 건축물이 없는 대지(기존 건축물이 해체되거나 멸실된 대지를 포함한다)에 새로 건축물을 축조(築造)하는 것[부속건축물만 있는 대지에 새로 주된 건축물을 축조하는 것을 포함하되, 개축(改築) 또는 재축(再築)하는 것은 제외한다]을 말한다.(2020.4.28 건축물관리법 시행령 부칙에 의거 본호 개정)
2. "**증축**"이란 기존 건축물이 있는 대지에서 건축물의 건축면적, 연면적, 층수 또는 높이를 늘리는 것을 말한다.
3. "**개축**"이란 기존 건축물의 전부 또는 일부[내력벽·기둥·보·지붕틀(제16호에 따른 한옥의 경우에는 지붕틀의 범위에서 서까래는 제외한다) 중 셋 이상이 포함되는 경우를 말한다]를 해체하고 그 대지에 종전과 같은 규모의 범위에서 건축물을 다시 축조하는 것을 말한다.(2020.4.28 건축물관리법 시행령 부칙에 의거 본호 개정)
4. "**재축**"이란 건축물이 천재지변이나 그 밖의 재해(災害)로 멸실된 경우 그 대지에 다음 각 목의

요건을 모두 갖추어 다시 축조하는 것을 말한다.

가. 연면적 합계는 종전 규모 이하로 할 것

나. 동(棟)수, 층수 및 높이는 다음의 어느 하나에 해당할 것

1) 동수, 층수 및 높이가 모두 종전 규모 이하일 것

2) 동수, 층수 또는 높이의 어느 하나가 종전 규모를 초과하는 경우에는 해당 동수, 층수 및 높이가 「건축법」(이하 "법"이라 한다), 이 영 또는 건축조례(이하 "법령등"이라 한다)에 모두 적합할 것(2016.5.17 본호 개정)

5. "**이전**"이란 건축물의 주요구조부를 해체하지 아니하고 같은 대지의 다른 위치로 옮기는 것을 말한다.

6. "**내수재료**(耐水材料)"란 인조석·콘크리트 등 내수성을 가진 재료로서 국토교통부령으로 정하는 재료를 말한다.

7. "**내화구조**(耐火構造)"란 화재에 견딜 수 있는 성능을 가진 구조로서 국토교통부령으로 정하는 기준에 적합한 구조를 말한다.

8. "**방화구조**(防火構造)"란 화염의 확산을 막을 수 있는 성능을 가진 구조로서 국토교통부령으로 정하는 기준에 적합한 구조를 말한다.

9. "**난연재료**(難燃材料)"란 불에 잘 타지 아니하는 성능을 가진 재료로서 국토교통부령으로 정하는 기준에 적합한 재료를 말한다.

10. "**불연재료**(不燃材料)"란 불에 타지 아니하는 성질을 가진 재료로서 국토교통부령으로 정하는 기준에 적합한 재료를 말한다.

11. "**준불연재료**"란 불연재료에 준하는 성질을 가진 재료로서 국토교통부령으로 정하는 기준에 적합한 재료를 말한다.

12. "**부속건축물**"이란 같은 대지에서 주된 건축물과 분리된 부속용도의 건축물로서 주된 건축물을 이용 또는 관리하는 데에 필요한 건축물을 말한다.

13. "**부속용도**"란 건축물의 주된 용도의 기능에 필수적인 용도로서 다음 각 목의 어느 하나에 해당하는 용도를 말한다.

가. 건축물의 설비, 대피, 위생, 그 밖에 이와 비슷한 시설의 용도

나. 사무, 작업, 집회, 물품저장, 주차, 그 밖에 이와 비슷한 시설의 용도

다. 구내식당·직장어린이집·구내운동시설 등 종업원 후생복리시설, 구내소각시설, 그 밖에 이와 비슷한 시설의 용도. 이 경우 다음의 요건을 모두 갖춘 휴게음식점(별표 1 제3호의 제1종 근린생활시설 중 같은 호 나목에 따른 휴게음식점을 말한다)은 구내식당에 포함되는 것으로 본다.(2016.6.30 행정규제 정비를 위한 개발제한구역의 지정 및 관리에 관한 특별조치법 시행령 부칙에 의거 개정)

1) 구내식당 내부에 설치할 것

2) 설치면적이 구내식당 전체 면적의 1/3 이하로서 $50m^2$ 이하일 것

3) 다류(茶類)를 조리·판매하는 휴게음식점일 것

라. 관계 법령에서 주된 용도의 부수시설로 설치할 수 있게 규정하고 있는 시설, 그 밖에 국토교통부장관이 이와 유사하다고 인정하여 고시하는 시설의 용도

14. "**발코니**"란 건축물의 내부와 외부를 연결하는 완충공간으로서 전망이나 휴식 등의 목적으로 건축물 외벽에 접하여 부가적(附加的)으로 설치되는 공간을 말한다. 이 경우 주택에 설치되는 발코니로서 국토교통부장관이 정하는 기준에 적합한 발코니는 필요에 따라 거실·침실·창고 등의 용도로 사용할 수 있다.

15. "**초고층 건축물**"이란 층수가 50층 이상이거나 높이가 200m 이상인 건축물을 말한다.

15의2. "**준초고층 건축물**"이란 고층건축물 중 초고층 건축물이 아닌 것을 말한다.

16. "**한옥**"이란 「한옥 등 건축자산의 진흥에 관한 법률」 제2조제2호에 따른 한옥을 말한다. (2016.1.19 본호 개정)

17. "**다중이용 건축물**"이란 다음 각 목의 어느 하나에 해당하는 건축물을 말한다.(2018.9.4 본호 개정)

가. 다음의 어느 하나에 해당하는 용도로 쓰는 바닥면적의 합계가 5,000m$^2$ 이상인 건축물

1) 문화 및 집회시설(동물원 및 식물원은 제외한다)

2) 종교시설

3) 판매시설

4) 운수시설 중 여객용 시설

5) 의료시설 중 종합병원

6) 숙박시설 중 관광숙박시설

나. 16층 이상인 건축물

17의2. "**준다중이용 건축물**"이란 다중이용 건축물 외의 건축물로서 다음 각 목의 어느 하나에 해당하는 용도로 쓰는 바닥면적의 합계가 1,000m$^2$ 이상인 건축물을 말한다.(2015.9.22 본호 신설)

가. 문화 및 집회시설(동물원 및 식물원은 제외한다)

나. 종교시설

다. 판매시설

라. 운수시설 중 여객용 시설

마. 의료시설 중 종합병원

바. 교육연구시설

사. 노유자시설

아. 운동시설

자. 숙박시설 중 관광숙박시설

차. 위락시설

카. 관광 휴게시설

타. 장례시설(2017.2.3 본목 개정)

18. "**특수구조 건축물**"이란 다음 각 목의 어느 하나에 해당하는 건축물을 말한다.
   가. 한쪽 끝은 고정되고 다른 끝은 지지(支持)되지 아니한 구조로 된 보·차양 등이 외벽(외벽이 없는 경우에는 외곽기둥을 말한다)의 중심선으로부터 3m 이상 돌출된 건축물(2018.9.4 본호 개정)
   나. 기둥과 기둥 사이의 거리(기둥의 중심선 사이의 거리를 말하며, 기둥이 없는 경우에는 내력벽과 내력벽의 중심선 사이의 거리를 말한다. 이하 같다)가 20m 이상인 건축물
   다. 무량판 구조(보가 없이 바닥판·기둥으로 구성된 구조를 말한다. 이하 같다)를 가진 건축물로서 무량판 구조인 어느 하나의 층에 수직으로 배치된 주요구조부의 전체 단면적에서 보가 없이 배치된 기둥의 전체 단면적이 차지하는 비율이 1/4 이상인 건축물(2024.10.17 본목 신설)
   라. 특수한 설계·시공·공법 등이 필요한 건축물로서 국토교통부장관이 정하여 고시하는 구조로 된 건축물
19. 법 제2조제1항제21호에서 "환기시설물 등 대통령령으로 정하는 구조물"이란 급기(給氣) 및 배기(排氣)를 위한 건축 구조물의 개구부(開口部)인 환기구를 말한다.(2016.7.19 본호 신설)

## 1. 대지(법 제2조제1항제1호)

대지와 건축물과의 관계를 규정한 대부분의 건축법령이 하나의 건축물에 필요한 최소한의 공지(空地)를 확보하여 일조, 채광, 통풍, 소방(日照, 採光, 通風, 消防)상의 이편(利便)을 도모함을 목적으로 규정하고 있다. 그러므로 특수한 경우를 제외하고는 「공간정보의 구축 및 관리 등에 관한 법률」상의 1필지에 1개 건물이 들어설 수 있는 것을 원칙으로 하였으나 한 필지에 여러 건물이 건축될 수도 있고 1 이상의 필지의 일부를 하나의 대지로 할 수도 있다. 이는 건축물이 여러 필지에 걸쳐 건축될 경우는 원칙적으로 합필(合筆)하도록 하되 구획된 필지의 범위를 대지로 할 수 있으며, 한 필지에 일부를 농지전용 허가 또는 산지전용 허가 등이 이루어지는 경우에도 하나의 대지로 볼 수 있도록 규정하였다.

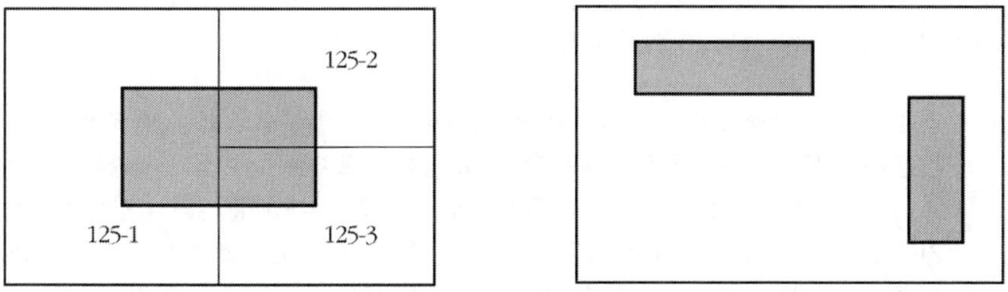


1필지 1건물을 원칙으로 하여 1필지로 합필할 수 있다.　　1필지에 여러 개의 건물이 건축될 수 있다.

**그림 1-1 대 지**

※ 1필지 1건물로 하는 것이 대지와 건축물과의 규정(규모, 밀도, 높이, 공지 및 건물간의 거리 확보 등)을 합리적으로 적용하여 규제할 수 있다.

※ 법률상 합필할 수 없는 경우 여러 필지가 하나의 대지가 될 수 있다.

**질의 회신** 대지를 공동 소유하더라도 소유지분에 해당하는 범위를 필지 분할하지 않으면 각각의 대지로 볼 수는 없다.

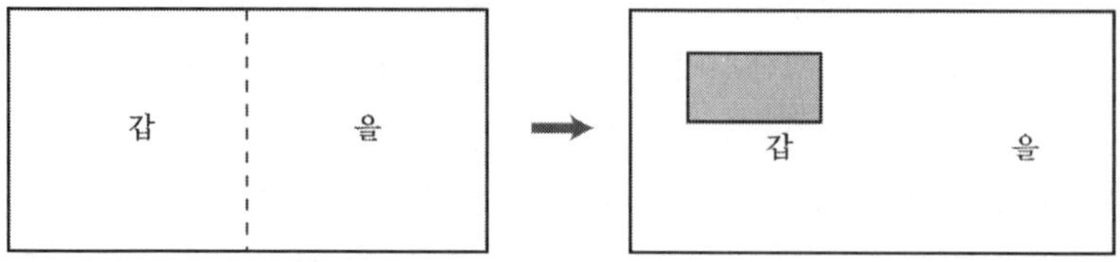


갑·을이 공유한 대지상에 갑의 건물을 짓는다 하여도 대지는 전체범위로 하여 「건축법」을 적용한다.
(필지 분할이 안 되었을 경우)

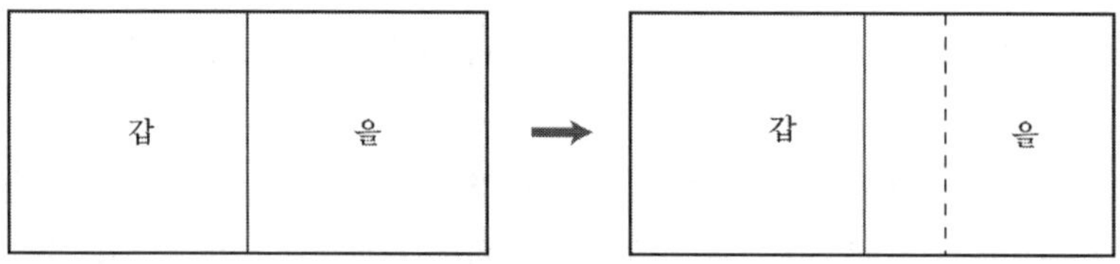


을의 대지 일부를 갑이 사용승낙을 얻은 부분에 대해서는 갑의 대지의 범위로 볼 수는 없다.

※ 연벽건축(連壁建築)이 가능하도록 하여 영세대지를 효율적으로 활용하기 위한 취지에서 규정한 것이며 건축물이 건축되는 모든 필지의 최외곽선을 일단의 토지의 범위로 한다.

※ 1필지(地番이 주어진 단위) 1건물이 원칙이었으나, 필지와 건축물의 대지의 범위를 분리시켜 여러 개의 필지에서도 1개 대지가 될 수 있도록 하였다. 공동주택, 학교, 병원, 공장 등의 단지를 이루거나 건물의 용도상 여러 개의 건물이 군(群)을 이루어 배치되는 것은 1필지에 여러 개의 건물이 들어설 수 있다.

※ 여러 동의 건축물이 1개 대지에 건축될 수 있는 건축물(공동주택, 공장, 학교, 병원, 도시계획시설 등)은 인동거리, 채광, 피난 등의 별도 규정으로 규제

**질의** **대지의 범위**

A(허가면적 : 9,000m$^2$, 용도 : 자동차관련시설), B(허가면적 : 1,553m$^2$, 용도 : 자동차관련시설)는 개발행위허가를 각각 받아 현재 자동차관련시설로 사용하고 있으며, 소유자가 동일하며 각각 건축물대장이 존재할 경우 A와 B를 각각의 대지로 보는 지 아니면 하나의 대지로 보는 지 여부

**회신** 「건축법」에서의 “대지”란 「건축법」 제2조제1항제1호 및 같은 법 시행령 제3조에 따라 「지적법」에 따라 각 필지로 나눈 토지를 말하나, 대통령령으로 정하는 토지는 둘 이상의 필지를 하나의 대지로 하거나 하나 이상의 필지의 일부를 하나의 대지로 할 수 있는바 따라서, 질의의 경우에는 상기 기준에 따라 「지적법」에 의한 각 필지 또는 사용승인 신청시 합필 또는 분필 조건으로 건축허가를 하는 경우 등을 고려하여 건축법상 대지의 범위를 정하여야 할 사항입니다.(국토교통부 건축정책과, 등록 2011.12.19, 수정 2019.5.24)

**질의** **대지 분할면적제한**

건축허가를 받아 건축중에 있는 대지에 인접대지 건축물이 침범하고 있는 것을 발견하고 위법사항을 해소하고자, 침범된 대지(약 1.6m$^2$)를 분할과 동시에 인접대지에 합병하고자 하는 경우, 건축법 제57조에 따른 대지분할 면적제한을 적용받아 분할을 할 수 없는 것인지.

* 인접대지는 침범 부분의 합병후에도 대지분할 제한면적 이하임.

**회신** 「건축법」 제57조제1항에 따라 건축물이 있는 대지는 분할제한 최소면적에 미달되게 분할할 수는 없습니다. 다만, 분할 후 기준면적에 미달된 대지를 지적 관련 법령에 의하여 인접한 다른 대지와 합병하는 등의 방법에 의하여 상기 규정에 적합하게 됨을 확인할 수 있는 경우에는 이를 조건으로 대지의 분할이 가능할 것이니, 질의 대지의 분할가능 여부 및 건축법 위반사항에 대한 조치 등에 대하여는 현지현황을 소상히 알고 있고 건축물 유지관리 및 지도감독 업무를 처리하고 있는 해당 지역의 시장, 군수, 구청장에게 문의하시기 바랍니다.(국토교통부 건축정책과, 2013.12.11)

### 영 제3조 【대지의 범위】

① 「건축법」(이하 "법"이라 한다) 법 제2조제1항제1호 단서에 따라 둘 이상의 필지를 하나의 대지로 할 수 있는 토지는 다음 각 호와 같다.(2016.5.17 본항 개정)

1. 하나의 건축물을 두 필지 이상에 걸쳐 건축하는 경우: 그 건축물이 건축되는 각 필지의 토지를 합한 토지
2. 「**공간정보의 구축 및 관리 등에 관한 법률**」 **제80조제3항**에 따라 합병이 불가능한 경우 중 다음 각 목의 어느 하나에 해당하는 경우: 그 합병이 불가능한 필지의 토지를 합한 토지. 다만, 토지의 소유자가 서로 다르거나 소유권 외의 권리관계가 서로 다른 경우는 제외한다.
(2015.6.1 측량·수로조사 및 지적에 관한 법률 시행령 부칙에 의거 본호 개정)
   가. 각 필지의 지번부여지역(地番附與地域)이 서로 다른 경우
   나. 각 필지의 도면의 축척이 다른 경우
   다. 서로 인접하고 있는 필지로서 각 필지의 지반(地盤)이 연속되지 아니한 경우
3. 「국토의 계획 및 이용에 관한 법률」 제2조제7호에 따른 도시·군계획시설(이하 "도시·군계획시설"이라 한다)에 해당하는 건축물을 건축하는 경우: 그 도시·군계획시설이 설치되는 일단(一團)의 토지(2021.1.8 본호 개정)
4. 「주택법」 제15조에 따른 사업계획승인을 받아 주택과 그 부대시설 및 복리시설을 건축하는 경우: 같은 법 제2조제12호에 따른 주택단지(이하 "**주택단지**"라 한다)(2024.6.18 본호 개정)
5. 도로의 지표 아래에 건축하는 건축물의 경우: 특별시장·광역시장·특별자치시장·특별자치도지사·시장·군수 또는 구청장(자치구의 구청장을 말한다. 이하 같다)이 그 건축물이 건축되는 토지로 정하는 토지(2014.10.14 본호 개정)
6. 법 제22조에 따른 사용승인을 신청할 때 둘 이상의 필지를 하나의 필지로 합칠 것을 조건으로 건축허가를 하는 경우: 그 필지가 합쳐지는 토지 다만, 토지의 소유지가 서로 다른 경우는 제외한다.(2013.11.20 단서 신설)

② 법 제2조제1항제1호 단서에 따라 하나 이상의 필지의 일부를 하나의 대지로 할 수 있는 토지는 다음 각 호와 같다.(2012.4.10 본항 개정)

1. 하나 이상의 필지의 일부에 대하여 도시·군계획시설이 결정·고시된 경우: 그 결정·고시된 부분의 토지
2. 하나 이상의 필지의 일부에 대하여 「농지법」 제34조에 따른 농지전용허가를 받은 경우: 그 허가받은 부분의 토지

3. 하나 이상의 필지의 일부에 대하여 「산지관리법」 제14조에 따른 산지전용허가를 받은 경우: 그 허가받은 부분의 토지
4. 하나 이상의 필지의 일부에 대하여 「국토의 계획 및 이용에 관한 법률」 제56조에 따른 개발행위허가를 받은 경우: 그 허가받은 부분의 토지
5. 법 제22조에 따른 사용승인을 신청할 때 필지를 나눌 것을 조건으로 건축허가를 하는 경우: 그 필지가 나누어지는 토지

**해설** 대지의 일부에 대하여 토지형질변경허가·농지전용허가·산지전용허가 등을 받은 경우에는 당해 부분을 하나의 대지로 하여 건축할 수 있도록 하고 있다.

### ❏ 「공간정보의 구축 및 관리 등에 관한 법률」

- 「공간정보의 구축 및 관리 등에 관한 법률」상 "지목(地目)"이라 함은 토지의 주된 용도에 따라 토지의 종류를 구분하여 지적공부에 등록한 것을 말한다.
- 지목의 설정방법 : 영 제59조 참조
  - 필지마다 하나의 지목을 설정할 것
  - 1필지가 둘 이상의 용도로 활용되는 경우에는 주된 용도에 따라 지목을 설정할 것
  - 토지가 일시적 또는 임시적인 용도로 사용될 때에는 지목을 변경하지 아니한다.
- 지목의 구분 : 영 제58조 참조
  - 전, 답, 과수원, 목장용지, 임야, 광천지, 염전, 대(垈), 공장용지, 학교용지, 주차장, 주유소용지, 창고용지, 도로, 철도용지, 제방, 하천, 구거(溝渠), 유지(溜池), 양어장, 수도용지, 공원, 체육용지, 유원지, 종교용지, 사적지, 묘지, 잡종지로 구분하여 정한다.

**참고** 「공간정보의 구축 및 관리 등에 관한 법률」은 토지의 관리와 소유권 보호를 목적으로 하며 지적등기는 법원에서 관할한다.

**참고** 「건축법」의 대지는 건축물의 용도, 밀도 등을 규제하기 위한 개념이다.

**참고** "대(垈)"는 필지의 지목을 설정한 것이고 "대지(垈地)"는 건물이 들어서 있거나 법적으로 들어설 수 있는 토지의 범위를 말한다.
지목이 "대"가 아니라도 학교용지, 공장용지, 유원지 등은 대지가 될 수 있으며 전, 답, 임야 등에 건축하기 위해서는 지목을 변경해야 한다.

**참고** 「건축법」의 "대지"와 「공간정보의 구축 및 관리 등에 관한 법률」의 "대"
「건축법」에서 대지는 「공간정보의 구축 및 관리 등에 관한 법률」상의 "대(垈)"와는 다르지만 특수한 경우를 제외하고 건축허가 등 실제적인 법운용면에서는 「공간정보의 구축 및 관리 등에 관한 법률」상 "대(垈)"를 대지로 인정하고 있다.

**예외** • 형질 변경 허가 토지 중 50% 이상 대지조성이 완료되어 허가기관의 승인이 있을 경우

- 「택지 개발 촉진법」에서 토지 구획 정리 사업 시행 지역 등의 토지 중 사업의 준공 전(지목이 "대"가 아닌 경우)이라도 도시기반조성이 되었다고 사업시행자가 인정하는 토지

참고 지번부여지역이 서로 다른 경우 합필을 허용하면 행정구역이 달라지게 되므로 합필할 수 없다.

### 질의 하나의 대지 및 연접한 대지의 일부만 대지로 하는 경우 하나의 대지로 인정 여부

연접하고 있는 두 필지(A, B)에 걸쳐 건축함에 있어 필지 B의 일부만을 건축부지에 포함하여 건축하고자 하는 경우, 필지 A와 건축하고자 하는 부지에 포함된 필지 B의 일부를 건축법 제2조의 규정에 의한 대지로 인정할 수 있는지 여부

**회신** 건축법 제2조 제1항 제1호 및 동법시행령 제3조 제1항 제6호의 규정에 의하여 A, B 두 필지에 걸쳐 건축하는 경우로서 건축법 제18조의 규정에 의한 사용승인을 신청하는 때에는 2 이상의 필지를 하나의 필지로 합필할 것을 조건으로 하여 건축허가를 하는 경우 그 합필 대상이 되는 토지를 하나의 대지로 할 수 있는 것이며, B필지의 일부를 건축법 제18조의 규정에 의한 사용승인을 신청하는 때에는 분필할 것을 조건으로 하여 건축허가를 하는 경우 그 분필대상이 되는 부분의 토지는 동시행령 동조 제2항 제5호의 규정에 따라 필지의 일부를 하나의 대지로 할 수 있는 것이므로, 필지 A와 필지 B의 일부를 합한 부지는 하나의 대지로 볼 수 있는 것입니다.(법 제18조 ⇒ 제22조, 2008.3.21) (국토교통부 건축정책과, 등록 2009.8.26, 수정 2019.5.24)

### 질의 지적경계선과 다르게 담장이 설치되어 있는 경우 건축기준 적용 경계선을 어디로 봐야 하는지

건축물을 건축하고자 하는 대지가 지적경계선과 다르게 담장이 설치되어 있는 경우 일조권 등 건축기준의 적용을 위한 경계선은 어느 부분으로 보아야 하는지의 여부

**회신** 「건축법」 제2조제1항제1호의 규정에 의하여 대지라 함은 「지적법」에 의하여 각 필지로 구획된 토지를 말하는 것인바, 귀 문의의 경우에는 「지적법」에 의한 지적경계선을 기준으로 건축기준을 적용하는 것입니다.(건교부 건축 58070-302, 2003.2.18)

※ 「지적법」이 「측량·수로조사 및 지적에 관한 법률」로 개정되었다가 다시 「공간정보의 구축 및 관리 등에 관한 법률」로 개명됨(2014.6.3)」

### 질의 지목이 임야 및 답인 경우의 건축 여부

토지대장상 지목이 "임야" 및 "답"으로 되어있는 경우 건축물을 건축할 수 있는지 여부

**회신** 「건축법」상 "대지"라 함은 「지적법」에 의하여 각 필지로 구획된 토지를 말하는 것으로, 지목이 "임야" 및 "답"이라 하여 「건축법」상 건축을 제한하고 있지는 않으나, 이 경우 「농지법」, 「산림법」 등 기타 관계법령상 당해 토지에 대하여 건축을 허용하고 있는지 여부가 선행되어야 할 것이니, 이에 대한 구체적인 사항은 당해 시장·군수·구청장에게 직접 문의하여 주시기 바랍니다.(건교부 건축 58070-353, 2003.2.24)

### 질의 지목설정

지적공부에 등록된 토지(지목: 답)에 축사를 신축하여 준공할 경우 지목변경 신청 및 지목의 설정은?

**회신** 가. 토지소유자는 지목변경을 할 토지가 있으면 「국토의 계획 및 이용에 관한 법률」 등 관계 법령에 따른 토지의 형질변경 등의 공사가 준공된 경우 또는 토지나 건축물의 용도가 변경된 경우에 공사의 준공이나 건축물의 용도가 변경되었음을 증명하는 서류의 사본을 첨부하여 신청하도록 규정되어 있습니다(「공간정보의 구축 및 관리 등에 관한 법률」(약칭: 공간정보관리법) 제81조, 같은 법 시행령 제67조, 같은 법 시행규칙 제84조 참조).

나. 지적공부에 등록된 토지의 지목이 전·답·과수원으로 농지인 토지는 다른 지목으로 변경하는 경우 지목의 설정 및 지목변경신청 절차에 대해 규정하고 있는 「공간정보관리법」과 「농지법」 등의 관계 법령 규정이 모두 적용 받는다고 판단됩니다.

- 따라서, 「농지법」을 적용받는 토지(지목: 답)를 지목변경 신청할 경우에는 농지전용허가를 받아 공사가 준공되었음을 증명하는 서류의 사본을 첨부하여 지목변경 신청을 하여야 하며, 이외로 「농지법」에 따른 농지이용행위에 해당하여 농지전용허가 대상이 아닌 경우에는 전·답·과수원 상호간의 지목변경이 가능함으로 지적소관청에서 토지의 실제이용현황 및 다른 용도로 변경된 사실이 적법한지 등을 판단하여 지목변경 및 지목의 설정을 하여야 할 것입니다.

다. 다만, 「농지법」에 따라 축사의 신축이 농지전용허가 대상에 해당 하는지 여부는 토지 소재지의 농지전용 허가부서에서 판단해야할 사항이며, 지목변경 및 지목설정에 관한 내용은 「지적업무처리규정」(국토교통부 훈령 제899호) 제50조에 따라 지적소관청(시장·군수·구청장)에서 토지의 이용현황, 관계법령 저촉여부, 조사자 의견 등을 확인하는 절차에 따라 처리하고 있음을 알려드립니다.
(국토교통부 공간정보제도과 2019.11.11)

**질의** **지목변경**

상업지역으로 건축물(합법적 건축물)대장을 말소한 토지가 지목을 변경하지 않아 "답"으로 된 상태에서 지목변경 신청 시 "대"로 지목변경이 가능한지 여부?

**회신** 「공간정보의 구축 및 관리 등에 관한 법률」 제81조 및 같은 법 시행령 제67조에 따라 「국토의 계획 및 이용에 관한 법률」 등 관계 법령 등에 따른 토지의 형질변경 등의 공사가 준공된 경우, 토지나 건축물의 용도가 변경된 경우 토지소유자는 지적소관청에 지목변경을 신청할 수 있습니다.
아울러, 건축물을 준공 후 지목변경을 해태한 토지가 건축물이 말소되어 나대지 상태에서 지목변경을 신청하는 경우 관할 지적소관청에서 사실조사 등을 통해 지목변경을 할 수 있을 것으로 판단됩니다.
(국토교통부 공간정보제도과 2017.10.10)

**질의** **학교용지의 지목변경에 관한 질의**

고등교육법 제29조의 규정에 의하여 설립된 대학원이 이전을 목적으로 도시개발사업이 완료된 지역(준주거지역, 제1종지구단위계획구역)의 토지를 매입하여 건축법 제14조의 규정에 의하여 건축물의 용도를 교육연구시설 및 복지시설(교육원)로 변경하여 학교시설로 사용하고자 할 경우 당해토지를 "학교용지"로 지목변경 할 수 있는지 여부

가. 갑설 : 도시계획시설의 결정·구조 및 설치기준에 관한 규칙 제89조제1항의 규정에 의거 학교용지로 결정되지 않은 지역이므로 학교용지로 지목변경 불가

나. 을설 : 건축법 제14조 및 같은 법 시행령 제3조의4의 규정에 의하여 건축물의 용도가 교육연구시설 및 복지시설(교육원)로 변경되었으므로 지적법 시행령 제16조제1항제2호의 규정에 의하여 학교용지로 지목변경 가능

**회신** 가. 학교의 교사와 이에 접속된 체육장 등 부속시설물의 부지는 학교용지로 지목을 설정하도록 지적법 시행령 제5조제10호에서 규정하고 있으며, 대학설립·운영규정(대통령령 제18301호) 제4조제1항의 규정에 의하면 교사시설은 교육기본시설·지원시설·연구시설 및 부속시설(교육원)인 경우 지적법 시행령 제16조제1항제2호의 규정에 의하여 당해 토지의 지목을 "학교용지"로 설정함이 타당하다고 판단됨.

나. 따라서 질의하신 민원에 대하여는 건축물의 용도변경과 고등교육법 및 동법 시행령, 대학설립·운영 규정 등 관련법령에 의한 적법한 절차를 이행한 경우에 귀견 "을설"과 같이 처리하시기 바랍니다. (서울시 지적과-3195, 2004.8.12)

**질의** **지목변경**

개인 소유의 토지가 국가(지방자치단체)의 도시계획사업 시행에 따라 국가의 필요에 의하여 교환 분합이 이루어지고 그 결과 소규모 필지가 공부상 지목이 "도로"이나 사실상 건축물이 있는 대지로 사용되고 있는 경우에 지목변경이 가능한지 여부

**회신** 도로·구거·하천·제방 등의 공공용 재산이 공공용으로 사용되지 않을 경우네 "용도폐지" 후 지목변경을 할 수 있으나, 사유토지에 대하여는 규제가 없으므로 그 실지 기능이 상실되었을 경우에 다른 용도로 변경된 사실이 적법한지 판단하여 지목변경을 할 수 있습니다.(서울시 지적팀-949, 2005.5.23)

**질의** **농지의 지목변경**

농지가 농지전용허가(협의)를 득하였으나, 건축물을 착공하지 아니하고 부지만 조성되었을 경우에도 지목변경을 할 수 있는지 여부 및 위 농지가 농지전용이 취소되어 농지조성비를 환급하여 주었을 경우에 "전(田)"으로 지목환원이 가능한지 여부

**회신** 가. 농지가 농지전용허가(협의포함)를 득한 후 토지의 형질변경 등의 공사가 준공 된 경우에는 지적법 시행령 제16조제1항제1호의 규정에 의하여 지목변경을 할 수 있으며,

나. 또한 농지전용이 취소되어 농지조성비를 환급하여 주었다면 소관청에서 토지의 확인·조사를 실시하여 신청내용과 사실관계의 부합 여부를 판단한 후에 지목변경을 할 수 있습니다. 다만, 소관청에서 현지조사한 결과 "전"으로 원상회복이 이루어지지 않았다면 원상회복 이후에 지목변경("대"에서 "전"으로)처리하는 것이 타당하다고 판단되니 그리 아시기 바랍니다.(서울시 지적팀-1745, 2005.7.11)

❑ **분할신청**(分割申請) : **법 제79조 참조**

1필지의 일부가 형질변경 등으로 용도가 변경된 경우에는 대통령령으로 정하는 바에 따라 용도가 변경된 날부터 60일 이내에 지적소관청에 토지의 분할을 신청하여야 한다.

※ 분할신청을 할 수 있는 경우(**영 제65조**)

- 소유권 이전, 매매 등을 위하여 필요한 경우
- 토지이용상 불합리한 지상 경계를 시정하기 위한 경우

❑ **1필지로 정할 수 있는 기준 : 영 제5조**

① 지번부여지역의 토지로서 소유자와 용도가 동일하고 지반이 연속된 토지는 이를 1필지로 할 수 있다.

② 주된 용도의 토지의 편의를 위하여 설치된 도로·구거(溝渠 : 도랑) 등의 부지, 주된 용도의 토지에 접속되거나 주된 용도의 토지로 둘러싸인 토지로서 다른 용도로 사용되고 있는 토지는 주된 용도의 토지에

편입하여 1필지로 할 수 있다. 다만, 종된 용도의 토지의 지목(地目)이 "대"(垈)인 경우와 종된 용도의 토지 면적이 주된 용도의 토지 면적의 10%를 초과하거나 330m²를 초과하는 경우에는 그러하지 아니하다.

※ **합병신청(合併申請)을 할 수 없는 토지** : 법 제80조, 영 제66조 참조

① 합병하려는 토지의 지번부여지역, 지목 또는 소유자가 서로 다른 경우

② 소유권·지상권·전세권 또는 임차권의 등기, 승역지(承役地)에 대한 지역권의 등기, 합병하려는 토지 전부에 대한 등기원인(登記原因) 및 그 연월일과 접수번호가 같은 저당권의 등기, 합병하려는 토지 전부에 대한 「부동산등기법」 제81조제1항 각호의 등기사항이 동일한 신탁등기에 관하여 합병하려는 토지에 등기 외의 등기가 있는 경우

③ 합병하려는 토지의 지적도 및 임야도의 축척이 서로 다른 경우

④ 합병하려는 각 필지가 서로 연접하지 않은 경우

⑤ 합병하려는 토지가 등기된 토지와 등기되지 아니한 토지인 경우

⑥ 합병하려는 각 필지의 지목은 같으나 일부 토지의 용도가 다르게 되어 법 제79조제2항에 따른 분할대상 토지인 경우. 다만, 합병 신청과 동시에 토지의 용도에 따라 분할 신청을 하는 경우는 제외한다.

⑦ 합병하려는 토지의 소유자별 공유지분이 다르거나 소유자의 주소가 서로 다른 경우

⑧ 합병하려는 토지가 구획정리, 경지정리 또는 축척변경을 시행하고 있는 지역의 토지와 그 지역 밖의 토지인 경우

**참고** "합병"이라 함은 지적공부에 등록된 2필지 이상을 1필지로 합하여 등록하는 것이고, "분할"이라 함은 지적공부에 등록된 1필지를 2필지 이상으로 나누어 등록하는 것을 말한다.

**질의** **토지분할시 분할제한면적 미만으로 분할할 수 있는 경우와 개발행위허가를 받지 않아도 되는 경우**

국토의 계획 및 이용에 관한 법률 제56조제1항4호에서 토지분할을 개발행위허가 대상으로 규정하고 있는데, 1) 분할제한면적 미만으로 분할할 수 있는 경우는 어떠한 경우인지 2) 개발행위허가를 받지 아니하고 분할할 수 있는 경우는 어떠한 경우인지

**회신** 국토의 계획 및 이용에 관한 법률(이하 "국토계획법"이라 합니다) 제56조제1항4호에서 토지분할을 개발행위허가 대상으로 규정하고 있습니다. 이와 관련하여 분할제한면적 미만으로 분할할 수 있는 경우에는 아래와 같습니다.(국토계획법 시행령 제56조 별표 1의2 제2호라목) 참고로, 이 경우에는 개발행위허가를 받아야 합니다.

- 녹지지역·관리지역·농림지역 및 자연환경보전지역 안에서의 기존묘지의 분할
- 사설도로를 개설하기 위한 분할(「사도법」에 의한 사도개설허가를 받아 분할하는 경우를 제외한다)
- 사설도로로 사용되고 있는 토지 중 도로로서의 용도가 폐지되는 부분을 인접토지와 합병하기 위하여 하는 분할
- 토지이용상 불합리한 토지경계선을 시정하여 당해 토지의 효용을 증진시키기 위하여 분할 후 인접토지와 합필하고자 하는 경우에는 다음의 1에 해당할 것. 이 경우 허가신청인은 분할 후 합필되는 토지의 소유권 또는 공유지분을 보유하고 있거나 그 토지를 매수하기 위한 매매계약을 체결하여야 함.
  1) 분할 후 남는 토지의 면적 및 분할된 토지와 인접토지가 합필된 후의 면적이 분할제한면적에 미달되지 아니할 것
  2) 분할전후의 토지면적에 증감이 없을 것
  3) 분할하고자 하는 기존토지의 면적이 분할제한면적에 미달되고, 분할된 토지와 인접토지를 합필한

후의 면적이 분할제한면적에 미달되지 아니할 것 다음의 경우에는 개발행위허가를 받지 아니하고 토지분할을 할 수 있습니다.(국토계획법 시행령 제53조제5호)

- 「사도법」에 의한 사도개설허가를 받은 토지의 분할
- 토지의 일부를 공공용지 또는 공용지로 하기 위한 토지의 분할
- 행정재산 중 용도폐지되는 부분의 분할 또는 일반재산을 매각·교환 또는 양여하기 위한 분할
- 토지의 일부가 도시·군계획시설로 지형도면고시가 된 당해 토지의 분할
- 너비 5m 이하로 이미 분할된 토지의 「건축법」 제57조제1항에 따른 분할제한면적 이상으로의 분할

(국토교통부 도시정책과, 등록 2012.12.27, 수정 2019.5.24)

### 질의 분할제한면적 미만으로 분할이 가능한지

도로로 사용중(159m$^2$)인 1필지 토지(자연녹지지역)를 2필지(75m$^2$, 84m$^2$)로 분할하여 일부 토지를 지목변경을 하고자 하나 분할제한면적미만으로 토지분할을 할 수 없는 경우 분할할 수 있는 방법과 도로를 전으로 지목변경이 가능하지에 대하여 질의

**회신** 가. 토지분할을 제한하는 국토의 계획 및 이용에 관한 법률 등 관계법령에 의한 토지분할허가를 득하거나, 분할에 관한 법원의 확정판결이 있는 경우에 토지의 분할이 가능하며,

나. 지목변경은 국토의 계획 및 이용에 관한 법률 등 관계법령에 의한 토지의 형질변경 등의 공사가 준공되었거나, 사실상 공공용지로 사용되지 않아 도로법 등 관계법령의 규제를 받지 아니한 경우에 지목변경이 가능하니 그리 아시기 바랍니다.(서울시 지적과-2820, 2004.7.20)

### 질의 두 개의 용도지구에서의 토지분할면적 미만으로 분할 가능 여부

자연녹지지역과 일반주거지역에 걸쳐 있는 필지에 다세대주택을 건축하기 위해 용도지역 경계선에 맞춰 분할하고자 하나 분할제한면적 미만으로의 토지분할에 해당하는 경우 분할 가능 여부

**회신** 「국토의 계획 및 이용에 관한 법률」(이하 "국토계획법"이라 함) 제56조제1항제4호 및 같은 법 시행령 제51조제1항제5호나목에 따라 「건축법」 제57조제1항에 따른 분할제한면적 미만으로 토지분할(건축물이 있는 대지의 분할은 제외)을 하고자 하는 경우에는 개발행위허가를 받아야 하며, 이 경우 사설도로를 개설하기 위한 분할, 토지이용상 불합리한 토지경계선을 시정하여 당해 토지의 효용을 증진시키기 위해 인접토지와 합필을 전제하는 분할 등 국토계획법 시행령 별표 1의2 제2호라목(2)(가)~(마)의 어느 하나에 해당하여야 허가를 받을 수 있음을 알려드리니, 이에 해당 여부 등 구체적인 사항은 관련내용을 확인할 수 있는 해당 지자체에 문의하시기 바랍니다.(국토교통부, 2015.3.4)

### 질의 도시개발 사업지구 내 토지분할 가능여부

가. 도시개발사업 등의 착수(시행)신고 이전에 법원의 확정판결(화해)이 있을 경우 시행선고 이후에 토지분할 신청 가능여부

나. 도시개발사업 등의 시행신고 지역의 경우 시행신고 이전에 법원의 확정판결이 있을 경우 토지분할 신청 대상자 여부

**회신** 가. 법원의 확정판결에 의하여 분할하는 경우에는 지적법 시행규칙 제24조제1항의 규정에 의하여 확정판결서 정본 또는 사본을 첨부하여 분할신청이 가능합니다.

나. 지적팀-6296(2006.12.22)호로 기 답변한 내용과 같이 지적법 제26조제3항(도시개발사업 등 시행지역의 토지이용신청 특례)의 규정에 의하여 사업시행신고가 이루어지기 이전에 이미 법원의 확정판결이

있었다 하더라도 사업시행신고가 완료된 이후에는 사업시행자만이 토지분할을 신청할 수 있음을 알려드립니다.(서울시 지적팀-405, 2007.1.18)

### 질의 지적분할

1. 주택부지조성이 완료되었는데 개발행위준공검사 신청을 하기 위하여 지적분할 측량성과도를 제출하여야 하는지?
2. 준공신청서류(지적분할측량성과도 포함)에 의하여 준공처리가 되었다면 주택부지의 지적분할은 준공처리한 관청에서 지적법에 의한 별도의 신청서류 없이 분할이 가능한지, 아니면 준공신청자가 별도의 지적분할신청을 해야만 하는지?

**회신** 1. 준공에 필요한 서류의 제출은 관계법령에 따라야 할 사항으로 해당법류에 지적분할측량성과도 제출규정이 있다면 제출하는 것이 타당하다고 판단되며

2. 준공서류로 제출한 지적분할측량성과도에 의하여 자동으로 분할신청이 되지 않으며, 지적법 제19조제2항의 규정에 따라 1필지의 일부가 형질변경 등으로 용도가 다르게 된 때에는 그 날부터 60일 이내에 소유자가 직접 토지의 분할을 신청하여야 함을 알려드립니다.(서울시 지적팀-4126, 2007.7.25)

### 질의 회신 토지합병

부동산등기법 제90조의3(토지합필의 제한)제1항에 의하여 합병하고자 하는 각 필지에 소유권·지상권·전세권·임차권 및 지역권(승역지에 관하여 하는 등기를 말함)의 등기가 되어 있는 경우에는 합병이 가능하나 "저당권·가등기·예고등기·가압류등기·경매등기·체납처분에 의한 압류등기" 등의 등기가 되어 있는 경우에는 합병등기를 할 수 없습니다. 디만 합병하고자 하는 모든 토지에 등기원인 및 그 연월일과 접수번호가 동일한 저당권 또는 근저당권에 관한 등기가 있는 경우에는 합병등기를 할 수 있습니다.(서울시 지적팀-4391, 2005.12.5)

### 질의 면적 미달대지의 사용승인시 지적정리

일반주거지역 안의 건축물이 있는 대지 450m$^2$를 「건축법」 및 관계법령에 적합하게 분할한 후, 나머지 60m$^2$ 이하 부분을 인접한 동일 소유의 다른 토지와 사용승인시 지적정리(지목변경 및 합병)함을 조건으로 하여 건축허가가 가능한지?

**회신** '99.5.9부터 시행된 개정 「건축법」 제2조제1항제1호 단서 및 동법 시행령 제3조제2항의 규정에 의하면 1 이상의 필지의 일부를 사용승인시 합필 또는 분필(「건축법」·「주차장법」·「지적법」 등 관계법령에 적합하게 합필 또는 분필이 가능한 것이 전제되어야 함)할 것을 조건으로 하는 경우에도 허가권자는 이를 하나의 대지로 보아 건축허가가 할 수 있도록 하고 있습니다.(건교부 건축 58070-2038, '99.6.3)

### 질의 도로공제 부지에 대한 토지분할 및 지목변경 관련

건축할 대지에 도시계획상 도로가 포함되어 있는 경우에 건축준공시 「건축법」 제44조, 제46조에 따라 도시계획선 도로부분에 대하여 반드시 분할 및 지목변경을 하여야 하는지?

**회신** 「건축법」 제44조는 건축물의 대지는 2m 이상이 도로(자동차만의 통행에 사용되는 도로는 제외함)에 접하도록 한 규정으로서 이는 도로와 대지와의 관계를 나타내는 것이며, 또한, 「건축법」 제46조는 도로와 접한 부분에 건축물을 건축할 수 있는 선 즉, "건축선(建築線)"은 대지와 도로의 경계선으로 규정한 것으로서 이는 대지와 도로를 반드시 지적 분할 및 지목변경을 하도록 규정한 것이 아닙니다. 나. 다만, 건축

법 제84조 및 시행령 제119조제1호에서 대지면적 산정시 같은 법 제46조제1항 단서에 따라 대지에 건축선이 정하여진 경우 그 건축선과 도로 사이의 대지면적 부분과 대지에 도시계획시설인 도로·공원 등이 있는 경우 그 도시계획시설에 포함되는 대지면적 부분을 제외하도록 규정하고 있습니다.(국토교통부 건축정책과, 등록 2011.12.19, 수정 2019.5.24)

## 질의 무허가 건축물 축조 점유

한 개 필지의 토지에 소유주가 다른 기존 무허가 건축물이 침범하여 축조되어 있는 경우에 무허가 건축물이 축조 점유하고 있는 부분을 제외한 남은 부분을 「건축법」상 대지의 범위로 하여 건축허가 및 사용승인 가능한지 여부

**회신**

- 종전에는 건축물의 "대지"의 범위를 「지적법」에 의한 각 필지로 구획된 토지로 하도록 되어 있었으나, 1 이상의 필지의 일부도 하나의 대지로 할 수 있도록 「건축법」 및 「건축법 시행령」이 '99.2.28 및 '99.4.30 각각 개정되어 '99.5.9부터 시행됨에 따라,
- 질의의 경우와 같이 한 개 필지의 토지 안에 타인 소유의 기존 무허가 건축물이 점유하고 있는 부분이 있는 경우 「건축법 시행령」 제3조제2항제5호 규정에 의거 동법 제18조의 규정에 의한 사용승인을 신청하는 때에 분필할 것을 조건으로 하여 건축허가를 할 수 있을 것이나, 분필이 가능한지 여부는 건축허가시 대지의 분할업무 관련 부서와 협의를 통하여 검토하여 분할이 가능한 경우 건축허가가 가능할 것이므로 당해 건축물의 건축허가 및 대지의 분할 등 복합민원을 다루고 있는 관할구청장에게 직접 문의하시기 바랍니다.(서울시 건지 58501-10420, '99.6.25)

### 참고 통로 부분의 지목

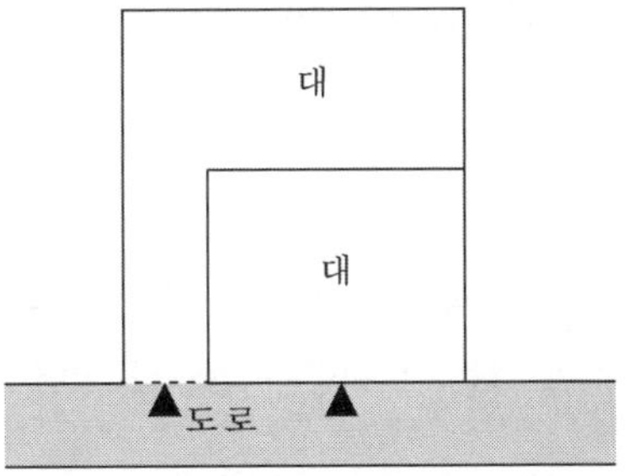

1개 대지에 전용되는 통로는 대지의 연장으로 보아 지목이 "대(垈)"가 된다.

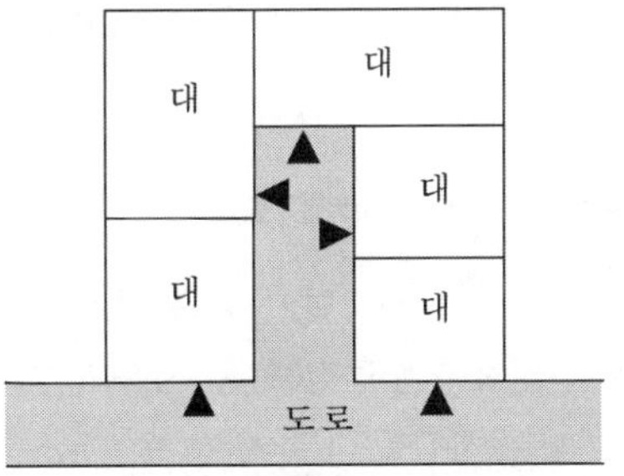

공용되는 통로는 막힌 도로로 보고 지목은 "도(道)"이다.

### 참고 부분 지목 변경

「지적법」상 지목변경 정리를 못할 경우 미준공 문제가 발생되며 장기 미준공은 재산권 행사에 제약이 따르는 등 민원을 유발하게 되므로 건축행정과 지적행정이 유기적으로 운용될 수 있는 것이 중요하다.

### 참고 건물단위 토지분할의 경우

건축물 단위로 분할한 경우 지적 부서에서 건축 부서에 분할가능 여부를 사전 협의한 후 처리하고 있으나 실제적으로는 건축 부서에서 건축허가 당시에 관련법규(조경·주차장·공지 등)와 도면 등 정확한 근거서류와 자료를 토대로 이루어져야 하지만 그렇지 못할 경우 공지면적만 있으면 분할에 동의하고 있는 실정이다.

참고

도시계획시설을 설치하는 경우 도시계획시설이 설치되는 일단의 토지를 대지로 본다.

**질의** **2 이상의 필지를 하나의 대지로 보는 토지**

「건축법 시행령」 제3조제1항제3호의 규정을 적용함에 있어 당해 도시계획시설이 설치되는 일단의 토지라 함은 「도시계획법」 제25조의 규정에 의한 도시계획실시 인가받은 면적인지 아니면 「도시계획법」 제12조의 규정에 의한 도시계획시설결정 면적인지 여부

**회신** 「건축법 시행령」 제3조제1항제4호의 규정에 의하여 2 이상의 필지를 하나의 대지로 보는 토지라 함은 「도시계획법」 제2조제1항제3호의 규정에 의한 도시계획시설에 해당하는 건축물을 건축하는 경우에는 당해 도시계획시설이 설치되는 일단의 토지를 말하는 것임(서울시 건축 58070-2510, '94.7.24)

**질의 회신** **건축법상 건축물이 있는 대지를 분할할 수 있는지 여부**

「건축법」 제57조에 따라 건축물이 있는 대지는 주거지역 $60m^2$, 상업·공업지역 $150m^2$, 녹지지역 $200m^2$, 기타 $60m^2$ 범위에서 해당 지방자치단체의 조례로 정하는 면적에 못 미치게 분할할 수 없으며, 또한, 건축법 제44조(대지와 도로의 관계), 제55조(건폐율), 제56조(용적률), 제58조(대지안의 공지), 제60조(높이제한), 제61조(일조 등 확보를 위한 높이제한)에 따른 기준에 못 미치게 분할할 수 없습니다. 따라서, 집합건축물이 있는 대지의 분할은 상기 기준 및 「집합건물의 소유 및 관리에 관한 법률」, 「측량·수로조사 및 지적에 관한 법률」 등 관련 법령, 현지상황 등을 종합적으로 검토하여 판단할 사항임을 알려드리니, 보다 구체적인 사항은 현지상황을 소상히 파악하고 있는 해당 허가권자에게 문의하시기 바랍니다. 참고로, 구분소유권 및 부동산등기에 관한 사항은 「집합건물의 소유 및 관리에 관한 법률」 및 「부동산등기법」의 소관부처인 법무부 또는 해당 등기소에 문의하시기 바랍니다.(국토교통부 건축정책과 등록 2011.12.27, 수정 2019.5.24)

## 2. 건축물(법 제2조제1항제2호)

건축물이 아니면 「건축법」을 적용하지 않으므로 건축물 여부를 규정하는 것은 매우 중요하다.

① 토지에 정착하는 공작물 중 지붕과 기둥 또는 벽이 있는 것(지붕은 반드시 있어야 한다)

② ①에 딸린 시설물(대문, 담장 등)

③ 지하 또는 고가(高架)의 공작물에 설치하는 사무소, 점포, 공연장(公演場), 창고, 차고

※ 지하도나 고가구조물 자체는 건축물이 아님.

④ 영 제118조에 규정된 공작물도 건축물에 준용된다.

※ 법 제2조제1항제2호에서 "이에 딸린 시설물"이라 함은 건축물에 부속된 담장, 대문, 기타 이와 유사한 것을 말한다.

※ ②~④에 해당되는 것은 지붕, 기둥 또는 벽이 없어도 건축물로 취급된다.

참고

Mobile house(移動式 住宅) 등은 기능으로 보아 건축물의 역할을 하지만 토지에 정착되지 않았으므로 건축물이 아니다. 그러나 컨테이너 건물이 현장사무소·창고·주택 등으로 많이 사용되고 있어 관리가 중요시 되어 이를 건축물로 간주하고 있다.

**질의** **건축물로의 인정 시점**

「건축법」 제2조제2호에서 규정한 건축물이라 함은 사실상 사용할 수 있는 상태를 말하는지, 사용검사를 필한 상태를 말하는지 또는 기둥·벽·지붕이 완성된 상태를 말하는 것인지의 여부

**회신** 「건축법」 제2조제2호에서 건축물이라 함은 토지에 정착하는 공작물 중 지붕과 기둥 또는 벽이 있는 것과 이에 부수되는 시설물을 말하는 것인 바, 동 건축물의 정의는 「건축법」상의 각종 기준의 적용 및 절차 등을 적용하기 위하여 규정한 것이며, 건축법령상 건축물로 보는 기준의 시점은 건축물의 완성도를 감안, 무허가건축의 단속·착공신고·감리자의 선정 등 개별규정에 따라 적용하고 있는 사항이므로 건축물의 인정시점에 대하여는 당해 관계법령의 목적 및 취지(세금부과 등)에 따라 판단하여야 하는 것임(서울시 건축 58550-313, '93.2.4)

❑ **부속건축물**(영 제2조제12호)

같은 대지에서 주된 건축물과 분리된 부속용도의 건축물로서 주된 건축물을 이용 또는 관리하는 데에 필요한 건축물을 말한다.

**참고** 부속건축물은 자체로는 용도지역의 규정을 받지 않고 주용도 건물만 적용받는다.

❑ **다중이용 건축물**(영 제2조제17호)

"다중이용 건축물(多衆利用 建築物)"이란 다음 각 목의 어느 하나에 해당하는 건축물을 말한다.

가. 다음의 어느 하나에 해당하는 용도로 쓰는 **바닥면적의 합계가 5,000$m^2$ 이상인 건축물**
  1) 문화 및 집회시설(동물원 및 식물원은 제외한다)
  2) 종교시설
  3) 판매시설
  4) 운수시설 중 여객용 시설
  5) 의료시설 중 종합병원
  6) 숙박시설 중 관광숙박시설

나. 16층 이상인 건축물

❑ **준다중이용 건축물**(영 제2조제17의2호)

"준다중이용 건축물"이란 다중이용 건축물 외의 건축물로서 다음 각 목의 어느 하나에 해당하는 용도로 쓰는 바닥면적의 합계가 1,000$m^2$ 이상인 건축물을 말한다.

가. 문화 및 집회시설(동물원 및 식물원은 제외한다)
나. 종교시설
다. 판매시설
라. 운수시설 중 여객용 시설
마. 의료시설 중 종합병원
바. 교육연구시설
사. 노유자시설
아. 운동시설

자. 숙박시설 중 관광숙박시설
차. 위락시설
카. 관광 휴게시설
타. 장례식장

❑ **특수구조 건축물**(영 제2조제18호)

"특수구조 건축물"이란 다음 각 목의 어느 하나에 해당하는 건축물을 말한다.

가. 한쪽 끝은 고정되고 다른 끝은 지지(支持)되지 아니한 구조로 된 보·차양 등이 **외벽**(외벽이 없는 경우에는 외곽기둥을 말한다)**의 중심선으로부터 3m 이상 돌출된 건축물**

나. **기둥과 기둥 사이의 거리**(기둥의 중심선 사이의 거리를 말하며, 기둥이 없는 경우에는 내력벽과 내력벽의 중심선 사이의 거리를 말한다. 이하 같다)가 **20m 이상인 건축물**

다. **무량판 구조**(보가 없이 바닥판·기둥으로 구성된 구조를 말한다. 이하 같다)를 가진 건축물로서 무량판 구조인 어느 하나의 층에 수직으로 배치된 주요구조부의 전체 단면적에서 보가 없이 배치된 기둥의 전체 단면적이 차지하는 비율이 1/4 이상인 건축물

라. 특수한 설계·시공·공법 등이 필요한 건축물로서 국토교통부장관이 정하여 고시하는 구조로 된 건축물

❑ **특수구조 건축물 대상기준**(국토교통부 고시 제2018－777호, 2018.12.7 개정)

제1조(목적) 이 기준은「건축법 시행령」제2조제18호 다목에 따라 특수 구조 건축물의 종류를 정하는 것을 목적으로 한다.

제2조(특수구조 건축물) 특수구조 건축물은 다음 각 호의 어느 하나에 해당하는 건축물을 말한다.

1. 건축물의 주요구조부가 공업화박판강구조(PEB : Pre-Engineered Metal Building System), 강관 입체트러스(스페이스프레임), 막 구조, 케이블 구조, 부유식구조 등 설계·시공·공법이 특수한 구조형식인 건축물
2. 6개층 이상을 지지하는 기둥이나 벽체의 하중이 슬래브나 보에 전이되는 건축물(전이가 있는 층의 바닥면적 중 50% 이상에 해당하는 면적이 필로티 등으로 상하부 구조가 다르게 계획되어 있는 경우로 한정한다.)
3. 건축물의 주요구조부에 면진·제진장치를 사용한 건축물
4. 건축구조기준에 따른 허용응력설계법, 허용강도설계법, 강도설계법 또는 한계상태설계법에 의하여 설계되지 않은 건축물
5. 건축구조기준의 지진력 저항시스템 중 다음 각 목의 어느 하나에 해당 하는 시스템을 적용한 건축물
   가. 철근콘크리트 특수전단벽
   나. 철골 특수중심가새골조
   다. 합성 특수중심가새골조
   라. 합성 특수전단벽
   마. 철골 특수강판전단벽
   바. 철골 특수모멘트골조
   사. 합성 특수모멘트골조
   아. 철근콘크리트 특수모멘트골조
   자. 특수모멘트골조를 가진 이중골조 시스템

제3조(규제의 재검토) 국토교통부장관은 「행정규제기본법」 제8조 및 「훈령·예규 등의 발령 및 관리에 관한 규정」(대통령훈령 제334호)에 따라 이 고시에 대하여 2019년 1월 1일을 기준으로 매 3년이 되는 시점(매 3년째의 12월 31일까지를 말한다)마다 그 타당성을 검토하여 개선 등의 조치를 하여야 한다.

❑ **한옥**(영 제2조제16호)

"한옥"이란 「한옥 등 건축자산의 진흥에 관한 법률」 제2조제2호에 따른 한옥을 말한다.

**질의** **비닐하우스**

녹지역내 농지에 비닐하우스로 내부에 단열을 위해 수성연질폼(일명 우레아폼)을 시공하고, 하우스 내부바닥은 콘크리트 포장할 예정입니다 해당지자체에 문의결과 비닐하우스구조의 농작물재배는 건축물이 아니므로 신고등의 절차없이 설치하면 되고, 구조적 안전을 확인할 수 없으므로 건축물로 볼 수 없다고 합니다. 해당농지가 경사가 있어 어느 정도 절토와 성토가 발생하고 부지 내 진입로부위는 차량통행 용이를 위하여 바닥 포장을 계획합니다. 개발행위운영지침에 의하면 녹지지역의 농림어업용 비닐하우스의 설치는 경미한 개발행위(공작물의 설치) 개발행위허가 제외입니다.

문의 1) 건축물 신고(허가), 가설건축물, 공작물 등의 신고 절차 없는 거 맞는지요? <원예특작시설 내재해형 규격설계도, 시방서(간이버섯 재배사)(농림수산식품부 고시 2008-76호)>에 제시된 구조재와 시방대로 시공하면 구조적으로 안전하다 인정되어 건축물로 인정될 수 있는 것인지요?

문의 2) 개발행위허가 대상인지 아닌지?

**회신** ◆ 건축정책과 소관(건축법) : 건축법 시행령 제15조제5항제9호에 도시지역 중 주거지역·상업지역 또는 공업지역에 설치하는 농·어업용 비닐하우스로서 연면적이 100m² 이상인 것은 신고 후 건축하는 것이므로, 녹지지역 내에서는 농업용 비닐하우스는 신고를 득하지 않아도 됨을 알립니다.

◆ 도시정책과 소관(국토계획법) : 「국토의 계획 및 이용에 관한 법률」(이하 "국토계획법"이라 함) 제56조 제1항에 따라 개발행위허가를 받아야 하는 행위는 건축물의 건축, 공작물의 설치, 토지의 형질변경 등 국토계획법 시행령 제51조제1항 각 호와 같은 바, 인공을 가하여 제작한 시설물(「건축법」 제2조 제1항제2호에 따른 건축물은 제외)의 설치를 하고자 하는 경우라면 공작물의 설치에 대한 개발행위허가를 받아야 할 것이나, 국토계획법 시행령 제53조제2호 각 목의 어느 하나에 해당하는 공작물의 설치는 개발행위허가를 받지 아니하고 할 수 있습니다.

아울러 공작물의 설치에 대한 개발행위허가를 받아야 하는 경우 공작물의 설치를 위한 기초공사나 부지조성 등에 따라 토지의 형질변경이 수반된다면 공작물의 설치 외에 토지의 형질변경에 대한 개발행위허가도 받아야 하나, 국토계획법 시행령 제53조제3호 각 목의 어느 하나에 해당하는 토지의 형질변경은 개발행위허가를 받지 아니하고 할 수 있음을 알려드리니, 이에 해당 여부 등 구체적인 사항은 관련내용을 확인할 수 있는 해당 지자체에 문의하시기 바랍니다.(국토교통부 2016.11.10)

✔**판례** **기존 건물에 잇댄 가건물은 건축물임**(대법 1993.6.8 제1부 판결 93도 1094)

창고건물(건평 127.5m²) 벽에 잇대어 철 파이프를 가설하고 지붕과 벽면을 천막으로 두른 증축부분(면적 196.5m²)이 「건축법」 제2조제2호 소정의 "건축물"에 해당한다고 본 사례

**질의 회신** **도로 지하상가의 건축**

「건축법」 제2조제2호의 규정에 의하면 지하 또는 고가의 공작물에 설치하는 사무소, 공연장, 점포, 창고는 「건

축법」상 건축물로 분류하고 있으며, 이러한 건축물이 「건축법」 제8조의 규정에 의한 건축허가대상 건축물인 경우에는 건축허가를 득하여 건축(사업시행자가 국가 또는 지방자치단체의 경우에는 동법 제8조의 규정에 따른 관할 시장 또는 군수와 협의 또는 승인)하여야 하는 것이며, 동 허가시에는 「건축법」상 피난, 방화, 내화 등에 적합하고 또한 「주차장법」 등 관계법령에도 적합하여야 하는 것임.(건설부 건축 30420-16883, '89.7.21)

질의 회신 **기둥, 보로만 형성된 건축물의 증축**

건축물의 건축은 건축허가 사항을 위반하여 이를 건축할 수 없으며, 또한 「건축법」 제2조제2호의 규정에서 건축물이라 함은 토지에 정착하는 공작물 중 지붕과 기둥 또는 벽이 있는 것은 건축물로 분류하고 있으나, 질의와 같이 기존 건축물과 같은 기둥, 보로서 형성되어 건축물로서 형태를 갖추었을 뿐만 아니라 향후 기존 건축물과 용이하게 연계하여 지붕, 바닥을 설치시 일체화된 건축물이 되는 것이므로, 현 상태를 「건축법」상 증축에 해당하는 행위로 보는 것이 건축행정의 목적 및 사회 통념상으로 보아 타당할 것임. (건설부 건축 34020-6953, '90.3.26)

## 3. 건축설비(법 제2조제1항제4호)

건축물의 기능을 원활히 하기 위해 건축물에 설치하는 부대설비(附帶設備)로서 전기, 전화, 초고속 정보통신, 지능형 홈 네트워크, 가스, 급수, 배수(配水 : 상수도의 물을 배급하여 보냄), 배수(排水 : 안에 있는 물을 밖으로 뽑아냄), 환기, 난방, 냉방, 소화, 오물처리설비, 굴뚝, 승강기, 피뢰침, 국기게양대, 공동시청안테나, 유선방송수신시설, 우편함, 저수조 등의 설비를 말한다.

참고 건축물에 설치하는 태양광 발전설비 설치기준(국토교통부, 건축정책과, 2015.11.5 지침시달)

- 건축물에 설치하는 태양광 발전설비는 자가용·판매용과 무관하게 건축물의 부속 건축설비로 간주
- 건축물 옥상(지붕)에 설치하는 경우 자가용이나 판매용에 관계없이 아래 기준에 적합한 경우 건축물의 부속 건축설비에 해당함

| 구분 | 태양광 발전설비(건축설비) |
|---|---|
| 면적 | • 옥상난간(벽) 내측에서 50cm 이상 후퇴하여 설치<br>• 태양광 발전설비 탈락 및 유지관리 공간 등 고려 |
| 높이 | • 옥상 등 바닥면에서 5m 이내 |
| 안전 | • 수직하중, 적설하중 및 풍하중 등 구조·안전에 대한 적정성 여부 검토<br>• 건축사, 구조전문가 등 검토 확인<br>• 건축물 높이에 태양광 발전설비의 높이를 합쳐서 20m 이상인 경우 피뢰침 설치 또는 피뢰설비기능 확보 |

## 4. 지하층(법 제2조제1항제5호)

건축물의 바닥이 지표면 아래에 있는 층으로서 바닥에서 지표면까지의 평균 높이가 해당 층 높이의 1/2 이상인 것을 말한다.

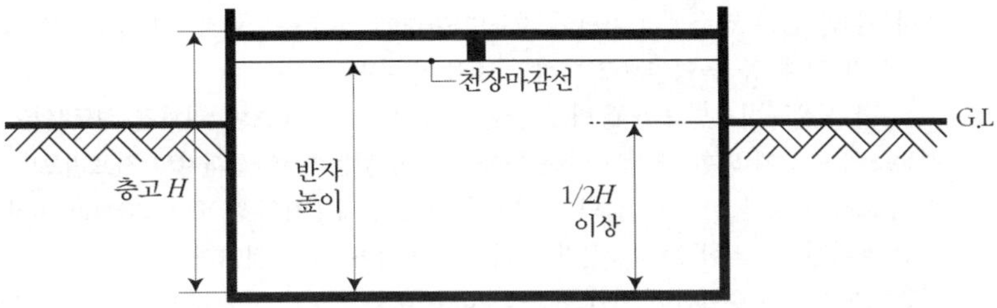


**그림 1-2 지하층**

※ 지하층의 지표면 산정(영 제119조제1항제10호) : 각 층의 주위가 접하는 각 지표면 부분의 높이를 당해 지표면부분의 수평거리에 따라 가중평균한 높이의 수평면을 지표면으로 본다.

※ 지표면(G.L)의 높이차가 다른 경우에는 지표면의 가중 평균한 높이를 기준으로 지하층 여부를 판별하면 된다.

※ 지하층을 종전에는 대피시설(待避施設)로서 중요성을 감안하여 설치를 의무화하였으나 이를 필요에 따라 설치할 수 있도록 자율화하였다.

※ 층고(*H*)는 방의 바닥 구조체 윗면으로부터 위층 바닥 구조체의 윗면까지의 높이

### 질의 지하층 설치

- 1986.7월경에 준공검사를 득하고 사용 중인 지하 1층, 지상 2층 단독주택 용도의 기존 건축물에 대하여 준공검사 이후 '87년경에 준공시 조성된 대지를 절토하여 지하층을 완전 노출시켜 지하층으로 인정할 수 없게 위반하여 '98.11월경 관할구청에 적출되었는 바,
- 현재「건축법」이 개정되어 지하층 설치 의무 규정이 폐지되었는 바, 위반사항 시정을 위하여 반드시 종전대로 지하층을 성토 원상회복 시정조치를 하여야 하는지 아니면 현재 시정조치를 하지 않는 경우「건축법」상 어느 규정에 위반되는지 여부

**회신**

- 질의 건축물의 준공시 대지조성 및 절토현황과 현장상황 등을 정확히 알 수 없어 구체적인 검토 및 회신이 불가능하나,「건축법」제2조제1항제4호 규정에 의거 "지하층"이라 함은 건축물의 바닥이 지표면 아래에 있는 층으로서 그 바닥으로부터 지표면까지의 평균높이가 당해 층 높이의 1/2 이상인 것을 말하므로, 건축물의 지표면(준공당시의 조성된 지반고)을 절토하여 동 규정에 적합하지 않을 경우에는 지하층으로 인정할 수 없으며,
- '99.2.8「건축법」개정으로 지하층 설치 의무 규정이 폐지되어 현재 지하층을 의무적으로 설치하지 않아도 되는 것이나, 질의의 건축물은 지하 1층, 지상 2층으로 준공된 건축물이므로 준공당시 지반고로 원상회복 시정조치를 하든지 또는 당해 건축물의 현황과 건축물대장 기재내용과는 층수가 일치하지 않으므로 일치시키는 건축물대장변경 신청 등을 하여야 할 것으로 판단되는 바, 건축물대장의 기재내용의 변경시에는「건축법」및 관계법령에 적합하여야 함을 알려 드리오니, 구체적인 위반사항 및 조치에 대하여는 당해 건축물의 위반건축물 등에 대한 조치업무를 담당하고 있는 관할구청장에게 직접 문의하시기 바랍니다.(서울시 건지 58550-10173, '99.6.10)

### 질의 사후 성토 후 지하층 여부

지하층을 설치함에 있어 당초 지반면으로부터 1/2을 굴착하지 않고 지하층을 설치한 경우, 사후에 70cm 정도 성토(인접대지 지반면보다 1m 이상 높게)하여「건축법」상 기준을 충족하였을 때, 이를 지하층으로 인정할 수 있는지 여부

**회신** • 지하층이라 함은 건축물의 바닥이 지표면 아래에 있는 층으로서, 그 바닥으로부터 지표면까지의 평균높이가 당해 층 높이의 1/2 이상인 것을 말하며,

• 「건축법 시행규칙」 별표 6 옹벽에 관한 기술적 기준 제6호에 의하면 성토부분의 높이는 「건축법」 제30조의 규정에 의한 대지의 안전 등에 지장이 없는 한 인접대지의 지표면보다 0.5m 이상 높게 하지 않도록 규정하고 있어, 질의의 경우와 같이 인접대지의 지표면보다 1m 이상 높게 하는 경우는 「도시계획법」에 의한 토지형질변경 허가를 받아야 하는 것이며,

• 건축허가 사항에 수반하여 지반면을 성토하는 내용을 포함 건축허가를 받은 경우에는 「건축법」 제8조 제5항제3호에 의거 「도시계획법」에 토지의 형질변경허가를 받은 것으로 보도록 규정하고 있으므로, 건축허가시 관련 부서 협의 등을 통하여 가능여부를 검토하여야 하며, 건축허가를 수반하지 않고 성토하는 경우에는 별도로 「도시계획법」에 의한 토지형질변경허가를 받아야 하는 것임을 알려 드리오니, 성토가능여부 등 구체적인 사항은 당해 건축물의 건축허가 및 토지형질변경 허가 등 복합민원을 직접 담당하고 있는 관할구청장에게 직접 문의하시기 바랍니다.(서울시 건지 58501-10518, '99.8.16)

* 과거 「도시계획법」은 현재 「국토의 계획 및 이용에 관한 법률」로 통합 변경됨.

## 5. 거실(법 제2조제1항제6호)

거실(居室)이라 하면 일반적으로는 주택의 living room으로 알고 있으나 「건축법」상의 거실이란 건축물 안에서 거주(居住), 집무, 작업, 집회, 오락, 그 밖에 이와 유사한 목적을 위하여 사용되는 방을 말한다.

**예외** 현관, 복도, 계단, 창고, 기계실, 화장실, 욕실 등은 거실이 아니다.

※ 거실은 보건위생(채광, 환기, 방습, 반자 높이 등)과 방재 및 피난(내장, 비상용 승강기설치, 비상조명장치설치 등)을 위하여 다른 실보다 규제가 강화된다.

**질의** **거실에 엘리베이터, 복도, 화장실이 포함되는지 여부**

건축법 제2조제1항제6호의 규정에 의한 "거실"에 엘리베이터, 복도, 화장실이 포함되는지 여부

**회신** 「건축법」 제2조제1항제6호에 따라 "거실"이라 함은 건축물 안에서 거주, 집무, 작업, 집회, 오락, 그 밖에 이와 유사한 목적을 위하여 사용되는 방을 말하는 것으로써 "거실"에는 공용으로 쓰이는 엘리베이터, 복도, 화장실은 포함되지 않습니다.(국토교통부 건축정책과 등록 2009.1.14, 수정 2019.5.24)

**질의** **숙박시설의 객실 내 현관 등의 거실면적 산입 여부**

숙박시설의 객실에 딸린 화장실·현관이 거실면적에 산입되는지의 여부

**회신** 「건축법」 제2조제5호의 규정에 의하면 "거실"이라 함은 건축물 안에서 주거·집무·작업·집회·오락 기타 이와 유사한 목적을 위하여 사용되는 방을 말하는 것으로 화장실 또는 욕실이 독립적으로 설치되어 공용으로 사용하는 경우에는 이를 거실로 볼 수 없을 것으로 보이나, 객실이나 세대 내부에 부속되어 있는 화장실 또는 욕실은 거실로 보아야 할 것임(국토교통부, 2013.12.6)

## 6. 주요 구조부(법 제2조제1항제7호)

건축물의 구조상 주요 골격부분인 내력벽, 기둥, 바닥, 보, 지붕틀, 주계단 등을 말하며 건축물의 안전에 결정적인 역할을 담당하는 것이다.
해체, 수선, 방화, 내화 등에 대하여 안전을 확보하기 위한 것이다.

**주의** 기초, 최하층의 바닥, 사이기둥, 작은 보(小梁), 차양, 옥외계단 등은 해당되지 않는다.

❑ **내화구조**(영 제2조제7호)

화재에 견딜 수 있는 성능을 가진 구조로서 국토교통부령이 정하는 기준에 적합한 구조를 말한다.

※ 내화구조에 대해서는 건축물의 내화구조 및 방화벽(법 제50조)과 건축물의 내화구조(영 제56조) 및 「건축물의 피난·방화구조 등의 기준에 관한 규칙」의 내화구조(제3조) 등을 참고하여야 한다.

※ 화재시 구조적 안전성을 고려하여 층별, 시간대별(1시간 내화구조, 2시간 내화구조 등)로 내화구조의 기준을 다르게 볼 수 있으며 하중을 크게 받지 않은 건물이나 층에서는 내화구조의 기준을 완화하여 적용할 수 있다.

**질의** **비내력부분의 내화구조여부**

공장건축물에서 비내력인 외벽에 대해 내화구조 적용 여부

**회신** 「건축법」 제40조 제1항 및 「건축법 시행령」 제56조제1항제4호 규정에 따라 공장의 용도에 쓰이는 건축물로서 그 용도에 사용하는 바닥면적의 합계가 2,000$m^2$ 이상인 경우 주요구조부를 내화구조로 하도록 규정하고 있으며, 여기서 "주요구조부"라 함은 「건축법」 제2조제1항제6호에 따르면 내력벽·기둥·바닥 보·지붕틀 및 주계단을 말하는 것으로 질의의 비내력인 외벽은 이에 해당하지 아니함 다만, 「건축법」 제41조 규정에 따라 「국토의 계획 및 이용에 관한 법률」에 의한 방화지구 안에서는 대통령령이 정하는 경우를 제외하고는 건축물의 주요구조부 및 외벽을 내화구조로 하여야 함(법 제40조, 제41조 ⇒ 제50조, 제51조, 2008.3.21) (국토교통부 건축정책과 등록 2009.8.27, 수정 2022.6.20)

**질의** **철근콘크리트조의 내화구조에 있어 두께가 다를 경우 두께 산정방법 등**

「건축법 시행령」 제3조제3항제4호의 규정에 의하면 철근콘크리트조로서 바닥의 두께가 10cm 이상인 것은 내화구조인 바, 데크플레이트를 사용하였을 때 콘크리트 슬라브 두께가 각각 다를 경우에 있어서 두께산정방법과 두께 10cm에 보호모르타르의 두께도 포함되는지 여부

**회신** 질의의 경우와 같이 바닥에 데크플레이트를 설치하였을 경우 바닥두께가 각각 다를 경우에 있어서 두께 산정방법은 가장 얇은 부분의 두께를 말하는 것이며, 이때 바닥의 두께에서 보호모르타르는 포함되지 않는 것임.

❑ **불연재료**(영 제2조제10호)

불에 타지 아니하는 성질을 가진 재료로서 국토교통부령이 정하는 기준에 적합한 재료를 말한다.

**피난·방화규칙 제6조 【불연재료】**

영 제2조제10호에서 "국토교통부령으로 정하는 기준에 적합한 재료"란 다음 각 호의 어느 하나에 해당하는 것을 말한다.

1. 콘크리트·석재·벽돌·기와·철강·알루미늄·유리·시멘트모르타르 및 회. 이 경우 시멘트모르타르 또는 회 등 미장재료를 사용하는 경우에는 「건설기술 진흥법」 제44조제1항제2호에 따라 제정된 건축공사표준시방서에서 정한 두께 이상인 것에 한한다.
2. 한국산업표준에 따라 시험한 결과 질량감소율 등이 국토교통부장관이 정하여 고시하는 불연재료의 성능기준을 충족하는 것(2022.2.10 본호 개정)
3. 그 밖에 제1호와 유사한 불연성의 재료로서 국토교통부장관이 인정하는 재료. 다만, 제1호의 재료와 불연성 재료가 아닌 재료가 복합으로 구성된 경우를 제외한다.

**건축자재등 품질인정 및 관리기준 제23조 【불연재료의 성능기준】** (국토교통부 고시 제2022-84호)

규칙 제6조제2호에 따른 불연재료는 다음 각 호의 성능시험 결과를 만족하여야 한다.

1. 한국산업표준 KS F ISO 1182(건축 재료의 불연성 시험 방법)에 따른 시험 결과, 제28조제1항제1호에 따른 모든 시험에 있어 다음 각 목을 모두 만족하여야 한다.
   가. 가열시험 개시 후 20분간 가열로 내의 최고온도가 최종평형온도를 20K 초과 상승하지 않을 것(단, 20분 동안 평형에 도달하지 않으면 최종 1분간 평균온도를 최종평형온도로 한다)
   나. 가열종료 후 시험체의 질량 감소율이 30% 이하일 것
2. 한국산업표준 KS F 2271(건축물의 내장 재료 및 구조의 난연성 시험방법) 중 가스유해성 시험 결과, 제28조제3항제2호에 따른 모든 시험에 있어 실험용 쥐의 평균행동정지 시간이 9분 이상이어야 한다.
3. 강판과 심재로 이루어진 복합자재의 경우, 강판과 강판을 제거한 심재는 규칙 제24조제11항제2호 및 제3호에 따른 기준에 적합하여야 하며, 규칙 제24조제11항제1호에 따른 실물모형시험을 실시한 결과 제26조에서 정하는 기준에 적합하여야 한다.
4. 규칙 제24조제6항 및 제7항에 따른 외벽 마감재료 또는 단열재가 둘 이상의 재료로 제작된 경우, 규칙 제24조제8항제2호에 따라 각각의 재료는 제1호 및 제2호에 따른 시험 결과를 만족하여야 하며, 규칙 제24조제8항제1호에 따른 실물모형시험을 실시한 결과 제27조에서 정하는 기준에 적합하여야 한다.

❑ **준불연재료**(영 제2조제11호)

불연재료에 준하는 성질을 가진 재료로서 국토교통부령이 정하는 기준에 적합한 재료를 말한다.

**피난·방화규칙 제7조 [준불연재료]**

영 제2조제11호에서 "국토교통부령으로 정하는 기준에 적합한 재료"란 한국산업표준에 따라 시험한 결과 가스 유해성, 열방출량 등이 국토교통부장관이 정하여 고시하는 준불연재료의 성능 기준을 충족하는 것을 말한다.(2022.2.10 본조 개정)

**건축자재등 품질인정 및 관리기준 제24조 [준불연재료의 성능기준]**

규칙 제7조에 따른 준불연재료는 다음 각 호의 성능시험 결과를 만족하여야 한다.

1. 한국산업표준 KS F ISO 5660－1[연소성능시험－열 방출, 연기 발생, 질량 감소율－제1부 : 열 방출률(콘칼로리미터법)]에 따른 가열시험 결과, 제28조제2항제1호에 따른 모든 시험에 있어 다음 각 목을 모두 만족하여야 한다.
   가. 가열 개시 후 10분간 총방출열량이 8MJ/㎡ 이하일 것
   나. 10분간 최대 열방출률이 10초 이상 연속으로 200kW/㎡를 초과하지 않을 것
   다. 10분간 가열 후 시험체를 관통하는 방화상 유해한 균열(시험체가 갈라져 바닥면이 보이는 변형을 말한다), 구멍(시험체 표면으로부터 바닥면이 보이는 변형을 말한다) 및 용융(시험체가 녹아서 바닥면이 보이는 경우를 말한다) 등이 없어야 하며, 시험체 두께의 20%를 초과하는 일부 용융 및 수축이 없어야 한다.
2. 한국산업표준 KS F 2271(건축물의 내장 재료 및 구조의 난연성 시험방법) 중 가스유해성 시험 결과, 제28조제3항제2호에 따른 모든 시험에 있어 실험용 쥐의 평균행동정지 시간이 9분 이상 이어야 한다.
3. 강판과 심재로 이루어진 복합자재의 경우, 강판과 강판을 제거한 심재는 규칙 제24조제11항제2호 및 제3호에 따른 기준에 적합하여야 하며, 규칙 제24조제11항제1호에 따른 실물모형시험을 실시한 결과 제26조에서 정하는 기준에 적합하여야 한다. 다만, 한국산업표준 KS L 9102(인조광물섬유 단열재)에서 정하는 바에 따른 그라스울 보온판, 미네랄울 보온판으로서 제2호에 따른 시험 결과를 만족하는 경우 제1호에 따른 시험을 실시하지 아니할 수 있다.
4. 규칙 제24조제6항 및 제7항에 따른 외벽 마감재료 또는 단열재가 둘 이상의 재료로 제작된 경우, 규칙 제24조제8항제2호에 따라 각각의 재료는 제1호 및 제2호에 따른 시험 결과를 만족하여야 하며, 규칙 제24조제8항제1호에 따른 실물모형시험을 실시한 결과 제27조에서 정하는 기준에 적합하여야 한다.

❑ **난연재료**(難燃材料－영 제2조제9호)

불에 잘 타지 아니하는 성질을 가진 재료로서 국토교통부령이 정하는 기준에 적합한 재료를 말한다.

**피난·방화규칙 제5조 [난연재료]**

영 제2조제9호에서 "국토교통부령으로 정하는 기준에 적합한 재료"란 한국산업표준에 따라 시험

한 결과 가스 유해성, 열방출량 등이 국토교통부장관이 정하여 고시하는 난연재료의 성능기준을 충족하는 것을 말한다.(2022.2.10 본조 개정)

**건축자재등 품질인정 및 관리기준 제25조 【난연재료의 성능기준】**

규칙 제5조에 따른 난연재료는 다음 각 호의 성능시험 결과를 만족하여야 한다.

1. 한국산업표준 KS F ISO 5660－1[연소성능시험－열 방출, 연기 발생, 질량 감소율－제1부 : 열 방출률(콘칼로리미터법)]에 따른 가열시험 결과, 제28조제2항제1호에 따른 모든 시험에 있어 다음 각 목을 모두 만족하여야 한다.
   가. 가열 개시 후 5분간 총방출열량이 8MJ/㎡ 이하일 것
   나. 5분간 최대 열방출률이 10초 이상 연속으로 200kW/㎡를 초과하지 않을 것
   다. 5분간 가열 후 시험체를 관통하는 방화상 유해한 균열(시험체가 갈라져 바닥면이 보이는 변형을 말한다), 구멍(시험체 표면으로부터 바닥면이 보이는 변형을 말한다) 및 용융(시험체가 녹아서 바닥면이 보이는 경우를 말한다) 등이 없어야 하며, 시험체 두께의 20%를 초과하는 일부 용융 및 수축이 없어야 한다.
2. 한국산업표준 KS F 2271(건축물의 내장 재료 및 구조의 난연성 시험방법) 중 가스유해성 시험 결과, 제28조제3항제2호에 따른 모든 시험에 있어 실험용 쥐의 평균행동정지 시간이 9분 이상이어야 한다.
3. 규칙 제24조제6항 및 제7항에 따른 외벽 마감재료 또는 단열재가 둘 이상의 재료로 제작된 경우, 규칙 제24조제8항제2호에 따라 각각의 재료는 제1호 및 제2호에 따른 시험 결과를 만족하여야 하며, 규칙 제24조제8항제1호에 따른 실물모형시험을 실시한 결과 제27조에서 정하는 기준에 적합하여야 한다.

❑ **내수재료**(耐水材料－영 제2조제6호)

인조석·콘크리트 등 내수성을 가진 재료로서 국토교통부령이 정하는 재료를 말한다.

**피난·방화규칙 제2조 【내수재료】**

「건축법 시행령」(이하 "영"이라 한다) 제2조제6호에서 "국토교통부령으로 정하는 재료"란 벽돌·자연석·인조석·콘크리트·아스팔트·도자기질재료·유리 및 그밖에 이와 비슷한 내수성 건축재료를 말한다.(2019.8.6 본조 개정)

## 7. 건축(법 제2조제1항제8호)

건축물을 신축·증축·개축(改築)·재축(再築)하거나 건축물을 이전하는 것을 말한다.

※ 건축허가대상 행위에는 상기 건축행위 이외에 공작물의 축조(築造) 등의 행위가 있다.

※ **해체와 멸실의 정의**(건축물관리법 제2조)

- 해체 : 건축물을 건축·대수선·리모델링하거나 멸실시키기 위하여 건축물 전체 또는 일부를 파괴하거나 절단하여 제거하는 것
- 멸실 : 건축물이 해체, 노후화 및 재해 등으로 효용 및 형체를 완전히 상실한 상태

❑ **신축**(영 제2조제1호)

건축물이 없는 대지(기존 건축물이 해체되거나 멸실된 대지를 포함)에 새로 건축물을 축조하는 것(부속건축물만 있는 대지에 새로 주된 건축물을 축조하는 것을 포함하되, 개축 또는 재축하는 것을 제외한다)을 말한다.

❑ **증축**(영 제2조제2호)

기존 건축물이 있는 대지에서 건축물의 건축면적·연면적·층수 또는 높이를 늘리는 것을 말한다.

**주의** 기존 건물이 있는 대지에 건축하는 것은 기존 건물에 붙여서 건축하거나 별도로 건축하거나 관계없이 증축이 된다.

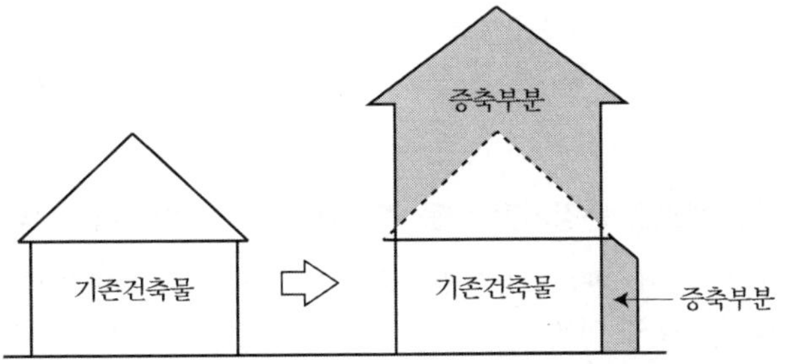


※ 기존 건축물이 있는 대지에 담장을 축조(築造)하는 것도 증축에 해당된다. 건축물에 부수되는 시설은 건축물에 해당되기 때문이다.

※ 증축은 건축물의 면적(건축면적, 연면적)이 증가되는 것만을 생각하기 쉬우나 높이가 증가되는 것도 증축이다.

※ 부속건축물만 있는 대지에 주된 건축물의 건축은 증축이 아니고 신축에 해당된다.

**참고**

**동일대지 내 증축과 관련한 행정처리지침**(건교부 건축 58070-2676, 2000.9.16)

아래의 경우와 같이 「기존 건축물이 있는 대지에 기존 건축물의 소유자가 아닌 자가 「건축법 시행령」 제2조 제1항제2호의 규정에 의한 증축」을 하고자 할 때, 이에 대한 행정처리지침

| 구분 | 사례내용 | 증축허가 가능여부 | 건축물대장 작성방법 |
|---|---|---|---|
| Ⅰ | 동일대지에 별동으로 증축<br>[기존동(A)] [증축동(B)] | "가능" | 증축동(B)에 대한 건축물대장과 전체에 대한 총괄표제부를 작성 |
| Ⅱ | 기존 건물에 붙여 증축하는 경우로서 기존 건물의 전유 및 공용부문의 변경이 없는 경우<br>[기존동(A) 공용부 증축동(B)] | "가능"<br>※ 건축물 기존부의 소유자(갑)가 대지소유자(을)와 다른 경우 갑의 동의가 필요함. | 기존부(A) 및 증축부(B)를 포함한 집합건축물대장(표제부·전유부)을 작성 |
| Ⅲ | 기존 건물에 붙여 증축하는 경우로서 기존 건물의 전유 및 공용부문의 변경이 있는 경우 | "불가"<br>※ 사유 : "등기"가 불가능함. | – |

| 구분 | 사례내용 | 증축허가 가능여부 | 건축물대장 작성방법 |
|---|---|---|---|
| | 기존동(A) 증축동(B) | (법 2000.8.22) | |

**질의** **건축물 증축가능여부**

서울특별시 서대문구 관내 ㅇㅇ상가는 1970년도에 ㅇㅇ천(하천부지)을 복개하여 그 위에 건축한 주상복합건축물로서 1층의 구조는 중앙부분이 오픈 상가형식으로 되어 있고 상가 양측면은 공중의 통행과 주차를 할 수 있는 필로티 형식의 구조로 된 상태임 건축이후 지금까지 36년간 입주점포들의 물품적치장, 물품상하차장, 상가아파트 주민들의 통행로로 사용되어 오던 중 동 건물 상가에 입점한 자가 필로티의 일부분까지 침범하여 샤시와 유리로 점포를 확장함 점포를 확장한 필로티 부분이 건축물대장에 전유부분으로서 바닥면적과 건축면적에 포함되어 있으며 주택 및 점포 용도로 명시되어 있는 경우 본 점포확장 행위가 무단증축인 지 여부

**회신** 「건축법 시행령」 제2조 제1항 제2호 규정에 따르면 "증축"이라 함은 건축물의 건축면적·연면적·층수 또는 높이를 증가시키는 것을 말하는 것으로서, 건축물대장상 피로티 부분의 면적이 이미 건축면적에 포함되어 있고 주택 및 점포용도로 전유부분으로 명시되어 있는 경우, 피로티를 일부 구획하여 점포로 이용하는 행위를 무단증축으로 볼 수 없을 것임.(국토교통부 건축정책과 등록 2009.8.26, 수정 2019.5.24)

**질의** **상부 설치된 계단탑, 승강기탑 등을 증축으로 볼 수 있는지 여부**

기존 건축물의 상부에 계단탑, 승강기탑 등을 건축면적의 1/8 이하의 면적으로 설치하는 경우 이를 건축법상 증축으로 볼 수 있는지 여부

**회신** "증축"이라 함은 「건축법 시행령」 제2조제1항제2호의 규정에 의하여 기존건축물이 있는 대지 안에서 건축물의 건축면적·연면적·층수 또는 높이를 증가시키는 것을 말하는 것인 바, 귀 문의의 부분이 「건축법 시행령」 제119조의 규정에 의한 면적·층수 또는 높이에 포함되지 아니하는 경우라면 이는 증축에 해당하지 아니할 것으로 판단되나, 이에 대한 보다 구체적인 적용과 관련한 사항은 당해 건축물의 상세한 설계도서 등을 갖추어 당해 허가권자에게 문의하시기 바랍니다.(건교부 건축 85070-890, 2003.5.17)

**질의** **증축**

당사는 계획관리지역에 위치한 공장으로 업종은 가공 및 재생플라스틱원료생산업이며 관리지역 세분화 전에 준공하여 공장 영업을 하고 있으나, 현행법령에 따라 제한업종이 된 것으로 알고 있습니다.
금번 공장건물이 협소하여 기존 부지 내에서 건물(제조공장) 면적을 30평 정도 증축이 가능한지?
(참고로 공장이 위치한 지역의 용도지역 세분화는 2009년경 되었으며 최초 건축허가시 허용된 건폐율은 40%인 것으로 알고 있습니다.)

**회신** 「국토의 계획 및 이용에 관한 법률 시행령」 제93조의2의 규정에 의거 녹지지역 또는 관리지역에 있는 기존 공장(해당 용도지역으로 지정될 당시 이미 준공된 것에 한정한다)이 기존 부지 내에서 증축 또는 개축하는 경우 40%의 범위에서 최초 건축허가 시 그 건축물에 허용된 건폐율로 가능하며, 2018년 12월 31일까지 증축 또는 개축 허가 신청한 경우로 한정합니다.
상기규정은 현재 용도지역에서 허용하지 아니하는 업종의 공장이라도 기존 공장 요건에 해당한다면, 40%의 범위에서 기존 부지 내에서는 증축 또는 개축이 가능하다는 것입니다.

따라서, 기존 공장에 해당하는 지 여부와 건축계획 등을 종합적으로 검토하여 해당 지방자치단체 인·허가부서에서 판단할 사항이므로 담당자와 상의하셔서 안내를 받으시기 바랍니다.(국토교통부 도시정책과 2017.4.6)

❑ **개축**(영 제2조제3호)

기존 건축물의 전부 또는 일부[내력벽·기둥·보·지붕틀(제16호 따른 한옥의 경우에는 지붕틀의 범위에서 서까래는 제외한다) 중 셋 이상이 포함되는 경우를 말한다]를 해체하고 그 대지에 종전과 같은 규모의 범위 안에서 건축물을 다시 축조하는 것을 말한다.

※ 건축물의 위치변경, 구조는 문제되지 않고 건물의 규모가 종전과 같거나 적으면 개축이 된다.

**질의** **동수의 변화에 따른 개축 여부**

기존 7개동의 건축물을 철거 후 동일규모로 일부 위치를 이동하여 3개동으로 건축하는 경우 개축에 해당하는 지 여부

**회신** 「건축법 시행령」 제2조 제1항 제3호에 의거 "개축"이라 함은 기존 건축물의 전부 또는 일부를 철거하고 그 대지 안에 종전과 동일한 규모의 범위 안에서 건축물을 다시 축조하는 것을 말하는 것으로서, 상기규정에서 "종전과 동일한 규모의 범위"라 함은 건축물의 동수가 감소하더라도 면적과 층수 및 높이가 증가하지 않는 경우라면 이는 종전과 동일한 규모 범위의 개축에 해당하는 것입니다.
(국토교통부 건축정책과 등록 2009.8.26, 수정 2019.5.24)

**질의 회신** **개축의 정의**

건축법 시행령 제2조 제3호에 "개축"이란 기존 건축물의 전부 또는 일부[내력벽·기둥·보·지붕틀(제16호에 따른 한옥의 경우에는 지붕틀의 범위에서 서까래는 제외한다) 중 셋 이상이 포함되는 경우를 말한다]를 철거하고 그 대지에 종전과 같은 규모의 범위에서 건축물을 다시 축조하는 것을 말합니다.
동 규정에서 "종전과 같은 규모의 범위"라 함은 연면적, 최고층수, 최고높이 등이 기존 건축물과 동일한 범위 내를 의미하는 것을 알려드립니다.(국토교통부 건축정책과 2017.3.31)

❑ **재축**(영 제2조제4호)

건축물이 천재지변이나 그 밖의 재해에 의하여 멸실된 경우 그 대지에 다음 각목의 요건을 모두 갖추어 다시 축조하는 것을 말한다.

가. 연면적 합계는 종전 규모 이하로 할 것

나. 동(棟)수, 층수 및 높이는 다음의 어느 하나에 해당할 것

1) 동수, 층수 및 높이가 모두 종전 규모 이하일 것

2) 동수, 층수 또는 높이의 어느 하나가 종전 규모를 초과하는 경우에는 해당 동수, 층수 및 높이가 「건축법」(이하 "법"이라 한다), 이 영 또는 건축조례(이하 "법령등"이라 한다)에 모두 적합할 것

※ 재축의 범위가 확대되어 연면적 합계는 종전 규모 이하로 하되 건축법(영 포함), 건축조례에 적합한 범위에서 동(棟)수, 층수 또는 높이를 증가시키는 경우에도 재축의 범위에 포함.

**질의회신** 그 대지 안에서 종전과 동일한 '규모'란 재축하고자 하는 건축물의 구조를 포함하지 아니하는 것으로 사료됩니다.(국토교통부, 2013.12.10)

❑ **이전**(영 제2조제5호)

건축물의 주요구조부를 해체하지 아니하고 같은 대지의 다른 위치로 옮기는 것을 말한다.

※ 동일 대지 안에서 위치를 바꾸는 것은 이전에 해당되지만 건축물을 다른 대지로 위치를 바꾸는 것은 이전에 해당되지 않는다. 이 경우 다른 대지에 대해서는 신축 또는 증축이 된다.

❑ **개축과 재축**

개축(改築)과 재축(再築)은 다같이 다시 축조하는 점은 같으나, 개축은 자의(自意) 또는 기타 행위에 의하여 건축물을 해체하고 다시 축조하는 데 반하여 재축은 재해(災害)에 의하여 멸실된 건축물을 다시 축조하는 점이 다르다.

❑ **개축과 신축**

기존 건축물의 전부가 해체 또는 멸실된 경우(대지에 건축물이 없음)와 종전 건물의 규모를 초과하여 건축하면 신축이 된다.

❑ **개축 및 재축과 증축**

기존 건축물의 일부가 해체(개축) 또는 멸실(재축)된 경우(대지에 건축물 있음) 종전 건물의 규모를 초과하여 건축하면 증축이 된다.

❑ **건축행위의 구분**

건축행위는 대지를 중심으로 행위 전후의 상황에 따라 구분한다.

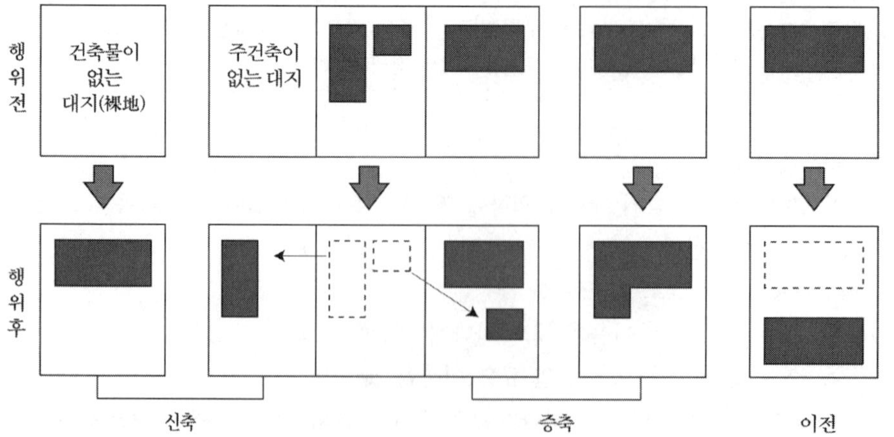


**그림 1-3 신축·증축·이전**

| 행 위 전 | 행 위 후 |
|---|---|
| ① 기존 건축물이 없는 대지 | 신축 : 건축물 축조<br>신축 : 부속 건축물이 있는 경우의 주건축물 축조 |
| ② 기존 건축물이 있는 대지 | 신축 : 기존 건축물이 해체·멸실된 후 건축물 축조<br>증축 : 기존 건축물에 규모 증가<br>개축 : 기존 건축물 해체 → 종전과 동일한 규모의 범위 안에서 축조<br>재축 : 기존 건축물이 재해로 괴멸<br>• 연면적 합계는 종전 규모 이하<br>• 동수, 층수 및 높이가 모두 종전 규모 이하 또는 어느 하나가 초과하는 경우 법령에 적합할 것<br>이전 : 기존 건축물의 동일대지 내 위치변경 |

**질의** **개축 해당 여부**

지상 4층의 기존 건축물(475m²)을 철거하고 그 대지에 지하 1층, 지상 3층의 건축물(472m²)을 건축하고자 하는 경우로서 건축면적, 연면적, 건축물의 높이나 층수가 같거나 작은 경우 개축으로 볼 수 있는지 여부

**회신** 「건축법 시행령」 제2조제1항제3호의 규정에 의거 개축이라 함은 기존 건축물의 전부 또는 일부(내력벽, 기둥, 보, 지붕틀 중 3 이상이 포함되는 경우를 말함)를 철거하고 그 대지 안에 종전과 동일한 규모의 범위 안에서 건축물을 다시 축조하는 것을 말하는 것이므로 질의의 경우 지하층이 없는 기존 건축물을 철거하고 지하층을 설치하는 경우에는 개축에 해당되지 않음.(서울시 건축 58070-1732, '95.5.1)

## 8. 결합건축(법 제2조제1항제8호의2)

"결합건축"이란 제56조에 따른 용적률을 개별 대지마다 적용하지 아니하고, 2개 이상의 대지를 대상으로 통합적용하여 건축물을 건축하는 것을 말한다.

## 9. 대수선(법 제2조제1항제9호)

"대수선"이라 함은 건축물의 기둥·보·내력벽·주계단 등의 구조나 외부형태를 수선·변경하거나 증설하는 것으로서 아래 대수선의 범위에 해당되는 것을 말한다.

최근 다가구·다세대 주택의 가구·세대간 주요구조부인 경계벽을 수선 또는 변경하는 행위가 빈번하게 발생하고 있다. 따라서 임의적 수선 또는 변경되는 행위로 인하여 구조안전에도 문제가 따를 수 있으며 주차장 설치와도 밀접한 관계를 갖고 있어 다가구·다세대 주택의 가구·세대간 주요구조부인 경계벽을 수선 또는 변경하는 행위는 대수선의 범위에 포함되며, 건축물의 외벽 마감재료를 임의로 해체하거나 변경하는 경우가 많이 발생하는데 이때 화재가 발생하게 되면 불길이 급속히 확산되는 등 피난 안전에 문제가 있으므로 건축물의 외벽 마감재료를 증설·해체 또는 벽면적 30m² 이상 수선·변경하는 경우도 대수선에 포함된다.

**영 제3조의2 [대수선의 범위]**

법 제2조제1항제9호에서 "대통령령으로 정하는 것"이란 다음 각 호의 어느 하나에 해당하는 것으로서 증축·개축 또는 재축에 해당하지 아니하는 것을 말한다.(2010.2.18 본조 개정)

1. **내력벽**을 증설 또는 해체하거나 그 벽면적을 $30m^2$ 이상 수선 또는 변경하는 것
2. **기둥**을 증설 또는 해체하거나 세 개 이상 수선 또는 변경하는 것
3. **보**를 증설 또는 해체하거나 세 개 이상 수선 또는 변경하는 것
4. **지붕틀**(한옥의 경우에는 지붕틀의 범위에서 서까래는 제외한다)을 증설 또는 해체하거나 세 개 이상 수선 또는 변경하는 것(2010.2.18 본호 개정)
5. **방화벽** 또는 **방화구획을 위한 바닥** 또는 **벽**을 증설 또는 해체하거나 수선 또는 변경하는 것
6. **주계단·피난계단** 또는 **특별피난계단**을 증설 또는 해체하거나 수선 또는 변경하는 것
7. (2019.10.22 본호 삭제)
8. **다가구 주택의 가구 간 경계벽** 또는 **다세대 주택의 세대 간 경계벽**을 증설 또는 해체하거나 수선 또는 변경하는 것
9. 건축물의 **외벽에 사용하는 마감재료**(법 제52조제2항에 따른 마감 재료를 말한다)를 **증설** 또는 **해체**하거나 **벽면적 $30m^2$ 이상 수선** 또는 **변경**하는 것(2014.11.28 본호 신설)

해설 대수선의 범위를 규정하는 것은 준공 후 임의로 수선 변경할 수 없도록 하고 수선할 때 구조의 안전이나 형태 변경 등이 적법한지를 검토함으로써 준공 후에도 건물상태를 적법하게 관리할 수 있게 하기 위함이다. 대수선의 행위가 되면 건축허가를 받아야 함을 원칙으로 하고 있으나, 연면적이 $200m^2$ 미만이고 3층 미만인 경우의 대수선은 건축신고를 할 수 있다.

### ❏ 수선과 대수선의 차이

수선(修繕)이란 낡은 것을 고친다는 뜻이며, 대수선(大修繕)은 형태상의 변화 또는 구조의 안전상 위험할 정도의 수선으로 증축 또는 개축에 해당하지 않는 것을 말한다.

### ❏ 개축과 대수선의 차이

개축은 건축물의 전부 또는 일부 중 내력벽, 기둥, 보, 지붕틀 중 셋 이상을 포함하여 해체하는 행위가 되며, 대수선은 기둥, 보, 지붕틀의 경우 각각 3개 이상을 수선 또는 변경하는 것 또는 증설, 해체하는 것을 말한다.(해체, 증설, 수선, 변경 등의 용어 등에 유의하여야 함)

※ 한옥의 서까래를 일부 교체하는 행위도 지붕틀을 해체·수선하는 것으로 보아 건축허가나 신고를 받아야 함에 따라 한옥 건축물 보수 시 많은 불편이 발생하여 보다 한옥을 손쉽게 보수할 수 있도록 한옥의 개축 및 대수선의 경우에 지붕틀 범위에서 서까래는 포함되지 않도록 하고 있다.

**질의** **평지붕 형태의 경사지붕으로의 수선·시공**

기존 건축물이 노후하여 누수현상이 심하여 이를 원천적으로 처리하고자 평지붕 형태를 경사지붕 형태로 수선·시공한 경우 증축에 해당되는지 여부

**회신** 「건축법 시행령」 제2조제1항제2호의 규정에 의하여 건축물의 높이를 증가시키는 경우에는 증축에 해당되는 것임.(서울시 건축 01254-217, '92.1.25)

**질의** **대수선 해당 여부(엘리베이터 설치)**

4층 건축물의 내부에 엘리베이터를 새로 설치하는 경우가 대수선에 해당하는 지의 여부

**회신** 건축법령상 대수선이라 함은 건축법시행령 제3조의2 각호의 1에 해당하는 것을 말하는 것인 바, 질의의 경우 4층 바닥(3층 천장)이 방화구획을 위한 것이라면 대수선에 해당할 것으로 사료됩니다.
(국토교통부 건축정책과 등록 2009.8.26, 수정 2019.5.24)

**질의** **대수선**

여관(연면적 400$m^2$, 4층) 내부에 엘리베이터를 새로 설치하는 경우(면적 증가 없음)에도 건축법 제11조에 따른 건축허가를 받아야 하는 지

**회신** 「건축법」 제11조 및 제14조에 따라서 건축물을 "건축"하거나 "대수선"하는 경우에는 허가권자에게 허가를 받거나 신고를 하도록 규정하고 있으며, 같은 법 제2조제1항제8호에서"건축"은 건축물의 신축·증축·개축·재축·이전을 말하고, 같은 항 제9호에서"대수선"은 건축물의 기둥, 보, 내력벽, 주계단 등의 구조나 외부형태를 수선·변경하거나 증설하는 것을 말합니다. 따라서, 귀 질의의 경우 면적의 증가가 없다하더라도 엘리베이터를 설치하는 것이 상기 규정에 따른 "개축" 또는 "대수선"에 해당하는 경우 허가 또는 신고 대상이 될 수도 있을 것인 바, 이에 해당 여부는 허가권자가 건축물대장, 기존건축물의 허가 또는 사용승인서, 설계도서 및 관계법령(조례 포함) 등을 종합적으로 검토·판단해야 할 것임을 알려드리오니, 보다 구체적인 사항은 자세한 자료를 갖추어 해당 지역의 허가권자인 시장·군수·구청장에게 문의하시기 바랍니다.(국토교통부 건축정책과 등록 2011.12.27, 수정 2019.5.24)

**질의** **다가구 주택으로 변경 신청하고자 하는 경우 대수선 신고여부**

다가구 주택제도가 시행되기 전에 "단독주택"으로 적법하게 건축허가를 받아 사용승인을 받은 건축물로서, 사용승인 당시부터 임대를 위하여 현행 다가구 주택과 같이 여러 개의 독립된 가구의 구조로 사용하던 중 가구수의 증가를 위한 경계벽의 신설 또는 변경이 없는 상태에서 건축물대장의 기재사항을 다가구 주택으로 변경 신청하고자 하는 경우 대수선신고를 하여야 하는지의 여부

**회신** 다가구 주택의 가구 수 증가를 위한 경계벽의 신설 또는 변경행위가 없다면 「건축법 시행령」 제3조의2 제8호의 규정에 의하여 대수선에 해당하는 것이 아니므로 이 경우 대수선의 신고를 하지 않고 건축물대장의 기재사항 변경은 가능한 것이나, 같은 법 제14조제1항의 규정에 의하여 변경하고자하는 용도의 건축기준에 적합하여야 할 것이니 보다 구체적인 사항은 당해 허가권자에게 문의하시기 바랍니다.(건교부 건축 58070-618, 2003.4.8)

**질의** **현행 법령이전 건축물의 대수선 및 주차장 부지 추가 확보 시 공개공지 및 조경면적 확보여부**

공개공지 및 조경관련 법령을 적용하기 전에 건축(1975년)된 기존 건축물의 노후화로 인하여 건축물의 면적, 높이, 층수 등의 증가 없이 대수선을 하고, 주차장 부지를 추가로 확보하고자하는 경우 현행 건축법령에 의한 공개공지 및 조경면적을 확보하여야 하는지 여부

**회신** 귀 문의의 경우가 건축법상 대수선에 해당하는 경우라면 현행 건축법령에 의한 공개공지 및 조경관련 기준을 적용하지 아니하여도 될 것으로 판단되니, 이에 대한 구체적인 사항은 관련 내용을 상세히 알고 있는 당해 허가권자에게 문의하시기 바랍니다.(건교부 건축 58070-222, 2003.2.3)

## 10. 리모델링(법 제2조제1항제10호)

"리모델링"이라 함은 건축물의 노후화를 억제하거나 기능향상 등을 위하여 대수선하거나 건축물의 일부를 증축 또는 개축하는 행위를 말한다.(리모델링에 일부 증축·개축행위가 포함됨)

※ 법 제8조「리모델링에 대비한 특례 등」 참조

## 11. 도로(법 제2조제1항제11호)

보행 및 자동차 통행이 가능한 너비 4m 이상의 도로(지형적 조건으로 자동차 통행이 불가능한 도로와 막다른 도로의 경우에는 대통령령이 정하는 구조 및 너비의 도로)로서 다음 각 목의 어느 하나에 해당하는 도로나 그 예정도로를 말한다.

가. 「국토의 계획 및 이용에 관한 법률」·「도로법」·「사도법」(私道法) 그 밖의 관계 법령에 따라 신설 또는 변경에 관한 고시가 된 도로

나. 건축허가 또는 신고 시에 특별시장·광역시장·도지사·특별자치도지사 또는 시장·군수·구청장이 그 위치를 지정하여 공고한 도로

**참고**

「주차장법」에서 도로의 정의(「주차장법」 제2조제4호)

"도로"라 함은 「건축법」 제2조제1항제11호에 따른 도로로서 자동차가 통행할 수 있는 도로를 말한다.

**영 제3조의3 [지형적 조건 등에 따른 도로의 구조와 너비]**

법 제2조제1항제11호 각 목 외의 부분에서 "대통령령으로 정하는 구조와 너비의 도로"란 다음 각 호의 어느 하나에 해당하는 도로를 말한다.

1. 특별자치시장·특별자치도지사 또는 시장·군수·구청장이 지형적 조건으로 인하여 차량 통행을 위한 도로의 설치가 곤란하다고 인정하여 그 위치를 지정·공고하는 구간의 너비 3m 이상(길이가 10m 미만인 막다른 도로인 경우에는 너비 2m 이상)인 도로(2014.10.14 본호 개정)
2. 제1호에 해당하지 아니하는 막다른 도로로서 그 도로의 너비가 그 길이에 따라 각각 다음 표에 정하는 기준 이상인 도로

| 막다른 도로의 길이 | 도로의 너비 |
|---|---|
| 10m 미만 | 2m |
| 10m 이상 35m 미만 | 3m |
| 35m 이상 | 6m(도시지역이 아닌 읍·면지역은 4m) |

**참고** 보행 및 자동차 통행이 가능한 도로로 규정한 것은 고속도로, 고가도로, 자동차 전용도로 등과 같이 대지에 접했다 하여도 그 대지 내로 통행이나 출입이 불가능한 경우는 도로로서의 기능을 충분히 발휘할 수 없으며 자동차가 통행할 수 없는 계단, 도로 등은 소방활동이 어렵다.

- 현실적으로 지형적 조건 또는 지역의 특수성으로 인하여(예 : 고지대, 오래된 주택지 등) 자동차 통행이 불가능한 도로가 많기 때문에 이를 별도로 규정하고 있다.
- 그런데 예정도로까지 포함시킨 것은 장기적인 면에서는 합당하다고 인정되나 특수한 경우 도로개설이나 변경 등의 시행사업이 완료되기 전에는 현실적으로 도로로서 기능을 못하게 되며 예정도로에 접했다 하여도 현재 그 대지 안으로 통행할 수 없는 경우는 건축허가를 받을 수 없다.

  ※ 예정도로와 기존 도로의 동시 적용 : 예정도로가 나기 전까지는 기존 도로가 있어야 함.

  ※ 도로에 관한 정의는 대지와 접하는 도로가 통행상, 소방상 지장이 없도록 최소한의 너비와 길이를 규정하는 데 그 목적이 있으므로 자동차가 통행할 수 없는 너비 4m 미만의 도로는 원칙적으로는 도로라고 할 수 없다. 그러나 너비 4m 미만의 기존(既存) 도로가 많은 현 상황을 감안하여 시장·군수·구청장은 너비 3m 이상 도로는 위치를 지정 공고하여 이 법에서 도로로 인정하고 있다.

**질의** **자동차전용도로의 일조규정 적용완화 여부**

대지가 자동차전용도로 및 일반도로(폭 10m, 8m 등)에 접하여 있을 경우 자동차전용도로에 접한 대지 상호간에 일조규정 완화적용 여부

**회신** 「건축법」 제2조제11호의 도로용어 정의에서 자동차만이 통행에 가능한 도로는 도로로 볼 수 없다고 규정하고 있으므로 「건축법」상의 도로와 관련된 각종 규정에 일률적으로 적용되어야 하므로 대지가 접한 일반 도로와 관계없이 자동차전용도로는 일조규정 완화적용을 할 수 없다.(서울시 건지 58550-3758, 2000.10.30)

**질의** **지목이 '도(道)'가 아닌 현황도로를 도로로 볼 수 있는지 여부**

시장·군수가 인정, 설치한 도로에 편입된 토지의 지목이 도로로 변경되어 있지 않은 경우에도 도로로 볼 수 있는지 여부

**회신** 「도로법의 절차에 의거 설치한 도로라면 그 도로상의 일단의 토지에 대한 지목 변경조치가 누락되었다 하더라도 일단의 토지를 포함한 그 도로는 도로법의 적용을 받게 되는 것이며, 이 경우 당해 도로관리청은 지체없이 지목변경 조치를 하여야 할 사항입니다.

* 지적공부상의 지목과 관련없이 도로구역내의 토지에 대하여는 도로로 봐야 할 것이며, 도로건설공사의 경우 준공과 함께 지적공부 정리시 도로에 편입된 토지의 지목을 변경하고 있습니다.(국토교통부 도로정책과 등록 2003.7.19, 수정 2019.5.24)

### 질의 현황도로에 접한 대지

건축법상 도로가 아닌 현황도로에 접합 대지에 건축허가가 가능한지 여부

**회신** 「건축법」 제2조제1항제11호에 따라 “도로”란 보행과 자동차 통행이 가능한 너비 4m 이상의 도로로서 「국토의 계획 및 이용에 관한 법률」, 「도로법」 등 관계 법령에 따라 신설 또는 변경에 관한 고시가 된 도로, 건축허가 또는 신고 시에 허가권자가 위치를 지정하여 공고한 도로 또는 그 예정도로를 말하는 것이며, 같은 법 제44조제1항에 따라 건축물의 대지는 2m 이상이 도로(자동차만의 통행에 사용되는 도로는 제외한다)에 접하여야 하며, 다만, 해당 건축물의 출입에 지장이 없다고 인정되는 경우와 건축물의 주변에 대통령령으로 정하는 공지가 있는 경우 중 어느 하나에 해당하면 그러하지 아니하도록 하고 있습니다. 이에 따라, 해당 건축물의 출입에 지장이 없다고 인정되는 경우에는 건축허가가 가능할 수 있을 것으로 사료되나, 이는 주변 도로현황 및 대지 여건 등을 종합적으로 검토하여 판단하여야 할 사항으로 보다 자세한 사항은 관련 자료를 갖추어 해당지역 허가권자에게 문의하여 주시기 바랍니다.(국토교통부 도로정책과 등록 2014.12.31, 수정 2019.5.24)

### 질의 막다른 도로에 접한 대지의 건축과 이해관계인의 동의

- 폭 약 6m의 막다른 도로(사유지로써 길이 약 44m)에 접하여 주택 및 공동주택이 이미 건축되어 있으나, 「건축법」상 도로대장에 등재되어 있지 아니한 경우 동 도로에 접하고 있는 다른 대지에 건축물의 건축이 가능한지 여부
- 질의요지 “가”도로를 「건축법」상 도로로 볼 수 있다면 동 도로에 하수관을 매설할 경우 이해관계인의 동의를 받아야 하는지 여부

**회신** 질의의 도로가 「건축법」령의 규정에 의한 도로관리대장에 등재되어 있지 아니한 구체적인 내용은 알 수 없으나, 「건축법」 제2조제11호나목의 규정에 의하여 건축허가 또는 신고 시 허가권자가 그 위치를 지정·공고한 도로도 「건축법」상 도로로 규정하고 있으므로 허가권자가 이미 동 도로에 의하여 주택 및 공동주택을 적법하게 건축허가 하였다면 「건축법」령에 의한 도로관리대장에 등재되어 있지 아니하다 하더라도 사실상 도로의 지정행위가 있었던 것으로 보는 것이 타당할 것이며, 동 도로에 하수관 등을 매설할 경우 이해관계인의 동의여부는 민법 등에 의하여야 할 것으로 사료됩니다.(건교부 홈페이지 2005.3.22 등록)

### 판례 폭 4m 이상인 사실상 도로가 「건축법」상 도로였던 시기

(대법 1994.1.28 제3부 판결 93누 20023 행정처분취소)

1975. 12. 31 법률 제2852호 「건축법」 중 개정법률 부칙 제2조는 이 법 시행 당시 종전의 규정에 의한 도로로서 제2조제15호의 규정에 적합하지 않은 것은 동 규정에도 불구하고 이를 도로로 본다고 규정하고 있고, 그 전의 「건축법」(1967.3.30 법률 제1942호) 제2조제15호는 “도로”라 함은 폭 4m 이상의 도로와 다음에 게기하는 것의 하나에 해당하는 예정도로로서 폭 4m 이상의 것을 말한다. 폭 4m 미만의 도로로서 시장·군수가 지정한 도로도 또한 같다고 규정하고 있으므로, 폭 4m 이상의 도로는 폭 4m 미만의 도로와는 달리 시장·군수가 도로로 지정하지 않은 사실상의 도로라 하더라도 「건축법」상의 “도로”에 해당한다 할 것이니, 사실상의 도로가 그 폭이 4m 이상으로서 위 1975.12.31 법률 제2852호 시행일 전에 이미 주민들의 통행로로 이용되고 있었다면 이는 「건축법」상의 도로에 해당한다.

**질의** 막다른 도로라 함은?

**회신** 「건축법 시행령」 제3조의3의 규정에 의한 막다른 도로라 함은 통과도로로부터 막다르게 접한 부분까지를 말하는 것이며, 되돌아오지 않고 계속 진행이 가능한 도로는 통과도로에 해당하는 것인바, 보다 구체적인 사항은 당해 허가권자에게 문의하시기 바랍니다.(건교부 건축 58070-604, 2005.4.4)

**질의 회신** **진·출입로 개설**

개인이 「국토의 계획 및 이용에 관한 법률」 제56조에 따른 개발행위허가를 받아 건축물을 건축하기 위하여 도시관리계획에 따른 도로예정지의 일부에 진·출입로를 개설하는 경우, 해당 개설부분이 도로로서의 형태와 실질에 부합하지 않는 것이라면 해당 개설부분은 같은 법 제65조제2항에 따른 무상귀속 대상이 아닙니다.

**참고** **도로에 관한 기준**(「도시·군계획시설의 결정·구조 및 설치기준에 관한 규칙」 참조)

- 도로의 사용 및 형태별 구분(규칙 제9조)
  - 일반도로 : 폭 4m 이상의 도로로서 통상의 교통소통을 위하여 설치되는 도로
  - 자동차전용도로 : 특별시·광역시·특별자치시·시 또는 군(이하 "시·군"이라 한다)내 주요지역간이나 시·군 상호간에 발생하는 대량교통량을 처리하기 위한 도로로서 자동차만 통행할 수 있도록 하기 위하여 설치하는 도로
  - 보행자전용도로 : 폭 1.5m 이상의 도로로서 보행자의 안전하고 편리한 통행을 위하여 설치하는 도로
  - 보행자우선도로 : 폭 10m 미만의 도로로서 보행자와 차량이 혼합하여 이용하되 보행자의 안전과 편의를 우선적으로 고려하여 설치하는 도로
  - 자전거전용도로 : 하나의 차로를 기준으로 폭 1.5m(지역 상황 등에 따라 부득이하다고 인정되는 경우에는 1.2m) 이상의 도로로서 자전거의 통행을 위하여 설치하는 도로
  - 고가도로 : 시·군내 주요지역을 연결하거나 시·군 상호간을 연결하는 도로로서 지상교통의 원활한 소통을 위하여 공중에 설치하는 도로
  - 지하도로 : 시·군내 주요지역을 연결하거나 시·군 상호간을 연결하는 도로로서 지상교통의 원활한 소통을 위하여 지하에 설치하는 도로(도로·광장 등의 지하에 설치된 지하공공보도시설을 포함한다). 다만, 입체교차를 목적으로 지하에 도로를 설치하는 경우를 제외한다.

- 도로의 규모별 구분(규칙 제9조)

| 노 형 | 세 분 류 | 폭 원 |
|---|---|---|
| 광 로 | 1류 | 70m 이상 |
| | 2류 | 50m 이상 70m 미만 |
| | 3류 | 40m 이상 50m 미만 |
| 대 로 | 1류 | 35m 이상 40m 미만 |
| | 2류 | 30m 이상 35m 미만 |
| | 3류 | 25m 이상 30m 미만 |
| 중 로 | 1류 | 20m 이상 25m 미만 |
| | 2류 | 15m 이상 20m 미만 |
| | 3류 | 12m 이상 15m 미만 |
| 소 로 | 1류 | 10m 이상 12m 미만 |
| | 2류 | 8m 이상 10m 미만 |
| | 3류 | 8m 미만 |

- 도로의 기능별 구분(규칙 제9조제3호)
  - 주간선도로 : 시·군 내 주요지역을 연결하거나 시·군 상호간을 연결하여 대량통과 교통을 처리하는 도로로서 시·군의 골격을 형성하는 도로
  - 보조간선도로 : 주간선도로를 집산도로 또는 주요 교통발생원과 연결하여 시·군 교통의 집산기능을 하는 도로로서 근린주거구역의 외곽을 형성하는 도로
  - 집산도로(集散道路) : 근린주거구역의 교통을 보조간선도로에 연결하여 근린주거 구역 내 교통의 집산기능을 하는 도로로서 근린주거구역의 내부를 구획하는 도로
  - 국지도로 : 가구(街區 : 도로로 둘러싸인 일단의 지역을 말한다. 이하 같다)를 구획하는 도로
  - 특수도로 : 보행자 전용도로·자전거 전용도로 등 자동차 외의 교통에 전용되는 도로
- 도로의 일반적 결정기준(규칙 제10조)
  - 주간선도로와 주간선도로의 간격 : 1,000m 내외
  - 주간선도로와 보조간선도로의 간격 : 500m 내외
  - 보조간선도로와 집산도로의 간격 : 250m 내외
  - 국지도로의 배치간격 : 가구의 짧은 변 사이의 배치간격 90m~150m 내외, 가구의 긴 변 사이의 배치간격 25~60m 내외

- 용도지역별 도로율(규칙 제11조) : 건축물의 용도·밀도, 주택의 형태 및 지역 여건에 따라 적절히 증감
  - 주거지역 : 15% 이상, 30% 미만(이 경우 간선 도로의 도로율은 8% 이상, 15% 미만)
  - 상업지역 : 25% 이상, 35% 미만(이 경우 간선 도로의 도로율은 10% 이상, 15% 미만)
  - 공업지역 : 8% 이상, 20% 미만(이 경우 주간선 도로의 도로율은 4% 이상, 10% 미만)

  ※ 차로의 폭은 도로의 구조·시설기준에 관한 규칙 제10조 참고

**질의 회신** **「사도법」에 의한 사도개설허가를 받아 폐지 또는 변경 가능 여부**

「도시계획법」, 「도로법」, 「사도법」에 의하여 지정된 도로는 각각 해당 법령에 의거 폐지 또는 변경하는 것임. (건교부, 건축 58070-2037, '99.6.3)

**질의** **미개설된 도시계획 도로의 통행로 부분**

미개설된 도시계획 도로(현재 개설 공사 중)에만 접한 대지의 유일한 통행로 이용되고 있는 부분을 포함한 대지에 건축허가신청시 동 통행로 부분을 통로로 보아야 하는지, 아니면 도로로 보아 건축선을 후퇴 대지면적에서 제척하여야 하는지 여부

**회신**
- 질의의 유일한 통로부분이 「건축법」 제2조제1항제11호나목의 규정에 의한 도로에 해당하는 경우라면 소요너비를 확보하여 대지면적에서 제외하는 것이며, 동 도로가 아닌 경우에는 소요너비 확보의무는 없는 것이므로 대지면적에 포함되는 것이나,
- 미개설 도시계획도로가 현재 개설 공사 중이므로 개설이 완료되어 동 통행로 부분이 통로 또는 도로의 역할을 할 필요가 없어질 경우, 동 통로부분이 「건축법」 제2조제1항제11호나목에 의한 도로라면 같은 법 제35조 규정에 의한 절차에 의거 도로의 폐지하여야 할 것이므로, 당해 건축물의 허가권자가 도로의 지정 여부, 도시계획도로의 개설현황 등을 종합 검토·판단할 사항이오니 구체적인 사항은 당해 건축물의 허가권자에게 직접 문의하시기 바랍니다.(서울시 건지 58501-10325, '99.7.10)

### 질의 통로 부분의 대지면적에 포함 여부

- 건축을 하고자 하는 대지(신청대지)의 일부가 「건축법」상 도로가 아닌 「지적법」상 맹지인 인근 기존 건축물이 있는 대지에 출입하는 유일한 통로(폭 : 1m 정도)로만 이용되고 있는 경우, 신청대지에 건축허가시 동 통로부분을 반드시 「건축법」 제2조제11호나목 규정에 의거 도로로 내어 줄 의무가 있는지?
- 만일 도로로 내어 줄 의무가 없다면, 동 부분을 통로로 내어 주어 신청대지에 건축을 할 경우 동 통로부분을 대지면적에 포함할 수 있는지 여부

**회신**
- 당해 질의의 통로부분이 「건축법」 제2조제11호나목 규정에 의거 시장·군수·구청장이 지정한 도로라면 「건축법」상 소요 도로 폭을 확보하여야 하는 것이며, 동 규정에 의하여 도로로 지정받은 바 없다면 도로로 내어 줄 의무는 없을 것이나, 구체적인 사항은 당해 건축물의 건축허가 및 도로의 지정권자인 관할구청장이 기존 건축물의 현황·도로의 지정여부·지정계획·이해관계 등을 종합검토·판단할 사항이오니 관할구청에 직접 문의하시기 바라오며,
- 도로가 아닌 통로일 경우에는 대지면적 산정시 통로부분을 포함할 수 있음을 알려드립니다.(서울시 건지 58501-10304, '99.5.20)

### 질의 관습상 도로와 건축허가

- 문화재보호구역을 일부분 침범하여 형성된 현황도로(도로 폭 약 4m)가 인접 기존 건축물 및 대지에 출입할 수 있는 유일한 통로이고 관습상 도로로, 동 현황 도로를 이용 건축허가를 받고자 하는 경우
- 동 현황도로를 「건축법」 제2조제11호나목 규정에 의거 도로로 인정받아 건축허가가 가능한지 및 동 현황도로의 지목이 "전"일 때 "도로"로 지목이 변경되어야만 「건축법」에 의한 도로로 볼 수 있는지 여부
- 동 현황도로를 이용 인접 기존 건축물의 건축허가를 이미 받았다면 기존 건축물의 허가시 「건축법」 제2조제11호나목 규정에 의거 지정된 도로로 보아 이해관계인의 재 동의를 받을 필요 없이 건축허가가 가능한지 여부

**회신**
- 「건축법」상 도로라 함은 「건축법」 제2조제11호의 규정에 의해 「도시계획법」, 「도로법」, 「사도법」, 기타 관계법령의 규정에 의하여 신설 또는 변경에 관한 고시가 된 것과 건축허가시 시장·군수·구청장이 그 위치를 지정한 도로 또는 그 예정도로를 말하는 것이므로, 동 현황도로가 「건축법」 제2조제11호나목의 도로로 인정받기 위하여는 허가권자가 동법 시행령 제30조 규정에 의거 도로를 지정하여야 하며, 도로로 지정하고자 하는 경우에는 당해 도로에 대한 이해관계자의 동의를 얻어야 하고, 도로로 지정한 경우 그 도로의 구간·연장·너비 및 위치를 기재한 도로대장을 작성·비치토록 되어 있으므로, 질의의 경우는 당해 건축물의 허가권자인 구청장이 기존 건축물 및 문화재보호구역의 현황, 도로의 지정 여부·지정계획·이해관계 등 구체적인 사항과 관계법령 등을 종합 검토·판단할 사항이오니 관할구청에 직접 문의하시기 바라며,
- 질의의 현황도로가 「건축법」 제2조제11호나목의 규정에 의한 도로로 보아 인접대지에서 적법하게 건축허가를 받았다면 다시 이해관계인의 동의를 받을 필요는 없는 것임을 알려드립니다.(서울시 건지 58501-178, '99.3.29)

### 질의 도시계획 예정도로의 「건축법」상 도로인정 여부

건축하고자 하는 대지가 도시계획예정도로이자 기존 도로에 접하여 있고 대지와 기존도로 사이 개설되지 아니한 예정도로 부분을 점용허가를 받아 대지의 통행로로 사용하고 있는 경우 건축할 수 있는지

**회신** 건축법령의 제 규정을 적용할 때 도로는 동법 제2조 제1항 제11호에서 정의한 바와 같이 보행 및 자동차 통행이 가능한 너비 4m 이상의 도로(지형적 조건으로 자동차통행이 불가능한 경우와 막다른 도로인 경우에는 동법 시행령 제3조의3에서 정하는 구조 및 너비의 도로)로서 국토의 계획 및 이용에 관한 법률·도로법·사도법 기타 관계법령에 의하여 신설 또는 변경에 관한 고시가 된 도로와 건축허가 또는 신고시 허가권자가 그 위치를 지정·공고한 도로를 말하는 것으로, 질의의 도시계획 예정도로가 국토의 계획 및 이용에 관한 법률에 의하여 고시된 도로라면 건축법에서도 도로로 보는 것으로 이에 접한 대지는 건축법 제33조에 적합한 것으로 사료되나 이의 구체적 사실판단은 허가권자가 판단하여야 할 것입니다. (법 제33조 ⇒ 제44조, 2008.3.21) (국토교통부 건축정책과 등록 2009.8.26, 수정 2019.5.24)

**질의 회신** **미개설된 사유지상의 도시계획도로**

「건축법」 제2조제11호의 규정에 의해 사유지상에 도시계획의 결정으로 도로 개설이 확정된 경우에는 동 소유자의 동의를 받지 않아도 건축허가가 가능할 것이나, 동 도시계획도로가 개설될 때까지 통행에는 지장이 없어야 할 것임.(건설부 건축 01254-20733, '90.8.11)

**질의 회신** **접도구역안에서 개축허가면적보다 더 큰 건축물을 증축하였을 경우 접도구역안의 행위되는지 여부**

- 도로법 제49조의 규정에 따라 접도구역 안에서는 건축물 신축이 금지되고, 일부 증축의 경우만 허용하고 있습니다.
- 따라서 귀 질의 경우는 개축허가 면적보다 크게 건축한 불법신축에 해당되는 것을 접도구역 안에서 금지되는 행위에 해당됨.(2015.11.11)

※ 접도구역안에서의 허용행위

1. 연면적 $10m^2$ 이하의 변소, 연면적 $50m^2$ 이하의 퇴비사 또는 연면적 $20m^2$ 이하의 축사의 신축 또는 농어업용 창고의 신축
2. 증축되는 부분의 바닥면적의 합계가 $30m^2$ 이하인 건축물의 증축
3. 건축물의 개축·재축·이전(접도구역 밖으로부터 접도구역 안으로 이전하는 경우 제외한다) 또는 대수선

**질의 회신** **사유도로 소유자의 동의 여부**

「건축법」상 도로라 함은 「건축법」 제2조제11호의 규정에 의해 「도시계획법」, 「도로법」, 「사도법」, 기타 관계법령의 규정에 의하여 신설 또는 변경에 관한 고시가 된 것과 건축허가시 시장, 군수가 그 위치를 지정한 도로를 말하는 것인 바, 기존 건축물의 대지가 사유도로에 접하여 있는 경우로서 동 건축물을 철거하고 신축할 경우에 그 사유도로가 동법 제2조제11호의 규정에 의한 도로라면 도로부분의 소유자의 동의를 득하지 않아도 되는 것임.(건설부 건축 01254-, '90.6.15)

**질의** **건축허가시 지정된 도로에 대한 이해관계인의 재동의 여부**

「건축법」 제2조제11호나목의 규정에 의거 건축허가시 지정된 도로의 경우 동도로를 이용하여 허가를 하고자 하는 경우 이해 관계인의 동의를 다시 받아야 하는지 여부

**회신** 질의의 도로가 「건축법」 제2조제11호나목의 규정에 의한 도로로 보아 인접대지에서 건축허가를 받았다면 다시 이해관계인의 동의를 받을 필요가 없는 것임.(서울시 건축 58070-2953, '95.7.19)

**질의** **지번도상 통과도로이나 일부에 계단이 있는 경우 통과도로인지 또는 막다른 도로인지 여부**

지번도상의 대지가 4면이 도로에 접하고 있는 바, 동·서·남·북측의 도로(일부에 계단이 있음)가 통과도로인지 또는 막다른 도로인지 여부

**회신** 건축법령상 통과도로나 막다른 도로에 대한 용어의 정의는 없으나 질의의 경우 통과도로로 보아야 할 것으로 판단됨.(서울시 건축 01254-914, '92.3.27)

**질의 회신** **시장·군수가 위치를 지정한 도로**

「건축법」 제2조제11호나목의 규정에 의하여 '건축허가시 시장 또는 군수가 그 위치를 지정한 도로'라 함은 동호 가목에서 정하고 있는 도로 외에 건축허가시에 동법 시행령 제30조의 규정에 의하여 시장 또는 군수가 그 위치를 지정한 도로를 말하는 것임.(건설부 건축 01254-, '90.9.27)

**질의** **막다른 도로**

건축법령에 적법한 막다른 도로(A) 중간 부분에 또 다른 막다른 도로(B)가 분기되어 있는 경우, 막다른 도로(B)의 시작점을 도로(A)의 시작점으로 보아야 하는지 아니면 도로(B)가 분기되는 곳을 시작점으로 보아야 하는지 여부

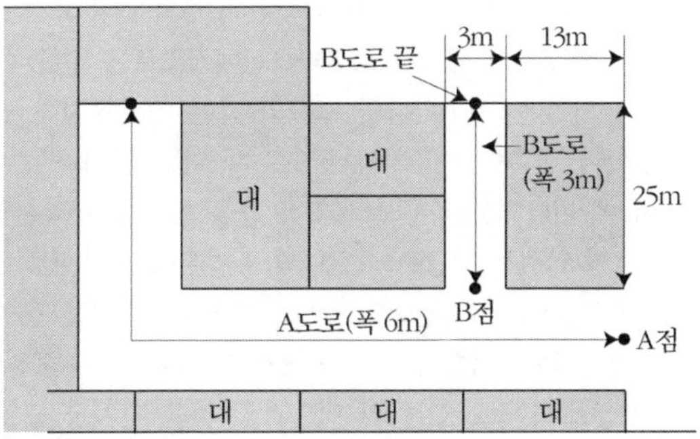


* 처음에는 시작점을 A로 하였음('91.5)

**회신** 「건축법」 제2조제1항제11호에 따르면 "도로"란 보행과 자동차 통행이 가능한 너비 4m 이상의 도로로서 관계 법령에 따라 고시가 된 도로이거나 건축허가(신고) 시 지정·공고한 도로를 말하며, 지형적으로 자동차 통행이 불가능한 경우와 막다른 도로의 경우에는 같은 법 시행령 제3조의3에 적합하도록 규정하고 있는 바, 질의의 막다른 도로(A)가 상기 규정에 적합한 경우라면 이는 건축법령에서 정하고 있는 "도로"에 해당하는 것이므로, 동 "도로"에서 분기된 도로(B)의 시작점은 당해 막다른 도로(B)의 분기점을 시작점으로 보는 것이 타당할 것이니, 이에 대한 구체적인 내용은 현지현황을 소상히 알고 있는 당해 지역의 허가권자에게 문의하시기 바랍니다.(국토교통부 건축정책과 등록 2011.12.27, 수정 2019.5.24)

**질의 회신** **대지 연장 부분의 일조권 적용**

대지가 도로에 인접하기 위해 사실상 통로로 사용되는 대지의 연장부분은 대지면적에 포함되는 대지의 일부분으로서 「건축법 시행령」 제3조제2호(막다른 도로)의 규정은 적용하지 아니하나 동 시행령 제43조(대지 안의 통로) 및 제42조(피난 소화에 필요한 통로)와 제86조(일조권)는 적용하는 것임.(건설부 건축 01254-17061, '90.7.5)

* 관련 적용규정은 「건축법 시행령」 제41조(대지 안의 피난 및 소화에 필요한 통로 설치)로 변경됨.

**질의** **「건축법」상 도로가 「지적법」상 도로의 경우의 지목 변경**

「건축법」 제2조제1호나목의 규정에 의하여 건축허가시 시장·군수·구청장이 지정한 도로가 현재 지적상 도로인 경우 이를 대지로 지목변경이 가능한지 여부

**회신** 「건축법」 제33조의 규정에 의하여 건축물을 건축하고자 하는 대지는 일정거리를 도로에 접하여야 하는 것이며, 이때 도로가 없는 경우에는 동법 제2조제11호나목의 규정에 의하여 건축허가시 도로를 지정할 수 있는 것이며, 동 규정에 의하여 지정된 도로는 지목과 관계없이 「건축법」상 도로로 인정되는 것이며, 동 도로가 불필요하게 되어 동법 시행령 제30조의 규정에 의하여 이해관계자의 동의를 얻어 폐지되기까지는 도로로 존속되는 것이므로 동 도로의 지목이 반드시 도로이어야 하는 것은 아님.(서울시 건축 58550-2138, '94.6.28)

**참고**

사도(私道) 개설의 이용 및 관리

건축행위를 위해서는 건축물의 대지는 2m 이상이 도로에 접해야 한다.(건축법 제44조) 만약 도로에 접하지 못하는 대지는 건축물을 건축할 수 없는 맹지(盲地)가 되는 것이다. 대지에 접하는 도로의 정의(건축법 제2조 제1항제11호)를 보면 보행과 자동차 통행이 가능한 너비 4m 이상의 도로(지형적으로 자동차 통행이 불가능한 경우와 막다른 도로를 포함함)로서 「국토의 계획 및 이용에 관한 법률」, 「도로법」, 「사도법」, 그 밖의 관계법령에 따라 신설 또는 변경에 관한 고시가 된 도로와 건축허가 또는 신고 시에 시·도지사 또는 시장·군수·구청장이 위치를 지정하여 공고한 도로나 그 예정도로를 말한다. 이와 같이 대지에 접하는 도로는 너비 4m 이상의 도로가 되어야 하며(막다른 도로와 같은 예외규정이 있음) 해당 관계법령이 정하는 도로에 따라 도로로서 인정되어 건축행위가 가능한 도로가 되는 것이다.

만약 도로가 너비 4m에 미달되는 경우 도로확폭 등을 통하여 건축선의 지정이 되는 규정이 적용된다(건축법 제46조). 이렇게 보면 건축물이 건축되는 대지의 경우 도로와 접하고 해당 도로는 일정한 너비를 가져야 한다. 그런데 일반적으로 건축물이 건축되는 도시지역(주거, 상업, 공업, 녹지지역 등)에서는 도로의 정의에서 언급한 해당 관계법령 등에 적합한 도로가 대지에 접하고 있는데 이 경우 대부분의 도로는 도시계획도로(현황 도로)와 예정도로로써 공도(公道)의 역할과 기능을 갖게 되므로 건축행위에는 문제가 되지 않는다. 이러한 공도는 지자체등에서 도로의 설치 및 포장 등 관리할 의무가 있기도 하다.

그러나 도시외 지역(관리지역, 농림지역, 자연환경보전지역 등)의 경우 건축을 위한 대지가 도로에 접하지 못하는 맹지가 상당히 존재하기 때문에 건축행위가 불가능한 경우도 발생한다. 이 경우 기존 도로에 대지와 연결되는 도로를 개설하면 맹지가 건축행위가 가능한 대지가 될 수 있다. 이렇게 개설되는 도로는 사도법에 따라 해당 진입도로 또는 연결도로는 지목이 "도"가 된다. 이러한 과정은 국토의 계획 및 이용에 관한 법률에 따른 개발행위 허가의 절차를 거쳐 건축이 가능해지는 것이다.

이 경우 기존 도로의 맹지인 대지의 개설도로는 사도법에 따라 도로가 되며 건축행위가 완성된 후에는 해당 개설도로는 사도이지만 그 기능은 공도의 성격을 갖게 된다. 왜냐하면 도로가 개설되면 해당 대지의 진출입(차량, 보행) 뿐만 아니라 인접한 대지가 있는 경우 이를 이용 진출입이 가능할 수도 있기 때문이다(물론 개설도로 소유자의 동의를 득해야 함). 이러한 사도 개설의 경우 그 목적은 해당 대지의 진출입을 위해 있으나 만약 인접한 주변지역에도 그 영향을 주기 때문에 완전히 사익만이 존재한다고 볼 수 없다.

이와 같은 개설도로 대지의 개발 형태에 따라 이용과 관리에 차이가 있을 수 있다. 예컨대 단독주택만을 위한 도로개설과 공동주택 또는 집합단지 등은 그 도로개설의 비용과 관리에 차이를 가질 수 있다. 앞에서 언급한 바와 같이 도로는 도시계획시설로서 공공에서 설치하고 관리해야 한다. 그러나 사도의 경우에는 해당 소유자가 모든 소유권이 있기 때문에 공공에서 관여할 수 없다. 그런데 단독주택지의 경우에는 그 개설

도로가 공적인 영역보다는 해당 주택으로의 진출입을 위한 도로의 개설이기 때문에 사적인 영역이 크다고 볼 수 있으나, 공동주택이나 집합단지와 같은 경우 준공 후 세대별·필지별 분양이 끝나면 해당 개설도로에 대한 소유권과 점용권 등의 분쟁이 지속적으로 발생한다. 이와 같은 개설도로는 사적인 영역보다는 공적인 영역이 더욱 증대되고 공익이 우선되어야 한다. 일반적으로 개인주택은 개설도로의 규모나 이용이 제한적인 반면, 공동이나 집합주택의 개설도로는 규모와 이용측면에서 보면 일반 도시계획도로의 성격을 가진 공도로서의 기능을 가지고 있다. 그런데 이러한 개설도로를 사도법에 의한 "도"로만으로 판단하여 방치하면 시간이 지나간 후에는 많은 민원과 분쟁이 발생한다. 그래서 해당 부지에 건축이 완성된 후 개설도로인 사도가 지목상 "도"가 되는데 이를 도로로서 기능이 부여될 수 있게 공공에 기부체납하여 도시계획도로로서 유지관리 될 수 있도록 해야 한다. 여기서 단독주택지 개설의 경우에는 해당 부지의 여건을 고려하여 탄력적으로 기부체납의 가부를 결정하지만 공동주택이나 집합단지의 경우에는 반드시 기부체납 등이 되어 공공에서 유지·관리될 수 있도록 해야 한다. 그런데 간혹, 개설도로가 공도인 도시계획도로가 되면 지자체에서 개설된 도로가 공도로 편입되므로 그 재정적 어려움 때문에 기부체납을 거부하고 그대로 개인의 사도로 방치되는 경우가 발생한다. 이렇게 되면 개인소유의 사도인 "도"가 준공 후에 소유권분쟁뿐만 아니라 도로로서 공공성의 기능도 상실하게 되는 사회적 분쟁의 대상이 되기도 한다.

따라서 건축행위가 되는 대지에 접하는 도로는 공도나 사도 모두가 공공성의 목적과 기능을 가져야 한다. 지자체인 인허가 부서는 도로개설에 따른 재정적 어려움이 있을 수 있으나 공익성이 더 앞선다는 인식을 가지고 도시계획도로로서 기능을 갖도록 하며 공공 모두가 안전한 도로의 이용이 될 수 있게 관리해야 한다.

## 12. 건축주(법 제2조제1항제12호)

건축물의 건축·대수선·용도변경·건축설비의 설치 또는 공작물의 축조에 관한 공사를 발주하거나 현장관리인을 두어 스스로 그 공사를 하는 자

- 건축허가대상 행위를 하는 경우 건축주의 책임과 의무 규정이 있으므로 이를 명백하게 정하기 위함이다.

## 13. 제조업자(법 제2조제1항제12의2호)

- 건축물의 건축·대수선·용도변경, 건축설비의 설치 또는 공작물의 축조 등에 필요한 건축자재를 제조하는 사람을 말한다.

## 14. 유통업자(법 제2조제1항제12의3호)

- 건축물의 건축·대수선·용도변경, 건축설비의 설치 또는 공작물의 축조에 필요한 건축자재를 판매하거나 공사현장에 납품하는 사람을 말한다.

## 15. 설계자(법 제2조제1항제13호)

자기의 책임으로 설계도서를 작성하고 그 설계도서에서 의도하는 바를 해설하며, 지도하고 자문(諮問)에 응하는 자

**참고** 설계라 함은 자기 책임 하에[보조자의 조력(助力)을 받는 경우를 포함] 건축물의 건축·대수선·건축설비의 설치 또는 공작물의 축조를 위한 도면·구조계산서 및 공사시방서·기타 국토교통부령이 정하는 공사에 필요한 서류(설계도서)를 작성하고 그 설계도서에서 의도하는 바를 설명하여 지도·자문하는 행위(「건축사법」 제2조제3호)

## 16. 설계도서(법 제2조제1항제14호)

건축물의 건축 등에 관한 공사용의 도면, 구조계산서, 시방서 그 밖에 국토교통부령이 정하는 공사에 필요한 서류

> 규칙 **제1조의2 【설계도서의 범위】**
>
> 「건축법」(이하 "법"이라 한다) 제2조제14호에서 "그 밖에 국토교통부령으로 정하는 **공사에 필요한 서류**"란 다음 각 호의 서류를 말한다.(2013.3.23 본항 개정)
>
> 1. 건축설비계산 관계서류
> 2. 토질 및 지질 관계서류
> 3. 기타 공사에 필요한 서류

해설 「건축사법 시행규칙」 제3조에도 동일한 설계도서의 범위를 규정하고 있음.

## 17. 공사감리자(법 제2조제1항제15호)

자기의 책임으로 「건축법」이 정하는 바에 따라 건축물, 건축설비 또는 공작물이 설계도서의 내용대로 시공되는지의 여부를 확인하고, 품질관리·공사관리·안전관리 등에 대하여 지도·감독하는 자

> 건축사법 **제2조 【정 의】**
>
> 4. "**공사감리**(工事監理)"라 함은 자기책임 아래(보조자의 조력을 받는 경우를 포함한다) 「건축법」이 정하는 바에 의하여 건축물·건축설비 또는 공작물이 설계도서의 내용대로 시공되는지의 여부를 확인하고 품질관리·공사관리 및 안전관리 등에 대하여 지도·감독하는 행위를 말한다.

## 18. 공사시공자(법 제2조제1항제16호)

「건설산업기본법」 제2조제4호에 따른 건설공사를 하는 자

## 19. 건축물의 유지·관리(법 제2조제1항제16의2호)

건축물의 소유자나 관리자가 사용승인된 건축물의 대지·구조·설비 및 용도 등을 지속적으로 유지하기 위하여 건축물이 멸실될 때까지 관리하는 행위

▸ **멸실**(滅失) : 재해·철거 등에 의해 건축물이 없어지는 것(물건이 경제적 효용을 상실할 정도로 파괴된 상태)

## 20. 관계전문기술자(법 제2조제1항제17호)

건축물의 구조, 설비 등 건축물과 관련된 전문기술자격을 보유하고 설계와 공사감리에 참여하여 설계자 및 공사감리자와 협력하는 자

## 21. 특별건축구역(법 제2조제1항제18호)

조화롭고 창의적인 건축물의 건축을 통하여 도시경관의 창출, 건설기술 수준향상 및 건축 관련 제도개선을 도모하기 위하여 이 법 또는 관계 법령에 따라 일부 규정을 적용하지 아니하거나 완화 또는 통합하여 적용할 수 있도록 특별히 지정하는 구역

※ 특별건축구역은 2007년 10월 17일 새롭게 신설된 규정으로써 제8장 모두가 특별건축구역에 대한 내용으로 되어 있음

## 22. 고층건축물(법 제2조제1항제19호), 초고층건축물(영 제2조제15호)과 준초고층 건축물(영 제2조제15호의2)

"**고층건축물**"이란 **층수가 30층 이상이거나 높이가 120m 이상인 건축물**을 말하며, "**초고층건축물**"이란 **층수가 50층 이상**이거나 **높이가 200m 이상인 건축물**을 말하고, "**준초고층 건축물**"이란 **고층건축물 중 초고층 건축물이 아닌 것**을 말한다. 이와 같은 고층건축물 및 초고층건축물과 준초고층 건축물의 정의는 건축법에서 규정하는 것으로서 화재예방 및 피해경감을 위하여 일반건축물보다 강화된 건축기준이 적용되는 등 법적용에 차이를 갖게 되는데, 고층건축물의 화재시 피난 안전성을 강화하기 위하여 50층 또는 200m 이상의 초고층 건축물뿐만 아니라 30층에서 49층 이하 또는 120m 이상에서 200m 미만의 준초고층 건축물에도 피난안전구역을 해당 건축물 전체 층수의 1/2에 해당하는 층으로부터 상하 5개 층 이내에 1개소 이상 설치하거나 국토교통부령으로 정하는 기준에 따라 특별피난계단인 직통계단을 설치하도록 한다. 특히, 초고층건축물의 경우에는 30개 층마다 피난안전구역을 설치하여야 하며, 이때 피난안전구역은 용적률 산정에서 제외된다.

※ 고층건축물 ┌ 준초고층건축물(30층 이상 49층 이하, 높이 120m 이상 200m 미만)
└ 초고층건축물(50층 이상, 높이 200m 이상)

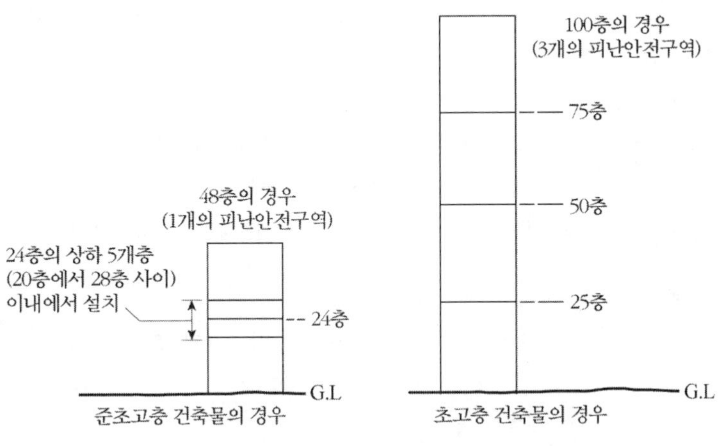


**그림 1-4 고층건축물의 피난안전구역 설치 예**

## 23. 실내건축(법 제2조제1항제20호)

- "실내건축"이란 건축물의 실내를 안전하고 쾌적하며 효율적으로 사용하기 위하여 내부공간을 칸막이로 구획하거나 벽지, 천장재, 바닥재, 유리 등 대통령령으로 정하는 재료 또는 장식물을 설치하는 것을 말한다.

- 건축물의 실내공간을 안전하고 쾌적하게 사용할 수 있도록 실내건축 제도가 도입되는데 일정 건축물의 용도나 규모에 해당하는 건축물은 실내공간을 칸막이로 구획하거나 바닥·벽(칸막이벽)을 장식하려면 출입문 등에 끼임, 충돌, 추락, 미끄러지는 사고를 예방할 수 있는 실내건축기준을 따라야 한다.

**영 제3조의4 【실내건축의 재료 등】**

법 제2조제1항제20호에서 "벽지, 천장재, 바닥재, 유리 등 대통령령으로 정하는 재료 또는 장식물"이란 다음 각 호의 재료를 말한다.(2014.11.28 본조 신설)

1. 벽, 천장, 바닥 및 반자틀의 재료
2. 실내에 설치하는 난간, 창호 및 출입문의 재료
3. 실내에 설치하는 전기·가스·급수(給水), 배수(排水)·환기시설의 재료
4. 실내에 설치하는 충돌·끼임 등 사용자의 안전사고 방지를 위한 시설의 재료

## 24. 부속구조물(법 제2조제1항제21호)

- 건축물의 안전·기능·환경 등을 향상시키기 위하여 건축물에 추가적으로 설치하는 "환기시설물 등 대통령령으로 정하는 구조물"을 말한다.(2016.2.3 본호 신설)
- "환기시설물 등 대통령령으로 정하는 구조물"이란 급기(給氣) 및 배기(排氣)를 위한 건축 구조물의 개구부(開口部)인 환기구를 말한다.(영 제2조제19호)

## 25. 건축물의 용도구분(법 제2조제1항제3호)

건축물의 용도란 건축물의 종류를 유사한 구조, 이용목적 및 형태별로 묶어 분류한 것을 말한다.

- 건축물의 구분용도(법 제2조제2항)
  단독주택·공동주택·제1종 근린생활시설·제2종 근린생활시설·문화 및 집회시설·종교시설·판매시설·운수시설·의료시설·교육연구시설·노유자시설·수련시설·운동시설·업무시설·숙박시설·위락시설·공장·창고시설·위험물저장 및 처리시설·자동차관련시설·동물 및 식물관련시설·자원순환관련시설·교정 및 군사시설·방송통신시설·발전시설·묘지관련시설·관광휴게시설·장례시설·야영장시설

❑ **용도별 건축물의 종류**(영 제3조의5) : 세부용도 분류

법 제2조제2항 각 호의 용도에 속하는 건축물의 종류는 별표 1과 같다.

※ 「건축법 시행령」 **【별표 1】** (2025.1.21 본표 개정)

**용도별 건축물의 종류**(제3조의5 관련)

1. **단독주택** [단독주택의 형태를 갖춘 가정어린이집·공동생활가정·지역아동센터·공동육아나눔터(「아이돌봄 지원법」 제19조에 따른 공동육아나눔터를 말한다. 이하 같다)·작은도서관(「도서관법」 제4조제2항제1호가목에 따른 작은도서관을 말하며, 해당 주택의 1층에 설치한 경우만 해당한다. 이하 같다) 및 노인복지시설(노인복지주택은 제외한다)을 포함한다] (2022.12.6 도서관법 시행령 부칙에 의거 본호 개정)

가. **단독주택**

나. **다중주택**: 다음의 요건을 모두 갖춘 주택을 말한다.

1) 학생 또는 직장인 등 여러 사람이 장기간 거주할 수 있는 구조로 되어 있는 것

2) 독립된 주거의 형태를 갖추지 않은 것(각 실별로 욕실은 설치할 수 있으나, 취사시설은 설치하지 않은 것을 말한다)(2020.12.15 개정)

3) 1개 동의 주택으로 쓰이는 바닥면적(부설 주차장 면적은 제외한다. 이하 같다)의 합계가 660$m^2$ 이하이고 주택으로 쓰는 층수(지하층은 제외한다)가 3개 층 이하일 것. 다만, 1층의 전부 또는 일부를 필로티 구조로 하여 주차장으로 사용하고 나머지 부분을 주택(주거 목적으로 한정한다) 외의 용도로 쓰는 경우에는 해당 층을 주택의 층수에서 제외한다.(2021.11.2 개정)

4) 적정한 주거환경을 조성하기 위하여 건축조례로 정하는 실별 최소 면적, 창문의 설치 및 크기 등의 기준에 적합할 것(2020.12.15 신설)

다. **다가구 주택**: 다음의 요건을 모두 갖춘 주택으로서 공동주택에 해당하지 아니하는 것을 말한다.

1) 주택으로 쓰는 층수(지하층은 제외한다)가 **3개 층 이하**일 것. 다만, 1층의 전부 또는 일부를 필로티 구조로 하여 주차장으로 사용하고 나머지 부분을 주택(주거 목적으로 한정한다) 외의 용도로 쓰는 경우에는 해당 층을 주택의 층수에서 제외한다.(2021.11.2 개정)

2) **1개 동의 주택으로 쓰는 바닥면적의 합계가 660$m^2$ 이하**일 것(2020.12.15 본목 개정)

3) **19세대**(대지 내 동별 세대수를 합한 세대를 말한다) **이하가 거주할 수 있을 것**(2016.7.19 본목 개정)

라. 공관(公館)

2. **공동주택** [공동주택의 형태를 갖춘 가정어린이집·공동생활가정·지역아동센터·공동육아나눔터·작은도서관·노인복지시설(노인복지주택은 제외한다) 및 「주택법 시행령」 제10조제1항제1호에 따른 아파트형 주택을 포함한다]. 다만, 가목이나 나목에서 층수를 산정할 때 1층 전부를 필로티 구조로 하여 주차장으로 사용하는 경우에는 필로티 부분을 층수에서 제외하고, 다목에서 층수를 산정할 때 1층의 전부 또는 일부를 필로티 구조로 하여 주차장으로 사용하고 나머지 부분을 주택(주거 목적으로 한정한다) 외의 용도로 쓰는 경우에는 해당 층을 주택의 층수에서 제외하며, 가목부터 라목까지의 규정에서 층수를 산정할 때 지하층을 주택의 층수에서 제외한다.(2025.1.21 주택법 시행령 부칙에 따라 본호 개정)

가. **아파트**: **주택으로 쓰는 층수가 5개 층 이상인 주택**

나. **연립주택**: 주택으로 쓰는 1개 동의 바닥면적(2개 이상의 동을 지하주차장으로 연결하는 경우에는 각각의 동으로 본다) **합계가 660$m^2$를 초과하고, 층수가 4개 층 이하인 주택**(2012.12.12 본목 개정)

다. **다세대 주택**: 주택으로 쓰는 1개 동의 바닥면적 합계가 **660$m^2$ 이하이고, 층수가 4개 층 이하인 주택**(2개 이상의 동을 지하주차장으로 연결하는 경우에는 각각의 동으로 본다) (2012.12.12 본목 개정)

라. **기숙사**[※1]: 다음의 어느 하나에 해당하는 건축물로서 공간의 구성과 규모 등에 관하여 국토교통부장관이 정하여 고시하는 기준에 적합한 것. 다만, **구분소유된 개별 실(室)**은 제외한다.(2023.2.14 본목 개정)

1) **일반기숙사**: 학교 또는 공장 등의 학생 또는 종업원 등을 위하여 사용하는 것으로서 해당 기숙사의 **공동취사시설 이용 세대 수가 전체 세대 수**(건축물의 일부를 기숙사로 사용하는 경우에는 기숙사로 사용하는 세대 수로 한다. 이하 같다)**의 50% 이상**인 것(「교육기본법」 제27조제2항에 따른 학생복지주택을 포함한다)

2) **임대형기숙사**: 「공공주택 특별법」 제4조에 따른 공공주택사업자 또는 「민간임대주택에 관한 특별법」 제2조제7호에 따른 임대사업자가 임대사업에 사용하는 것으로서 **임대 목적으로 제공하는 실이 20실 이상**이고 해당 **기숙사의 공동취사시설 이용 세대 수가 전체 세대 수의 50% 이상**인 것

3. **제1종 근린생활시설**(2014.3.24 본호 개정)

가. **식품·잡화·의류·완구·서적·건축자재·의약품·의료기기** 등 **일용품을 판매**하는 **소매점**으로서 같은 건축물(하나의 대지에 두 동 이상의 건축물이 있는 경우에는 이를 같은 건축물로 본다. 이하 같다)에 해당 용도로 쓰는 **바닥면적의 합계가 1,000$m^2$ 미만인 것**

나. **휴게음식점, 제과점** 등 음료·차(茶)·음식·빵·떡·과자 등을 조리하거나 제조하여 판매하는 시설(제4호너목 또는 제17호에 해당하는 것은 제외한다)로서 같은 건축물에 해당 용도로 쓰는 **바닥면적의 합계가 300$m^2$ 미만**인 것

다. **이용원, 미용원, 목욕장**※2, **세탁소** 등 사람의 위생관리나 의류 등을 세탁·수선하는 시설(세탁소의 경우 공장에 부설되는 것과 「대기환경보전법」, 「물환경보전법」 또는 「소음·진동관리법」에 따른 배출시설의 설치 허가 또는 신고의 대상인 것은 제외한다)(2019.10.22 본목 개정)

라. **의원, 치과의원, 한의원, 침술원, 접골원**(接骨院), **조산원, 안마원, 산후조리원** 등 주민의 진료·치료 등을 위한 시설

마. **탁구장, 체육도장**으로서 같은 건축물에 해당 용도로 쓰는 **바닥면적의 합계가 500m$^2$ 미만**인 것

바. **지역자치센터, 파출소, 지구대, 소방서, 우체국, 방송국, 보건소, 공공도서관, 건강보험공단 사무소 등 주민의 편의를 위하여 공공업무를 수행하는 시설**로서 같은 건축물에 해당 용도로 쓰는 **바닥면적의 합계가 1,000m$^2$ 미만**인 것(2018.9.4 본목 개정)

사. **마을회관, 마을공동작업소, 마을공동구판장, 공중화장실, 대피소, 지역아동센터**(단독주택과 공동주택에 해당하는 것은 제외한다) 등 주민이 공동으로 이용하는 시설

아. **변전소, 도시가스배관시설, 통신용 시설**(해당 용도로 쓰는 **바닥면적의 합계가 1,000m$^2$ 미만**인 것에 한정한다), **정수장, 양수장** 등 주민의 생활에 필요한 에너지공급·통신서비스제공이나 급수·배수와 관련된 시설(2014.10.14 본목 개정)

자. **금융업소, 사무소, 부동산중개사무소, 결혼상담소 등 소개업소, 출판사** 등 일반업무시설로서 같은 건축물에 해당 용도로 쓰는 **바닥면적의 합계가 30m$^2$ 미만**인 것(2016.7.19 본목 신설)

차. 전기자동차 충전소(해당 용도로 쓰는 바닥면적의 합계가 1,000m$^2$ 미만인 것으로 한정한다)(2021.5.4 본목 신설)

카. 동물병원, 동물미용실 및 「동물보호법」 제73조제1항제2호에 따른 동물위탁관리업을 위한 시설로서 같은 건축물에 해당 용도로 쓰는 바닥면적의 합계가 300m$^2$ 미만인 것(2023.9.12 본목 신설)

4. 제2종 근린생활시설(2014.3.24 본호 개정)

가. **공연장**(극장, 영화관, 연예장, 음악당, 서커스장, **비디오물감상실, 비디오물소극장**※3, 그 밖에 이와 비슷한 것을 말한다. 이하 같다)으로서 같은 건축물에 해당 용도로 쓰는 **바닥면적의 합계가 500m$^2$ 미만**인 것

나. **종교집회장**[교회, 성당, 사찰, 기도원, 수도원, 수녀원, 제실(祭室), 사당, 그 밖에 이와 비슷한 것을 말한다. 이하 같다]으로서 같은 건축물에 해당 용도로 쓰는 **바닥면적의 합계가 500m$^2$ 미만**인 것

다. **자동차영업소**로서 같은 건축물에 해당 용도로 쓰는 바닥면적의 합계가 **1,000m$^2$ 미만**인 것

라. **서점**(제1종 근린생활시설에 해당하지 않는 것)

마. **총포판매소**

바. **사진관, 표구점**

사. **청소년게임제공업소**※4, **복합유통게임제공업소**, 인터넷컴퓨터게임시설제공업소, 가상현실체험 제공업소, 그 밖에 이와 비슷한 게임 및 체험 관련 시설로서 같은 건축물에 해당 용도로 쓰는 **바닥면적의 합계가 500m$^2$ 미만**인 것(2021.5.4 본목 개정)

아. **휴게음식점**, 제과점 등 음료·차(茶)·음식·빵·떡·과자 등을 조리하거나 제조하여 판매하는 시설(너목 또는 제17호에 해당하는 것은 제외한다)로서 같은 건축물에 해당 용도로 쓰는 **바닥면적의 합계가 300m$^2$ 이상**인 것

자. **일반음식점**

차. **장의사, 동물병원, 동물미용실,** 「동물보호법」 제73조제1항제2호에 따른 동물위탁관리업을 위한 시설, 그 밖에 이와 유사한 것(제1종 근린생활시설에 해당하는 것은 제외한다) (2023.9.12 본목 개정)

카. **학원**(자동차학원·무도학원 및 정보통신기술을 활용하여 원격으로 교습하는 것은 제외한다), **교습소**(자동차교습·무도교습 및 정보통신기술을 활용하여 원격으로 교습하는 것은 제외한다), **직업훈련소**(운전·정비 관련 직업훈련소는 제외한다)로서 같은 건축물에 해당 용도로 쓰는 **바닥면적의 합계가 500m$^2$ 미만인 것**(2014.10.14 본목 개정)

타. **독서실, 기원**

파. **테니스장, 체력단련장, 에어로빅장, 볼링장, 당구장, 실내낚시터, 골프연습장, 놀이형시설**(「관광진흥법」에 따른 기타유원시설업의 시설을 말한다. 이하 같다) 등 주민의 체육활동을 위한 시설(제3호마목의 시설은 제외한다)로서 같은 건축물에 해당 용도로 쓰는 **바닥면적의 합계가 500m$^2$ 미만**인 것

하. **금융업소, 사무소, 부동산중개사무소,** 결혼상담소 등 **소개업소, 출판사** 등 일반업무시설로서 같은 건축물에 해당 용도로 쓰는 **바닥면적의 합계가 500m$^2$ 미만**인 것(제1종 근린생활시설에 해당하는 것은 제외한다)(2016.7.19 본목 개정)

거. **다중생활시설**(「다중이용업소의 안전관리에 관한 특별법」에 따른 **다중이용업**※5 중 **고시원업의 시설로서 국토교통부장관이 고시하는 기준**※6과 그 기준에 위배되지 않는 범위에서 적정한 주거환경을 조성하기 위하여 건축조례로 정하는 실별 최소 면적, 창문의 설치 및 크기 등의 기준에 적합한 것을 말한다. 이하 같다)로서 같은 건축물에 해당 용도로 쓰는 **바닥면적의 합계가 500m² 미만**인 것(2020.12.15 본목 개정)

너. **제조업소, 수리점** 등 물품의 제조·가공·수리 등을 위한 시설로서 같은 건축물에 해당 용도로 쓰는 **바닥면적의 합계가 500m² 미만**이고, 다음 요건 중 어느 하나에 해당하는 것

1) 「대기환경보전법」, 「물환경보전법」 또는 「소음·진동관리법」에 따른 배출시설의 설치 허가 또는 신고의 대상이 아닌 것(2019.10.22 개정)

2) 「물환경보전법」 제33조제1항 본문에 따라 폐수배출시설의 설치 허가를 받거나 신고해야 하는 시설로서 발생되는 폐수를 전량 위탁처리하는 것(2021.5.4 본목 개정)

더. **단란주점**으로서 같은 건축물에 해당 용도로 쓰는 **바닥면적의 합계가 150m² 미만**인 것

러. **안마시술소, 노래연습장**

머. 「물류시설의 개발 및 운영에 관한 법률」 제2조제5호의2에 따른 주문배송시설로서 같은 건축물에 해당 용도로 쓰는 바닥면적의 합계가 500m² 미만인 것(같은 법 제21조의2제1항에 따라 물류창고업 등록을 해야 하는 시설을 말한다)(2024.2.13 본목 신설)

5. 문화 및 집회시설

가. **공연장**으로서 제2종 근린생활시설에 해당하지 아니하는 것(2009.7.16 본목 개정)

나. **집회장**[예식장, 공회당, 회의장, 마권(馬券) 장외 발매소, 마권 전화투표소, 그 밖에 이와 비슷한 것을 말한다]으로서 제2종 근린생활시설에 해당하지 아니하는 것

다. **관람장**(경마장, 경륜장, 경정장, 자동차 경기장, 그 밖에 이와 비슷한 것과 체육관 및 운동장으로서 **관람석의 바닥면적의 합계가 1,000m² 이상**인 것을 말한다)(2009.7.16 본목 개정)

라. **전시장**(박물관, 미술관, 과학관, 문화관, 체험관, 기념관, 산업전시장, 박람회장, 그 밖에 이와 비슷한 것을 말한다)(2009.7.16 본목 개정)

마. **동·식물원**(동물원, 식물원, 수족관, 그 밖에 이와 비슷한 것을 말한다)

6. **종교시설**(2009.7.16 본항 개정)

가. **종교집회장**으로서 제2종 근린생활시설에 해당하지 아니하는 것

나. **종교집회장**(제2종 근린생활시설에 해당하지 아니하는 것을 말한다)**에 설치하는 봉안당**(奉安堂)

7. 판매시설

가. **도매시장**※7(「농수산물유통 및 가격안정에 관한 법률」에 따른 농수산물도매시장, 농수산물공판장, 그 밖에 이와 비슷한 것을 말하며, 그 안에 있는 근린생활시설을 포함한다)(2009.7.16 본목 개정)

나. **소매시장**(「유통산업발전법」 제2조제3호에 따른 대규모 점포, 그 밖에 이와 비슷한 것을 말하며, 그 안에 있는 근린생활시설을 포함한다)(2010.2.18 본목 개정)

다. **상점**(그 안에 있는 근린생활시설을 포함한다)으로서 다음의 요건 중 어느 하나에 해당하는 것

1) 제3호가목에 해당하는 용도(서점은 제외한다)로서 제1종 근린생활시설에 해당하지 아니하는 것

2) 「게임산업진흥에 관한 법률」 제2조제6호의2가목에 따른 청소년게임제공업의 시설, 같은 호 나목에 따른 일반게임제공업의 시설, 같은 조 제7호에 따른 인터넷컴퓨터게임시설제공업의 시설 및 같은 조 제8호에 따른 복합유통게임제공업의 시설로서 제2종 근린생활시설에 해당하지 아니하는 것

8. 운수시설

가. **여객자동차터미널**(2009.7.16 본목 개정)

나. **철도시설**

다. **공항시설**

라. **항만시설**※8(2009.7.16 본목 개정)

마. 그 밖에 가목부터 라목까지의 규정에 따른 시설과 비슷한 시설(2018.9.4 본목 신설)

9. 의료시설[※9]
  가. **병원**(종합병원, 병원, 치과병원, 한방병원, 정신병원 및 요양병원을 말한다)(2009.7.16 본목 개정)
  나. **격리병원**(전염병원, 마약진료소, 그 밖에 이와 비슷한 것을 말한다)
10. 교육연구시설(제2종 근린생활시설에 해당하는 것은 제외한다)
  가. **학교**[※10](유치원, 초등학교, 중학교, 고등학교, 전문대학, 대학, 대학교, 그 밖에 이에 준하는 각종 학교를 말한다)
  나. **교육원**(연수원, 그 밖에 이와 비슷한 것을 포함한다)
  다. **직업훈련소**(운전 및 정비 관련 직업훈련소는 제외한다)
  라. **학원**(자동차학원·무도학원 및 정보통신기술을 활용하여 원격으로 교습하는 것은 제외한다), 교습소(자동차교습·무도교습 및 정보통신기술을 활용하여 원격으로 교습하는 것은 제외한다) (2020.10.8 본목 개정)
  마. **연구소**(연구소에 준하는 시험소와 계측계량소를 포함한다)
  바. **도서관**
11. 노유자시설
  가. **아동 관련 시설**(어린이집, 아동복지시설[※11], 그 밖에 이와 비슷한 것으로서 단독주택, 공동주택 및 제1종 근린생활시설에 해당하지 아니하는 것을 말한다)(「영유아보육법 시행령」 부칙에 의거 2011.12.8 본목 개정)
  나. **노인복지시설**[※12](단독주택과 공동주택에 해당하지 아니하는 것을 말한다)(2009.7.16 본목 개정)
  다. 그 밖에 다른 용도로 분류되지 아니한 사회복지시설 및 근로복지시설
12. 수련시설[※13]
  가. **생활권 수련시설**(「청소년활동진흥법」에 따른 청소년수련관, 청소년문화의집, 청소년특화시설, 그 밖에 이와 비슷한 것을 말한다)(2009.7.16 본목 개정)
  나. **자연권 수련시설**(「청소년활동진흥법」에 따른 청소년수련원, 청소년야영장, 그 밖에 이와 비슷한 것을 말한다)
  다. 「청소년활동진흥법」에 따른 **유스호스텔**(2009.7.16 본목 개정)
  라. 「관광진흥법」에 따른 야영장 시설로서 제29호에 해당하지 아니하는 시설(2016.2.11 본목 신설)
13. 운동시설
  가. **탁구장, 체육도장, 테니스장, 체력단련장, 에어로빅장, 볼링장, 당구장, 실내낚시터, 골프연습장, 놀이형 시설**, 그 밖에 이와 비슷한 것으로서 제1종 근린생활시설 및 제2종 근린생활시설에 해당하지 아니하는 것(2014.3.24 본목 개정)
  나. **체육관**으로서 관람석이 없거나 관람석의 **바닥면적이 1,000m$^2$ 미만**인 것
  다. **운동장**[※14](육상장, 구기장, 볼링장, 수영장, 스케이트장, 롤러스케이트장, 승마장, 사격장, 궁도장, 골프장 등과 이에 딸린 건축물을 말한다)으로서 관람석이 없거나 **관람석의 바닥면적이 1,000m$^2$ 미만**인 것
14. 업무시설
  가. **공공업무시설**: 국가 또는 지방자치단체의 청사[※15]와 외국공관의 건축물로서 제1종 근린생활시설에 해당하지 아니하는 것
  나. **일반업무시설**: 다음 요건을 갖춘 업무시설을 말한다.(2012.12.12 본목 개정)
    1) **금융업소, 사무소, 결혼상담소 등 소개업소, 출판사, 신문사**, 그 밖에 이와 비슷한 것으로서 제1종 근린생활시설 및 제2종 근린생활시설에 해당하지 않는 것(2016.7.19 개정)
    2) **오피스텔**[※16](업무를 주로 하며, 분양하거나 임대하는 구획 중 일부 구획에서 숙식을 할 수 있도록 한 건축물로서 국토교통부장관이 고시하는 기준에 적합한 것을 말한다)
15. 숙박시설
  가. **일반숙박시설 및 생활숙박시설**[※17](「공중위생관리법」 제3조제1항 전단에 따라 숙박업 신고를 해야 하는 시설로서 국토교통부장관이 정하여 고시하는 요건을 갖춘 시설을 말한다)(2021.11.2 본목 개정)
  나. **관광숙박시설**[※18](관광호텔, 수상관광호텔, 한국전통호텔, 가족호텔, 호스텔, 소형호텔, 의료관광호텔 및 휴양 콘도미니엄) (2013.11.29, 「관광진흥법 시행령」 부칙에 의거 본목 개정)
  다. **다중생활시설**(제2종 근린생활시설에 해당하지 아니하는 것을 말한다)(2014.10.14 본목 개정)
  라. 그 밖에 가목부터 다목까지의 시설과 비슷한 것(2009.7.16 본목 개정)

16. 위락시설
가. **단란주점**으로서 제2종 근린생활시설에 해당하지 아니하는 것
나. **유흥주점**이나 그 밖에 이와 비슷한 것(2009.7.16 본목 개정)
다. 「관광진흥법」에 따른 **유원시설업**※19의 시설, 그 밖에 이와 비슷한 시설(제2종 근린생활시설과 운동시설에 해당하는 것은 제외한다)
라. (2010.2.18 본목 삭제)
마. **무도장, 무도학원**
바. **카지노영업소**※20(2009.7.16 본목 개정)

17. 공장※21
물품의 제조·가공[염색·도장(塗裝)·표백·재봉·건조·인쇄 등을 포함한다] 또는 수리에 계속적으로 이용되는 건축물로서 제1종 근린생활시설, 제2종 근린생활시설, 위험물저장 및 처리시설, 자동차 관련 시설, 자원순환 관련 시설 등으로 따로 분류되지 아니한 것(2014.11.11 본호 개정)

18. **창고시설**(제2종 근린생활시설에 해당하는 것과 위험물 저장 및 처리 시설 또는 그 부속용도에 해당하는 것은 제외한다) (2024.2.13 본호 개정)
가. **창고**(물품저장시설로서 「물류정책기본법」에 따른 일반창고와 냉장 및 냉동 창고를 포함한다)(2009.7.16 본목 개정)
나. **하역장**
다. 「물류시설의 개발 및 운영에 관한 법률」에 따른 **물류터미널**(2009.7.16 본목 신설)
라. **집배송 시설**(2009.7.16 본목 신설)

19. 위험물 저장 및 처리 시설
「위험물안전관리법」, 「석유 및 석유대체연료 사업법」, 「도시가스사업법」, 「고압가스 안전관리법」, 「액화석유가스의 안전관리 및 사업법」, 「총포·도검·화약류 등 단속법」, 「화학물질 관리법」 등에 따라 설치 또는 영업의 허가를 받아야 하는 건축물로서 다음 각 목의 어느 하나에 해당하는 것. 다만, 자가난방, 자가발전, 그 밖에 이와 비슷한 목적으로 쓰는 저장시설은 제외한다.(2018.9.4 본호 개정)
가. **주유소**(기계식 세차설비를 포함한다) 및 **석유 판매소**
나. **액화석유가스 충전소·판매소·저장소**(기계식 세차설비를 포함한다)
다. **위험물 제조소·저장소·취급소**
라. **액화가스 취급소·판매소**
마. **유독물 보관·저장·판매시설**
바. **고압가스 충전소·판매소·저장소**
사. **도료류 판매소**
아. **도시가스 제조시설**(2010.2.18 본목 개정)
자. **화약류 저장소**
차. 그 밖에 가목부터 자목까지의 시설과 비슷한 것

20. **자동차 관련 시설**(건설기계 관련 시설을 포함한다)
가. **주차장**
나. **세차장**
다. **폐차장**※22
라. **검사장**
마. **매매장**
바. **정비공장**
사. **운전학원** 및 **정비학원**(운전 및 정비 관련 직업훈련시설을 포함한다)(2009.7.16 본목 개정)
아. 「여객자동차 운수사업법」, 「화물자동차 운수사업법」 및 「건설기계관리법」에 따른 **차고** 및 **주기장**(駐機場)

자. 전기자동차 충전소로서 제1종 근린생활시설에 해당하지 않는 것(2021.5.4 본목 신설)

21. **동물 및 식물 관련 시설**

가. **축사**(양잠·양봉·양어·양돈·양계·곤충사육시설 및 부화장 등을 포함한다)(2018.9.4 본목 개정)

나. **가축시설**[가축용 운동시설, 인공수정센터, 관리사(管理舍), 가축용 창고, 가축시장, 동물검역소, 실험동물 사육시설, 그 밖에 이와 비슷한 것을 말한다]

다. **도축장**※23

라. **도계장**

마. **작물 재배사**

바. **종묘배양시설**(2009.7.16 본목 개정)

사. **화초 및 분재 등의 온실**

아. 동물 또는 식물과 관련된 가목부터 사목까지의 시설과 비슷한 것(동·식물원은 제외한다)(2018.9.4 본목 개정)

22. **자원순환 관련 시설**(2014.3.24 본호 개정)

가. **하수 등 처리시설**

나. **고물상**

다. **폐기물재활용시설**

라. **폐기물 처분시설**※24

마. **폐기물감량화시설**

23. **교정시설**(제1종 근린생활시설에 해당하는 것은 제외한다)(2023.5.15 본호 개정)

가. **교정시설**(보호감호소, 구치소 및 교도소를 말한다)(2009.7.16 본목 개정)

나. **갱생보호시설**, 그 밖에 범죄자의 갱생·보육·교육·보건 등의 용도로 쓰는 시설(2012.12.12 본목 개정)

다. **소년원** 및 **소년분류심사원**(2009.7.16 본목 개정)

23의2. **국방·군사시설**(제1종 근린생활시설에 해당하는 것은 제외한다)(2023.5.15 본호 신설)

「국방·군사시설 사업에 관한 법률」에 따른 국방·군사시설

24. **방송통신시설**※25(제1종 근린생활시설에 해당하는 것은 제외한다)

가. **방송국**(방송프로그램 제작시설 및 송신·수신·중계시설을 포함한다)

나. **전신전화국**

다. **촬영소**(2009.7.16 본목 개정)

라. **통신용 시설**

마. 데이터센터(2018.9.4 본목 신설)

바. 그 밖에 가목부터 마목까지의 시설과 비슷한 것(2018.9.4 본목 개정)

25. **발전시설**

**발전소**(집단에너지 공급시설을 포함한다)로 사용되는 건축물로서 제1종 근린생활시설에 해당하지 아니하는 것

26. **묘지 관련 시설**

가. **화장시설**※26

나. **봉안당**(종교시설에 해당하는 것은 제외한다)

다. 묘지와 자연장지에 부수되는 건축물(2009.7.16 본목 개정)

라. 동물화장시설, 동물건조장(乾燥葬)시설 및 동물 전용의 납골시설(2017.2.3 본목 신설)

27. **관광 휴게시설**

가. **야외음악당**

나. **야외극장**

다. **어린이회관**

라. **관망탑**

마. **휴게소**

바. **공원·유원지**※27 또는 관광지에 부수되는 시설

**28. 장례시설**(2017.2.3 본호 개정)

가. 장례식장※28[의료시설의 부수시설(「의료법」 제36조제1호에 따른 의료기관의 종류에 따른 시설을 말한다)에 해당하는 것은 제외한다]

나. 동물 전용의 장례식장

**29. 야영장 시설**

「관광진흥법」에 따른 야영장 시설로서 관리동, 화장실, 샤워실, 대피소, 취사시설 등의 용도로 쓰는 바닥면적의 합계가 300m² 미만인 것(2016.2.11 본호 신설)

※ 비고 (2014.3.24 별표의 비고 신설)

1. 제3호 및 제4호에서 "해당 용도로 쓰는 바닥면적"이란 부설 주차장 면적을 제외한 실(實) 사용면적에 공용부분 면적(복도, 계단, 화장실 등의 면적을 말한다)을 비례 배분한 면적을 합한 면적을 말한다.
2. 비고 제1호에 따라 "해당 용도로 쓰는 바닥면적"을 산정할 때 건축물의 내부를 여러 개의 부분으로 구분하여 독립한 건축물로 사용하는 경우에는 그 구분된 면적 단위로 바닥면적을 산정한다. 다만, 다음 각 목에 해당하는 경우에는 각 목에서 정한 기준에 따른다.(2014.10.14 본호 개정)
   가. 제4호더목에 해당하는 건축물의 경우에는 내부가 여러 개의 부분으로 구분되어 있더라도 해당 용도로 쓰는 바닥면적을 모두 합산하여 산정한다.(2016.7.19 본목 개정)
   나. 동일인이 둘 이상의 구분된 건축물을 같은 세부 용도로 사용하는 경우에는 연접되어 있지 않더라도 이를 모두 합산하여 산정한다.
   다. 구분 소유자(임차인을 포함한다)가 다른 경우에도 구분된 건축물을 같은 세부 용도로 연계하여 함께 사용하는 경우(통로, 창고 등을 공동으로 활용하는 경우 또는 명칭의 일부를 동일하게 사용하여 홍보하거나 관리하는 경우 등을 말한다)에는 연접되어 있지 않더라도 연계하여 함께 사용하는 바닥면적을 모두 합산하여 산정한다.(2014.10.14 본목 개정)
3. 「청소년 보호법」 제2조제5호가목8) 및 9)에 따라 여성가족부장관이 고시하는 청소년 출입·고용금지업의 영업을 위한 시설은 제1종 근린생활시설 및 제2종 근린생활시설에서 제외하되, 위 표에 따른 다른 용도의 시설로 분류되지 않는 경우에는 제16호에 따른 위락시설로 분류한다.(2018.9.4 본호 개정)
4. 국토교통부장관은 별표 1 각 호의 용도별 건축물의 종류에 관한 구체적인 범위를 정하여 고시할 수 있다.

해설 「건축법」에서 건축물의 종류를 유사한 구조·이용목적 및 형태를 대분류하고 있으며 시행령에서 다시 세분류하고 있다. 제1종 및 제2종 근린생활시설의 세부용도를 구체적으로 열거하는 방식으로 구분하였으나 이는 기능별 설명방식으로 변경됨으로써 변화하는 환경에 신축적으로 대응할 수 있도록 하기 위함이다.

참고 2016.7.19 개정된 용도별 건축물의 종류의 특징은 우선 다중주택의 경우 주택 외의 다른 용도로 쓰는 부분도 면적 및 층수산정에 포함하였으나 주택으로 쓰는 층수만 면적 및 층수 산정에 포함하도록 하였고 바닥면적 30m² 미만인 부동산중개소나 금융업소 등은 제2종 근린생활시설이 아닌 제1종 근린생활시설로 새롭게 분류하였으며, 소규모 인쇄소 등 제조업의 경우 종전에는 건축물 내 동일 사업장이 있는 경우 각각의 사업장 바닥면적을 모두 합산하여 건축물의 용도를 정하던 것을, 사업장별 바닥면적만으로 산정하도록 변경하고, 단란주점은 종전에 사업장별 바닥면적만으로 산정하여 건축물의 용도를 정하던 것을, 건축물 내 동일 사업장이 있는 경우 각각 사업장 바닥면적을 모두 합산하여 산정하도록 변경하였다.

참고 용도별 건축물의 종류에 관한 경과조치(2014.3.24 시행령 부칙 제3조)

**제3조 【용도별 건축물의 종류에 관한 경과조치】** 이 영 시행 당시 종전의 별표 1에 따라 다음 표의 왼쪽란에 해당하는 용도의 건축물의 별표 1의 개정규정에 따라 다음 표의 오른쪽에 해당하는 용도의 건축물로 본다.

| 대상 건축물 | 개정된 용도 |
|---|---|
| 별표 1 제3호아목 중 대피소, 공중화장실 | 별표 1 제3호사목 중 공중화장실, 대피소 |
| 별표 1 제3호자목 | 별표 1 제3호사목 중 지역아동센터 |
| 별표 1 제3호차목 | 별표 1 제3호아목 중 도시가스배관시설 |
| 별표 1 제4호가목 중 일반음식점 | 별표 1 제4호자목 |
| 별표 1 제4호가목 중 기원 | 별표 1 제4호타목 중 기원 |
| 별표 1 제4호나목 | 별표 1 제4호아목 |
| 별표 1 제4호다목 | 별표 1 제4호라목 |
| 별표 1 제4호라목 | 별표 1 제4호파목 |
| 별표 1 제4호마목 중 공연장 | 별표 1 제4호가목 |
| 별표 1 제4호마목 중 종교집회장 | 별표 1 제4호나목 |
| 별표 1 제4호바목 | 별표 1 제4호하목 |
| 별표 1 제4호사목 | 별표 1 제4호너목 |
| 별표 1 제4호아목 | 별표 1 제4호사목 |
| 별표 1 제4호자목 중 사진관, 표구점 | 별표 1 제4호바목 |
| 별표 1 제4호자목 중 학원, 직업훈련서 | 별표 1 제4호카목 |
| 별표 1 제4호자목 중 장의사, 동물병원 | 별표 1 제4호차목 |
| 별표 1 제4호자목 중 독서실 | 별표 1 제4호타목 중 독서실 |
| 별표 1 제4호자목 중 총포판매사 | 별표 1 제4호마목 |
| 별표 1 제4호차목 | 별표 1 제4호더목 |
| 별표 1 제4호카목 중 자동차영업소 | 별표 1 제4호다목 |
| 별표 1 제4호타목 | 별표 1 제4호러목 |
| 별표 1 제4호파목 | 별표 1 제4호거목 |
| 별표 1 제5호가목에 따른 공연장으로서 같은 건축물에 해당 용도로 쓰는 바닥면적의 합계가 $300m^2$ 이상 $500m^2$ 미만인 것 | 별표 1 제4호가목 |
| 별표 1 제6호가목에 따른 종교집회장으로서 같은 건축물에 해당 용도로 쓰는 바닥면적의 합계가 $300m^2$ 이상 $500m^2$ 미만인 것 | 별표 1 제4호나목 |
| 별표 1 제7호다목2)중 인터넷컴퓨터게임시설제공업의 시설로서 같은 건축물에 해당 용도로 쓰는 바닥면적의 합계가 $300m^2$ 이상 $500m^2$ 미만인 것 | 별표 1 제4호사목 |
| 별표 1 제13호 | 별표 1 제13호 |
| 별표 1 제15호 | 별표 1 제15호 |
| 별표 1 제22호 | 별표 1 제22호 |

참고

기존 건축물의 용도분류에 대한 경과조치(시행령, 부칙 제4조, 2006.5.8)

**제4조 【기존 건축물의 용도분류에 대한 경과조치】** 이 영 시행 당시의 건축물 중 다음 표의 왼쪽 란에 해당하는 건축물은 동표의 오른쪽 란의 용도에 해당하는 것으로 본다.

| 대상 건축물 | 개정된 용도 |
|---|---|
| 문화 및 집회시설 중 다음 각 목의 어느 하나에 해당하는 것<br>가. 종교집회장(교회·성당·사찰·기도원·수도원·수녀원·제실·사당, 그 밖에 이와 유사한 것으로서 제2종 근린생활시설에 해당하지 아니하는 것을 말한다)<br>나. 종교집회장 안에 설치하는 납골당으로서 제2종 근린생활시설에 해당하지 아니하는 것 | 종교시설 |

| 대상 건축물 | 개정된 용도 |
|---|---|
| 제2종 근린생활시설 중 다음에 해당하는 것<br>게임제공업소, 멀티미디어문화 컨텐츠 설비제공업소, 복합유통·제공업소(「음반·비디오물 및 게임물에 관한 법률」 제2조제9호·제10호 및 제12호에 따른 시설을 말한다)로서 동일한 건축물 안에서 그 용도에 쓰이는 바닥면적의 합계가 150m² 이상에서 500m² 미만인 것 | 판매시설 |
| 판매 및 영업시설 중 다음 각 목의 어느 하나에 해당하는 것<br>가. 도매시장(도매시장에 소재한 근린생활시설을 포함한다)<br>나. 소매시장(「유통산업 발전법」에 의한 시장·대형점·백화점 및 쇼핑센터 그 밖에 이와 유사한 것을 말하며 그에 소재한 근린생활시설을 포함한다)<br>다. 상점(상점에 소재한 근린생활시설을 포함한다)<br>(1) 별표 1 제3호가목에 해당하는 용도로서 그 용도에 쓰이는 바닥면적의 합계가 1,000m² 이상인 것<br>(2) 별표 1 제4호아목에 해당하는 용도로서 그 용도에 쓰이는 바닥면적의 합계가 500m² 이상인 것 | 판매시설 |
| 판매 및 영업시설 중 다음 각 목의 어느 하나에 해당하는 것<br>가. 여객자동차터미널 및 화물터미널<br>나. 철도역사<br>다. 공항시설<br>라. 항만시설 및 종합여객시설 | 운수시설 |
| 교육연구 및 복지시설 중 다음 각 목의 어느 하나에 해당하는 것<br>가. 학교(초등학교·중학교·고등학교·전문대학·대학·대학교, 그 밖에 이에 준하는 각종 학교를 말한다)<br>나. 교육원(연수원, 그 밖에 이와 유사한 것을 포함한다)<br>다. 직업훈련소(동일한 건축물 안에서 그 용도에 쓰이는 바닥 면적의 합계가 500m² 이상인 것을 말하되, 운전·정비관련 직업훈련소를 제외한다)<br>라. 학원(자동차학원 및 무도학원을 제외한다)<br>마. 연구소(연구소에 준하는 시험소와 계측계량소를 포함한다)<br>바. 도서관 | 교육연구시설 |
| 교육연구 및 복지시설 중 다음 각 목의 어느 하나에 해당하는 것<br>가. 아동 관련 시설(영유아어린이집·아동복지시설·유치원, 그 밖에 이와 유사한 것을 말한다)<br>나. 노인복지시설<br>다. 그 밖에 다른 용도로 분류되지 아니한 사회복지시설 및 근로복지시설 | 노유자시설 |
| 교육연구 및 복지시설 중 다음 각 목의 어느 하나에 해당하는 것<br>가. 생활권수련시설(청소년수련관·청소년문화의집·유스호스텔, 그 밖에 이와 유사한 것을 말한다)<br>나. 자연권수련시설(청소년수련원·청소년야영장, 그 밖에 이와 유사한 것을 말한다) | 수련시설 |
| 교육연구 및 복지시설 중 다음에 해당하는 것<br>지역아동센터 | 제1종<br>근린생활시설 |
| 교육연구 및 복지시설 중 다음에 해당하는 것<br>직업훈련소(동일한 건축물 안에서 그 용도에 쓰이는 바닥면적의 합계가 500m² 미만인 것을 말하되, 운전·정비 관련 직업훈련소를 제외한다) | 제2종<br>근린생활시설 |
| 교육연구 및 복지시설 중 다음에 해당하는 것<br>운전·정비관련 직업훈련소 | 자동차관련시설 |
| 공공용시설 중 다음에 해당하는 것<br>발전소(집단에너지공급시설을 포함한다)로 사용되는 건축물로서 제1종 근린생활 시설로 따로 분류되지 아니한 것 | 발전시설 |
| 공공용시설 중 다음 각 목의 어느 하나에 해당하는 것<br>가. 교도소(구치소·소년원 및 소년분류심사원을 포함한다)<br>나. 감화원, 그 밖에 범죄자의 갱생·보육·교육·보건 등의 용도에 쓰이는 시설<br>다. 군사시설 | 교정 및<br>군사시설 |

| 대상 건축물 | 개정된 용도 |
|---|---|
| 공공용시설 중 다음 각 목의 어느 하나에 해당하는 것<br>가. 방송국(방송프로그램 제작시설 및 송신·수신·중계시설을 포함한다)<br>나. 전신전화국<br>다. 촬영소, 그 밖에 이와 유사한 것<br>라. 통신용시설 | 방송통신시설 |

❑ **복합용도건축물**

하나의 건축물에 부속용도를 제외한 여러 용도가 있을 때는 각각이 주용도가 된다.(건설부장관 '84.7.3)

❑ **부속용도**(영 제2조제13호)

건축물의 주된 용도의 기능에 필수적인 용도로서 다음 각 목의 어느 하나에 해당하는 용도를 말한다.

가. 건축물의 설비, 대피, 위생, 그 밖에 이와 비슷한 시설의 용도

나. 사무, 작업, 집회, 물품저장, 주차, 그 밖에 이와 비슷한 시설의 용도

다. 구내식당·직장어린이집·구내운동시설 등 종업원 후생복리시설, 구내소각시설, 그 밖에 이와 비슷한 시설의 용도. 이 경우 다음의 요건을 모두 갖춘 휴게음식점(별표 1 제3호의 제1종 근린생활시설 중 같은 호 나목에 따른 휴게음식점을 말한다)은 구내식당에 포함되는 것으로 본다.

1) 구내식당 내부에 설치할 것

2) 설치면적이 구내식당 전체 면적의 1/3 이하로서 $50m^2$ 이하일 것

3) 다류(茶類)를 조리·판매하는 휴게음식점일 것(2016.6.30 행정규제 정비를 위한 개발제한구역의 지정 및 관리에 관한 특별조치법 시행령 부칙에 의거 개정)

라. 관계 법령에서 주된 용도의 부수시설로 설치할 수 있게 규정하고 있는 시설, 그 밖에 국토교통부장관이 이와 유사하다고 인정하여 고시하는 시설의 용도(2014.11.11 본목 개정)

**질의** **「건축법 시행령」 별표 1 '용도별 건축물의 종류'에 명시된 "당해 용도에 쓰이는 바닥면적의 합계"에 공용부분이 포함되는지**

**회신** 질의의 "당해 용도에 쓰이는 바닥면적의 합계"에는 주된 용도에 부수되는 공용부분(복도·계단·화장실 등)의 면적이 공용비율에 따라 포함되는 것이나, 지하주차장 등의 면적은 제외되는 것임(국토교통부 건축정책과 등록 2009.8.26, 수정 2019.5.24)

**질의 회신** **주유소에 점포·휴게음식점을 함께 설치할 경우**

주유취급소를 건축하면서 「위험물안전관리법 시행규칙」 별표 13의 V 제1호마목의 주유취급소에 출입하는 사람을 대상으로 한 점포·휴게음식점을 함께 설치할 경우, 위 주유취급소에 출입하는 사람을 대상으로 한 점포·휴게음식점은 「건축법 시행령」 제2조제1항제13의 주유취급소의 부속용도에 해당한다고 할 것입니다.

❑ **제1종 및 제2종 근린생활시설의 구분**

근린생활시설은 제1종과 제2종으로 구분되며, 제1종 근린생활시설은 슈퍼마켓과 일용품 등의 소매점등과 이용원·동사무소·우체국 등 우리생활에 밀접한 시설이 되며, 제2종 근린생활시설은 제1종 근린생활시설

을 보완할 수 있는 시설로서 휴게음식점·서점·노래방·세탁소 등이 포함된다. 이들 근린생활시설은 그 시설의 세부 용도에 따라 면적제한이 있는 것과 없는 것으로 구분된다.

❑ 「주택법」상의 주택과 공동주택

- "주택"이라 함은 세대의 세대원이 장기간 독립된 주거생활을 영위할 수 있는 구조로 된 건축물의 전부 또는 일부 및 그 부속토지를 말하며, 이를 단독주택과 공동주택으로 구분한다.
- "공동주택"이라 함은 건축물의 벽·복도·계단 그 밖의 설비 등의 전부 또는 일부를 공동으로 사용하는 각 세대가 하나의 건축물 안에서 각각 독립된 주거생활을 영위할 수 있는 구조로 된 주택을 말하며, 「건축법 시행령」 별표 1의2호에서의 아파트, 연립주택, 다세대 주택으로 분류된다.

◉ 단독주택 : 단독, 다중, 다가구, 공관 등으로 분류됨.

- 다중주택(多衆住宅)
  - 학생 또는 직장인 등 다수인이 장기간 거주할 수 있는 구조
  - 독립된 주거형태가 아닌 것(단, 실별 욕실은 설치할 수 있으나 취사 시점의 설치는 실별 불가)
  - 1개동 바닥면적의 합계 660$m^2$ 이하, 층 수 3개층 이하(지하층 제외)(2021.6.16 전까지는 330$m^2$ 이후에는 660$m^2$로 개정)
  - 실별 최소면적, 창문의 설치 및 크기 등의 기준에 적합할 것
- 다가구 주택(多家口 住宅) : 공동주택에 해당하지 아니할 것
  - 주택으로 쓰이는 층수가 3개 층 이하
  - 1개동의 주택 바닥 면적의 합계 660$m^2$ 이하
  - 19세대 이하(대지 내 동별 세대수를 합한 세대수)

참고 다가구 주택에서 공용면적과 주거전용면적 구분(2018.4.2 주택법 시행규칙 개정)
다가구 주택은 건축법상 단독주택으로 구분되어 주거전용면적과 공용면적의 구분이 없다. 그러나 세대가 구분하여 사용된다는 특성으로 인하여 공동주택과 같이 복도·계단등의 공용면적이 발생하기 때문에 용도별 건축물의 종류가 단독주택이라도 다가구 주택의 경우 이들 면적을 구분하여 적용할 수 있도록 개정되었다.

참고 다세대 주택과 다가구 주택의 차이점
다세대 주택은 각 세대별로 등기를 별도로 하여 소유나 분양이 가능하며 양도세, 소득세 등이 별도로 과세되는데 반해 다가구 주택은 임대전용의 주택으로 각 가구별로 구분등기가 불가능 할뿐만 아니라 각 가구를 분리해 사고 팔 수 없으며 건물전체 단위로만 매매가 가능하다.

참고 다가구 주택 및 다세대 주택의 층수 산정 기준 완화(2016.5.17)
다가구 주택 및 다세대 주택의 경우 주택으로 쓰는 층수를 산정할 때 1층의 바닥면적 1/2 이상을 필로티 구조로 하여 주차장으로 사용하고 나머지를 주택 외의 용도로 쓰는 경우 주택의 층수에서 제외하던 것을, 1층의 바닥면적 1/2 미만을 필로티 구조로 하여 주차장으로 사용하는 경우에도 주택의 층수에서 제외하도록 완화하였다.

◉ **공동주택** : 아파트, 연립주택, 다세대 주택, 기숙사

- **아파트** : 5개 층 이상인 주택
- **연립주택** : 1개동의 바닥면적의 합계가 660m$^2$를 초과하는 4개 층 이하인 주택
- **다세대 주택** : 1개동의 바닥면적의 합계가 660m$^2$ 이하이고 4개 층 이하인 주택

◉ **단독주택, 공동주택에서 공동육아 나눔터와 작은도서관 설치**

- 단독주택 및 공동주택에서 출산 및 육아 커뮤니티를 형성할 수 있도록 단독주택 또는 공동주택의 형태를 갖춘 공동육아나눔터와 작은도서관을 허용하되, 건축물의 구조 안전을 위하여 작은도서관의 경우 해당 주택의 1층에 설치한 경우만 허용하도록 한다.

참고

용도별 건축물의 종류 중 아파트의 적용 범위

건축법에 따른 용도별 건축물의 종류 중 공동주택을 보면 아파트, 연립주택, 다세대주택 등으로 구분된다. 이들 공동주택은 건축물의 층수에 따라 아파트와 그 외의 주택으로 구분된다. 따라서 건축물의 층수가 5개 층 이상인 주택은 아파트로 건축물의 층수가 4개층 이하가 되면 연립 또는 다세대 주택 등으로 구분된다. 이러한 층수의 개념은 변화를 가져왔는데 공동주택 단지가 단순한 배치계획에서 다양성을 추구하는 배치계획을 요구하면서부터 접지 층에 대한 고려가 대두되어 1층 접지 층을 활용하는 경우 건축물의 층수 산정에서 제외하도록 하였다.

이와 더불어 아파트의 주호와 주동의 변화를 유인하기 위하여 많은 변화가 있어 왔다. 특히 자연지형을 이용하여 생태공원을 구성하거나 실개천을 활용한 수변공간의 이용 그리고 지형의 고저차를 이용한 테라스하우스 등이 공동주택의 배치에 도입되기 시작하였다. 그런데 아파트 단지에서 지형에 따른 고저차로 인한 테라스하우스의 배치는 그 주택의 층수가 일반 아파트와 같이 5층 이상을 할 수 없는 문제가 발생한다. 이는 지형에 따른 제약이 수반되기 때문이라 할 수 있고 건축 밀도를 확보하는데도 한계가 있기 때문이다. 그렇다면 아파트 단지에서 저층의 테라스하우스 등의 건축은 불가능할 것으로 판단된다.

왜냐하면 2층 내지 4층의 테라스하우스는 공동주택 중 아파트가 아닌 연립 또는 다세대 주택이 되기 때문이다. 이러한 현상은 현재 계획되거나 최근에 건립된 아파트 단지에서 찾아볼 수 있는 현상(2층, 3층의 테라스하우스 포함하고 있음)이다. 이 경우 테라스하우스를 아파트라고 볼 수 있겠는가? 이러한 모순을 해결하기 위하여 다음과 같이 생각할 수 있다. 아파트 단지의 다양한 주동배치와 효율적인 토지이용을 위하여 아파트의 용어 정의를 주택으로 쓰는 층수가 5개층 이상인 주택 **단, 하나의 아파트단지에서 대지의 지형 등에 따라 건립되는 5개층 이하의 테라스하우스 형태의 주택을 포함한다.** 라는 단서 규정을 추가하면 변화하는 주거단지의 주동형태 및 배치에 효율적으로 대처할 수 있을 것으로 판단된다.

참고

다세대 주택과 연립주택의 잘못된 개념과 적용의 변질(變質)

우리나라에 주거복합이란 용어가 도입되어 본격적으로 건축물에 적용된 시기가 그리 오래되지 않았다. 건축물의 주거복합은 주로 도심지에서 공동화 방지와 직주거리의 근접 등의 목적이 있다. 따라서 주로 용도지역이 상업지역에 위치하여 도심지에 주거기능(공동주택의 아파트)을 부여함으로써 그 목적을 달성하게 된다. 이러한 주거복합 건축물이 언제부터인지 용도지역에 관계없이 주거지역에서도 건축되고 있다. 이렇게 되면 도시 토지이용을 고려한 용도지역제의 의미를 상실하게 된다. 그럼에도 불구하고 아파트는 지속적으로 주거복합 건축물로 건축되고 있는 것이 현실이다. 이러한 이유는 경제성을 고려한 사업성 확보에 있다고 할 수 있다.

공동주택은 아파트, 연립주택, 다세대 주택으로 구분하며 이들은 서로 다른 정의를 가지고 있다. 우선 아파트는 5개 층 이상인 주택, 연립주택은 1개동의 바닥면적의 합계가 660m$^2$를 초과하는 4개 층 이하인 주택, 다세대 주택은 1개동의 바닥면적의 합계가 660m$^2$ 이하이고 4개 층 이하인 주택을 말하는 것으로 건물의 층수

또는 면적에 따라 서로 다른 형태의 주택 유형으로 나타난다. 우리나라가 2000년대까지는 주택공급을 위한 정책이었다면 그 이후부터는 주택의 질을 고려하는 시대를 맞이하게 되었다. 따라서 아파트의 단지는 주동의 형태뿐만 아니라 단위세대는 물론 외부공간까지도 새로운 변화를 갖게 된다. 이때 아파트 주동에 중요한 변화가 나타나는데 이것이 바로 접지 층(지표면에 접하는 1층)의 활용이다. 접지 층은 필로티 구조로 구성하여 단지 내 주동의 통풍 확보는 물론 주민이 이용하는 경로당, 게스트 하우스, 독서실, 주차장 등으로 활용될 수 있도록 변화를 갖게 되었다. 이렇게 접지 층을 활용하는 경우에 접지 층을 층수에서 제외 하도록 하여야 접지 층 활용이 극대화 된다. 이러한 취지와 목적 하에 기존의 층수를 아파트 5층 이상, 연립주택과 다세대 주택 4층 이하를 접지 층을 포함하지 않을 경우 5개 층 또는 4개 층이 되어야 건축이 가능한 것이다. 따라서 과거 공동 주택의 1층 부분(접지 층)이 활용되지 않을 때 '층'이 접지 층 활용을 위하여 '개 층'으로 개정된 것이다. 그러므로 공동주택의 아파트, 연립주택, 다세대 주택의 정의는 현재와 과거의 '개 층'과 '층'은 변화된 다른 정의와 개념이 아닌 것이다. 그러므로 현재 변질되고 있는 다세대 주택 등의 주거복합 형태의 건축은 절대 건축이 불가능한 것이다. 왜냐하면, 공동주택에서 정의하는 바가 뚜렷하기 때문에 연립주택이나 다세대 주택은 4층 또는 4개 층을 초과할 수 없는 것이다. 여기서 층(개 층)은 절대적 개념의 층(개 층)이 된다. 여기에 더하면 공동주택의 경우에는 일조 등의 확보를 위한 건축물의 높이제한 규정이 적용되므로 하나의 건축물에 주택과 타 용도가 무작위로 층의 위치를 달리 할 때 상대적으로 일조를 받지 못하는 경우가 발생하기 때문에 법 적용의 모호성과 불합리성 등이 발생한다.

### ❑ 준주택의 정의

- **준주택**이란 주택 외의 건축물과 그 부속토지로서 주거시설로 이용가능한 시설을 말하는 것으로 「건축법」상 기숙사 및 다중생활시설, 노인복지시설 중 「노인복지법」의 노인복지주택, 오피스텔 등을 「주택법」에서 준주택이라 정의하고 있으며, 여기서 주택이란 세대의 구성원이 장기간 독립된 주거생활을 할 수 있는 구조로 된 건축물의 전부 또는 일부 및 그 부속토지를 말한다.
  * 주택정책 측면(행정, 관리, 금융 등)에서 폭넓게 현실화하려는 것임

### ❑ 도시형 생활주택

- 최근 소규모 가구가 지속적으로 증가하고는 있으나 주택공급은 오히려 중·대형에 치우치고 있어 이를 극복하기 위해 도시지역에서 다양한 형태의 도시형 생활주택제도를 도입(2009.4.21)하였음. 이러한 도시형 생활주택은 주택법에서 규정(법 제2조제20호, 영 제10조 등)하고 있으며 도시형 생활주택 운영지침을 참고.
- 도시형 생활주택을 건설하는 경우 주택건설기준 등에 관한 규정의 일부를 적용하지 아니하는 내용(적용의 특례 제7조제10항)
  - 도시형 생활주택을 300세대 미만으로 건설하는 경우, 소음 등으로부터의 보호(제9조), 공동주택의 배치(제10조), 기준척도(제13조), 관리사무소(제28조), 조경시설 등(제29조), 안내표지판 등(제31조), 비상급수시설(제35조), 어린이놀이터(제46조), 근린생활시설 등(제50조제1항), 경로당 등(제55조)에 대한 규정을 배제하되 단지형 연립주택 및 단지형 다세대 주택에 해당하는 경우에는 일반 공동주택의 어린이놀이터(제46조) 및 경로당 설치기준(제55조제1항·제2항)을 적용하고, 반드시 입주자가 자치관리하거나 주택관리업자에게 위탁하여 관리하여야 하는 의무관리대상 공동주택에 해당하는 경우에는 일반 공동주택의 관리사무소 설치기준을 적용하여야 한다.

① 도시형 생활주택의 분류(주택법 시행령 제10조, 2025.1.21 개정)

- **아파트형 주택** : 다음 각 목의 요건을 모두 갖춘 아파트
  가. 세대별로 독립된 주거가 가능하도록 욕실 및 부엌을 설치할 것
  나. 지하층에는 세대를 설치하지 않을 것
- **단지형 연립주택** : 연립주택. 다만, 「건축법」 제5조제2항에 따라 같은 법 제4조에 따른 건축위원회의 심의를 받은 경우에는 주택으로 쓰는 층수를 5개층까지 건축할 수 있다.
- **단지형 다세대주택** : 다세대주택. 다만, 「건축법」 제5조제2항에 따라 같은 법 제4조에 따른 건축위원회의 심의를 받은 경우에는 주택으로 쓰는 층수를 5개층까지 건축할 수 있다.

② 하나의 건축물에는 도시형 생활주택과 그 밖의 주택을 함께 건축할 수 없다. 다만, 다음 각 호의 어느 하나에 해당하는 경우는 예외로 한다.

1. 도시형 생활주택과 주거전용면적이 85m$^2$를 초과하는 주택 1세대를 함께 건축하는 경우
2. 「국토의 계획 및 이용에 관한 법률 시행령」 제30조제1항제1호다목에 따른 준주거지역 또는 같은 항 제2호에 따른 상업지역에서 아파트형 주택과 도시형 생활주택 외의 주택을 함께 건축하는 경우

③ 하나의 건축물에는 단지형 연립주택 또는 단지형 다세대주택과 아파트형 주택을 함께 건축할 수 없다.

**참고**

펜션(Pension)이란?

펜션(Pension)이란 말은 고대 그리스의 여러 도시에서 여행자들에게 빵과 와인을 무료로 제공하는 '간이식당'이라는 뜻에서 생성되었다고도 하는데, 사전상에는 연금(年金), 혹은 프랑스 등의 '하숙식 호텔'이라고 나와 있다. 우리 사회에 회자되는 펜션은 유럽의 은퇴한 노부부가 손님에게 서비스와 봉사를 제공하면서 건강을 유지하고, 주인과 고객이 취미나 놀이를 공유할 수 있는 저렴한 장기 투숙형 숙박시설을 의미한다. 펜션이 국내에 많이 도입되고 활성화되면서 다음과 같은 법령으로 정의되고 있다. 첫째, 「제주특별자치도 설치 및 국제자유도시 조성을 위한 특별법」 제251조에 휴양펜션은 관광객의 숙박 및 취사와 자연체험관광에 적합한 시설을 갖추어 이를 해당시설의 회원, 공유자 그 밖의 관광객에게 제공하거나 숙박 등에 이용하게 하는 업종을 말한다. 둘째, 「관광진흥법 시행규칙」 별표 2에 펜션은 관광편의시설업의 하나로 ① 자연 및 주변환경과 조화되는 3층 이하의 건축물일 것, ② 객실이 30실 이하일 것, ③ 취사 및 숙박에 필요한 설비를 갖출 것, ④ 바베큐장 및 캠프파이어장 중 주인의 환대가 가능한 1종류 이상의 시설을 갖출 것, ⑤ 숙박시설 및 이용시설에 대하여 외국어 안내표기를 할 것 등으로 규정짓고 있다.

## 질의 휴양펜션업 시설의 용도

「제주특별자치도 설치 및 국제자유도시 조성을 위한 특별법」 제174조의 규정에 의한 휴양펜션업 시설(건축물)의 용도가 「건축법 시행령」 별표 1 제15호 다목에 해당하는지 여부

**회신** 「건축법 시행령」 별표 1(건축물의 용도분류)에는 문의의 휴양펜션업 시설이 명시되어 있지 아니하며 건축법에 명시되어 있지 않은 건축물의 용도는 관련법령, 건축물의 구조, 이용목적 및 형태 등을 고려하여 건축법에 명시되어 있는 가장 유사한 용도로 분류하는 것으로 동 별표 중 제15호 다목의 시설은 제15호 가목 및 나목의 시설과 유사한 것을 숙박시설로 분류하도록 규정하고 있습니다.

「제주특별자치도 설치 및 국제자유도시 조성을 위한 특별법」 제174조의 규정에 의한 휴양펜션업을 위한 시설은 동조 제1항에서 "관광객의 숙박·취사와 자연체험관광에 적합한 시설"로 규정하고 있으므로 「건축법」 제2조제1항제2호에 의한 건축물로서 이러한 휴양펜션업을 위한 시설의 용도는 「건축법 시행령」 별표 1 제15호 다목에 의하여 숙박시설로 분류하는 것이 타당한 것으로 판단됩니다.

(국토교통부 건축정책과 등록 2009.8.26, 수정 2019.5.24)

**질의 회신** **군부대 영외 지역 관사시설의 아파트**

군부대 영외 지역에서 「사회기반시설에 대한 민간투자법」에 따라 민간투자사업으로 건축되는 지상 5층 이상인 아파트 구조의 군부대 관사시설의 경우, 「건축법」상 건축물의 용도는 같은 법 제2조제2항제23호에 따른 교정 및 군사 시설로서 같은 법 시행령 별표 1 제23호라목에 따른 국방·군사시설에 해당합니다.

**참고** 다가구 주택은 공동주택으로 분류

- 연면적 169평의 다가구용 단독주택 7세대를 분양하였으나 90평 이상이면 고급주택으로 분류돼 중과세(7.5배)되므로 과다하게 취득세를 부과받게 됨.
- 대법원 판결 : 다가구용 단독주택은 각 세대가 하나의 건축물 아래서 각각 독립된 주거생활을 영위할 수 있도록 되어 있어 실질적으로 공동주택에 해당되므로 단독주택으로 건축허가를 받았더라도 공동주택으로 보아야 함.

**해설** 다가구 주택은 용도분류에서는 단독주택이지만 세금부과 등에 있어 단독주택으로 할 경우 중과세 될 수가 있는데 여러 가구가 거주하고 있음에도 불구하고 한 가구가 거주하는 단독주택으로 보는 것은 비현실적이다. 따라서 각종 세제상의 불이익이 없도록 하는 취지에서 공동주택으로 분류하여 과세하도록 하였다.

**참고** **다가구 주택은 누진세율 적용 않고 가구별 단순합산과세**(내무부 「지방세법운용지침」, '95.1.23)

다가구 주택을 포함 2가구 이상이 독립해 사용하는 모든 주택을 공동주택으로 분류, 재산세 산정시 누진세율을 적용하지 않는다. 따라서 가구별로 침실과 화장실, 부엌, 거실, 외부출입문 등이 별도로 설치되어 독립적인 생활이 보장되는 다가구 주택 등 모든 공동주택은 단독주택과 같은 초과 누진세율을 적용하지 않고 가구별로 세액을 산출 단순합산 과세하도록 함.

지방세법 시행령 제112조(주택의 구분)에서 다가구 주택은 1가구가 독립하여 구분 사용할 수 있도록 분리된 부분을 1가구의 주택으로 보고 부속토지는 건물면적의 비율로 나눈 면적으로 정의함.

**질의** **다가구 주택의 층수 산정**

다가구 주택 층수 산정시 1층 바닥면적의 2분의 1 이상을 필로티 구조로 하여 주차장으로 사용하고 나머지 부분을 주택 외의 용도로 사용하는 경우 해당 층을 주택의 층수에서 제외하고 있는 바, 여기서 주택 외의 용도에 다가구 주택의 부속용도인 창고, 다용도실, 경비실을 포함할 수 있는지 여부

**회신** 「건축법 시행령」 제3조의4 관련 별표 1 제3호 다목에 의거 다가구 주택은 주택으로 쓰이는 층수(지하층을 제외한다)가 3개 층 이하일 것. 다만, 1층 바닥면적의 2분의 1 이상을 필로티 구조로 하여 주차장으로 사용하고 나머지 부분을 주택 외의 용도로 사용하는 경우에는 해당 층을 주택의 층수에서 제외할 수 있다고 규정되어 있습니다.

이는 1층을 주택외의 용도와 일부 필로티 구조의 주차장으로 사용하는 경우에 주택의 층수에서 제외하도록 하여 실제로 주택 1개 층의 추가 건축이 가능하게 함으로써, 주거밀집지역 토지의 효율적 활용 등으로 다가구 주택 건축의 활성화를 모색하기 위함이며, 여기서 주택 외의 용도란 해당 건축물의 개별 가구가 거주하는 주택이 아닌 다른 용도를 의미하는 것으로 판단되는 바, 귀 시에서 질의한 주택 외의 용도에는 창고, 다용도실, 경비실도 포함될 수 있을 것으로 사료됩니다.(국토교통부, 2013.12.11)

**질의** 지상 1층 주차장(필로티 구조), 2~4층 다가구 주택(3층, 15가구)으로 사용 중인 기존건축물에 1층 부분 전체를 제2종 근린생활시설(사무소)로 증축 가능한 지 여부

**회신** 「건축법 시행령」 제3조의4 관련 별표 1 제3호 다목에 의거 "다가구 주택"이란 주택으로 쓰이는 층수가 3개 층 이하로서 1개동의 주택으로 쓰이는 바닥면적의 합계가 660m$^2$ 미만이며, 19세대 이하가 거주할 수 있는 주택을 말하는 것으로, 다가구 주택(현재 3개 층, 단서조항에 따라 1층은 층수산정에서 제외됨)의 경우, 1층 부분을 제2종 근린생활시설로 증축한다 하더라도 다가구 주택 부분은 3개 층을 유지하여 층수제한 규정에 저촉되지 않으며, 동일 건축물의 복합용도 사용은 같은 법 시행령 제47조(방화에 장애가 되는 용도의 제한)의 규정 및 주차장법 등 기타 관계법령에 적합할 경우 별도로 제한하고 있지 않습니다.(국토교통부, 2013.12.11)

**참고** **공동주택의 필로티**(건교부, 건축 58070-1228, 2001.5.25)

「건축법 시행령」 별표 1 제1호에 의한 다가구 주택 및 제2호에 의한 공동주택을 구분(다세대 주택, 연립주택, 아파트, 기숙사)함에 있어서 1층 전부를 필로티구조로 하여 주차장으로 사용하는 경우에는 필로티 부분을 층수 산정시 층수에서 제외토록 하고 있는 바, 동 규정은 단일 용도인 다가구 주택 및 공동주택의 경우에만 적용되는 것이므로 다가구 주택 및 공동주택을 근린생활시설 등 타 용도와 복합으로 건축하고자 하는 경우에는 1층에 필로티구조인 주차장이 설치되어 있다 하더라도 이를 층수에 산입하여야 하는 것임.

예 "1층 전부 : 필로티구조인 주차장, 2층 : 근린생활시설, 3층~6층 : 다세대 주택"을 계획하고자 하는 경우, 이는 다세대가 아닌 아파트로 분류되어야 함.

**질의** **다세대 주택 층수 산정**

제1종 일반주거지역 안에서의 4층 이하의 건축물에 한하여 건축할 수 있는 바, 다세대 주택의 1층 전부가 주차장으로 사용하는 필로티 구조로 되어 있는 경우 위 4층 이하의 건축제한을 적용함에 있어 위 1층 필로티 부분이 층수산정에 포함되는지?

**회신** 제1종 일반주거지역 안에서 다세대 주택을 건축하고자 하는 경우 1층 전부가 주차장으로 사용하는 필로티 구조라 하더라도 이러한 1층도 제1종 일반주거지역 안에서의 층수에 포함되므로 이를 포함한 4층 이하의 건축물만 허용된다고 할 것입니다.(국토교통부 건축정책과 등록 2009.8.28, 수정 2019.5.24)

**질의** 7층 건축물로서 1층은 근린생활시설과 필로티 구조의 주차장이고 2층부터 5층까지는 주택으로 바닥면적의 합계가 660m$^2$ 이하이며, 6층과 7층은 근린생활시설인 경우 2층부터 5층까지 부분이 다세대 주택에 해당되는지 여부

**회신** 「건축법 시행령」 별표 1 제2호 단서 및 나목에 따라 다세대 주택은 주택으로 쓰이는 1개 동의 바닥면적(지하주차장 면적을 제외)의 합계가 660m$^2$ 이하이고, 층수가 4개 층 이하인 주택이며, 층수를 산정함에 있어서 1층 바닥면적의 1/2 이상을 필로티 구조로 하여 주차장으로 사용하고 나머지 부분을 주택 외의 용도로 사용하는 경우에는 해당 층을 주택의 층수에서 제외하는 바, 문의의 경우 1층 바닥면적의 1/2 이상을 필로티 구조로 하여 주차장으로 사용하고 나머지 부분을 주택 외의 용도로 사용하는 경우 2층부터 5층까지의 부분은 다세대 주택에 해당하는 것입니다.(국토교통부, 2013.12.10)

## 질의 필로티의 층수산입 여부

지하 1층에는 근린생활시설을 지상 1층은 전부를 필로티구조로 하여 주차장으로 하고 지상 2~5층은 다세대 주택(다가구 2~4층)을 건축함에 있어 필로티부분이 주택의 층수산정에 포함되어야 하는 것인지 여부

**회신** 「건축법 시행령」 별표 1 제1호다목 및 제2호의 규정에 의거 주택의 층수를 산정함에 있어서 1층 전부를 필로티구조로 하여 주택의 주차장으로 사용하는 경우에는 동 필로티부분은 주택의 층수산정에서 제외하는 것이나, 주택을 근린생활시설 등 타 용도와 복합으로 건축하는 경우에는 1층 전부를 필로티구조로 하여 주차장으로 사용하는 경우라도 이는 주택의 층수산정에 포함되는 것임.(건교부 건축 58070-2235, 2001.9.4)

## 질의 단독주택 범위

- 다가구 주택인 건축물에 별도의 단독주택의 용도가 존립할 수 있는지?
- 「건축법 시행령」 제14조제5항제2호의 규정 중 "단독주택"의 범위

**회신**
- 다가구 주택이라 함은 주택으로 쓰이는 층수가 3개 층 이하, 바닥면적의 합계는 660m$^2$ 이하, 19가구 이하가 거주할 수 있는 것으로서 건축물의 용도분류상 공동주택에 해당하지 않는 것을 말하고 있는 바, 이 경우 층수(지하층 제외)·바닥면적의 합계·가구수는 하나의 대지에 있는 모든 주택을 포함하여 계산하는 것이며,
- 「건축법 시행령」 제14조제5항제2호의 규정에 의하여 「건축법」 및 관계법령에 적합할 경우 제1종(또는 제2종) 근린생활시설과 건축물대장의 기재사항을 변경하지 아니하고 사용할 수 있는 "단독주택"이라 함은 동령 별표 1 제1호의 모든 주택을 말합니다.(건교부 건축 58070-3185, '99.8.13)

## 질의 다세대 주택의 다가구 주택 용도변경

일반주거지역 내 지하 1층, 지상 4층, 다세대 주택(9세대)으로 사용승인을 얻어 사용중인 기존 건축물 전체를 다가구 주택으로 용도변경이 가능한지 여부, 다가구 주택으로 용도변경이 불가하다면 지상 1층은 근린생활시설로, 지하층과 지상 2~4층은 다가구 주택으로 각각 용도변경이 가능한지 여부

**회신**
- 다가구 주택은 「건축법 시행령」 별표 1 제1호다목 규정에 의하면 주택으로 쓰이는 층수가 "3개 층" 이하, 주택으로 쓰이는 바닥면적의 합계가 660m$^2$ 이하이며, 19세대 이하가 거주할 수 있는 주택으로서 공동주택에 해당하지 아니하는 것으로, 동 다가구 주택의 용어 정의 중 "3개 층"이라 함은 지하층을 제외한 지상층의 층수를 말하는 것으로,
- 질의의 경우 기존의 다세대 주택 건축물 전체를 다가구 주택으로 용도변경은 층수가 다가구 주택의 건축기준을 초과하므로 불가한 것이나, 「건축법」 제14조 및 동법 시행령 제14조의 규정에 의거 기존의 다세대 건축물 중 지상 1층을 근린생활시설로 용도변경(개축 또는 대수선을 수반하는 경우 제외)은 건축물대장의 기재사항을 변경신청을 하여야 하는 것이며, 지하층과 지상 2~4층 다세대 주택을 다가구 주택으로 변경은 건축물대장 합병절차에 의하여야 하는 것이나 「건축법」 및 관계법령에 적합하여야 함을 알려 드리오니, 구체적인 사항은 당해 건축물의 허가권자인 관할구청장에게 직접 문의하시기 바랍니다.(서울시, 건지 58501-10504, '99.8.14)

### 질의 다가구주택 층수

다가구주택 층수 산정시 1층 바닥면적의 2분의 1 이상을 필로티 구조로 하여 주차장으로 사용하고 나머지 부분을 주택 외의 용도로 사용하는 경우 해당 층을 주택의 층수에서 제외하고 있는 바, 여기서 주택 외의 용도에 다가구주택의 부속용도인 창고, 다용도실, 경비실을 포함할 수 있는지 여부

**회신** 「건축법 시행령」 제3조의4 관련 [별표 1] 제1호 다목에 의거 다가구주택은 주택으로 쓰이는 층수(지하층을 제외한다)가 3개층 이하일 것. 다만, 1층 바닥면적의 2분의 1 이상을 필로티 구조로 하여 주차장으로 사용하고 나머지 부분을 주택 외의 용도로 사용하는 경우에는 해당 층을 주택의 층수에서 제외할 수 있다고 규정되어 있습니다. 이는 1층을 주택외의 용도와 일부 필로티 구조의 주차장으로 사용하는 경우에 주택의 층수에서 제외하도록 하여 실제로 주택 1개 층의 추가 건축이 가능하게 함으로써, 주거밀집지역 토지의 효율적 활용 등으로 다가구주택 건축의 활성화를 모색하기 위함이며, 여기서 주택 외의 용도란 해당 건축물의 개별 가구가 거주하는 주택이 아닌 다른 용도를 의미하는 것으로 판단되는 바, 귀 시에서 질의한 주택 외의 용도에는 창고, 다용도실, 경비실도 포함될 수 있을 것으로 사료됩니다.(국토교통부 건축정책과 등록 2009.8.26, 수정 2019.5.24)

### 질의 다가구 주택 층수의 지하층 포함여부

다가구 주택의 층수 3개 층이라 함은 지하층을 포함하는지 여부

**회신** 「건축법 시행령」 별표 1 제1호다목의 다가구 주택의 용어 정의 중 “3개 층”이라 함은 지하를 제외한 지상층의 층수를 말하는 것임.(서울시, 건지 58550-10389, ’99.7.22)

### 질의 다세대주택 해당여부

7층 건축물로서 1층은 근린생활시설과 필로티 구조의 주차장이고 2층부터 5층까지는 주택으로 바닥면적의 합계가 661m$^2$ 이하이며, 6층과 7층은 근린생활시설인 경우 2층부터 5층까지 부분이 다세대주택에 해당되는지 여부

**회신** 「건축법 시행령」 별표 1 제2호 단서 및 나목에 따라 다세대주택은 주택으로 쓰이는 1개 동의 바닥면적(지하주차장 면적을 제외)의 합계가 660m$^2$ 이하이고, 층수가 4개층 이하인 주택이며, 층수를 산정함에 있어서 1층 바닥면적의 2분의 1 이상을 필로티 구조로 하여 주차장으로 사용하고 나머지 부분을 주택 외의 용도로 사용하는 경우에는 해당 층을 주택의 층수에서 제외하는 바, 문의의 경우 1층 바닥면적의 2분의 1 이상을 필로티 구조로 하여 주차장으로 사용하고 나머지 부분을 주택 외의 용도로 사용하는 경우 2층부터 5층까지의 부분은 다세대주택에 해당하는 것입니다.(국토교통부 건축정책과 등록 2009.8.26, 수정 2019.5.24)

### 질의 다세대 주택 일부를 다가구 주택으로의 용도변경 가능 여부

2층은 다세대 주택으로 두고 지하층과 1층만을 다가구용 단독주택으로 용도변경 가능한지 여부

**회신** 질의의 경우 하나의 건축물에 2세대 이상의 주택이 되어 다세대 주택에 해당되는 것이므로 다세대 주택이 일부를 다가구용 단독주택으로의 용도변경은 할 수 없는 것임.(건설부 건축 01254-3528, ’92.9.28)

**질의 회신** 2인 공유 다가구 주택의 구분소유, 구분등기 불가능

**질의** 다세대 주택 규모에 지하 옥내 주차장 면적 포함 여부

**회신** 다세대 주택은 「주택건설촉진법 시행령」 제2조제1항제3호의 규정에서 동당 건축 연면적이 660m² 이하인 4층 이하의 주택을 말하는 것으로, 「건축법 시행령」 제119조제1항제3호라목의 규정에서 건축물의 바닥면적에 필로티, 기타 이와 유사한 구조의 부분은 당해 부분이 공중의 통행 또는 차량의 주차에 전용되는 경우와 공동주택의 경우에는 이를 바닥면적에 산입하지 아니하나, 지하 옥내 주차장의 면적은 다세대 주택의 건축 연면적에 포함 산정하여야 하는 것임을 알려드립니다.(서울시 건지 58501-10497, '99.8.12)

**질의** **공동주택 발코니**

공동주택 발코니가 질의 그림과 같은 형태 및 구조인 경우, 허가가 가능한지 및 발코니 부분의 바닥면적 산정방법

**회신** 질의의 그림만으로는 동 건축물의 구조 및 형태 등을 정확하게 파악할 수 없어 판단이 곤란하나, 「건축법」 제119조제1항제3호다목 규정에 의하면 건축물의 노대, 기타 이와 유사한 것의 바닥은 난간 등의 설치 여부에 관계없이 노대 등의 면적(외벽의 중심선으로부터 노대 등의 끝부분까지의 면적을 말한다)에서 노대 등이 접한 가장 긴 외벽에 접한 길이에 1.5m를 곱한 값을 공제한 면적을 바닥면적에 산입하도록 규정하고 있으므로, 질의의 경우 방 부분과 발코니 부분을 구분하고 있는 전면창호부분이 당해 건축물의 외벽에 해당되는 구조·형태라면 발코니 부분은 바닥면적에 제외될 수 있을 것으로 사료되나, 구체적인 사항은 자세한 설계도서를 구비 당해 건축물의 허가권자에게 직접 문의하시기 바랍니다.
(서울시 건지 58501-10443, '99.8.21)

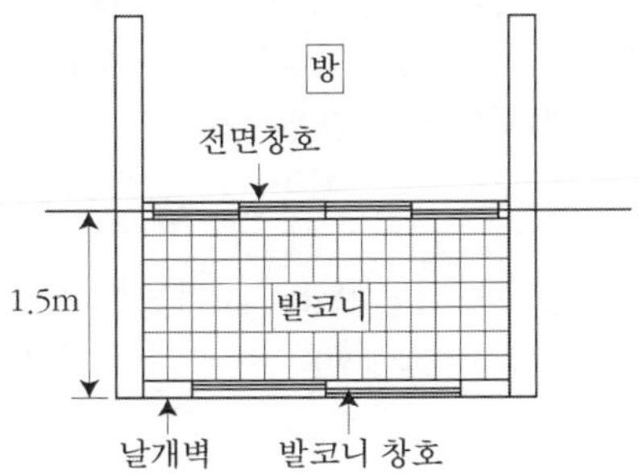


평면도

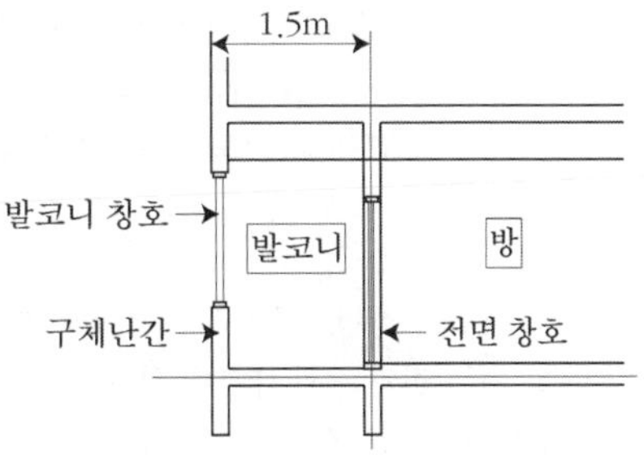


단면도

**질의** **연립주택과 다세대 주택의 구분**

1층의 필로티(주차장) 구조로 하고 2~5층을 다세대 주택으로 할 수 있는지 여부

**회신** 건축법령의 적용에 있어 공동주택과 타 용도의 복합건축물인 경우 공동주택으로 사용되는 부분이 4개층(일부 또는 전부를 주택의 부속용도로 사용하는 층을 포함) 이하로서 주택으로 사용되는 연면적이 660m²를 초과하는 경우에는 연립주택으로, 그 이하인 경우에는 다세대 주택으로 보아야 할 것이며, 4개층을 초과하는 경우에는 아파트로 보아야 할 것임.(서울시 건축 58070-829, '96.3.4)

질의 회신 건축물의 용도를 분류함에 있어 "**당해 용도에 쓰이는 바닥면적의 합계**"라 함은 주된 용도에 부수되는 공용부분(복도·계단·화장실 등)의 면적이 포함되는 것입니다. 다만, 지하주차장의 면적은 바닥면적의 산정에는 포함되는 것이나 건축법령상 "당해 용도에 쓰이는 바닥면적의 합계" 산정에서는 제외되는 것이니, 운용에 착오 없기 바랍니다.(건교부 건축 58550-1828, '99.5.20)

질의 **당해 용도에 쓰이는 바닥면적의 합계**

「건축법 시행령」 별표 1 건축물의 용도분류 중 당해 용도에 쓰이는 바닥면적 합계를 적용함에 있어 관계법령에 의거 부수되는 주차장, 설비설치, 복도계단, 화장실 면적이 당해 용도에 쓰이는 바닥면적의 합계에 제외되는지 여부

회신 질의와 같이 건축물의 용도분류 중 당해 용도에 사용되는 바닥면적이란 동 용도에 부수되거나 공용되는 면적의 공용비율에 따라 산정한 면적이 포함되는 것임.(건설부 건축 01254-4474, '92.12.15)

질의 회신 **주용도와 부속용도**

부속용도는 주용도 운영상 필요불가분의 관계가 있는 용도로서 주용도를 중심으로 판단하여야 하며 주용도의 건축물이 허용되면 부속되는 용도도 건축이 허용되어야 함은 당연하며 부속용도를 주용도와 분리하여 별도의 용도로 용도제한을 적용하여서는 아니된다.(건설부장관 건축 125-3923, '79.2.24)

질의 종합병원에 설치하는 장례식장을 종합병원의 부속용도로 볼 수 있는지

회신 질의의 장례식장이 당해 종합병원(일반병원은 제외)에 입원 등을 한 환자가 사망하였을 경우 조문객들의 분양 등 장례의식을 위하여 설치하는 것이라면 동 병원의 부속용도로 볼 수 있을 것으로 사료됩니다. 〈참고〉 의료법 제49조 제1항에 따르면 의료법인은 그 법인이 개설하는 의료기관에서 의료업무 외에 장사등에 관한 법률 제25조 제1항에 따른 장례식장의 설치·운영 등 부대사업을 할 수 있다고 규정되어 있습니다. (국토교통부 건축정책과 등록 2009.8.26, 수정 2019.5.24)

질의 「건축법 시행령」 별표 1 제7호 다목의 상점은 그 안에 있는 근린생활을 포함하는 바, "그 안에 있는 근린생활시설"에 상점의 구획 내부에 있는 것만 해당되는지 아니면 층을 달리하는 등 상점의 구획 바깥에 있는 근린생활시설도 포함되는지

회신 「건축법 시행령」 별표 1 제7호 다목의 상점은 그 안에 있는 근린생활을 포함하는 바, 이는 상점이 일정규모 이상이면 상점 내부에 설치된 근린생활시설을 모두 포함하여 판매시설로 분류한다는 것이며, 상점의 바깥에 있는 근린생활시설까지 판매시설로 분류하여야 하는 것은 아닙니다.(국토교통부, 2013.12.11)

질의 동일한 건축물 안에 제1종 근린생활시설인 체육도장(바닥면적 420m$^2$)과 제2종 근린생활시설인 골프연습장(바닥면적 390m$^2$)이 있을 때 운동시설에 해당하는 것인지, 아니면 각각 제1종, 제2종 근린생활시설에 해당하는 것인지 여부

**회신** 「건축법 시행령」 별표 1 제13호 가목(2006.5.8 대통령령 제19466호 개정)에 따르면 탁구장·체육도장·테니스장·체력단련장·에어로빅장·볼링장·당구장·실내낚시터·골프연습장, 그 밖에 이와 유사한 것으로서 제1종 근린생활시설과 제2종 근린생활시설에 해당하지 아니하는 것은 운동시설에 해당합니다.
따라서, 동일한 건축물 안에 체육도장과 골프연습장을 함께 설치하는 경우 건축물의 용도는 제1종 근린생활시설인 체육도장에 쓰이는 바닥면적의 합계($500m^2$ 이상은 운동시설)와 제2종 근린생활시설인 골프연습장에 쓰이는 바닥면적의 합계($500m^2$ 이상은 운동시설)에 따라 각각의 해당 용도를 분류하는 것이므로, 귀 질의의 경우 체육도장은 제1종 근린생활시설, 골프연습장은 제2종 근린생활시설에 해당합니다.
(국토교통부 건축정책과 등록 2009.8.26, 수정 2019.5.24)

## ➪ ※[1] 기숙사

- 기숙사는 일반기숙사와 임대형기숙사로 개정(2023.2.14) 되었으며 다음과 같이 기숙사 건축기준이 제정되었음.

**참고**

영 부칙 제3조【기존 기숙사 등의 용도분류에 관한 경과조치】(2023.2.14)

① 이 영 시행 당시 종전의 별표 1 제2호라목에 따른 기숙사에 해당하는 용도의 건축물은 별표 1 제2호라목1)의 개정규정에 따른 일반기숙사에 해당하는 용도의 건축물로 본다.

② 이 영 시행 전에 종전의 별표 1 제2호라목에 따른 기숙사의 용도로 사용하기 위하여 부칙 제2조 각 호의 신청이나 신고를 한 경우에는 별표 1 제2호라목1)의 개정규정에 따른 일반기숙사의 용도로 사용하기 위하여 신청이나 신고를 한 것으로 본다.

**참고**

기숙사 건축기준(국토교통부 고시 제2023－151호, 2023.3.15 제정)

**제1조【목적】** 이 기준은 「건축법 시행령」 제3조의5 및 별표 1 제2호라목에 따른 기숙사에 대한 건축기준을 정함을 목적으로 한다.

**제2조【건축기준】** 기숙사는 개별 실을 구분소유할 수 없는 건축물로서 다음 각 호의 구분에 따른다.

1. 일반기숙사인 경우: 다음 각 목의 기준에 적합하여야 한다.
   가. 기숙사 개인공간(침실 등 개인이 거주하는 공간. 이하 같다)을 지하층에 두지 말 것
   나. 화장실과 세면·목욕시설, 채광·환기 설비, 냉·난방 설비 또는 기구 등을 적절하게 갖출 것
   다. 2층 이상의 층으로서 바닥으로부터 높이 1.2m 이하 부분에 여닫을 수 있는 창문($0.5m^2$ 이상)이 있는 경우 그 부분에 높이 1.2m 이상의 난간이나 이와 유사한 추락방지를 위한 안전시설을 설치할 것
   라. 복도 최소폭은 편복도 1.2m 이상, 중복도 1.8m 이상으로 할 것
   마. 실간 소음방지를 위하여 「건축물의 피난·방화구조 등의 기준에 관한 규칙」 제19조에 따른 경계벽 구조 등의 기준과 「소음방지를 위한 층간 바닥충격음 차단 구조기준」에 적합할 것
2. 임대형기숙사인 경우: 다음 각 목의 기준에 적합하여야 한다.
   가. 제2조제1호가목부터 마목까지의 기준
   나. 개인공간은 1인 1실을 기본으로 하며, 최대 3인 1실을 넘지 않을 것
   다. 개인공간을 제외한 공유공간(임대형기숙사 내부에서 개인공간을 제외한 다수의 거주자가 공동으로 사용하는 거실·주방·공동욕실 등으로서 이동을 위한 복도, 계단, 승강기 및 주차장 등을 제외한다. 이하 같다)의 면적은 수용인원을 고려하여 아래의 면적 이상을 확보하며, 개인공간과 공유공간 면적의 합은 1인당 $14m^2$ 이상을 확보할 것(확보해야 하는 개인공간의 면적과 공유공간의 면적은 건축물의 외벽의 내부선을 기준으로 산정한다. 이하 같다)

| 수용인원 | 공유공간 확보 |
|---|---|
| 150인 이하 | $4m^2$/인 |
| 150인 초과 300인 이하 | $600m^2$ + 150인 초과 인원 × $3.5m^2$/인 |
| 300인 초과 500인 이하 | $1,125m^2$ + 300인 초과 인원 × $3m^2$/인 |
| 500인 초과 | $1,725m^2$ + 500인 초과 인원 × $2.5m^2$/인 |

라. 각 실에는 창문 1개 이상과 문 1개 이상을 설치하고, 모든 창문과 출입구 등에는 적절한 잠금장치를 설치할 것

마. 각 실의 창문 크기는 바닥 면적의 1/10 이상이 되도록 하고, 자연채광과 환기가 가능할 것

바. 개인공간의 면적은 해당 실의 수용인원 1인당 최소 $7m^2$ 이상을 확보할 것. 다만, 이와 별개로 개인공간에 설치하는 욕실의 면적은 $2.5m^2$ 이상을 확보할 것(확보해야 하는 욕실의 면적은 외벽의 내부선을 기준으로 산정한다)

사. 개인공간의 한 변의 길이는 2.2m 이상을 확보할 것(건축물의 외벽의 내부선을 기준으로 산정한다)

아. 공유공간으로서 거실, 주방 외에도 거주자간의 공동생활지원을 위한 다목적실, 취미실 등의 공간을 갖출 것

자. 공동욕실(개인공간에 설치하는 욕실은 제외한다)의 세면대와 화장실은 주택 거주인원을 고려하여 분리 설치할 것

차. 해당 건축물 내 임대형기숙사 전체에 대하여 단일한 관리주체에 의한 관리운영 체계를 갖출 것

카. 해당 건축물의 주차장규모·교통여건 등을 고려하여 주변지역의 주차난 방지를 위해 임대기간 동안의 자동차 소유 또는 주차에 관한 제한 사항 등을 임차인 자격요건으로 하여 운영할 것

**제3조 【지역별 기준 설정】** 지방자치단체의 장은 제2조의 기준에 위배되지 않는 범위 내에서 기숙사의 최소실 면적, 창 설치 등의 기준을 건축조례로 정할 수 있다.

**제4조 【재검토기한】** 국토교통부장관은 「훈령·예규 등의 발령 및 관리에 관한 규정」에 따라 이 고시에 대하여 2024년 1월 1일 기준으로 매3년이 되는 시점(매 3년째의 12월 31일까지를 말한다)마다 그 타당성을 검토하여 개선 등의 조치를 하여야 한다.

부칙 <제2023-151호, 2023.3.15>

**제1조 【시행일】** 이 고시는 발령한 날부터 시행한다.

**제2조 【적용례】** 이 고시는 이 고시 시행 이후 다음 각 호의 신청이나 신고를 하는 경우부터 적용한다.

1. 법 제11조에 따른 건축허가의 신청(건축허가를 신청하기 위해 법 제4조의2제1항에 따라 건축위원회에 심의를 신청하는 경우를 포함한다)
2. 법 제14조에 따른 건축신고
3. 법 제19조에 따른 용도변경허가의 신청(같은 조에 따른 용도변경신고 또는 건축물대장 기재내용의 변경신청을 포함한다)
4. 제1호부터 제3호까지의 규정에 따른 허가나 신고가 의제되는 다른 법률에 따른 허가·인가·승인 등의 신청 또는 신고

➪ ※[2] **목욕장**(「공중위생 관리법」 참조)

- "목욕장업"이라 함은 다음 각목의 어느 하나에 해당하는 서비스를 손님에게 제공하는 영업을 말한다. 다만, 숙박업 영업소에 부설된 욕실 등 대통령령이 정하는 경우를 제외한다.

  가. 물로 목욕을 할 수 있는 시설 및 설비 등의 서비스

  나. 맥반석·황토·옥 등을 직접 또는 간접 가열하여 발생되는 열기 또는 원적외선 등을 이용하여 땀을 낼 수 있는 시설 및 설비 등의 서비스

- "상기 대통령령이 정하는 경우를 제외한다."는 다음의 내용을 말한다.(「공중위생 관리법 시행령」 제2조)
  - 숙박업 영업소에 부설된 욕실
  - 「체육시설의 설치·이용에 관한 법률」에 의한 종합체육시설업의 체온 관리실
  - 다음 각 호의 1에 해당하는 시설에 부설된 욕실
    1. 「농어촌 정비법」에 따른 농어촌 민박사업용 시설
    2. 「산림문화·휴양에 관한 법률」에 따라 자연휴양림 안에 설치된 시설
    3. 「청소년 활동 증진법」(제10조 제1호)에 의한 청소년 수련시설
    4. 「관광진흥법」 제4조에 따라 등록한 외국인관광 도시민박업용 시설
- 공중위생영업의 종류별 시설 및 설비기준 중 목욕장업(공중위생관리법 시행규칙 별표 1 중 일부)
  - 목욕장업

가. 욕실·욕조 및 샤워기를 갖춘 목욕실과 탈의실, 발한실을 각각 설치하여야 한다. 다만, 법 제2조제1항제3호가목에 따른 서비스만을 제공하는 영업을 하는 경우에는 발한실을 설치하지 않을 수 있고, 법 제2조제1항제3호나목에 따른 서비스만을 제공하는 영업을 하는 경우에는 목욕실을 설치하지 않을 수 있으며, 「체육시설의 설치·이용에 관한 법률」 제10조제1항제2호에 따른 체력단련장업을 신고한 자가 이용자를 대상으로 목욕장업을 운영하는 경우에는 탈의실을 설치하지 않을 수 있다.

나. 발한실 내에 발열기(맥반석 등을 직접 가열하여 발한을 돕는 시설 등을 말한다)를 설치하는 경우에는 그 주변에 방열 및 불연소재의 안전망을 설치하여야 한다.

다. 발한실, 편의시설(이·미용업소, 매점, 헬스클럽장, 음식점 등 목욕장을 이용하는 사람의 편의를 증진하기 위한 시설을 말하며, 화장실은 제외한다. 이하 같다) 및 휴식실(수면실 등 목욕장을 이용하는 사람의 휴식을 도모하기 위한 시설을 말한다. 이하 같다)은 실내가 잘 보이도록 하여야 하고, 밀실 형태로 구획하여서는 안 된다. 이 경우 편의시설 및 휴식실에 관한 사항은 해당 시설을 설치하는 경우만 해당한다.

라. 탈의실과 목욕실은 남녀 구분하여 운용하여야 한다.

마. 목욕실·발한실·탈의실·편의시설 및 휴식실(해당시설을 설치하는 경우만 해당한다)은 각각 별도로 구획해야 한다.

바. 욕조수를 순환하여 여과시키는 경우에는 욕조수가 여과기에 들어가기 직전의 위치에 자동유입기로 하는 염소소독장치, 오존장치 또는 자외선살균장치를 설치해야 한다.

사. 목욕실·발한실 및 탈의실 외의 시설에 무인감시카메라(CCTV)를 설치할 수 있으며, 무인감시카메라를 설치하는 경우에는 반드시 그 설치여부를 이용객이 잘 알아볼 수 있게 안내문을 게시하여야 한다.

➪ ※[3] 「**영화 및 비디오물의 진흥에 관한 법률**」 제2조제16호가목 및 나목의 시설

가. 비디오물감상실업 : 다수의 구획된 시청실과 비디오물 시청기자재를 갖추고 비디오물을 공중의 시청에 제공(이용자가 직접 시청시설을 작동하여 이용하는 경우를 포함한다)하는 영업

나. 비디오물소극장업 : 영사막 및 다수의 객석과 비디오물 시청기자재를 갖추고 비디오물만을 전용으로 공중의 시청에 제공하는 영업

➪ ※[4] 「**게임산업진흥에 관한 법률**」 제2조제6호의2 가목의 시설

가. 청소년게임제공업 : 제21조의 규정에 따라 등급분류된 게임물 중 전체이용가 게임물을 설치하여 공중의 이용에 제공하는 영업

➪ ※[5] **"다중이용업"**이란 불특정 다수인이 이용하는 영업중 화재 등 재난발생시 생명·신체·재산상의 피해가 발행할 우려가 높은 것으로서 다음의 영업을 말함(다중이용업소의 안전관리에 관한 특별법 시행령 제2조)

1. 「식품위생법 시행령」 제21조제8호에 따른 식품접객업 중 다음 각 목의 어느 하나에 해당하는 것
   가. 휴게음식점영업·제과점영업 또는 일반음식점영업으로서 영업장으로 사용하는 바닥면적(「건축법 시행령」 제119조제1항제3호에 따라 산정한 면적을 말한다)의 합계가 100m$^2$(영업장이 지하층에 설치된 경우에는 그 영업장의 바닥면적 합계가 66m$^2$) 이상인 것. 다만, 영업장(내부계단으로 연결된 복층구조의 영업장을 제외한다)이 지상 1층 또는 지상과 직접 접하는 층에 설치되고 그 영업장의 주된 출입구가 건축물 외부의 지면과 직접 연결되는 곳에서 하는 영업을 제외한다.
   나. 단란주점영업과 유흥주점영업
2. 「영화 및 비디오물의 진흥에 관한 법률」 제2조제10호, 같은 조 제16호가목·나목 및 라목에 따른 영화상영관·비디오물감상실업·비디오물소극장업 및 복합영상물제공업
3. 「학원의 설립·운영 및 과외교습에 관한 법률」 제2조제1호에 따른 학원(이하 "학원"이라 한다)으로서 다음 각 목의 어느 하나에 해당하는 것
   가. 「소방시설 설치 및 관리에 관한 법률 시행령」 별표 7에 따라 산정된 수용인원(이하 "수용인원"이라 한다)이 300인 이상인 것
   나. 수용인원 100명 이상 300명 미만으로서 다음의 어느 하나에 해당하는 것. 다만, 학원으로 사용하는 부분과 다른 용도로 사용하는 부분(학원의 운영권자를 달리하는 학원과 학원을 포함한다)이 「건축법 시행령」 제46조에 따른 방화구획으로 나누어진 경우는 제외한다.
      1) 하나의 건축물에 학원과 기숙사가 함께 있는 학원
      2) 하나의 건축물에 학원이 둘 이상 있는 경우로서 학원의 수용인원이 300명 이상인 학원
      3) 하나의 건축물에 제1호·제2호 및 제4호부터 제7호까지, 제7호의2부터 제7호의5까지 및 제8호의 다중이용업 중 어느 하나 이상의 다중이용업과 학원이 함께 있는 경우
4. 목욕장업으로서 다음 각 목에 해당하는 것
   가. 하나의 영업장에서 「공중위생관리법」 제2조제1항제3호가목에 따른 목욕장업 중 맥반석·황토·옥 등을 직접 또는 간접 가열하여 발생하는 열기나 원적외선 등을 이용하여 땀을 배출하게 할 수 있는 시설 및 설비를 갖춘 것으로서 수용인원(물로 목욕을 할 수 있는 시설부분의 수용인원은 제외한다)이 100명 이상인 것
   나. 「공중위생관리법」 제2조제1항제3호나목의 시설을 갖춘 목욕장업
5. 「게임산업진흥에 관한 법률」 제2조제6호·제6호의2·제7호 및 제8호의 게임제공업·인터넷컴퓨터게임시설제공업 및 복합유통게임제공업. 다만, 게임제공업 및 인터넷컴퓨터게임시설제공업의 경우에는 영업장(내부계단으로 연결된 복층구조의 영업장은 제외한다)이 지상 1층 또는 지상과 직접 접하는 층에 설치되고 그 영업장의 주된 출입구가 건축물 외부의 지면과 직접 연결된 구조에 해당하는 경우는 제외한다.
6. 「음악산업진흥에 관한 법률」 제2조제13호에 따른 노래연습장업
7. 「모자보건법」 제2조제10호에 따른 산후조리업

7의2. 고시원업[구획된 실(室) 안에 학습자가 공부할 수 있는 시설을 갖추고 숙박 또는 숙식을 제공하는 형태의 영업]

7의3. 「사격 및 사격장 안전관리에 관한 법률 시행령」 제2조제1항 및 별표 1에 따른 권총사격장(실내사격장에 한정하며, 같은 조 제1항에 따른 종합사격장에 설치된 경우를 포함한다)

7의4. 「체육시설의 설치·이용에 관한 법률」 제10조제1항제2호에 따른 골프 연습장업(실내에 1개 이상의 별도의 구획된 실을 만들어 스크린과 영사기 등의 시설을 갖추고 골프를 연습할 수 있도록 공중의 이용에 제공하는 영업에 한정한다)

7의5. 「의료법」 제82조제4항에 따른 안마시술소

8. 법 제15조제2항에 따른 화재안전등급(이하 "화재안전등급"이라 한다)이 제11조제1항에 해당하거나 화재발생시 인명피해가 발생할 우려가 높은 불특정다수인이 출입하는 영업으로서 행정안전부령으로 정하는 영업. 이 경우 소방청장은 관계 중앙행정기관의 장과 미리 협의하여야 한다.

➪ ※[6] 고시원업의 시설로서 **다중생활시설 건축기준**(국토교통부 고시 제2021－951호)

**제1조 【목적】** 이 기준은 「건축법 시행령」 제3조의5 및 별표 1 제4호거목에 따른 다중생활시설에 대한 건축기준을 정함을 목적으로 한다.

**제2조 【건축기준】** 다중생활시설은 「다중이용업소의 안전관리에 관한 특별법」에 따른 다중이용업 중 고시원업의 시설로서 다음 각 호의 기준에 적합한 구조이어야 한다.

1. 각 실별 취사시설 및 욕조 설치는 설치하지 말 것(단, 샤워부스는 가능)
2. 다중생활시설(공용시설 제외)을 지하층에 두지 말 것
3. 각 실별로 학습자가 공부할 수 있는 시설(책상 등)을 갖출 것
4. 시설내 공용시설(세탁실, 휴게실, 취사시설 등)을 설치할 것
5. 2층 이상의 층으로서 바닥으로부터 높이 1.2m 이하 부분에 여닫을 수 있는 창문(0.5$m^2$ 이상)이 있는 경우 그 부분에 높이 1.2m 이상의 난간이나 이와 유사한 추락방지를 위한 안전시설을 설치할 것
6. 복도 최소폭은 편복도 1.2m 이상, 중복도 1.5m 이상으로 할 것
7. 실간 소음방지를 위하여 「건축물의 피난·방화구조 등의 기준에 관한 규칙」 제19조에 따른 경계벽 구조 등의 기준과 「소음방지를 위한 층간 바닥충격음 차단 구조기준」에 적합할 것
8. 범죄를 예방하고 안전한 생활환경 조성을 위하여 「범죄예방 건축기준」에 적합할 것

**제3조 【지역별 기준설정】** 지방자치단체의 장은 제2조의 기준에 위배되지 않는 범위 내에서 다중생활시설의 최소실 면적, 창 설치 등의 기준을 건축조례로 정할 수 있다.

**제4조 【재검토기한】** 국토교통부장관은 「훈령·예규 등의 발령 및 관리에 관한 규정」(대통령훈령 제334호)에 따라 이 고시에 대하여 2019년 1월 1일 기준으로 매3년이 되는 시점(매3년째의 12월 31일까지를 말한다)마다 그 타당성을 검토하여 개선 등의 조치를 하여야 한다.

➪ ※[7] **시장**(「도시·군계획시설의 결정·구조 및 설치기준에 관한 규칙」 참조)

- 시장의 종류(규칙 제82조)
  - 「유통산업발전법」 제2조제3호 및 제5호에 따른 대규모 점포 및 임시시장
  - 「농수산물유통 및 가격안정에 관한 법률」 제2조제2호·제5호 및 제12호의 규정에 의한 농수산물도매시장·농수산물공판장 및 농수산물종합유통센터
  - 「축산법」 제34조에 따른 가축시장
- 시장의 결정기준(규칙 제83조)
  - 주로 지역간에 수급이 이루어지는 물품을 취급하는 시장은 유통업무설비와 연계하여 설치할 것
  - 도매기능의 시장은 교통수단의 연결이 쉬운 철도역·고속국도 또는 주간선도로에 가까운 도시의 외곽에 설치할 것

- 소매기능의 시장의 분포는 주민이 쉽게 접근하여 이용할 수 있도록 적절한 배치간격을 유지할 것
- 다수인이 모였다 흩어짐에 따라 발생하는 교통체증 등으로 시장의 기능이 저하되지 아니하도록 원활한 교통소통을 기할 수 있는 교통수단을 연결시킬 것
- 시장의 원활한 기능을 위하여 주차장·관리사무소 등을 합리적으로 설치할 것
- 주간선도로의 교차지점이나 인구가 밀집한 지역에 설치되지 아니하도록 인근의 토지이용현황을 고려할 것
- 시장의 규모와 입지는 생활권, 시장의 세력권 및 장래의 확장가능성 등을 고려하여 결정할 것
- 주변의 주거지역에 소음·악취 및 교통체증 등을 발생시킬 우려가 없는 지역에 설치할 것
- 준주거지역·중심상업지역·일반상업지역·근린상업지역·유통상업지역·준공업지역·자연녹지지역 및 계획관리지역에 한하여 설치할 것. 다만, 「유통산업발전법」 별표에 따른 대규모점포(대형마트·전문점을 제외한다)는 자연녹지지역에 설치할 수 없다.
- 시장의 규모는 「유통산업발전법」 또는 「농수산물유통 및 가격안정에 관한 법률」이 정하는 바에 의할 것

• **시장에 설치할 수 있는 편익시설**(규칙 제84조)
- 「건축법 시행령」 별표 1 제3호(같은 호 가목 및 아목은 제외한다)의 시설
- 「건축법 시행령」 별표 1 제4호가목·다목·라목·바목부터 자목까지·카목·타목·파목(골프연습장은 제외한다)·하목·너목 및 러목(노래연습장에 한정한다)
- 「건축법 시행령」 별표 1 제5호가목·나목(마권 장외발매소, 마권 전화투표소는 제외한다) 및 라목의 시설
- 「건축법 시행령」 별표 1 제10호다목 및 바목의 시설
- 「건축법 시행령」 별표 1 제11호 다목의 시설(사회복지관에 한정한다)
- 「건축법 시행령」 별표 1 제13호(골프장 및 골프연습장은 제외한다)의 시설
- 「건축법 시행령」 별표 1 제27호 가목 및 나목의 시설
- 「건축법 시행령」 별표 1 제19호바목의 시설 중 「환경친화적 자동차의 개발 및 보급 촉진에 관한 법률」 제2조제9호에 따른 수소연료공급시설

➪ ※[8] **항만**(「도시·군계획시설의 결정·구조 및 설치기준에 관한 규칙」 참조)

• **항만의 종류**(규칙 제25조)
- 「항만법」 제2조제5호에 따른 항만시설
- 「어촌·어항법」 제2조제5호에 따른 어항시설
- 「마리나항만의 조성 및 관리 등에 관한 법률」 제2조제2호에 따른 마리나항만시설

• 「항만법」에서 사용하는 용어의 정의를 보면 다음과 같다.(「항만법」 제2조)

1. "항만"이란 선박의 출입, 사람의 승선·하선, 화물의 하역·보관 및 처리, 해양친수활동 등을 위한 시설과 화물의 조립·가공·포장·제조 등 부가가치 창출을 위한 시설이 갖추어진 곳을 말한다.
2. "무역항"이란 국민경제와 공공의 이해(利害)에 밀접한 관계가 있고 주로 외항선이 입항·출항하는 항만으로서 제3조제1항에 따라 지정된 항만을 말한다.
3. "연안항"이란 주로 국내항 간을 운항하는 선박이 입항·출항하는 항만으로서 제3조제1항에 따라 지정된 항만을 말한다.
4. "항만구역"이란 제2호와 제3호에 따른 항만의 수상구역과 육상구역을 말한다.
5. "항만시설"이란 다음 각 목의 어느 하나에 해당하는 항만구역 안의 시설과, 다음 각 목의 어느 하나에

해당하는 항만구역 밖의 시설로서 해양수산부장관이 지정·고시한 것을 말한다.

가. 기본시설

1) 항로, 정박지, 소형선 정박지, 선회장(旋回場) 등 수역시설(水域施設)

2) 방파제, 방사제(防砂堤), 파제제(波除堤), 방조제, 도류제(導流堤), 갑문, 호안(해안보호둑을 말한다) 등 외곽시설

3) 도로, 교량, 철도, 궤도, 운하 등 임항교통시설(臨港交通施設)

4) 안벽, 소형선 부두, 잔교(棧橋: 선박이 부두에 닿도록 구름다리 형태로 만든 구조물), 부잔교(浮棧橋: 선박을 매어두거나 선박이 부두에 닿도록 물 위에 띄워 만든 구조물), 돌핀(계선말뚝을 말한다), 선착장, 램프(경사식 진출입로를 말한다) 등 계류시설(繫留施設)

나. 기능시설

1) 선박의 입항·출항을 위한 항로표지·신호·조명·항무통신(港務通信)에 관련된 시설 등 항행 보조시설

2) 고정식 또는 이동식 하역장비, 화물 이송시설, 배관시설 등 하역시설

3) 대기실, 여객승강용 시설, 소하물 취급소 등 여객이용시설

4) 창고, 야적장, 컨테이너 장치장(藏置場) 및 컨테이너 조작장, 사일로[시멘트, 곡물 등 산적화물(散積貨物)의 저장시설을 말한다], 유류(油類)저장시설, 가스저장시설, 화물터미널 등 화물의 유통시설과 판매시설

5) 선박을 위한 연료공급시설과 급수시설, 얼음 생산 및 공급 시설 등 선박보급시설

6) 항만의 관제(管制)·정보통신·홍보·보안에 관련된 시설

7) 항만시설용 부지

8) 「어촌·어항법」 제2조제5호나목의 기능시설[제21조제3호에 따른 어항구(漁港區)(이하 이 조에서 "어항구"라 한다)에 있는 것으로 한정한다]

9) 「어촌·어항법」 제2조제5호다목의 어항편익시설(어항구에 있는 것으로 한정한다)

10) 방음벽, 방진망(防塵網), 수림대(樹林帶) 등 공해방지시설

다. 지원시설

1) 보관창고, 집배송장, 복합화물터미널, 정비고 등 배후유통시설

2) 선박기자재, 선용품(船用品) 등을 보관·판매·전시 등을 하기 위한 시설

3) 화물의 조립·가공·포장·제조 등을 위한 시설

4) 공공서비스의 제공, 시설관리 등을 위한 항만 관련 업무용 시설

5) 항만시설을 사용하는 사람, 항만시설 인근 지역의 주민, 여객 등 항만을 이용하는 사람 및 항만에서 일하는 사람을 위한 휴게소·숙박시설·진료소 등 「공공보건의료에 관한 법률」 제2조제3호에 따른 공공보건의료기관·위락시설·연수장·주차장·차량통관장 등 후생복지시설과 편의제공시설

6) 항만 관련 산업의 기술개발이나 벤처산업 지원 등을 위한 연구시설

7) 신·재생에너지 관련 시설, 자원순환시설 및 기후변화 대응 방재시설 등 저탄소 항만의 건설을 위한 시설

8) 그 밖에 항만기능을 지원하기 위한 시설로서 해양수산부령으로 정하는 것

라. 항만친수시설(港灣親水施設)

1) 낚시터, 유람선, 낚시어선, 모터보트, 요트, 윈드서핑용 선박 등을 수용할 수 있는 해양레저용 시설

2) 해양박물관, 어촌민속관, 해양유적지, 공연장, 학습장, 갯벌체험장 등 해양 문화·교육 시설
3) 해양전망대, 산책로, 해안 녹지, 조경(造景)시설 등 해양공원시설
4) 인공해변·인공습지 등 준설토(浚渫土)를 재활용하여 조성한 인공시설

마. 항만배후단지

6. "관리청"이란 항만의 개발 및 관리에 관한 행정업무를 수행하는 다음 각 목의 구분에 따른 행정관청을 말한다.
   가. 제3조제2항제1호 및 제3항제1호에 따른 국가관리무역항 및 국가관리연안항: 해양수산부장관
   나. 제3조제2항제2호 및 제3항제2호에 따른 지방관리무역항 및 지방관리연안항: 특별시장·광역시장·도지사 또는 특별자치도지사(이하 "시·도지사"라 한다)
7. "항만개발사업"이란 항만시설(항만구역 밖에 설치하려는 제5호 각목의 어느 하나에 해당하는 시설로서 장래에 해양수산부장관이 항만시설로 지정·고시할 예정인 시설을 포함한다)의 신설·개축·보강·유지·보수(補修) 및 준설 등을 하는 사업을 말한다.
8. "항만물류"란 항만에서 화물이 공급자로부터 수요자에게 전달될 때까지 이루어지는 운송·보관·하역 및 포장 등 일련의 처리과정을 말한다.
9. "항만물류통합정보체계"란 관리청 및 항만을 이용하는 자가 항만물류비의 절감 및 각종 정보의 실시간 획득 등을 위하여 항만이용 및 항만물류의 과정에서 발생하는 정보를 정보통신망을 이용하여 상호교환·처리 및 활용하는 체계를 말한다.
10. "항만건설통합정보체계"란 관리청 및 항만개발사업 관련자가 신속한 행정업무처리와 비용 절감 등을 통하여 항만개발사업의 전반적인 효율을 높이기 위하여 항만개발사업의 계획·설계·계약·시공·유지 및 관리의 과정에서 발생하는 정보를 정보통신망을 이용하여 상호교환·처리 및 활용하는 체계를 말한다.
11. "항만배후단지"란 항만구역 또는 제6조제1항제8호에 따른 항만시설 설치 예정지역에 지원시설 및 항만친수시설을 집단적으로 설치하고 이들 시설의 기능 제고를 위하여 일반업무시설·판매시설·주거시설 등 대통령령으로 정하는 시설을 설치함으로써 항만의 부가가치와 항만 관련 산업의 활성화를 도모하며, 항만을 이용하는 사람의 편익을 꾀하기 위하여 제45조에 따라 지정한 구역을 말한다.
12. "항만배후단지개발사업"이란 항만배후단지를 개발하는 사업을 말한다.
13. "기반시설"이란「국토의 계획 및 이용에 관한 법률」제2조제6호에 따른 기반시설을 말한다.
14. "공공시설"이란「국토의 계획 및 이용에 관한 법률」제2조제13호에 따른 공공시설을 말한다.
15. "입주기업체"란 제45조제1호에 따른 1종 항만배후단지에 입주하기 위하여 제71조에 따라 입주계약을 체결한 자를 말한다.

➪ ※[9] **의료기관**(「의료법」 제3조, 제3조의2, 제3조의3)

- 의료기관은 다음과 같이 구분한다.
  1. 의원급 의료기관: 의사, 치과의사 또는 한의사가 주로 외래환자를 대상으로 각각 그 의료행위를 하는 의료기관으로서 그 종류는 다음 각 목과 같다.
     가. 의원
     나. 치과의원
     다. 한의원
  2. 조산원: 조산사가 조산과 임산부 및 신생아를 대상으로 보건활동과 교육·상담을 하는 의료기관을 말한다.

3. 병원급 의료기관: 의사, 치과의사 또는 한의사가 주로 입원환자를 대상으로 의료행위를 하는 의료기관으로서 그 종류는 다음 각 목과 같다.
   가. 병원
   나. 치과병원
   다. 한방병원
   라. 요양병원(「장애인복지법」 제58조제1항제4조에 따른 의료재활시설로서 제3조의2의 요건을 갖춘 의료기관을 포함한다. 이하 같다)
   마. 정신병원
   바. 종합병원

- 병원·치과병원·한방병원 및 요양병원(이하 “병원등”이라 한다)은 30개 이상의 병상(병원·한방병원만 해당한다) 또는 요양병상(요양병원만 해당하며, 장기입원이 필요한 환자를 대상으로 의료행위를 하기 위하여 설치한 병상을 말한다)을 갖추어야 한다.
- 종합병원은 다음의 요건을 갖추어야 한다.

1. 100개 이상의 병상을 갖출 것
2. 100병상 이상 300병상 이하인 경우에는 내과·외과·소아청소년과·산부인과 중 3개 진료과목, 영상의학과, 마취통증의학과와 진단검사의학과 또는 병리과를 포함한 7개 이상의 진료과목을 갖추고 각 진료과목마다 전속하는 전문의를 둘 것
3. 300병상을 초과하는 경우에는 내과, 외과, 소아청소년과, 산부인과, 영상의학과, 마취통증의학과, 진단검사의학과 또는 병리과, 정신건강의학과 및 치과를 포함한 9개 이상의 진료과목을 갖추고 각 진료과목마다 전속하는 전문의를 둘 것

참고 의료기관의 시설 규격에 대한 규정은 「의료법 시행규칙」 별표 3을 참조(진료실, 입원실, 요양실, 수술실 등의 시설기준이 있음)

➪ ※[10] **학교**(「도시·군계획시설의 결정·구조 및 설치기준에 관한 규칙」 제88조~제90조)

- 「유아교육법」 제2조제2호의 규정에 의한 유치원
- 「초·중등교육법」 제2조의 규정에 의한 학교
- 「고등교육법」 제2조제1호부터 제5호까지의 규정에 따른 학교 및 같은 조 제7호의 각종학교 중 국가 또는 지방자치단체가 설치·운영하는 교육기관. 다만, 같은 법 제2조제5호에 따른 원격대학 중 사이버대학 및 같은 법 제30조에 따른 대학원대학은 제외한다.
- 「경제자유구역 및 제주국제자유도시의 외국교육기관 설립·운영에 관한 특별법」 제5조의 규정에 의하여 설립하는 외국교육기관으로서 제1호 내지 제3호의 규정에 의한 학교에 상응하는 외국교육기관

- 결정기준

1. 통학권의 범위, 주변환경의 정비상태 등을 종합적으로 검토하여 건전한 교육목적 달성과 주민의 문화교육향상에 기여할 수 있는 중심시설이 되도록 할 것
2. 지역 전체의 인구규모 및 취학률을 고려한 학생수를 추정하여 지역별 인구밀도에 따라 적절한 배치간격을 유지할 것

3. 재해취약지역에는 설치를 가급적 억제하고 부득이 설치하는 경우에는 재해발생 가능성을 충분히 고려하여 설치할 것
4. 위생·교육·보안상 지장을 초래하는 공장·쓰레기처리장·유흥업소·관람장과 소음·진동 등으로 교육활동에 장애가 되는 고속국도·철도 등에 근접한 지역에는 설치하지 아니할 것. 다만, 근로청소년의 교육을 위하여 산업체가 당해 산업체안에 부설학교를 설치하는 경우에는 그러하지 아니하다.
5. 통학에 위험하거나 지장이 되는 요인이 없어야 하며, 교통이 빈번한 도로·철도 등이 관통하지 아니하는 곳에 설치할 것
6. 일조·통풍 및 배수가 잘 되는 지역에 설치할 것
7. 학교주변에는 녹지 등 차단공간을 둘 것
8. 옥외체육장은 「고등학교 이하 각급 학교 설립·운영 규정」 제5조에 따라 설치하되, 원칙적으로 교사부지와 연접된 곳에 설치할 것
9. 도서관·강당 등 일반주민들이 사용할 수 있는 시설을 설치하는 경우에는 관리상 또는 방화상 지장이 없도록 할 것
10. 초등학교는 2개의 근린주거구역단위에 1개의 비율로, 중학교 및 고등학교는 3개 근린주거구역단위에 1개의 비율로 배치할 것. 다만, 초등학교는 관할 교육장이 필요하다고 인정하여 요청하는 경우에는 2개의 근린주거구역단위에 1개의 비율보다 낮은 비율로 설치할 수 있다.
11. 초등학교는 학생들이 안전하고 편리하게 통학할 수 있도록 다른 공공시설의 이용관계를 고려하여야 하며, 통학거리는 1,500m 이내로 할 것. 다만, 도시지역외의 지역에 설치하는 초등학교중 학생수의 확보가 어려운 경우에는 학생수가 학년당 1개 학급 이상을 유지할 수 있는 범위까지 통학거리를 확대할 수 있으나, 통학을 위한 교통수단의 이용가능성을 고려할 것
12. 제10호에 따른 학교배치 및 제11호에 따른 통학거리는 관할 교육장이 해당 지역의 인구밀도, 가구당 인구수, 진학률, 주거형태, 설치하려는 학교의 규모, 도로 및 통학여건 등을 고려하여 적절히 조정할 것
13. 대학은 당해 대학의 기능과 특성에 적합하도록 하여야 하며 대학의 배치에 관하여는 도시·군기본계획을 고려할 것
14. 초등학교·중학교 및 고등학교는 보행자전용도로·자전거전용도로·공원 및 녹지축과 연계하여 설치할 것
15. 재해 발생 시 「자연재해대책법」 등에 따라 대피소 기능을 하는 경우에는 주민의 일시적 체류를 위한 시설(식량저장시설, 냉난방시설, 위생시설, 환기시설 및 소방시설을 말한다. 이하 "주민일시체류시설"이라 한다)을 설치할 것
16. 빗물이용을 위한 시설의 설치를 고려하고, 물이 스며들지 않는 표면에서 유출되는 빗물을 최소화하도록 빗물이 땅에 잘 스며들 수 있는 구조로 하거나 식생도랑, 저류·침투조, 빗물정원, 옥상정원 등의 빗물관리시설 설치를 고려할 것
17. 나무, 화초, 잔디 등을 심는 경우에는 식재면의 높이를 인접한 포장면의 바닥 높이보다 낮게 할 것. 다만, 해당 나무, 화초, 잔디 등을 보호하거나 경관 또는 보행자 안전을 위해 필요한 경우에는 그렇지 않다.

※ 상기에 의한 근린주거구역의 범위는 이미 개발된 지역의 경우에는 개발현황에 따라 정하고, 새로이 개발되는 지역(재개발 또는 재건축되는 지역을 포함한다)의 경우에는 2,000세대 내지 3,000세대를 1개 근린주거구역으로 한다. 다만, 인접한 지역의 개발여건을 고려하여 필요한 경우에는 2,000세대

미만인 지역을 근린주거구역으로 할 수 있다.

- 학교의 구조 및 설치기준(규칙 제90조)

  학교에는 다음의 편익시설을 설치할 수 있음

  –「건축법 시행령」 별표 1 제3호(같은 호 바목부터 아목까지는 제외한다)의 시설

  –「건축법 시행령」 별표 1 제4호가목(극장, 영화관, 음악당 및 비디오물소극장에 한정한다)·라목·바목·카목(직업훈련소에 한정한다)·파목(골프연습장은 제외한다) 및 하목(금융업소에 한정한다)의 시설

  –「건축법 시행령」 별표 1 제13호(골프장 및 골프연습장은 제외한다)의 시설

  ※ 학교의 구조 및 설치에 관하여는 「유아교육법」, 「초·중등교육법」 또는 「고등교육법」이 정하는 바에 의한다.

➪ ※[11] 「**아동복지법**」 제52조(아동복지시설의 종류)

① 아동복지시설의 종류

1. 아동양육시설: 보호대상아동을 입소시켜 보호, 양육 및 취업훈련, 자립지원 서비스 등을 제공하는 것을 목적으로 하는 시설
2. 아동일시보호시설: 보호대상아동을 일시보호하고 아동에 대한 향후의 양육대책수립 및 보호조치를 행하는 것을 목적으로 하는 시설
3. 아동보호치료시설: 아동에게 보호 및 치료 서비스를 제공하는 다음 각 목의 시설
   가. 불량행위를 하거나 불량행위를 할 우려가 있는 아동으로서 보호자가 없거나 친권자나 후견인이 입소를 신청한 아동 또는 가정법원, 지방법원소년부지원에서 보호위탁된 19세 미만인 사람을 입소시켜 치료와 선도를 통하여 건전한 사회인으로 육성하는 것을 목적으로 하는 시설
   나. 정서적·행동적 장애로 인하여 어려움을 겪고 있는 아동 또는 학대로 인하여 부모로부터 일시 격리되어 치료받을 필요가 있는 아동을 보호·치료하는 시설
4. 공동생활가정: 보호대상아동에게 가정과 같은 주거여건과 보호, 양육, 자립지원 서비스를 제공하는 것을 목적으로 하는 시설
5. 자립지원시설: 아동복지시설에서 퇴소한 사람에게 취업준비기간 또는 취업 후 일정 기간 동안 보호함으로써 자립을 지원하는 것을 목적으로 하는 시설
6. 아동상담소: 아동과 그 가족의 문제에 관한 상담, 치료, 예방 및 연구 등을 목적으로 하는 시설
7. 아동전용시설: 어린이공원, 어린이놀이터, 아동회관, 체육·연극·영화·과학실험전시 시설, 아동휴게숙박시설, 야영장 등 아동에게 건전한 놀이·오락, 그 밖의 각종 편의를 제공하여 심신의 건강유지와 복지증진에 필요한 서비스를 제공하는 것을 목적으로 하는 시설
8. 지역아동센터: 지역사회 아동의 보호·교육, 건전한 놀이와 오락의 제공, 보호자와 지역사회의 연계 등 아동의 건전육성을 위하여 종합적인 아동복지서비스를 제공하는 시설
9. 아동보호전문기관
10. 제48조에 따른 가정위탁지원센터
11. 제10조의2에 따른 보장원
12. 제39조의2에 따른 자립지원전담기관
13. 제53조의2에 따른 학대피해아동쉼터

② 제1항에 따른 아동복지시설은 통합하여 설치할 수 있다.

③ 제1항에 따른 아동복지시설은 각 시설 고유의 목적 사업을 해치지 아니하고 각 시설별 설치기준 및 운영기준을 충족하는 경우 다음 각 호의 사업을 추가로 실시할 수 있다.

1. 아동가정지원사업: 지역사회아동의 건전한 발달을 위하여 아동, 가정, 지역주민에게 상담, 조언 및 정보를 제공하여 주는 사업
2. 아동주간보호사업: 부득이한 사유로 가정에서 낮 동안 보호를 받을 수 없는 아동을 대상으로 개별적인 보호와 교육을 통하여 아동의 건전한 성장을 도모하는 사업
3. 아동전문상담사업: 학교부적응아동 등을 대상으로 올바른 인격형성을 위한 상담, 치료 및 학교폭력예방을 실시하는 사업
4. 학대아동보호사업: 학대아동의 발견, 보호, 치료 및 아동학대의 예방 등을 전문적으로 실시하는 사업
5. 공동생활가정사업: 보호대상아동에게 가정과 같은 주거여건과 보호를 제공하는 것을 목적으로 하는 사업
6. 방과 후 아동지도사업: 저소득층 아동을 대상으로 방과 후 개별적인 보호와 교육을 통하여 건전한 인격형성을 목적으로 하는 사업

※ 아동복지시설의 시설기준은 아동복지법 시행규칙 [별표 1] 참조

➪ ※[12] 「**노인복지법**」

**제31조 【노인복지시설의 종류】** 노인복지시설의 종류는 다음 각 호와 같다.

1. 노인주거복지시설
2. 노인의료복지시설
3. 노인여가복지시설
4. 재가노인복지시설
5. 노인보호전문기관
6. 「노인일자리 및 사회활동 지원에 관한 법률」 제9조제1항제2호에 따른 노인일자리지원기관
7. 제39조의19에 따른 학대피해노인 전용쉼터

**제31조의2 【「사회복지사업법」에 따른 신고와의 관계】** 제33조제2항, 제35조제2항, 제37조제2항 및 제39조제2항에 따라 노인복지시설의 설치신고를 한 경우 「사회복지사업법」 제34조제2항에 따른 사회복지시설 설치신고를 한 것으로 본다.

**제32조 【노인주거복지시설】** ① 노인주거복지시설은 다음 각 호의 시설로 한다.

1. 양로시설 : 노인을 입소시켜 급식과 그 밖에 일상생활에 필요한 편의를 제공함을 목적으로 하는 시설
2. 노인공동생활가정 : 노인들에게 가정과 같은 주거여건과 급식, 그 밖에 일상생활에 필요한 편의를 제공함을 목적으로 하는 시설
3. 노인복지주택 : 노인에게 주거시설을 분양 또는 임대하여 주거의 편의·생활지도·상담 및 안전관리 등 일상생활에 필요한 편의를 제공함을 목적으로 하는 시설

② 노인주거복지시설의 입소대상·입소절차·입소비용 및 분양·임대 등에 관하여 필요한 사항은 보건복지부령으로 정한다.

③ 노인복지주택의 설치·관리 및 공급 등에 관하여 이 법에서 규정된 사항을 제외하고는 「주택법」 및 「공동주택관리법」의 관련규정을 준용한다.

**제34조 【노인의료복지시설】** ① 노인의료복지시설은 다음 각 호의 시설로 한다.

1. 노인요양시설 : 치매·중풍 등 노인성질환 등으로 심신에 상당한 장애가 발생하여 도움을 필요로 하는

노인을 입소시켜 급식·요양과 그 밖에 일상생활에 필요한 편의를 제공함을 목적으로 하는 시설

2. 노인요양공동생활가정 : 치매·중풍 등 노인성질환 등으로 심신에 상당한 장애가 발생하여 도움을 필요로 하는 노인에게 가정과 같은 주거여건과 급식·요양, 그 밖에 일상생활에 필요한 편의를 제공함을 목적으로 하는 시설

② 노인의료복지시설의 입소대상·입소비용 및 입소절차와 설치·운영자의 준수사항 등에 관하여 필요한 사항은 보건복지부령으로 정한다.

**제36조 【노인여가복지시설】** ① 노인여가복지시설은 다음 각 호의 시설로 한다.

1. 노인복지관 : 노인의 교양·취미생활 및 사회참여활동 등에 대한 각종 정보와 서비스를 제공하고, 건강증진 및 질병예방과 소득보장·재가복지, 그 밖에 노인의 복지증진에 필요한 서비스를 제공함을 목적으로 하는 시설
2. 경로당 : 지역노인들이 자율적으로 친목도모·취미활동·공동작업장 운영 및 각종 정보교환과 기타 여가활동을 할 수 있도록 하는 장소를 제공함을 목적으로 하는 시설
3. 노인교실 : 노인들에 대하여 사회활동 참여욕구를 충족시키기 위하여 건전한 취미생활·노인건강유지·소득보장 기타 일상생활과 관련한 학습프로그램을 제공함을 목적으로 하는 시설

② 노인여가복지시설의 이용대상 및 이용절차 등에 관하여 필요한 사항은 보건복지부령으로 정한다.

**제38조 【재가노인복지시설】** ① 재가노인복지시설은 다음 각 호의 어느 하나 이상의 서비스를 제공함을 목적으로 하는 시설을 말한다.

1. 방문요양서비스 : 가정에서 일상생활을 영위하고 있는 노인(이하 "재가노인"이라 한다)으로서 신체적·정신적 장애로 어려움을 겪고 있는 노인에게 필요한 각종 편의를 제공하여 지역사회안에서 건전하고 안정된 노후를 영위하도록 하는 서비스
2. 주·야간보호서비스 : 부득이한 사유로 가족의 보호를 받을 수 없는 심신이 허약한 노인과 장애노인을 주간 또는 야간 동안 보호시설에 입소시켜 필요한 각종 편의를 제공하여 이들의 생활안정과 심신기능의 유지·향상을 도모하고, 그 가족의 신체적·정신적 부담을 덜어주기 위한 서비스
3. 단기보호서비스 : 부득이한 사유로 가족의 보호를 받을 수 없어 일시적으로 보호가 필요한 심신이 허약한 노인과 장애노인을 보호시설에 단기간 입소시켜 보호함으로써 노인 및 노인가정의 복지증진을 도모하기 위한 서비스
4. 방문 목욕서비스 : 목욕장비를 갖추고 재가노인을 방문하여 목욕을 제공하는 서비스
5. 그 밖의 서비스 : 그 밖에 재가노인에게 제공하는 서비스로서 보건복지부령이 정하는 서비스

② 제1항에 따른 재가노인복지시설의 이용대상·비용부담 및 이용절차 등에 관하여 필요한 사항은 보건복지부령으로 정한다.

➪ ※[13] **청소년수련시설**(「도시·군계획 시설의 결정·구조 및 설치기준에 관한 규칙」 제112조~114조)

- "청소년수련시설"이라 함은 「청소년활동진흥법」 제10조제1호의 규정에 의한 청소년수련시설을 말한다.
- 청소년수련시설의 결정기준
  - 생활권청소년수련시설은 일상 생활권 안에서 청소년이 수시로 이용하기에 편리한 곳으로서 광장·공원·학교·운동장·체육시설·문화시설 등과의 연계를 고려하여 설치할 것
  - 자연권청소년수련시설은 수려한 자연환경을 갖추어 자연과 더불어 행하는 수련활동 실시에 적합한 곳으로서 청소년이 이용하기에 편리하고 환경훼손이 최소화될 수 있는 입지와 설치방법을 강구할 것

- 도시지역외의 지역에 설치하는 자연권청소년수련시설의 규모는 원칙적으로 1km$^2$를 초과하지 아니하도록 하고, 전체면적의 30% 이상을 원지형대로 보전할 것
- 유흥업소 그 밖에 청소년 유해시설과 가까운 곳이 아닐 것
- 지역별 인구밀도를 고려하여 청소년이 쉽게 접근할 수 있도록 적정한 배치간격을 유지할 것
- 주변의 토지이용계획 및 건축물과 조화를 이룰 것
- 제1종 전용주거지역·제2종 전용주거지역·전용공업지역·보전녹지지역·생산녹지지역·생산관리지역 및 보전관리지역외의 지역에 설치할 것

• **청소년수련시설(「청소년활동진흥법」 제10조제1호다목에 따른 청소년 문화의 집에 한정한다)에서 편익시설 설치**
  - 「건축법 시행령」 별표 1 제3호가목부터 라목까지의 시설
  - 「건축법 시행령」 별표 1 제4호바목·아목·카목(직업훈련소에 한정한다) 및 하목(금융업소에 한정한다)의 시설
  - 「건축법 시행령」 별표 1 제10호바목의 시설
  - 「건축법 시행령」 별표 1 제27호다목의 시설

• **청소년수련시설의 구조 및 설치기준** : 도시지역 외의 지역에 설치하는 청소년수련시설의 구조 및 설치기준은 다음 각 호와 같다.
  1. 산지에 건축물을 배치하는 경우 경사도가 25° 이하이고 표고가 산자락하단을 기준으로 250m 이하인 지역으로 할 것
  2. 기존 지형을 고려하여 건축물을 배치하고, 양호한 조망을 확보할 수 있도록 할 것
  3. 건축물의 길이는 경사도가 15° 이상인 산지에서는 100m 이내로 하고, 그 밖의 지역에서는 150m 이내로 할 것
  4. 경사도가 15° 이상인 산지에 건축물 등을 2 이상 설치하는 경우에는 경관·조망권 등의 확보를 위하여 길이가 긴 것을 기준으로 그 길이의 1/5 이상의 거리를 둘 것
  5. 제1호·제3호 및 제4호의 기준을 적용함에 있어 경사도 및 표고는 원지형을 기준으로 산정할 것
  6. 청소년야영장·체육시설 등으로 사용하기 위하여 토지의 형질을 변경하는 경우 원칙적으로 다음 각목의 기준에 적합할 것
     가. 산지인 토지의 형질을 변경하는 경우 경사도가 25° 이하이고 표고가 산자락하단을 기준으로 300m 이하인 지역으로 할 것
     나. 청소년야영장은 기존 지형을 최대한 이용하여 토지의 형질변경을 최소화할 것
     다. 체육시설은 기존 지형의 경사도를 50% 이상 변경하지 않도록 하여 과도한 성토(흙쌓기)·절토(땅깎기) 등이 이루어지지 않도록 할 것. 다만, 기본적인 지형을 유지하면서 1,000m$^2$ 미만의 토지에 대하여 경사도를 변경하는 경우에는 그렇지 않다.
  7. 청소년수련시설 부지는 다음 각 목의 기준에 적합하게 구획할 것. 다만, 필요한 경우 용도구획을 추가할 수 있다.
     가. 수련시설용지 및 체육시설용지는 원칙적으로 전체부지 면적의 60% 미만으로 할 것
     나. 녹지용지는 원지형보전녹지·완충용녹지 등으로 구획하고, 전체부지 면적의 40% 이상으로 할 것
     다. 기반시설용지에는 도로·주차장·환경오염방지시설 등을 설치하도록 할 것
  8. 기반시설은 다음 각 목의 기준에 적합하게 설치할 것
     가. 전체부지의 경계에서 국도·지방도 그 밖에 폭 10m 이상인 도로에 연결되는 진입도로를 다음 기준

에 의하여 설치할 것

(1) 폭 8m 이상으로 하되, 보도의 설치가 필요한 경우에는 10m 이상으로 할 것

(2) 제101조제4항제3호 가목(3)의 규정은 청소년수련시설의 진입도로 설치에 관하여 이를 준용한다. 이 경우 “체육시설”은 “청소년수련시설”로 본다.

나. 부지 내 도로는 폭 4m 이상으로 할 것

다. 상수도시설은 청소년수련시설의 최대 수용인원에 대하여 1인 1일 기준으로 300L 이상을 공급하고, 유스호스텔 등 숙박시설이 있는 경우에는 당해 숙박시설에 한하여 1실(4인 기준)에 1,200L를 기준으로 하여 필요한 급수량을 공급할 수 있도록 할 것

라. 제101조제4항제3호 라목 내지 바목의 기준에 적합할 것

9. 청소년야영장에는 야영시설에서 100m 이내에 임시대피소를 설치할 것

10. 빗물이용시설의 설치를 고려하고, 물이 스며들지 않는 표면에서 유출되는 빗물을 최소화하도록 빗물이 땅에 잘 스며들 수 있는 구조로 하거나 식생도랑, 저류·침투조, 빗물정원, 옥상정원 등 빗물관리시설 설치를 고려할 것

※ 상기 규정된 사항외에 청소년수련시설의 구조 및 설치에 관하여는 「청소년활동진흥법」에 정하는 바에 의한다.

**참고**

**청소년활동시설의 종류(「청소년활동 진흥법」 제10조 내지 제12조)**

**제10조 【청소년활동시설의 종류】** 청소년 활동시설의 종류는 다음 각 호와 같다.

1. 청소년수련시설
   가. 청소년수련관 : 다양한 청소년수련거리를 실시할 수 있는 각종 시설 및 설비를 갖춘 종합수련시설
   나. 청소년수련원 : 숙박기능을 갖춘 생활관과 다양한 수련거리를 실시할 수 있는 각종 시설과 설비를 갖춘 종합수련시설
   다. 청소년문화의 집 : 간단한 수련활동을 실시할 수 있는 시설 및 설비를 갖춘 정보·문화·예술중심의 수련시설
   라. 청소년특화시설 : 청소년의 직업체험, 문화예술, 과학정보, 환경 등 특정 목적의 청소년활동을 전문적으로 실시할 수 있는 시설과 설비를 갖춘 수련시설
   마. 청소년야영장 : 야영에 적합한 시설 및 설비를 갖추고, 청소년수련거리 또는 야영편의를 제공하는 수련시설
   바. 유스호스텔 : 청소년의 숙박 및 체재에 적합한 시설·설비와 부대·편익시설을 갖추고 숙식편의 제공, 여행청소년의 활동지원(청소년수련활동 지원은 제11조에 따라 허가된 시설·설비의 범위에 한정한다)을 기능으로 하는 시설
2. 청소년 이용시설 : 수련시설이 아닌 시설로서 그 설치목적의 범위에서 청소년활동의 실시와 청소년의 건전한 이용 등에 제공할 수 있는 시설

**제11조 【수련시설의 설치·운영 등】**

① 국가 및 지방자치단체는 「청소년기본법」 제18조제1항의 규정에 따라 다음 각 호와 같은 수련시설을 설치·운영하여야 한다.

1. 국가는 2 이상의 시·도 또는 전국의 청소년이 이용할 수 있는 국립 청소년수련시설을 설치·운영하여야 한다.
2. 특별시장·광역시장·특별자치시장·도지사·특별자치도지사(이하 “시·도지사”라 한다) 및 시장·군수·구청장은 각각 제10조제1호가목에 따른 청소년수련관을 1개소 이상 설치·운영하여야 한다.

3. 시·도지사 및 시장·군수·구청장은 읍·면·동에 제10조제1호다목에 따른 청소년문화의 집을 1개소 이상 설치·운영하여야 한다.
4. 시·도지사 및 시장·군수·구청장은 제10조제1호 라목부터 바목까지의 규정에 따른 청소년특화시설·청소년야영장 및 유스호스텔을 설치·운영할 수 있다.

② 국가는 제1항제2호부터 제4호까지의 규정에 따른 수련시설의 설치·운영 경비의 전부 또는 일부를 예산의 범위에서 보조할 수 있다.

③ 수련시설을 설치·운영하려는 개인·법인 또는 단체는 특별자치시장·특별자치도지사·시장·군수·구청장의 허가를 받아야 한다. 허가받은 사항 중 대규모의 부지 변경, 건축 연면적의 증감 등 대통령령으로 정하는 중요 사항을 변경하려는 경우에도 또한 같다.

④ 국가 또는 지방자치단체는 제3항의 규정에 의한 허가를 받아 수련시설을 설치·운영하는 자(이하 "수련시설을 설치·운영자"라 한다)에게 예산의 범위에서 그 설치 및 운영에 필요한 경비의 일부를 보조할 수 있다.

**제12조 【수련시설의 허가요건】**

① 제11조제3항의 규정에 의한 수련시설의 허가를 받고자 하는 자는 다음 각 호의 요건을 모두 갖추어야 한다.
1. 제17조·제18조 및 제19조에 따른 시설기준·안전기준 및 운영기준에 적합할 것
2. 해당 시설의 설치·운영에 필요한 자금을 조달할 능력이 있을 것
3. 해당 시설의 설치에 필요한 부동산을 소유하거나 사용할 수 있는 권한이 있을 것
4. 그 밖에 여성가족부령이 정하는 기준에 적합할 것

② 특별자치시장·특별자치도지사·시장·군수·구청장은 제11조제3항에 따라 수련시설을 허가할 때 그 시설이 제1항에 따른 허가요건 중 여성가족부령으로 정하는 경미한 사항을 충족하지 못한 경우에는 일정한 기간을 정하여 보완할 것을 조건으로 허가할 수 있다.

➪ ※[14] **운동장**(「도시·군계획시설의 결정·구조 및 설치기준에 관한 규칙」 제99조~제101조, 2018.12.27 체육시설의 하위분류로 통합개정됨)

- 운동장이라 함은 국민의 건강증진과 여가선용에 기여하기 위하여 설치하는 시설(국제경기종목으로 채택된 경기를 위한 시설 중 육상경기장과 한 종목 이상의 운동경기장을 함께 갖춘 시설 또는 3종목 이상의 운동경기장을 함께 갖춘 시설로 한정한다)로서 관람석의 수가 1천석 이하인 소규모 실내운동장을 제외한 종합운동장을 말한다.
- **운동장(체육시설)에 설치할 수있는 편익시설**
  - 「건축법 시행령」 별표 1 제3호가목부터 마목까지의 시설
  - 「건축법 시행령」 별표 1 제4호가목(극장, 영화관, 음악당 및 비디오물소극장에 한정한다)·라목·바목·아목·자목·파목(골프연습장은 제외한다) 및 하목(금융업소에 한정한다)의 시설
  - 「건축법 시행령」 별표 1 제5호가목(극장, 영화관, 음악당 및 비디오물소극장에 한정한다) 및 라목의 시설
  - 「건축법 시행령」 별표 1 제10호바목의 시설
  - 「건축법 시행령」 별표 1 제11호가목(어린이집, 아동복지관 및 지역아동센터에 한정한다)·나목(노인여가복지시설에 한정한다) 및 다목(사회복지관에 한정한다)의 시설
  - 「건축법 시행령」 별표 1 제13호(골프장 및 골프연습장은 제외한다)의 시설
  - 「건축법 시행령」 별표 1 제19호바목의 시설 중 「환경친화적 자동차의 개발 및 보급 촉진에 관한 법률」

제2조제9호에 따른 수소연료공급시설

-「건축법 시행령」 별표 1 제27호가목부터 다목까지의 시설

- 운동장(체육시설)의 결정기준
  - 주요시설물의 주변이나 인구밀집지역에 설치하지 않도록 인근의 토지이용현황을 고려할 것. 다만, 시장·군수 또는 구청장(자치구의 구청장을 말한다. 이하 같다)이 설치하는 생활체육시설은 주민이 거주지와 가까운 곳에서 쉽게 이용할 수 있는 곳에 설치할 것
  - 제1종전용주거지역·유통상업지역·전용공업지역·일반공업지역·보전녹지지역·생산관리지역·보전관리지역·농림지역 및 자연환경보전지역외의 지역에 설치할 것. 다만, 시장·군수 또는 구청장이 설치하는 생활체육시설은 제1종전용주거지역에도 설치할 수 있으며, 체육시설 면적의 50% 이상이 계획관리지역에 해당하면 나머지 면적이 생산관리지역이나 보전관리지역에 해당하는 경우에도 설치할 수 있다.
  - 이용자의 접근과 분산이 쉬워야 하며, 다수의 이용자가 단시간내에 모이고 흩어질 수 있도록 다른 교통수단과의 연계를 고려하고, 지역 간의 교통연결이 편리한 장소에 설치할 것
  - 평탄한 지형·지대에 설치하고, 기복이 있는 토지의 경사면은 부대시설 등으로 적절히 이용할 수 있도록 할 것
  - 실외체육시설의 경우 시·군의 공간체계의 일환으로 설치하며, 풍향과 풍속이 비교적 일정하고 기상조건이 급변하지 않는 지역에 설치할 것
  - 여러 시설을 집결시키되, 부득이한 경우에는 대규모 체육시설의 운영과 관람자의 이용에 지장을 초래하지 않는 범위에서 시설을 분산시킬 것
  - 도시지역외의 지역에 설치하는 체육시설의 규모는 지역적 특성, 입지여건, 경사도·표고 등의 지형여건, 설치하고자 하는 체육시설의 특성을 고려하여 정할 것

- 운동장(체육시설)의 구조 및 설치기준
  - 체육시설은 국제적으로 통용되는 규격으로 설치하되, 그 규모는 시·군의 여건에 따라 적정하게 정할 것. 다만, 시장·군수 또는 구청장이 설치하는 생활체육시설에 대하여는 그러하지 아니하다.
  - 체육시설에는 그 기능에 따라 다음 각목의 시설을 설치할 것
    가. 관중석
    나. 관리시설 : 관리사무소·창고·매표소·안내소·조명시설·급수시설·배수시설·방수시설·각종 표지판·쓰레기장
    다. 편익시설 : 주차장·휴게실·매점·휴게음식점·일반음식점(골프장에 설치하는 경우에만 해당한다)·탈의실·욕실·화장실
  - 야구장, 야구연습장 및 골프연습장 등 공이 체육시설 밖으로 나가는 것을 막기 위하여 그물 등의 시설을 설치하는 체육시설은 해당 그물 등의 시설에 채도가 낮은 색을 칠하는 등 주위 경관과 조화를 이루도록 할 것
  - 빗물이용을 위한 시설의 설치를 고려하고, 물이 스며들지 않는 표면에서 유출되는 빗물을 최소화하도록 빗물이 땅에 잘 스며들 수 있는 구조로 하거나 식생도랑, 저류·침투조, 빗물정원, 옥상정원 등 빗물관리시설 설치를 고려할 것
  - 재해가 발생할 때 「자연재해대책법」 등에 따라 대피소 기능을 하는 운동장에는 주민일시체류시설을 설치할 것

- 체육시설에는 체육시설의 이용에 지장이 없는 범위에서 이용자의 편의를 도모하기 위한 시설 및 체육시설의 관리에 필요한 재정을 지원하기 위한 수익시설을 도시·군계획시설결정권자 소속 도시계획위원회의 심의를 거쳐 설치할 수 있다. 다만, 수익시설을 설치할 수 있는 운동장은 다음 각 호의 운동장으로 한정한다.
  1. 국가 또는 지방자치단체가 설치하는 운동장
  2. 「2018 평창 동계올림픽대회 및 동계패럴림픽대회 지원 등에 관한 특별법」 제2조에 따른 경기장시설
  3. 주무부장관, 특별시장, 광역시장, 특별자치시장, 도지사 또는 특별자치도지사가 수익시설을 설치할 필요가 있다고 인정하여 도시·군관리계획의 입안권자에게 요청한 운동장
- 도시지역 외의 지역에 설치하는 체육시설(운동장은 제외한다)의 추가적인 설치 및 구조기준은 다음 각 호와 같다.
  1. 체육시설을 설치하기 위하여 토지의 형질을 변경하는 경우 원칙적으로 다음 각 목의 기준에 적합할 것. 다만, 스키장에 대하여는 가목 및 나목을 적용하지 않는다.
     가. 산지인 토지의 형질을 변경하는 경우 평균 경사도가 25° 이하이고 표고가 가장 낮은 지역(이하 "산자락하단"이라 한다)을 기준으로 300m 이하인 지역으로 할 것. 이 경우 경사도 및 표고는 원지형을 기준으로 산정한다.
     나. 산정 부근에서는 토지의 형질을 변경하지 아니하도록 할 것
     다. 토지의 형질변경에 따라 발생하는 경사면은 높이를 30m 이하로 하고, 5m 이하의 소단(小段 : 비탈면 중간에 좁은 폭으로 설치하는 평탄한 부분을 말한다)의 폭을 1m 이상으로 하여 녹지로 조성하고 원칙적으로 체육시설 밖에서 보이지 않도록 할 것
  2. 체육시설 부지는 다음 각목의 기준에 적합하게 구획할 것. 다만, 필요한 경우 용도구획을 추가할 수 있다.
     가. 체육시설용지는 원칙적으로 전체부지 면적의 60% 미만으로 할 것
     나. 체육시설이 아닌 건축시설의 용지는 원칙적으로 전체부지 면적의 5% 미만으로 할 것
     다. 녹지용지는 원지형보전녹지, 복원녹지, 완충용녹지 등으로 구획하고, 전체부지 면적의 40% 이상으로 할 것
     라. 기반시설용지에는 도로·주차장·환경오염방지시설 등을 설치하도록 할 것
  3. 기반시설의 설치는 다음 각 목의 기준에 의할 것
     가. 전체부지의 경계에서 국도·지방도·시도·군도, 그 밖에 폭 10m 이상인 도로에 연결되는 진입도로를 다음의 기준에 의하여 계획할 것
        (1) 폭 8m 이상으로 하되, 보도의 설치가 필요한 경우에는 10m 이상으로 할 것
        (2) 진입도로의 폭이 8m(보도의 설치가 필요한 경우에는 10m를 말한다) 미만인 경우에 다음의 구분에 따른 전체 부지 면적의 10% 이내에서 확대하는 때에는 (1)에도 불구하고 당해 체육시설의 진입도로의 폭을 유지할 수 있다. 다만, 당해 진입도로의 폭이 8m 미만인 경우로서 그 도로의 여건상 대형승합자동차의 교행이 어려운 구간에 대하여는 대기차선을 설치하여야 한다.
           (가) 2002년 12월 31일 이전에 설치된 체육시설(법률 제6655호 국토의계획및이용에관한법률에 의하여 폐지되기 전의 「국토이용관리법」에 의하여 2003년 1월 1일 이후에 설치되었거나 설치 중인 체육시설을 포함한다)인 경우 그 당시 전체 부지의 면적

(나) 2003년 1월 1일 이후에 설치 완료된 체육시설(법률 제6655호 국토의계획및이용에관한법률에 의하여 폐지되기 전의 「국토이용관리법」에 의하여 2003년 1월 1일 이후에 설치되었거나 설치 중인 체육시설을 제외한다)인 경우 그 전체 부지의 면적(전체 부지의 면적이 1km$^2$ 미만인 경우에 한한다)

나. 부지내 도로는 폭 4m 이상으로 할 것

다. 상수도시설은 체육시설의 최대 수용인원에 대하여 1인 1일 기준으로 150L 이상을 공급할 수 있도록 계획할 것

라. 발생하는 하수를 BOD 10ppm 이하로 처리할 수 있는 하수처리시설을 설치할 것. 다만, 환경기준 유지를 위한 사전환경성 협의에 따라 환경관서에서 요구하는 기준이 있을 경우 그 기준을 충족하여야 한다.

마. 폐기물 발생시설이 있는 경우에는 「폐기물관리법」에 의한 처리시설(소각장을 포함한다)을 설치할 것. 다만, 위탁처리가 가능한 경우에는 그러하지 아니하다.

바. 주차장 등 그 밖에 필요한 기반시설은 관계 법령에 적합하게 설치할 것

➪ ※[15] **공공청사**(「도시·군계획시설의 결정·구조 및 설치기준에 관한 규칙」 제94조~제95조)

- 공공청사라 함은 다음과 같다.
  - 공공업무를 수행하기 위하여 설치하는 국가 또는 지방자치단체의 청사
  - 우리나라와 외교관계를 수립한 나라의 외교업무수행을 위하여 정부가 설치하여 주한외교관에게 빌려주는 공관
  - 교정시설(교도소·구치소·소년원 및 소년분류심사원에 한한다)
- 공공청사에서 편익시설의 설치
  - 「건축법 시행령」 별표 1 제3호(마목 및 아목은 제외한다)의 시설
  - 「건축법 시행령」 별표 1 제4호바목부터 자목까지·차목(동물병원, 동물미용실 및 그 밖에 이와 유사한 것에 한정한다)·하목(금융업소에 한정한다)·더목 및 러목(노래연습장에 한정한다)의 시설
  - 「건축법 시행령」 별표 1 제10호바목의 시설
  - 「건축법 시행령」 별표 1 제11호가목(어린이집, 아동복지관 및 지역아동센터에 한정한다)·나목(노인여가복지시설에 한정한다) 및 다목(사회복지관에 한정한다)의 시설
  - 「건축법 시행령」 별표 1 제16호가목의 시설
  - 「건축법 시행령」 별표 1 제19호바목의 시설 중 「환경친화적 자동차의 개발 및 보급 촉진에 관한 법률」 제2조제9호에 따른 수소연료공급시설
  - 「건축법 시행령」 별표 1 제27호다목의 시설
  - 전망대, 의무실, 자전거대여소, 서바이벌게임장, 음악감상실, 스크린골프장 및 당구장
- 결정기준
  - 각종 교통수단의 연계를 고려할 것
  - 보행자전용도로 및 자전거전용도로와의 연계를 고려할 것
  - 교통이 혼잡한 상점가나 번화가에 설치하여서는 아니 되며, 공무집행에 적합한 환경을 유지할 수 있도록 인근의 토지이용현황을 고려할 것
  - 중추적인 시설은 시·군 전체의 공간구조를 고려하여 침수 및 산사태 등 재해발생 가능성이 적은 지역

에 단독형으로 설치하고, 국지적인 시설은 이용자의 분포 상황을 고려하여 분산형으로 할 것
- 동사무소, 보건소 및 우체국 등 지역 주민이 많이 이용하는 공공청사는 이용자의 편의를 위하여 일정한 지역에 집단화하여 설치하고 어린이집, 노인복지시설 및 운동시설 등 생활편의시설을 함께 설치하여 지역 공동체의 거점으로 조성하는 것을 고려할 것
- 주차장·휴게소·공중전화·구내매점 등 이용자를 위한 편익시설과 안내실·업무대기실·화장실 등 부대시설을 충분히 확보할 것
- 장래의 업무수요의 증가에 대비하여 시설확충이 가능하도록 할 것
- 물류·유통업무를 수행하는 공공청사에는 이용자 및 지역 주민들의 편의를 위하여 주유소를 설치할 수 있도록 고려할 것
- 이용자의 다양한 요구를 반영하고 장애인, 노약자 및 외국인 등 모든 사람이 이용하기에 편리한 구조로 설치할 것
- 주변 환경과 조화를 이루고 지역의 경관을 선도할 수 있도록 할 것
- 기획단계부터 지역 특성에 맞는 디자인 및 효율적인 예산 집행을 고려하고 「건축기본법」 제23조에 따른 민간전문가의 참여 및 같은 법 제24조에 따른 설계공모를 적극 활용할 것
- 재해취약지역에는 공공청사를 가급적 설치하지 않도록 하고, 부득이하게 설치해야 하는 경우에는 재해발생 가능성을 충분히 고려하여 설치해야 하며, 재해 발생시 「재해대책법」 등에 따라 대피소 기능을 하는 경우에는 주민일시체류시설을 설치할 것
- 빗물이용을 위한 시설의 설치를 고려하고, 물이 스며들지 않는 표면에서 유출되는 빗물을 최소화하도록 빗물이 땅에 잘 스며들 수 있는 구조로 하거나 식생도랑, 저류·침투조, 빗물정원, 옥상정원 등 빗물관리시설 설치를 고려할 것

➪ ※[16] **오피스텔 건축기준**(2024.12.30 국토교통부 고시 제2024－1066호)

**제1조 【목적】** 「건축법 시행령」 제3조의5 및 별표1 제14호나목에 따른 오피스텔에 대한 건축기준을 정함을 목적으로 한다.

**제2조 【오피스텔의 건축기준】** ① 오피스텔은 다음 각 호의 기준에 적합한 구조이어야 한다.

1. 삭제 <2024.2.23>
2. 다른 용도와 복합으로 건축하는 경우(지상층 연면적 3,000$m^2$ 이하인 건축물은 제외한다)에는 오피스텔의 전용출입구를 별도로 설치할 것. 다만, 단독주택 및 공동주택을 복합으로 건축하는 경우에는 건축주가 주거기능 등을 고려하여 전용출입구를 설치하지 아니할 수 있다.
3. 삭제 <2024.12.30>
4. 전용면적의 산정방법은 건축물의 외벽의 내부선을 기준으로 산정한 면적으로 하고, 2세대 이상이 공동으로 사용하는 부분으로서 다음 각목의 어느 하나에 해당하는 공용면적을 제외하며, 바닥면적에서 전용면적을 제외하고 남는 외벽면적은 공용면적에 가산한다.
   가. 복도·계단·현관 등 오피스텔의 지상층에 있는 공용면적
   나. 가목의 공용면적을 제외한 지하층·관리사무소 등 그 밖의 공용면적
5. 오피스텔 거주자의 생활을 지원하는 시설로서 경로당, 어린이집은 오피스텔에 부수시설로 설치할 수 있다.

② 2024년 10월 16일 이전에 최초 건축허가를 신청(건축허가를 신청하기 위하여 「건축법」 제4조에 따른

건축위원회에 심의를 신청한 경우를 포함한다)한 생활숙박시설을「건축법」제16조제1항에 따라 오피스텔로 용도변경을 하기 위해 허가·신고사항을 변경하거나 같은 법 제19조제2항에 따라 오피스텔로 용도변경하는 경우에는 제1항제2호 및 제4호를 적용하지 아니할 수 있다. 이 경우,「건축물대장의 기재 및 관리 등에 관한 규칙」제7조에 따른 건축물대장의 그 밖의 기재사항란에 이 사실을 표기해야 한다. <2024.12.30 본항 신설>

**제3조 【오피스텔의 피난 및 설비기준】** 오피스텔은 화재 등 유사시 피난을 위하여 다음 각 호의 기준에 적합하여야 한다.

1. 주요구조부가 내화구조 또는 불연재료로 된 16층 이상인 오피스텔의 경우 16층 이상인 층에 대하여는 피난층외의 층에서 피난층 또는 지상으로 통하는 직통계단을 거실의 각 부분으로부터 계단에 이르는 보행거리가 40m 이하가 되도록 설치할 것
2. 각 사무구획별 경계벽은 내화구조로 하고「건축물의 피난·방화구조 등의 기준에 관한 규칙」제19조제2항에 따른 벽두께 이상으로 하거나 45dB 이상의 차음성능이 확보되도록 할 것

**제4조 【배기시설 권고기준】** 허가권자는 오피스텔에 설치하는 배기설비에 대하여「주택건설기준 등에 관한 규칙」제11조 각 호의 기준 중 전부 또는 일부를 적용할 것을 권고할 수 있다.

**제5조 【재검토기한】** 국토교통부장관은「훈령·예규 등의 발령 및 관리에 관한 규정」에 따라 이 고시에 대하여 2022년 1월 1일 기준으로 매3년이 되는 시점(매 3년째의 6월 30일까지를 말한다)마다 그 타당성을 검토하여 개선 등의 조치를 하여야 한다.

### 질의 주상복합건축물의 직통계단

주상복합건물(지상 1~2층 근린생활시설, 지상 3~7층 오피스텔, 지상 8~28층 공동주택)에 대해 오피스텔 건축기준에 의거 각 용도별 출입구를 분리하고,「건축법 시행령」제34조에 의거하여 오피스텔층에 2개의 직통계단을 설치할 경우 1개의 직통계단은 오피스텔 전용으로 사용하고, 다른 하나는 공동주택과 겸용하여 사용할 수 있는지

**회신** 오피스텔 건축기준 제2조제2호에 따라 지상층 연면적이 3,000m²를 넘으면 오피스텔과 다른 용도가 복합으로 사용되는 경우 오피스텔의 전용출입구를 설치하도록 규정하고 있는 바, 이는 오피스텔과 다른 용도의 지상층 연면적이 3,000m²를 넘는 경우 오피스텔과 타용도의 출입구, 계단 및 승강기 등을 분리하여 설치하여야 합니다.(국토교통부 건축정책과 등록 2009.8.29, 수정 2019.5.24)

### 질의 오피스텔

오피스텔의 바닥면적 기준에 관한 규정이 있는지 여부

**회신** 「건축법 시행령」별표 1 제4호 바목에 따라 금융업소, 사무소, 그 밖에 이와 비슷한 것으로서 같은 건축물에 해당 용도로 쓰는 바닥면적의 합계가 500m² 미만인 것은 제2종 근린생활시설로 분류하고 있으며, 같은법 시행령 별표 1 제14호 나목에 따라 금융업소, 사무소, 오피스텔, 그 밖에 이와 비슷한 것으로서 제2종 근린생활시설에 해당하지 아니하는 것은 일반업무시설로 분류하고 있는 바, 일반업무시설인 오피스텔로 분류되기 위해서는 해당 오피스텔의 용도로 쓰는 바닥면적의 합계가 500m² 이상이 되어야 할 것임(국토교통부 건축정책과 등록 2011.12.27, 수정 2019.5.24)

➪ ※[17] **생활숙박시설 건축기준**(2021.11.2, 국토교통부 고시 제2021－1204호)

**제1조 【목적】** 건축법 시행령 제3조의4 및 별표 1 제15호 가목에 따른 생활숙박시설에 대한 건축기준을 정함을 목적으로 한다.

**제2조 【적용】** 건축관련법령과 생활숙박시설 건축기준이 상이하거나 의미가 다른 경우, 건축관련법령을 우선하여 적용한다.

**제3조 【생활숙박시설의 건축기준】** 생활숙박시설은 다음 각호의 기준에 적합한 구조이어야 한다.

1. 공중위생관리법 시행규칙 별표 1에서 규정하고 있는 생활숙박업 설비기준에 적합할 것
2. 프런트데스크, 로비(공용 화장실을 포함한다)를 설치할 것
3. 린넨실(침구, 시트, 수건 등 천 종류를 수납하는 방을 말한다)을 30객실당 1개소 이상을 설치할 것
4. 관광객을 위한 식음료시설(레스토랑 등)을 설치할 것
5. 객실의 출입제어, 보안 등을 확인할 수 있는 객실관리(제어)시스템을 도입하여 설계도서에 포함할 것
6. 각 구획별 발코니를 설치할 경우 외기에 개방된 노대 형태로 설치하여야 하며, 발코니 설치 시 건축물 피난 방화구조 등의 기준에 관한 규칙 제17조제4항에 따른 추락방지를 위한 안전시설을 설치할 것

**제4조 【재검토기한】** 국토교통부장관은 「훈령·예규 등의 발령 및 관리에 관한 규정」에 따라 이 고시에 대하여 2022년 1월 1일 기준으로 매3년이 되는 시점(매 3년째의 6월 30일까지를 말한다)마다 그 타당성을 검토하여 개선 등의 조치를 하여야 한다.

**부 칙** <제2021－1204호, 2021.11.2>

**제1조 【시행일】** 이 고시는 발령한 날로부터 시행한다.

**제2조 【경과조치】** 이 고시는 시행 이후 다음 각 호의 신청이나 신고를 하는 건축물부터 적용한다.

1. 법 제11조에 따른 건축허가(법 제16조에 따른 변경허가 및 변경신고를 포함한다)의 신청(건축허가를 신청하기 위하여 법 제4조의2제1항에 따라 건축위원회에 심의를 신청하는 경우를 포함한다)
2. 법 제14조에 따른 건축신고(법 제16조에 따른 변경허가 및 변경신고를 포함한다)
3. 법 제19조에 따른 용도변경 허가의 신청(같은 조에 따른 용도변경 신고 또는 건축물대장 기재내용의 변경신청을 포함한다)

**참고**

「공중위생관리법 시행규칙」 **【별표 1】** (2022.6.22 본표 개정)

**공중위생영업의 종류별 시설 및 설비기준**(제2조 관련)

**I. 일반기준**

1. 공중위생영업장은 독립된 장소이거나 공중위생영업 외의 용도로 사용되는 시설 및 설비와 분리(벽이나 층 등으로 구분하는 경우를 말한다. 이하 같다) 또는 구획(칸막이·커튼 등으로 구분하는 경우를 말한다. 이하 같다)되어야 한다.
2. 제1호에도 불구하고 다음 각 목에 해당하는 경우에는 공중위생영업장을 별도로 분리 또는 구획하지 않아도 된다.
   가. 법 제2조제1항제5호 각 목에 해당하는 미용업을 2개 이상 함께 하는 경우(해당 미용업자의 명의로 각각 영업신고를 하거나 공동신고를 하는 경우를 포함한다)로서 각각의 영업에 필요한 시설 및 설비기준을 모두 갖추고 있으며, 각각의 시설이 선·줄 등으로 서로 구분될 수 있는 경우
   나. 건물위생관리업을 하는 경우로서 영업에 필요한 설비 및 장비 등을 영업장과 독립된 공간에 보관하는 경우
   다. 건물의 일부를 대상으로 숙박업을 하는 경우로서 접객대, 로비시설, 계단, 엘리베이터 및 출입구 등을 공동으로 사용하는 경우
   라. 그 밖에 별도로 분리 또는 구획하지 않아도 되는 경우로서 보건복지부장관이 인정하는 경우

## II. 개별기준

1. 숙박업

가. 숙박업(생활)은 취사시설과 환기를 위한 시설이나 창문을 설치하여야 한다. 이 경우 실내에 취사시설을 설치할 때에는 고정형 취사시설을 객실별로 설치하거나 공동 취사공간에 설치해야 한다.

나. 숙박업(생활)은 객실별로 욕실 또는 샤워실을 설치하여야 한다. 다만, 「관광진흥법 시행령」 제2조제1항제2호마목에 따른 호스텔업은 욕실 또는 샤워실을 공용으로 설치할 수 있다.

다. 건물의 일부를 대상으로 하는 숙박업은 객실이 독립된 층으로 이루어지거나 객실 수가 30개 이상 또는 영업장의 면적이 해당 건물 연면적의 3분의 1 이상이어야 한다. 다만, 지역적 여건 등을 고려하여 특별시·광역시·특별자치시·도·특별자치도의 조례로 객실 수 및 면적 기준을 완화하여 정할 수 있다.

2. 목욕장업

가. 욕실·욕조 및 샤워기를 갖춘 목욕실과 탈의실, 발한실을 각각 설치해야 한다. 다만, 법 제2조제1항제3호가목에 따른 서비스만을 제공하는 영업을 하는 경우에는 발한실을 설치하지 않을 수 있고, 법 제2조제1항제3호나목에 따른 서비스만을 제공하는 영업을 하는 경우에는 목욕실을 설치하지 않을 수 있으며, 「체육시설의 설치·이용에 관한 법률」 제10조제1항제2호에 따른 체력단련장업을 신고한 자가 이용자를 대상으로 목욕장업을 운영하는 경우에는 탈의실을 설치하지 않을 수 있다.

나. 발한실 내에 발열기(맥반석 등을 직접 가열하여 발한을 돕는 시설 등을 말한다)를 설치하는 경우에는 그 주변에 방열 및 불연소재의 안전망을 설치하여야 한다.

다. 발한실, 편의시설(이·미용업소, 매점, 헬스클럽장, 음식점 등 목욕장을 이용하는 사람의 편의를 증진하기 위한 시설을 말하며, 화장실은 제외한다. 이하 같다) 및 휴식실(수면실 등 목욕장을 이용하는 사람의 휴식을 도모하기 위한 시설을 말한다. 이하 같다)은 실내가 잘 보이도록 하여야 하고, 밀실 형태로 해서는 안된다. 이 경우 편의시설 및 휴식실에 관한 사항은 해당 시설을 설치하는 경우만 해당한다.

라. 탈의실과 목욕실은 남녀 구분하여 운용하여야 한다.

마. 목욕실·발한실·탈의실·편의시설 및 휴식실(해당시설을 설치하는 경우만 해당한다)은 각각 별도로 분리 또는 구획해야 한다.

바. 욕조수를 순환하여 여과시키는 경우에는 욕조수가 여과기에 들어가기 직전의 위치에 자동유입기로 하는 염소 소독장치, 오존장치 또는 자외선 살균장치를 설치해야 한다.

사. 목욕실·발한실 및 탈의실 외의 시설에 무인감시카메라(CCTV)를 설치할 수 있으며, 무인감시카메라를 설치하는 경우에는 반드시 그 설치여부를 이용객이 잘 알아볼 수 있게 안내문을 게시하여야 한다.

3. 이용업

가. 이용기구는 소독을 한 기구와 소독을 하지 아니한 기구를 구분하여 보관할 수 있는 용기를 비치하여야 한다.

나. 소독기·자외선살균기 등 이용기구를 소독하는 장비를 갖추어야 한다.

다. 영업소 안에는 별실 그 밖에 이와 유사한 시설을 설치하여서는 아니된다.

4. 미용업

가. 미용업(일반), 미용업(손톱·발톱) 및 미용업(화장·분장)

(1) 미용기구는 소독을 한 기구와 소독을 하지 아니한 기구를 구분하여 보관할 수 있는 용기를 비치하여야 한다.

(2) 소독기·자외선살균기 등 미용기구를 소독하는 장비를 갖추어야 한다.

(3) (2020.8.28 삭제)

나. 미용업(피부) 및 미용업(종합)

(1) (2018.10.5 삭제)

(2) 미용기구는 소독을 한 기구와 소독을 하지 아니한 기구를 구분하여 보관할 수 있는 용기를 비치하여야 한다.

(3) 소독기·자외선살균기 등 미용기구를 소독하는 장비를 갖추어야 한다.

(4) (2020.8.28 삭제)

(5) (2020.8.28 삭제)

5. 세탁업

세탁용약품을 보관할 수 있는 견고한 보관함을 설치하여야 한다. 다만, 세탁용품을 따로 보관할 수 있는 창고 등이 있는 경우에는 그러하지 아니하다.

6. 건물위생관리업

가. 건축물 바닥을 닦고 광택을 내는 지름 25cm 이상의 마루광택기를 2대 이상 비치하여야 한다.

나. 진공청소기(집수 및 집진용)를 2대 이상 비치하여야 한다.

다. 업무수행에 필요한 안전벨트·안전모 및 로프를 갖추어야 한다.

라. 먼지, 일산화탄소, 이산화탄소를 측정하는 측정장비를 갖추어야 한다. 다만, 「건축법」 제2조제2항에 따른 업무시설 용도의 건축물로서 연면적 3,000m$^2$ 미만의 건축물 또는 같은 조 같은 항에 따른 2 이상의 용도에 사용되는 건축물로서 연면적 2,000m$^2$ 미만의 건축물을 청소하는 경우에는 그러하지 아니하다.

➪ ※[18] **호텔업의 종류**(「관광진흥법 시행령」 제2조제1항제2호)

가. 관광호텔업 : 관광객의 숙박에 적합한 시설을 갖추어 관광객에게 이용하게 하고 숙박에 딸린 음식·운동·오락·휴양·공연 또는 연수에 적합한 시설 등(이하 "부대시설"이라 한다)을 함께 갖추어 관광객에게 이용하게 하는 업(業)

나. 수상관광호텔업 : 수상에 구조물 또는 선박을 고정하거나 매어 놓고 관광객의 숙박에 적합한 시설을 갖추거나 부대시설을 함께 갖추어 관광객에게 이용하게 하는 업

다. 한국전통호텔업 : 한국전통의 건축물에 관광객의 숙박에 적합한 시설을 갖추거나 부대시설을 함께 갖추어 관광객에게 이용하게 하는 업

라. 가족호텔업 : 가족단위 관광객의 숙박에 적합한 시설 및 취사도구를 갖추어 관광객에게 이용하게 하거나 숙박에 딸린 음식·운동·휴양 또는 연수에 적합한 시설을 함께 갖추어 관광객에게 이용하게 하는 업

마. 호스텔업 : 배낭여행객 등 개별 관광객의 숙박에 적합한 시설로서 샤워장, 취사장 등의 편의시설과 외국인 및 내국인 관광객을 위한 문화·정보 교류시설 등을 함께 갖추어 이용하게 하는 업

바. 소형호텔업 : 관광객의 숙박에 적합한 시설을 소규모로 갖추고 숙박에 딸린 음식·운동·휴양 또는 연수에 적합한 시설을 함께 갖추어 관광객에게 이용하게 하는 업

사. 의료관광호텔업 : 의료관광객의 숙박에 적합한 시설 및 취사도구를 갖추거나 숙박에 딸린 음식·운동 또는 휴양에 적합한 시설을 함께 갖추어 주로 외국인 관광객에게 이용하게 하는 업

➪ ※[19] **유원시설업**(遊園施設業)의 종류(「관광진흥법 시행령」 제2조제5호)

가. 종합유원시설업 : 유기시설이나 유기기구를 갖추어 관광객에게 이용하게 하는 업으로서 대규모의 대지 또는 실내에서 법 제33조에 따른 안전성검사 대상 유기시설 또는 유기기구 여섯 종류 이상을 설치하여 운영하는 업

나. 일반유원시설업 : 유기시설이나 유기기구를 갖추어 관광객에게 이용하게 하는 업으로서 법 제33조에 따른 안전성검사 대상 유기시설 또는 유기기구 한 종류 이상을 설치하여 운영하는 업

다. 기타유원시설업 : 유기시설이나 유기기구를 갖추어 관광객에게 이용하게 하는 업으로서 법 제33조에 따른 안전성검사 대상이 아닌 유기시설 또는 유기기구를 설치하여 운영하는 업

※ 「관광진흥법 시행규칙」【별표 1의2】

## 유원시설업의 시설 및 설비기준(제7조제1항 관련)

### 1. 공통기준

| 구 분 | 시설 및 설비기준 |
|---|---|
| 가. 실내에 설치한 유원시설업 | (1) 독립된 건축물이거나 다른 용도의 시설(「게임산업진흥에 관한 법률」 제2조제6호의2가목 또는 제7호에 따른 청소년게임제공업 또는 인터넷컴퓨터게임시설제공업의 시설은 제외한다)과 분리, 구획 또는 구분되어야 한다.<br>(2) 유원시설업 내에 「게임산업진흥에 관한 법률」 제2조제6호의2가목 또는 제7호에 따른 청소년게임제공업 또는 인터넷컴퓨터게임시설제공업을 하려는 경우 청소년게임제공업 또는 인터넷컴퓨터게임시설제공업의 면적비율은 유원시설업 허가 또는 신고 면적의 50% 미만이어야 한다. |
| 나. 종합유원시설업 및 일반유원시설업 | (1) 방송시설 및 휴식시설(의자 또는 차양시설 등을 갖춘 것을 말한다)을 설치하여야 한다.<br>(2) 화장실(유원시설업의 허가구역으로부터 100m 이내에 공동화장실을 갖춘 경우는 제외한다)을 갖추어야 한다.<br>(3) 이용객을 지면으로 안전하게 이동시키는 비상조치가 필요한 유기시설 또는 유기기구에 대하여는 비상시에 이용객을 안전하게 대피시킬 수 있는 시설(축전지 또는 발전기 등의 예비전원시설, 사다리, 계단시설, 윈치, 로프 등 해당 시설에 적합한 시설)을 갖추어야 한다.<br>(4) 물놀이형 유기시설 또는 유기기구를 설치한 경우 다음 각 호의 시설을 갖추어야 한다.<br>① 수소이온화농도, 유리잔류염소농도를 측정할 수 있는 수질검사장비를 비치하여야 한다.<br>② 익수사고를 대비한 수상인명구조장비(구명구, 구명조끼, 구명로프 등)를 갖추어야 한다.<br>③ 물놀이 후 씻을 수 있는 시설(유원시설업의 허가구역으로부터 100m 이내에 공동으로 씻을 수 있는 시설을 갖춘 경우는 제외한다)을 갖추어야 한다. |

### 2. 개별기준

| 구 분 | 시설 및 설비기준 |
|---|---|
| 가. 종합유원시설업 | (1) 대지 면적(실내에 설치한 유원시설업의 경우에는 건축물 연면적)은 10,000$m^2$ 이상이어야 한다.<br>(2) 법 제33조제1항에 따른 안전성검사 대상 유기시설 또는 유기기구 6종 이상을 설치하여야 한다.<br>(3) 정전 등 비상시 유기시설 또는 유기기구 이외 사업장 전체의 안전에 필요한 설비를 작동하기 위한 예비전원시설과 의무 시설(구급약품, 침상 등이 비치된 별도의 공간) 및 안내소를 설치하여야 한다.<br>(4) 음식점 시설 또는 매점을 설치하여야 한다. |
| 나. 일반유원시설업 | (1) 법 제33조제1항에 따른 안전성검사 대상 유기시설 또는 유기기구 1종 이상을 설치하여야 한다.<br>(2) 안내소를 설치하고, 구급약품을 비치하여야 한다. |
| 다. 기타유원시설업 | (1) 대지 면적(실내에 설치한 유원시설업의 경우에는 건축물 연면적)은 40$m^2$ 이상이어야 한다.(시행규칙 제40조제1항 관련 별표 11 제2호나목2)에 해당되는 유기시설 또는 유기기구를 설치하는 경우는 제외한다)<br>(2) 법 제33조제1항에 따른 안전성검사 대상이 아닌 유기시설 또는 유기기구 1종 이상을 설치하여야 한다.<br>(3) 구급약품을 비치하여야 한다. |

※ 「관광진흥법 시행규칙」【별표 11】

### 2. 안전성검사 대상이 아닌 유기시설 또는 유기기구

| 유 형 | 내 용 | 유기시설 또는 유기기구 |
|---|---|---|
| 주행형 | 일정 궤도·주로·수로·지역(공간)을 가지고 있으며, 속도가 5km/h 이하로 이용자 스스로가 참여하여 운행되는 유기시설 또는 유기기구 | 미니기차(레일 안쪽 길이 30m 이하), 이티로보트(레일 안쪽 길이 30m 이하), 배터리카, 멜로디페트, 수상사이클(수심 0.5m 이하), 페달보트 및 배터리보트(수심 0.5m 이하이며, 소인 1인 탑승하는 것) 등 |
| 고정형 | 회전직경이 3m 이내로 이용자 스스로가 참여하여 작동되는 유기시설 또는 유기기구 | 로데오타기, 회전형라이더(미니회전목마, 야자수 등), 미니 라이더(코인 라이더 등) 등 |
| 관람형 | 일정한 시설물(기계·기구·건축물·보조기구 등) 내에서 이용자 스스로가 참여하여 체험하는 유기시설 또는 유기기구 | 영상모험관(탑승인원 5인승 이하이며, 탑승높이 2m 이하), 미니시뮬레이션(탑승인원 5인승 이하이며, 탑승높이 2m 이하), 다이나믹시트(탑승인원 10인승 이하), 3D 또는 4D 입체영화관(좌석고정영상시설) 등 |

| 유 형 | 내 용 | 유기시설 또는 유기기구 |
|---|---|---|
| 놀이형 | 일정한 시설(기계·기구·공간 등) 내에서 보조기구 또는 장치를 이용하거나 기구에 포함된 구성물을 작동하여 이용자 스스로가 이용하거나 체험할 수 있는 기구로서 누구나 이용할 수 있고 사행성이 없는 유기시설 또는 유기기구 | 붕붕뜀틀, 미니모험놀이(플레이스페이스 포함, 탑승높이가 3m 이하이며, 설치 면적이 120m$^2$ 이하), 미니에어바운스(탑승높이가 3m 이하이며, 설치면적이 120m$^2$ 이하), 미니사격, 공쏘기, 광선총, 공굴리기, 표적맞추기, 물쏘기, 미니볼링, 미니농구, 공던지기, 공차기, 에어하키, 망치치기, 펀치, 미니야구, 스키타기, 팔씨름, 오토바이타기, 자동차경주, 자전거타기, 보트타기, 말타기, 뮤직댄스, 수상기구타기, 건슈팅 등 |
| | 일정한 시설(기계·기구·공간 등) 내에서 이용자 스스로가 참여하여 물놀이(수심 1m 이하)를 체험하는 유기시설 또는 유기기구 | 미니슬라이드(슬라이드 길이 10m 이하이며, 탑승높이 2m 이하), 미니수중모험놀이(물버켓이 설치되지 않고 슬라이드 전체길이가 10m 이하이며, 탑승높이 2m 이하), 미니워터에어바운스(탑승높이가 3m 이하이며, 설치 면적이 120m$^2$ 이하) 등 |

➪ ※[20] **카지노업**(「관광진흥법」 제3조제5호)

전문 영업장을 갖추고 주사위, 트럼프, 슬롯머신 등 특정한 기구 등을 이용하여 우연의 결과에 따라 특정인에게 재산상의 이익을 주고 다른 참가자에게 손실을 주는 행위 등을 하는 업

※ **카지노업의 허가 요건 등**(「관광진흥법 시행령」 제27조)

- 카지노업의 허가 요건은 다음 각 호와 같다.
  1. 관광호텔업이나 국제회의시설업의 부대시설에서 카지노업을 하려는 경우
     가. (2015.8.4 삭제)
     나. 외래관광객 유치계획 및 장기수지전망 등을 포함한 사업계획서가 적정할 것
     다. 나목에 규정된 사업계획의 수행에 필요한 재정능력이 있을 것
     라. 현금 및 칩의 관리 등 영업거래에 관한 내부통제방안이 수립되어 있을 것
     마. 그 밖에 카지노업의 건전한 육성을 위하여 문화체육관광부장관이 공고하는 기준에 맞을 것
  2. 우리나라와 외국 간을 왕래하는 여객선에서 카지노업을 하려는 경우
     가. 여객선이 20,000t급 이상으로 문화체육관광부 장관이 공고하는 총톤수 이상일 것
     나. (2012.11.20 삭제)
     다. 제1호 나목부터 마목까지의 규정에 적합할 것
- 문화체육관광부장관은 법 제21조제2항에 따라 최근 신규허가를 한 날 이후에 전국 단위의 외래관광객이 60만 명 이상 증가한 경우에만 신규허가를 할 수 있되, 다음 각 호의 사항을 고려하여 그 증가인원 60만 명당 2개 사업 이하의 범위에서 할 수 있다.
  1. 전국 단위의 외래관광객 증가 추세 및 지역의 외래관광객 증가 추세
  2. 카지노이용객의 증가 추세
  3. 기존 카지노사업자의 총 수용능력
  4. 기존 카지노사업자의 총 외화획득실적
  5. 그 밖에 카지노업의 건전한 발전을 위하여 필요한 사항

➪ ※[21] **공장**(工場) : 「산업집적활성화 및 공장설립에 관한 법률」

- **공장의 정의** : 건축물 또는 공작물, 물품제조공정을 형성하는 기계·장치 등 제조시설과 그 부대시설(제조시설 등)을 갖추고 대통령령으로 정하는 제조업을 하기 위한 사업장
- **공장의 설립** : 공장을 신설 또는 증설하는 것

- **공장의 신설** : 건축물을 신축(공작물을 축조하는 것 포함)하거나 기존 건축물의 용도를 공장 용도로 변경하여 제조시설 등을 설치하는 것
- **공장의 증설** : 법 규정에 의하여 등록된 공장건축면적 또는 공장부지면적을 넓히는 것
- **공장설립 등의 승인** : 공장건축면적이 500m$^2$ 이상인 공장의 신설·증설 또는 업종변경(공장설립)을 하고자 하는 자는 대통령령이 정하는 바에 의하여 시장·군수 또는 구청장의 승인을 얻어야 하고, 승인을 얻은 사항을 변경하고자 하는 때에도 또한 같다. 다만, 승인을 얻은 사항 중 지식경제부령이 정하는 경미한 사항을 변경하고자 하는 때에는 시장·군수 또는 구청장에게 신고하여야 한다.
- **공장의 건축허가는 법 제14조를 참조 바람** : 「건축법」 기타 관련법규에 의하여 관계행정기관의 장과 협의한 사항에 대하여는 해당 인·허가 등을 받은 것으로 본다.

◉ 지식산업센터(법 제28조의4)

- 지식산업센터의 분양 또는 임대 :
  - 지식산업센터를 설립한 자가 지식산업센터를 분양 또는 임대하려는 경우에는 공장건축물 착공 후 산업통상자원부령으로 정하는 바에 따라 모집공고안을 작성하여 시장·군수 또는 구청장의 승인을 받아 공개로 입주자(지식산업센터를 분양 또는 임대받아 제조업이나 그 밖의 사업을 하는 자를 말한다. 이하 같다)를 모집하여야 한다. 승인을 받은 사항 중 산업통상자원부령으로 정하는 중요사항을 변경하려는 경우에도 또한 같다.
  - 다음 각 호의 어느 하나에 해당하는 지식산업센터를 분양 또는 임대하는 경우에는 위 내용을 적용하지 아니한다.
    1. 공공사업에 의하여 철거되는 공장의 유치나 그 밖에 대통령령으로 정하는 사유로 설립된 지식산업센터
    2. 대통령령으로 정하는 규모 미만의 지식산업센터
  - 지식산업센터를 설립한 자가 국가·지방자치단체, 공단, 「중소기업진흥에 관한 법률」에 따른 중소기업진흥공단 또는 「지방공기업법」에 따른 지방공사(이하 "지방공사"라 한다)인 경우에는 제1항에도 불구하고 모집공고안을 시장·군수 또는 구청장에게 통보한 후 입주자를 모집할 수 있다. 통보한 사항 중 산업통상자원부령으로 정하는 중요 사항을 변경한 경우에도 또한 같다.
  - 지식산업센터를 설립한 자는 거짓 또는 과장된 사실을 알리거나 기만적 방법을 사용하여 입주자를 모집하여서는 아니된다.

**질의** 폐비닐을 열분해하여 경질유 및 중질유로 제조·가공 후 판매하고자 하는 건축물에 대한 「건축법」상 용도

**회신** 질의의 건축물이 「소방법」 및 「석유사업법」 등 관련법령에 의하여 설치 또는 영업의 허가를 받아야 하는 위험물제조소인 경우라면, 「건축법 시행령」 별표 1 제1호의 규정에 의한 위험물저장 및 처리시설(자가난방·자가발전의 목적으로 쓰이는 경우는 제외)로 분류할 수 있을 것이며, 위험물저장물처리시설에 해당하지 아니한 경우라면 「건축법 시행령」 별표 1 제13호의 규정에 의한 공장으로 분류해야할 것입니다.(건교부 홈페이지 2003.2.20)

➪ ※[22] **폐차장**(「도시·군계획시설의 결정·구조 및 설치기준에 관한 규칙」 제162조~제164조, 폐차장의 결정기준)

- 폐차장이라 함은 「자동차 관리법」 제2조제6호의 규정에 의한 자동차 관리 사업 중 동법 제53조의 규정에

의한 자동차폐차업의 등록을 한 자가 설치하는 사업장을 말한다.

- 폐차장의 결정기준
  - 인구밀집지역이나 공공기관·학교·연구시설·의료시설·종교시설 등과 인접한 곳에는 설치하지 아니하며, 주거환경에 나쁜 영향을 주지 아니하도록 인근의 토지이용 현황을 고려할 것
  - 대형차량의 출입에 지장이 없고 배수가 쉬우며, 주민의 보건위생에 위해를 끼칠 우려가 없는 지역에 설치할 것
  - 대기·수질오염 등 각종 환경오염문제를 고려하여 설치할 것
  - 유통상업지역·전용공업지역·일반공업지역·준공업지역·자연녹지지역 및 계획관리지역에 한하여 설치할 것
- 시설기준(「자동차관리법 시행규칙」 제140조제1항 별표 28)

| 구 분 | | 확 보 기 준 |
|---|---|---|
| 대지(33m$^2$ 이상의 사무실을 포함하여야 한다) | | 300m$^2$ 이상 |
| 장비 | 중량기(계량능력 10톤 이상) | 1식 이상 |
| | 고철운반용자동차(최대적재량 2톤 이상) | 1대 이상 |
| | 지게차(인양능력 3.5톤 이상) | 1대 이상 |

주 : 자동차해체재활용영업소에서는 자동차를 폐차할 수 없으며, 폐차의뢰의 접수 및 폐차의 수집에 전용하여야 한다.

➪ ※[23] **도축장**(「도시·군계획시설의 결정·구조 및 설치기준에 관한 규칙」 제148조～제150조)

- 도축장이라 함은 「축산물위생관리법」 제2조제11호의 규정에 의한 도축장을 말함
- 도축장의 결정기준
  - 인구밀집지역이나 학교·연구시설·의료시설·종교시설 등 평온을 요하는 시설에 근접하여 설치하지 아니하도록 인근의 토지이용계획을 고려할 것
  - 도축장의 효율성을 높이기 위하여 필요한 경우에는 「축산물위생관리법」 제2조제11호의 규정에 따른 집유장·축산물가공장 또는 축산물보관장을 함께 설치할 것
  - 일반공업지역·준공업지역·생산녹지지역·자연녹지지역·생산관리지역·계획관리지역 및 농림지역에 한하여 설치할 것
  - 도축장으로 인하여 주민의 보건위생과 생활환경이 저해되지 아니하도록 필요한 위생시설과 환경보호시설을 설치할 것
  - 공급대상자의 소비인구·소비량 등을 충분히 조사하여 적정한 규모를 정하여야 하며, 가축의 반입과 수육의 반출이 쉽고 교통이 편리한 곳에 설치할 것
  - 용수와 동력을 쉽게 확보할 수 있고 배수와 오물처리를 원활하게 할 수 있는 곳에 설치할 것

➪ ※[24] **폐기물처리시설**(「도시·군계획시설의 결정·구조 및 설치기준에 관한 규칙」 제156조, 제157조)

- 폐기물처리 및 재활용시설이라 함은 다음 각 호의 시설을 말한다. 다만, 「폐기물관리법 시행규칙」 제38조 각 호의 시설을 제외한다.

  1. 「폐기물관리법」 제2조제8호에 따른 폐기물처리시설 중 다음 각 목의 어느 하나에 해당하는 자가 설치하는 시설

     가. 국가 또는 지방자치단체

     나. 「폐기물관리법」 제25조제3항에 따른 폐기물처리업의 허가를 받은 자. 다만, 폐기물의 재활용을 목

적으로 시설을 설치하는 경우를 제외한다.

다. 「폐기물관리법」 제25조제3항에 따른 폐기물처리업의 허가를 받고자 하는 자로서 같은 법 제25조제2항에 따라 사업계획의 적합통보를 받은 자. 다만, 폐기물의 재활용을 목적으로 시설을 설치하는 경우를 제외한다.

2. 「폐기물관리법」 제5조의 규정에 의한 광역폐기물처리시설
3. 「자원의 절약과 재활용 촉진에 관한 법률」 제2조제10호에 따른 재활용시설 중 다음 각 목의 어느 하나에 해당하는 자가 설치하는 시설
   가. 국가 또는 지방자치단체
   나. 「자원의 절약과 재활용촉진에 관한 법률」 제23조의 규정에 의한 재활용지정사업자
   다. 「자원의 절약과 재활용촉진에 관한 법률」 제34조의 규정에 의한 재활용단지를 조성하는 자
   라. 폐기물의 재활용을 목적으로 「폐기물관리법」 제25조제3항에 따른 폐기물처리업의 허가를 받은 자 또는 폐기물처리업의 허가를 받고자 하는 자로서 같은 법 제25조제2항에 따라 사업계획의 적합통보를 받은 자
4. 「건설폐기물의 재활용 촉진에 관한 법률」 제21조제3항에 따른 건설폐기물처리업의 허가를 받은 자 또는 건설폐기물처리업의 허가를 받고자 하는 자로서 동법 제21조제2항에 따라 사업계획의 적합통보를 받은 자가 설치하는 시설

- 폐기물 처리시설의 결정기준

1. 인구밀집지역이나 공공기관·학교·연구시설·의료시설·종교시설 등과 가깝지 아니하고 주거환경에 나쁜 영향을 주지 아니하도록 인근의 토지이용계획을 고려할 것. 다만, 「대기환경 보전법」에 의한 배출허용기준에 적합한 시설을 갖춘 경우에는 그러하지 아니하다.
2. 풍향과 배수를 고려하여 주민의 보건위생에 위해를 끼칠 우려가 없는 지역에 설치할 것
3. 대기 및 수질오염 등 각종 환경오염문제를 고려하여야 하며, 주위에 담장·수림대 등의 차단공간을 둘 것
4. 용수와 동력을 확보하기 쉽고 자동차가 접근하기 편리하며, 폐기물 운송차량이 시가지를 관통하지 아니하는 지역에 설치할 것
5. 매립의 방법으로 처리하는 시설은 지형상 저지대·저습지·협곡·계곡·공유수면 매립 예정지 등에 설치하여야 하며, 매립 후의 토지이용계획을 미리 고려할 것
6. 당해 시·군의 폐기물처리계획 및 대책 등을 고려하고, 필요한 경우 폐기물소각시설을 설치할 것
7. 폐기물처리시설은 공업지역·녹지지역·관리지역·농림지역(농업진흥지역을 제외한다)·자연환경보전지역에 설치할 것. 다만, 다음 각 목의 시설은 제2종일반주거지역·제3종일반주거지역·준주거지역·일반상업지역에도 설치할 수 있다.
   가. 「폐기물관리법 시행령」 별표 3 제1호가목의 소각시설로서 1일처리능력이 2천톤 이하인 시설
   나. 「폐기물관리법 시행령」 별표 3 제1호나목의 기계적 처리시설(압축시설 및 파쇄·분쇄시설에 한한다)로서 1일처리능력이 1천톤 이하이고 「대기환경보전법」에 의한 배출허용기준에 적합한 시설
8. (2004.12.3 삭제)
9. 재활용시설(제156조제3호 및 제4호의 폐기물처리시설을 말한다)은 주거지역(제2종 일반주거지역·제3종 일반주거지역 및 준주거지역에 한한다)·일반상업지역·공업지역·녹지지역·관리지역·농림지역(농업진흥지역을 제외한다)·자연환경보전지역에 설치할 것

➪ ※[25] **방송·통신시설**(「도시·군계획시설의 결정·구조 및 설치기준에 관한 규칙」 제76조~제78조)

- 방송·통신시설이라 함은 다음 각 호의 시설을 말한다.
  1. 「전기통신기본법」 제2조제4호의 규정에 의한 사업용전기통신설비
  2. 「전파법」 제2조제5호에 따른 무선설비(「전기통신사업법」 제2조제4호에 따른 사업용전기통신설비는 제외한다.
  3. 「방송법」 제79조의 규정에 의한 유선방송국설비(종합유선방송국에 한한다)
- 방송·통신 시설의 구조 및 설치기준은 「전기통신기본법」·「전파법」 및 「방송법」이 정하는 바에 의한다.

➪ ※[26] **화장장**(「도시·군계획시설의 결정·구조 및 설치기준에 관한 규칙」 제136조~제138조)

- "화장시설"이라 함은 다음의 시설을 말한다.
  – 「장사 등에 관한 법률」 제13조제1항에 따른 공설화장시설
  – 「장사 등에 관한 법률」 제15조제1항에 따른 사설화장시설 중 일반의 사용에 제공하는 화장시설
- 결정기준
  – 토지의 취득과 화장장의 관리·운영이 쉽고 장래에 확장이 가능한 지역에 설치할 것
  – 지형상 배수가 잘되는 장소에 설치할 것
  – 화장장과 그 주변지역에는 녹화 또는 조경을 하고 필요한 편익시설을 설치할 것
  – 이용자가 불편하지 아니하도록 교통이 편리한 곳에 설치하고 진입도로 및 주차장을 충분한 규모로 확보할 것
- 화장장의 구조 및 설치기준
  – 화장장에는 일반의 사용에 제공하는 납골시설 및 장례식장을 설치할 수 있다.
  – 상기 규정된 사항 외에 화장장의 설치에 관하여는 「장사 등에 관한 법률」이 정하는 바에 의한다.

➪ ※[27] **유원지**(「도시·군계획시설의 결정·구조 및 설치기준에 관한 규칙」 제56조~제58조)

- 유원지 : 주민의 복지향상에 기여하기 위하여 설치하는 오락과 휴양시설
- 결정기준
  1. 시·군내 공지의 적절한 활용, 여가공간의 확보, 도시환경의 미화, 자연환경의 보전 등의 효과를 높일 수 있도록 할 것
  2. 숲·계곡·호수·하천·바다 등 자연환경이 아름답고 변화가 많은 곳에 설치할 것
  3. 유원지의 소음권에 주거지·학교 등 평온을 요하는 지역이 포함되지 아니하도록 인근의 토지이용 현황을 고려할 것
  4. 준주거지역·일반상업지역·자연녹지지역 및 계획관리지역에 한하여 설치할 것. 다만, 다음 각 목의 어느 하나에 해당하는 경우에는 유원지의 나머지 면적을 연접(용도지역의 경계선이 서로 닿아 있는 경우를 말한다)한 생산관리지역이나 보전관리지역에 설치할 수 있다.
     가. 유원지 전체면적의 50% 이상이 계획관리지역에 해당하는 경우로서 유원지의 나머지 면적을 생산관리지역이나 보전관리지역에 연속해서 설치하는 경우
     나. 유원지 전체면적의 90% 이상이 준주거지역·일반상업지역·자연녹지지역 또는 계획관리지역에 해당하는 경우로서 도시계획위원회의 심의를 거쳐 유원지의 나머지 면적을 생산관리지역이나 보전관리지역에 연속해서 설치하는 경우
  5. 이용자가 쉽게 접근할 수 있도록 교통시설을 연결할 것

6. 대규모 유원지의 경우에는 각 지역에서 쉽게 오고 갈 수 있도록 교통시설이 고속국도나 지역간 주간선도로에 쉽게 연결되도록 할 것
7. 전력과 용수를 쉽게 공급받을 수 있고 자연재해의 우려가 없는 지역에 설치할 것
8. 시냇가·강변·호반 또는 해변에 설치하는 유원지의 경우에는 다음 각 목의 사항을 고려할 것
   가. 시냇가·강변·호반 또는 해변이 차단되지 아니하고 완만하게 경사질 것
   나. 깨끗하고 넓은 모래사장이 있을 것
   다. 수영을 할 수 있는 경우에는 수질이 「환경정책기본법」 등 관계 법령에 규정된 수질기준에 적합할 것
   라. 상수원의 오염을 유발시키지 아니하는 장소일 것
9. 유원지의 규모는 10,000m$^2$ 이상으로 당해 유원지의 성격과 기능에 따라 적정하게 할 것

• 유원지의 구조 및 설치기준

1. 각 계층의 이용자의 요구에 응할 수 있도록 다양한 시설을 설치할 것
2. 연령과 성별의 구분없이 이용할 수 있는 시설을 포함할 것
3. 휴양을 목적으로 하는 유원지를 제외하고는 토지이용의 효율화를 기할 수 있도록 일정지역에 시설을 집중시키고, 세부시설 간 유기적 연관성이 있는 경우에는 둘 이상의 세부시설을 하나의 부지에 함께 설치하는 것을 고려할 것
4. 유원지에는 보행자 위주로 도로를 설치하고 차로를 설치하는 경우에도 보행자의 안전과 편의를 저해하지 아니하도록 할 것
5. 특색있고 건전한 휴식공간이 될 수 있도록 세부시설을 설치할 것
6. 유원지의 목적 및 지역별 특성을 고려하여 세부시설 조성계획에서 휴양시설, 편익시설 및 관리시설의 종류를 정할 것
7. 하천, 계곡 및 산지에 유원지를 설치하는 경우 재해위험성을 충분히 고려하고, 야영장 및 숙박시설은 반드시 재해로부터 안전한 곳에 설치할 것
8. 유원지의 주차장 표면을 포장하는 경우에는 잔디블록 등 투수성 재료를 사용하고, 배수로의 표면은 빗물받이 폭 이상의 생태형으로 설치하는 것을 고려할 것
9. 나무, 화초, 잔디 등을 심는 경우에는 그 식재면의 높이를 인접한 포장면의 바닥 높이보다 낮게 할 것. 다만, 해당 나무, 화초, 잔디 등을 보호하거나 경관 또는 보행자 안전을 위해 필요한 경우에는 그렇지 않다.
   – 유원지에는 다음 각 호의 시설을 설치할 수 있다. 이 경우 제1호의 유희시설은 어린이용 위주의 유희시설과 가족용 위주의 유희시설로 구분하여 설치하여야 한다.
     1. 유희시설 : 「관광진흥법」에 따른 유기시설·유기기구, 번지점프, 그네·미끄럼틀·시소 등의 시설, 미니썰매장·미니스케이트장 등 여가활동과 운동을 함께 즐길 수 있는 시설 그 밖에 기계 등으로 조작하는 각종 유희시설
     2. 운동시설 : 육상장·정구장·테니스장·골프연습장·야구장(실내야구연습장을 포함한다)·탁구장·궁도장·체육도장·수영장·보트놀이장·부교(받침기둥 없이 물에 띄우는 다리를 말한다)·잔교(구름다리)·계류장·스키장(실내스키장을 포함한다)·골프장(9홀 이하인 경우에만 해당한다)·승마장·미니축구장 등 각종 운동시설
     3. 휴양시설 : 휴게실·놀이동산·낚시터·숙박시설·야영장(자동차야영장을 포함한다)·야유회장·청소년수련시설·자연휴양림·간이취사시설
     4. 특수시설 : 동물원·식물원·공연장·예식장·마권장외발매소(이와 유사한 것을 포함한다)·관람장·

전시장·진열관·조각·야외음악당·야외극장·온실·수목원·광장

5. 위락시설 : 관광호텔에 부속된 시설로서 「관광진흥법」 제15조에 따른 사업계획승인을 받아 설치하는 위락시설
6. 편익시설 : 다음 각 목의 시설
   가. 「건축법 시행령」 별표 1 제3호(마목 및 아목은 제외한다)의 시설
   나. 「건축법 시행령」 별표 1 제4호바목부터 자목까지·차목(동물병원, 동물미용실 및 그 밖에 이와 유사한 것에 한정한다)·하목(금융업소에 한정한다)·더목 및 러목(노래연습장에 한정한다)의 시설
   다. 「건축법 시행령」 별표 1 제10호바목의 시설
   라. 「건축법 시행령」 별표 1 제11호가목(어린이집, 아동복지관 및 지역아동센터에 한정한다)·나목(노인여가복지시설에 한정한다) 및 다목(사회복지관에 한정한다)의 시설
   마. 「건축법 시행령」 별표 1 제16호가목의 시설
   바. 「건축법 시행령」 별표 1 제9호바목의 시설 중 「환경친화적 자동차의 개발 및 보급촉진에 관한 법률」 제2조제9호에 따른 수소연료공급시설
   사. 「건축법 시행령」 별표 1 제27호다목의 시설
   아. 전망대, 의무실, 자전거대여소, 서바이벌게임장, 음악감상실, 스크린골프장 및 당구장
7. 관리시설 : 도로(보행자전용도로, 보행자우선도로 및 자전거전용도로를 포함한다)·주차장·궤도·쓰레기처리장·관리사무소·화장실·안내표지·창고
8. 제1호부터 제7호까지의 시설과 유사한 시설로서 유원지별 목적·규모 및 지역별 특성에 적합하여 도시·군계획시설결정권자 소속 도시계획위원회(해당 도시·군계획시설결정권자에게 소속된 위원회를 말한다. 이하 제64조제2항제3호, 제93조제2항·제3항, 제101조제2항 및 제119조제3호의2에서 같다)의 심의를 거친 시설

- 유원지안에서의 안녕질서의 유지 그 밖에 유원지주변의 상황으로 보아 특히 필요하다고 인정되는 경우에는 파출소·초소 등의 시설을 제2조제2항의 규정에 의한 세부시설에 대한 조성계획에 포함시킬 수 있다.
- 유원지중 「관광진흥법」 제2조제6호에 따른 관광지 또는 같은 조 제7호에 따른 관광단지로 지정된 지역과 같은 법 제15조에 따라 같은 법 시행령 제2조제1항제3호가목에 따른 전문휴양업이나 같은 호 나목에 따른 종합휴양업으로 사업계획의 승인을 받은 지역에는 제2항에도 불구하고 「관광진흥법」에서 정하는 시설을 포함하여 설치할 수 있다.
- 유원지중 「제주특별자치도 설치 및 국제자유도시 조성을 위한 특별법」에 의한 개발사업으로 조성하는 유원지에 대하여는 제1항제4호·제5호 및 제2항의 규정을 적용하지 아니한다.

➪ ※[28] **장례식장**(「도시계획시설의 결정·구조 및 설치기준에 관한 규칙」 제136조~제137조)

「장사 등에 관한 법률」 제29조제1항의 규정에 의한 장례식장

- 장례식장의 결정기준
  - 인근의 토지이용계획을 고려하여 설치하되, 인구밀집지역이나 학교·연구소·청소년시설 또는 도서관 등과 가까운 곳에는 설치하지 아니할 것
  - 주위의 다른 건축물 등과 차단되도록 외곽에 녹지대 또는 조경시설을 설치할 것

- 대중교통수단과의 연결이 쉬운 곳에 설치할 것
- 준주거지역·일반상업지역·근린상업지역·일반공업지역·준공업지역·보전녹지지역·자연녹지지역 및 계획관리지역에 한정하여 설치할 것

**질의** **건축물의 용도**

근린생활시설 용도로 사용승인을 득하여 사용 중인 건축물의 일부를 다음과 같이 사용하는 경우 건축물의 용도

- 도소매 제조업인 섬유제조업체(별도의 장소에서 운영)의 견본 제품을 일부 전시하고 컴퓨터 상으로 도매거래 및 제품기획 등의 사무를 보는 부분(약 272m$^2$)
- 「음반·비디오물 및 게임물에 관한 법률」 제2조제5호다목의 규정에 의한 게임제공으로 등록하지 아니하고, 게임시설 및 기구를 갖추어 대중오락을 제공하는 것은 아니나, 인터넷 유로 사이트를 통하여 온라인 상에서 게임을 제공하는 부분(약 472m$^2$)
- 벤처기업으로서 「방송법」 또는 「전파법」에 의한 방송국은 아니나 인터넷상에서 온라인 방송프로그램 진행 및 게임제공 등을 하는 부분(약 272m$^2$)과 컴퓨터로 서적 등 출판물을 기획·제작하여 온라인 상으로 알선 판매하는 부분(약 139m$^2$)

**회신**
- 당해 건물에서 직접 제조행위 등을 하지 아니하고 유기성 또는 사행성이 없이 컴퓨터를 이용하여 거래 및 업무기획 등의 사무처리를 주로 하는 장소로서 당해 용도에 쓰이는 바닥면적의 합계가 500m$^2$ 미만인 경우에는 「건축법 시행령」 별표 1 제4호바목의 규정에 의한 제2종 근린생활시설(사무소)에 해당하는 것으로 볼 수 있을 것이며,
- 「건축법 시행령」 별표 1 제4호아목의 규정에 의한 게임제공업소는 「음반·비디오물 및 게임물에 관한 법률」의 규정에 의한 게임 제공업에 사용되는 시설을 말하는 것으로, 질의의 부분이 이에 해당하지 아니하고 컴퓨터 온라인 상에서 일반 대중을 상대로 게임을 제공하는 시설로 사용되는 경우에 이는 「건축법 시행령」 별표 1 제4호바목의 규정에 의한 제2종 근린생활시설(사무소)에 해당하는 것으로 볼 수 있다.
- 컴퓨터 온라인 상에서 인터넷 방송 등을 하는 경우 「방송법」 등의 관계규정에 의한 방송국 허가·등록 대상은 아니라도 방송국과 이용목적 및 형태가 유사한 경우로서 당해 용도에 쓰이는 바닥면적의 합계가 500m$^2$ 미만인 것은 「건축법 시행령」 별표 1 제3호바목의 규정에 의한 제1종 근린생활시설(방송국)에 해당하는 것으로 볼 수 있을 것이며, 컴퓨터(온라인)를 이용하여 당해 기업의 사업활동을 위한 기획·작업 등 사무처리를 위주로 하는 부분으로서 당해 용도에 쓰이는 바닥면적의 합계가 500m$^2$ 미만인 경우에는 제2종 근린생활시설(사무소)에 해당하는 것으로 볼 수 있을 것입니다. (건교부 건축 58550-2305, 2001.9.10)

**질의** **자동차전용극장의 용도**

자동차전용극장(300m$^2$ 미만)의 용도를 제2종 근린생활시설(공연장)로 보아야 하는지 관광휴게시설(야외극장)로 보아야 하는지 여부

**회신** 건축물의 용도는 「건축법」 제2조제1항제2호의2의 규정에 의하여 건축물의 종류를 유사한 구조·이용목적 및 형태별로 묶어 분류한 것으로서 「건축법 시행령」 별표 1에서 용도별 건축물 종류를 정하고 있는바, 질의 자동차전용극장의 경우 이용형태 등이 별표 1 제21호나목의 야외극장과 유사한 것으로 판단되므로 관광휴게시설로 분류되어야 할 것으로 사료됩니다.(건교부 건축 58550-2254, 2001.9.6)

질의 회신 **기숙사와 단독주택의 복합**

학교주변의 일반 주거지역에 기숙사 용도와 단독주택 용도의 건축물(1~4층 기숙사, 지상 5, 6층 단독주택)의 경우 건축법령상 기숙사의 용도로 볼 수 없음.

질의 오피스텔을 건축함에 있어 공동주택의 계단실형과 같이 계단에서 각 실로 출입이 가능하도록 계단실형으로 건축할 수 있는지의 여부

회신 오피스텔은 건축법령상 업무시설에 해당하는 것이며, 업무시설은 업무의 양태 등에 따라 가변성 있는 설계를 하는 것이 당해 건축물의 유지관리에도 도움이 될 것이며, 공동주택과 동일하게 계단실형으로 건축하는 것은 업무의 형태 및 설계도서 등 구체적인 현황에 대한 검토 후 판단하여야 함.(건교부, 건축 58070-2779, 2001.11.5)

질의 **수영장의 용도**

500m$^2$ 미만의 소규모 수영장의 건축물 용도는?

회신 건축물의 용도는 건축물의 종류를 유사한 구조, 이용목적 및 형태로 묶어 분류한 것으로 건축법시행령 '별표 1'에 의하는 것이며, 질의의 소규모 수영장이 국제경기 종목 등으로 채택된 경기를 위한 주된 시설이 아닌 일반적인 간이 수영장으로서 테니스장, 체력단련장, 에어로빅장, 볼링장, 물놀이형 시설 등과 그 구조 및 이용목적 등이 비슷한 경우라면 그 규모에 따라 동 '별표 1' 제4호라목의 제2종근린생활시설 또는 제13호 가목의 운동시설로 볼 수 있을 것으로 사료되나, 이에 해당 여부는 허가권자가 해당 시설의 구조, 이용현황, 형태 및 관계법령 등을 종합적으로 검토·판단하여야 할 사항입니다.(국토교통부 건축정책과 등록 2011.12.19, 수정 2019.5.24)

질의 **종교신자 교육용 건축물**

교육연구시설인 건축물에 종교인을 대상으로 교육 및 연수 등을 목적으로 강당, 식당, 숙소 등의 시설을 설치하는 경우 건축물의 용도를 교육연구시설로 볼 수 있는지?

회신 종교집회장과 같이 종교적인 목적으로 주로 사용되는 건축물이 아닌 종교인을 대상으로 교육 또는 연수를 주요 목적으로 하는 건축물로서 교육생 또는 연수생들의 후생복리시설에 해당하는 숙소 등이 부수적으로 설치되는 경우 동 별표 1 제10호의 교육연구시설로 볼 수 있을 것으로 사료됩니다.(국토교통부 건축정책과 등록 2011.12.23, 수정 2019.5.24)

질의 **교육연구시설 내 게스트하우스의 용도분류**

대학이 산학협력 사업을 위한 편의시설로서 휴게·식당·숙박·집회 등의 기능을 갖춘 시설(게스트하우스)을 학교내에 설치하는 경우, 동 게스트하우스의 용도를 「건축법」상 학교(교육연구시설)의 부속용도로 볼 수 있는지 여부

회신 건축법령에 의한 건축물의 용도를 분류함에 있어 건축물의 주된 용도의 기능에 필수적인 용도로서 「건축법 시행령」 제2조제1항제14호 각 목의 어느 하나에 해당하는 용도는 부속용도로 보며, 제14호라목의 규정에 의하여 부속용도에는 "관계법령에서 주된 용도의 부수시설로 설치할 수 있도록 규정하고 있는 시설의 용도"도 포함됩니다. 그러므로 귀 질의의 게스트하우스를 「대학 설립 운영 규정」 등 관계법령에

서 학교의 부수시설로 설치할 수 있도록 규정하고 경우에는 동 건축물의 용도를 학교(교육연구시설)의 부속용도로 볼 수 있습니다.(국토교통부 건축정책과, 등록 2009.8.26, 수정 2019.5.24)

**질의 회신** **관람석의 바닥면적**

운동장과 부속용도를 제외한 관람석에 사용되는 건축물의 바닥면적의 합계를 관람석의 바닥면적으로 산정한다.(건설부 건축 30420-30444, '90.8.8)

**질의** **당해 용도에 사용되는 바닥면적**

「건축법 시행령」 별표 1 '용도별 건축물의 종류'에 명시된 "당해 용도에 쓰이는 바닥면적의 합계"에 공용부분이 포함되는지

**회신** 질의의 "당해 용도에 쓰이는 바닥면적의 합계"에는 주된 용도에 부수되는 공용부분(복도·계단·화장실 등)의 면적이 공용비율에 따라 포함되는 것이나, 지하주차장 등의 면적은 제외되는 것임.(국토교통부 건축정책과 등록 2009.8.26, 수정 2019.5.24)

**질의** **치과의원, 한의원, 의원 용도분류**

치과의원, 한의원, 의원을 제1종 근린생활시설과 의료시설 모두의 용도로 분류될 수 있도록 개정 건의

* (질의배경) 의료시설인 병원(일반건축물)으로 사용 중인 건축물 일부를 임대받아 치과의원을 개설하고자 하나, 건축물 소유자는 추후 병원으로 다시 사용할 것을 이유로 용도변경을 원치 않고 있고, 관할 보건소에서는 건축물의 용도가 의료시설(병원)이라는 이유로 치과의원 개설신고를 반려함에 따라, 같은 의료기관인 치과의원을 용도변경 없이 의료시설(병원)에 설치할 수 있도록 건의

**회신** 건축물의 용도란 건축물의 종류를 유사한 구조, 이용 목적 및 형태별로 묶어 분류한 것을 말하며, 「건축법 시행령」 별표 1 "용도별 건축물의 종류"에 따르면 의료법에 따른 의료기관 중 의원·치과의원·한의원 등은 제1종 근린생활시설로, 병원·종합병원·치과병원 등은 의료시설로 분류하고 있습니다. 이는 의료기관 중에서 외래환자의 진료를 주로 하며 수술실이나 응급실 등을 갖추지 아니하고 비교적 소규모로 운영되는 의원에 대하여는 인간의 건강·위생·치료를 위해 기본적으로 필요한 시설로 보아 제1종 근린생활시설로 분류하고 있는 것이며, 건축물은 용도 별로 화재위험성 정도나 건축물의 이용양태, 구조강도, 설비설치 내용이 다름에 따라 건축법에서는 그 용도 별로 피난안전, 설비, 구조 등 건축기준을 구분하여 적용하고 있는 바, 건축물의 용도는 해당되는 하나의 용도로 구분하여 적용하여야 합니다. 다만, 질의와 같이 관계 법령에 따른 의료기관에 해당되는 것으로서 병원과 같은 건축물에 설치되는 의원은 이를 의료시설로 보아 이에 따른 건축기준을 적용함이 타당할 것으로 사료되며, 영업신고와 관련된 사항은 해당되는 법령에서 개별적으로 검토되어야 할 사항입니다.(국토교통부 건축정책과 등록 2011.12.27, 수정 2019.5.24)

**질의** **종교시설과 노인복지시설의 복합용도 관련**

1. 하나의 건축물에 종교시설과 노인복지시설의 복합용도가 가능한지?
2. 노인복지시설이 종교시설의 부속용도에 해당되는지?

**회신** 1. 건축법시행령 제47조에서 방화에 장애가 되는 용도를 복합으로 건축하지 못하도록 제한하고 있으나 종교시설과 노인복지시설을 복합으로 건축하는 것은 제한하고 있지 아니합니다.

2. 「건축법」 제2조제13호에서 건축물의 부속용도는 건축물의 주된 용도의 기능에 필수적인 용도로서 각 목에 그 용도에 관하여 규정하고 있습니다. 이와 관련, 질의 시설이 부속용도에 해당되는지 여부 등 용도와 관련한 구체적인 사항에 대하여는 현지현황 및 관계법령 등을 종합적으로 검토하여야 할 사항입니다.(국토교통부 건축정책과 등록 2011.12.23, 수정 2019.5.24)

**질의** **부속용도의 증축으로 인한 기존건축물의 주용도 (변경)적용 여부**

기존 건축물의 용도가 제2종근린생활시설(제조업인)인 건축물의 증축시 동일 건축물 안에 사무소의 설치가 가능한지?

**회신** 가. 건축법시행령 제2조 제1항 제14호 나목의 규정에 의하여 주된 용도의 기능에 필수적인 용도로서 사무·작업 기타 이와 유사한 시설의 용도로 사용하는 경우에는 당해 건축물의 "부속용도"로 볼 수 있으며 이 경우에 당해 건축물의 용도분류는 주용도의 용도로 분류함.

나. 질의의 경우가 주 건축물의 부속용도인 사무소로서 증축으로 인하여 동일한 건축물 안에서 동법시행령 별표 1 제4호 사목의 용도로 쓰이는 바닥면적의 합계가 500m²를 초과하는 경우에는 동표 제13호의 규정에 의한 공장으로 용도를 변경하여야 함.(국토교통부 건축정책과 등록 2009.8.26, 수정 2019.5.24)

법 **제84조 【면적·높이 및 층수의 산정】**

건축물의 대지면적, 연면적, 바닥면적, 높이, 처마, 천장, 바닥 및 층수의 산정방법은 대통령령으로 정한다.

영 **제119조 【면적 등의 산정방법】**

① 법 제84조에 따라 건축물의 면적·높이 및 층수 등은 다음 각 호의 방법에 따라 산정한다. (2012.12.12 본항 개정)

1. **대지면적**: 대지의 수평투영면적으로 한다. 다만, 다음 각 목의 어느 하나에 해당하는 면적은 제외한다.

   가. 법 제46조제1항 단서[※1]에 따라 대지에 건축선이 정하여진 경우: 그 건축선과 도로 사이의 대지면적

   나. 대지에 도시·군계획시설인 도로·공원 등이 있는 경우: 그 도시·군계획시설에 포함되는 대지(「국토의 계획 및 이용에 관한 법률」 제47조제7항에 따라 건축물 또는 공작물을 설치하는 도시·군계획시설의 부지는 제외한다)면적(2013.11.20 본목 개정)

2. **건축면적**: **건축물의 외벽**(외벽이 없는 경우에는 외곽 부분의 기둥으로 한다. 이하 이 호에서 같다)**의 중심선으로 둘러싸인 부분의 수평투영면적**으로 한다. 다만, 다음 각 목의 어느 하나에 해당하는 경우에는 해당 목에서 정하는 기준에 따라 산정한다.(2021.11.2 본호 개정)

가. 처마, 차양, 부연(附椽), 그 밖에 이와 비슷한 것으로서 그 외벽의 중심선으로부터 수평거리 1m 이상 돌출된 부분이 있는 건축물의 건축면적은 그 돌출된 끝부분으로부터 다음의 구분에 따른 수평거리를 후퇴한 선으로 둘러싸인 부분의 수평투영면적으로 한다.

1) 「전통사찰의 보존 및 지원에 관한 법률」 제2조제1호에 따른 **전통사찰**: **4m 이하**의 범위에서 외벽의 중심선까지의 거리

2) 사료 투여, 가축 이동 및 가축 분뇨 유출 방지 등을 위하여 처마, 차양, 부연, 그 밖에 이와 비슷한 것이 설치된 **축사**: **3m 이하**의 범위에서 외벽의 중심선까지의 거리(두 동의 축사가 하나의 차양으로 연결된 경우에는 6m 이하의 범위에서 축사 양 외벽의 중심선까지의 거리를 말한다)(2020.10.8 개정)

3) **한옥: 2m 이하**의 범위에서 외벽의 중심선까지의 거리

4) 「환경친화적자동차의 개발 및 보급 촉진에 관한 법률 시행령」 제18조의5에 따른 충전시설(그에 딸린 충전 전용 주차구획을 포함한다)의 설치를 목적으로 처마, 차양, 부연, 그 밖에 이와 비슷한 것이 설치된 **공동주택**(「주택법」 제15조에 따른 사업계획 승인 대상으로 한정한다): **2m 이하**의 범위에서 외벽의 중심선까지의 거리(2017.5.2 신설)

5) 「신에너지 및 재생에너지 개발·이용·보급 촉진법」 제2조제3호에 따른 신·재생에너지 설비(신·재생에너지를 생산하거나 이용하기 위한 것만 해당한다)를 설치하기 위하여 처마, 차양, 부연, 그 밖에 이와 비슷한 것이 설치된 건축물로서 「녹색건축물 조성 지원법」 제17조에 따른 제로에너지 건축물 인증을 받은 건축물 : **2m 이하**의 범위에서 외벽의 중심선까지의 거리(2020.10.8 신설)

6) 「환경친화적 자동차의 개발 및 보급 촉진에 관한 법률」 제2조제9호의 수소연료공급시설을 설치하기 위하여 처마, 차양, 부연 그 밖에 이와 비슷한 것이 설치된 별표 1 제19호가목의 주유소, 같은 호 나목의 액화석유가스 충전소 또는 같은 호 바목의 고압가스 충전소: 2m 이하의 범위에서 외벽의 중심선까지의 거리(2021.11.2 신설)

7) 그 밖의 건축물: **1m**

나. 다음의 건축물의 건축면적은 국토교통부령으로 정하는 바에 따라 산정한다.

1) 태양열을 주된 에너지원으로 이용하는 주택

2) 창고 또는 공장 중 물품을 입출고하는 부위의 상부에 한쪽 끝은 고정되고 다른 쪽 끝은 지지되지 않는 구조로 설치된 돌출차양(2020.10.8 개정)

3) 단열재를 구조체의 외기측에 설치하는 단열공법으로 건축된 건축물(2011.6.29 신설)

다. 다음의 경우에는 건축면적에 산입하지 않는다.

1) 지표면으로부터 **1m 이하에 있는 부분**(창고 중 물품을 입출고하기 위하여 차량을 접안시키는 부분의 경우에는 지표면으로부터 1.5m 이하에 있는 부분)

2) 「다중이용업소의 안전관리에 관한 특별법 시행령」 제9조에 따라 기존의 다중이용업소(2004년 5월 29일 이전의 것만 해당한다)의 비상구에 연결하여 설치하는 폭 2m 이하의 옥외 피난계단(기존 건축물에 옥외 피난계단을 설치함으로써 법 제55조에 따른 건폐율의 기준

에 적합하지 아니하게 된 경우만 해당한다)

3) 건축물 지상층에 일반인이나 차량이 통행할 수 있도록 설치한 보행통로나 차량통로
4) 지하주차장의 경사로
5) 건축물 지하층의 출입구 상부(출입구 너비에 상당하는 규모의 부분을 말한다)
6) 생활폐기물 보관시설(음식물쓰레기, 의류 등의 수거시설을 말한다. 이하 같다)(2020.10.8 개정)
7) 「영유아보육법」 제15조에 따른 어린이집(2005년 1월 29일 이전에 설치된 것만 해당한다)의 비상구에 연결하여 설치하는 폭 2m 이하의 영유아용 대피용 미끄럼대 또는 비상계단(기존 건축물에 영유아용 대피용 미끄럼대 또는 비상계단을 설치함으로써 법 제55조에 따른 건폐율 기준에 적합하지 아니하게 된 경우만 해당한다) (「영유아보육법 시행령」 부칙에 따라 2011.12.8 개정)
8) 「장애인·노인·임산부 등의 편의증진 보장에 관한 법률 시행령」 별표 2의 기준에 따라 설치하는 장애인용 승강기, 장애인용 에스컬레이터, 휠체어리프트 또는 경사로 (2016.7.19 개정)
9) 「가축전염병 예방법」 제17조제1항제1호에 따른 소독설비를 갖추기 위하여 같은 호에 따른 가축사육시설(2015면 4월 27일 전에 건축되거나 설치된 가축사육시설로 한정한다)에서 설치하는 시설(2015.4.24 신설)
10) 「매장유산 보호 및 조사에 관한 법률」 제14조제1항제1호 및 제2호에 따른 현지보존 및 이전보존을 위하여 매장유산 보호 및 전시에 전용되는 부분(2024.5.7 매장유산 보호 및 조사에 관한 법률 시행령 부칙에 따라 개정)
11) 「가축분뇨의 관리 및 이용에 관한 법률」 제12조제1항에 따른 처리시설(법률 제12516호 가축분뇨의 관리 및 이용에 관한 법률 일부개정법류 부칙 제9조에 해당하는 배출시설의 처리시설로 한정한다) (2016.1.19 신설)
12) 「영유아보육법」 제15조에 따른 설치기준에 따라 직통계단 1개소를 갈음하여 건축물의 외부에 설치하는 비상계단(같은 조에 따른 어린이집이 2011년 4월 6일 이전에 설치된 경우로서 기존 건축물에 비상계단을 설치함으로써 법 제55조에 따른 건폐율 기준에 적합하지 않게 된 경우만 해당한다) (2019.10.22 신설)

3. **바닥면적**: 건축물의 각 층 또는 그 일부로서 벽, 기둥, 그 밖에 이와 비슷한 **구획의 중심선으로 둘러싸인 부분의 수평투영면적**으로 한다. 다만, 다음 각 목의 어느 하나에 해당하는 경우에는 각 목에서 정하는 바에 따른다.

가. **벽·기둥의 구획이 없는 건축물은 그 지붕 끝부분으로부터 수평거리 1m를 후퇴한 선**으로 둘러싸인 수평투영면적으로 한다.

나. 건축물의 노대등의 바닥은 난간 등의 설치 여부에 관계없이 **노대등의 면적**(외벽의 중심선으로부터 노대등의 끝부분까지의 면적을 말한다)에서 **노대등이 접한 가장 긴 외벽에 접한 길이에 1.5m를 곱한 값을 뺀 면적을 바닥면적**에 산입한다.(2018.9.4 본목 개정)

다. **필로티**나 그 밖에 이와 비슷한 구조(벽면적의 1/2 이상이 그 층의 바닥면에서 위층 바닥 아래면

까지 공간으로 된 것만 해당한다)의 부분은 그 부분이 공중의 통행이나 차량의 통행 또는 주차에 전용되는 경우와 공동주택의 경우에는 바닥면적에 산입하지 아니한다.

라. **승강기탑**(옥상 출입용 승강장을 포함한다), **계단탑, 장식탑, 다락**[층고(層高)가 1.5m(경사진 형태의 지붕인 경우에는 1.8m) 이하인 것만 해당한다], 건축물의 내부에 설치하는 냉방설비 배기장치 전용설치공간(각 세대나 실별로 외부 공기에 직접 닿는 곳에 설치하는 경우로서 1m$^2$ 이하로 한정한다). 건축물의 외부 또는 내부에 설치하는 굴뚝, 더스트슈트, 설비덕트, 그 밖에 이와 비슷한 것과 옥상·옥외 또는 지하에 설치하는 물탱크, 기름탱크, 냉각탑, 정화조, 도시가스 정압기, 그 밖에 이와 비슷한 것을 설치하기 위한 구조물과 건축물 간에 화물의 이동에 이용되는 컨베이어벨트만을 설치하기 위한 구조물은 바닥면적에 산입하지 않는다.(2021.1.8 본목 개정)

마. 공동주택으로서 지상층에 설치한 기계실, 전기실, 어린이놀이터, 조경시설 및 생활폐기물 보관시설의 면적은 바닥면적에 산입하지 않는다.(2020.10.8 본호 개정)

바. 「다중이용업소의 안전관리에 관한 특별법 시행령」 제9조에 따라 기존의 다중이용업소(2004년 5월 29일 이전의 것만 해당한다)의 비상구에 연결하여 설치하는 폭 1.5m 이하의 옥외 피난계단(기존 건축물에 옥외 피난계단을 설치함으로써 법 제56조에 따른 용적률에 적합하지 아니하게 된 경우만 해당한다)은 바닥면적에 산입하지 아니한다.

사. 제6조제1항제6호에 따른 건축물을 리모델링하는 경우로서 미관 향상, 열의 손실 방지 등을 위하여 외벽에 부가하여 마감재 등을 설치하는 부분은 바닥면적에 산입하지 아니한다.(2010.2.18 본호 신설)

아. 제1항제2호나목3)의 건축물의 경우에는 단열재가 설치된 외벽 중 내측 내력벽의 중심선을 기준으로 산정한 면적을 바닥면적으로 한다.(2011.6.29 본목 신설)

자. 「영유아보육법」 제15조에 따른 어린이집(2005년 1월 29일 이전에 설치된 것만 해당한다)의 비상구에 연결하여 설치하는 폭 2m 이하의 영유아용 대피용 미끄럼대 또는 비상계단의 면적은 바닥면적(기존 건축물에 영유아용 대피용 미끄럼대 또는 비상계단을 설치함으로써 법 제56조에 따른 용적률 기준에 적합하지 아니하게 된 경우만 해당한다)에 산입하지 아니한다.(2011.12.8 「영유아보육법 시행령」 부칙에 따라 본목 개정)

차. 「장애인·노인·임산부 등의 편의증진 보장에 관한 법률 시행령」 별표 2의 기준에 따라 설치하는 장애인용 승강기, 장애인용 에스컬레이터, 휠체어리프트 또는 경사로는 바닥면적에 산입하지 아니한다.(2016.7.19 본목 개정)

카. 「가축전염병 예방법」 제17조제1항제1호에 따른 소독설비를 갖추기 위하여 같은 호에 따른 가축사육시설(2015년 4월 27일 전에 건축되거나 설치된 가축사육시설로 한정한다)에서 설치하는 시설은 바닥면적에 산입하지 아니한다.(2015.4.24 본목 신설)

타. 「매장유산 보호 및 조사에 관한 법률」 제14조제1항제1호 및 제2호에 따른 현지보존 및 이전보존을 위하여 매장유산 보호 및 전시에 전용되는 부분은 바닥면적에 산입하지 아니한다.(2024.5.7 매장유산 보호 및 조사에 관한 법률 시행령 부칙에 따라 개정)

파. 「영유아보육법」 제15조에 따른 설치기준에 따라 직통계단 1개소를 갈음하여 건축물의 외부에 설치하는 비상계단의 면적은 바닥면적(같은 조에 따른 어린이집이 2011년 4월 6일 이전에 설치된 경우로서 기존 건축물에 비상계단을 설치함으로써 법 제56조에 따른 용적률 기준에 적합하지 않게 된 경우만 해당한다)에 산입하지 않는다.(2019.10.22 본목 신설)

하. 지하주차장의 경사로(지상층에서 지하 1층으로 내려가는 부분으로 한정한다)는 바닥면적에 산입하지 않는다.(2021.5.4 본목 개정)

거. 제46조제4항제3호에 따른 대피공간의 바닥면적은 건축물의 각 층 또는 그 일부로서 벽의 내부선으로 둘러싸인 부분의 수평투영면적으로 한다.(2023.9.12 본목 신설)

너. 제46조제5항제3호 또는 제4호에 따른 구조 또는 시설(해당 세대 밖으로 대피할 수 있는 구조 또는 시설만 해당한다)을 같은 조 제4항에 따른 대피공간에 설치하는 경우 또는 같은 조 제5항제4호에 따른 대체시설을 발코니(발코니의 외부에 접하는 경우를 포함한다. 이하 같다)에 설치하는 경우에는 해당 구조 또는 시설이 설치되는 대피공간 또는 발코니의 면적 중 다음의 구분에 따른 면적까지를 바닥면적에 산입하지 않는다.(2023.9.12 본목 신설)

1) 인접세대와 공동으로 설치하는 경우: $4m^2$

2) 각 세대별로 설치하는 경우: $3m^2$

4. **연면적**: 하나의 건축물 각 층의 바닥면적의 합계로 하되, 용적률을 산정할 때에는 다음 각 목에 해당하는 면적은 제외한다.

가. 지하층의 면적

나. 지상층의 주차용(해당 건축물의 부속용도인 경우만 해당한다)으로 쓰는 면적

다. (2012.12.12 본목 삭제)

라. (2012.12.12 본목 삭제)

마. 제34조제3항 및 제4항에 따라 초고층 건축물과 준초고층 건축물에 설치하는 피난안전구역의 면적(2011.12.30 본목 개정)

바. 제40조제4항제2호에 따라 건축물의 경사지붕 아래에 설치하는 대피공간의 면적 (2021.1.8 본목 개정)

5. **건축물의 높이**: 지표면으로부터 그 건축물의 상단까지의 높이[건축물의 1층 전체에 필로티(건축물을 사용하기 위한 경비실, 계단실, 승강기실, 그 밖에 이와 비슷한 것을 포함한다)가 설치되어 있는 경우에는 법 제60조 및 법 제61조제2항을 적용할 때 필로티의 층고를 제외한 높이]로 한다. 다만, 다음 각 목의 어느 하나에 해당하는 경우에는 각 목에서 정하는 바에 따른다.

가. **법 제60조**[※2]에 따른 건축물의 높이는 **전면도로의 중심선으로부터의 높이로 산정**한다. 다만, 전면도로가 다음의 어느 하나에 해당하는 경우에는 그에 따라 산정한다.

1) 건축물의 대지에 접하는 전면도로의 노면에 고저차가 있는 경우에는 그 건축물이 접하는 범위의 전면도로부분의 수평거리에 따라 가중평균한 높이의 수평면을 전면도로면으로 본다.

2) 건축물의 대지의 지표면이 전면도로보다 높은 경우에는 그 고저차의 1/2의 높이만큼 올라온 위치에 그 전면도로의 면이 있는 것으로 본다.

나. **법 제61조**[※3]에 따른 건축물 높이를 산정할 때 **건축물 대지의 지표면과 인접 대지**의 지표면 간에 **고저차**가 있는 경우에는 그 지표면의 평균 수평면을 지표면으로 본다. 법 제61조 제2항에 따른 높이를 산정할 때 해당 대지가 인접 대지의 높이보다 낮은 경우에는 해당 대지의 지표면을 지표면으로 보고, 공동주택을 다른 용도와 복합하여 건축하는 경우에는 공동주택의 가장 낮은 부분을 그 건축물의 지표면으로 본다.(2016.7.19 본목 개정)

다. 건축물의 옥상에 설치되는 승강기탑(옥상출입용 승강장을 포함한다)·계단탑·망루·장식탑·옥탑 등으로서 그 수평투영면적의 합계가 해당 건축물 **건축면적의 1/8**(「주택법」 제15조 제1항에 따른 사업계획승인 대상인 공동주택 중 세대별 전용면적이 85m² 이하인 경우에는 1/6) 이하인 경우로서 **그 부분의 높이가 12m를 넘는 경우**에는 그 넘는 부분만 해당 **건축물의 높이에 산입**한다.(2024.6.18 본목 개정)

라. 지붕마루장식·굴뚝·방화벽의 옥상돌출부나 그 밖에 이와 비슷한 옥상돌출물과 난간벽(그 벽면적의 1/2 이상이 공간으로 되어 있는 것만 해당한다)은 그 건축물의 높이에 산입하지 아니한다.

6. **처마높이**: 지표면으로부터 건축물의 지붕틀 또는 이와 비슷한 **수평재**를 지지하는 **벽·깔도리 또는 기둥의 상단**까지의 높이로 한다.
7. **반자높이**: **방의 바닥면으로부터 반자까지의 높이**로 한다. 다만, 한 방에서 반자높이가 다른 부분이 있는 경우에는 그 각 부분의 반자면적에 따라 **가중평균한 높이**로 한다.
8. **층고**: **방의 바닥구조체 윗면으로부터 위층 바닥구조체의 윗면까지의 높이**로 한다. 다만, 한 방에서 층의 높이가 다른 부분이 있는 경우에는 그 각 부분 높이에 따른 면적에 따라 가중평균한 높이로 한다.
9. **층수**: 승강기탑(옥상 출입용 승강장을 포함한다), 계단탑, 망루, 장식탑, 옥탑, 그 밖에 이와 비슷한 건축물의 옥상 부분으로서 그 수평투영면적의 합계가 해당 건축물 **건축면적의 1/8**(「주택법」 제15조제1항에 따른 사업계획승인 대상인 공동주택 중 세대별 전용면적이 85m² 이하인 경우에는 1/6) 이하인 것과 **지하층은 건축물의 층수에 산입하지 아니하고**, 층의 구분이 명확하지 아니한 건축물은 그 건축물의 높이 4m마다 하나의 층으로 보고 그 층수를 산정하며, 건축물이 부분에 따라 **그 층수가 다른 경우에는 그 중 가장 많은 층수**를 그 건축물의 층수로 본다. (2016.8.11 「주택법 시행령」 부칙에 따라 본호 개정)
10. **지하층의 지표면**: 법 제2조제1항제5호에 따른 지하층의 지표면은 각 층의 주위가 접하는 각 지표면 부분의 높이를 그 지표면 부분의 수평거리에 따라 가중평균한 높이의 수평면을 지표면으로 산정한다.

② 제1항 각 호(제10호는 제외한다)에 따른 기준에 따라 건축물의 면적·높이 및 층수 등을 산정할 때 지표면에 고저차가 있는 경우에는 건축물의 주위가 접하는 각 지표면 부분의 높이를 그

지표면 부분의 수평거리에 따라 가중평균한 높이의 수평면을 지표면으로 본다. 이 경우 그 고저차가 3m를 넘는 경우에는 그 고저차 3m 이내의 부분마다 그 지표면을 정한다.

③ 다음 각 호의 요건을 모두 갖춘 건축물의 건폐율을 산정할 때에는 제1항제2호에도 불구하고 지방 건축위원회의 심의를 통해 제2호에 따른 개방 부분의 상부에 해당하는 면적을 건축면적에서 제외할 수 있다.(2020.4.21 본항 신설)

1. 다음 각 목의 어느 하나에 해당하는 시설로서 해당 용도로 쓰는 바닥면적의 합계가 1,000$m^2$ 이상일 것
   가. 문화 및 집회시설(공연장·관람장·전시장만 해당한다.)
   나. 교육연구시설(학교·연구소·도서관만 해당한다.)
   다. 수련시설 중 생활권 수련시설, 업무시설 중 공공업무시설
2. 지면과 접하는 저층의 일부를 높이 8m 이상으로 개방하여 보행통로나 공지 등으로 활용할 수 있는 구조·형태일 것

④ 제1항제5호다목 또는 제1항제9호에 따른 수평투영면적의 산정은 제1항제2호에 따른 건축면적의 산정방법에 따른다.

⑤ 국토교통부장관은 제1항부터 제4항까지에서 규정한 건축물의 면적, 높이 및 층수 등의 산정방법에 관한 구체적인 적용사례 및 적용방법 등을 작성하여 공개할 수 있다.(2021.5.4 본항 신설)

**참고** 건축물과 관련된 면적 또는 높이 등의 산정방법을 정확하게 규정하지 않으면 해석의 차이로 인하여 혼란을 초래하게 되어 법 적용이 어렵게 된다.

➪ ※1 법 제46조제1항 단서

소요너비에 미달되는 너비의 도로인 경우 건축선 지정

➪ ※2 법 제60조의 규정

건축물의 높이 제한규정으로 허가권자가 가로구역을 단위로 건축물의 최고 높이를 지정·공고하는 경우가 되며 최근(2015.5.18)에 최고 높이가 정하여지지 않은 가로구역의 경우 건축물의 각 부분의 높이는 그 부분으로부터 전면(前面)도로의 반대쪽 경계선까지의 수평거리의 1.5배를 초과할 수 없는 규정은 삭제되었음.

➪ ※3 법 제61조의 규정

일조 등의 확보를 위한 건축물의 높이제한

법 제61조제2항 : 공동주택의 채광 등의 확보를 위한 높이

## 1. 대지면적의 산정방법

1) 대지의 수평투영면적으로 산정한다.(형질변경을 해도 면적에는 무관해야 하기 때문이다.)

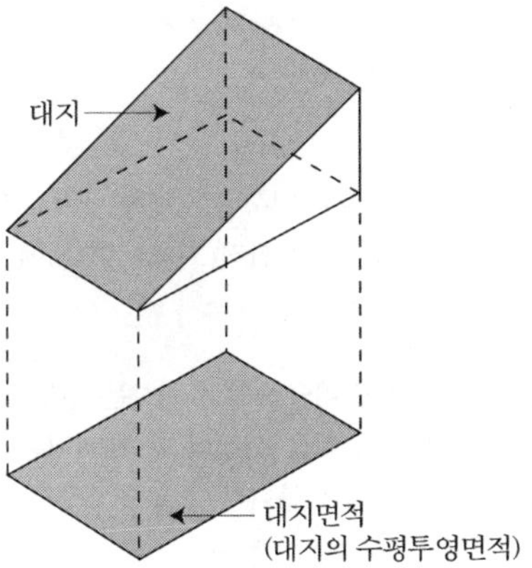


그림 1-5 대지면적의 산정방법

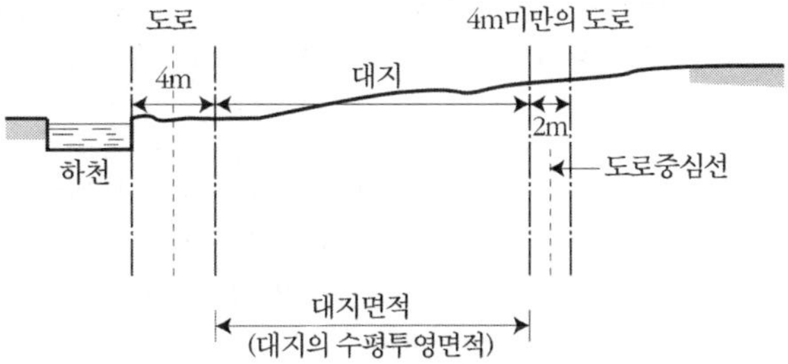


그림 1-6 대지면적의 산정방법

2) 너비 4m 미만(기준 미달)의 도로에서 건축선으로 지정된 경우 도로에서 건축선 사이는 도로용지이므로 대지면적에 포함하지 아니한다.
3) 너비 4m 이상의 도로에서 건축선을 별도 지정[예 : 경관지구(종전의 미관지구) 내 건축선 후퇴]할 경우는 도로와 건축선 사이는 대지면적에 포함된다.
4) 대지에 도로·공원 등 도시계획시설이 있는 경우에는 대지면적에 포함하지 않는다. 다만, 개발행위 허가를 받아 건축물 또는 공작물을 설치할 수 있는 경우에는 대지면적에 포함하도록 하여 대지면적을 산정할 수 있도록 하였다.(2013.11.21부터)

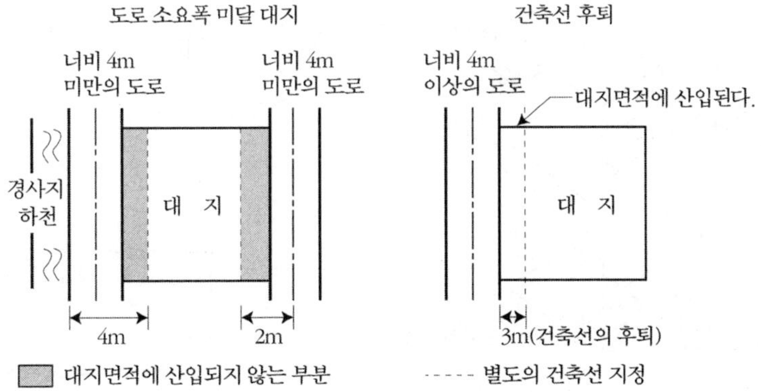


* 가각정리(도로모퉁이 건축선) 부분도 대지면적에 산입되지 않는다.

그림 1-7 대지면적의 산정방법

### 질의 도시계획시설인 도로의 대지면적 포함여부

대지에 도시계획시설인 도로가 있는 경우 그 도로가 대지면적에 포함되는지 여부?

**회신** 「건축법 시행령」 제119조제1항제1호나목에 따르면 대지에 도시계획시설인 도로·공원 등이 있는 경우에는 그 도시계획시설에 포함되는 대지면적은 당해 대지면적에서 제외하는 것으로 규정하고 있는 바, 질의의 도로가 도시계획시설인 경우에는 상기 규정에 따라 대지면적에서 제외되는 것으로 사료됨.(국토교통부 건축정책과 등록 2012.12.20, 수정 2019.5.24)

**질의** **개발제한구역 안에서 대지면적**

개발제한구역 안에서 주택을 건축하고자 330m$^2$ 이내로 대지를 조성할 경우 「건축법 시행령」 제119조제1항제1호 단서의 규정에 의거 대지면적에 포함되지 않는 부분을 토지의 형질변경면적(330m$^2$ 이내)에 포함하여야 하는가?

**회신** 질의의 경우 개발제한구역 안에서 도로가 법령기준의 소요 폭에 미달하여 후퇴하는 부분의 면적으로서 「건축법 시행령」 제119조제1항제1호 단서의 규정에 의거 대지면적을 산정할 때 제외되는 부분은 주택의 건축을 위한 토지의 형질변경면적에서 제외되어야 할 것으로 봅니다.(건교부 도시관리과 58407-1581, 2001.8.8)

**질의 회신** **보차혼용통로의 대지면적 산입 여부**

보차혼용통로가 「건축법」 등 관계법령에 의한 법상 도로가 아닌 단순한 단지 내 통로(보차혼용통로)의 기능으로 설치된 경우에는 동 보차혼용통로가 대지면적에 포함하여 건폐율, 용적률이 적용되는 것임.(건설부 건축 01254-, '90.12.19)

## 2. 건축면적의 산정방법

1) 건축면적은 건축물의 대지점유면적(垈地占有面積)을 표시한 것이며 주로 건폐율 규정에 적용하며 수평투영면적으로 한다.

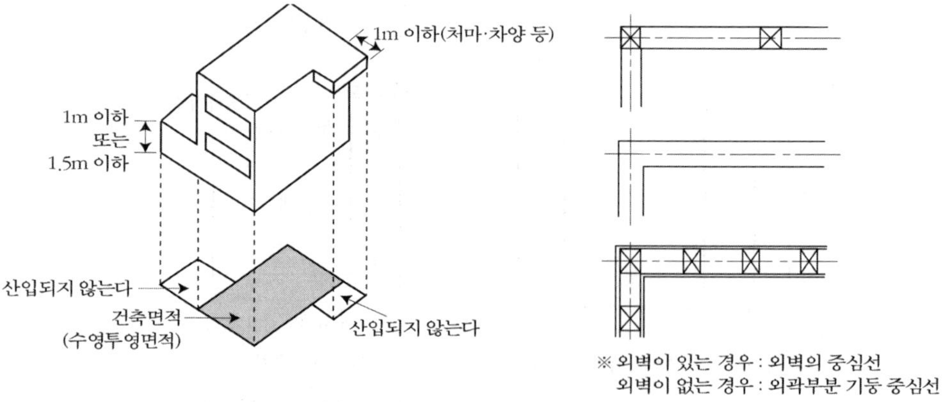


**그림 1-8 건축면적의 산정방법**

2) 원칙

건축물의 외벽의 중심선으로 둘러싸인 부분의 수평투영면적으로 산정함

3) 측정기준

- 외벽의 중심선
- 외곽부분의 기둥 중심선

- 처마, 차양, 부연(附椽) 등 이와 비슷한 것 : 그 돌출된 끝부분으로부터 수평거리 1m 이상 후퇴한 선으로 둘러싸인 부분의 수평투영 면적으로 함
  - 예외규정
    - 전통사찰(전통사찰의 보존 및 지원에 관한 법률 제2조제1호) : 그 돌출된 끝부분으로부터 4m 이하
    - 처마, 차양, 부연 등이 설치된 축사 : 그 돌출된 끝부분으로부터 3m 이하(두 동의 축사가 하나의 차양으로 연결된 경우 6m 이하)
    - 한옥 : 그 돌출된 끝부분으로부터 2m 이하
    - 충전시설의 설치를 목적으로 처마 등이 설치된 사업계획 승인 대상의 공동주택 : 그 돌출된 끝부분으로부터 2m 이하
    - 신·재생에너지 설비를 설치한 부분의 처마·차양 등의 끝부분으로부터 2m 이하
    - 수소연료공급시설을 위한 주유소·액화석유가스 충전소 등은 처마·차양 등의 끝부분으로부터 2m 이하

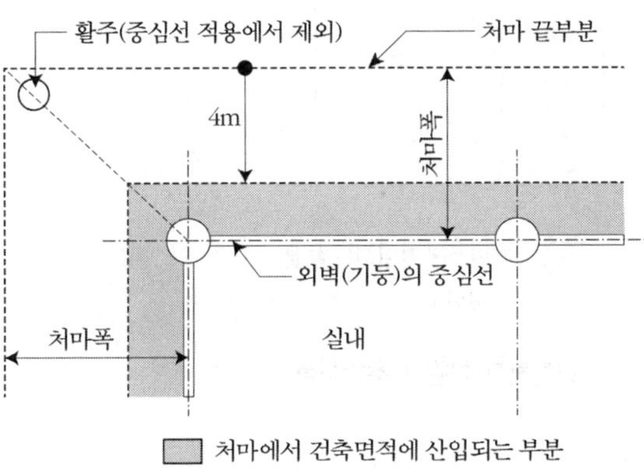


**그림 1-9　전통사찰 처마의 수평거리 후퇴선 적용 예시**

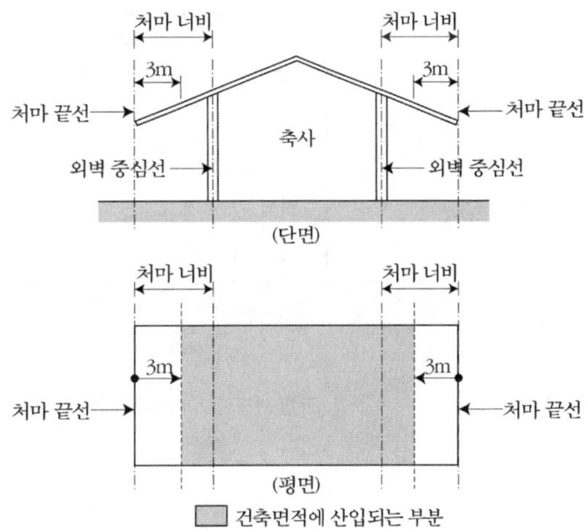


**그림 1-10　축사 처마의 수평거리 후퇴선 적용 예시**

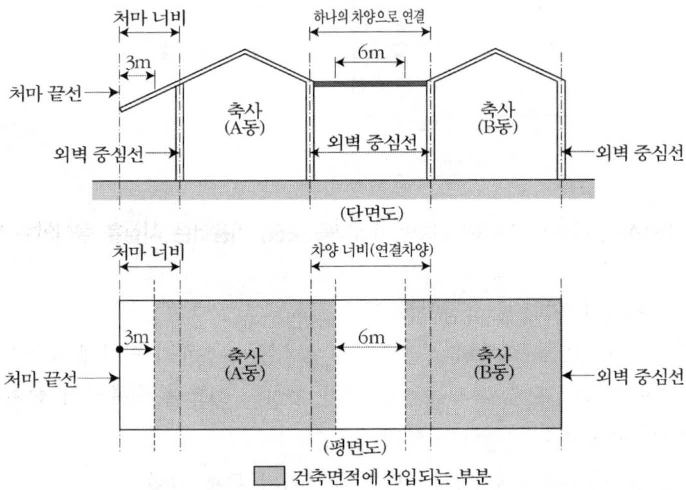


**그림 1-11　두 동의 축사가 하나의 차양으로 연결된 경우 적용 예시**

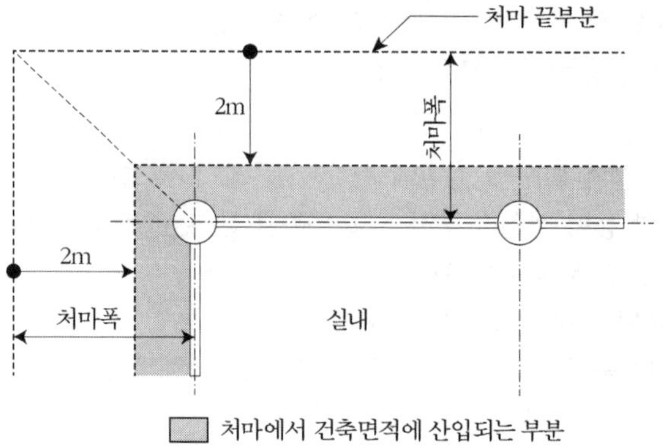


**그림 1-12 한옥 처마의 수평거리 후퇴선 적용 예시**

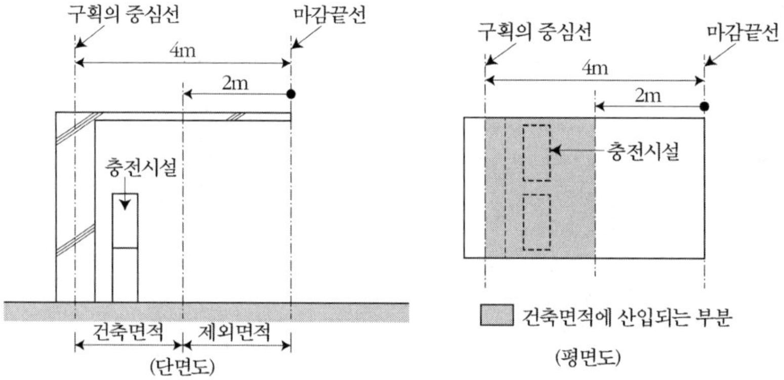


**그림 1-13 사업계획승인 대상 공동주택의 환경친화적 자동차 충전시설**

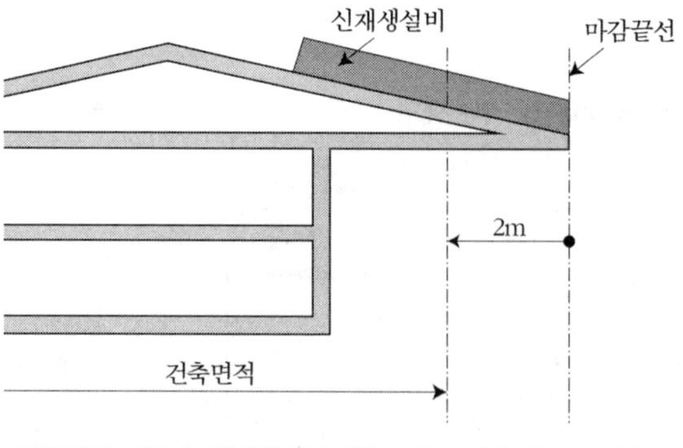


**그림 1-14 건축물의 지붕에 신재생에너지를 공급, 이용하는 시설을 설치하는 경우**

4) 건축면적을 별도의 규정에 의하여 산정하는 경우

- 태양열을 주된 에너지원으로 이용하는 주택과 단열재를 구조체의 외기에 설치하는 단열공법으로 건축된 건축물의 건축면적은 국토교통부령으로 따로 정하는 기준을 적용하여 완화하는데 **건축물의 외벽 중 내측 내력벽의 중심선**을 기준으로 한다.
- 창고 또는 공장 중 물품을 입출고하는 부위에 설치된 돌출 차양

– 다음 중 작은 값을 건축면적에 산정
  ◦ 창고 면적의 10% 초과하는 면적
  ◦ 수평거리 6m 후퇴한 부분의 면적

5) 건축면적을 산입하지 않는 경우
- 지표면으로부터 1m 이하에 있는 부분(인공대지의 개념으로 점유하지 않았다고 봄) 다만, 창고 중 물품을 입출고하기 위하여 차량을 접안시키는 부분의 경우에는 지표면으로부터 1.5m 이하에 있는 부분-차량의 물품 출고를 위한 Deck가 됨.
- 기존의 다중 이용업소(다중이용업소의 안전관리에 관한 특별법 시행령 제9조에 따른 업소를 말하는 것으로 2004.5.29 이전의 것에 한함)가 비상구만 설치되어 있지 내부에서 외부로 탈출 할 수 없는 현실을 감안하여 기존 비상구와 연결하여 너비 2.0m 이하의 옥외 피난계단을 설치하는 경우에는 건폐율 등에 관한 법령을 적용하지 아니하게 하여 건축면적 산입에서 제외할 수 있도록 하였다.
- 건축물 지상층에 일반인이나 차량이 통행할 수 있도록 설치한 보행통로나 차량통로
- 지하 주차장의 경사로
- 건축물 지하층의 출입구 상부(출입구 너비에 상당하는 규모의 부분)
- 생활폐기물 보관시설(음식물쓰레기, 의류 등의 수거시설)
- 「영유아보육법」이 개정(법률 제7153호, 2004.1.29 공포, 2005.1.30 시행)되어 2005년 1월 30일부터 어린이집에 대피시설의 설치가 의무화됨에 따라, 그 이전에 설치된 어린이집에 영유아용 대피용 미끄럼대 또는 비상계단을 추가로 설치하여 건폐율 및 용적률 기준에 적합하지 않게 된 경우에는 추가로 설치한 영유아용 대피용 미끄럼대 또는 비상계단의 설치면적을 각각 건축면적 및 바닥면적 산정에서 제외함
- 장애인의 건축물 이용에 따른 편의시설 설치를 장려하기 위하여 장애인용 승강기, 에스컬레이터, 휠체어리프트, 경사로는 건축면적 산정에서 제외함
- 2015년 4월 27일 전에 건축되거나 설치된 가축사육시설에서 「가축전염병 예방법」에 따른 소독설비 의무설치를 이행하기 위하여 설치한 시설은 건축면적에서 제외함

6) 저층부 개방 건축물에 대한 건폐율 산정 완화(2020.4.21 신설)
- 창의적인 건축물의 건축을 통해 도시 경관을 만들기 위하여 문화 및 집회시설, 교육연구시설, 공공업무시설로서 해당 용도로 쓰는 바닥면적의 합계가 1,000$m^2$ 이상이고 건축물의 지표면과 접하는 저층 부분을 개방하여 보행통로나 공지 등으로 활용할 수 있는 형태의 건축물의 경우 건폐율을 산정할 때 지방건축위원회의 심의를 통해 개방 부분의 상부에 해당하는 면적을 건축면적에서 제외함.

참고

**다중이용업소의 안전관리에 관한 특별법 시행령 제9조 【안전시설등】**

법 제9조제1항에 따라 다중이용업소의 영업장에 설치·유지하여야 하는 안전시설등은 별표 1의2와 같다.

**【별표 1의2】** (2020.12.1 본표 개정)

**다중이용업소에 설치·유지하여야 하는 안전시설등**(제9조 관련)

1. 소방시설
   가. 소화설비
      1) 소화기 또는 자동확산소화기
      2) 간이스프링클러설비(캐비닛형 간이스프링클러설비를 포함한다). 다만, 다음의 영업장에만 설치한다.
         가) 지하층에 설치된 영업장

나) 법 제9조제1항제1호에 따른 숙박을 제공하는 형태의 다중이용업소의 영업장 중 다음에 해당하는 영업장. 다만, 지상 1층에 있거나 지상과 직접 맞닿아 있는 층(영업장의 주된 출입구가 건축물 외부의 지면과 직접 연결된 경우를 포함한다)에 설치된 영업장은 제외한다.

(1) 제2조제7호에 따른 산후조리업의 영업장

(2) 제2조제7호의2에 따른 고시원업(이하 이 표에서 "고시원업"이라 한다)의 영업장

다) 법 제9조제1항제2호에 따른 밀폐구조의 영업장

라) 법 제2조제7호의3에 따른 권총사격장의 영업장

나. 경보설비

1) 비상벨설비 또는 자동화재탐지설비. 다만, 노래반주기 등 영상음향장치를 사용하는 영업장에는 자동화재탐지설비를 설치하여야 한다.

2) 가스누설경보기. 다만, 가스시설을 사용하는 주방이나 난방시설이 있는 영업장에만 설치한다.

다. 피난설비

1) 피난기구

가) 미끄럼대

나) 피난사다리

다) 구조대

라) 완강기

마) 다수인 피난장비

바) 승강식 피난기

2) 피난유도선. 다만, 영업장 내부 피난통로 또는 복도가 있는 영업장에만 설치한다.

3) 유도등, 유도표지 또는 비상조명등

4) 휴대용 비상조명등

2. 비상구. 다만, 다음 각 목의 어느 하나에 해당하는 영업장에는 비상구를 설치하지 않을 수 있다.

가. 주된 출입구 외에 해당 영업장 내부에서 피난층 또는 지상으로 통하는 직통계단이 주된 출입구 중심선으로부터 수평거리로 영업장의 긴 변 길이의 2분의 1 이상 떨어진 위치에 별도로 설치된 경우

나. 피난층에 설치된 영업장[영업장으로 사용하는 바닥면적이 33m$^2$ 이하인 경우로서 영업장 내부에 구획된 실(室)이 없고, 영업장 전체가 개방된 구조의 영업장을 말한다]으로서 그 영업장의 각 부분으로부터 출입구까지의 수평거리가 10m 이하인 경우

3. 영업장 내부 피난통로. 다만, 구획된 실(室)이 있는 영업장에만 설치한다.

4. 삭제 <2014.12.23>

5. 그 밖의 안전시설

가. 영상음향차단장치. 다만, 노래반주기 등 영상음향장치를 사용하는 영업장에만 설치한다.

나. 누전차단기

다. 창문. 다만, 고시원업의 영업장에만 설치한다.

**질의** **지하층외벽 바깥쪽 채광, 환기 등을 위한 비어있는 공간의 건축면적, 바닥면적 산입 여부**

건축물 지하층 외벽 바깥쪽으로 채광, 환기 등을 위하여 상부가 비어있는 공간(일명 드라이에어리어, 지표면으로 0.2m 돌출)이 있는 경우 동 부분이 건축면적 또는 바닥면적에 산입되는지 여부

**회신** 건축물의 건축면적 및 바닥면적의 산적은 「건축법 시행령」 제119조제1항제2호 및 제3호의 규정에 의하는 것이므로, 귀 문의의 부분이 지표면으로부터 1m 이하로 돌출되어 있고, 상부가 틔어 있는 상태(건축물 등이 없음)에서 거실의 용도가 아닌 단순히 채광, 환기 등을 위한 공간으로 사용되는 경우라면 건축

면적 및 바닥면적 산입시 제외할 수 있을 것으로 판단되나, 이에 대한 구체적인 적용은 당해 건축물의 상세한 설계도서 등 관련 내용을 검토한 후 당해 허가권자가 판단하여야 할 것으로 사료됩니다.(건교부, 건축 58070-2253, 2003.12.4)

**질의** **공동주택 주거전용면적 산정**

「주택법」 제38조의 규정을 적용받지 아니하는 공동주택(20세대 미만)의 주거전용면적의 산정

**회신** 「건축법」 제8조의 규정에 의한 허가를 받는 건축물에 대하여 건축법령의 기준을 적용함에 있어서 면적 등 건축물의 규모는 동법 시행령 제119조 규정에 의하여 산정하여야 하는 것이나, 공동주택의 전용면적 및 공용면적의 산정은 주택법 시행규칙 제2조의 규정을 준용하여 산정하는 것이 타당합니다. (국토교통부, 2013.12.11)

**규칙 제43조 【태양열을 이용하는 주택 등의 건축면적 산정방법 등】**

① 영 제119조제1항제2호나목 1) 및 3)에 따라 태양열을 주된 에너지원으로 이용하는 주택의 건축면적과 단열재를 구조체의 외기측에 설치하는 단열공법으로 건축된 건축물의 건축면적은 **건축물의 외벽 중 내측 내력벽의 중심선을 기준**으로 한다. 이 경우 태양열을 주된 에너지원으로 이용하는 주택의 범위는 국토교통부장관이 정하여 고시하는 바에 따른다.(2020.10.28 본항 개정)

② 영 제119조제1항제2호나목 2)에 따라 창고 또는 공장 중 물품을 입출고하는 부위의 상부에 설치하는 한쪽 끝은 고정되고 다른 끝은 지지되지 않은 구조로 된 **돌출차양의 면적 중 건축면적에 산입하는 면적**은 다음 각 호에 따라 산정한 면적 중 작은 값으로 한다.(2020.10.28 본항 개정)

1. 해당 돌출차양을 제외한 창고의 건축면적의 10%를 초과하는 면적(2008.12.11. 본호 신설)
2. 해당 돌출차양의 끝부분으로부터 수평거리 6m를 후퇴한 선으로 둘러싸인 부분의 수평투영면적(2017.1.9 본호 개정)

**해설** 태양열을 이용하는 주택의 건축 면적 산정방법은 건축물의 외벽 중 내측 내력벽의 중심선을 기준으로 산정하며, 창고 또는 공장 중 물품을 입출고하는 부위의 상부에 설치하는 돌출차양의 면적 중 종전에는 3m까지 건축면적에 산입하지 않았으나, 화물차량의 대형화와 컨테이너 길이가 길어져 돌출차양을 그 이상 설치하는 경우가 많아 돌출차양이 건폐율의 상당한 부분을 점유하게 되어 물류시설인 창고 또는 공장 건축에 어려움이 발생하여 돌출차양의 면적 중 건축 면적에 산입하는 면적은 해당 돌출차양을 제외한 창고 또는 공장의 건축면적의 10%를 초과하는 면적, 돌출차양 6m 등으로 완화 적용한다. (2개 중 작은 값을 적용)

**참고**

태양열주택의 정의

태양열 설비인 집열기를 지붕이나 옥상 등에 설치하고 이를 통해 얻은 열량을 이용하여 온수를 우선 사용하며 보조적으로 난방에도 이용하는 주택(한국에너지공단 신·재생에너지센터 홈페이지 참고)

## 3. 바닥면적 산정방법

바닥면적(床面積)은 건축물의 용적, 규모를 나타내는 지표(指標)이다.

※ 산정기준 : 벽·기둥 기타 구획의 중심선으로 둘러싸인 부분의 수평투영면적

※ 예외 규정

- 건축물에서 실제 사용하는 것으로 볼 수 없는 부분(필로티)과 수용인원의 증가를 초래하지 않거나 영향이 적은 부분(설비의 설치를 위한 구조물·다락방·노대의 일부 등)은 바닥면적에 산입하지 않는다.

(1) 벽, 기둥의 구획이 없는 건축물(캔틸레버 등)
지붕 끝부분으로부터 수평거리 1m를 후퇴한 선을 기준한다.

(2) 건축물의 노대등의 바닥은 난간등의 설치 여부에 관계없이 노대등의 면적에서 노대등이 접한 가장 긴 외벽에 접한 길이에 1.5m를 곱한 값을 뺀 면적을 바닥면적에 산입한다.

(3) 단열재를 구조체의 외기측에 설치하는 단열공법으로 건축된 건축물의 바닥면적 산정은 단열재가 설치된 외벽 중 내측 내력벽의 중심선을 기준으로 산정하도록 한다.

(4) 필로티 등
공중의 통행 또는 차량의 통행·주차에 전용되는 경우와 공동주택에서는 바닥면적에 산입하지 않는다.

(5) 설비의 설치(승강기탑, 계단탑, 장식탑, 굴뚝, 다스트슈트, 설비닥트, 물탱크, 기름탱크, 냉각탑, 정화조, 도시가스 정압기, 건축물간에 화물의 이동에 이용되는 컨베이어벨트만 설치하는 경우)를 위한 구조물과 층고 1.5m(경사진 형태의 지붕은 1.8m) 이하인 다락방은 바닥면적에 산입하지 않는다.

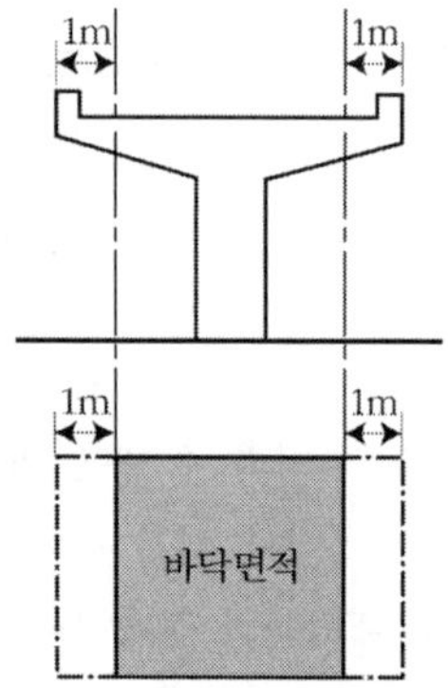


그림 1-15 벽, 기둥의 구획이 없는 건축물의 바닥면적 산정방법

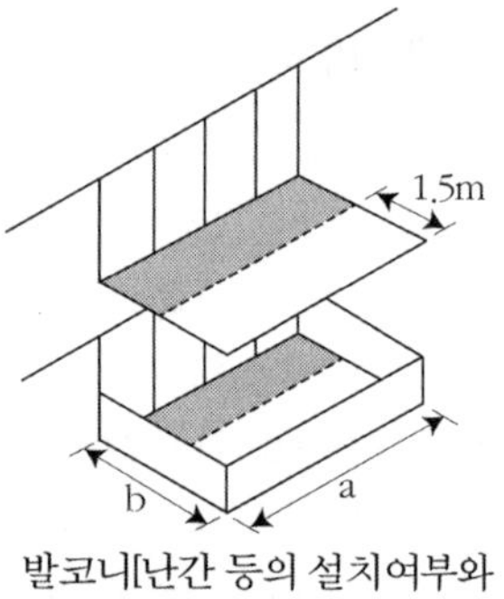


그림 1-16 노대 등의 바닥면적 산정방법

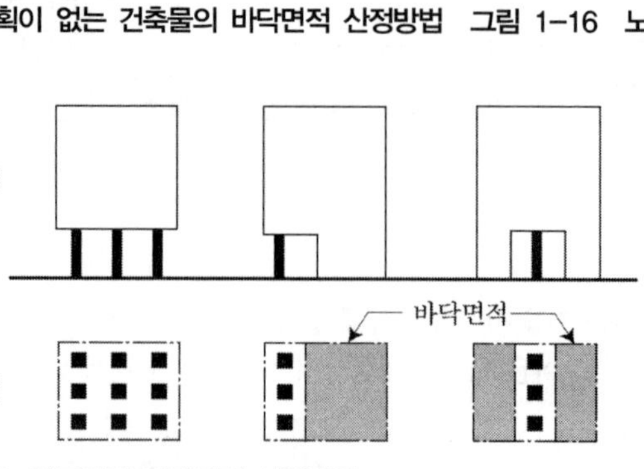


그림 1-17 필로티의 바닥면적 산정방법
(필로티가 공중의 통행과 차량통행, 주차로 전용되는 경우)

**참고**

층고 1.5m(경사진 형태의 지붕은 1.8m)를 넘는 다락방은 바닥면적에 산입되며 건축법령 상 거실의 반자 높이는 2.1m 이상이다. 따라서 층고가 1.5m(또는 1.8m)를 넘고 2.1m 미만인 다락방은 바닥면적에는 산입되나 거실로는 사용할 수 없다.

**참고**

다락방에서 반자높이가 아닌 층고를 기준하여 적용하는 것은 불법적 공간활용을 방지하기 위함이다. 그러나 천장배관(Duct) 시설 등을 고려하면 1.5m의 층고 높이는 실제로 1.2m 내외의 다락방 높이를 갖게 될 것으로 사람이 활동할 수 있는 높이로는 어렵다고 볼 수 있다.

(6) **공동주택**으로 지상에 기계실, 전기실, 어린이놀이터, 조경시설, 생활폐기물 보관시설을 설치한 경우는 바닥면적에 산입하지 않는다(층수에 관계없음).

(7) 기존 건축물에서 앞의 건축면적에서와 같이 비상구와 연결되는 옥외피난계단을 설치하는 경우에는 건축면적뿐만 아니라 용적률 산정 시 적용되는 바닥면적 산입에도 포함시키지 않는다.

(8) 기존 어린이집에 설치된 대피시설은 바닥면적 산입에서 제외함

(9) 장애인용 승강기, 장애인용 에스컬레이터, 휠체어리프트, 경사로는 바닥면적 산입에서 제외함

(10) 2015년 4월 27일 전에 건축되거나 설치된 가축사육시설에서 「가축전염병 예방법」에 따른 소독설비 의무설치를 이행하기 위하여 설치한 시설은 바닥면적에서 제외함

(11) 지하주차장의 경사로는 바닥면적에 산입하지 않는다.

(12) 아파트에 설치하는 대피공간(영 제46조제4항제3호)의 바닥면적은 벽의 내부선(중심선이 아님)으로 둘러싸인 부분의 수평투영면적으로 산정함

(13) 하향식 피난구(영 제46조제5항제3호) 또는 대체시설(영 제46조제5항제4호)을 (12)와 같은 대피공간에 설치하는 경우 또는 대체시설을 발코니에 설치하는 경우에는 해당구조 또는 시설이 설치되는 대피공간 또는 발코니의 면적 중 인접세대와 공동으로 설치하는 경우 $4m^2$, 각 세대별로 설치하는 경우 $3m^2$를 바닥면적에 산입하지 않는다.

**참고**

**주택법 시행규칙 제2조제1호 단서 내용에 따른 다가구주택에서 주거전용면적 산정 시 바닥면적 제외**

주택이 「건축법 시행령」 별표 1 제1호다목의 다가구주택에 해당하는 경우 그 바닥면적에서 본 건축물의 지상층에 있는 부분으로서 복도, 계단, 현관 등 2세대 이상이 공동으로 사용하는 부분의 면적도 제외한다.

※ 주택에서 주거전용면적은 주거의 용도로만 쓰이는 면적을 의미하는데 공동주택의 경우 주거전용면적에서는 공용면적 등이 제외되는데 단독주택으로 분류되는 다가구주택이 2세대 이상 공동으로 사용하는 경우 주거전용면적에 포함되었는데 2018.4.2부터는 다가구주택의 주거전용면적을 산정하는 경우 바닥면적에서 2세대 이상이 공동으로 사용하는 복도, 계단 등은 제외됨(주거전용면적과 공용면적을 구분하여 면적을 산정할 수 있음).

영 **제2조 【정　의】**

14. "**발코니**"란 건축물의 내부와 외부를 연결하는 완충공간으로서 전망이나 휴식 등의 목적으로 건축물 외벽에 접하여 부가적(附加的)으로 설치되는 공간을 말한다. 이 경우 주택에 설치되는

발코니로서 국토교통부장관이 정하는 기준에 적합한 발코니는 필요에 따라 거실·침실·창고 등의 용도로 사용할 수 있다.(2011.12.8 본호 개정)

**해설** 발코니(Balcony)는 거주자의 편의와 주거의 질적 향상을 위하여 건축물의 내부와 외부를 연결하는 완충 공간으로 주택에 설치되는 발코니는 필요에 따라 거실·침실·창고 등 다양한 용도로 사용할 수 있도록 하였다. 2005.12.2 이전까지 주택의 발코니는 간이화단의 설치에 따라 발코니 깊이를 2.0m까지 가능하게 하였으나, 이를 1.5m로 일원화하였다. 또한 아파트의 4층 이상의 각 세대가 2개 이상의 직통 계단을 사용할 수 없는 경우에는 발코니에 인접 세대와 공동으로 또는 각 세대별로 영 제46조제4항의 요건을 갖춘 대피 공간을 하나 이상 설치하여야 하나, 아파트의 4층 이상의 층에서 발코니에 설치하는 인접 세대와의 경계벽이 파괴하기 쉬운 경량 구조나 피난구를 설치하는 경우에는 대피공간을 설치하지 않아도 된다.

**참고** 「발코니 등의 구조변경 절차 및 설치기준」에 대하여는 국토교통부 고시 제2018-775호(2018.12.7) 참고

- 영 제46조제4항과 제5항

④ 공동주택 중 아파트로서 4층 이상의 층의 각 세대가 2개 이상의 직통계단을 사용할 수 없는 경우에는 발코니에 인접세대와 공동으로 또는 각 세대별로 다음 각 호의 요건을 모두 갖춘 대피공간을 하나 이상 설치하여야 한다. 이 경우 인접세대와 공동으로 설치하는 대피공간은 인접세대를 통하여 2개 이상의 직통계단을 사용할 수 있는 위치에 우선 설치되어야 한다.

1. 대피공간은 바깥의 공기와 접할 것
2. 대피공간은 실내의 다른 부분과 방화구획으로 구획될 것
3. 대피공간의 바닥 면적은 인접세대와 공동으로 설치하는 경우에는 $3m^2$ 이상, 각 세대별로 설치하는 경우에는 $2m^2$ 이상일 것
4. 국토교통부장관이 정하는 기준에 적합할 것

⑤ 제4항에도 불구하고 아파트의 4층 이상인 층에서 발코니에 다음 각 호의 어느 하나에 해당하는 구조 또는 시설을 설치한 경우에는 대피공간을 설치하지 아니할 수 있다.

1. 인접 세대와의 경계벽이 파괴하기 쉬운 경량구조 등인 경우
2. 경계벽에 피난구를 설치한 경우
3. 발코니의 바닥에 국토교통부령으로 정하는 하향식 피난구를 설치한 경우
4. 국토교통부장관이 중앙건축위원회의 심의를 거쳐 제4항에 따른 대피공간과 동일하거나 그 이상의 성능이 있다고 인정하여 고시하는 구조 또는 시설을 설치한 경우

- 기존 발코니에 대한 경과 조치(2005.12.2 영 부칙 제2조 및 제3조)

**제2조 【기존 건축물의 발코니 구조변경에 대한 경과 조치】**

① 이 영 시행 전에 건축허가를 신청한 경우와 건축신고를 하거나 건축허가를 받은 주택에 설치된 발코니(종전의 제119조제1항제3호다목의 규정에 의한 간이화단 부분을 포함한다)의 경우에는 제2조제15호의 개정규정에 의하여 거실·침실·창고 등으로 사용할 수 있다. 이 경우 1992년 6월 1일 이전에 건축신고를 하거나 건축허가를 받은 주택에 설치된 발코니를 제2조제15호의 개정규정에 의하여 거실·침실·창고 등으로 사용하고자 하는 경우에는 건축사 또는 건축구조기술사의 구조안전점검을 받은 후 구조안전확인서를 당해 허가권자에게 제출하여야 한다.

② 이 영 시행 전에 건축허가를 신청한 경우와 건축신고를 하거나 건축허가를 받은 공동주택 중 아파트에 설치된 발코니를 제1항의 규정에 의하여 거실·침실·창고 등으로 사용하고자 하는 경우에는 제46조제4항 및 제5항의 개정규정에 적합한 대피공간 또는 경계벽을 설치하여야 한다. 다만,

실내의 다른 부분과 구획된 바닥면적 $2m^2$ 이상의 실의 출입문 또는 실내와 접한 부분에 전면 유리창이 설치되지 아니한 발코니의 출입문에 제64조의 규정에 의한 갑종방화문을 설치하는 경우에는 제46조제4항의 개정규정에 의한 대피공간을 설치한 것으로 본다.

**제3조 【바닥면적의 산정방법에 관한 경과 조치】** 이 영 시행 전에 건축허가를 신청한 경우와 건축신고를 하거나 건축허가를 받은 건축물의 노대 등에 대한 바닥면적의 산정방법에 대하여는 제119조제1항제3호다목의 개정규정에 불구하고 종전의 규정에 의한다. 이 경우 부칙 제2조제1항의 규정에 의하여 구조 변경이 되지 아니한 것으로 보아 종전의 규정에 의하여 바닥면적을 산정한다.

**참고**

**발코니와 베란다의 차이**

우리는 발코니(balcony)와 베란다(veranda)를 구별하지 않고 언어를 사용하고 있으나 실제적으로는 약간 차이가 있다. 발코니는 건물 위층에서 외부로 뻗어 나온 공간인데, 우리말로는 노대(露臺)라고 한다. 지붕을 덮은 노대, 즉 로지아(loggia)나 실내 갤러리(gallery)는 모두 발코니가 된다. 실외의 발코니는 주로 연설이나 시낭송에, 실내 발코니는 교회의 합창석 또는 극장의 좌우나 후면부 특석으로 많이 이용된다. 베란다는 인도에서 시작된 건축양식으로 인도어 바란다(varanda)에서 유래되었다. 바란다는 거실이나 방에서 연결돼 밖으로 나온 부분을 총칭한다. 발코니와 베란다는 생활공간의 영역을 확장하는 측면에서 비슷하나 발코니는 멋스러운 생활공간을 반영한다고 보면, 베란다는 보다 실용적으로 쓰인다고 볼 수 있다.

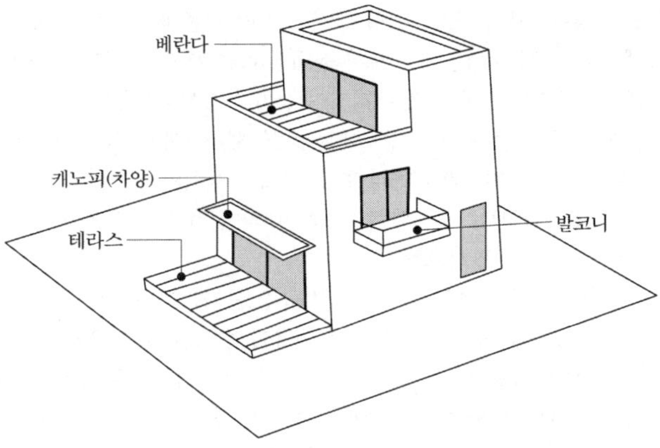


**그림 1-18 발코니 및 베란다 등의 명칭 예시**

**질의회신**

**바닥면적에 산입하지 않는 경우(필로티)**

건축법 시행령 제119조제1항제3호다목의 공중에 대해서 건축법에서 별도로 규정하고 있지 않으나 사전적인 의미로는 일반인을 뜻합니다. 질의하신 바와 같이 다가구 주택의 필로티 부분의 통행자들은 주로 해당 주택의 거주자일 것이나, 기타 다른 일반인들도 통행하고자 의도하였을 때 통행이 가능하므로 특정인만이 통행이 가능하다고 볼 수는 없을 것입니다. 또한 공중의 통행이 가능하다는 의미는 장애물이 없어 통행이 자유롭다는 입니다. 따라서 건축물의 용도 및 주로 이용하는 통행자와 상관없이 공중 또는 차량의 통행이나 주차에 전용되는 경우 바닥면적 산정에서 제외할 수 있음을 알려드립니다.(국토교통부, 2015.7.31)

**질의**

**발코니**

가. 발코니 외부에 건축물 전체적(40층 아파트)으로 기둥을 설치한 경우에 있어 이를 바닥면적 산정에서 제외할 수 있는 발코니로 인정할 수 있는지

나. 외벽 전체를 커튼월로 구성한 것을 발코니로 인정할 수 있는지

**회신** 가. 「건축법 시행령」 제2조제1항제15호에 따라 발코니는 건축물의 내부와 외부를 연결하는 완충공간으로서 전망·휴식 등의 목적으로 건축물 외벽에 접하여 부가적으로 설치되는 공간으로 건축물의 구조·형태상 외벽이 항상 기둥보다 바깥에 있어야 하는 것은 아니므로, 외벽에 부가적으로 설치한 발코니를 기둥 등 내력구조체로 지지한 것만으로 당해 발코니를 실내공간화한 것으로 보기는 어려울 것으로 판단되며 구조적으로 효율적이고 경제적인 건축물의 건축을 위하여 필요한 범위 내에서 발코니를 내력구조체로 지지할 수 있는 것으로 그 범위는 내력구조체의 기능, 형태, 설치위치 등을 확인하여 판단할 수 있을 것임.

나. 건축물의 외벽을 커튼월로 하고 그 내부에 설치하는 공간은 「건축법 시행령」 제2조제1항제15호 및 제119조제1항제3호 다목의 규정이 적용되는 발코니로 보기 어려움 것임.(국토교통부, 2013.12.6)

**질의** 가. 2005.12.2 이전 주택건설사업승인을 받은 공동주택에 「건축법 시행령」 부칙 제2조제2항 단서의 규정을 적용함에 있어 발코니와 침실 사이의 창문틀이 바닥으로부터 45cm 높이에 위치한 경우 "전면유리창이 설치되지 아니한 발코니"로 볼 수 있는지

나. 위 "가"와 같은 경우 발코니와 침실 사이의 창문 등은 방화구획으로 하지 아니하고 복층유리로 설치하는 것이 가능한지

**회신** 가. 「건축법 시행령」 부칙 제2조제2항 단서에 따라 기존 아파트에 설치된 발코니를 구조변경하면서 대피공간을 설치하여야 하는 경우로서 실내의 다른 부분과 구획된 바닥면적 $2m^2$ 이상의 실의 출입문 또는 실내와 접한 부분에 전면 유리창이 설치되지 아니한 발코니의 출입문에 동령 제64조의 규정에 의한 갑종방화문을 설치하는 경우에는 동령 제46조제4항의 개정 규정에 의한 대피공간을 설치한 것으로 보는 바, '전면유리창'이라 함은 날개벽 설치와 상관없이 법령의 취지상 바닥에서부터 형성되는 유리창을 말하므로 질의의 경우도 실내와 접한 부분에 전면 유리창이 설치되지 아니한 발코니로 볼 수 있을 것으로 사료됨.

나. 「건축법 시행령」 부칙 제2조제2항 단서 규정은 기존건축물에 한하여, 구조변경하지 않는 발코니나 기존 구획된 공간을 전부 또는 일부를 활용할 수 있도록 함으로써 제46조제4항 내지 제5항 규정을 만족하기 위하여 갑종방화문 설치를 제외한 별도의 건축행위를 하지 않도록 한 일종의 완화 규정이라 볼 수 있는 바, 동 규정의 취지에 따라 전면 유리창이 설치되지 아니한 발코니의 출입문에 갑종방화문을 설치하면 방화구획 여부와 관계없이 대피공간을 설치한 것으로 보는 것임.(국토교통부, 2013.12.9)

**질의** 공동주택 지붕에 일부 다락을 설치하고, 다락 앞(옆)에 지붕바닥을 이용할 수 있는 문을 설치할 수 있는지 여부

**회신** '다락'이란 일반적으로 지붕과 천장 사이 공간을 가로막아 물건의 저장 등을 위하여 부수적으로 사용되는 공간을 말하는 것으로 볼 수 있으나, 건축법령에서 '다락'의 정의 또는 설치 기준에 대하여 별도 규정하고 있지는 아니함 다만, 「건축법 시행령」 제119조제1항제3호라목에 따르면 층고가 1.5m(경사진 형태의 지붕인 경우에는 1.8m) 이하인 '다락'은 바닥면적에 산입하지 아니하는 것으로 규정하고 있으나, 귀 질의와 같이 '다락'에 설치하는 문에 대하여는 건축법령에서 별도로 규정하고 있지 아니함을 알려 드리오니, 보다 구체적인 사항은 자세한 자료를 갖추어 해당 지역의 허가권자인 시장·군수·구청장에게 문의하시기 바람(국토교통부 건축정책과, 등록 2011.12.27, 수정 2019.5.24)

**참고**

**'다락'에 대한 업무처리 지침 예시**(해당 지자체별 처리규정 확인 필수)

- '거실'로 사용 불가
- 칸막이벽, 냉·난방, 급배수시설 등 각종 설비 설치 불가
- 다락으로 통하는 문이나 다락층까지 연속된 주계단 불가
- 다락에서 외부로 나가는 문(창문) 설치 불가
- 다락 창호는 바닥에서 60cm 이상 위에 설치
- 경사지붕 꼭지점 각도합은 180° 이하 / 경사지붕 경사는 30° 이상

**판례** 주거용 다락방은 연면적에 포함

다락방도 주거용 구조(예를 들면 침실·화장실 등 주거시설)를 갖추었다면 고급주택판정기준인 연면적에 포함시켜야 한다.

「지방세법」상 공동주택의 연면적 판정기준에 대해 아무런 규정이 없으므로 건물취득 때 실제 주거용으로 사용될 구조를 갖추었는지에 따라 판단해야 한다.(1995.5.14)

**법령해석사례**[법제처 안건번호 10-0193]

옥상의 건축물 형태의 물탱크실이 바닥면적 산입에서 제외되는지 여부(「건축법 시행령」 제119조제1항 관련)

**【질의요지】**

물탱크를 설치하기 위해 옥상에 건축물의 형태(지붕과 기둥 또는 벽이 있는 것)로 설치한 구조물의 수평투영면적이 해당 건축물의 건축면적의 1/8을 초과하여 「건축법 시행령」 제119조제1항제9호에 따라 해당 건축물의 층수에 포함된 경우, 이 구조물 안에 물탱크를 설치하고 물탱크실로만 사용한다면, 이 구조물은 「건축법 시행령」 제119조제1항제3호에 따라 물탱크를 설치하기 위한 구조물로서 바닥면적의 산입에서 제외되는지?

**【회답】**

물탱크를 설치하기 위해 옥상에 건축물의 형태(지붕과 기둥 또는 벽이 있는 것)로 설치한 구조물의 수평투영면적이 해당 건축물의 건축면적의 1/8을 초과하여 「건축법 시행령」 제119조제1항제9호에 따라 해당 건축물의 층수에 포함된 경우, 이 구조물 안에 물탱크를 설치하고 물탱크실로만 사용한다면, 이 구조물은 「건축법 시행령」 제119조제1항제3호에 따라 물탱크를 설치하기 위한 구조물로서 바닥면적의 산입에서 제외됩니다.

**질의** **설비덕트의 산정방법**

건축법령상 바닥면적에서 제외되는 설비덕트 기타 이와 유사한 것이라 함은 무엇을 말하는 것인지, 몇 사람이 통행할 수 없는 공간을 상기의 기타 이와 유사한 것으로 보아 바닥면적에서 제외할 수 있는지 여부

**회신** 「건축법 시행령」 제119조제1항제3호 마목의 규정에 의하여 설비덕트 기타 이와 유사한 것은 바닥면적 산정시 제외하고 있는 바, 이 경우 "기타 이와 유사한 것"이라 함은 건축물의 건축시 전기·가스·통신설비 등의 설치를 위한 덕트 부분으로 보아야 할 것이며, 사람이 통행할 수 없는 부분이라고 하여 모두 바닥면적 산정시 제외된다고 볼 수는 없을 것이며, 바닥면적 산정시 제외여부는 당해 건축물의 설계도서 등을 검토하는 등 구체적인 현황에 따라 판단하여야 할 것임.(국토교통부 건축정책과 등록 2009.8.28, 수정 2019.5.24)

**질의** **필로티의 바닥면적**

대학캠퍼스 구내에 교육문화관으로서 강의 및 문화집회용 다목적 건축물의 1층 일부에 필로티 구조로서 통행에 전용되는 부분을 공중의 통행에 전용되는 부분으로 보아 바닥면적에서 제외할 수 있는지의 여부

**회신** 필로티라 함은 지표면과 접하는 1층 부분을 공간으로 구성하여 통행 또는 주차 및 차량통행 등의 목적으로 사용하고, 그 상층 부분은 업무 또는 거주공간으로 활용하는 것을 말하는 것인 바, 문의의 경우와 같이 상층부에 건축물이 없다면 이를 필로티로 보기는 곤란할 것임.(국토교통부건축정책과 등록 2009.8.28, 수정 2019.5.24)

**질의** **캐노피의 바닥면적**

건축물의 2층의 일부는 근린생활시설로, 일부는 옥상 등으로 활용하는 경우 동 근린생활시설부분의 캐노피 형태로 구성된 부분을 처마로 보아 바닥면적에서 제외할 수 있는지 여부

**회신** 일반적으로 처마라 함은 건축물의 지붕부분의 외벽(외곽기둥)밖으로 내민 부분을 일컫는 말인 바, 귀 문의의 경우와 같이 건축물의 상부층의 일부에 근린생활시설을 설치한 후 캐노피 형태로 건축하여 공간으로 활용하는 부분은 상기의 처마에 해당하는 것으로 볼 수 없을 것으로 판단되니 보다 구체적인 사항은 관련 설계도서 등을 갖추어 당해 허가권자에게 직접 문의하시기 바랍니다.(건교부 건축 58070-735, 2003.3.20)

**질의** **외부계단 바닥면적**

외부계단 바닥면적 산정방법

**회신** 건축물 외부계단의 경우 바닥면적은 건축법 제119조제1항제3호 가목의 규정에 의하여 외부계단 끝부분으로부터 1m를 후퇴한 나머지부분을 산입하는 것이 타당할 것으로 사료됨.(국토교통부 건축정책과 등록 2010.11.30, 수정 2019.5.24)

**질의** 건축물의 외부계단에 알루미늄 새시를 설치하고 유리를 끼웠을 경우 「건축법 시행령」 제119조제1항제3호의 규정에 의한 건축물의 바닥면적 산정방법

**회신** 건축물 외부계단의 경우 바닥면적은 「건축법」 제119조제1항제3호가목의 규정에 의하여 외부계단 끝 부분으로부터 1m를 후퇴한 나머지 부분만을 산입하는 것이나 알루미늄 새시를 설치함으로써 내부계단이 된 경우라면 바닥면적에 전부 산입하여야 할 것입니다.(건교부 건축 58550-589, 2000.2.25)

**질의** **주상복합건축물의 전용면적 및 공용면적 산정방법**

가. 「건축법」 제8조에 따라 건축허가를 받는 공동주택(다세대주택, 연립주택, 20세대 이상 주상복합건물)의 전용 및 공용면적 산정방법은 주택법 시행규칙 제2조 및 주택공급에 관한 규칙 제8조를 따라야 하는지?

나. 주택법 시행규칙 제2조에 따라 공동주택의 전용면적 산정방법은 외벽의 내부선을 기준토록 하고 있으나, 2호 조합 이상으로 구성된 공동주택의 세대간 경계벽을 외벽으로 볼 수 있는지 여부

**회신** 가. 주택법에서 공동주택(건축법 시행령 별표 1 제2호가목 내지 나목에 한함)에 대한 주거전용면적 산정방법을 같은 법 시행규칙 제2조제2항제2호에 규정하고 있음. 주택법령에서 동 규정의 적용대상을 달리 규정하고 있지는 않으나, 주택법에 의거 사업계획승인을 받아 건설·공급하는 공동주택에 대해서는 동 규정이 적용되는 것으로 판단되며, 건축법 제8조의 규정에 의한 허가를 받는 건축물에 대하여 건축법령의 기준을 적용함에 있어서 면적 등 건축물의 규모는 동법 시행령 제119조의 규정에 의하여 산정하여야 하는 것이나, 공동주택의 전용면적 및 공용면적의 산정은 주택법시행규칙 제2조의 규정을 준용하여 산정하는 것이 타당할 것으로 판단됨 나. 위 기준에 의한 공동주택의 세대별 주거전용면적을 산정할 경우 외벽은 세대와 세대 또는 세대와 외부를 경계하는 벽으로 보아 산정함이 타당할 것임(법 제8조 ⇒ 제11조, 2008.3.21) (국토교통부 건축정책과, 등록 2009.8.28, 수정 2019.5.24)

**질의** "증축·개축·용도변경 등을 하는 때의 대상시설 바닥면적 산정방법 및 편의시설 설치범위"에 대하여

**회신** 「장애인·노인·임산부등의 편의증진보장에 관한 법률」(이하 「편의증진법」이라 함) 제9조 및 동법 시행령 제5조제3호에 규정된 공공건물·공중이용시설 및 공동주택(이하 "기존 건축물"이라 한다)을 증축·개축·재축·이전·대수선 또는 용도변경하는 때의 대상시설 바닥면적 산정방법 및 편의시설 설치범위는 다음과 같습니다.

- 대상시설의 바닥면적 산정방법
  - 대상시설의 바닥면적 산정은 기존 건축물 내에서 증축·개축·재축·이전·대수선 또는 용도변경하는 부분에 한함.

    [예 : 1·2층 교육연구시설 및 복지시설, 3층 근린생활시설인 건축물의 3층을 근린생활시설에서 교육연구시설 및 복지시설로 용도변경하는 경우 대상시설의 바닥면적 산정은 용도변경되는 3층 면적에 한하고 기존의 1·2층의 교육연구시설 면적은 산정에 포함하지 아니함]
- 편의시설 설치범위
  - 편의시설 설치는 기존 건축물 내에서 증축·개축·재축·이전·대수선 또는 용도변경하는 부분에 한정하나, 장애인 등이 대상시설에 접근할 수 있도록 건축물의 주 출입구로부터 증축·개축·재축·이전·대수선 또는 용도변경하는 부분까지 이르는 통로(계단, 복도 등)부분에는 관련 편의시설을 설치하여야 함.

    [예 : "가" 예의 건축물에서(용도변경되는 부분이 편의시설 설치 대상시설의 범위에 해당되는 경우) 3층에 한하여 해당 편의시설을 설치하면 되나 장애인 등이 대상시설(3층)에 접근할 수 있도록 "건축물 출입구 높이 차이 제거", "장애인 등의 출입이 가능한 건축물 출입구", 건축물 출입구로부터 계단 또는 승강설비까지 "장애인 등의 통행이 가능한 복도", "장애인 등의 통행이 가능한 계단 또는 승강설비"를 갖추어야 함](보건복지부 재활 65140-387, '99.7.3)

**질의** **용도변경시 승강설비의 설치범위**

"전체 층수가 5개 층이고 주 출입구가 1층에 있는 건축물의 4층과 5층(2개 층의 바닥면적 합계 : 900m$^2$)을 근린생활시설에서 교육연구 및 복지 시설(학원)로 용도변경할 경우 편의시설 중 승강설비(계단 포함)의 설치범위"에 대하여

**회신**
- 학원으로서 바닥면적이 1,000m$^2$ 미만일 경우 편의시설 중 승강설비는 권장사항이 됩니다. 그러나, 동 규정은 용도변경되는 부분이 건축물의 4층과 5층일 경우 4층에서 5층으로 이동할 수 있는 승강설비가 권장사항임을 의미하지, 건축물의 주 출입구로부터 용도변경되는 부분까지 이르는 통로의 승강설비까지 권장사항임을 의미하는 것은 아닙니다.
- 따라서 상기한 "편의시설 설치범위"에서와 같이 건축물의 주 출입구로부터 용도변경되는 부분까지

이르는 통로(질의한 건축물의 경우, 건축물의 주 출입구에서 4층까지 이르는 통로를 의미함)의 승강설비는 「편의증진법」의 규정에 적합하게 설치되어야 함을 알려드립니다.(보건복지부 재활 65140-387, '99.7.3)

**질의** **높이 및 층수에 산입되는 승강기탑·계단탑 부분이 바닥면적 및 용도분류 위한 층수 포함여부**

건축물의 옥상에 설치하는 승강기탑·계단탑 등으로서 그 수평투영면적의 합계가 당해 건축물의 건축면적의 1/8을 초과하는 경우에는 건축물의 높이 및 층수에 산입되는 것인 바, 이 경우 승강기탑·계단탑 부분이 바닥면적 및 주택의 용도를 분류하기 위한 층수에 포함되는지 여부

**회신** 「건축법 시행령」 제119조제5호 및 제9호의 규정에 의하여 승강기탑·장식탑 등이 건축물의 높이 및 층수에 포함된다고 하더라도 동 부분은 같은 법 시행령 제119조제1항제3호마목의 규정에 의하여 바닥면적에는 산입되지 아니하는 것이나, 같은 법 시행령 별표 1 제1호 및 제2호의 주택의 용도를 분류하기 위한 층수에는 포함되어야 할 것이니, 보다 구체적인 사항은 당해 허가권자에게 직접 문의하시기 바랍니다.(건교부 건축 58070-214, 2003.1.30)

**질의** **노대에 가스보일러 등을 설치하기 위한 구획시 바닥면적 산입 여부**

공동주택의 노대 등에 별도의 가스보일러실을 설치하기 위해 이를 구획하는 경우 바닥면적 산입 여부

**회신** 공동주택의 노대(발코니) 등에 개별 가스보일러실을 설치하기 위해 이를 구획하는 경우에는 「건축법 시행령」 제119조제1항제3호의 규정에 의하여 이는 바닥면적에 산입되는 것임.(서울시 건축 58070-3091, '94.9.13)

**질의** **주차전용의 1층 필로티 부분에 2층으로 가기 위한 계단실 등의 바닥면적 제외여부**

공동주택(아파트)의 1층이 필로티 구조로 주차에 전용될 경우 용적률 산정 시 2층으로 올라가기 위한 1층의 계단실 및 엘리베이터의 바닥면적을 제외할 수 있는지 여부

**회신** 「건축법 시행령」 제119조제1항제3호라목의 규정에 의하여 공동주택의 경우 필로티 부분은 바닥면적에 산입하지 아니하는 것이나, 당해 필로티 부분을 제외한 계단실 및 엘리베이터 부분은 바닥면적에 산입된 것이며, 또한 용적률에도 산정되는 것입니다 (건교부 건축 58070-1232, 2003.7.9)
※ 현행은 제19조제1항제3호다목임.

**질의** **발코니를 보일러실 다용도로 사용하고 발코니 외부에 날개벽 설치시 바닥면적 산정 여부**

다가구(다세대) 주택의 발코니 부분을 보일러실이나 다용도실로 사용하고 발코니 외부에 날개벽을 설치하는 경우 동 발코니를 바닥면적에서 제외되는 발코니로 볼 수 있는지 여부

**회신** 발코니라 함은 건축물의 내·외부 공간을 연결하는 심리적, 공간적 완충 역할을 하고, 일반적으로 빨래걸이, 화분 등을 놓아두는 장소로 활용하는 등 그 기능상 거실로 사용하지 아니하는 곳이므로 일정면적 이하는 바닥면적에서 제외하고 있으나, 발코니의 외부 중 일부분에만 창문 및 난간을 설치하고 나머지 부분을 모두 벽체 등으로 설계·시공하거나 거실의 용도로 사용하는 경우에는 이를 「건축법 시행령」 제119조제1항제3호다목의 규정에 의하여 바닥면적에서 제외되는 발코니로 볼 수 없을 것으로 판단되니, 이에 해당하는지 여부 등 보다 구체적인 사항은 당해 허가권자가 문의하시기 바랍니다.(건교부 건축 58070-254, 2003.2.7)

## 4. 연면적의 산정방법

하나의 건축물의 각 층 바닥면적의 합계로 한다.(지하층 및 옥상부분 포함)

- 용적률 산정시 연면적에서 다음의 면적은 제외
  - 지하층의 면적
  - 건축물의 부속용도에 쓰이는 지상층의 주차용으로 사용되는 면적
  - 초고층 및 준초고층 건축물의 피난 안전구역의 면적(건축법상 정의된 초고층 및 준초고층 건축물의 경우)
  - 건축물의 화재 시 피난 안전성을 강화하기 위하여 층수가 11층 이상인 건축물로서 11층 이상인 층의 바닥면적의 합계가 10,000m$^2$ 이상인 건축물의 지붕을 경사지붕으로 하는 경우에도 경사지붕 아래에 대피공간

지하층 및 부속주차장을 장려하기 위해서 용적률 산정 시에 한하여 지하층의 바닥면적과 부속주차용 부분을 연면적에서 제외하도록 완화해 주고 있으며 지하층 및 바닥면적으로 산정되는 옥상 부분도 원칙으로 연면적에 산입된다.

**참고** 연면적 산정

- 지하층 설치 기준시 및 용적률 산정시의 연면적 :
  지상층의 각 층 바닥면적을 말하며(지하층 면적 제외) 동일 대지 안에 2동 이상의 건축물이 있는 경우에는 그 지상층 연면적의 합계를 말함.
- 공사감리자를 정해야 할 건축물의 규모 및 「소방법」에 의한 협의대상건축물의 규모에서 연면적 : 각동 단위로 계산함.(요약)(건설부장관 건축 444.1-15475, '73.9.1)

※ 예외 규정

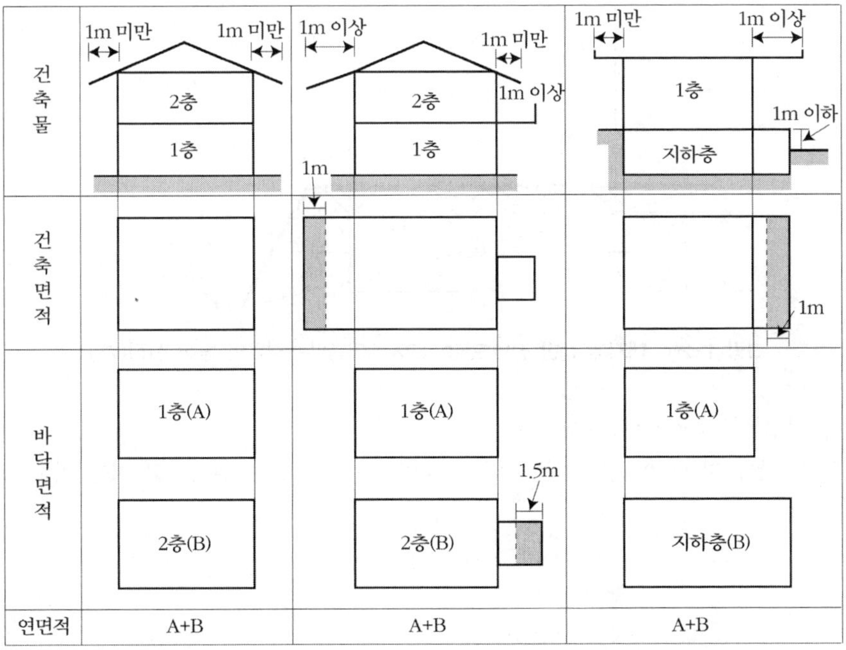


※ 노대 등은 바닥 면적 산정을 참고(주택 1.5m 초과하는 경우 산정됨)하여야 함

**그림 1-19 면적 산정방법**

**질의 회신** **건축물의 연면적에 지하층의 건축설비의 설치부분 및 창고의 용도에 쓰이는 부분이 포함되는지의 여부**

연면적이라 함은 「건축법 시행령」 제119조제1항제4호의 규정에 의하여 하나의 건축물의 각 층의 바닥면적을 말하는 것이므로 질의의 지하층 부분도 연면적에 포함되는 것임.(건설부 건축 01254-13834, '89.6.17)

## 5. 건축물 높이의 산정방법

1) 원칙

지표면으로부터 당해 건축물의 상단까지의 높이(필로티가 설치된 경우 예외)

2) 건축물의 높이는 전면도로의 중심선으로부터의 높이로 산정

가. 전면도로에 면한 경우 :

전면도로의 중심선에서 건축물 상단까지의 높이

나. 전면도로의 노면에 고저차가 있을 경우 :

건축물이 접하는 대지 부분의 전면도로의 가중평균 수평면에서의 높이를 전면도로 면으로 봄(대지가 접하는 도로 전체의 평균 수평면이 아님을 유의한다).

$$※\ 가중평균수평면(加重平均水平面) = \frac{(각\ 부분의\ 높이차 \times 길이)의\ 합계}{길이의\ 합계}$$

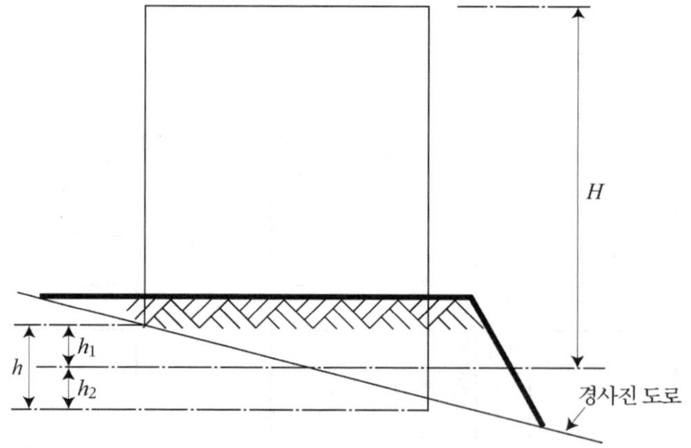


**그림 1-20 대지에 접한 전면도로에 고저차가 있는 경우의 높이 산정($H$)**

다. 대지가 전면도로보다 높을 경우 :

높이의 1/2만큼 지표면이 상승하는 것으로 보아 가상도로면을 설정하고 이를 기준으로 한다.

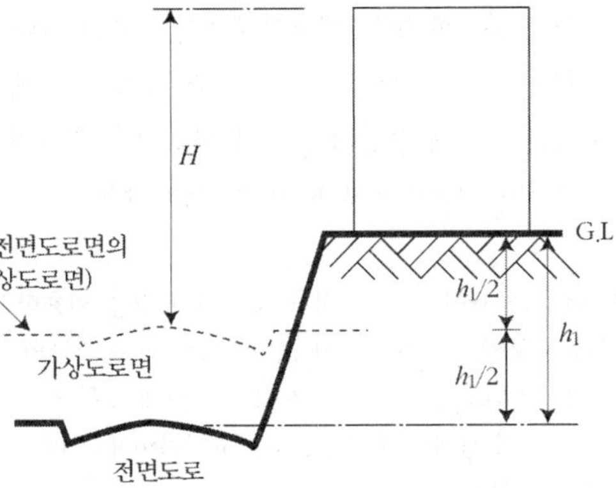


**그림 1-21 대지의 지표면이 전면도로보다 높은 경우의 건축물 높이 산정($H$)**

3) 일조 등의 확보를 위한(법 제61조) 경우의 건축물의 높이 산정

가. 일조를 위한 건축물높이의 산정에 있어 건축물의 대지의 지표면과 인접대지의 지표면 간에 고저차가 있는 경우는 그 지표면의 평균수평면(平均水平面)을 기준으로 한다.

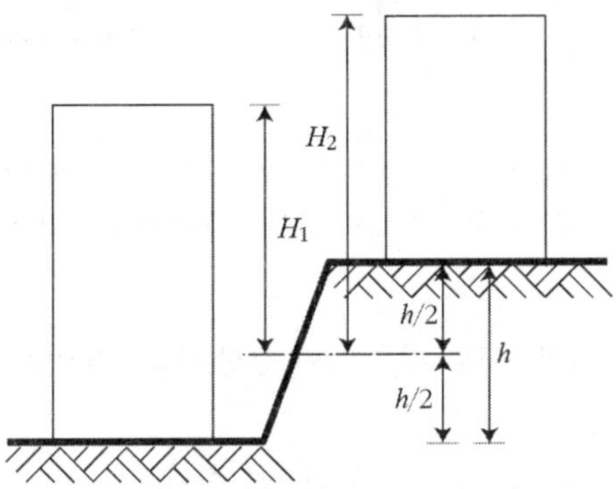


**그림 1-22 인접대지의 지표면간에 고저차가 있을 경우의 건축물 높이 산정($H$)**

**참고**

공동주택 채광방향 일조기준 적용관련 운용지침(국토교통부 건축정책과 2015.12.18)

<내용> 최근 하나의 대지에 공동주택이 마주보는 경우 채광방향 일조기준 적용(건축법 시행령 제86조 제3항제2호나목)관련 질의가 많고 지자체별로 운용을 달리한다는 등의 민원이 있어 다음과 같이 알려드리오니, 향후 허가업무 처리시 운영(지침시달 후 최초로 건축허가 신청시 적용)에 착오 없으시길 바랍니다.

<질의요지> 하나의 대지에서 2동의 공동주택(북측 A동, 남측 B동)이 마주보는 경우로서 A동이 B동보다 건축물 자체 높이는 높으나, B동 건축물이 접한 지표면이 높아 A동이 접한 지표면을 기준으로 하는 경우 전체 높이는 B동이 더 높은 경우, A동 및 B동 건축물 높이 산정(건축법시행령 제86조제3항제2호나목 관련)시 지표면 기준

<검토의견> 하나의 대지에 있는 두 동의 건축물이 접하고 있는 각 지표면간에 고저차가 있는 경우에는 각 지표면의 평균수평면을 당해 건축물(A, B동)의 지표면으로 봄.

※ 공동주택에서 일조기준과 관련된 지표면의 적용은 인접대지와의 고저차와 하나의 대지 내의 지표면 고저차가 있는 경우 모두가 지표면의 평균 수평면을 지표면으로 보고 있다.

나. 공동주택의 높이 산정시 정북방향 또는 채광방향에서 띄우는 거리 등을 적용할 때 인접대지와 높이의 차이가 있는 경우에 해당 대지가 인접대지보다 낮은 경우에는 해당 대지의 지표면을 기준으로 하여 높이를 산정한다.(정북방향과 채광방향의 일조를 보호하기 위하여 해당 지표면을 평균수평면이 아닌 낮은 지표면을 해당 대지의 지표면으로 하여 높이를 산정)

**참고**

인접대지의 지표면간에 고저차이가 있는 경우 상기의 규정을 적용하고 있으나 동일대지 안의 2동이 서로 마주 보고 있는 경우에는 특별한 적용방법이 없어 일반적으로 건물의 높이만큼을 띄우고 있다. 이는 인접대지에서의 고저차가 있는 경우처럼 별도의 규정이 필요한데 주동 상호간 지표면에 고저차이가 있는 경우에 평지와 동일한 일조조건을 갖게 되려면, 지표면의 고저차이에 따라 그림의 $D'$와 $D''$는 건물높이($H_1$)가 아닌 지표면의 고저 차이에 의해 달라져야 한다.

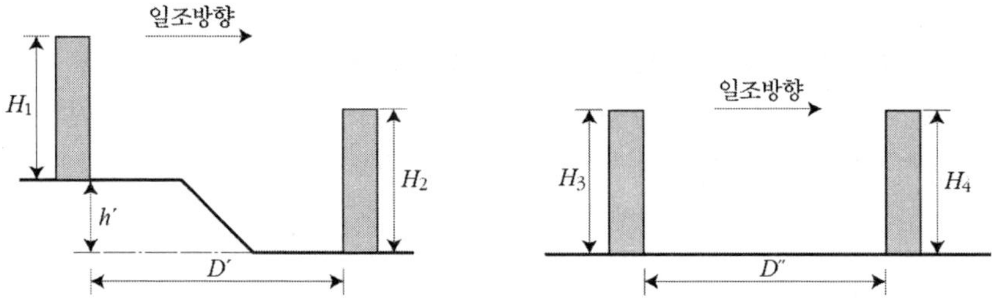


즉, $D'$가 $D''$와 동일한 일조조건을 갖기 위해서는 $h'$의 거리가 더 요구된다. 일조조건을 동일하게 부여하기 위해서는 일조 방향과 지표면의 고저차 등이 충분히 고려되어야 한다.

다. 공동주택과 판매시설 등 복합용도일 경우 높이 산정(전용주거지역 및 일반주거지역을 제외한 지역) : 건축물 높이 산정방법 완화($H \rightarrow h$)

– 공동주택의 가장 낮은 부분을 당해 지표면으로 한다.

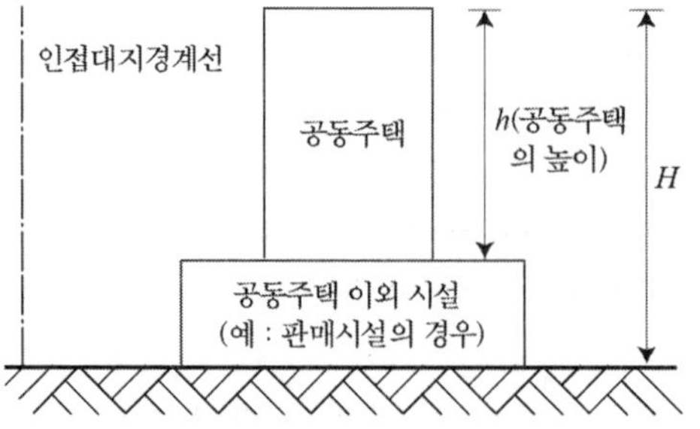


**그림 1-23 복합용도인 공동주택 높이 산정**

4) 건축물의 옥상에 대한 높이 산정(승강기탑, 계단탑, 망루, 장식탑, 옥탑 등)

가. 옥상부분 바닥면적이 건축면적의 1/8 이하이면 12m를 넘는 부분만 높이에 산정된다(층수에 산입 안 됨).

※ 「주택법」에 의한 경우 전용면적 85$m^2$ 이하인 경우 1/6

나. 옥상부분 바닥면적이 건축면적의 1/8을 넘으면 높이에 산정된다(층수에 산입됨).

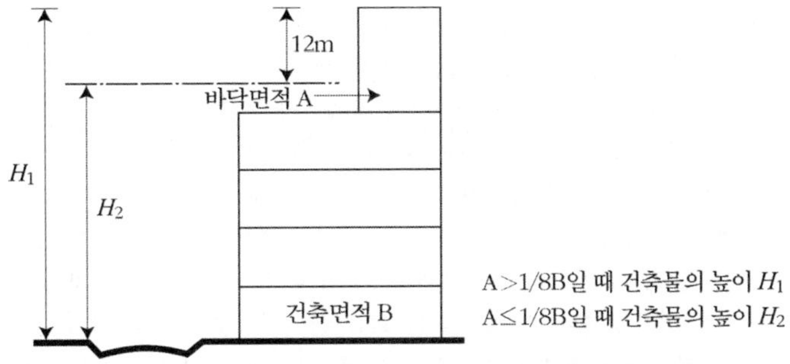


**그림 1-24 계단실 등의 면적에 따른 건축물의 높이 산정**

※ 예외 규정

옥상돌출물(지붕마루장식, 굴뚝, 방화벽 등)과 난간벽(그 벽면적의 1/2 이상이 공간일 경우에 한한다)은 높이에 산입하지 않는다.

**질의** 건축물의 1층에 필로티와 근린생활시설이 설치되어 있는 경우에 일조권 산정높이에서 제외할 수 있는지

**회신** 「건축법 시행령」 제119조제1항제5호의 규정에 의하여 건축물의 1층 전체에 필로티가 설치되어 있는 경우에는 제82조 및 제86조제2항의 규정을 적용하는 경우에 한하여 필로티의 층고를 제외한 높이를 건축물의 높이로 하는 것이나, 귀 질의의 경우처럼 1층에 필로티와 근린생활시설을 복합용도로 사용하는 경우에는 1층 층고높이도 포함하는 것임.(국토교통부 건축정책과 등록 2009.8.28, 수정 2013.12.6)

**질의** **높이 증가의 증축 여부와 한옥의 높이 기준**

가. 기존 건축물의 지붕을 기와(높이 7cm)에서 샌드위치 패널(높이 10cm)로 변경하는 과정에서 건축물 최상단 높이가 3cm 증가한 경우 이를 증축으로 보는 지 여부

나. 한옥건축물의 용마루와 장식기와가 설치되어 있는 경우 장식기와가 건축물 높이에 포함되는지 여부

**회신** 가. 「건축법 시행령」 제119조제1항제5호의 규정에 의하여 사정한 건축물의 높이가 3cm 증가되었다면 이는 증축에 해당하는 것이나, 같은 법 시행규칙 "별표 5"의 규정에서 건축물의 전체높이의 2% 이내(1m를 초과할 수 없음)의 범위는 허용오차로 인정하고 있음을 알려드립니다.

나. 「건축법 시행령」 제119조제1항제5호라목의 규정에 의해 지붕 마루장식 부분은 건축물 높이에 산입되지 아니한바, 지붕 마루장식이라 함은 용마루 및 망와(용마루의 끝을 장식하는 망세기와)를 말하는 것입니다.(건교부 건축 58550-539, 2003.3.26)

**질의** **높이 산정**

가. 공동주택 사업과 관련하여 건축물의 지표면에 고저차가 있는 경우 일조권 적용을 위한 지표면 산정기준

나. 건축물의 지표면에 고저차가 있는 경우 전면도로에 의한 건축물의 높이 제한 산정기준

다. 하나의 대지 내에서 건축하고자 하는 2동의 공동주택 각동의 지표면 높이가 다른 경우 2동간 일조권 적용을 위한 높이 산정 기준면

라. 「건축법 시행령」 제119조 관련 내용을 주택법 적용 공동주택 사업에 적용해야 하는지 여부

**회신** 가. 건축물의 지표면에 고저차가 있는 경우에는 「건축법 시행령」 제119조제1항 및 제2항에 의하여 제1항

각호의 경우 건축물 주위가 접하는 지표면 부분의 높이를 당해 지표면 부분의 수평거리에 따라 가중평균한 높이의 수평면을 지표면으로 보는 것이며, 동조 제1항제5호 나목에 의하여 건축물의 일조 등 확보를 위한 높이제한 규정에 의한 건축물의 높이 산정에 있어서는 건축물의 대지의 지표면과 인접대지의 지표면간에 고저차가 있는 경우에는 그 지표면의 평균수평면을 지표면으로 보는 것임.

나. 또한, 건축물의 지표면에 고저차가 있는 경우 전면도로에 의한 건축물의 높이 제한 산정기준은 동조 제1항제5호 가목에 의하여 전면도로의 중심선으로부터의 높이로 하는 것이며, 건축물의 대지에 지표면이 전면도로보다 높은 경우에는 동조 제1항제5호 가목 (2)에 의하여 그 고저차의 1/2의 높이만큼 올라온 위치에 당해 전면도로의 면이 있는 것으로 보는 것임.

다. 하나의 대지 내에서 건축하고자 하는 2동의 공동주택 각 동의 지표면 높이가 다른 경우라면 「건축법 시행령」 제119조제1항제5호의 규정에 의거 건축물의 높이는 지표면으로부터 당해 건축물의 상단까지의 높이로 하도록 하고 있으므로, 각 동의 건축물의 높이는 각 동의 건축물이 접하는 지표면을 기준으로 산정하여야 할 것임.

라. 「주택법」 제17조에 의하면 주택건설사업계획 승인시 「건축법」 제8조의 규정에 의한 건축허가를 의제처리하고 있으며, 또한 건축물을 건축하고자 하는 경우에는 건축법 및 관계법령에 적합하게 건축하여야 하는 것임.(국토교통부 건축정책과 등록 2009.8.28, 수정 2019.5.24)

**질의 건축물 장식물의 높이 산정**

건축물의 상부 전면에 일부 의장적인 장식구조물(난간벽의 연장)을 설치하는 경우 동 부분이 도로사선 제한 및 일조 확보를 위한 높이제한 규정을 적용 받는 지의 여부

**회신** 건축법시행령 제119조 제1항 제5호 라목의 규정에 의거 지붕마루장식등과 기타 이와 유사한 옥상돌출물과 난간벽(벽면적의 2분의 1 이상이 공간으로 되어 있는 것에 한함)은 당해 건축물의 높이에 산입되지 않으며 높이에 산입되지 않는 부분은 일조 및 도로사선제한등의 규정을 적용 받지 않는 것인 바, 문의 건축물의 상부에 설치한 구조물이 건축물의 용도나 구조 및 기능을 유지하기 위한 것이 아니라 단순히 건축물 미관증진 등을 위해 설치하는 장식물에 해당하는 경우라면 이는 일조 및 도로사선제한의 규정을 적용받지 아니함.(국토교통부 건축정책과 등록 2009.8.28, 수정 2019.5.24)

## 6. 처마높이 산정방법

지표면으로부터 지붕틀 또는 이와 유사한 수평재를 지지하는 벽·깔도리 또는 기둥의 상단까지 높이

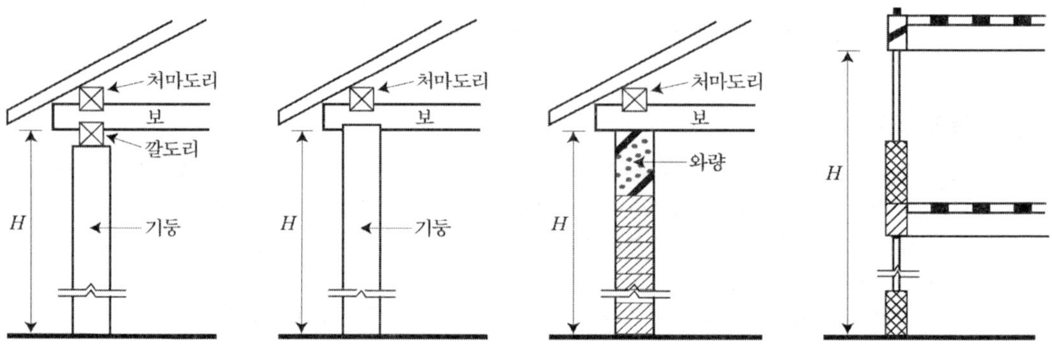


**그림 1-25 처마높이($H$)의 산정**

**질의회신** 벽돌조 철근콘크리트슬래브일 때 처마높이는 왼쪽 그림에 있어서는 ㉱부분, 오른쪽 그림에 있어서는 ㉰부분으로 산정됨.(건설부장관 건축 444.1-18258, '72.10.21)

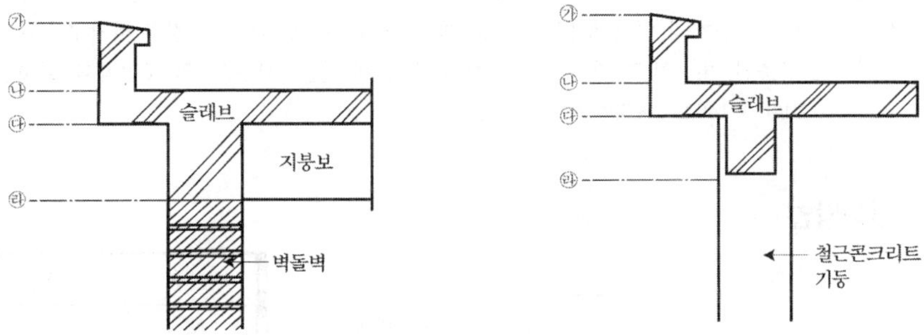


## 7. 반자높이 산정방법

(1) 바닥에서 반자까지의 높이

(2) 반자높이가 다를 경우 : 반자면적에 따라 가중 평균한 높이

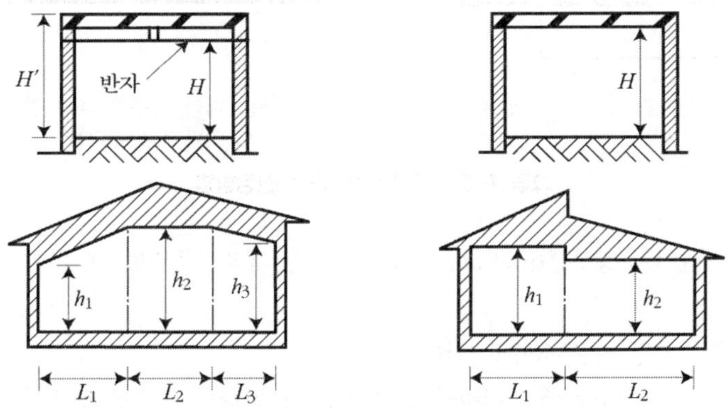


$$\frac{L_1\left(\frac{h_1+h_2}{2}\right)+L_2h_2+L_3\left(\frac{h_2+h_3}{2}\right)}{L_1+L_2+L_3} \qquad \frac{L_1h_1+L_2h_2}{L_1+L_2}$$

**그림 1-26 반자높이 산정**

※ 반자가 없는 경우가 명시되어 있지 않아 보 등이 있을 경우는 반자높이가 다를 경우를 적용해야 하며 용적개념으로 보면 좋으나 활동공간에서 보면 유효높이에 문제가 있다.

## 8. 층고(層高) 산정방법

바닥면 구조체 윗면으로부터 위층 바닥 구조체의 윗면까지의 높이

※ 층의 높이가 다른 부분 : 각 부분의 높이에 따른 면적에 따라 가중 평균한 높이

**질의** 건축물의 층고 산정방법

**회신** 「건축법 시행령」 제119조제1항제8호의 규정에 의하여 층고라 함은 방의 바닥구조체 윗면으로부터 위층 바닥구조체의 윗면까지의 높이로 하는 산정하는 것이며, 이 경우 바닥구조체가 목조 또는 각 파이프의 구조인 경우 방의 바닥을 이루어 함을 받게 되는 바닥구조의 조합체를 말하는 것입니다.(건교부 건축 58070-1602, 2003.9.1)

## 9. 층수 산정방법

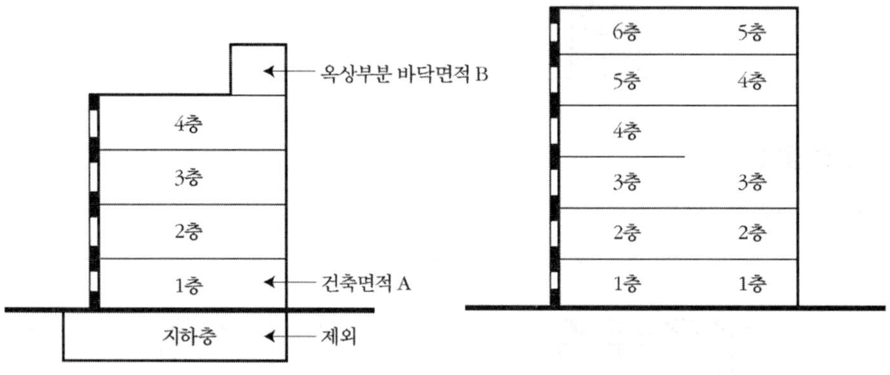


$B \le \frac{1}{8}A$ 일 때 4층 건물, $B > \frac{1}{8}A$ 일 때 5층 건물

부분에 따라 층수가 다를 경우 가장 많은 층수로 한다.(6층 건축물)

**그림 1-27 건축물의 층수 산정방법**

(1) 건축면적의 1/8 이하인 옥상부분(pent house)과 지하층은 제외(「주택법」에 의한 전용면적 85m$^2$ 이하인 경우 1/6)

(2) 층수가 다를 경우 : 가장 많은 층수로 한다.

(3) 층의 구분이 명확하지 아니할 때 : 건축물 높이 4m마다 하나의 층으로 산정한다(경기장 관람석 등).

※ 지하층을 층수에 넣지 않는 이유

지하층은 눈에 띄지 않으므로 층수에 산입하면 큰 혼란이 온다(고도제한 등에). 건물 전체의 규모를 이야기할 때는 지상층과 지하층을 구분해서 층수를 설명한다.

※ 규모가 적은 옥상부분을 층수에 넣지 않는 이유

- 옥상부분은 건축설비를 설치하는 부분으로 층수 산정에서 제외하는 것이 건축물의 층수를 규제하는 데 용이하다.
- 규모가 큰 것은 의도적이었다고 보아 층수에 산정하지만 규모가 적은 경우는 불가피하게 설치하게 되는 부수적인 것으로 간주한다.

**참고**

**필로티 구조인 경우 층수 산정(영 별표 1호 및 2호)**

- 아파트, 연립주택에 있어 1층 전부를 필로티 구조로 하여 주차장으로 사용하는 경우에는 필로티 부분을 층수 산정에서 제외함.

- 다세대 주택과 다가구 주택에 있어서는 1층 바닥면적의 1/2 이상을 필로티 구조로 하여 주차장으로 사용하고 나머지 부분을 주택 외의 용도로 사용하는 경우에는 해당 층을 주택의 층수에서 제외함.

➡ 법령해석사례[법제처 안건번호 11-0114]

「건축법 시행령」 별표 1에 따라 용도별 건축물의 종류를 분류할 때 지하층을 건축물의 층수에 산입하는지 여부
(「건축법 시행령」 별표 1 등 관련)

**【질의요지】**

「건축법 시행령」 별표 1 제2호에 따라 공동주택의 종류를 분류할 때, 주택으로 쓰는 지하층은 같은 영 제119조제1항 제9호에 따라 건축물의 층수에 산입하는지?

**【회답】**

「건축법 시행령」 별표 1 제2호에 따라 공동주택의 종류를 분류할 때, 주택으로 쓰는 지하층은 같은 영 제119조제1항 제9호에 따라 건축물의 층수에 산입하지 아니합니다.

※ **법령정비 권고**

다만, 「건축법 시행령」 별표 1 제1호다목에서는 다가구 주택을 구분하면서 '주택으로 쓰는 층수(지하층은 제외한다)가 3개 층 이하일 것'이라고 규정하고 있으나, 「건축법 시행령」 별표 1 제2호에 따라 공동주택의 종류를 구분할 때는 '지하층은 제외한다'고 규정하고 있지 않아 혼선이 있을 수 있으므로, 이에 대하여 입법적으로 보완할 필요가 있다고 할 것입니다.

**질의** **층수 산정**

내부공간의 높이가 2.6~7.8m이고, 내부공간이 기둥과 보로 된 구조물로 구분·형성되어 있는 경우, 내부공간의 층수는?

**회신** 가. 건축법시행령 제119조 제1항 제9호에 따라 건축물의 층의 구분이 명확하지 아니한 건축물은 당해 건축물의 높이 4m마다 하나의 층으로 산정해야 하며 건축물의 부분에 따라 그 층수를 달리하는 경우에는 그 중 가장 많은 층수로 산정해야 하는 것임.

나. 질의의 내부공간 중간에 거실 등으로 사용가능 여부 또는 가시설로서 구조변경의 용이성 등과 층간 바닥의 유무, 구조, 피난, 기능, 이용행태 및 관계법령 등 구체적인 사항을 고려하여 허가권자가 종합적으로 판단을 해야 할 것임.(국토교통부 건축정책과 등록 2009.8.28, 수정 2019.5.24)

**질의** 시험동으로 사용하는 높이가 47m인 건축물의 층수는?

**회신** 가. 건축법 시행령 제119조제1항제9호에 의하면 '건축물의 층수'는 층의 구분이 명확하지 아니한 건축물의 경우 당해 건축물의 높이 4m마다 하나의 층으로 산정하고, 건축물의 부분에 따라 그 층수를 달리하는 경우에는 그 중 가장 많은 층수로 하도록 규정하고 있음.

나. 건축법령을 적용함에 있어 당해 건축물이 층의 구분이 명확하지 아니한 건축물의 경우는 높이 4m마다 하나의 층으로 산정하여야 할 것이나, 층의 구분이 명확한 경우라면 층고가 4m를 초과하는 경우라도 이는 하나의 층으로 볼 수 있음.(국토교통부 건축정책과 등록 2011.12.28, 수정 2019.5.24)

**질의** **복합용도 건축물에 대하여 1층 일부를 필로티로 하는 경우 주택으로 쓰이는 층수에 포함되는지**

주택과 근린생활시설의 복합용도의 건축물에 대하여 1층의 일부 또는 전부를 필로티 구조로 하는 경우 동 1층 부분이 주택으로 쓰이는 층수에 포함되는지 여부

**회신** 「건축법 시행령」 별표 1 제1호 및 제2호의 규정에 의하여 주택의 1층 전부를 필로티 구조로 하여 주차장으로 사용하는 경우에는 필로티 부분을 주택으로 쓰이는 층수 산정에서 제외하는 것이나, 주택과 근린생활시설 등의 복합용도로 하는 경우에는 동 건축물의 1층 일부 또는 전부를 필로티 구조로 하더라도 1층 부분을 주택으로 쓰이는 층수에 산입하는 것이니 보다 구체적인 사항은 당해 허가권자에게 문의하시기 바랍니다.(건교부 건축 58070-1194, 2003.7.2)

## 10. 지표면에 고저차가 있을 경우 높이

(1) 건축물이 접하는 각 지표면 부분의 높이를 당해 지표면 부분의 수평거리에 따라 가중평균한 높이의 수평면을 지표면으로 본다.

※ 건축물이 접하는 부분의 가중평균한 높이임을 유의한다.

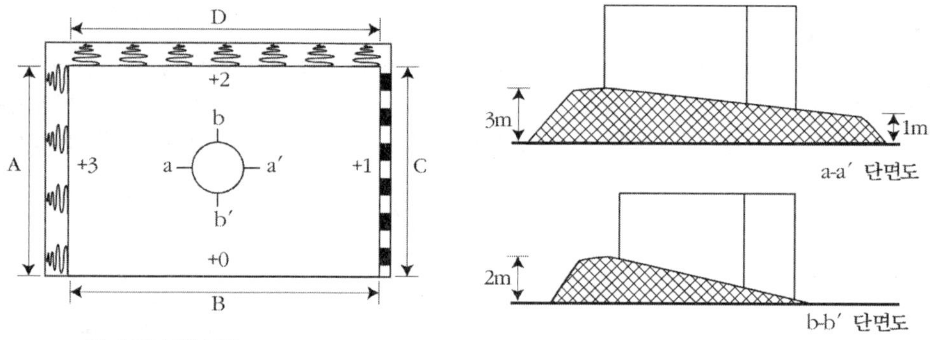


$$H=\frac{3A+0B+1C+2D}{A+B+C+D}(m)$$

그림 1-28 가중평균한 높이

(2) 고저차가 3m를 넘을 때 : 고저차가 3m 이내의 부분마다 지표면을 산정한다.

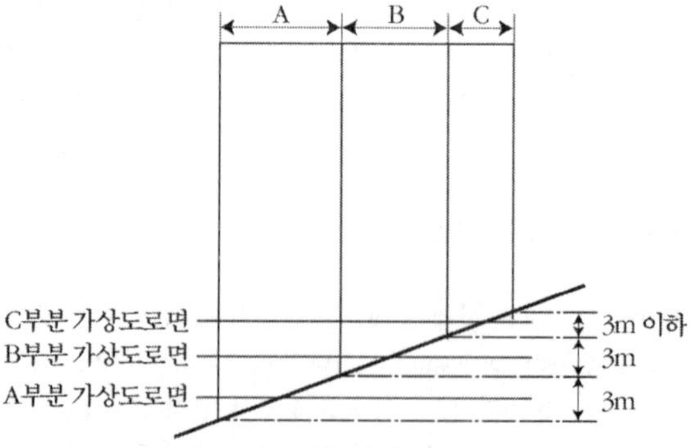


그림 1-29 고저차가 있는 지표면 산정

> **참고** **건축물의 건축면적 및 높이의 산정을 위한 지표면 산정방법**
> 지표면의 고저차가 3m를 넘는 경우에는 당해 고저차 3m 이내의 부분마다 그 지표면을 정하도록 하고 있으며, 이 경우 고저차가 3m 이내마다 구획된 부분의 실제 지표면 전체가 고저차가 없이 평탄한 경우에는 가중평균이 아닌 실제 지표면을 기준으로 건축면적 및 높이를 산정함.

## ❑ 지표면 산정방법의 예

- 건축물 평면도

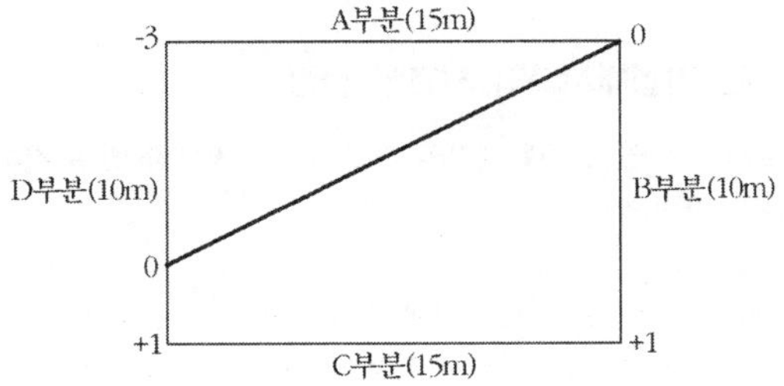


- 지표면 산정방법
  - 전개도면 작성(아래와 같은 경우를 가정함)

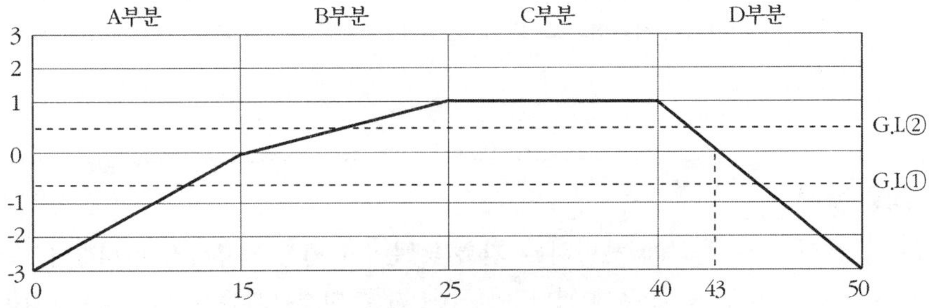


  - 지표면 산정식 : 건축물이 접하는 부분의 높이가 3m를 초과하는 부분이 있으므로 3m마다 지표면을 산정함.

G.L① : $\frac{(3\times15\times1/2)+(3\times10)+(3\times15)+(3\times3+3\times7\times1/2)}{50}=2.34\text{m}$

따라서 0점으로부터 −0.66m에 G.L① 있음

G.L② : $\frac{(0\times15)+(1\times10\times1/2)+(1\times15)+(1\times3\times1/2+0\times7)}{50}=0.43\text{m}$

따라서 0점으로부터 +0.43m에 G.L② 있음

- 건축물 입면도

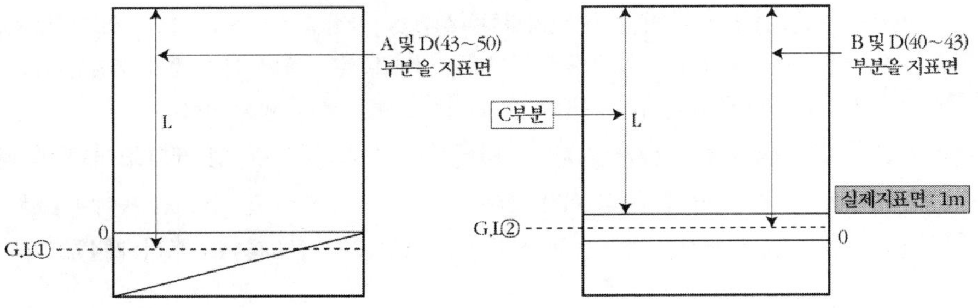

- 건축물의 건축면적 및 높이 적용방법
  - G.L①을 기준으로 건축면적 및 높이의 적용부분은 A부분 및 D부분(43m지점에서 50m지점까지)
  - G.L②를 기준으로 건축면적 및 높이의 적용부분은 B부분 및 D부분(40m지점에서 43m지점까지)
  - 실제 지표면을 기준으로 건축면적 및 높이의 적용부분은 C부분
  (∵ C부분에 대한 실제 지표면 전체가 고저차가 없이 평탄하므로 이 경우에는 실제 지표면을 기준으로 허용)

**질의** **지표면에 고저차가 있는 인접대지와의 지표면 산정**

"A" 대지의 지표면이 고저차가 있고 "B" 대지의 지표면도 고저차가 있는 경우 "A" 대지와 "B" 대지간 일조권 산정을 위한 지표면 산정 방법은?

**회신** 건축법시행령 제119조 제1항 제5호 나목에 의하면 일조등의 확보를 위한 건축물의 높이 산정에 있어 건축물의 대지의 지표면과 인접대지의 지표면간에 고저차가 있는 경우에는 그 지표면의 평균수평면을 지표면으로 보도록 하고 있고, 동조제2항에 의하면 지표면에 고저차가 있는 경우에는 건축물의 주위가 접하는 각 지표면 부분의 높이를 당해 지표면 부분의 수평거리에 따라 가중평균한 높이의 수평면을 지표면으로 보고 있는 바, 귀 질의의 경우에는 "A" 및 "B" 대지 각각의 가중평균 수평면을 산정후 그 지표면의 평균수평면을 지표면으로 다시 산정하는 것임.(국토교통부 건축정책과 등록 2009.8.28, 수정 2019.5.24)

**법 제3조 [적용 제외]**

① 다음 각 호의 어느 하나에 해당하는 **건축물에는 이 법을 적용하지 아니한다.**

1. 「문화유산의 보존 및 활용에 관한 법률」에 따른 지정문화유산이나 임시지정문화유산 또는 「자연유산의 보존 및 활용에 관한 법률」에 따라 지정된 천연기념물등이나 임시지정천연기념물, 임시지정명승, 임시지정시·도자연유산, 임시자연유산자료(2024.2.6 자연유산의 보존 및 활용에 관한 법률 부칙에 의거 본호 개정)
2. 철도나 궤도의 선로 부지(敷地)에 있는 다음 각 목의 시설
   가. 운전보안시설
   나. 철도 선로의 위나 아래를 가로지르는 보행시설
   다. 플랫폼
   라. 해당 철도 또는 궤도사업용 급수(給水)·급탄(給炭) 및 급유(給油) 시설
3. 고속도로 통행료 징수시설
4. 컨테이너를 이용한 간이창고(「산업집적활성화 및 공장설립에 관한 법률」 제2조제1호에 따른 공장의 용도로만 사용되는 건축물의 대지에 설치하는 것으로서 이동이 쉬운 것만 해당된다)
5. 「하천법」에 따른 하천구역 내의 수문조작실(2016.1.19 본호 신설)

② 「국토의 계획 및 이용에 관한 법률」에 따른 도시지역 및 같은 법 제51조제3항에 따른 지구단위계획구역(이하 "지구단위계획구역"이라 한다) 외의 지역으로서 동이나 읍(동이나 읍에 속하는 섬의 경우에는 인구가 500명 이상인 경우만 해당된다)이 아닌 지역은 **제44조부터 제47조까지, 제51조 및**

> **제57조를 적용하지 아니한다.**(2014.1.14 본항 개정)
> ③ 「국토의 계획 및 이용에 관한 법률」 제47조제7항에 따른 **건축물이나 공작물을 도시·군계획시설로 결정된 도로의 예정지에 건축하는 경우에는 제45조부터 제47조까지의 규정을 적용하지 아니한다.**(2011.4.14 「국토의 계획 및 이용에 관한 법률」 부칙에 의거 본항 개정)

해설 전국에 있는 모든 건축물에 「건축법」을 적용하는 것이 원칙이지만 원형보존을 위한 건축물과 다른 법에 의해 보존·관리되는 건축물 등은 「건축법」을 적용하지 않는다. 또한 도시지역 및 지구 단위계획구역이 아닌 지역에서는 「건축법」의 일부를 적용하지 않는다.

❑ **「건축법」을 전혀 적용하지 않는 경우**

문화유산, 철도 또는 궤도의 선로부지 내의 운전보안시설, 고속도로 통행료 징수시설, 컨테이너를 이용한 간이창고(관련 법률에 의한 공장의 용도로만 사용되는 것으로 이동이 용이한 것), 하천구역 내의 수문조작실

❑ 도시지역 및 지구단위계획구역 외의 지역으로서 동 또는 읍의 지역 외의 지역에 대하여는 다음과 같은 「건축법」 일부 규정을 적용하지 아니함.

- 대지와 도로의 관계(법 제44조)
- 도로의 지정·폐지 또는 변경(법 제45조)
- 건축선의 지정(법 제46조)
- 건축선에 따른 건축 제한(법 제47조)
- 방화지구 안의 건축물(법 제51조)
- 대지의 분할 제한(법 제57조)

※ 개발이 활발하게 이루어질 지역 외의 지역에 대하여는 「건축법」의 일부를 적용하지 않음.

※ 법령개정 필요성과 의견 : 대지, 도로 등에 관한 사항은 기능, 안전 등을 위해 모든 지역에 적용하는 것이 바람직하다. 예를 들어 건축선의 지정은 차량 및 보행자의 안전한 통행이 되어야 하므로 시야의 확보, 차량의 통행이 원활하기 위함이다. 보도가 설치되지 않는 도로는 도로가 교차할 경우 가각전제(건축선 지정)할 필요가 있으며 적용하지 않는 것은 문제가 있다.

❑ 「국토의 계획 및 이용에 관한 법률」상 도시·군계획시설 부지의 매수청구(제47조)의 규정에 의하여 매수청구를 한 토지의 소유자가 다음 조건에 해당하여 허가를 받아 도로의 예정지에 건축물 또는 공작물을 설치하는 경우에는 다음과 같은 「건축법」의 일부를 적용하지 않는다.

- 도로의 지정·폐지 또는 변경(법 제45조)
- 건축선의 지정(법 제46조)
- 건축선에 따른 건축제한(법 제47조)

◦ 조건 : 상기에서 건축물이나 공작물을 설치할 수 있는 경우는 규정에 의하여 매수하지 아니하기로 한 경우 또는 매수결정을 통지한 날부터 2년이 경과될 때까지 당해 토지를 매수하지 아니하는 경우가 됨

참고
- 도시·군계획시설에 대한 도시계획결정의 고시일부터 10년 이내에 당해 도시·군계획시설의 설치에 관한 도시·군계획시설사업이 시행되지 아니하는 경우 당해 도시·군계획시설의 부지로 되어 있는 토지 중 지목

이 "대"인 토지의 소유자는 대통령령이 정하는 바에 따라 특별시장·광역시장·특별자치시장·특별자치도지사 또는 군수에게 당해 토지의 매수를 청구할 수 있다.(「국토의 계획 및 이용에 관한 법률」 제47조제1항) 이러한 규정에 의하여 매수청구를 한 토지의 소유자는 다음의 경우에 해당하는 경우 개발행위의 허가를 받아 규정이 정하는 건축물 또는 공작물을 설치할 수 있다.

- 특별시장·광역시장·특별자치시장·특별자치도지사·시장 또는 군수가 매수하지 아니하기로 결정한 경우(매수청구가 있는 날부터 2년 이내에 매수 여부 결정)
- 특별시장·광역시장·특별자치시장·특별자치도지사·시장 또는 군수가 매수결정을 통지한 날부터 2년이 경과될 때까지 당해 토지를 매수하지 아니하는 경우(매수하기로 결정한 토지는 매수결정을 통지한 날부터 2년 이내에 매수)

• 위와 같은 규정에 의한 건축물 또는 공작물을 도시·군계획시설로 결정된 도로의 예정지 안에 건축하는 경우에는 도로의 지정·폐지 또는 변경(「건축법」 제45조)와 건축선의 지정(「건축법」 제46조) 및 건축선에 의한 건축제한(「건축법」 제47조)은 적용하지 아니한다.

참고

「국토의 계획 및 이용에 관한 법률」

종전 「국토이용관리법」에는 도시지역과 비도시지역(농림·준 농림지역 등) 등으로 구분하였으며 「도시계획법」에서는 도시지역을 도시계획구역으로 정하여 운영하고 있었으나, 2003년 1월 1일부터는 이를 통합한 법률인 「국토의 계획 및 이용에 관한 법률」이 시행됨으로써 지역에 대한 변화체계를 갖게 되는데 다음과 같다.

• 국토의 용도구분(법 제6조)

| 지 역 | 내 용 |
|---|---|
| 도시지역 | 인구와 산업이 밀집되어 있거나 예상되어 당해 지역에 대하여 체계적인 개발·정비·관리·보전 등이 필요한 지역 |
| 관리지역 | 도시지역의 인구와 산업을 수용하기 위하여 도시지역에 준하여 체계적으로 관리하거나 농림업의 진흥, 자연환경 또는 산림의 보전을 위하여 농림지역 또는 자연환경보전지역에 준하여 관리가 필요한 지역 |
| 농림지역 | 도시지역에 속하지 아니하는 「농지법」에 의한 농업진흥지역 또는 「산지관리법」에 의한 보전산지 등으로서 농림업의 진흥과 산림의 보전을 위하여 필요한 지역 |
| 자연환경<br>보전지역 | 자연환경·수자원·해안·생태계·상수원 및 문화재의 보전과 수산자원의 보호·육성 등을 위하여 필요한 지역 |

• 상기의 용도구분은 다음과 같은 용도지역으로 다시 구분됨(법 제36조)

– 도시지역

| 지 역 | 내 용 |
|---|---|
| 주거지역 | 거주의 안녕과 건전한 생활환경의 보호를 위하여 필요한 지역 |
| 상업지역 | 상업, 그 밖의 업무의 편익증진을 위하여 필요한 지역 |
| 공업지역 | 공업의 편익증진을 위하여 필요한 지역 |
| 녹지지역 | 자연환경·농지 및 산림의 보호, 보건위생·보안과 도시의 무질서한 확산을 방지하기 위하여 녹지의 보전이 필요한 지역 |

– 관리지역

| 지 역 | 내 용 |
|---|---|
| 보전관리지역 | 자연환경보호·산림보호·수질오염방지 녹지공간 확보 및 생태계 보전 등을 위하여 보전이 필요하거나, 주변의 용도지역과의 관계 등을 고려할 때 자연환경보전지역으로 지정하여 관리하기가 곤란한 지역 |

| 지 역 | 내 용 |
|---|---|
| 생산관리지역 | 농업·임업·어업생산 등을 위하여 관리가 필요하나, 주변의 용도지역과의 관계 등을 고려할 때 농림지역으로 지정하여 관리하기가 곤란한 지역 |
| 계획관리지역 | 도시지역으로의 편입이 예상되는 지역 또는 자연환경을 고려하여 제한적인 이용·개발을 하려는 지역으로서 계획적·체계적인 관리가 필요한 지역 |

**질의** **역사의 「건축법」 적용 여부**

고속철도 건설에 따른 건물(역사, 종합사령실, 신호실, 통신실, 기지, 변전소)이 「건축법」 적용이 제외되는 「건축법」 제3조제1항제4호의 규정에 의한 운전보안시설에 포함되는지 여부

**회신** 「건축법」 제3조제1항제4호의 규정에 의하면 철도 또는 궤도의 선로부지 안에 있는 운전보안시설과 당해 철도 또는 궤도사업용 급수·급탄 및 급유시설은 「건축법」 적용대상이 아닌 것이나, 질의의 경우와 같이 고속철도건설에 따른 역사 등의 건축물과 그 건축물 내에 설치하는 시설(종합사령실, 신호실, 통신실 등)은 건축법령을 적용하여야 하는 것임.(서울시 건축 58550-2563, '95.6.20)

**질의** **문화재보호구역 외 지역**

문화재보호구역 외의 지역에 대하여 건축허가권자가 허가시 문화재청장과 협의해야 할 범위, 문화재보존에 영향을 미치는 범위와 이에 대한 구체적인 판단기준

**회신**
- 문화재보호구역 외의 지역에서 일정 건축행위가 문화재보존에 영향을 미치는지 여부에 대하여는 당해 문화재의 해당 지방자치단체가 문화재의 성격, 입지 여건과 건축행위 및 기타 관련사항에 대하여 종합적인 검토를 거쳐 우선 판단하고 그 결과에 따라 필요한 경우 문화재청과 협의하여야 함.
- 모든 문화재는 각각 개별적으로 성격이 다르고 특수성을 지니고 있어 영향을 미치는 범위 및 구체적인 건축기준을 일률적으로 설정하기는 어려움.
- 다만, 구체적인 건축기준에 대한 판단의 근거로 당해 문화재와의 관계에서 최소한도로 아래 사항에 대해서는 신중한 검토가 있어야 할 것임.
  - 문화재보호구역 외에서 발주하는 해당 사업이 당해 문화재의 지형·경관·고도 등에 미치는 영향
  - 천연기념물인 경우에는 상기 사항 외에 지하수위·생태계 등에 미치는 영향 등(문화재청 기획 61211-230, '99.7.20)

**질의** 「문화재 보호법」 제20조제4호의 규정을 적용 문화재보호구역 외 지역까지 건축 등의 행위제한을 할 수 있는지 여부 및 제한 가능할 경우 그 처리절차

**회신** 시장·군수는 건축허가시 문화재보호구역 외의 지역일지라도 문화재 보존에 미치는지 여부를 확인하여야 하며, 문화재 보존에 영향을 미치는 사항의 건축을 허가하는 경우에는 미리 문화재청장과 협의하여야 함.(문화재청, 문기 86700-83, 1999.6.18)

※ **「문화유산의 보존 및 활용에 관한 법률」 제2조 【문화재의 정의】** (2024.5.17부터 시행됨)
- 이 법에서 "문화유산"이란 「국가유산기본법」 제3조제2호에 해당하는 다음 각 호의 것을 말한다.
  1. 유형문화유산: 건조물, 전적(典籍: 글과 그림을 기록하여 묶은 책), 서적(書跡), 고문서, 회화, 조각, 공예품 등 유형의 문화적 소산으로서 역사적·예술적 또는 학술적 가치가 큰 것과 이에

준하는 고고자료(考古資料)

2. (2023.8.8 삭제)
3. 기념물: 절터, 옛무덤, 조개무덤, 성터, 궁터, 가마터, 유물포함층 등의 사적지(史蹟地)와 특별히 기념이 될 만한 시설물로서 역사적·학술적 가치가 큰 것
   가. (2023.3.21 삭제)
   나. (2023.3.21 삭제)
   다. (2023.3.21 삭제)
4. 민속문화유산: 의식주, 생업, 신앙, 연중행사 등에 관한 풍속이나 관습에 사용되는 의복, 기구, 가옥 등으로서 국민생활의 변화를 이해하는 데 반드시 필요한 것

- 이 법에서 "문화유산교육"이란 문화유산의 역사적·예술적·학술적·경관적 가치 습득을 통하여 문화유산 애호의식을 함양하고 민족 정체성을 확립하는 등에 기여하는 교육을 말하며, 문화유산교육의 구체적 범위와 유형은 대통령령으로 정한다.
- 이 법에서 "지정문화유산"이란 다음 각 호의 것을 말한다.
  1. 국가지정문화유산: 문화재청장이 제23조부터 제26조까지의 규정에 따라 지정한 문화유산
  2. 시·도지정문화유산: 특별시장·광역시장·특별자치시장·도지사 또는 특별자치도지사(이하 "시·도지사"라 한다)가 제70조제1항에 따라 지정한 문화유산
  3. 문화유산자료: 제1호나 제2호에 따라 지정되지 아니한 문화유산 중 시·도지사가 제70조제2항에 따라 지정한 문화유산
- 이 법에서 "보호구역"이란 지상에 고정되어 있는 유형물이나 일정한 지역이 문화유산으로 지정된 경우에 해당 지정문화유산의 점유 면적을 제외한 지역으로서 그 지정문화유산을 보존·관리하거나 정비하기 위하여 지정된 구역을 말한다.
- 이 법에서 "보호물"이란 문화유산을 보호하기 위하여 지정한 건물이나 시설물을 말한다.
- 이 법에서 "역사문화환경"이란 문화유산 주변의 자연경관이나 역사적·문화적인 가치가 뛰어난 공간으로서 문화유산과 함께 보호할 필요성이 있는 주변 환경을 말한다.
- 이 법에서 "건설공사"란 토목공사, 건축공사, 조경공사 또는 토지나 해저의 원형변경이 수반되는 공사로서 대통령령으로 정하는 공사를 말한다.
- 이 법에서 "국외소재문화유산"이란 외국에 소재하는 「국가유산기본법」 제3조제2호에 따른 문화유산(제39조제1항 단서 또는 제60조제1항 단서에 따라 반출된 문화유산은 제외한다)으로서 대한민국과 역사적·문화적으로 직접적 관련이 있는 것을 말한다.
- 이 법에서 "문화유산지능정보화"란 문화유산데이터의 생산·수집·분석·유통·활용 등에 문화유산지능정보기술을 적용·융합하여 문화유산의 보존·관리 및 활용을 효율화·고도화하는 것을 말한다.
- 이 법에서 "문화유산데이터"란 문화유산지능정보화를 위하여 정보처리능력을 갖춘 장치를 통하여 생성 또는 처리되어 기계에 의한 판독이 가능한 형태로 존재하는 정형 또는 비정형의 정보를 말한다.
- 이 법에서 "문화유산지능정보기술"이란 「지능정보화 기본법」 제2조제4호에 따른 지능정보기술 중 문화유산의 보존·관리 및 활용을 위한 기술 또는 그 결합 및 활용 기술을 말한다.
- 이 법에서 "문화유산디지털콘텐츠"란 문화유산 보존·관리 및 활용의 효용을 높이기 위하여 문화유산 기록 및 지식·정보·기술 등을 이용한 창작물로서 「문화산업진흥 기본법」 제2조제5호에 따른 디지털콘텐츠 및 같은 조 제7호에 따른 멀티미디어콘텐츠를 말한다.

법 **제4조 【건축위원회】**

① 국토교통부장관, 시·도지사 및 시장·군수·구청장은 다음 각 호의 사항을 조사·심의·조정 또는 재정(이하 이 조에서 "**심의등**"이라 한다)하기 위하여 각각 건축위원회를 두어야 한다. (2009.4.1 본항 개정)

1. 이 법과 조례의 제정·개정 및 시행에 관한 중요 사항(2014.5.28 본호 개정)
2. 건축물의 건축등과 관련된 분쟁의 조정 또는 재정에 관한 사항. 다만, 시·도지사 및 시장·군수·구청장이 두는 건축위원회는 제외한다.(2014.5.28 본호 개정)
3. 건축물의 건축등과 관련된 민원에 관한 사항. 다만, 국토교통부장관이 두는 건축위원회는 제외한다.(2014.5.28 본호 신설)
4. 건축물의 건축 또는 대수선에 관한 사항(2014.5.28 본호 개정)
5. 다른 법령에서 건축위원회의 심의를 받도록 규정한 사항(2009.4.1 본호 개정)

② 국토교통부장관, 시·도지사 및 시장·군수·구청장은 건축위원회의 심의등을 효율적으로 수행하기 위하여 필요하면 자신이 설치하는 건축위원회에 다음 각 호의 전문위원회를 두어 운영할 수 있다.(2014.5.28 본항 개정)

1. **건축분쟁전문위원회**(국토교통부에 설치하는 건축위원회에 한정한다)(2014.5.28 본호 신설)
2. **건축민원전문위원회**(시·도 및 시·군·구에 설치하는 건축위원회에 한정한다)(2014.5.28 본호 신설)
3. 건축계획·건축구조·건축설비 등 **분야별 전문위원회**(2014.5.28 본호 신설)

③ 제2항에 따른 전문위원회는 건축위원회가 정하는 사항에 대하여 심의등을 한다. (2014.5.28 본항 개정)

④ 제3항에 따라 전문위원회의 심의등을 거친 사항은 건축위원회의 심의등을 거친 것으로 본다. (2014.5.28 본항 개정)

⑤ 제1항에 따른 각 건축위원회의 조직·운영, 그 밖에 필요한 사항은 대통령령으로 정하는 바에 따라 국토교통부령이나 해당 지방자치단체의 조례(자치구의 경우에는 특별시나 광역시의 조례를 말한다. 이하 같다)로 정한다.

해설 건축위원회는 행정담당자와 관계전문가들로 구성된 심의기구로서 법·조례·규칙의 제정, 개정, 폐지를 포함한 건축법령 시행에 관련된 전반적인 사항을 다루며 합리적이고 효율적인 건축행정을 위해 건축분쟁전문위원회, 건축민원전문위원회와 건축계획·구조·설비 등 분야별 전문위원회를 두어 운영할 수 있도록 하고 있다. 건축위원회는 국토교통부의 중앙건축위원회와 지방건축위원회(시·도의 광역자치단체 및 시·군·구의 기초자치단체의 지방건축위원회로 구분된다. 중앙건축위원회는 건축허가를 위한 건축심의는 극히 일부분에 한하고 표준설계도서, 건축분쟁의 조정, 재정과 법령의 시행등 운영에 관한 사항을 다룬다. 또한 다른 법령에서 심의하도록 규정하는 특별한 경우에 한정되며 대부분의 사항은 지방건축위원회에서 하도록 하고 있다.

지방건축위원회는 종전과 많이 달라졌으며 위원의 임기, 위원회 운영에서 해당분야 전문가(1/4) 참여, 심의접수일로부터 30일 이내 회의개최, 회의개최전 공지, 심의신청자에게 심의위원명단을 알리고 심의신청자의 회의참석과 안건설명, 재심의 신청 등을 할 수 있도록 하고 있다.

**영 제5조 【중앙건축위원회의 설치 등】**

① 법 제4조제1항에 따라 국토교통부에 두는 건축위원회(이하 "**중앙건축위원회**"라 한다)는 다음 각 호의 사항을 조사·심의·조정 또는 재정(이하 "**심의등**"이라 한다)한다.

1. 법 제23조제4항에 따른 표준설계도서의 인정에 관한 사항
2. 건축물의 건축·대수선·용도변경, 건축설비의 설치 또는 공작물의 축조(이하 "건축물의 건축등"이라 한다)와 관련된 분쟁의 조정 또는 재정에 관한 사항(2009.8.5 본호 개정)
3. 법과 이 영의 제정·개정 및 시행에 관한 중요사항(2014.11.28 본호 개정)
4. 다른 법령에서 중앙건축위원회의 심의를 받도록 한 경우 해당 법령에서 규정한 심의사항 (2009.8.5 본호 개정)
5. 그 밖에 국토교통부장관이 중앙건축위원회의 심의가 필요하다고 인정하여 회의에 부치는 사항

② 제1항에 따라 심의등을 받은 건축물이 다음 각 호의 어느 하나에 해당하는 경우에는 해당 건축물의 건축등에 관한 중앙건축위원회의 심의등을 생략할 수 있다.

1. 건축물의 규모를 변경하는 것으로서 다음 각 목의 요건을 모두 갖춘 경우
   가. 건축위원회의 심의등의 결과에 위반되지 아니할 것
   나. 심의등을 받은 건축물의 건축면적, 연면적, 층수 또는 높이 중 어느 하나도 1/10을 넘지 아니하는 범위에서 변경할 것
2. 중앙건축위원회의 심의등의 결과를 반영하기 위하여 건축물의 건축등에 관한 사항을 변경하는 경우

③ 중앙건축위원회는 위원장 및 부위원장 각 1명을 포함하여 70명 이내의 위원으로 구성한다.

④ 중앙건축위원회의 위원은 관계 공무원과 건축에 관한 학식 또는 경험이 풍부한 사람 중에서 국토교통부장관이 임명하거나 위촉한다.

⑤ 중앙건축위원회의 위원장과 부위원장은 제4항에 따라 임명 또는 위촉된 위원 중에서 국토교통부장관이 임명하거나 위촉한다.

⑥ 공무원이 아닌 위원의 임기는 2년으로 하며, 한 차례만 연임할 수 있다.

**영 제5조의2 【위원의 제척·기피·회피】** [2012.12.12 본조 신설]

① 중앙건축위원회의 위원(이하 이 조 및 제5조의3에서 "**위원**"이라 한다)이 다음 각 호의 어느 하나에 해당하는 경우에는 중앙건축위원회의 심의·의결에서 제척(除斥)된다.

1. 위원 또는 그 배우자나 배우자이었던 사람이 해당 안건의 당사자(당사자가 법인·단체 등인 경우에는 그 임원을 포함한다. 이하 이 호 및 제2호에서 같다)가 되거나 그 안건의 당사자와 공동권리자 또는 공동의무자인 경우
2. 위원이 해당 안건의 당사자와 친족이거나 친족이었던 경우

3. 위원이 해당 안건에 대하여 자문, 연구, 용역(하도급을 포함한다), 감정 또는 조사를 한 경우
4. 위원이나 위원이 속한 법인·단체 등이 해당 안건의 당사자의 대리인이거나 대리인이었던 경우
5. 위원이 임원 또는 직원으로 재직하고 있거나 최근 3년 내에 재직하였던 기업 등이 해당 안건에 관하여 자문, 연구, 용역(하도급을 포함한다), 감정 또는 조사를 한 경우

② 해당 안건의 당사자는 위원에게 공정한 심의·의결을 기대하기 어려운 사정이 있는 경우에는 중앙건축위원회에 기피 신청을 할 수 있고, 중앙건축위원회는 의결로 이를 결정한다. 이 경우 기피 신청의 대상인 위원은 그 의결에 참여하지 못한다.

③ 위원이 제1항 각 호에 따른 제척 사유에 해당하는 경우에는 스스로 해당 안건의 심의·의결에서 회피(回避)하여야 한다.

**영 제5조의3 【위원의 해임·해촉】**

국토교통부장관은 위원이 다음 각 호의 어느 하나에 해당하는 경우에는 해당 위원을 해임하거나 해촉(解囑)할 수 있다.(2012.12.12 본조 신설)

1. 심신장애로 인하여 직무를 수행할 수 없게 된 경우
2. 직무태만, 품위손상이나 그 밖의 사유로 인하여 위원으로 적합하지 아니하다고 인정되는 경우
3. 제5조의2제1항 각 호의 어느 하나에 해당하는 데에도 불구하고 회피하지 아니한 경우

**영 제5조의4 【운영세칙】**

제5조, 제5조의2 및 제5조의3에서 규정한 사항 외에 중앙건축위원회의 운영에 관한 사항, 수당 및 여비의 지급에 관한 사항은 국토교통부령으로 정한다.(2012.12.12 본조 신설)

**영 제5조의5 【지방건축위원회】**

① 법 제4조제1항에 따라 특별시·광역시·도·특별자치도(이하 "시·도"라 한다) 및 시·군·구(자치구를 말한다. 이하 같다)에 두는 건축위원회(이하 "**지방건축위원회**"라 한다)는 다음 각 호의 사항에 대한 심의등을 한다.

1. 법 제46조제2항에 따른 건축선(建築線)의 지정에 관한 사항
2. 법 또는 이 영에 따른 조례(해당 지방자치단체의 장이 발의하는 조례만 해당한다)의 제정·개정 및 시행에 관한 중요사항(2014.11.28 본호 개정)
3. (2014.11.11 본호 삭제)

4. 다중이용 건축물 및 특수구조 건축물의 구조안전에 관한 사항(2014.11.28 본호 신설)
5. (2016.1.19 본호 삭제)
6. (2020.4.21 본호 삭제)
7. 다른 법령에서 지방건축위원회의 심의를 받도록 한 경우 해당 법령에서 규정한 심의사항
8. 특별시장·광역시장·특별자치시장·도지사 또는 특별자치도지사(이하 "**시·도지사**"라 한다) 및 시장·군수·구청장이 도시 및 건축 환경의 체계적인 관리를 위하여 필요하다고 인정하여 지정·공고한 지역에서 건축조례로 정하는 건축물의 건축등에 관한 것으로서 시·도지사 및 시장·군수·구청장이 지방건축위원회의 심의가 필요하다고 인정한 사항. 이 경우 심의 사항은 시·도지사 및 시장·군수·구청장이 건축 계획, 구조 및 설비 등에 대해 심의 기준을 정하여 공고한 사항으로 한정한다.(2020.4.21 본호 개정)

② 제1항에 따라 심의등을 받은 건축물이 제5조제2항 각 호의 어느 하나에 해당하는 경우에는 해당 건축물의 건축등에 관한 지방건축위원회의 심의등을 생략할 수 있다.

③ 제1항에 따른 지방건축위원회는 위원장 및 부위원장 각 1명을 포함하여 25명 이상 150명 이하의 위원으로 성별을 고려하여 구성한다.(2016.1.19 본항 개정)

④ 지방건축위원회의 위원은 다음 각 호의 어느 하나에 해당하는 사람 중에서 시·도지사 및 시장·군수·구청장이 임명하거나 위촉한다.
1. 도시계획 및 건축 관계 공무원
2. 도시계획 및 건축 등에서 학식과 경험이 풍부한 사람

⑤ 지방건축위원회의 위원장과 부위원장은 제4항에 따라 임명 또는 위촉된 위원 중에서 시·도지사 및 시장·군수·구청장이 임명하거나 위촉한다.

⑥ 지방건축위원회 위원의 임명·위촉·제척(除斥)·기피·회피·해촉·임기 등에 관한 사항, 회의 및 소위원회의 구성·운영 및 심의등에 관한 사항, 위원의 수당 및 여비 등에 관한 사항은 조례로 정하되, 다음 각 호의 기준에 따라야 한다.
1. 위원의 임명·위촉 기준 및 제척(除斥)·기피·회피·해촉·임기
가. 공무원을 위원으로 임명하는 경우에는 그 수를 전체 위원 수의 1/4 이하로 할 것
나. 공무원이 아닌 위원은 건축 관련 학회 및 협회 등 관련 단체나 기관의 추천 또는 공모 절차를 거쳐 위촉할 것
다. 다른 법령에 따라 지방건축위원회의 심의를 하는 경우에는 해당 분야의 관계 전문가가 그 심의에 위원으로 참석하는 심의위원 수의 1/4 이상이 되게 할 것. 이 경우 필요하면 해당 심의에만 위원으로 참석하는 관계 전문가를 임명하거나 위촉할 수 있다.
라. 위원의 제척·기피·회피·해촉에 관하여는 제5조의2 및 제5조의3을 준용할 것
마. 공무원이 아닌 위원의 임기는 3년 이내로 하며, 필요한 경우에는 한 차례만 연임할 수 있게 할 것
2. 심의등에 관한 기준
가. 「국토의 계획 및 이용에 관한 법률」 제30조제3항 단서에 따라 건축위원회와 도시계획

위원회가 공동으로 심의한 사항에 대해서는 심의를 생략할 것

나. 제1항제4호에 관한 사항은 법 제21조에 따른 착공신고 전에 심의할 것. 다만, 법 제13조의2에 따라 안전영향평가 결과가 확정된 경우는 제외한다.(2020.4.21 본목 신설)

다. 지방건축위원회의 위원장은 회의 개최 **10일** 전까지 회의 안건과 심의에 참여할 위원을 확정하고, 회의 개최 **7일** 전까지 회의에 부치는 안건을 각 위원에게 알릴 것. 다만, 대외적으로 기밀 유지가 필요한 사항이나 그 밖에 부득이한 사유가 있는 경우에는 그러하지 아니하다.

라. 지방건축위원회의 위원장은 다목에 따라 심의에 참여할 위원을 확정하면 심의등을 신청한 자에게 위원 명단을 알릴 것

마. (2014.11.28 본목 삭제)

바. 지방건축위원회의 회의는 구성위원(위원장과 위원장이 다목에 따라 회의 참여를 확정한 위원을 말한다) 과반수의 출석으로 개의(開議)하고, 출석위원 과반수 찬성으로 심의등을 의결하며, 심의등을 신청한 자에게 심의등의 결과를 알릴 것

사. 지방건축위원회의 위원장은 업무 수행을 위하여 필요하다고 인정하는 경우에는 관계 전문가를 지방건축위원회의 회의에 출석하게 하여 발언하게 하거나 관계 기관·단체에 자료를 요구할 것

아. 건축주·설계자 및 심의등을 신청한 자가 희망하는 경우에는 회의에 참여하여 해당 안건 등에 대하여 설명할 수 있도록 할 것

자. 제1항제4호, 제7호 및 제8호에 따른 사항을 심의하는 경우 심의등을 신청한 자에게 지방건축위원회에 간략설계도서(배치도·평면도·입면도·주단면도 및 국토교통부장관이 정하여 고시하는 도서로 한정하며, 전자문서로 된 도서를 포함한다)를 제출하도록 할 것(2020.4.21 본목 개정)

차. 건축구조 분야 등 전문분야에 대해서는 분야별 해당 전문위원회에서 심의하도록 할 것(제5조의6제1항에 따라 분야별 전문위원회를 구성한 경우만 해당한다) (2014.11.28 본목 신설)

차. 건축구조 분야 등 전문분야에 대해서는 분야별 해당 전문위원회에서 심의하도록 할 것(건축구조 분야에 대해서는 제5조의6제1항에 따라 해당 전문위원회를 구성하여 심의해야 하고, 그 밖의 전문분야에 대해서는 같은 항에 따라 분야별 전문위원회를 구성한 경우만 해당한다) (2024.12.17 본목 개정, 2025.12.18 시행)

카. 지방건축위원회 심의 절차 및 방법 등에 관하여 국토교통부장관이 정하여 고시하는 기준에 따를 것(2014.11.28 본목 개정)

▶ **발의(發議)** : 회의에서 심의할 의안(議案)을 내 놓음 또는 그 의안

▶ **위촉(委囑)** : 어떤 일을 남에게 부탁하여 맡기게 함

▶ **제척(除斥)** : 공정한 심판을 위해 직무의 집행에서 배제하는 것

법 **제4조의2 【건축위원회의 건축 심의 등】**

① 대통령령으로 정하는 건축물을 건축하거나 대수선하려는 자는 국토교통부령으로 정하는 바에 따라 시·도지사 또는 시장·군수·구청장에게 제4조에 따른 건축위원회(이하 "**건축위원회**"라 한다)의 심의를 신청하여야 한다.(2017.1.17 본항 개정)

② 제1항에 따라 심의 신청을 받은 시·도지사 또는 시장·군수·구청장은 대통령령으로 정하는 바에 따라 건축위원회에 심의 안건을 상정하고, 심의 결과를 국토교통부령으로 정하는 바에 따라 심의를 신청한 자에게 통보하여야 한다.

③ 제2항에 따른 건축위원회의 심의 결과에 이의가 있는 자는 심의 결과를 통보받은 날부터 **1개월** 이내에 시·도지사 또는 시장·군수·구청장에게 건축위원회의 재심의를 신청할 수 있다.

④ 제3항에 따른 재심의 신청을 받은 시·도지사 또는 시장·군수·구청장은 그 신청을 받은 날부터 **15일** 이내에 대통령령으로 정하는 바에 따라 건축위원회에 재심의 안건을 상정하고, 재심의 결과를 국토교통부령으로 정하는 바에 따라 재심의를 신청한 자에게 통보하여야 한다.

해설 건축허가 신청 전에 건축위원회 심의신청을 건축주의 선택에 따라 건축허가 신청 후에도 신청할 수 있게 하고 허가권자는 심의 후 그 결과를 심의를 신청한자에게 통보하여야 한다. 심의결과에 이의가 있는 자는 심의 결과를 통보 받은 날부터 1개월 이내에 건축위원회의 재심의를 신청할 수 있다.
종전까지는 대부분의 지자체가 건축심의를 비공개로 하고 있을 뿐만 아니라, 심의결과를 건축주가 무조건 수용하여야 하므로 건축위원회 위원의 자의적이고 직설적인 의견이 그대로 반영됨으로 객관성이 결여된 점등이 있어 불합리하게 운영되는 것을 해결할 수 있도록 개선된다는 점에서는 바람직하다고 볼 수 있다.

영 **제5조의6 【전문위원회의 구성 등】** [2012.12.12 본조 신설]

① 국토교통부장관, 시·도지사 또는 시장·군수·구청장은 법 제4조제2항에 따라 다음 각 호의 분야별로 전문위원회를 구성·운영할 수 있다.

1. 건축계획 분야
2. 건축구조 분야
3. 건축설비 분야
4. 건축방재 분야
5. 에너지관리 등 건축환경 분야
6. 건축물 경관(景觀) 분야(공간환경 분야를 포함한다)
7. 조경 분야
8. 도시계획 및 단지계획 분야
9. 교통 및 정보기술 분야
10. 사회 및 경제 분야
11. 그 밖의 분야

② 제1항에 따른 전문위원회의 구성·운영에 관한 사항, 수당 및 여비 지급에 관한 사항은 국토해양부령 또는 건축조례로 정한다.

**규칙 제2조의3 【전문위원회의 구성 등】**

① 삭제(1999.5.11)

② 법 제4조제2항에 따라 중앙건축위원회에 구성되는 전문위원회(이하 이 조에서 "**전문위원회**"라 한다)는 중앙건축위원회의 위원 중 5인 이상 15인 이하의 위원으로 구성한다.(2006.5.12 본항 개정)

③ 전문위원회의 위원장은 전문위원회의 위원중에서 국토교통부장관이 임명 또는 위촉하는 자가 된다.(2013.3.23 본항 개정)

④ 전문위원회의 운영에 관하여는 제2조제1항 및 제2항을 준용한다. 이 경우 "중앙건축위원회"는 각각 "**전문위원회**"로 본다.(2012.12.12 본항 개정)

**영 제5조의7 【지방건축위원회의 심의】**

① 법 제4조의2제1항에서 "**대통령령으로 정하는 건축물**"이란 제5조의5제1항제4호, 제7호 및 제8호에 따른 심의 대상 건축물을 말한다.(2021.5.4 본항 개정)

② 시·도지사 또는 시장·군수·구청장은 법 제4조의2제1항에 따라 건축물을 건축하거나 대수선하려는 자가 지방건축위원회의 심의를 신청한 경우에는 법 제4조의2제2항에 따라 심의 신청 접수일부터 **30일** 이내에 해당 지방건축위원회에 심의 안건을 상정하여야 한다.

③ 법 제4조의2제3항에 따라 재심의 신청을 받은 시·도지사 또는 시장·군수·구청장은 지방건축위원회의 심의에 참여할 위원을 다시 확정하여 법 제4조의2제4항에 따라 해당 지방건축위원회에 재심의 안건을 상정하여야 한다.

**규칙 제2조 【중앙건축위원회의 운영 등】**

① 법 제4조제1항 및 「건축법 시행령」(이하 "영"이라 한다) 제5조의4에 따라 국토교통부에 두는 건축위원회(이하 "**중앙건축위원회**"라 한다)의 회의는 다음 각 호에 따라 운영한다.

1. 중앙건축위원회의 위원장은 중앙건축위원회의 회의를 소집하고, 그 의장이 된다.
2. 중앙건축위원회의 회의는 구성위원(위원장과 위원장이 회의 시마다 확정하는 위원을 말한다) 과반수의 출석으로 개의(開議)하고, 출석위원 과반수의 찬성으로 조사·심의·조정 또는 재정(이하 "**심의등**"이라 한다)을 의결한다.
3. 중앙건축위원회의 위원장은 업무수행을 위하여 필요하다고 인정하는 경우에는 관계 전문가를 중앙건축위원회의 회의에 출석하게 하여 발언하게 하거나 관계 기관·단체에 대하여 자료를 요구할 수 있다.

4. 중앙건축위원회는 심의신청 접수일부터 30일 이내에 심의를 마쳐야 한다. 다만, 심의요청서 보완 등 부득이한 사정이 있는 경우에는 20일의 범위에서 연장할 수 있다.(2016.1.13 본항 신설)

② 중앙건축위원회의 회의에 출석한 위원에 대하여는 예산의 범위에서 수당 및 여비를 지급할 수 있다. 다만, 공무원인 위원이 그의 소관 업무와 직접적으로 관련하여 출석하는 경우에는 그러하지 아니하다.

③ 중앙건축위원회의 심의등 관련 서류는 심의등의 완료 후 2년간 보존하여야 한다. (2016.1.13 본항 개정)

④ 중앙건축위원회에 회의록 작성 등 중앙건축위원회의 사무를 처리하기 위하여 간사를 두되, 간사는 국토교통부의 건축정책업무 담당 과장이 된다.(2016.1.13 본항 신설)

⑤ 이 규칙에서 규정한 사항 외에 중앙건축위원회의 운영에 필요한 사항은 중앙건축위원회의 의결을 거쳐 위원장이 정한다.(2016.1.13 본항 개정)

규칙 **제2조의2 【중앙건축위원회의 심의등의 결과 통보】**

국토교통부장관은 중앙건축위원회가 심의등을 의결한 날부터 7일 이내에 심의등을 신청한 자에게 그 심의등의 결과를 서면으로 알려야 한다.(2012.12.12 본조 신설)

규칙 **제2조의4 【지방건축위원회의 심의 신청 등】**

① 법 제4조의2제1항 및 제3항에 따라 건축물을 건축하거나 대수선하려는 자는 특별시·광역시·특별자치시·도·특별자치도 및 시·군·구(자치구를 말한다. 이하 같다)에 두는 건축위원회(이하 "**지방건축위원회**"라 한다)의 심의 또는 재심의를 신청하려는 경우에는 별지 제1호서식의 건축위원회 심의(재심의)신청서에 영 제5조의5제6항제2호자목에 따른 간략설계도서를 첨부(심의를 신청하는 경우에 한정한다)하여 제출하여야 한다.

② 영 제6조의3제2항 및 제4항에 따라 구조 안전에 관한 지방건축위원회의 심의 또는 재심의를 신청할 때에는 별지 제1호의5서식의 건축위원회 구조 안전심의(재심의) 신청서에 별표 1의2에 따른 서류를 첨부(재심의를 신청하는 경우는 제외한다)하여 제출하여야 한다.(2015.7.7 본항 신설)

③ 법 제4조의2제2항 및 제4항에 따라 특별시장·광역시장·특별자치시장·도지사·특별자치도지사(이하 "**시·도지사**"라 한다) 또는 시장·군수·구청장(자치구의 구청장을 말한다. 이하 같다)은 지방건축위원회의 심의 또는 재심의를 완료한 날부터 **14일** 이내에 그 심의 또는 재심의 결과를 심의 또는 재심의를 신청한 자에게 통보하여야 한다.

해설 건축물을 건축하거나 대수선하려는 자는 지방건축위원회의 심의 또는 재심의를 신청하려는 경우에 건축위원회 심의 또는 재심의 신청서에 간략설계도서를 첨부하여 제출하도록 하고, 신청서를 제출 받은 특별시장·광역시장·특별자치시장·도지사·특별자치도지사 또는 시장·군수·구청장은 심의 또는 재심의를 완료한 날부터 14일 이내에 그 심의 또는 재심의 결과를 신청자에게 통보하여야 한다.

참고

※ 「건축법 시행규칙」 별표 1의2 (2015.7.7 본표 신설)

**구조 안전 심의 신청 시 첨부서류** (제2조의4제2항 관련)

| 분야 | 도서종류 | 표시하여야 할 사항 |
|---|---|---|
| 1. 건축 | 가. 건축개요 | 1) 사업 개요 : 위치, 대지면적, 사업기간 등<br>2) 건축물 개요 : 규모(높이, 면적 등), 용도별 면적 및 건폐율, 용적률 등 |
| | 나. 배치도 | 1) 축척 및 방위, 대지에 접한 도로의 길이 및 너비<br>2) 대지의 종횡단면도 |
| | 다. 평면도 | 1) 1층 및 기준층 평면도<br>2) 기둥·벽·창문 등의 위치<br>3) 방화구획 및 방화문의 위치<br>4) 복도 및 계단 위치 |
| | 라. 단면도 | 1) 종·횡단면도<br>2) 건축물 전체높이, 각 층의 높이 및 반자높이 등 |
| 2. 구조 | 가. 구조계획서 | 1) 설계근거기준<br>2) 하중조건분석<br>3) 구조재료의 성질 및 특성<br>4) 구조 형식선정 계획<br>5) 구조안전 검토 |
| | 나. 구조도 및 구조계산서 | 1) 구조내력상 주요부분 평면 및 단면<br>2) 내진설계(지진에 대한 안전여부 확인 대상)내용<br>3) 구조 안전 확인서<br>4) 주요부분의 상세도면 |
| 3. 기타 | 가. 지질조사서 | 1) 토질개황<br>2) 각종 토질 시험 내용<br>3) 지내력 산출근거<br>4) 지하수위<br>5) 기초에 대한 의견 |
| | 나. 시방서 | 1) 시방내용(표준시방서에 없는 공법인 경우만 해당함)<br>2) 흙막이 공법 및 도면 |

**법 제4조의3 【건축위원회 회의록의 공개】**

시·도지사 또는 시장·군수·구청장은 제4조의2제1항에 따른 심의(같은 조 제3항에 따른 재심의를 포함한다. 이하 이 조에서 같다)를 신청한 자가 요청하는 경우에는 대통령령으로 정하는 바에 따라 건축위원회 심의의 일시·장소·안건·내용·결과 등이 기록된 회의록을 공개하여야 한다. 다만, 심의의 공정성을 침해할 우려가 있다고 인정되는 이름, 주민등록번호 등 대통령령으로 정하는 개인 식별 정보에 관한 부분의 경우에는 그러하지 아니하다.(2014.5.28 본조 신설)

**영 제5조의8 【지방건축위원회 회의록의 공개】** [2014.11.28 본조 신설]

① 시·도지사 또는 시장·군수·구청장은 법 제4조의3 본문에 따라 법 제4조의2제1항에 따른 심의(같은

조 제3항에 따른 재심의를 포함한다. 이하 이 조에서 같다)를 신청한 자가 지방건축위원회의 회의록 공개를 요청하는 경우에는 지방건축위원회의 심의 결과를 통보한 날부터 6개월까지 공개를 요청한 자에게 열람 또는 사본을 제공하는 방법으로 공개하여야 한다.

② 법 제4조의3 단서에서 "이름, 주민등록번호 등 대통령령으로 정하는 개인 식별 정보"란 이름, 주민등록번호, 직위 및 주소 등 특정인임을 식별할 수 있는 정보를 말한다.

법 **제4조의4 【건축민원전문위원회】** [2014.5.28 본조 신설]

① 제4조제2항에 따른 건축민원전문위원회는 건축물의 건축등과 관련된 다음 각 호의 민원[특별시장·광역시장·특별자치시장·특별자치도지사 또는 시장·군수·구청장(이하 "**허가권자**"라 한다)의 처분이 완료되기 전의 것으로 한정하며, 이하 "질의민원"이라 한다]을 심의하며, 시·도지사가 설치하는 건축민원전문위원회(이하 "**광역지방건축민원전문위원회**"라 한다)와 시장·군수·구청장이 설치하는 건축민원전문위원회(이하 "**기초지방건축민원전문위원회**"라 한다)로 구분한다.

1. 건축법령의 운영 및 집행에 관한 민원
2. 건축물의 건축등과 복합된 사항으로서 제11조제5항 각 호에 해당하는 법률 규정의 운영 및 집행에 관한 민원
3. 그 밖에 대통령령으로 정하는 민원

② 광역지방건축민원전문위원회는 허가권자나 도지사(이하 "**허가권자등**"이라 한다)의 제11조에 따른 건축허가나 사전승인에 대한 질의민원을 심의하고, 기초지방건축민원전문위원회는 시장(행정시의 시장을 포함한다)·군수·구청장의 제11조 및 제14조에 따른 건축허가 또는 건축신고와 관련한 질의민원을 심의한다.

③ 건축민원전문위원회의 구성·회의·운영, 그 밖에 필요한 사항은 해당 지방자치단체의 조례로 정한다.

해설 건축위원회는 전문위원회를 두어 운영되는데 건축분쟁 전문위원회는 국토교통부에 설치하는 건축위원회에 한정하고 건축민원전문위원회는 시·도 및 시·군·구에 설치하는 건축위원회에 한하고 있다. 이처럼 허가권자는 건축민원전문위원회를 설치하여 건축인·허가 과정에서 발생하는 신청인과의 법령운영 및 집행 등에 관한 민원을 객관성 있게 재검토 할 수 있도록 운영하게 된다.

건축민원전문위원회는 민원인의 의견을 수용하는 경우 인허가권자에게 수용을 권고하게 된다. 건축허가권자가 기초지자체(시군구)인 경우에는 기초지방건축민원전문위원회에, 광역지자체인 경우에는 광역지방건축위원회에 심의를 신청할 수 있으며, 기초지방건축위원회의 의견을 기초지자체가 수용하지 않는 경우에는 광역지방건축위원회에 재심의를 요청할 수 있다.

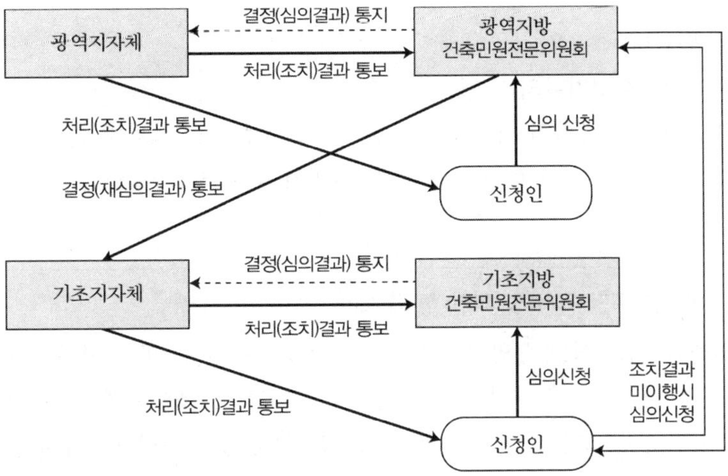


영 **제5조의9 【건축민원전문위원회의 심의 대상】**

법 제4조의4제1항제3호에서 "**대통령령으로 정하는 민원**"이란 다음 각 호의 어느 하나에 해당하는 민원을 말한다.(2014.11.28 본조 신설)

1. 건축조례의 운영 및 집행에 관한 민원
2. 그 밖에 관계 건축법령에 따른 처분기준 외의 사항을 요구하는 등 허가권자의 부당한 요구에 따른 민원

법 **제4조의5 【질의민원 심의의 신청】** [2014.5.28 본조 신설]

① 건축물의 건축등과 관련된 질의민원의 심의를 신청하려는 자는 제4조의4제2항에 따른 관할 건축민원전문위원회에 심의 신청서를 제출하여야 한다.

② 제1항에 따른 심의를 신청하고자 하는 자는 다음 각 호의 사항을 기재하여 문서로 신청하여야 한다. 다만, 문서에 의할 수 없는 특별한 사정이 있는 경우에는 구술로 신청할 수 있다.

1. 신청인의 이름과 주소
2. 신청의 취지·이유와 민원신청의 원인이 된 사실내용
3. 그 밖에 행정기관의 명칭 등 대통령령으로 정하는 사항

③ 건축민원전문위원회는 신청인의 질의민원을 받으면 **15일** 이내에 **심의절차**를 마쳐야 한다. 다만, 사정이 있으면 건축민원전문위원회의 의결로 **15일** 이내의 범위에서 **기간을 연장**할 수 있다.

영 **제5조의10 【질의민원 심의의 신청】** [2014.11.28 본조 신설]

① 법 제4조의5제2항 각 호 외의 부분 단서에 따라 구술로 신청한 질의민원 심의 신청을 접수한 담당 공무원은 신청인이 심의 신청서를 작성할 수 있도록 협조하여야 한다.

② 법 제4조의5제2항제3호에서 "**행정기관의 명칭 등 대통령령으로 정하는 사항**"이란 다음 각 호의

사항을 말한다.

1. 민원 대상 행정기관의 명칭
2. 대리인 또는 대표자의 이름과 주소(법 제4조의6제2항 및 제4조의7제2항·제5항에 따른 위원회 출석, 의견 제시, 결정내용 통지 수령 및 처리결과 통보 수령 등을 위임한 경우만 해당한다)

**법 제4조의6 【심의를 위한 조사 및 의견 청취】** [2014.5.28 본조 신설]

① 건축민원전문위원회는 심의에 필요하다고 인정하면 위원 또는 사무국의 소속 공무원에게 관계 서류를 열람하게 하거나 관계 사업장에 출입하여 조사하게 할 수 있다.

② 건축민원전문위원회는 필요하다고 인정하면 신청인, 허가권자의 업무담당자, 이해관계자 또는 참고인을 위원회에 출석하게 하여 의견을 들을 수 있다.

③ 민원의 심의신청을 받은 건축민원전문위원회는 심의기간 내에 심의하여 심의결정서를 작성하여야 한다.

**법 제4조의7 【의견의 제시 등】** [2014.5.28 본조 신설]

① 건축민원전문위원회는 질의민원에 대하여 관계 법령, 관계 행정기관의 유권해석, 유사판례와 현장여건 등을 충분히 검토하여 심의의견을 제시할 수 있다.

② 건축민원전문위원회는 민원심의의 결정내용을 지체 없이 신청인 및 해당 허가권자등에게 통지하여야 한다.

③ 제2항에 따라 심의 결정내용을 통지받은 허가권자등은 이를 존중하여야 하며, 통지받은 날부터 10일 이내에 그 처리결과를 해당 건축민원전문위원회에 통보하여야 한다.

④ 제2항에 따른 심의 결정내용을 시장·군수·구청장이 이행하지 아니하는 경우에는 제4조의4제2항에도 불구하고 해당 민원인은 시장·군수·구청장이 통보한 처리결과를 첨부하여 광역지방건축민원전문위원회에 심의를 신청할 수 있다.

⑤ 제3항에 따라 처리결과를 통보받은 건축민원전문위원회는 신청인에게 그 내용을 지체 없이 통보하여야 한다.

**법 제4조의8 【사무국】** [2014.5.28 본조 신설]

① 건축민원전문위원회의 사무를 처리하기 위하여 위원회에 사무국을 두어야 한다.

② 건축민원전문위원회에는 다음 각 호의 사무를 나누어 맡도록 심사관을 둔다.

1. 건축민원전문위원회의 심의·운영에 관한 사항
2. 건축물의 건축등과 관련된 민원처리에 관한 업무지원 사항

> 3. 그 밖에 위원장이 지정하는 사항
>
> ③ 건축민원전문위원회의 위원장은 특정 사건에 관한 전문적인 사항을 처리하기 위하여 관계 전문가를 위촉하여 제2항 각 호의 사무를 하게 할 수 있다.

❑ **중앙건축위원회 심의사항**(국토교통부)

- 표준설계도서 인정
- 건축물의 건축등(건축, 대수선, 용도변경, 건축설비의 설치 또는 공작물의 축조)과 관련된 분쟁의 조정 또는 재정
- 법 및 이 영의 시행에 관한 사항
- 다른 법령에서 심의를 받도록 한 경우

  ※ 심의 생략
- 규모변경(심의 결과에 위반되지 않고 건축면적, 연면적, 층수 또는 높이 중 어느 하나도 1/10을 넘지 않을 것)

❑ **위원의 제척·기피·회피**

- 해당 안건에 관련된 경우－공정성 확보 목적

❑ **지방건축위원회 심의**

- 건축선지정
- 조례의 제정·개정 및 시행에 관한 사항
- 다중이용건축물 및 특수구조건축물의 구조안전에 관한 사항
- 미관지구 내의 건축물로서 지자체의 건축물에 관한 조례 및 대수선에 관한 사항
- 다른 법령에서 심의를 받도록 한 경우
- 시·도지사 및 시장·군수·구청장 등이 심의가 필요하다고 인정한 사항

※ **다중이용건축물**

- 바닥면적의 합계가 5,000$m^2$ 이상인 다음의 건축물
  문화 및 집회시설(전시장, 동물원 및 식물원은 제외), 종교시설, 판매시설, 운수시설 중 여객자동차 터미널, 의료시설 중 종합병원, 숙박시설 중 관광숙박시설
- 16층 이상인 건축물

※ **특수구조 건축물**

- 한쪽 끝은 고정되고 다른 끝은 지지되지 아니한 구조로 된 보·차양 등이 외벽의 중심선으로부터 3m 이상 도출된 건축물
- 기둥과 기둥사이의 거리가 20m 이상인 건축물
- 특수한 설계·시공·공법 등이 필요한 건축물로서 고시하는 구조로 된 건축물

- 해당분야의 관계전문가 : 심의위원회 1/4 이상
- 심의위원회 임기 : 3년 이내(1회 연임가능) – 당연직공무원은 예외
- 건축·도시계획위원회가 공동심의(건축위원회 심의생략)
- 회의개최 10일전까지 안건 및 심의참여위원 확정
- 회의개최 7일전까지 각 위원에게 알릴 것
- 접수일로부터 30일 이내 지방건축위원회 개최
- 건축주, 설계자 및 심의신청한 자가 희망할 경우 회의참여 및 안건설명 등을 할 수 있음

참고

**건축위원회 심의 기준**(2023.2.1 개정)

① **심의결과**는 다음 각목 중 하나로 정하며, **조건부 및 재검토 의결**은 이행 가능한 명확한 대안이나 재검토의 사항을 명확히 하여 **위원장이 과반수 이상의 동의를 받아 정하도록 한다.**

가. 원안 의결
상정 안건에 대하여 수정 없이 원안대로 의결

나. 조건부 의결
상정 안건에 별도의 내용을 부가하거나 제외하는 등의 일부 조건을 부여하여 건축사가 반영되도록 하는 의결

다. 재검토 의결 : 상정 안전을 다시 검토 보완하여 추후 위원회에서 다시 심의토록 의결
1) 법령에 위반이 있는 경우
2) 설계에 오류(계획서와 설계도서간 불일치 등)가 있는 경우
3) 행정계획(지구단위계획, 도시관리계획 등)에 위반된 경우
4) 지방자치단체별 심의기준에서 정하여 일반에 미리 공고한 기준에 위배되는 경우
5) 심의시간이 불충분하여 7일 이내에 다시 심의하는 경우
6) 건축계획 및 구조안전 등에 문제가 있어 건축위원회 참석 위원 과반수 이상이 재심의가 필요하다고 의결한 경우

라. 부결
상정 안건이 건축법령 등에 위반되거나 심의요건이 불충분하여 부결시키기로 의결
1) 법령에 위반이 있는 경우
2) 설계에 오류(계획서와 설계도서간 불일치 등)가 있는 경우
3) 행정계획(지구단위계획, 도시관리계획 등)에 위반된 경우
4) 지방자치단체별 심의기준에서 정하여 일반에 미리 공고한 기준에 위배되는 경우

② **재검토 의결 또는 부결하는 경우 참석위원 과반 이상의 동의**가 있어야 한다. 이 경우 **동의 방법은 각 위원이 서면으로 의사표시를 하는 방법**에 따른다.

③ 위원회 심의 후 7일 이내에 심의결과를 신청인 등에게 문서로 통보하여야 하며, 법령 등 규정상 특별한 사유가 없는 한 10일 이내에 심의 주요결과를 홈페이지에 공개하도록 한다.

④ 위원회 심의 주요결과를 홈페이지에 공개할 때는 [별지 제2호]에 따른다.

질의

**건축심의에 관한 질의회신**

2001.9.15 개정된 「건축법 시행령」 부칙 제2항의 규정에 의하면 건축위원회의 심의를 신청한 경우 종전의 건축기준 등을 적용할 수 있도록 규정하고 있는 바, 동 규정을 적용함에 있어 개정 이전에 건축심의를 산정하여 심의한 결과 재심의토록 한 경우 재심의 신청시 종전의 건축기준을 적용할 수 있는지 여부

**회신** 「건축법 시행령」(대통령령 제17365호, 2001.9.15) 부칙 제2항의 규정에 의하면 이 영 시행당시 이미 건축허가를 신청(건축허가를 신청하기 위하여 제5조의 규정에 의하여 건축위원회의 심의를 신청한 경우를 포함)한 경우의 건축기준 등의 적용에 있어서는 종전의 규정에 의하도록 하고 있으나, 「건축법 시행령」 개정 이전에 심의를 신청하였으나 심의의 결과 심의안건 자체가 반려되거나 재심의를 요하는 사항이 발생하여 법령개정 이후에 다시 심의를 신청하는 경우에는 상기의 규정을 적용할 수 없으며, 현행 법령의 규정에 적합하여야 할 것입니다.(건교부 건축 58070-2507, 2001.10.15)

**질의** **다중이용시설물**

다중이용시설물이 아닌 기존건축물을 용도변경함으로서 다중이용건축물이 되는 경우 건축위원회의 심의를 받아야 하는 지 여부

**회신** 「건축법시행령」 제5조 제4항 제3호 규정에 의해 문화 및 집회시설(전시장 및 동·식물원을 제외)의 용도에 쓰이는 바닥면적의 합계가 5,000$m^2$ 이상인 건축물은 "다중이용건축물"에 해당하여 건축에 관한 사항에 대하여 지방건축위원회의 심의를 받아야 함 상기 규정은 불특정다수인이 이용하는 다중이용건축물에 대하여 구조·피난 및 소방사항을 검토함으로서 건축물의 안전과 기능을 향상시키고 이용자에게 유해·위험이 없도록 하여 공공복리를 증진코자 한 것인 바, 다중이용건축물이 아닌 기존건축물을 용도변경함으로서 다중이용건축물이 되는 경우에는 동 규정에 의한 심의를 받아야 하는 것임(국토교통부 건축정책과 등록 2009.8.27, 수정 2019.5.24)

**참고** 다중이용건축물이 아닌 기존건축물을 용도 변경함으로써 다중이용건축물이 되는 경우 동 건축물의 구조·피난 및 소방사항을 검토함으로써 건축물의 안전과 기능을 향상시키고 이용자에게 유해·위험이 없도록 하여 공공복리 증진의 목적을 달성하기 위하여 건축위원회의 심의를 받도록 한 것임을 고려할 때, 이미 건축허가시 심의를 받아 사용승인 된 다중이용건축물에 신고대상 건축행위를 하는 경우까지 심의를 받도록 제한하는 것은 아니므로 1999년 9월 우리부에서 발행한 건축행정편람 1-8-3(179쪽) 건축 58070-1794('99.5.18)호는 위와 같은 취지에서 해석한 것임.(건교부 건축 58070-45, 2000.1.7)

**질의** **건축물 층수**

건축법령상 16층 이상인 건축물은 건축위원회의 심의대상 인 바, 지상 1층을 필로티 주차장으로 하고 그 위 15개층을 아파트로 건축하고자 하는 경우 동 건축물의 층수를 15층으로 보아 심의대상에서 제외할 수 있는지 여부

**회신** 건축법시행령 별표 1 제2호의 규정에 의거 공동주택의 층수를 산정함에 있어서 1층 전부를 필로티 구조로 하여 주택의 주차장용도로 사용하는 경우에는 필로티 부분을 층수에서 제외하는 것이나, 이는 주택으로 쓰이는 층수에 따른 공동주택의 용도를 분류함에 있어 주택으로 쓰이는 개층을 산정하기 위하여 적용되는 것이며, 당해 건축물의 전체 층수에는 1층 필로티 부분도 포함되어야 하는 것이므로, 문의의 경우는 16층 건축물에 해당하는 것임(국토교통부 건축정책과 등록 2009.8.27, 수정 2019.5.24)

**법 제5조 【적용의 완화】**

① 건축주, 설계자, 공사시공자 또는 공사감리자(이하 "**건축관계자**"라 한다)는 업무를 수행할 때 이

법을 적용하는 것이 매우 불합리하다고 인정되는 대지나 건축물로서 대통령령으로 정하는 것에 대하여는 이 법의 기준을 완화하여 적용할 것을 허가권자에게 요청할 수 있다. (2014.5.28 본항 개정)

② 제1항에 따른 요청을 받은 허가권자는 건축위원회의 심의를 거쳐 완화 여부와 적용 범위를 결정하고 그 결과를 신청인에게 알려야 한다.(2014.5.28 본항 개정)

③ 제1항과 제2항에 따른 요청 및 결정의 절차와 그 밖에 필요한 사항은 해당 지방자치단체의 조례로 정한다.

해설

- 다양한 상황이나 특수한 여건에서는 일반적으로 규정하는 「건축법」 기준에 부적합할 수가 있으므로 기준을 완화하여 적용하는 예외 인정제도를 두고 있다.
- 허가권자는 법 규정에 의하여 완화여부 및 적용범위를 결정함에 있어 증축은 기능향상을 고려하여 그 규모와 범위를 정하여야 하는데, 증축의 규모로 연면적의 증가는 건축위원회의 심의에서 정한 범위 이내로서 공동주택이 아닌 경우에는 기존 건축물의 1/10 이내로 정하여야 하며, 건축물의 층수를 증가시키지 않아야 하나 지상 층의 일부를 주차장으로 전용하여 감소하는 바닥면적 만큼 최상층 상부에 증축하는 경우에는 예외로 하고 있다. 그리고 증축할 수 있는 범위로는 공동주택은 승강기·계단 및 복도, 각 세대 내 노대·화장실·창고 및 거실, 「주택법」에 의한 부대시설과 복리시설의 범위를 말하며 공동주택 외의 건축물인 경우에는 승강기·계단 및 주차시설, 노인 및 장애인 등을 위한 편의시설, 외부벽체, 통신시설·기계설비·화장실·정화조 및 오수처리시설, 기존 건축물의 높이 및 층수 등을 그 범위로 하고 있다.
- 공동주택의 경우에는 사용승인을 받은 후 15년 이상이 되어 리모델링이 필요한 경우에 대해서는 조경, 건폐율, 용적률 등에 관한 건축기준을 완화하여 적용하려는 경우 세대수를 늘리는 리모델링을 허용하는데 이때 20세대 이상의 공동주택인 경우 리모델링을 통한 세대수 증가의 기준을 증축가능한 연면적의 범위에서 기존 세대수의 15/100를 상한으로 건축위원회의 심의에서 정할 수 있다.

**영 제6조 [적용의 완화]**

① 법 제5조제1항에 따라 완화하여 적용하는 건축물 및 기준은 다음 각 호와 같다.(2012.12.12 본항 개정)

1. 수면 위에 건축하는 건축물 등 대지의 범위를 설정하기 곤란한 경우: 법 제40조부터 제47조까지, 법 제55조부터 제57조까지, 법 제60조 및 법 제61조에 따른 기준
2. 거실이 없는 통신시설 및 기계·설비시설인 경우: 법 제44조부터 법 제46조까지의 규정에 따른 기준
3. 31층 이상인 건축물(건축물 전부가 공동주택의 용도로 쓰이는 경우는 제외한다)과 발전소, 제철소, 「산업집적활성화 및 공장설립에 관한 법률 시행령」 별표 1의2 제2호마목에 따라 산업통상자원부령으로 정하는 업종의 제조시설, 운동시설 등 특수 용도의 건축물인 경우: 법 제43조, 제49조부터 제52조까지, 제62조, 제64조, 제67조 및 제68조에 따른 기준(2020.5.12 「산업집적활성화 및 공장설립에 관한 법률 시행령」 부칙에 의거 본호 개정)

4. 전통사찰, 전통한옥 등 전통문화의 보존을 위하여 시·도의 건축조례로 정하는 지역의 건축물인 경우: 법 제2조제1항제11호, 제44조, 제46조 및 제60조제3항에 따른 기준 (2010.2.18 본호 개정)
5. 경사진 대지에 계단식으로 건축하는 공동주택으로서 지면에서 직접 각 세대가 있는 층으로의 출입이 가능하고, 위층 세대가 아래층 세대의 지붕을 정원 등으로 활용하는 것이 가능한 형태의 건축물과 초고층 건축물인 경우: 법 제55조에 따른 기준(2009.7.16 본호 개정)
6. 다음 각 목의 어느 하나에 해당하는 건축물인 경우: 법 제42조, 제43조, 제46조, 제55조, 제56조, 제58조, 제60조, 제61조제2항에 따른 기준(2016.7.19 본호 개정)
   가. 허가권자가 리모델링 활성화가 필요하다고 인정하여 지정·공고한 구역(이하 "**리모델링 활성화 구역**"이라 한다) 안의 건축물
   나. 사용승인을 받은 후 15년 이상이 되어 리모델링이 필요한 건축물
   다. 기존 건축물을 건축(증축, 일부 개축 또는 일부 재축으로 한정한다. 이하 이 목 2) 및 제32조제4항에서 같다)하거나 대수선하는 경우로서 다음의 요건을 모두 갖춘 건축물(2024.12.17 본목 개정)
      1) 기존 건축물이 건축 또는 대수선 당시의 법령상 건축물 전체에 대하여 다음의 구분에 따른 확인 또는 확인 서류 제출을 하여야 하는 건축물에 해당하지 아니할 것
         가) 2009년 7월 16일 대통령령 제21629호 건축법 시행령 일부개정령으로 개정되기 전의 제32조에 따른 지진에 대한 안전여부의 확인
         나) 2009년 7월 16일 대통령령 제21629호 건축법 시행령 일부개정령으로 개정된 이후부터 2014년 11월 28일 대통령령 제25786호 건축법 시행령 일부개정령으로 개정되기 전까지의 제32조에 따른 구조 안전의 확인
         다) 2014년 11월 28일 대통령령 제25786호 건축법 시행령 일부개정령으로 개정된 이후의 제32조에 따른 구조 안전의 확인 서류 제출
      2) 제32조제4항에 따라 기존 건축물을 건축 또는 대수선하기 전과 후의 건축물 전체에 대한 구조 안전의 확인 서류를 제출할 것. 다만, 기존 건축물을 일부 재축하는 경우에는 재축 후의 건축물에 대한 구조 안전의 확인 서류만 제출한다.(2024.12.17 개정)
7. 기존 건축물에 「장애인·노인·임산부 등의 편의증진 보장에 관한 법률」 제8조에 따른 편의시설을 설치하면 법 제55조 또는 법 제56조에 따른 기준에 적합하지 아니하게 되는 경우: 법 제55조 및 법 제56조에 따른 기준
7의2. 「국토의 계획 및 이용에 관한 법률」에 따른 도시지역 및 지구단위계획구역 외의 지역 중 동이나 읍에 해당하는 지역에 건축하는 건축물로서 건축조례로 정하는 건축물인 경우: 법 제2조제1항제11호 및 제44조에 따른 기준(2012.4.10 「국토의 계획 및 이용에 관한 법률 시행령」 부칙에 의거 본호 개정)
8. 다음 각 목의 어느 하나에 해당하는 대지에 건축하는 건축물로서 재해예방을 위한 조치가 필요한 경우: 법 제55조, 법 제56조, 법 제60조 및 법 제61조에 따른 기준(2012.12.12 본호 개정)

가. 「국토의 계획 및 이용에 관한 법률」 제37조에 따라 지정된 방재지구(防災地區)

나. 「급경사지 재해예방에 관한 법률」 제6조에 따라 지정된 붕괴위험지역(2012.12.12 본목 신설)

9. 조화롭고 창의적인 건축을 통하여 아름다운 도시경관을 창출한다고 법 제11조에 따른 특별시장·광역시장·특별자치시장·특별자치도지사 또는 시장·군수·구청장(이하 "허가권자"라 한다)가 인정하는 건축물과 「주택법 시행령」 제10조제1항에 따른 도시형 생활주택(아파트는 제외한다)인 경우: 법 제60조 및 제61조에 따른 기준(2016.8.11 「주택법 시행령」 부칙에 의거 본호 개정)

10. 「공공주택건설 등에 관한 특별법」 제2조제1호에 따른 공공주택인 경우 : 법 제61조제2항에 따른 기준(2014.4.29 「보금자리주택 건설 등에 관한 특별법 시행령」 부칙에 의거 개정)

11. 다음 각 목의 어느 하나에 해당하는 공동주택에 「주택건설 기준 등에 관한 규정」 제2조제3호에 따른 주민공동시설(주택소유자가 공유하는 시설로서 영리를 목적으로 하지 아니하고 주택의 부속용도로 사용하는 시설만 해당하며, 이하 "**주민공동시설**"이라 한다)을 설치하는 경우: 법 제56조에 따른 기준(2012.12.12 본호 신설)

가. 「주택법」 제15조에 따라 사업계획 승인을 받아 건축하는 공동주택(2016.8.11 본목 개정)

나. 상업지역 또는 준주거지역에서 법 제11조에 따라 건축허가를 받아 건축하는 200세대 이상 300세대 미만인 공동주택

다. 법 제11조에 따라 건축허가를 받아 건축하는 「주택법 시행령」 제10조에 따른 도시형 생활주택(2016.8.11 본목 개정)

12. 법 제77조의4제1항에 따라 건축협정을 체결하여 건축물의 건축·대수선 또는 리모델링을 하려는 경우 : 법 제55조 및 제56조에 따른 기준(2014.10.14 본호 신설)

13. 기존 주택단지에 「아동복지법」 제44조의2에 따른 다함께돌봄센터를 설치하는 경우: 법 제56조에 따른 기준(2024.6.18 본호 신설)

② 허가권자는 법 제5조제2항에 따라 완화 여부 및 적용 범위를 결정할 때에는 다음 각 호의 기준을 지켜야 한다.

1. 제1항제1호부터 제5호까지, 제7호·제7호의2 및 제9호의 경우(2009.7.16 본호 개정)

가. 공공의 이익을 해치지 아니하고, 주변의 대지 및 건축물에 지나친 불이익을 주지 아니할 것

나. 도시의 미관이나 환경을 지나치게 해치지 아니할 것

2. 제1항제6호의 경우

가. 제1호 각 목의 기준에 적합할 것

나. 증축은 기능향상 등을 고려하여 국토교통부령으로 정하는 규모와 범위에서 할 것

다. 「주택법」 제15조에 따른 사업계획승인 대상인 공동주택의 리모델링은 세대수를 늘리거나 복리시설을 분양하기 위한 것이 아닐 것(2016.8.11 「주택법 시행령」 부칙에 의거 본목 개정)

3. 제1항제8호의 경우

가. 제1호 각 목의 기준에 적합할 것

나. 해당 지역에 적용되는 법 제55조, 법 제56조, 법 제60조 및 법 제61조에 따른 기준을 140/100 이하의 범위에서 건축조례로 정하는 비율을 적용할 것

4. 제1항제10호의 경우(2010.12.13 본호 신설)
   가. 제1호 각 목의 기준에 적합할 것
   나. 기준이 완화되는 범위는 외벽의 중심선에서 발코니 끝부분까지의 길이 중 1.5m를 초과하는 발코니 부분에 한정될 것. 이 경우 완화되는 범위는 최대 1m로 제한하며, 완화되는 부분에 창호를 설치해서는 아니된다.
5. 제1항제11호 및 제13호의 경우(2024.6.18 본호 개정)
   가. 제1호 각 목의 기준에 적합할 것
   나. 법 제56조에 따른 용적률의 기준은 해당 지역에 적용되는 용적률에 주민공동시설에 해당하는 용적률을 가산한 범위에서 건축조례로 정하는 용적률을 적용할 것
6. 제1항제12호의 경우(2014.10.14 본호 신설)
   가. 제1호 각 목의 기준에 적합할 것
   나. 법 제55조 및 제56조에 따른 건폐율 또는 용적률의 기준은 법 제77조의4제1항에 따라 건축협정이 체결된 지역 또는 구역(이하 "**건축협정구역**"이라 한다)안에서 연접한 둘 이상의 대지에서 건축허가를 동시에 신청하는 경우 둘 이상의 대지를 하나의 대지로 보아 적용할 것

**해설** • 법의 기준을 완화하여 적용할 것을 허가권자에게 요청할 수 있는 건축물의 기준
- 수면 위에 건축하는 건축물 등 대지의 범위를 설정하기 곤란한 경우
- 거실이 없는 통신시설 및 기계·설비시설인 경우
- 31층 이상인 건축물과 발전소·제철소·운동시설 등 특수용도의 건축물인 경우
- 전통문화의 보존을 위하여 시·도의 건축조례로 정하는 전통한옥 밀집지역 등의 건축물인 경우
- 리모델링 활성화 구역 안의 건축물과 사용승인을 얻은 후 15년 이상 경과된 리모델링이 필요한 건축물인 경우 : 이 경우 건축위원회의 심의를 거쳐 일조권 확보를 위한 건축물의 높이 제한을 완화하여 적용할 수 있었으나 리모델링으로 인한 인접 대지 건축물의 일조권 침해를 방지하기 위하여 2013.5.13부터는 인접대지의 일조권 보장과 관련된 건축물의 높이 제한기준을 적용함.
- 공동주택을 테라스 하우스 형태의 건축물과 초고층 건축물로 건축하는 경우
- 기존 건축물의 구조 안전 보강을 하는 경우
- 기존 건축물에 장애인 등에 따른 편의시설을 설치하면 법 적용 기준에 적합하지 아니하게 되는 경우
- 도시지역 및 지구단위계획구역 외의 지역 중 동이나 읍에 해당하는 지역에 건축하는 건축물로서 건축조례로 정하는 건축물인 경우
- 재해예방을 위한 조치가 필요한 방재지구와 붕괴위험지역인 경우
- 조화롭고 창의적인 건축을 통하여 아름다운 도시경관을 창출한다고 허가권자가 인정하는 건축물인 경우
- 도시형 생활주택(주택법 시행령에서 규정한 경우)
- 공공주택인 경우
- 주택법에 의한 공동주택, 건축법에 따라 건축허가를 받아 건축하는 200세대 이상 300세대 미만

인 공동주택, 건축법에 따라 건축허가를 받아 건축하는 도시형 생활주택에서의 주민공동시설을 설치하는 경우
- 건축협정을 체결하여 건축물의 건축·대수선 또는 리모델링을 하려는 경우
- 기존주택단지에 다함께돌봄센터를 설치하는 경우

- 공동주택의 리모델링 가능 연한을 고려한 적용의 완화
  - 사용승인을 받은 후 20년 이상 지난 건축물에 대하여 리모델링에 따른 건축기준을 완화하여 적용할 수 있으나, 공동주택의 경우 「주택법」에 따른 리모델링 가능 연한이 20년 미만임에도 20년이 지나야 리모델링에 따른 건축기준의 완화 적용을 받게 되어 공동주택 리모델링 활성화에 지장을 초래하게 된다. 따라서 공동주택의 경우에는 사용승인을 받은 후 「주택법」에 따른 리모델링 가능 연한에 도달하면 20년 미만인 경우에도 리모델링에 따른 건축기준을 완화하여 적용함.
- 장애인 편의시설 등 설치 시 건축법령 적용의 완화
  - 기존 건축물에 장애인·노인·임산부를 위한 편의시설을 설치하거나 방재지구에서 재해예방 조치가 필요한 경우에도 건폐율이나 용적률 등의 규정으로 장애인 등을 위한 편의시설 설치가 불가능 하였으나 기존 건축물에 장애인 편의 시설을 설치하거나 방재지구와 붕괴 위험지역 등 재해예방 조치가 필요한 건축물을 건축하는 경우에는 건축위원회 심의를 거쳐 건폐율이나 용적률 등의 규정을 일부 완화하여 적용할 수 있도록 하고 있음.
- 법 제2조제1항제11호 : 도로
- 법 제40조 : 대지의 안전 등
- 법 제41조 : 토지 굴착부분에 대한 조치 등
- 법 제42조 : 대지의 조경
- 법 제43조 : 공개공지 등의 확보
- 법 제44조 : 대지와 도로의 관계
- 법 제45조 : 도로의 지정·폐지 또는 변경
- 법 제46조 : 건축선의 지정
- 법 제47조 : 건축선에 따른 건축 제한
- 법 제49조 : 건축물의 피난시설 및 용도제한 등
- 법 제50조 : 건축물의 내화구조와 방화벽
- 법 제51조 : 방화지구 안의 건축물
- 법 제52조 : 건축물의 내부 마감재료
- 법 제55조 : 건축물의 건폐율
- 법 제56조 : 용적률
- 법 제57조 : 대지의 분할 제한
- 법 제58조 : 대지 안의 공지
- 법 제60조 : 건축물의 높이제한
- 법 제61조 : 일조 등의 확보를 위한 건축물의 높이제한
- 법 제62조 : 건축설비기준 등
- 법 제64조 : 승강기

- 법 제66조 : 건축물의 에너지 이용 및 폐자재 활용
- 법 제67조 : 관계전문기술자
- 법 제68조 : 기술적 기준

**규칙 제2조의5 [적용의 완화]**

영 제6조제2항제2호나목에서 "국토교통부령으로 정하는 규모 및 범위"란 다음 각 호의 구분에 따른 증축을 말한다.(2010.8.5 본조 개정)

1. 증축의 규모는 다음 각 목의 기준에 따라야 한다.
   가. 연면적의 증가
      1) 공동주택이 아닌 건축물로서 「주택법 시행령」 제10조제1항제1호에 따른 소형 주택으로의 용도변경을 위하여 증축되는 건축물 및 공동주택 : 건축위원회의 심의에서 정한 범위 이내일 것(2022.2.11 「주택법 시행령」 부칙에 의거 개정)
      2) 그 외의 건축물 : 기존 건축물 연면적 합계의 2/10의 범위에서 건축위원회의 심의에서 정한 범위 이내일 것. 다만, 영 제6조제1항제6호가목에 따른 리모델링 활성화 구역은 기존 건축물의 연면적 합계의 3/10의 범위에서 건축위원회 심의에서 정한 범위 이내일 것으로 한다.(2024.12.17 개정)
   나. 건축물의 층수 및 높이의 증가: 건축위원회 심의에서 정한 범위 이내일 것.
   다. 「주택법」 제15조에 따른 사업계획승인 대상인 공동주택 세대수의 증가 : 가목에 의한 증축 가능한 연면적의 범위에서 기존 세대수의 15/100를 상한으로 건축위원회 심의에서 정한 범위 이내일 것(2016.8.11 본목 개정)
2. 증축할 수 있는 범위는 다음 각 목의 구분에 따른다.
   가. 공동주택
      1) 승강기·계단 및 복도
      2) 각 세대 내의 노대·화장실·창고 및 거실
      3) 「주택법」에 따른 부대시설
      4) 「주택법」에 따른 복리시설
      5) 기존 공동주택의 높이·층수 또는 세대수(2013.11.28 개정)
   나. 가목 외의 건축물
      1) 승강기·계단 및 주차시설
      2) 노인 및 장애인 등을 위한 편의시설
      3) 외부벽체
      4) 통신시설·기계설비·화장실·정화조 및 오수처리시설
      5) 기존 건축물의 높이 및 층수
      6) 법 제2조제1항제6호에 따른 거실

**질의** **발코니가 없는 중간부분을 증축시 일조권 높이제한 규정을 적용 여부**

공동주택의 발코니가 없는 중간부분을 리모델링하여 증축하는 경우 일조 등의 확보를 위한 건축물의 높이제한 규정을 적용하여야 하는 것인지 여부

**회신** 「건축법 시행령」 제6조제1항의 규정에 의하여 건축법 제53조【일조 등의 확보를 위한 건축물의 높이제한】 규정을 완화하여 적용할 수 있으며, 이 경우 절차는 허가권자에게 완화 요청하고, 이를 요청 받은 허가권자는 같은 법 제4조의 규정에 의한 건축위원회의 심의를 거쳐 완화여부 및 적용범위를 결정하고 그 결과 신청인에게 통지하여야 하는 것입니다.(건교부 건축 58070-1671, 2003.9.9)

* 과거 「건축법」 제53조는 현재 제61조로 변경됨.

**질의** **사찰을 목조증축 할 경우 내화구조로 하여야 하는지**

문화 및 집회시설인 사찰(철근콘크리트조, 2층 연면적 485m²)의 3층에 목조의 100m²를 증축할 경우 3층을 내화구조로 하여야 하는지 여부

**회신** 3층 이상이거나 집회실의 바닥면적의 합계가 200m² 이상인 사찰은 원칙적으로 건축법 시행령 제56조의 규정에 의거 주요 구조부를 내화구조로 하여야 하나, 건축법 제5조제1항 및 동법 시행령 제6조제1항의 규정에 의거 발전소·제철소·운동시설 등 특수용도의 건축물의 경우 건축주 등은 이 법의 규정을 적용하는 것이 매우 불합리하다고 인정되는 경우 건축법 제39조·제40조(건축물의 내화 구조 및 방화벽)·제41조의 규정을 완화하여 적용할 것을 시장·군수·구청장에게 요청 할 수 있는 바, 문의의 경우와 같이 기존 철근콘크리트조의 2층 사찰건축물에 3층의 100m²를 목조로 증축하는 경우에는 기존건축물의 구조 및 증축하고자 하는 부분의 면적과 주로 목조에 건축되는 사찰이라는 건축물의 용도 등을 감안할 때 건축법 제5조제1항의 적용의 완화 요청 대상이 될 수 있을 것으로 판단됩니다. 완화 요청을 받은 경우 건축위원회의 심의를 거쳐 완화여부 및 적용범위와 함께 완화 시 화재 등에 대비한 설비의 추가 설치 여부의 필요성 등 화재발생 시 피난 등에 관한 사항을 면밀히 검토하여 처리하시기 바랍니다.(건교부 건축 58070-1096, 2003.6.19)

**법 제6조 【기존의 건축물 등에 관한 특례】**

허가권자는 법령의 제정·개정이나 그 밖에 대통령령으로 정하는 사유로 대지나 건축물이 이 법에 맞지 아니하게 된 경우에는 대통령령으로 정하는 범위에서 해당 지방자치단체의 조례로 정하는 바에 따라 건축을 허가할 수 있다.

**해설** 기존 건축물도 법령이 제정 또는 개정됨으로 인하여 위법건축물이 되는 경우가 있으므로 이와 같은 기존 건축물에 대하여 건축법령을 적용하는데 특례규정을 둘 필요가 있다.

① 기존 건축물의 특례사유

가. 법령의 제정·개정

나. 도시·군관리계획의 결정·변경 또는 행정구역의 변경이 있는 경우

다. 도시·군계획시설의 설치, 도시개발사업의 시행 또는 「도로법」에 의한 도로의 설치가 있는 경우

라. 종전의 「특정건축물 정리에 관한 특별조치법」과 「준공미필 건축물 정리에 관한 특별조치법」 등에 의하여 준공검사필증 또는 사용승인서를 교부받은 사실이 건축물 대장에 기재된 경우

마. 「도시 및 주거환경 정비법」에 의한 주거환경개선사업의 준공인가증을 교부받은 경우

바. 「공유토지분할에 관한 특례법」에 의하여 분할된 경우

사. 대지의 일부 토지소유권에 대하여 민법에 따라 소유권 이전등기가 완료된 경우

② **법령 등의 규정에 부적합하여도 건축을 허가할 수 있는 경우**(기존 건축물 건축 당시와 현재 건축 행위 시 법령 등을 명확히 구분하여 법적용을 하여야 함)

가. 기존 건축물의 재축

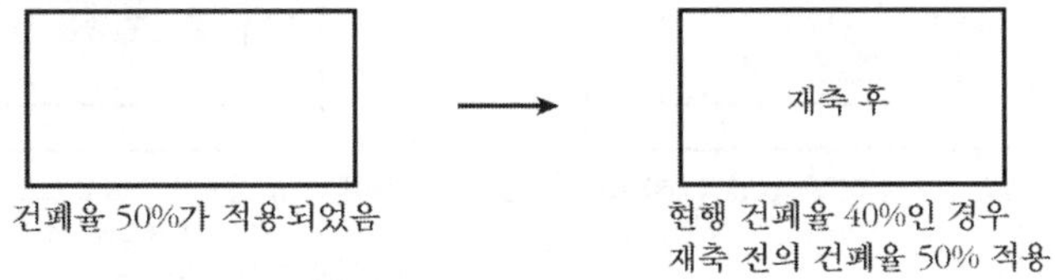


나. 증축 또는 개축하고자 하는 부분이 법령 등의 규정에 적합한 경우

- 종전 법령

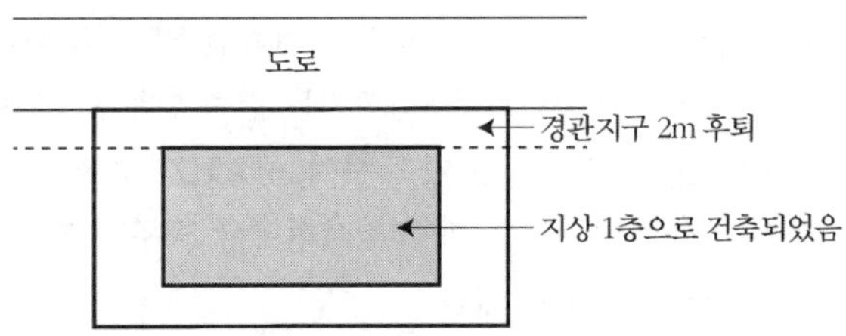


- 현행 법령

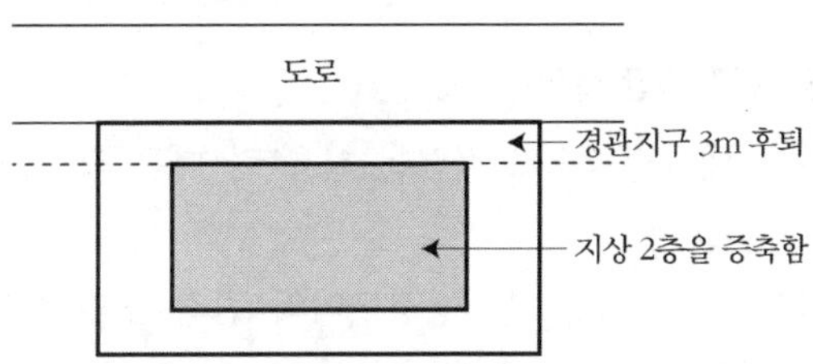


※ 상기의 경우 경관지구(종전의 미관지구)가 과거 2m에서 현재는 3m로 하고 있으나 당초에 적법하였음. 따라서 증축하고자 하는 부분이 현행 건축법령의 규정에 적합하면 가능함(법령상의 피난 또는 구조적 조건도 갖추어져야 함).

※ 이 경우에는 기존의 건축물이 현행 건축법령에 위반되었다고 건축물의 일부를 해체하거나 철거하면 구조적 문제가 발생하므로 기존 건축물을 적법하다고 보는 것임.

다. 대지 분할 면적에 미달되는 경우로서 당해 기존 건축물의 연면적의 합계 범위 내에서의 증축·개축

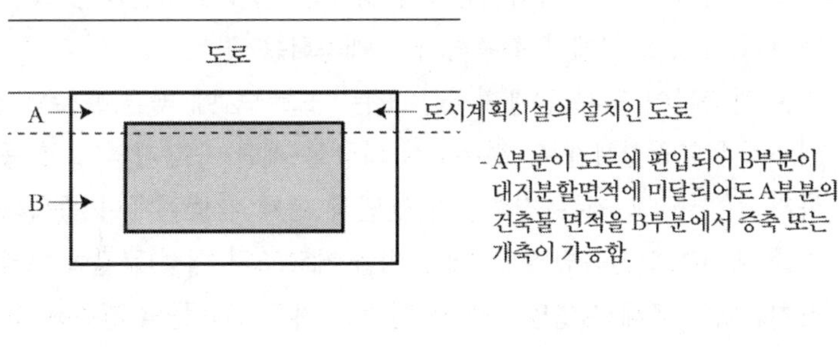

라. 기존 건축물이 도시·군계획시설로서 도로의 설치등으로 건폐율 또는 용적률에 부적합하게 된 경우에도 건축물의 기능을 유지(화장실, 계단, 승강기 등)하기 위하여 불가피한 경우에는 기존 건축물의 연면적 합계의 범위에서 증축할 수 있도록 함.

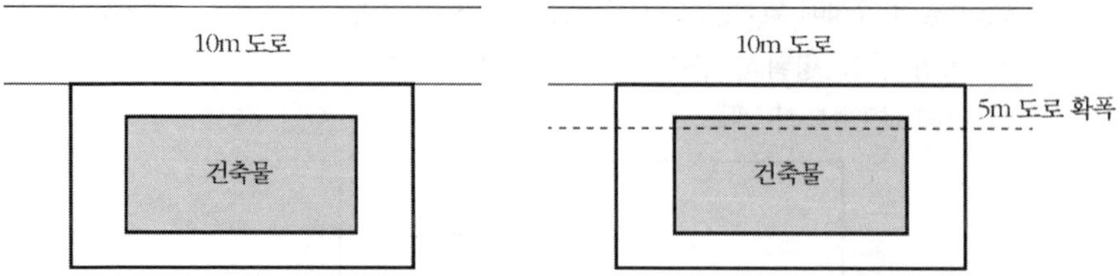


기존 건축물 (기존 연면적 : 300m²)

특례 규정 건축물 (5m 도로로 인해 250m² 감소 → 50m²가 건폐율 또는 용적률 규정에 부적합하여도 증축 가능

마. 우리나라의 건축법은 매년 수시로 개정된다. 그 중 건축물의 건축선 및 인접 대지 경계선에서 띄우는 거리도 예외는 아니다. 현재 규정된 건축선 및 인접 대지 경계선으로부터 일정 거리를 두도록 한 규정의 경우 2006년 5월 8일까지는 건축법에 규정되어 있지 않았고 그 후에 적용되기 시작한 법규가 된다. 따라서 본 법 조문이 규정되기 전에 건축된 기존 건축물에서 수직 증축을 하는 경우에 건축선 및 인접 대지 경계선에서 띄우는 거리 규정을 적용받지 않고 건축이 가능하도록 특례 규정을 두고 있음.

영 **제6조의2 【기존의 건축물 등에 대한 특례】**

① 법 제6조에서 "그 밖에 대통령령으로 정하는 사유"란 다음 각 호의 어느 하나에 해당하는 경우를 말한다.(2012.4.10 본항 개정)

1. 도시·군관리계획의 결정·변경 또는 행정구역의 변경이 있는 경우
2. 도시·군계획시설의 설치, 도시개발사업의 시행 또는 「도로법」에 따른 도로의 설치가 있는 경우
3. 그 밖에 제1호 및 제2호와 비슷한 경우로서 국토교통부령으로 정하는 경우

② 허가권자는 기존 건축물 및 대지가 법령의 제정·개정이나 제1항 각 호의 사유로 법령등에 부적합하더라도 다음 각 호의 어느 하나에 해당하는 경우에는 건축을 허가할 수 있다.(2016.5.17 본항 개정)

1. 기존 건축물을 재축하는 경우
2. 증축하거나 개축하려는 부분이 법령등에 적합한 경우
3. 기존 건축물의 대지가 도시·군계획시설의 설치 또는 「도로법」에 따른 도로의 설치로 법 제57조에 따라 해당 지방자치단체가 정하는 면적에 미달되는 경우로서 그 기존 건축물을 연면적 합계의 범위에서 증축하거나 개축하는 경우
4. 기존 건축물이 도시·군계획시설 또는 「도로법」에 따른 도로의 설치로 법 제55조 또는 법 제56조에 부적합하게 된 경우로서 화장실·계단·승강기의 설치 등 그 건축물의 기능을 유지하기 위하여 그 기존 건축물의 연면적 합계의 범위에서 증축하는 경우
5. 법률 제7696호 건축법 일부 개정 법률 제50조의 개정 규정에 따라 최초로 개정한 해당 지방자치단체의 조례 시행일 이전에 건축된 기존 건축물의 건축선 및 인접 대지경계선으로부터

의 거리가 그 조례로 정하는 거리에 미달되는 경우로서 그 기존 건축물을 건축 당시의 법령에 위반되지 않는 범위에서 수직으로 증축하는 경우(2021.11.2 본호 개정)

6. 기존 한옥을 개축하는 경우(2014.10.14 본호 개정)
7. 건축물 대지의 전부 또는 일부가 「자연재해대책법」 제12조에 따른 자연재해위험개선지구에 포함되고 법 제22조에 따른 사용승인 후 20년이 지난 기존 건축물을 재해로 인한 피해 예방을 위하여 연면적의 합계 범위에서 개축하는 경우(2016.1.19 본호 신설)

③ 허가권자는 「국토의 계획 및 이용에 관한 법률 시행령」 제84조의2 또는 제93조의3에 따라 기존 공장을 증축하는 경우에는 다음 각 호의 기준을 적용하여 해당 공장(이하 "**기존 공장**"이라 한다)의 증축을 허가할 수 있다.(2022.1.18 국토의 계획 및 이용에 관한 법률 시행령 부칙에 의거 본항 개정)

1. 제3조의3제2호에도 불구하고 도시지역에서의 길이 35m 이상인 막다른 도로의 너비기준은 4m 이상으로 한다.
2. 제28조제2항에도 불구하고 연면적 합계가 3,000m$^2$ 미만인 기존 공장이 증축으로 3,000m$^2$ 이상이 되는 경우 해당 대지가 접하여야 하는 도로의 너비는 4m 이상으로 하고, 해당 대지가 도로에 접하여야 하는 길이는 2m 이상으로 한다.(2016.1.19 본항 신설)

▸ 국토의 계획 및 이용에 관한 법률 시행령 제84조의2 : 생산녹지지역등에서 기존 공장의 건폐율
▸ 국토의 계획 및 이용에 관한 법률 시행령 제93조의3 : 기존공장에 대한 특례

**규칙 제3조 【기존 건축물에 대한 특례】**

영 제6조의2제1항제3호에서 "국토교통부령으로 정하는 경우"란 다음 각 호의 어느 하나에 해당하는 경우를 말한다.(2010.8.5 본조 개정)

1. 법률 제3259호 「준공미필건축물 정리에 관한 특별조치법」, 법률 제3533호 「특정건축물 정리에 관한 특별조치법」, 법률 제6253호 「특정건축물 정리에 관한 특별조치법」, 법률 제7698호 「특정건축물 정리에 관한 특별조치법」 및 제11930호 「특정건축물 정리에 관한 특별조치법」에 따라 준공검사필증 또는 사용승인서를 교부받은 사실이 건축물대장에 기재된 경우 (2014.10.15 본호 개정)
2. 「도시 및 주거환경정비법」에 의한 주거환경개선사업의 준공인가증을 교부받은 경우
3. 「공유토지분할에 관한 특례법」에 의하여 분할된 경우
4. 대지의 일부 토지소유권에 대하여 「민법」 제245조에 따라 소유권이전등기가 완료된 경우
5. 「지적재조사에 관한 특별법」에 따른 지적재조사사업으로 새로운 지적공부가 작성된 경우 (2012.3.16 「지적재조사에 관한 특별법 시행규칙」 부칙에 의거 본호 신설)

**질의 기존건축물의 개축**

일반상업지역·방화지구로서 건폐율 84.96%에 적법하게 건축되었으나 서울시 건축조례가 현재 일반상업지역의

건폐율이 60%인 경우 기존 건축물의 개축은 가능한지 여부

**회신** 건축물의 건축(개축 포함)은 현행 「건축법」 및 관계법령에 적합하여야 하는 것입니다. 다만, 건축법령·조례 등의 제·개정으로 인하여 대지 및 건축물이 「건축법」의 규정에 부적합하게 된 때에는 「건축법」 제5조의2 및 동법 시행령 제6조의2제2항제2호에 의해 개축하고자 하는 부분이 법령 등의 규정에 적합한 경우 기존의 건축물 등에 대한 특례규정의 적용이 가능하나, 구체적인 사항은 당해 시장·군수·구청장에게 문의하시기 바랍니다.(건교부 건축 58070-3201, '99.8.16)

**질의** 기존 건축물을 대수선 및 증축하면서 기존 건축물이 건축물대장에 등재된 면적보다 커진 경우 현행 「건축법 시행령」 제6조의2제2항의 규정에 의하여 증축하는 부분이 현행 규정에 적합하면 건축이 가능한지 여부

**회신**
- 건축법령에서 기존의 건축물에 대하여 특례규정을 두고 있는 것은 건축물이 동 법령에 의한 건축기준에 적법하게 건축되었다 할지라도 시대의 변화에 따라 법령의 제·개정이나, 도시계획사업의 시행으로 현행 법령의 제반 기준에 부적합하게 되거나, 종전의 「특정 건축물 정리에 관한 특별조치법」에 의하여 준공검사필증을 교부받은 경우 기존 건축물의 기득권을 보호하기 위한 것으로 기존 건축물의 재축(수해 등)이나, 증·개축하는 부분이 현행 법령에 적합할 경우에는 건축허가를 할 수 있으나,
- 기존 건축물에 위법사항이 있는 경우에는 증축부분이 적법하다 하더라도 상기 사항에 해당하지 않기 때문에 건축을 허가할 수 없습니다. 따라서 질의대상 건축물의 경우 건축물대장에 등재된 면적보다 실제면적이 더 크기 때문에 이에 대한 원인 규명이 먼저 이루어져야 할 것으로 이는 당해 건축물의 허가권자인 관할구청장이 현장상황 등을 종합적으로 검토·판단할 사항임을 알려 드리오니 구체적인 사항은 관할구청장에게 문의하시기 바랍니다.(서울시 건지 58501-10475, '99.8.10)

**질의** **기존건축물 특례**

허가 당시 건폐율 90%, 향후 법령개정에 의하여 법적 건폐율이 60%라고 할 때 해당 건축물의 기존부분에서 5%만큼의 건축면적을 감소시키고 기존부지 내에 5%만큼의 증축이 이루어질 때 국토계획법 시행령 제93조 제2항의 1호에 해당되는지?

**회신** 「국토의 계획 및 이용에 관한 법률 시행령」 제93조제2항에 따라 법령의 제정·개정 등의 사유로 인하여 기존의 건축물이 현행 건축제한 또는 건폐율 규정에 부적합하게 된 경우에도 기존 부지 내에서 증축 또는 개축하려는 부분이 건축제한 및 용적률 규정에 적합한 경우에 한하여 일정부분 증축 또는 개축을 허용하고 있습니다만, 질의하신 사례가 준공된 기존 건축물이라면, 건폐율이 증가하지 아니하는 범위에서의 증축 또는 개축은 가능할 것이나, 해당 건축행위가 증축에 해당하는 지 여부 등 구체적인 사항은 해당 지방자치단체 인·허가부서에 자세한 자료를 갖추어 문의하시기 바랍니다.(국토교통부 도시정책과 2017.7.10)

**질의** **미관지구안의 건축선**

일반상업지역, 제2종 미관지구 안의 지하 1층, 지상 1층의 기존 건축물이 미관도로변의 건축선으로부터 2m 후퇴되어 건축되어 현행 건축법령에 부적합한 경우, 기존 건축물의 2, 3층을 수직 증축하는 경우 미관도로변의 건축선으로부터 띄어야 하는 거리

**회신**
- 질의의 경우 기존 건축물이 부적합하게 된 사유 등을 알 수 없어 불가하나, 질의의 기존 건축물이 건축당시에는 건축법령 및 관계법령에 적합하게 건축된 건축물로서 법령의 제·개정이나 「건축법 시

행령」 제6조의2제1항 및 시행규칙 제3조 규정의 각 호 등의 사유로 건축물 및 대지가 부적합하게 된 경우에는 「건축법」 제5조의2, 동법 시행령 제6조의2 및 서울시 건축조례 **제4조 【기존의 건축물 등에 대한 특례규정】** 에 의하여 증축하는 부분이 법령 등의 규정에 적합하고, 그 건축물이 구조 및 피난 방화상 지장이 없는 범위 안에서 건축을 할 수 있으나,

- 질의의 건축물이 이에 해당하는지 및 구체적인 사항은 당해 건축물의 허가 등을 담당하고 있는 관할 구청장에게 자세한 설계도서를 구비, 직접 문의하시기 바랍니다.(서울시 건지 58501-10340, '99.7.12)

참고 미관지구 내에서 건축물의 수직증축이 될 경우 건축선에서 후퇴하여야 할 부분은 기존 건축물이 미관지구 안에서의 후퇴거리를 떨어져 건축이 이루어졌으면 가능하나, 기존 건축물이 미관지구에서 띄우는 거리가 확보되지 못한 경우에는 현행 법령상 일정 거리를 띄우도록 하고 있으므로 수직 증축되는 부분은 미관지구 내에서의 일정한 후퇴거리를 확보하여야 한다.

* 미관지구가 경관지구로 통합됨.(2017.4.18)

법 **제6조의2 【특수구조 건축물의 특례】**

건축물의 구조, 재료, 형식, 공법 등이 특수한 대통령령으로 정하는 건축물(이하 "특수구조 건축물"이라 한다)은 제4조, 제4조의2부터 제4조의8까지, 제5조부터 제9조까지, 제11조, 제14조, 제19조, 제21조부터 제25조까지, 제40조, 제41조, 제48조, 제48조의2, 제49조, 제50조, 제50조의2, 제51조, 제52조, 제52조의2, 제52조의4, 제53조, 제62조부터 제64조까지, 제65조의2, 제67조, 제68조 및 제84조를 적용할 때 대통령령으로 정하는 바에 따라 강화 또는 변경하여 적용할 수 있다.(2019.4.30 건축물관리법 부칙에 의거 본조 개정)

해설 건축물의 구조, 재료, 형식, 공법 등이 특수한 건축물 즉 한쪽 끝은 고정되고 다른 끝은 지지(支持)되지 아니한 구조로 된 보, 차양 등이 외벽의 중심선으로부터 3m 이상 돌출된 건축물과 기둥과 기둥 사이의 거리가 20m 이상인 건축물 그리고 특수한 설계·시공, 공법 등이 필요한 건축물로서 고시하는 구조로 된 건축물은 다음의 규정을 강화 또는 변경하여 적용할 수 있다.

- 제4조(건축위원회)
- 제4조의2(건축위원회의 건축 심의 등)
- 제4조의3(건축위원회 회의록의 공개)
- 제4조의4(건축민원전문위원회)
- 제4조의5(질의민원 심의의 신청)
- 제4조의6(심의를 위한 조사 및 의견 청취)
- 제4조의7(의견의 제시 등)
- 제4조의8(사무국)
- 제5조(적용의 완화)
- 제6조(기존의 건축물 등에 관한 특례)
- 제7조(통일성을 유지하기 위한 도의 조례)
- 제8조(리모델링에 대비한 특례 등)

- 제9조(다른 법령의 배제)
- 제11조(건축허가)
- 제14조(건축신고)
- 제19조(용도변경)
- 제21조(착공신고 등)
- 제22조(건축물의 사용승인)
- 제23조(건축물의 설계)
- 제24조(건축시공)
- 제25조(건축물의 공사감리)
- 제40조(대지의 안전 등)
- 제41조(토지 굴착 부분에 대한 조치 등)
- 제48조(구조내력 등)
- 제48조의2(건축물 내진등급의 설정)
- 제49조(건축물의 피난시설 및 용도제한 등)
- 제50조(건축물의 내화구조와 방화벽)
- 제50조의2(고층건축물의 피난 및 안전관리)
- 제51조(방화지구 안의 건축물)
- 제52조(건축물의 마감재료)
- 제52조의2(실내건축)
- 제52조의4(건축자재의 품질관리 등)
- 제53조(지하층)
- 제62조(건축설비기준 등)
- 제63조(온돌 및 난방설비 등의 시공)
- 제64조(승강기)
- 제65조의2(지능형건축물의 인증)
- 제67조(관계전문기술자)
- 제68조(기술적 기준)
- 제84조(면적·높이 및 층수의 산정)

영 **제6조의3 【특수구조 건축물 구조 안전의 확인에 관한 특례】** [2015.7.6 본조 신설]

① 법 제6조의2에서 "대통령령으로 정하는 건축물"이란 제2조제18호에 따른 특수구조 건축물을 말한다.

② 특수구조 건축물을 건축하거나 대수선하려는 건축주(제32조제3항에 따라 구조 안전의 확인 방법이 달리 적용되는 건축주는 제외한다)는 법 제21조에 따른 착공신고를 하기 전에 국토교통부령으로 정하는 바에 따라 허가권자에게 해당 건축물의 구조 안전에 관하여 지방건축위원회의 심의를 신청하여야 한다. 이 경우 건축주는 설계자로부터 미리 법 제48조제2항에 따른 구조 안전확인

을 받아야 한다.(2024.12.17 본항 개정)

③ 제2항에 따른 신청을 받은 허가권자는 심의 신청 접수일부터 15일 이내에 제5조의6제1항제2호에 따른 건축구조 분야 전문위원회의 심의 안건을 상정하고, 심의 결과를 심의를 신청한 자에게 통보하여야 한다.

④ 제3항에 따른 심의 결과에 이의가 있는 자는 심의 결과를 통보받은 날부터 1개월 이내에 허가권자에게 재심의를 신청할 수 있다.

⑤ 제3항에 따른 심의 결과 또는 제4항에 따른 재심의 결과를 통보받은 건축주는 법 제 21조에 따른 착공신고를 할 때 그 결과를 반영하여야 한다.

⑥ 제3항에 따른 심의 결과의 통보, 제4항에 따른 재심의의 방법 및 결과 통보에 관하여는 법 제4조의2제2항 및 제4항을 준용한다.

**해설** 특수구조 건축물을 건축하거나 대수선하려는 건축주는 설계자로부터 구조 안전의 확인을 받아 착공신고를 하기 전에 해당 사항에 대하여 지방건축위원회의 심의를 받고, 그 결과를 반영하여 착공신고를 하여야 한다.

### 법 제6조의3 【부유식 건축물의 특례】 [2016.1.19 본조 신설]

①「공유수면 관리 및 매립에 관한 법률」 제8조에 따른 공유수면 위에 고정된 인공대지(제2조제1항제1호의 "대지"로 본다)를 설치하고 그 위에 설치한 건축물(이하 "**부유식 건축물**"이라 한다)은 제40조부터 제44조까지, 제46조 및 제47조를 적용할 때 대통령령으로 정하는 바에 따라 달리 적용할 수 있다.

② 부유식 건축물의 설계, 시공 및 유지관리 등에 대하여 이 법을 적용하기 어려운 경우에는 대통령령으로 정하는 바에 따라 변경하여 적용할 수 있다.

**해설** 부유식 건축물(浮遊式建築物)은 물 위에 인공대지를 두고 그 위에 짓는 건축물이어서 대지의 안전 등(제40조), 토지굴착 부분에 대한 조치 등(제41조), 대지의 조경(제42조), 공개공지 등의 확보(제43조), 대지와 도로의 관계(제44조), 건축선의 지정(제46조), 건축선에 따른 건축제한(제47조)의 현행 규정(설계·시공 및 유지관리 등)을 달리 적용할 필요가 있다.

### 영 제6조의4 【부유식 건축물의 특례】 [2016.7.19 본조 신설]

① 법 제6조의3제1항에 따라 같은 항에 따른 부유식 건축물(이하 "부유식 건축물"이라 한다)에 대해서는 다음 각 호의 구분기준에 따라 법 제40조부터 제44조까지, 제46조 및 제47조를 적용한다.

1. 법 제40조에 따른 대지의 안전 기준의 경우: 같은 조 제3항에 따른 오수의 배출 및 처리에 관한 부분만 적용

2. 법 제41조부터 제44조까지, 제46조 및 제47조의 경우: 미적용. 다만, 법 제44조는 부유식 건축물의 출입에 지장이 없다고 인정하는 경우에만 적용하지 아니한다.

② 제1항에도 불구하고 건축조례에서 지역별 특성 등을 고려하여 그 기준을 달리 정한 경우에는 그 기준에 따른다. 이 경우 그 기준은 법 제40조부터 제44조까지, 제46조 및 제47조에 따른 기준의 범위에서 정하여야 한다.

해설 부유식 건축물에 대해서는 대지의 안전조치 중 오수의 배출 및 처리를 위한 시설 설치규정만 적용하고, 토지 굴착 부분에 대한 조치, 대지의 조경, 공개 공지 등의 확보 및 대지와 도로와의 관계에 관한 규정은 적용하지 아니하도록 하는 등의 특례를 정하고 있으며, 지역의 특성에 따라 법률에 따른 기준의 범위에서 조례로 달리 정할 수 있도록 하고 있다.

**법 제7조 【통일성을 유지하기 위한 도의 조례】**

도(道) 단위로 통일성을 유지할 필요가 있으면 제5조제3항, 제6조, 제17조제2항, 제20조제2항제3호, 제27조제3항, 제42조, 제57조제1항, 제58조 및 제61조에 따라 시·군의 조례로 정하여야 할 사항을 도의 조례로 정할 수 있다.(2015.5.18 본조 개정)

해설 통일성을 유지할 필요가 있을 경우는 다음 규정에 대한 조례를 도의 조례로 정할 수 있다.

- 적용의 완화에 대한 지방자치단체의 조례(법 제5조제3항)
- 기존의 건축물 등에 관한 특례(법 제6조)
- 건축허가 등의 수수료(법 제17조제2항)
- 도시·군계획시설 또는 도시·군계획시설 예정지에서의 가설건축물의 허가기준(법 제20조제1항)
- 구조·존치기간, 설치 목적 및 다른 시설 설치 필요성 등에 관하여 대통령령으로 정하는 기준의 범위에서 조례로 정하는 바에 따르지 아니한 경우(법 제20조제2항3호)
- 현장조사·검사 및 확인업무를 대행한 경우의 수수료 지급(법 제27조제3항)
- 대지의 조경(법 제42조)
- 대지의 분할제한(법 제57조제1항)
- 대지안의 공지(법 제58조)
- 일조 등의 확보를 위한 건축물의 높이제한(법 제61조)

**법 제8조 【리모델링에 대비한 특례 등】**

리모델링이 쉬운 구조의 공동주택의 건축을 촉진하기 위하여 공동주택을 대통령령으로 정하는 구조로 하여 건축허가를 신청하면 제56조, 제60조 및 제61조에 따른 기준을 120/100의 범위에서 대통령령으로 정하는 비율로 완화하여 적용할 수 있다.

해설 공동주택의 리모델링을 유도하기 위하여 일정한 구조로 건축허가를 신청하는 경우에 용적률과 건축물의 높이제한을 해당 적용기준의 20%를 추가하여 완화 적용할 수 있도록 하고 있다.

- 건축물의 용적률(법 제56조)
- 건축물의 높이제한(법 제60조)
- 일조 등의 확보를 위한 건축물의 높이제한(법 제61조)

**영 제6조의5 【리모델링이 쉬운 구조 등】**

① 법 제8조에서 "대통령령으로 정하는 구조"란 다음 각 호의 요건에 적합한 구조를 말한다. 이 경우 다음 각 호의 요건에 적합한지에 관한 세부적인 판단 기준은 국토교통부장관이 정하여 고시한다.(2013.3.23 본항 개정)

1. 각 세대는 인접한 세대와 수직 또는 수평 방향으로 통합하거나 분할할 수 있을 것
2. 구조체에서 건축설비, 내부 마감재료 및 외부 마감재료를 분리할 수 있을 것
3. 개별 세대 안에서 구획된 실(室)의 크기, 개수 또는 위치 등을 변경할 수 있을 것 (2009.7.16 본호 개정)

② 법 제8조에서 "대통령령으로 정하는 비율"이란 120/100을 말한다. 다만, 건축조례에서 지역별 특성 등을 고려하여 그 비율을 강화한 경우에는 건축조례로 정하는 기준에 따른다.

참고

리모델링이 용이한 공동주택 기준(국토교통부 고시 제2018-774호, 2018.12.7 개정)

**제1조 【목적】** 이 기준은 「건축법」 제8조 및 「건축법 시행령」 제6조의5의 규정에 따라 공동주택에 대한 리모델링이 용이한 구조의 판단을 위한 세부적인 기준 등에 대하여 정함을 목적으로 한다.

**제2조 【적용범위】** 이 기준은 「건축법 시행령」 별표 1 제2호 공동주택(다세대 주택 및 기숙사는 제외한다. 이하 같다)을 신축하는 경우에 적용한다.

**제3조 【정의】** 이 기준에서 사용하는 용어의 정의는 다음과 같다.

1. "내구성"이란 건축물 또는 그 부위의 열화에 대한 저항성을 말한다.
2. "내구연한"이란 건축물 또는 그 부위의 열화에 대한 저항성의 한계에 이르기까지의 기간을 말한다.
3. "가변성"이란 건축물의 구조적 안전성을 유지하면서 평면계획이나 설비 등을 변화하거나 다양화 할 수 있는 성능과 새로운 변화에 적응할 수 있는 환경을 만들어 갈 수 있는 성능을 통합한 개념을 의미한다.
4. "설비"란 건축물에 설치하는 전기·전화·초고속 정보통신·지능형 홈 네트워크·가스·급수·배수·환기·난방·소화·배연 및 오물처리 등을 위한 배선, 배관 등을 말한다.

**제4조 【기본 원칙】**

① 리모델링이 용이한 공동주택은 반영구적인 장수명, 내구성, 안전성, 가변성, 친환경성 등의 성능과 품질 등을 확보할 수 있도록 설계, 시공, 감리 및 유지관리가 이루어져야 한다.

② 허가권자는 향후 리모델링을 대비하고, 이 기준의 효율적 운영과 목적 달성을 위하여 다음 각 호의 사항을 권장할 수 있다.

1. 건축물의 내구연한 설정 및 내구성 확보를 위한 사항
2. 리모델링에 필요한 설계도서(「건축법」 제2조제1항제14호 규정에 따른 설계도서를 말한다)의 보존
3. 리모델링 취지 등을 고려하여 노후화 억제, 기능향상 등을 기하고 자원의 절약 및 건설폐기물 최소화 등 친환경성이 지속적으로 유지되도록 관리
4. 향후 리모델링시 발코니, 주차장 등 추가설치와 관련, 창의적이고 실현가능한 설계가 되도록 조치

③ 국가와 지방자치단체는 리모델링의 설계, 시공 및 유지관리 등에 대해 창의적 설계 및 신공법, 재료,

자재 등의 성능 및 품질을 높이기 위하여 지속적인 연구를 통해 리모델링이 용이한 건축물이 조기에 정착되도록 해야 한다.

**제5조 【건축허가 또는 사업계획승인 신청】**

① 리모델링이 용이한 구조로 인정받고자 신청하는 자(「건축법」에 따른 건축주, 「주택법」에 따른 사업주체 등을 말한다. 이하 "건축주등"이라 한다)는 「건축법」(이하 "법"이라 한다) 제11조 또는 같은 법 제16조에 따라 건축허가(「주택법」 제15조에 의한 사업계획승인을 포함한다. 이하 같다)를 신청하거나 허가사항을 변경하는 경우에 별지 제1호 서식의 리모델링이 용이한 공동주택 인정신청서(이하 "**인정신청서**"라 한다), 별지 제2호 서식의 리모델링이 용이한 공동주택 판단평가서(이하 "판단평가서"라 한다)를 첨부하여 허가권자에게 제출하여야 한다.

② 허가권자는 건축주등에게 판단평가서에 대한 평가근거자료를 따로 요청할 수 있다. 이 경우 건축주등은 특별한 사유가 없는 한 평가근거자료를 허가권자에게 제출하여야 한다.

③ 건축주등은 제1항에 따른 인정신청서 제출 시 제6조제1항에 따른 별표의 평가항목에 대한 종합적인 의견, 항목별의 검토의견 및 관련서류 등을 첨부하여야 한다.

**제6조 【평가 및 승인】**

① 리모델링이 용이한 구조의 판단에 대한 세부적인 평가방법 및 기준은 [별표]를 따른다.

② 건축위원회에서 제5조에 따라 제출한 인정신청서와 판단평가서를 심의하여 그 결과 평가점수 합계가 80점 이상인 경우에 용적률 등에 대하여 완화가 가능하며, 허가권자는 상·하수도 등 기반시설을 고려하여 이를 승인할 수 있다.

③ 필요한 경우 허가권자는 제2항에 따른 건축위원회와는 별도로 분야별 전문 소위원회를 구성하여 판단평가서의 적정성 여부 등에 대해 심의를 하게 할 수 있다.

④ 허가권자는 건축주등이 제5조에 따라 제출한 서류가 미비하거나, 사실과 다를 경우에는 건축주등에게 보완을 요청할 수 있다. 이 경우 허가권자는 특별한 경우를 제외하고 건축주등이 보완요청을 20일 이내에 이행하지 아니한 경우에는 신청을 반려할 수 있다.

**제7조 【허가사항 변경 등】** 제6조에 따라 리모델링이 용이한 구조로 승인받은 공동주택으로서 법 제16조에 따라 건축허가를 받은 사항을 변경하고자 하는 경우에는 변경사항에 대한 신청·평가 및 승인 등에 대해서는 제5조 및 제6조를 준용한다.

**제8조 【건축조례 제·개정 기본원칙】** 「건축법 시행령」 제6조의5 제2항 단서규정에 따라 건축조례에서 비율을 강화하는 경우에는 리모델링의 활성화 취지에 맞도록 시·군·구별 지역적 특성 등을 고려하여 기준을 정할 수 있다.

**제9조 【시행 세칙】** 이 기준에 대한 세부적인 사항은 국토교통부장관이 운영지침으로 정하여 시행할 수 있다.

법 **제9조 【다른 법령의 배제】**

① 건축물의 건축등을 위하여 **지하를 굴착하는 경우에는 「민법」 제244조제1항을 적용하지 아니한다.** 다만, 필요한 안전조치를 하여 위해(危害)를 방지하여야 한다.

② 건축물에 딸린 **개인하수처리시설에 관한 설계의 경우에는 「하수도법」 제38조를 적용하지 아니한다.**

해설 「건축법」을 적용하는 데 특수성이 있으므로 다른 법령에서 규정된 것을 완화하기 위한 것이다.

※「민법」 제244조 【지하시설 등에 대한 제한】

① 우물을 파거나 용수(用水), 하수(下水) 또는 오물(汚物) 등을 저치(貯置)할 지하시설을 하는 때에는 경계로부터 2m 이상의 거리를 두어야 하며 저수지(貯水池), 구거(溝渠) 또는 지하실 공사는 경계로부터 그 깊이의 반(半) 이상의 거리를 두어야 한다.

② 전항(前項)의 공사를 함에는 토사(土砂)가 붕괴하거나 하수(下水) 또는 오액(汚液)이 이웃에 흐르지 아니하도록 적당한 조처를 하여야 한다.

▶ 하수도법 제38조(개인하수처리시설의 설계·시공) : 제51조에 따른 처리시설설계·시공업자로 하여금 설계·시공하도록 함

# 제1장 과제하기

**01.** 다음 중 건축물이 아닌 것은?

경기장 스탠드, 지하도 안의 점포, 철도역사, 대문, 담장, 전망대, 육교, 과선교

**02.** 지하층은 지표면 이하인 바닥으로부터 지표면까지의 평균 높이는 그 층 층고의 얼마인가?

**03.** 다음 중 거실인 것은?

교실, 집회장, 다방, 부엌, 현관, 복도, 계단, 창고, 기계실, 변소, 욕실

**04.** 다음에서 주요 구조부는?

바닥, 보, 지붕틀, 주계단, 기초, 토대, 가새

**05.** 기존 건축물을 철거하고 종전의 규모 이하의 건축물을 건축하는 것은 무엇인가?

**06.** 기존 건축물이 있는 대지 안에서 인접대지에 있는 건축물을 그대로 옮겨와 별동으로 새로 짓는 것을 무엇이라 하나?

신축, 증축, 개축, 재축, 이전의 차이점

**07.** 건축물에서 기둥 2개, 보 1개를 해체하여 수선할 때 대수선에 해당되는가?

대수선의 범위

**08.** 고층건축물, 초고층건축물, 준초고층건물을 구분하면?

**09.** 도로의 폭은 최소한 몇 m 이상인가?

**10.** 다음 건축물의 용도를 구분하라.

공관, 아파트, 일반음식점, 안마시술소, 의원, 병원, 초등학교, 전시장, 다중생활시설, 바닥면적 300$m^2$ 미만인 휴게음식점, 예식장, 동물원, 주유소, 항만시설, 부화장, 방송국, 어린이회관

**11.** 다중이용 건축물과 준다중이용 건축물을 구분하면?

**12.** 건축면적의 산정방법은?

**13.** 노대, 필로티의 바닥면적 산정방법은?

**14.** 다락방의 바닥면적에 산정방법은?

**15.** 전면도로에 고저차가 있는 경우 및 대지가 전면도로보다 높은 경우 건축물 높이 산정방법은?

**16.** 계단실, 승강기탑 등의 건축물 높이를 산정하는 방법은?

**17.** 1) 처마높이 및 반자 높이의 차이는?

2) 반자 높이가 다를 경우의 반자 높이 산정방법은?

**18.** 층수 산정방법은?

**19.** 막다른 도로의 길이가 35m일 때 도로의 너비는?

**20.** 기존 건축물의 특례규정 중 법령 등에 부적합하여도 건축을 허가할 수 있는 경우는?

**21.** 층수가 명확하지 않는 건축물의 층수 산정방법은?

**22.** 대지에 대하여 설명하시오.

**23.** 건축물의 정의는?

**24.** 건축법의 일부를 적용하지 않는 경우가 있는데 이 때 법 규정의 내용은?

**25.** 공동주택 리모델링을 유인하기 위한 내용에 답하시오.

1) 법 적용 항목과 비율은?

2) 리모델링이 적용 가능한 구조는?

**26** 부유식 건축물에 대하여

1) 정의는?

2) 특례규정은?

# 제1장 과년도 문제

**01.** 다음 중 건축물에 속하지 않는 것은?

㉮ 건축물에 부수된 담장
㉯ 공중의 용에 공하는 관람시설
㉰ 지하의 공작물에 설치하는 창고
㉱ 철도부지 내에 있는 과선교

해설 **법 제2조 제1항 제2호, 법 제3조**
건축물에는 건축법을 적용하나 그렇지 않은 경우가 있다. 따라서 건축법을 적용하지 않는 경우 건축법에 의한 건축물로 볼 수 없으므로 ㉱항이 해당된다.

**02.** 건축법상 막다른 도로의 길이가 10m 이상 35m 미만인 경우 도로의 최소 너비는?

㉮ 2m　　㉯ 3m
㉰ 4m　　㉱ 6m

해설 **영 제3조의3**

| 막다른 도로의 길이 | 막다른 도로의 너비 |
|---|---|
| 10m 미만 | 2m 이상 |
| 10m 이상, 35m 미만 | 3m 이상 |
| 35m 이상 | 6m 이상<br>(도시지역이 아닌 읍·면 4m) |

**03.** 기존 건축물의 일부를 철거하고 다시 축조하는 "개축"의 정의에서 일부의 철거부분에 관계가 없는 것은?

㉮ 보　　㉯ 바닥
㉰ 내력벽　　㉱ 지붕틀

해설 **영 제2조 제1항 제3호**
일부라 함은 "내력벽·기둥·보·지붕틀" 중 3 이상이 포함되는 경우를 말한다.

**04.** 막다른 도로의 폭에 관한 다음 기술 중 옳지 않은 것은?

㉮ 막다른 도로의 길이가 10m 미만일 때에는 폭은 2m 이상이어야 한다.
㉯ 길이가 10m 이상 35m 미만인 때에는 폭은 3m 이상이어야 한다.
㉰ 길이가 35m 이상인 때에는 폭은 6m 이상이어야 한다.
㉱ 길이가 10m 이상인 때에는 폭은 8m 이상이어야 한다.

해설 **영 제3조의3**
막다른 도로의 길이가 35m 이상인 때 도로의 너비는 6m 이상이므로 ㉱항의 경우 길이 50m 이상인 때에 폭을 "8m 이상으로 하였다"라고 하면 정답이 될 수 있으나 "8m 이상이어야 한다"라고 하므로 너비를 6m로 하면 틀리는 것이 되어 ㉱항이 틀리게 된다.

**05.** 다음 중 옳지 않은 것은?

㉮ 건축이란 건축물을 신축, 증축, 개축, 재축 또는 이전을 하는 것이다.
㉯ 개축이란 기존 건축물의 전부 또는 일부를 철거하고 그 대지 안에 종전과 동일한 규모의 범위 안에서 건축물을 다시 축조하는 것이다.
㉰ 재축이란 재해로 괴멸된 건축물에 대하여 개축에 해당하는 행위를 하는 것이다.
㉱ 이전이란 주요 구조부를 해체하고 다른 위치에 이동시키는 것이다.

해설 **영 제2조 제1항 제5호**
"이전"이라 함은 건축물을 그 주요 구조부를 해체하지 아니하고 같은 대지의 다른 위치로 옮기는 것을 말한다.

**해답** 1. ㉱ 2. ㉯ 3. ㉯ 4. ㉱ 5. ㉱

**06.** 건축법령상 용어의 정의에 관한 설명으로 가장 부적합한 것은?

㉮ 주요구조부란 내력벽, 바닥, 기둥, 보, 지붕틀 및 주계단을 말한다.

㉯ 설계도서란 건축 등에 관한 공사용 도면, 구조계산서, 시방서, 그 밖에 공사에 필요한 서류를 말한다.

㉰ 초고층건축물이란 층수가 30층 이상이거나 높이가 120m 이상인 건축물을 말한다.

㉱ 건축주란 건축물의 건축 등에 관한 공사를 발주하거나 현장관리인을 두어 스스로 그 공사를 하는 자를 말한다.

해설 **법 제22조, 영 제2조**

– **고층건축물** : 층수 30층 이상이거나 높이 120m 이상
– **초고층건축물** : 층수 50층 이상이거나 높이 200m 이상

**07.** 아래 시설 중 근린생활시설에 속하지 않는 것은?

㉮ 단란주점(150$m^2$ 미만) ㉯ 노래연습장
㉰ 유치원 ㉱ 안마시술소

해설 **영 별표 1**

– 근린생활시설이라 함은 일상생활에 있어 1차적으로 직접 필요한 시설의 것을 「제1종 생활시설」로 구분하고, 간접적으로 필요한 시설의 것을 「제2종 생활시설」로 구분된다.
– 단란주점의 경우 150$m^2$ 이상이 되면 위락시설이 된다.
– 유치원은 교육연구 시설 중 학교에 속한다.

**08.** 건축법상 다중이용 건축물에 해당하는 것은?

㉮ 동·식물원의 용도로 쓰는 바닥면적의 합계가 5,000$m^2$ 이상인 건축물

㉯ 종교시설의 용도로 쓰는 바닥면적의 합계가 5,000$m^2$ 이상인 건축물

㉰ 일반 숙박시설의 용도로 쓰는 바닥면적의 합계가 5,000$m^2$ 이상인 건축물

㉱ 15층인 업무시설

해설 **영 제2조 제17호**

"다중이용건축물"이란 불특정 다수의 사람들이 이용하는 건축물로 다음에 해당하는 건축물

- 바닥면적합계 5,000$m^2$ 이상
  – 문화 및 집회시설(동물원 및 식물원은 제외)
  – 종교시설
  – 판매시설
  – 운수시설 중 여객용 시설
  – 의료시설 중 종합병원
  – 숙박시설 중 관광숙박시설
- 16층 이상인 건축물

**09.** 다음 건축행위에서 정의에 맞지 않는 것은?

㉮ 부속건축물만 있는 대지에 주건물을 축조하면 신축이 된다.

㉯ 기존 건축물에 높이만 증가시키는 것도 증축이 된다.

㉰ 주계단을 철거하고 다시 축조하면 대수선이 된다.

㉱ 천재지변으로 기둥과 보를 각각 3개씩 수선·변경하면 재축이 된다.

해설 기둥, 보, 지붕틀을 3개 이상 수선·변경하는 것이 대수선이 되므로 천재지변이라도 ㉱항의 경우에는 대수선이 되며 재축은 멸실된 건축물의 대지 안에 동일한 규모의 범위 안에서 건축물을 축조하는 것을 말한다.

**10.** 다음 건축물의 용도 중 숙박시설에 해당하지 않는 시설은?

㉮ 유스호스텔 ㉯ 가족호텔
㉰ 휴양콘도미니엄 ㉱ 해상관광호텔

해설 **영 별표 1**

– 일반숙박시설 : 호텔, 여관, 여인숙
– 관광숙박시설 : 관광호텔, 수상관광호텔, 한국전통호텔, 가족호텔 및 휴양콘도미니엄
– 유스호스텔은 수련시설에 속한다.

**11.** 다음 중 건축의 용도구분이 틀리게 되어 있는 것은?

㉮ 수련시설 – 유스호스텔

㉯ 교육연구시설 – 어린이회관

㉰ 제2종 근린생활시설 – 동물병원

㉱ 위락시설 – 무도학원

해설 **영 별표 1**

어린이회관은 관광휴게시설에 속한다.

**해답** 6. ㉰ 7. ㉰ 8. ㉯ 9. ㉱ 10. ㉮ 11. ㉯

**12.** 건축법의 내용 중 설명이 잘못된 것은?

㉮ 지하층은 어떠한 경우라도 층수에 산입하지 아니한다.
㉯ 용적률의 산정을 위한 연면적에는 지하층과 지상층이 주차용으로 사용되는 면적은 어떠한 조건이라도 제외한다.
㉰ 준주거지역에 있는 백화점의 옥상에 공동주택을 증축한다면 공동주택의 지표면은 백화점의 옥상바닥으로 본다.
㉱ 태양열을 주된 에너지원으로 이용하는 주택의 건축면적은 외벽 중 내측 내력벽의 중심선을 기준으로 한다.

**해설** **영 제119조**
㉯의 경우 용적률 산정에 있어서는 지하층 면적과 지상층의 주차용(당해 건축물의 부속용도인 경우에 한함)으로 사용하는 면적을 제외한다.

**13.** 건축법령상 다가구주택의 구성 요건에 대한 설명 중 가장 적합한 것은?

㉮ 독립된 주거형태가 아닌 것
㉯ 지하층을 포함한 주택으로 쓰는 층수가 3개 층 이하일 것
㉰ 1개동의 주택으로 쓰는 바닥면적(지하주차장의 면적은 제외)의 합계가 660m² 이하로서 공동주택이 아닌 것
㉱ 20세대 이하가 거주할 수 있을 것

**해설** **영 별표 1**
- 다가구주택 : 다음의 요건을 모두 갖춘 주택으로서 공동주택에 해당하지 아니하는 것
  - 주택으로 쓰이는 층수(지하층 제외)가 3개 층 이하일 것. 다만, 1층 바닥면적 2분의 1 이상을 필로티 구조로 하여 주차장으로 사용하고 나머지 부분을 주택외의 용도로 쓰는 경우에는 해당 층을 주택의 층수에서 제외
  - 1개 층의 주택으로 쓰이는 바닥면적(부설 주차장 면적 제외)의 합계가 660m² 이하
  - 19세대 이하가 거주할 수 있을 것

**14.** 다음 용도분류에 따른 관계가 옳지 않은 것은?

㉮ 관광휴게시설－어린이회관
㉯ 교육연구 및 복지시설－직업훈련소
㉰ 묘지관련시설－장례식장
㉱ 문화 및 집회시설－수족관

**해설** **영 별표 1**
- 관광휴게시설 : 야외음악당, 야외극장, 어린이회관, 관망탑, 휴게소, 공원·유원지 또는 관광지에 부수되는 시설
- 교육연구시설 : 학교, 교육원(연수원 포함), 직업훈련소, 학원(근린생활시설에 해당하는 것과 자동차학원·무도학원 제외), 연구소, 도서관
- 묘지관련시설 : 화장장·납골당·묘지에 부수되는 건축물
- 문화 및 집회시설 : 전시장[박물관, 미술관, 과학관, 기념관, 산업전시장, 박람회장 등], 동·식물원[동물원, 식물원, 수족관 등]

※ 위 문제의 「장례식장」은 건축물의 용도분류에서 별개의 독립된 시설로 분류된다.

**15.** 다음 중 용어의 정의로서 부적당한 것은?

㉮ 건축주라 함은 건축물의 건축, 대수선, 건축설비의 설치 또는 공작물의 축조에 관한 공사를 발주하거나 스스로 그 공사를 행하는 자를 말한다.
㉯ 공사감리자라 함은 건축물, 건축설비 또는 건축물이 설계도서의 내용대로 시공되는지의 여부를 확인하고 품질관리, 공사관리 및 안전관리 등에 대하여 지도, 감독하는 자를 말한다.
㉰ 공사시공자라 함은 건축물의 건축 등에 관한 공사를 행하는 자를 말한다.
㉱ 현장관리인이라 함은 건축주로부터 위임을 받아 건설산업기본법이 적용되는 공사를 행하는 자를 말한다.

**해설** **법 제2조**
현장관리인은 1999.2.8 법의 제정으로 삭제되었다.
※ 법 제24조 제6항에 현장관리인 지정과 업무가 2016.2.3 신설되었다.

**16.** 다음의 각 항에 있는 건축물이 (  )의 용도분류에서 틀린 것은?

㉮ 운전학원(자동차관련시설)
㉯ 야외극장(문화 및 집회시설)
㉰ 수족관(문화 및 집회시설)
㉱ 하역장(창고시설)

**해답** 12. ㉯ 13. ㉰ 14. ㉰ 15. ㉱ 16. ㉯

해설 영 별표 1

- 자동차관련시설 : 주차장, 세차장, 폐차장, 검사장, 매매장, 정비공장, 운전학원, 정비학원, 자동차운수사업법에 의한 차고
- 문화 및 집회시설 : 공연장[극장, 영화관, 연예장, 음악당, 서커스장], 집회장[회의장, 공회장, 예식장], 관람장[운동경기관람장, 경마장, 자동차경주장]
  ※ "야외극장"은 관광휴게시설에 해당된다.
- 창고시설 : 위험물 저장 및 처리 시설 또는 그 부속용도에 해당하지 아니하는 건축물로서의 창고·냉동창고·냉장창고·하역장

**17.** 동일한 대지 안에서 주된 용도에 쓰이는 바닥면적의 합계가 2,000$m^2$인 건축물의 부속용도에 쓰이는 바닥면적 합계의 한계로 옳은 것은?

㉮ 500$m^2$ 미만　㉯ 1,000$m^2$ 미만
㉰ 1,500$m^2$ 미만　㉱ 2,000$m^2$ 미만

해설 영 제2조 제1항

건축물의 주된 용도의 기능에 필수적인 용도로서 주된 용도에 쓰이는 바닥면적 합계의 50% 미만인 용도가 부속용도의 범위

**18.** 태양열을 이용하는 주택의 건축면적의 산정방식에 합당한 것은?

㉮ 외벽의 중심선
㉯ 외벽 중 내측 내력벽의 중심
㉰ 외벽 중 외측 내력벽의 중심
㉱ 외벽의 내측 벽면선

해설 규칙 제43조 제1항

태양열을 주된 에너지원으로 이용하는 주택의 건축면적은 건축의 외벽 중 내측 내력벽의 중심선을 기준

**19.** 다음 중 건축설계자가 업무를 수행함에 있어 건축법의 기준을 완화하여 적용할 것을 요청할 때 받아들일 수 없는 자는?

㉮ 서울특별시장　㉯ 광명시장
㉰ 강원도지사　㉱ 청원군수

해설 법 제5조

건축관계자는 건축법의 기준 완화를 적용할 것을 허가권자(특별시장·광역시장) 또는 시장·군수·구청장에게 요청할 수 있으며 도지사의 경우에는 도의 통일성 유지를 위해서 필요한 경우에 조례로서 정할 수 있도록 하고 있다.

**20.** 다음 중 중앙건축위원회에 관한 사항 중 옳지 못한 것은?

㉮ 표준설계도서의 인정에 관한 사항의 심의
㉯ 중앙건축위원회는 50인 이내의 위원으로 구성된다.
㉰ 위원의 임기는 2년으로 한다.
㉱ 도시설계지구 안의 심의

해설 영 제5조, 규칙 제2조

〈중앙건축위원회 심의사항〉
- 표준설계도서의 인정에 관한 사항
- 기술적 기준에 관한 세부기준의 제정·개정 또는 승인에 관한 사항

**21.** 바닥면적의 산정방식에서 예외로 인정될 수 없는 것은?

㉮ 35층 아파트의 지상층에 설치한 기계실
㉯ 사무소 지상층에 설치한 기름탱크
㉰ 사무실 지하에 설치한 물탱크
㉱ 아파트 1층의 필로티 부분

해설 영 제119조

- 옥상, 옥외 또는 지하에 설치하는 물탱크·기름탱크·냉각탑·정화조 등의 설치를 위한 구조물의 바닥면적은 바닥면적에 산입되지 않는다.
- 공동주택으로써 지상층에 설치한 기계실·어린이놀이터·조경시설인 경우 바닥면적에 산입하지 아니한다.
- ㉯항의 경우 옥상, 옥외 또는 지하에 설치하지 아니하므로 바닥면적에 산입된다.

해답 17. ㉯ 18. ㉯ 19. ㉰ 20. ㉱ 21. ㉯

**22.** 건축물의 1층을 다음 용도로 사용하는 필로티의 경우 바닥면적에 산입되는 것은?

㉮ 공중의 통행에 전용되는 경우
㉯ 차량의 주차에 전용되는 경우
㉰ 휴게실로 사용되는 경우
㉱ 공동주택의 경우

**해설** **영 제119조**

필로티, 기타 이와 유사한 구조(벽면적의 1/2이 당해 층의 바닥 면에서 위층 바닥 아래 면까지 공간으로 된 것에 한함) 부분이 다음과 같은 용도에 전용되는 경우에는 바닥면적에 산입하지 아니한다.
-공중의 통행에 전용되는 경우
-차량의 주차에 전용되는 경우
-공동주택의 경우

**23.** 건축법령상 건축물의 면적 등의 산정방법에 관한 설명으로 가장 적합한 것은?

㉮ 건축물을 리모델링하는 경우로 미관 향상을 위하여 외벽에 부가하여 마감재 등을 설치하는 부분은 바닥면적에 산입하지 아니한다.
㉯ 태양열을 주된 에너지원으로 이용하는 주택의 건축면적은 건축물의 외벽의 내부선을 기준으로 산정한다.
㉰ 공동주택으로서 지상층에 설치한 기계실, 전기실, 조경시설 및 생활폐기물 보관함의 면적은 바닥면적에 산입한다.
㉱ 지붕마루장식·굴뚝·방화벽의 옥상돌출부는 그 높이의 1/2을 건축물의 높이에 산입한다.

**해설** **영 제119조 제1항, 규칙 제43조**

-㉯의 경우 건축면적은 외벽중 내측 내력벽의 중심선 기준
-㉰의 경우 바닥면적에 산입하지 아니한다.
-지붕마무장식·굴뚝·방화벽의 옥상돌출물과 난간벽(그 벽면적의 2분의1이상이 공간으로 되어 있는 것만 해당한다)은 그 건축물의 높이게 산입하지 아니한다.

**24.** 그림과 같은 거실의 평균 반자높이는?

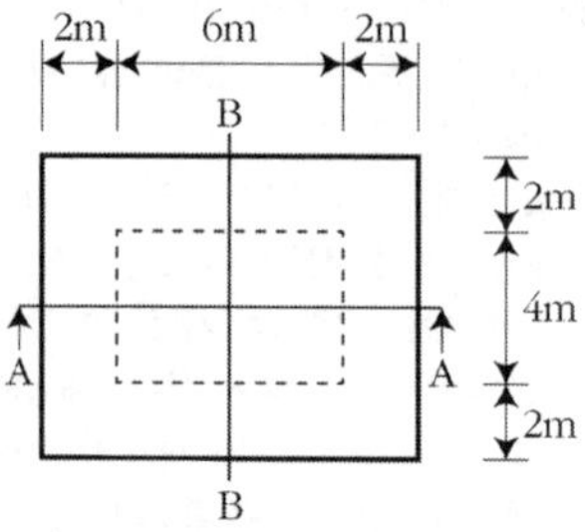

반자 평면도

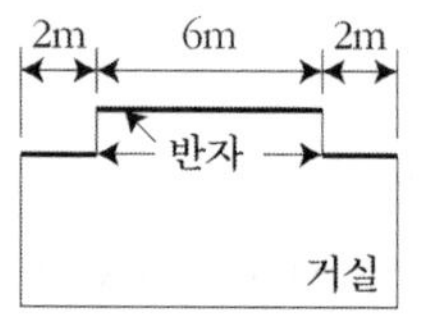

A-A 단면도

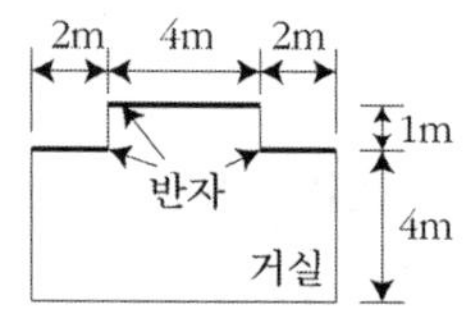

B-B 단면도

㉮ 5.0m ㉯ 4.6m
㉰ 4.5m ㉱ 4.3m

**해설** **영 제119조 제1항 제7호**

$$\text{반자높이}(H) = \frac{\text{방의 부피}}{\text{바닥면적}} = \frac{(10m \times 8m \times 4m) + (6m \times 4m \times 1m)}{10m \times 8m} = \frac{320m^3 + 24m^3}{80m^2} = 4.3m$$

**25.** 아래 도면과 같은 공동주택의 발코니에서 바닥면적에 포함시킬 수 있는 면적은? (단, 발코니 난간 및 벽체는 방음창으로 둘러싸여 있음)

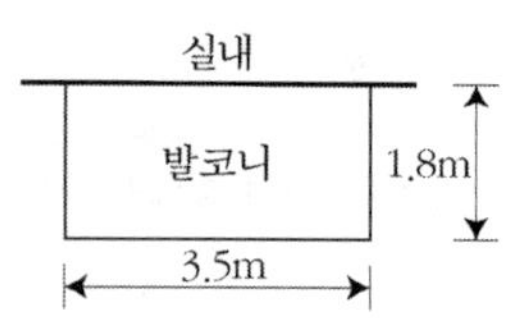


㉮ 전혀 포함되지 않는다. ㉯ $1.05m^2$
㉰ $2.05m^2$ ㉱ $6.3m^2$

**해설** **영 제119조 제3호**

**〈발코니**(노대) **바닥면적 산정방법**(모든 건축물에 적용함)**〉**
노대면적(3.5m×1.8m)에서 노대 등이 접한 가장 긴 외벽에 접한 길이(1.8m)에 1.5m를 곱한 값을 공제한 면적
그러므로 $3.5m \times 1.8m - 3.5m \times 1.5m = 1.05m^2$

**해답** 22. ㉰ 23. ㉮ 24. ㉱ 25. ㉯

**26.** 다음 그림과 같은 대지에 최대한의 연면적을 가진 건축물을 건축하고자 한다. 층수는 지하는 1층($200m^2$), 지상은 5층으로 하고자 할 경우에 최대한 건축할 수 있는 연면적은 얼마인가? (단, 건폐율은 50%, 용적률은 200%이다.)

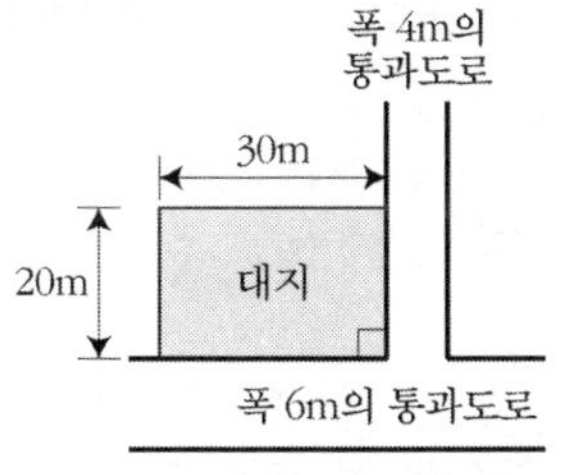


㉮ $1,196m^2$ ㉯ $1,200m^2$
㉰ $1,396m^2$ ㉱ $1,695m^2$

**해설** **법 제46조, 법 제47조, 영 제31조, 영 제119조**
－본 문제는 용적률에 대한 것으로 접근한다. 우선 대지여건과 건폐율, 용적률에 대한 사항을 검토한다.
－대지면적의 산정 : $20m \times 30m = 600m^2$
여기에서 도로모퉁이 건축선 공제면적(6m 도로와 4m 도로의 가각전제) : $2m^2$
∴ 대지면적=$600m^2 - 2m^2 = 598m^2$
－건폐율 적용 : 대지면적($598m^2$)×50%=$299m^2$(건축면적임)
여기에서 $299m^2 \times 5$층$=1,495m^2$가 된다.
－용적률 적용 : 대지면적($598m^2$)×200%=$1,196m^2$
여기에서 $1,196m^2 \div 5$층$=239.2m^2 < 299m^2$
최대 연면적은 용적률의 범위를 초과할 수 없으므로 지상층 연면적($1,196m^2$)+지하층면적($200m^2$)=$1,396m^2$가 된다.

**27.** 다음 중 공동주택에 속하지 않는 것은?

㉮ 아파트 ㉯ 다가구주택
㉰ 연립주택 ㉱ 다세대주택

**해설** **영 별표 1**
공동주택에는 기숙사가 포함되며, 다가구주택은 단독주택으로 분류된다.

**28.** 휴게음식점으로 동일한 건축물 안에서 당해 용도에 쓰이는 바닥면적의 합계가 얼마이어야 제1종 근린생활시설의 기준이 되는가?

㉮ $100m^2$ 미만 ㉯ $200m^2$ 미만
㉰ $300m^2$ 미만 ㉱ $400m^2$ 미만

**해설** **영 별표 1 제3호 나목**
바닥면적의 합계가 $300m^2$ 미만인 휴게음식점은 제1종 근린생활시설이다.

**29.** 다음의 행위 중 대수선에 해당하지 않는 것은?

㉮ 보, 기둥을 각각 3개 수선 또는 변경하는 것
㉯ 방화구획을 위한 바닥을 해체하여 수선 또는 변경하는 것
㉰ 미관지구 안에서 건축물의 외부 형태를 변경하는 것
㉱ 내력벽의 벽면적을 $20m^2$ 이상 수선 또는 변경하는 것

**해설** **영 제3조의2**
내력벽의 벽면적 $30m^2$ 이상 수선 또는 변경하는 것

**30.** 기존 건축물의 일부를 철거하고 다시 축조하는 개축의 정의에서 일부의 철거 부분에 관계가 없는 것은?

㉮ 보 ㉯ 바닥
㉰ 내력벽 ㉱ 지붕틀

**해설** **영 제2조 제1항 제3호**
개축은 기존 건축물의 전부 또는 일부(내력벽, 기둥, 보, 지붕틀 중 3개 이상 포함되는 경우를 말함)를 철거하고, 그 대지 안에 종전과 동일한 규모의 범위 안에서 건축물을 다시 축조하는 행위

**31.** 아래 공동주택의 평면도에서 발코니 면적은 바닥면적에 얼마나 산입되는가?

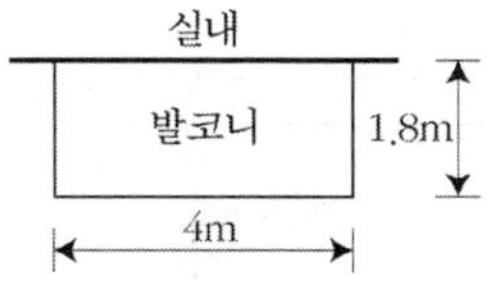


㉮ 바닥면적에 산입되지 않는다.
㉯ $1.35m^2$
㉰ $8.1m^2$
㉱ $3.6m^2$

**해설** **영 제119조 제1항 제3호 다목**
노대, 기타 이와 유사한 부분의 바닥면적 산정의 경우 난간 등의 설치 여부에 관계없이 면적에서 노대가 접한 가장 긴 외벽에 접한 길이에 1.5m를 곱한 값을 공제한 면적을 바닥면적에 산입한다.
따라서 면적 $(4.5 \times 1.8m) - 4.5 \times 1.5 = 1.35$

**해답** 26. ㉰ 27. ㉯ 28. ㉰ 29. ㉱ 30. ㉯ 31. ㉯

**32.** 태양열을 주된 에너지원으로 이용하는 주택의 건축 면적 산정은 원칙적으로 어느 것의 중심선을 기준으로 하는가?

㉮ 건축물의 외벽
㉯ 건축물의 기둥
㉰ 건축물의 외벽 중 내측 내력벽
㉱ 건축물의 외벽 중 외측 내력벽

**해설** **규칙 제43조 제1항**
건축면적의 산정 중 태양열을 주된 에너지원으로 이용하는 주택인 경우 그 건축 면적은 건축물의 외벽 중 내측 내력벽의 중심선을 기준으로 한다.

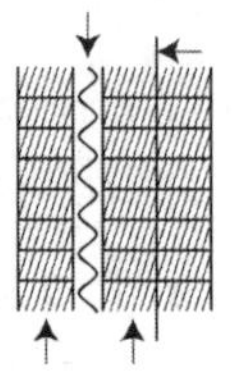

**33.** 다음 중 설계도서가 아닌 것은?

㉮ 공정표
㉯ 건축설비계산 관계서류
㉰ 구조계산서
㉱ 토질 및 지질관계서류

**해설** **법 제2조 제1항 제14호, 규칙 제1조의2**
도면, 구조계산서, 시방서, 건축설비계산 관계서류, 토질 및 지질 관계서류, 기타 공사에 필요한 서류 등이 있다.

**34.** 그림과 같은 대지 조건인 경우 대지면적으로서 맞는 것은?

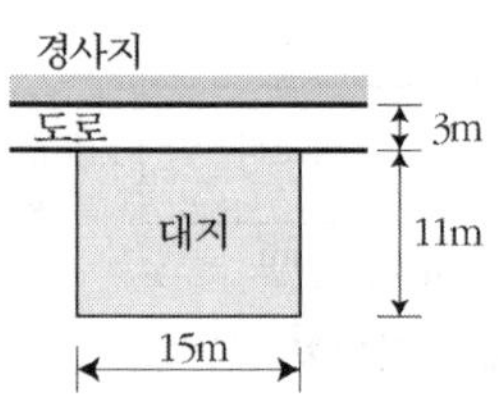


㉮ $135m^2$　　㉯ $150m^2$
㉰ $157.5m^2$　　㉱ $165m^2$

**해설** **법 제46조 영 제119조 제1항 제1호**
대지 전면도로의 반대쪽 경계선에 경사지, 하천, 철도부지 등이 있는 경우에는 도로 반대쪽 경계선에서 4m 후퇴한 선을 건축선으로 한다.
그러므로 대지면적$=(11-1)\times15=150m^2$

**35.** 다음의 범위 중 대수선에 해당하지 않는 것은?

㉮ 보, 기둥 틀 각각 3개 해체하여 수선 또는 변경하는 것
㉯ 지붕 틀을 3개 이상 해체하며 수선 또는 변경하는 것
㉰ 미관지구 안에서 건축물의 외부 형태 또는 담장을 변경하는 것
㉱ 내력벽의 벽면적을 $20m^2$ 이상 수선 또는 변경하는 것

**해설** **영 제3조의2**
내력벽은 벽면적을 $30m^2$ 이상 수선 또는 변경하여야 대수선에 해당된다.

**36.** 건축법의 용어로 정의되어 있지 아니한 것은?

㉮ 거실　　㉯ 현장관리인
㉰ 주요 구조부　　㉱ 설계도서

**해설** **법 제2조**
현장관리인에 대한 정의는 없다.

**37.** 다음 건축물의 용도분류 중 숙박시설에 해당되지 않는 것은?

㉮ 수상관광호텔
㉯ 휴양콘도미니엄
㉰ 한국전통호텔
㉱ 유스호스텔

**해설** **영 제3조의4(별표 1)**
숙박시설에는 일반숙박시설(호텔, 여관, 여인숙)과 관광숙박시설(관광호텔, 수상관광호텔, 한국전통호텔, 가족호텔, 휴양 콘도미니엄, 고시원($500m^2$ 이상)이 있으며 유스호스텔은 수련시설에 해당된다.

**38.** 건축법 및 건축물의 설비기준 등에 관한 규칙에 의한 건축설비가 아닌 것은?

㉮ 오물처리설비　　㉯ 가스설비
㉰ 소화설비　　㉱ 경보설비

**해설** **법 제2조 제1항 제4호, 영 제87조**
– 건축설비는 건축물의 안정, 방화 및 위생과 에너지 및 정보통신의 합리적 이용에 지장이 없도록 설치하여야 하고, 배관피트 및 턱트의 단면적과 수선구의 크기를 당해 설비

**해답** 32. ㉰ 33. ㉮ 34. ㉯ 35. ㉱ 36. ㉯ 37. ㉱ 38. ㉱

의 수선에 지장이 없도록 하는 등 설비의 유지·관리가 용이하도록 설치하여야 한다.

–건축설비라 함은 건축물에 설치하는 전기·전화·가스·급수·배수(配水)·배수(排水)·환기·난방·소화·배연 및 오물처리의 설비와 굴뚝·승강기·피뢰침·국기게양대·공동시청안테나·유선방송 수신시설·우편물 수취함 등의 설비를 말한다.

**39.** 건축법에서 건축설비에 대한 용어 정의에 대한 내용 중 옳지 않는 것은?

㉮ 건축물에 설치하는 국기게양대
㉯ 건축물에 설치하는 유선방송수신시설
㉰ 건축물에 설치하는 오물처리의 설비
㉱ 건축물에 설치하는 전산정보처리 설비

해설 **법 제2조**
상기 문제 참조

**40.** 다음 용어의 정의로 옳지 않은 것은?

㉮ "대지"라 함은 공간정보의 구축 및 관리 등에 관한 법률에 의하여 각 필지로 구획된 토지를 말한다.
㉯ "거실"이라 함은 건축물 안에서 주거, 집무, 작업, 집회, 오락 기타 이와 유사한 목적을 위하여 사용되는 방을 말한다.
㉰ "건축"이라 함은 건축물을 신축, 증축, 개축, 재축 또는 대수선하는 것을 말한다.
㉱ "내화구조"라 함은 화재에 견딜 수 있는 성능을 가진 구조로서 국토교통부령이 정하는 기준에 적합한 구조를 말한다.

해설 **법 제2조 제1항 제9호**
대수선이 아니고 이전하는 것을 말한다.

**41.** 건축물의 용도분류상 문화 및 집회시설에 해당되는 것은?

㉮ 서커스장 ㉯ 청소년수련원
㉰ 야외극장 ㉱ 어린이회관

해설 **영 별표 1**
서커스장은 문화 및 집회시설 중 공연장에 속한다.
청소년 수련원은 교육 연구 및 복지시설 중 자연권 수련시설에 포함되고 야외극장, 어린이회관은 관광 휴게시설에 속한다.

**42.** 건축법에 대한 설명 중 옳지 않은 것은?

㉮ 대지면적은 대지의 수평투영면적으로 한다.
㉯ 건축면적은 건축물의 외벽의 중심선으로 둘러싸인 부분의 수평투영면적으로 한다.
㉰ 바닥면적은 건축물의 각층 또는 그 일부로서 벽, 기둥 기타 이와 유사한 구획의 중심선으로 둘러싸인 부분의 수평투영면적으로 한다.
㉱ 연면적은 하나의 건축물의 지상층의 바닥면적의 합계로 한다.

해설 **영 제119조**
연면적은 하나의 건축물의 각 층의 바닥면적의 합계로 한다. 다만, 용적률 산정에 있어서는 지하층의 면적과 지상층의 주차용으로 사용되는 면적을 제외한다.

**43.** 지하층의 구조에 관한 기준으로 옳지 않은 것은?

㉮ 바닥면적이 $150m^2$ 이상인 층에는 직통계단 외에 피난층 또는 지상으로 통하는 비상탈출구 및 환기통을 설치할 것
㉯ 거실의 바닥면적의 합계가 $1,000m^2$ 이상인 층에는 환기설비를 할 것
㉰ 지하층의 바닥면적이 $300m^2$ 이상인 층에는 식수 공급을 위한 급수전을 1개소 이상 설치할 것
㉱ 비상탈출구의 유효너비는 0.75m 이상으로 하고, 유효높이는 1.5m 이상으로 할 것

해설 **피난·방화규칙 제25조**

| 바닥면적 | 설치기준 |
|---|---|
| $50m^2$ 이상인 층 | 비상탈출구 및 환기통 설치<br>(2 이상 직통 계단 설치시 예외) |
| $1,000m^2$ 이상인 층 | 방화구획 부분마다 1 이상<br>피난계단 또는 특별피난계단 설치 |
| 거실 바닥 면적 $1,000m^2$ 이상인 층 | 환기설비 |
| $300m^2$ 이상인 층 | 급수전 1개 이상 설치 |

해답 39. ㉱ 40. ㉰ 41. ㉮ 42. ㉱ 43. ㉮

**44.** 지하층 비상탈출구에 관한 기준으로 적합하지 않은 것은?

㉮ 비상탈출구의 유효너비는 90cm 이상으로 한다.
㉯ 비상탈출구는 출입구로부터 3m 이상 떨어진 곳에 설치한다.
㉰ 지하층의 바닥으로부터 비상탈출구의 아랫부분까지의 높이가 1.2m 이상이 되는 경우에는 벽체에 발판의 너비가 20cm 이상인 사다리를 설치한다.
㉱ 비상탈출구에서 지상으로 통하는 직통계단까지 이르는 피난통로의 유효너비는 75cm 이상으로 한다.

해설 **피난·방화규칙 제25조**

상기 문제 참조

상기 문제와 같이 지하층의 구조 기준이 갖추어져야 하며 이때 지하층은 비상탈출을 위한 출구를 마련하여야 하는데 비상탈출구의 유효너비는 0.75m 이상, 유효높이는 1.5m 이상으로 하여야 한다.

해답 44. ㉮

# 제2장

# 건축물의 건축

**법 제10조 【건축 관련 입지와 규모의 사전결정】**

① 제11조에 따른 건축허가 대상 건축물을 건축하려는 자는 건축허가를 신청하기 전에 허가권자에게 그 건축물의 건축에 관한 다음 각호의 사항에 대한 사전결정을 신청할 수 있다. (2015.5.18 본항 개정 및 각호 신설)

1. 해당 대지에 건축하는 것이 이 법이나 관계 법령에서 허용되는지 여부
2. 이 법 또는 관계 법령에 따른 건축기준 및 건축제한, 그 완화에 관한 사항 등을 고려하여 해당 대지에 건축 가능한 건축물의 규모
3. 건축허가를 받기 위하여 신청자가 고려하여야 할 사항

② 제1항에 따른 사전결정을 신청하는 자(이하 "**사전결정신청자**"라 한다)는 건축위원회 심의와 「도시교통정비 촉진법」에 따른 교통영향평가서의 검토를 동시에 신청할 수 있다.(2015.7.24 도시교통정비촉진법 부칙에 의거 본항 개정)

③ 허가권자는 제1항에 따라 사전결정이 신청된 건축물의 대지면적이 「환경영향평가법」 제43조에 따른 소규모 환경영향평가 대상사업인 경우 환경부장관이나 지방환경관서의 장과 소규모 환경영향평가에 관한 협의를 하여야 한다.(2011.7.21 환경영향평가법 부칙에 의거 본항 개정)

④ 허가권자는 제1항과 제2항에 따른 신청을 받으면 입지, 건축물의 규모, 용도 등을 사전결정한 후 사전결정 신청자에게 알려야 한다.

⑤ 제1항과 제2항에 따른 신청 절차, 신청 서류, 통지 등에 필요한 사항은 국토교통부령으로 정한다.

⑥ 제4항에 따른 사전결정 통지를 받은 경우에는 다음 각 호의 허가를 받거나 신고 또는 협의를 한 것으로 본다.(2010.5.31 본항 개정)

1. 「국토의 계획 및 이용에 관한 법률」 제56조에 따른 개발행위허가
2. 「산지관리법」 제14조와 제15조에 따른 산지전용허가와 산지전용신고, 같은 법 제15조의2에

따른 산지일시사용허가·신고. 다만, 보전산지인 경우에는 도시지역만 해당된다. (2010.5.31 산지관리법 부칙에 의거 본호 개정)

3. 「농지법」 제34조, 제35조 및 제43조에 따른 농지전용허가·신고 및 협의
4. 「하천법」 제33조에 따른 하천점용허가

⑦ 허가권자는 제6항 각 호의 어느 하나에 해당되는 내용이 포함된 사전결정을 하려면 미리 관계 행정기관의 장과 협의하여야 하며, 협의를 요청받은 관계 행정기관의 장은 요청받은 날부터 15일 이내에 의견을 제출하여야 한다.

⑧ 관계 행정기관의 장이 제7항에서 정한 기간(「민원 처리에 관한 법률」 제20조제2항에 따라 회신기간을 연장한 경우에는 그 연장된 기간을 말한다) 내에 의견을 제출하지 아니하면 협의가 이루어진 것으로 본다.(2018.12.18 본항 신설)

⑨ 사전결정신청자는 제4항에 따른 사전결정을 통지받은 날부터 **2년** 이내에 제11조에 따른 건축허가를 신청하여야 하며, 이 기간에 건축허가를 신청하지 아니하면 **사전결정의 효력이 상실된다.**

해설 일반적으로 건축주는 건축물을 건축하고자 할 때 해당 용도 지역에 해당되는 건폐율, 용적률, 용도지역에서의 행위 제한 등 건축법령 및 관련법령에 적합하게 하여 건축허가를 신청하였으나 2006.5.9부터는 건축물이 대지에 건축하는 것이 해당 법률에 의하여 허용되는지를 건축허가 전에 사전결정을 신청할 수 있도록 하여 건축허가시 야기되는 문제에 대해 미리 대비할 수 있도록 하였다.

① 심의의 신청

건축허가 전에 각종심의가 이루어졌으나 사전결정을 신청하는 경우에는 건축 위원회 심의와 교통영향평가서의 검토를 동시에 신청할 수 있음.(건축심의 위원회에서 교통에 대한 검토를 함께 하도록 함.)

② 소규모 환경영향평가에 관한 협의

「환경영향평가법」에 따른 소규모 환경영향평가 대상 사업인 경우에는 허가권자는 환경부 장관 또는 지방환경관서의 장과 소규모 환경영향평가에 관한 협의를 하도록 하고 있음.

③ 사전결정을 통지받은 경우 의제 처리

- 개발행위 허가 : (「국토의 계획 및 이용에 관한 법률」 제56조)
- 산지전용허가 및 산지전용신고(단, 보전산지는 도시지역에 한함) : (「산지관리법」 제14조, 제15조)
- 농지전용허가·협의 및 신고 : (「농지법」 제34조, 제35조, 제43조)
- 하천점용허가 : (「하천법」 제33조)

※ 상기를 협의하는 허가권자는 미리 관계 행정기관의 장과 협의하여야 하며, 협의 요청을 받은 관계 행정기관의 장은 요청받은 날부터 15일 이내에 의견을 제출

▸ 의제(擬制) : 본질이 다른 것을 일정한 법률적으로 다룸에 있어 같은 것으로 보고 같은 효과를 줌 (legal fiction)

④ 사전결정의 효력 상실

사전 결정을 통지받을 날부터 2년 이내에 건축허가를 신청하여야 하며, 그러하지 아니하면 사전결정의 효력은 상실됨.

**규칙 제4조 [건축에 관한 입지 및 규모의 사전결정신청시 제출서류]**

법 제10조제1항 및 제2항에 따른 사전결정을 신청하는 자는 별지 제1호의2서식의 사전결정신청서에 다음 각 호의 도서를 첨부하여 법 제11조제1항에 따른 허가권자(이하 "허가권자"라 한다)에게 제출하여야 한다.(2014.11.28 본조 개정)

1. 영 제5조의5제6항제2호자목에 따라 제출되어야 하는 간략설계도서(법 제10조제2항에 따라 사전결정신청과 동시에 건축위원회의 심의를 신청하는 경우만 해당한다)(2012.12.12 본호 개정)
2. 「도시교통정비 촉진법」에 따른 교통영향평가서의 검토를 위하여 같은 법에서 제출하도록 한 서류(법 제10조제2항에 따라 사전결정신청과 동시에 교통영향평가서의 검토를 신청하는 경우만 해당됩니다)(2016.1.27 도시교통정비촉진법 시행규칙 부칙에 의거 본호 개정)
3. 「환경정책기본법」에 따른 사전환경성검토를 위하여 같은 법에서 제출하도록 한 서류(법 제10조제1항에 따라 사전결정이 신청된 건축물의 대지면적 등이 「환경정책기본법」에 따른 사전환경성검토 협의대상인 경우만 해당한다)(2008.12.11 본호 개정)
4. 법 제10조제6항 각 호의 허가를 받거나 신고 또는 협의를 하기 위하여 해당법령에서 제출하도록 한 서류(해당사항이 있는 경우만 해당한다)(2008.12.11 본호 개정)
5. 별표 2 중 건축계획서(에너지절약계획서, 노인 및 장애인을 위한 편의시설 설치계획서는 제외한다) 및 배치도(조경계획은 제외한다)(2016.1.13 본호 개정)

**해설** 건축에 관한 입지 및 규모의 사전 결정을 신청 할 때에는 건축법과 관련법에 따라 필요한 제출서류가 있는 경우 관계도서를 첨부하여 허가권자에게 제출하여야 한다.

**규칙 제5조 [건축에 관한 입지 및 규모의 사전결정서 등]**

① 허가권자는 법 제10조제4항에 따라 사전결정을 한 후 별지 제1호의3서식의 사전결정서를 사전결정일부터 7일 이내에 사전결정을 신청한 자에게 송부하여야 한다.(2014.11.28 본항 개정)

② 제1항에 따른 사전결정서에는 법·영 또는 해당지방자치단체의 건축에 관한 조례(이하 "건축조례"라 한다) 등(이하 "법령 등"이라 한다)에의 적합 여부와 법 제10조제6항에 따른 관계법률의 허가·신고 또는 협의 여부를 표시하여야 한다.(2012.12.12 본항 개정)

**법 제11조 [건축허가]**

① 건축물을 건축하거나 대수선하려는 자는 **특별자치시장·특별자치도지사 또는 시장·군수·구청장의 허가를 받아야 한다. 다만, 21층 이상의 건축물 등** 대통령령으로 정하는 용도 및 규모의 건축물을 특별시나 광역시에 건축하려면 **특별시장이나 광역시장의 허가를 받아야 한다.** (2014.1.14 본항 개정)

② 시장·군수는 제1항에 따라 다음 각 호의 어느 하나에 해당하는 건축물의 건축을 허가하려면

미리 건축계획서와 국토교통부령으로 정하는 건축물의 용도, 규모 및 형태가 표시된 기본설계도서를 첨부하여 **도지사의 승인**을 받아야 한다.

1. **제1항 단서에 해당하는 건축물**. 다만, 도시환경, 광역교통 등을 고려하여 해당 도의 조례로 정하는 건축물은 제외한다.(2014.5.28 단서 신설)
2. **자연환경이나 수질을 보호하기 위하여** 도지사가 지정·공고한 구역에 **건축하는 3층 이상 또는 연면적의 합계가 1,000m$^2$ 이상인 건축물로서 위락시설과 숙박시설** 등 대통령령으로 정하는 용도에 해당하는 건축물
3. **주거환경이나 교육환경** 등 주변 환경을 보호하기 위하여 필요하다고 인정하여 도지사가 지정·공고한 구역에 건축하는 **위락시설 및 숙박시설에 해당하는 건축물**

③ 제1항에 따라 허가를 받으려는 자는 허가신청서에 국토교통부령으로 정하는 설계도서와 제5항 각 호에 따른 허가 등을 받거나 신고를 하기 위하여 관계법령에서 제출하도록 의무화하고 있는 신청서 및 구비서류를 첨부하여 허가권자에게 제출하여야 한다. 다만, 국토교통부장관이 관계 행정기관의 장과 협의하여 국토교통부령으로 정하는 신청서 및 구비서류는 제21조에 따른 착공신고 전까지 제출할 수 있다.(2015.5.18 본항 개정 및 단서규정 신설)

④ 허가권자는 제1항에 따른 건축허가를 하고자 하는 때에 「건축기본법」 제25조에 따른 한국건축규정의 준수 여부를 확인하여야 한다. 다만, 다음 각 호의 어느 하나에 해당하는 경우에는 이 법이나 다른 법률에도 불구하고 건축위원회의 심의를 거쳐 건축허가를 하지 아니할 수 있다.(2015.8.11 건축기본법 부칙에 의거 본항 각호 외의 부분개정)

1. **위락시설이나 숙박시설에 해당하는 건축물의 건축을 허가하는 경우** 해당 대지에 건축하려는 건축물의 용도·규모 또는 형태가 **주거환경이나 교육환경 등 주변 환경을 고려할 때 부적합하다고 인정되는 경우**(2012.1.17 본호 신설)
2. 「국토의 계획 및 이용에 관한 법률」 제37조제1항제4호에 따른 방재지구(이하 "방재지구"라 한다) 및 「자연재해대책법」 제12조제1항에 따른 자연재해위험개선지구 등 상습적으로 침수되거나 침수가 우려되는 대통령령으로 정하는 지역에 건축하려는 건축물에 대하여 일부 공간에 거실을 설치하는 것이 부적합하다고 인정되는 경우(2023.12.26 본호 개정)

⑤ 제1항에 따른 건축허가를 받으면 다음 각 호의 허가 등을 받거나 신고를 한 것으로 보며, 공장건축물의 경우에는 「산업집적활성화 및 공장설립에 관한 법률」 제13조의2와 제14조에 따라 관련 법률의 인·허가등이나 허가등을 받은 것으로 본다.(2011.5.30 본항 개정)

1. 제20조제3항에 따른 공사용 가설건축물의 축조신고(2014.1.14 본호 개정)
2. 제83조에 따른 공작물의 축조신고
3. 「국토의 계획 및 이용에 관한 법률」 제56조에 따른 개발행위허가
4. 「국토의 계획 및 이용에 관한 법률」 제86조제5항에 따른 시행자의 지정과 같은 법 제88조제2항에 따른 실시계획의 인가
5. 「산지관리법」 제14조와 제15조에 따른 산지전용허가와 산지전용신고, 같은 법 제15조의2에

따른 산지일시사용허가·신고. 다만, 보전산지인 경우에는 도시지역만 해당된다. (2010.5.31 산지관리법 부칙에 의거 본호 개정)

6. 「사도법」 제4조에 따른 사도(私道)개설허가
7. 「농지법」 제34조, 제35조 및 제43조에 따른 농지전용허가·신고 및 협의
8. 「도로법」 제36조에 따른 도로관리청이 아닌 자에 대한 도로공사 시행의 허가, 같은 법 제52조제1항에 따른 도로와 다른 시설의 연결 허가
9. 「도로법」 제61조에 따른 도로의 점용 허가
10. 「하천법」 제33조에 따른 하천점용 등의 허가
11. 「하수도법」 제27조에 따른 배수설비(配水設備)의 설치신고
12. 「하수도법」 제34조제2항에 따른 개인하수처리시설의 설치신고
13. 「수도법」 제38조에 따라 수도사업자가 지방자치단체인 경우 그 지방자치단체가 정한 조례에 따른 상수도 공급신청
14. 「전기안전관리법」 제8조에 따른 자가용전기설비 공사계획의 인가 또는 신고(2020.3.31 전기안전관리법 부칙에 의거 본호 개정)
15. 「물환경보전법」 제33조에 따른 수질오염물질 배출시설 설치의 허가나 신고
16. 「대기환경보전법」 제23조에 따른 대기오염물질 배출시설설치의 허가나 신고
17. 「소음·진동관리법」 제8조에 따른 소음·진동 배출시설 설치의 허가나 신고
18. 「가축분뇨의 관리 및 이용에 관한 법률」 제11조에 따른 배출시설 설치허가나 신고 (2011. 5.30 본호 신설)
19. 「자연공원법」 제23조에 따른 행위허가(2011.5.30 본호 신설)
20. 「도시공원 및 녹지 등에 관한 법률」 제24조에 따른 도시공원의 점용허가(2011.5.30 본호 신설)
21. 「토양환경보전법」 제12조에 따른 특정토양오염관리대상시설의 신고(2011.5.30 본호 신설)
22. 「수산자원관리법」 제52조제2항에 따른 행위의 허가(2017.1.17 본호 신설)
23. 「초지법」 제23조에 따른 초지전용의 허가 및 신고(2017.1.17 본호 신설)

⑥ 허가권자는 제5항 각 호의 어느 하나에 해당하는 사항이 다른 행정기관의 권한에 속하면 그 행정기관의 장과 미리 협의하여야 하며, 협의 요청을 받은 관계 행정기관의 장은 요청을 받은 날부터 15일 이내에 의견을 제출하여야 한다. 이 경우 관계 행정기관의 장은 제8항에 따른 처리기준이 아닌 사유를 이유로 협의를 거부할 수 없고, 협의 요청을 받은 날부터 15일 이내에 의견을 제출하지 아니하면 협의가 이루어진 것으로 본다.(2017.1.17 본항의 후단 개정)

⑦ 허가권자는 제1항에 따른 허가를 받은 자가 다음 각 호의 어느 하나에 해당하면 허가를 취소하여야 한다. 다만, 제1호에 해당하는 경우로서 정당한 사유가 있다고 인정되면 **1년의 범위에서 공사의 착수기간을 연장할 수 있다.**

1. **허가를 받은 날부터 2년**(「산업집적활성화 및 공장설립에 관한 법률」 제13조에 따라 공장의 신설·증설 또는 업종 변경의 승인을 받은 공장은 3년) 이내에 공사에 착수하지 아니한 경우(2017.1.17 본호 개정)

2. 제1호의 기간 이내에 공사에 착수하였으나 공사의 완료가 불가능하다고 인정되는 경우 (2014.1.14 본호 개정)
3. 제21조에 따른 착공신고 전에 경매 또는 공매 등으로 건축주가 대지의 소유권을 상실한 때부터 6개월이 지난 이후 공사의 착수가 불가능하다고 판단되는 경우(2020.6.9 법률용어정비를 위한 국토교통위원회 소관 78개 법률에 의거 본호 개정)

⑧ 제5항 각 호의 어느 하나에 해당하는 사항과 제12조제1항의 관계 법령을 관장하는 중앙행정기관의 장은 그 처리기준을 국토교통부장관에게 통보하여야 한다. 처리기준을 변경한 경우에도 또한 같다.

⑨ 국토교통부장관은 제8항에 따라 처리기준을 통보받은 때에는 이를 통합하여 고시하여야 한다.

⑩ 제4조제1항에 따른 건축위원회의 심의를 받은 자가 심의 결과를 통지 받은 날부터 2년 이내에 건축허가를 신청하지 아니하면 건축위원회 심의의 효력이 상실된다.(2011.5.30 본항 신설)

⑪ 제1항에 따라 건축허가를 받으려는 자는 해당 대지의 소유권을 확보하여야 한다. 다만, 다음 각 호의 어느 하나에 해당하는 경우에는 그러하지 아니하다.(2016.1.19 본항 신설)

1. 건축주가 대지의 소유권을 확보하지 못하였으나 그 대지를 사용할 수 있는 권원을 확보한 경우. 다만, 분양을 목적으로 하는 공동주택은 제외한다.
2. 건축주가 건축물의 노후화 또는 구조안전 문제 등 대통령령으로 정하는 사유로 건축물을 신축·개축·재축 및 리모델링을 하기 위하여 건축물 및 해당 대지의 공유자 수의 80/100 이상의 동의를 얻고 동의한 공유자의 지분 합계가 전체 지분의 80/100 이상인 경우
3. 건축주가 제1항에 따른 건축허가를 받아 주택과 주택 외의 시설을 동일 건축물로 건축하기 위하여 「주택법」 제21조를 준용한 대지 소유 등의 권리 관계를 증명한 경우. 다만, 「주택법」 제15조제1항 각 호 외의 부분 본문에 따른 대통령령으로 정하는 호수 이상으로 건설·공급하는 경우에 한정한다.(2017.1.17 본호 신설)
4. 건축하려는 대지에 포함된 국유지 또는 공유지에 대하여 허가권자가 해당 토지의 관리청이 해당 토지를 건축주에게 매각하거나 양여할 것을 확인한 경우(2017.1.17 본호 신설)
5. 건축주가 집합건물의 공용부분을 변경하기 위하여 「집합건물의 소유 및 관리에 관한 법률」 제15조제1항에 따른 결의가 있었음을 증명한 경우(2017.1.17 본호 신설)
6. 건축주가 집합건물을 재건축하기 위하여 「집합건물의 소유 및 관리에 관한 법률」 제47조에 따른 결의가 있었음을 증명한 경우(2021.8.10 본호 신설)

**해설** 건축물을 건축 또는 대수선하고자 하는 경우에는 건축허가를 받아야 한다. 건축허가는 건축물의 규모에 따라, 시장·군수·구청장이 특별시장, 광역시장·특별자치시장(세종시)·특별자치도지사(제주도)가 할 수 있으며 도지사는 건축허가를 위한 승인을 할 수 있으며, 「국토의 계획 및 이용에 관한 법률」에서 지정한 용도지역인 도시지역과 도시지역이 아닌 지역에서의 건축행위의 규모에 따라서도 건축허가와 건축신고가 구분된다.

① 특별자치시장·특별자치도지사, 시장·군수·구청장의 허가를 얻어야 하는 건축물

건축물의 건축행위는 원칙적으로 건축허가를 받아야 하나 지역에 따라서 소규모 건축물의 건축은 건축신고가 가능하고, 건축물의 규모에 따라 특별시장 및 광역시장과 특별자치시장·특별자치도지사 또는 시·군·구청장의 허가 대상이 있는데 21층 미만 또는 연면적 100,000m$^2$ 미만의 경우에는 특별자치시장·특별자치도지사, 시장·군수·구청장의 허가를 받아야 한다.

② 특별시장·광역시장의 허가를 얻어야 하는 건축물

- 21층 이상 건축물, 연면적 100,000m$^2$ 이상인 건축물(연면적 3/10 이상의 증축으로 21층 또는 연면적 100,000m$^2$으로 되는 경우도 포함) : 공장, 창고, 지방건축위원회의 심의를 거친 다중이용 건축물을 제외. 단, 초고층 건축물(50층 이상, 높이 200m 이상)은 특별시장·광역시장의 허가를 받아야 함.

③ 도지사의 승인을 얻어야 하는 경우

- 21층 이상이거나 연면적 100,000m$^2$ 이상인 건축물(연면적 3/10 이상의 증축으로 21층 또는 연면적 100,000m$^2$ 이상으로 되는 경우도 포함)
- 자연환경이나 수질을 보호하기 위하여 도지사가 지정·공고하는 구역에 건축하는 3층 이상 또는 연면적 합계 1,000m$^2$ 이상의 건축물로서 위락시설과 숙박시설, 공동주택, 제2종 근린생활시설 중 일반음식점, 업무시설 중 일반업무시설
- 주거환경이나 교육환경 등 주변 환경을 보호하기 위하여 필요하다고 인정하여 도지사가 지정·공고한 구역에 건축하는 위락시설 및 숙박시설에 해당하는 건축물

④ 공장건축물

건축허가를 득하게 되면 「산업집적활성화 및 공장설립에 관한 법률」 제13조의2(인·허가 등의 의제) 및 제14조(공장의 건축허가)의 규정에 의하여 관계법률의 인·허가 또는 허가 등을 받은 것으로 본다.

⑤ 건축허가의 취소

허가일로부터 2년 이내에 공사에 착수하지 아니하거나 공사를 착수하였으나 공사의 완료가 불가능하다고 인정될 때(정당한 사유가 있을 때 1년의 범위 안에서 착수기간 연장가능함. 최장 3년) 또한, 경매 등으로 대지 소유권리가 상실된 경우에도 기존 건축허가를 이유로 새로운 건축허가 신청을 방해하는 등의 분쟁과 마찰을 줄이기 위해 착공신고 전 경매등으로 대지 소유권이 상실된 경우 6개월이 경과한 이후 기존허가를 취소할 수 있다. 다만, 공장의 경우는 다음과 같음.

※ 공장 건축물의 건축허가의 취소기한을 완화하여 적용하는데 「산업집적활성화 및 공장설립에 관한 법률」에 따라 공장의 신설·증설 또는 업종변경의 승인을 받은 공장에 대하여는 건축허가를 받은 날부터 3년 이내에 공사에 착수하지 아니하면 그 허가가 취소된다.

※ 미완성인 건물을 계속 존치함으로써 오는 혼란을 방지하고 법령 등의 제정·개정으로 인하여 있을 수 있는 기존 법령 등과의 적용에 있어서 새로운 규정에 맞추도록 한 취지에서 기간을 정하여 건축허가를 취소한다.

※ 건축신고는 신고일부터 1년 이내에 공사에 착수하지 아니하면 그 효력을 상실한다. 다만, 정당한 사유가 인정되면 1년 연장 가능함.

⑥ 허가권자는 위락시설 또는 숙박시설인 경우 주거환경 또는 교육환경 등 주변환경을 감안하여 부적합하다고 인정하는 경우와 방재지구(국토의 계획 및 이용에 관한 법률 제37조제1항제5호), 자연재

해위험개선지구(자연재해대책법 제12조제1항) 등 침수되거나 침수가 우려되는 지역의 주거용 공간이나, 거실설치가 부적합한 경우 등은 타 법률의 규정에도 불구하고 건축위원회의 심의를 거쳐 건축허가를 하지 아니할 수 있다.

⑦ 규정에 의한 건축허가를 받는 경우에 관련법령의 일부 조항(「건축법」 제11조제5항제1호에서 제17호)에 대한 허가 또는 신고를 받은 것으로 봄(의제처리 됨).

⑧ 재개발, 재건축 등 정비 사업은 정비구역이 지정되어야 하나 그렇지 않는 경우라도 건축물 및 해당 대지의 공유자수의 80/100 이상이 동의하고 그 공유지분면적이 80/100 이상인 경우 건축허가를 받아 신축, 개축, 재축 및 리모델링을 할 수 있다.

▶ **의제(擬制)** : 본질이 다른 것을 일정한 법률적으로 다룸에 있어 같은 것으로 보고 같은 효과를 줌(legal fiction)

▶ **권원(權原)** : 어떤 법률행위 또는 사실행위를 법률적으로 정당하게 하는 근거이다. 예컨대 타인의 토지에 건물을 부속시키는 권원은 지상권(地上權), 임차권(賃借權)이다.(민법 제256조)

⑨ 건축물을 건축하거나 대수선하는 경우 원칙적으로 건축주가 해당 대지의 전체 소유권을 확보하여야 건축허가를 받을 수 있다. 그러나 예외적으로 건축주가 사용권원을 확보하거나 건축물 및 해당 대지의 공유자의 동의를 80/100 이상 확보한 경우 등은 예외규정으로 하고 있으며 도시 및 주거환경정비법과 주택법의 적용을 받는 집합건축물 중 30세대 이상의 공동주택인 아파트, 연립주택, 다세대주택을 재건축 하는 경우에는 75% 이상에서 80% 이상까지의 토지지분 등을 확보하여도 재건축 허가를 승인받고 있다. 그러나 30세대 미만의 연립주택이나 다세대주택, 오피스텔 및 상가 등은 법 규정이 없어 토지 지분 등의 전체 소유권을 확보해야만 재건축을 할 수 있는 점이 있다. 이 경우 집합건축물의 소유 및 관리에 관한 법률 제47조에 따른 구분소유자의 4/5 이상 및 의결권의 4/5 이상의 재건축 결의(전체 토지 지분 등의 80/100 이상에 해당함)가 있음을 증명하면 해당 토지 지분 등의 전체 소유권을 확보하지 아니해도 건축허가를 받을 수 있도록 하여 재건축의 활성화에 도움이 될 수 있도록 하고 있다.

**영 제8조 【건축허가】**

① 법 제11조제1항 단서에 따라 **특별시장** 또는 **광역시장의 허가를 받아야 하는 건축물의 건축은 층수가 21층 이상이거나 연면적의 합계가 100,000m² 이상인 건축물의 건축**(연면적의 3/10 이상을 증축하여 층수가 21층 이상으로 되거나 연면적의 합계가 100,000m² 이상으로 되는 경우를 포함한다)을 말한다. 다만, 다음 각 호의 어느 하나에 해당하는 건축물의 건축은 제외한다.(2010.12.13 본항 개정 및 단서 신설)

1. 공장
2. 창고
3. 지방건축위원회의 심의를 거친 건축물(특별시 또는 광역시의 건축조례로 정하는 바에 따라 해당 지방건축위원회의 심의사항으로 할 수 있는 건축물에 한정하며, 초고층 건축물은 제외한다) (2014.11.28 본호 신설)

② (2006.5.8 본항 삭제)

③ 법 제11조제2항제2호에서 "위락시설과 숙박시설 등 대통령령으로 정하는 용도에 해당하는

건축물"이란 다음 각 호의 건축물을 말한다.(2008.10.29 본항 개정)

1. 공동주택
2. 제2종 근린생활시설(일반음식점만 해당한다)
3. 업무시설(일반업무시설만 해당한다)
4. 숙박시설
5. 위락시설

④ (2006.5.8 본항 삭제)

⑤ (2006.5.8 본항 삭제)

⑥ 법 제11조제2항에 따른 승인신청에 필요한 신청서류 및 절차 등에 관하여 필요한 사항은 국토교통부령으로 정한다.(2008.10.29 본항 개정)

질의회신 건축허가를 받은 날로부터 1년(일부 예외) 이내에 공사를 착수하지 아니하면 허가를 취소하여야 하는데 이때 착공신고가 아닌 건축물의 터파기 공사등 실질적인 착공을 말하는 것임.(국토교통부, 2014.11.4)
＊ 1년을 2년으로 개정(2017.1.17)

참고 건축물이 건축되기 위해서는 대지가 도로와 접하여야 하는 접도 의무(2m)가 있다. 그러나 고속도로와 국도·지방도와 접하는 구역은 도로의 확장에 대비하고, 차량 이탈사고 등에 의한 피해를 막기 위해 도로경계선에서 일정거리 이내 구역을 지정하여 건물의 신·증축과 토지의 형질변경을 엄격히 제한하여 왔다. 현재는 도로법 시행령 제39조에 따라 「접도구역 관리지침」으로 그 범위를 명시하고 있다.

| 도로의 종류 | 지정 폭(양측 각각) |
|---|---|
| 고속국도 | 10m |
| 일반국도 | 5m |
| 지방도 | 5m |

참고 「국토의 계획 및 이용에 관한 법률」 제83조(도시지역에서의 다른 법률의 적용 배제)에서는 도시지역에 대하여는 「도로법」 제40조, 「농지법」 제8조(녹지지역 안의 농지로서 도시계획시설사업에 필요하지 아니한 농지에 대하여는 그러하지 아니하다) 등의 법률 규정을 적용하지 아니한다.

❑ 「도로법」

제40조 【접도구역의 지정 및 관리】

① 도로관리청은 도로 구조의 파손 방지, 미관(美觀)의 훼손 또는 교통에 대한 위험 방지를 위하여 필요하면 소관 도로의 경계선에서 20m(고속국도의 경우 50m)를 초과하지 아니하는 범위에서 대통령령으로 정하는 바에 따라 접도구역(接道區域)을 지정할 수 있다.

② 도로관리청은 제1항에 따라 접도구역을 지정하면 지체 없이 이를 고시하고, 국토교통부령으로 정하는 바에 따라 그 접도구역을 관리하여야 한다.

③ 누구든지 접도구역에서는 다음 각 호의 행위를 하여서는 아니 된다. 다만, 도로 구조의 파손, 미관의 훼손 또는 교통에 대한 위험을 가져오지 아니하는 범위에서 하는 행위로서 대통령령으로 정하

는 행위는 그러하지 아니하다.

1. 토지의 형질을 변경하는 행위
2. 건축물, 그 밖의 공작물을 신축·개축 또는 증축하는 행위

④ 도로관리청은 도로 구조나 교통안전에 대한 위험을 예방하기 위하여 필요하면 접도구역에 있는 토지, 나무, 시설, 건축물, 그 밖의 공작물(이하 "**시설등**"이라 한다)의 소유자나 점유자에게 상당한 기간을 정하여 다음 각 호의 조치를 하게 할 수 있다.

1. 시설등이 시야에 장애를 주는 경우에는 그 장애물을 제거할 것
2. 시설등이 붕괴하여 도로에 위해(危害)를 끼치거나 끼칠 우려가 있으면 그 위해를 제거하거나 위해 방지시설을 설치할 것
3. 도로에 토사 등이 쌓이거나 쌓일 우려가 있으면 그 토사 등을 제거하거나 토사가 쌓이는 것을 방지할 수 있는 시설을 설치할 것
4. 시설등으로 인하여 도로의 배수시설에 장애가 발생하거나 발생할 우려가 있으면 그 장애를 제거하거나 장애의 발생을 방지할 수 있는 시설을 설치할 것

❑ **「농지법」**

**제8조 【농지취득자격증명의 발급】**

① 농지를 취득하고자 하는 자는 농지의 소재지를 관할하는 시장(구를 두지 아니한 시의 시장을 말하며, 도농복합형태의 시에 있어서는 농지의 소재지가 동 지역인 경우에 한한다)·구청장(도농복합형태의 시의 구에 있어서는 농지의 소재지가 동지역인 경우에 한한다)·읍장 또는 면장(이하 "시·구·읍·면장"이라 한다)으로부터 농지취득자격증명을 발급받아야 한다. 다만, 다음 각 호의 1에 해당하는 경우에는 농지취득자격증명을 발급받지 아니하고 농지를 취득할 수 있다.

1. 제6조제2항제1호·제4호·제6호·제8호 또는 제10호(같은 호 바목은 제외한다)에 따라 농지를 취득하는 경우
2. 농업법인의 합병으로 농지를 취득하는 경우
3. 공유농지의 분할 기타 대통령령이 정하는 원인으로 농지를 취득하는 경우

② 제1항에 따른 농지취득자격증명을 발급받으려는 자는 다음 각 호의 사항이 모두 포함된 농업경영계획서 또는 주말·체험영농계획서를 작성하고 농림축산식품부령으로 정하는 서류를 첨부하여 농지 소재지를 관할하는 시·구·읍·면의 장에게 발급신청을 하여야 한다. 다만, 제6조제2항제2호·제7호·제9호·제9호의2 또는 제10호바목에 따라 농지를 취득하는 자는 농업경영계획서를 작성하지 아니하고 발급신청을 할 수 있다.

1. 취득 대상 농지의 면적(공유로 취득하려는 경우 공유 지분의 비율 및 각자가 취득하려는 농지의 위치도 함께 표시한다)
2. 취득 대상 농지에서 농업경영을 하는 데에 필요한 노동력 및 농업 기계·장비·시설의 확보 방안
3. 소유 농지의 이용 실태(농지 소유자에게만 해당한다)
4. 농지취득자격증명을 발급받으려는 자의 직업·영농경력·영농거리

③ 시·구·읍·면의 장은 농지 투기가 성행하거나 성행할 우려가 있는 지역의 농지를 취득하려는 자 등 농림축산식품부령으로 정하는 자가 농지취득자격증명 발급을 신청한 경우 제44조에 따른 농지위원회의 심의를 거쳐야 한다.

④ 시·구·읍·면의 장은 제1항에 따른 농지취득자격증명의 발급 신청을 받은 때에는 그 신청을 받은 날부터 7일(제2항 단서에 따라 농업경영계획서를 작성하지 아니하고 농지취득자격증명의 발급신청을 할 수 있는 경우에는 4일, 제3항에 따른 농지위원회의 심의 대상의 경우에는 14일) 이내에 신청인에게 농지취득자격증명을 발급하여야 한다.

⑤ 제1항 본문과 제2항에 따른 신청 및 발급 절차 등에 필요한 사항은 대통령령으로 정한다.
⑥ 제1항 본문과 제2항에 따라 농지취득자격증명을 발급받아 농지를 취득하는 자가 그 소유권에 관한 등기를 신청할 때에는 농지취득자격증명을 첨부하여야 한다.
⑦ 농지취득자격증명의 발급에 관한 민원의 처리에 관하여 이 조에서 규정한 사항을 제외하고 「민원 처리에 관한 법률」이 정하는 바에 따른다.

참고

- 건축행위는 「건축법」에 의한 건축허가의 절차를 거쳐야 하나 주택건설사업을 시행하는 경우에는 「주택법」에 의한 사업계획승인을 얻어야 하는데 다음 각 호의 구분에 다른 호수 및 세대수와 같다.
  1. 단독주택 : 30호. 다만, 다음 각 목의 어느 하나에 해당하는 주택인 경우에는 50호로 한다.
     가. 법 제2조제24호 각 목의 어느 하나에 해당하는 공공사업에 따라 조성된 용지를 개별 필지로 구분하지 아니하고 일단(一團)의 토지로 공급받아 해당 토지에 건설하는 단독주택
     나. 「건축법 시행령」 제2조제16호에 따른 한옥
  2. 공동주택 : 30세대(리모델링의 경우에는 증가하는 세대수를 기준으로 한다). 다만, 다음 각목의 어느 하나에 해당하는 공동주택을 건설(리모델링의 경우는 제외한다)하는 경우에는 50세대로 한다.
     가. 다음의 요건을 모두 갖춘 단지형 연립주택 또는 단지형 다세대주택
        1) 세대별 주거전용면적이 $30m^2$ 이상일 것
        2) 해당 주택단지 진입도로의 폭이 6m 이상일 것. 다만, 해당 주택단지의 진입도로가 두 개 이상인 경우에는 다음의 요건을 모두 갖추면 진입도로의 폭을 4m 이상 6m 미만으로 할 수 있다.
           가) 두 개의 진입도로 폭의 합계가 10m 이상일 것
           나) 폭 4m 이상 6m 미만인 진입도로는 제5조에 따른 도로와 통행거리가 200m 이내일 것
     나. 「도시 및 주거환경정비법」 제2조제1호에 따른 정비구역에서 다음의 어느 하나에 해당하는 정비사업을 시행하기 위하여 건설하는 공동주택. 다만, 같은 법 시행령 제13조제1항제4호에 따른 정비기반시설의 설치계획대로 정비기반시설 설치가 이루어지지 아니한 지역으로서 시장·군수·구청장이 지정·고시하는 지역에서 건설하는 공동주택은 제외한다.
        1) 「도시 및 주거환경정비법」 제2조제2호가목에 따른 주거환경개선사업(같은 법 제6조제1항제1호에 해당하는 방법으로 시행하는 경우만 해당한다)
        2) 「도시 및 주거환경정비법」 제2조제2호마목에 따른 주거환경관리사업
- 일정한 조건인 경우에는 「주택법」에 의한 사업계획승인을 받지 않고 「건축법」에 의한 건축허가를 받도록 하고 있다. 그 내용을 보면 다음과 같다.

  <주택 외의 시설과 주택을 동일 건축물로 하는 경우에 사업계획의 승인 대상에서 제외(「주택법」 제15조제1항 및 영 제27조제4항)>
  1. 다음 각 목의 요건을 모두 갖춘 사업의 경우
     가. 「국토의 계획 및 이용에 관한 법률 시행령」 제30조제1호다목에 따른 준주거지역 또는 같은 조 제2호에 따른 상업지역(유통상업지역은 제외한다)에서 300세대 미만의 주택과 주택 외의 시설을 동일 건축물로 건축하는 경우일 것
     나. 해당 건축물의 연면적에서 주택의 연면적이 차지하는 비율이 90% 미만일 것
  2. 「농어촌정비법」 제2조제10호에 따른 생활환경정비사업 중 「농업협동조합법」 제2조제4호에 따른 농업협동조합중앙회가 조달하는 자금으로 시행하는 사업인 경우

**참고** 녹색건축물 조성 지원법에 따른 건축물의 열손실방지등과 에너지 절약계획서 제출(2022.1.28 개정)

1. 건축물의 열손실방지(건축물의 에너지 절약 설계기준 제2조)
   ① 건축물을 **건축**하거나 **대수선**, **용도변경** 및 **건축물대장의 기재내용을 변경**하는 경우에는 다음 각 호의 기준에 의한 열손실방지 등의 에너지이용합리화를 위한 조치를 하여야 한다.
   1. 거실의 외벽, 최상층에 있는 거실의 반자 또는 지붕, 최하층에 있는 거실의 바닥, 바닥 난방을 하는 층간 바닥, 거실의 창 및 문 등은 별표 1의 열관류율 기준 또는 별표 3의 단열재 두께 기준을 준수하여야 하고, 단열조치 일반사항 등은 제6조의 건축부문 의무사항을 따른다.

【별표 1】

### 지역별 건축물 부위의 열관류율표

(단위 : W/m²·K)

| 건축물의 부위 \ 지역 | | | | 중부1지역[1] | 중부2지역[2] | 남부지역[3] | 제주도 |
|---|---|---|---|---|---|---|---|
| 거실의 외벽 | 외기에 직접 면하는 경우 | 공동주택 | | 0.150 이하 | 0.170 이하 | 0.220 이하 | 0.290 이하 |
| | | 공동주택 외 | | 0.170 이하 | 0.240 이하 | 0.320 이하 | 0.410 이하 |
| | 외기에 간접 면하는 경우 | 공동주택 | | 0.210 이하 | 0.240 이하 | 0.310 이하 | 0.410 이하 |
| | | 공동주택 외 | | 0.240 이하 | 0.340 이하 | 0.450 이하 | 0.560 이하 |
| 최상층에 있는 거실의 반자 또는 지붕 | 외기에 직접 면하는 경우 | | | 0.150 이하 | | 0.180 이하 | 0.250 이하 |
| | 외기에 간접 면하는 경우 | | | 0.210 이하 | | 0.260 이하 | 0.350 이하 |
| 최하층에 있는 거실의 바닥 | 외기에 직접 면하는 경우 | 바닥난방인 경우 | | 0.150 이하 | 0.170 이하 | 0.220 이하 | 0.290 이하 |
| | | 바닥난방이 아닌 경우 | | 0.170 이하 | 0.200 이하 | 0.250 이하 | 0.330 이하 |
| | 외기에 간접 면하는 경우 | 바닥난방인 경우 | | 0.210 이하 | 0.240 이하 | 0.310 이하 | 0.410 이하 |
| | | 바닥난방이 아닌 경우 | | 0.240 이하 | 0.290 이하 | 0.350 이하 | 0.470 이하 |
| 바닥난방인 층간바닥 | | | | 0.810 이하 | | | |
| 창 및 문 | 외기에 직접 면하는 경우 | 공동주택 | | 0.900 이하 | 1.000 이하 | 1.200 이하 | 1.600 이하 |
| | | 공동주택 외 | 창 | 1.300 이하 | 1.500 이하 | 1.800 이하 | 2.200 이하 |
| | | | 문 | 1.500 이하 | | | |
| | 외기에 간접 면하는 경우 | 공동주택 | | 1.300 이하 | 1.500 이하 | 1.700 이하 | 2.000 이하 |
| | | 공동주택 외 | 창 | 1.600 이하 | 1.900 이하 | 2.200 이하 | 2.800 이하 |
| | | | 문 | 1.900 이하 | | | |
| 공동주택 세대현관문 및 방화문 | 외기에 직접 면하는 경우 | | | 1.400 이하 | | | |
| | 외기에 간접 면하는 경우 | | | 1.800 이하 | | | |

※ 비고
1) 중부1지역 : 강원도(고성, 속초, 양양, 강릉, 동해, 삼척 제외), 경기도(연천, 포천, 가평, 남양주, 의정부, 양주, 동두천, 파주), 충청북도(제천), 경상북도(봉화, 청송)
2) 중부2지역 : 서울특별시, 대전광역시, 세종특별자치시, 인천광역시, 강원도(고성, 속초, 양양, 강릉, 동해, 삼척), 경기도(연천, 포천, 가평, 남양주, 의정부, 양주, 동두천, 파주 제외), 충청북도(제천 제외), 충청남도, 경상북도(봉화, 청송, 울진, 영덕, 포항, 경주, 청도, 경산 제외), 전라북도, 경상남도(거창, 함양)
3) 남부지역 : 부산광역시, 대구광역시, 울산광역시, 광주광역시, 전라남도, 경상북도(울진, 영덕, 포항, 경주, 청도, 경산), 경상남도(거창, 함양 제외)

【별표 3】

### 단열재의 두께

[중부1지역] (단위 : mm)

| 건축물의 부위 \ 단열재의 등급 | | | 단열재 등급별 허용 두께 | | | |
|---|---|---|---|---|---|---|
| | | | 가 | 나 | 다 | 라 |
| 거실의 외벽 | 외기에 직접 면하는 경우 | 공동주택 | 220 | 255 | 295 | 325 |
| | | 공동주택 외 | 190 | 225 | 260 | 285 |

| 건축물의 부위 \ 단열재의 등급 | | | 단열재 등급별 허용 두께 | | | |
|---|---|---|---|---|---|---|
| | | | 가 | 나 | 다 | 라 |
| | 외기에 간접 면하는 경우 | 공동주택 | 150 | 180 | 205 | 225 |
| | | 공동주택 외 | 130 | 155 | 175 | 195 |
| 최상층에 있는 거실의 반자 또는 지붕 | 외기에 직접 면하는 경우 | | 220 | 260 | 295 | 330 |
| | 외기에 간접 면하는 경우 | | 155 | 180 | 205 | 230 |
| 최하층에 있는 거실의 바닥 | 외기에 직접 면하는 경우 | 바닥난방인 경우 | 215 | 250 | 290 | 320 |
| | | 바닥난방이 아닌 경우 | 195 | 230 | 265 | 290 |
| | 외기에 간접 면하는 경우 | 바닥난방인 경우 | 145 | 170 | 195 | 220 |
| | | 바닥난방이 아닌 경우 | 135 | 155 | 180 | 200 |
| 바닥난방인 층간바닥 | | | 30 | 35 | 45 | 50 |

**[중부2지역]** (단위 : mm)

| 건축물의 부위 \ 단열재의 등급 | | | 단열재 등급별 허용 두께 | | | |
|---|---|---|---|---|---|---|
| | | | 가 | 나 | 다 | 라 |
| 거실의 외벽 | 외기에 직접 면하는 경우 | 공동주택 | 190 | 225 | 260 | 285 |
| | | 공동주택 외 | 135 | 155 | 180 | 200 |
| | 외기에 간접 면하는 경우 | 공동주택 | 130 | 155 | 175 | 195 |
| | | 공동주택 외 | 90 | 105 | 120 | 135 |
| 최상층에 있는 거실의 반자 또는 지붕 | 외기에 직접 면하는 경우 | | 220 | 260 | 295 | 330 |
| | 외기에 간접 면하는 경우 | | 155 | 180 | 205 | 230 |
| 최하층에 있는 거실의 바닥 | 외기에 직접 면하는 경우 | 바닥난방인 경우 | 190 | 220 | 255 | 280 |
| | | 바닥난방이 아닌 경우 | 165 | 195 | 220 | 245 |
| | 외기에 간접 면하는 경우 | 바닥난방인 경우 | 125 | 150 | 170 | 185 |
| | | 바닥난방이 아닌 경우 | 110 | 125 | 145 | 160 |
| 바닥난방인 층간바닥 | | | 30 | 35 | 45 | 50 |

**[남부지역]** (단위 : mm)

| 건축물의 부위 \ 단열재의 등급 | | | 단열재 등급별 허용 두께 | | | |
|---|---|---|---|---|---|---|
| | | | 가 | 나 | 다 | 라 |
| 거실의 외벽 | 외기에 직접 면하는 경우 | 공동주택 | 145 | 170 | 200 | 220 |
| | | 공동주택 외 | 100 | 115 | 130 | 145 |
| | 외기에 간접 면하는 경우 | 공동주택 | 100 | 115 | 135 | 150 |
| | | 공동주택 외 | 65 | 75 | 90 | 95 |
| 최상층에 있는 거실의 반자 또는 지붕 | 외기에 직접 면하는 경우 | | 180 | 215 | 245 | 270 |
| | 외기에 간접 면하는 경우 | | 120 | 145 | 165 | 180 |
| 최하층에 있는 거실의 바닥 | 외기에 직접 면하는 경우 | 바닥난방인 경우 | 140 | 165 | 190 | 210 |
| | | 바닥난방이 아닌 경우 | 130 | 155 | 175 | 195 |
| | 외기에 간접 면하는 경우 | 바닥난방인 경우 | 95 | 110 | 125 | 140 |
| | | 바닥난방이 아닌 경우 | 90 | 105 | 120 | 130 |
| 바닥난방인 층간바닥 | | | 30 | 35 | 45 | 50 |

**[제주도]** (단위 : mm)

| 건축물의 부위 \ 단열재의 등급 | | | 단열재 등급별 허용 두께 | | | |
|---|---|---|---|---|---|---|
| | | | 가 | 나 | 다 | 라 |
| 거실의 외벽 | 외기에 직접 면하는 경우 | 공동주택 | 110 | 130 | 145 | 165 |
| | | 공동주택 외 | 75 | 90 | 100 | 110 |

| 건축물의 부위 | | 단열재의 등급 | 단열재 등급별 허용 두께 | | | |
|---|---|---|---|---|---|---|
| | | | 가 | 나 | 다 | 라 |
| | 외기에 간접 면하는 경우 | 공동주택 | 75 | 85 | 100 | 110 |
| | | 공동주택 외 | 50 | 60 | 70 | 75 |
| 최상층에 있는 거실의 반자 또는 지붕 | 외기에 직접 면하는 경우 | | 130 | 150 | 175 | 190 |
| | 외기에 간접 면하는 경우 | | 90 | 105 | 120 | 130 |
| 최하층에 있는 거실의 바닥 | 외기에 직접 면하는 경우 | 바닥난방인 경우 | 105 | 125 | 140 | 155 |
| | | 바닥난방이 아닌 경우 | 100 | 115 | 130 | 145 |
| | 외기에 간접 면하는 경우 | 바닥난방인 경우 | 65 | 80 | 90 | 100 |
| | | 바닥난방이 아닌 경우 | 65 | 75 | 85 | 95 |
| 바닥난방인 층간바닥 | | | 30 | 35 | 45 | 50 |

※ 비고

1) 중부1지역 : 강원도(고성, 속초, 양양, 강릉, 동해, 삼척 제외), 경기도(연천, 포천, 가평, 남양주, 의정부, 양주, 동두천, 파주), 충청북도(제천), 경상북도(봉화, 청송)
2) 중부2지역 : 서울특별시, 대전광역시, 세종특별자치시, 인천광역시, 강원도(고성, 속초, 양양, 강릉, 동해, 삼척), 경기도(연천, 포천, 가평, 남양주, 의정부, 양주, 동두천, 파주 제외), 충청북도(제천 제외), 충청남도, 경상북도(봉화, 청송, 울진, 영덕, 포항, 경주, 청도, 경산 제외), 전라북도, 경상남도(거창, 함양)
3) 남부지역 : 부산광역시, 대구광역시, 울산광역시, 광주광역시, 전라남도, 경상북도(울진, 영덕, 포항, 경주, 청도, 경산), 경상남도(거창, 함양 제외)

2. 건축물의 배치·구조 및 설비 등의 설계를 하는 경우에는 에너지가 합리적으로 이용될 수 있도록 한다.

② 제1항에도 불구하고 열손실의 변동이 없는 증축, 대수선, 용도변경, 건축물대장의 기재내용 변경의 경우에는 관련 조치를 하지 아니할 수 있다. 다만 종전에 제3항에 따른 열손실방지 등의 조치 예외대상이었으나 조치대상으로 용도변경 또는 건축물대장 기재내용의 변경의 경우에는 관련 조치를 하여야 한다.

③ 다음 각 호의 어느 하나에 해당하는 건축물 또는 공간에 대해서는 제1항제1호를 적용하지 아니할 수 있다. 다만, 냉·난방 설비를 설치할 계획이 있는 건축물 또는 공간은 제1항제1호를 적용하여야 한다.

1. 창고·차고·기계실 등으로서 거실의 용도로 사용하지 아니하고, 냉·난방 설비를 설치하지 아니하는 건축물 또는 공간
2. 냉·난방 설비를 설치하지 아니하고 용도 특성상 건축물 내부를 외기에 개방시켜 사용하는 등 열손실 방지조치를 하여도 에너지절약의 효과가 없는 건축물 또는 공간
3. 「건축법 시행령」 별표 1 제25호에 해당하는 건축물 중 「원자력안전법」 제10조 및 제20조에 따라 허가를 받는 건축물

2. 에너지 절약계획서 제출

- 녹색건축물 조성 지원법 제14조에 따라 연면적의 합계가 500m$^2$ 이상의 건축물을 건축허가, 용도변경, 건축물 대장 기재내용의 변경을 하는 경우에 에너지 절약 계획서를 제출하여야 한다. 다만, 다음의 경우에는 예외로 한다.
- 에너지 절약계획서를 제출하지 아니해도 되는 경우(영 제10호)
  - 단독주택, 문화 및 집회시설 중 동·식물원
  - 다음의 건축물중 냉방 또는 난방설비를 설치하지 아니하는 건축물(건축법시행령 별표 1 제17호부터 26호까지) 공장, 창고시설, 위험물 저장 및 처리시설, 자동차 관련시설, 동물 및 식물 관련시설, 자원순환관련시설, 교정 및 군사시설, 방송통신시설, 발전시설, 묘지관련시설
- 건축물의 에너지 절약설계기준(제3조)

① 영 제10조제1항에 따라 에너지절약계획서를 첨부할 필요가 없는 건축물은 다음 각 호와 같다.

1. 「건축법 시행령」 별표 1 제3호아목에 따른 변전소, 도시가스배관시설, 통신용 시설(해당용도 비닥면적 1,000m$^2$ 미만), 정수장, 양수장 중 냉·난방 설비를 설치하지 아니하는 건축물

2. 「건축법 시행령」 별표 1 제13호에 따른 운동시설 중 냉·난방 설비를 설치하지 아니하는 건축물
3. 「건축법 시행령」 별표 1 제16호에 따른 위락시설 중 냉·난방 설비를 설치하지 아니하는 건축물
4. 「건축법 시행령」 별표 1 제27호에 따른 관광 휴게시설 중 냉·난방 설비를 설치하지 아니하는 건축물

② 영 제10조제1항에서 "연면적의 합계"는 다음 각 호에 따라 계산한다.

1. 같은 대지에 모든 바닥면적을 합하여 계산한다.
2. 주거와 비주거는 구분하여 계산한다.
3. 증축이나 용도변경, 건축물대장의 기재내용을 변경하는 경우 이 기준을 해당 부분에만 적용할 수 있다.
4. 연면적의 합계 $500m^2$ 미만으로 허가를 받거나 신고한 후 「건축법」 제16조에 따라 허가와 신고사항을 변경하는 경우에는 당초 허가 또는 신고 면적에 변경되는 면적을 합하여 계산한다.
5. 제2조제3항에 따라 열손실방지 등의 에너지이용합리화를 위한 조치를 하지 않아도 되는 건축물 또는 공간, 주차장, 기계실 면적은 제외한다.

③ 제1항 및 영 제10조제1항제3호의 건축물 중 냉난방 설비를 설치하고 냉난방 열원을 공급하는 대상의 연면적의 합계가 $500m^2$ 미만인 경우에는 에너지절약계획서를 제출하지 아니한다.

※ 건축물의 열손실 방지와 에너지 절약계획서 등과 관련된 「녹색건축물 조성 지원법」, 「건축물의 에너지 절약 설계기준」 등 모든 규정은 본 책자의 관계법규에 수록되어 있음.

참고

**건축물의 에너지·환경관련 인증·평가제도**

- **녹색건축 인증제도** : 건축물의 에너지 및 자원의 절약과 오염물질의 배출감소, 쾌적성, 주변환경과의 조화 등 건축물이 환경에 영향을 미치는 요소에 대해 평가하여 건축물의 환경 성능을 인증하는 제도
- **건축물 에너지효율등급 인증제도**(2025.1.1부터 폐지) : 건축물의 에너지 성능을 정량적이고 객관적인 정보로 제공함으로써 에너지 성능이 높은 건축물에 대한 수요확대 및 효과적인 건물 에너지관리에 대한 인식을 유도하기 위하여 건축물에 대한 에너지 효율성능을 등급화 하는 제도
  * 2025년 1월 1일부터 제로에너지건축물 인증제도로 통합
- **제로에너지건축물 인증제도** : 에너지자립률(또는 등급용 1차에너지소요량), 건물에너지관리시스템을 평가하여 6단계로 인증하는 제도
- **지능형건축물 인증제도** : 사용자에게 쾌적하고 편리한 환경을 제공하기 위해 건축물 내 통신과 사무자동화, 건축환경 등을 평가하여 생활의 편리성, 안정성, 쾌적성 및 정보화 접근성을 가능하도록 하는 제도
- **건축물 에너지절약계획서 검토제도** : 「녹색건축물 조성 지원법」에서 정하는 건축물 열손실 방지 등의 에너지절약 설계에 관한 기준, 에너지절약계획서 및 설계 검토서 작성기준 등이 건축물설계도서에 반영되었는지를 심사, 검토 하는 제도
- **공동주택 결로방지 성능 평가제도** : 공동주택(500세대 이상의 공동주택)세대 내의 결로 저감을 유도하고 쾌적한 주거환경을 확보하는 데 기여하는 것을 목적으로 실내의 온습도 기준(TDR)을 지표로 평가하는 제도

참고

- 녹색건축 인증+건축물 에너지효율등급 인증 취득 인센티브

| 취·등록세 감면 | | 재산세 감면 | | | 용적률/조경면적기준/건축물의 최대높이 | |
|---|---|---|---|---|---|---|
| 구분 | 범위 | 구분 | 건축물 에너지효율 등급 1+ 이상 | 건축물 에너지효율 등급 1 | 녹색인증 | |
| 녹색인증 최우수등급 | 10% | 녹색인증 최우수등급 | 10% | 7% | 최우수등급 | 우수등급 |
| 녹색인증 우수등급 | 5% | 녹색인증 우수등급 | 7% | 3% | 6% | 3% |

※ 「지방세특례제한법 시행령」 제24조, 「건축물의 에너지절약설계기준」 별표 9

• 제로에너지건축물 인증 취득 인센티브

| 제로에너지건축물 인증 등급(ZEB) | 최대완화비율 (용적률/조경면적기준/건축물의 최대높이) | 비고 |
|---|---|---|
| +등급 | 15% | 에너지자립률이 120% 이상인 건축물 |
| 1등급 | 15% | 에너지자립률이 100% 이상인 건축물 |
| 2등급 | 14% | 에너지자립률이 80% 이상 ~ 100% 미만인 건축물 |
| 3등급 | 13% | 에너지자립률이 60% 이상 ~ 80% 미만인 건축물 |
| 4등급 | 12% | 에너지자립률이 40% 이상 ~ 60% 미만인 건축물 |
| 5등급 | 11% | 에너지자립률이 20% 이상 ~ 40% 미만인 건축물 |

※ 녹색건축물 조성 시범사업 대상으로 지정된 건축물의 경우 최대완화비율 10%

참고

에너지절약 계획서 검토절차 (자료제공 : 한국환경건축연구원)

• 대상 : 연면적 500m$^2$ 이상 건축물(동법 시행령 제10조 예외대상 참고)

• 검토수수료 : 녹색건축물 조성 지원법 시행규칙 별표 1(규모에 따른 금액 고시)

• 개략 순서

| 에너지절약 계획서작성 및 제출 | 자체검토 또는 검토요청 | 에너지절약계획서검토 (보완) | 건축허가승인 |
|---|---|---|---|
| 건축주 (설계사) | 허가권자 (지자체, 교육청등) | 에너지절약계획서 전문검토기관* | 허가권자 (지자체, 교육청등) |

* 전문검토기관(10개소) : 한국부동산원, 국토안전관리원, 경기주택도시공사, 인천도시공사, (사)한국교육녹색환경연구원, 한국생산성본부인증원(주), (사)한국환경건축연구원, (사)한국건물에너지기술원, 한국건설생활환경시험연구원, (사)한국그린빌딩협의회

• 세부 절차 (출처 : 세움터)

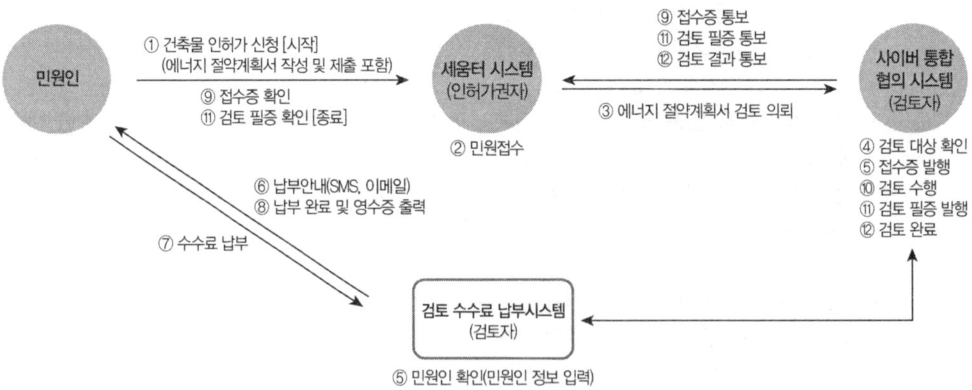


참고

서울시 건축허가 절차 및 대상업무(서울시 홈페이지 참조)

• 신축허가
  – 신축허가 : 21층 이상이거나 연면적의 합계가 10만 m$^2$ 이상[단, 공장, 창고 및 건축법 시행령 제5조 제5항에 따라 지방건축위원회의 심의를 거친 건축물 제외(초고층 건축물 제외)]

• 증축허가 : 연면적의 3/10 증축으로 인하여 21층 이상으로 되거나, 연면적의 합계가 100,000m$^2$ 이상

- 건축허가 처리기간 : 접수일로부터 60일 이내
- 사용승인 처리기간 : 접수일로부터 7일 이내
- 의무처리 흐름도

|  |  |
|---|---|
| 건축계획심의 | 심의대상<br>시허가 : 21층 이상이거나 연면적의 합계가 100,000$m^2$ 이상<br>구허가 : 16층 이상으로서 300세대·실 이상인 공동주택과 오피스텔 |
| ↓ 건축허가신청 | 현장조사 및 기본요건 검토<br>시청 및 자치구 유관부서 협의<br>교통 및 환경영향평가 완료여부 확인<br>설계도서 첨부(건축법 시행규칙 별표 4의2 |
| ↓ 건축허가서 교부 | 각종 공과금(면허세, 채권, 도로점용료) 납부 |
| ↓ 건축물 철거 멸실 신고 | 철거예정일 7일 전 신고(구청 건축과) |
| ↓ 착 공 신 고 | 각종 계약서(설계자, 감리자, 시공자) 첨부<br>건축관계 법령에서 정한 서류 |
| ↓ 사용승인 신청 | 허가관련부서 협의<br>허가 조건 이행 사항 검토<br>각종 부담금(하수원인자 부담금, 과밀부담금) 납부 확인 |
| ↓ 사용 승인서 교부 | 취득세, 등록세(자치구 세무부서) 납부 |
| ↓ 건축물 대상 작성 | 구청(지적과, 건축과) |
| ↓ 등기 신청 | |

**참고** 스마트 홈(Smart home)

- TV, 냉장고, 에어컨 등 집안의 다양한 기기들이 네트워크로 연결되어 지능형 서비스를 제공할 수 있는 집을 의미한다. 가정 내 설치된 가전제품과 수도, 전기 같은 에너지 소비장치, 보안기기 등 다양한 분야에서 모든 것을 통신망으로 연결해 모니터링, 제어할 후 있는 기술이다. 스마트 홈은 편리하고 안전한 생활이 가능하도록 하는 인간 중심적인 스마트 라이프 환경이다.
- 생활의 편리함, 즐거움, 안락함 등 인간의 기본적인 욕구를 충족시키고자 등장한 기술이 스마트 홈이다. 모바일 네트워크와 스마트폰, 태블릿 PC 등의 스마트 기기 보급이 확대 되고 수요가 증가하면서 많은 국가에서 스마트 홈 개발에 힘쓰고 있다. 최근 국내에서도 다양한 스마트 센서가 개발되었지만 스마트 홈을 보다 넓게 적용시킬 수 있는 플랫폼 개발은 아직 미미하다는 평가를 받고 있다. 하지만 급속한 IoT(사물인터넷) 기술 발전에 힘입어 효율, 안전, 편의를 내세운 새로운 주거 형태를 만날 수 있을 것으로 보인다.

## 질의 구 건축법에 따른 건축허가 여부

구「건축법」(2005.11.8 법률 제7696호로 개정되기 전의 것을 말함. 이와 같음) 제8조제1항제3호에서는 도시지역이나 제2종 지구단위계획구역이 아니면서 구「건축법 시행령」(2006.5.8 대통령령 제19466호로 개정되기 전의 것을 말함. 이와 같음) 제8조제2항에 해당하는 구역이 아닌 지역 또는 구역 안에서는 연면적이 200$m^2$ 미만이고 3층 미만인 건축물은 건축허가를 받지 않아도 건축할 수 있었는데, 이 규정에 따라 연면적이 200$m^2$ 미만이고 3층 미만인 건축물의 건축허가를 받지 않고 건축할 수 있는 지역에서 하나의 대지 내에 연면적이 200$m^2$

미만이고 3층 미만인 건축물 여러 동을 건축하여 그 여러 동 건축물의 연면적 합이 200m²를 초과하는 경우에도 구 「건축법」 제8조제1항제3호에 따라 건축허가를 받지 않고 건축할 수 있었는지?

**회신** 구 「건축법」 제8조제1항제3호에 따라 연면적이 200m² 미만이고 3층 미만인 건축물의 건축허가를 받지 않고 건축할 수 있었던 지역에서 하나의 대지 내에 연면적이 200m² 미만이고 3층 미만인 건축물 여러 동을 건축하여 그 여러 동 건축물의 연면적의 합이 200m²를 초과하였던 경우에도 구 「건축법」 제8조제1항제3호에 따라 건축허가를 받지 않고 건축할 수 있었습니다.

법령해석사례[법제처 안건번호 11-0130]

건축허가 후 의제된 개발행위허가에 필요한 구비서류를 거짓으로 작성·제출한 사실이 밝혀진 경우 건축허가의 취소 가능 여부(「건축법」 제11조 등 관련)

【질의요지】

「건축법」 제11조제5항제3호에 따라 건축허가를 받음으로써 「국토의 계획 및 이용에 관한 법률」 제56조에 따른 개발행위허가가 의제되었으나, 건축허가를 받은 자가 개발행위허가에 필요한 구비서류를 거짓으로 작성하여 제출한 사실이 밝혀진 경우에는 건축허가를 취소할 수 있는지?

【회답】

「건축법」 제11조제5항제3호에 따라 건축허가를 받음으로써 「국토의 계획 및 이용에 관한 법률」 제56조에 따른 개발행위허가가 의제되었으나, 건축허가를 받은 자가 개발행위허가에 필요한 구비서류를 거짓으로 작성하여 제출한 사실이 밝혀진 경우, 「건축법」에 따라 개발행위허가의 의제효과가 포함된 건축허가의 실체적 요건이 충족되지 못한 상태에서 하자 있는 건축허가가 이루어진 것으로 보아 별도의 법적 근거가 없더라도 「건축법」에 따른 건축허가를 직권으로 취소할 수 있습니다.

### 질의 건축허가 득한 주상복합건축물의 공동주택을 분양시 전용면적 산정

건축허가를 득한 주상복합건축물의 공동주택을 분양시 전용면적 산정은 「주택건설촉진법 시행규칙」 제17조의 규정을 준용할 수 있는지 여부

**회신** 건축허가를 받은 공동주택의 각종 건축기준을 적용함에 있어서 면적은 건축법 시행령 제119조제1항의 규정에 의한 건축면적 및 바닥면적을 기준으로 하여야 하는 것이나, 건축법 제8조의 규정에 의한 건축허가대상인 공동주택으로서 전용면적 및 공용면적의 산정방법에 대하여는 주택건설촉진법 시행규칙 제17조의 규정을 준용하여 산정하는 것이 타당할 것임을 알려드립니다.(건교부 건축 58070-1144, 2003.6.26)

### 질의 도지사의 사전승인 후 설계변경시 사전승인 다시 받아야 하는지

「건축법」 제8조의 규정에 의하여 도지사의 사전승인(연면적 100,000m² 이상에 해당함) 및 허가권자의 건축허가를 받아 건축공사 중 건축물의 용도 및 층수의 변경 없이 연면적이 감소(연면적은 100,000m² 이상임)하고, 일부 층의 층고의 변화로 인하여 건축물의 높이가 다소 증가하는 설계변경을 하고자 하는 경우 다시 도지사의 사전 승인을 받아야 하는지 여부

**회신** 「건축법」 제8조제2항제1호의 규정에 의하여 층수가 21층 이상이거나 연면적의 합계가 100,000m² 이상인 건축물(공장 제외)은 도지사의 사전승인을 받아야 하는 것이나, 귀 문의의 경우와 같이 이미 도지사의 사전승인을 받은 후 설계 변경으로 인하여 당해 건축물의 용도, 층수 등의 변경 없이 일부 층의 층고 증가로 인하여 건축물의 전체높이가 일부 증가하고, 또한 설계변경 후에도 「건축법」 등 관계 법령에 적합한 경우라면 이를 별도로 도지사의 사전 승인을 받지 않아도 될 것으로 판단되니 보다 구체적인 사항은 당해 허가권자에게 문의하시기 바랍니다.(건교부 건축 58070-242, 2003.2.6)

### 질의 도시계획시설로 소유권 미확보의 경우

도시계획시설로 지적고시 및 실시계획인가된 학교시설부지 중 일부 토지에 대하여 소유권 미확보시 또는 일부 소유권 미확보 부지에는 건축물을 건립하지 않고 도시계획시설의 변경결정이 없이 부지면적만 제외할 경우 건축허가 및 사용승인이 가능한지?

**회신**
- 「건축법」 제8조 및 동법 시행규칙 제6조의 규정에 의하면 건축허가신청시 건축할 대지의 범위와 그 소유 또는 사용에 관한 권리를 증명하는 서류를 제출하도록 하고 있는 바, 「도시계획법」 제25조의 규정에 의한 도시계획사업의 실시계획인가는 도시계획사업을 시행하기 위한 절차로, 실시계획인가를 받았다 하더라도 대지의 소유 또는 사용권이 확보된 것이 아니며,
- 도시계획사업은 「도시계획법」 제12조의 규정에 의하여 결정된 범위 안에서 동법 제25조의 규정에 의하여 실시계획 인가를 받아 시행하는 것으로 도시계획사업은 부분적으로 실시계획 인가를 받아 시행이 가능하며, 실시계획 인가에 포함된 일부 토지를 제외하고자 할 때에는 동법 제25조의 규정에 의하여 실시계획변경 인가를 받아야 합니다.(건교부 건축 58551-3023, '99.8.2)

＊ 과거 「도시계획법」은 현재 「국토의 계획 및 이용에 관한 법률」로 통합 변경됨.

➡ 법령해석사례[법제처 안건번호 10-0314]

분양되는 복리시설 등의 설치를 위한 토지가 별개의 대지인지 여부
(「주택건설기준 등에 관한 규정」 제8조제1항)

**【질의요지】**

공동주택단지 내에 설치하여 분양되는 복리시설의 부지인 토지를 반드시 「주택건설기준 등에 관한 규정」 제8조제1항 단서에 따라 공동주택단지의 부지와 별개의 대지로 보아야 할 것인지?

**【회답】**

공동주택단지 내에 설치하여 분양되는 복리시설의 부지인 토지는 공동주택단지와 따로 구획·양여된 경우에만 「주택건설기준 등에 관한 규정」 제8조제1항 단서에 따라 공동주택단지의 부지와 별개의 대지로 보아야 합니다.

### 질의 건축허가시 경미한 변경 관련

건축허가를 받은 건축물의 평면변경(가로, 세로의 길이변경)으로 인해 위치가 변동된 경우, 사용승인시 일괄하여 신고할 수 있는지 여부

**회신** 「건축법 시행령」 제12조제3항제5호의 규정에 따르면 허가를 받거나 신고를 하고 건축 중인 부분의 위치가 1m 이내에서 변경되는 경우에는 경미한 변경으로 보아 사용승인 때 일괄하여 처리할 수 있도록 하고

있습니다. 다만, 변경되는 부분이 제1호 본문, 제2호 본문 및 제4호 본문에 따른 범위의 변경인 경우만 해당토록 하고 있는 바, 귀 질의의 경우에는 제1호 본문인 건축물의 동수나 층수를 변경하지 아니하면서 변경되는 부분의 바닥면적의 합계가 50m$^2$ 이하인 경우에 해당하지 않아 사용승인을 신청할 때 허가권자에게 일괄하여 신고할 수 없을 것으로 판단됨을 회신하오니, 이와 관련한 보다 구체적인 사항은 자세한 자료를 갖추어 해당 지역 허가권자에게 문의하시기 바랍니다.(국토교통부 건축정책과 등록 2011.12.28, 수정 2019.5.24)

**질의** **건축허가시 의제처리 관련**

건축허가를 받은 축사는 개발행위를 받지 않고 준공을 받았다고 하더라도 개발행위나 농지전용 허가 또는 신고한 것으로 볼 수 있는지

**회신** 「건축법」 제11조제1항에 따른 건축허가를 받으면 같은 조 제5항 각 호의 허가 등을 받거나 신고를 한 것으로 보도록 하고 있는 바, 이는 건축허가 신청시 의제처리를 신청한 사항에 대해서만 처리된 것으로 보는 것이며, 의제처리를 신청하지 않는 사항은 개별법에 따라 별도로 허가·신고 또는 인가를 받아야 합니다. 그러므로 귀하의 경우 건축허가 신청시 개발행위 또는 농지전용 허가·신고에 대한 의제처리를 신청하지 않고 건축허가를 득하였다면 개발행위 또는 농지전용 허가·신고를 한 것으로 볼 수 없을 것임을 알려드리오니 구체적인 사항은 해당지역의 허가권자에게 문의하시기 바랍니다.(국토교통부 건축정책과 등록 2011.12.27, 수정 2019.5.24)

**질의 회신** 지상권자의 동의는 받아야 하나 가압류, 근저당권, 가등기가 설정되어 있는 경우 이들은 대지소유자의 사용권을 제한하는 효력이 없으므로 대지소유자가 이들을 설정한 권리자의 동의를 받지 않아도 건축허가신청이 가능함. 준공된 건물을 건축물관리대장에 투자지분비율대로 등록하는 절차도 위 사유로 불가함.
(건지 30420-1014, '90.7.13, 건설부 건축 30420-11452, '90.5.14)

**질의** **대지의 형질변경허가와 관련한 건축허가**

용도지역이 일반주거지역이고 지목이 임야와 전인 토지에 건축물을 축조코자 하며, 이 토지는 현재 실질적으로 평탄한 나대지 상태로서 건축축조 부분 외에는 별도의 형상변경이 필요없는 경우 「토지의 형질변경 등 행위허가기준 등에 관한 규칙」 제2조에 의거 별도 형질변경허가를 받을 필요가 없이 건축허가가 가능한지 여부와 형질변경이 수반되는 토지에 건축을 할 경우 「도시계획법」 제4조에 의한 토지형질변경허가를 득한 후 「건축법」에 의한 건축허가를 받을 수 있는지 여부

**회신** 「토지의 형질변경 등 행위허가기준 등에 관한 규칙」 제2조의 규정에서 "토지의 형질변경"이라 함은 절토·성토 또는 정지 등으로 토지의 형상을 변경하는 행위 등을 말한다고 되어 있으므로 질의의 경우 적법하게 이미 대지상태로 되어 있고 위 규칙의 규정에 의한 토지의 형상을 변경하는 행위가 수반되지 않는다면 별도의 형질변경허가를 받을 필요가 없을 것이나, 형질변경행위가 수반되는지 여부 등 구체적 사항은 당해 허가권자가 판단할 사항이며, 「도시계획법」 제4조에 의한 토지형질변경허가를 득한 후 「건축법」에 의한 건축허가를 받아도 가능한 것임.(서울시 건축 58070-1572, '95.4.19)

* 형질변경을 포함한 개발행위허가에 대한 규정은 「국토의 계획 및 이용에 관한 법률」에 따름.

**질의** **도시계획시설로 지정되어 고시후 토지일부 미확보시 건축허가 여부**

서울시 도시계획법상 도시계획시설로 지정되어 지적고시 및 실시계획인가 고시된 서울시내의 시설중, 해당 필지에 대한 일부소유권을 미확보한 경우(해당 관청에서 토지 소유권 이전 작업진행중)에도 건축허가가 가능한지 여부

**회신** 건축법령에서는 건축허가신청시에는 「건축법 시행규칙」 제6조에서 당해 대지의 소유 또는 그 사용에 관한 권리를 증명하는 서류를 제출하도록 정하고 있고, 국토계획법령에서 개발행위허가신청시에도 「국토의 계획 및 이용에 관한 법률 시행규칙」 제9조에서 건축법 시행규칙과 유사하게 규정하고 있습니다. 도시계획시설을 설치하고자 하는 경우에는 「국토의 계획 및 이용에 관한 법률」 제86조에 따라 시행자의 지정을 받은 경우에는 수용권이 부여되므로 소유권을 확보하지 아니한 토지에 대해서는 같은 법 시행규칙 제15조제3호에서 수용 또는 사용할 토지의 세목 등을 제출하도록 정하고 있음을 알려드리는 바입니다.(국토교통부 도시정책과, 2014.12.30)

**질의** **「국토의 계획 및 이용에 관한 법률」에 의한 관리 지역 내 단독주택 건축 완료 시 사용승인신청 가능 여부**

「국토의 계획 및 이용에 관한 법률」에 의한 관리지역(구 준농림 지역)내에서 「건축법 시행령」 별표 1 제1호가목의 단독주택(연면적 200$m^2$ 미만)의 건축을 완료한 경우 사용승인신청이 가능한지 여부

**회신** 「건축법」 제8조제1항제3호의 규정에 의하여 「국토의 계획 및 이용에 관한 법률」에 의한 관리 지역(구 준농림 지역)에서 연면적 200$m^2$ 미만(2층 이하)의 건축물을 건축 시에는 건축허가(신고)없이 건축이 가능하고 또한 사용승인을 의무화하고 있지 않으므로 사실상 준공이 되면 사용이 가능한 것임. 다만, 건축물대장의 작성을 위하여는 「건축물대상의 기재 및 관리에 관한 규칙」 제5조제2항의 규정에 의하여 시장·군수에게 동 대장의 기재신청을 할 수 있는 것이니 보다 구체적인 사항은 당해 지역 및 건축물의 현황을 상세히 알고 있는 당해 시장·군수에게 직접 문의하시기 바랍니다.(건교부 건축 58070-408, 2003.3.5)

➡ 법령해석사례[법제처 안건번호 10-0001]

건축허가의 효과로 산지전용허가가 의제되는 경우, 산림청장이 「산지관리법」에 따른 의무를 이행하지 않는 자에 대하여 산지전용허가를 취소할 수 있는지 여부(「건축법」 제11조제5항 및 「산지관리법」 제20조 관련)

**【질의요지】**

「건축법」에 따른 건축허가를 받음으로써 「산지관리법」상 산지전용허가가 의제되는 경우, 건축허가를 받은 자가 「산지관리법」상 대체산림자원조성비를 납부하지 아니하거나 복구비를 예치하지 아니하여 「산지관리법」에 따른 산지전용허가 취소사유가 발생한 때에 산림청장은 의제된 산지전용허가를 취소할 수 있는지?

**【회답】**

「건축법」에 따른 건축허가를 받음으로써 「산지관리법」상 산지전용허가가 의제되는 경우, 건축허가를 받은 자가 「산지관리법」상 대체산림자원조성비를 납부하지 아니하거나 복구비를 예치하지 아니하여 「산지관리법」에 따른 산지전용허가 취소사유가 발생한 때에 산림청장은 의제된 산지전용허가를 취소할 수 없습니다.

**질의** **건축물대장 미등재 주택이라도 국방장관 등은 협의 동의해야**

「건축법」 제38조제1항에 따른 건축물대장에 등재되지 않은 기존 주택에 대해 관계 행정기관의 장이 해당 주택의 신축·증축·개축·재축 또는 이전을 위한 허가 등에 관해서 국방부장관 등에 협의를 요청하는 경우, 국방부장관 등은 「군사기지 및 군사시설 보호법 시행규칙」 제8조제1항제1호에 따라 특별한 사유가 없으면 동의해야 하는지?

**회신** 먼저, 「군사기지법」 제13조에서 관계 행정기관의 장이 보호구역 안에서 건축물 등의 신축·증축등에 관한 허가 등을 할 때 국방부장관등과 협의하도록 규정하고 있는 취지는 건축물 등이 보호구역에 무분별하게 건축·설치되는 경우 군사기지 및 군사시설의 기능 보전과 군사활동·군사작전에 지장을 초래할 수 있으므로, 해당 건축행위 등이 군사기지 및 군사시설의 기능을 보전하거나 군사작전을 원활히 수행하는 데 지장을 주는 행위인지를 검토할 수 있게 하려는 것입니다.

허나, 「군사기지법 시행규칙」 제8조제1항에서는 국방부장관등은 관계 행정기관의 장이 폭발물 관련 군사시설이 있는 보호구역 안에서의 허가 등에 관해 협의를 요청하는 경우 같은 항 각 호의 어느 하나에 해당하는 사항에 대해서는 특별한 사유가 없으면 동의해야 한다고 규정하고 있습니다.

따라서 연면적 $200m^2$ 이하인 기존 주택을 지표면으로부터 높이 9m 이하인 범위에서 신축·증축·개축·재축 또는 이전하는 경우(제1호), 주택 외의 기존 건축물 및 공작물을 개축·재축 또는 대수선하는 경우(제2호) 등 같은 항 각 호의 허가 등은 개별 법령에 따른 관계 행정기관의 장의 권한에 속하는 것으로서, 「군사기지법 시행규칙」 제8조제1항의 문언상 국방부장관등은 관계 행정기관의 장이 협의를 요청한 건축물의 현황 등이 같은 항 각 호의 요건에 부합하는지 여부만을 검토해 그 요건에 해당하는 경우에는 군사기지 및 군사시설의 기능을 보전하거나 군사작전을 원활히 수행하는 데 지장을 주는 등의 특별한 사유가 없으면 동의해야 한다고 할 것입니다.

이 같은 점을 종합해 볼 때, 「건축법」 제38조제1항에 따른 건축물대장에 등재되지 않은 기존 주택에 대해 관계 행정기관의 장이 해당 주택의 신축·증축 등을 위한 허가 등에 관해서 국방부장관 등에 협의를 요청하는 경우에도, 국방부장관 등은 「군사기지법 시행규칙」 제8조제1항제1호에 따라 특별한 사유가 없으면 동의해야 한다고 할 것입니다.(2016.9.12)

**영 제9조 【건축허가 등의 신청】**

① 법 제11조제1항에 따라 건축물의 건축 또는 대수선의 허가를 받으려는 자는 국토교통부령으로 정하는 바에 따라 허가신청서에 관계 서류를 첨부하여 허가권자에게 제출하여야 한다. 다만, 「방위사업법」에 따른 방위산업시설의 건축 또는 대수선의 허가를 받으려는 경우에는 건축 관계 법령에 적합한지 여부에 관한 설계자의 확인으로 관계 서류를 갈음할 수 있다. (2018.9.4 본항 개정)

② 허가권자는 법 제11조제1항에 따라 허가를 하였으면 국토교통부령으로 정하는 바에 따라 허가서를 신청인에게 발급하여야 한다.(2018.9.4 본항 개정)

**해설** 방위산업시설은 기밀과 보안을 유지하여야 하므로 설계자의 법령 확인으로 관계서류에 대신한다.

**규칙 제6조 【건축허가 등의 신청】**

① 법 제11조제1항·제3항, 제20조제1항, 영 제9조제1항 및 제15조제8항에 따라 건축물의 건축·대수선 허가 또는 가설건축물의 건축허가를 받으려는 자는 별지 제1호의4서식의 건축·대수선·용도변경 (변경)허가 신청서에 다음 각 호의 서류를 첨부하여 허가권자에게 제출(전자문서로 제출하는 것을 포함한다)해야 한다. 이 경우 허가권자는 「전자정부법」 제36조제1항에 따른 행정정보의 공동이용(이하 "행정정보의 공동이용"이라 한다)을 통해 제1호의2의 서류 중 토지등기사항증명서를 확인해야 한다.(2019.11.18 본항 후단 개정)

1. 건축할 대지의 범위에 관한 서류

1의2. 건축할 대지의 소유에 관한 권리를 증명하는 서류. 다만, 다음 각 목의 경우에는 그에 따른 서류로 갈음할 수 있다.(2017.1.19 본호 개정)

가. 건축할 대지에 포함된 국유지 또는 공유지에 대해서는 허가권자가 해당 토지의 관리청과 협의하여 그 관리청이 해당 토지를 건축주에게 매각하거나 양여할 것을 확인한 서류

나. 집합건물의 공용부분을 변경하는 경우에는 「집합건물의 소유 및 관리에 관한 법률」 제15조제1항에 따른 결의가 있었음을 증명하는 서류

다. 분양을 목적으로 하는 공동주택을 건축하는 경우에는 그 대지의 소유에 관한 권리를 증명하는 서류. 다만, 법 제11조에 따라 주택과 주택 외의 시설을 동일 건축물로 건축하는 건축허가를 받아 「주택법 시행령」 제27조제1항에 따른 호수 또는 세대수 이상으로 건설·공급하는 경우 대지의 소유권에 관한 사항은 「주택법」 제21조를 준용한다.

1의3. 법 제11조제11항제1호에 해당하는 경우에는 건축할 대지를 사용할 수 있는 권원을 확보하였음을 증명하는 서류(2016.7.20 본호 신설)

1의4. 법 제11조제11항제2호 및 영 제9조의2제1항 각 호의 사유에 해당하는 경우에는 다음 각 목의 서류(2016.7.20 본호 신설)

가. 건축물 및 해당 대지의 공유자 수의 80/100 이상의 서면동의서: 공유자가 자필로 서명하는 서면동의의 방법으로 하며, 주민등록증, 여권 등 신원을 확인할 수 있는 신분증명서의 사본을 첨부해야 한다. 다만, 공유자가 해외에 장기체류하거나 법인인 경우 등 불가피한 사유가 있다고 허가권자가 인정하는 경우에는 공유자의 인감도장을 날인하거나 서명한 서면동의서에 해당 인감증명서나 「본인서명사실 확인 등에 관한 법률」 제2조제3호에 따른 본인서명사실확인서 또는 같은 법 제7조제7항에 따른 전자본인서명확인서의 발급증을 첨부하는 방법으로 할 수 있다.(2023.6.9 본목 개정)

나. 가목에 따라 동의한 공유자의 지분 합계가 전체 지분의 80/100 이상임을 증명하는 서류

다. 영 제9조의2제1항 각 호의 어느 하나에 해당함을 증명하는 서류

라. 해당 건축물의 개요

1의5. 제5조에 따른 사전결정서(법 제10조에 따라 건축에 관한 입지 및 규모의 사전결정서를 받은 경우

만 해당한다)

2. 별표 2의 설계도서(법 제10조에 따른 사전결정을 받은 경우에는 건축계획서 및 배치도를 제외한다). 다만, 법 제23조제4항에 따른 표준설계도서에 따라 건축하는 경우에는 건축계획서 및 배치도만 해당한다.(2021.6.25 본호 개정)
3. 법 제11조제5항 각 호에 따른 허가등을 받거나 신고를 하기 위하여 해당 법령에서 제출하도록 의무화하고 있는 신청서 및 구비서류(해당 사항이 있는 경우로 한정한다) (2008.11.11 본호 개정)
4. 별지 제27호의12서식에 따른 결합건축협정서(해당 사항이 있는 경우로 한정한다) (2021.12.31 본호 개정)

② 법 제11조제3항 단서에서 "국토교통부령으로 정하는 신청서 및 구비서류"란 별표 2의 설계도서 중 구조도 및 구조계산서를 말한다.(2021.6.25 본항 신설)

③ 법 제16조제1항 및 영 제12조제1항에 따라 변경허가를 받으려는 자는 별지 제1호의4서식의 건축·대수선·용도변경 (변경)허가 신청서에 변경하려는 부분에 대한 변경 전·후의 설계도서와 제1항 각 호에서 정하는 관계 서류 중 변경이 있는 서류를 첨부하여 허가권자에게 제출(전자문서로 제출하는 것을 포함한다)해야 한다. 이 경우 허가권자는 행정정보의 공동이용을 통해 제1항제1호의2의 서류 중 토지등기사항증명서를 확인해야 한다.(2019.11.18 본항 후단 개정)

④ (1999.5.11 본항 삭제)

**영 제9조의2 【상습 침수 우려지역】** [2024.3.26 본조 신설]

허가권자는 법 제11조제4항제2호에 따라 다음 각 호의 어느 하나에 해당하는 지역에 건축하려는 건축물에 대하여 일부 공간에 거실을 설치하는 것이 부적합한 경우에는 건축위원회의 심의를 거쳐 건축허가를 하지 않을 수 있다.

1. 「국토의 계획 및 이용에 관한 법률」 제37조제1항제4호에 따른 방재지구
2. 「자연재해대책법」 제12조제1항에 따른 자연재해위험개선지구(같은 법 시행령 제8조제1항제1호에 따른 상습가뭄재해지구는 제외한다)
3. 제1호 및 제2호에 준하는 지역으로서 허가권자가 상습적으로 침수되거나 침수가 우려된다고 인정하여 지정·고시하는 지역

**영 제9조의3 【건축허가 신청 시 소유권 확보 예외 사유】** [2024.3.26 본조 제9조의2에서 제9조의3으로 변경]

① 법 제11조제11항제2호에서 "건축물의 노후화 또는 구조안전 문제 등 대통령령으로 정하는 사유"란 건축물이 다음 각 호의 어느 하나에 해당하는 경우를 말한다.

1. 급수·배수·오수 설비 등의 설비 또는 지붕·벽 등의 노후화나 손상으로 그 기능 유지가 곤란할 것으로 우려되는 경우
2. 건축물의 노후화로 내구성에 영향을 주는 기능적 결함이나 구조적 결함이 있는 경우

3. 건축물이 훼손되거나 일부가 멸실되어 붕괴 등 그 밖의 안전사고가 우려되는 경우
4. 천재지변이나 그 밖의 재해로 붕괴되어 다시 신축하거나 재축하려는 경우

② 허가권자는 건축주가 제1항제1호부터 제3호까지의 어느 하나에 해당하는 사유로 법 제11조제11항 제2호의 동의요건을 갖추어 같은 조 제1항에 따른 건축허가를 신청한 경우에는 그 사유 해당 여부를 확인하기 위하여 현지조사를 하여야 한다. 이 경우 필요한 경우에는 건축주에게 다음 각 호의 어느 하나에 해당하는 자로부터 안전진단을 받고 그 결과를 제출하도록 할 수 있다.

1. 건축사
2. 「기술사법」 제5조의7에 따라 등록한 건축구조기술사(이하 "건축구조기술사"라 한다)
3. 「시설물의 안전 및 유지관리에 관한 특별법」 제28조제1항에 따라 등록한 건축 분야 안전진단 전문기관(2018.1.16 본호 개정)

**해설** 대지의 소유권 확보 없이 건축물 및 해당 대지의 일정 비율 이상의 동의를 받아 건축허가를 신청할 수 있는 경우를 노후화로 내구성에 영향을 주는 기능적 결함 또는 구조적 결함이 있는 경우, 건축물이 훼손되거나 일부가 멸실되어 붕괴 등의 우려가 있는 경우 등으로 정하되 허가권자는 건축허가를 받으려는 자가 소유권 확보 예외 사유에 해당하는지를 확인하기 위하여 현지조사를 실시할 수 있도록 하고, 필요하면 건축주에게 건축사 등의 안전진단을 받도록 요청할 수 있도록 하고 있다.

**질의** 대지의 소유주와 건축주가 다른 경우 건축허가가 가능한지 여부

**회신** 건축물을 건축하고자 할 때에는 대지의 소유 또는 그 사용에 관한 권리를 증명하는 서류를 제출하여야 하는 바, 대지 소유자의 사용승낙을 받아 건축허가를 신청하는 경우 건축허가가 가능함을 알려드립니다. (서울시 건지 58501-10387, '99.7.22)

※ 「건축법 시행규칙」 【별표 2】 (2021.6.25 본표 개정)

**건축허가신청에 필요한 설계도서**(제6조제1항 관련)

| 도서의 종류 | 도서의 축척 | 표시하여야 할 사항 |
|---|---|---|
| 건축계획서 | 임의 | 1. 개요(위치·대지면적 등)<br>2. 지역·지구 및 도시계획사항<br>3. 건축물의 규모(건축면적·연면적·높이·층수 등)<br>4. 건축물의 용도별 면적<br>5. 주차장규모<br>6. 에너지절약계획서(해당건축물에 한한다)<br>7. 노인 및 장애인 등을 위한 편의시설 설치계획서(관계법령에 의하여 설치의무가 있는 경우에 한한다) |
| 배치도 | 임의 | 1. 축척 및 방위<br>2. 대지에 접한 도로의 길이 및 너비<br>3. 대지의 종·횡단면도<br>4. 건축선 및 대지경계선으로부터 건축물까지의 거리<br>5. 주차동선 및 옥외주차계획<br>6. 공개공지 및 조경계획 |

| 도서의 종류 | 도서의 축척 | 표시하여야 할 사항 |
|---|---|---|
| 평면도 | 임의 | 1. 1층 및 기준층 평면도<br>2. 기둥·벽·창문 등의 위치<br>3. 방화구획 및 방화문의 위치<br>4. 복도 및 계단의 위치<br>5. 승강기의 위치 |
| 입면도 | 임의 | 1. 2면 이상의 입면계획<br>2. 외부마감재료<br>3. 간판 및 건물번호판의 설치계획(크기·위치) |
| 단면도 | 임의 | 1. 종·횡단면도<br>2. 건축물의 높이, 각 층의 높이 및 반자높이 |
| 구조도<br>(구조안전 확인 또는 내진설계 대상 건축물) | 임의 | 1. 구조내력상 주요한 부분의 평면 및 단면<br>2. 주요부분의 상세도면<br>3. 구조안전확인서 |
| 구조계산서<br>(구조안전 확인 또는 내진설계 대상 건축물) | 임의 | 1. 구조계산서 목록표(총괄표, 구조계획서, 설계하중, 주요구조도, 배근도 등)<br>2. 구조내력상 주요한 부분의 응력 및 단면 산정 과정<br>3. 내진설계의 내용(지진에 대한 안전 여부 확인 대상 건축물) |
| 소방설비도 | 임의 | 「소방시설설치유지 및 안전관리에 관한 법률」에 따라 소방관서의 장의 동의를 얻어야 하는 건축물의 해당소방 관련 설비 |

**질의** 공동주택 건축허가시 근저당권을 해제하여야 하는지 및 근저당에 대한 동의서로 대체가능한지 여부

**회신** 「건축법 시행규칙」 제6조제1항제1호에 의거 분양을 목적으로 하는 공동주택을 건축하는 경우에는 건축허가신청 시 건축할 대지의 범위와 그 대지의 소유에 관한 권리를 증명하는 서류를 제출하도록 규정되어 있음 이에 따라, 당해 대지에 대한 소유나 사용 권리를 제한하거나 영향을 주는 권리관계는 해제함이 타당할 것임.(국토교통부 건축정책과 등록 2011.12.23, 수정 2019.5.24)

**질의** **건축허가시 제출하는 "건축할 대지의 소유 또는 사용에 관한 권리를 증명하는 서류" (1)**

「건축법」 제8조 및 「건축법 시행규칙」 제6조제1항제1호의 규정에 의하여 건축허가시 제출하는 "건축할 대지의 소유 또는 사용에 관한 권리를 증명하는 서류"등과 관련된 사항(분양을 목적으로 하는 공동주택의 경우에는 소유권을 확보하여야 함)에 대한 질의

**회신**
- 가압류된 대지 : 동의 불필요
  - 가압류는 금전채권을 위해서 채무자의 재산을 확보하고, 장래의 강제집행을 목적으로 하는 재판 또는 그 집행으로서 소요권자의 처분권을 제한하는 처분이므로, 사용권(건축에 관한 권한)을 제한하고 있는 것으로 볼 수는 없음.
- 가등기된 대지 : 동의 불필요
  - 가등기는 순위보전적 효력이 있는 예고등기의 일종으로, 부동산물권 및 이에 준하는 권리의 변동을 일어나게 할 청구권을 가지는 자의 보호를 위한 일시적·예비적 보전수단으로서 가등기만으로는 소유권의 사용·수익·처분권에 어떠한 영향을 끼치지 않는 것이므로, 사용권(건축에 관한 권한)을 제한하고 있는 것으로 볼 수는 없음.(건교부 건축 58550-713, 2001.4.3)

**질의** **건축허가시 제출하는 "건축할 대지의 소유 또는 사용에 관한 권리를 증명하는 서류" (2)**

「건축법」 제8조 및 「건축법 시행규칙」 제6조제1항제1호의 규정에 의하여 건축허가시 제출하는 "건축할 대지의 소유 또는 사용에 관한 권리를 증명하는 서류"등과 관련된 사항(분양을 목적으로 하는 공동주택의 경우에는 소유권을 확보하여야 함)에 대한 질의

**회신**
- 예고 등기된 대지 : 동의 불필요
  - 예고 등기는 등기원인의 무효 또는 취소로 인한 등기의 말소 또는 회복의 소개 제기된 경우에 이를 제3자에게 경고하기 위하여 법원의 촉탁으로 행하여지는 등기로서 등기원인의 무효 또는 취소사유가 있음을 추정시키는 효력이 있는 것은 아니므로, 사용권(건축에 관한 권한)을 제한하고 있는 것으로 볼 수는 없음.
- 근저당권이 설정된 대지 : 동의 불필요
  - 근저당은 장래의 채권을 위한 담보로서 저당권의 부종성(附從性) 완화에 의하여 인정된 제도이며, 피담보채권이 확정되는 때에 채권이 존재하지 않거나, 채권이 있더라도 변제로 소멸한 때 또는 근저당권의 실행이 종료되면 근저당권이 소멸하는 것이므로, 사용권(건축에 관한 권한)을 제한하고 있는 것으로 볼 수는 없음.
- 압류된 대지 : 동의 필요
  - 건축할 대지가 압류된 경우 민법상 사용권(건축에 관한 권한)을 제한하고 있는 것으로 보아 압류권자의 동의를 받아야 하는 것임.
- 지상권이 설정된 대지 : 동의 필요
  - 대지의 소유권자는 비록 소유권자라 하더라도 지상권설정으로 인하여 그 대지의 사용을 제한받고 있는 상태이므로 지상권자의 동의를 받아야 하는 것임.(건교부 건축 58550-713, 2001.4.3)

【이유】 행정행위는 처분 당시에 시행중인 법령과 허가기준에 의하여 하는 것이 원칙이고, 인·허가신청 후 처분 전에 관계 법령이 개정 시행된 경우 신법령 부칙에 "그 시행 전에 이미 허가신청이 있는 때에는 종전의 규정에 의한다"는 취지의 경과규정을 두지 아니한 이상 소관 행정청이 허가신청을 수리하고도 정당한 이유 없이 처리를 늦추어 그 사이에 법령 및 허가기준이 변경된 사정이 없다면 변경된 법령 및 허가기준에 따라야 합니다(대법원 2005.7.29 선고, 2003두3550 판결례 등 참조). 이와 같은 처분시법 주의는 확립된 법해석상의 원칙으로서, 법령의 적용뿐만 아니라 관련 고시의 개정 등으로 인하여 특정 지역의 상태 또는 이에 대한 법적 판단이 변경된 경우에도 당연히 적용됩니다.

**규칙 제7조 【건축허가 사전승인】**

① 법 제11조제2항에 따라 건축허가사전승인 대상건축물의 건축허가에 관한 승인을 받으려는 시장·군수는 허가 신청일로부터 15일 이내에 다음 각 호의 구분에 따른 도서를 도지사에게 제출(전자문서로 제출하는 것을 포함한다)하여야 한다.(2016.7.20 본항 개정)

1. 법 제11조제2항제1호의 경우 : 별표 3의 도서
2. 법 제11조제2항제2호 및 제3호의 경우 : 별표 3의2의 도서(2008.12.11 본호 개정)

② 제1항의 규정에 의하여 사전승인의 신청을 받은 도지사는 승인요청을 받은 날부터 50일 이내에 승인여부를 시장·군수에게 통보(전자문서에 의한 통보를 포함한다)하여야 한다. 다만, 건축물의 규모가 큰 경우 등 불가피한 경우에는 30일의 범위 내에서 그 기간을 연장할 수 있다. (2007.12.13 본항 개정)

※ 「건축법 시행규칙」 **[별표 3]** (2017.2.3 본표 개정)

## 대형건축물의 건축허가 사전승인신청 및 건축물 안전영향 평가 의뢰시 제출도서의 종류

(제7조제1항제1호 및 제9조의2제1항 관련)

### 1. 건축계획서

| 분야 | 도서종류 | 표시하여야 할 사항 |
|---|---|---|
| 건축 | 설계설명서 | • 공사개요 : 위치, 대지면적, 공사기간, 공사금액 등<br>• 사전조사사항 : 지반고·기후·동결심도·수용인원·상하수와 주변지역을 포함한 지질 및 지형, 인구, 교통, 지역, 지구, 토지이용현황, 시설물현황 등<br>• 건축계획 : 배치·평면·입면계획·동선계획·개략조정계획·주차계획 및 교통처리계획 등<br>• 시공방법<br>• 개략 공장계획<br>• 주요 설비계획<br>• 주요 자재 사용계획<br>• 기타 필요한 사항 |
| | 구조계획서 | • 설계근거 기준<br>• 구조재료의 성질 및 특성<br>• 하중조건분석 적용<br>• 구조의 형식선정계획<br>• 각부 구조계획<br>• 건축구조성능(단열·내화·차음·진동장애 등)<br>• 구조안전검토 |
| | 지질조사서 | • 토지 개황<br>• 각종 토질 시험 내용<br>• 지내력 산출근거<br>• 지하수위면<br>• 기초에 대한 의견 |
| | 시 방 서 | • 시방내용(국토교통부장관이 작성한 표준시방서에 없는 공법인 경우에 한한다) |

### 2. 기본설계도서

| 분야 | 도서종류 | 표시하여야 할 사항 |
|---|---|---|
| 건축 | 투시도 또는 투시도 사진 | 색채 사용 |
| | 평면도<br>(주요층, 기준층) | 1. 각실의 용도 및 면적<br>2. 기둥·벽·창문 등의 위치<br>3. 방화구획 및 방화문의 위치<br>4. 복도·직통계단·피난계단 또는 특별 피난계단의 위치 및 치수<br>5. 비상용승강기 · 승용승강기의 위치 및 치수<br>6. 가설건축물의 규모 |
| | 2면 이상의 입면도 | 1. 축척<br>2. 외벽의 마감재료 |
| | 2면 이상의 단면도 | 1. 축척<br>2. 건축물의 높이, 각 층의 높이 및 반자높이 |
| | 내외마감표 | 벽 및 반자의 마감재의 종류 |
| | 주차장평면도 | 1. 축척 및 방위<br>2. 주차장면적<br>3. 도로·통로 및 출입구의 위치 |
| 설비 | 건축설비도 | 1. 비상용승강기·승용승강기·에스컬레이터·난방설비·환기설비 기타 건축설비의 설비계획<br>2. 비상조명장치·통신설비 기타 전기설비설치계획 |
| | 소방설비도 | 옥내소화전설비·스프링클러설비·각종 소화설비·옥외소화전설비·동력소방펌프설비·자동화재탐지설비·전기화재경보기·화재속보설비와 유도 등 기타 유도표시 소화용수의 위치 및 수량배연설비·연결살수설비·비상콘센트설비의 설치계획 |
| | 상·하수도 계통도 | 상·하수도의 연결관계, 수조의 위치, 급·배수 등 |

※ 「건축법 시행규칙」 【별표 3의2】 (2001.9.28 본표 신설)

## 수질환경 등의 보호관련 건축허가 사전승인신청시 제출도서의 종류(제7조제1항제2호 관련)

### 1. 건축계획서

| 분야 | 도서종류 | 표시하여야 할 사항 |
|---|---|---|
| 건축 | 설계설명서 | • 공사개요 : 위치·대지면적·공사기간·착공예정일<br>• 사전조사사항 : 지역·지구, 지반높이, 상·하수도, 토지이용현황, 주변현황<br>• 건축계획 : 배치·평면·입면·주차계획<br>• 개략공정계획<br>• 주요설비계획 |

### 2. 기본설계도서

| 분야 | 도서종류 | 표시하여야 할 사항 |
|---|---|---|
| 건축 | 투시도 또는 투시도사진 | 색채 사용 |
| | 평면도(주요 층, 기준 층) | 1. 각 실의 용도 및 면적<br>2. 기둥·벽·창문 등의 위치 |
| | 2면 이상의 입면도 | 1. 축척<br>2. 외벽의 마감재료 |
| | 2면 이상의 단면도 | 1. 축척<br>2. 건축물의 높이, 각 층의 높이 및 반자높이 |
| | 내외 마감표 | 벽 및 반자의 마감재의 종류 |
| | 주차장평면도 | 1. 주차장면적<br>2. 도로·통로 및 출입구의 위치 |
| 설비 | 건축설비도 | 1. 난방설비·환기설비 그 밖의 건축설비의 설비계획<br>2. 비상조명장치·통신설비 설치계획 |
| | 상·하수도 계통도 | 상·하수도의 연결관계, 저수조의 위치, 급·배수 등 |

**규칙 제8조 【건축허가서 등】**

① 영 제9조제2항에 따른 건축허가서 및 영 제15조제9항에 따른 가설건축물 건축허가서는 별지 제2호서식과 같다.

② 제6조제3항에 따라 신청을 받은 허가권자가 법 제16조에 따라 변경허가를 한 경우에는 별지 제2호서식의 건축·대수선·용도변경 허가서를 신청인에게 발급해야 한다.(2021.6.25 본항 개정)

③ 허가권자는 제1항 및 제2항에 따라 별지 제2호서식의 건축·대수선·용도변경 허가서를 교부하는 때에는 별지 제3호서식의 건축·대수선·용도변경 허가(신고)대장을 건축물의 용도별 및 월별로 작성·관리해야 한다.

④ 별지 제3호서식의 건축·대수선·용도변경 허가(신고)대장은 전자적 처리가 불가능한 특별한 사유가 없으면 전자적 처리가 가능한 방법으로 작성·관리해야 한다.

**규칙 제11조 【건축 관계자 변경신고】**

① 법 제11조 및 제14조에 따라 건축 또는 대수선에 관한 허가를 받거나 신고를 한 자가 다음 각 호의 어느 하나에 해당하게 된 경우에는 그 양수인·상속인 또는 합병후 존속하거나 합병에

의하여 설립되는 법인은 그 사실이 발생한 날부터 7일 이내에 별지 제4호서식의 건축관계자변경신고서에 변경 전 건축주의 명의변경동의서 또는 권리관계의 변경사실을 증명할 수 있는 서류를 첨부하여 허가권자에게 제출(전자문서로 제출하는 것을 포함한다)하여야 한다. (2008.12.11 본항 개정)

1. 허가를 받거나 신고를 한 건축주가 허가 또는 신고 대상 건축물을 양도한 경우 (2012.12.12 본호 개정)
2. 허가를 받거나 신고를 한 건축주가 사망한 경우
3. 허가를 받거나 신고를 한 법인이 다른 법인과 합병을 한 경우

② 건축주는 설계자, 공사시공자 또는 공사감리자를 변경한 때에는 그 변경한 날부터 7일 이내에 별지 제4호서식의 건축관계자변경신고서를 허가권자에게 제출(전자문서에 의한 제출을 포함한다)하여야 한다.(2017.1.20 본항 개정)

③ 허가권자는 제1항 및 제2항의 규정에 의한 건축관계자변경신고서를 받은 때에는 그 기재내용을 확인한 후 별지 제5호서식의 건축관계자변경신고필증을 신고인에게 교부하여야 한다.

**참고**

**국방·군사시설 사업에 관한 법률**

**제8조【국방·군사시설의 건축등의 특례】**(개정 2016.1.19)

① 국방·군사시설의 건축·축조·대수선 또는 용도변경(이하 "건축등"이라 한다)을 하려는 사업시행자는 「건축법」 제11조(제5항 및 제6항을 제외한다), 제14조, 제19조 및 제29조제1항 및 제83조에도 불구하고 대통령령으로 정하는 바에 따라 국방부장관의 승인을 받아야 한다.

② 국방부장관은 제1항에 따라 승인을 하면 이에 관한 사항을 해당 특별자치시장·특별자치도지사·시장·군수 또는 구청장(「건축법」 제11조제1항 단서에 해당하는 경우에는 특별시장이나 광역시장을 말한다. 이하 이 조에서 같다)에게 통보하여야 한다.

③ 제2항에 따라 국방부장관이 국방·군사시설의 건축등에 관한 사항을 특별자치시장·특별자치도지사·시장·군수 또는 구청장에게 통보한 경우에는 「건축법」 제11조, 제14조 또는 제19조 또는 제83조에 따른 건축허가, 건축신고 또는 용도변경 허가·신고가 있거나 같은 법 제29조제1항에 따라 협의한 것으로 본다.

④ 제3항에 따라 건축허가, 건축신고 또는 용도변경 허가·신고가 있거나 협의한 것으로 보는 국방·군사시설에 대하여는 「건축법」 제16조, 제17조, 제20조제1항·제2항, 제21조제1항, 제25조, 제27조, 제36조제1항 및 제79조에도 불구하고 국방부장관이 해당 규정에 따른 허가 등을 한다.

⑤ 국방부장관은 제1항에 따라 승인한 국방·군사시설에 대하여 이 법 및 「건축법」을 위반하였는지 조사하여 필요하다고 인정하는 경우에는 사업시행자에게 시정에 필요한 조치를 명하고, 그 결과를 특별자치시장·특별자치도지사·시장·군수 또는 구청장에게 통보하여야 한다.

법령해석사례[법제처 안건번호 11-0359]

「건축법 시행규칙」 제11조제1항의 "권리관계 변경사실을 증명할 수 있는 서류"의 범위
(「건축법 시행규칙」 제11조제1항 등 관련)

**【질의요지】**

등기가 되어 있는 대수선 중인 건축물을 매매에 의하여 양수한 경우, 건축물에 대한 소유권 이전의 내용이 기재된 부동산등기부등본은 「건축법 시행규칙」 제11조제1항의 "권리관계의 변경사실을 증명할 수 있는 서류"에 해당되는지?

**【회답】**

등기가 되어 있는 대수선 중인 건축물을 매매에 의하여 양수한 경우와 관련하여 건축물에 대한 소유권 이전의 내용이 기재된 부동산등기부등본은 「건축법 시행규칙」 제11조제1항의 "권리관계의 변경사실을 증명할 수 있는 서류"에 해당될 수 있다고 할 것입니다.

### 질의 건축주명의변경에 관하여

건축허가를 받아 공사 중에 있는 A업체가 부도처리되어 토지소유권과 시공 중에 있는 골조물이 B업체에게 경매낙찰 및 소유권이 이전된 상태에서 A업체와 채권채무 관계에 있는 C가 B업체에게 건축주명의변경 가처분을 걸었을 경우,

가. 토지를 경락받아 공사를 하고자 하는 경우 기 시공된 부분의 소유자 동의를 받아야 하는지

나. 토지 및 기 시공된 골조 등을 유체동산으로 하여 법원에서 경락을 받은 경우 건축주명의변경신고서 제출 시 A업체의 인감날인 및 인감증명서를 첨부하여야 하는지

다. 법원의 건축주 명의변경금지 가처분이 소관청의 행정행위까지 구속력을 가진 것인지

**회신** 「건축법 시행규칙」 제11조제1항 각호에 해당하는 경우로서 그 양수인·상속인 등이 「건축법」 제11조 및 제14조에 따라 건축 또는 대수선에 관한 허가를 받거나 신고를 한 자의 건축주 명의를 변경하고자 할 때에는 '건축관계자변경신고서'에 변경 전 건축주의 명의변경동의서 또는 권리관계의 변동사실을 증명할 수 있는 서류를 첨부하여 제출하도록 하고 있습니다.. 이와 관련, 당초 건축허가를 받은 자가 아닌 자로서 대지 등을 경락받아 해당 건축공사를 하고자 하는 경우 상기 규정에 따른 건축주 명의변경 후 건축공사를 하여야 할 것이나, 건축법상 건축관계자변경신고 시 변경 전 건축주의 인감날인 및 인감증명서를 첨부토록 별도 규정하고 있지는 않습니다. 아울러, 귀 질의 "다"에 대하여도 건축법령에서는 별도 정하고 있지 아니한 것이니 이에 대하여는 대법원 판례를 참고하거나 변호사 등 법률전문가의 자문을 받아 종합행정업무를 처리하고 있는 해당 지역의 허가권자에게 문의하시기 바랍니다.(국토교통부 건축정책과 등록 2011.12.27, 수정 2019.5.24)

### 질의 복합건축물의 건축주명의 변경시 동의 여부

**회신** 「건축법 시행규칙」 제11조의 규정에 의한 건축주명의변경신고시에는 구 건축주의 명의변경동의서 또는 권리관계의 변경사실을 증명할 수 있는 서류를 첨부하여 시장 등에게 제출하도록 되어 있는 바, 「민법」 등 관계법령에 의한 권리관계의 변경사실을 증명할 수 있는 경우라면 별도의 동의는 필요 없음.(서울시 건축 58070-5251, '95.12.26)

**법 제12조 [건축복합민원 일괄협의회]**

① 허가권자는 제11조에 따라 허가를 하려면 해당 용도·규모 또는 형태의 건축물을 건축하려는 대지에 건축하는 것이 「국토의 계획 및 이용에 관한 법률」 제54조, 제56조부터 제62조까지 및 제76조부터 제82조까지의 규정과 그 밖에 대통령령으로 정하는 관계 법령의 규정에 맞는지를 확인하고, 제10조제6항 각 호와 같은 조 제7항 또는 제11조제5항 각 호와 같은 조 제6항의 사항을 처리하기 위하여 대통령령으로 정하는 바에 따라 건축복합민원 일괄협의회를 개최하여야 한다.

② 제1항에 따라 확인이 요구되는 법령의 관계 행정기관의 장과 제10조제7항 및 제11조제6항에 따른 관계 행정기관의 장은 소속 공무원을 제1항에 따른 건축복합민원 일괄협의회에 참석하게 하여야 한다.

해설 건축물의 건축허가권자는 관계법령의 규정에 적합한지의 여부를 확인하여야 하며, 건축에 관한 입지 및 규모의 사전결정과 건축허가 사항을 처리하기 위하여 건축복합 민원 일괄협의회를 개최하도록 하고 있다.

① 관계법령의 규정에 적합한 지의 여부 확인

- 「국토의 계획 및 이용에 관한 법률」 중 다음의 내용
  - 제54조 : 지구단위 계획구역 안에서의 건축 등
  - 제56조 : 개발행위의 허가
  - 제57조 : 개발행위 허가의 절차
  - 제58조 : 개발행위 허가의 기준
  - 제59조 : 개발행위에 대한 도시계획위원회의 심의
  - 제60조 : 개발행위허가의 이행담보 등
  - 제61조 : 개발행위에 따른 관련 인·허가 등의 의제
  - 제62조 : 개발행위에 따른 준공검사
  - 제76조 : 용도지역 및 용도지구 안에서의 건축물의 건축제한 등
  - 제77조 : 용도지역 안에서의 건폐율
  - 제78조 : 용도지역 안에서의 용적률
  - 제79조 : 용도지역 미지정 또는 미세분 지역에서의 행위 제한 등
  - 제80조 : 개발제한구역 안에서의 행위 제한 등
  - 제80조의2 : 도시자연공원구역 안에서의 행위 재한 등
  - 제81조 : 시가화 조정구역 안에서의 행위 제한 등
  - 제82조 : 수산자원 보호구역 안에서의 행위 제한 등
- 「군사기지 및 군사시설보호법」 제13조
- 「자연공원법」 제23조 및 제25조
- 「수도권정비계획법」 제7조부터 제9조
- 「택지개발촉진법」 제6조

- 「도시공원 및 녹지 등에 관한 법률」 제24조 및 제38조
- 「항공법」 제82조 및 동법 제93조
- 「교육환경보호에 관한 법률」 제9조
- 「산지관리법」 제8조, 제10조, 제12조, 제14조 및 제18조 「산림자원의 조성 및 관리에 관한 법률」 제36조 및 제45조
- 「도로법」 제40조 및 제61조
- 「주차장법」 제19조, 제19조의2 및 제19조의4
- 「환경정책기본법」 제22조
- 「자연환경보전법」 제15조
- 「수도법」 제7조 및 제15조
- 「도시교통정비 촉진법」 제34조 및 제36조
- 「문화유산의 보존 및 활용에 관한 법률」 제35조
- 「자연유산의 보존 및 활용에 관한 법률」 제17조
- 「전통사찰의 보존 및 지원에 관한 법률」 제10조
- 「개발제한구역의 지정 및 관리에 관한 특별조치법」 제12조제1항, 제13조 및 제15조
- 「고도(古都)보존에 관한 특별법」 제11조

② **건축 복합 민원 일괄협의회의 업무 처리 내용**

- 제10조제6항 각 호
  - 「국토의 계획 및 이용에 관한 법률」 제56조의 규정에 의한 개발행위 허가
  - 「산지 관리법」 제14조 및 제15조의 규정에 의한 산지 전용 허가 및 산지 전용 신고(보전 산지인 경우에는 도시 지역에 한함)
  - 「농지법」 제34조·제35조 및 제43조의 규정에 의한 농지 전용 허가·신고 및 협의
  - 「하천법」 제33조의 규정에 의한 하천 점용 허가
- 제10조제7항
  - 관계 행정 기관의장과 협의하여야 일정 등
- 제11조제5항 각 호
  - 공사용 가설 건축물의 축조 신고(제20조제2항)
  - 공작물의 축조 신고(제83조)
  - 「국토의 계획 및 이용에 관한 법률」 제56조의 개발행위 허가
  - 「국토의 계획 및 이용에 관한 법률」 제86조제5항의 시행자의 지정 및 동법 제88조제2항의 실시 계획의 인가
  - 「산지 관리법」 제14조·제15조의 산지전용허가 및 산지전용신고(보전 산지인 경우에는 도시 지역에 한함)
  - 「사도법」 제4조의 사도 개설 허가
  - 「농지법」 제32조·제33조 및 제41조의 농지전용 허가·신고 및 협의
  - 「도로법」 제38조의 도로의 점용 허가
  - 「도로법」 제34조 및 제64조제2항의 비관리청 공사 시행허가 및 도로의 연결 허가

– 「하천법 제33조의 하천 점용 등의 허가
– 「하수도법」 제27조의 배수 설비의 설치 신고
– 「하수도법」 제34조제12항에 따른 개인하수처리시설의 설치 신고
– 「수도법」 제38조의 수도사업자가 지방자치단체인 경우 당해 지방자치단체가 정한 조례에 의한 상수도 공급 신청
– 「전기 사업법」 제62조의 규정에 의한 자가용 전기 설비 공사 계획의 인가 또는 신고
– 「물환경보전법」 제33조에 따른 수질오염물질 배출시설 설치의 허가나 신고
– 「대기환경보전법」 제23조에 따른 대기오염물질 배출시설설치의 허가나 신고
– 「소음·진동규제법」 제8조에 따른 소음·진동 배출시설 설치의 허가나 신고

- 제11조제6항
  – 해당 행정기관의 장과 협의 사항(협의 요청 받은 관계행정기관의 장은 요청을 받은 날부터 15일 이내 의견을 제출하여야 함)

참고

**개발행위의 허가**(국토의 계획 및 이용에 관한 법률 제56조)

- **개발행위허가**
  1. 건축물의 건축 또는 공작물의 설치
  2. 토지의 형질 변경(경작을 위한 경우로서 대통령령으로 정하는 토지의 형질 변경은 제외한다)
  3. 토석의 채취
  4. 토지 분할(건축물이 있는 대지의 분할은 제외한다)
  5. 녹지지역·관리지역 또는 자연환경보전지역에 물건을 1개월 이상 쌓아놓는 행위
- **개발행위허가에서 제외**
  1. 재해복구나 재난수습을 위한 응급조치(1개월이내에 허가권자에게 신고)
  2. 「건축법」에 따라 신고하고 설치할 수 있는 건축물의 개축·증축 또는 재축과 이에 필요한 범위에서의 토지의 형질 변경(도시·군계획시설사업이 시행되지 아니하고 있는 도시·군계획시설의 부지인 경우만 가능하다)
  3. 그 밖에 대통령령으로 정하는 경미한 행위
- **산지전용허가·신고**(산지관리법 제9조에서 제18조 중)
  – 제9조 산지전용·일시사용제한지역의 지정
  – 제10조 산지전용·일시사용제한지역에서의 행위제한
  – 제12조 보전산지에서의 행위제한
  – 제14조 산지전용허가
  – 제15조 산지전용신고
  – 제18조 산지전용허가기준
- **농지의 전용허가·협의·신고**(농지법 제34조, 제35조)
  – **농지의 전용허가·협의**(제34조)

  ① 농지를 전용하려는 자는 다음 각 호의 어느 하나에 해당하는 경우 외에는 대통령령으로 정하는 바에 따라 농림축산식품부장관의 허가를 받아야 한다. 허가받은 농지의 면적 또는 경계 등 대통령령으로 정하는 중요 사항을 변경하려는 경우에도 또한 같다.

  1. 삭제 <2023.8.16>

2. 「국토의 계획 및 이용에 관한 법률」에 따른 도시지역 또는 계획관리지역에 있는 농지로서 제2항에 따른 협의를 거친 농지나 제2항제1호 단서에 따라 협의 대상에서 제외되는 농지를 전용하는 경우
3. 제35조에 따라 농지전용신고를 하고 농지를 전용하는 경우
4. 「산지관리법」 제14조에 따른 산지전용허가를 받지 아니하거나 같은 법 제15조에 따른 산지전용신고를 하지 아니하고 불법으로 개간한 농지를 산림으로 복구하는 경우
5. 삭제 <2024.1.2>

② 주무부장관이나 지방자치단체의 장은 다음 각 호의 어느 하나에 해당하면 대통령령으로 정하는 바에 따라 농림축산식품부장관과 미리 농지전용에 관한 협의를 하여야 한다.
1. 「국토의 계획 및 이용에 관한 법률」에 따른 도시지역에 주거지역·상업지역 또는 공업지역을 지정하거나 같은 법에 따른 도시지역에 도시·군계획시설을 결정할 때에 해당 지역 예정지 또는 시설 예정지에 농지가 포함되어 있는 경우. 다만, 이미 지정된 주거지역·상업지역·공업지역을 다른 지역으로 변경하거나 이미 지정된 주거지역·상업지역·공업지역에 도시·군계획시설을 결정하는 경우는 제외한다.

1의2. 「국토의 계획 및 이용에 관한 법률」에 따른 계획관리지역에 지구단위계획구역을 지정할 때에 해당 구역 예정지에 농지가 포함되어 있는 경우

2. 「국토의 계획 및 이용에 관한 법률」에 따른 도시지역의 녹지지역 및 개발제한구역의 농지에 대하여 같은 법 제56조에 따라 개발행위를 허가하거나 「개발제한구역의 지정 및 관리에 관한 특별조치법」 제12조제1항 각 호 외의 부분 단서에 따라 토지의 형질변경허가를 하는 경우

– **농지전용신고**(제35조)

① 농지를 다음 각 호의 어느 하나에 해당하는 시설의 부지로 전용하려는 자는 대통령령으로 정하는 바에 따라 시장·군수 또는 자치구구청장에게 신고하여야 한다. 신고한 사항을 변경하려는 경우에도 또한 같다.
1. 농업인 주택, 어업인 주택, 농축산업용 시설(제2조제1호나목에 따른 개량시설과 농축산물 생산시설은 제외한다), 농수산물 유통·가공 시설
2. 어린이놀이터·마을회관 등 농업인의 공동생활 편의 시설
3. 농수산 관련 연구 시설과 양어장·양식장 등 어업용 시설

② 시장·군수 또는 자치구 구청장은 제1항에 따른 신고를 받은 경우 그 내용을 검토하여 이 법에 적합하면 신고를 수리하여야 한다.

③ 제1항에 따른 신고 대상 시설의 범위와 규모, 농업진흥지역에서의 설치 제한, 설치자의 범위 등에 관한 사항은 대통령령으로 정한다.

– **도로의 점용**(도로법 제61, 62조)

① 공작물·물건, 그 밖의 시설을 신설·개축·변경 또는 제거하거나 그 밖의 사유로 도로(도로구역을 포함한다. 이하 이 장에서 같다)를 점용하려는 자는 관리청의 허가를 받아야 한다. 허가받은 기간을 연장하거나 허가받은 사항을 변경(허가받은 사항 외에 도로 구조나 교통안전에 위험이 되는 물건을 새로 설치하는 행위를 포함한다)하려는 때에도 같다.

② 도로관리청은 승차한 상태로 상품의 구매가 가능한 시설 등 대통령령으로 정하는 시설의 설치를 위한 도로의 점용 허가를 할 때 해당 시설이 「도로교통법」 제12조제1항에 따라 지정된 어린이 보호구역 안에 있는 경우에는 해당 어린이 보호구역 지정 대상 시설의 장 또는 대상 장소의 관리자와 협의하여야 한다. 이 경우 「도로교통법」 제12조제1항제1호·제2호 및 제4호에 따른 학교·유치원·어린이집의 장은 다음 각 호의 구분에 따라 해당 위원회의 의견을 들어야 한다.
1. 학교: 「초중등교육법」 제31조에 따른 학교운영위원회

2. 유치원: 「유아교육법」 제19조의3에 따른 유치원운영위원회
3. 어린이집: 「영유아보육법」 제25조에 따른 어린이집운영위원회

③ 제1항에 따라 허가를 받아 도로를 점용할 수 있는 공작물·물건, 그 밖의 시설의 종류와 허가의 기준 등에 관하여 필요한 사항은 대통령령으로 정한다.

④ 도로의 굴착이나 그 밖에 토지의 형질변경이 수반되는 공사를 목적으로 도로점용허가를 받은 자는 해당 공사를 마치면 국토교통부령으로 정하는 바에 따라 도로관리청의 준공확인을 받아야 한다. 이 경우 대통령령으로 정하는 주요 지하매설물(이하 "**주요지하매설물**"이라 한다)을 설치하는 공사를 마친 경우에는 그 준공도면을 도로관리청에 제출하여야 하며, 도로관리청은 국토교통부령으로 정하는 바에 따라 이를 보관 관리하여야 한다.

⑤ 도로관리청이 주요지하매설물이 설치된 도로에 대하여 굴착공사가 따르는 도로점용허가를 하면 그 주요지하매설물의 관리자에게 이를 알려야 한다.

⑥ 도로점용허가를 받은 자가 주요지하매설물이 있는 도로에서 굴착공사를 하려면 그 주요지하매설물의 관리자를 참여시켜야 한다.

⑦ 도로관리청은 도로점용에 따른 안전관리 실태 또는 주요지하매설물의 현황을 조사하기 위하여 도로점용허가(다른 법률에 따라 도로점용허가를 받은 것으로 보는 경우를 포함한다)를 받은 자 또는 도로공사의 준공확인을 받은 자(주요지하매설물의 현황 조사를 위한 경우에 한정한다)에게 국토교통부령으로 정하는 바에 따라 필요한 자료 제출을 요구할 수 있으며, 자료 제출 요구를 받은 자는 정당한 사유가 없으면 이에 따라야 한다.

– **하천의 점용허가등**(하천법 제33조)

① 하천구역 안에서 다음 각 호의 어느 하나에 해당하는 행위를 하려는 자는 대통령령으로 정하는 바에 따라 하천관리청의 허가를 받아야 한다. 허가받은 사항 중 대통령령으로 정하는 중요한 사항을 변경하려는 경우에도 또한 같다.
1. 토지의 점용
2. 하천시설의 점용
3. 공작물의 신축·개축·변경
4. 토지의 굴착·성토·절토, 그 밖의 토지의 형질변경
5. 토석·모래·자갈의 채취
6. 그 밖에 하천의 보전·관리에 장애가 될 수 있는 행위로서 대통령령으로 정하는 행위

② 제1항에 따른 허가(이하 "**하천점용허가**"라 한다)에는 하천의 오염으로 인한 공해, 그 밖에 보건위생상 위해를 방지함에 필요한 부관을 붙일 수 있다.

③ 하천관리청이 하천점용허가를 하고자 할 경우에는 다음 각 호의 사항을 고려하여야 한다.
1. 제13조에 따른 하천의 구조·시설 기준에의 적합 여부
2. 하천기본계획에의 적합 여부
3. 공작물의 설치로 인근 지대에 침수가 발생하지 아니하도록 하는 배수시설의 설치 여부
4. 하천수 사용 및 공작물 설치 등으로 하천시설에 미치는 영향

④ 하천관리청은 하천점용허가를 함에 있어서 다음 각 호의 어느 하나에 해당하는 행위를 하기 위한 경우에는 이를 허가하여서는 아니 된다.
1. 대통령령으로 정하는 농약 또는 비료를 사용하여 농작물을 경작하는 행위
2. 대통령령으로 정하는 골재채취 등 하천 및 하천시설을 훼손하거나 훼손할 우려가 있는 행위
3. 가축을 방목하거나 사육하는 행위(「동물보호법」 제2조제8호에 따른 등록대상동물을 위한 운동·휴식시설을 설치하는 경우는 제외)
4. 콘크리트 등의 재료를 사용하여 고정구조물을 설치하는 행위. 다만, 하천의 관리에 지장을 주

지 아니하는 경우로서 대통령령으로 정하는 행위는 그러하지 아니하다.
5. 그 밖에 하천의 보전 및 관리에 지장을 주는 행위로서 대통령령으로 정하는 행위

**영 제10조 【건축복합민원 일괄협의회】**

① 법 제12조제1항에서 "대통령령으로 정하는 관계 법령의 규정"이란 다음 각 호의 규정을 말한다.(2012.12.12 본항 개정)

1. 「군사기지 및 군사시설보호법」 제13조
2. 「자연공원법」 제23조
3. 「수도권정비계획법」 제7조부터 제9조까지
4. 「택지개발촉진법」 제6조
5. 「도시공원 및 녹지 등에 관한 법률」 제24조 및 제38조
6. 「공항시설법」 제34조(2017.3.29 공항시설법 시행령 부칙에 의거 개정)
7. 「교육환경보호에 관한 법률」 제9조(2017.2.3. 「교육환경 보호에 관한 법률 시행령」 부칙에 의거 개정)
8. 「산지관리법」 제8조, 제10조, 제12조, 제14조 및 제18조
9. 「산림자원의 조성 및 관리에 관한 법률」 제36조 및 「산림보호법」 제9조(2010.3.9 본호 개정)
10. 「도로법」 제40조 및 제61조(2014.7.14 「도로법 시행령」 부칙에 의거 개정)
11. 「주차장법」 제19조, 제19조의2 및 제19조의4
12. 「환경정책기본법」 제38조(2021.5.4 본호 개정)
13. 「자연환경보전법」 제15조
14. 「수도법」 제7조 및 제15조(2016.5.17 본호 개정)
15. 「도시교통정비 촉진법」 제34조 및 제36조
16. 「문화유산의 보존 및 활용에 관한 법률」 제35조(2024.5.7 「문화유산의 보존 및 활용에 관한 법률 시행령」 부칙에 따라 개정)

16의2. 「자연유산의 보존 및 활용에 관한 법률」 제17조(2024.5.7 「문화유산의 보존 및 활용에 관한 법률 시행령」 부칙에 따라 신설)

17. 「전통사찰의 보존 및 지원에 관한 법률」 제10조(2009.6.9 본호 개정)
18. 「개발제한구역의 지정 및 관리에 관한 특별조치법」 제12조제1항, 제13조 및 제15조
19. 「농지법」 제32조 및 제34조(2009.7.16 본호 개정)
20. 「고도 보존 및 육성에 관한 특별법」 제11조
21. 「소방시설 설치 및 관리에 관한 법률」 제6조(2022.11.29 「소방시설 설치 및 관리에 관한 법률 시행령」 부칙에 의거 개정)

② 허가권자는 법 제12조에 따른 건축복합민원 일괄협의회(이하 "**협의회**"라 한다)의 회의를 법 제10조제1항에 따른 사전결정 신청일 또는 법 제11조제1항에 따른 건축허가 신청일부터 **10일** 이내에 개최하여야 한다.

③ 허가권자는 협의회의 회의를 개최하기 **3일** 전까지 회의 개최 사실을 관계 행정기관 및 관계

부서에 통보하여야 한다.

④ 협의회의 회의에 참석하는 관계 공무원은 회의에서 관계 법령에 관한 의견을 발표하여야 한다.

⑤ 사전결정 또는 건축허가를 하는 관계 행정기관 및 관계 부서는 그 협의회의 회의를 개최한 날부터 5일 이내에 동의 또는 부동의 의견을 허가권자에게 제출하여야 한다.

⑥ 이 영에서 규정한 사항 외에 협의회의 운영 등에 필요한 사항은 건축조례로 정한다.

**법 제13조 【건축공사현장 안전관리예치금 등】**

① 제11조에 따라 건축허가를 받은 자는 건축물의 건축공사를 중단하고 장기간 공사현장을 방치할 경우 공사현장의 미관 개선과 안전관리 등 필요한 조치를 하여야 한다.

② 허가권자는 연면적이 1,000m² 이상인 건축물(「주택도시기금법」에 따른 주택도시보증공사가 분양보증을 한 건축물, 「건축물의 분양에 관한 법률」 제4조제1항제1호에 따른 분양보증이나 신탁계약을 체결한 건축물은 제외한다)로서 해당 지방자치단체의 조례로 정하는 건축물에 대하여는 제21조에 따른 착공신고를 하는 건축주(「한국토지주택공사법」에 따른 한국토지주택공사 또는 「지방공기업법」에 따라 건축사업을 수행하기 위하여 설립된 지방공사는 제외한다)에게 장기간 건축물의 공사현장이 방치되는 것에 대비하여 미리 미관 개선과 안전관리에 필요한 비용(대통령령으로 정하는 보증서를 포함하며, 이하 "예치금"이라 한다)을 **건축공사비의 1%의 범위에서 예치**하게 할 수 있다.
(2015.1.6 본항 개정)

③ 허가권자가 예치금을 반환할 때에는 대통령령으로 정하는 이율로 산정한 이자를 포함하여 반환하여야 한다. 다만, 보증서를 예치한 경우에는 그러하지 아니하다.

④ 제2항에 따른 예치금의 산정·예치 방법, 반환 등에 관하여 필요한 사항은 해당 지방자치단체의 조례로 정한다.

⑤ 허가권자는 공사현장이 방치되어 도시미관을 저해하고 안전을 위해한다고 판단되면 건축허가를 받은 자에게 건축물 공사현장의 미관과 안전관리를 위한 다음 각 호의 개선을 명할 수 있다.(2014.5.28 본항 개정)

1. 안전울타리 설치 등 안전조치(2020.6.9 법률용어정비를 위한 국토교통위원회 소관 78개 법률에 의거 본호 개정)
2. 공사재개 또는 해체 등 정비(2019.4.30 건축물관리법 부칙에 의거 본호 개정)

⑥ 허가권자는 제5항에 따른 개선명령을 받은 자가 개선을 하지 아니하면 「행정대집행법」으로 정하는 바에 따라 대집행을 할 수 있다. 이 경우 제2항에 따라 건축주가 예치한 예치금을 행정대집행에 필요한 비용에 사용할 수 있으며, 행정대집행에 필요한 비용이 이미 납부한 예치금보다 많을 때에는 「행정대집행법」 제6조에 따라 그 차액을 추가로 징수할 수 있다.

⑦ 허가권자는 방치되는 공사현장의 안전관리를 위하여 긴급한 필요가 있다고 인정하는 경우에는 대통령령으로 정하는 바에 따라 건축주에게 고지한 후 제2항에 따라 건축주가 예치한 예치금을 사용하여 제5항제1호 중 대통령령으로 정하는 조치를 할 수 있다.(2014.5.28 본항 신설)

**해설** 건축허가를 받은 자는 건축물의 건축 공사를 중단하고 장기간 공사 현장을 방치할 경우에는 공사현장의 미관개선 및 안전관리 등 필요한 조치를 하여야 하는데 연면적 1,000$m^2$ 이상인 건축물의 착공 신고를 하는 건축주는 장기간 건축 공사 현장이 방치되는 것에 대비하여 미리 미관개선 및 안전관리에 필요한 예치금을 건축 공사비의 1% 범위 안에서 예치하게 할 수 있으며 공사현장의 미관과 안전관리를 위한 개선명령, 예치금을 사용할 수 있고 예치금의 산정·예치 방법 및 반환 등에 관하여 필요한 사항은 당해 지방자치단체의 조례로 정하도록 하고 있다.

**영 제10조의2 【건축공사현장 안전관리예치금】**

① 법 제13조제2항에서 "대통령령으로 정하는 보증서"란 다음 각 호의 어느 하나에 해당하는 보증서를 말한다.(2012.12.12 본항 개정)

1. 「보험업법」에 따른 보험회사가 발행한 보증보험증권
2. 「은행법」에 따른 은행이 발행한 지급보증서(2010.11.15 은행법 시행령 부칙에 의거 본호 개정)
3. 「건설산업기본법」에 따른 공제조합이 발행한 채무액 등의 지급을 보증하는 보증서
4. 「자본시장과 금융투자업에 관한 법률 시행령」 제192조제2항에 따른 상장증권(2012.12.12 본호 개정)
5. 그 밖에 국토교통부령으로 정하는 보증서

② 법 제13조제3항 본문에서 "대통령령으로 정하는 이율"이란 법 제13조제2항에 따른 안전관리 예치금을 「국고금관리법 시행령」 제11조에서 정한 금융기관에 예치한 경우의 안전관리 예치금에 대하여 적용하는 이자율을 말한다.

③ 법 제13조제7항에 따라 허가권자는 착공신고 이후 건축 중에 공사가 중단된 건축물로서 공사 중단 기간이 2년을 경과한 경우에는 건축주에게 서면으로 알린 후 법 제13조제2항에 따른 예치금을 사용하여 공사현장의 미관과 안전관리 개선을 위한 다음 각 호의 조치를 할 수 있다.(2021.1.5 어려운 법령용어정비를 위한 473개 법령의 일부 개정에 의거 본항 개정)

1. 공사현장 안전울타리의 설치(2021.1.5 어려운 법령용어정비를 위한 473개 법령의 일부 개정에 의거 본호 개정)
2. 대지 및 건축물의 붕괴 방지 조치
3. 공사현장의 미관 개선을 위한 조경 또는 시설물 등의 설치
4. 그 밖에 공사현장의 미관 개선 또는 대지 및 건축물에 대한 안전관리 개선 조치가 필요하여 건축조례로 정하는 사항

**해설** 착공신고 이후 공사가 중단된 기간이 2년을 경과한 경우에는 허가권자가 건축 공사현장 안전관리 예치금을 사용하여 공사현장 안전울타리의 설치, 대지 및 건축물의 붕괴 방지 조치, 공사현장의 미관 개선을 위한 조경 또는 시설물 등의 설치 등의 조치를 할 수 있다.

**법 제13조의2 【건축물 안전영향평가】**

① 허가권자는 초고층 건축물 등 대통령령으로 정하는 주요 건축물에 대하여 제11조에 따른 건축

허가를 하기 전에 건축물의 구조, 지반 및 풍환경(風環境) 등이 건축물의 구조안전과 인접 대지의 안전에 미치는 영향 등을 평가하는 건축물 안전영향평가(이하 "**안전영향평가**"라 한다)를 안전영향평가기관에 의뢰하여 실시하여야 한다.(2021.3.16 본항 개정)

② 안전영향평가기관은 국토교통부장관이 「공공기관의 운영에 관한 법률」 제4조에 따른 공공기관으로서 건축 관련 업무를 수행하는 기관 중에서 지정하여 고시한다.

③ 안전영향평가 결과는 건축위원회의 심의를 거쳐 확정한다. 이 경우 제4조의2에 따라 건축위원회의 심의를 받아야 하는 건축물은 건축위원회 심의에 안전영향평가 결과를 포함하여 심의할 수 있다.

④ 안전영향평가 대상 건축물의 건축주는 건축허가 신청 시 제출하여야 하는 도서에 안전영향평가 결과를 반영하여야 하며, 건축물의 계획상 반영이 곤란하다고 판단되는 경우에는 그 근거 자료를 첨부하여 허가권자에게 건축위원회의 재심의를 요청할 수 있다.

⑤ 안전영향평가의 검토 항목과 건축주의 안전영향평가 의뢰, 평가 비용 납부 및 처리 절차 등 그 밖에 필요한 사항은 대통령령으로 정한다.

⑥ 허가권자는 제3항 및 제4항의 심의 결과 및 안전영향평가 내용을 국토교통부령으로 정하는 방법에 따라 즉시 공개하여야 한다.

⑦ 안전영향평가를 실시하여야 하는 건축물이 다른 법률에 따라 구조안전과 인접 대지의 안전에 미치는 영향 등을 평가 받은 경우에는 안전영향평가의 해당 항목을 평가 받은 것으로 본다.

해설 초고층 건축물, 연면적 100,000m$^2$ 이상의 건축물로서 16층 이상인 건축물에 대하여 건축허가 전에 국토교통부장관이 지정한 공공기관에서 구조, 지반 및 풍환경과 인접 대지의 안전성에 대한 종합적인 검토 및 평가하고 결과를 공개하도록 하였다.

영 **제10조의3 【건축물 안전영향평가】** [2017.2.3 본조 신설]

① 법 제13조의2제1항에서 "초고층 건축물 등 대통령령으로 정하는 주요 건축물"이란 다음 각 호의 어느 하나에 해당하는 건축물을 말한다.

1. 초고층 건축물
2. 다음 각 목의 요건을 모두 충족하는 건축물(2017.10.24 본호 신설)
   가. 연면적(하나의 대지에 둘 이상의 건축물을 건축하는 경우에는 각각의 건축물의 연면적을 말한다)이 100,000m$^2$ 이상일 것
   나. 16층 이상일 것

② 제1항 각 호의 건축물을 건축하려는 자는 법 제11조에 따른 건축허가를 신청하기 전에 다음 각 호의 자료를 첨부하여 허가권자에게 법 제13조의2제1항에 따른 건축물 안전영향평가(이하 "**안전영향평가**"라 한다)를 의뢰하여야 한다.

1. 건축계획서 및 기본설계도서 등 국토교통부령으로 정하는 도서

2. 인접 대지에 설치된 상수도·하수도 등 국토교통부장관이 정하여 고시하는 지하시설물의 현황도
3. 그 밖에 국토교통부장관이 정하여 고시하는 자료

③ 법 제13조의2제1항에 따라 허가권자로부터 안전영향평가를 의뢰받은 기관(같은 조 제2항에 따라 지정·고시된 기관을 말하며, 이하 "**안전영향평가기관**"이라 한다)은 다음 각 호의 항목을 검토하여야 한다.
1. 해당 건축물에 적용된 설계 기준 및 하중의 적정성
2. 해당 건축물의 하중저항시스템의 해석 및 설계의 적정성
3. 지반조사 방법 및 지내력(地耐力) 산정결과의 적정성
4. 굴착공사에 따른 지하수위 변화 및 지반 안전성에 관한 사항
5. 그 밖에 건축물의 안전영향평가를 위하여 국토교통부장관이 필요하다고 인정하는 사항

④ 안전영향평가기관은 안전영향평가를 의뢰받은 날부터 30일 이내에 안전영향평가 결과를 허가권자에게 제출하여야 한다. 다만, 부득이한 경우에는 20일의 범위에서 그 기간을 한 차례만 연장할 수 있다.

⑤ 제2항에 따라 안전영향평가를 의뢰한 자가 보완하는 기간 및 공휴일·토요일은 제4항에 따른 기간의 산정에서 제외한다.

⑥ 허가권자는 제4항에 따라 안전영향평가 결과를 제출받은 경우에는 지체 없이 제2항에 따라 안전영향평가를 의뢰한 자에게 그 내용을 통보하여야 한다.

⑦ 안전영향평가에 드는 비용은 제2항에 따라 안전영향평가를 의뢰한 자가 부담한다.

⑧ 제1항부터 제7항까지에서 규정한 사항 외에 안전영향평가에 관하여 필요한 사항은 국토교통부장관이 정하여 고시한다.

**규칙 제9조의2 【건축물 안전영향평가】** [2017.2.3 본조 신설]

① 영 제10조의3제2항제1호에서 "건축계획서 및 기본설계도서 등 국토교통부령으로 정하는 도서"란 별표 3의 도서를 말한다.

② 법 제13조의2제6항에서 "국토교통부령으로 정하는 방법"이란 해당 지방자치단체의 공보에 게시하는 방법을 말한다. 이 경우 게시 내용에 「개인정보 보호법」 제2조제1호에 따른 개인정보를 포함하여서는 아니된다.

**해설** 건축물의 안전영향평가 의뢰시 제출하여야 하는 도서를 설계설명서, 구조계획서 등 대형건축물의 건축허가 사전승인 신청시 제출하는 하는 도서와 같으며 허가권자는 안전영향평가의 내용, 안전영향평가에 대한 건축위원회의 심의 결과를 해당 지방자치단체의 공보에 게시하는 방법으로 공개하도록 한다.

**법 제14조 【건축신고】**

① 제11조에 해당하는 허가 대상 건축물이라 하더라도 다음 각 호의 어느 하나에 해당하는 경우에는 미리 **특별자치시장·특별자치도지사 또는 시장·군수·구청장**에게 국토교통부령으로 정하는 바에 따라 **신고를 하면 건축허가를 받은 것으로 본다.**(2014.1.14 본항 개정)

1. **바닥면적의 합계가 85m$^2$ 이내**의 증축·개축 또는 재축. 다만, 3층 이상 건축물인 경우에는 증축·개축 또는 재축하려는 부분의 바닥면적의 합계가 건축물 연면적의 1/10 이내인 경우로 한정한다.(2014.5.28 단서 신설)
2. 「국토의 계획 및 이용에 관한 법률」에 따른 **관리지역, 농림지역 또는 자연환경보전지역에서 연면적이 200m$^2$ 미만이고 3층 미만인 건축물의 건축.** 다만, 다음 각 목의 어느 하나에 해당하는 구역에서의 건축은 제외한다.(2014.1.14 본호 개정)
   가. 지구단위계획구역
   나. 방재지구 등 재해취약지역으로서 대통령령으로 정하는 구역
3. 연면적이 200m$^2$ 미만이고 3층 미만인 건축물의 대수선(2009.2.6 본호 개정)
4. 주요구조부의 해체가 없는 등 대통령령으로 정하는 대수선(2009.2.6 본호 신설)
5. 그 밖에 소규모 건축물로서 대통령령으로 정하는 건축물의 건축(2009.2.6 본호 개정)

② 제1항에 따른 건축신고에 관하여는 제11조제5항 및 제6항을 준용한다.(2014.5.28 본항 개정)

③ 특별자치시장·특별자치도지사 또는 시장·군수·구청장은 제1항에 따른 신고를 받은 날부터 **5일** 이내에 신고수리 여부 또는 민원 처리 관련 법령에 따른 처리기간의 연장 여부를 신고인에게 통지하여야 한다. 다만, 이 법 또는 다른 법령에 따라 심의, 동의, 협의, 확인 등이 필요한 경우에는 **20일** 이내에 통지하여야 한다.(2017.4.18 본항 신설)

④ 특별자치시장·특별자치도지사 또는 시장·군수·구청장은 제1항에 따른 신고가 제3항 단서에 해당하는 경우에는 신고를 받은 날부터 **5일** 이내에 신고인에게 그 내용을 통지하여야 한다.(2017.4.18 본항 신설)

⑤ 제1항에 따라 신고를 한 자가 신고일부터 **1년 이내에 공사에 착수하지 아니하면 그 신고의 효력은 없어진다.** 다만, 건축주의 요청에 따라 허가권자가 정당한 사유가 있다고 인정하면 1년의 범위에서 착수기한을 연장할 수 있다.(2016.1.19 본항 단서 신설)

**해설** 일반적으로 건축물의 건축은 건축허가를 받아야 하나 건축물의 규모와 용도지역에 따라서 건축 신고를 함으로써 건축허가를 받은 것으로 본다. 그리고 건축허가는 건축허가일로부터 2년(공장의 경우 3년) 이내에 공사를 착수하지 아니하면 허가를 취소(정당한 사유가 있을 때는 1년 연장가능)하고 건축신고는 신고일로부터 1년 이내(1년 범위 내 연장 가능)에 공사에 착수하지 않으면 건축신고의 효력이 상실된다. 또한 건축허가나 신고는 건축사에 의한 설계가 되어야 하나 건축 신고 중 바닥면적의 합계가 85m$^2$ 미만의 증·개축 또는 재축의 경우와 연면적이 200m$^2$ 미만이고 층수가 3층 미만인 건축물의 대수선인 경우와 건축물의 특수성 및 용도 등이 일정한 기준에 해당되는 경우의 건축물은 건축사의 설계를 받지 않아도 된다. 또한 허가권자는 건축신고를 받은 날부터 5일 이내에 신고수리 여부 등을 신고인에게 통지하여야 한다. 다만, 건축법이나 다른 법령에 따라 심의나 협의 등이 필요한 경우 20일 이내에 통지하여야 한다.

영 **제11조 【건축신고】**

① 법 제14조제1항제2호나목에서 "방재지구 등 재해취약지역으로서 대통령령으로 정하는 구역"이란 다음 각 호의 어느 하나에 해당하는 지구 또는 지역을 말한다.(2014.10.14 본항 신설)

1. 「국토의 계획 및 이용에 관한 법률」 제37조에 따라 지정된 **방재지구**(防災地區)
2. 「급경사지 재해예방에 관한 법률」 제6조에 따라 지정된 **붕괴위험지역**

② 법 제14조제1항제4호에서 "주요구조부의 해체가 없는 등 대통령령으로 정하는 **대수선**"이란 다음 각 호의 어느 하나에 해당하는 대수선을 말한다.(2009.8.5 본항 신설)

1. **내력벽**의 면적을 $30m^2$ 이상 수선하는 것
2. **기둥**을 세 개 이상 수선하는 것
3. **보**를 세 개 이상 수선하는 것
4. **지붕틀**을 세 개 이상 수선하는 것
5. **방화벽** 또는 **방화구획**을 위한 바닥 또는 벽을 수선하는 것
6. **주계단·피난계단** 또는 **특별피난계단**을 수선하는 것

③ 법 제14조제1항제5호에서 "대통령령으로 정하는 건축물"이란 다음 각 호의 어느 하나에 해당하는 건축물을 말한다.(2012.4.10 본항 개정)

1. 연면적의 합계가 $100m^2$ 이하인 건축물
2. 건축물의 높이를 3m 이하의 범위에서 증축하는 건축물
3. 법 제23조제4항에 따른 표준설계도서(이하 "**표준설계도서**"라 한다)에 따라 건축하는 건축물로서 그 용도 및 규모가 주위환경이나 미관에 지장이 없다고 인정하여 건축조례로 정하는 건축물
4. 「국토의 계획 및 이용에 관한 법률」 제36조제1항제1호다목에 따른 **공업지역**, 같은 법 제51조제3항에 따른 **지구단위계획구역**(같은 법 시행령 제48조제10호에 따른 산업·유통형만 해당한다) 및 「산업입지 및 개발에 관한 법률」에 따른 **산업단지**에서 건축하는 2층 이하인 건축물로서 연면적 합계 $500m^2$ 이하인 공장(별표 1 제4호너목에 따른 제조업소 등 물품의 제조·가공을 위한 시설을 포함한다) (2014.11.11 본호 개정)
5. 농업이나 수산업을 경영하기 위하여 **읍·면지역**(특별자치시장·특별자치도지사·시장·군수가 지역계획 또는 도시·군계획에 지장이 있다고 지정·공고한 구역은 제외한다)에서 건축하는 연면적 $200m^2$ 이하의 창고 및 연면적 $400m^2$ 이하의 축사, 작물재배사(作物栽培舍), 종묘배양시설, 화초 및 분재 등의 온실(2016.6.30 「행정규제정비를 위한 개발제한구역의 지정 및 관리에 관한 특별조치법 시행령」 부칙에 의거 본호 개정)

④ 법 제14조에 따른 건축신고에 관하여는 제9조제1항을 준용한다.(2008.10.29 본항 개정)

### ❑ 건축신고의 처리

건축신고하고 건축하는 대상건축물의 신고가 접수되는 경우 법규에 적합하면 반드시 신고를 수리하여야 한다(건축허가와 다른 점). 위반사항이 있어 건축이 불가능한 경우를 제외하고는 건축주가 법규 미비점을

보완하는 경우 신고처리 되어야 한다.

① 모든 건축물은 건축허가를 받아야 하나 지역에 따른 규모 등에 의해 건축신고를 함으로써 건축허가를 받은 것으로 보는데 다음과 같다.

㉮ 바닥면적의 합계가 85m$^2$ 이내 증축·개축·재축

㉯ 도시지역이 아닌 관리지역·농림지역·자연환경보전지역에서 연면적 200m$^2$ 미만이고 3층 미만인 건축물의 건축(단, 지구단위계획구역과 방재지구, 법률에 따라 지정된 붕괴위험지역 등 재해취약지역에서의 건축은 제외됨으로 건축허가를 받아야 함)

㉰ 연면적 200m$^2$ 미만이고 3층 미만인 건축물의 대수선의 경우에는 신고에 해당되며 그 이상이 되면 건축허가를 득하여야 함

㉱ 주요 구조부를 해체하지 않는 건축물의 대수선(영 제11조제2항 각 호가 해당됨)

㉲ 연면적 합계 100m$^2$ 이하인 건축물

㉳ 건축물 높이 3m 이하의 범위 안에서 증축하는 건축물

㉴ 표준설계도서에 의하여 건축하는 건축물로서 건축조례가 정하는 건축물

㉵ 「국토의 계획 및 이용에 관한 법률」에 의한 공업지역, 지구단위계획구역(산업형에 한함) 및 「산업입지 및 개발에 관한 법률」에 의한 산업단지 안에서 건축하는 2층 이하인 건축물로서 연면적 합계 500m$^2$ 이하인 공장

㉶ 농업 또는 수산업을 영위하기 위하여 읍·면지역에서 건축하는 연면적 200m$^2$ 이하의 창고 및 연면적 400m$^2$ 이하의 축사, 작물재배사, 종묘배양시설, 화초 및 분재 등의 온실

② 건축신고에 따른 제출서류

㉮ 연면적의 합계가 100m$^2$를 초과하는 단독주택을 건축하는 경우 : 시행규칙 별표 2의 설계도서 중 건축계획서·배치도·평면도·입면도·단면도

㉯ 표준설계도서에 따라 건축하는 경우 : 시행규칙 별표 2의 건축계획서·배치도

㉰ 사전결정을 받은 경우 : 시행규칙 별표 2의 평면도

㉱ 법 제11조제5항 각 호에 따른 신청서 및 구비서류(해당 사항이 있는 경우에 한함)

㉲ 건축할 대지의 범위와 그 대지의 소유 또는 사용에 관한 권리를 증명하는 서류

참고

**건축신고업무처리**(건교부 건축 58550-2487, '99.6.30)

- 1994.7.21「건축법 시행규칙」개정으로 종전에는「건축법」제9조의 규정에 의한 증축·개축·재축·대수선 또는 설계변경의 신고를 하고자 하는 자는 증축 등 신고서에 대지의 범위를 증명할 수 있는 서류를 첨부하여 시장 등에게 제출하도록 하였던 것을 동 법령 개정 이후에는 증축 등의 신고서만 제출하도록 하였는 바,
- 1992.7.22 우리 부에서 시달한 건축신고 업무처리지침은 동법 시행규칙 개정 이후에는 적용할 수 없음에도 일부 지방자치단체에서는 건축신고 업무를 처리하면서 동 지침에 의하여 건축할 대지의 범위와 그 대지의 소유 또는 사용에 관한 권리를 증명하는 서류의 제출을 계속 요구하고 있다는 민원이 있어 알려드리니
- 귀 시·도(시·군·구)에서는 동 신고업무처리에 차질이 없도록 조치를 하여 주시고 법령에 근거하지 아니한 규제(훈령, 예규·지침·고시 등)는 조속히 정비하여 민원인의 불편이 없도록 하시기 바랍니다.

➡ **법령해석사례**[법제처 안건번호 11-0459]

「건축법 시행령」 제11조제2항제4호의 '연면적 합계' 의 의미(「건축법」 제14조 등 관련)

**【질의요지】**

「건축법」 제14조제1항제5호 및 같은 법 시행령 제11조제2항제4호에 따르면 「산업입지 및 개발에 관한 법률」에 따른 산업단지에서 건축하는 2층 이하인 건축물로서 연면적 합계 500$m^2$ 이하인 공장의 경우 건축신고를 하면 건축허가를 받은 것으로 볼 수 있는데, 여기서의 '연면적 합계'란 건축하려는 공장의 연면적과 하나의 대지에 있는 '기존 공장'의 연면적을 합한 것을 의미하는 것인지?

**【회답】**

「건축법」 제14조제1항제5호 및 같은 법 시행령 제11조제2항제4호에 따르면 「산업입지 및 개발에 관한 법률」에 따른 산업단지에서 건축하는 2층 이하인 건축물로서 연면적 합계 500$m^2$ 이하인 공장의 경우 건축신고를 하면 건축허가를 받은 것으로 볼 수 있는데, 여기서의 '연면적 합계'란 건축하려는 공장의 연면적과 하나의 대지에 있는 '기존 공장'의 연면적을 합한 것을 의미한다고 할 것입니다.

**【이유】**

「건축법」 제14조에서는 같은 법 제11조의 건축허가 대상 건축물이라 하더라도 시장·군수·구청장(이하 "관할청"이라고 함)에게 국토해양부령으로 정하는 바에 따른 신고를 하면 건축허가를 받은 것으로 본다고 규정하고 있는데, 같은 법 시행령 제11조제2항제4호에서는 「산업입지 및 개발에 관한 법률」에 따른 산업단지에서 건축하는 2층 이하인 건축물로서 연면적 합계 500$m^2$ 이하인 공장을 건축신고로 건축허가를 갈음하는 경우의 하나로 규정하고 있습니다.

그런데, 이 사안에서는 산업단지에서 건축하는 2층 이하의 건축물의 연면적 합계를 산정하려는 경우의 '연면적 합계'가 기존의 공장의 연면적과 새로 건축하려는 공장의 연면적을 합한 것을 의미하는 것인지 아니면 새로 건축하려는 공장의 연면적만을 의미하는 것인지가 문제됩니다.

이와 관련하여 우선, 「건축법 시행령」 제119조제1항제4호는 '연면적'을 하나의 건축물 각 층의 바닥면적의 합계로 정의하고 있고, 건축법령에서는 '연면적'과 별도로 구분하여 '연면적 합계'라는 용어를 사용하고 있다는 점을 볼 때, 「건축법 시행령」 제11조제2항제4호에서의 '연면적 합계'란 '연면적'과는 달리 하나의 대지에 둘 이상의 건축물이 있는 경우 그 건축물 모두의 연면적을 합한 것을 의미한다고 보는 것이 타당합니다.

그리고 「건축법」은 건축물의 안전·기능·환경 및 미관을 향상시킴으로써 공공복리의 증진에 이바지하는 것을 목적으로 하고 있고(제1조), 건축행위를 하기 위해서는 원칙적으로 「건축법」 제11조에 따라 허가를 받아야 하지만 예외적으로 같은 법 제14조 및 같은 법 시행령 제11조에 따른 경우에 건축신고만으로 건축행위를 허용하는 것이므로, 이러한 경우에 해당하는지의 여부는 제한적으로 해석되어야 하고, 「건축법 시행령」 제11조제2항제4호가 소규모 공장에 해당하기만 하면 하나의 대지 안에 있는 기존 공장의 연면적과 상관없이 무한정 건축신고대상을 확대하려는 것은 아니라고 할 것이므로, 해당 규정을 새로 건축하고자 하는 공장의 연면적만을 의미한다고 보기는 어렵습니다.

만약, 해당 규정을 하나의 대지에 기존 건축물이 있는 경우에도 새로 건축하려는 건축물의 연면적만을 의미하는 것이라고 본다면, 하나의 대지에 건축할 건축물을 단지 건축시기만을 달리하여 분할 건축하는 등 「건축법」 제11조에 따른 건축허가를 회피할 가능성을 배제할 수 없다고 할 것인데, 이렇게 된다면 당초 건축물의 안전과 기능 등을 향상시키려는 건축법령의 목적에 반하는 결과를 초래할 수 있습니다.

따라서 「건축법」 제14조제1항제5호 및 같은 법 시행령 제11조제2항제4호에 따르면 「산업입지 및 개발에 관한 법률」에 따른 산업단지에서 건축하는 2층 이하인 건축물로서 연면적 합계 500$m^2$ 이하인 공장의 경우 건축신고를 하면 건축허가를 받은 것으로 볼 수 있는데, 여기서의 '연면적 합계'란 건축하려는 공장의 연면적과 하나의 대지에 있는 '기존 공장'의 연면적을 합한 것을 의미한다고 할 것입니다.

※ **법령정비 권고**

다만, 「건축법 시행령」 제11조제2항제4호에서는 "건축하는(…중략…)연면적 합계 500m$^2$ 이하인 공장"이라고 규정하고 있어 문언상 기존 건축물이 아니라 새로 건축하려는 건축물(만약 새로 건축하려는 건축물이 2개 이상인 경우)의 연면적을 합산하라는 의미로 이해될 여지가 있으므로 "기존 연면적을 포함하여 연면적 합계 500m$^2$ 이하인 공장" 혹은 "기존 연면적을 포함하여 500m$^2$까지 증축하는 경우" 등과 같이 기존 건축물의 연면적이 연면적 합계를 산정할 시에 포함된다는 것을 보다 명확하게 입법적으로 보완할 필요가 있습니다.

**질의** **건축관계자 변경신고**

건축허가만 받고 착공신고 하지 않은 경우 건축관계자 변경 신고 여부

"건축 또는 대수선 중인 건축물을 양수한 경우" 건축관계자 변경 신고를 하여야 하는 바, 건축허가만 받고 착공신고를 하지 않은 경우도 건축 또는 대수선 중인 건축물로 보아 건축관계자 변경 신고를 하여야 하는지 여부

**회신** 「건축법 시행규칙」 제11조제1항제1호의 규정에서 "건축 또는 대수선 중"이라 함은 건축허가에서 사용승인까지를 말하는 것인 바, 귀 질의의 건축물이 「건축법」 제8조의 규정에 의한 건축허가를 받은 경우라면 착공신고를 하지 않았더라도 건축관계자 변경 신고를 하는 것입니다.(건교부 건축 58070-1484, 2003.8.13)

**규칙 제12조 [건축신고]**

① 법 제14조제1항 및 제16조제1항에 따라 건축물의 건축·대수선 또는 설계변경의 신고를 하려는 자는 별지 제6호서식의 건축·대수선·용도변경 (변경)신고서에 다음 각 호의 서류를 첨부하여 특별자치시장·특별자치도지사 또는 시장·군수·구청장에게 제출(전자문서로 제출하는 것을 포함한다)해야 한다. 이 경우 특별자치시장·특별자치도지사 또는 시장·군수·구청장은 행정정보의 공동이용을 통해 제4호의 서류 중 토지등기사항증명서를 확인해야 한다.(2019.11.18 본항 개정)

1. 별표 2 중 배치도·평면도(층별로 작성된 것만 해당한다)·입면도 및 단면도. 다만, 다음 각 목의 경우에는 각 목의 구분에 따른 도서를 말한다.(2016.1.13 본호 개정)
   가. 연면적의 합계가 100m$^2$를 초과하는 영 별표 1 제1호의 단독주택을 건축하는 경우 : 별표 2의 설계도서 중 건축계획서·배치도·평면도·입면도·단면도 및 구조도(구조내력상 주요한 부분의 평면 및 단면을 표시한 것만 해당한다)
   나. 법 제23조제4항에 따른 표준설계도서에 따라 건축하는 경우 : 건축계획서 및 배치도 (2008.12.11 본목 개정)
   다. 법 제10조에 따른 사전결정을 받은 경우 : 평면도(2008.12.11 본목 개정)
2. 법 제11조제5항 각 호에 따른 허가 등을 받거나 신고를 하기 위하여 해당법령에서 제출하도록 의무화하고 있는 신청서 및 구비서류(해당사항이 있는 경우로 한정한다)(2008.12.11 본호 개정)
3. 건축할 대지의 범위에 관한 서류(2011.1.6 본호 개정)
4. 건축할 대지의 소유 또는 사용에 관한 권리를 증명하는 서류. 다만, 건축할 대지에 포함된 국유지·공유지에 대해서는 특별자치시장·특별자치도지사 또는 시장·군수·구청장이 해당 토지의 관리청과 협의하여 그 관리청이 해당 토지를 건축주에게 매각하거나 양여할 것을 확인한 서류로 그 토지의 소유에 관한 권리를 증명하는 서류를 갈음할 수 있으며, 집합건물

의 공용부분을 변경하는 경우에는 「집합건물의 소유 및 관리에 관한 법률」 제15조제1항에 따른 결의가 있었음을 증명하는 서류로 갈음할 수 있다.(2018.11.29 본호 개정)

5. 법 제48조제2항에 따라 구조안전을 확인해야 하는 건축·대수선의 경우: 별표 2에 따른 구조도 및 구조계산서. 다만, 「건축물의 구조기준 등에 관한 규칙」에 따른 소규모건축물로서 국토교통부장관이 고시하는 소규모건축구조기준에 따라 설계한 경우에는 구조도만 해당한다. (2018.11.29 본호 신설)

② 법 제14조제1항에 따른 신고를 받은 특별자치시장·특별자치도지사 또는 시장·군수·구청장은 해당 건축물을 건축하려는 대지에 재해의 위험이 있다고 인정하는 경우에는 지방건축위원회의 심의를 거쳐 별표 2의 서류 중 이미 제출된 서류를 제외한 나머지 서류를 추가로 제출하도록 요구할 수 있다.(2014.10.15 본항 개정)

③ 특별자치시장·특별자치도지사 또는 시장·군수·구청장은 제1항에 따른 건축·대수선·용도변경 신고서를 받은 때에는 그 기재내용을 확인한 후 그 신고의 내용에 따라 별지 제7호서식의 건축·대수선·용도변경 신고필증을 신고인에게 교부하여야 한다.(2018.11.29 본항 개정)

④ 제3항에 따라 건축·대수선·용도변경 신고필증을 발급하는 경우에 관하여는 제8조제3항 및 제4항을 준용한다.(2018.11.29 본항 개정)

⑤ 특별자치시장·특별자치도지사·시장·군수 또는 구청장은 제1항에 따른 신고를 하려는 자에게 같은 항 각 호의 서류를 제출하는데 도움을 줄 수 있는 건축사사무소, 건축지도원 및 건축기술자 등에 대한 정보를 충분히 제공하여야 한다.(2014.10.15 본항 개정)

• 특별자치시장(세종시), 특별자치도지사(제주도)

**법 제15조 【건축주와의 계약 등】**

① 건축관계자는 건축물이 설계도서에 따라 이 법과 이 법에 따른 명령이나 처분, 그 밖의 관계 법령에 맞게 건축되도록 업무를 성실히 수행하여야 하며, 서로 위법하거나 부당한 일을 하도록 강요하거나 이와 관련하여 어떠한 불이익도 주어서는 아니된다.

② 건축관계자 간의 책임에 관한 내용과 그 범위는 이 법에서 규정한 것 외에는 건축주와 설계자, 건축주와 공사시공자, 건축주와 공사감리자 간의 계약으로 정한다.

③ 국토교통부장관은 제2항에 따른 계약의 체결에 필요한 표준계약서를 작성하여 보급하고 활용하게 하거나 「건축사법」 제31조에 따른 건축사협회(이하 "건축사협회"라 한다), 「건설산업기본법」 제50조에 따른 건설사업자단체로 하여금 표준계약서를 작성하여 보급하고 활용하게 할 수 있다.(2019.4.30 건설산업기본법 부칙에 의거 본항 개정)

**해설** 건축에서 분쟁을 줄이고 임무와 책임을 명확히 하도록 하기 위해 건축관계자의 업무수행, 책임한계 등을 계약으로 정하고 표준계약서를 작성, 보급 활용하도록 하고 있다.

※ 건축공사 착수 전 또는 공사계획을 신고하고 변경하고자 할 때는 건축주와 건축관계자(설계자, 공

사시공자, 공사감리자 등) 사이에 행하여진 계약서 사본을 첨부

**질의** 건축주가 변경되어 공사시공자와 공사감리자를 변경하고자 할 경우 전(前) 공사시공자와 공사감리자의 동의가 필요한지 여부

**회신** 「건축법 시행규칙」 제11조제2항에 따라 건축주는 공사시공자 또는 공사감리자를 변경한 때에는 그 변경한 날부터 7일 이내에 별지 제4호서식의 건축관계자 변경신고서를 허가권자에게 제출하도록 하고 있으며, 건축관계자 변경신고시 종전 공사시공자, 공사감리자의 동의를 받도록 규정하고 있지 않습니다. 다만, 같은 법 제15조제2항에 따라 건축관계자 간의 책임에 관한 내용과 그 범위는 이 법에서 규정한 것 외에는 건축주와 공사시공자, 건축주와 공사감리자 간의 계약으로 정하도록 규정하고 있음에 따라, 종전 건축주와 계약내용 등을 종합적으로 검토하여 판단하여야 할 것으로 사료되니, 보다 구체적인 사항은 관련 자료를 갖추어 해당 허가권자인 시장, 군수, 구청장에게 문의하시기 바랍니다.(국토교통부 건축정책과 등록 2011.12.19, 수정 2019.5.24)

**법 제16조 [허가와 신고사항의 변경]**

① 건축주가 제11조나 제14조에 따라 허가를 받았거나 신고한 사항을 변경하려면 변경하기 전에 대통령령으로 정하는 바에 따라 허가권자의 허가를 받거나 특별자치시장·특별자치도지사 또는 시장·군수·구청장에게 신고하여야 한다. 다만, 대통령령으로 정하는 경미한 사항의 변경은 그러하지 아니하다.(2014.1.14 본항 개정)

② 제1항 본문에 따른 허가나 신고사항 중 대통령령으로 정하는 사항의 변경은 제22조에 따른 사용승인을 신청할 때 허가권자에게 일괄하여 신고할 수 있다.

③ 제1항에 따른 허가 사항의 변경허가에 관하여는 제11조제5항 및 제6항을 준용한다.(2017.4.18 본항 개정)

④ 제1항에 따른 신고 사항의 변경신고에 관하여는 제11조제5항·제6항 및 제14조제3항·제4항을 준용한다.(2017.4.18 본항 신설)

**해설** 공사 중에 발생하는 경미한 허가·신고 사항의 변경에 대하여는 이를 사용 승인시 일괄하여 처리하도록 함으로써 절차를 간소화하였다.

① 건축허가나 신고사항이 다음에 해당되는 경우에는 사용승인을 신청할 때 일괄하여 신고할 수 있음

- 건축물의 동수나 층수를 변경하지 아니하면서 변경되는 부분의 바닥면적의 합계가 $50m^2$ 이하인 경우(변경되는 부분의 높이가 1m, 전체높이의 1/10 이하인 경우와 위치가 1m 이내에서 변경되는 경우만 해당)
- 건축물의 동수나 층수를 변경하지 아니하면서 변경 되는 부분이 연면적 합계의 1/10 이하인 경우(이 경우에도 변경되는 부분의 높이가 1m 이하이거나 전체높이의 1/10 이하인 경우와 건축 중인 부분의 위치가 1m 이내에서 변경되는 경우가 됨)
- 대수선에 해당하는 경우

**판례** 사후설계변경허가 신청한 경우 그 사유만으로 거부할 수 있는지(대법 1994.6.24 제3부 판결 93누 23480 건축설계변경허가 반려처분 취소)

설계도서 등과 다른 위법 시공을 하였다 하더라도 그 건축이 건축관계 실체법규에 저촉되지 않는 경우라면, 그에 맞추어 설계변경허가를 받음으로써 설계도서와 시공상태가 불일치하는 위법상태를 시정할 수 있으므로 그와 같은 설계변경허가신청이 있을 경우 행정청으로서는 위법 시공 후의 사후신청이라는 이유만으로 이를 거부할 수 없다.

영 **제12조 【허가·신고사항의 변경 등】**

① 법 제16조제1항에 따라 허가를 받았거나 신고한 사항을 변경하려면 다음 각 호의 구분에 따라 허가권자의 허가를 받거나 특별자치시장·특별자치도지사 또는 시장·군수·구청장에게 신고하여야 한다.(2014.10.14 본항 개정)

1. 바닥면적의 합계가 85m$^2$를 초과하는 부분에 대한 신축·증축·개축에 해당하는 변경인 경우에는 허가를 받고, 그 밖의 경우에는 신고할 것(2018.9.4 본호 개정)
2. 법 제14조제1항제2호 또는 제5호에 따라 신고로써 허가를 갈음하는 건축물에 대하여는 변경 후 건축물의 연면적을 각각 신고로써 허가를 갈음할 수 있는 규모에서 변경하는 경우에는 제1호에도 불구하고 신고할 것(2009.8.5 본호 개정)
3. 건축주·설계자·공사시공자 또는 공사감리자(이하 "**건축관계자**"라 한다)를 변경하는 경우에는 신고할 것(2017.1.20 본호 개정)

② 법 제16조제1항 단서에서 "대통령령으로 정하는 경미한 사항의 변경"이란 신축·증축·개축·재축·이전·대수선 또는 용도변경에 해당하지 아니하는 변경을 말한다.(2012.12.12 본항 개정)

③ 법 제16조제2항에서 "대통령령으로 정하는 사항"이란 다음 각 호의 어느 하나에 해당하는 사항을 말한다.

1. 건축물의 동수나 층수를 변경하지 아니하면서 변경되는 부분의 바닥면적의 합계가 50m$^2$ 이하인 경우로서 다음 각 목의 요건을 모두 갖춘 경우
   가. 변경되는 부분의 높이가 1m 이하이거나 전체 높이의 1/10 이하일 것
   나. 허가를 받거나 신고를 하고 건축 중인 부분의 위치 변경범위가 1m 이내일 것
   다. 법 제14조제1항에 따라 신고를 하면 법 제11조에 따른 건축허가를 받은 것으로 보는 규모에서 건축허가를 받아야 하는 규모로의 변경이 아닐 것(2016.1.19 본호 개정)
2. 건축물의 동수나 층수를 변경하지 아니하면서 변경되는 부분이 연면적 합계의 1/10 이하인 경우(연면적이 5,000m$^2$ 이상인 건축물은 각 층의 바닥면적이 50m$^2$ 이하의 범위에서 변경되는 경우만 해당한다). 다만, 제4호 본문 및 제5호 본문에 따른 범위의 변경인 경우만 해당한다.
3. 대수선에 해당하는 경우
4. 건축물의 층수를 변경하지 아니하면서 변경되는 부분의 높이가 1m 이하이거나 전체 높이의 1/10 이하인 경우. 다만, 변경되는 부분이 제1호 본문, 제2호 본문 및 제5호 본문에 따른

범위의 변경인 경우만 해당한다.

5. 허가를 받거나 신고를 하고 건축 중인 부분의 위치가 1m 이내에서 변경되는 경우. 다만, 변경되는 부분이 제1호 본문, 제2호 본문 및 제4호 본문에 따른 범위의 변경인 경우만 해당한다.

④ 제1항에 따른 허가나 신고사항의 변경에 관하여는 제9조를 준용한다.(2018.9.4 본항 개정)

**질의** 건축허가를 받고 지하층 옹벽철근 배근 공사 중으로 지하층의 바닥 면적이 약 3.35m$^2$ 증가 시공된 경우, 사용승인 신청시 일괄신고 처리할 수 있는지 여부

**회신**
- 건축허가를 받았거나 신고를 한 사항을 변경하고자 하는 경우에는 이를 변경하기 전에 허가권자의 허가를 받거나 신고를 하여야 하나, 변경하고자 하는 사항이 「건축법 시행령」 제12조제3항 각 호의 1에 해당하는 경우에는 「건축법」 제10조제2항 규정에 의하여 사용승인 신청시 일괄 신청토록 하고 있는 바,
- 질의의 경우 지하층의 면적이 약 3.35m$^2$ 증가된 경미한 변경사항이라면 「건축법 시행령」 제12조제3항제1호 규정에 해당되어 사용승인 신청시 일괄 신청 처리할 수 있는 사항으로 판단되나, 이에 해당하는 사항인지 여부 등 구체적인 사항은 당해 건축물의 허가권자인 관할구청장에게 문의하시기 바랍니다.(서울시 건지 58501-10383, '99.7.22)

**질의** **공사 도중 건축물의 위치 이동**

건축허가를 받은 전체 2층 건축물 중 1층은 위치변경이 없으며, 2층 부분이 전체적인 이동없이 한쪽 일부가 연면적 1/10 이내의 면적증감으로 위치변경이 있을 경우, 사용승인시 일괄하여 신고할 수 있는지 여부

**회신** 「건축법 시행령」 제12조제3항제5호의 규정에 따르면 허가를 받거나 신고를 하고 건축 중인 부분의 위치가 1m 이내에서 변경되는 경우에는 경미한 변경으로 보아 사용승인 때 일괄하여 처리할 수 있도록 하고 있으며, 다만, 변경되는 부분이 제1호 본문, 제2호 본문 및 제4호 본문에 따른 범위의 변경인 경우만 해당토록 하고 있으며, 여기서, 변경되는 부분의 위치가 1m 이내인 경우라 함은 대지에 대한 건축물 자체의 위치가 변경되는 경우와 건축물 주요부의 위치가 변경되는 경우를 말하는 것입니다. 질의의 경우가 같은조 같은항 제5호 단서규정에 해당하면서 2층의 일부분이 1m를 초과하여 변경하더라도 건물전체의 이동과 주요부의 위치변경에 해당하지 않는다면 사용승인을 신청할 때 허가권자에게 일괄하여 신고할 수 있을 것으로 판단됩니다.(국토교통부 건축정책과 등록 2011.12.28, 수정 2019.5.24)

### 법 제17조 [건축허가 등의 수수료]

① 제11조, 제14조, 제16조, 제19조, 제20조 및 제83조에 따라 허가를 신청하거나 신고를 하는 자는 허가권자나 신고수리자에게 수수료를 납부하여야 한다.

② 제1항에 따른 수수료는 국토교통부령으로 정하는 범위에서 해당 지방자치단체의 조례로 정한다.

**규칙 제10조 【건축허가 등의 수수료】**

① 법 제11조·제14조·제16조·제19조·제20조 및 제83조에 따라 건축허가를 신청하거나 건축신고를 하는 자는 법 제17조제2항에 따라 별표 4에 따른 금액의 범위에서 건축조례로 정하는 수수료를 내야 한다. 다만, 재해복구를 위한 건축물의 건축 또는 대수선에 있어서는 그렇지 않다.(2022.11.2 본항 개정)

② 제1항 본문에도 불구하고 건축물을 대수선하거나 바닥면적을 산정할 수 없는 공작물을 축조하기 위하여 허가 신청 또는 신고를 하는 경우의 수수료는 대수선의 범위 또는 공작물의 높이 등을 고려하여 건축조례로 따로 정한다.(2008.12.11 본항 신설)

※ 「건축법 시행규칙」 【별표 4】 (2006.5.12 본표 개정)

**건축허가 등 수수료의 범위**(제10조 관련)

| 연 면 적 합 계 | 금 액 |
|---|---|
| $200m^2$ 미만 | 단독주택 2천7백원 이상 4천원 이하 |
| | 기 타 6천7백원 이상 9천4백원 이하 |
| $200m^2$ 이상 $1,000m^2$ 미만 | 단독주택 4천원 이상 6천원 이하 |
| | 기 타 1만4천원 이상 2만원 이하 |
| $1,000m^2$ 이상 $5,000m^2$ 미만 | 3만4천원 이상 5만4천원 이하 |
| $5,000m^2$ 이상 $10,000m^2$ 미만 | 6만8천원 이상 10만원 이하 |
| $10,000m^2$ 이상 $30,000m^2$ 미만 | 13만5천원 이상 20만원 이하 |
| $30,000m^2$ 이상 $100,000m^2$ 미만 | 27만원 이상 41만원 이하 |
| $100,000m^2$ 이상 $300,000m^2$ 미만 | 54만원 이상 81만원 이하 |
| $300,000m^2$ 이상 | 108만원 이상 162만원 이하 |

※ 설계변경의 경우에는 변경하는 부분의 면적에 따라 적용한다.

**법 제17조의2 【매도청구 등】** [2016.1.19 본조 신설]

① 제11조제11항제2호에 따라 건축허가를 받은 건축주는 해당 건축물 또는 대지의 공유자 중 동의하지 아니한 공유자에게 그 공유지분을 시가(市價)로 매도할 것을 청구할 수 있다. 이 경우 매도청구를 하기 전에 매도청구 대상이 되는 공유자와 3개월 이상 협의를 하여야 한다.

② 제1항에 따른 매도청구에 관하여는 「집합건물의 소유 및 관리에 관한 법률」 제48조를 준용한다. 이 경우 구분소유권 및 대지사용권은 매도청구의 대상이 되는 대지 또는 건축물의 공유지분으로 본다.

**해설** 매도청구는 재개발, 재건축등 정비 사업에 적용되었으나 소유권자의 수와 동의자의 동의면적이 각각 80% 이상이면 건축허가를 받을 수 있게 법제11조11항이 신설됨에 따른 조치이다.(정비사업방식 준용)

- 집합건물의 소유 및 관리에 관한 법률 제48조(구분소유권 등의 매도청구 등)
- **매도청구(賣渡請求)** : 매도청구 대상이 되는 공유자와 우선적으로 협의(3개월 이상)를 하고 소유권이전 청구 소송으로 귀결되며 매도청구기간에 매도청구에 해당하는 문서를 보내면 그것으로 매매계약 자체는 성립된 것으로 본다.
- **시가(市價)** : 시장에서 상품이 매매되는 가격
- **구분소유권(區分所有權)** : 1동의 건물 중 구조상 구분되는 2개 이상의 부분이 있어서 그것들이 독립된 주거·점포·사무실·창고 등으로 쓰이는 경우에 그 부분을 각각 다른 사람의 소유로 할 수 있는데 이 전용부분에 대한 권리를 말한다.

**법 제17조의3 【소유자를 확인하기 곤란한 공유지분 등에 대한 처분】** [2016.1.19 본조 신설]

① 제11조제11항제2호에 따라 건축허가를 받은 건축주는 해당 건축물 또는 대지의 공유자가 거주하는 곳을 확인하기가 현저히 곤란한 경우에는 전국적으로 배포되는 둘 이상의 일간신문에 두 차례 이상 공고하고, 공고한 날부터 30일 이상이 지났을 때에는 제17조의2에 따른 매도청구 대상이 되는 건축물 또는 대지로 본다.

② 건축주는 제1항에 따른 매도청구 대상 공유지분의 감정평가액에 해당하는 금액을 법원에 공탁(供託)하고 착공할 수 있다.

③ 제2항에 따른 공유지분의 감정평가액은 허가권자가 추천하는 「감정평가 및 감정평가사에 관한 법률」에 따른 감정평가법인 등 2인 이상이 평가한 금액을 산술평균하여 산정한다.(2020.4.7 감정평가 및 감정평가사에 관한 법률 부칙에 의거 본항 개정)

**해설** 매도청구 대상이 되는 건축물 또는 대지의 공유지분등에 대한 처분 절차를 규정하고 있다.

- **공탁(供託)** : 법령의 규정에 의하여 금전·유가증권·기타의 물품을 공탁소(은행 또는 창고업자)에 맡기는 것을 말한다.(공탁의 절차는 공탁법 규정에 따름)

**법 제18조 【건축허가의 제한 등】**

① 국토교통부장관은 국토관리를 위하여 특히 필요하다고 인정하거나 주무부장관이 국방, 「국가유산기본법」 제3조에 따른 국가유산의 보존, 환경보전 또는 국민경제를 위하여 특히 필요하다고 인정하여 요청하면 허가권자의 건축허가나 허가를 받은 건축물의 착공을 제한할 수 있다.(2023.5.16 「국가유산기본법」 부칙에 의거 본항 개정)

② 특별시장·광역시장·도지사는 지역계획이나 도시·군계획에 특히 필요하다고 인정하면 시장·군수·구청장의 건축허가나 허가를 받은 건축물의 착공을 제한할 수 있다.(2014.1.14 본항 개정)
③ 국토교통부장관이나 시·도지사는 제1항이나 제2항에 따라 건축허가나 건축허가를 받은 건축물의 착공을 제한하려는 경우에는 「토지이용규제 기본법」 제8조에 따라 주민의견을 청취한 후 건축위원회의 심의를 거쳐야 한다.(2014.5.28 본항 신설)
④ 제1항이나 제2항에 따라 건축허가나 건축물의 착공을 제한하는 경우 제한기간은 2년 이내로 한다. 다만, 1회에 한하여 1년 이내의 범위에서 제한기간을 연장할 수 있다.
⑤ 국토교통부장관이나 특별시장·광역시장·도지사는 제1항이나 제2항에 따라 건축허가나 건축물의 착공을 제한하는 경우 제한 목적·기간, 대상 건축물의 용도와 대상 구역의 위치·면적·경계 등을 상세하게 정하여 허가권자에게 통보하여야 하며, 통보를 받은 허가권자는 지체 없이 이를 공고하여야 한다.(2014.1.14 본항 개정)
⑥ 특별시장·광역시장·도지사는 제2항에 따라 시장·군수·구청장의 건축허가나 건축물의 착공을 제한한 경우 즉시 국토교통부장관에게 보고하여야 하며, 보고를 받은 국토교통부장관은 제한 내용이 지나치다고 인정하면 해제를 명할 수 있다.(2014.1.14 본항 개정)

**해설** 건축허가제한은 경제정책에 따라 경기과열을 진정하거나 부양하는 수단으로 활용되고 있다.
국토교통부장관, 특별시장·광역시장·도지사는 국토관리상 또는 지역계획 및 도시·군계획상 필요하다고 인정하는 경우에는 허가권자의 건축허가뿐만 아니라 허가를 받은 건축물의 착공까지 제한(주민의견 청취, 건축위원회 심의)할 수 있도록 규정하고 있다.

① 국토교통부장관의 건축허가제한
- 국토관리상 특히 필요하다고 인정하는 경우
- 주무장관이 국방·국가유산의 보존·환경보전·국민경제상 특히 필요하다고 요청하는 경우

② 특별시장·광역시장·도지사의 건축허가제한
- 지역계획 또는 도시계획상 필요한 경우

③ 제한기간
- 국민의 재산권 행사를 과도하게 제약받지 않도록 2년 이내로 한정(1년 이내 연기 가능)

④ 국토교통부장관이 특별시장·광역시장·도지사의 건축허가제한권의 해제 : 지나치게 남용되지 않게 함

**참고** **건축허가와 관련된 법령 및 절차내용**

◉ 「주택법」에 의한 특례
- 주택건설사업등의 등록(주택법 제4조, 영 제14조)
  단독주택 20호, 공동주택 20세대, 도시형 생활주택 30세대 이상
- 사업계획의 승인(주택법 제15조)
- 다른 법률에 따른 인가·허가등의 의제등(주택법 제19조)
  사업계획의 승인을 얻은 때에는 관련법규에 의한 허가·인가·결정·승인 또는 신고등을 받은 것으로 한다.

◉ 소방본부장 또는 소방서장의 동의를 받아야 하는 건축물의 범위 등(「소방시설 설치 및 관리에 관한 법률」 시행령 제7조 및 시행규칙 제4조)

(1) 건축물의 범위
① 연면적(「건축법 시행령」 제119조제1항제4호에 따라 산정된 면적을 말한다. 이하 같다)이 400$m^2$

이상인 건축물이나 시설. 다만, 다음 각 목의 어느 하나에 해당하는 건축물이나 시설은 해당 목에서 정한 기준 이상인 건축물이나 시설로 한다.

- 「학교시설사업 촉진법」 제5조의2제1항에 따라 건축등을 하려는 학교시설: 100m$^2$
- 별표 2의 특정소방대상물 중 노유자(老幼者) 시설 및 수련시설: 200m$^2$
- 「정신건강증진 및 정신질환자 복지서비스 지원에 관한 법률」 제3조제5호에 따른 정신의료기관(입원실이 없는 정신건강의학과 의원은 제외하며, 이하 "**정신의료기관**"이라 한다): 300m$^2$
- 「장애인복지법」 제58조제1항제4호에 따른 장애인 의료재활시설(이하 "**의료재활시설**"이라 한다): 300m$^2$

② 지하층 또는 무창층이 있는 건축물로서 바닥면적이 150m$^2$(공연장의 경우에는 100m$^2$) 이상인 층이 있는 것

③ 차고·주차장 또는 주차 용도로 사용되는 시설로서 다음 각 목의 어느 하나에 해당하는 것

- 차고·주차장으로 사용되는 바닥면적이 200m$^2$ 이상인 층이 있는 건축물이나 주차시설
- 승강기 등 기계장치에 의한 주차시설로서 자동차 20대 이상을 주차할 수 있는 시설

④ 층수(「건축법 시행령」 제119조제1항제9호에 따라 산정된 층수를 말한다. 이하 같다)가 6층 이상인 건축물

⑤ 항공기 격납고, 관망탑, 항공관제탑, 방송용 송수신탑

⑥ 별표 2의 특정소방대상물 중 의원(입원실이 있는 것으로 한정한다)·조산원·산후조리원, 위험물 저장 및 처리 시설, 발전시설 중 풍력발전소·전기저장시설, 지하구(地下溝)

⑦ 제1호나목에 해당하지 않는 노유자 시설 중 다음 각 목의 어느 하나에 해당하는 시설. 다만, 가목2) 및 나목부터 바목까지의 시설 중「건축법 시행령」 별표 1의 단독주택 또는 공동주택에 설치되는 시설은 제외한다.

가. 별표 2 제9호가목에 따른 노인 관련 시설 중 다음의 어느 하나에 해당하는 시설

1) 「노인복지법」 제31조제1호에 따른 노인주거복지시설, 같은 조 제2호에 따른 노인의료복지시설 및 같은 조 제4호에 따른 재가노인복지시설

2) 「노인복지법」 제31조제7호에 따른 학대피해노인 전용쉼터

나. 「아동복지법」 제52조에 따른 아동복지시설(아동상담소, 아동전용시설 및 지역아동센터는 제외한다)

다. 「장애인복지법」 제58조제1항제1호에 따른 장애인 거주시설

라. 정신질환자 관련 시설(「정신건강증진 및 정신질환자 복지서비스 지원에 관한 법률」 제27조제1항제2호에 따른 공동생활가정을 제외한 재활훈련시설과 같은 법 시행령 제16조제3호에 따른 종합시설 중 24시간 주거를 제공하지 않는 시설은 제외한다)

마. 별표 2 제9호마목에 따른 노숙인 관련 시설 중 노숙인자활시설, 노숙인재활시설 및 노숙인요양시설

바. 결핵환자나 한센인이 24시간 생활하는 노유자 시설

⑧ 「의료법」 제3조제2항제3호라목에 따른 요양병원(이하 "요양병원"이라 한다). 다만, 의료재활시설은 제외한다.

⑨ 별표 2의 특정소방대상물 중 공장 또는 창고시설로서 「화재의 예방 및 안전관리에 관한 법률 시행령」 별표 2에서 정하는 수량의 750배 이상의 특수가연물을 저장·취급하는 것

⑩ 별표 2 제17호나목에 따른 가스시설로서 지상에 노출된 탱크의 저장용량의 합계가 100톤 이상인 것

(2) 동의기간(시행규칙 제3조제3항, 제4항, 제5항)

소방본부장 또는 소방서장은 건축허가 등의 동의요구 서류를 접수한 날로부터 5일(허가를 신청한 건축물 등이 「화재의 예방 및 안전관리에 관한 법률 시행령」 별표 4 제1호가목의 어느 하나에 해당

하는 경우에는 10일) 이내에 동의 여부를 회신하여야 함.

※ 동의 요구서 및 첨부서류의 보완이 필요한 경우에는 4일 이내의 기간을 정하여 보완을 요구(회신 기간에 산입 안 함)할 수 있으며 이 기간 내에 보완하지 아니하면 동의요구서를 반려함.

건축허가등을 취소한 때 7일 이내에 통보하여야 함.

(3) 동의 대상에서 제외되는 대상물

① 별표 4에 따라 특정소방대상물에 설치되는 소화기구, 자동소화장치, 누전경보기, 단독경보형감지기, 가스누설경보기 및 피난구조설비(비상조명등은 제외한다)가 화재안전기준에 적합한 경우 해당 특정소방대상물

② 건축물의 증축 또는 용도변경으로 인하여 해당 특정소방대상물에 추가로 소방시설이 설치되지 않는 경우 해당 특정소방대상물

③ 「소방시설공사업법 시행령」 제4조에 따른 소방시설공사의 착공신고 대상에 해당하지 않는 경우 해당 특정소방대상물

(4) 법 제6조제1항에 따라 건축허가등의 권한이 있는 행정기관은 건축허가등의 동의를 받으려는 경우에는 동의요구서에 행정안전부령으로 정하는 서류를 첨부하여 해당 건축물 등의 소재지를 관할하는 소방본부장 또는 소방서장에게 동의를 요구하여야 한다. 이 경우 동의 요구를 받은 소방본부장 또는 소방서장은 첨부서류가 미비한 경우에는 그 서류의 보완을 요구할 수 있다.

(5) 소방시설 관련용어(「소방시설 설치 및 관리에 관한 법률 시행령」 제2조)

① "**무창층**"(無窓層)이란 지상층 중 다음 각 목의 요건을 모두 갖춘 개구부(건축물에서 채광·환기·통풍 또는 출입 등을 위하여 만든 창·출입구, 그 밖에 이와 비슷한 것을 말한다)의 면적의 합계가 해당 층의 바닥면적(「건축법 시행령」 제119조제1항제3호에 따라 산정된 면적을 말한다. 이하 같다)의 1/30 이하가 되는 층을 말한다.

- 크기는 지름 50cm 이상의 원이 내접(內接)할 수 있는 크기일 것
- 해당 층의 바닥면으로부터 개구부 밑부분까지의 높이가 1.2m 이내일 것
- 도로 또는 차량이 진입할 수 있는 빈터를 향할 것
- 화재 시 건축물로부터 쉽게 피난할 수 있도록 창살이나 그 밖의 장애물이 설치되지 아니할 것
- 내부 또는 외부에서 쉽게 부수거나 열 수 있을 것

② "**피난층**"이란 곧바로 지상으로 갈 수 있는 출입구가 있는 층을 말한다.

(6) 화재의 예방 및 안전관리에 관한 법률 시행령(제25조 별표 4)

① 법 제24조제1항 전단에 따라 특정소방대상물 중 전문적인 안전관리가 요구되는 특정소방대상물(이하 "**소방안전관리대상물**"이라 한다)의 범위와 같은 조 제4항에 따른 소방안전관리자의 선임 대상별 자격 및 인원기준은 다음과 같다.

1. **특급 소방안전관리대상물**

가. 특급 소방안전관리대상물의 범위

「소방시설 설치 및 관리에 관한 법률 시행령」 별표 2의 특정소방대상물 중 다음의 어느 하나에 해당하는 것

1) 50층 이상(지하층은 제외한다)이거나 지상으로부터 높이가 200m 이상인 아파트

2) 30층 이상(지하층을 포함한다)이거나 지상으로부터 높이가 120m 이상인 특정소방대상물(아파트는 제외한다)

3) 2)에 해당하지 않는 특정소방대상물로서 연면적이 100,000m$^2$ 이상인 특정소방대상물(아파트는 제외한다)

나. 특급 소방안전관리대상물에 선임해야 하는 소방안전관리자의 자격

다음의 어느 하나에 해당하는 사람으로서 특급 소방안전관리자 자격증을 발급받은 사람

1) 소방기술사 또는 소방시설관리사의 자격이 있는 사람
2) 소방설비기사의 자격을 취득한 후 5년 이상 1급 소방안전관리대상물의 소방안전관리자로 근무한 실무경력(법 제24조제3항에 따라 소방안전관리자로 선임되어 근무한 경력은 제외한다. 이하 이 표에서 같다)이 있는 사람
3) 소방설비산업기사의 자격을 취득한 후 7년 이상 1급 소방안전관리대상물의 소방안전관리자로 근무한 실무경력이 있는 사람
4) 소방공무원으로 20년 이상 근무한 경력이 있는 사람
5) 소방청장이 실시하는 특급 소방안전관리대상물의 소방안전관리에 관한 시험에 합격한 사람

다. 선임인원: 1명 이상

2. **1급 소방안전관리대상물**

가. 1급 소방안전관리대상물의 범위

「소방시설 설치 및 관리에 관한 법률 시행령」 별표 2의 특정소방대상물 중 다음의 어느 하나에 해당하는 것(제1호에 따른 특급 소방안전관리대상물은 제외한다)

1) 30층 이상(지하층은 제외한다)이거나 지상으로부터 높이가 120m 이상인 아파트
2) 연면적 15,000m$^2$ 이상인 특정소방대상물(아파트 및 연립주택은 제외한다)
3) 2)에 해당하지 않는 특정소방대상물로서 지상층의 층수가 11층 이상인 특정소방대상물(아파트는 제외한다)
4) 가연성 가스를 1천톤 이상 저장·취급하는 시설

나. 1급 소방안전관리대상물에 선임해야 하는 소방안전관리자의 자격

다음의 어느 하나에 해당하는 사람으로서 1급 소방안전관리자 자격증을 발급받은 사람 또는 제1호에 따른 특급 소방안전관리대상물의 소방안전관리자 자격증을 발급받은 사람

1) 소방설비기사 또는 소방설비산업기사의 자격이 있는 사람
2) 소방공무원으로 7년 이상 근무한 경력이 있는 사람
3) 소방청장이 실시하는 1급 소방안전관리대상물의 소방안전관리에 관한 시험에 합격한 사람

다. 선임인원: 1명 이상

3. **2급 소방안전관리대상물**

가. 2급 소방안전관리대상물의 범위

「소방시설 설치 및 관리에 관한 법률 시행령」 별표 2의 특정소방대상물 중 다음의 어느 하나에 해당하는 것(제1호에 따른 특급 소방안전관리대상물 및 제2호에 따른 1급 소방안전관리대상물은 제외한다)

1) 「소방시설 설치 및 관리에 관한 법률 시행령」 별표 4 제1호다목에 따라 옥내소화전설비를 설치해야 하는 특정소방대상물, 같은 호 라목에 따라 스프링클러설비를 설치해야 하는 특정소방대상물 또는 같은 호 바목에 따라 물분무등소화설비[화재안전기준에 따라 호스릴(hose reel) 방식의 물분무등소화설비만을 설치할 수 있는 특정소방대상물은 제외한다]를 설치해야 하는 특정소방대상물
2) 가스 제조설비를 갖추고 도시가스사업의 허가를 받아야 하는 시설 또는 가연성 가스를 100톤 이상 1천톤 미만 저장·취급하는 시설
3) 지하구
4) 「공동주택관리법」 제2조제1항제2호의 어느 하나에 해당하는 공동주택(「소방시설 설치 및 관리에 관한 법률 시행령」 별표 4 제1호다목 또는 라목에 따른 옥내소화전설비 또

는 스프링클러설비가 설치된 공동주택으로 한정한다)

5) 「문화재보호법」 제23조에 따라 보물 또는 국보로 지정된 목조건축물

나. 2급 소방안전관리대상물에 선임해야 하는 소방안전관리자의 자격

다음의 어느 하나에 해당하는 사람으로서 2급 소방안전관리자 자격증을 발급받은 사람, 제1호에 따른 특급 소방안전관리대상물 또는 제2호에 따른 1급 소방안전관리대상물의 소방안전관리자 자격증을 발급받은 사람

1) 위험물기능장·위험물산업기사 또는 위험물기능사 자격이 있는 사람
2) 소방공무원으로 3년 이상 근무한 경력이 있는 사람
3) 소방청장이 실시하는 2급 소방안전관리대상물의 소방안전관리에 관한 시험에 합격한 사람
4) 「기업활동 규제완화에 관한 특별조치법」 제29조, 제30조 및 제32조에 따라 소방안전관리자로 선임된 사람(소방안전관리자로 선임된 기간으로 한정한다)

다. 선임인원: 1명 이상

4. **3급 소방안전관리대상물**

가. 3급 소방안전관리대상물의 범위

「소방시설 설치 및 관리에 관한 법률 시행령」 별표 2의 특정소방대상물 중 다음의 어느 하나에 해당하는 것(제1호에 따른 특급 소방안전관리대상물, 제2호에 따른 1급 소방안전관리대상물 및 제3호에 따른 2급 소방안전관리대상물은 제외한다)

1) 「소방시설 설치 및 관리에 관한 법률 시행령」 별표 4 제1호마목에 따라 간이스프링클러설비(주택전용 간이스프링클러설비는 제외한다)를 설치해야 하는 특정소방대상물
2) 「소방시설 설치 및 관리에 관한 법률 시행령」 별표 4 제2호다목에 따른 자동화재탐지설비를 설치해야 하는 특정소방대상물

나. 3급 소방안전관리대상물에 선임해야 하는 소방안전관리자의 자격

다음의 어느 하나에 해당하는 사람으로서 3급 소방안전관리자 자격증을 발급받은 사람 또는 제1호부터 제3호까지의 규정에 따라 특급 소방안전관리대상물, 1급 소방안전관리대상물 또는 2급 소방안전관리대상물의 소방안전관리자 자격증을 발급받은 사람

1) 소방공무원으로 1년 이상 근무한 경력이 있는 사람
2) 소방청장이 실시하는 3급 소방안전관리대상물의 소방안전관리에 관한 시험에 합격한 사람
3) 「기업활동 규제완화에 관한 특별조치법」 제29조, 제30조 및 제32조에 따라 소방안전관리자로 선임된 사람(소방안전관리자로 선임된 기간으로 한정한다)

다. 선임인원: 1명 이상

※ 비고

- 동·식물원, 철강 등 불연성 물품을 저장·취급하는 창고, 위험물 저장 및 처리 시설 중 제조소등과 지하구는 특급 소방안전관리대상물 및 1급 소방안전관리대상물에서 제외한다.
- 이 표 제1호에 따른 특급 소방안전관리대상물에 선임해야 하는 소방안전관리자의 자격을 산정할 때에는 동일한 기간에 수행한 경력이 두 가지 이상의 자격기준에 해당하는 경우 하나의 자격기준에 대해서만 그 기간을 인정하고 기간이 중복되지 않는 소방안전관리자 실무경력의 경우에는 각각의 기간을 실무경력으로 인정한다. 이 경우 자격기준별 실무경력 기간을 해당 실무경력 기준기간으로 나누어 합한 값이 1 이상이면 선임자격을 갖춘 것으로 본다.

② 법 제24조제1항 후단에 따라 소방안전관리보조자를 추가로 선임해야 하는 소방안전관리대상물의 범위와 같은 조 제4항에 따른 소방안전관리보조자의 선임 대상별 자격 및 인원기준은 별표 5와 같다.

③ 제1항에도 불구하고 건축물대장의 건축물현황도에 표시된 대지경계선 안의 지역 또는 인접한 2개 이상의 대지에 제1항에 따라 소방안전관리자를 두어야 하는 특정소방대상물이 둘 이상 있고, 그

관리에 관한 권원(權原)을 가진 자가 동일인인 경우에는 이를 하나의 특정소방대상물로 본다. 이 경우 해당 특정소방대상물이 별표 4에 따른 등급 중 둘 이상에 해당하면 그중에서 등급이 높은 특정소방대상물로 본다.

### ◉ 건축절차와 담당업무

| 건 축 주 | 건 축 사 | 행 정 기 관 | 행 위 |
|---|---|---|---|
| 건축기획 및 건축계획 | 건축계획 및 건축설계 | – | 토지이용계획 확인원, 등기부등본,<br>토지대장발급 |
| 심 의 신 청 | | 토지형질변경심의<br>입 지 심 의 | |
| 건축심의신청 | 대 행 | 건 축 심 의 | 건축위원회 구성 |
| 건축허가신청 | 조사·검사 | 건축허가<br>(승인·협의·동의) | 건축허가서 교부<br>면허세, 수수료, 주택채권, 도로점용료 등 납부 |
| 착 공 신 고 | 대 행 | 착공신고수리 | 공사시공자 및 공사감리자 선정확인 |
| 민 원 유 발 | 감리책임문제 | 민 원 처 리 | 민원조정심의위원회(특수한 경우) |
| 사용승인신청 | 현장 조사·확인 | 사 용 승 인<br>(필 증 교 부) | 건축물대장 작성<br>취득세, 등록세 납부(사용승인 후 30일 이내 취득세 납부) |
| 등 기 신 청 | | 등기소 별도 신청 | 등기(사용승인 후 60일 이내) |

### ◉ 건축허가에서 준공까지의 수속절차

| | | |
|---|---|---|
| 건 축 사 | 설 계 | 설계도서 작성 |
| | ↓ | 건축계획 심의 |
| 건 축 주 | 건 축 허 가 신 청 | 관계기관의 승인·동의·협의 |
| | ↓ | |
| 시장·군수·구청장 | 건 축 허 가 | 건축허가서 교부 |
| | ↓ | 조사 및 검사조서 |
| 건 축 주 | 착 공 | 감리자, 시공자 |
| | ↓ | |
| 건 축 주 | 착 공 신 고 | |
| | ↓ | 착공 전 |
| 건 축 주 | 사 용 승 인 신 청 | 감리중간보고서 / 감리완료보고서 |
| | ↓ | 공사완료 후 7일 이내에 신고 |
| 건 축 사 | 조사 및 검사 조서 | |
| 시장·군수·구청장 | 사 용 승 인 | 신고접수일로부터 7일 이내에 실시 |
| | ↓ | |
| 시장·군수·구청장 | 승 인 서 교 부 | |
| | ↓ | |
| 건 축 주 | 건축물의 사용 | |

※ **토지형질변경과 건축허가**

토지의 형질변경이 준공되기 전에 건축허가를 받을 수 있음. <건설부장관 건축 125－15946('76.8.9)>

※ **준공검사(사용승인)**

- 건축물이 「건축법」 및 관계법규에 위반되지 않았다 하여도 허가사항에 위반될 경우는 처벌을 받게 됨.<건축사협회('81.5.22)>
- 사전공사 후 건축허가를 득하고 착공신고서 수리와 동시에 준공신고서를 제출한 경우 건축물이

완공되었다면 준공검사를 행할 수 있는 것임.<건축허가 전에 착공된 것에 대한「건축법」위반문제는 별도의 문제임. <건축관계법문답집(p.69, 대한건축사협회 발행, '74.6.)>

- 공유수면(公有水面)매립지상에서 공작물의 설치허가를 건설부장관으로부터 받은 경우로서 건축법령에 적합하게 건축허가하였다면 공유수면 매립공사의 준공 전이라도 건축물의 준공검사를 할 수 있음.<건설부장관 건축 444.1－24337('76.12.13)>

※ **공유지분**(共有持分)

- 타인소유(지분소유)의 대지상에 기존 건축물을 대수선(건축허가)할 때는 토지소유자(지분소유자 등)의 사용승낙서 및 인감증명서를 첨부해야 함.<건설부장관('84.8.16)('84.11.29)>
- 대지소유자 이외의 제3자 명의로 건축허가를 할 때 대지소유자의 동의가 필요하며 근저당권이 설정된 대지는 근저당권자의 동의는 필요없음.<건축관계법문답집('74.6.)>
- 「민법」제264조(공유물의 처분, 변경) 공유자는 다른 공유자의 동의없이 공유물을 처분하거나 변경하지 못한다.
- 공유지분의 대지가 지적도상에 분할되어 있고 토지대장에 등재된 상태이고 대지의 범위를 증명할 수 있는 경우에는 공유자의 동의없이 건축허가를 할 수 있다. 지적도상에만 분할되었다면 공유자의 동의가 필요함.<건설부장관 건축 444.1－22950('75.11.22)>

※ **설계변경**(設計變更)

- 취지 : 설계변경의 허가는 당초의 허가내용의 동일용도, 동일규모의 범위 내에서 건축을 합리적으로 완공하기 위하여 혹은 건축구조의 증감이 필요하여 이에 따라 필요한 건축내용을 변경하고자 할 때 사전에 변경의 허가를 얻어 공사를 계속하도록 하는 데 설계변경의 뜻이 있다.
- 건축허가를 받아 시공중이거나 준공검사를 받기 이전의 용도변경은 허가사항의 변경절차(설계변경)에 따라 처리함.(건축관계법문답집)
- 건축공사 중 법령이 있을 시는 기허가사항에 대하여는 허가시 규정이 적용되나 설계변경되는 부분은 개정법률이 적용됨.<건설부장관 건축 455－25529('79.11.7)>
- 건축물의 높이, 처마높이, 건축면적, 지상층의 연면적이(건축물규모) 당초 허가내용의 범위를 넘지 아니하는 범위 내에서의 설계변경을 하는 경우에는 허가 당시의 규정대로 설계변경허가를 할 수 있음. 다만, 개정법 규정에 적합하지 아니하는 정도가 더 확대되는 설계변경일 경우에는 현행 건축법령의 규정에 의하여야 함.<건설부장관 건축 444.1－9646('76.5.17)>

※ **가등기**(假登記)

등기부등본상에 대지에 관한 행위제한이 배제되어 있고 순수하게 민간인 상호간의 금전대차에 관한 사항만을 표시하는 가등기가 기재된 경우에는 가등기 기재여부에 관계없이 건축허가 처리가 가능함.<서울특별시장 건지 455－01935('81.7.31)>

※ **위법시공건축물**

건축물관리대장상 면적과 실제 건물면적이 상이하다 하더라도 건축물관리대장에 등재된 건물이라면 무허가건물이 아니다.

※ **도시계획 미확정 구역에서의 건축허가**

도시계획선에 저촉된 대지에는 건축물이 도시계획선에 저촉되지 않는 것이 확인되면 저촉된 부분을 대지 분할하지 않아도 건축허가할 수 있음.

※ **건축허가를 받지 아니한 건축물의 증축허가**

건축허가를 받지 아니한 건축물에 접하여 증축허가 신청(도시계획 및「건축법」제규정에 위배되지 않을시)이 있을 때 건축허가 가능여부

건축허가를 받아야 할 건축물로서 동 허가를 받지 아니한 건축물은 위법건축물이므로 이러한 위법행위가 시정(무허가인 경우 사직 당국에 고발 후 사후허가 등)이 되지 않는 한 동 건축물에 대하여는 증축 등 일체의「건축법」상의 허가 기타 처분을 할 수 없는 것임.<건축관계법문답집 p.66 대한건축사협회('74.6.)>

※ **무허가건축물의 사후건축허가신청**
건축주가 허가없이 사전착공한 건물에 대하여 사후건축허가신청이 있을시 위법건축물에 대한 「건축법」의 벌칙규정에 의한 조치를 적용한 뒤 적법한 건물에 대하여는 사후허가가 가능할 것임.(요약)
<건축관계법문답집 p.65('76.4. 발행)>

질의 회신

### 공동명의의 도시계획사업 시행

「건축법」상 건축물은 동법 제2조제1호의 규정에 의하여 「지적법」상의 각 필지로 구획된 토지에 각 토지소유자의 명의로 건축하거나, 2 이상의 필지에 걸쳐 각 토지소유자의 공동명의 또는 다른 토지소유자의 대지사용승낙 등을 얻어 1인 명의로 건축이 가능할 것이나, 질의의 경우와 같이 도시계획시설(시장)로 결정된 3개 필지의 토지에 「도시계획법」 제24조의 규정에 의하여 도시계획사업 시행허가를 받는 사업내용에 「건축법」에 의한 건축허가를 받아야 할 사항이 있다면 동 허가신청은 도시계획시설임을 감안하여 당해 사업시행자 명의(공동시행자일 경우는 공동)로 신청하여야 할 것임.(건설부 건축 01254-29264, '90.11.7)

질의 회신

### 다수 소유자인 집합 건축물의 용도변경

각 호수별로 개인에게 분양되어 각 호수별로 소유권이 구분되어 있을 경우 어느 하나의 상점 소유자가 자신의 소유 상점을 다른 용도로 변경하고자 할 경우 다른 호수의 소유자의 동의는 필요치 않음. 이 경우 「집합건물의 소유 및 관리에 관한 법률」 및 기타 관계법령에는 적합하여야 할 것임.(건설부 건축 30420-6791, '90.3.24)

질의 회신

### 무허가건축물의 양성화

「건축법」 제79조제1항에 따라 허가권자는 대지나 건축물이 건축법령에 위반되면 건축법에 따른 허가 또는 승인을 취소하거나 그 건축물의 건축주등에게 상당한 기간을 정하여 시정명령을 할 수 있음. 이는 원천적으로 위법행위를 방지하고 법령의 권위 회복 및 국민 준법정신을 함양코자 한 것으로 위반건축물에 대한 양성화 시행은 적법하게 건축된 건축물과의 형평성 문제 및 준법정신이 훼손될 우려가 있어 전면적인 양성화는 곤란함. 다만, 위반건축물이 현행 건축법령에 의한 건축기준 및 기타 관계법령에는 적합하나 건축허가(신고)절차만 결한 경우에 고발 및 이행강제금 1회 부과 등 행정조치를 선행한 후 새로운 건축허가를 하는 방안을 검토할 수 있을 것임.(국토교통부 건축정책과 등록 2010.12.1, 수정 2019.5.24)

질의 회신

### 공사 중 권리 변동시의 준공

건축물의 대지가 건축허가 당시에는 건축주 소유였으나 건축 중에 타인과 공유지분으로 된 경우, 동 건축물의 준공검사에는 공유지분권자의 동의가 필요한 것은 아님.(건설부 건축 01254-, '85.3.2)

질의 회신

### 설계변경시 추가착공 신고 여부

하나의 대지에 기건축허가를 받아 착공신고를 한 후 추가로 설계변경허가를 받은 경우에도 별도의 착공신고를 하지 않아도 되는 것임.(건설부 건축 01254-, '89.12.15)

참고

**「수도권정비계획법」에 의한 규제**

- 대 상 : 서울특별시와 그 주변지역(서울특별시, 인천광역시 및 경기도 일원지역)
- 권역의 구분 및 지정(법 제6조)
  - 과밀억제권역 : 인구 및 산업이 지나치게 집중되었거나 집중될 우려가 있어 이전 하거나 정비할 필요가 있는 지역
  - 성장관리권역 : 과밀억제권역으로부터 이전하는 인구 및 산업을 계획적으로 유치하고 산업의 입지와 도시의 개발을 적정하게 관리할 필요가 있는 지역
  - 자연보전권역 : 한강수계의 수질 및 녹지 등 자연환경을 보전할 필요가 있는 지역

※ 「수도권정비계획법 시행령」 **【별표 1】** (2017.6.20 본표 개정)

**과밀억제권역, 성장관리권역 및 자연보전권역의 범위**(제9조 관련)

| 과밀억제권역 | 성장관리권역 | 자연보전권역 |
|---|---|---|
| 1. 서울특별시<br>2. 인천광역시[강화군, 옹진군, 서구 대곡동·불로동·마전동·금곡동·오류동·왕길동·당하동·원당동, 인천경제자유구역(경제자유구역에서 해제된 지역을 포함한다) 및 남동 국가산업단지는 제외한다]<br>3. 의정부시<br>4. 구리시<br>5. 남양주시(호평동, 평내동, 금곡동, 일패동, 이패동, 삼패동, 가운동, 수석동, 지금동 및 도농동만 해당한다)<br>6. 하남시<br>7. 고양시<br>8. 수원시<br>9. 성남시<br>10. 안양시<br>11. 부천시<br>12. 광명시<br>13. 과천시<br>14. 의왕시<br>15. 군포시<br>16. 시흥시[반월특수지역(반월특수지역에서 해제된 지역을 포함한다)은 제외한다] | 1. 인천광역시[강화군, 옹진군, 서구 대곡동·불로동·마전동·금곡동·오류동·왕길동·당하동·원당동, 인천경제자유구역(경제자유구역에서 해제된 지역을 포함한다) 및 남동 국가산업단지만 해당한다]<br>2. 동두천시<br>3. 안산시<br>4. 오산시<br>5. 평택시<br>6. 파주시<br>7. 남양주시(별내동, 와부읍, 진전읍, 별내면, 퇴계원면, 진건읍 및 오남읍만 해당한다)<br>8. 용인시(신갈동, 하갈동, 영덕동, 구갈동, 상갈동, 보라동, 지곡동, 공세동, 고매동, 농서동, 서천동, 언남동, 청덕동, 마북동, 동백동, 중동, 상하동, 보정동, 풍덕천동, 신봉동, 죽전동, 동천동, 고기동, 상현동, 성복동, 남사면, 이동면 및 원삼면 목신리·죽릉리·학일리·독성리·고당리·문촌리만 해당한다)<br>9. 연천군<br>10. 포천시<br>11. 양주시<br>12. 김포시<br>13. 화성시<br>14. 안성시(가사동, 가현동, 명륜동, 숭인동, 봉남동, 구포동, 동본동, 영동, 봉산동, 성남동, 창전동, 낙원동, 옥천동, 현수동, 발화동, 옥산동, 석정동, 서인동, 인지동, 아양동, 신흥동, 도기동, 계동, 중리동, 사곡동, 금석동, 당왕동, 신모산동, 신소현동, 신건지동, 금산동, 연지동, 대천동, 대덕면, 미양면, 공도읍, 원곡면, 보개면, 금광면, 서운면, 양성면, 고삼면, 죽산면 두교리·당목리·칠장리 및 삼죽면 마전리·미장리·진촌리·기솔리·내 | 1. 이천시<br>2. 남양주시(화도읍, 수동면 및 조안면만 해당한다)<br>3. 용인시(김량장동, 남동, 역북동, 삼가동, 유방동, 고림동, 마평동, 운학동, 호동, 해곡동, 포곡읍, 모현면, 백암면, 양지면 및 원삼면 가재월리·사암리·미평리·좌항리·맹리·두창리만 해당한다)<br>4. 가평군<br>5. 양평군<br>6. 여주시<br>7. 광주시<br>8. 안성시(일죽면, 죽산면 죽산리·용설리·장계리·매산리·장릉리·장원리·두현리 및 삼죽면 용월리·덕산리·율곡리·내장리·배태리만 해당한다) |

| 과밀억제권역 | 성장관리권역 | 자연보전권역 |
|---|---|---|
| | 강리만 해당한다)<br>15. 시흥시 중 반월특수지역(반월특수지역에서 해제된 지역을 포함한다) | |

참고

**제3조【인구집중유발시설의 종류 등】**

법 제2조제3호에 따른 인구집중유발시설은 다음 각 호의 어느 하나에 해당하는 시설을 말한다. 이 경우 제3호부터 제5호까지의 시설에 해당하는 건축물의 연면적 또는 시설의 면적을 산정할 때 대지가 연접하고 소유자(제3호의 공공 청사인 경우에는 사용자를 포함한다)가 같은 건축물에 대하여는 각 건축물의 연면적 또는 시설의 면적을 합산한다.

1. 「고등교육법」 제2조에 따른 **학교**로서 대학, 산업대학, 교육대학 또는 전문대학(이에 준하는 각종학교를 각각 포함한다. 이하 같다)
2. 「산업집적활성화 및 공장설립에 관한 법률」 제2조제1호에 따른 공장으로서 건축물의 연면적(제조시설로 사용되는 기계 또는 장치를 설치하기 위한 건축물 및 사업장의 각 층 바닥면적의 합계를 말한다)이 500m$^2$ 이상인 것
3. 다음 각 목의 어느 하나에 해당하는 **공공 청사**(도서관, 전시장, 공연장, 군사시설 중 군부대의 청사, 국가정보원 및 그 소속 기관의 청사는 제외한다. 이하 같다)로서 건축물의 연면적이 1,000m$^2$ 이상인 것
   가. 중앙행정기관 및 그 소속 기관의 청사
   나. 다음에 해당하는 법인(이하 "**공공법인**"이라 한다)의 사무소(연구소와 연수 시설 등을 포함한다. 이하 같다)
      1) 정부가 자본금의 50/100 이상을 출자한 법인 및 그 법인이 자본금의 50/100 이상을 출자한 법인
      2) 「국유재산법」에 따른 정부출자기업체
      3) 법률에 따른 정부 출연 대상 법인으로서 정부로부터 출연을 받거나 받은 법인
      4) 개별 법률에 따라 설립되는 법인으로서 주무부장관의 인가 또는 허가를 받지 아니하고 해당 법률에 따라 직접 설립된 법인
4. 다음 각 목의 어느 하나에 해당하는 업무용 건축물, 판매용 건축물 및 복합 건축물. 다만, 지방자치단체가 출자하거나 출연한 법인의 사무소로 사용되는 건축물과 자연보전권역이 아닌 지역에 설치되는 「벤처기업육성에 관한 특별조치법」 제2조제4항에 따른 벤처기업집적시설 및 「국제회의산업 육성에 관한 법률 시행령」 제3조에 따른 국제회의시설 중 전문회의시설은 제외한다.
   가. 업무용 건축물: 다음에 해당하는 시설(이하 "**업무용시설**" 이라 한다)이 주용도[해당 건축물의 업무용시설 면적의 합계가 「건축법 시행령」 별표 1의 분류에 따른 용도별 면적(이하 "용도별면적"이라 한다) 중 가장 큰 경우를 말한다. 이하 이 목에서 같다]인 건축물로서 그 연면적이 25,000m$^2$ 이상인 건축물 또는 업무용시설이 주용도가 아닌 건축물로서 그 업무용시설 면적의 합계가 25,000m$^2$ 이상인 건축물
      1) 「건축법 시행령」 별표 1 제10호마목의 연구소 및 같은 표 제14호나목의 일반업무시설
      2) 「건축법 시행령」 별표 1 제3호의 제1종 근린생활시설, 같은 표 제4호의 제2종 근린생활시설, 같은 표 제5호의 문화 및 집회시설(같은 호 라목 및 마목의 시설만 해당한다) 및 같은 표 제18호의 창고시설. 다만, 각 시설의 면적이 1)에 따른 시설 면적의 합계보다 작은 경우만 해당한다.
   나. 판매용 건축물: 다음에 해당하는 건축물
      1) 다음에 해당하는 시설(이하 "**판매용시설**"이라 한다)이 주용도(해당 건축물의 판매용시설 면적의 합계가 용도별면적 중 가장 큰 경우를 말한다. 이하 이 목에서 같다)인 건축물로서 그 연면

적이 15,000$m^2$ 이상인 건축물 또는 판매용시설이 주용도가 아닌 건축물로서 그 판매용시설 면적의 합계가 15,000$m^2$ 이상인 건축물

가) 「건축법 시행령」 별표 1 제7호의 판매시설 및 같은 표 제16호의 위락시설

나) 「건축법 시행령」 별표 1 제3호의 제1종 근린생활시설, 같은 표 제4호의 제2종 근린생활시설, 같은 표 제5호의 문화 및 집회시설, 같은 표 제13호의 운동시설 및 같은 표 제18호의 창고시설. 다만, 각 시설의 면적이 가)에 따른 시설 면적의 합계보다 작은 경우만 해당한다.

2) 업무용시설 및 판매용시설(이하 "복합시설"이라 한다)이 주용도(해당 건축물의 복합시설 면적의 합계가 용도별면적 중 가장 큰 경우를 말한다. 이하 이 목 및 다목에서 같다)가 아닌 건축물로서 복합시설의 면적의 합계가 15,000$m^2$ 이상 25,000$m^2$ 미만이고 판매용시설 면적이 업무용시설 면적보다 큰 건축물의 복합시설에 해당하는 부분

다. 복합 건축물: 복합시설이 주용도인 건축물로서 그 연면적이 25,000$m^2$ 이상인 건축물 또는 복합시설이 주용도가 아닌 건축물로서 그 복합시설의 면적의 합계가 25,000$m^2$ 이상인 건축물

5. 「건축법 시행령」 별표 1 제10호나목의 교육원, 같은 호 다목의 직업훈련소 및 같은 표 제20호사목의 운전 및 정비 관련 직업훈련소로서 건축물의 연면적이 30,000$m^2$ 이상인 연수 시설. 다만, 지방자치단체 또는 지방자치단체가 출자하거나 출연한 법인이 설치하는 시설은 제외한다.

**제4조 【대규모 개발사업의 종류 등】**

법 제2조제4호에서 "대통령령으로 정하는 종류 및 규모 이상의 사업"이란 다음 각 호의 어느 하나에 해당하는 사업을 말한다. 이 경우 같은 목적으로 여러 번에 걸쳐 부분적으로 개발하거나 연접하여 개발함으로써 사업의 전체 면적이 다음 각 호의 어느 하나로 정하는 규모 이상이 되는 사업을 포함한다.

1. 다음 각 목의 어느 하나에 해당하는 택지조성사업(이하 "**택지조성사업**"이라 한다)으로서 그 면적이 1,000,000$m^2$ 이상인 것
   가. 「택지개발촉진법」에 따른 택지개발사업
   나. 「주택법」에 따른 주택건설사업 및 대지조성사업
   다. 「산업입지 및 개발에 관한 법률」에 따른 산업단지 및 특수지역에서의 주택지 조성사업
2. 다음 각 목의 어느 하나에 해당하는 공업용지조성사업(이하 "**공업용지조성사업**"이라 한다)으로서 그 면적이 300,000$m^2$ 이상인 것
   가. 「산업입지 및 개발에 관한 법률」에 따른 산업단지개발사업 및 특수지역개발사업
   나. 「자유무역지역의 지정 및 운영에 관한 법률」에 따른 자유무역지역 조성사업
   다. 「중소기업진흥에 관한 법률」에 따른 중소기업협동화단지 조성사업
   라. 「산업집적활성화 및 공장설립에 관한 법률」에 따른 공장설립을 위한 공장용지 조성사업
3. 다음 각 목의 어느 하나에 해당하는 관광지조성사업(이하 "**관광지조성사업**"이라 한다)으로서 시설계획지구의 면적이 100,000$m^2$ 이상인 것. 다만, 공유수면매립지에서 시행하는 관광지조성사업은 300,000$m^2$ 이상인 것으로 한다.
   가. 「관광진흥법」에 따른 관광지 및 관광단지 조성사업과 관광시설 조성사업
   나. 「국토의 계획 및 이용에 관한 법률」에 따른 유원지 설치사업
   다. 「온천법」에 따른 온천이용시설 설치사업
4. 「도시개발법」에 따른 도시개발사업(이하 "**도시개발사업**"이라 한다)으로서 그 면적이 1,000,000$m^2$ 이상인 것 또는 그 면적이 1,000,000$m^2$ 미만인 도시개발사업으로서 공업용도로 구획되는 면적이 300,000$m^2$ 이상인 것
5. 「지역 개발 및 지원에 관한 법률」에 따른 지역개발사업(법률 제12737호 지역 개발 및 지원에 관한 법률 부칙 제4조제3항에 따라 지역개발사업구역으로 보는 종전의 「지역균형개발 및 지방중소기업 육성에 관한 법률」에 따라 지정·고시된 지역종합개발지구에서 시행하는 지역개발사업만 해당한다.

이하 이 호에서 같다)으로서 그 면적이 1,000,000$m^2$ 이상인 것과 그 면적이 1,000,000$m^2$ 미만인 지역개발사업으로서 공업용도로 구획되는 면적이 300,000$m^2$ 이상인 것 또는 100,000$m^2$ 이상의 관광단지가 포함된 것

**제11조 【과밀억제권역의 행위 제한 완화】**

관계 행정기관의 장은 법 제7조제2항에 따라 과밀억제권역에서 다음 각 호의 구분에 따라 해당 행위나 그 행위의 허가·인가·승인 또는 협의 등(이하 "허가등"이라 한다)을 할 수 있다.

1. **학교의 경우**
   가. 제24조에 따른 총량규제의 내용에 적합한 범위에서의 산업대학, 전문대학 또는 대학원대학의 신설. 다만, 산업대학과 전문대학의 경우에는 서울특별시가 아닌 지역에 신설되는 경우만 해당한다.
   나. 제24조에 따른 총량규제의 내용에 적합한 범위에서의 학교 입학 정원의 증원
   다. 과밀억제권역에서의 학교 이전(서울특별시로 이전하는 경우는 제외한다). 다만, 대학이나 교육대학을 이전하는 경우에는 교육 여건의 개선 등 교육정책상 부득이하거나 도시 안의 지역균형발전을 위하여 법 제21조에 따른 수도권정비위원회(이하 "수도권정비위원회"라 한다)의 심의를 거친 경우만 해당한다.
   라. 「한국예술종합학교 설치령」에 따른 한국예술종합학교의 각원(各院)을 설치하기 위한 입학 정원의 증원
   마. 전문대학 중 수업연한이 3년인 간호전문대학을 대학 중 간호대학으로 변경하는 것으로서 다음의 요건을 갖춘 것
      1) 간호전문대학은 설립 후 10년이 지날 것
      2) 변경하려는 간호대학의 총학생정원은 간호전문대학의 총학생정원을 초과하지 아니할 것
      3) 수도권정비위원회의 심의를 거칠 것
   바. 교육부장관이 대학의 구조개혁을 위하여 고시하는 국립대학 및 사립대학 통·폐합기준에 따른 대학과 전문대학 간 통·폐합(서울특별시 밖의 대학과 서울특별시 안의 전문대학 간 통·폐합은 제외한다)으로 인한 대학의 신설·증설 또는 이전으로서 다음의 요건을 갖춘 것
      1) 해당 대학 및 전문대학이 관할 시·도지사의 의견을 들어 교육과학기술부장관에게 요청한 것으로서 2012년 12월 31일까지 수도권정비위원회의 심의를 거칠 것
      2) 대학 본부가 과밀억제권역 밖에서 과밀억제권역으로 이전하거나 과밀억제권역에 신설되지 아니할 것
      3) 대학의 교사(校舍)와 교지(校地) 등이 종전과 같이 사용되고, 폐지되는 전문대학의 교사와 교지 등은 대학의 교사와 교지 등으로 전환될 것
   사. 「고등교육법」 제40조의2에 따른 산업대학의 폐지로 인한 대학의 설립으로서 2011년 9월 28일까지 수도권정비위원회의 심의를 거친 것
2. **공공 청사의 경우**
   가. 다음에 해당하는 공공 청사의 신축, 증축 또는 용도변경으로서 수도권정비위원회의 심의를 거친 것. 다만, 2)에 해당하는 공공 청사의 경우에는 증축이나 용도변경만 가능하며, 수도권이 아닌 지역에 있는 3)에 해당하는 공공법인이 과밀억제권역에 사무소를 신축하는 경우는 제외한다.
      1) 중앙행정기관(청은 제외한다)의 청사
      2) 중앙행정기관 중 청의 청사, 중앙행정기관의 소속 기관의 청사(교육, 연수 또는 시험기관의 청사는 제외한다)
      3) 공공법인의 사무소
   나. 다음의 어느 하나에 해당하는 행위
      1) 중앙행정기관의 소속 기관 및 공공법인(지점을 포함한다) 중 수도권만을 관할하는 기관 및 공

공법인의 청사 또는 사무소의 신축, 증축 또는 용도변경

2) 중앙행정기관의 소속 기관 및 공공법인(지점을 포함한다) 중 관할 구역이 수도권과 그 인근의 도 지역만을 관할하는 기관 및 공공법인의 청사 또는 사무소의 신축, 증축 또는 용도변경으로서 국토교통부장관과 협의를 거친 것

**제12조 【성장관리권역의 행위 제한】**

① 법 제8조제1항에서 "대통령령으로 정하는 학교, 공공 청사, 연수 시설, 그 밖의 인구집중유발시설의 신설·증설"이란 다음 각 호의 어느 하나에 해당하는 것을 제외한 학교, 공공 청사 또는 연수 시설의 신설·증설을 말한다.

1. **학교의 경우**

가. 제24조에 따른 총량규제의 내용에 적합한 범위에서의 산업대학, 전문대학, 대학원대학 또는 입학 정원이 50명 이내인 대학(컴퓨터, 통신, 디자인, 영상, 신소재, 생명공학 등 첨단 전문 분야의 대학으로서 교육부장관이 정하여 고시하는 대학의 경우에는 입학 정원이 100명 이내인 대학을 말한다. 이하 "소규모대학"이라 한다)의 신설. 다만, 소규모대학을 신설하는 경우에는 수도권정비위원회의 심의를 거친 경우만 해당한다.

나. 제24조에 따른 총량규제의 내용에 적합한 범위에서의 학교 입학 정원의 증원

다. 신설된 지 8년이 지나지 아니한 소규모대학 입학 정원의 증원(최초 입학 정원의 100% 범위에서의 증원만 해당하며, 신설된 후 8년 이내에는 나목에 따른 증원을 할 수 없다)으로서 수도권정비위원회의 심의를 거친 것

라. 수도권에서의 학교 이전

마. 교육부장관이 대학의 구조개혁을 위하여 고시하는 국립대학 및 사립대학 통·폐합기준에 따른 대학과 전문대학 간 통·폐합으로 인한 대학의 신설·증설 또는 이전으로서 다음의 요건을 갖춘 것

1) 해당 대학 및 전문대학이 관할 시·도지사의 의견을 들어 교육부장관에게 요청한 것으로서 2012년 12월 31일까지 수도권정비위원회의 심의를 거칠 것

2) 대학 본부가 수도권 밖에서 성장관리권역으로 이전하거나 성장관리권역에 신설되지 아니할 것

3) 대학의 교사(校舍)와 교지(校地) 등이 종전과 같이 사용되고, 폐지되는 전문대학의 교사와 교지 등은 대학의 교사와 교지 등으로 전환될 것

바. 「고등교육법」 제40조의2에 따른 산업대학의 폐지로 인한 대학의 설립으로서 2011년 9월 28일까지 수도권정비위원회의 심의를 거친 것

2. **공공 청사의 경우**

가. 다음에 해당하는 공공 청사의 신축, 증축 또는 용도변경으로서 수도권정비위원회의 심의를 거친 것. 다만, 2)에 해당하는 공공 청사의 경우에는 증축이나 용도변경만 가능하며, 수도권이 아닌 지역에 있는 3)에 해당하는 공공법인이 성장관리권역에 사무소를 신축하는 경우는 제외한다.

1) 중앙행정기관(청은 제외한다)의 청사

2) 중앙행정기관 중 청의 청사, 중앙행정기관의 소속 기관의 청사(교육, 연수 또는 시험기관의 청사는 제외한다)

3) 공공법인의 사무소

나. 다음의 어느 하나에 해당하는 행위

1) 중앙행정기관의 소속 기관 및 공공법인(지점을 포함한다) 중 수도권만을 관할하는 기관 및 공공법인의 청사 또는 사무소의 신축, 증축 또는 용도변경

2) 중앙행정기관의 소속 기관 및 공공법인(지점을 포함한다) 중 관할 구역이 수도권과 그 인근

의 도 지역만을 관할하는 기관 및 공공법인의 청사 또는 사무소의 신축, 증축 또는 용도변경으로서 국토교통부장관과 협의를 거친 것

3. **연수 시설의 경우**

가. 연수 시설의 신축, 증축 또는 용도변경으로서 수도권정비위원회의 심의를 거친 것

나. 기존 연수 시설의 건축물 연면적의 20/100 범위에서의 증축

다. 수도권에서 이전하는 연수 시설의 종전 규모의 범위에서의 신축, 증축 또는 용도변경

② 법 제8조제2항에서 "**대통령령으로 정하는 범위**"란 다음 각 호의 어느 하나에 해당하는 지역을 말한다.

1. 과밀억제권역에서 이전하는 공장 등을 계획적으로 유치하기 위하여 필요한 지역
2. 개발 수준이 다른 지역에 비하여 뚜렷하게 낮은 지역의 주민 소득 기반을 확충하기 위하여 필요한 지역
3. 공장이 밀집된 지역을 재정비하기 위하여 필요한 지역
4. 관계 중앙행정기관의 장이 산업정책상 필요하다고 인정하여 국토교통부장관에게 요청한 지역

제13조【자연보전권역의 행위 제한】

① 법 제9조제1호에서 "대통령령으로 정하는 종류 및 규모 이상의 **개발사업**"이란 다음 각 호의 어느 하나에 해당하는 사업을 말한다. 이 경우 같은 목적으로 여러 번에 걸쳐 부분적으로 개발하거나 연접하여 개발(이하 "**연접개발**"이라 한다)함으로써 사업의 전체 면적이 다음 각 호의 어느 하나에서 정하는 규모 이상으로 되는 사업(「국토의 계획 및 이용에 관한 법률」 제36조 및 제37조에 따른 도시지역 중 주거지역, 상업지역, 공업지역 및 개발진흥지구에서 시행하는 사업은 제외한다)을 포함한다.

1. 택지조성사업. 다만, 「건축법 시행령」 별표 1 제2호의 공동주택 중 아파트 또는 연립주택의 건설계획이 포함되지 아니한 택지조성사업과 「한강수계 상수원수질개선 및 주민지원 등에 관한 법률」 제8조에 따른 오염총량관리계획을 수립·시행하는 시·군(이하 "**오염총량관리계획 시행지역**"이라 한다)이 아닌 지역에서 시행하는 택지조성사업은 그 면적이 30,000$m^2$ 이상인 것을 말한다.
2. 면적이 30,000$m^2$ 이상인 공업용지조성사업
3. 시설계획지구의 면적이 30,000$m^2$ 이상인 관광지조성사업
4. 면적이 30,000$m^2$ 이상인 도시개발사업
5. 면적이 30,000$m^2$ 이상인 지역종합개발사업

② 법 제9조제2호에서 "대통령령으로 정하는 학교, 공공 청사, 업무용 건축물, 판매용 건축물, 연수 시설, 그 밖의 **인구집중유발시설**"이란 다음 각 호의 어느 하나에 해당하는 시설을 말한다.

1. 학교
2. 공공 청사
3. 업무용 건축물, 판매용 건축물 또는 복합 건축물로서 창고 시설(「하수도법」 제2조제1호에 따른 오수를 배출하지 아니하는 시설만 해당한다)과 주차장의 면적을 제외한 면적이 제3조제4호 각 목의 어느 하나에 해당하는 건축물
4. 연수 시설 중 「건축법 시행령」 별표 1 제10호나목의 교육원, 같은 호 다목의 직업훈련소 및 같은 표 제20호사목의 운전 및 정비 관련 직업훈련소 중 「근로자직업능력 개발법」에 따라 사업주가 설치·운영하는 직업능력개발훈련시설

③ 국토교통부장관은 연접개발의 세부적인 적용기준 등을 정할 수 있으며, 그 기준 등을 정한 경우에는 관보에 고시하여야 한다.

제14조【자연보전권역의 행위 제한 완화】

① 관계 행정기관의 장은 법 제9조 각 호 외의 부분 단서에 따라 **자연보전권역**에서 다음 각 호의 어느 하나에 해당하는 행위나 그 행위의 허가등을 할 수 있다.

1. 오염총량관리계획 시행지역이 아닌 지역에서 시행하는 택지조성사업, 도시개발사업, 지역종합개발사업 또는 관광지조성사업 중 그 면적(관광지조성사업의 경우에는 시설계획지구의 면적을 말한다)이 60,000m$^2$ 이하인 것으로서 수도권정비위원회의 심의를 거친 것
2. 오염총량관리계획 시행지역에서 시행하는 택지조성사업, 도시개발사업, 지역종합개발사업 또는 관광지조성사업의 경우
   가. 다음의 어느 하나에 해당하는 **택지조성사업**. 다만, 「한강수계 상수원수질개선 및 주민지원 등에 관한 법률」 제4조제1항에 따라 지정·고시된 수변구역에서 시행하는 택지조성사업은 제외한다.
      1) 「국토의 계획 및 이용에 관한 법률」 제36조 및 제37조에 따른 도시지역 중 주거지역, 상업지역, 공업지역 및 개발진흥지구(이하 이 조에서 "도시지역등"이라 한다)에서 시행되는 택지조성사업 중 「국토의 계획 및 이용에 관한 법률」 제51조에 따라 지정된 100,000m$^2$ 이상의 지구단위계획구역에서 시행되는 것으로서 수도권정비위원회의 심의를 거친 것
      2) 도시지역등에서 시행되는 택지조성사업 중 「국토의 계획 및 이용에 관한 법률」 제51조에 따라 지정된 100,000m$^2$ 미만의 지구단위계획구역에서 시행되고 주변 지역이 이미 시가화(市街化) 등이 완료되어 추가적으로 개발할 수 있는 지역이 없는 것으로서 국토교통부장관과 협의를 거친 것
      3) 도시지역등이 아닌 지역에서 시행되는 택지조성사업 중 「국토의 계획 및 이용에 관한 법률」 제51조에 따라 지정된 100,000m$^2$ 이상 500,000m$^2$ 이하의 지구단위계획구역에서 시행되는 것으로서 수도권정비위원회의 심의를 거친 것
      4) 도시지역등과 도시지역등이 아닌 지역에 걸쳐서 시행되는 택지조성사업 중 「국토의 계획 및 이용에 관한 법률」 제51조에 따라 지정된 100,000m$^2$ 이상 500,000m$^2$ 이하의 면적(각 지역의 지구단위계획구역 면적을 합산한 면적을 말한다)의 지구단위계획구역에서 시행되는 것으로서 수도권정비위원회의 심의를 거친 것
   나. 다음의 어느 하나에 해당하는 **도시개발사업** 또는 **지역종합개발사업**. 다만, 「한강수계 상수원수질개선 및 주민지원 등에 관한 법률」 제4조제1항에 따라 지정·고시된 수변구역에서 시행하는 도시개발사업 및 지역종합개발사업은 제외한다.
      1) 60,000m$^2$ 이하의 도시개발사업 또는 지역종합개발사업(3)에 해당하는 경우는 제외한다)으로서 수도권정비위원회의 심의를 거친 것
      2) 도시지역등에서 시행되는 도시개발사업 또는 지역종합개발사업 중 그 면적이 100,000m$^2$ 이상인 것으로서 수도권정비위원회의 심의를 거친 것
      3) 도시지역등에서 시행되는 도시개발사업 또는 지역종합개발사업 중 그 면적이 100,000m$^2$ 미만이고 주변 지역이 이미 시가화 등이 완료되어 추가적으로 개발할 수 있는 지역이 없는 것으로서 국토교통부장관과 협의를 거친 것
      4) 도시지역등이 아닌 지역에서 시행되거나 도시지역등과 도시지역등이 아닌 지역에 걸쳐서 시행되는 도시개발사업 또는 지역종합개발사업 중 그 면적이 100,000m$^2$ 이상 500,000m$^2$ 이하인 것으로서 수도권정비위원회의 심의를 거친 것
   다. **관광지조성사업** 중 시설계획지구의 면적이 30,000m$^2$ 이상인 것으로서 수도권정비위원회 심의를 거친 것
3. **공업용지조성사업** 중 면적이 60,000m$^2$ 이하인 것으로서 수도권정비위원회의 심의를 거친 것
4. **학교의 경우**
   가. 제24조에 따른 총량규제의 내용에 적합한 범위에서의 전문대학, 대학원대학 또는 소규모대학의 신설로서 수도권정비위원회의 심의를 거친 것
   나. 제24조에 따른 총량규제의 내용에 적합한 범위에서의 학교 입학 정원의 증원

다. 신설된 지 8년이 지나지 아니한 소규모대학 입학 정원의 증원(최초 입학 정원의 100% 범위에서의 증원만 해당하며, 신설된 후 8년 이내에는 나목에 따른 증원을 할 수 없다)으로서 수도권정비위원회의 심의를 거친 것

라. 자연보전권역에서의 전문대학, 대학원대학 또는 소규모대학의 이전

마. 교육부장관이 대학의 구조개혁을 위하여 고시하는 국립대학 및 사립대학 통·폐합기준에 따른 대학과 전문대학 간 통·폐합으로 인한 대학의 신설·증설 또는 이전으로서 다음의 요건을 갖춘 것

1) 해당 대학 및 전문대학이 관할 시·도지사의 의견을 들어 교육부장관에게 요청한 것으로서 2012년 12월 31일까지 수도권정비위원회의 심의를 거칠 것

2) 대학 본부가 자연보전권역 밖에서 자연보전권역으로 이전하거나 자연보전권역에 신설되지 아니할 것

3) 대학의 교사(校舍)와 교지(校地) 등이 종전과 같이 사용되고, 폐지되는 전문대학의 교사와 교지 등은 대학의 교사와 교지 등으로 전환될 것

5. **공공 청사의 경우**

가. 다음에 해당하는 공공 청사의 신축, 증축 또는 용도변경으로서 수도권정비위원회의 심의를 거친 것. 다만, (2)에 해당하는 공공 청사의 경우에는 증축이나 용도변경만 가능하며, 수도권이 아닌 지역에 있는 (3)에 해당하는 공공법인이 자연보전권역에 사무소를 신축하는 경우는 제외한다.

1) 중앙행정기관(청은 제외한다)의 청사

2) 중앙행정기관 중 청의 청사, 중앙행정기관의 소속 기관의 청사(교육, 연수 또는 시험기관의 청사는 제외한다)

3) 공공법인의 사무소

나. 다음의 어느 하나에 해당하는 행위

1) 중앙행정기관의 소속 기관 및 공공법인(지점을 포함한다) 중 수도권만을 관할하는 기관 및 공공법인의 청사 또는 사무소의 신축, 증축 또는 용도변경

2) 중앙행정기관의 소속 기관 및 공공법인(지점을 포함한다) 중 관할 구역이 수도권과 그 인근의 도 지역만을 관할하는 기관 및 공공법인의 청사 또는 사무소의 신축, 증축 또는 용도변경으로서 국토교통부장관과 협의를 거친 것

6. **연수 시설의 경우**

가. 기존 연수 시설의 건축물 연면적의 10/100 범위에서의 증축

나. 오염총량관리계획 시행지역에서 시행하는 연수 시설의 신축, 증축(기존 연수 시설의 건축물 연면적의 10/100 범위에서의 증축은 제외한다) 또는 용도변경으로서 수도권정비위원회의 심의를 거친 것

7. 오염총량관리계획 시행지역에서 시행하는 업무용 건축물, 판매용 건축물 및 복합 건축물의 신축, 증축 또는 용도변경

② 제1항제2호가목에 따라 수도권정비위원회의 심의를 요청할 때 같은 지구단위계획구역에 여러 개의 택지조성사업이 포함된 경우에는 한꺼번에 수도권정비위원회의 심의를 요청하여야 한다.

참고

수도권 안에서의 공장설립 규제

※ 「산업집적활성화 및 공장설립에 관한 법률 시행령」 【별표 1의2】

※ 「산업집적활성화 및 공장설립에 관한 법률 시행령」 【별표 2】

※ 「산업집적활성화 및 공장설립에 관한 법률 시행령」 【별표 3】

※「산업집적활성화 및 공장설립에 관한 법률 시행령」**【별표 1의2】** (2021.6.8 본표 개정)

## 과밀억제권역 안에서의 공장의 신설·증설 또는 이전이 허용되는 경우(제26조 관련)

| 1. 산업단지 | 공장의 신설 또는 증설 |
|---|---|
| 2. 공업지역 | 가. 중소기업 도시형공장(제34조제2호에 따른 도시형공장은 제외한다)의 신설 또는 증설<br>나. 기존공장의 증설(다만, 대기업의 공장은 증설되는 공장건축면적이 3,000m$^2$에만 해당한다)<br>다. 기타지역에 있는 중소기업공장의 공업지역으로의 이전 또는 공업지역 상호 간의 이전(공장건축면적이 기존공장건축면적과 이전 전 지역에서 해당 공장이 증설가능한 면적을 합산한 범위 이내인 경우에만 해당한다)<br>라. 기존공장의 기존부지 내에서의 증설<br>마. 기술집약도가 높고 기술혁신속도가 빠른 업종으로서 산업통상자원부령으로 정하는 업종(이하 "첨단업종"이라 한다)을 영위하는 대기업의 기존공장으로서 기존공장건축면적의 200% 범위 이내의 증설<br>바. 기타지역에서 허용되는 행위 |
| 3. 기타지역 | 가. 다음의 어느 하나에 해당하는 공장(이하 "현지근린공장"이라 한다)의 신설 또는 증설(대기업의 공장은 신설 및 증설 결과 공장건축면적이 1,000m$^2$ 이내인 경우에만 해당한다) 또는 기존공장의 증설(대기업의 공장은 증설되는 공장건축면적이 1,000m$^2$ 이내인 경우에만 해당한다)<br>1) 농·수·축·임산물가공처리 및 그 부산물을 이용한 유기질비료 또는 사료를 제조하기 위한 공장으로서 산업통상자원부령으로 정하는 업종의 공장<br>2) 삭제 <2021.6.8><br>3) 「산업기술혁신 촉진법」 제11조에 따른 산업기술개발사업 또는 「기초연구진흥 및 기술개발지원에 관한 법률」 제14조에 따른 특정연구개발사업의 성과 및 국가인증을 획득한 신기술의 사업화를 촉진하기 위한 공장<br>4) 해당 지역에서 생산되는 원자재를 주원료로 하고 그 지역안에서 특화육성이 필요하다고 인정하여 시·도지사가 추천한 공장<br>5) 생활소비재산업 등 도시민의 생활과 밀접하게 관련되어 있는 산업으로서 산업통상자원부령으로 정하는 업종의 공장<br>나. 산업통상자원부령으로 정하는 건축자재업종의 공장(이하 "건축자재업종공장"이라 한다)의 신설 및 증설(대기업의 공장은 신설 및 증설 결과 공장건축면적이 1,000m$^2$ 이내인 경우에만 해당한다) 또는 기존공장의 증설(대기업의 공장은 증설되는 공장건축면적이 1,000m$^2$ 이내인 경우에만 해당한다)<br>다. 도시형공장(제34조제2호에 따른 도시형공장은 제외한다)인 중소기업 기존공장의 증설<br>라. 도시형공장(제34조제2호에 따른 도시형공장은 제외한다) 중 첨단업종의 공장의 신설 및 증설(대기업의 공장은 신설 및 증설 결과 공장건축면적이 1,000m$^2$ 이내인 경우에만 해당한다)<br>마. 도시형공장(제34조제2호에 따른 도시형공장은 제외한다)인 중소기업 기존공장의 기타지역 상호 간의 이전<br>바. 해당 지역에서 신설이 허용되는 업종을 영위하기 위한 기존공장의 증설(증설되는 면적이 신설이 허용되는 공장건축면적의 범위 이내인 경우에만 해당한다)<br>사. 「농수산물유통 및 가격안정에 관한 법률」에 따른 축산물공판장 내에 설치하는 도축 및 가공용시설의 신설 및 증설(신설 및 증설 결과 공장건축면적이 10,000m$^2$ 이내인 경우에만 해당한다)<br>아. 「신문 등의 진흥에 관한 법률」 제9조에 따라 등록한 일간신문의 발행을 위한 공장의 신설 및 증설(신설 및 증설 결과 공장건축면적이 10,000m$^2$ 이내인 경우에만 해당한다)<br>자. 첨단업종을 영위하는 대기업의 기존공장으로서 기존공장건축면적의 100% 범위 이내의 증설 |

※ 비고

1. 산업단지는 법 제2조제14호에 따른 산업단지(「중소기업진흥에 관한 법률」 제29조에 따른 협동화실천계획의 승인을 얻은 협동화단지를 포함한다. 이하 같다)와 「도시계획법」(법률 제6655호 국토의 계획 및 이용에 관한 법률 부칙 제2조에 따라 폐지된 종전의 도시계획법을 말한다) 제2조제10호에 따라 일단의 공업용지조성사업으로 조성된 단지로 한다.
2. 공업지역은 「국토의 계획 및 이용에 관한 법률」 제36조제1항제1호다목에 따른 공업지역, 같은 법 제51조제3항에 따른 지구단위계획구역(산업·유통형 및 복합형만 해당한다)과 같은 법 시행령 제31조제2항제8호나목 및 마목에 따른 산업·유통개발진흥지구 및 복합개발진흥지구 안에서 공업용도로 구획되는 것으로 한다.
3. 기타지역은 산업단지, 공업지역 외의 지역으로 한다.
4. 중소기업은 「중소기업기본법」 제2조에 따른 중소기업으로 한다.
5. 대기업은 중소기업 외의 기업으로 한다.
6. 기존공장은 대통령령 제21267호 산업집적활성화 및 공장설립에 관한 법률 시행령 일부개정령의 시행일 현재 법 제16조에 따라

등록을 한 공장을 말한다.

7. 기존공장건축면적은 대통령령 제21267호 산업집적활성화 및 공장설립에 관한 법률 시행령 일부개정령의 시행일 현재 기존공장의 등록된 건축면적으로 본다.
8. 기존공장의 기존부지면적은 대통령령 제21267호 산업집적활성화 및 공장설립에 관한 법률 시행령 일부개정령의 시행일 현재 기존공장의 등록된 부지면적으로 본다.
9. 증설이 허용되는 면적을 산정함에 있어서 2회 이상에 걸쳐 증설을 하는 경우에는 각각 증설되는 면적을 합한 것으로 한다.

※ 「산업집적활성화 및 공장설립에 관한 법률 시행령」 **【별표 2】** (2020.5.12 본표 개정)

## 성장관리지역 안에서의 공장의 신설·증설 또는 이전이 허용되는 경우

| | |
|---|---|
| 1. 산업단지 | 공장의 신설 또는 증설 |
| 2. 공업지역 | 가. 대기업의 과밀억제지역 및 자연보전지역에서 성장관리지역의 공업지역으로의 이전<br>나. 첨단업종을 영위하는 대기업 기존공장의 증설<br>다. 기타지역에서 허용되는 행위 |
| 3. 기타지역 | 가. 중소기업공장의 신설 또는 증설<br>나. 현지 근린공장 또는 건축 자재 업종 공장의 신설 또는 증설(신설 또는 증설 결과 공장건축면적이 5,000m² 이내인 경우에만 해당한다)<br>다. 첨단 업종을 영위하는 대기업의 기존 공장으로서 기존 공장 건축 면적의 200% 범위 이내의 증설<br>라. 기존 공장의 기존 부지 내에서의 증설<br>마. 기존 공장의 증설(증설되는 면적이 3,000m² 이내인 경우에만 해당한다)<br>바. 「축산물 가공 처리법」에 따른 도축용시설과 「농수산물유통 및 가격안정에 관한 법률」에 따른 축산물 공판장 내에 설치하는 도축 및 가공용시설의 신설 및 증설(신설 및 증설 결과 공장건축 면적이 10,000m² 이내인 경우에만 해당한다)<br>사. 과밀억제지역 및 자연보전지역에 있는 중소기업공장의 성장관리 지역으로의 이전<br>아. 「신문 등의 진흥에 관한 법률」 제9조에 따라 등록한 일간신문의 발행을 위한 공장의 신설 및 증설(신설 및 증설 결과 공장 건축 면적이 10,000m² 이내인 경우에만 해당한다) |

비고: 산업단지, 공업지역, 기타지역, 중소기업, 대기업, 기존 공장, 기존 공장 건축면적, 기존 공장의 기존 부지 면적, 증설이 허용되는 면적은 별표 1의2의 비고란과 같다.

※ 「산업집적활성화 및 공장설립에 관한 법률 시행령」 **【별표 3】** (2023.4.11 본표 개정)

## 자연보전권역 안에서의 공장의 신설·증설 또는 이전이 허용되는 경우(제27조의2 관련)

| | |
|---|---|
| 1. 산업단지 | 공업지역 및 기타지역에서 허용되는 행위(중소기업공장의 경우에는 면적제한을 적용하지 아니한다) |
| 2. 공업지역 | 가. 중소기업 도시형공장(제34조제2호에 따른 도시형공장은 제외한다)의 신설 및 증설(신설 및 증설 결과 공장건축면적이 3,000m² 이내인 경우에만 해당한다)<br>나. 중소기업공장의 기타지역에서 공업지역으로의 이전 또는 공업지역 상호 간의 이전(공장건축면적이 기존공장 건축면적과 이전 전 지역에서 해당 공장이 증설가능한 면적을 합산한 범위 이내인 경우에만 해당한다)<br>다. 기타지역에서 허용되는 행위 |
| 3. 기타지역 | 가. 현지근린공장 및 첨단업종공장의 신설 및 증설(신설 및 증설결과 공장건축면적이 1,000m² 이내인 경우에만 해당한다) 또는 기존공장의 증설(증설되는 공장건축면적이 1,000m² 이내인 경우에만 해당한다). 다만, 별표 1의2 제3호가목4)에 해당하는 공장의 경우에는 산업통상자원부장관이 환경부장관과 협의하여 정하는 업종에만 해당한다.<br>나. 도시형공장(제34조제2호에 따른 도시형공장은 제외한다) 중 수질에 미치는 영향이 자연보전지역의 지정목적에 적합하다고 인정되는 공장으로 산업통상자원부장관이 환경부장관과 협의하여 산업통상자원부령으로 정하는 공장(중소기업으로 신설 및 증설 결과 공장건축면적이 2,000m² 이내인 경우에만 해당한다)<br>다. 건축자재업종공장의 신설 및 증설(신설 및 증설 결과 건축면적 1,000m² 이내인 경우에만 해당한다) 또는 기존공장의 증설(증설되는 공장건축면적이 1,000m² 이내인 경우에만 해당한다) |

| | |
|---|---|
| | 라. 중소기업 도시형공장(제34조제2호에 따른 도시형공장은 제외한다)인 기존공장의 증설(증설되는 공장건축면적이 3,000m$^2$ 이내인 경우에만 해당한다)<br>마. 중소기업 도시형공장(제34조제2호에 따른 도시형공장은 제외한다)의 기타지역 상호 간의 이전(기존공장건축면적과 이전 전 지역에서 해당 공장이 증설가능한 면적을 합산한 범위 이내인 경우에만 해당한다)<br>바. 폐업한 기존공장을 양수하여 동일한 규모로 설립하는 중소기업 공장의 신설(기존공장과 동일한 업종이거나 해당 지역에서 신설이 허용되는 업종의 신설에만 해당한다)<br>사. 「축산물위생관리법」에 따른 도축용시설의 신설 및 증설(신설 및 증설 결과 건축면적 5,000m$^2$ 이내인 경우에만 해당한다) 또는 기존시설의 증설(증설되는 건축면적이 5,000m$^2$ 이내인 경우에만 해당한다)<br>아. 「양곡관리법」 제22조에 따라 미곡유통업을 육성하기 위한 미곡종합처리장의 신설 및 증설(신설 및 증설 결과 공장건축 면적이 3,000m$^2$ 이내인 경우에만 해당한다) 또는 기존처리장의 증설(증설되는 건축면적이 3,000m$^2$ 이내인 경우에만 해당한다)<br>자. 「임업 및 산촌 진흥촉진에 관한 법률」 제10조에 따른 가공시설 자금지원대상인 임산물 가공업의 시설의 신설 및 증설(신설 및 증설 결과 공장건축면적이 5,000m$^2$ 이내인 경우에만 해당한다)<br>차. 해당 지역에서 신설이 허용되는 업종을 영위하기 위한 기존공장의 증설(증설되는 면적이 신설이 허용되는 공장건축면적의 범위 이내인 경우에만 해당한다)<br>카. 「물환경보전법」 제2조제10호에 따른 폐수배출시설에 해당하지 않는 공장의 신설 또는 증설(다만, 「한강수계 상수원수질개선 및 주민지원 등에 관한 법률」 제8조에 따른 오염총량관리계획을 수립·시행하는 지역인 경우에만 해당한다) |

※ 비고 : 산업단지, 공업지역, 기타지역, 중소기업, 대기업, 기존공장, 기존공장건축면적, 증설이 허용되는 면적은 별표 1의2의 비고란과 같다.

참고

**자연보전권역 안에서의 연접개발 적용지침**(국토교통부 고시 제2024-1075호, 2025.1.6 개정)

**제1조 【목적】** 이 지침은 자연보전권역 안에서의 연접개발에 대한 적용기준을 정하여 「수도권정비계획법」 제9조의 규정에 의한 자연보전권역 안에서의 행위제한을 효율적으로 운영하는 것을 목적으로 한다.

**제2조 【관련 근거】** 국토교통부장관은 연접개발의 세부적인 적용기준 등을 정할 수 있다. 이 경우 국토교통부장관은 관보에 고시하여야 한다.(「수도권정비계획법 시행령」(이하 "영"이라 한다)」 제13조제3항)

**제3조 【연접개발의 정의】** 영 제13조제1항의 규정에 따른 동일한 목적으로 연접하여 시행하는 개발사업이라 함은 영 제13조제1항 각 호 어느 하나의 개발사업을 연접하여 시행하는 경우를 말한다.(「한강수계 상수원 수질개선 및 주민지원 등에 관한 법률」 제8조에 따른 오염총량관리계획을 수립·시행하는 지역안에서 시행하는 택지조성사업은 지구단위계획구역이 연접하는 경우를 포함한다)

**제4조 【연접개발 대상사업】**

① 다음에 해당하는 택지조성사업
  1. 「택지개발촉진법」에 의한 택지개발사업
  2. 「주택법」에 의한 주택건설사업 및 대지조성사업
  3. 「산업입지 및 개발에 관한 법률」에 의한 산업단지 및 특수지역안에서의 주택지 조성사업

② 다음에 해당하는 공업용지조성사업
  1. 「산업입지 및 개발에 관한 법률」에 의한 산업단지개발사업 및 특수지역 개발사업
  2. 「자유무역지역의 지정 및 운영에 관한 법률」에 의한 자유무역지역 조성사업
  3. 「중소기업진흥에 관한 법률」에 의한 중소기업협동화단지조성사업
  4. 「산업집적활성화 및 공장설립에 관한 법률」에 의한 공장설립을 위한 공장용지조성사업

③ 다음에 해당하는 관광지조성사업
  1. 「관광진흥법」에 의한 관광지 및 관광단지조성사업과 관광시설조성사업
  2. 「국토의 계획 및 이용에 관한 법률」에 의한 유원지설치사업
  3. 「온천법」에 의한 온천이용시설설치사업

④「도시개발법」에 의한 도시개발사업

⑤「지역개발 및 지원에 관한 법률」에 의한 지역개발사업(법률 제12737호 지역개발 및 지원에 관한 법률 부칙 제4조제3항에 따라 지역개발사업구역으로 보는 종전의「지역균형개발 및 지방중소기업 육성에 관한 법률」에 따라 지정·고시된 지역종합개발지구에서 시행하는 지역개발사업만 해당)

**제5조【연접개발의 적용기준】**

① 연접개발의 적용기준은「국토의 계획 및 이용에 관한 법률」제36조에 따른 녹지지역·관리지역·농림지역·자연 환경보전지역(「국토의 계획 및 이용에 관한 법률」에 따른 개발진흥지구·지구단위계획구역·기반시설부담구역 및「산업입지 및 개발에 관한 법률」에 따른 공장입지 유도지구를 제외하며, 이하 "비도시지역등"이라 한다)을 대상으로 한다. 다만, 이외의 지역도 "비도시지역등"과 걸쳐 개발사업을 시행하는 경우에는 이를 적용한다.

② 연접개발은 사업주체가 다르거나 사업시기를 달리하는 경우에도 적용하되, 각 개발사업에 대한 연접개발 여부는 사업목적의 동일 여부, 사업의 연속성, 당해 지역의 지형적 특성, 토지이용상 일단의 부지여부 등 다음 사항을 종합적으로 고려하여 판단한다.

1. 개발사업의 주목적과 사업주체가 동일한 경우(사실상 사업주체가 동일한 경우를 포함한다)로서 사업을 인위적으로 분할하거나 이격하여 시행하는 경우에는 동일한 사업으로 본다.
2. 출입을 위한 주진입로, 주차장, 생활편의시설 등 주요 시설을 공유하여 독립된 사업지구로 볼 수 없는 경우에는 동일한 사업으로 본다.
3. 입장권, 상호, 출입을 위한 주요통로, 기타 관련 시설을 공유하는 등 사회통념상 하나의 영업 행위로 볼 수 있는 경우에는 동일한 사업으로 본다.
4. 이미 개발사업이 완료된 부지(1994년 4월 29일 이전에 인·허가등을 받은 개발사업을 제외한다)에 연접하여 새로운 개발사업을 추진하는 경우에도 사업주체가 동일(1.)하거나 주요시설을 공유하는 등 독립성이 인정되지 않거나(2.) 동일한 영업 행위로 볼 수 있는 경우(3.)에는 하나의 사업으로 본다.

③ 다음의 경우에는 연접개발로 보지 아니할 수 있다.

1. 도로로 분리된 경우
   도로법에 의한 고속국도, 일반국도 등에 의해 개발사업지가 분리되고 보행이나 자동차에 의한 상호 통행이 용이하지 않는 경우
2. 철도로 분리된 경우
   철도건설법에 의한 철도 및 철도시설, 도시철도법에 의한 도시철도 및 도시철도시설 등으로 분리되고 보행이나 자동차에 의한 상호통행이 용이하지 않는 경우
3. 산지나 농지 등으로 분리된 경우
   산지나 농지(이와 유사한 지형지물을 포함한다)등에 의해 충분히 이격되어 상호간 조망이나 통행이 용이하지 않는 경우
4. 산업 입지를 목적으로 하는 성장관리계획구역에서 시행되는「산업집적활성화 및 공장설립에 관한 법률」에 따른 공장설립을 위한 공장용지 조성사업으로서 수도권정비위원회의 심의를 거친 것 (다만, 도로, 공원, 상하수도 등의 기반시설계획이 수립되어 난개발 우려가 없는 지역에 한한다)
5. 해당 지방자치단체가 기존 공장 밀집지역의 정비계획을 수립하여 다음의 요건을 갖추어 수도권정비위원회의 심의를 거친 것
   - 공장 부지면적이 사업면적의 40% 이상이고 건축허가 또는 건축신고를 한 공장이 5개 이상일 것
   - 「산업입지 및 개발에 관한 법률」에 따른 산업단지개발사업을 단계별로 시행하되 전체 사업면적이 30만$m^2$ 미만일 것

④ 지방자치단체는 필요한 경우 동 지침의 범위안에서 당해 지역의 여건에 맞는 세부적인 기준을 마련하여 적용할 수 있다.

**제6조【재검토기한】** 국토교통부장관은 「훈령·예규 등의 발령 및 관리에 관한 규정」에 따라 이 고시에 대하여 2025년 1월 1일 기준으로 매 3년이 되는 시점(매 3년째의 12월 31일까지를 말한다)마다 그 타당성을 검토하여 개선 등의 조치를 하여야 한다.

참고 교통영향평가제도는 「도시교통정비 촉진법」에서 규정하고 있음.

※ 「도시교통정비 촉진법 시행령」【별표 1】(2024.2.6 본표 개정)

## 교통영향평가 대상사업의 범위 및 교통영향평가서의 제출·심의 시기

(제13조의2제3항 및 제13조의3제1항 관련)

1. 개발 사업

| 구분 | 교통영향평가 대상사업의 범위 | 교통영향평가서의 제출·심의 시기 |
|---|---|---|
| 가. 도시의 개발 | 1) 「도시개발법」 제2조제1항제2호에 따른 도시개발사업<br>– 부지면적 10만m² 이상 | 「도시개발법」 제17조제2항에 따른 실시계획의 인가 전 |
| | 2) 「도시 및 주거환경정비법」 제2조제2호(같은 호 가목의 주거환경개선사업 중 같은 법 제23조제1항제1호에 해당하는 정비사업은 제외한다)에 따른 정비사업<br>– 부지면적 5만m² 이상 | 「도시 및 주거환경정비법」 제50조에 따른 사업시행계획인가전, 지방자치단체가 그 사업을 시행하는 경우에는 사업시행계획인가의 고시 전 |
| | 3) 「국토의 계획 및 이용에 관한 법률」 제2조제6호에 따른 기반시설 중 다음의 시설에 관한 도시계획시설사업<br>가) 도로<br>– 총길이 5km 이상인 신설노선 중 인터체인지, 교차 부분 및 다른 간선도로와의 접속부<br>나) 유통업무설비<br>– 건축 연면적 1만 5천m² 이상 또는 부지면적 5만 5천m² 이상<br>다) 공원<br>– 부지면적 30만m² 이상<br>라) 유원지<br>– 부지면적 15만m² 이상 | 「국토의 계획 및 이용에 관한 법률」 제88조제2항에 따른 실시계획의 인가 전 |
| | 4) 「주택법」 제15조에 따른 대지조성사업<br>– 부지면적 10만m² 이상 | 「주택법」 제15조에 따른 사업계획의 승인 전 |
| | 5) 「택지개발촉진법」 제2조제4호에 따른 택지개발사업 또는 「공공주택 특별법」 제2조제3호가목에 따른 공공주택지구조성사업<br>– 부지면적 10만m² 이상 | 「택지개발촉진법」 제9조제1항에 따른 택지개발사업 실시계획의 승인 전 또는 「공공주택 특별법」 제17조에 따른 공공주택지구계획의 승인 전 |
| | 6) 「물류시설의 개발 및 운영에 관한 법률」 제2조제9호에 따른 물류단지개발사업<br>– 부지면적 5만m² 이상 | 「물류시설의 개발 및 운영에 관한 법률」 제28조제1항에 따른 실시계획의 승인 전 |
| | 7) 「물류시설의 개발 및 운영에 관한 법률」 제2조제2호 및 제4호에 따른 물류터미널 또는 복합물류터미널의 설치<br>– 부지면적 2만 5천m² 이상 | 「물류시설의 개발 및 운영에 관한 법률」 제9조제1항에 따른 공사시행의 인가 전 |
| | 8) 「국토의 계획 및 이용에 관한 법률」 제50조에 따른 도시지역 내 지구단위계획에 관한 도시·군관리계획의 결정<br>– 부지면적 10만m² 이상 | 「국토의 계획 및 이용에 관한 법률」 제30조제1항에 따른 도시지역 내 지구단위계획에 관한 도시·군관리계획의 결정 전 |
| | 9) 「혁신도시 조성 및 발전에 관한 특별법」 제2조제5호에 따른 혁신도시개발사업<br>– 부지면적 10만m² 이상 | 「혁신도시 조성 및 발전에 관한 특별법」 제12조제1항에 따른 실시계획승인 전 |
| | 10) 「역세권의 개발 및 이용에 관한 법률」 제2조제2호에 따른 역세권개발사업 중 사업면적이 25만m² 이상인 사업 | 「역세권의 개발 및 이용에 관한 법률」 제13조제1항에 따른 실시계획의 승인 전 |

| 구분 | 교통영향평가 대상사업의 범위 | 교통영향평가서의 제출·심의 시기 |
|---|---|---|
| 나. 산업입지 및 산업단지의 조성 | 1) 「산업입지 및 개발에 관한 법률」 제2조제9호에 따른 산업단지 개발사업 및 같은 조 제11호에 따른 산업단지 재생사업<br>– 부지면적 20만m² 이상 | 「산업입지 및 개발에 관한 법률」 제17조, 제17조의2, 제18조, 제18조의2 및 제19조에 따른 실시계획의 승인 전 또는 같은 법 제39조의7에 따른 재생시행계획의 승인 전 |
| | 2) 「연구개발특구의 육성에 관한 특별법」 제6조의2제2항제4호에 따른 특구개발사업<br>– 부지면적 20만m² 이상 | 「연구개발특구의 육성에 관한 특별법」 제27조에 따른 실시계획의 승인 전 |
| 다. 에너지 개발 | 「전원개발촉진법」 제2조제2호에 따른 전원개발사업(송전선로의 경우는 제외한다)<br>– 부지면적 300만m² 이상 | 「전원개발촉진법」 제5조제1항에 따른 실시계획의 승인 전 |
| 라. 항만의 건설 | 「항만법」 제2조제1호에 따른 항만의 건설(같은 조 제5호나목에 따른 기능시설로서 항만파이프라인 등 자동화 설비를 갖추어 승인관청이 항만의 건설로 차량을 통한 외부 수송수요가 발생하지 않는다고 인정하여 국토교통부장관과 협의한 사업은 제외한다)<br>– 연간 하역능력 150만 톤 이상 | 「항만법」 제10조에 따른 실시계획의 수립 또는 승인 전, 다만, 「항만공사법」에 따른 항만시설공사가 시행되는 경우에는 같은 법 제22조에 따른 실시계획의 승인 전 |
| 마. 도로의 건설 | 「도로법」 제10조에 따른 도로의 건설<br>– 총길이 5km 이상인 신설노선 중 인터체인지, 분기점, 교차 부분 및 다른 간선도로와의 접속부 | 「도로법」 제25조에 따른 도로구역의 결정 전 |
| 바. 철도의 건설 | 1) 「철도의 건설 및 철도시설 유지관리에 관한 법률」 제2조제1호 및 「국토의 계획 및 이용에 관한 법률」 제2조제6호에 따른 철도의 건설. 다만, 「철도사업법」 제2조제5호에 따른 전용철도를 공장 안에 설치하는 경우는 제외한다.<br>– 정거장 1개소 이상을 포함하는 총길이 5km 이상 | 「국토의 계획 및 이용에 관한 법률」에 따른 도시계획사업으로 시행하는 경우에는 같은 법 제88조제2항에 따른 실시계획의 인가 전, 그 밖의 경우에는 「철도의 건설 및 철도시설 유지관리에 관한 법률」 제9조제1항에 따른 실시계획의 승인 전 |
| | 2) 「도시철도법」 제2조제2호에 따른 도시철도의 건설사업<br>– 정거장 1개소 이상을 포함하는 총길이 3km 이상 | 「도시철도법」 제7조에 따른 사업계획 승인 전 |
| 사. 공항의 건설 | 「공항시설법」 제2조제2호 및 제3호에 따른 비행장 및 공항의 설치<br>– 연간 여객처리능력 30만 명 이상 | 「공항시설법」 제7조제3항에 따른 실시계획 승인 및 같은 조 제6항에 따른 고시 전 |
| 아. 관광단지의 개발 | 1) 「관광진흥법」 제2조제6호 및 제7호에 따른 관광지 및 관광단지의 조성사업<br>– 시설계획 면적 5만m² 이상 또는 부지면적 50만m² 이상 | 「관광진흥법」 제54조제1항에 따른 조성계획의 승인 전 |
| | 2) 「온천법」 제2조에 따른 온천의 개발사업<br>– 부지면적 10만m² 이상 | 「온천법」 제10조에 따른 온천개발계획의 승인 전 |
| 자. 특정지역의 개발 | 1) 「지역 개발 및 지원에 관한 법률」 제2조제3호에 따른 지역개발사업<br>– 부지면적 10만m² 이상 | 「지역 개발 및 지원에 관한 법률」 제23조제1항에 따른 실시계획의 승인 전 |
| | 2) 「주한미군기지 이전에 따른 평택시 등의 지원 등에 관한 특별법」 제2조제9호에 따른 국제화계획지구의 개발사업 또는 같은 법 제16조에 따른 평택시개발사업<br>– 부지면적 10만m² 이상 | 「주한미군기지 이전에 따른 평택시 등의 지원 등에 관한 특별법」 제17조에 따른 평택시개발사업의 시행승인 전 또는 같은 법 제23조에 따른 국제화계획지구 개발계획의 승인 전 |
| | 3) 「신행정수도 후속대책을 위한 연기·공주지역 행정중심복합도시 건설을 위한 특별법」 제2조제1호에 따른 행정중심복합도시 건설사업<br>– 부지면적 10만m² 이상 | 「신행정수도 후속대책을 위한 연기·공주지역 행정중심복합도시 건설을 위한 특별법」 제21조제1항에 따른 실시계획의 승인 전 또는 같은 법 제53조에 따른 주변지역지원사업의 계획 수립 전 |

| 구분 | 교통영향평가 대상사업의 범위 | 교통영향평가서의 제출·심의 시기 |
|---|---|---|
| | 4) 「기업도시개발 특별법」 제2조제3호에 따른 기업도시개발사업<br>– 부지면적 10만m² 이상 | 「기업도시개발 특별법」 제12조에 따른 실시계획의 승인 전 |
| | 5) 「용산공원 조성 특별법」 제3조제4호에 따른 용산공원정비구역 내 용산공원 조성 등 개발사업<br>– 부지면적 10만m² 이상 | 「용산공원 조성 특별법」 제16조에 따른 실시계획의 승인 전 |
| 차. 체육시설의 설치 | 1) 「체육시설의 설치·이용에 관한 법률」 제2조제1호에 따른 체육시설의 설치공사. 다만 골프장 설치공사의 경우에는 27홀 이상인 경우만 해당한다.<br>– 부지면적 15만m² 이상 | 「체육시설의 설치·이용에 관한 법률」 제12조에 따른 사업계획의 승인 전(국가 또는 지방자치단체가 시행하는 경우에는 「국토의 계획 및 이용에 관한 법률」 제88조제2항에 따른 실시계획의 인가 전) |
| | 2) 「경륜·경정법」 제2조제1호·제2호에 따른 경륜 또는 경정 시설의 설치사업<br>– 부지면적 15만m² 이상 | 「경륜·경정법」 제5조제1항에 따른 허가 전 |
| | 3) 「한국마사회법」 제4조에 따른 경마장<br>– 부지면적 15만m² 이상 | 「한국마사회법」 제4조에 따른 경마장 설치허가 전 |
| 카. 민간투자사업 | 「사회기반시설에 대한 민간투자법」 제2조제5호에 따른 민간투자사업<br>– 해당 사업 또는 시설 규모 이상 | 「사회기반시설에 대한 민간투자법」 제15조에 따른 실시계획의 승인 전 |

## 2. 건축물

### 가. 단일용도의 건축물

| 용도 | 용도별 건축물의 종류 | 도시교통정비지역(m²) | 교통권역(m²) |
|---|---|---|---|
| 1) 공동주택 | 「건축법 시행령」 별표 1 제2호 가목에 따른 아파트 | 건축 연면적 60,000m² 이상 | 건축 연면적 90,000m² 이상 |
| 2) 제1종 근린생활시설 | 「건축법 시행령」 별표 1 제3호 라목에 따른 제1종 근린생활시설 중 의원 및 한의원 | 건축 연면적 25,000m² 이상 | 건축 연면적 37,500m² 이상 |
| | 그 밖의 제1종 근린생활시설(대피소 및 변전소는 제외한다) | 건축 연면적 12,000m² 이상 | 건축 연면적 18,000m² 이상 |
| 3) 제2종 근린생활시설 | 「건축법 시행령」 별표 1 제4호에 따른 제2종 근린생활시설 | 건축 연면적 15,000m² 이상 | 건축 연면적 22,500m² 이상 |
| 4) 문화 및 집회시설 | 「건축법 시행령」 별표 1 제5호 가목부터 다목까지에 따른 문화 및 집회시설(예식장은 제외한다) | 건축 연면적 15,000m² 이상 | 건축 연면적 22,500m² 이상 |
| | 「건축법 시행령」 별표 1 제5호 나목에 따른 집회장 중 예식장 | 건축 연면적 3,000m² 이상 | 건축 연면적 4,500m² 이상 |
| | 「건축법 시행령」 별표 1 제5호 라목에 따른 전시장 | 건축 연면적 15,000m² 이상 | 건축 연면적 22,500m² 이상 |
| | 「건축법 시행령」 별표 1 제5호 마목에 따른 동·식물원 | 부지면적 20,000m² 이상 | 부지면적 30,000m² 이상 |
| 5) 종교시설 | 「건축법 시행령」 별표 1 제6호에 따른 종교시설 | 건축 연면적 15,000m² 이상 | 건축 연면적 22,500m² 이상 |
| 6) 판매시설 | 「건축법 시행령」 별표 1 제7호 가목에 따른 도매시장 | 건축 연면적 13,000m² 이상 | 건축 연면적 19,500m² 이상 |
| | 「건축법 시행령」 별표 1 제7호 나목에 따른 소매시장 | 건축 연면적 6,000m² 이상 | 건축 연면적 9,000m² 이상 |

| 용도 | 용도별 건축물의 종류 | 도시교통정비지역(㎡) | 교통권역(㎡) |
|---|---|---|---|
| | 「건축법 시행령」 별표 1 제7호 다목에 따른 상점 | 건축 연면적 11,000㎡ 이상 | 건축 연면적 16,500㎡ 이상 |
| 7) 운수시설 | 「건축법 시행령」 별표 1 제8호 가목부터 라목까지에 따른 운수시설 | 건축 연면적 11,000㎡ 이상 | 건축 연면적 16,500㎡ 이상 |
| 8) 의료시설 | 「건축법 시행령」 별표 1 제9호 가목에 따른 병원 | 건축 연면적 25,000㎡ 이상 | 건축 연면적 37,500㎡ 이상 |
| 9) 교육연구시설 | 「건축법 시행령」 별표 1 제10호 가목에 따른 학교 중 대학 및 대학교 | 건축 연면적 100,000㎡ 이상 | 건축 연면적 150,000㎡ 이상 |
| | 「건축법 시행령」 별표 1 제10호 나목부터 바목까지에 따른 교육연구시설(같은 호 라목에 따른 시설 중 교습소는 제외한다) | 건축 연면적 37,000㎡ 이상 | 건축 연면적 55,500㎡ 이상 |
| 10) 운동시설 | 「건축법 시행령」 별표 1 제13호에 따른 운동시설 | 건축 연면적 10,000㎡ 이상 또는 관람석 2천석 이상 | 건축 연면적 15,000㎡ 이상 또는 관람석 3천석 이상 |
| 11) 업무시설 | 「건축법 시행령」 별표 1 제14호 가목에 따른 공공업무시설 | 건축 연면적 7,000㎡ 이상 | 건축 연면적 10,500㎡ 이상 |
| | 「건축법 시행령」 별표 1 제14호 나목에 따른 일반업무시설 | 건축 연면적 25,000㎡ 이상 | 건축 연면적 37,500㎡ 이상 |
| 12) 숙박시설 | 「건축법 시행령」 별표 1 제15호 가목 및 나목에 따른 숙박시설 | 건축 연면적 40,000㎡ 이상 | 건축 연면적 60,000㎡ 이상 |
| 13) 위락시설 | 「건축법 시행령」 별표 1 제16호 가목부터 다목까지에 따른 위락시설 | 건축 연면적 11,000㎡ 이상 | 건축 연면적 16,500㎡ 이상 |
| | 「건축법 시행령」 별표 1 제16호 마목 및 바목에 따른 위락시설 | 건축 연면적 6,000㎡ 이상 | 건축 연면적 9,000㎡ 이상 |
| 14) 공장 | 「건축법 시행령」 별표 1 제17호에 따른 공장 | 건축 연면적 75,000㎡ 이상 | 건축 연면적 112,500㎡ 이상 |
| 15) 창고시설 | 「건축법 시행령」 별표 1 제18호 가목, 다목 및 라목에 따른 창고시설 | 건축 연면적 55,000㎡ 이상 | 건축 연면적 82,500㎡ 이상 |
| | 「건축법 시행령」 별표 1 제18호 나목에 따른 하역장 | 부지면적 55,000㎡ 이상 | 부지면적 82,500㎡ 이상 |
| 16) 자동차 관련 시설(건설기계 관련 시설을 포함한다) | 「건축법 시행령」 별표 1 제20호 가목, 라목 및 바목에 따른 자동차 관련 시설 | 건축 연면적 13,000㎡ 이상 | 건축 연면적 19,500㎡ 이상 |
| | 「건축법 시행령」 별표 1 제20호 마목에 따른 매매장 | 건축 연면적 또는 부지면적 25,000㎡ 이상 | 건축 연면적 또는 부지면적 37,500㎡ 이상 |
| 17) 방송통신시설(제1종 근린생활시설에 해당하는 것은 제외한다) | 「건축법 시행령」 별표 1 제24호 가목부터 마목까지에 따른 방송통신시설 | 건축 연면적 43,000㎡ 이상 | 건축 연면적 64,500㎡ 이상 |
| 18) 묘지 관련 시설 | 「건축법 시행령」 별표 1 제26호에 따른 묘지 관련 시설 | 부지면적 12,000㎡ 이상 | 부지면적 18,000㎡ 이상 |
| 19) 관광 휴게시설 | 「건축법 시행령」 별표 1 제27호 가목 및 나목에 따른 관광 휴게시설 | 건축 연면적 10,000㎡ 이상 | 건축 연면적 15,000㎡ 이상 |
| | 「건축법 시행령」 별표 1 제27호 다목부터 바목까지에 따른 관광 휴게시설 | 건축 연면적 30,000㎡ 이상 | 건축 연면적 45,000㎡ 이상 |
| 20) 장례시설 | 「건축법 시행령」 별표 1 제28호에 따른 장례시설 | 건축 연면적 6,000㎡ 이상 | 건축 연면적 9,000㎡ 이상 |

나. 복합용도의 건축물

다음 계산식에 따라 계산한 건축 연면적의 합계($S_{wa}$)가 1만$m^2$ 이상인 복합용도의 건축물(동일건축물 또는 동일부지에서 제2호가목의 용도 중 둘 이상의 용도로 이용되는 건축물을 말한다. 이하 같다)의 신축은 교통영향평가 대상으로 한다.

$$S_{wa} = \sum_{i=1}^{n} \frac{P_{ia}}{M_{ia}} \times 10{,}000$$

여기서, $P_{ia}$는 각 건축물의 용도별 건축 연면적 또는 부지연면적의 합계($m^2$), $M_{ia}$는 각 건축물의 최소 교통영향평가 대상규모($m^2$)를 말한다.

※ 비고

1. 대상사업의 범위 중 사업의 규모는 인가·허가·승인 등을 받으려는 사업의 규모를 말한다.
2. 다른 법령에 따라 승인 등을 받은 것으로 의제(擬制)되는 사업으로서 대상사업의 범위에 해당되는 사업은 교통영향평가를 실시하여야 하는 것으로 본다.
3. 하나의 사업이 둘 이상의 대상사업 범위에 해당되는 경우 교통영향평가서를 제출하여야 하는 시기는 가장 먼저 승인 등을 받으려는 시기로 한다.
4. 건축물에 대한 교통영향평가서를 제출하여야 하는 시기는 「건축법」 제11조에 따른 허가 전으로 하되, 개별법에 따라 시행하는 건축물의 경우에는 그 건축물 건축을 위한 해당 법령에 따른 인가·허가 전까지로 한다.
5. 교통영향평가의 특례 사항
   가. 기존에 교통영향평가를 실시한 후 준공된 사업 또는 건축물을 다음과 같이 확장하는 경우에는 준공된 면적에 확장 부분을 합산한 면적을 대상으로 범위를 적용한다.
      1) 기존에 준공된 사업면적의 30%를 초과하여 확장하는 경우(여러 번 확장하는 경우에는 이를 모두 합산한다) 또는 확장규모가 위 표 제1호에 따른 대상규모 이상으로 증가하는 경우
      2) 항만건설사업의 경우 기존 연간 하역능력의 30%를 초과하여 증가하는 경우(여러 번 하역능력이 증가되는 경우에는 이를 모두 합산한다)
      3) 철도 또는 도시철도 건설사업의 경우 기존 노선에 정거장을 추가로 건설하거나 노선을 복선화하거나 기존 정거장의 건축연면적의 30%를 초과하여 증축하는 경우(여러 번 증축하는 경우에는 이를 모두 합산한다)
      4) 도로건설사업의 경우 그 도로(차도와 보도를 포함한다. 이하 같다)의 건설구간 내 인터체인지, 분기점 및 교차 부분의 도로면적 합계가 기존 교차로의 인터체인지·분기점 및 교차 부분의 도로면적 합계의 30%를 초과하여 증가하는 경우(여러 번 확장하는 경우에는 이를 모두 합산한다). 다만, 도로폭이 12m 미만의 도로만으로 접속하여 교차로가 생기는 경우에는 인터체인지·분기점 및 교차부분의 도로면적에 합산하지 않는다.
      5) 기존에 준공된 건축물을 증축하여 건축 연면적 또는 부지면적의 합계가 30%를 초과하여 증가하는 경우(여러 번 증축하는 경우에는 이를 모두 합산한다) 및 확장규모가 위 표 제2호에 따른 교통영향평가 대상규모 이상으로 증가하는 경우
   나. 기존에 준공된 건축물의 용도를 다른 용도로 변경하는 경우에는 용도 변경 후의 용도별 건축 연면적에 따라 교통영향평가 대상 여부를 결정한다.
   다. 위 표 제1호가목1) 및 같은 호 나목에 따른 공업용지조성사업 또는 산업단지개발사업의 부지에 설치하는 공장 또는 읍·면지역에 설치하는 공장에 대해서는 교통영향평가를 실시하지 않는다.
   라. 삭제 <2020.9.8>
   마. 위 표 제1호의 사업으로서 교통영향평가 대상시설의 배치, 건폐율, 용적률, 주차규모, 진입·출입구의 위치 및 가감속차선 등 구체적인 건축계획을 포함하여 교통영향평가를 실시하고 개선필요사항등대로 사업을 실시하거나 시설을 설치하는 경우에는 교통영향평가를 실시하지 않는다.
   바. 사업의 인가·허가·승인 등을 받은 당시에 교통영향평가 대상사업에 해당되나 교통영향평가 대상규모 미만이어서 교통영향평가를 실시하지 않은 사업이 다음의 하나에 해당하게 된 경우에는 그 사업 전체에 대하여 교통영향평가를 실시하여야 한다.
      1) 사업의 인가·허가·승인 등이 이루어진 후에 교통영향평가 대상규모의 기준이 강화되지 않은 경우로서 동일 영향권역에서 사업계획의 변경으로 사업규모가 교통영향평가 대상규모에 이르거나 신규허가 등으로 종전에 허가 등이 된 사업규모와 신규로 허가 등이 된 사업규모의 합이 교통영향평가 대상규모에 이른 경우
      2) 사업의 인가·허가·승인 등이 이루어진 후에 이 표가 개정되어 교통영향평가 대상규모의 기준이 강화된 경우로서 다음의 어느 하나에 해당하는 경우
         가) 이 표의 개정 당시에 해당 개정규정에 따른 교통영향평가 대상규모 미만인 사업이 동일 영향권역에서 사업계획의 변경 또는 신규허가 등으로 그 규모가 해당 사업의 인가·허가·승인 등을 받았던 당시 규모보다 30% 이상 증가되어 교통영향평가 대상규모에 이른 경우
         나) 이 표의 개정 당시에 해당 개정규정에 따른 교통영향평가 대상규모에 해당하는 사업이 동일 영향권역에서 사업계획

의 변경 또는 신규허가 등으로 그 규모가 해당 사업의 인가·허가·승인 등을 받았던 당시 규모보다 30% 이상 증가하거나 30% 미만이라 하더라도 증가되는 사업규모가 교통영향평가 대상규모 이상인 경우

사. 사업의 인가·허가·승인 등을 받은 당시에 교통영향평가 대상사업에 해당되지 아니하여 교통영향평가를 실시하지 않은 사업이 다음의 하나에 해당하게 된 경우에는 그 사업 전체에 대하여 교통영향평가를 실시하여야 한다.

1) 사업의 인가·허가·승인 등이 이루어진 후 이 표가 개정되어 교통영향평가 대상사업에 해당하게 된 사업으로서 그 개정 당시 해당 개정규정에 따른 교통영향평가 대상규모 미만인 사업이 동일 영향권역에서 사업계획의 변경 또는 신규허가 등으로 그 규모가 해당 사업의 인가·허가·승인 등을 받았던 당시 규모보다 30% 이상 증가하여 교통영향평가 대상규모에 이른 경우

2) 사업의 인가·허가·승인 등이 이루어진 후 이 표가 개정되어 교통영향평가 대상사업에 해당하게 된 사업으로서 그 개정 당시 해당 개정규정에 따른 교통영향평가 대상규모에 해당하는 사업이 동일 영향권역에서 사업계획의 변경 또는 신규허가 등으로 그 규모가 해당 사업의 인가·허가·승인 등을 받았던 당시 규모보다 30% 이상 증가하거나 30% 미만이라 하더라도 증가되는 사업규모가 교통영향평가 대상규모 이상인 경우

아. 위 표 제1호가목6)에 따른 물류단지개발사업에 대하여 교통영향평가를 실시한 경우에는 그 부지에 건축하는 위 표 제2호가목15)에 따른 창고시설에 대해서는 교통영향평가를 실시하지 않는다.

자. 「대학설립·운영 규정」 별표 2 교사시설 중 학생기숙사의 면적은 위 표 제2호가목9)에 따른 대학, 대학교의 건축 연면적 산정 대상에서 제외한다.

**질의** **백화점시설의 교통영향평가**

- 「도시교통정비촉진법」 제13조제2항에 의하면 허가 등을 신청하고자 할 때에는 관할 관청에 교통영향평가서를 제출하도록 되어 있으나 백화점 허가의 경우 「도·소매 진흥법」 제15조제2항의 규정에 의거 건축허가를 받기 전에 백화점 허가를 승인받도록 되어 있음.
- 백화점시설의 건축허가를 받을 때 백화점 사전개설허가 승인사항을 첨부하도록 되어 있는 경우 백화점 사전승인 부서와 건축허가 부서 중 어느 부서에서 교통영향평가를 받아야 하는지?

**회신**
- 교통영향평가서는 사업이나 시설에 대한 허가 등을 신청하고자 할 때 관할 관청에 제출하는 것으로서, 여기서 말하는 사업이나 시설의 내용은 「도시교통정비촉진법 시행령」 별표 1에 해당하는 사항으로서 백화점과 같이 개별법에 의거 사전사업계획 승인을 받도록 되어 있는 경우 백화점 사전개설허가는 시행령 별표 1에 해당하는 사업 및 시설에 해당되지 아니하므로 「도시교통촉진법 시행령」 별표 1에 해당하는 사업 및 시설인 건축물에 대한 건축허가신청시 평가서 및 심의필증을 제출하여야 함.

**질의** **택지개발사업의 교통영향평가**

「택지개발촉진법」 제8조 및 제9조의 규정에 의거 개발계획 및 실시계획 승인을 득하여 공사중인 택지개발사업이나 현재 건설부장관에게 개발계획을 승인 신청한 택지개발사업과 조사설계용역중인 사업에 대한 교통영향평가 시행 여부

**회신**
- 「도시교통정비촉진법」 제13조의 규정에 의한 교통영향평가는 평가대상사업에 대한 승인 등의 신청시에 교통영향평가서 및 심의필증을 관할 관청에 제출하도록 하고 있다.
- 택지개발사업시는 택지개발계획 승인신청 전에 실시하도록 되어 있어 공사중인 택지개발사업이나 건설부장관에게 개발계획을 승인 신청한 택지개발사업은 교통영향평가를 받지 아니하여도 되며(평가제도 시행 당시 공사진행 중이었음)
- 조사설계용역 중인 사업에 대하여는 개발계획 승인신청 전에 교통영향평가를 받아야 함.

**질의** 부설주차장, 보일러실, 경비실 등 부수용도에 사용되는 시설은 어떤 용도에 포함해야 하는지?

**회신**
- 부설주차장, 보일러실, 경비실 등 부수용도에 사용되는 시설은 주용도에 따라 사용되는 것으로서 전체건물의 연면적 산출시는 각 용도의 면적비율로 부수용도시설의 면적을 배분하여 각 용도별 면적에 포함시켜 연면적 합계를 산출하여야 한다.
- 다만, 주차장 등이 건물에 부수되지 않고 독립적으로 건축허가시 용도가 지정되어 설치되었을시는 기타 건축물용도 혹은 그 사용용도에 해당된다.

**질의** **필지가 다른 경우 교통영향평가**

인접된 3개 필지(지번 각기 상이)를 동시에 건축하고자 할시 건축주가 동일한 경우에 구분된 필지별로 연면적을 적용하는지 또는 전체를 합산하여 교통영향평가대상으로 적용해야 하는지?

**회신**
- 인접된 3개 필지에서 건축주가 동일한 경우에는 동일사업으로 보아 전체건물을 합산한 연면적을 기준으로 교통영향평가대상 여부를 판단하며, 동일사업 시행자가 기존 사업자와 인접한 부지에 신규사업을 확장할 경우에도 전체건물의 연건축면적을 합산하여 교통영향평가대상 여부를 결정하되 기존 사업지와 신규 사업지 사이에 다른 대지가 들어 있어 서로 분리되어 있으면, 각각 별개의 사업으로 보아 교통영향평가기준을 적용하여야 한다.
- 또한 동시에 사업을 시행하지 않더라도 기존 건축물과 연접된 건물을 동일인이 건축할 경우에도 본 규정을 적용하여야 함.
- 동일인 판단에 있어서 건축주가 법인일 경우 법인등기부상에 상호변경, 자본금 증자 또는 대표자변경 등에도 불구하고 동일등부에서 법인의 설립취지·목적사업 등 법인의 동일성 및 연속성에 대하여 확인이 가능하면 동일인으로 볼 수 있음.

**질의** **지하주차장면적의 포함 여부**

- 「도시교통정비촉진법」 별표 1에 의한 교통영향평가대상 확정에 있어서 수녀원을 건축시 건축면적은 수도장시설만 해당되는지 아니면 지하주차장 면적 등이 포함되는지?
- 또한 수녀원은 어떠한 용도로 분류하여야 하는지?

**회신**
- 특정 건축물이 교통영향평가대상인지 여부를 판별하기 위한 건축연면적 계산시에는 주차장 등 당해 시설 내 모든 건축물 연면적을 합산하여야 한다.
- 수녀원의 경우는 「건축법 시행령」의 건축물 용도분류상 종교집회장이 아니라 수도장에 해당되며, 「도시교통정비촉진법 시행령」 별표 1 제2호에 의한 기타 시설로 보는 것이 타당함.

**질의** 대지의 일부를 다른 토지소유자로부터 토지사용승락서를 받아 건축허가를 신청하여 건축을 완료(분양을 목적으로 하는 공동주택이 아님)한 경우 토지소유권을 확보하여야만 사용승인이 가능한 지

**회신** 「건축법」 제18조의 규정에 의한 건축물의 사용승인이라 함은 동법 제8조의 규정에 의한 허가를 받은 사항이 건축법령 등의 규정에 적합하게 시공되었는지의 여부를 확인하고 건축물의 사용에 지장이 없는지를 확인하는 절차인 바, 건축허가신청 시 대지의 일부에 대하여 토지소유자로부터 사용승낙을 기 득하였고 건축물의 용도가 분양을 목적으로 하는 공동주택이 아닌 경우라면 사용승인을 하기 위하여 해당 토지에 대한 토지소유권을 반드시 확보할 필요는 없을 것으로 사료됨.(법 제8조, 제18조 ⇒ 제11조, 제22조, 2008.3.21) (국토교통부 건축정책과 / 2013.12.06)

**질의** **증축, 용도변경시 교통영향평가**

「도시교통정비촉진법 시행령」 별표 1 제2호다목 규정에 증축 및 용도변경시 교통영향평가대상이 되는 기존 건축물의 범위에 기준공된 건물만 해당되는지 또는 건축허가를 받은 준공 전의 건물도 포함되는지 여부

**회신** 「도시교통정비촉진법 시행령」 별표 1 제2호다목의 "기존 건축물의 증축 또는 용도변경" 중 기존 건축물이란 기준공된 건축물뿐 아니라 건축허가를 받은 건축물로서 준공되기 전의 것도 해당됨.

**질의** **사업지구진입 도시계획도로**

- 교통영향심의위원회에서 사업지구로 진입되는 도시계획도로라 하여 사업주와 협의 또는 동의 없이 사업주 부담으로 시행하라고 결정한 것이 심의위원회의 업무 범위 및 기능이 정한 범위 밖의 결정이 아닌지?

**회신** • 특정사업에 대한 교통영향심의결과 필요한 경우 사업주와 협의 또는 동의 없이 당해 사업에 따른 종합적인 교통개선대책을 시행하도록 의결할 수 있다. 다만, 사업시행주체는 당해 사업의 인·허가시 확정되므로 심의필증에 시행주체가 명시되었더라도 이 사항은 인·허가시 단지 참고할 수 있는 교통영향심의위원회의 의견으로 볼 수 있다.

**법 제19조 【용도변경】**

① 건축물의 용도변경은 변경하려는 용도의 건축기준에 맞게 하여야 한다.

② 제22조에 따라 사용승인을 받은 건축물의 용도를 변경하려는 자는 다음 각 호의 구분에 따라 국토교통부령으로 정하는 바에 따라 특별자치시장·특별자치도지사 또는 시장·군수·구청장의 허가를 받거나 신고를 하여야 한다.(2014.1.14 본항 개정)

1. **허가 대상**: 제4항 각 호의 어느 하나에 해당하는 시설군(施設群)에 속하는 건축물의 용도를 상위군(제4항 각 호의 번호가 용도변경하려는 건축물이 속하는 시설군보다 작은 시설군을 말한다)에 해당하는 용도로 변경하는 경우
2. **신고 대상**: 제4항 각 호의 어느 하나에 해당하는 시설군에 속하는 건축물의 용도를 하위군(제4항 각 호의 번호가 용도변경하려는 건축물이 속하는 시설군보다 큰 시설군을 말한다)에 해당하는 용도로 변경하는 경우

③ 제4항에 따른 시설군 중 같은 시설군 안에서 용도를 변경하려는 자는 국토교통부령으로 정하는 바에 따라 특별자치도지사 또는 시장·군수·구청장에게 건축물대장 기재내용의 변경을 신청하여야 한다. 다만, 대통령령으로 정하는 변경의 경우에는 그러하지 아니하다.

④ 시설군은 다음 각 호와 같고 각 시설군에 속하는 건축물의 세부 용도는 대통령령으로 정한다.

1. 자동차 관련 시설군
2. 산업 등의 시설군
3. 전기통신시설군
4. 문화 및 집회시설군

5. 영업시설군
6. 교육 및 복지시설군
7. 근린생활시설군
8. 주거업무시설군
9. 그 밖의 시설군

⑤ 제2항에 따른 허가나 신고 대상인 경우로서 **용도변경하려는 부분의 바닥면적의 합계가 100m² 이상인 경우의 사용승인에 관하여**는 제22조를 준용한다. 다만, 용도변경하려는 부분의 바닥면적의 합계가 500m² 미만으로서 대수선에 해당되는 공사를 수반하지 아니하는 경우에는 그러하지 아니하다.(2016.1.19 본항 단서 신설)

⑥ 제2항에 따른 허가 대상인 경우로서 용도변경하려는 부분의 바닥면적의 합계가 500m² 이상인 용도변경(대통령령으로 정하는 경우는 제외한다)의 설계에 관하여는 제23조를 준용한다.

⑦ 제1항과 제2항에 따른 건축물의 용도변경에 관하여는 제3조, 제5조, 제6조, 제7조, 제11조제2항부터 제9항까지, 제12조, 제14조부터 제16조까지, 제18조, 제20조, 제27조, 제29조, 제38조, 제42조부터 제44조까지, 제48조부터 제50조까지, 제50조의2, 제51조부터 제56조까지, 제58조, 제60조부터 제64조까지, 제67조, 제68조, 제78조부터 제87조까지의 규정과 「녹색건축물 조성 지원법」 제15조 및 「국토의 계획 및 이용에 관한 법률」 제54조를 준용한다.
(2019.4.30 건축물관리법 부칙에 의거 본항 개정)

해설 건축물의 용도변경은 그 동안 많은 변화를 가져왔는데 처음에는 모든 건축물의 용도변경을 건축허가제로 하였으나 건축행정절차의 간소화 등을 목적으로 건축물의 용도변경 행위를 건축신고제로 하였으며, 일부 용도변경은 건축신고 없이 가능하게 하였다. 그러나 건축물이 용도변경 됨으로써 용도변경하고자 하는 용도의 건축기준에 적합하게 하기 위해서는 건축허가 절차 없이는 건축물의 용도변경이 실질적으로 되지 못하므로 2006.5.9부터는 허가대상과 신고대상으로 구분하여 용도변경이 이루어질 수 있도록 하였다.

① 건축허가대상과 신고대상의 구분

- 허가대상 : ㉶에서 ㉮의 시설군으로 용도변경하는 경우
- 신고대상 : ㉮에서 ㉶의 시설군으로 용도변경하는 경우

㉮ 자동차 관련 시설군
㉯ 산업 등의 시설군
㉰ 전기통신 시설군
㉱ 문화 및 집회 시설군
㉲ 영업 시설군
㉳ 교육 및 복지 시설군
㉴ 근린생활 시설군
㉵ 주거업무 시설군
㉶ 그 밖의 시설군

② 용도변경에 따른 건축물대장 기재내용의 변경

㉮ 시설군 상호간의 용도변경인 경우

• 앞의 ㉮~㉶의 시설군 중 서로 다른 시설군으로 용도를 변경하는 경우 건축물대장 기재내용의 변경을 신청하여야 한다. 예컨대, 문화집회시설군에서 영업시설군으로 또는 영업시설군에서 문화집회시설군으로 용도를 변경하는 경우가 된다.

㉯ 같은 시설군 안에서 용도를 변경하는 경우

• 앞의 ㉮에서 ㉶ 시설군에 속한 같은 호의 건축물의 용도 상호간에 용도변경이 되는 경우에도 건축물대장 기내내용의 변경을 신청하여야 한다. 예를 들면 영업시설군에 포함된 판매시설이 운동시설로 또는 운동시설이 판매시설로 용도가 변경되는 경우가 된다.

③ 건축물대장 기재내용을 변경하지 않아도 되는 경우

• 용도변경에서 분류한 시설군이 아닌 건축물 용도별 종류(영 별표 1의 29종을 말함)에서 구분한 같은 호에 속하는 건축물 상호 간의 용도변경인 경우에는 건축물대장 기재내용을 변경하지 않아도 되는데, 예를 들면 문화 및 집회시설에 속한 공연장을 집회장으로 집회장을 공연장으로 용도변경하는 경우가 해당된다.
• 관계법령에서 정하는 용도제한에 적합한 범위에서 제1종 근린생활시설과 제2종 근린생활시설 상호 간의 용도변경인 경우

④ 앞의 ③과 같이 건축물대장 기재내용을 변경하지 않아도 되는 경우에는 화재 등 재난발생시 피해 등을 우려해서 일부는 아래와 같이 용도변경 하는 경우에 기재내용을 변경하여야 함.

• 제1종 근린생활 시설 중 목욕장
• 제1종 근린생활 시설 중 의원, 치과의원, 한의원, 침술원, 접골원, 조산원, 안마원, 산후조리원 등 주민의 진료·치료 등을 위한 시설
• 제2종 근린생활 시설 중 공연장, 청소년게임제공업소, 복합유통게임제공업소, 인터넷컴퓨터 게임시설 제공업소, 가상현실 체험제공업소, 학원, 교습소, 직업훈련소, 골프연습장, 놀이형시설, 단란주점, 안마시술소, 노래연습장
• 판매시설 중 청소년게임제공업의 시설, 인터넷컴퓨터게임시설 제공업의 시설, 복합유통게임 제공업의 시설로서 제2종 근생에 해당하지 않는 것
• 숙박시설 중 생활숙박시설
• 위락시설 중 단란주점, 유흥주점

⑤ 다음의 규정은 건축물의 용도변경에 관하여 준용한다.

• 법 제3조 : 적용제외
• 법 제5조 : 적용의 완화
• 법 제6조 : 기존의 건축물 등에 관한 특례
• 법 제7조 : 통일성을 유지하기 위한 도의 조례
• 법 제11조제2항부터 제9항 : 건축허가
• 법 제12조 : 건축복합민원 일괄 협의회
• 법 제14조 : 건축신고
• 법 제15조 : 건축주와의 계약 등

- 법 제16조 : 허가와 신고사항의 변경
- 법 제18조 : 건축허가의 제한 등
- 법 제20조 : 가설건축물
- 법 제27조 : 현장조사·검사 및 확인업무의 대행
- 법 제29조 : 공용건축물에 대한 특례
- 법 제38조 : 건축물대장
- 법 제42조 : 대지의 조경
- 법 제43조 : 공개공지 등의 확보
- 법 제44조 : 대지와 도로의 관계
- 법 제48조 : 제5장 건축물의 구조 및 재료
- 법 제54조 : 건축물의 대지가 지역·지구 또는 구역에 걸치는 경우의 조치
- 법 제55조 : 건축물의 건폐율
- 법 제56조 : 건축물의 용적률
- 법 제58조 : 대지안의 공지
- 법 제60조 : 건축물의 높이제한
- 법 제61조 : 일조 등의 확보를 위한 건축물의 높이제한
- 법 제62조부터 제64조, 제66조부터 제68조 : 제7장 건축설비
- 법 제78조 : 감독
- 법 제79조 : 위반건축물 등에 대한 조치 등
- 법 제80조 : 이행 강제금
- 법 제81조 : 기존의 건축물에 대한 안전점검 및 시정명령 등
- 법 제82조 : 권한의 위임과 위탁
- 법 제83조 : 옹벽 등 공작물에의 준용
- 법 제84조 : 면적·높이 및 층수의 산정
- 법 제85조 : 행정대집행법의 적용의 특례
- 법 제86조 : 청문
- 법 제87조 : 보고 및 검사 등
- 「녹색건축물 조성 지원법」 제15조 : 건축물에 대한 효율적인 에너지 관리와 녹색건축물 건축의 활성화
- 「국토의 계획 및 이용에 관한 법률」 제54조 : 지구단위계획구역 안에서의 건축 등

⑥ 용도변경을 하고자하는 부분의 바닥면적의 합계 100m² 이상은 사용승인을 준용하고, 바닥면적의 합계가 500m² 이상인 경우의 용도변경의 설계는 건축물 설계에 관한 규정을 준용함(용도변경하려는 바닥면적 500m² 미만으로 대수선이 아닌 경우는 제외. 그러나 1층인 축사를 공장으로 용도 변경하는 경우로서 증축·개축·대수선이 수반되지 아니하고, 구조안전·피난 등에 지장이 없는 경우에는 예외로 함).

## 영 제14조 【용도변경】

① (2006.5.8 본항 삭제)

② (2006.5.8 본항 삭제)

③ 국토교통부장관은 법 제19조제1항에 따른 용도변경을 할 때 적용되는 건축기준을 고시할 수 있다. 이 경우 다른 행정기관의 권한에 속하는 건축기준에 대하여는 미리 관계 행정기관의 장과 협의하여야 한다.(2008.10.29 본항 개정)

④ 법 제19조제3항 단서에서 "**대통령령으로 정하는 변경**"이란 다음 각 호의 어느 하나에 해당하는 건축물 상호 간의 용도변경을 말한다. 다만, 별표 1 제3호다목(목욕장만 해당한다)·라목, 같은 표 제4호가목·사목·카목·파목(골프연습장, 놀이형시설만 해당한다)·더목·러목·머목, 같은 표 제7호다목2), 같은 표 제15호가목(생활숙박시설만 해당한다) 및 같은 표 제16호가목·나목에 해당하는 용도로 변경하는 경우는 제외한다.(2024.2.13 본항 개정)

1. 별표 1의 같은 호에 속하는 건축물 상호 간의 용도변경(2014.3.24 본호 개정)
2. 「국토의 계획 및 이용에 관한 법률」이나 그 밖의 관계 법령에서 정하는 용도제한에 적합한 범위에서 제1종 근린생활시설과 제2종 근린생활시설 상호 간의 용도변경(2014.3.24 본호 개정)

⑤ 법 제19조제4항 각 호의 시설군에 속하는 건축물의 용도는 다음 각 호와 같다.

1. 자동차 관련 시설군
   자동차 관련 시설
2. 산업 등 시설군
   가. 운수시설
   나. 창고시설
   다. 공장
   라. 위험물저장 및 처리시설
   마. 자원순환 관련 시설(2014.3.24 본목 개정)
   바. 묘지 관련 시설
   사. 장례시설(2017.2.3 본목 개정)
3. 전기통신시설군
   가. 방송통신시설
   나. 발전시설
4. 문화집회시설군
   가. 문화 및 집회시설
   나. 종교시설
   다. 위락시설
   라. 관광휴게시설
5. 영업시설군
   가. 판매시설

나. 운동시설
다. 숙박시설
라. 제2종 근린생활시설 중 다중생활시설(2014.3.24 본목 개정)

6. 교육 및 복지시설군
가. 의료시설
나. 교육연구시설
다. 노유자시설(老幼者施設)
라. 수련시설
마. 야영장 시설(2016.2.11 본목 신설)

7. 근린생활시설군
가. 제1종 근린생활시설
나. 제2종 근린생활시설(다중생활시설은 제외한다)(2014.3.24 본목 개정)

8. 주거업무시설군
가. 단독주택
나. 공동주택
다. 업무시설
라. 교정시설(2023.5.15 본목 개정)
마. 국방·군사시설(2023.5.15 본목 신설)

9. 그 밖의 시설군
가. 동물 및 식물 관련 시설
나. (2010.12.13 본목 삭제)

⑥ 기존의 건축물 또는 대지가 법령의 제정·개정이나 제6조의2제1항 각 호의 사유로 법령 등에 부적합하게 된 경우에는 건축조례로 정하는 바에 따라 용도변경을 할 수 있다.(2008.10.29 본항 개정)

⑦ 법 제19조제6항에서 "대통령령으로 정하는 경우"란 1층인 축사를 공장으로 용도변경하는 경우로서 증축·개축 또는 대수선이 수반되지 아니하고 구조 안전이나 피난 등에 지장이 없는 경우를 말한다.(2008.10.29 본항 개정)

**해설** 건축물의 용도분류에 대한 규정은「건축법」제2조제2항 및「건축법 시행령」제3조의5 별표 1에 의한 시설별 건축물 용도를 분류를 적용하고 용도변경시에는 용도별 시설군의 분류를 적용하고 있다. 각 시설군은 건축물의 종류를 유사한 구조, 이용목적 및 형태별로 묶어 분류하고 있음.

**질의** 20층인 업무시설의 일부를 다가구 주택으로 용도변경 가능한지

**회신** 다가구 주택의 규모(3개 층 이하, 660m$^2$ 미만, 19세대 이하)로서 건축기준에 적합한 경우에는 그 일부를 다가구 주택으로 용도변경이 가능함.(국토교통부 건축정책과 등록 2009.8.28, 수정 2019.5.24)

**질의 회신**

- 집합건축물인 업무시설(오피스텔)의 공용부분인 로비를 제1종 근린생활시설(휴게음식점)로 용도 변경하고자 하는 경우 공용부분의 변경에 관한 사항은 「집합건축물의 소유 및 관리에 관한 법률」 제15조 「공용부분의 변경」의 규정이 선행되어야 가능함.(건축기획과, 2013.7.16)
- 관련법규(국계법)에서 개발행위 허가가 제한되는 경우 그 용도로 용도변경 할 수 없음. (국토교통부, 2012.4.30)

**질의** **집합건축물인 동일건축물 내 용도변경 시 기존의 (동일) 용도도 변경하여야 하는지 여부**

집합건축물에 제2종 근린생활시설인 학원(500m$^2$ 미만)이 있는 상태에서 동일한 건축물 안에 그것과 다른 부분의 구분소유자가 학원으로 용도변경하여 전체 학원의 바닥면적의 합계가 500m$^2$ 이상이 될 경우, 기존 제2종 근린생활시설인 학원부분의 구분소유자도 함께 용도변경을 신청하여야 하는지?

**회신** 집합건축물에 제2종 근린생활시설인 학원(499㎡)이 있는 상태에서 그것과 다른 부분의 구분소유자가 제2종 근린생활시설로 되어 있는 부분을 교육연구시설(학원)로 용도변경하고자 할 경우 기존 제2종 근린생활시설인 학원 소유자의 용도변경 신청 없이도 용도변경할 수 있습니다.(국토교통부 건축정책과 등록 2009.8.27, 수정 2019.5.24)

**규칙 제12조의2 [용도변경]**

① 법 제19조제2항에 따라 용도변경의 허가를 받으려는 자는 별지 제1호의4서식의 건축·대수선·용도변경 (변경)허가 신청서에, 용도변경의 신고를 하려는 자는 별지 제6호서식의 건축·대수선·용도변경 (변경)신고서에 다음 각 호의 서류를 첨부하여 특별자치시장·특별자치도지사 또는 시장·군수·구청장에게 제출(전자문서로 제출하는 것을 포함한다)하여야 한다.(2018.11.29 본항 개정)

1. 용도를 변경하려는 층의 변경 후의 평면도(2018.11.29 본호 개정)
2. 용도변경에 따라 변경되는 내화·방화·피난 또는 건축설비에 관한 사항을 표시한 도서

② 허가권자는 제1항에 따른 신청을 받은 경우 용도를 변경하려는 층의 변경 전의 평면도를 확인하기 위해 행정정보의 공동이용을 통해 건축물대장을 확인하거나 법 제32조제1항에 따른 전산자료를 확인해야 한다. 다만, 행정정보의 공동이용 또는 전산자료를 통해 평면도를 확인할 수 없는 경우에는 해당 서류를 제출하도록 해야 한다.(2019.11.18 본항 단서 개정)

③ 법 제16조 및 제19조제7항에 따라 용도변경의 변경허가를 받으려는 자는 별지 제1호의4서식의 건축·대수선·용도변경 (변경)허가 신청서에, 용도변경의 변경신고를 하려는 자는 별지 제6호서식의 건축·대수선·용도변경 (변경)신고서에 변경하려는 부분에 대한 변경 전·후의 설계도서를 첨부하여 특별자치시장·특별자치도지사 또는 시장·군수·구청장에게 제출(전자문서로 제출하는 것을 포함한다)해야 한다.(2018.11.29 본항 신설)

④ 특별자치시장·특별자치도지사 또는 시장·군수·구청장은 제1항 및 제3항에 따른 건축·대수선·용도변경 (변경)허가 신청서를 받은 경우에는 법 제12조제1항 및 영 제10조제1항에 따른 관계 법령에 적합한지를 확인한 후 별지 제2호서식의 건축·대수선·용도변경 허가서를 용도변

경의 허가 또는 변경허가를 신청한 자에게 발급하여야 한다.(2018.11.29 본항 개정)

⑤ 특별자치시장·특별자치도지사 또는 시장·군수·구청장은 제1항 또는 제3항에 따른 건축·대수선·용도변경 (변경)신고서를 받은 때에는 그 기재내용을 확인한 후 별지 제7호서식의 건축·대수선·용도변경 신고필증을 신고인에게 발급하여야 한다.(2018.11.29 본항 개정)

⑥ 제8조제3항 및 제4항은 제4항 및 제5항에 따라 건축·대수선·용도변경 허가서 또는 건축·대수선·용도변경 신고필증을 발급하는 경우에 준용한다.(2018.11.29 본항 개정)

**질의** **근린생활시설 1개 층을 주택으로 사용했을 경우 용도 변경**

건축물(근린생활시설)의 1개 층을 주택으로 사용했을 경우 과태료를 납부하고 용도변경을 하여야 하는지 여부

**회신** 질의의 건축물이 현행 건축법령에 의한 건축기준 및 기타 관계법령에는 적합하나 용도변경 신고절차만 결한 경우에는 행정조치 등을 선행 후 새로운 용도변경신고가 가능하며, 신고하지 아니하고 용도변경을 한 경우는 건축법 시행령 제121조제2항 [별표 15] 제1호의 규정에 의거 이행강제금 부과대상임을 알려드리니 보다 구체적인 사항은 해당 행정집행권자인 시장·군수·구청장에게 문의하시기 바랍니다.(건교부 건축 58070-155, 2003.1.22)

**질의 회신**

- 무허가 건축물이 있는 대지상의 적법한 건축물의 용도변경은 불가함.(1989.1.30)
- 위반건축물에 대하여는 위반사항이 해소되기 이전까지 건축행위(용도변경포함)를 할 수 없음.(국토교통부, 2012.11.1)
- 같은 시설군안에서 용도 변경을 하려면 허가권자에게 건축물대장기재내용의 변경을 신청하여야 함.(2013.1.14)
- 시행령 별표 1 같은 호에 속하는 건축물 상호간의 용도변경, 관련법령에서 정하는 용도제한에 적합한 범위에서 용도변경은 허가, 신고, 건축물 대장 기재내용의 변경신청 없이 용도변경이 가능함.(국토교통부, 2014.3.26)

법 **제19조의2 【복수 용도의 인정】** [2016.1.19 본조 신설]

① 건축주는 건축물의 용도를 복수로 하여 제11조에 따른 건축허가, 제14조에 따른 건축신고 및 제19조에 따른 용도변경 허가·신고 또는 건축물대장 기재내용의 변경 신청을 할 수 있다.

② 허가권자는 제1항에 따라 신청한 복수의 용도가 이 법 및 관계 법령에서 정한 건축기준과 입지기준 등에 모두 적합한 경우에 한정하여 국토교통부령으로 정하는 바에 따라 복수 용도를 허용할 수 있다.

**해설** 허가권자는 건축법 및 관계법령에서 정하는 건축기준 및 입지기준을 모두 만족시키는 경우 복수 용도를 허용할 수 있도록 하고 있다. 복수용도의 경우 용도변경에 따른 시설군 내에서 복수용도를 허용할 수 있으며 지방건축위원회의 심의를 거쳐 다른 시설군의 용도간의 복수 용도를 허용할 수도 있다.

**규칙 제12조의3 【복수 용도의 인정】** [2016.7.20 본조 신설]

① 법 제19조의2제2항에 따른 복수 용도는 영 제14조제5항 각 호의 같은 시설군 내에서 허용할 수 있다.

② 제1항에도 불구하고 허가권자는 지방건축위원회의 심의를 거쳐 다른 시설군의 용도간의 복수 용도를 허용할 수 있다. 다만, 영 제14조제5항제4호나목에 따른 종교시설 및 같은 항 제6호다목에 따른 노유자시설(老幼者施設) 간의 복수 용도를 허용하려는 경우에는 지방건축위원회의 심의를 생략할 수 있다.(2025.1.14 본항 개정)

해설 영 제14조제5항의 시설군에 속하는 건축물의 용도는 다음 각 호와 같다.

1. 자동차 관련 시설군
   자동차 관련 시설
2. 산업 등 시설군
   가. 운수시설
   나. 창고시설
   다. 공장
   라. 위험물저장 및 처리시설
   마. 자원순환 관련 시설
   바. 묘지 관련 시설
   사. 장례시설
3. 전기통신시설군
   가. 방송통신시설
   나. 발전시설
4. 문화집회시설군
   가. 문화 및 집회시설
   나. 종교시설
   다. 위락시설
   라. 관광휴게시설
5. 영업시설군
   가. 판매시설
   나. 운동시설
   다. 숙박시설
   라. 제2종 근린생활시설 중 다중생활시설
6. 교육 및 복지시설군
   가. 의료시설
   나. 교육연구시설
   다. 노유자시설(老幼者施設)
   라. 수련시설

마. 야영장 시설

7. 근린생활시설군

가. 제1종 근린생활시설

나. 제2종 근린생활시설(다중생활시설은 제외한다)

8. 주거업무시설군

가. 단독주택

나. 공동주택

다. 업무시설

라. 교정시설

마. 국방·군사시설

9. 그 밖의 시설군

가. 동물 및 식물 관련 시설

**법 제20조 【가설건축물】**

① **도시·군계획시설** 또는 **도시·군계획시설예정지**에서 가설건축물을 건축하려는 자는 특별자치시장·특별자치도지사 또는 시장·군수·구청장의 허가를 받아야 한다.(2014.1.14 본항 개정)

② 특별자치시장·특별자치도지사 또는 시장·군수·구청장은 해당 가설건축물의 건축이 다음 각 호의 어느 하나에 해당하는 경우가 아니면 제1항에 따른 허가를 하여야 한다.
(2014.1.14 본항 신설)

1. 「국토의 계획 및 이용에 관한 법률」 제64조에 위배되는 경우
2. 4층 이상인 경우
3. 구조, 존치기간, 설치목적 및 다른 시설 설치 필요성 등에 관하여 대통령령으로 정하는 기준의 범위에서 조례로 정하는 바에 따르지 아니한 경우
4. 그 밖에 이 법 또는 다른 법령에 따른 제한규정을 위반하는 경우

③ 제1항에도 불구하고 **재해복구, 흥행, 전람회, 공사용 가설건축물** 등 대통령령으로 정하는 용도의 가설건축물을 축조하려는 자는 대통령령으로 정하는 존치 기간, 설치 기준 및 절차에 따라 특별자치시장·특별자치도지사 또는 시장·군수·구청장에게 신고한 후 착공하여야 한다.
(2014.1.14 본항 개정)

④ 제3항에 따른 신고에 관하여는 제14조제3항 및 제4항을 준용한다.(2017.4.18 본항 신설)

⑤ 제1항과 제3항에 따른 가설건축물을 건축하거나 축조할 때에는 대통령령으로 정하는 바에 따라 제25조, 제38조부터 제42조까지, 제44조부터 제50조까지, 제50조의2, 제51조부터 제64조까지, 제67조, 제68조와 「녹색건축물 조성 지원법」 제15조 및 「국토의 계획 및 이용에 관한 법률」 제76조 중 일부 규정을 적용하지 아니한다.(2014.1.14 본항 개정)

⑥ 특별자치시장·특별자치도지사 또는 시장·군수·구청장은 제1항부터 제3항까지의 규정에 따라 가설건축물의 건축을 허가하거나 축조신고를 받은 경우 국토교통부령으로 정하는 바에 따라

**가설건축물대장**에 이를 기재하여 관리하여야 한다.(2014.1.14 본항 개정)

⑦ 제2항 또는 제3항에 따라 가설건축물의 건축허가 신청 또는 축조신고를 받은 때에는 다른 법령에 따른 제한 규정에 대하여 확인이 필요한 경우 관계 행정기관의 장과 미리 협의하여야 하고, 협의 요청을 받은 관계 행정기관의 장은 요청을 받은 날부터 15일 이내에 의견을 제출하여야 한다. 이 경우 관계 행정기관의 장이 협의 요청을 받은 날부터 15일 이내에 의견을 제출하지 아니하면 협의가 이루어진 것으로 본다.(2017.1.17 본항 신설)

해설 ① 가설건축물(假設建築物)은 장기간 존치 되는 것을 기준으로 하는 일반적인 건축물과는 차별화 할 필요가 있다. 극히 짧은 기간 동안 사용할 목적으로 건축하는 임시적인 가설건축물과 특히 필수적으로 설치해야 하는 건축물(공사용 가설건축물) 등은 일반적인 건축물을 중심으로 한 법 규제를 완화 적용할 필요가 있다. 그러나 가설건축물이 일반건축물의 법규정을 피하는 방법으로 이용되는 편법적인 사례가 발생되지 않도록 유의할 필요가 있다.

▸ **가설(假設)** : 임시로 설치함

② 가설건축물은 건물의 존속기간이 비교적 길 수도 있으므로 도시·군계획시설 또는 도시·군계획시설 예정지 등은 그 기능을 저해하지 않아야 할 뿐 아니라 반드시 허가를 받아야 한다. 그리고 철거, 이전이 용이하도록 규정하고 있다.

③ 원칙허용 인·허가제도를 도입하여 법령에 명시되지 아니한 사유를 들어 자의적으로 허가를 거부할 수 없도록 함.

④ 재해복구·흥행·전람회·공사용 가설건축물 등은 특정한 목적을 위하여 임시적으로 건축되었다가 철거되는 것으로 3년의 존치기간(건축조례에서 존치기간 연장이 가능함)을 갖게 되며 신고만 하면 된다. 또한 임시적인 가설건축물은 「건축법」의 적용을 받는 데 있어 일반 건축물과는 다르게 일부 규정을 배제하여 적용한다. 이중 가설건축물을 축조하는 경우에 적용이 배제되는 건축물의 공사감리, 건축물대장, 등기촉탁, 대지의 안전 및 공개 공지 등의 확보에 관한 규정 등 중 견본주택이나 이와 비슷한 것에 대해서는 안전을 위하여 대지의 안전 및 대지 안의 공지 등의 확보에 관한 규정 등은 적용하도록 하고 있다.

⑤ 도시·군계획시설 또는 도시·군계획시설 예정지에서의 가설건축물을 시장의 공지와 도로에 설치하는 차양시설의 경우에는 법 적용의 제외를 받는다.

- 법 제46조 : 건축선 지정
- 법 제55조 : 건축물의 건폐율

⑥ 가설건축물을 도시·군계획 예정도로 안에 건축하는 경우에는 법 적용의 제외를 받는다.

- 법 제45조 : 도로의 지정·폐지 또는 변경
- 법 제46조 : 건축선 지정
- 법 제47조 : 건축선에 따른 건축 제한

* 국토의 계획 및 이용에 관한 법률 제64조[도시계획시설부지에서의 개발행위]

영 **제15조 【가설건축물】**

① 법 제20조제2항제3호에서 "**대통령령으로 정하는 기준**"이란 다음 각 호의 기준을 말한다. (2014.10.14 본항 개정)

1. **철근콘크리트조** 또는 **철골철근콘크리트조**가 아닐 것
2. **존치기간은 3년 이내**일 것. 다만, 도시·군계획사업이 시행될 때까지 그 기간을 연장할 수 있다.
3. 전기·수도·가스 등 **새로운 간선 공급설비의 설치**를 필요로 하지 아니할 것
4. 공동주택·판매시설·운수시설 등으로서 **분양을 목적으로 건축하는 건축물이 아닐 것**

② 제1항에 따른 가설건축물에 대하여는 법 제38조를 적용하지 아니한다.

③ 제1항에 따른 가설건축물 중 시장의 공지 또는 도로에 설치하는 **차양시설**에 대하여는 법 제46조 및 법 제55조를 적용하지 아니한다.

④ 제1항에 따른 가설건축물을 **도시·군계획 예정 도로에 건축**하는 경우에는 법 제45조부터 제47조를 적용하지 아니한다.(2012.4.10 본항 개정)

⑤ 법 제20조제3항에서 "재해복구, 흥행, 전람회, 공사용 가설건축물 등 **대통령령으로 정하는 용도의 가설건축물**"이란 다음 각 호의 어느 하나에 해당하는 것을 말한다.(2014.10.14 본항 개정)

1. 재해가 발생한 구역 또는 그 인접구역으로서 특별자치시장·특별자치도지사 또는 시장·군수·구청장이 지정하는 구역에서 일시사용을 위하여 건축하는 것
2. 특별자치시장·특별자치도지사 또는 시장·군수·구청장이 도시미관이나 교통소통에 지장이 없다고 인정하는 가설흥행장, 가설전람회장, 농·수·축산물 직거래용 가설점포, 그 밖에 이와 비슷한 것
3. 공사에 필요한 규모의 공사용 가설건축물 및 공작물
4. 전시를 위한 견본주택이나 그 밖에 이와 비슷한 것
5. 특별자치시장·특별자치도지사 또는 시장·군수·구청장이 도로변 등의 미관정비를 위하여 지정·공고하는 구역에서 축조하는 가설점포(물건 등의 판매를 목적으로 하는 것을 말한다)로서 안전·방화 및 위생에 지장이 없는 것
6. 조립식 구조로 된 경비용으로 쓰는 가설건축물로서 연면적이 $10m^2$ 이하인 것
7. 조립식 경량구조로 된 외벽이 없는 임시 자동차 차고
8. 컨테이너 또는 이와 비슷한 것으로 된 가설건축물로서 임시사무실·임시창고 또는 임시숙소로 사용되는 것(건축물의 옥상에 축조하는 것은 제외한다. 다만, 2009년 7월 1일부터 2015년 6월 30일까지 및 2016년 7월 1일부터 2019년 6월 30일까지 공장의 옥상에 축조하는 것은 포함한다)(2016.6.30 본호 개정)
9. 도시지역 중 주거지역·상업지역 또는 공업지역에 설치하는 농업·어업용 비닐하우스로서 연면적이 $100m^2$ 이상인 것
10. 연면적이 $100m^2$ 이상인 간이축사용, 가축분뇨처리용, 가축운동용, 가축의 비가림용 비닐하우스 또는 천막(벽 또는 지붕이 합성수지 재질로 된 것과 지붕면적의 1/2 이하가 합성강판으로 된

것을 포함한다)구조 건축물(2015.4.24 본호 개정)

11. 농업·어업용 고정식 온실 및 간이작업장, 가축양육실(2014.11.11 본호 개정)
12. 물품저장용, 간이포장용, 간이수선작업용 등으로 쓰기 위하여 공장 또는 창고시설에 설치하거나 인접대지에 설치하는 천막(벽 또는 지붕이 합성수지 재질로 된 것을 포함한다), 그 밖에 이와 비슷한 것(2014.11.11 본호 개정)
13. 유원지, 종합휴양업 사업지역 등에서 한시적인 관광·문화행사 등을 목적으로 천막 또는 경량구조로 설치하는 것
14. 야외전시시설 및 촬영시설(2016.1.19 본호 개정)
15. 야외흡연실 용도로 쓰는 가설건축물로서 연면적이 $50m^2$ 이하인 것(2016.1.19 본호 개정)
16. 그 밖에 제1호부터 제14호까지의 규정에 해당하는 것과 비슷한 것으로서 건축조례로 정하는 건축물(2016.1.19 본호 개정)

⑥ 법 제20조제5항에 따라 가설건축물을 축조하는 경우에는 다음 각 호의 구분에 따라 관련 규정을 적용하지 않는다.(2019.10.22 본항 개정)

1. 제5항 각 호(제4호는 제외한다)의 가설건축물을 축조하는 경우에는 법 제25조, 제38조부터 제42조까지, 제44조부터 제47조까지, 제48조, 제48조의2, 제49조, 제50조, 제50조의2, 제51조, 제52조, 제52조의2, 제52조의4, 제53조, 제53조의2, 제54조부터 제58조까지, 제60조부터 제62조까지, 제64조, 제67조 및 제68조와 「국토의 계획 및 이용에 관한 법률」 제76조를 적용하지 않는다. 다만, 법제48조, 제49조 및 제61조는 다음 각 목에 따른 경우에만 적용하지 않는다.(2019.10.22 본호 개정)
   가. 법 제48조 및 제49조를 적용하지 않는 경우 : 다음의 어느 하나에 해당하는 경우 (2020.10.8 본목 개정)
      1) 1층 또는 2층인 가설건축물(제5항제2호 및 제14호의 경우에는 1층인 가설건축물만 해당한다)을 건축하는 경우
      2) 3층 이상인 가설건축물(제5항제2호 및 제14호의 경우에는 2층 이상인 가설건축물을 말한다)을 건축하는 경우로서 지방건축위원회의 심의 결과 구조 및 피난에 관한 안전성이 인정된 경우. 다만, 구조 및 피난에 관한 안전성을 인정할 수 있는 서류로서 국토교통부령으로 정하는 서류를 특별자치시장·특별자치도지사 또는 시장·군수·구청장에게 제출하는 경우에는 지방건축위원회의 심의를 생략할 수 있다.(2023.9.12 단서 신설)
   나. 법 제61조를 적용하지 아니하는 경우 : 정북방향으로 접하고 있는 대지의 소유자와 합의한 경우
2. 제5항제4호의 가설건축물을 축조하는 경우에는 법 제25조, 제38조, 제39조, 제42조, 제45조, 제50조의2, 제53조, 제54조부터 제57조까지, 제60조, 제61조 및 제68조와 「국토의 계획 및 이용에 관한 법률」 제76조만을 적용하지 아니한다.

⑦ 법 제20조제3항에 따라 신고해야 하는 **가설건축물의 존치기간은 3년 이내**로 하며, 존치기간의

연장이 필요한 경우에는 횟수별 3년의 범위에서 제5항 각 호의 가설건축물별로 건축조례로 정하는 횟수만큼 존치기간을 연장할 수 있다. 다만, 제5항제3호의 공사용 가설건축물 및 공작물의 경우에는 해당 공사의 완료일까지의 기간으로 한다.(2021.11.2 본항 개정)

⑧ 법 제20조제1항 또는 제3항에 따라 가설건축물의 건축허가를 받거나 축조신고를 하려는 자는 국토교통부령으로 정하는 **가설건축물 건축허가신청서 또는 가설건축물 축조신고서**에 관계 서류를 첨부하여 특별자치시장·특별자치도지사 또는 시장·군수·구청장에게 제출하여야 한다. 다만, 건축물의 건축허가를 신청할 때 건축물의 건축에 관한 사항과 함께 공사용 가설건축물의 건축에 관한 사항을 제출한 경우에는 가설건축물 축조신고서의 제출을 생략한다.(2018.9.4 본항 개정)

⑨ 제8항 본문에 따라 가설건축물 건축허가신청서 또는 가설건축물 축조신고서를 제출받은 특별자치시장·특별자치도지사 또는 시장·군수·구청장은 그 내용을 확인한 후 신청인 또는 신고인에게 국토교통부령으로 정하는 바에 따라 **가설건축물 건축허가서** 또는 **가설건축물 축조신고필증**을 주어야 한다.(2018.9.4 본항 개정)

⑩ (2010.2.18 본항 삭제)

영 **제15조의2 【가설건축물의 존치기간 연장】**

① 특별자치시장·특별자치도지사 또는 시장·군수·구청장은 법 제20조에 따른 가설건축물의 존치기간 만료일 30일 전까지 해당 가설건축물의 건축주에게 다음 각 호의 사항을 알려야 한다.(2014.10.14 본항 개정)

1. 존치기간 만료일
2. 존치기간 연장 가능 여부
3. 제15조의3에 따라 존치기간이 연장될 수 있다는 사실(같은 조 제1호 각목의 어느 하나에 해당하는 가설건축물에 한정한다) (2016.6.30 본호 개정)

② 존치기간을 연장하려는 가설건축물의 건축주는 다음 각 호의 구분에 따라 특별자치시장·특별자치도지사 또는 시장·군수·구청장에게 허가를 신청하거나 신고하여야 한다.(2014.10.14 본항 개정)

1. 허가 대상 가설건축물: 존치기간 만료일 14일 전까지 허가 신청
2. 신고 대상 가설건축물: 존치기간 만료일 7일 전까지 신고

③ 제2항에 따른 존치기간 연장허가신청 또는 존치기간 연장신고에 관하여는 제15조제8항 본문 및 같은 조 제9항을 준용한다. 이 경우 "건축허가"는 "존치기간 연장허가"로, "축조신고"는 "존치기간 연장신고"로 본다.(2018.9.4 본항 신설)

영 **제15조의3 【공장에 설치한 가설건축물 등의 존치기간 연장】**

제15조의2제2항에도 불구하고 다음 각 호의 요건을 모두 충족하는 가설건축물로서 건축주가 같은

항의 구분에 따른 기간까지 특별자치시장·특별자치도지사 또는 시장·군수·구청장에게 그 존치기간의 연장을 원하지 않는다는 사실을 통지하지 않는 경우에는 기존 가설건축물과 동일한 기간(제1호다목의 경우에는 「국토의 계획 및 이용에 관한 법률」 제2조제10호의 도시·군계획시설사업이 시행되기 전까지의 기간으로 한정한다)으로 존치기간을 연장한 것으로 본다.(2021.1.8 본조 본문개정)

1. 다음 각 목의 어느 하나에 해당하는 가설건축물일 것
   가. 공장에 설치한 가설건축물
   나. 제15조제5항제11호에 따른 가설건축물(「국토의 계획 및 이용에 관한 법률」 제36조제1항제3호에 따른 농림지역에 설치한 것만 해당한다) (2016.6.30 본목 개정)
   다. 도시·군계획시설 예정지에 설치한 가설건축물(2021.1.8 본목 신설)
2. 존치기간 연장이 가능한 가설건축물일 것

**해설** 가설건축물은 만료일 30일 전까지 건축주에게 만료일을 알려주어 존치기간 연장을 신고하도록 하고 있으나, 실수로 연장신청기간동안 신청을 못한 경우에 건축주는 가설건축물을 철거당하거나 벌금 등의 처벌을 받게 되는 경우가 발생한다. 따라서 공장에 설치한 가설건축물로서 존치기간 연장이 가능한 건축물은 건축주의 별도의 연장허가 신청이나 신고 없이 기존의 존치기간과 동일하게 연장되도록 하고, 이를 원하지 않는 경우 시장·군수·구청장에게 통지하여 존치기간을 만료시키도록 하고 있다.

- 컨테이너 등의 경우 그 제작 및 운반의 편리성 때문에 많이 이용되고 있으나 「건축법」상 건축물 여부도 불분명(토지에 정착이 안 됨)하여 일선 행정기관에서 혼선을 가져왔다.(허가신청을 받아 주지 않거나 무단설치는 단속함)

※ 가설건축물을 건축 또는 축조신고하는 경우 적용하지 않는 규정

- 법 제25조 : 건축물의 공사감리
- 법 제38조 : 건축물대장
- 법 제39조 : 등기 촉탁
  - ▶ **촉탁** : ① 국가와 사인(私人)과의 사법(私法)상의 계약
    ② 대등한 지위의 관청 사이에 행하여지는 위임
  - ▶ **등기촉탁** = 촉탁등기(관공서나 법원이 등기 신청하는 것)
- 법 제40조 : 대지의 안전 등
- 법 제41조 : 토지굴착 부분에 대한 조치 등
- 법 제42조 : 대지의 조경
- 법 제43조 : 공개공지 등의 확보
- 법 제44조 : 대지와 도로의 관계
- 법 제45조 : 도로의 지정, 폐지 또는 변경
- 법 제46조 : 건축선의 지정
- 법 제47조 : 건축선에 따른 건축제한
- 법 제48조 : 구조내력 등
- 법 제49조 : 건축물의 피난시설 및 용도제한 등

- 법 제50조 : 건축물의 내화구조와 방화벽
- 법 제51조 : 방화지구 안의 건축물
- 법 제52조 : 건축물의 내부 마감재료
- 법 제53조 : 지하층
- 법 제54조 : 건축물의 대지가 지역·지구 또는 구역에 걸치는 경우의 조치
- 법 제55조 : 건축물의 건폐율
- 법 제56조 : 건축물의 용적률
- 법 제57조 : 대지의 분할 제한
- 법 제58조 : 대지 안의 공지
- 법 제60조 : 건축물의 높이제한
- 법 제61조 : 일조 등의 확보를 위한 건축물의 높이제한
- 법 제62조 : 건축설비기준 등
- 법 제64조 : 승강기
- 법 제67조 : 관계전문기술자
- 법 제68조 : 기술적 기준
- 「국토의 계획 및 이용에 관한 법률」 제76조 : 용도지역 및 용도지구 안에서의 건축 제한 등

**규칙 제13조 【가설건축물】**

① 법 제20조제3항에 따라 신고하여야 하는 가설건축물을 축조하려는 자는 영 제15조제8항에 따라 별지 제8호서식의 가설건축물 축조신고서(전자문서로 된 신고서를 포함한다)에 배치도·평면도 및 대지사용승낙서(다른 사람이 소유한 대지인 경우만 해당한다)를 첨부하여 특별자치시장·특별자치도지사 또는 시장·군수·구청장에게 제출하여야 한다.(2018.11.29 본항 개정)

② 영 제15조제9항에 따른 가설건축물 축조 신고필증은 별지 제9호서식에 따른다.(2018.11.29 본항 개정)

③ 특별자치시장·특별자치도지사 또는 시장·군수·구청장은 법 제20조제1항 또는 제3항에 따라 가설건축물의 건축을 허가하거나 축조신고를 수리한 경우에는 별지 제10호서식의 가설건축물 관리대장에 이를 기재하고 관리하여야 한다.(2018.11.29 본항 개정)

④ 가설건축물의 소유자나 가설건축물에 대한 이해관계자는 제3항에 따른 가설건축물 관리대장을 열람할 수 있다.(2018.11.29 본항 개정)

⑤ 영 제15조제7항의 규정에 의하여 가설건축물의 존치기간을 연장하고자 하는 자는 별지 제11호서식의 가설건축물 존치기간 연장신고서(전자문서로 된 신고서를 포함한다)를 특별자치시장·특별자치도지사 또는 시장·군수·구청장에게 제출하여야 한다. 이 경우 해당 가설건축물의 현황(가설건축물의 전면, 후면 및 양 측면을 포함한다)을 확인할 수 있는 사진(가설건축물 존치기간 연장신고서 제출일 이전 1개월 내에 촬영된 사진을 말한다)을 함께 제출해야 한다.(2024.12.17 본항 후단 신설)

⑥ 특별자치시장·특별자치도지사 또는 시장·군수·구청장은 제5항에 따른 가설건축물 존치기간

연장신고서를 받은 때에는 그 기재내용을 확인한 후 별지 제12호서식의 가설건축물 존치기간 연장 신고필증을 신고인에게 발급하여야 한다.(2018.11.29 본항 개정)

⑦ 특별자치시장·특별자치도지사 또는 시장·군수·구청장은 가설건축물이 법령에 적합하지 아니하게 된 경우에는 제3항에 따른 가설건축물 관리대장의 그 밖의 사항란에 다음 각 호의 사항을 표시하고, 위반내용이 시정된 경우에는 그 내용을 적어야 한다.(2018.11.29 본항 개정)

1. 위반일자
2. 내용 및 원인(2018.11.29 본호 개정)

⑧ 영 제15조제6항제1호가목2) 단서에서 "국토교통부령으로 정하는 서류"란 제1항에 따른 가설건축물 축조신고서에 추가로 첨부하여 제출하는 다음 각 호의 서류를 말한다.(2023.11.1 본항 신설)

1. 가설건축물의 입면도·단면도·구조도 및 구조계산서
2. 「건축물의 구조기준 등에 관한 규칙」 별지 제2호서식의 구조안전 및 내진설계 확인서
3. 별지 제8호의2서식의 3층 이상인 가설건축물의 피난안전 확인서

**질의** **도로의 하부공간에 가설건축물의 허가 가능여부**

도시계획시설로 결정되어 설치된 도로(인천시 외곽 순환도로)의 하부공간에 자동차매매장을 위한 가설건축물의 허가가 가능한지 여부

**회신** 「건축법」 제15조제1항의 규정에 의하여 도시계획시설에 설치하는 가설건축물은 동법 시행령 제15조제1항의 각 호의 기준에 적합하게 설치하는 경우 시장·군수·구청장의 허가를 받아 설치가 가능할 것이며, 참고로, 동 가설건축물을 이용하여 자동차 매매업의 등록이 가능한지 여부는 동 가설건축물이 일시적·한시적(3년 이내)으로 존재하는 가설건축물은 존치 기간에 대한 소비자의 예측이 어렵기 때문에 소비자보호차원에서 가설건축물로 자동차 매매업의 등록은 적합하지 아니하나, 다만, 가설건축물이라 하더라도 허가의 연장 등에 의하여 그 존치 기간이 일시적·한시적이 아닌 반영구적이라면 자동차 매매업의 등록이 가능하다고 보는 것이 합리적일 것입니다.(건교부 건축 58550-372, 2003.2.26)

**질의** **가설점포**

신고대상 가설건축물 중 "시장·군수·구청장이 도로변 등의 미관정비를 위하여 필요하다고 인정하는 가설점포(물건 등의 판매를 목적으로 하는 것을 말한다)로서 안전, 방화 및 위생에 지장이 없는 것"에서 가설점포의 범위가 단순히 물건의 판매를 하기 위한 것을 말하는지 아니면 음식점, 약국 등과 같이 관계법령에 의한 영업허가 또는 신고를 득하여야 하는 업종을 포함하는 것인지 여부

**회신** 「건축법 시행령」 제15조제5항제5호의 규정에 의한 가설점포는 시장·군수·구청장이 도로변 등의 미관정비를 위하여 필요하다고 인정하는 부득이한 경우로서 안전·방화 및 위생에 지장이 없을 때 가능한 것이며, 가설건축물은 그 설치목적과 구조·용도·존치기간 등에 있어 임시적·한시적으로 사용토록 하기 위한 것이므로 물건 등의 판매를 목적으로 하는 가설점포의 범위는 타 법령에 의한 영업의 허가나 신고를 수반하지 않으면서 한시적으로 물건을 판매하는 경우(식품, 잡화, 의류, 완구 등)로 한정되어야 하고, 영업

허가(신고포함)를 수반하는 경우에는 이를 가설건축물로 볼 수는 없는 것입니다.(건교부 건축 58550-319, 2001.2.17)

### 질의 도시계획시설예정지 내 가설건축물

도시계획시설예정지 내 가설건축물에 약국을 등록, 개설할 수 있는지 여부

**회신** 가설건축물은 임시적, 한시적으로 사용하기 위한 건축물이며 존치기간이 만료되면 철거하여야 하는 것으로써 「건축법」 제20조제1항에 따라 도시계획시설 또는 도시계획시설예정지에 가설건축물을 건축하는 경우에는 「국토의 계획 및 이용에 관한 법률」 제64조에 적합하여야 하고, 3층 이하로서 「같은 법 시행령」 제15조제1항 각 호의 기준의 범위에서 조례로 정하는 바에 따라 특별자치도지사 또는 시장·군수·구청장의 허가를 받아야 함 다만, 건축법령에서는 영업허가 등에 대하여 별도로 규정하고 있지 아니한 바, 질의의 시설이 가설건축물에 해당하는 지 여부는 상기규정에 따른 법령취지나 조례 등으로 규정하고 있는 사항, 구조, 규모, 관계법령 등을 종합·검토하여 허가권자가 판단하여야 할 것으로 사료됨.
(국토교통부 건축정책과 등록 2011.12.19, 수정 2019.5.24)

### 질의 새로운 간선공급설비의 설치를 요하지 아니할 것의 의미

「건축법 시행령」 제15조제1항제4호의 가설건축물 규정 중 전기·수도·가스 등 새로운 간선공급설비의 설치를 요하지 아니할 것이라 함은 무엇을 말하는지의 여부

**회신** 「건축법 시행령」 제15조제1항제4호의 가설건축물 규정 중 전기·수도·가스 등 새로운 간선공급설비의 설치를 요하지 아니할 것이라 함은 기존의 간선공급설비 이외에 동설비(지선은 제외)의 추가설치를 요하지 아니하는 경우를 말하는 것으로서, 지선연결, 자가발전 등을 이용한 간이용 세면장·화장실 등은 이에 해당하지 아니합니다.(건교부 건설 58550-941, 2003.5.27)

### 질의 건축조례의 가설건축물 규정

서울시 건축조례 제15조제3항 규정의 가설건축물 규정과 관련하여

가. 제품야적장의 용어 정의
나. 제품야적장의 구조가 “철골조립조”라 규정되어 있는 바, 기둥과 지붕구조가 철골구조로 된 가설건축물만을 말하는 것인지, 아니면 경량철골조를 말하는 것인지 여부
다. 가설건축물의 높이에 대한 제한 규정
라. 가설건축물의 존치기간은 얼마나 되며, 기간연장은 가능한지 여부

**회신** 가. 우리 시 건축조례 제15조제3항에서 규정하고 있는 가설건축물 중 “제품야적장”에 대하여 조례에서 용어를 정의한 사항은 없으나, “제품야적장”은 물품 등을 모아 쌓아 놓는 공간을 말하는 것이며,
나. 동 가설건축물의 구조를 “철골조립조”라 함은 철골구조의 조립식 형태의 가설건축물을 말하는 것이므로 경량철골조도 동 규정에 의한 가설건축물로 볼 수 있을 것으로 판단되며,
다. 우리 시 건축조례 제15조제3항에서 규정하고 있는 가설건축물의 높이에 대하여는 건축물의 높이·처마높이 등으로 규정 제한하고 있는 사항은 없으나, 단지 1층에 한하도록 규정하고 있음을 알려드리며,
라. 동 가설건축물의 존치기간은 가설건축물 축조 신고시 그 건축물의 존치기간을 정하여 착공 5일 전에 신고하여야 하며, 「건축법 시행령」 제15조제6항 규정에 의거 가설건축물의 존치기간을 연장하고자 하

는 자는 존치기간 만료 7일 전에 신고하여야 함을 알려드립니다.(서울시 건지 58501-10273, '99.7.1)

**질의** **노외주차장의 가설건축물**

「주차장법」상 노외주차장에 부대시설의 설치를 위한 가설건축물이 아닌 주차되는 차량을 우수 등으로부터 보호하기 위하여 「건축법 시행령」 제15조제4항제7호 규정에 의한 가설건축물의 축조가 가능한지 여부

**회신** 조립식 구조로 된 외벽이 없는 자동차 차고로서 높이 8m 이하인 것은 「건축법 시행령」 제15조제4항제7호의 규정에 의하여 신고로서 가설건축물로 축조할 수 있는 것이나, 질의의 주차장 영업을 위하여 영구적으로 설치하는 건축물은 「건축법」 제8조 및 제9조의 규정에 의하여 건축허가(또는 신고)를 받아 건축하여야 할 것입니다.(서울시 건지 58501-10269, '99.5.25)

**질의** **가설건축물의 사용검사 여부**

「건축법」 제15조의 규정에 의한 가설건축물의 허가 또는 축조신고를 필한 경우 사용검사를 받아야 하는지 여부

**회신** 「건축법」 제15조제3항의 규정에 의하면 동조 제1항의 규정에 의한 가설건축물 중 「도시계획법」에 의한 도시계획예정도로에 의한 도시계획예정도로 안에서의 가설건축물의 건축에 있어서는 동법 제30조 내지 제37조의 규정 중 일부 규정을, 동조 제2항의 규정에 의한 가설건축물에 있어서는 제30조 내지 제59조의 규정 중 일부 규정을 각각 적용하지 아니할 수 있으나 이외 「건축법」 제규정은 적용 및 준용되어야 하는 것임.(서울시 건축 58070-2319, '96.6.15)

**질의** **업무시설인 사옥 내 견본주택 설치 여부**

주택건설사업자가 업무시설인 사옥 내부에 견본주택을 설치할 수 있는지 여부

**회신** 주택건설 및 공급을 주업무로 하는 주택건설사업자가 업무시설의 용도로 사용하는 사옥의 일부에 건설주택의 분양·공급 등 업무와 관련된 시설물을 설치하고자 하는 경우로서 그 시설물의 설치가 대수선이나 용도변경 등을 수반하지 않고 건축물의 구조, 방·내화, 피난 등 건축법령의 제반기준에 적합한 경우라면 건축법령상 이의 설치를 제한하고 있지 않음.(서울시 건축 58070-868, '96.3.5)

**질의 회신** **도시계획시설예정지 내 지목이 답인 경우의 가설건축물**

「건축법」 제15조제1항의 규정에 따라 도시계획시설예정지에 있어서는 동 시행령 제15조의 규정에 적합하면 가설건축물은 건축이 가능한 것인바, 이 경우 지목이 곧 "대(垈)"가 아니어도 관계없는 것임.
(건설부 건축 01254-, '90.8.21)

**질의** **컨테이너에 바퀴설치 시 가설건축물 축조신고 여부**

컨테이너에 이동이 가능하도록 바퀴를 설치한 경우 이를 건축법 시행령 제15조제5항제8호의 규정에 의한 가설건축물로 보아 당해 허가권자에게 축조신고를 하여야 하는지 여부

**회신** 「건축법 시행령」 제15조제5항제8호의 규정에 의하여 컨테이너 또는 폐차량 그밖에 이와 유사한 것으로

된 가설건축물로서 임시사무실·임시창고 또는 임시숙소로 사용되는 것(건축물의 옥상에 건축하는 것 제외)은 당해 허가권자에게 가설건축물 신고한 후 축조토록 하고 있는 바, 귀 문의의 경우가 상기 규정에 해당한다면 컨테이너에 바퀴가 설치되어 일부 이동이 가능하다 하더라도 실질적인 이동의 실익이 없어서 상당기간동안 현저한 이동이 추정되지 아니하는 경우에는 당해 허가권자에게 가설건축물 축조 신고 후 축조하여야 할 것이니, 보다 구체적인 사항은 당해 허가권자에게 문의하시기 바랍니다.(건교부 건축 58070-596, 2003.4.4)

**법 제21조 【착공신고 등】**

① 제11조·제14조 또는 제20조제1항에 따라 허가를 받거나 신고를 한 건축물의 공사를 착수하려는 건축주는 국토교통부령으로 정하는 바에 따라 허가권자에게 공사계획을 신고하여야 한다.(2021.7.27 건축물관리법 부칙에 의거 단서 삭제)

② 제1항에 따라 공사계획을 신고하거나 변경신고를 하는 경우 해당 공사감리자(제25조제1항에 따른 공사감리자를 지정한 경우만 해당된다)와 공사시공자가 신고서에 함께 서명하여야 한다.

③ 허가권자는 제1항 본문에 따른 신고를 받은 날부터 3일 이내에 신고수리 여부 또는 민원 처리 관련 법령에 따른 처리기간의 연장 여부를 신고인에게 통지하여야 한다.(2017.4.18 본항 신설)

④ 허가권자가 제3항에서 정한 기간 내에 신고수리 여부 또는 민원 처리 관련 법령에 따른 처리기간의 연장 여부를 신고인에게 통지하지 아니하면 그 기간이 끝난 날의 다음 날에 신고를 수리한 것으로 본다.(2017.4.18 본항 신설)

⑤ 건축주는 **「건설산업기본법」 제41조를 위반하여 건축물의 공사를 하거나 하게 할 수 없다.**

⑥ 제11조에 따라 허가를 받은 건축물의 건축주는 제1항에 따른 신고를 할 때에는 제15조제2항에 따른 각 계약서의 사본을 첨부하여야 한다.

**해설** ※ 「건설산업기본법」 제41조 【건축물 시공자의 제한】

- 건설업자가 아닌 건축주가 직접 시공할 수 있는 범위가 공동의 안전을 확보하고 소비자의 피해를 예방하기 위하여 용도 및 규모 등의 축소가 이루어졌음. 다음은 건설산업기본법 제41조에 따른 건설업자가 시공하여야 하는 건설공사가 된다.(개정 2019.4.30)
  - 연면적 200$m^2$를 초과하는 건축물
  - 연면적 200$m^2$ 이하인 건축물로서 다음에 해당하는 경우
    - ○ 공동주택
    - ○ 단독주택 중 다중주택, 다가구 주택, 공관 등의 건축물
    - ○ 주거용 외의 건축물로서 많은 사람이 이용하는 건축물 중 학교, 병원 등의 건축물
  - 체육시설, 공원시설, 유기시설 중 관련법이 정하는 시설

**질의 건축물 시공자 제한대상 여부**

허가시 단독주택 190$m^2$으로 진행하였고 공사중 면적이 20$m^2$ 증가하여 210$m^2$이 되었고, 공사는 건축주 직영공사로 진행 중이었는데 210$m^2$으로 변경시 건축주 직영공사로 진행이 가능한 것인지

**회신** ○ 건설산업기본법 제41조에 따르면, 건축물의 건축 또는 대수선에 관한 건설공사는 건설업자가 하도록 하고 있으나, 연면적이 200㎡ 이하의 건축물과 농업용, 축산업용 건축물 등은 같은 법시행령 제37조에 따른 건축물은 건축주가 직접 시공하거나 건설업자에게 도급하여야 한다고 규정하고 있습니다.

○ 또한, 건축물의 시공자제한 업무처리요령(국토교통부예규 제239호, 2018.8.24)에 따르면, 시공중인 건축물로서 설계변경으로 인하여 면적이 증가한 건축물인 경우에는 그 증가한 부분의 바닥면적을 합산한 면적으로 한다고 규정하고 있습니다.

○ 상기 규정에 따라 시공중인 건축물의 연면적이 증가한 것으로 판단되므로 건축주가 직접시공하는 어려울 것으로 판단됩니다.

○ 다만, 건설산업기본법 제41조에 따른 시공자 제한 강화는 법 시행(2018.6.27) 이후 최초로 건축법에 따른 건축허가를 신청(건축신고를 하는 경우를 포함한다)하거나, 주택법에 따른 주택건설사업계획의 승인을 신청하는 경우부터 적용되므로, 개정내용 시행일 이전에 건축허가 등을 신청(접수)하였거나 득한 경우(법 시행 이전에 건축신고접수, 착공 등을 하였으나 법 시행 후 건축물 연면적 변경 등을 하는 경우 포함)에는 기존의 규정에 따라 건축주가 직접 시공하거나 건설업자에게 도급가능함을 알려드립니다.(국토교통부 건설정책과 등록 2003.7.11, 수정 2019.5.24)

### 규칙 제14조 【착공신고등】

① 법 제21조제1항에 따른 건축공사의 착공신고를 하려는 자는 별지 제13호서식의 **착공신고서**(전자문서로 된 신고서를 포함한다)에 다음 각 호의 **서류** 및 **도서**를 첨부하여 허가권자에게 제출해야 한다.(2021.12.31 본항 개정)

1. 법 제15조에 따른 건축관계자 상호간의 계약서 사본(해당사항이 있는 경우로 한정한다)
2. 별표 4의2 설계도서. 다만, 법 제11조 또는 제14조에 따라 건축허가 또는 신고를 할 때 제출한 경우에는 제출하지 않으며, 변경사항이 있는 경우에는 변경사항을 반영한 설계도서를 제출한다.(2018.11.29 본호 단서 신설)
3. 법 제25조제11항에 따른 감리 계약서(해당 사항이 있는 경우로 한정한다)(2016.7.20 본호 신설)
4. 「건축사법 시행령」 제21조제2항에 따라 제출받은 보험증서 또는 공제증서의 사본(2021.12.31 본호 신설)

② 건축주는 법 제11조제7항 각 호 외의 부분 단서에 따라 공사착수시기를 연기하려는 경우에는 별지 제14호서식의 착공연기신청서(전자문서로 된 신청서를 포함한다)를 허가권자에게 제출하여야 한다.(2008.12.11 본항 개정)

③ 허가권자는 **토지굴착공사**를 수반하는 건축물로서 가스, 전기·통신, 상·하수도등 지하매설물에 영향을 줄 우려가 있는 건축물의 착공신고가 있는 경우에는 당해 지하매설물의 관리기관에 토지굴착공사에 관한 사항을 통보하여야 한다.(1999.5.11 본항 신설)

④ 허가권자는 제1항 및 제2항의 규정에 의한 착공신고서 또는 착공연기신청서를 받은 때에는 별지 제15호서식의 착공신고필증 또는 별지 제16호서식의 **착공연기확인서**를 신고인 또는 신청인에게 교부하여야 한다.(1999.5.11 본항 신설)

⑤ (2020.10.28 본항 삭제)

⑥ 건축주는 법 제21조제1항에 따른 착공신고를 할 때에 해당 건축공사가 「산업안전보건법」 제73조

제1항에 따른 건설재해예방 전문지도기관의 지도대상에 해당하는 경우에는 제1항 각 호에 따른 서류 외에 같은 법 시행규칙 별지 제104호 서식의 기술지도계약서 사본을 첨부해야 한다. (2020.10.28 본항 개정)

참고

**【별표 4의2】** (2021.8.27 어려운 법령용어정비를 위한 국토교통부령 부칙에 의거 본표 개정)

**착공신고에 필요한 설계도서**(제14조제1항 관련)

| 분 야 | 도서의 종류 | 내 용 |
|---|---|---|
| 1. 건축 | 가. 도면 목록표 | 공종 구분해서 분류 작성 |
| | 나. 안내도 | 방위, 도로, 대지주변 지물의 정보 수록 |
| | 다. 개요서 | 1) 개요(위치·대지면적 등)<br>2) 지역·지구 및 도시계획사항<br>3) 건축물의 규모(건축면적·연면적·높이·층수 등)<br>4) 건축물의 용도별 면적<br>5) 주차장 규모 |
| | 라. 구적도 | 대지면적에 대한 기술 |
| | 마. 마감재료표 | 바닥, 벽, 천정 등 실내 마감재료 및 외벽 마감재료(외벽에 설치하는 단열재를 포함한다)의 성능, 품명, 규격, 재질, 질감 및 색상 등의 구체적 표기 |
| | 바. 배치도 | 축척 및 방위, 건축선, 대지경계선 및 대지가 정하는 도로의 위치와 폭, 건축선 및 대지경계선으로부터 건축물까지의 거리, 신청 건물과 기존 건물과의 관계, 대지의 고저차, 부대시설물과의 관계 |
| | 사. 주차계획도 | 1) 법정 주차대수와 주차 확보대수의 대비표, 주차배치도 및 차량 동선도 차량진출입 관련 위치 및 구조<br>2) 옥외 및 지하 주차장 도면 |
| | 아. 각 층 및 지붕 평면도 | 1) 기둥·벽·창문 등의 위치 및 복도, 계단, 승강기 위치<br>2) 방화구획 계획(방화문, 자동방화셔터, 내화충전구조 및 방화댐퍼의 설치 계획을 포함한다) |
| | 자. 입면도(2면 이상) | 1) 주요 내외벽, 중심선 또는 마감선 치수, 외벽마감재료<br>2) 건축자재 성능 및 품명, 규격, 재질, 질감, 색상 등의 구체적 표기<br>3) 간판 및 건물번호판의 설치계획(크기·위치) |
| | 차. 단면도(종·횡단면도) | 1) 건축물 최고높이, 각 층의 높이, 반자높이<br>2) 천정 안 배관 공간, 계단 등의 관계를 표현<br>3) 방화구획 계획(방화문, 자동방화셔터, 내화충전구조 및 방화댐퍼의 설치 계획을 포함한다) |
| | 카. 수직동선상세도 | 1) 코아(Core) 상세도(코아 안의 각종 설비관련 시설물의 위치)<br>2) 계단 평면·단면 상세도<br>3) 주차경사로 평면·단면 상세도 |
| | 타. 부분상세도 | 1) 지상층 외벽 평면·입면·단면도<br>2) 지하층 부분 단면 상세도 |
| | 파. 창호도(창문 도면) | 창호 일람표, 창호 평면도, 창호 상세도, 창호 입면도 |
| | 하. 건축설비도 | 냉방·난방설비, 위생설비, 환경설비, 정화조, 승강설비 등 건축설비 |
| | 거. 방화구획 상세도 (2019.11.18 신설) | 방화문, 자동방화셔터, 내화충전구조, 방화댐퍼 설치부분 상세도 |

| 분 야 | 도서의 종류 | 내 용 |
|---|---|---|
| | 너. 외벽 마감재료의 단면 상세도 (2019.11.18 신설) | 외벽의 마감재료(외벽에 설치하는 단열재를 포함한다)의 종류별 단면 상세도(법 제52조제2항에 따른 건축물만 해당한다) |
| 2. 일반 | 가. 시방서 | 1) 시방내용(국토교통부장관이 작성한 표준시방서에 없는 공법인 경우만 해당한다)<br>2) 흙막이공법 및 도면 |
| 3. 구조 | 가. 도면 목록표 | |
| | 나. 기초 일람표 | |
| | 다. 구조 평면·입면·단면도(구조 안전 확인 대상 건축물) | 1) 구조내력상 주요한 부분의 평면 및 단면<br>2) 주요부분의 상세도면(배근상세, 접합상세, 배근시 주의사항 표기)<br>3) 구조안전확인서 |
| | 라. 구조가구도 | 골조의 단면 상태를 표현하는 도면으로 골조의 상호 연관관계를 표현 |
| | 마. 앵커(Anchor)배치도 및 베이스 플레이트(Base Plate) 설치도 | |
| | 바. 기둥 일람표 | |
| | 사. 보 일람표 | |
| | 아. 슬래브(Slab) 일람표 | |
| | 자. 옹벽 일람표 | |
| | 차. 계단배근 일람표 | |
| | 카. 주심도 | |
| 4. 기계 | 가. 도면 목록표 | |
| | 나. 장비일람표 | 규격, 수량을 상세히 기록 |
| | 다. 장비배치도 | 기계실, 공조실 등의 장비배치방안 계획 |
| | 라. 계통도 | 공조배관 설비, 덕트(Duct) 설비, 위생 설비 등 계통도 |
| | 마. 기준층 및 주요층 기구 평면도 | 공조배관 설비, 덕트 설비, 위생 설비 등 평면도 |
| | 바. 저수조 및 고가수조 | 저수조 및 고가수조의 설치기준을 표시 |
| | 사. 도시가스 인입 확인 | 도시가스 인입지역에 한해서 조사 및 확인 |
| 5. 전기 | 가. 도면 목록표 | |
| | 나. 배치도 | 옥외조명 설비 평면도 |
| | 다. 계통도 | 1) 전력 계통도<br>2) 조명 계통도 |
| | 라. 평면도 | 조명 평면도 |
| 6. 통신 | 가. 도면 목록표 | |
| | 나. 배치도 | 옥외 CCTV설비와 옥외방송 평면도 |
| | 다. 계통도 | 1) 구내통신선로설비 계통도<br>2) 방송공동수신설비 계통도<br>3) 이동통신 구내선로설비 계통도<br>4) CCTV설비 계통도 |
| | 라. 평면도 | 1) 구내통신선로설비 평면도<br>2) 방송공동수신설비 평면도<br>3) 이동통신 구내선로설비 평면도<br>4) CCTV설비 평면도 |
| 7. 토목 | 가. 도면 목록표 | |
| | 나. 각종 평면도 | 주요시설물 계획 |
| | 다. 토지굴착 및 옹벽도 | 1) 지하매설구조물 현황 |

| 분 야 | 도서의 종류 | 내 용 |
| --- | --- | --- |
| | | 2) 흙막이 구조(지하 2층 이상의 지하층을 설치하는 경우 또는 지하 1층을 설치하는 경우로서 법 제27조에 따른 건축허가 현장조사·검사 또는 확인시 굴착으로 인하여 인접대지 석축 및 건축물 등에 영향이 있어 조치가 필요하다고 인정된 경우만 해당한다)<br>(2016.7.20 개정)<br>3) 단면상세<br>4) 옹벽구조 |
| | 라. 대지 종·횡단면도 | |
| | 마. 포장계획 평면·단면도 | |
| | 바. 우수·오수 배수처리 평면·종단면도 | |
| | 사. 상하수 계통도 | 우수·오수 배수처리 구조물 위치 및 상세도, 공공하수도와의 연결방법, 상수도 인입계획, 정화조의 위치 |
| | 아. 지반조사 보고서<br>(2018.11.29 본목 신설) | 시추조사 결과, 지반분류, 지반반력계수 등 구조설계를 위한 지반자료(주변 건축물의 지반조사 결과를 적용하여 별도의 지반조사가 필요 없는 경우, 「건축물의 구조기준 등에 관한 규칙」에 따른 소규모건축물로 지반을 최저 등급으로 가정한 경우, 지반조사를 할 수 없는 경우 등 허가권자가 인정하는 경우에는 지반조사 보고서를 제출하지 않을 수 있다) |
| 8. 조경 | 가. 도면 목록표 | |
| | 나. 조경 배치도 | 법정 면적과 계획면적의 대비, 조경계획 및 식재 상세도 |
| | 다. 식재 평면도 | |
| | 라. 단면도 | |

※ 비고 : 법 제21조에 따라 착공신고하려는 건축물의 공사와 관련 없는 설계도서는 제출하지 않는다.

**규칙 제24조의2 【건축물 석면의 제거·처리】**

석면이 함유된 건축물을 증축·개축 또는 대수선하는 경우에는 「산업안전보건법」 등 관계 법령에 적합하게 석면을 먼저 제거·처리한 후 건축물을 증축·개축 또는 대수선해야 한다.(2021.6.25 본조 개정)

**법 제22조 【건축물의 사용승인】**

① 건축주가 제11조·제14조 또는 제20조제1항에 따라 허가를 받았거나 신고를 한 건축물의 건축공사를 완료[하나의 대지에 둘 이상의 건축물을 건축하는 경우 동(棟)별 공사를 완료한 경우를 포함한다]한 후 그 건축물을 사용하려면 제25조제6항에 따라 **공사감리자**가 작성한 **감리완료보고서**(같은 조 제1항에 따른 공사감리자를 지정한 경우만 해당된다)와 국토교통부령으로 정하는 **공사완료도서**를 첨부하여 허가권자에게 **사용승인**을 신청하여야 한다.(2016.2.3 본항 개정)

② 허가권자는 제1항에 따른 사용승인신청을 받은 경우 국토교통부령으로 정하는 기간에 다음 각 호의 사항에 대한 검사를 실시하고, 검사에 합격된 건축물에 대하여는 **사용승인서**를 내주어야 한다. 다만, 해당 지방자치단체의 조례로 정하는 건축물은 사용승인을 위한 검사를 실시하지 아니하고 사용승인서를 내줄 수 있다.

1. 사용승인을 신청한 건축물이 이 법에 따라 허가 또는 신고한 설계도서대로 시공되었는지의

여부

2. 감리완료보고서, 공사완료도서 등의 서류 및 도서가 적합하게 작성되었는지의 여부

③ 건축주는 제2항에 따라 사용승인을 받은 후가 아니면 **건축물**을 **사용**하거나 사용하게 할 수 없다. 다만, 다음 각 호의 어느 하나에 해당하는 경우에는 그러하지 아니하다.

1. 허가권자가 제2항에 따른 기간 내에 사용승인서를 교부하지 아니한 경우
2. 사용승인서를 교부받기 전에 공사가 완료된 부분이 건폐율, 용적률, 설비, 피난·방화 등 국토교통부령으로 정하는 기준에 적합한 경우로서 기간을 정하여 대통령령으로 정하는 바에 따라 임시로 사용의 승인을 한 경우

④ 건축주가 제2항에 따른 사용승인을 받은 경우에는 다음 각 호에 따른 사용승인·준공검사 또는 등록신청 등을 받거나 한 것으로 보며, 공장건축물의 경우에는 「산업집적활성화 및 공장설립에 관한 법률」 제14조의2에 따라 관련 법률의 검사 등을 받은 것으로 본다.(2011.5.30 본항 개정)

1. 「하수도법」 제27조에 따른 배수설비(排水設備)의 준공검사 및 같은 법 제37조에 따른 개인하수처리시설의 준공검사(201.5.30 본호 개정)
2. 「공간정보의 구축 및 관리 등에 관한 법률」 제64조에 따른 지적공부(地籍公簿)의 변동사항 등록신청(2014.6.3 「공간정보의 구축 및 관리 등에 관한 법률」 부칙에 의거 본호 개정)
3. 「승강기 안전관리법」 제28조에 따른 승강기 설치검사(승강기 안전관리법 부칙에 의거 2018.3.27 본호 개정)
4. 「에너지이용 합리화법」 제39조에 따른 보일러 설치검사
5. 「전기안전관리법」 제9조에 따른 전기설비의 사용전검사(2020.3.31 전기안전관리법 부칙에 의거 본호 개정)
6. 「정보통신공사업법」 제36조에 따른 정보통신공사의 사용전검사

6의2. 「기계설비법」 제15조에 따른 기계설비의 사용 전 검사(2024.1.16 본호 신설)

7. 「도로법」 제62조제2항에 따른 도로점용 공사의 준공확인
8. 「국토의 계획 및 이용에 관한 법률」 제62조에 따른 개발 행위의 준공검사
9. 「국토의 계획 및 이용에 관한 법률」 제98조에 따른 도시·군계획시설사업의 준공검사 (2011.4.14 국토의 계획 및 이용에 관한 법률 부칙에 의거 개정)
10. 「물환경보전법」 제37조에 따른 수질오염물질 배출시설의 가동개시의 신고
11. 「대기환경보전법」 제30조에 따른 대기오염물질 배출시설의 가동개시의 신고
12. (2009.6.9 본호 삭제)

⑤ 허가권자는 제2항에 따른 사용승인을 하는 경우 제4항 각 호의 어느 하나에 해당하는 내용이 포함되어 있으면 관계 행정기관의 장과 미리 협의하여야 한다.

⑥ 특별시장 또는 광역시장은 제2항에 따라 사용승인을 한 경우 지체 없이 그 사실을 군수 또는 구청장에게 알려서 건축물대장에 적게 하여야 한다. 이 경우 건축물대장에는 설계자, 대통령령으로 정하는 주요 공사의 시공자, 공사감리자를 적어야 한다.

해설 공사가 완료되어 건축물을 사용하고자 하는 경우 공사감리자가 작성한 감리완료보고서를 허가권자에게 제출하여 사용승인을 받도록 한다.

① 대상건축물 : 건축허가, 건축신고를 한 건축물

② 사용승인신청(건축주)

- 공사감리자가 작성한 감리완료보고서 및 국토교통부령이 정하는 공사 완료도서를 첨부하여 허가권자에게 신청
  - 사용승인을 신청하거나 건축신고인 건축물은 배치 및 평면이 표시된 현황도면 첨부

③ 건축물의 사용

- 사용승인을 얻은 후가 아니면 원칙적으로 사용할 수 없으나 기간 내 사용승인서를 교부하지 아니하거나 임시사용의 승인(2년 이내)을 받으면 사용할 수 있다.

④ 절차의 간소화(별도의 준공검사를 안 함) : 사용승인을 받음으로써 의제처리

- 배수설비의 준공검사 및 개인 하수처리시설의 준공검사
- 지적공부의 변동사항 등록신청
- 승강기 설치 검사
- 보일러 설치 검사
- 전기설비의 사용 전 검사
- 정보통신공사의 사용 전 검사
- 도로점용공사 완료 확인
- 개발 행위의 준공검사
- 도시·군계획시설사업의 준공검사
- 수질오염물질 배출시설의 가동개시의 신고
- 대기오염물질 배출시설의 가동개시의 신고
- 소음·진동배출시설의 가동개시의 신고

영 **제17조 【건축물의 사용승인】**

① (2006.5.8 본항 삭제)

② 건축주는 법 제22조제3항제2호에 따라 사용승인서를 받기 전에 공사가 완료된 부분에 대한 임시사용의 승인을 받으려는 경우에는 국토교통부령으로 정하는 바에 따라 **임시사용승인신청서**를 허가권자에게 제출(전자문서에 의한 제출을 포함한다)하여야 한다.(2008.10.29, 2013.3.23 본항 개정)

③ 허가권자는 제2항의 신청서를 접수한 경우에는 공사가 완료된 부분이 법 제22조제3항제2호에 따른 기준에 적합한 경우에만 임시사용을 승인할 수 있으며, 식수 등 조경에 필요한 조치를 하기에 부적합한 시기에 건축공사가 완료된 건축물은 허가권자가 지정하는 시기까지 **식수**(植樹) **등 조경**에 필요한 조치를 할 것을 조건으로 임시사용을 승인할 수 있다.(2008.10.29 본항 개정)

④ **임시사용승인의 기간**은 2년 이내로 한다. 다만, 허가권자는 대형 건축물 또는 암반공사 등으로 인하여 공사기간이 긴 건축물에 대하여는 그 기간을 연장할 수 있다.(2008.10.29 본항 개정)

⑤ 법 제22조제6항 후단에서 "대통령령으로 정하는 주요 공사의 시공자"란 다음 각 호의 어느 하나에 해당하는 자를 말한다.(2008.10.29 본항 개정)

1. 「건설산업기본법」 제9조에 따라 종합공사 또는 전문공사를 시공하는 업종을 등록한 자로서 발주자로부터 건설공사를 도급받은 건설사업자(2023.9.12 본호 개정)
2. 「전기공사업법」·「소방시설공사업법」 또는 「정보통신공사업법」에 따라 공사를 수행하는 시공자

**해설** 공사가 완료된 부분의 임시사용승인을 위해 임시사용승인신청서를 제출하여야 한다. 조경식수등은 적절한 시기에 해야 하므로 조건부 임시사용을 승인할 수 있다.

**규칙 제16조 【사용승인신청】**

① 법 제22조제1항(법 제19조제5항에 따라 준용되는 경우를 포함한다)에 따라 건축물의 사용승인을 받으려는 자는 별지 제17호서식의 (임시)사용승인 신청서에 다음 각 호의 구분에 따른 도서를 첨부하여 허가권자에게 제출해야 한다.(2021.12.31 본항 개정)

1. 법 제25조제1항에 따른 공사감리자를 지정한 경우 : 공사감리완료보고서
2. 법 제11조, 제14조 또는 제16조에 따라 허가·변경허가를 받았거나 신고·변경신고를 한 도서에 변경이 있는 경우 : 설계변경사항이 반영된 최종 공사완료도서(2018.11.29 본호 개정)
3. 법 제14조제1항에 따른 신고를 하여 건축한 건축물 : 배치 및 평면이 표시된 현황도면
4. (2018.11.29 본호 삭제)
5. 법 제22조제4항 각 호에 따른 사용승인·준공검사 또는 등록신청 등을 받거나 하기 위하여 해당 법령에서 제출하도록 의무화하고 있는 신청서 및 첨부서류(해당 사항이 있는 경우로 한정한다) (2012.5.23 본호 개정)
6. 법 제25조제11항에 따라 감리비용을 지불하였음을 증명하는 서류(해당 사항이 있는 경우로 한정한다) (2016.7.20 본호 신설)
7. 법 제48조의3제1항에 따라 내진능력을 공개해야 하는 건축물인 경우 : 「건축물의 구조기준 등에 관한 규칙」 제58조에 따른 구조안전 및 내진설계 확인서(같은 규칙 제60조의2제2항 전단에 해당하는 경우로 한정한다) (2024.12.17 본호 개정)
8. 사용승인을 신청할 건축물이 영 별표 1 제15호가목에 따른 생활숙박시설(30실 이상이거나 생활숙박시설 영업장의 면적이 해당 건축물 연면적의 1/3 이상인 것으로 한정한다)인 경우에는 「건축물의 분양에 관한 법률 시행령」 제9조제1항제9호의3에 따른 내용(분양받은 자가 서명 또는 날인한 「건축물의 분양에 관한 법률 시행규칙」 별지 제2호의2서식의 생활숙박시설 관련 확인서를 포함한다)의 사본(2021.12.31 본호 신설)

② 제1항에 따른 신청을 받은 허가권자는 해당 건축물이 「액화석유가스의 안전관리 및 사업법」 제44조제2항 본문에 따라 액화석유가스의 사용시설에 대한 완성검사를 받아야 할 건축물인 경우에는 행정정보의 공동이용을 통해 액화석유가스 완성검사 증명서를 확인해야 하며, 신청

인이 확인에 동의하지 않은 경우에는 해당 서류를 제출하도록 해야 한다.(2018.11.29 본항 신설)

③ 허가권자는 제1항에 따른 사용승인신청을 받은 경우에는 법 제22조제2항에 따라 그 신청서를 받은 날부터 **7일** 이내에 사용승인을 위한 현장검사를 실시하여야 하며, 현장검사에 합격된 건축물에 대하여는 별지 제18호서식의 사용승인서를 신청인에게 발급하여야 한다.
(2018.11.29 본항 개정)

규칙 **제17조 [임시사용승인신청 등]**

① 영 제17조제2항의 규정에 의한 임시사용승인신청서는 별지 제17호서식에 의한다.
(1999.5.11 본항 개정)

② 영 제17조제3항에 따라 허가권자는 건축물 및 대지의 일부가 법 제40조부터 제50조까지, 제50조의2, 제51조부터 제58조까지, 제60조부터 제62조까지, 제64조, 제67조, 제68조 및 제77조를 위반하여 건축된 경우에는 해당 건축물의 임시사용을 승인하여서는 아니된다.(2012.12.12 본항 개정)

③ 허가권자는 제1항의 규정에 의한 임시사용승인신청을 받은 경우에는 당해 신청서를 받은 날부터 7일 이내에 별지 제19호서식의 임시사용승인서를 신청인에게 교부하여야 한다.(1999.5.11 본항 신설)

해설 건축물의 임시사용을 승인할 경우 건축물 및 대지의 일부가 법령의 규정에 적합하지 아니하고, 위반된 경우에는 임시사용을 승인할 수 없다.

참고 사용승인서를 교부 받거나 임시사용승인을 받은 후가 아니면 건축물을 사용할 수 없고 이를 위반하였을 때는 「건축법」 제110조제2호의 규정에 의하여 2년 이하의 징역 또는 1,000만원 이하의 벌금에 처하며 법 제81조 영 제121조에 의하여 시정명령을 이행하지 않을 때는 시행령 별표 15의 규정에 의한 이행강제금액이 시가표준액의 2/100에 해당하는 금액을 부과한다.

질의 **층별 사용승인**

지하 3층, 지상 25층 주상복합건축물의 건축 도중 건축주 사정에 의거 현재 공사중인 주거용도 부분(지상 2층~25층)을 제외한 판매시설 용도(지하 3층~지상 1층) 부분이 주거용도 부분과 구조·설비 및 기능상 완전히 구획이 되었고 공사가 완료되었을 경우, 공사를 완료한 판매시설 용도 부분의 층별 사용승인을 받고자 하는 바, 가능한지 여부

**회신**

- 「건축법」 제18조의 규정에 의거 건축허가를 받은 건축물의 건축공사를 완료하였거나, 하나의 대지에 2 이상의 건축물을 건축하는 경우 동별 건축공사가 완료된 경우 사용승인 또는 동별 사용승인이 가능한 것이나, 층별 사용승인은 불가한 것이며,
- 「건축법」 제18조제3항 단서 및 동법 시행령 제17조제2항의 규정에 의하면 건축주는 사용승인서를 교부받기 전에 공사가 완료된 부분에 대한 임시사용승인을 얻고자 하는 경우에는 임시사용승인서를 제출하여야 하며, 이 경우 허가권자는 건축물 및 대지가 법·영·조례 등에 위반하지 아니한 경우에 한하여 임시사용승인을 할 수 있는 것이므로, 질의의 경우 공사가 완료된 부분을 사용하기 위하여는 건축물의 부분 임시사용승인은 득하여야 하는 것임을 알려 드리오니, 구체적인 사항은 허가권자에게 직접 문의하시기 바랍니다.(서울시 건지 58501-10449, '99.6.26)

질의 **임시적 사용에서 사전입주 해당여부**

건축공사현장에서 현장사무실 및 현장감리업무의 수행을 위한 공사용 가설건축물을 축조신고하여 사용하던 중, 건물의 옥외부대공사 및 지하층의 썬큰가든 공사 등을 위하여 부득이 공사현장사무실을 공사중인 건축물의 지하 1층으로 이동 임시적으로 사용하였을 경우 사전입주에 해당되는지 여부

회신
- 건축물은「건축법」제18조제3항 규정에 의하여 사용승인 및 임시사용승인을 얻은 후가 아니면 사용할 수 없으나, 이 경우 사용이라 함은 건축법령에 명문화되어 있지는 아니하나, 통상 건축물의 용도에 따라 건축주 등(입주자 포함)이 건축물을 활용하기 위하여 입주하는 것을 말할 수 있는 것이므로,
- 질의와 같이 건축물의 일부를 그 건축물의 건축공사에 필요한 현장사무실로 임시적으로 사용하는 경우라면, 그 사용행위가「건축법」제18조제3항 규정을 위반하였다고 볼 수 없는 것임을 알려드립니다.(서울시 건지 58501-10307, '99.7.7)

질의 지상층 부분은 완전히 독립(3개동)되어 있으나 지하층이 서로 공유되어 있는 건축물로, 1개동의 지상층과 이에 따른 지하층 부분이 완료(집합건축물로 지하층의 잔여 공사를 위한 출입구는 별도 확보)된 건축물의 동별 사용승인 및 건축물대장 작성이 가능한지 여부

회신 「건축법」제22조제1항에 따라 하나의 대지에 둘 이상의 건축물을 건축하는 경우 동별 건축공사가 완료된 때에는 동별로도 사용승인이 가능한 것이며, 허가권자는 사용승인서를 발급한 경우 같은 법 제38조제1항제1호에 따라 건축물대장에 건축물과 그 대지의 현황을 적어 보관하여야 하는 임. 이와 관련, 귀 질의의 건축물이 독립되어 있는 지상층 부분과 이에 따른 지하층 부분이 완료된 경우로서 지하층의 공사 중인 부분이 완료된 부분의 사용에 직접적인 지장을 주지 않으며,「건축법」등 관계법령에 적합한 경우라면 독립된 지상층 부분(이에 따른 지하층 부분 포함)에 대하여 동별 사용승인이 가능할 것으로 사료되고 그에 따라 건축물대장의 작성도 가능할 것으로 판단되나, 이에 대하여는 해당 허가권자가 건축물의 구조, 기능 및 관계법령을 종합검토하여 판단하여야 할 것이니, 보다 자세한 내용은 관련 자료를 갖추어 해당 지역의 허가권자에게 문의하시기 바랍니다.(국토교통부 건축정책과 / 2013.12.10)

질의 **준공전 임시사용 승인**

- 「국토의 계획 및 이용에 관한 법률」에 의한 개발행위허가를 받아 건축완료 된 경우 임시사용승인 가능 여부
- 「국토의 계획 및 이용에 관한 법률」에 의한 개발행위허가(토지형질변경)를 받아 건축물의 건축은 완료된 경우 개발행위허가에 대한 준공검사 절차가 진행 중으로서 현재 준공이 완료되지 않은 상태에서 건축물을 사용할 필요성이 있어 임시사용승인을 신청하고자 하는 바, 임시사용승인이 가능한지 여부

회신 건축물의 임시사용승인은 단순히 개발행위허가의 준공검사가 이행되었는지 여부에 따라 결정되는 것은 아니며「건축법 시행규칙」제17조제2항의 규정에 의하여 건축물 및 대지의 일부가 동법 제30조 내지 제33조·법 제35조 내지 법 제41조·법 제43조·법 제44조·법 제46조 내지 법 제49조·법 제51조·법 제53조 내지 법 제55조·법 제57조·법 제59조·법 제59조의2·법 제67조의 규정에 위반되지 않아야 임시사용승인이 가능한 것이므로, 질의의 건축물 및 대지가 상기 규정에 적합하다면 임시사용승인이 가능한 것입니다.(건교부 건축 58550-1962, 2003.10.28)

법 **제23조 【건축물의 설계】**

① 제11조제1항에 따라 **건축허가**를 받아야 하거나 제14조제1항에 따라 **건축신고**를 하여야 하는 건축물 또는 「주택법」 제42조제2항 또는 제3항에 따른 **리모델링**을 하는 건축물의 건축등을 위한 설계는 **건축사**가 아니면 할 수 없다. 다만, 다음 각 호의 어느 하나에 해당하는 경우에는 그러하지 아니하다.(2014.5.28 본항 개정)

1. 바닥면적의 합계가 $85m^2$ 미만인 증축·개축 또는 재축
2. 연면적이 $200m^2$ 미만이고 층수가 3층 미만인 건축물의 대수선
3. 그 밖에 건축물의 특수성과 용도 등을 고려하여 대통령령으로 정하는 건축물의 건축등

② 설계자는 건축물이 이 법과 이 법에 따른 명령이나 처분, 그 밖의 관계 법령에 맞고 안전·기능 및 미관에 지장이 없도록 설계하여야 하며, 국토교통부장관이 정하여 고시하는 **설계도서 작성기준**에 따라 설계도서를 작성하여야 한다. 다만, 해당 건축물의 공법(工法) 등이 특수한 경우로서 국토교통부령으로 정하는 바에 따라 건축위원회의 심의를 거친 때에는 그러하지 아니하다.

③ 제2항에 따라 설계도서를 작성한 설계자는 설계가 이 법과 이 법에 따른 명령이나 처분, 그 밖의 관계 법령에 맞게 작성되었는지를 확인한 후 설계도서에 서명날인하여야 한다.

④ 국토교통부장관이 국토교통부령으로 정하는 바에 따라 작성하거나 인정하는 **표준설계도서**나 특수한 공법을 적용한 설계도서에 따라 건축물을 건축하는 경우에는 제1항을 적용하지 아니한다.

해설 모든 건축물의 건축허가 또는 신고 등을 위한 설계는 건축사가 아니면 이를 할 수 없으나 바닥면적의 합계가 $85m^2$ 미만의 증·개축 또는 재축의 경우와 연면적이 $200m^2$ 미만이고 층수가 3층 미만인 건축물의 대수선과 읍·면 지역에서 건축하는 연면적 $200m^2$ 이하인 창고와 $400m^2$ 이하인 축사 및 작물재배사와 일부 가설건축물의 경우 등은 예외로 하고 있다.

▸ 처분(處分) : 어떤 기준 이외의 여분이나 불필요한 것을 처리하는 일. 예를 들면 행정권의 작용으로 행정처분 등이 있다.

참고

- "**건축사**"라 함은 국토교통부장관의 면허를 받아 건축물의 설계 또는 공사감리 등의 업무를 행하는 자를 말한다.(「건축사법」 제2조제1호)
- "**설계**"라 함은 자기책임 하에(보조자의 조력을 받는 경우를 포함한다) 건축물의 건축·대수선, 건축설비의 설치 또는 공작물의 축조를 위한 도면, 구조계산서 및 공사시방서 기타 국토교통부령이 정하는 공사에 필요한 서류(설계도서)를 작성하고 그 설계도서에서 의도한 바를 설명하며 지도 자문하는 행위(「건축사법」 제2조제3호)

  ※ **표준설계도서** 또는 특수한 공법을 적용한 설계도서에 의하여 건축물을 건축하는 경우에는 건축사에 의한 설계가 되지 않아도 됨(건축사 등 전문가가 참여하여 국토교통부의 심의를 거쳐 도서가 작성되기 때문임).

<건축사의 설계가 아니어도 되는 경우>

- 바닥면적의 합계가 $85m^2$ 미만인 증축·개축 또는 재축($85m^2$는 국민주택의 규모기준)
- 연면적이 $200m^2$ 미만이고 층수가 3층 미만인 건축물의 대수선(이 경우 건축신고와 건축허가의 기준점이 됨)
- 읍·면 지역에서 건축하는 건축물 중 연면적 $200m^2$ 이하인 창고 및 농막과 연면적 $400m^2$ 이하인 축사

및 작물 재배사
- 다음의 가설 건축물
  - 재해가 발생한 구역등에서 일시사용을 위하여 건축하는 것
  - 가설흥행장, 가설전람회장, 농·수·축산물 직거래용 가설점포
  - 공사에 필요한 규모의 범위 안에서 공사용 가설건축물 및 공작물
  - 조립식 구조로 된 경비용에 쓰이는 연면적 10m$^2$ 이하의 가설건축물
  - 컨테이너 또는 이와 비슷한 것으로 된 가설건축물로서 임시 사무실·임시창고 또는 임시숙소로 사용되는 것
  - 주거지역·상업지역·공업지역에서 설치하는 농·어업용 비닐하우스로서 연면적 100m$^2$ 이상인 것
  - 연면적이 100m$^2$ 이상인 간이축사용·가축운동용·가축의 비가림용 비닐하우스 또는 천막 구조
  - 공장 또는 창고시설에 설치하는 천막, 기타 이와 비슷한 것
  - 전시를 위한 견본주택이나 그 밖에 이와 비슷한 것
  - 농·어업용 고정식 온실 및 간이작업장, 가축양육실
  - 유원지, 종합휴양업 사업지역 등에서 한시적인 관광·문화행사 등을 목적으로 천막 또는 경량구조로 설치하는 것
  - 야외전시시설 및 촬영시설
  - 야외흡연실 용도로 쓰는 가설건축물로서 연면적이 50m$^2$ 이하인 것

**영 제18조 [설계도서의 작성]**

법 제23조제1항제3호에서 "**대통령령으로 정하는 건축물**"이란 다음 각 호의 어느 하나에 해당하는 건축물을 말한다.(2012.4.10 본조 개정)

1. 읍·면지역(시장 또는 군수가 지역계획 또는 도시·군계획에 지장이 있다고 인정하여 지정·공고한 구역은 제외한다)에서 건축하는 건축물 중 연면적이 200m$^2$ 이하인 창고 및 농막(「농지법」에 따른 농막을 말한다)과 연면적 400m$^2$ 이하인 축사 및 작물 재배사(2010.2.18 본호 개정)
2. 제15조제5항 각 호의 어느 하나에 해당하는 가설건축물로서 건축조례로 정하는 가설건축물 (2009.7.16 본호 개정)

해설 건축물의 특수성과 용도 등을 고려하여 공사에 필요한 규모의 범위 안의 가설건축물이나 경비용으로 사용되는 조립식 구조로 된 소규모 가설건축물, 재해발생구역에서 일시적으로 사용하기 위해 건축되는 가설건축물 등으로서 건축조례로 정하는 경우에는 건축사의 설계 없이 건축할 수 있다.

**질의 100m$^2$를 초과하는 단독주택이 건축사의 설계 및 감리 대상인지**

연면적의 합계가 100m$^2$를 초과하는 단독주택이 건축사의 설계 및 감리 대상인지 여부

**회신** 「건축법 시행령」 제18조제1항제4호의 규정에 의하여 연면적의 합계가 100m$^2$를 초과하는 별표 1 제1호 가목의 단독주택은 건축사가 설계하여야 하는 것이며, 또한 같은 법 시행령 제19조제1항의 규정에 의하여 건축사가 설계하여야 하는 건축물을 건축하는 경우에는 같은 법 제21조제1항의 규정에 의하여 건축사를 공사감리자로 지정토록 하고 있음을 알려드립니다.(건교부 건축 58070-602, 2003.4.4)

| 작업내용 | 작업주체 | 건축과정 | 인허가 절차 및 관련법령 | 관계부서 |
|---|---|---|---|---|
| • 건축물의 용도/규모<br>• 입지선정(대지조건) | 건축주<br>설계자 | 건축기획 / 사전조사 | • 「국토의계획및이용에관한법률」<br>• 「건축법」<br>• 「수도권정비계획법」<br>• 「군사기지 및 군사시설 보호법」<br>• 「농지법」/「산지관리법」<br>• 「주차장법」 등<br>• 「도시및주거환경정비법」<br>• 「택지개발촉진법」<br>• 「도시교통정비촉진법」<br>• 「녹색건축물조성지원법」<br>• 「수도법」 | 사업관련<br>행정부서 |
| • 사업계획서 작성<br>사업승인 신청<br>• 건축계획도서<br>• 건축심의도서<br>(건축, 굴토, 공개공지)<br>• 영향평가<br>(교통, 환경, 인구 등) | 건축주<br>설계자 | 계획 설계 — 사업승인 / 건축심의 | • 「주택법」<br>• 「주차장법」<br>• 「도시교통정비촉진법」<br>• 「수도권정비계획법」<br>• 「산업집적활성화 및 공장설립에 관한 법률」<br>• 「하수도법」<br>• 「군사기지 및 군사시설 보호법」<br>• 「건축법」<br>• 「국토의계획및이용에관한법률」<br>• 「학교보건법」 | 사업담당<br>행정부서 |
| • 허가도서 작성<br>• 관련부서 협의 | 건축주<br>설계자 | 기본 설계 — 건축허가 | • 「건축법」, 「국토의계획및이용에관한법률」 등 전 단계에서 관련된 모든 법령<br>• 건축용도에 따른 개별 시설기준 | 건축행정부서<br>관련부서 |
| • 실시설계도서 작성<br>• 시공자, 감시자 결정<br>• 착공신고 | 건축주<br>설계자<br>시공자 | 실시 설계 — 착공신고 | • 「건축법」, 영, 규칙 조례, 기준<br>• 「주택법」, 규정, 규칙<br>• 「건설기술 진흥법」<br>• 「주차장법」/「도로법」<br>• 「건설산업기본법」<br>• 「수도법」/「하수도법」 등<br>• 환경관련법령<br>• 용도별 시설기준 | 건축행정부서<br>관련부서 |
| • 대지경계측량<br>• 굴토, 골조, 마감공사<br>• 기계/전기설비공사<br>• 토목공사<br>• 조경공사<br>• 공종별 공사감리<br>• 필요시 설계협의 | 건축주<br>시공자<br>감리자 | 건축 공사 — 공사감리(설계협의) | • 「건축법」, 영, 규칙, 조례, 기준<br>• 「건설기술 진흥법」<br>• 「건설산업기본법」 등<br>• 「소음진동관리법」 등 환경관련법령 | 건축행정부서<br>관련부서 |
| • 공사감리보고서<br>• 사용승인관련서류 확인내역<br>• 관리카드(정화조, 주차)<br>• 기계설비설치확인서<br>• 건축물대장기재신청<br>• 건축물 현황도면<br>• 일괄처리도서(경미한 사항) | 건축주<br>시공자<br>감리자 | 공사 완료 — 사용승인 | • 심의/허가/공사 중 관련된 모든 법령 | 건축행정부서<br>관련부서 |
| • 용도변경<br>• 건축물대장변경<br>기재/말소/전환<br>• 건축물 하자보수<br>• 시설물의 안전 및 유지관리계획수립<br>• 안전전검<br>정밀안전진단<br>• 위험시설물에 대한 안전조치 | 건축주<br>일반사용자 | 건물 사용 — 유지관리 | • 「건축법」<br>• 기반시설관련법<br>• 환경관련법령<br>• 「시설물의 안전 및 유지관리에 관한 특별법」<br>• 「소방시설 설치 및 관리에 관한 법률」 | 건축행정부서 |

**그림 2-1　건축물의 건축과정**

법 **제24조 【건축시공】**

① 공사시공자는 제15조제2항에 따른 계약대로 성실하게 공사를 수행하여야 하며, 이 법과 이 법에 따른 명령이나 처분, 그 밖의 관계 법령에 맞게 건축물을 건축하여 건축주에게 인도하여야 한다.

② 공사시공자는 건축물(건축허가나 용도변경허가 대상인 것만 해당된다)의 공사현장에 설계도서를 갖추어 두어야 한다.

③ 공사시공자는 설계도서가 이 법과 이 법에 따른 명령이나 처분, 그 밖의 관계 법령에 맞지 아니하거나 공사의 여건상 불합리하다고 인정되면 건축주와 공사감리자의 동의를 받아 서면으로 설계자에게 설계를 변경하도록 요청할 수 있다. 이 경우 설계자는 정당한 사유가 없으면 요청에 따라야 한다.

④ 공사시공자는 공사를 하는 데에 필요하다고 인정하거나 제25조제5항에 따라 공사감리자로부터 **상세시공도면**을 작성하도록 요청을 받으면 상세시공도면을 작성하여 공사감리자의 확인을 받아야 하며, 이에 따라 공사를 하여야 한다.(2016.2.3 본항 개정)

⑤ 공사시공자는 건축허가나 용도변경허가가 필요한 건축물의 건축공사를 착수한 경우에는 해당 건축공사의 현장에 국토교통부령으로 정하는 바에 따라 **건축허가 표지판**을 설치하여야 한다.

⑥ 「건설산업기본법」 제41조제1항 각 호에 해당하지 아니하는 건축물의 건축주는 공사 현장의 공정 및 안전을 관리하기 위하여 같은 법 제2조제15호에 따른 건설기술인 1명을 현장관리인으로 지정하여야 한다. 이 경우 현장관리인은 국토교통부령으로 정하는 바에 따라 공정 및 안전 관리 업무를 수행하여야 하며, 건축주의 승낙을 받지 아니하고는 정당한 사유 없이 그 공사 현장을 이탈하여서는 아니 된다.(2018.8.14 본항 개정)

⑦ 공동주택, 종합병원, 관광숙박시설 등 대통령령으로 정하는 용도 및 규모의 건축물의 공사시공자는 건축주, 공사감리자 및 허가권자가 설계도서에 따라 적정하게 공사되었는지를 확인할 수 있도록 공사의 공정이 대통령령으로 정하는 진도에 다다른 때마다 사진 및 동영상을 촬영하고 보관하여야 한다. 이 경우 촬영 및 보관 등 그 밖에 필요한 사항은 국토교통부령으로 정한다.(2016.2.3 본항 신설)

해설 견실하고 책임 있는 건축시공을 위하여 건축주와 설계자, 공사시공자, 공사감리자 사이에는 계약 등을 통해 적법하게 이루어지도록 하고 있으며, 이들 상호간 협력 관계를 유지하여 법적 범위 안에서 정확한 건축시공이 될 수 있도록 하고 있다. 공사시공자가 상세시공을 작성해야 하며 사진 및 동영상 촬영·보관 의무가 있다.

### 질의 시공업체 교체시 공사포기서가 있어야 하는지 여부

A시공업체와 계약을 맺고 시공 중 A시공업체의 부도로 인하여 B시공업체로 교체하고자 할 경우 반드시 A시공업체의 공사포기서가 있어야 하는지 여부

**회신** 「건축법」 제21조제5항 및 동법 시행규칙 제19조제2항의 규정에 의한 공사 시공자의 변경신고서는 별지 제23호의 서식에 의하는바, 이 경우 공사시공자를 변경함에 있어 기존의 공사시공자의 공사포기서 없이도 공사시공자의 변경이 가능한 것임.(서울시 건축 58070-4320, '95.10.21)

*「건축법 시행규칙」 제11조(건축관계자변경신고) 참고.

**규칙 제18조 【건축허가표지판】**

법 제24조제5항에 따라 공사시공자는 건축물의 규모·용도·설계자·시공자 및 감리자 등을 표시한 건축허가표지판을 주민이 보기 쉽도록 해당건축공사 현장의 주요 출입구에 설치하여야 한다. (2008.12.11 본항 개정)

**규칙 제18조의2 【현장관리인의 업무】**

현장관리인은 법 제24조제6항 후단에 따라 다음 각 호의 업무를 수행한다.(2020.10.28 본조 신설)

1. 건축물 및 대지가 이 법 또는 관계 법령에 적합하도록 건축주를 지원하는 업무
2. 건축물의 위치와 규격 등이 설계도서에 따라 적정하게 시공되는 지에 대한 확인·관리
3. 시공계획 및 설계 변경에 관한 사항 검토 등 공정관리에 관한 업무
4. 안전시설의 적정 설치 및 안전기준 준수 여부의 점검·관리
5. 그 밖에 건축주와 계약으로 정하는 업무

**영 제18조의2 【사진 및 동영상 촬영 대상 건축물 등】**

① 법 제24조제7항 전단에서 "공동주택, 종합병원, 관광숙박시설 등 대통령령으로 정하는 용도 및 규모의 건축물"이란 다음 각 호의 어느 하나에 해당하는 건축물을 말한다.(2018.12.4 본항 개정)

1. 다중이용 건축물
2. 특수구조 건축물
3. 건축물의 하층부가 필로티나 그 밖에 이와 비슷한 구조(벽면적의 1/2 이상이 그 층의 바닥면에서 위층 바닥 아래면까지 공간으로 된 것만 해당한다)로서 상층부와 다른 구조형식으로 설계된 건축물(이하 "**필로티형식 건축물**"이라 한다) 중 3층 이상인 건축물

② 법 제24조제7항 전단에서 "대통령령으로 정하는 진도에 다다른 때"란 다음 각 호의 구분에 따른 단계에 다다른 경우를 말한다.(2018.12.4 본항 개정)

1. 다중이용 건축물: 다음 각 목에 해당하는 단계(2024.6.18 본호 개정)
   가. 제19조제3항제1호부터 제3호까지의 구분에 따른 단계
   나. 제46조제1항에 따른 방화구획 설치 공사와 관련하여 국토교통부령으로 정하는 단계
2. 특수구조 건축물: 다음 각 목의 어느 하나에 해당하는 단계(2018.12.4 본호 신설)
   가. 매 층마다 상부 슬래브배근을 완료한 경우

나. 매 층마다 주요구조부의 조립을 완료한 경우

3. 3층 이상의 필로티형식 건축물: 다음 각 목의 어느 하나에 해당하는 단계(2018.12.4 본호 신설)

가. 기초공사 시 철근배치를 완료한 경우

나. 건축물 상층부의 하중이 상층부와 다른 구조형식의 하층부로 전달되는 다음의 어느 하나에 해당하는 부재(部材)의 철근배치를 완료한 경우

1) 기둥 또는 벽체 중 하나

2) 보 또는 슬래브 중 하나

**해설** 공사시공자는 공동주택, 종합병원, 관광숙박시설, 다중이용건축물, 특수구조건축물, 필로티형식 건축물 중 3층 이상인 건축물 등은 설계도서에 따라 적정하게 공사되었는지를 확인할 수 있도록 일정 공사단계에 다다른 경우에는 사진 및 동영상을 촬영하고 보관하여야 한다. 여기서 유의할 점은 필로티형식 건축물 구조라 함은 필로티구조와 건축물의 하층부가 상층부와 다른 구조 형식으로 두 가지 조건을 모두 만족하는 건축물로 라멘구조(상·하가 일체식 기둥구조)는 해당되지 않는 것에 유의하여야 한다.

**규칙 제18조의3 【사진·동영상 촬영 및 보관 등】**

① 영 제18조의2제2항제1호나목에서 "국토교통부령으로 정하는 단계"란 다음 각 호의 단계를 말한다.(2024.12.16 본항 신설)

1. 「건축물의 피난·방화구조 등의 기준에 관한 규칙」 제14조제2항제2호에 따라 내화채움성능이 인정된 구조로 메우는 시공을 완료한 단계

2. 「건축물의 피난·방화구조 등의 기준에 관한 규칙」 제14조제2항제3호 각 목 외의 부분 본문에 따라 댐퍼를 설치하는 시공을 완료한 단계

② 법 제24조제7항 전단에 따라 사진 및 동영상을 촬영·보관하여야 하는 공사시공자는 영 제18조의2제2항에서 정하는 진도에 다다른 때마다 촬영한 사진 및 동영상을 디지털파일 형태로 가공·처리하여 보관하여야 하며, 해당 사진 및 동영상을 디스크 등 전자저장매체 또는 정보통신망을 통하여 공사감리자에게 제출하여야 한다.

③ 제2항에 따라 사진 및 동영상을 제출받은 공사감리자는 그 내용의 적정성을 검토한 후 법 제25조제6항에 따라 건축주에게 감리중간보고서 및 감리완료보고서를 제출할 때 해당 사진 및 동영상을 함께 제출하여야 한다.

④ 제3항에 따라 사진 및 동영상을 제출받은 건축주는 법 제25조제6항에 따라 허가권자에게 감리중간보고서 및 감리완료보고서를 제출할 때 해당 사진 및 동영상을 함께 제출하여야 한다.

⑤ 제1항부터 제4항까지에서 규정한 사항 외에 사진 및 동영상의 촬영 및 보관 등에 필요한 사항은 국토교통부장관이 정하여 고시한다.

**해설** 공사시공자는 공사의 공정을 촬영한 사진 및 동영상을 정보통신망 등을 통하여 공사감리자에게 제출하도록 하고, 공사감리자는 제출받은 사진 및 동영상의 적정성을 검토한 후 건축주에게 감리중간보고서 및 감리완료보고서를 제출할 때에 해당 사진 및 동영상을 함께 제출하고 건축주는 건축물에 대한

사용승인을 신청할 때 제출하는 감리중간보고서와 감리완료보고서에 공사감리자로부터 제출받은 사진 및 동영상을 첨부하여야 한다.

**법 제25조 【건축물의 공사감리】**

① 건축주는 대통령령으로 정하는 용도·규모 및 구조의 건축물을 건축하는 경우 건축사나 대통령령으로 정하는 자를 공사감리자(공사시공자 본인 및 「독점규제 및 공정거래에 관한 법률」 제2조에 따른 계열회사는 제외한다)로 지정하여 공사감리를 하게 하여야 한다.(2016.2.3 본항 개정)

② 제1항에도 불구하고 「건설산업기본법」 제41조제1항 각 호에 해당하지 아니하는 소규모 건축물로서 건축주가 직접 시공하는 건축물 및 주택으로 사용하는 건축물 중 대통령령으로 정하는 건축물의 경우에는 대통령령으로 정하는 바에 따라 허가권자가 해당 건축물의 설계에 참여하지 아니한 자 중에서 공사감리자를 지정하여야 한다. 다만, 다음 각 호의 어느 하나에 해당하는 건축물의 건축주가 국토교통부령으로 정하는 바에 따라 허가권자에게 신청하는 경우에는 해당 건축물을 설계한 자를 공사감리자로 지정할 수 있다.(2018.8.14 본항 개정)

1. 「건설기술 진흥법」 제14조에 따른 신기술 중 대통령령으로 정하는 신기술을 보유한 자가 그 신기술을 적용하여 설계한 건축물(2020.4.7 본호 개정)
2. 「건축서비스산업 진흥법」 제13조제4항에 따른 역량 있는 건축사로서 대통령령으로 정하는 건축사가 설계한 건축물(2020.4.7 본호 개정)
3. 설계공모를 통하여 설계한 건축물

③ 공사감리자는 공사감리를 할 때 이 법과 이 법에 따른 명령이나 처분, 그 밖의 관계 법령에 위반된 사항을 발견하거나 공사시공자가 설계도서대로 공사를 하지 아니하면 이를 건축주에게 알린 후 공사시공자에게 시정하거나 재시공하도록 요청하여야 하며, 공사시공자가 시정이나 재시공 요청에 따르지 아니하면 서면으로 그 건축공사를 중지하도록 요청할 수 있다. 이 경우 공사중지를 요청받은 공사시공자는 정당한 사유가 없으면 즉시 공사를 중지하여야 한다.

④ 공사감리자는 제3항에 따라 공사시공자가 시정이나 재시공 요청을 받은 후 이에 따르지 아니하거나 공사중지 요청을 받고도 공사를 계속하면 국토교통부령으로 정하는 바에 따라 이를 허가권자에게 보고하여야 한다.

⑤ 대통령령으로 정하는 용도 또는 규모의 공사의 공사감리자는 필요하다고 인정하면 공사시공자에게 **상세시공도면**을 작성하도록 요청할 수 있다.

⑥ 공사감리자는 국토교통부령으로 정하는 바에 따라 감리일지를 기록·유지하여야 하고, 공사의 공정(工程)이 대통령령으로 정하는 진도에 다다른 경우에는 **감리중간보고서**를, 공사를 완료한 경우에는 **감리완료보고서**를 국토교통부령으로 정하는 바에 따라 각각 작성하여 건축주에게 제출하여야 한다. 이 경우 건축주는 **감리중간보고서**는 제출받은 때, **감리완료보고서**는 제22조에 따른 건축물의 사용승인을 신청할 때 허가권자에게 제출하여야 한다.(2020.4.7 본항 개정 및 단서 신설)

⑦ 건축주나 공사시공자는 제3항과 제4항에 따라 위반사항에 대한 시정이나 재시공을 요청하거

나 위반사항을 허가권자에게 보고한 공사감리자에게 이를 이유로 공사감리자의 지정을 취소하거나 보수의 지급을 거부하거나 지연시키는 등 불이익을 주어서는 아니된다.

⑧ 제1항에 따른 공사감리의 방법 및 범위 등은 건축물의 용도·규모 등에 따라 대통령령으로 정하되, 이에 따른 세부기준이 필요한 경우에는 국토교통부장관이 정하거나 건축사협회로 하여금 국토교통부장관의 승인을 받아 정하도록 할 수 있다.

⑨ 국토교통부장관은 제8항에 따라 세부기준을 정하거나 승인을 한 경우 이를 고시하여야 한다.

⑩ 「주택법」 제16조에 따른 **사업계획 승인 대상**과 「건설기술 진흥법」 제39조제2항에 따라 건설사업관리를 하게 하는 건축물의 공사감리는 제1항부터 제9항까지 및 제11항부터 제14항까지의 규정에도 불구하고 각각 해당 법령으로 정하는 바에 따른다.(2018.8.14 본항 개정)

⑪ 제1항에 따라 건축주가 공사감리자를 지정하거나 제2항에 따라 허가권자가 공사감리자를 지정하는 건축물의 건축주는 제21조에 따른 착공신고를 하는 때에 감리비용이 명시된 감리 계약서를 허가권자에게 제출하여야 하고, 제22조에 따른 사용승인을 신청하는 때에는 감리용역 계약내용에 따라 감리비용을 지급하여야 한다. 이 경우 허가권자는 감리 계약서에 따라 감리비용이 지급되었는지를 확인한 후 사용승인을 하여야 한다.(2021.7.27 본항 개정)

⑫ 제2항에 따라 허가권자가 공사감리자를 지정하는 건축물의 건축주는 설계자의 설계의도가 구현되도록 해당 건축물의 설계자를 건축과정에 참여시켜야 한다. 이 경우 「건축서비스산업 진흥법」 제22조를 준용한다.(2018.8.14 본항 신설)

⑬ 제12항에 따라 설계자를 건축과정에 참여시켜야 하는 건축주는 제21조에 따른 착공신고를 하는 때에 해당 계약서 등 대통령령으로 정하는 서류를 허가권자에게 제출하여야 한다. (2018.8.14 본항 신설)

⑭ 허가권자는 제2항에 따라 허가권자가 공사감리자를 지정하는 경우의 감리비용에 관한 기준을 해당 지방자치단체의 조례로 정할 수 있다.(2020.12.22 본항 개정)

해설 공사감리자는 공사시공자가 위법·부실시공을 하는 경우 시정 또는 재시공을 지시할 수 있도록 하여 위법 및 부실시공에 신속하게 대응할 수 있도록 하고, 공사감리자는 공사시공자에게 상세시공도면의 작성을 요청할 수 있도록 하고 있다. 허가권자가 공사감리자를 지정하는 경우(설계자가 공사감리자가 아닐 경우) 설계자를 건축과정에 참여시켜야 한다.

① 건축사를 공사감리자로 지정하는 경우
- 법 제11조에 따라 건축허가를 받아야 하는 건축물(법 제14조에 따른 건축신고 대상 건축물은 포함되지 않음)
- 리모델링을 하는 건축물(영 제6조제1항제6호)
- 다중이용 건축물의 경우 「건설기술 진흥법 시행령」 제60조에 따라 건설사업관리기술자를 배치하는 경우

② 다중이용 건축물을 건축하는 경우의 공사감리자

「건설기술 진흥법」에 따른 건설엔지니어링사업자(공사시공자 본인이거나 「독점규제 및 공정거래에 관한 법률」 제2조에 따른 계열회사인 건설엔지니어링사업자는 제외한다)

③ 공사감리자는 다음 경우에는 **감리중간보고서**를 작성하여야 한다(하나의 대지에 2 이상의 건축물을 건축할 때는 각각에 대한 공사의 공정).

- 건축물의 구조가 철근콘크리트조·철골철근콘크리트조·조적조·보강콘크리트블록조의 경우
  - 기초공사시 철근배치를 완료한 때
  - 지붕슬래브 배근을 완료한 때
  - 지상 5개 층마다 상부슬래브 배근을 완료한 때
  - 지하 각 층(특수구조 건축물로서 무량판 구조인 경우만 해당)의 상부슬래브 배근을 완료한 때
- 건축물의 구조가 철골조인 경우
  - 기초공사시 철근배치를 완료한 경우
  - 지붕슬래브 배근을 완료한 경우
  - 지상 3개층마다 또는 높이 20m마다 주요구조부의 조립을 완료한 경우
- 상기 구조가 아닌 경우에는 기초공사에 있어 거푸집 또는 주춧돌의 설치를 완료한 때
- 앞의 구조(철근콘크리트구조등과 철골조의 경우와 기타 구조인 경우를 포함)등에 해당하는 건축물이 3층 이상의 필로티 형식 건축물인 경우
  - 해당 건축물의 구조에 따라 상기 3개의 어느 하나에 해당하는 경우
  - 건축물 상층부의 하중이 상층부와 다른 구조형식의 하층부로 전달되는 다음의 어느 하나에 해당하는 부재의 철근배치를 완료한 경우
    - ◦ 기둥 또는 벽체 중 하나
    - ◦ 보 또는 슬래브 중 하나
- 건축주는 감리중간보고서는 제출받은 때, 감리완료보고서는 건축물의 사용승인을 신청할 때 허가권자에게 제출하여야 함.

④ **연면적 5,000m$^2$ 이상의 건축공사에는 필요에 따라 상세시공도면을 공사감리자가 공사시공자에게 요청**

⑤ 공사감리자는 다음과 같은 공사의 경우 건축분야 건축사보 1인 이상을 전체공사기간 동안 상주시켜야 하며, 토목·전기·기계분야 등은 해당 분야별 공사기간 동안 공사현장에서 감리업무를 수행하게 하여야 함. 이 경우 해당분야 2년 이상 종사한 경력이 있어야 한다.

가. 바닥면적 합계가 5,000m$^2$ 이상인 공사

나. 연속된 5개 층(지하층 포함) 이상으로서 바닥면적의 합계가 3,000m$^2$ 이상인 공사

다. 아파트의 건축 등의 공사

라. 준다중이용 건축물 건축공사

⑥ 굴착공사 또는 옹벽공사 기간 건축사보 상주 공사감리업무 수행(상기 ⑤의 가에서 라에 해당하지 않는 공사)

- 깊이 10m 이상 토지굴착공사
- 높이 5m 이상의 옹벽 등의 공사(법률에 의한 산업단지에서 바닥면적 합계 2,000m$^2$ 이하 공장은 제외)

※ 건축공사에서 공사감리 비교

| 구분 | 책임 상주감리 | 상주감리 | 비상주(수시)감리 |
|---|---|---|---|
| 대상 | • 다중이용건축물(문화·판매·종교·종합병원·관광숙박·여객시설·용도면적 5,000m$^2$ 이상 또는 16층 이상 건축물) | • 바닥면적 5,000m$^2$ 이상 건축물<br>• 연속 5개 층 바닥면적 3,000m$^2$ 이상 건축물<br>• 아파트(5개층 이상 주택) 등<br>• 준다중이용 건축물 | • 건축허가대상 건축물(바닥면적 85m$^2$ 초과 증·개축 등)<br>• 리모델링 건축물(준공 15년 이상 경과) 등 |
| 배치기준 | • 책임감리원(건축사보 상주)<br>• 분야별 감리원(해당분야공사기간 동안 배치) | • 건축감리원(건축사보 상주)<br>• 분야별 감리원(토목·전기·기계 등 해당분야 공사기간 동안 배치) | • 수시·필요시 감리자 공사현장 방문감리 |
| 감리자 | • 건설엔지니어링사업자(건설기술진흥법)<br>• 건축사(건설기술진흥법에 따라 건설기술인 배치시) | • 건축사(건축사법에 따라 등록한 자) | |

⑦ 「주택법」에 따른 사업계획 승인대상(제16조)과 「건설기술 진흥법」에 따라 건설사업관리를 하게 하는 건축물(제39조제2항)의 공사감리는 「건축법」에 의한 공사감리를 따르지 않고 각각의 해당 법령이 정하는 바에 따른다.

⑧ 건설업자의 의무 시공 대상건축물 외의 건축물로서 단독주택 등을 제외한 건축물과 30세대 미만의 아파트, 연립주택 및 다세대 주택에 대하여 허가권자가 공사감리자를 직접 지정하고 허가권자가 공사감리자를 지정한 경우 사용승인 전에 감리계약서에 따라 감리비용이 지불되었는지를 확인하고, 관련기준을 해당지방자치단체의 조례로 정할 수 있도록 하였다. 단, 신기술을 적용하여 설계한 건축물, 건축서비스산업진흥법에 따른 역량 있는 건축사가 설계한 건축물, 설계공모를 통하여 설계한 건축물의 경우에는 해당건축물을 설계한 자를 공사감리자로 지정할 수 있도록 하고 있다.

**영 제19조 【공사감리】**

① 법 제25조제1항에 따라 공사감리자를 지정하여 공사감리를 하게 하는 경우에는 다음 각 호의 구분에 따른 자를 공사감리자로 지정하여야 한다.(2010.12.13 본항 개정)

1. 다음 각 목의 어느 하나에 해당하는 경우: 건축사
   가. 법 제11조에 따라 건축허가를 받아야 하는 건축물(법 제14조에 따른 건축신고 대상 건축물은 제외한다)을 건축하는 경우
   나. 제6조제1항제6호에 따른 건축물을 리모델링하는 경우
2. 다중이용 건축물을 건축하는 경우: 「건설기술 진흥법」에 따른 건설엔지니어링사업자(공사시공자 본인이거나 「독점규제 및 공정거래에 관한 법률」 제2조제12호에 따른 계열회사인 건설엔지니어링사업자는 제외한다) 또는 건축사(「건설기술 진흥법 시행령」 제60조에 따라 건설사업관리기술인을 배치하는 경우만 해당한다) (2021.12.28 독점규제 및 공정거래에 관한 법률 시행령 부칙에 의거 본호 개정)

② 제1항에 따라 다중이용 건축물의 공사감리자를 지정하는 경우 **감리원의 배치기준** 및 **감리대가**는 「건설기술 진흥법」에서 정하는 바에 따른다.

③ 법 제25조제6항에서 "**공사의 공정이 대통령령으로 정하는 진도에 다다른 경우**"란 공사(하나의

대지에 둘 이상의 건축물을 건축하는 경우에는 각각의 건축물에 대한 공사를 말한다)의 공정이 다음 각 호의 구분에 따른 단계에 다다른 경우를 말한다.(2019.8.6 본항 개정)

1. 해당 건축물의 구조가 철근콘크리트조·철골철근콘크리트조·조적조 또는 보강콘크리트블럭조인 경우 : 다음 각 목의 어느 하나에 해당하는 단계(2024.12.17 본호 개정)
   가. 기초공사 시 철근배치를 완료한 경우
   나. 지붕슬래브배근을 완료한 경우
   다. 지상 5개 층마다 상부 슬래브배근을 완료한 경우
   라. 지하층 각 층(제2조제18호다목에 따른 특수구조 건축물로서 무량판 구조인 해당 지하층에 수직으로 배치된 주요구조부의 전체 단면적에서 보가 없이 배치된 기둥의 전체 단면적이 차지하는 비율이 1/4 이상인 경우만 해당한다)의 상부 슬래브배근을 완료한 경우(2024.12.17 본목 신설)
2. 해당 건축물의 구조가 철골조인 경우 : 다음 각 목의 어느 하나에 해당하는 단계(2019.8.6 본호 개정)
   가. 기초공사 시 철근배치를 완료한 경우
   나. 지붕철골 조립을 완료한 경우
   다. 지상 3개층마다 또는 높이 20m마다 주요구조부의 조립을 완료한 경우
3. 해당 건축물의 구조가 제1호 또는 2호 외의 구조인 경우 : 기초공사에서 거푸집 또는 주춧돌의 설치를 완료한 단계(2019.8.6 본호 개정)
4. 제1호부터 제3호까지에 해당하는 건축물이 3층 이상의 필로티형식 건축물인 경우: 다음 각 목의 어느 하나에 해당하는 단계(2019.8.6 본호 신설)
   가. 해당 건축물의 구조에 따라 제1호부터 제3호까지의 어느 하나에 해당하는 경우
   나. 제18조의2제2항제3호나목에 해당하는 경우

④ 법 제25조제5항에서 "**대통령령으로 정하는 용도 또는 규모의 공사**"란 연면적의 합계가 5,000$m^2$ 이상인 건축공사를 말한다.(2017.2.3 본항 개정)

⑤ 공사감리자는 수시로 또는 필요할 때 공사현장에서 감리업무를 수행해야 하며, 다음 각 호의 건축공사를 감리하는 경우에는 「건축사법」 제2조제2호에 따른 건축사보(「기술사법」 제6조에 따른 기술사사무소 또는 「건축사법」 제23조제9항 각 호의 건설엔지니어링사업자 등에 소속되어 있는 사람으로서 「국가기술자격법」에 따른 해당 분야 기술계 자격을 취득한 사람과 「건설기술 진흥법 시행령」 제4조에 따라 건설사업관리를 수행할 자격이 있는 사람을 포함한다. 이하 같다) 중 **건축 분야**의 **건축사보** 한 명 이상을 전체 공사기간 동안, **토목·전기** 또는 **기계 분야**의 **건축사보** 한 명 이상을 각 분야별 해당 공사기간 동안 각각 공사현장에서 감리업무를 수행하게 해야 한다. 이 경우 건축사보는 해당 분야의 건축공사의 설계·시공·시험·검사·공사감독 또는 감리업무 등에 2년 이상 종사한 경력이 있는 사람이어야 한다.(2021.9.14 건설기술 진흥법 시행령 부칙에 의거 본항 개정)

1. 바닥면적의 합계가 **5,000**$m^2$ 이상인 건축공사. 다만, 축사 또는 작물 재배사의 건축공사는 제외한다.
2. **연속된 5개 층**(지하층을 포함한다) 이상으로서 바닥면적의 합계가 **3,000**$m^2$ 이상인 건축공사

3. **아파트** 건축공사
4. 준다중이용 건축물 건축공사(2015.9.22 본호 신설)

⑥ 공사감리자는 제5항 각 호에 해당하지 않는 건축공사로서 깊이 10m 이상의 토지 굴착공사 또는 높이 5m 이상의 옹벽 등의 공사(「산업집적활성화 및 공장설립에 관한 법률」 제2조제14호에 따른 산업단지에서 바닥면적 합계가 2,000m² 이하인 공장을 건축하는 경우는 제외한다)를 감리하는 경우에는 건축사보 중 건축 또는 토목 분야의 건축사보 한 명 이상을 해당 공사기간 동안 공사현장에서 감리업무를 수행하게 해야 한다. 이 경우 건축사보는 건축공사의 시공·공사감독 또는 감리업무 등에 2년 이상 종사한 경력이 있는 사람이어야 한다.(2022.9.12 본항 후단 개정)

⑦ 공사감리자는 제61조제1항제4호에 해당하는 건축물의 마감재료 설치공사를 감리하는 경우로서 국토교통부령으로 정하는 경우에는 건축 또는 안전관리 분야의 건축사보 한 명 이상이 마감재료 설치공사기간 동안 그 공사현장에서 감리업무를 수행하게 해야 한다. 이 경우 건축사보는 건축공사의 설계·시공·시험·검사·공사감독 또는 감리업무 등에 2년 이상 종사한 경력이 있는 사람이어야 한다.(2021.8.10 본항 신설)

⑧ 공사감리자는 제5항부터 제7항까지의 규정에 따라 건축사보로 하여금 감리업무를 수행하게 하는 경우 다른 공사현장이나 공정의 감리업무를 수행하고 있지 않는 건축사보가 감리업무를 수행하게 해야 한다.(2021.8.10 본항 신설)

⑨ 공사감리자가 수행하여야 하는 감리업무는 다음과 같다.
1. 공사시공자가 설계도서에 따라 적합하게 시공하는지 여부의 확인
2. 공사시공자가 사용하는 건축자재가 관계 법령에 따른 기준에 적합한 건축자재인지 여부의 확인
3. 그 밖에 공사감리에 관한 사항으로서 국토교통부령으로 정하는 사항

⑩ 제5항부터 제7항까지의 규정에 따라 공사현장에 건축사보를 두는 공사감리자는 다음 각 호의 구분에 따른 기간에 국토교통부령으로 정하는 바에 따라 **건축사보의 배치현황**을 허가권자에게 제출해야 한다.(2021.8.10 본항 개정)
1. 최초로 건축사보를 배치하는 경우에는 착공 예정일(제6항 또는 제7항에 따라 배치하는 경우에는 배치일을 말한다)부터 7일(2021.8.10 본호 개정)
2. 건축사보의 배치가 변경된 경우에는 변경된 날부터 7일
3. 건축사보가 철수한 경우에는 철수한 날부터 7일

⑪ 허가권자는 제10항에 따라 공사감리자로부터 건축사보의 배치현황을 받으면 지체 없이 건축사보가 이중으로 배치되어 있는지 여부 등 국토교통부령으로 정하는 내용을 확인한 후 「전자정부법」 제37조에 따른 행정정보 공동이용센터를 통해 그 배치현황을 「건축사법」 제31조에 따른 대한건축사협회에 보내야 한다.(2023.9.12 본항 개정)

⑫ 제11항에 따라 건축사보의 배치현황을 받은 대한건축사협회는 이를 관리해야 하며, 건축사보가 이중으로 배치된 사실 등을 확인한 경우에는 지체 없이 그 사실 등을 관계 시·도지사, 허가권자 및 그 밖에 국토교통부령으로 정하는 자에게 알려야 한다.(2023.9.12 본항 개정)

⑬ 제12항에서 규정한 사항 외에 건축사보의 배치현황 관리 등에 필요한 사항은 국토교통부령으로 정한다.(2023.9.12 본항 신설)

**피난·방화규칙 제7조의2 【건축사보 배치 대상 마감재료 설치공사】**

영 제19조제7항 전단에서 "국토교통부령으로 정하는 경우"란 제24조제3항에 따라 불연재료·준불연재료 또는 난연재료가 아닌 단열재를 사용하는 경우로서 해당 단열재가 외기(外氣)에 노출되는 경우를 말한다.(2021.9.3 본조 신설)

**영 제19조의2 【허가권자가 공사감리자를 지정하는 건축물 등】**

① 법 제25조제2항 각 호 외의 부분 본문에서 "대통령령으로 정하는 건축물"이란 다음 각 호의 건축물을 말한다.

1. 「건설산업기본법」 제41조제1항 각 호에 해당하지 아니하는 건축물 중 다음 각 목의 어느 하나에 해당하지 아니하는 건축물(2017.10.24 본호 개정)
   가. 별표 1 제1호가목의 단독주택
   나. 농업·임업·축산업 또는 어업용으로 설치하는 창고·저장고·작업장·퇴비사·축사·양어장 및 그 밖에 이와 유사한 용도의 건축물
   다. 해당 건축물의 건설공사가 「건설산업기본법 시행령」 제8조제1항 각 호의 어느 하나에 해당하는 경미한 건설공사인 경우
2. 주택으로 사용하는 다음 각 목의 어느 하나에 해당하는 건축물(각 목에 해당하는 건축물과 그 외의 건축물이 하나의 건축물로 복합된 경우를 포함한다) (2019.2.12 본호 개정)
   가. 아파트
   나. 연립주택
   다. 다세대주택
   라. 다중주택(2019.2.12 본목 신설)
   마. 다가구주택(2019.2.12 본목 신설)

② 시·도지사는 법 제25조제2항 각 호 외의 부분 본문을 따라 공사감리자를 지정하기 위하여 다음 각 호의 구분에 따른 자를 대상으로 모집공고를 거쳐 공사감리자의 명부를 작성하고 관리해야 한다. 이 경우 시·도지사는 미리 관할 사장·군수·구청장과 협의해야 한다.(2020.4.21 본항 개정)

1. 다중이용 건축물의 경우 : 「건축사법」 제23조제1항에 따라 건축사사무소의 개설신고를 한 건축사 및 「건설기술 진흥법」에 따른 건설엔지니어링사업자(2021.9.14 건설기술 진흥법 시행령 부칙에 의거 본호 개정)
2. 그 밖의 경우 : 「건축사법」 제23조제1항에 따라 건축사사무소의 개설신고를 한 건축사

③ 제1항 각 호의 어느 하나에 해당하는 건축물의 건축주는 법 제21조에 따른 착공신고를 하기 전에 국토교통부령으로 정하는 바에 따라 허가권자에게 공사감리자의 지정을 신청하여야 한다.

④ 허가권자는 제2항에 따른 명부에서 공사감리자를 지정하여야 한다.

⑤ 제3항 및 제4항에서 규정한 사항 외에 공사감리자 모집공고, 명부작성 방법 및 공사감리자 지정 방법 등에 관한 세부적인 사항은 시·도의 조례로 정한다.

⑥ 법 제25조제2항제1호에서 "**대통령령으로 정하는 신기술**"이란 건축물의 주요구조부 및 주요구조부에 사용하는 마감 재료에 적용하는 신기술을 말한다.(2020.10.8 본항 신설)

⑦ 법 제25조제2항제2호에서 "**대통령령으로 정하는 건축사**"란 건축주가 같은 항 각 호 외의 부분 단서에 따라 허가권자에게 공사감리 지정을 신청한 날부터 최근 10년간 「건축서비스산업 진흥법 시행령」 제11조제1항 각 호의 어느 하나에 해당하는 설계공모 또는 대회에서 당선되거나 최우수 건축 작품으로 수상한 실적이 있는 건축사를 말한다.(2020.10.8 본항 신설)

⑧ 법 제25조제13항에서 "**해당 계약서 등 대통령령으로 정하는 서류**"란 다음 각 호의 서류를 말한다.(2019.2.12 본항 신설)

1. 설계자의 건축과정 참여에 관한 계획서
2. 건축주와 설계자와의 계약서

**해설** 허가권자가 설계에 참여하지 않은 자 중에서 공사감리자를 지정해야 하는 건축물을 분양을 목적으로 하는 건축물뿐만 아니라 주택으로 사용하는 건축물도 포함되며 이 경우 공동주택인 아파트, 연립주택, 다세대 주택과 단독주택으로 포함된 다중주택 및 다가구 주택도 해당된다. 반면, 설계자를 공사감리자로 지정할 수 있는 건축물의 범위를 건축물의 주요구조 및 주요구조부에 사용하는 마감 재료에 적용하는 신기술을 보유한 자가 그 신기술을 적용하여 설계한 건축물과 최근 10년간 정부에서 발주한 설계공모에서 당선한 실적이 있는 건축사 등이 설계한 건축물로 한정한다. 또한 설계자를 건축과정에 참여시켜야 하는 건축주는 착공신고를 하는 때에 설계자의 건축과정 참여에 관한 계획서를 허가권자에게 제출해야 한다.

규칙 **제19조의3 【공사감리자 지정 신청 등】** [2016.7.20 본조 신설]

① 법 제25조제2항 각 호 외의 부분 본문에 따라 허가권자가 공사감리자를 지정하는 건축물의 건축주는 영 제19조의2제3항에 따라 별지 제22호의3서식의 지정신청서를 허가권자에게 제출하여야 한다.

② 허가권자는 제1항에 따른 신청서를 받은 날부터 7일 이내에 공사감리자를 지정한 후 별지 제22호의4서식의 지정통보서를 건축주에게 송부하여야 한다.

③ 건축주는 제2항에 따라 지정통보서를 받으면 해당 공사감리자와 감리 계약을 체결하여야 하며, 공사감리자의 귀책사유로 감리 계약이 체결되지 아니하는 경우를 제외하고는 지정된 공사감리자를 변경할 수 없다.

**규칙 제19조의4 【허가권자의 공사감리자 지정 제외 신청 절차 등】**

① 법 제25조제2항 각 호 외의 부분 단서에 따라 해당 건축물을 설계한 자를 공사감리자로 지정하여 줄 것을 신청하려는 건축주는 별지 제22호의5서식의 신청서에 다음 각 호의 어느 하나에 해당하는 서류를 첨부하여 허가권자에게 제출해야 한다.(2020.10.28 본항 개정)

1. 영 제19조의2제6항에 따른 신기술을 보유한 자가 그 신기술을 적용하여 설계했음을 증명하는 서류(2020.10.28 본호 개정)
2. 영 제19조의2제7항에 따른 건축사임을 증명하는 서류(2020.10.28 본호 개정)
3. 설계공모를 통하여 설계한 건축물임을 증명하는 서류로서 다음 각 목의 내용이 포함된 서류
   가. 설계공모 방법
   나. 설계공모 등의 시행공고일 및 공고 매체
   다. 설계지침서
   라. 심사위원의 구성 및 운영
   마. 공모안 제출 설계자 명단 및 공모안별 설계 개요

② 허가권자는 제1항에 따라 신청서를 받으면 제출한 서류에 대하여 관계 기관에 사실을 조회할 수 있다.

③ 허가권자는 제2항에 따른 사실 조회 결과 제출서류가 거짓으로 판명된 경우에는 건축주에게 그 사실을 알려야 한다. 이 경우 건축주는 통보받은 날부터 3일 이내에 이의를 제기할 수 있다.

④ 허가권자는 제1항에 따른 신청서를 받은 날부터 7일 이내에 건축주에게 그 결과를 서면으로 알려야 한다.

**질의** **공사감리자 변경신고**

갑(건축주)과 을(공사감리자)이 상주감리 대상공사에 대한 공사감리계약을 체결하고 착공신고를 하였으나, 해당 공사가 지연되어 실제 착수되지 않은 상태에서 갑은 을에게 감리계약의 해지를 통보하였으나 허가권자에게는 공사감리자 변경신고를 하지 않은 사항과 관련하여

가. 갑의 착공신고 제출 후 실제로 공사가 진행되지 않은 경우 건축사보를 배치하지 않아도 되는지 혹은 건축사보가 배치되지 않은 것으로 볼 수 있는지 여부

나. 을의 건축사보 현장 배치기간의 산정은?

**회신** 가. 「건축법」 제21조에 따라 건축물의 공사를 착수하고자 하는 건축주는 허가권자에게 그 착공계획을 신고하여야 하며, 건축주는 제25조에 따라 공사감리자를 지정하여야 함.

또한, 「건축법 시행령」 제19조제5항에 따라 상주감리 대상 건축물의 감리는 건축분야 건축사보 1인 이상을 전체 공사기간 동안, 토목·전기 또는 기계분야의 건축사보 1인 이상을 각 분야별 해당 공사기간 동안 각각 공사현장에서 감리업무를 수행하게 하여야 하는 바, 착공신고서 제출 후 착공예정일 이후에는 건축분야 건축사보를 공사현장에 배치하여야 할 것이며, 건축주의 사정 등으로 인해 착공이 불가피한 경우에는 「건축법 시행규칙」 제14조제2항에 따라 착공연기신청서를 허가권자에게 제출하여야 함.

나. 공사감리 해약이 된 경우, 건축분야 건축사보의 배치기간은 착공예정일 이후부터 공사감리 해약이 된 시점까지 보아야 할 것임.
참고로, 건축주는 「건축법 시행규칙」 제11조제2항에 의해 공사감리자를 변경한 때에는 그 변경한 날부터 7일 이내에 '건축관계자 변경신청서'를 허가권자에게 제출하도록 되어 있음을 알려드리며, 이와 관련하여 구체적인 사항은 해당 허가권자가 관련 감리계약 내용 등을 고려하여 판단해야 할 것임.(국토교통부, 2013.12.6)

**질의** 설계공모를 통하여 설계한 건축물의 공사감리자를 건축주가 지정할 수 있는지

**회신** 건축법 제25조제2항 단서에 따라 설계공모를 통하여 설계한 건축물은 당해 건축물의 설계자를 공사감리자로 지정할 수 있습니다. 다만, 건축법 시행규칙 제19조의4제1항에 따라 해당 건축물을 설계한 자를 공사감리자로 지정하여 줄 것을 신청하려는 건축주는 별지 제22호의5서식의 신청서에 설계공모방법, 시행공고일 및 공고 매체, 설계지침서, 심사위원의 구성 및 운영, 공모안 제출 설계자 명단 및 공모안별 설계 개요가 포함된 서류를 첨부하여 제출하여야 합니다.(국토교통부 건축정책과 2017.3.23)

**질의** **다중이용 건축물의 증축시 감리방법**

개정 건축법령 시행 이전에 준공된 건축물이 다중이용 건축물에 해당하는 바, 여기에 451m$^2$를 증축코자 하는 경우 다중이용 건축물의 감리방법에 따라야 하는지?

**회신** 개정 건축법령 시행 이전에 건축된 건축물이라 하더라도 그 건축물의 규모가 「건축법 시행령」 제19조제1항의 규정에 의한 다중이용 건축물에 해당하는 경우(증축 등으로 인하여 동 규정에 해당하는 경우를 포함)라면 증축시 동 규정에 의한 다중이용 건축물의 감리방법에 따라야 하는 것임.(서울시 건축 58070-826, '96.3.4)

**질의 회신** **기존 건축물의 증축에 있어서 감리한계지시(서울특별시)**

- 기존 건축물에 붙여서 증축함으로써 공사감리자를 정해야 할 공사규모가 되면 공사감리를 해야 한다.
- 기존 건물과 별동으로 증축할 경우에는 2동 합계면적이 공사감리자를 정해야 할 공사규모를 초과하더라도 별동 증축부분이 해당 면적이 되지 않으면 감리대상에서 제외한다.
- 이유 : 붙여서 증축할 경우는 기술적 감리의 필요성이 있으나 별동 증축의 경우는 동별로 기술적 감리의 필요성이 분산된다고 보아짐.

**질의** **다중이용 건축물을 건축사가 감리시 감리원의 등록 여부 등**

- 「건축법 시행령」 제19조제1항 단서규정에 의거 다중이용 건축물의 공사감리를 할 경우 「건설기술관리법 시행령」 제52조의 규정에 따라 배치하여야 하는 감리원은 건설기술관리법령에 따라 등록한 감리원을 말하는지 여부
- 「건축법 시행령」 제19조제5항 후단의 규정에 의한 공사감리시
  ① 건축분야의 건축사보 및 토목·전기·기계분야의 건축사보 등은 전체 공사기간동안 각각 공사현장에서 상주하여 감리업무를 수행하여야 하는지 아니면 각각 공사현장에서 수시 또는 필요한 때 공사감리를 수행하면 되는지 여부

② 토목·전기·기계분야의 건축사보 등은 「건설기술관리법 시행령」 제51조의2에 규정된 감리원만이 포함되는지 또는 그 감리원과 동등 이상의 자격자도 포함되는지 및 이들은 반드시 건축사사무소에 소속되어 있어야 하는지 여부

③ 「건축법 시행규칙」 제14조의 규정에 의한 착공신고시 토목·전기·기계분야의 건축사보 등을 공사감리자란에 기재하여야 하는지 여부

**회신** • 「건축법 시행령」 제19조제1항 단서규정에 의거 다중이용 건축물의 공사감리를 건축사가 할 경우 배치하는 감리원은 당해 건축사사무소에 소속한 자로서 건설기술관리법령에 따라 등록을 하지 아니하였더라도 「건설기술관리법 시행령」 제51조의2의 규정에 의한 자격을 갖춘 자이면 가능한 것이다.

• 「건축법 시행령」 제19조제5항 후단의 규정에 의한 공사감리시

① 건축분야의 건축사보는 전체 기간 동안 토목·전기 또는 기계분야의 건축사보 등은 해당 공사기간 동안 각각 공사현장에서 감리업무를 수행하도록 하여야 한다.

② 토목·전기 또는 기계분야의 감리원은 「건설기술관리법 시행령」 제51조의2의 규정에 의한 자격을 갖춘 자이면 당해 건축사사무소 소속여부에 관계없이 감리업무를 수행하도록 할 수 있는 것이다.

③ 「건축법 시행규칙」 제14조의 규정에 의한 착공신고시 공사감리자란에는 건축법 제21조의 규정에 의하여 건축주가 지정한 감리자를 기재하면 되는 것이다.(서울시 건축 58550-1255, '96.4.2)

### 질의 인접한 대지에 별개의 건축허가시 통합하여 감리원을 배치하여도 되는지 여부

건축허가를 각각 받은 2건의 건축공사로 공사내용이 「건축법 시행령」 제19조제5항의 규정에 해당할 경우, 2개의 건축공사를 통합하여 감리원을 배치할 수 있는지 여부

**회신** 「건축법 시행령」 제19조제5항의 규정에 의하면, 공사감리자는 수시로 또는 필요할 때 공사현장에서 감리업무를 수행하여야 하며, 바닥면적의 합계가 5,000$m^2$ 이상인 건축공사를 감리하는 경우 「건축사법」 제2조제2호에 따른 건축사보(「건축사법」 제23조제8항 각 호의 감리전문회사 등에 소속되어 있는 자로서 「국가기술자격법」에 따른 해당 분야 기술계 자격을 취득한 자와 「건설기술관리법 시행령」 제51조의2에 따른 토목·전기 또는 기계 분야의 감리원 자격이 있는 자를 포함한다) 중 건축분야의 건축사보 한 명 이상을 전체 공사기간동안, 토목·전기 또는 기계 분야의 건축사보 한 명 이상을 각 분야별 해당 공사기간 동안 각각 공사현장에서 감리업무를 수행하게 하여야 합니다. 따라서, 질의의 경우 개별적으로 건축허가를 받은 2개의 건축공사 현장에 1인의 감리원이 동시에 감리할 수 없으며, 각각의 건축공사에 대하여 건축법령에 적합한 감리원을 배치하여 공사감리를 수행하여야 할 것이니 보다 구체적인 사항은 현지 여건을 잘 알고 있는 관할 소재지의 시장·군수·구청장에게 문의하시기 바랍니다. (국토교통부 건축정책과 등록 2011.12.27, 수정 2013.12.11)

### 질의 공사감리업무를 수행할 수 있는 자

「건축법 시행령」 제19조제5항 각 호에 해당하는 공사감리를 수행함에 있어 해당 공사감리업무를 수행할 수 있는 자에 대한 질의?

**회신** 「건축법 시행령」 제19조제5항의 규정에서 각 분야별 해당 공사기간동안 각각 공사현장에서 감리업무를 수행하게 하여야 하는 자라 함은 건축사법 제2조제2항의 규정에 의한 건축사보를 말하는 것인 바, 이 경우 건축사보라 함은 「건축사법」 제23조제8항 각 호의 감리전문회사·엔지니어링활동주체·정부투자기관 등에 소속되어 있는 자로서 국가기술 자격법에 의한 당해 분야 기술계 자격을 취득한 자와 「건설기술관리법 시행령」 제51조의2의 규정에 의한 토목·전기 또는 기계분야의 감리원 자격이 있는 자를 포함하

는 것이니, 이에 대한 보다 자세한 사항에 대하여는 당해 허가권자에게 직접 문의하시기 바랍니다.(건교부 건축 58070-2150, 2003.11.20)

**질의** **기 건축허가 받은 건축물 중 주차장동 1개동 착공 시 비상주감리가 가능한지**

도시계획시설(학교)로 지정받아 연차적으로 건축을 하며 전체적인 사용승인 없이 동별로 사용승인을 득하여 온 경우로서 기 건축허가를 받은 건축물 중 주차장동(규모 : 지하2층, 연면적 2,515.18m$^2$) 1개동을 착공 시에 비상주감리가 가능한지 여부

**회신** 「건축법」 제21조 및 동법 시행령 제19조제5항의 규정에 의한 감리대상 공사로서 바닥면적의 합계가 5,000m$^2$ 이상인 건축공사라 함은 하나의 대지 안에 건축허가를 받은 전체 바닥면적의 합계를 말하는 것으로 동 바닥면적의 합계가 5,000m$^2$ 이상인 건축 등의 공사에 있어서는 당해 공사가 완료되는 시점까지 상주감리를 하여야 할 것이니, 보다 구체적인 사항은 자세한 자료를 갖추어 당해 건축허가권자에게 문의하시기 바랍니다.(건교부 건축 58070-2102, 2003.11.15)

**규칙 제19조 【감리보고서 등】**

① 법 제25조제3항에 따라 공사감리자는 건축공사기간중 발견한 위법사항에 관하여 시정·재시공 또는 공사중지의 요청을 하였음에도 불구하고 공사시공자가 이에 따르지 아니하는 경우에는 시정등을 요청할 때에 명시한 기간이 만료되는 날부터 7일 이내에 별지 제20호서식의 위법건축공사보고서를 허가권자에게 제출(전자문서로 제출하는 것을 포함한다)하여야 한다.
(2008.12. 11 본항 개정)

② (1999.5.11 본항 삭제)

③ 법 제25조제6항에 따른 공사감리일지는 별지 제21호서식에 따른다.(2018.11.29 본항 개정)

④ 건축주는 법 제25조제6항에 따라 감리중간보고서·감리완료보고서를 제출할 때 별지 제22호서식에 다음 각 호의 서류를 첨부하여 허가권자에게 제출해야 한다.(2018.11.29 본항 신설)

1. 건축공사감리 점검표
2. 별지 제21호서식의 공사감리일지
3. 공사추진 실적 및 설계변경 종합
4. 품질시험성과 총괄표
5. 「산업표준화법」에 따른 산업표준인증을 받은 자재 및 국토교통부장관이 인정한 자재의 사용 총괄표
6. 공사현장 사진 및 동영상(법 제24조제7항에 따른 건축물만 해당한다)
7. 공사감리자가 제출한 의견 및 자료(제출한 의견 및 자료가 있는 경우만 해당한다)

⑤ 제4항에 따라 감리중간보고서·감리완료보고서를 제출받은 허가권자는 같은 항 제2호에 따른 공사감리일지에 서명·날인한 감리원과 영 제19조제10항에 따른 건축사보 배치현황이 일치하는지 여부를 확인해야 한다.(2023.11.1 본항 신설)

**규칙 제19조의2 【공사감리업무 등】**

① 공사감리자는 영 제19조제9항제3호에 따라 다음 각 호의 업무를 수행한다.(2021.12.31 본항 개정)

1. 건축물 및 대지가 이 법 및 관계법령에 적합하도록 공사시공자 및 건축주를 지도(2020.10.28 본호 개정)
2. 시공계획 및 공사관리의 적정여부의 확인

2의2. 건축공사의 하도급과 관련된 다음 각 목의 확인(2021.12.31 본호 신설)

가. 수급인(하수급인을 포함한다. 이하 이 호에서 같다)이 「건설산업기본법」 제16조에 따른 시공자격을 갖춘 건설사업자에게 건축공사를 하도급했는지에 대한 확인

나. 수급인이 「건설산업기본법」 제40조제1항에 따라 공사현장에 건설기술인을 배치했는지에 대한 확인

3. 공사현장에서의 안전관리의 지도
4. 공정표의 검토
5. 상세시공도면의 검토·확인
6. 구조물의 위치와 규격의 적정여부의 검토·확인
7. 품질시험의 실시여부 및 시험성과의 검토·확인
8. 설계변경의 적정여부의 검토·확인
9. 기타 공사감리계약으로 정하는 사항

② 공사감리자는 영 제19조제10항에 따라 건축사보 배치현황을 제출(제22조의2에 따른 전자정보시스템을 통해 제출하는 것을 말한다)하는 경우에는 별지 제22호의2서식에 다음 각 호의 서류를 첨부(건축사보가 철수하는 경우는 제외한다)해야 한다. 이 경우 공사감리자는 공사현장에 배치되는 건축사보(배치기간을 변경하거나 철수하는 경우의 건축사보는 제외한다)로부터 배치기간 및 다른 공사현장이나 공정에 이중으로 배치되었는지 여부를 확인받은 후 해당 건축사보의 서명·날인을 받아야 한다.(2023.11.1 본항 개정)

1. 예정공정표(건축주의 확인을 받은 것을 말한다) 및 분야별 건축사보 배치계획
2. 건축사보의 경력, 자격 및 소속을 증명하는 서류

③ 영 제19조제11항에서 “건축사보가 이중으로 배치되어 있는지 여부 등 국토교통부령으로 정하는 내용”이란 다음 각 호의 사항을 말한다.(2023.11.1 본항 신설)

1. 제2항 각 호의 내용이 영 제19조제2항 및 제5항부터 제7항까지의 규정에 적합한지 여부
2. 건축사보가 영 제19조제2항 및 제5항부터 제7항까지의 규정에 따른 건축공사 현장에 이중으로 배치되어 있는지 여부

④ 영 제19조제12항에서 “국토교통부령으로 정하는 자”란 다음 각 호의 자를 말한다.(2023.11.1 본항 신설)

1. 「주택법」 제15조에 따른 주택건설사업 사업계획승인권자(이하 “주택건설사업계획승인권자”라 한다)
2. 「건설기술진흥법 시행규칙」 제25조제1항에 따른 건설엔지니어링 실적관리 수탁기관(이하

"건설엔지니어링 실적관리 수탁기관"이라 한다)

⑤ 「건축사법」 제31조에 따른 대한건축사협회(이하 "대한건축사협회"라 한다)는 영 제19조제11항에 따라 허가권자로부터 받은 건축사보 배치현황을 전자적 처리가 가능한 방식으로 관리한다.(2023.11.1 본항 신설)

⑥ 대한건축사협회는 다음 각 호의 자료를 활용하여 건축사보가 공사현장에 이중으로 배치되어 있는지 여부를 확인한다.(2023.11.1 본항 신설)

1. 제5항에 따른 건축사보 배치현황 자료
2. 국토교통부장관이 정하는 바에 따라 주택건설사업계획승인권자로부터 받은 감리원 배치 자료
3. 국토교통부장관이 정하는 바에 따라 건설엔지니어링 실적관리 수탁기관으로부터 받은 건설엔지니어링 참여 기술인의 현황 자료

**해설** 공사시공자에게 위법사항을 시정·재시공 또는 공사중지요청을 공사감리자가 하였음에도 이를 따르지 않으면 시정 등을 요청할 때 명시한 기간이 만료되는 날부터 7일 이내에 위법 건축공사보고서를 허가권자에게 공사감리자는 제출하여야 한다.

**법 제25조의2 【건축관계자등에 대한 업무제한】** [2016.2.3 본조 신설]

① 허가권자는 설계자, 공사시공자, 공사감리자 및 관계전문기술자(이하 "**건축관계자등**"이라 한다)가 대통령령으로 정하는 주요 건축물에 대하여 제21조에 따른 착공신고 시부터 「건설산업기본법」 제28조에 따른 하자담보책임 기간에 제40조, 제41조, 제48조, 제50조 및 제51조를 위반하거나 중대한 과실로 건축물의 기초 및 주요구조부에 중대한 손괴를 일으켜 사람을 사망하게 한 경우에는 1년 이내의 기간을 정하여 이 법에 의한 업무를 수행할 수 없도록 업무정지를 명할 수 있다.

② 허가권자는 건축관계자등이 제40조, 제41조, 제48조, 제49조, 제50조, 제50조의2, 제51조, 제52조 및 제52조의4를 위반하여 건축물의 기초 및 주요구조부에 중대한 손괴를 일으켜 대통령령으로 정하는 규모 이상의 재산상의 피해가 발생한 경우(제1항에 해당하는 위반행위는 제외한다)에는 다음 각 호에서 정하는 기간 이내의 범위에서 다중이용건축물 등 대통령령으로 정하는 주요 건축물에 대하여 이 법에 의한 업무를 수행할 수 없도록 업무정지를 명할 수 있다.(2019.4.23 본항 개정)

1. 최초로 위반행위가 발생한 경우 : 업무정지일부터 6개월
2. 2년 이내에 동일한 현장에서 위반행위가 다시 발생한 경우 : 다시 업무정지를 받는 날부터 1년

③ 허가권자는 건축관계자등이 제40조, 제41조, 제48조, 제49조, 제50조, 제50조의2, 제51조, 제52조 및 제52조의4를 위반한 경우(제1항 및 제2항에 해당하는 위반행위는 제외한다)와 제28조를 위반하여 가설시설물이 붕괴된 경우에는 기간을 정하여 시정을 명하거나 필요한 지시를 할 수 있다.

(2019.4.23 본항 개정)

④ 허가권자는 제3항에 따른 시정명령 등에도 불구하고 특별한 이유 없이 이를 이행하지 아니한 경우에는 다음 각 호에서 정하는 기간 이내의 범위에서 이 법에 의한 업무를 수행할 수 없도록 업무정지를 명할 수 있다.

1. 최초의 위반행위가 발생하여 허가권자가 지정한 시정기간 동안 특별한 사유 없이 시정하지 아니하는 경우 : 업무정지일부터 3개월
2. 2년 이내에 제3항에 따른 위반행위가 동일한 현장에서 2차례 발생한 경우 : 업무정지일부터 3개월
3. 2년 이내에 제3항에 따른 위반행위가 동일한 현장에서 3차례 발생한 경우 : 업무정지일부터 1년

⑤ 허가권자는 제4항에 따른 업무정지처분을 갈음하여 다음 각 호의 구분에 따라 건축관계자등에게 과징금을 부과할 수 있다.

1. 제4항제1호 또는 제2호에 해당하는 경우 : 3억원 이하
2. 제4항제3호에 해당하는 경우 : 10억원 이하

⑥ 건축관계자등은 제1항, 제2항 또는 제4항에 따른 업무정지처분에도 불구하고 그 처분을 받기 전에 계약을 체결하였거나 관계 법령에 따라 허가, 인가 등을 받아 착수한 업무는 제22조에 따른 사용승인을 받은 때까지 계속 수행할 수 있다.

⑦ 제1항부터 제5항까지에 해당하는 조치는 그 소속 법인 또는 단체에게도 동일하게 적용한다. 다만, 소속 법인 또는 단체가 위반행위를 방지하기 위하여 해당 업무에 관하여 상당한 주의와 감독을 게을리하지 아니한 경우에는 그러하지 아니하다.

⑧ 제1항부터 제5항까지의 조치는 관계 법률에 따라 건축허가를 의제하는 경우의 건축관계자등에게 동일하게 적용한다.

⑨ 허가권자는 제1항부터 제5항까지의 조치를 한 경우 그 내용을 국토교통부장관에게 통보하여야 한다.

⑩ 국토교통부장관은 제9항에 따라 통보된 사항을 종합관리하고, 허가권자가 해당 건축관계자등과 그 소속 법인 또는 단체를 알 수 있도록 국토교통부령으로 정하는 바에 따라 공개하여야 한다.

⑪ 건축관계자등, 소속 법인 또는 단체에 대한 업무정지처분을 하려는 경우에는 청문을 하여야 한다.

**해설** 허가권자는 설계자, 공사시공자, 공사감리자 및 관계 전문기술자가 다중이용 건축물 및 준다중이용 건축물에 대하여 건축관계자등이 건축법 제40조, 제41조 등을 위반하거나 중대한 과실로 건축물의 기초 및 주요구조부에 중대한 손괴를 일으켜 사람을 사망하게 한 경우에 1년 이내에서 업무정지를, 도급 또는 하도급 받은 금액의 10/100 이상으로서 그 금액이 1억원 이상인 재산상 피해가 발생한 경우에는 최초 적발 시 6개월 이내, 그로부터 2년이 지나기 전에 재차 적발 시 1년 이내의 업무정지를 명할 수 있도록 하며, 제40조, 제41조 등을 위반한(사망사고 및 재산상 피해 제외) 경우와 제28조를 위반하여 가설시설물이 붕괴한 경우에는 시정명령 후 시정조치 불이행시 3개월 이내, 2년 이내 재적발시 3개월 이내, 3차 적발시 1년 이내에서 업무정지를 명할 수 있도록 하고 있다.

**영 제19조의3 【업무제한 대상 건축물 등】** [2017.2.3 본조 신설]

① 법 제25조의2제1항에서 "대통령령으로 정하는 주요 건축물"이란 다음 각 호의 건축물을 말한다.

1. 다중이용 건축물
2. 준다중이용 건축물

② 법 제25조의2제2항 각 호 외의 부분에서 "대통령령으로 정하는 규모 이상의 재산상의 피해"란 도급 또는 하도급받은 금액의 10/100 이상으로서 그 금액이 1억원 이상인 재산상의 피해를 말한다.

③ 법 제25조의2제2항 각 호 외의 부분에서 "다중이용건축물 등 대통령령으로 정하는 주요 건축물"이란 다음 각 호의 건축물을 말한다.

1. 다중이용 건축물
2. 준다중이용 건축물

**규칙 제19조의5 【업무제한 대상 건축물 등의 공개】** [2017.2.3 본조 신설]

① 국토교통부장관은 법 제25조의2제10항에 따라 같은 조 제9항에 따른 통보사항 중 다음 각 호의 사항을 국토교통부 홈페이지 또는 법 제32조제1항에 따른 전자정보처리 시스템에 게시하는 방법으로 공개하여야 한다.

1. 법 제25조의2제1항부터 제5항까지의 조치를 받은 설계자, 공사시공자, 공사감리자 및 관계전문기술자(같은 조 제7항에 따라 소속 법인 또는 단체에 동일한 조치를 한 경우에는 해당 법인 또는 단체를 포함하며, 이하 이 조에서 "**조치대상자**"라 한다)의 이름, 주소 및 자격번호(법인 또는 단체는 그 명칭, 사무소 또는 사업소의 소재지, 대표자의 이름 및 법인등록번호)
2. 조치대상자에 대한 조치의 사유
3. 조치대상자에 대한 조치 내용 및 일시
4. 그 밖에 국토교통부장관이 필요하다고 인정하는 사항

**법 제26조 【허용오차】**

대지의 측량(「공간정보의 구축 및 관리 등에 관한 법률」에 따른 지적측량은 제외한다)이나 건축물의 건축과정에서 부득이하게 발생하는 오차는 이 법을 적용할 때 국토교통부령으로 정하는 범위에서 허용한다.(2014.6.3 「공간정보의 구축 및 관리 등에 관한 법률」 부칙에 의거 본조 개정)

**해설** 허용오차(許容誤差)는 공사중에 부득이하게 발생하는 오차를 현실적으로 수용하기 위함이며 처음부터 허용오차를 감안하여 시공함에서 오는 의도적인 오차 인정제도는 아니라는 점을 유의해야 한다. 또한

대지와 관련된 건축기준의 허용오차와 건축물과 관련된 건축기준의 허용오차 모두를 충족시키는 범위 내에서 허용된다. 실제로 지적에서 오는 오차의 범위가 크기 때문에 건축에서 어떻게 수용할 것인지도 연구과제이다.

**질의** **허용오차 범위**

- 「건축법」 제22조 및 동법 시행규칙 제20조 관련 별표 5에서의 건폐율 및 용적률의 허용오차범위가 각각 건폐율 0.5%, 용적률 1%로 규정되는바, 여기에서 0.5%, 1%가 의미하는 것
- 건축면적·연면적 등이 그 지역·지구에서의 최대허용치로 건축허가 되었으나, 시공과정에서 「건축법」 제22조 및 동법 시행규칙 제20조 규정에 의한 허용오차 범위 내에서 시공됐을 경우 사용검사필증 및 건축물대장 등에서의 건축면적·연면적·건폐율·용적률 등의 표기방법

**회신**
- 이 경우 당해 건폐율·용적률에 대한 0.5%·1%를 의미하는 것임. 예를 들면 일반주거지역에서 「건축법」상 건폐율 60%, 용적률 400%이므로 최대 허용범위는 각 건폐율 60.3%, 용적률 404%까지 되는 것임.
- 건폐율 및 용적률 등이 그 지역·지구에서의 최대허용치로 건축허가된 값으로 표시한다.(예 : 일반주거지역에서 용적률 등 400%를 초과할 수 없다)(서울시 건축 58501-2418, '93.6.22)

**규칙 제20조 【허용오차】**

법 제26조에 따른 허용오차의 범위는 별표 5와 같다.(2008.12.11 본조 개정)

※ 「건축법 시행규칙」 **【별표 5】** (2010.8.5 본표 개정)

**건축허용오차**(제20조 관련)

**1. 대지관련 건축기준의 허용오차**

| 항 목 | 허용되는 오차의 범위 |
|---|---|
| 건축선의 후퇴거리 | 3% 이내 |
| 인접대지 경계선과의 거리 | 3% 이내 |
| 인접건축물과의 거리 | 3% 이내 |
| 건폐율 | 0.5% 이내(건축면적 $5m^2$를 초과할 수 없다) |
| 용적률 | 1% 이내(연면적 $30m^2$를 초과할 수 없다) |

**2. 건축물관련 건축기준의 허용오차**

| 항 목 | 허용되는 오차의 범위 |
|---|---|
| 건축물높이 | 2% 이내(1m를 초과할 수 없다) |
| 평면길이 | 2% 이내(건축물 전체길이는 1m를 초과할 수 없고 벽으로 구획된 각 실의 경우에는 10cm를 초과할 수 없다) |
| 출구너비 | 2% 이내 |
| 반자높이 | 2% 이내 |
| 벽체두께 | 3% 이내 |
| 바닥판두께 | 3% 이내 |

**법 제27조 【현장 조사·검사 및 확인 업무의 대행】**

① 허가권자는 이 법에 따른 현장조사·검사 및 확인업무를 대통령령으로 정하는 바에 따라 「건축사법」 제23조에 따라 건축사사무소 개설신고를 한 자에게 대행하게 할 수 있다. (2014.5.28 본항 개정)

② 제1항에 따라 업무를 대행하는 자는 현장조사·검사 또는 확인결과를 국토교통부령으로 정하는 바에 따라 허가권자에게 서면으로 보고하여야 한다.

③ 허가권자는 제1항에 따른 자에게 업무를 대행하게 한 경우 국토교통부령으로 정하는 범위에서 해당 지방자치단체의 조례로 정하는 수수료를 지급하여야 한다.

**해설** 현장 조사·검사 및 확인 업무는 허가권자의 고유권한이며 이를 건축사가 대신해서 행하도록 한 점에 비추어 벌칙적용에 있어 공무원의제(公務員擬制)로 할 수 있겠지만 벌칙이 강화된다는 점에 주목해야 한다. 신고대상건축물의 업무는 건축지도원이 한다.

① **대행여부결정자** : 허가권자

② **대행업무의 범위** : 현장 조사 및 검사·확인(건축허가·사용승인·임시사용승인) – 건축조례로 정함.

③ **대행수수료**(시행규칙 별표 4 참조) : 엔지니어링사업 대가기준의 범위

**영 제20조 【현장 조사·검사 및 확인 업무의 대행】** [2014.11.28 본조 개정]

① 허가권자는 법 제27조제1항에 따라 건축조례로 정하는 건축물의 건축허가, 건축신고, 사용승인 및 임시사용승인과 관련되는 현장조사·검사 및 확인업무를 건축사로 하여금 대행하게 할 수 있다. 이 경우 허가권자는 건축물의 사용승인 및 임시사용승인과 관련된 현장조사·검사 및 확인업무를 대행할 건축사를 다음 각 호의 기준에 따라 선정하여야 한다.

1. 해당 건축물의 설계자 또는 공사감리자가 아닐 것
2. 건축주의 추천을 받지 아니하고 직접 선정할 것

② 시·도지사는 법 제27조제1항에 따라 현장조사·검사 및 확인업무를 대행하게 하는 건축사(이하 이 조에서 "업무대행건축사"라 한다)의 명부를 모집공고를 거쳐 작성·관리해야 한다. 이 경우 시·도지사는 미리 관할 시장·군수·구청장과 협의해야 한다.(2021.1.8 본항 개정)

③ 허가권자는 제2항에 따른 명부에서 업무대행건축사를 지정해야 한다.(2021.1.8 본항 신설)

④ 제2항 및 제3항에 따른 업무대행건축사 모집공고, 명부 작성·관리 및 지정에 필요한 사항은 시·도의 조례로 정한다.(2021.1.8 본항 신설)

**해설** 현장 조사·검사 업무의 대행에 대한 처벌

건축사가 조사·검사 업무를 대행함에 있어 업무상 관련하여 「형법」상 수뢰죄에 해당하는 범죄를 저지를 경우에는 공무원에 준하여 처벌할 수 있도록 함.

※ 「형법」 제129조(수뢰·사전수뢰)～제133조(수뢰물 전달)

**규칙 제21조 [현장 조사·검사업무의 대행]**

① 법 제27조제2항에 따라 현장조사·검사 또는 확인업무를 대행하는 자는 허가권자에게 별지 제23호서식의 건축허가조사 및 검사조서 또는 별지 제24호서식의 사용승인조사 및 검사조서를 제출하여야 한다.(2008.12.11 본항 개정)

② 허가권자는 제1항에 따라 건축허가 또는 사용승인을 하는 것이 적합한 것으로 표시된 건축허가조사 및 검사조서* 또는 사용승인조사 및 검사조서를 받은 때에는 지체 없이 건축허가서 또는 사용승인서를 교부하여야 한다. 다만, 법 제11조제2항에 따라 건축허가를 할 때 도지사의 승인이 필요한 건축물인 경우에는 미리 도지사의 승인을 받아 건축허가서를 발급하여야 한다.(2008.12.11 본항 개정)

③ 허가권자는 법 제27조제3항에 따라 현장조사·검사 및 확인업무를 대행하는 자에게 「엔지니어링산업 진흥법」 제31조에 따라 산업통상자원부장관이 고시하는 엔지니어링사업 대가기준에 따라 산정한 대가 이상의 범위에서 건축조례로 정하는 수수료를 지급하여야 한다.(2014.10.15 본항 개정)

▸ **검사조서(檢査詔書**, examination report) : 물품을 검사하고 이를 영수한 사실을 확인하여 기록하는 서식

**법 제28조 [공사현장의 위해 방지 등]**

① 건축물의 공사시공자는 대통령령으로 정하는 바에 따라 공사현장의 위해를 방지하기 위하여 필요한 조치를 하여야 한다.

② 허가권자는 건축물의 공사와 관련하여 건축관계자간 분쟁상담 등의 필요한 조치를 하여야 한다.

**해설** 건축물의 공사 시공자는 공사현장의 위해를 방지하기 위하여 필요한 조치를 하여야 하며 이와 관련된 사항은 "산업안전보건에 관한 법령"에서 규정하는 바를 따르도록 하고 있다.

**영 제21조 [공사현장의 위해 방지]**

건축물의 시공 또는 해체에 따른 유해·위험의 방지에 관한 사항은 산업안전보건에 관한 법령에서 정하는 바에 따른다.(2020.4.28 건축물관리법 시행령 부칙에 의거 본조 개정)

**법 제29조 [공용건축물에 대한 특례]**

① 국가나 지방자치단체는 제11조, 제14조, 제19조, 제20조 및 제83조에 따른 건축물을 건축·대수선·용도변경하거나 가설건축물을 건축하거나 공작물을 축조하려는 경우에는 대통령령으로 정하는 바에 따라 미리 건축물의 소재지를 관할하는 허가권자와 협의하여야 한다.

(2011.5.30 본항 개정)

② 국가나 지방자치단체가 제1항에 따라 건축물의 소재지를 관할하는 허가권자와 협의한 경우에는 제11조, 제14조, 제19조, 제20조 및 제83조에 따른 허가를 받았거나 신고한 것으로 본다. (2011.5.30 본항 개정)

③ 제1항에 따라 협의한 건축물에는 제22조제1항부터 제3항까지의 규정을 적용하지 아니한다. 다만, 건축물의 공사가 끝난 경우에는 지체 없이 허가권자에게 통보하여야 한다.

④ 국가나 지방자치단체가 소유한 대지의 지상 또는 지하 여유공간에 구분지상권을 설정하여 주민편의시설 등 대통령령으로 정하는 시설을 설치하고자 하는 경우 허가권자는 구분지상권자를 건축주로 보고 구분지상권이 설정된 부분을 제2조제1항제1호의 대지로 보아 건축허가를 할 수 있다. 이 경우 구분지상권 설정의 대상 및 범위, 기간 등은 「국유재산법」 및 「공유재산 및 물품 관리법」에 적합하여야 한다.(2016.1.19 본항 신설)

**해설** 국가 또는 지방자치단체가 건축하는 것일지라도 건축물의 안전, 위생 등 법이 정하는 각종 제한, 절차에 대하여서는 일반건축물과 별도로 취급되는 것은 아니다. 다만 허가를 협의 또는 승인으로 표현할 따름이다.

- 법 제11조 : 건축허가
- 법 제14조 : 건축신고
- 적용의 예외 : 법 제22조제1항부터 제3항 : 감리완료보고서 첨부 사용승인신청, 사용승인서교부, 건축물의 사용
- 공공용지의 지상 또는 지하에 구분지상권을 설정하고 이를 대지로 보아 건축허가를 할 수 있다.

영 **제22조 【공용건축물에 대한 특례】** [2008.10.29 본조 개정]

① 국가 또는 지방자치단체가 법 제29조에 따라 건축물을 건축하려면 해당 건축공사를 시행하는 행정기관의 장 또는 그 위임을 받은 자는 건축공사에 착수하기 전에 그 공사에 관한 설계도서와 국토교통부령으로 정하는 관계 서류를 허가권자에게 제출(전자문서에 의한 제출을 포함한다)하여야 한다. 다만, 국가안보상 중요하거나 국가기밀에 속하는 건축물을 건축하는 경우에는 설계도서의 제출을 생략할 수 있다.

② 허가권자는 제1항 본문에 따라 제출된 설계도서와 관계 서류를 심사한 후 그 결과를 해당 행정기관의 장 또는 그 위임을 받은 자에게 통지(해당 행정기관의 장 또는 그 위임을 받은 자가 원하거나 전자문서로 제1항에 따른 설계도서 등을 제출한 경우에는 전자문서로 알리는 것을 포함한다)하여야 한다.

③ 국가 또는 지방자치단체는 법 제29조제3항 단서에 따라 건축물의 공사가 완료되었음을 허가권자에게 통보하는 경우에는 국토교통부령으로 정하는 관계 서류를 첨부하여야 한다.

④ 법 제29조제4항 전단에서 "주민편의시설 등 대통령령으로 정하는 시설"이란 다음 각 호의 시

설을 말한다.(2016.7.19 본항 신설)

1. 제1종 근린생활시설
2. 제2종 근린생활시설(총포판매소, 장의사, 다중생활시설, 제조업소, 단란주점, 안마시술소 및 노래연습장은 제외한다)
3. 문화 및 집회시설(공연장 및 전시장으로 한정한다)
4. 의료시설
5. 교육연구시설
6. 노유자시설
7. 운동시설
8. 업무시설(오피스텔은 제외한다)

해설 보안유지를 위해 국가안보 또는 국가기밀에 관계되는 건축물은 설계도서의 제출을 생략할 수 있다.

**질의 국가 등이 건축하고자 할 때 허가권자와 협의하는 경우 협의주체**

국가 등이 건축물을 건축하고자 「건축법」 제25조의 규정에 의하여 허가권자와 협의하는 경우 국가 등이 직접 협의해야 하는지 아니면 위임받은 자도 협의할 수 있는지 여부

회신 「건축법 시행령」 제22조제1항의 규정에 의하여 국가 또는 지방자치단체가 건축물을 건축하는 경우에는 당해 건축공사를 시행하는 행정기관의 장이 허가권자와 협의하든지 또는 위임을 받은 자가 협의하도록 규정하고 있음을 알려드립니다.(건교부 건축 58550-1587, 2003.9.1)

**규칙 제22조 【공용건축물의 건축에 있어서의 제출서류】**

① 영 제22조제1항에서 "국토교통부령으로 정하는 관계 서류"란 제6조·제12조·제12조의2의 규정에 의한 관계도서 및 서류(전자문서를 포함한다)를 말한다.(2010.8.5 본항 개정)

② 영 제22조제3항에서 "국토교통부령으로 정하는 관계 서류"란 다음 각 호의 서류(전자문서를 포함한다)를 말한다.(2010.8.5 본항 신설)

1. 별지 제17호서식의 사용승인신청서. 이 경우 구비서류는 현황도면에 한한다.
2. 별지 제24호서식의 사용승인조사 및 검사조서

**질의 회신 공용건축물에 대한 협의 및 승인처리(국토교통부)**

- 당해 기관에 소속하고 있는 직원으로 건축사자격이 있는 자가 작성한 설계도서는 「건축사법」 제4조 및 제5조에 적합하면 설계도서의 등록없이 협의가 가능함.
- 건축사자격이 없는 현직 공무원(건축직)이 소속된 공용물을 설계하였을 때는 시장·군수가 협의 처리할 수 없음.

**법 제30조 【건축통계 등】**

① 허가권자는 다음 각 호의 사항(이하 "**건축통계**"라 한다)을 국토교통부령으로 정하는 바에 따라 국토교통부장관이나 시·도지사에게 보고하여야 한다.

1. 제11조에 따른 건축허가 현황
2. 제14조에 따른 건축신고 현황
3. 제19조에 따른 용도변경허가 및 신고 현황
4. 제21조에 따른 착공신고 현황
5. 제22조에 따른 사용승인 현황
6. 그 밖에 대통령령으로 정하는 사항

② 건축통계의 작성 등에 필요한 사항은 국토교통부령으로 정한다.

해설 건축의 전반적인 현황을 통계처리함으로써 건축행정의 질적 수준을 높이고 효율적 관리 등이 이루어질 수 있도록 하였다.

**법 제31조 【건축행정 전산화】**

① 국토교통부장관은 이 법에 따른 건축행정 관련 업무를 전산처리하기 위하여 종합적인 계획을 수립·시행할 수 있다.

② 허가권자는 제10조, 제11조, 제14조, 제16조, 제19조부터 제22조까지, 제25조, 제29조, 제30조, 제38조, 제83조 및 제92조에 따른 신청서, 신고서, 첨부서류, 통지, 보고 등을 디스켓, 디스크 또는 정보통신망 등으로 제출하게 할 수 있다.(2019.4.30 건축물관리법 부칙에 의거 본항 개정)

해설 정보화시대에 맞추어 건축 행정을 전산화함으로써 경제적, 시간적 손실을 막고 더 나아가 건축행정의 효율성을 제고함에 있다.

**법 제32조 【건축허가업무 등의 전산처리 등】**

① 허가권자는 건축허가 업무 등의 효율적인 처리를 위하여 국토교통부령으로 정하는 바에 따라 전자정보처리 시스템을 이용하여 이 법에 규정된 업무를 처리할 수 있다.

② 제1항에 따른 전자정보처리 시스템에 따라 처리된 자료(이하 "**전산자료**"라 한다)를 이용하려는 자는 대통령령으로 정하는 바에 따라 관계 중앙행정기관의 장의 심사를 거쳐 다음 각 호의 구분에 따라 국토교통부장관, 시·도지사 또는 시장·군수·구청장의 승인을 받아야 한다. 다만, 지방자치단체의 장이 승인을 신청하는 경우에는 관계 중앙행정기관의 장의 심사를 받지 아니한다.

1. 전국 단위의 전산자료: 국토교통부장관
2. 특별시·광역시·특별자치시·도·특별자치도(이하 "시·도"라 한다) 단위의 전산자료: 시·도지사 (2014.1.14 본호 개정)

3. 시·군 또는 구(자치구를 말한다. 이하 같다) 단위의 전산자료: 시장·군수·구청장(2022.6.10 본호 개정)

③ 국토교통부장관, 시·도지사 또는 시장·군수·구청장이 제2항에 따른 승인신청을 받은 경우에는 건축허가 업무 등의 효율적인 처리에 지장이 없고 대통령령으로 정하는 건축주 등의 개인정보 보호기준을 위반하지 아니한다고 인정되는 경우에만 승인할 수 있다. 이 경우 용도를 한정하여 승인할 수 있다.

④ 제2항 및 제3항에도 불구하고 건축물의 소유자가 본인 소유의 건축물에 대한 소유 정보를 신청하거나 건축물의 소유자가 사망하여 그 상속인이 피상속인의 건축물에 대한 소유 정보를 신청하는 경우에는 승인 및 심사를 받지 아니할 수 있다.(2017.10.24 본항 신설)

⑤ 제2항에 따른 승인을 받아 전산자료를 이용하려는 자는 사용료를 내야 한다.

⑥ 제1항부터 제5항까지의 규정에 따른 전자정보처리 시스템의 운영에 관한 사항, 전산자료의 이용 대상 범위와 심사기준, 승인절차, 사용료 등에 관하여 필요한 사항은 대통령령으로 정한다.

**해설** 허가권자의 건축허가업무 등의 효율화를 위하여 전자정보처리 시스템을 이용하여 업무를 처리할 수 있도록 하였으며 건축주 등의 개인정보보호기준을 위반하지 아니한다고 인정되는 경우 한하여 이를 승인할 수 있도록 하고 있다.

영 **제22조의2 【건축허가업무 등의 전산처리 등】** [2008.10.29 본조 개정]

① 법 제32조제2항 각 호 외의 부분 본문에 따라 같은 조 제1항에 따른 전자정보처리 시스템으로 처리된 자료(이하 "**전산자료**"라 한다)를 이용하려는 자는 관계 중앙행정기관의 장의 심사를 받기 위하여 다음 각 호의 사항을 적은 신청서를 관계 중앙행정기관의 장에게 제출하여야 한다.

1. 전산자료의 이용 목적 및 근거
2. 전산자료의 범위 및 내용
3. 전산자료를 제공받는 방식
4. 전산자료의 보관방법 및 안전관리대책 등

② 제1항에 따라 전산자료를 이용하려는 자는 전산자료의 이용목적에 맞는 최소한의 범위에서 신청하여야 한다.

③ 제1항에 따른 신청을 받은 관계 중앙행정기관의 장은 다음 각 호의 사항을 심사한 후 신청받은 날부터 **15일** 이내에 그 심사결과를 신청인에게 알려야 한다.

1. 제1항 각 호의 사항에 대한 타당성·적합성 및 공익성
2. 법 제32조제3항에 따른 개인정보 보호기준에의 적합 여부
3. 전산자료의 이용목적 외 사용방지 대책의 수립 여부

④ 법 제32조제2항에 따라 전산자료 이용의 승인을 받으려는 자는 국토교통부령으로 정하는 건축행정 전산자료 이용승인 신청서에 제3항에 따른 심사결과를 첨부하여 국토교통부장관, 시·도지사 또는 시장·군수·구청장에게 제출하여야 한다. 다만, 중앙행정기관의 장 또는 지방자치

단체의 장이 전산자료를 이용하려는 경우에는 전산자료 이용의 근거·목적 및 안전관리대책 등을 적은 문서로 승인을 신청할 수 있다.

⑤ 법 제32조제3항 전단에서 "**대통령령으로 정하는 건축주 등의 개인정보 보호기준**"이란 다음 각 호의 기준을 말한다.

1. 신청한 전산자료는 그 자료에 포함되어 있는 성명·주민등록번호 등의 사항에 따라 특정 개인임을 알 수 있는 정보(해당 정보만으로는 특정개인을 식별할 수 없더라도 다른 정보와 쉽게 결합하여 식별할 수 있는 정보를 포함한다), 그 밖에 개인의 사생활을 침해할 우려가 있는 정보가 아닐 것. 다만, 개인의 동의가 있거나 다른 법률에 근거가 있는 경우에는 이용하게 할 수 있다.
2. 제1호 단서에 따라 개인정보가 포함된 전산자료를 이용하는 경우에는 전산자료의 이용목적 외의 사용 또는 외부로의 누출·분실·도난 등을 방지할 수 있는 안전관리대책이 마련되어 있을 것

⑥ 국토교통부장관, 시·도지사 또는 시장·군수·구청장은 법 제32조제3항에 따라 전산자료의 이용을 승인하였으면 그 승인한 내용을 기록·관리하여야 한다.

**규칙 제22조의2 【전자정보처리시스템의 이용】** [2010.8.5 본조 신설]

① 법 제32조제1항에 따라 허가권자는 정보통신망 이용환경의 미비, 전산장애 등 불가피한 경우를 제외하고는 전자정보시스템을 이용하여 건축허가 등의 업무를 처리하여야 한다.

② 제1항에 따른 전자정보처리시스템의 구축, 운영 및 관리에 관한 세부적인 사항은 국토교통부장관이 정한다.(2013.3.23 본항 개정)

**규칙 제22조의3 【건축허가업무 등의 전산처리 등】**

영 제22조의2제4항에 따라 전산자료 이용의 승인을 얻으려는 자는 별지 제24호의2서식의 건축행정전산자료 이용승인신청서를 국토교통부장관, 특별시장·광역시장·특별자치시장·도지사 또는 특별자치도지사(이하 "**시·도지사**"라 한다)나 시장·군수·구청장에게 제출하여야 한다.(2014.10.15 본조 개정)

**해설** 건축허가업무 등의 효율을 높이기 위하여 전자정보처리시스템을 이용하도록 하고 있는데, 이 때 전산자료를 이용하는 자에 대하여 당해 허가권자는 그 보유 또는 관리 등에 관한 사항을 지도·감독하도록 하고 있다.

**법 제33조 【전산자료의 이용자에 대한 지도·감독】**

① 국토교통부장관, 시·도지사 또는 시장·군수·구청장은 개인정보의 보호 및 전산자료의 이용목적 외 사용 방지 등을 위하여 필요하다고 인정되면 전산자료의 보유 또는 관리 등에 관한 사항

에 관하여 제32조에 따라 전산자료를 이용하는 자를 지도·감독할 수 있다.(2019.8.20 본항 개정)

② 제1항에 따른 지도·감독의 대상 및 절차 등에 관하여 필요한 사항은 대통령령으로 정한다.

영 **제22조의3 【전산자료의 이용자에 대한 지도·감독의 대상 등】** [2008.10.29 본조 개정]

① 법 제33조제1항에 따라 전산자료를 이용하는 자에 대하여 그 보유 또는 관리 등에 관한 사항을 지도·감독하는 대상은 다음 각 호의 구분에 따른 전산자료(다른 법령에 따라 제공받은 전산자료를 포함한다)를 이용하는 자로 한다. 다만, 국가 및 지방자치단체는 제외한다.

1. 국토교통부장관: 연간 50만 건 이상 전국 단위의 전산자료를 이용하는 자
2. 시·도지사: 연간 10만 건 이상 시·도 단위의 전산자료를 이용하는 자
3. 시장·군수·구청장: 연간 5만 건 이상 시·군·구 단위의 전산자료를 이용하는 자

② 국토교통부장관, 시·도지사 또는 시장·군수·구청장은 법 제33조제1항에 따른 지도·감독을 위하여 필요한 경우에는 제1항에 따른 지도·감독 대상에 해당하는 자에 대하여 다음 각 호의 자료를 제출하도록 요구할 수 있다.

1. 전산자료의 이용실태에 관한 자료
2. 전산자료의 이용에 따른 안전관리대책에 관한 자료

③ 제2항에 따라 자료제출을 요구받은 자는 정당한 사유가 있는 경우를 제외하고는 **15일** 이내에 관련 자료를 제출하여야 한다.

④ 국토교통부장관, 시·도지사 또는 시장·군수·구청장은 법 제33조제1항에 따라 전산자료의 이용실태에 관한 현지조사를 하려면 조사대상자에게 조사 목적·내용, 조사자의 인적사항, 조사 일시 등을 **7일** 전까지 알려야 한다.(2019.8.6 본항 개정)

⑤ 국토교통부장관, 시·도지사 또는 시장·군수·구청장은 제4항에 따른 현지조사 결과를 조사대상자에게 알려야 하며, 조사 결과 필요한 경우에는 시정을 요구할 수 있다.

법 **제34조 【건축종합민원실의 설치】**

특별자치시장·특별자치도지사 또는 시장·군수·구청장은 대통령령으로 정하는 바에 따라 건축허가, 건축신고, 사용승인 등 건축과 관련된 민원을 종합적으로 접수하여 처리할 수 있는 민원실을 설치·운영하여야 한다.(2014.1.14 본조 개정)

**영 제22조의4 【건축에 관한 종합민원실】**

① 법 제34조에 따라 특별자치시·특별자치도 또는 시·군·구에 설치하는 민원실은 다음 각 호의 업무를 처리한다.(2014.10.14 본항 개정)

1. 법 제22조에 따른 사용승인에 관한 업무
2. 법 제27조제1항에 따라 건축사가 현장조사·검사 및 확인업무를 대행하는 건축물의 건축허가와 사용승인 및 임시사용승인에 관한 업무
3. 건축물대장의 작성 및 관리에 관한 업무
4. 복합민원의 처리에 관한 업무
5. 건축허가·건축신고 또는 용도변경에 관한 상담 업무
6. 건축관계자 사이의 분쟁에 대한 상담
7. 그 밖에 특별자치시장·특별자치도지사 또는 시장·군수·구청장이 주민의 편익을 위하여 필요하다고 인정하는 업무

② 제1항에 따른 민원실은 민원인의 이용에 편리한 곳에 설치하고, 그 조직 및 기능에 관하여는 특별자치시·특별자치도 또는 시·군·구의 규칙으로 정한다.(2014.10.14 본항 개정)

# 제2장 과제하기

**01.** 특별자치도지사·시장·군수·구청장의 허가를 받아야 하는 건축물은?

**02.** 도지사의 승인을 얻어 허가하는 규모는?

**03.** 건축허가를 받은 후 착공하지 않을 수 있는 최장의 기간은?

**04.** 건축신고의 대상건축물은?

**05.** 사용승인신청시 일괄하여 신고할 수 있는 범위는?

**06.** 건축허가의 제한에 관하여

1) 제한할 수 있는 사람

2) 제한기간

**07.** 도시·군계획시설 또는 그 예정지에 건축을 허가할 수 있는 가설건축물과 그 존치기간은 얼마인가?

**08.** 조립식 구조로 된 경비용으로 쓰는 가설건축물이 되기 위한 규모는?

**09.** 사용승인에 관하여

1) 사용승인신청일은?

2) 공사감리자의 서명을 받아야 하는가?

**10.** 임시사용승인의 기간은?

**11.** 건축사에 의한 건축물의 설계가 필요없는 것은?

**12.** 상세시공도면의 작성자는?

**13.** 건축분야와 기계분야 각각 건축사보 1인 이상이 공사현장에서 감리업무를 수행해야 하는 건축 등의 공사는?

**14.** 건축허가 및 신고를 필요로 하는 용도변경의 범위는?

**15.** 현장 조사·검사 및 확인업무의 대행자의 선정기준은?

**16.** 공사현장의 위해방지에 관해 따라야 할 법령은?

# 제2장 과년도 문제

**01.** 건축허가 신청에 필요한 기본설계도서가 아닌 것은?

㉮ 건축계획서 ㉯ 배치도
㉰ 단면도 ㉱ 건축설비도

해설 **규칙 제6조(별표 2)**

- 건축허가 신청에 필요한 기본설계도서로는 다음과 같다.
  - 건축계획서
  - 배치도
  - 평면도
  - 입면도
  - 단면도
- 건축설비도는 건축허가 사전승인시 제출하는 기본설계도서 중 설비분야에 해당된다.

**02.** 건축허가신청에 필요한 기본설계도서가 아닌 것은?

㉮ 건축계획서 ㉯ 시방서
㉰ 배치도 ㉱ 입면도

해설 **규칙 제6조**

상기 문제 참조
시방서는 건축허가 사전 승인시 제출하는 건축계획서 중 건축분야의 도서 종류에 속한다.

**03.** 건축허가 신청에 필요한 기본설계도서 중 건축계획서에 포함되어야 할 사항으로 적합하지 않은 것은?

㉮ 토지형질 변경계획
㉯ 주차장 규모
㉰ 건축물의 용도별 면적
㉱ 지역, 지구 및 도시계획사항

해설 **규칙 제6조**

건축계획서에 표시하여야 할 사항은 다음과 같다.
- 개요(위치, 대지면적 등)
- 지역, 지구 및 도시계획사항
- 건축물의 규모(건축면적, 연면적, 높이, 층수 등)
- 건축물의 용도별 면적
- 주차장 규모
- 에너지 절약계획서(해당 건축물에 한함)

**04.** 다음 중 가설건축물의 허가를 해줄 수 있는 경우는?

㉮ 도시계획이 결정된 경우
㉯ 지적고시가 된 경우
㉰ 도시계획이 입안된 경우
㉱ 단계별 집행계획이 공고된 경우

해설 **법 제20조, 영 제15조**

도시계획시설 또는 도시계획시설 예정지에서 건축을 허가할 수 있는 가설건축물(도시계획사업의 실시에 지장이 있다고 인정되는 경우는 도시계획이 결정된 때를 말한다.)
- 철근콘크리트조 또는 철골철근콘크리트조가 아닐 것
- 존치기간은 3년 이내일 것(도시·군계획사업이 시행될 때까지 기간 연장 가능함)
- 3층 이하일 것
- 전기·수도·가스 등 간선공급설비의 설치를 요하지 아니할 것
- 공동주택·판매시설·운수시설 등 분양을 목적으로 하는 건축물이 아닐 것
- 국계법 제85조(단계별 집행계획의 수립)의 규정에 적합할 것

**05.** 건축시공자가 작성한 상세시공도면은 누구의 확인을 받아야 하는가?

㉮ 건축주 ㉯ 설계자
㉰ 공사감리자 ㉱ 건축허가청

해설 **법 제24조 제4항**

공사시공자는 당해 공사를 함에 있어 필요하다고 인정하거나 공사감리자로부터 상세시공도면을 작성하도록 요청받은 경우에는 상세시공도면을 작성하여 공사감리자의 확인을 받아야 하며 이에 따라 공사를 하여야 한다.

**06.** 건축물을 특별시 또는 광역시에 건축하고자 하는 경우 특별시장 또는 광역시장의 허가를 받아야 하는 건축물의 기준으로 옳은 것은?

㉮ 층수가 21층 이상이거나 연면적의 합계가 100,000$m^2$ 이상인 건축물

해답 1. ㉱ 2. ㉯ 3. ㉮ 4. ㉮ 5. ㉰ 6. ㉮

㉯ 층수가 21층 이상이거나 연면적의 합계가 200,000$m^2$ 이상인 건축물
㉰ 층수가 31층 이상이거나 연면적의 합계가 100,000$m^2$ 이상인 건축물
㉱ 층수가 31층 이상이거나 연면적의 합계가 200,000$m^2$ 이상인 건축물

**해설** **법 제11조, 영 제8조**
특별시 또는 광역시에서 층수가 21층 이상이거나 연면적의 합계가 100,000$m^2$ 이상(공장 제외)인 건축물을 건축하고자 하는 경우에는 특별시장 또는 광역시장의 허가를 받아야 한다.

**07.** 건축분야의 건축사보 1인 이상을 전체 공정 동안 토목, 전기 또는 기계분야의 건축사보 1인 이상을 각 분야별 해당 공사기간 동안 각각 공사현장에서 공사감리 업무를 수행하여야 하는 건축물이 아닌 것은?

㉮ 아파트의 건축공사
㉯ 연면적이 3,000$m^2$이고, 지하 1층, 지상 2층인 연립주택의 건축공사
㉰ 바닥면적이 5,000$m^2$ 이상인 건축공사
㉱ 바닥면적의 합계가 3,000$m^2$이고, 지하 4층, 지상 1층인 건축물의 건축공사

**해설** **영 제19조**
- 바닥면적의 합계가 5,000$m^2$ 이상인 건축공사
- 연속된 5개 층 이상으로서 바닥면적의 합계가 3,000$m^2$ 이상인 건축공사
- 아파트의 건축공사

**08.** 공사감리자가 건축주에게 중간감리보고서를 제출하여야 할 시기가 아닌 것은?

㉮ 5층 이상 건축물인 경우 지상 5개 층마다 상부 슬래브 배근을 완료한 때
㉯ 지붕 슬래브 배근을 완료한 때
㉰ 기초공사시 철근배치를 완료한 때
㉱ 최하층 슬래브 배근을 완료한 때

**해설** **영 제19조**
상기 ㉮~㉰는 철근 Con'c 조·철골조·철골철근 Con'c 조·조적조·보강 Con'c 블럭조에 해당되며, 이들 구조가 아닌 경우에는 기초 공사에 있어 거푸집 또는 주춧돌의 설치가 완료한 때에 건축주에게 증감 감리보고서를 공사 감리자가 제출하여야 한다.

**09.** 공리감시자가 수행하여야 하는 감리업무가 아닌 것은?

㉮ 공사시공자가 설계도서에 따라 적합하게 시공하는지 여부의 확인
㉯ 공사시공자가 사용하는 건축자재가 기준에 적합한 건축자재인지 여부의 확인
㉰ 공사 현장에서의 건설안전교육의 실시여부의 확인
㉱ 공정표의 검토

**해설** **영 제19조 제6항, 규칙 제19조의2**
공사감리자가 수행해야 감리업무는 상기 ㉰항을 제외한 다음의 업무
- 건축물 및 대지가 법령에 적합하도록 공사시공자 및 건축주를 지도
- 시공계획 및 공사관리의 적정여부 확인
- 공사현장에서의 안전관리의 지도
- 공정표의 검토
- 상세시공도면의 검토 및 확인
- 구조물의 위치와 규격의 적정여부의 검토 및 확인
- 품질시험의 실시여부 및 시험성과의 검토 및 확인
- 설계변경의 적정여부의 검토 및 확인
- 기타 공사감리계약으로 정하는 사항

**10.** 대지관련 건축기준의 허용오차로서 건폐율과 인접건축물과의 거리로서 바르게 기술된 것은?

| | 건폐율 | 인접건축물과의 거리 |
|---|---|---|
| ㉮ | 0.5% 이내 | 1% 이내 |
| ㉯ | 0.5% 이내 | 3% 이내 |
| ㉰ | 1% 이내 | 1% 이내 |
| ㉱ | 1% 이내 | 3% 이내 |

**해설** **법 제26조, 규칙 별표 5**

〈대지관련 건축기준의 허용오차〉

| 항 목 | 허용되는 오차의 범위 |
|---|---|
| 건축선의 후퇴거리 | 3% 이내 |
| 인접대지 경계선과의 거리 | 3% 이내 |
| 인접건축물과의 거리 | 3% 이내 |
| 건폐율 | 0.5% 이내<br>(건축면적 5$m^2$ 초과할 수 없다.) |
| 용적률 | 1% 이내<br>(연면적 30$m^2$ 초과할 수 없다.) |

**해답** 7. ㉯ 8. ㉱ 9. ㉰ 10. ㉯

**11.** 대지관련 건축기준의 허용오차에서 다음 중 가장 작은 비율을 인정해 주는 것은?

㉮ 인접건축물과의 거리
㉯ 건폐율
㉰ 용적률
㉱ 건축선의 후퇴거리

**해설 법 제26조, 규칙 별표 5**
상기 문제 참조

**12.** 건축물의 사용승인에 관한 기술에서 기준에 맞지 않는 것은?

㉮ 사용승인 신청시는 감리자의 감리완료보고서를 첨부하여야 한다.
㉯ 감리대상의 경우는 건축물의 사용승인을 위한 검사를 실시하여야 한다.
㉰ 임시 사용승인 기간은 2년 이내로 한다.
㉱ 건축허가 대신 신고를 한 건축물은 배치 및 평면이 표시된 현황도면을 첨부되어야 한다.

**해설 법 제22조, 규칙 제16조**
건축물의 사용승인은 허가를 받았거나 신고를 한 건축물은 모두 그 대상인데, 공사감리자를 지정하지 아니한 건축물에 대하여는 사용승인을 위한 검사를 시장·군수·구청장이 실시하는 것이다.

**13.** 건축물관련 건축기준의 허용되는 오차의 범위가 2% 이내인 것이 아닌 것은?

㉮ 건축물 높이　㉯ 출구 너비
㉰ 벽체 두께　㉱ 반자 높이

**해설 규칙 별표 5**
〈건축물관련 건축기준의 허용오차〉

| 항 목 | 허용되는 오차의 범위 |
|---|---|
| 건축물 높이 | 2% 이내<br>(1m를 초과할 수 없다.) |
| 평면 길이 | 2% 이내<br>(건물 전체 길이는 1m를 초과할 수 없고, 벽으로 구획된 각실의 경우 10cm 초과할 수 없다.) |
| 출구 너비 | 2% 이내 |
| 반자 높이 | 2% 이내 |
| 벽체 두께 | 3% 이내 |
| 바닥판 두께 | 3% 이내 |

**14.** 착공신고를 할 때 흙막이 구조도면의 제출대상의 기준으로 옳은 것은?

㉮ 지하 2층 이상의 지하층을 설치하는 경우
㉯ 지하 3층 이상의 지하층을 설치하는 경우
㉰ 지표면으로부터 3m 이상의 지하를 굴착하는 경우
㉱ 지표면으로부터 5m 이상의 지하를 굴착하는 경우

**해설 규칙 제14조 제1항**
착공신고시 다음과 같은 서류 및 도서 첨부
－건축관계자 상호간의 계약서 사본(해당 사항이 있는 경우)
－시방서, 실내마감도, 건축설비도, 토지굴착 및 옹벽도(공장인경우)
－흙막이 구조도면(지하 2층 이상의 지하층을 설치하는 경우)

**15.** 대통령이 정하는 가설건축물의 기준으로 옳지 않은 것은?

㉮ 철근콘크리트조 또는 철골철근콘크리트조가 아닐 것
㉯ 존치기간이 3년 이내일 것
㉰ 2층 이하일 것
㉱ 영업시설로서 분양을 목적으로 하는 건축물이 아닐 것

**해설 법 제20조, 영 제15조**
설치기준에서 층수는 3층 이하일 것

**16.** 읍·면지역에서 농·어업을 영위하기 위하여 건축하는 것으로 시장, 군수에게 신고함으로써 건축허가를 받은 것으로 보는 건축물이 아닌 것은?

㉮ 연면적의 합계가 $100m^2$ 이하인 주택
㉯ 연면적이 $200m^2$ 이하인 창고
㉰ 연면적이 $400m^2$ 이하인 축사
㉱ 연면적이 $500m^2$ 이하인 작물재배사

**해설 영 제11조**
읍·면지역에서 농·어업을 영위하기 위한 연면적 $400m^2$ 이하인 작물재배사는 신고 대상이다.

**해답** 11. ㉯ 12. ㉯ 13. ㉰ 14. ㉮ 15. ㉰ 16. ㉱

**17.** 건축법령상 도시계획시설 또는 도시계획 시설예정지에서 허가를 받아야 하는 가설 건축물의 건축기준에 가장 접합하지 않은 것은?

㉮ 전기·수도·가스 등 새로운 간선 공급 설비의 설치를 필요로 하지 아니할 것
㉯ 철근콘크리트 구조가 아닐 것
㉰ 존치기간은 5년 이내일 것
㉱ 판매시설 등으로서 분양을 목적으로 건축하는 건축물이 아닐 것

해설 **영 제15조 제1항**
- 가설건축물의 건축기준
1. 철근콘크리트조 또는 철골철근콘크리트조가 아닐 것
2. 존치기간은 3년 이내일 것. 다만, 도시·군계획사업이 시행될 때까지 그 기간을 연장할 수 있다.
3. 전기·수도·가스 등 새로운 간선 공급설비의 설치를 필요로 하지 아니할 것
4. 공동주택·판매시설·운수시설 등으로서 분양을 목적으로 건축하는 건축물이 아닐 것

**18.** 건축법령상 건축기준의 허용오차 범위로 가장 부적합한 것은?

㉮ 용적률 1% ㉯ 반자높이 2%
㉰ 바닥판두께 3% ㉱ 벽체두께 4%

해설 **규칙 제20조**

〈건축물관련 건축기준의 허용오차〉

| 항목 | 허용되는 오차의 범위 | |
|---|---|---|
| 건축물 높이 | 2% 이내 | 1m를 초과할 수 없다. |
| 출 구 너 비 | | – |
| 반 자 높 이 | | – |
| 평 면 길 이 | | • 건축물 전체 길이 1m를 초과할 수 없다.<br>• 벽으로 구획된 각 실은 10cm를 초과할 수 없다. |
| 벽 체 두 께 | 3% 이내 | – |
| 바닥판 두께 | | |

따라서 벽체 두께는 4% 이내가 된다.

**19.** 건축물의 사용승인 신청은 언제 하여야 하는가?

㉮ 공사완료 후
㉯ 공사완료 후 3일 이내
㉰ 공사완료 후 7일 이내
㉱ 공사완료 전 7일 이내

해설 **법 제22조**

**20.** 건축물의 사용승인에 관한 기술에서 기준에 맞지 않는 것은?

㉮ 사용승인 신청서는 감리자의 감리완료보고서를 첨부하여야 한다.
㉯ 공사감리자를 지정하지 아니한 건축물에 대한 사용승인 신청을 받은 때에는 당해 신청을 접수한 날부터 5일 이내에 사용승인을 위한 검사를 하여야 한다.
㉰ 임시사용의 승인기간은 2년 이내로 한다.
㉱ 신고를 하여 건축한 건축물의 사용승인 신청서에는 배치 및 평면이 표시된 현황도면을 첨부하여야 한다.

해설 **법 제22조, 영 제17조, 규칙 제16조**
공사감리자를 지정하지 아니한 건축물에 대한 사용승인 신청을 받은 때에는 당해 신청을 접수한 날부터 7일 이내에 사용승인을 위한 검사를 하여야 하며 검사에 합격된 건축물에 대하여는 사용승인서를 교부

**21.** 다음 중 건축물관련 건축기준의 허용오차 범위의 %가 가장 큰 항목은?

㉮ 평면길이 ㉯ 출구너비
㉰ 반자높이 ㉱ 바닥판두께

해설 **규칙 제20조**
허용오차의 범위는 대지와 건축물에 따라 다르며 건축물관련 건축기준의 허용오차 범위는 다음과 같다.

| 항목 | 허용되는 오차의 범위 |
|---|---|
| 건축물의 높이 | 2% 이내<br>(1m를 초과할 수 없다.) |
| 평 면 길 이 | 2% 이내<br>(건축물 전체 길이 : 1m를 초과할 수 없다.<br>벽으로 구획된 각실 : 10cm를 초과할 수 없다.) |
| 출 구 너 비 | 2% 이내 |
| 반 자 높 이 | 2% 이내 |
| 벽 체 두 께 | 3% 이내 |
| 바닥판 두께 | 3% 이내 |

해답 17. ㉰ 18. ㉱ 19. ㉮ 20. ㉯ 21. ㉱

**22.** 건축허가 제한에 관한 설명 중 옳지 않은 것은?

㉮ 국토교통부장관은 국토관리상 특히 필요하다고 인정하는 경우 허가권자의 건축허가를 제한할 수 있다.
㉯ 국토교통부장관 및 시·도지사가 건축허가를 제한하는 경우에는 그 목적, 기간 및 대상을 정하여 허가권자에게 통보하여야 한다.
㉰ 특별시장·광역시장·도지사가 시장·군수·구청장의 건축허가를 제한할 경우에는 즉시 국토교통부장관에게 보고하여야 한다.
㉱ 제한기간을 3년 이내로 하되 제한기간의 연장은 1회에 1년 이내로 한다.

해설 **법 제18조**
건축허가 제한기간을 2년 이내로 하되 제한기간의 연장은 1회에 1년 이내로 할 수 있으며 착공을 제한하는 경우에는 착공을 제한한 날부터 2년이 된다.

**23.** 시장이 자치구가 아닌 구의 구청장에게 위임할 수 있는 건축물의 규모 기준은?

㉮ 연면적에 관계없이 층수가 6층 이하인 건축물
㉯ 층수에 관계없이 연면적이 2,000m² 이하인 건축물
㉰ 층수가 6층 이하로서 연면적이 2,000m² 이하인 건축물
㉱ 층수가 6층 이상으로서 연면적이 2,000m² 이하인 건축물

해설 시장이 자치구가 아닌 구의 구청장에게 위임할 수 있는 건축물의 규모는 층수가 6층 이하로서 연면적이 2,000m² 이하인 건축·대수선·용도변경 등에 관한 권한이 대상이 된다.

**24.** 다음 중 건축물의 존치기간을 정하여 착공 전에 시장, 군수, 구청장에게 신고하여야 할 가설건축물에 해당되지 아니한 것은?

㉮ 전시를 위한 견본 주택
㉯ 농업용 고정식 온실
㉰ 공장 안에 설치하는 창고용 천막
㉱ 조립식 구조로 된 경비용에 쓰이는 가설건축물로서 연면적이 15m²인 것

해설 **법 제20조, 영 제15조 제5항**
조립식 구조로 된 경비용에 쓰이는 가설건축물인 경우에는 연면적이 10m² 이하인 것에 한한다. 또한 상기의 해당내용 이외에 공사에 필요한 규모의 범위 안에서 공사용 가설건축물 및 공작물, 유원지·종합휴양업 사업지역 등에서 한시적인 관광·문화행사들을 목적으로 천악 또는 경량구조로 설치하는 것 등을 비롯한 많은 내용이 포함된다.

**25.** 건축물의 존치기간을 정하여 착공 전에 시장 또는 군수에게 신고하여 건축할 수 있는 가설건축물에 해당되지 않는 것은?

㉮ 조립식 경량구조로 된 외벽이 없는 임시자동차사고
㉯ 연면적이 50m²인 간이축사용 비닐하우스
㉰ 전시를 위한 견본주택
㉱ 농업용 고정식 온실

해설 **법 제20조, 영 제15조 제5항**
상기 문제 참조
연면적이 100m²인 간이축사용 비닐하우스

**26.** 신고한 가설건축물의 존치기간을 연장하고자 하는 경우에 존치기간 만료일로부터 며칠 전에 시장, 군수, 구청장에게 신고하여야 하는가?

㉮ 3일 ㉯ 5일
㉰ 7일 ㉱ 10일

해설 **법 제20조, 영 제15조2**
가설건축용을 축조하고자 할 때는 착공 전에 신고하여야 하지만 신고한 가설건축물의 존치기간을 연장하고자 하는 경우에는 존치기간 만료일로부터 7일 전에 시장, 군수, 구청장에게 신고하여야 한다.

**27.** 도시계획법에 의한 공업지역 안에서 건축신고로 공장을 건축할 수 있는 최대 규모는?

㉮ 1층으로서 연면적 300m² 이하
㉯ 1층으로서 연면적 500m² 이하
㉰ 2층 이하로서 연면적 300m² 이하
㉱ 2층 이하로서 연면적 500m² 이하

해설 **법 제14조, 영 제11항 제2항 제4호**
건축신고와 관련된 용도와 건축물은 다양하다.

**해답** 22. ㉱ 23. ㉰ 24. ㉱ 25. ㉯ 26. ㉱ 27. ㉱

**28.** 공사현장에서 공사기간 동안 건축사보가 상주하면서 감리업무를 수행해야 하는 상주공사감리 대상 건축공사가 아닌 것은?

㉮ 각 층 바닥면적이 1,000m²인 5층 관람집회시설
㉯ 아파트의 건축공사
㉰ 각 층 바닥면적이 500m²이고 10층인 판매시설
㉱ 각 층 바닥면적이 2,000m²이고 2층인 의료시설

**해설** **영 제19조 제5항**
바닥 면적의 합계가 5,000m² 이상, 연속된 5개층 이상으로서 바닥면적 합계가 3,000m² 이상 아파트 공사가 된다. 따라서 ㉱항은 바닥면적의 합계가 4,000m²이므로 상주공사감리 대상이 아니다.

**29.** 건축물에 대한 사용승인 신청시 변경에 대하여 일괄신고 할 수 있는 범위에 속하지 않는 것은? (단, 건축물의 층수나 동수는 변경하지 아니하는 경우)

㉮ 변경되는 부분의 바닥면적의 합계가 50m² 이하인 경우
㉯ 대수선에 해당하는 경우
㉰ 변경되는 부분의 높이가 전체높이의 10분의 1 이하인 경우
㉱ 변경되는 부분의 위치가 2m 이하인 경우

**해설** **영 제12조**
변경되는 부분의 위치가 1m 이하인 경우가 된다. 영 제119조의 면적, 높이 산정 방법을 참조하면 쉽게 이해할 수 있다. 건축물의 건축면적 산정시에도 지표면으로부터 1m 이하에 있는 부분은 제외되는 것이다.

**30.** 건축물의 용도변경시 분류된 시설군이 아닌 것은?

㉮ 주거 및 업무시설군
㉯ 산업시설군
㉰ 동물 및 식물관련 시설군
㉱ 문화 및 집회시설군

**해설** **영 제14조**
용도변경시의 시설군은 건축물 용도분류(영 별표 1)와 다음에 유의하여야 한다. 시행령상의 건축물 용도분류는 28개로 분류되고, 용도변경시의 시설군은 크게 9개로 구분되는데 자동차 관련 시설군, 산업 등 시설군, 전기통신시설군, 문화집회시설군, 영업시설군, 교육 및 복지 시설군, 근린생활시설군, 주거업무시설군, 그 밖의 시설군

**31.** 도시계획시설 또는 도시계획시설 예정지에 건축을 허가할 수 있는 가설건축물의 기준이 아닌 것은?

㉮ 층수 ㉯ 연면적
㉰ 존치기간 ㉱ 구조

**해설** **영 제15조**
철근 Con'c 조, 철골 철근 Con'c 조가 아닐 것, 존치기간은 3년 이내, 3층 이하, 간선 공급설비의 설치를 요하지 아니할 것, 분양을 목적으로 건축하는 건축물이 아닐 것, 관련 도시계획법에 적합할 것 등이다.

**32.** 신고 대상의 경우 용도 변경시 바닥면적의 합계가 몇 m² 이상일 때 건축물의 사용승인을 받아야 하는가?

㉮ 50m² 이상 ㉯ 100m² 이상
㉰ 200m² 이상 ㉱ 500m² 이상

**해설** **법 제19조 제5항**
신고대상인 경우로서 용도 변경하고자 하는 부분의 바닥면적의 합계가 100m² 이상인 경우의 건축물의 사용승인의 경우와 용도 변경하고자 하는 부분의 바닥면적의 합계가 500m² 이상인 용도변경의 건축설계의 경우에는 각각의 해당 법령, 즉 건축물의 사용승인과 건축설계의 법규정을 준용하도록 하고 있음

**33.** 건축법령상 건축사가 설계를 해야 하는 대상이 아닌 것은?

㉮ 바닥면적의 합계가 85m² 이상인 증축·개축 또는 재축
㉯ 읍·면지역에서 연면적 200m²를 초과하는 창고의 건축
㉰ 연면적이 200m² 미만이고 층수가 3층 미만인 건축물의 대수선
㉱ 읍·면지역에서 연면적 400m²를 초과하는 축사의 건축

**해설** **법 제23조**
- 건축사가 설계하지 아니해도 되는 경우
  - 바닥면적의 합계가 85m² 미만인 증축·개축 또는 재축
  - 연면적 200m² 미만이고 층수가 3층 미만인 건축물의 대수선
  - 건축물의 특수성과 용도 등을 고려하여 대통령령으로 정하는 건축물의 건축 등

**해답** 28. ㉱ 29. ㉱ 30. ㉰ 31. ㉯ 32. ㉯ 33. ㉰

# 제3장

# 건축물의 유지와 관리

참고

건축법에서 건축물의 유지·관리 규정이 건축물관리법령(법 2019.4.30 제정 / 영 2020.4.28 제정 / 규칙 2020.5.1 제정)으로 이관됨에 따라 건축물관리법 중 건축물 유지·관리의 중요 내용을 살펴보기로 한다.

[제정이유] 건축물 생애이력정보체계 구축, 실태조사 등 건축물관리 기반 구축에 필요한 사항을 정하여, 정기점검, 긴급점검 등의 대상, 방법, 절차 등 건축물관리 점검 및 조치를 위하여 필요한 사항이 규정되며, 건축물 해체시 절차와 건축물관리지원, 빈 건축물의 정비, 공공건축물 재해예방 등 건축물의 안전을 확보하고 건축물을 과학적이고 체계적으로 관리하기 위함.

건축물관리법 **제2조 【정 의】**

이 법에서 사용하는 용어의 뜻은 다음과 같다.

1. "**건축물**"이란 「건축법」 제2조제1항제2호에 따른 건축물을 말한다. 다만, 「건축법」 제3조제1항 각 호의 어느 하나에 해당하는 건축물은 제외한다.
2. "**건축물관리**"란 관리자가 해당 건축물이 멸실될 때까지 유지·점검·보수·보강 또는 해체하는 행위를 말한다.
3. "**관리자**"란 관계 법령에 따라 해당 건축물의 관리자로 규정된 자 또는 해당 건축물의 소유자를 말한다. 이 경우 해당 건축물의 소유자와의 관리계약 등에 따라 건축물의 관리책임을 진 자는 관리자로 본다.
4. "**생애이력 정보**"란 건축물의 기획·설계, 시공, 유지관리, 멸실 등 건축물의 생애 동안에 생산되는 문서정보와 도면정보 등을 말한다.
5. "**건축물관리계획**"이란 건축물의 안전을 확보하고 사용가치를 유지·향상시키기 위하여 제11조에 따라 수립되는 계획을 말한다.

6. “**화재안전성능보강**”이란 「건축법」 제22조에 따른 사용승인(이하 “사용승인”이라 한다)을 받은 건축물에 대하여 마감재의 교체, 방화구획의 보완, 스프링클러 등 소화설비의 설치 등 화재안전시설·설비의 보강을 통하여 화재 시 건축물의 안전성능을 개선하는 모든 행위를 말한다.
7. “**해체**”란 건축물을 건축·대수선·리모델링하거나 멸실시키기 위하여 건축물 전체 또는 일부를 파괴하거나 절단하여 제거하는 것을 말한다.
8. “**멸실**”이란 건축물이 해체, 노후화 및 재해 등으로 효용 및 형체를 완전히 상실한 상태를 말한다.

건축물관리법 **제6조 【실태조사】**

① 국토교통부장관, 특별자치시장·특별자치도지사 또는 시장·군수·구청장(자치구의 구청장을 말하며, 이하 같다)은 건축물관리에 관한 정책의 수립과 시행에 필요한 기초자료를 확보하기 위하여 다음 각 호의 사항에 관한 실태조사를 할 수 있다. 이 경우 관계 중앙행정기관의 장의 요청이 있는 때에는 합동으로 실태조사를 할 수 있다.
1. 건축물 용도별·규모별 현황
2. 건축물의 내진설계 및 내진능력 적용 현황
3. 건축물의 화재안전성능 및 보강 현황
4. 건축물의 유지관리 현황
5. 그 밖에 건축물관리에 관한 정책의 수립을 위하여 조사가 필요한 사항

② 국토교통부장관은 건축물관리와 관련된 중앙행정기관의 장, 지방자치단체의 장, 「공공기관의 운영에 관한 법률」 제4조에 따른 공공기관(이하 “**공공기관**”이라 한다)의 장 또는 관리자에게 제1항에 따른 실태조사에 필요한 자료의 제출을 요청할 수 있다. 이 경우 자료제출을 요청받은 자는 특별한 사유가 없으면 이에 따라야 한다.

③ 제1항에 따른 실태조사의 방법 등에 관한 사항은 국토교통부령으로 정한다.

* 특별자치시 : 세종특별자치시
* 특별자치도 : 제주특별자치도, 강원특별자치도, 전북특별자치도

건축물관리법 **제7조 【건축물 생애이력 정보체계 구축 등】**

① 국토교통부장관은 건축물을 효과적으로 유지관리하기 위하여 다음 각 호의 내용을 포함한 건축물 생애이력 정보체계를 구축할 수 있다.
1. 제10조에 따른 건축물관리 관련 정보
2. 건축물관리계획
3. 제13조에 따른 정기점검 결과
4. 제14조에 따른 긴급점검 결과

5. 제15조에 따른 소규모 노후 건축물등 점검 결과
6. 제16조에 따른 안전진단 결과
7. 제33조에 따른 건축물 해체공사 결과
8. 「건축법」 제48조의3에 따른 건축물 내진능력
9. 「녹색건축물 조성 지원법」 제10조에 따른 건축물 에너지·온실가스 정보
10. 그 밖에 대통령령으로 정하는 사항

② 국토교통부장관이 제1항에 따른 건축물 생애이력 정보체계를 구축할 때에는 「건축법」 제32조 제1항에 따른 전자정보처리 시스템과 연계가 가능하도록 하여야 한다.

③ 국토교통부장관은 다음 각 호의 자료 또는 정보를 보유 또는 관리하는 자에게 건축물 생애이력 정보체계의 구축·운영에 필요한 자료 또는 정보의 제공을 요청할 수 있다. 이 경우 자료 또는 정보의 제공을 요청받은 자는 특별한 사유가 없으면 이에 따라야 한다.(2020.3.31. 본항 개정)

1. 「시설물의 안전 및 유지관리에 관한 특별법」 제55조에 따른 시설물의 안전 및 유지관리에 관한 정보
2. 「소방시설 설치 및 관리에 관한 법률」 제22조에 따른 소방시설등의 자체점검 등에 관한 정보(2021.11.30, 소방시설 설치 및 관리에 관한 법률 부칙에 의거 본호 개정)
3. 「수도법」 제33조에 따른 위생상의 조치에 관한 정보
4. 「승강기 안전관리법」 제28조 및 제32조에 따른 승강기 설치검사 및 안전검사에 관한 정보
5. 「에너지이용 합리화법」 제39조에 따른 검사대상기기의 검사에 관한 정보
6. 「전기안전관리법」 제12조에 따른 일반용전기설비의 점검에 관한 정보
7. 「하수도법」 제39조에 따른 개인하수처리시설의 운영·관리에 관한 정보
8. 「자연재해대책법」 제34조에 따라 구축된 재해정보
9. 그 밖에 대통령령으로 정하는 사항

④ 제3항에 따른 자료 또는 정보의 요청 절차, 제출 방법 등 필요한 사항은 국토교통부령으로 정한다.

**건축물관리법 시행령 제2조 【건축물 생애이력 정보체계의 구축 등】**

① 「건축물관리법」(이하 "**법**"이라 한다) 제7조제1항제10호에서 "대통령령으로 정하는 사항"이란 다음 각 호의 사항을 말한다.

1. 법 제22조에 따른 보수·보강 등 조치결과
2. 법 제24조에 따른 건축물관리점검 결과에 대한 평가 결과
3. 법 제28조에 따른 화재안전성능보강 결과
4. 법 제30조에 따른 건축물 해체 허가 및 신고에 관한 정보(2021.10.28 본호 신설)
5. 법 제30조의2에 따른 해체공사 착공신고에 관한 정보(2022.8.2 본호 개정)

6. 법 제30조의4에 따른 현장점검결과(2022.8.2 본호 개정)
7. 그 밖에 건축물 관리를 위하여 국토교통부장관이 필요하다고 인정하여 고시하는 정보

② 법 제7조제3항제9호에서 "대통령령으로 정하는 사항"이란 다음 각 호의 사항을 말한다. (2020.12.1 본항 개정)

1. 법 제11조제4항 및 제6항에 따른 건축물관리계획의 적절성 검토 결과 및 조치결과
2. 법 제20조에 따른 건축물관리점검 결과
3. 「고압가스 안전관리법」 제16조의2 및 제16조의3에 따른 정기검사, 수시검사 및 정밀안전검진에 관한 정보
4. 「공동주택관리법」 제33조 및 제34조에 따른 안전점검 및 소규모 공동주택 안전관리에 관한 정보
5. 「도시가스사업법」 제17조 및 제17조의2에 따른 정기검사, 수시검사, 정밀안전진단 및 안전성평가에 관한 정보
6. 「부가가치세법」 제8조에 따른 사업자등록에 관한 정보
7. 「빈집 및 소규모주택 정비에 관한 특례법」 제5조에 따른 빈집등 실태조사 정보
8. 「사회복지사업법」 제34조의4에 따른 시설의 안전점검 등에 관한 정보
9. 「산업집적활성화 및 공장설립에 관한 법률」 제6조의2제1항에 따른 공장설립온라인지원시스템에 관한 정보(공장설립에 관한 정보만 해당한다)
10. 「시설물의 안전 및 유지관리에 관한 특별법」 제12조제3항에 따른 내진성능평가에 관한 정보
11. 「실내공기질 관리법」 제12조 및 제13조에 따른 실내공기질 측정 및 보고에 관한 정보
12. 「액화석유가스의 안전관리 및 사업법」 제37조 및 제38조에 따른 정기검사, 수시검사, 정밀안전진단 및 안전성평가에 관한 정보
13. 「어린이놀이시설 안전관리법」 제12조제2항에 따른 정기시설검사에 관한 정보
14. 「위험물안전관리법」 제18조에 따른 정기점검 및 정기검사에 관한 정보
15. 「의료법」 제58조에 따른 의료기관 인증에 관한 정보
16. 「장애인·노인·임산부 등의 편의증진 보장에 관한 법률」 제10조의2에 따른 장애물 없는 생활환경 인증에 관한 정보
17. 「재난 및 안전관리 기본법」 제32조에 따른 정부합동 안전 점검 결과 및 조치 결과에 관한 정보
18. 「전자정부법」 제65조에 따른 지역정보화사업으로 구축된 행정정보
19. 「주차장법」 제19조의23에 따른 기계식주차장 정밀안전검사에 관한 정보
20. 「지진·화산재해대책법」 제16조의3에 따른 지진안전 시설물 인증에 관한 정보
21. 「청소년활동 진흥법」 제19조의2에 따른 수련시설의 종합평가에 관한 정보
22. 「학교시설사업 촉진법」 제2조제1호에 따른 학교시설에 관한 정보
23. 「교육시설 등의 안전 및 유지관리 등에 관한 법률」 제13조제1항·제14조제1항에 따른 학교시설에 대한 안전점검·정밀안전진단에 관한 정보
24. 그 밖에 국토교통부장관이 필요하다고 인정하여 고시하는 정보

**건축물관리법 제12조 【건축물의 유지·관리】**

① 관리자는 건축물, 대지 및 건축설비를 「건축법」 제40조부터 제48조까지, 제48조의4, 제49조, 제50조, 제50조의2, 제51조, 제52조, 제52조의2, 제53조, 제53조의2, 제54조부터 제58조까지, 제60조부터 제62조까지, 제64조, 제65조의2, 제67조 및 제68조와 「녹색건축물 조성 지원법」 제15조, 제15조의2, 제16조 및 제17조에 적합하도록 관리하여야 한다. 이 경우 「건축법」 제65조의2 및 「녹색건축물 조성 지원법」 제16조·제17조는 인증을 받은 경우로 한정한다.

② 건축물의 구조, 재료, 형식, 공법 등이 특수한 건축물 중 대통령령으로 정하는 건축물은 제1항 또는 제13조부터 제15조까지의 규정을 적용할 때 대통령령으로 정하는 바에 따라 건축물관리 방법·절차 및 점검기준을 강화 또는 변경하여 적용할 수 있다.

**해 설** 관리자는 건축물 대지 및 건축설비를 건축법의 일부 해당 규정에 적합하도록 관리하여야 하며, 특히 건축물의 구조, 재료, 형식, 공법 등이 특수한 건축물 중 건축법시행령 제2조제18호에 따른 특수구조 건축물과 무량판 구조(보가 없이 바닥판·기둥으로 구성된 구조)를 가진 건축물은 해당 규정을 적용할 때 건축물 관리방법·절차 및 점검기준을 강화 또는 변경하여 적용할 수 있도록 하고 있다.

**건축물관리법 시행령 제7조 【특수한 건축물의 구조안전 확인】**

① 법 제12조제2항에서 "대통령령으로 정하는 건축물"이란 다음 각 호의 건축물을 말한다.

1. 「건축법 시행령」 제2조제18호(다목은 제외한다)에 따른 특수구조 건축물(2024.12.17 「건축법 시행령」 부칙에 따라 본호 개정)
2. 무량판 구조(보가 없이 바닥판·기둥으로 구성된 구조를 말한다)를 가진 건축물

② 제1항에 따른 건축물은 법 제12조제2항에 따라 다음 각 호의 기준을 적용하여 점검한다.

1. 해당 건축물의 구조안전에 대한 경험과 지식을 갖춘 사람이 외관조사를 실시할 것
2. 법 제18조제3항에 따른 점검책임자는 건축물의 특수 구조 및 구조 변경에 관한 정보 등을 사전검토하고, 점검계획을 수립할 것
3. 「건축법 시행령」 제2조제18호가목 또는 나목에 해당하는 건축물은 부재의 균열 및 손상 등을 관찰할 것

③ 제2항에서 규정한 사항 외에 해당 건축물 점검기준의 강화 또는 변경과 관련된 사항은 국토교통부장관이 법 제17조에 따른 건축물관리점검지침(이하 "**건축물관리점검지침**"이라 한다)으로 정하여 고시한다.

**건축물관리법 제13조 【정기점검의 실시】**

① 다중이용 건축물 등 대통령령으로 정하는 건축물의 관리자는 건축물의 안전과 기능을 유지하기 위하여 정기점검을 실시하여야 한다.

② 정기점검은 대지, 높이 및 형태, 구조안전, 화재안전, 건축설비, 에너지 및 친환경 관리, 범죄예방, 건축물관리계획의 수립 및 이행 여부 등 대통령령으로 정하는 항목에 대하여 실시한다. 다만, 해당 연도에 「도시 및 주거환경정비법」에 따른 재건축진단, 「공동주택관리법」 또는 「시설물의 안전 및 유지관리에 관한 특별법」에 따른 안전점검 또는 안전진단이 실시된 경우에는 정기점검 중 구조안전에 관한 사항을 생략할 수 있다.(2024.12.3 「도시 및 주거환경정비법」 부칙에 따라 본항 개정)

③ 제1항에 따른 정기점검은 해당 건축물의 사용승인일부터 5년 이내에 최초로 실시하고, 점검을 시작한 날을 기준으로 3년(매 3년이 되는 해의 기준일과 같은 날 전날까지를 말한다)마다 실시하여야 한다.

④ 정기점검의 실시 절차 및 방법 등 필요한 사항은 대통령령으로 정한다.

해설 다중이용업소가 있는 건축물로서 시·군·구의 조례가 정하는 건축물과 집합건물의 소유 및 관리에 관한 법률을 적용받는 연면적 3,000m$^2$ 이상인 건축물, 다중이용건축물, 준다중이용건축물로서 특수구조 건축물에 해당하는 건축물의 경우 건축물의 관리자는 건축물의 안전과 기능을 유지하기 위하여 건축물의 사용승인 일부터 5년 이내에 최초로 실시하고, 점검을 시작한 날을 기준으로 3년마다 실시해야 한다.

**건축물관리법 시행령 제8조 【정기점검 대상 건축물 등】**

① 법 제13조제1항에서 "다중이용 건축물 등 대통령령으로 정하는 건축물"이란 다음 각 호의 건축물을 말한다. 다만, 「학교안전사고 예방 및 보상에 관한 법률」 제2조제1호에 따른 학교, 「공동주택관리법」 제2조제1항제2호에 따른 의무관리대상 공동주택, 「유통산업발전법」 제2조제3호·제4호에 따른 대규모점포·준대규모점포 및 정기점검을 실시해야 하는 날부터 3년 이내에 「공동주택관리법」 제34조제2호에 따라 소규모 공동주택 안전관리를 실시한 공동주택은 제외한다.

1. 「다중이용업소의 안전관리에 관한 특별법」에 따른 다중이용업소가 있는 건축물로서 특별자치시·특별자치도·시·군·구(자치구를 말한다)의 조례(이하 "**시·군·구 조례**"라 한다)로 정하는 건축물
2. 「집합건물의 소유 및 관리에 관한 법률」을 적용받는 건축물로서 연면적 3,000m$^2$ 이상인 건축물
3. 「건축법 시행령」 제2조제17호에 따른 다중이용 건축물
4. 「건축법 시행령」 제2조제17호의2에 따른 준다중이용 건축물로서 같은 조 제18호에 따른 특수구조 건축물에 해당하는 건축물

② 법 제13조제1항에 따른 정기점검(이하 "**정기점검**"이라 한다)을 실시해야 하는 건축물의 관리자는 법 제18조제1항에 따라 지정을 통지받은 건축물관리점검기관에 점검을 의뢰해야 한다.

③ 법 제13조제2항 본문에서 "대지, 높이 및 형태, 구조안전, 화재안전, 건축설비, 에너지 및 친환경 관리, 범죄예방, 건축물관리계획의 수립 및 이행 여부 등 대통령령으로 정하는 항목"이란

다음 각 호의 구분에 따른 항목을 말한다.

1. 대지: 「건축법」 제40조, 제42조부터 제44조까지 및 제47조에 적합한지 여부
2. 높이 및 형태: 「건축법」 제55조, 제56조, 제58조, 제60조 및 제61조에 적합한지 여부
3. 구조안전
   가. 「건축법」 제48조에 적합한지 여부
   나. 건축물의 외관 및 주요구조부의 상태 등 건축물관리점검지침에서 정하는 사항에 적합한지 여부(「건축법」 제22조에 따른 사용승인을 받은 날부터 20년이 지난 후에 처음 실시하는 정기점검만 해당한다)
4. 화재안전: 「건축법」 제49조, 제50조, 제50조의2, 제51조, 제52조, 제52조의2 및 제53조에 적합한지 여부
5. 건축설비: 「건축법」 제62조 및 제64조에 적합한지 여부
6. 에너지 및 친환경 관리: 「건축법」 제65조의2와 「녹색건축물 조성 지원법」 제15조, 제15조의2, 제16조 및 제17조에 적합한지 여부
7. 범죄예방: 「건축법」 제53조의2에 적합한지 여부
8. 건축물관리계획: 수립 및 이행이 적합한지 여부
9. 그 밖의 항목
   가. 법 제20조제2항 각 호의 사항을 이행했는지 여부
   나. 「건축법」 제22조에 따른 사용승인을 신청할 때 제출된 설계도서의 내용대로 유지·관리되는지 여부
   다. 건축물의 안전을 강화하고 에너지 절감을 위하여 보완해야 할 사항이 있는지 여부

해설 1. 대지
- 법 제40조 : 대지의 안전 등
- 법 제42조 : 대지의 조경
- 법 제43조 : 공개 공지 등의 확보
- 법 제44조 : 대지와 도로의 관계
- 법 제47조 : 건축선에 따른 건축제한

2. 높이 및 형태
- 법 제55조 : 건축물의 건폐율
- 법 제56조 : 건축물의 용적률
- 법 제58조 : 대지 안의 공지
- 법 제60조 : 건축물의 높이 제한
- 법 제61조 : 일조 등의 확보를 위한 건축물의 높이 제한

3. 구조안전
- 법 제48조 : 구조내력 등

4. 화재안전
   법 제49조 : 건축물의 피난시설 및 용도제한 등
   법 제50조 : 건축물의 내화구조와 방화벽
   법 제50조의2 : 고층건축물의 피난 및 안전관리
   법 제51조 : 방화지구 안의 건축물
   법 제52조 : 건축물의 마감재료 등
   - 법 제52조의2 : 실내건축
   - 법 제52조의3 : 건축자재의 제조 및 유통 관리
5. 건축설비
   - 법 제62조 : 건축설비기준 등
   - 법 제64조 : 승강기
6. 에너지 및 친환경 관리
   - 법 제65조의2 : 지능형건축물의 인증
   - 녹색건축물 조성 지원법
     - 제15조(건축물에 대한 효율적인 에너지 관리와 녹색건축물 조성의 활성화)
     - 제15조의2(녹색건축물의 유지·관리)
     - 제16조(녹색건축의 인증)
     - 제17조(제로에너지건축물 인증)
7. 범죄예방
   - 법 제53조의2 : 건축물의 범죄예방
8. 기타
   - 법 제20조 : 가설건축물(제2항 허가제외 대상 건축물)

**건축물관리법 제14조 【긴급점검의 실시】**

① 특별자치시장·특별자치도지사 또는 시장·군수·구청장은 다음 각 호의 어느 하나에 해당하는 경우 해당 건축물의 관리자에게 건축물의 구조안전, 화재안전 등을 점검하도록 요구하여야 한다.
1. 재난 등으로부터 건축물의 안전을 확보하기 위하여 점검이 필요하다고 인정되는 경우
2. 건축물의 노후화가 심각하여 안전에 취약하다고 인정되는 경우
3. 그 밖에 대통령령으로 정하는 경우

② 제1항에 따른 점검(이하 "**긴급점검**"이라 한다)은 관리자가 긴급점검 실시 요구를 받은 날부터 1개월 이내에 실시하여야 한다.

③ 긴급점검의 항목, 절차, 방법 등 필요한 사항은 대통령령으로 정한다.

**해설** 특별자치시장 등은 재난 등으로부터 건축물의 안전을 확보하기 위하여 점검이 필요하다고 인정되는 경우, 건축물의 노후화가 심각하여 안전에 취약하다고 인정되는 경우, 부실 설계 또는 시공 등으로 인하여 건축물의 붕괴·전도 등이 발생할 위험이 있다고 판단되는 경우 등에 해당될 때는 긴급점검을 건축물의 관리자에게 요구할 수 있다.

**건축물관리법 시행령 제9조 【긴급점검의 실시】**

① 법 제14조제1항제3호에서 "대통령령으로 정하는 경우"란 다음 각 호의 경우를 말한다.
1. 부실 설계 또는 시공 등으로 인하여 건축물의 붕괴·전도 등이 발생할 위험이 있다고 판단되는 경우
2. 그 밖에 건축물의 안전한 이용에 중대한 영향을 미칠 우려가 있다고 인정되는 경우 등 시·군·구 조례로 정하는 경우

② 법 제14조제1항에 따른 점검(이하 "**긴급점검**"이라 한다)의 항목은 다음 각 호의 구분에 따른다.
1. 구조안전: 「건축법」 제48조에 적합한지 여부
2. 화재안전: 「건축법」 제49조, 제50조, 제50조의2, 제51조, 제52조, 제52조의2 및 제53조에 적합한지 여부
3. 그 밖에 건축물의 안전을 확보하기 위하여 점검이 필요하다고 인정되는 항목

③ 법 제14조제2항에 따라 긴급점검의 실시를 요구받은 건축물의 관리자는 법 제18조제1항에 따라 지정을 통지받은 건축물관리점검기관에 점검을 의뢰해야 한다.

**건축물관리법 제15조 【소규모 노후 건축물등 점검의 실시】**

① 특별자치시장·특별자치도지사 또는 시장·군수·구청장은 다음 각 호의 어느 하나에 해당하는 건축물 중 안전에 취약하거나 재난의 위험이 있다고 판단되는 건축물을 대상으로 구조안전, 화재안전 및 에너지성능 등을 점검할 수 있다.
1. 사용승인 후 30년 이상 지난 건축물 중 조례로 정하는 규모의 건축물
2. 「건축법」 제2조제2항제11호에 따른 노유자시설
3. 「장애인·고령자 등 주거약자 지원에 관한 법률」 제2조제2호에 따른 주거약자용 주택
4. 그 밖에 대통령령으로 정하는 건축물

② 특별자치시장·특별자치도지사 또는 시장·군수·구청장은 제1항에 따른 점검(이하 "**소규모 노후 건축물등 점검**"이라 한다)결과를 해당 관리자에게 제공하고 점검결과에 대한 개선방안 등을 제시하여야 한다.

③ 특별자치시장·특별자치도지사 또는 시장·군수·구청장은 소규모 노후 건축물등 점검결과에 따라 보수·보강 등에 필요한 비용의 전부 또는 일부를 보조하거나 융자할 수 있으며, 보수·보강 등에 필요한 기술적 지원을 할 수 있다.

④ 소규모 노후 건축물등 점검의 실시 절차 및 방법 등 필요한 사항은 대통령령으로 정한다.

**해설** 허가권자는 사용승인 후 30년 이상 지난 건축물 중 조례로 정하는 규모의 건축물, 노유자시설, 해당 법률에 따라 주거약자용 주택, 리모델링 활성화 구역 내 건축물, 해당 법률에 따른 방재지구 내 건축물, 해당 법률에 따라 해제된 정비예정구역 또는 정비구역 내 건축물, 해당 법률에 따른 도시 재생활성화 지역 내 건축물, 해당 법률에 따른 자연재해위험개선지구 내 건축물, 건축법 제정 이전에 건축된 건축

물 중 안전에 취약하거나 재난의 위험이 있다고 판단되는 건축물을 대상으로 구조안전, 화재안전 및 에너지성능을 점검할 수 있다.

**건축물관리법 시행령 제10조 【소규모 노후 건축물등 점검의 실시】**

① 법 제15조제1항제4호에서 "대통령령으로 정하는 건축물"이란 다음 각 호의 어느 하나에 해당하는 건축물을 말한다.

1. 「건축법」 제5조제1항 및 같은 법 시행령 제6조제1항제6호가목에 따른 리모델링 활성화 구역 내 건축물
2. 「국토의 계획 및 이용에 관한 법률」 제37조제1항제4호에 따른 방재지구 내 건축물
3. 「도시 및 주거환경정비법」 제20조 및 제21조에 따라 해제된 정비예정구역 또는 정비구역 내 건축물
4. 「도시재생 활성화 및 지원에 관한 특별법」 제2조제1항제5호에 따른 도시재생활성화지역 내 건축물
5. 「자연재해대책법」 제12조제1항에 따른 자연재해위험개선지구 내 건축물
6. 「건축법」 제정일(1962년 1월 20일) 이전에 건축된 건축물
7. 그 밖에 안전에 취약하거나 재난 발생 우려가 큰 건축물 등 시·군·구 조례로 정하는 건축물

② 특별자치시장·특별자치도지사 또는 시장·군수·구청장은 제12조제3항의 명부에서 건축물관리점검기관을 지정하여 법 제15조제1항에 따른 점검(이하 "**소규모 노후 건축물등 점검**"이라 한다)을 요청할 수 있다. 이 경우 특별자치시장·특별자치도지사 또는 시장·군수·구청장은 다음 각 호의 사항을 건축물관리점검기관에 통보해야 한다.

1. 대상 건축물의 용도 및 구조
2. 대상 건축물의 위치 및 규모
3. 점검이 필요하다고 판단한 사유

③ 제2항에 따라 점검을 요청받은 건축물관리점검기관은 해당 건축물의 관리실태 등을 검토하고 점검의 시기 및 방법 등을 정하여 해당 건축물의 관리자와 특별자치시장·특별자치도지사 또는 시장·군수·구청장에게 통보해야 한다.

**건축물관리법 제16조 【안전진단의 실시】**

① 관리자는 제13조에 따른 정기점검, 제14조에 따른 긴급점검 또는 제15조에 따른 소규모 노후 건축물등 점검을 실시한 결과, 건축물의 안전성 확보를 위하여 필요하다고 인정되는 경우 건축물의 안전성 결함의 원인 등을 조사·측정·평가하여 보수·보강 등의 방안을 제시하는 진단을 실시하여야 한다.

② 특별자치시장·특별자치도지사 또는 시장·군수·구청장은 다음 각 호의 어느 하나에 해당하는

경우 해당 관리자에게 제1항에 따른 진단(이하 "**안전진단**"이라 한다)을 실시할 것을 요구할 수 있다. 이 경우 요구를 받은 자는 특별한 사유가 없으면 이에 따라야 한다.(2020.6.9 본항 개정)

1. 건축물에 중대한 결함이 발생한 경우
2. 건축물의 붕괴·전도 등이 발생할 위험이 있다고 판단하는 경우
3. 재난 예방을 위하여 안전진단이 필요하다고 인정되는 경우
4. 그 밖에 건축물의 성능이 낮아져 공중의 안전을 침해할 우려가 있는 것으로 대통령령으로 정하는 경우

③ 국토교통부장관은 건축물의 구조상 공중의 안전한 이용에 중대한 영향을 미칠 우려가 있어 안전진단이 필요하다고 판단하는 경우에는 특별자치시장·특별자치도지사 또는 시장·군수·구청장에게 안전진단을 실시할 것을 요구하거나, 「시설물의 안전 및 유지관리에 관한 특별법」 제28조제1항에 따라 등록한 안전진단전문기관(이하 "**안전진단전문기관**"이라 한다) 또는 「국토안전관리원법」에 따른 국토안전관리원(이하 "**국토안전관리원**"이라 한다)에 의뢰하여 안전진단을 실시할 수 있다.(2020.6.9 본항 개정)

④ 제3항에 따라 안전진단을 실시하는 안전진단전문기관이나 국토안전관리원은 관계인에게 필요한 질문을 하거나 관계 서류 등을 열람할 수 있다.(2020.6.9 본항 개정)

⑤ 제3항에 따라 안전진단을 실시하는 안전진단전문기관이나 국토안전관리원은 대통령령으로 정하는 바에 따라 결과보고서를 작성하고, 이를 해당 관리자, 국토교통부장관, 특별자치시장·특별자치도지사 또는 시장·군수·구청장에게 제출하여야 한다.(2020.6.9 본항 개정)

⑥ 국토교통부장관, 특별자치시장·특별자치도지사 또는 시장·군수·구청장은 제3항에 따른 안전진단 결과에 따라 보수·보강 등의 조치가 필요하다고 인정하는 경우에는 해당 관리자에게 보수·보강 등의 조치를 취할 것을 명할 수 있다.

⑦ 제3항에 따라 특별자치시장·특별자치도지사 또는 시장·군수·구청장이 안전진단을 실시한 경우 결과보고서를 국토교통부장관에게 제출하여야 한다.

해설
- 건축물등 안전진단은 점검을 실시한 결과 안전성 결함의 원인파악과 보수·보강의 방안을 제시
- 허가권자가 관리자에게 안전진단을 요구할 수 있다.
- 국토교통부장관은 허가권자에 안전진단을 요구하거나 안전진단전문기관 또는 국토안전관리원에 의뢰할 수 있다.
- 국토교통부장관, 허가권자는 해당관리자에게 보수·보강 등의 조치를 명할 수 있다.

**건축물관리법 시행령 제11조 【안전진단의 실시】**

① 법 제16조제2항제4호에서 "대통령령으로 정하는 경우"란 다음 각 호의 어느 하나에 해당하는 경우를 말한다.

1. 지진·화재 등 재난 발생으로 인하여 구조안전 또는 화재안전의 성능 저하가 우려되어 법

제16조제1항에 따른 진단(이하 "**안전진단**"이라 한다)이 필요하다고 특별자치시장·특별자치도지사 또는 시장·군수·구청장이 인정하는 경우

2. 그 밖에 시·군·구 조례로 정하는 경우

② 법 제16조제5항에 따른 결과보고서에는 다음 각 호의 사항이 포함되어야 한다.

1. 건축물의 개요, 안전진단의 범위 및 과업 내용 등 안전진단의 개요
2. 설계도면, 구조계산서 및 보수·보강 이력 등 자료수집 및 분석 결과
3. 외관조사 결과 분석, 재료 시험·측정 결과 분석 등 현장조사 및 시험 결과
4. 건축물의 상태평가 결과
5. 건축물의 구조해석 등 안전성평가 결과
6. 건축물의 종합평가 결과
7. 보수·보강방법
8. 종합결론 및 추가 보완이 필요한 사항
9. 그 밖에 안전진단에 관한 것으로서 국토교통부장관이 정하는 사항

③ 법 제16조제3항에 따라 안전진단을 의뢰받은 기관은 안전진단을 완료한 날부터 30일 이내에 같은 조 제5항에 따라 결과보고서를 해당 관리자, 국토교통부장관, 특별자치시장·특별자치도지사 또는 시장·군수·구청장에게 제출해야 한다. 이 경우 건축물 생애이력 정보체계에 입력하는 방법으로 제출할 수 있다.

**건축물관리법 제21조 [사용제한 등]**

① 관리자는 건축물의 안전한 이용에 주는 영향이 중대하여 긴급한 조치가 필요하다고 인정되는 경우로서 대통령령으로 정하는 경우에는 해당 건축물에 대하여 사용제한·사용금지·해체 등의 조치를 하여야 한다.

② 관리자는 제1항에 따른 조치를 하는 경우에는 미리 그 사실을 특별자치시장·특별자치도지사 또는 시장·군수·구청장에게 알려야 한다. 이 경우 통보를 받은 특별자치시장·특별자치도지사 또는 시장·군수·구청장은 이를 공고하여야 한다.

③ 제20조제1항에 따라 건축물관리점검 결과를 보고받은 특별자치시장·특별자치도지사 또는 시장·군수·구청장은 해당 건축물의 안전한 이용에 주는 영향이 중대하여 긴급한 조치가 필요하다고 인정되면 대통령령으로 정하는 바에 따라 해당 건축물의 사용제한·사용금지·해체 등의 조치를 명할 수 있다.

④ 특별자치시장·특별자치도지사 또는 시장·군수·구청장은 제3항에 따른 명령을 받은 자가 그 명령을 이행하지 아니한 경우에는 「행정대집행법」에 따라 대집행을 할 수 있다.

**건축물관리법 시행령 제15조 【건축물의 사용제한】**

① 법 제21조제1항에서 "대통령령으로 정하는 경우"란 다음 각 호의 어느 하나에 해당하는 경우를 말한다.

1. 주요구조부의 강도 또는 강성(剛性: 변형에 대한 저항능력)이 현저하게 저하된 경우
2. 주요구조부에 과다한 변형이 발생하거나 균열이 심화된 경우
3. 건축물관리점검 실시 결과 건축물의 안전성 확보를 위하여 필요하다고 인정되는 경우

② 특별자치시장·특별자치도지사 또는 시장·군수·구청장이 법 제21조제3항에 따라 사용제한·사용금지·해체 등의 조치를 명할 때에는 해당 건축물의 관리자에게 조치 내용 및 그 이유 등을 포함하여 서면으로 알려야 한다.

**건축물관리법 제26조 【비용의 부담】**

① 건축물관리점검에 드는 비용은 해당 관리자가 부담한다. 다만, 제15조에 따른 소규모 노후 건축물등 점검 비용은 해당 특별자치시장·특별자치도지사 또는 시장·군수·구청장이 부담한다.

② 관리자가 어음·수표의 지급 불능으로 인한 부도 등 부득이한 사유로 건축물관리점검을 실시하지 못하게 될 때에는 관할 특별자치시장·특별자치도지사 또는 시장·군수·구청장이 해당 관리자를 대신하여 건축물관리점검을 실시할 수 있다. 이 경우 건축물관리점검에 드는 비용을 해당 관리자에게 부담하게 할 수 있다.

③ 제2항에 따라 특별자치시장·특별자치도지사 또는 시장·군수·구청장이 건축물관리점검을 대신 실시한 후 해당 관리자에게 비용을 청구하는 경우에 해당 관리자가 그에 따르지 아니하면 특별자치시장·특별자치도지사 또는 시장·군수·구청장은 지방세 체납처분의 예에 따라 징수할 수 있다.

**건축물관리법 제30조 【건축물 해체의 허가】**

① 관리자가 건축물을 해체하려는 경우에는 특별자치시장·특별자치도지사 또는 시장·군수·구청장(이하 이 장에서 "**허가권자**"라 한다)의 허가를 받아야 한다. 다만, 다음 각 호의 어느 하나에 해당하는 경우 대통령령으로 정하는 바에 따라 신고를 하면 허가를 받은 것으로 본다.(2020.4.7 본항 개정)

1. 「건축법」 제2조제1항제7호에 따른 주요구조부의 해체를 수반하지 아니하고 건축물의 일부를 해체하는 경우
2. 다음 각 목에 모두 해당하는 건축물의 전체를 해체하는 경우
   가. 연면적 500m$^2$ 미만의 건축물
   나. 건축물의 높이가 12m 미만인 건축물
   다. 지상층과 지하층을 포함하여 3개 층 이하인 건축물

3. 그 밖에 대통령령으로 정하는 건축물을 해체하는 경우

② 제1항 각 호 외의 부분 단서에도 불구하고 관리자가 다음 각 호의 어느 하나에 해당하는 경우로서 해당 건축물을 해체하려는 경우에는 허가권자의 허가를 받아야 한다.(2022.2.3 본항 개정)

1. 해당 건축물 주변의 일정 반경 내에 버스 정류장, 도시철도 역사 출입구, 횡단보도 등 해당 지방자치단체의 조례로 정하는 시설이 있는 경우
2. 해당 건축물의 외벽으로부터 건축물의 높이에 해당하는 범위 내에 해당 지방자치단체의 조례로 정하는 폭 이상의 도로가 있는 경우
3. 그 밖에 건축물의 안전한 해체를 위하여 건축물의 배치, 유동인구 등 해당 건축물의 주변 여건을 고려하여 해당 지방자치단체의 조례로 정하는 경우

③ 제1항 또는 제2항에 따라 허가를 받으려는 자 또는 신고를 하려는 자는 건축물 해체 허가신청서 또는 신고서에 제4항에 따라 작성되거나 제5항에 따라 검토된 해체계획서를 첨부하여 허가권자에게 제출하여야 한다.(2022.2.3 본항 개정)

④ 제1항 각 호 외의 부분 본문 또는 제2항에 따라 허가를 받으려는 자가 허가권자에게 제출하는 해체계획서는 다음 각 호의 어느 하나에 해당하는 자가 이 법과 이 법에 따른 명령이나 처분, 그 밖의 관계 법령을 준수하여 작성하고 서명날인하여야 한다.(2022.2.3 본항 신설)

1. 「건축사법」 제23조제1항에 따른 건축사사무소개설신고를 한 자
2. 「기술사법」 제6조에 따라 기술사사무소를 개설등록한 자로서 건축구조 등 대통령령으로 정하는 직무범위를 등록한 자

⑤ 제1항 각 호 외의 부분 단서에 따라 신고를 하려는 자가 허가권자에게 제출하는 해체계획서는 다음 각 호의 어느 하나에 해당하는 자가 이 법과 이 법에 따른 명령이나 처분, 그 밖의 관계 법령을 준수하여 검토하고 서명날인하여야 한다.(2022.2.3 본항 신설)

1. 「건축사법」 제23조제1항에 따른 건축사사무소개설신고를 한 자
2. 「기술사법」 제6조에 따라 기술사사무소를 개설등록한 자로서 건축구조 등 대통령령으로 정하는 직무범위를 등록한 자

⑥ 허가권자는 다음 각 호의 어느 하나에 해당하는 경우 「건축법」 제4조제1항에 따라 자신이 설치하는 건축위원회의 심의를 거쳐 해당 건축물의 해체 허가 또는 신고수리 여부를 결정하여야 한다.(2022.2.3 본항 신설)

1. 제1항 각 호 외의 부분 본문 또는 제2항에 따른 건축물의 해체를 허가하려는 경우
2. 제1항 각 호 외의 부분 단서에 따라 건축물의 해체를 신고받은 경우로서 허가권자가 건축물 해체의 안전한 관리를 위하여 전문적인 검토가 필요하다고 판단하는 경우

⑦ 제6항에 따른 심의 결과 또는 허가권자의 판단으로 해체계획서 등의 보완이 필요하다고 인정되는 경우에는 허가권자가 관리자에게 기한을 정하여 보완을 요구하여야 하며, 관리자는 정당한 사유가 없으면 이에 따라야 한다.(2022.2.3 본항 신설)

⑧ 허가권자는 대통령령으로 정하는 건축물의 해체계획서에 대한 검토를 국토안전관리원에 의뢰

하여야 한다.(2022.2.3 본항 개정)

⑨ 제3항부터 제5항까지의 규정에 따른 해체계획서의 작성·검토 방법, 내용 및 그 밖에 건축물 해체의 허가절차 등에 관하여는 국토교통부령으로 정한다.(2022.2.3 본항 개정)

해설 관리자가 건축물을 해체하려는 경우에는 허가권자의 허가를 받아야 하나 다음의 경우에는 신고를 하면 허가받은 것으로 봄.

- 주요구조부인 내력벽, 기둥, 바닥, 보, 지붕틀 및 주계단의 해체를 수반하지 아니하고 건축물의 일부를 해체하는 경우
- 다음에 모두 해당하는 건축물의 전체를 해체하는 경우
  - 연면적 500$m^2$ 미만 건축물
  - 건축물의 높이가 12m 미만 건축물
  - 지상층과 지하층을 포함하여 3개 층 이하인 건축물
- 건축신고(건축법 제14조) 대상 중 다음의 건축물
  - 바닥면적의 합계가 85$m^2$ 이내의 증축·개축 또는 재축
  - 연면적이 200$m^2$ 미만이고 3층 미만인 건축물의 대수선
- 관리지역, 농림지역 또는 자연환경보전지역에 있는 높이 12m 미만인 건축물
- 시·군·구 조례로 정하는 건축물

**건축물관리법 시행령 제21조 【건축물 해체의 신고 대상 건축물 등】**

① 법 제30조제1항제3호에서 "대통령령으로 정하는 건축물"이란 다음 각 호의 어느 하나에 해당하는 건축물을 말한다.

1. 「건축법」 제14조제1항제1호 또는 제3호에 따른 건축물
2. 「국토의 계획 및 이용에 관한 법률」에 따른 관리지역, 농림지역 또는 자연환경보전지역에 있는 높이 12m 미만인 건축물. 이 경우 해당 건축물의 일부가 「국토의 계획 및 이용에 관한 법률」에 따른 도시지역에 걸치는 경우에는 그 건축물의 과반이 속하는 지역으로 적용한다.
3. 그 밖에 시·군·구 조례로 정하는 건축물

② 법 제30조제1항 각 호 외의 부분 단서에 따라 신고를 하려는 자는 국토교통부령으로 정하는 신고서를 특별자치시장·특별자치도지사 또는 시장·군수·구청장(이하 이 장에서 "**허가권자**"라 한다)에게 제출해야 한다.

③ 허가권자는 법 제30조제3항 및 이 조 제2항에 따라 건축물 해체 허가신청서 또는 신고서를 제출받은 경우 건축물 또는 건축물에 사용된 자재에 석면이 함유되었는지를 확인하고, 석면이 함유되어 있는 경우 지체 없이 다음 각 호의 자에게 해당 사실을 통보해야 한다.

1. 「산업안전보건법」 제119조제4항 및 같은 법 시행령 제115조제33호에 따라 조치를 명하는 지방고용노동관서의 장(2022.8.2 본호 개정)
2. 「폐기물관리법」 제17조제5항, 같은 법 시행령 제37조제1항제2호가목 및 같은 조 제2항제1호

에 따라 서류를 확인하는 시·도지사, 유역환경청장 또는 지방환경청장

④ 법 제30조제4항제2호 및 같은 조 제5항제2호에서 "건축구조 등 대통령령으로 정하는 직무범위"란 각각 「기술사법 시행령」 별표 2의2에 따른 직무 범위 중 건축구조, 건축시공 또는 건설안전을 말한다.(2022.8.2 본항 개정)

⑤ 법 제30조제8항에서 "대통령령으로 정하는 건축물"이란 다음 각 호의 건축물을 말한다.(2022.8.2 본항 개정)

1. 「건축법 시행령」 제2조제18호나목 또는 다목에 따른 특수구조 건축물
2. 건축물에 10톤 이상의 장비를 올려 해체하는 건축물
3. 폭파하여 해체하는 건축물

건축물관리법 **제30조의2 [해체공사 착공신고 등]**

① 제30조제1항 각 호 외의 부분 본문 또는 같은 조 제2항에 따라 해체 허가를 받은 건축물의 해체공사에 착수하려는 관리자는 국토교통부령으로 정하는 바에 따라 허가권자에게 착공신고를 하여야 한다. 다만, 제30조제1항 각 호 외의 부분 단서에 따라 신고를 한 건축물의 경우는 제외한다.(2022.2.3 본항 개정)

② 허가권자는 제1항에 따른 신고를 받은 날부터 7일 이내에 신고수리 여부 또는 민원 처리 관련 법령에 따른 처리기간의 연장 여부를 신고인에게 통지하여야 한다.(2022.2.3 본항 개정)

③ 허가권자가 제2항에서 정한 기간 내에 신고수리 여부 또는 민원 처리 관련 법령에 따른 처리기간의 연장 여부를 신고인에게 통지하지 아니하면 그 기간이 끝난 날의 다음 날에 신고를 수리한 것으로 본다.

건축물관리법 **제31조 [건축물 해체공사감리자의 지정 등]**

① 허가권자는 건축물 해체허가를 받은 건축물에 대한 해체작업의 안전한 관리를 위하여 「건축사법」 또는 「건설기술 진흥법」에 따른 감리자격이 있는 자(공사시공자 본인 및 「독점규제 및 공정거래에 관한 법률」 제2조제12호에 따른 계열회사는 제외한다) 중 제31조의2에 따른 해체공사감리 업무에 관한 교육을 이수한 자를 대통령령으로 정하는 바에 따라 해체공사감리자(이하 "**해체공사감리자**"라 한다)로 지정하여 해체공사감리를 하게 하여야 한다.(2022.2.3 본항 개정)

② 허가권자는 다음 각 호의 어느 하나에 해당하는 경우에는 해체공사감리자를 교체하여야 한다.(2022.2.3 본항 개정)

1. 해체공사감리자의 지정에 관한 서류를 거짓이나 그 밖의 부정한 방법으로 제출한 경우
2. 업무 수행 중 해당 관리자 또는 제32조의2에 따른 해체작업자의 위반사항이 있음을 알고도 해체작업의 시정 또는 중지를 요청하지 아니한 경우

3. 제32조제7항에 따른 등록 명령에도 불구하고 정당한 사유 없이 지속적으로 이에 따르지 아니한 경우
4. 그 밖에 대통령령으로 정하는 경우

③ 해체공사감리자는 수시 또는 필요한 때 해체공사의 현장에서 감리업무를 수행하여야 한다. 다만, 해체공사 방법 및 범위 등을 고려하여 대통령령으로 정하는 건축물의 해체공사를 감리하는 경우에는 대통령령으로 정하는 자격 또는 경력이 있는 자를 감리원으로 배치하여 전체 해체공사 기간 동안 해체공사 현장에서 감리업무를 수행하게 하여야 한다.(2022.6.10 본항 신설)

④ 허가권자는 제2항 각 호의 어느 하나에 해당하는 해체공사감리자에 대해서는 1년 이내의 범위에서 해체공사감리자의 지정을 제한하여야 한다.(2022.6.10 본항 개정)

⑤ 관리자와 해체공사감리자 간의 책임 내용 및 범위는 이 법에서 규정한 것 외에는 당사자 간의 계약으로 정한다.(2022.6.10 본항 개정)

⑥ 국토교통부장관은 대통령령으로 정하는 바에 따라 제3항 단서에 따른 **감리원 배치기준**을 정하여야 한다. 이 경우 관리자 및 해체공사감리자는 정당한 사유가 없으면 이에 따라야 한다. (2022.6.10 본항 개정)

⑦ 해체공사감리자의 지정기준, 지정방법, 해체공사 감리비용 등 필요한 사항은 국토교통부령으로 정한다.(2022.6.10 본항 개정)

건축물관리법 시행령 **제23조의2 【건축물 해체공사의 감리원 배치기준 등】** [2022.12.6 본조 개정]

① 법 제31조제3항 단서에서 "**대통령령으로 정하는 건축물**"이란 다음 각 호의 건축물을 말한다.
1. 법 제30조제1항 각 호 외의 부분 본문 및 같은 조 제2항에 따른 해체허가 대상인 건축물
2. 법 제30조제1항 각 호 외의 부분 단서에 따른 해체신고 대상인 건축물 중 제21조제5항 각 호에 해당하는 건축물

② 법 제31조제3항 단서에서 "**대통령령으로 정하는 자격 또는 경력이 있는 자**"란 다음 각 호의 구분에 따른 사람으로서 공사시공자 및 공사시공자의 계열회사(「독점규제 및 공정거래에 관한 법률」 제2조제12호의 계열회사를 말한다)에 소속되지 않은 사람을 말한다.
1. **필수확인점**에 감리원을 배치하는 경우: 다음 각 목의 어느 하나에 해당하는 사람
   가. 「건축사법」 제2조제1호의 건축사
   나. 「건설기술 진흥법」 제39조에 따른 건설사업관리를 수행할 자격이 있는 사람으로서 특급기술인인 사람
2. 필수확인점 외의 해체공정에 감리원을 배치하는 경우: 다음 각 목의 어느 하나에 해당하는 사람
   가. 제1호 각 목의 사람
   나. 「건축사법」 제2조제2호의 건축사보
   다. 「기술사법」 제6조에 따른 기술사사무소 또는 「건축사법」 제23조제9항 각 호에 따른 건

설엔지니어링사업자 등에 소속된 사람으로서 다음의 어느 하나에 해당하는 사람
1) 「국가기술자격법」에 따른 건축 분야의 국가기술자격을 취득한 사람
2) 「건설기술 진흥법」 제39조에 따른 건설사업관리를 수행할 자격이 있는 사람으로서 직무분야가 같은 법 시행령 별표 1 제3호라목의 건축인 사람

③ 법 제31조제6항 전단에 따른 **감리원 배치기준**에는 다음 각 호의 내용이 포함되어야 한다.
1. 제1항제1호에 따른 건축물의 해체공사인 경우에는 다음 각 목의 구분에 따라 감리원을 배치할 것
   가. 건축물의 연면적이 3,000m$^2$ 미만인 경우: 1명 이상
   나. 건축물의 연면적이 3,000m$^2$ 이상인 경우: 2명 이상. 다만, 관리자가 요청하는 경우로서 허가권자가 해체공사의 난이도, 해체할 부분 및 면적 등을 고려할 때 감리원을 2명 이상 배치할 필요가 없다고 인정하는 경우에는 1명을 배치할 수 있다.
2. 제1항제2호에 따른 건축물의 해체공사인 경우에는 1명 이상의 감리원을 배치할 것
3. 해체공사 과정 중 필수확인점에 다다른 경우에는 다음 각 목에 따라 감리원을 배치할 것
   가. 배치기간은 다음 단계의 해체공정을 진행하기 전까지일 것
   나. 제1호나목 본문 또는 단서에 따라 배치하는 경우 제2항제1호에 해당하는 사람은 1명 이상일 것
   다. 해체공사감리자에 소속된 사람 중 제2항제1호에 해당하는 사람이 있으면 그 사람(같은 호에 해당하는 사람으로서 필수확인점이 아닌 해체공정에 배치된 감리원을 포함한다)을 배치할 것

**해설** • 해체공사 현장에 감리원을 배치해야 하는 **건축물의 유형**

건축물 해체공사의 안전한 수행을 위하여 해체공사감리자가 건축물 해체공사를 감리할 때 감리원을 배치하여 감리업무를 수행하게 해야 하는 건축물을 '해체허가 대상인 건축물'과 '해체신고 대상인 건축물 중 특수구조 건축물 및 폭파하여 해체하는 건축물' 등 건축물 해체공사 과정에서 사고발생의 우려가 있는 건축물

• 해체공사 현장에 배치하는 **감리원의 자격 요건**
  – 해체공사감리자가 건축물 해체공사 현장에 배치해야 하는 감리원의 자격을 '건축사', '건축사보' 또는 '기술사사무소 등에 소속된 사람으로서 건축 분야의 국가기술자격을 취득한 사람' 등 건축물의 구조 및 안전에 관한 지식을 갖춘 사람
  – 건축물 해체공정 중 **필수확인점**(건축물 해체공사의 수행 과정에서 다음 단계의 공정을 진행하기 전에 공사를 중지하고 해체공사감리자의 현장점검에 따른 승인을 받아야 하는 시점)에 감리원을 배치하는 경우에는 '건축사' 또는 '건설사업관리를 수행할 자격이 있는 특급기술인'을 배치하도록 함으로써 사고발생 우려가 큰 해체공정에 대해서는 건축물의 구조 및 안전에 관한 전문지식과 경험을 갖춘 사람이 해체공사 감리업무를 수행

• 감리원 배치기준에 포함되어야 하는 사항
  – 해체허가 대상 건축물 중 연면적 3,000m$^2$ 이상인 건축물의 해체공사 감리 시에는 '2명 이상'의 감리원을, 그 연면적 미만인 건축물의 해체공사 감리 시에는 '1명 이상'의 감리원을 배치하도록 하고, 해체

신고 대상 건축물 중 특수구조 건축물 등의 해체공사 감리 시에는 '1명 이상'의 감리원을 배치

- 해체공사감리자가 필수확인점에 건축사나 건설사업관리를 수행할 자격이 있는 특급기술인을 감리원으로 배치할 때 '해체공사감리자에 소속된 건축사나 특급기술인'이 있는 경우에는 그 사람을 우선 배치하도록 함으로써 해체공사 감리업무가 보다 충실하게 수행될 수 있도록 하였다.

건축물관리법 **제33조 【건축물 해체공사 완료신고】**

① 관리자는 다음 각 호의 어느 하나에 해당하는 날부터 30일 이내에 허가권자에게 건축물 해체공사 완료신고를 하여야 한다.(2022.2.3 본항 개정)

1. 제30조제1항 각 호 외의 부분 본문 또는 같은 조 제2항에 따른 해체허가 대상의 경우, 제32조제8항에 따른 해체감리완료보고서를 해체공사감리자로부터 제출받은 날
2. 제30조제1항 각 호 외의 부분 단서에 따른 해체신고 대상의 경우, 건축물을 해체하고 폐기물 반출이 완료된 날

② 제1항에 따른 신고의 방법·절차에 관한 사항은 국토교통부령으로 정한다.

건축물관리법 시행규칙 **제16조 【건축물 해체공사 완료신고】**

① 관리자는 법 제33조제1항에 따라 건축물 해체공사 완료신고를 하려는 경우 별지 제10호서식의 건축물 해체공사 완료신고서에 법 제32조제5항에 따라 제출받은 해체감리완료보고서를 첨부하여 허가권자에게 제출(전자문서로 제출하는 것을 포함한다)해야 한다.

② 허가권자는 제1항에 따라 신고서를 제출받은 경우 건축물 또는 건축물 자재에 석면이 함유되었는지를 확인해야 한다. 이 경우 석면 함유에 대한 통보에 관하여는 영 제21조제3항을 준용한다.

③ 허가권자는 제1항에 따라 건축물 해체공사 완료신고서를 제출받았을 때에는 석면 함유 여부 및 건축물의 해체공사 완료 여부를 확인한 후 별지 제11호서식의 건축물 해체공사 완료 신고 확인증을 신고인에게 내주어야 한다.

건축물관리법 **제34조 【건축물의 멸실신고】**

① 관리자는 해당 건축물이 멸실된 날부터 30일 이내에 건축물 멸실신고서를 허가권자에게 제출하여야 한다. 다만, 건축물을 전면해체하고 제33조에 따른 건축물 해체공사 완료신고를 한 경우에는 멸실신고를 한 것으로 본다.(2022.2.3 본항 개정)

② 제1항에 따른 신고의 방법·절차에 관한 사항은 국토교통부령으로 정한다.

**건축물관리법 시행규칙 제17조 【건축물 멸실의 신고】**

① 관리자는 법 제34조제1항 본문에 따라 멸실신고를 하려는 경우에는 별지 제10호서식의 건축물 멸실 신고서를 허가권자에게 제출(전자문서로 제출하는 것을 포함한다)해야 한다.

② 허가권자는 제1항에 따라 신고서를 제출받은 경우 건축물 또는 건축물 자재에 석면이 함유되었는지를 확인해야 한다. 이 경우 석면 함유에 대한 통보에 관하여는 영 제21조제3항을 준용한다.

③ 허가권자는 제1항에 따라 건축물 멸실 신고서를 제출받았을 때에는 석면 함유 여부 및 신고 내용을 확인한 후 별지 제11호서식의 건축물 멸실 신고확인증을 신고인에게 내주어야 한다.

**건축물관리법 제42조 【빈 건축물 정비】**

특별자치시장·특별자치도지사 또는 시장·군수·구청장은 사용 여부를 확인한 날부터 1년 이상 아무도 사용하지 아니하는 건축물(「농어촌정비법」 제2조제12호에 따른 빈집 및 「빈집 및 소규모주택 정비에 관한 특례법」 제2조제1항제1호에 따른 빈집은 제외하며, 이하 "**빈 건축물**"이라 한다)이 다음 각 호의 어느 하나에 해당하면 건축위원회의 심의를 거쳐 해당 건축물의 소유자에게 해체 등 필요한 조치를 명할 수 있다. 이 경우 해당 건축물의 소유자는 특별한 사유가 없으면 60일 이내에 조치를 이행하여야 한다.

1. 공익상 유해하거나 도시미관 또는 주거환경에 현저한 장애가 된다고 인정하는 경우
2. 주거환경이나 도시환경 개선을 위하여 「도시 및 주거환경정비법」 제2조제4호 및 제5호에 따른 정비기반시설 및 공동이용시설의 확충에 필요한 경우

**해설** 빈집은 공익상, 도시미관, 주거환경 등에 유해하거나 장해가 될 수 있으므로 허가권자가 건축위원회의 심의를 거쳐 철거 등 필요한 조치를 명할 수 있게 하였다.

▸ 농어촌정비법 제2조제12호 : 빈집

▸ 도시 및 주거환경정비법 제2조

4. "정비기반시설"이란 도로·상하수도·구거(溝渠: 도랑)·공원·공용주차장·공동구(「국토의 계획 및 이용에 관한 법률」 제2조제9호에 따른 공동구를 말한다. 이하 같다), 그 밖에 주민의 생활에 필요한 열·가스 등의 공급시설로서 대통령령으로 정하는 시설을 말한다.
5. "공동이용시설"이란 주민이 공동으로 사용하는 놀이터·마을회관·공동작업장, 그 밖에 대통령령으로 정하는 시설을 말한다.

**건축물관리법 제43조 【빈 건축물 정비 절차 등】**

① 특별자치시장·특별자치도지사 또는 시장·군수·구청장이 제42조에 따라 빈 건축물의 해체를 명한 경우 그 빈 건축물의 소유자가 특별한 사유 없이 이에 따르지 아니하면 대통령령으로

정하는 바에 따라 직권으로 해당 건축물을 해체할 수 있다.

② 제1항에 따라 해체할 빈 건축물의 소유자의 소재를 알 수 없는 경우에는 해당 건축물에 대한 해체명령과 이를 이행하지 아니하면 직권으로 해체한다는 내용을 일간신문에 1회 이상 공고하고, 공고한 날부터 60일이 지난 날까지 빈 건축물의 소유자가 해당 건축물을 해체하지 아니하면 직권으로 해체할 수 있다.

③ 제1항 및 제2항의 경우 특별자치시장·특별자치도지사 또는 시장·군수·구청장은 대통령령으로 정하는 바에 따라 정당한 보상비를 빈 건축물의 소유자에게 지급하여야 한다. 이 경우 빈 건축물의 소유자가 보상비의 수령을 거부하거나 빈 건축물 소유자의 소재불명(所在不明)으로 보상비를 지급할 수 없을 때에는 이를 공탁하여야 한다.

④ 특별자치시장·특별자치도지사 또는 시장·군수·구청장이 제1항 또는 제2항에 따라 빈 건축물을 해체하였을 때에는 지체 없이 건축물대장을 정리하고 관할 등기소에 해당 빈 건축물이 이 법에 따라 해체되었다는 취지의 통지를 하고 말소등기를 촉탁하여야 한다.

**건축물관리법 시행령 제31조 [빈 건축물 정비 절차 등]**

① 특별자치시장·특별자치도지사 또는 시장·군수·구청장은 법 제42조제1항에 따른 빈 건축물(이하 "빈 건축물"이라 한다)을 법 제43조제1항에 따라 직권으로 해체하려는 경우 해체 사유 및 해체 예정일 등을 국토교통부령으로 정하는 해체통지서에 따라 해체 예정일 7일 전까지 그 빈 건축물의 소유자에게 알려야 한다.

② 특별자치시장·특별자치도지사 또는 시장·군수·구청장은 「감정평가 및 감정평가사에 관한 법률」 제2조제4호에 따른 감정평가업자 2인 이상(제3항 본문에 따라 추천받은 감정평가업자 1인을 포함해야 한다)이 평가한 금액의 산술평균치를 법 제43조제3항에 따라 빈 건축물의 소유자에게 보상비로 지급해야 한다.

③ 빈 건축물 소유자는 제1항에 따라 직권 해체 결정을 알게 된 날부터 14일 이내에 특별자치시장·특별자치도지사 또는 시장·군수·구청장에게 감정평가업자 1인을 추천해야 한다. 다만, 빈 건축물 소유자의 소재를 알 수 없는 경우나 빈 건축물 소유자가 본문에 따른 기간 내에 감정평가업자를 추천하지 않은 경우는 제외한다.

④ 제2항에 따른 보상비의 산정은 제1항에 따라 특별자치시장·특별자치도지사 또는 시장·군수·구청장이 통보한 날 또는 법 제43조제2항에 따라 공고한 날을 기준으로 한다.

⑤ 제2항 및 제3항에서 규정한 사항 외에 감정평가업자의 선정 절차 및 방법에 관하여 필요한 사항은 시·군·구 조례로 정한다.

**해설** 법의 실효성을 위해서 허가권자가 빈집을 직권으로 철거할 수 있고 이 경우 철거사유 등을 명시한 통지서를 해체예정일 7일 전까지 소유자에게 알려야 한다. 또한 공고한 날을 기준으로 보상비를 산정한다.

**법 제37조 [건축지도원]**

① 특별자치시장·특별자치도지사 또는 시장·군수·구청장은 이 법 또는 이 법에 따른 명령이나 처분에 위반되는 건축물의 발생을 예방하고 건축물을 적법하게 유지·관리하도록 지도하기 위하여 대통령령으로 정하는 바에 따라 건축지도원을 지정할 수 있다.(2014.1.14 본항 개정)

② 제1항에 따른 건축지도원의 자격과 업무 범위 등은 대통령령으로 정한다.

해설 건축허가 대상건축물은 모두 건축사의 설계·공사감리를 하고 있으며 일정규모 이하는 건축사가 조사·검사 업무를 대행하고 있으나 소규모 건축물은 건축신고로 건축할 수 있으며 업무대행도 하지 못하기 때문에 건축물의 관리와 적법시공을 위한 지도·감독 등이 어렵고 건축지도원을 두어 이 업무를 담당할 수 있도록 하였다.

건축신고를 담당하는 일선 행정기관인 읍·면·동에서도 앞으로는 건축지도원을 배치하는 것이 필요하고 또 바람직하다.

**영 제24조 [건축지도원]**

① 법 제37조에 따른 건축지도원(이하 "**건축지도원**"이라 한다)은 특별자치시장·특별자치도지사 또는 시장·군수·구청장이 특별자치시·특별자치도 또는 시·군·구에 근무하는 건축직렬의 공무원과 건축에 관한 학식이 풍부한 자로서 건축조례로 정하는 자격을 갖춘 자 중에서 지정한다. (2014.10.14 본항 개정)

② 건축지도원의 **업무**는 다음 각 호와 같다.

1. 건축신고를 하고 건축 중에 있는 건축물의 시공 지도와 위법 시공 여부의 확인·지도 및 단속
2. 건축물의 대지, 높이 및 형태, 구조 안전 및 화재 안전, 건축설비 등이 법령등에 적합하게 유지·관리되고 있는지의 확인·지도 및 단속
3. 허가를 받지 아니하거나 신고를 하지 아니하고 건축하거나 용도변경한 건축물의 단속

③ 건축지도원은 제2항의 업무를 수행할 때에는 권한을 나타내는 증표를 지니고 관계인에게 내보여야 한다.

④ 건축지도원의 지정 절차, 보수 기준 등에 관하여 필요한 사항은 건축조례로 정한다.

**법 제38조 [건축물대장]**

① 특별자치시장·특별자치도지사 또는 시장·군수·구청장은 건축물의 소유·이용 및 유지·관리 상태를 확인하거나 건축정책의 기초 자료로 활용하기 위하여 다음 각 호의 어느 하나에 해당하면 건축물대장에 건축물과 그 대지의 현황 및 국토교통부령으로 정하는 건축물의 구조내력

(構造耐力)에 관한 정보를 적어서 보관하고 이를 지속적으로 정비하여야 한다.(2017.10.24 본항 개정)

1. 제22조제2항에 따라 사용승인서를 내준 경우
2. 제11조에 따른 건축허가 대상 건축물(제14조에 따른 신고 대상 건축물을 포함한다) 외의 건축물의 공사를 끝낸 후 기재(記載)를 요청한 경우
3. (2019.4.30 건축물관리법 부칙에 의거 본호 삭제)
4. 그 밖에 대통령령으로 정하는 경우

② 특별자치시장·특별자치도지사 또는 시장·군수·구청장은 건축물대장의 작성·보관 및 정비를 위하여 필요한 자료나 정보의 제공을 중앙행정기관의 장 또는 지방자치단체의 장에게 요청할 수 있다. 이 경우 자료나 정보의 제공을 요청받은 기관의 장은 특별한 사유가 없으면 그 요청에 따라야 한다.(2017.10.24 본항 신설)

③ 제1항 및 제2항에 따른 건축물대장의 서식, 기재 내용, 기재 절차, 그 밖에 필요한 사항은 국토교통부령으로 정한다.

**해설** 건축물대장(建築物臺帳)은 건축물관리대장(시·군 자체작성과 가옥대장(「집합건물의 소유 및 관리에 관한 법률」)을 통합·일원화함으로써 건축정책자료나 행정(소유·이용상태 확인 등)에 활용될 수 있으며 건축물관리도 용이하게 된다.

「건축물대장의 기재 및 관리 등에 관한 규칙」이 별도 제정되어 있음.

- 건축물의 소재지, 용도, 구조, 면적, 현소유자의 주소·성명 등을 등록하여 그 상황을 명확하게 기록해 놓은 장부를 말함.
- 건축물대장은 일반건축물대장과 집합건축물대장으로 나뉘어진다.

▶ 기재(記載) : 문서 따위에 기록하여 옮김.

**영 제25조 【건축물대장】**

법 제38조제1항제4호에서 "대통령령으로 정하는 경우"란 다음 각 호의 어느 하나에 해당하는 경우를 말한다.(2012.7.19 본조 개정)

1. 「집합건물의 소유 및 관리에 관한 법률」 제56조 및 제57조에 따른 건축물대장의 신규등록 및 변경등록의 신청이 있는 경우
2. 법 시행일 전에 법령등에 적합하게 건축되고 유지·관리된 건축물의 소유자가 그 건축물의 건축물관리대장이나 그 밖에 이와 비슷한 공부(公簿)를 법 제38조에 따른 건축물대장에 옮겨 적을 것을 신청한 경우
3. 그 밖에 기재내용의 변경 등이 필요한 경우로서 국토교통부령으로 정하는 경우

**질의** **건축물의 현황을 측량한 결과 지번이 상이한 경우**

1961년도에 건축된 건축물의 현황을 측량한 결과 지번이 상이한 경우 현재 위치하고 있는 지번(국유지)으로 건축물대장 정정이 가능한지 여부

**회신** 「건축물대장의 기재 및 관리 등에 관한 규칙」 제8조제1항의 규정에 의하여 건축물대장의 기재사항에 잘못이 있음을 발견한 경우에는 시장·군수·구청장이 그 사실을 확인한 후 직권으로 정정하거나 동 규칙 제8조제2항과 제3항의 규정에 의하여 소유자 등의 신청에 따라 건축물 및 대지의 실제 현황이 신청내용과 합치되는지 여부를 대조·확인하여 정정할 수 있도록 하고 있으며, 동 규칙 제8조제2항에 의하면 건축물 표시변경·정정 신청서에 그 잘못이 있는 부분의 도면과 이를 증명하는 서류 등을 첨부하도록 하고 있습니다. 이 경우 건축물대장의 정정으로 인하여 등기의 작성 등 소유권 변동이 발생하는 경우 등에는 「국유재산법」, 「민법」, 및 「부동산등기법」 등 관계법령의 제반규정에 적합하여야 할 것이니 구체적인 사항은 건축물대장 작성권자인 당해 시장·군수·구청장에게 문의하시기 바랍니다.(건교부 건축 58070-2089, 2003.11.14)

**질의** **분할측량성과도로 현황측량성과도를 갈음할 수 있는지**

분할측량성과도로 현황측량성과도를 갈음할 수 있는지 여부

**회신** 사용승인을 얻어야 하는 자 외의 자가 건축물대장기재신청을 하는 경우에는 건축물대장의 기재 및 관리 등에 관한 규칙 제5조제2항의 규정에 의하여 건축물대장기재신청서에 건축물현황도와 현황측량성과도(경계복원측량도로 갈음할 수 있다)를 첨부하여 시장·군수·구청장에게 제출하도록 하고 있으며, 이 경우 현황측량성과도를 제출토록 하는 취지는 건축물이 당해 대지에 정착되어 있는 현황 등을 확인하기 위한 것인 바, 질의에서의 분할측량성과도에 대지 및 건축물의 현황이 명확히 표시되어 있다면 현황측량성과도에 갈음하여 첨부할 수 있을 것임을 회신합니다.(건교부 건축 58070-2344, 2003.12.18)

**질의** **건축물대장의 표시변경**

건축물의 준공 후 대지의 고저차가 발생하여 지하층으로 변한 경우 건축물대장의 표시변경으로 처리할 수 있는지 여부

**회신** 지상의 건축물이 「건축법」 제2조제1항제5호 및 「건축법 시행령」 제119조제1항제10호의 규정에 의하여 지하층이 된 경우 「건축물대장의 기재 및 관리 등에 관한 규칙」 제18조의 규정에 의하여 건축물대장의 표시변경으로 처리가 가능한 것으로 판단되나, 귀 질의와 같이 지상층이 지하층으로 변한 경위 등의 사실판단과 그 밖에 관련 사항 등을 허가권자가 종합적으로 검토하여 판단할 사항임을 회신함.
(국토교통부 건축정책과 등록 2011.12.28, 수정 2019.5.24)

**질의** **다가구주택의 기재 여부**

건축법령에 의한 건축허가 및 사용승인(준공)을 받아 다가구주택으로 사용하고 있는 단독주택(○가구용)에 대한 건축물대장 기재사항 중 "다가구주택"으로 기재할 수 있는지

**회신** 가. 건축물대장의 표시사항의 변경에 대하여는 「건축물대장의 기재 및 관리 등에 관한 규칙」 제18조 제1항의 규정에 의하여 관련서류 등을 첨부하여 신청하여야 하는 것임.

나. 이 경우 표시사항 변경과 관련하여 건축물의 구체적인 현황이 불분명하나, 대통령령 제16284호(1999.4.30)로 공포된 건축법시행령 규정 이전에 "다가구주택 건축기준(건설부 건축 30420-9321, 1990.4.21)"에 의한 단독주택(○가구용)으로 건축허가 및 사용승인(준공)을 얻은 대로 위법행위가 없이 적법하게 유지·관리된 경우라면 기재사항을 변경할 수 있는 것임.

다. 다만, 다가구주택이 상기요건 등에 적합한 지 여부에 대하여는 허가권자가 종합적으로 확인하여 판단하여야 할 것임.(국토교통부 녹색건축과 등록 2009.8.27, 수정 2019.5.24)

**질의** **건축물대장 작성을 위하여 현황측량성과도를 반드시 제출해야 하는지**

건축법에 의한 허가나 신고를 받아 건축하는 건축물의 경우에도 건축물대장 작성을 위하여 현황측량성과도를 반드시 제출해야 하는지 여부

**회신** 건축물대장의 기재 및 관리 등에 관한 규칙 제5조제2항의 규정에 의하여 건축법 제18조의 규정에 의한 사용승인(다른 법령에 의하여 사용승인으로 의제되는 준공검사·준공인가 등을 포함한다)을 얻어야 하는 자 외의 자가 건축물 대장 기재 신청을 하는 경우 현황측량성과도를 제출토록 하고 있으므로 건축법에 의한 허가 또는 신고를 받아 건축하는 건축물의 경우에는 건축물대장 작성을 위하여 현황측량성과도를 제출할 필요가 없음을 회신합니다.(건교부 건축 58070-2374, 2003.12.24)

**질의** **건축물개장의 기재내용 변경**

건축물대장의 건축물의 구조(블록조)가 실제 건축물의 구조(조립식 판넬)와 다를 경우 건축물대장의 지번을 현실에 맞게 6개 필지로 정정이 가능한지 여부

**회신** 건축물대장의 기재내용(지번)에 잘못이 있는 경우에는 건축물의 소유자가 토지대장(또는 임야대장), 현황측량성과도)등 관련서류를 첨부하여 시군구청에 그 잘못된 부분의 정정을 신청할 수 있음 – 이 때, 시장·군수·구청장은 신청내용이 건축물 및 대지의 실제 현황과 합치되는지를 확인하고 기재내용을 정정할 수 있음 – 아울러, 건축물대장의 지번정정 등 건축법령에 따른 행위는 적법한 건축물에 한하여 할 수 있는 것임 – 이 경우는 개발제한구역 지정 이전부터 6개 필지에 건축물이 존재하여 현재까지 유지되고 있으나, 일부 노후 건축물에 대하여 허가를 받지 않고 재·개축함에 따라 건축물의 구조가 공부와 달라 위반건축물로 추정하여 지번정정이 곤란한 것으로 파악됨 – 따라서, 건축물의 위반 사항에 대한 행정조치를 선행하여 위반사항을 치유한다면 건축물대장을 실제 건축물 및 대지의 현황과 일치하도록 지번정정을 할 수 있을 것으로 판단됨(국토교통부 녹색건축과, 2012.12.27)

**질의** **공동소유 일반건축물을 집합건축물로 전환 시 소유권 구분 건축물대장 기재 가능 여부**

일반건축물대상 상에 공동소유로 되어 있는 일반건축물을 집합건축물로 전환하고자 하는 경우, 집합건축물대장의 전유부분 소유자현황란의 소유자기재를 등기부등본상의 지분별로 구분하여 지분소유자별로 소유권을 구분하여 기재할 수 있는지 여부

**회신** 건축물대장의 기재 및 관리 등에 관한 규칙 제6조의 규정에 의하면 일반건축물의 집합건축물로의 변경은 건축물대장전환신청서에 전환하고자 하는 건축물의 건축물현황도와 그 건축물의 소유권을 증명하는 서류를 첨부하여 당해 시장·군수·구청장에게 제출하도록 하고 있는 바, 소유자가 여러 명인 경우로서 일반건축물을 집합건축물로 전환시 각 전유부분을 등기부등본 상 지분별로 구분하여 기재하고자 할 경우 전유부분에 대한 결정 증명서류를 첨부하여 제출하면 지분소유자별로 소유자를 분리 기재할 수 있을

것이나, 보다 구체적인 사항은 당해 지역의 시장·군수·구청장에게 문의하시기 바랍니다.(건교부 건축 58070-1637, 2003.9.5)

### 질의 문화 및 집회시설 신축분양 시 구분등기가 가능한지 여부

문화 및 집회시설을 신축하여 각 실을 분양하는 경우 공동주택과 같이 집합건축물대장으로 작성하여 구분등기가 가능한지 여부

**회신** 문화 및 집회시설도 집합건물의 소유 및 관리에 관한 법률의 규정에 의한 집합건물(구분소유를 목적으로 구조·이용 상 구분 독립된 건축물)에 해당한다면 공동주택처럼 집합건축물대장을 작성할 수 있는 것이니, 질의의 건축물이 이에 해당하는지의 여부 등 보다 구체적인 사항은 당해 건축물대장 작성·관리권자인 시장·군수·구청장에게 문의하시기 바랍니다.(건교부 건축 58070-1953, 2003.10.24)

### 질의 건축물대장 소유자 정정

건축물대장에 소유자가 잘못 기재된 경우 소유권 보존등기 이전에 이를 증명할 수 있는 서류에 의거 건축물대장의 소유자를 정정할 수 있는지 여부

**회신** 「건축물대장의 기재 및 관리 등에 관한 규칙」 제21조 제2항의 규정에 의하여 건축물대장의 기재내용에 잘못이 있거나 누락된 경우, 시장·군수·구청장은 그 사실을 확인한 후 직권으로 이를 정정하거나 기재할 수 있음 따라서, 이에 대한 구체적인 사실관계 등의 판단 및 정정 가능 여부에 대해서는 건축물대장의 작성권자인 시군구청에 문의하시기 바람.(국토교통부 녹색건축과, 2012.12.27)

### 질의 분할된 대지 소유자별로 건축물대장 분리작성이 가능한지 여부

한 대지에 여러 동의 건축물을 건축한 기존 건축물의 대지를 단지 내의 소유자별로 토지를 분할하여 지분별로 매입하였을 경우, 분할된 대지 소유자별로 건축물대장을 분리작성이 가능한 지 여부

**회신** 건축물대장은 건축물대장의 기재 및 관리 등에 관한 규칙 제3조제1항의 규정에 의하여 건축물 1동을 단위로 하여 각 건축물마다 작성(부속건축물은 주된 건축물에 포함)하도록 하고 있는 바, 질의의 건축물대장의 필지(대지) 소유자별로 건축물대장 등재 가능여부는 당해 허가권자가 건축물의 구조 및 기능 등을 검토하여 각각 별개로 독립된 것인지 여부를 판단해야 할 사항이며, 건축법 제49조제2항의 규정에 의하면 건축물이 있는 대지의 분할은 동법 동조 제1항, 제33조, 제47조, 게48조, 제50조, 제51조 및 제53조의 규정에 의한 기준에 미달되게 분할할 수 없도록 하고 있고 분할된 건축물도 건축법·지적법 등 제반규정에 적합해야 하는 것이니, 이에 대한 구체적인 사항은 당해 지역의 허가권자인 시장·군수·구청장에게 문의하시기 바랍니다.(건교부 건축 58070-1690, 2003.9.15)

### 질의 하나의 대지에 건축물이 2개 동 이상인 경우 건축물대장 작성 방법

**회신** 건축물대장의 기재 및 관리 등에 관한 규칙 제3조 및 제4조의2의 규정에 의하면 건축물대장은 건축물 1동을 단위로 하여 작성하되, 하나의 대지 안에 2동 이상의 건축물(부속건축물을 제외한다)이 있는 경우에는 총괄표제부를 작성하는 것임을 알려드리니 보다 자세한 사항에 대하여는 당해 건축물대장 작성권자에게 문의하시기 바랍니다.(건교부 건축 58070-1179, 2003.7.2)

**질의** 건축물이 지적상 임야인 "가"대지와 구거인 "나"대지에 걸쳐 있으나, 건축물대장은 "가"대지에 단독 등재되어 있어 철거소송 절차에 의해 "가"대지 지상 건축물은 철거하였으며, "나"대지 지상건축물은 건축물대장이 존재하지 않으나 실제 건축물은 잔존하고 있어 해당 구청의 하천점용허가와 영업허가를 득한 상태인 바, 동 건축물을 건축물대장에 등재할 수 있는지

**회신** 가. 「건축물대장의 기재 및 관리 등에 관한 규칙」 제12조 제2항에 따르면 「건축법」 제22조 제2항에 따라 사용승인을 받은 건축물외의 건축물의 공사를 완료한 자는 대지의 범위와 그 대지의 사용에 관한 권리를 증명하는 서류, 건축물현황도, 현황측량성과도(경계복원측량도로 갈음할 수 있음)를 첨부하여 동 규칙 별지 제9호서식의 건축물대장생성신청서를 작성하여 허가권자에게 신청하여야 하고,

나. 건축물대장생성신청을 받은 허가권자는 신청내용이 건축물 및 대지의 실제 현황과 합치되고 건축법령이 정한 건축기준 및 관계 법령 등의 규정에 적합한 건축물에 대하여 건축물대장을 생성하도록 되어 있음 다. 따라서, 질의 관련 건축물이 건축법령이 정한 건축기준 및 관계법령 등의 규정에 적합하면 추인이 가능하고, 건축물 및 대지의 실제 현황과 합치되는 경우 건축물대장 작성이 가능할 것인 바, 이의 사실판단은 해당 허가권자가 판단하여야 할 것임.(국토교통부 녹색건축과 등록 2009.8.27, 수정 2019.5.24)

**질의** **일반건축물대장에서 집합건축물대장으로 전환 시 소유권 외 권리 해제 여부**

건축물대장을 일반건축물대장에서 집합건축물대장으로 전환하고자 하는 경우 건축물소유권 행사에 제한을 주는 강제경매신청, 압류, 가처분, 근저당 등 소유권 외의 권리를 모두 해제해야 하는지 여부

**회신** 건축물대장의 기재 및 관리 등에 관한 규칙 제6조제1항의 규정에 의하여 당해 건축물이 집합건물의 소유 및 관리에 관한 법률에 의거 집합건축물에 해당하고 건축법령 등 관계법령에 적합한 경우에는 전환하고자 하는 당해 건축물의 소유권을 증명하는 서류에 의하여 집합건축물로 전환할 수 있는 것이며, 다만, 강제경매신청에 의하여 경매가 진행중인 경우라면 경매낙찰로 인하여 소유권의 변경이 이루어져 당해 건축물 세입자 등에게 재산상 불이익을 초래할 수 있는 점을 감안하여 동 건축물에 대한 소유권 변경원인이 소멸된 이후에 전환하는 것이 타당할 것으로 사료됨을 확신합니다.(건교부 건축 58070-605, 2003.4.4)

**질의** **일반건축물대장 작성 시 공용부분면적 별도기재**

일반건축물대장 작성 시 공용부분면적을 별도로 기재할 수 있는지 여부

**회신** 집합건물의 소유 및 관리에 관한 법률 제3조의 규정에 의하면 공용부분이란 복도, 계단 등 구분소유자 전원 또는 일부에 제공되는 부분을 말하는 것인 바, 일반건축물에는 적용되지 않는 것이므로, 일반건축물대장에 동 부분을 별도 기재할 수는 없는 것임을 알려드리니 보다 자세한 사항에 대하여는 당해 건축물대장 작성권자에게 문의하시기 바랍니다.(건교부 건축 58070-2070, 2003.11.10)

**질의** **대지를 분할하여 건축물대장을 분리 작성하고자 하는 경우**

대지에 1동의 건축물이 있는 경우로서 대지의 필지분할에 따라 대지를 변동하려는 경우는 대장규칙 제18조에 따른 건축물대장의 표시변경에 해당하는지?

**회신** 질의와 같이 대지의 변동(대지의 면적이 증감)이 생기는 경우에는 「건축물대장의 기재 및 관리 등에 관

한 규칙」(이하 대장규칙) 제13조에 따른 건축물대장 변경을 신청하여야 합니다. 이 경우 대장규칙 제13조 제2항에 따라 허가권자는 「건축법」, 「국토의 계획 및 이용에 관한 법률」, 「공간정보의 구축 및 관리 등에 관한 법률」, 「집합건물의 소유 및 관리에 관한 법률」 등 관계 법령에 적합한 때에만 건축물대장을 나누거나 합칠 수 있습니다.

건축법령에 따른 건축행위는 건축물이 있는 대지를 단위로 이루어지는 것이며, 질의와 같이 하나의 대지를 둘 이상의 대지로 나누거나 여러 대지를 하나의 대지로 하는 등 대지의 변동이 생기는 경우는 「건축법」 제57조에 의한 새로운 처분(행위)을 하는 것이므로 건축물 및 대지는 처분의 신청 시점 당시 관계 법령에 적합하여야 하는 것임을 알려드립니다.(국토교통부 녹색건축과 2017.10.16)

### 질의 건축물대장 기재사항 변경

사용승인 신청시 소유 지분을 잘못 기재하여 승인된 경우 소유권보존등기 이전에 지분을 정정할 수 있는지

**회신** 건축물대장은 건축법 제38조에 따라 건축물의 소유·이용 및 유지·관리 상태를 확인하거나 건축정책의 기초자료로 활용하기 위하여 작성하는 공부로서 건축물과 그 대지의 현황을 기록하며, 「건축물대장의 기재 및 관리 등에 관한 규칙」(이하 규칙) 제12조에 따라 사용 승인된 내용으로 생성됩니다. 이 경우 당해 건축물의 소유권은 건축주가 사용승인을 신청한 대로 표시되는 것입니다.

건축물대장에 표시되는 건축물의 소유권은 최초 건축물대장이 생성 시에 한하여 건축물대장의 소유자가 보존등기 상 소유자(부동산등기법 제65조제1항)로 표시되며, 이후에는 반드시 등기부의 소유권이 변동되어야만 건축물대장의 소유자가 변경되는 것으로 건축물대장이 생성된 이후에 건축물대장의 소유자 변경은 건축물대장규칙 제19조에 따라 건축물의 소유자는 등기사항증명서를 첨부하여 소유자 변경신청을 하여야 합니다.

따라서 질의와 같이 미등기 상태 건축물의 소유자 현황을 변경하고자 할 때에는 대장의 소유현황으로 보존등기 후 변경하고자 하는 내용으로 등기를 변경하여 이를 증명으로 대장의 소유자 현황을 변경하여야 합니다.

다만, 건축주가 행정청(허가권자)에 사용승인을 신청한 내용이 중대한 과실이 있는 경우에는 건축주는 곧바로 이를 증명하여 행정청(허가권자)에 이미 사용승인 된 행정처분의 취소를 청구하여 행정청(허가권자)이 건축주의 중대한 과실을 인정하여 당해 행정처분(사용승인)을 취소하는 경우, 기존 행정처분의 결과에 따라 생성된 건축물대장(중대한 과실이 표시된)은 그 효력이 상실하게 되며, 건축주가 새로이 사용승인을 신청하여 새로운 행정처분(사용승인)이 이루어지는 경우(행정절차법)에는 새로운 건축물대장이 생성될 수 있는 것이니 이와 관련된 사항은 행정청(허가권자)과 상의하여 처리하시기 바랍니다. (국토교통부 녹색건축과 2017.7.18)

### 질의 건축물 대장과 건축물의 면적차이가 있는 경우의 용도변경

기존 건축물의 건축물 관리대장과 현행 건축물의 면적에 차이가 있는 경우 용도변경 허가가능 여부

**회신** 건축물대장상과 실제 기존 건축물의 면적 이상이여야 할 경우에는 건축물대장의 기재사항을 변경한 후 제반 건축법령의 적합한 범위 내에서 건축물을 용도 변경하여야 할 것임.(서울시 건축 58070-3818, 1995.9.18)

참고

**「건축물대장의 기재 및 관리 등에 관한 규칙」의 주요내용**

① 용어의 정의

1. “**생성**(生成)”이라 함은 건축물이 신축·개축(전부를 개축하는 경우에 한한다)·재축·증축(기존 건축물과 별개의 동으로 증축한 것에 한한다) 등에 의하여 대지에 건축물의 건축공사가 완료된 후 건축물대장을 새로이 작성하는 것을 말한다.
2. “**집합건축물**”이라 함은 「집합건물의 소유 및 관리에 관한 법률」의 적용을 받는 건축물을 말한다.
3. “**일반건축물**”이라 함은 “집합건축물” 외의 건축물을 말한다.
4. “**건축물대장의 기재내용**”이라 함은 건축물의 표시 및 소유자 현황에 관한 사항을 말한다.
5. “**건축물대장의 전환**(轉換)”이라 함은 “일반건축물대장”이 “집합건축물대장”으로 되는 것을 말한다.
6. “**건축물대장의 합병**(合倂)”이라 함은 “집합건축물대장”이 “일반건축물대장”으로 되는 것을 말한다.
7. “**말소**(抹消)”라 함은 해체·멸실 등으로 인하여 건축물의 전부 또는 일부가 없어진 경우에 해당 건축물대장을 제23조에 따른 방법으로 “말소” 표시를 하고 더 이상 사용하지 아니하거나 건축물대장의 해당 사항을 지우는 것을 말한다.
8. “**이기**(移記)”라 함은 기존 건축물 공부(가옥대장, 건축물관리대장 등)를 건축물대장으로 새로이 작성함을 말한다.
9. “**폐쇄**(閉鎖)”라 함은 건축물대장의 전환·합병, 이기·재작성 등에 의하여 건축물대장을 새로이 작성한 경우 기존 건축물대장을 제23조에 따른 방법으로 “폐쇄” 표시를 하고 더 이상 사용하지 아니하는 것을 말한다.
10. “**건축물현황도**”라 함은 배치도(대지의 경계, 대지의 조경면적, 「건축법」 제43조에 따른 공개공지 또는 공개공간 건축선, 건축물의 배치현황, 대지 안 옥외주차 현황, 대지에 직접 접한 도로를 포함한 도면을 말한다), 각 층 평면도 또는 단위세대평면도(각 층 또는 단위세대까지 상·하수도 및 도시가스 배관의 인입현황을 포함한 도면을 말한다) 등 건축물 및 그 대지의 현황을 표시하는 도면을 말한다.

② **건축물대장의 종류**

1. 일반건축물대장 : 일반건축물에 해당하는 건축물 및 대지에 관한 현황을 기재한 건축물대장
2. 집합건축물대장 : 집합건축물에 해당하는 건축물 및 대지에 관한 현황을 기재한 건축물대장

③ **건축물대장의 작성방법**

1. 건축물대장은 건축물 1동을 단위로 하여 각 건축물마다 작성하고, 부속건축물이 있는 경우 부속건축물은 주된 건축물대장에 포함하여 작성한다.
2. 집합건축물대장은 표제부와 전유부(專有部)로 나누어 작성한다.
3. 하나의 대지에 2 이상의 건축물(부속건축물을 제외한다)이 있는 경우에는 총괄표제부를 작성하여야 한다.
4. 건축물대장에는 건축물현황도가 포함된다.
5. 건축물이 다가구주택인 경우에는 다가구주택의 호(가구)별 면적대장을 작성해야 한다.
<2018.12.4 본호 신설>

법 **제39조 【등기촉탁】**

① 특별자치시장·특별자치도지사 또는 시장·군수·구청장은 다음 각 호의 어느 하나에 해당하는 사유로 건축물대장의 기재 내용이 변경되는 경우(제2호의 경우 신규 등록은 제외한다) 관할 등기소에 그 등기를 촉탁하여야 한다. 이 경우 제1호와 제4호의 등기촉탁은 지방자치단체가 자기

를 위하여 하는 등기로 본다.(2017.1.17 본항 개정)

1. 지번이나 행정구역의 명칭이 변경된 경우
2. 제22조에 따른 사용승인을 받은 건축물로서 사용승인 내용 중 건축물의 면적·구조·용도 및 층수가 변경된 경우
3. 「건축물관리법」 제30조에 따라 건축물을 해체한 경우(2019.4.30 건축물관리법 부칙에 의거 본호 개정)
4. 「건축물관리법」 제34조에 따른 건축물의 멸실 후 멸실신고를 한 경우(2019.4.30 건축물관리법 부칙에 의거 본호 개정)

② 제1항에 따른 등기촉탁의 절차에 관하여 필요한 사항은 국토교통부령으로 정한다.

**해설** 촉탁(囑託)이라 함은 어떤 일을 남에게 부탁하여 맡기는 것이다. 종전에는 건축물대장의 기재내용 중 지번 또는 행정구역의 명칭 등의 변경이 있는 경우에 시장·군수·구청장이 관할등기소에 등기촉탁을 할 수 있도록 규정하였고 건축물의 면적·구조·용도 등 건축물의 표시변경사항과 건축물 해체·멸실의 경우에는 소유자가 관할등기소에 등기하도록 함으로써 법무사 이용에 따르는 수수료 부담과 시간소요로 인한 불편이 있어 건축물의 표시변경과 해체·멸실에 관련된 사항에 대하여도 허가권자(특별자치시장, 특별자치도지사 또는 시장·군수·구청장)가 등기를 촉탁하도록 하고 있다.

# 제4장

# 건축물의 대지와 도로

**법 제40조 【대지의 안전 등】**

① 대지는 인접한 도로면보다 낮아서는 아니된다. 다만, 대지의 배수에 지장이 없거나 건축물의 용도상 방습(防濕)의 필요가 없는 경우에는 인접한 도로면보다 낮아도 된다.

② 습한 토지, 물이 나올 우려가 많은 토지, 쓰레기, 그 밖에 이와 유사한 것으로 매립된 토지에 건축물을 건축하는 경우에는 성토(盛土), 지반 개량 등 필요한 조치를 하여야 한다.

③ 대지에는 빗물과 오수를 배출하거나 처리하기 위하여 필요한 하수관, 하수구, 저수탱크, 그 밖에 이와 유사한 시설을 하여야 한다.

④ 손궤(損潰: 무너져 내림)의 우려가 있는 토지에 대지를 조성하려면 국토교통부령으로 정하는 바에 따라 옹벽을 설치하거나 그 밖에 필요한 조치를 하여야 한다.

해설 건축물 대지의 위생, 안전에 관한 규정으로 저습지(低濕地)나 매립지(埋立地) 등의 대지에 대하여 위생상이나 건물의 구조내력상 안전을 유지하기 위하여 필요한 조치를 규정한 것이며 다음 조건을 만족해야 한다.

① 대지와 도로의 높이

대지는 원칙적으로 인접하는 도로보다 낮아서는 아니된다.(도로에 하수관이 매설되는 경우가 많기 때문이며 건축물이 위치하는 지반면(地盤面)은 주위의 토지보다 높게 하여 배수가 잘 되도록 대지를 조성해야 한다)

② 지반의 안전

연약(軟弱)한 토지, 매립한 토지 등은 위생상 구조내력상 불량하므로 성토(盛土) 또는 말뚝박기 등의 방법으로 안전조치를 강구해야 한다.

③ 배수처리

대지는 빗물(雨水), 오수(汚水) 등을 대지 외로 배출시키기 위해 하수관, 하수구, 저수탱크 등을 설치해야 한다.

④ **손궤의 대책**

건축물이 낭떠러지의 붕괴 등에 의해 피해를 입을 우려가 있을 경우에는 옹벽을 설치하거나 낭떠러지에서 건물을 일정한 거리 이상 띄우는 조치를 강구해야 한다. 높이 2m를 넘는 옹벽(공작물)은 이 법의 규정 일부를 준용한다.

**규칙 제25조 [대지의 조성]**

법 제40조제4항에 따라 손궤의 우려가 있는 토지에 대지를 조성하는 경우에는 다음 각 호의 조치를 하여야 한다. 다만, 건축사 또는 「기술사법」에 따라 등록한 건축구조기술사에 의하여 해당 토지의 구조안전이 확인된 경우는 그러하지 아니하다.(2016.7.20 본조 개정)

1. 성토 또는 절토하는 부분의 경사도가 1 : 1.5 이상으로서 높이가 1m 이상인 부분에는 옹벽을 설치할 것
2. 옹벽의 높이가 2m 이상인 경우에는 이를 콘크리트구조로 할 것. 다만, 별표 6의 옹벽에 관한 기술적 기준에 적합한 경우에는 그러하지 아니하다.(2012.12.12 본호 개정)
3. 옹벽의 외벽면에는 이의 지지 또는 배수를 위한 시설외의 구조물이 밖으로 튀어 나오지 아니하게 할 것
4. 옹벽의 윗가장자리로부터 안쪽으로 2m 이내에 묻는 배수관은 주철관, 강관 또는 흡관으로 하고, 이음부분은 물이 새지 아니하도록 할 것(2014.10.15 본호 신설)
5. 옹벽에는 $3m^2$마다 하나 이상의 배수구멍을 설치하여야 하고, 옹벽의 윗가장자리로부터 안쪽으로 2m 이내에서의 지표수는 지상으로 또는 배수관으로 배수하여 옹벽의 구조상 지장이 없도록 할 것(2014.10.15 본호 신설)
6. 성토부분의 높이는 법 제40조에 따른 대지의 안전 등에 지장이 없는 한 인접대지의 지표면보다 0.5m 이상 높게 하지 아니할 것. 다만, 절토에 의하여 조성된 대지 등 허가권자가 지형조건상 부득이하다고 인정하는 경우에는 그러하지 아니하다.(2014.10.15 본호 신설)

※ 「건축법 시행규칙」 **[별표 6]** (2014.10.15 개정)

### 옹벽에 관한 기술적 기준(제25조 관련)

1. 석축인 옹벽의 경사도는 그 높이에 따라 다음 표에 정하는 기준 이하일 것

| 구 분 | 1.5m까지 | 3m까지 | 5m까지 |
|---|---|---|---|
| 멧쌓기 | 1 : 0.30 | 1 : 0.35 | 1 : 0.40 |
| 찰쌓기 | 1 : 0.25 | 1 : 0.30 | 1 : 0.35 |

2. 석축인 옹벽의 석축용 돌의 뒷길이 및 뒷채움돌의 두께는 그 높이에 따라 다음 표에 정하는 기준 이상일 것

| 구 분 높 이 | | 1.5m까지 | 3m까지 | 5m까지 |
|---|---|---|---|---|
| 석축용 돌의 뒷길이(cm) | | 30 | 40 | 50 |
| 뒷채움돌의 두께(cm) | 상부 | 30 | 30 | 30 |
| | 하부 | 40 | 50 | 50 |

3. 석축인 옹벽의 윗가장자리로부터 건축물의 외벽면까지 띄어야 하는 거리는 다음 표에 정하는 기준 이상일 것. 다만, 건축물의 기초가 석축의 기초 이하에 있는 경우에는 그러하지 아니하다.

| 건축물의 층수 | 1층 | 2층 | 3층 이상 |
|---|---|---|---|
| 띄우는 거리(m) | 1.5 | 2 | 3 |

**참고** 옹벽

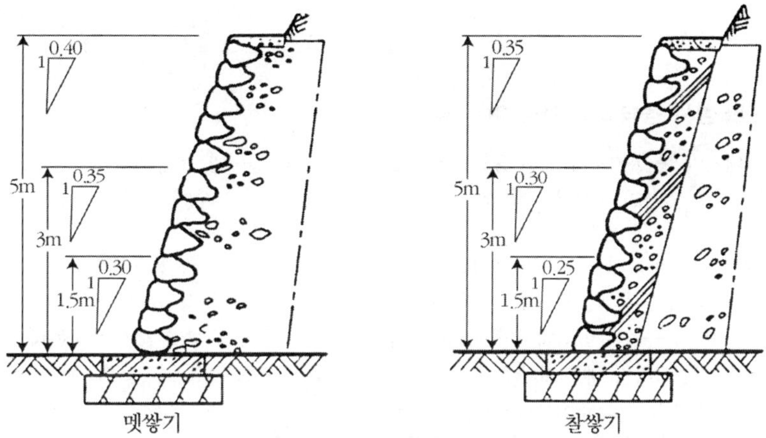


**그림 4-1 석축 옹벽의 경사도**

① 멧쌓기(건성쌓기－dry bond)는 돌의 맞댐면을 잘 다듬어서 모르타르 없이 맞대어 쌓고 뒤에는 잡석, 자갈 등을 다져 넣은 것이며 찰쌓기(사춤쌓기－wet bond)는 맞댐면에 모르타르를 깔고 뒤에도 모르타르 또는 콘크리트로 사춤쳐 넣은 것이다. 멧쌓기에 비해 찰쌓기가 견고하다.

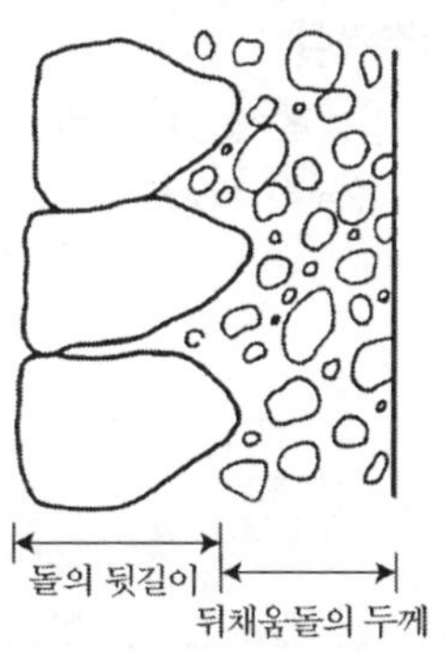


**그림 4-2 돌의 뒷길이 및 뒤채움돌의 두께**

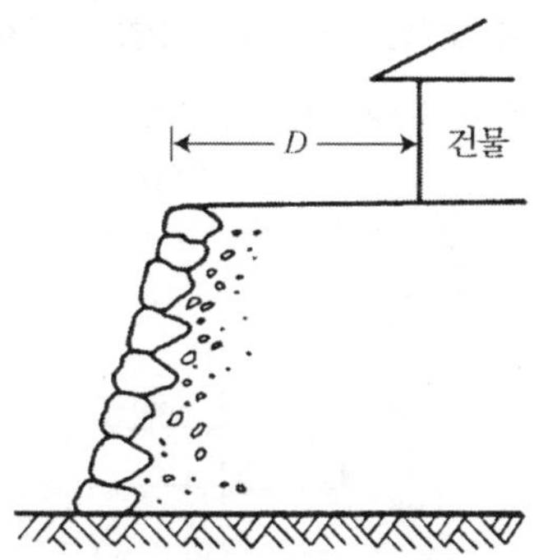


**그림 4-3 석축에서 건물까지의 거리**

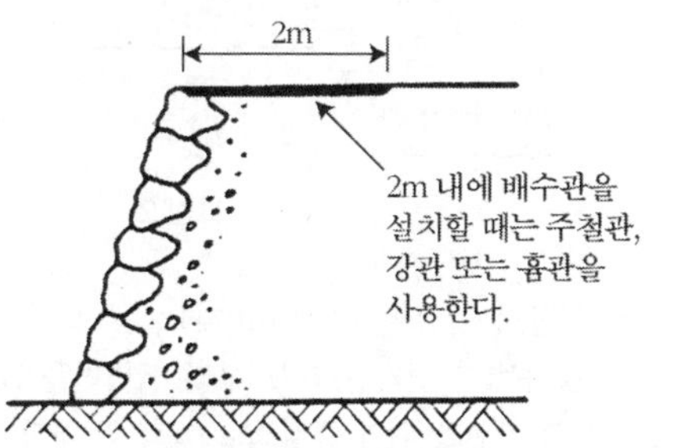


**그림 4-4 배수관 설치**

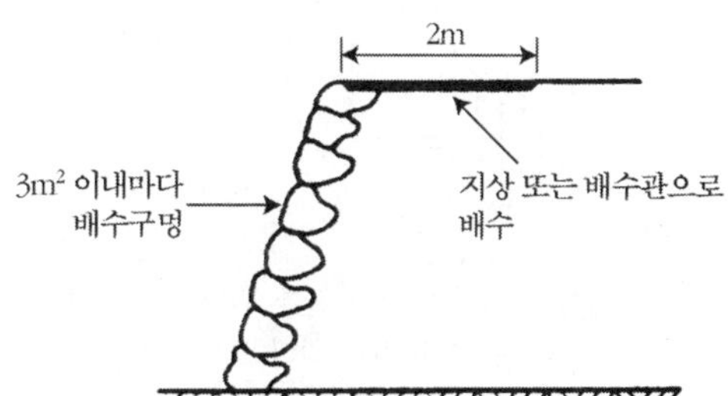


**그림 4-5 지표수 처리**

② 석축(石築)은 자중(自重)과 토압(土壓)을 견딜 수 있고 그 힘이 기초너비(基礎幅) 안에 들 수 있도록 하는 중량식(重量式) 흙막이벽이다.
③ 성토(盛土)한 것이 절토(切土)한 것보다 손괴의 우려가 많으며 석축의 하부에 힘을 많이 받게 되므로 튼튼히 해야 한다.
④ 옹벽에는 $3m^2$ 마다 1개소 이상의 배수구를 설치하며 대(竹) 또는 PVC 파이프·강관(鋼管) 등을 묻어야 한다.

### 질의 대지조성시 옹벽설치 가능 여부 등

인근대지와 큰 고저차가 있는 경사진 대지를 인근대지와 높이가 같게 대지조성을 하도록 옹벽을 설치하여 사업승인할 수 있는지 여부 및 이 경우 도로에 접한 지하 3층 부분에 주차장 출입구를 설치할 수 있는지 여부

**회신** 대지의 조성을 위하여 옹벽을 설치하는 경우에는 「건축법」 제30조의 규정에 의하여 동법 시행령 제26조와 동법 시행규칙 제25조 및 제26조에 적합하여야 하며, 동 규칙 별표 6 제6호의 규정에 의하여 성토부분의 높이는 인접대지의 지표면보다 0.5m 이상을 높게 하지 않아야 하는바, 질의의 경우는 사업계획승인권자가 당해 대지와 도로의 여건 등을 감안하여 위 규정에 적합한지를 판단할 사항이며, 이 경우 지하층이 낮은 도로에 노출되는 경우라면 주차용 출입구 또는 당해 지하층에 이용하는 사용자의 출입문과 통풍을 위한 개구부(환기창 또는 진열창 등 제외)설치는 가능할 것이나, 지하층의 구조는 「건축법 시행령」 제63조의 규정에 적합하여야 하며, 그 이용을 위한 최소한이 되어야만 유사시 대피 등 목적으로 사용토록 한 취지에 적합하여야 할 것임.(서울시 건축 58070-4620, '95.11.11)

### 질의 석축 윗가장자리로부터 3층 건축물인 경우 층별 이격거리

질의 그림 1과 같이 「건축법」 제30조 대지의 안전 규정에서 석축 및 가장자리로부터 외벽면을 2m 이상 확보취지는 석축 및 기초의 안전확보이므로 기초 및 1층의 벽은 2.5m를 확보하고 2층 부분은 1.3m를 확보하면 되는지와 3층 건축물인 경우 질의 그림 2와 같이 기초 및 1층 외벽은 1.5m, 2층 부분은 2, 3층 부분은 3m를 이격하면 되는지의 여부

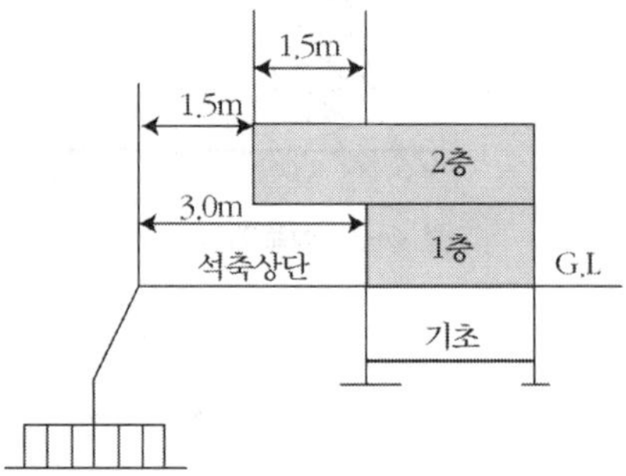


그림 1

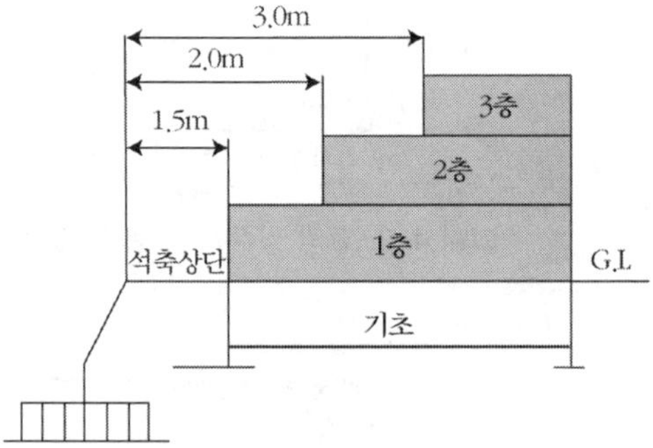


그림 2

**회신** 대지의 안전 등을 위하여 「건축법」 제30조제4항·동법 시행령 제26조제4호 및 동법 시행규칙 제25조 관련 별표 6에 의거 2층 건축물인 경우 석축인 옹벽의 윗가장자리로부터 외벽면을 2m 이상 확보하라는 취지는 석축인 옹벽 윗가장자리 대지 및 석축의 안전을 위한 규정으로 석축 위 대지에 직접 접하는 외벽과 석축 및 대지의 지표 하부인 지하벽체부분이 2m 이상 띄워 건축하는 것으로 대지에 직접 접하지

않는 돌출부 등은 해당되지 아니할 것으로 판단되나, 같은 사유로 건축물의 층수가 3층인 질의 그림 2와 같은 경우에는 기초부분 및 1층 외벽부분이 1.5m밖에 이격되지 않아 동 규정에 부합되지 아니함.(서울시 건지 58501-02921, '94.12.20)

**질의** **석축 위 가장자리로부터 이격거리**

높이 약 3m의 석축이 있는 대지에 기존 건축물을 철거하고 신축하는 경우 석축의 윗가장자리로부터 띄어야 하는 거리의 규정에 적합하여야 하는지 여부

**회신** 질의와 같이 석축인 옹벽의 위에 있는 대지 안에 건축하고자 할 때에는 「건축법 시행규칙」 제25조 및 동 시행규칙 별표 6 제3호의 규정에 의해 석축인 옹벽의 윗가장자리로부터 동 건축물의 외벽면까지 띄어야 하는 것이나 건축물의 기초가 석축의 기초 이하에 있는 경우에는 그러하지 아니함.

**법 제41조 【토지 굴착 부분에 대한 조치 등】**

① 공사시공자는 대지를 조성하거나 건축공사를 하기 위하여 토지를 굴착·절토(切土)·매립(埋立) 또는 성토 등을 하는 경우 그 변경 부분에는 국토교통부령으로 정하는 바에 따라 공사 중 비탈면 붕괴, 토사 유출 등 위험 발생의 방지, 환경 보존, 그 밖에 필요한 조치를 한 후 해당 공사현장에 그 사실을 게시하여야 한다.(2014.5.28 본항 개정)

② 허가권자는 제1항을 위반한 자에게 의무이행에 필요한 조치를 명할 수 있다.

**해설** 토지굴착부분은 토지의 붕괴, 토양의 유실·함몰 등 사고와 재해가 발생될 우려가 있으며 대지와 건축물의 안전을 위협한다.

**규칙 제26조 【토지 굴착 부분에 대한 조치】**

① 법 제41조제1항에 따라 **대지를 조성하거나 건축공사에 수반하는 토지를 굴착하는 경우**에는 다음 각 호에 따른 **위험발생**의 방지조치를 하여야 한다.(2008.12.11 본항 개정)

1. 지하에 묻은 수도관·하수도관·가스관 또는 케이블등이 토지굴착으로 인하여 파손되지 아니하도록 할 것
2. 건축물 및 공작물에 근접하여 토지를 굴착하는 경우에는 그 건축물 및 공작물의 기초 또는 지반의 구조내력의 약화를 방지하고 급격한 배수를 피하는 등 토지의 붕괴에 의한 위해를 방지하도록 할 것
3. 토지를 깊이 1.5m 이상 굴착하는 경우에는 그 경사도가 별표 7에 의한 비율 이하이거나 주변상황에 비추어 위해방지에 지장이 없다고 인정되는 경우를 제외하고는 토압에 대하여 안전한 구조의 흙막이를 설치할 것
4. 굴착공사 및 흙막이 공사의 시공중에는 항상 점검을 하여 흙막이의 보강, 적절한 배수조치 등 안전상태를 유지하도록 하고, 흙막이판을 제거하는 경우에는 주변지반의 내려앉음을 방

지하도록 할 것

② 성토부분·절토부분 또는 되메우기를 하지 아니하는 굴착부분의 비탈면으로서 제25조에 따른 옹벽을 설치하지 아니하는 부분에 대하여는 법 제41조제1항에 따라 다음 각 호에 따른 환경의 보전을 위한 조치를 하여야 한다.(2008.12.11 본항 개정)

1. 배수를 위한 수로는 돌 또는 콘크리트를 사용하여 토양의 유실을 막을 수 있도록 할 것
2. 높이가 3m를 넘는 경우에는 높이 3m 이내마다 그 비탈면적의 1/5 이상에 해당하는 면적의 단을 만들 것. 다만, 허가권자가 그 비탈면의 토질·경사도등을 고려하여 붕괴의 우려가 없다고 인정하는 경우에는 그러하지 아니하다.
3. 비탈면에는 토양의 유실방지와 미관의 유지를 위하여 나무 또는 잔디를 심을 것. 다만, 나무 또는 잔디를 심는 것으로는 비탈면의 안전을 유지할 수 없는 경우에는 돌붙이기를 하거나 콘크리트블록격자등의 구조물을 설치하여야 한다.

해설 토지를 깊이 1.5m 이상 굴착하는 경우에는 그 경사도는 토질에 따라 달리 하여야 한다.

※ 「건축법 시행규칙」【별표 7】

**토질에 따른 경사도**(규칙 제26조제1항 관련)

| 토 질 | 경 사 도 |
|---|---|
| 경 암 | 1 : 0.5 |
| 연 암 | 1 : 1.0 |
| 모 래 | 1 : 1.8 |
| 모래질흙 | 1 : 1.2 |
| 사력질흙, 암괴 또는 호박돌이 섞인 모래질흙 | 1 : 1.2 |
| 점토, 점성토 | 1 : 1.2 |
| 암괴 또는 호박돌이 섞인 점성토 | 1 : 1.5 |

**법 제42조 【대지의 조경】**

① **면적이 200m² 이상인 대지**에 건축을 하는 건축주는 용도지역 및 건축물의 규모에 따라 해당 지방자치단체의 조례로 정하는 기준에 따라 대지에 조경이나 그 밖에 필요한 조치를 하여야 한다. 다만, 조경이 필요하지 아니한 건축물로서 대통령령으로 정하는 건축물에 대하여는 조경 등의 조치를 하지 아니할 수 있으며, 옥상 조경 등 대통령령으로 따로 기준을 정하는 경우에는 그 기준에 따른다.

② 국토교통부장관은 식재(植栽) 기준, 조경 시설물의 종류 및 설치방법, 옥상 조경의 방법 등 조경에 필요한 사항을 정하여 고시할 수 있다.

**해설** 조경식수는 도시 내 녹지를 확보하여 공해방지, 가로경관의 미화 등으로 도시미를 향상시키고 쾌적한 생활환경을 조성하는 데 주안을 두고 있다. 자연녹지지역 또는 공장건축물 등의 대지가 부득이 하여 조경설치가 불합리한 경우에는 조경설치를 하지 않아도 될 수 있도록 하였으며 겨울 등 조경식수가 불가능할 때에는 이를 유예시키도록 하고 있다.

**영 제27조 [대지의 조경]**

① 법 제42조제1항 단서에 따라 다음 각 호의 어느 하나에 해당하는 건축물에 대하여는 조경 등의 조치를 하지 아니할 수 있다.(2012.12.12 본항 개정)

1. 녹지지역에 건축하는 건축물(2010.12.13 본호 개정)
2. **면적 5,000m$^2$ 미만**인 대지에 건축하는 공장
3. 연면적의 **합계가 1,500m$^2$ 미만**인 공장
4. 「산업집적활성화 및 공장설립에 관한 법률」 제2조제14호에 따른 산업단지의 공장 (2012. 12.12 본호 개정)
5. 대지에 염분이 함유되어 있는 경우 또는 건축물 용도의 특성상 조경 등의 조치를 하기가 곤란하거나 조경 등의 조치를 하는 것이 불합리한 경우로서 건축조례로 정하는 건축물
6. 축사
7. 법 제20조제1항에 따른 가설건축물
8. 연면적의 **합계가 1,500m$^2$ 미만**인 물류시설(주거지역 또는 상업지역에 건축하는 것은 제외한다)로서 국토교통부령으로 정하는 것
9. 「국토의 계획 및 이용에 관한 법률」에 따라 지정된 자연환경보전지역·농림지역 또는 관리지역(지구단위계획구역으로 지정된 지역은 제외한다)의 건축물
10. 다음 각 목의 어느 하나에 해당하는 건축물 중 건축조례로 정하는 건축물
    가. 「관광진흥법」 제2조제6호에 따른 관광지 또는 같은 조 제7호에 따른 관광단지에 설치하는 관광시설
    나. 「관광진흥법 시행령」 제2조제1항제3호가목에 따른 전문휴양업의 시설 또는 같은 호 나목에 따른 종합휴양업의 시설
    다. 「국토의 계획 및 이용에 관한 법률 시행령」 제48조제10호에 따른 관광·휴양형 지구단위계획구역에 설치하는 관광시설
    라. 「체육시설의 설치·이용에 관한 법률 시행령」 별표 1에 따른 골프장

② 법 제42조제1항 단서에 따른 **조경** 등의 조치에 관한 **기준**은 다음 각 호와 같다. 다만, 건축조례로 다음 각 호의 기준보다 더 완화된 기준을 정한 경우에는 그 기준에 따른다. (2009.9.9 본항 개정)

1. **공장**(제1항제2호부터 제4호까지의 규정에 해당하는 공장은 제외한다) 및 **물류시설**(제1항제8호에 해당하는 물류시설과 주거지역 또는 상업지역에 건축하는 물류시설은 제외한다)

가. 연면적의 합계가 2,000$m^2$ 이상인 경우: 대지면적의 10% 이상

나. 연면적의 합계가 1,500$m^2$ 이상 2,000$m^2$ 미만인 경우: 대지면적의 5% 이상

2. 「공항시설법」 제2조제7호에 따른 **공항시설**: 대지면적(활주로·유도로·계류장·착륙대 등 항공기의 이륙 및 착륙시설로 쓰는 면적은 제외한다)의 10% 이상(2017.3.29 공항시설법 시행령 부칙에 의거 개정)
3. 「철도의 건설 및 철도시설 유지관리에 관한 법률」 제2조제1호에 따른 철도 중 **역시설**: 대지면적(선로·승강장 등 철도운행에 이용되는 시설의 면적은 제외한다)의 10% 이상(2019.3.12 철도의 건설 및 철도시설 유지관리에 관한 법률 시행령 부칙에 의거 본호 개정)
4. 그 밖에 면적 200$m^2$ 이상 300$m^2$ 미만인 대지에 건축하는 건축물: 대지면적의 10% 이상

③ 건축물의 **옥상**에 법 제42조제2항에 따라 국토교통부장관이 고시하는 기준에 따라 조경이나 그 밖에 필요한 조치를 하는 경우에는 옥상부분 조경면적의 2/3에 해당하는 면적을 법 제42조제1항에 따른 대지의 조경면적으로 산정할 수 있다. 이 경우 조경면적으로 산정하는 면적은 법 제42조제1항에 따른 조경면적의 50/100을 초과할 수 없다.

해설 ① **조경대상** : 대지면적 200$m^2$ 이상

예외
- 녹지지역에 건축하는 건축물
- 대지면적 5,000$m^2$ 미만인 공장
- 연면적 1,500$m^2$ 미만인 공장
- 「산업집적활성화 및 공장설립에 관한 법률」 규정에 의한 산업단지의 공장
- 조경 등의 조치가 곤란하거나 불리한 경우
- 축사
- 가설건축물(법 제20조제1항의 규정에 적합)
- 연면적 1,500$m^2$ 미만인 물류시설(「화물유통촉진법」 제2조제5호의 규정에 의한 물류시설) : 주거지역 또는 상업지역에 건축하는 물류시설은 제외
- 자연환경보전지역·농림지역 또는 관리지역(지구단위계획구역으로 지정된 지역은 제외) 안의 건축물
- 건축조례로 정하는 다음의 건축물
  - 관광진흥법에 따른 관광지 또는 관광단지에 설치하는 관광시설
  - 관광진흥법 시행령에 따른 전문휴양업의 시설 또는 종합휴양업의 시설
  - 국토의 계획 및 이용에 관한 법률 시행령에 따른 관광·휴양형 지구단위계획구역에 설치하는 관광시설
  - 체육시설의 설치·이용에 관한 법률 시행령에 따른 골프장

② **조경설치 기준**

- 조경 등의 조치에 관한 기준은 다음과 같으며 건축조례의 기준이 더 완화되면 건축조례기준을 적용한다.
  - 상기 예외조항을 제외한 공장 및 물류시설
    - 연면적 합계 2,000$m^2$ 이상 : 10% 이상

◦ 연면적 합계 1,500$m^2$ 이상 2,000$m^2$ 미만 : 5% 이상

– 「공항시설법」 규정에 의한 공항시설 : 10% 이상(항공기의 이·착륙시설에 이용하는 면적 제외)

– 「철도건설법」 규정에 의한 철도 중 역시설 : 10% 이상(선로·승강장 등 철도운행에 이용되는 시설 면적 제외)

– 면적 200$m^2$ 이상 300$m^2$ 미만인 대지에 건축하는 건축물 : 10% 이상

참고

**대지 안의 조경(서울특별시 건축조례 제24조)**

- 연면적 합계 2,000$m^2$ 이상 건축물 : 대지 면적의 15% 이상
- 연면적 합계 1,000～2,000$m^2$ 미만 건축물 : 대지 면적의 10% 이상
- 연면적 합계 1,000$m^2$ 미만 건축물 : 대지 면적의 5% 이상
- 시 도시계획위원회의 심의를 거친 학교 이적지 안의 건축물 : 30% 이상
- 200～300$m^2$ 미만의 대지에 건축하는 경우 연면적에 관계없이 대지 면적의 5% 이상만 조경면적을 확보

생각하기 **조경설치기준에 있어서의 문제**

대지 안의 조경설치기준에서 공장의 경우를 보면 대지 면적 5,000$m^2$ 미만이거나 연면적의 합계가 1,500$m^2$ 미만의 공장에서는 조경설치가 제외된다. 이 경우 준공업지역의 용적률 범위가 400%라 할 때 대지 면적 5,000$m^2$가 되면 연면적은 약 20,000$m^2$가 될 수 있다. 그렇다면 연면적 1,500$m^2$ 미만인 공장의 경우에 조경을 설치하지 않아도 되는 경우와 비교할 때 연면적에 따른 조경설치기준에 많은 차이가 발생한다. 최근의 공장은 정보화·기계화에 따라 수용인구가 극히 적어 과거 제조업 등과 같은 상근인구가 발생하지 않는다고 보면 공장의 성격이나 종류에 따라 대지 안에서의 조경설치기준은 개선할 필요가 있다.

### ③ 옥상조경

- 정의(조경기준 제3조제10호) : 인공지반 조경 중 지표면에서 높이가 2m 이상인 곳에 설치한 조경을 말함.
- 적용기준 : 조경면적의 50/100을 초과할 수 없음.
- 면적산정 : 옥상부분의 조경면적의 2/3에 해당하는 면적을 대지 안의 조경 면적으로 산정

참고

**조경기준**(국토교통부 고시 제2021-1778호, 2022.1.7)

- **조경면적의 산정**(제4조) : 식재된 부분 면적과 조경시설공간의 면적을 합한 면적
  1. 식재면적은 조례에서 정하는 조경면적(조경의무면적)의 50/100 이상(식재의무면적)이어야 함.
  2. 하나의 식재면적 : 한 변의 길이가 1m 이상으로서 1$m^2$ 이상
  3. 하나의 조경시설 공간의 면적은 10$m^2$ 이상
- **조경면적의 배치**(제5조)
  1. 자연지반 조경면적 : 대지 면적 중 조경의무 면적의 10% 이상(표면은 투수성 포장구조로 함)
  2. 대지의 인근에 보행자 전용도로·광장·공원시설 등과 연계되도록 배치

3. 너비 20m 이상의 도로에 접하고 2,000m$^2$ 이상인 대지 안에 설치하는 조경은 조경의무면적의 20% 이상을 가로변에 연접하게 설치(예외규정 인정)

- **옥상조경 면적의 산정**(제12조)

1. 지표면에서 2m 이상의 건축물이나 구조물의 옥상에 식재 및 조경시설을 설치한 부분의 면적(단, 초화류와 지피식물로만 식재된 면적은 그 식재면적의 1/2에 해당하는 면적), 또한 초화류와 지피식물이 식재된 상부에 태양광 발전설비를 병행 설치한 경우 식재면적의 1/2에 해당하는 면적을 조경면적으로 인정하나, 태양광 발전설비 하단의 영구음지 부분은 조경면적 산정시 제외)
2. 지표면에서 2m 이상의 건축물이나 구조물의 벽면을 식물로 피복한 경우, 피복면적의 1/2에 해당하는 면적(단, 피복면적을 산정하기 곤란한 경우에는 근원경 4cm 이상의 수목에 대해서만 식재수목 1주당 0.1m$^2$로 산정하되, 벽면녹화면적은 식재의무면적의 10/100을 초과하여 산정하지 않음)
3. 옥상에 교목이 식재된 경우에는 식재된 교목수량의 1.5배를 식재한 것으로 산정

- **식재토심**(제15조) : 옥상조경 및 인공지반 조경의 식재토심은 배수층의 두께를 제외한 다음 기준

1. 초화류 및 지피식물 : 15cm 이상(인공토양 10cm 이상)
2. 소관목 : 30cm 이상(인공토양 20cm 이상)
3. 대관목 : 45cm 이상(인공토양 30cm 이상)
4. 교 목 : 70cm 이상(인공토양 60cm 이상)

**규칙 제26조의2 【대지 안의 조경】**

영 제27조제1항제8호에서 “국토교통부령으로 정하는 것”이란 「물류정책기본법」 제2조제4호에 따른 물류시설을 말한다.(2012.12.12 본조 개정)

질의회신

**기증받은 미술장식품**

건축주가 기증받은 미술장식품이 건축하고자 하는 건축물에 영구히 고정, 부착되는 경우라면 기증작품 또는 건축주의 소장작품도 「건축법 시행령」 제27조제3항의 규정에 적합한 회화, 조각 등의 미술장식품에 해당한다고 할 수 있을 것이나, 다만 건축조례에서 정하고 있는 가액(금액)에 해당하는지의 여부는 공정하고 신뢰성 있는 방법으로 객관성 있게 판단하여야 할 것임.(건설부 건축 30420-20232, ’91.7.16)

* 건축물에 대한 미술작품의 설치는 문화예술진흥법 제9조, 시행령 제12조 참조.

참고

「문화예술진흥법」

**제5조 【문화예술공간의 설치권장】**

① 국가와 지방자치단체는 문화예술활동을 진흥시키고 국민의 문화향수 기회를 확대하기 위하여 문화시설을 설치하고 그 문화시설이 이용되도록 시책을 강구하여야 한다.

② 국가와 지방자치단체는 대통령령으로 정하는 대형 건축물에는 문화시설을 설치하도록 권장하여야 한다.

③ 국가와 지방자치단체는 제1항에 따른 문화시설의 효율적인 관리와 이용을 촉진하기 위하여 필요하면 그 문화시설의 관리를 비영리 법인·단체 또는 개인에게 위탁할 수 있다.

**제9조 【건축물에 대한 미술작품의 설치등】**

① 대통령령으로 정하는 종류 또는 규모 이상의 건축물을 건축하려는 자(이하 “건축주”라 한다)는 건축

비용의 일정 비율에 해당하는 금액을 회화·조각·공예 등 미술작품의 설치에 사용하여야 한다.
② 건축주(국가 및 지방자치단체는 제외한다)는 제1항에 따라 건축 비용의 일정 비율에 해당하는 금액을 미술작품의 설치에 사용하는 대신에 제16조에 따른 문화예술진흥기금에 출연할 수 있다.
③ 제1항 또는 제2항에 따라 미술작품의 설치 및 문화예술진흥기금에 출연하는 금액은 건축 비용의 1/100 이하의 범위에서 대통령령으로 한다.
④ 제1항에 따른 미술작품의 설치 절차 및 방법 등에 관하여 필요한 사항은 대통령령으로 정한다.

**참고** 미술작품은 공공장소에 설치하여 일반인들이 손쉽게 접할 수 있도록 하고 도시미관을 돕는다는 취지를 살려서 주변환경과 잘 어울릴 수 있고 예술적 가치가 있도록 하는 것이 중요하다. 이를 위해서는 건축물의 설계자와 관계 전문가의 협의 및 심의를 거쳐 수준 높은 미술작품이 될 수 있도록 해야 한다.

**질의** **조경면적에 공개공지 면적 포함 여부**

바닥면적의 합계가 5,000m$^2$ 이상인 건축물로서 공개공지 등의 설치대상이 아닌 건축물에 공개공지 등을 설치할 경우 조경면적에 공개공지 면적을 포함시킬 수 있는지 여부

**회신** 「건축법」 제43조 및 같은법 시행령 제27조의2 제2항에 따르면 공개공지 등의 면적은 대지면적의 10/100 이하의 범위에서 건축조례로 정하며, 이 경우 법 제32조(현행 제42조)에 따른 조경면적을 공개공지 등의 면적으로 할 수 있다고 규정하고 있는 바, 바닥면적의 합계가 5,000m$^2$ 이상인 건축물로서 공개공지 등의 설치대상이 아니라 하더라도 같은 법 시행령 제27조의2 제2항 및 제3항에 적합한 공개공지를 설치하는 경우에는 조경면적에 공개공지의 면적을 포함시킬 수 있을 것으로 판단됨.(국토교통부 녹색건축과 / 2012.7.30)

**질의** 기존건축물 신축 시 조경면적 산정에서 제외되었던 오솔길·조형물·광장 및 분수대 부분을 증축 시 조경면적에 포함할 수 있는지

**회신** 「건축법」 제32조 제2항의 규정에 의하여 고시된 조경기준(건설교통부고시 제2000-159호) 제3조제4호의 규정에 의한 조경시설공간에 설치한 조경시설(조경과 관련된 파고라·벤치·조각물·정원석·분수대·휴게·여가·수경·관리 및 기타 이와 유사한 것으로 설치되는 시설, 생태연못 및 하천 등)은 조경면적에 포함할 수 있는 것이니 적용비율 등 구체적인 사항은 허가권자에게 문의 바람(법 제32조 ⇒ 제42조, 2008.3.21) (국토교통부 녹색건축과 / 2012.7.31)

**법 제43조 【공개 공지 등의 확보】**

① 다음 각 호의 어느 하나에 해당하는 지역의 환경을 쾌적하게 조성하기 위하여 대통령령으로 정하는 용도와 규모의 건축물은 일반이 사용할 수 있도록 대통령령으로 정하는 기준에 따라 소규모 휴식시설 등의 **공개 공지**(空地: 공터) 또는 **공개 공간**(이하 "**공개공지등**"이라 한다)을 설치하여야 한다.(2019.4.23 본항 개정)

1. 일반주거지역, 준주거지역
2. 상업지역

3. 준공업지역
4. 특별자치도지사 또는 시장·군수·구청장이 도시화의 가능성이 크거나 노후산업단지의 정비가 필요하다고 인정하여 지정·공고하는 지역(2018.8.14 본호 개정)

② 제1항에 따라 공개공지등을 설치하는 경우에는 제55조, 제56조와 제60조를 대통령령으로 정하는 바에 따라 완화하여 적용할 수 있다.(2019.4.23 본항 개정)

③ 시·도지사 또는 시장·군수·구청장은 관할 구역 내 공개공지등에 대한 점검 등 유지·관리에 관한 사항을 해당 지방자치단체의 조례로 정할 수 있다.(2019.4.23 본항 신설)

④ 누구든지 공개공지등에 물건을 쌓아놓거나 출입을 차단하는 시설을 설치하는 등 공개공지등의 활용을 저해하는 행위를 하여서는 아니 된다.(2019.4.23 본항 신설)

⑤ 제4항에 따라 제한되는 행위의 유형 또는 기준은 대통령령으로 정한다.(2019.4.23 본항 신설)

**해설** 공개 공지 또는 공개 공간은 건축물 건축시에 소공원·휴게소 등을 조성 설치하는 것으로 도시환경정비(도심재개발)사업이나 대규모 건축물의 신축시에 이를 유도·권장하여 왔으나 이를 법규로 규정하였다. 공개공지는 미관지구의 건축선 후퇴·대지 안의 공지 등의 규정과는 차이가 있다. 공지를 적절한 장소에 통합하고 이를 공개 공지로 활용하도록 하여 휴식공간의 제공과 미관향상 등의 효과가 크다. 또한 공개 공지를 제공하는 경우 완화 규정을 두어 보상받을 수 있도록 하고 있다.

**영 제27조의2 【공개 공지 등의 확보】**

① 법 제43조제1항에 따라 다음 각 호의 어느 하나에 해당하는 건축물의 대지에는 공개 공지 또는 공개 공간(이하 이 조에서 "**공개공지등**"이라 한다)을 설치해야 한다. 이 경우 공개 공지는 필로티의 구조로 설치할 수 있다.(2019.10.22 본항 개정)

1. 문화 및 집회시설, 종교시설, 판매시설(「농수산물 유통 및 가격안정에 관한 법률」에 따른 농수산물 유통시설은 제외한다), 운수시설(여객용 시설만 해당한다), 업무시설 및 숙박시설로서 해당 용도로 쓰는 바닥면적의 합계가 5,000$m^2$ 이상인 건축물(2013.11.20 본호 개정)
2. 그 밖에 다중이 이용하는 시설로서 건축조례로 정하는 건축물

② 공개공지등의 **면적**은 대지면적의 10/100 이하의 범위에서 건축조례로 정한다. 이 경우 법 제42조에 따른 조경면적과 「매장유산 보호 및 조사에 관한 법률」 제14조제1항제1호에 따른 매장유산의 현지보존 조치 면적을 공개공지등의 면적으로 할 수 있다.(2024.5.7 매장유산 보호 및 조사에 관한 법률 시행령 부칙에 따라 본항 개정)

③ 제1항에 따라 공개공지등을 설치할 때에는 모든 사람들이 환경친화적으로 편리하게 이용할 수 있도록 긴 의자 또는 조경시설 등 건축조례로 정하는 시설을 설치해야 한다.(2019.10.22 본항 개정)

④ 제1항에 따른 건축물(제1항에 따른 건축물과 제1항에 해당되지 아니하는 건축물이 하나의 건축물로 복합된 경우를 포함한다)에 공개공지등을 설치하는 경우에는 법 제43조제2항에 따라 다음 각 호의 범위에서 대지면적에 대한 공개공지등 면적 비율에 따라 법 제56조 및 제60조를 완화하여 적

용한다. 다만, 다음 각 호의 범위에서 건축조례로 정한 기준이 완화 비율보다 큰 경우에는 해당 건축조례로 정하는 바에 따른다.(2014.11.11 본항 개정 및 단서 신설)

1. 법 제56조에 따른 용적률은 해당 지역에 적용하는 용적률의 1.2배 이하
2. 법 제60조에 따른 높이제한은 해당 건축물에 적용하는 높이기준의 1.2배 이하

⑤ 제1항에 따른 공개공지등의 설치대상이 아닌 건축물(「주택법」 제15조제1항에 따른 사업계획승인 대상인 공동주택 중 주택 외의 시설과 주택을 동일건축물로 건축하는 것 외의 공동주택은 제외한다)의 대지에 법 제43조제4항, 이 조 제2항 및 제3항에 적합한 공개 공지를 설치하는 경우에는 제4항을 준용한다.(2019.10.22 본항 개정)

⑥ 공개공지등에는 연간 60일 이내의 기간 동안 건축조례로 정하는 바에 따라 주민들을 위한 문화행사를 열거나 판촉활동을 할 수 있다. 다만, 울타리를 설치하는 등 공중이 해당 공개공지등을 이용하는데 지장을 주는 행위를 해서는 아니된다.(2009.6.30 본항 신설)

⑦ 법 제43조제4항에 따라 제한되는 행위는 다음 각 호와 같다.(2020.4.21 본항 신설)

1. 공개공지등의 일정 공간을 점유하여 영업을 하는 행위
2. 공개공지등의 이용에 방해가 되는 행위로서 다음 각 목의 행위
   가. 공개공지등에 제3항에 따른 시설 외의 시설물을 설치하는 행위
   나. 공개공지등에 물건을 쌓아 놓는 행위
3. 울타리나 담장 등의 시설을 설치하거나 출입구를 폐쇄하는 등 공개공지등의 출입을 차단하는 행위
4. 공개공지등과 그에 설치된 편의시설을 훼손하는 행위
5. 그 밖에 제1호부터 제4호까지의 행위와 유사한 행위로서 건축조례로 정하는 행위

**해설** ① **대상지역** : 일반 또는 준주거지역, 상업지역, 준공업지역, 시장 등이 도시화의 가능성이 크거나 노후 산업단지의 정비가 필요하다고 인정하여 지정·공고하는 지역

② **대상건축물**

1) 용도 : 문화 및 집회 시설, 종교시설, 판매시설, 운수시설, 업무시설, 숙박시설과 다중이 이용하는 시설로서 건축조례가 정하는 건축물
2) 규모 : 해당 용도에 쓰는 바닥면적의 합계가 5,000m$^2$ 이상
   * 연면적이 아닌 해당 용도의 바닥면적의 합계에 유의

③ **공지면적**

대지면적의 10% 이하(건축조례로 정함)

④ **설치시설** : 건축조례로 정함(공개공지가 필로티의 구조도 가능)

⑤ **완화적용**

1) 용적률(법 제56조)은 1.2배 이하
2) 도로에 의한 높이제한(법 제60조) : 높이 기준의 1.2배 이하

※ 2014.11.10 이전까지는 공개공지등을 확보하는 경우 건축조례로 정하는 바에 따라 용적률과 건축물의 높이를 해당기준의 1.2배 이하로 완화하여 적용할 수 있도록 하고 있으나, 일부 지방자치

단체는 해당 건축조례를 정하고 있지 아니하여 공개 공지 등을 확보하고 있는 경우임에도 불구하고 용적률과 건축물의 높이를 완화하여 적용할 수 없게 되므로, 각 기준의 1.2배의 범위에서 대지면적에 대한 공개 공지 등의 면적 비율에 따라 용적률과 높이 기준을 완화하여 적용하도록 하되, 건축조례로 더 크게 완화한 경우에는 그 건축조례를 따르도록 개선되었다.

⑥ 바닥면적의 합계가 5,000m$^2$ 이상인 건축물로 대상건축이 아닌 건축물(「주택법」 규정에 의한 사업계획 승인 대상인 공동주택 중 주거복합 외의 공동주택은 제외함. 반면 주거복합의 경우 주거시설 입주자가 공개공지를 전용시설로 이용할 우려가 적다는 점을 고려하여 완화 적용함)로서 설치할 경우에 완화 적용을 준용함.

### 질의 용적률 및 높이 기준 완화 적용여부

「건축법」 제67조제2항 및 동법 시행령 제113조제4항의 규정에 의하면, 공개공지 또는 공개공간을 설치하는 경우에는 동법 제48조(용적률) 및 제51조(높이제한)의 기준을 동법 시행령 제113조제4항 각호의 범위 안에서 건축조례가 정하는 바에 따라 완화하여 적용할 수 있도록 하고 있는 바, 건축조례가 이러한 사항을 정하지 아니한 경우 동법 시행령 제113조제4항 각호의 규정대로 용적률 및 높이 기준을 완화하여 적용할 수 있는지 여부

**회신** 공개공지 등을 설치하더라도 건축조례로 용적률 및 높이 기준의 완화에 대하여 정하지 아니한 경우 「건축법 시행령」 제113조제4항 각호의 규정에 의하여 건축물의 용적률 및 높이 기준을 완화하여 적용할 수 없음.

**【이유】**
- 「건축법」 제67조제2항에는 "공개공지 또는 공개공간을 설치하는 경우에는 제47조·제48조 및 제51조의 규정을 대통령령이 정하는 바에 의하여 완화하여 적용할 수 있다"라고 규정되어 있고, 동항의 위임에 의하여 규정된 동법 시행령 제113조제4항에서는 공개공지 등을 설치하는 경우로서 동법 제48조(요적률) 및 제51조(높이제한)의 기준을 완화하여 적용하고자 하는 경우에는 동항 각호의 범위 안에서 건축조례가 정하는 바에 의하도록 하고 있는 바, 이는 「건축법」에서 정한 용적률 및 높이 기준을 완화할 수 있는 최대범위를 각호에 명시하는 한편, 구체적인 사항은 각 지방자치단체가 조례로 정하도록 위임하여 해당 지역의 실정에 맞게 건축물이 건축되도록 하게 한 것이고,
- 동법 시행령 제113조제4항 각호에 규정된 최대범위는 각 지방자치단체에서 동법 제48조 및 제51조에 규정된 건축물의 용적률 및 높이 기준을 완화하여 적용하고자 조례를 제정 또는 개정함에 있어서 그 한계를 설정한 것으로서 이를 구체적으로 적용하기 위해서는 해당 지방자치단체에서 동법 시행령 제113조제4항 각호에 규정된 한계를 준수하여 건축조례로 정하여야 비로소 동 건축조례에서 정한 기준에 따라 용적률 및 높이 기준을 완화하여 적용할 수 있음.
- 따라서, 건축조례로 용적률 및 높이 기준의 완화에 대하여 정하지 아니한 경우 「건축법 시행령」 제113조제4항 각호의 규정을 직접 적용하여 건축물의 용적률 및 높이 기준을 완화할 수 없음.(국토교통부, 2013.12.6과 법제처, 안건번호 06-0115)

### 질의 복합건축물의 공개공지확보 여부와 이로 인한 용적률과 높이제한 규정 완화여부

「주택건설촉진법」상 사업계획승인 대상인 공동주택(복합건축물로서 공동주택 3동과 업무시설 1동이 지하층으로 연결됨)의 건축물 중 업무시설이 연면적 5,000m$^2$ 이상인 경우 공개공지확보 대상건축물인지 여부와 동 공개공지를 확보하면 복합건축물 전체에 대하여 용적률과 높이제한 규정의 완화를 받을 수 있는지 여부

**회신** 「건축법 시행령」 제113조제1항 및 제4항의 규정에 의거 연면적의 합계가 5,000m$^2$ 이상인 업무시설에

대하여는 건축조례가 정하는 공개공지를 확보하여야 하며, 공개공지를 확보한 경우에는 용적률과 높이제한 규정을 완화 받을 수 있는 것이나, 주택건설촉진법령에 의한 사업계획승인 대상인 공동주택은 공개공지를 설치한다 하더라도 용적률 및 높이제한 규정을 완화 받을 수 없는 것인바, 귀 문의의 경우에는 업무시설 부분에 대하여 용적률 및 높이제한 규정을 완화 받을 수 있는 것입니다.(건교부 건축 58070-2141, 2003.11.19)

### 질의 필로티구조의 공개공지

「건축법」 제67조 및 같은 법 시행령 제113조의 규정에 의한 공개공지를 확보함에 있어 건축물의 필로티구조인 부분에 공개공지를 설치하는 경우 필로티 부분을 건축물의 바닥면적에 산입 여부

**회신** 「건축법 시행령」 제119조제1항제3호라목의 규정에 의하면 필로티의 부분은 당해 부분이 공중의 통행 또는 차량의 주차에 전용되는 경우와 공동주택의 경우에 이를 바닥면적에 산입하지 아니하도록 하고 있습니다. 「건축법」 제67조의 규정에 의하면 공개공지 또는 공개공간의 확보는 환경을 쾌적하게 조성하기 위하여 설치하는 것으로 공개공지의 경우에는 필로티의 구조로 설치할 수 있도록 하고 있으나, 공개공간은 필로티 부분에 설치할 수 있도록 규정하고 있지 아니합니다.(건교부 건축 58550-314, 2000.1.31)

### 질의 공개공지 확보에 따른 용적률 완화

「건축법」 제43조 및 같은 법 시행령 제27조의2 규정에 의한 공개공지 확보에 따른 용적률 완화(법정 용적률 1.2배 이하) 규정 적용과 관련하여

가. 도시계획시설 결정(공공청사-국토의 계획 및 이용에 관한 법률 제78조 "용도지역 안에서의 용적률"에 의거 용적률 250%로 받음)을 받은 대지에 「건축법」 제43조 및 같은법 시행령 제27조의2에 의한 공개공지 확보에 따른 용적률 완화(법정용적률 1.2배 이하)를 적용할 수 있는지

나. 국토의 계획 및 이용에 관한 법률 제51조 "지구단위계획의 지정 등"에 따라 지구단위계획으로 지정된 구역 내에서 상기 규정에 따른 용적률 완화를 적용할 수 있는지 여부

**회신** 「건축법」 제56조에 따르면 건축물의 용적률 최대한도는 국토의 계획 및 이용에 관한 법률(이하 "국계법") 제78조에 따른 용적률의 기준에 의하되, 건축법에서 그 기준을 완화 또는 강화하여 적용하도록 규정한 경우에는 그에 의하도록 하고 있는 바, 이는 국계법 제78조에 따른 용도 지역별 용적률에 관한 특례규정에 해당하는 것임.

가. (질의 "가"에 대하여) 국계법 제43조에 의한 도시계획시설 결정은 「같은 법」 제78조 "용도지역 안에서의 용적률"을 적용하여 규모를 결정한 사항이므로 상기와 같이 특례규정을 적용하여 「건축법」 제43조에 따라 공개공지나 공개공간을 설치하는 경우 용적률 기준을 120/100의 범위 안에서 대통령령이 정하는 비율로 완화 받을 수 있음.

나. (질의 "나"에 대하여) 「건축법」 제43조의 규정은 국계법 제78조에 따른 용도지역별 용적률에 관한 특례적용 대상으로써, 지구단위계획으로 정한 지구단위계획구역에 적용될 용적률 기준을 규정하고 있는 국계법 제 52조에 관한 특례는 아니라고 할 것인 바, 국계법상의 지구단위계획구역 안에서 「건축법」 제43조 및 같은법 시행령 제27조의2에 의한 공개공지 확보에 따른 용적률 완화(법정용적률 1.2배 이하)를 적용하고자 하는 경우 지구단위계획의 변경 없이 해당 지구단위계획구역의 용적률 기준을 완화하여 적용할 수는 없을 것임.(국토교통부 건축정책과 등록 2009.8.27, 수정 2019.5.24)

**질의** **공개공지 확보대상 건축물 및 규모**

근린생활시설이 3,000m$^2$이고 업무시설이 3,000m$^2$인 건축물의 공개공지 확보 의무?

**회신** 「건축법」 제67조 및 동법 시행령 제113조의 규정에 의한 공개공지 확보대상은 바닥면적의 합계가 5,000m$^2$인 판매시설·업무시설·관광숙박시설·종교시설 및 관람집회시설 등 다중이 이용하는 시설로서 건축조례가 정하는 건축물을 말하는 것인 바, 질의의 경우에는 이에 해당되지 않는 것임.(서울시 건축 58070-1012, '96.3.15)

* 공개공지 등의 확보는 건축법 제43조, 시행령 제27조의2 참고.

**질의** **조경면적에 공개공지면적 포함 여부**

바닥면적의 합계가 5,000m$^2$ 이상인 건축물로서 공개공지 등의 설치대상이 아닌 건축물에 공개공지 등을 설치할 경우 조경면적에 공개공지 면적을 포함시킬 수 있는지 여부

**회신** 건축법 제43조 및 같은법 시행령 제27조의2 제2항에 따르면 공개공지 등의 면적은 대지면적의 10/100 이하의 범위에서 건축조례로 정하며, 이 경우 법 제32조(현행 제42조)에 따른 조경면적을 공개공지등의 면적으로 할 수 있다고 규정하고 있는 바, 바닥면적의 합계가 5,000m$^2$ 이상인 건축물로서 공개공지 등의 설치대상이 아니라 하더라도 같은법 시행령 제27조의2 제2항 및 제3항에 적합한 공개공지를 설치하는 경우에는 조경면적에 공개공지의 면적을 포함시킬 수 있을 것으로 판단됨.(국토교통부 녹색건축과 등록 2009.8.27, 수정 2019.5.24)

**질의** **미관지구 내 건축선으로부터 후퇴한 면적을 공개공지 면적 산입 여부**

미관지구 내 대지에 건축시 건축선으로부터 건축조례가 정하는 거리 이상을 후퇴(「건축법 시행령」 제69조제2항)하여 공개공지를 확보하였을 경우 기존 건축선으로부터 미관도로변의 일정거리 후퇴부분까지의 면적이 공개공지 면적에 포함되는지 여부

* 미관지구는 경관지구로 통합됨.

**회신** 「건축법 시행령」 제69조제2항의 규정에 의한 미관지구 안의 대지 안의 공지는 미관의 유지에 필요한 범위 안에서 건축조례가 정하는 바에 의하여 확보하여야 하는 공지인 것인바, 이때 당해 건축조례가 정하는 바에 따라 미관지구 안의 대지 안의 공지 내에 동법 제67조제1항의 규정에 의한 시설물 등을 설치할 수 있는 경우라면 이는 동법 제67조 및 동법 시행령 제113조의 규정에 의한 공개공지 또는 공개공간의 면적으로 산정할 수 있을 것이나 당해 건축조례가 위 규정에 의한 시설물 설치 등을 제한하는 경우라면 이는 공개공지 또는 공개공간의 면적으로 산정할 수 없는 것임.(서울시 건축 58070-3163, '95.7.31)

**질의** **기존건축물의 증축시 공개공지 확보 여부**

공개공지 등의 확보를 규정한 법률 시행 이전의 기존건축물에 대하여 동 규정 시행 이후에 증축·용도변경하고자 하는 경우 동 규정의 적용방법

**회신** 도심에 대중의 이용이 많은 대형 건축물에 도시민의 소공원과 같은 휴식공간을 설치함으로써 도시민의 정서적 편의를 제공하고자 건축물의 용도 및 규모에 따라 대지면적의 일정비율의 공개공지 등을 확보케 하고 있으나 동 규정의 시행 이전에 적법하게 건축된 기존 건축물의 증축시 기존 건축물 부분을 적용하

지 아니하여도 될 것이나 증축부분의 바닥면적의 합계가 동법 제67조의 규정에서 정하는 규모 이상인 경우 또는 해당 용도로의 용도변경인 경우에는 동 규정을 적용하여 공개공지 등을 확보하여야 할 것임. (서울시 건축 58550-3343, '93.8.9)

법 **제44조 [대지와 도로의 관계]**

① **건축물의 대지는 2m 이상이 도로**(자동차만의 통행에 사용되는 도로는 제외한다)**에 접하여야 한다.** 다만, 다음 각 호의 어느 하나에 해당하면 그러하지 아니하다.

1. 해당 건축물의 출입에 지장이 없다고 인정되는 경우
2. 건축물의 주변에 대통령령으로 정하는 공지가 있는 경우
3. 「농지법」 제2조제1호나목에 따른 농막을 건축하는 경우(2016.1.19 본호 신설)

② 건축물의 대지가 접하는 도로의 너비, 대지가 도로에 접하는 부분의 길이, 그 밖에 대지와 도로의 관계에 관하여 필요한 사항은 대통령령으로 정하는 바에 따른다.

해설

- 도로는 공도(公道)(고속국도, 일반국도, 특별시도, 지방도, 시도, 군도), 사도(私道)로 구별할 수 있으나 「건축법」에서 도로라 함은 공도, 사도에 관계없이 폭이 4m 이상 되는 것을 말한다.(법 제2조제11호 참조)
- 농막의 경우 접도의무규정이 예외
- 대지와 도로와의 관계에 대한 규정은 건축물에의 출입, 소화활동, 피난, 방화상 지장이 없도록 하기 위한 규정으로서 도로의 폭, 도로의 길이, 도로의 구조 등에 관해 규정하고 있으며 대지는 최소한 2m 이상 도로에 접(接)하지 아니하면 건축물을 건축할 수 없게 되어 있다. 도로에 접하지 못하여 법적으로 대지가 될 수 없는 토지를 맹지(盲地)라고 한다.

**그림 4-6 접도의무**

① 건축물의 대지

접도의무 : 대지가 되기 위해서는 2m 이상 도로에 접해야 한다.

**예외** 대통령령이 정하는 공지(광장·공원·유원지 기타 관계법령에 의하여 건축이 금지되고 공중의 통행에 지장이 없는 공지로서 허가권자가 인정한 것)가 있거나 건축물의 출입에 지장이 없는 경우

**조건** 자동차만의 통행에 쓰이는 도로(예 : 고속도로·고가도로)에 접한 경우는 출입과 통행이 안 되므로 제외한다.

※ 대지와 도로와 관련된 막다른 도로의 길이와 너비 등은 영 제3조의3 참조

② 대지와 도로와의 관계

연면적의 합계 2,000m$^2$ 이상인 건축물의 대지는 너비 6m 이상 도로에 4m 이상 접할 것

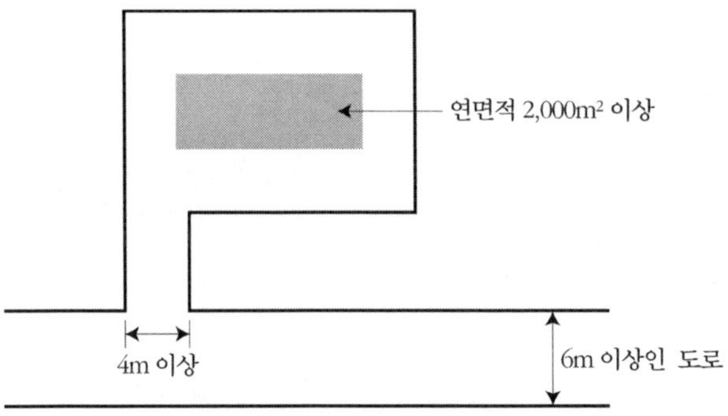


참고

관련 법령 등에 따라 대지와 도로의 관계를 정하는 경우의 예

- 대지가 접하는 도로는 건축물의 용도에 따라 접도의 조건이 달라질 수 있는데 그 중 관광진흥법에 따라 분류된 관광호텔업, 수상관광호텔업, 한국전통호텔업, 가족호텔업, 의료관광호텔업 및 휴양 콘도미니엄업의 경우에는 대지가 폭 12m 이상 도로에 4m 이상 연접하여야 하며, 호스텔업 및 소형호텔업을 적용받을 경우는 대지가 폭 8m 이상의 도로에 4m 이상 연접하여야 한다.

참고

「건축법」 제44조의 대지와 도로의 관계에 있어 예외 규정

(한국건축·도시법제학회 1452-301, 2003.2.25)

「건축법」 제44조 (대지와 도로의 관계)는 건축물의 대지는 2m 이상을 도로에 접하여야 하는 것이 원칙으로 이는 건축물의 사용시 대지의 출입을 위한 통행에 필요한 접도의무 규정으로 건축물의 건축에 있어 반드시 적용되는 법적 규정이다. 그러나 부득이한 경우에는 예외 규정을 적용하고 있는데 이 경우에도 법규정의 취지와 합치될 수 있어야 하며 법적용의 형평성이 있어야 한다.

1. 제1호 : 해당 건축물의 출입에 지장이 없다고 인정되는 경우

   기존 건축물이 있는 대지가 지적 공부상 도로에 접하지 않았으나 현실적으로 사용되는 통로가 있다면 생존권이나 기득권의 보호를 위해 허가권자가 이를 인정하여 기존 건축물에 대한 건축행위를 할 수 있도록 접도의 의무 규정을 예외적으로 적용하는 것으로 지적행정과 건축행정이 불일치되는 것을 해소하고 부득이한 현실적 상황을 수용하기 위한 불가피하고 특별한 경우에 적용 된다고 판단합니다.

2. 제2호 : 건축물의 주변에 광장·공원·유원지 기타 관계 법령에 의하여 건축이 금지되고 공중의 통행에 지장이 없는 공지로서 허가권자가 인정하는 것을 말한다에 대한 의견

   우선 허가권자가 인정하는 것이라 함은 광장·공원 등이 공중의 통행에 지장이 없는 공지가 되어야 하는데 이는 인접한 주변의 광장·공원 등에 공중의 통행에 보행 공간 등 통행할 수 있는 통로가 제공되어야 하며, 이러한 제공된 통로는 장래에 건축물이 건축되어서는 아니된다. 따라서 공중의 통행에 지속적으로 제공되어야만 가능한 것이다. 그러므로 광장·공원 등이 공지라 할지라도 공중의 통행에 제공되지 못하는 경우에는 건축이 불가능하다. 예컨대 아래 그림에서 B부지는 맹지(盲地 : 도로에 접하지 못하여 법적으로 대지가 될 수 없는 토지)로서 건축이 불가능하다. 그러나 인접한 공원 등이 공중의 통행에 제공되어 활용된다면 B부지는 건축이 가능할 것이다. 그러나 공원 등이 접한 B부지에 공중의 통행에 제공되는 보행 공간 등이 설치되지 않았다면 B부지로의 출입을 위한 통로는 확보되지 못하므로 건축은 불가능하다.

이처럼 공원 등 일지라도 인접한 상황 여건에 따라 맹지가 건축이 가능할 수도 있고 불가능할 수도 있어 극히 한정적이며 제한적으로 예외 규정이 적용되어야 할 것이다. 그러하지 않다면「건축법」제 44조인 대지와 도로와의 관계 규정인 접도의무 규정은 그 의미가 없다고 할 수 있다.

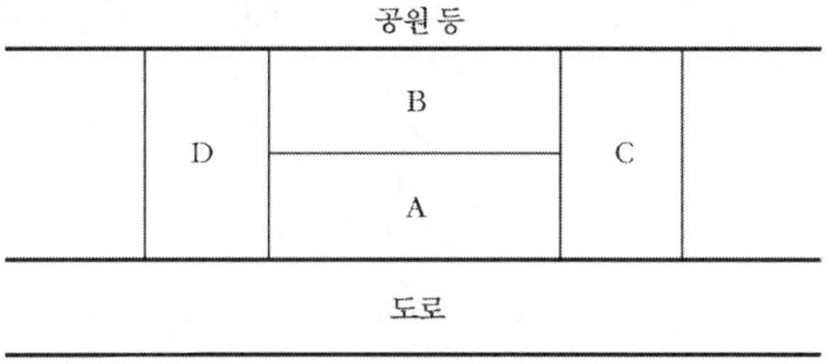


**질의** **출입에 지장이 있다고 인정되는 경우**

「건축법」제33조제1항 본문의 단서규정에 의한 제1호의 "당해 건축물의 출입에 지장이 없다고 인정되는 경우"라 함은 공원·구거·광장 등 공공성이 확보된 통행로에만 적용하는 것인지, 아니면 타인의 대지 일부의 사용승낙을 득하여 진·출입에 지장이 없는 경우도 적용이 가능한지 여부

**회신** 건축물의 대지는「건축법」제33조의 규정에 의하여「건축법」제2조제1항제11호의 규정의 도로에 2m 이상을(용도와 규모 등에 따라서는 일정 너비 이상) 접하도록 하고 있는 바, 동법 제33조제1항 단서 규정은 건축이 금지된 공지에 적용되는 것으로 타인의 대지 일부의 사용승낙된 부분에 대하여는 동 단서 규정을 적용할 수 없는 것입니다.(서울시 건지 58550-734, '99.5.1)

* 대지와 도로의 관계는 건축법 제44조 참고.

**질의** **각각 공동 개발하는 인접대지 중 차후 개발대지에 건축하는 경우 막다른 도로 소요 폭 확보 필요 여부**

지구단위계획으로 각각 공동개발이 결정된 인접한 대지(A 및 B)중 우선 A에 건축물을 건축하고자 하는 경우 A와 인접한 B의 개발 시 폐지하도록 되어있는 막다른 도로의 소요 폭을 확보하여야 하는 것인지 여부

**회신** 지구단위계획에서 B 대지에 건축물을 건축 시 B 안에 있는 기존의 막다른 도로를 폐지하고 하나의 대지로 개발하도록 도시계획(지구단위계획결정)이 결정된 경우로서「건축법」제33조제1항의 단서규정에 의하여 당해 대지의 출입에 지장이 없도록 조치한 경우라면 막다른 도로의 소요 폭을 확보하지 않아도 될 것으로 생각되니 보다 구체적인 사항은 당해 지역의 허가권자에게 문의하시기 바랍니다.(건교부 건축 58070-1768, 2003.9.30)

**질의** **기부 체납하여 필지 분할 된 도로에 접한 대지에 건축물을 건축하고자 하는 경우**

기부 체납하여 필지 분할이 된 도로에 접한 수 개의 대지에 건축허가를 받은 기존 건축물들이 있는 상태에서, 동 도로와 접한 대지(질의서상의 A대지)에 건축물을 건축하고자하는 경우 동 도로의 지목을 반드시 도로로 변경하여야 하는지의 여부

**회신** 「건축법」제33조제1항의 규정에 의하여 대지는 도로에 2m 이상을 접하여야 하며, 이 경우 도로라 함은 같은 법 제2조제1항제11호의 규정에 의하여「도로법」,「사도법」등 관계법령에 의한 도로와 건축허가시 허가권자가 위치를 지정·공고한 도로는 반드시 지목을 도로로 변경하여야 하는 것은 아닌 것입니다. (건교부 건축 58070-578, 2003.4.1)

**질의** **건축법 상 도로가 아닌 현황도로에 접한 경우 건축허가가 가능 여부**

「건축법」상 도로에는 접하고 있지 않으나, 현황도로에 접한 경우 건축허가가 가능한지 여부

**회신** 「건축법」 제33조제1항의 규정에 의하면 건축물의 대지는 2m 이상을 도로에 접하여야 하나, 동조 동항 제1호의 규정에 의하여 당해 건축물의 출입에 지장이 없다고 인정되는 경우 건축법 상 도로에 접하지 않아도 건축허가가 가능한 것임을 알려드리니 귀 질의의 사항이 이에 해당되는지 여부 등 보다 구체적인 사항에 대하여는 당해 허가권자에게 문의하시기 바랍니다.(건교부 건축 58070-2176, 2003.11.25)

**질의** 수십 년부터 자동차 등의 통행도로로 이용되고 있는 현황도로를 이용하여 농가주택의 건축허가가 가능한지 여부

**회신** 건축법상 "도로"라 함은 「건축법」 제2조제1항제11호에 따라 보행과 자동차 통행이 가능한 너비 4m 이상의 도로로서 「도로법」 등 관계법령에 따라 신설 또는 변경에 관한 고시가 된 도로와 건축허가 또는 신고 시 허가권자가 그 위치를 지정·공고한 도로를 말합니다. 또한, 같은 법 제44조에 따르면 건축물의 대지는 2m 이상이 도로(자동차만의 통행에 사용되는 도로는 제외)에 접하도록 하고 있으나, 허가권자가 해당 건축물의 출입에 지장이 없다고 인정하는 경우 등에 대해서는 그러하지 않습니다. 따라서, 상기 조항의 인정여부 등 질의의 도로와 관련한 보다 구체적인 사항에 대해서는 건축법상 도로 관련 업무를 담당하고 있는 해당 지역의 시장, 군수, 구청장 등에게 문의하시기 바랍니다.(국토교통부 건축정책과 등록 2011.12.19, 수정 2019.5.24)

**영 제28조 [대지와 도로의 관계]**

① 법 제44조제1항제2호에서 "대통령령으로 정하는 공지"란 다음 각 호의 어느 하나에 해당하는 공지로서 허가권자가 인정한 것을 말한다.(2024.7.30 국민 행정부담 완화 및 불편 해소를 위한 17개 법령의 일부개정에 관한 대통령령에 따라 본항 개정)

1. 광장
2. 공원
3. 유원지
4. 그 밖에 관계 법령에 따라 건축이 금지되고 공중의 통행에 지장이 없는 공지

② 법 제44조제2항에 따라 연면적의 합계가 2,000m$^2$(공장인 경우에는 3,000m$^2$) 이상인 건축물(축사, 작물 재배사, 그 밖에 이와 비슷한 건축물로서 건축조례로 정하는 규모의 건축물은 제외한다)의 대지는 너비 6m 이상의 도로에 4m 이상 접하여야 한다.(2009.7.16 본항 개정)

**질의 회신** **도시계획으로 결정고시된 도로**

- 대지에 접한 도로가 도시계획으로 결정고시된 도로라 하더라도 「건축법」상 적법한 도로이나 도시계획으로 결정고시된 도로가 개설되기 전에 동 대지에 출입할 수 있는 통로가 없으면 건축할 수 없음. (건설부장관 건축 125-16554 1976.8.16)
- 출입할 수 있는 통로가 있으면 건축할 수 있고 이때 도로에 의한 건축제한은 도시계획도로에 의함. (건설부장관 건축 444.1-3481 1977.2.14)

**질의** 일반주거지역 내 대지에 접하고 있는 도로의 폭이 10～15m로서 폭이 불규칙한 경우 동 통로에 일반업무시설의 경우 건축가능 여부

**회신** 「건축법 시행령」(1992.6.1 시행) 별표 3 제2호마목의 규정에 의하여 일반주거지역에서 업무시설은 건축조례에서 허용여부를 결정하도록 하고 있으며 동법 시행령 부칙 제3조에서 새로이 건축조례에 위임된 사항은 이 영 시행일로부터 1년 범위 안에서 건축조례가 제정될 때까지는 종전의 규정에 의하는 바 종전의 규정에 의하면 서울시내의 일반주거지역 내에서 일반업무시설은 폭 12m 이상인 도로에 폭 6m 이상 접한 도로에 건축이 가능하도록 규정하고 있다. 따라서 폭 12m 이상의 도로로 규정한 취지는 업무시설의 이용자에 의한 통행상 지장이 없도록 하기 위한 것으로 볼 때 전체부분이 폭 12m 이상 되는 것이 타당한 것으로 A 및 B 대지는 폭 12m 이상 도로에 접한 대지라고 볼 수 없음.(건축 30420-2689, '92.7.30)

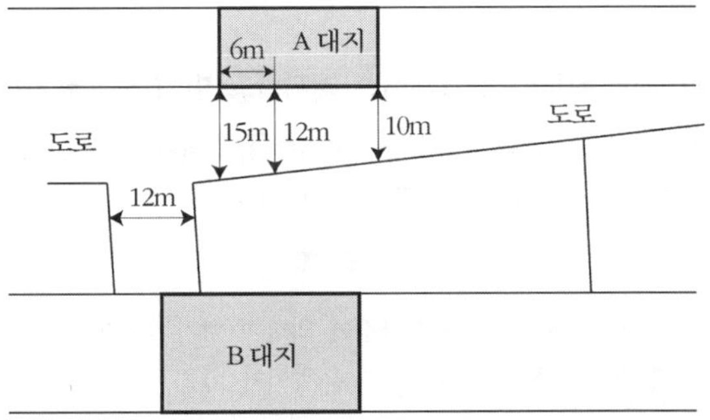


**법 제45조 【도로의 지정·폐지 또는 변경】**

① 허가권자는 제2조제1항제11호나목에 따라 도로의 위치를 지정·공고하려면 국토교통부령으로 정하는 바에 따라 그 도로에 대한 이해관계인의 동의를 받아야 한다. 다만, 다음 각 호의 어느 하나에 해당하면 이해관계인의 동의를 받지 아니하고 건축위원회의 심의를 거쳐 도로를 지정할 수 있다.

1. 허가권자가 이해관계인이 해외에 거주하는 등의 사유로 이해관계인의 동의를 받기가 곤란하다고 인정하는 경우
2. 주민이 오랫동안 통행로로 이용하고 있는 사실상의 통로로서 해당 지방자치단체의 조례로 정하는 것인 경우

② 허가권자는 제1항에 따라 지정한 도로를 폐지하거나 변경하려면 그 도로에 대한 이해관계인의 동의를 받아야 한다. 그 도로에 편입된 토지의 소유자, 건축주 등이 허가권자에게 제1항에 따라 지정된 도로의 폐지나 변경을 신청하는 경우에도 또한 같다.

③ 허가권자는 제1항과 제2항에 따라 도로를 지정하거나 변경하면 국토교통부령으로 정하는 바에 따라 도로관리대장에 이를 적어서 관리하여야 한다.(2011.5.30 본항 개정)

**해설** • 건축허가시 허가권자가 지정한 도로이면 그것이 사도(私道)일지라도 소유자 또는 사용자는 마음대

로 폐지 또는 변경할 수 없으며, 「도로법」 기타 「국토의 계획 및 이용에 관한 법률」 등 다른 관계법령이 정하는 바에 따라 폐지 또는 변경하게 된다.

- 허가권자는 도로의 위치를 지정·공고할 때는 당해 도로에 대한 이해관계인의 동의를 얻어야 한다. 그러나 이해관계인의 동의를 얻기가 불가피한 경우나 지역주민의 통행로로 장기간 사용한 사실상의 통로 등은 건축위원회의 심의를 거쳐 도로로 지정할 수 있다.

**규칙 제26조의4 【도로관리대장 등】**

법 제45조제2항 및 제3항에 따른 도로의 폐지·변경신청서 및 도로관리대장은 각각 별지 제26호서식 및 별지 제27호서식과 같다.(2012.12.12 본조 개정)

**질의 신청대지 내에 위치한 구거부지는 폐지하고 밖의 구거부지를 막다른 도로로 지정 시 도로지정 여부**

신청대지(사업부지) 내에 위치한 구거부지를 용도폐지하고, 사업부지 밖의 구거부지(폭 4m, 길이 35m 미만)를 막다른 도로로 지정하고자 하는 경우 이해관계인의 동의를 얻지 아니하고 지정·공고할 수 있는 것인지에 대한 질의?

**회신** 「건축법」 제35조제1항의 규정에 의하여 허가권자가 도로의 위치를 지정·공고하고자 할 때에는 당해 도로에 대한 이해관계인의 동의를 얻어야 하는 것이며, 주민이 장기간 통행로로 이용하고 있는 사실상의 통로로서 당해 지방자치단체의 조례로 정하는 것인 경우에는 동조 동항 단서의 규정에 의하여 이해관계인의 동의를 얻지 아니하고 건축위원회의 심의를 거쳐 도로를 지정할 수 있는 것이나, 이에 해당여부 등 보다 구체적인 사항은 자세한 자료를 갖추어 당해 지역의 건축허가권자인 시장·군수·구청장에게 직접 문의하시기 바랍니다.(건교부 건축 58070-2303, 2003.12.13)

**질의 사유지의 통행도로**

타인소유지를 주민들이 수년간 무단히 통행도로로 사용하고 있는 사유지상에 건축허가신청이 있을 경우 동 통로가 유일한 통로인 경우 건축허가 가능 여부(서울특별시 '73.12.24)

**회신** 타인소유대지로서 현재 통로로 이용되고 있는 토지는 당해 통로를 이용하는 기존 건축물의 건축허가시 「건축법」 제2조제11호에 규정한 시장·군수가 지정한 도로로 보아야 하므로 동 토지상에는 「건축법」 제29조의 규정에 의한 도로의 폐지 또는 변경의 허가 없이는 건축물의 건축은 불가능함.
* 과거 건축법 제29조 내용은 현재 건축법 제45조로 변경.

**질의 유일한 통로**

동 통로가 유일한 통로는 아니더라도 통로가 폐쇄될 경우 우회하는 데 많은 시간이 소요될 시 건축허가 여부(건설부 '74.4.20)

**회신** 「건축법」상 도로가 아닌 현재 도로로 사용하고 있는 토지상에 건축을 하고자 할 경우에는 본 통로를 폐쇄함으로써 타인의 건축물에의 출입이 불편하다는 이유만으로 건축허가를 거부할 수는 없음.

### 질의 임의로 설치한 도로의 폐지 또는 변경

토지의 소유자가 「도로법」 기타 관계법령에 의하여 설치하지 아니하고 임의로 설치한 도로를 폐지 또는 변경하고자 할 때에 「건축법」 제35조의 규정에 의한 허가를 받아야 하는지의 여부와 「건축법」 제29조에서 말하는 도로는 동법 제2조제11호나목을 지칭하는지의 여부

**회신** 「건축법」 제2조제11호의 도로 중 가목의 것은 동 도로의 폐지·변경에 대하여는 각각 관련법의 규정에 의하여 폭 4m 이상의 사실상 도로와 나목에 규정한 도로는 그 변경 또는 폐지에 있어서 「건축법」 제29조의 규정이 적용되는 것임.(건축관계문답집 p.44 대한건축사협회 '74.6.)

※ 법조문은 「건축법」 개정으로 개정법 조문으로 변경하였음. 과거 건축법 제29조 내용은 현재 건축법 제45조로 변경.

### 질의 건축물 신축시 현황도로 관련

포장된 현황도로(건축법에 의한 도로로 지정되지 않음)를 이용하여 건축물을 신축하고자 할 경우, 동 현황도로 토지소유자의 사용동의서를 받아야 하는지 여부

**회신** 「건축법」 제44조의 규정에 따르면 건축물의 대지는 2m 이상이 도로에 접하도록 규정하고 있으며, 이 경우 도로는 같은 법 제2조제1항제11호에 따라 보행과 자동차통행이 가능한 너비 4m 이상으로서 「국토의 계획 및 이용에 관한 법률」·「도로법」·「사도법」 그 밖의 관계법령에 따라 신설 또는 변경에 관한 고시가 된 도로(그 예정도로)와 건축허가 또는 신고 시 허가권자가 그 위치를 지정하여 공고한 도로(그 예정도로)를 말합니다. 또한, 허가권자는 건축허가 또는 신고 시 도로의 위치를 지정·공고하고자 할 때에는 같은 법 제45조에 따른 도로의 지정절차에 따라 당해 도로에 대한 이해관계자의 동의를 얻어야 하며, 다만, 주민이 오랫동안 통행로로 이용하고 있는 사실상의 도로로서 해당 지방자치단체의 조례로 정하는 것인 경우에는 건축위원회의 심의를 거쳐 도로를 지정할 수 있는 것인 바, 이와 관련한 구체적인 사항은 자세한 자료를 갖추어 해당 지역 허가권자에게 문의하시기 바랍니다.(국토교통부 건축정책과 등록 2011.12.28, 수정 2019.5.24)

### 법 제46조 【건축선의 지정】

① 도로와 접한 부분에 건축물을 건축할 수 있는 선[이하 "**건축선**(建築線)"이라 한다]은 대지와 도로의 경계선으로 한다. 다만, 제2조제1항제11호에 따른 소요 너비에 못 미치는 너비의 도로인 경우에는 그 중심선으로부터 그 소요 너비의 1/2의 수평거리만큼 물러난 선을 건축선으로 하되, 그 도로의 반대쪽에 경사지, 하천, 철도, 선로부지, 그 밖에 이와 유사한 것이 있는 경우에는 그 경사지 등이 있는 쪽의 도로경계선에서 소요 너비에 해당하는 수평거리의 선을 건축선으로 하며, 도로의 모퉁이에서는 대통령령으로 정하는 선을 건축선으로 한다.

② 특별자치시장·특별자치도지사 또는 시장·군수·구청장은 시가지 안에서 건축물의 위치나 환경을 정비하기 위하여 필요하다고 인정하면 제1항에도 불구하고 대통령령으로 정하는 범위에서 건축선을 따로 지정할 수 있다.(2014.1.14 본항 개정)

③ 특별자치시장·특별자치도지사 또는 시장·군수·구청장은 제2항에 따라 건축선을 지정하면 지체 없이 이를 고시하여야 한다.(2014.1.14 본항 개정)

해설 건축선(建築線)은 일반적으로 대지와 접하고 있는 도로의 경계선으로서 건축물을 건축할 수 있는 한계선을 말하나 다음의 경우에는 후퇴한 선을 건축선으로 한다.

(1) 법 제2조제1항제11호(도로의 정의)의 규정에 의한 소요 폭에 미달되는 도로의 경우
(2) 도로의 모퉁이에 위치한 대지의 경우(영 제31조)
(3) 특별자치도지사 또는 시장·군수·구청장이 건축물의 위치나 환경을 정비하기 위해 건축선을 따로 지정한 경우

### ❑ 건축선이 지정된 경우 대지면적 산정

기준 폭에 미달되는 도로나 모퉁이에 지정한 건축선은 적정 도로 폭을 확보하기 위한 의도이므로 도로와 건축선 사이에 있는 부분의 면적은 대지면적에 산입되지 않으나 공지확보를 위하여 건축선을 별도로 지정할 때(건축지정선)에는 그 부분의 면적은 대지면적에 산입하여 건폐율, 용적률 등을 적용시키는 것에 유의해야 한다.

① 도로 폭이 4m 이상일 경우는 도로경계선이 건축선
② 도로 폭이 4m 미만일 경우는 도로중심선에서 2m가 건축선
단, 경사지·하천·철도 등에 연접할 경우는 4m 도로를 확보한 선이 건축선

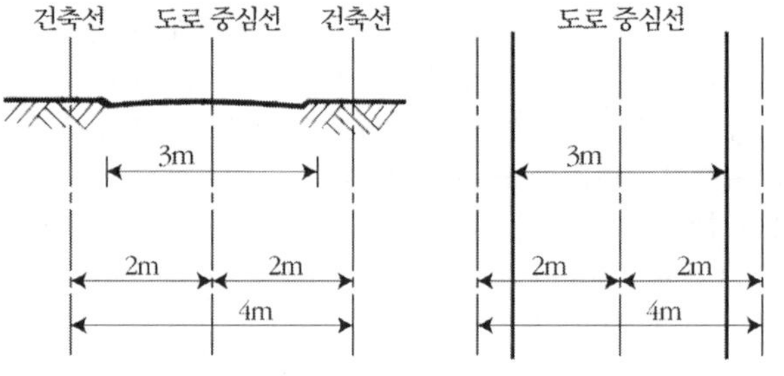


**그림 4-7 폭 4m 미만 도로의 건축선**

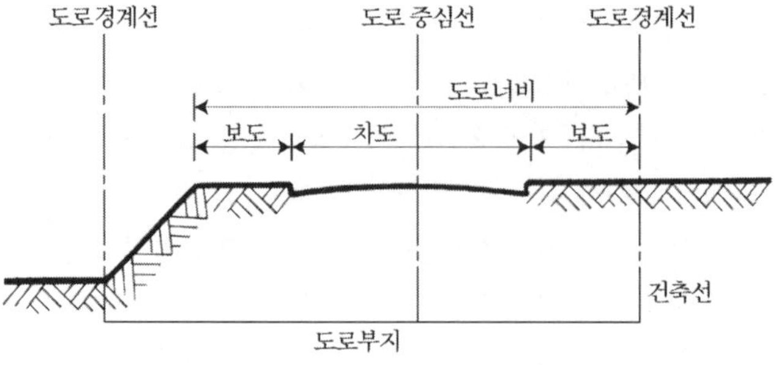


**그림 4-8 도로 폭의 측정**

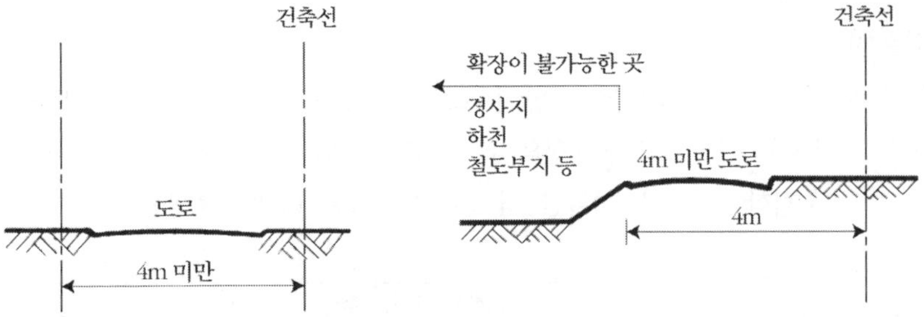


**그림 4-9 도로의 건축선**

**질의 회신** **시가지 정비를 위한 건축선**

「건축법」 제36조제2항의 규정에 의거 시장, 군수가 시가지 안에 있어서 건축물의 위치를 정비하거나 환경정리를 하기 위하여 대지 안에 건축선을 지정하였을 경우 그 건축선과 도로와의 사이의 대지면적은 건축허가면적에 산입할 수 있는 것임.(건설부 건축 01254-, '85.7.8)

**참고**

건축선은 개념상 건축한계선(建築限界線)과 건축지정선(建築指定線)으로 구분한다.
건축한계선은 도로경계선 또는 예정도로 계획선이며(예 : 건축법규에서 규정한 건축선), 건축지정선은 대지 내 공지확보를 목적으로 건축물을 건축할 수 있는 위치를 지정한 건축후퇴선이다.

**질의** **지목변경**

지정제 건축선 폐지시, 동 폐지되는 부분을 반드시 도로로 지목을 변경하여야 하는지 여부

**회신** 지정제 건축선 폐지는 관할구청장이 건축선의 변경 신청내용, 지정제 건축선 주변의 도로 현황, 주변건축물 출입 등의 지장 유무, 변경 전후의 상태, 이해당사자의 동의 여부 등을 종합 검토 판단하여야 하는 사항으로서, 지정제 건축선 변경(폐지) 등의 업무를 담당하고 있는 관할구청장에게 직접 문의하시기 바랍니다.(서울시 건지 58501-10351, '99.7.14)

**질의** **건축물의 정면**

- 건축물이 미관도로 및 측면도로가 있는 2 이상의 도로에 접한 경우, 건축물의 정면은 미관도로변을 말하는 것인지 건축물의 주된 출입구가 있는 면을 말하는 것인지 여부
- 종전 「건축법」의 대지 안의 공지 규정에서 건축선으로부터 건축물을 일정한 거리를 띄우도록 규정하고 있고 적용대상 건축선은 주 출입구가 면한 도로라고 정하고 있는 바, 동 규정에서 말하는 주 출입구의 정의

**회신** 건축물의 정면에 대하여 건축법령상 규정하고 있는 사항은 없으며, 종전 「건축법」 대지 안의 공지 규정 중 건축선으로부터 띄우는 거리 규정에서의 "주 출입구"는 당해 건축물 이용자가 이용행태가 주출입구로 이용하는 출입구를 말하는 것임을 알려 드리오니 구체적인 사항은 당해 건축물의 허가권자에게 구체적인 설계도서를 구비 직접 문의하시기 바랍니다.(서울시 건지 58501-10397, '99.6.18)

**질의 회신** **건축선**

「건축법」상 건축선이란 도로에 접한 대지부분에 건축물이나 공작물을 설치할 수 있는 한계선을 말하므로 돌출부 등 건축물의 모든 부분은 건축선을 넘을 수 없음. <건축관계문답집 p.33 대한건축사협회 발행('76.1.)>

영 **제31조 [건축선]**

① 법 제46조제1항에 따라 너비 8m 미만인 도로의 모퉁이에 위치한 대지의 **도로모퉁이 부분의 건축선**은 그 대지에 접한 도로경계선의 교차점으로부터 도로경계선에 따라 다음의 표에 따른 거리를 각각 후퇴한 두 점을 연결한 선으로 한다.(2008.10.29 본조개정)

(단위 : m)

| 도로의 교차각 | 해당 도로의 너비 | | 교차되는 도로의 너비 |
|---|---|---|---|
| | 6 이상 8 미만 | 4 이상 6 미만 | |
| 90° 미만 | 4 | 3 | 6 이상 8 미만 |
| | 3 | 2 | 4 이상 6 미만 |
| 90° 이상 120도 미만 | 3 | 2 | 6 이상 8 미만 |
| | 2 | 2 | 4 이상 6 미만 |

② 특별자치시장·특별자치도지사 또는 시장·군수·구청장은 법 제46조제2항에 따라 「국토의 계획 및 이용에 관한 법률」 제36조제1항제1호에 따른 도시지역에는 4m 이하의 범위에서 건축선을 따로 지정할 수 있다.(2014.10.14 본항 개정)

③ 특별자치시장·특별자치도지사 또는 시장·군수·구청장은 제2항에 따라 건축선을 지정하려면 미리 그 내용을 해당 지방자치단체의 공보(公報), 일간신문 또는 인터넷 홈페이지 등에 30일 이상 공고하여야 하며, 공고한 내용에 대하여 의견이 있는 자는 공고기간에 특별자치시장·특별자치도지사 또는 시장·군수·구청장에게 의견을 제출(전자문서에 의한 제출을 포함한다)할 수 있다.(2014.10.14 본항 개정)

해설 ① 일정한 폭 이상의 간선도로는 도시계획으로 가각정리(街角整理)되므로 「건축법」에서는 폭이 좁은 지선도로가 가각정리될 수 있도록 규정하고 있는데 가각정리는 통행의 안전과 차량의 소통을 원활하게 하기 위한 것이므로 도로의 교차각, 도로의 폭에 따라 다르게 하고 있으며 차량통행이 불필요한 도로라 하더라도 적용하여야 한다.(가각정리부 대지면적 제외)

※ 도시관리계획으로 결정되지 아니하는 주택지의 내부도로 중 8m 도로도 많은 점을 감안하여 8m 도로는 포함되어야 할 것으로 본다.

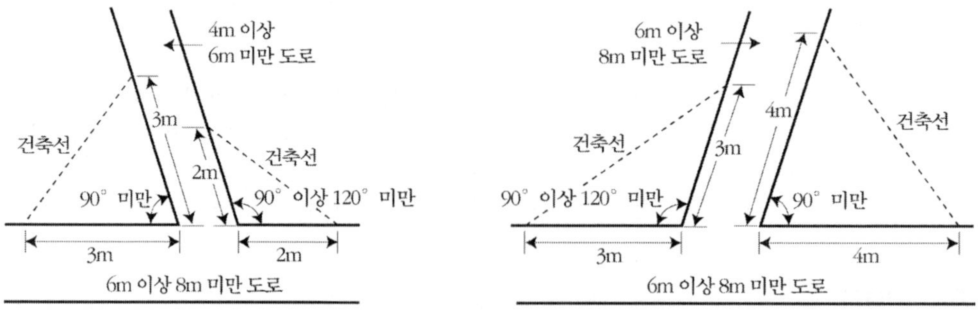


**그림 4-10 도로모퉁이 대지의 건축선**

**질의 회신** **가각전제(街角剪除)의 원칙**

「건축법 시행령」 제31조의 규정에 의한 도로 모퉁이 부분에 있어서 건축선을 정하여 가각전제를 하는 취지는 도로 모퉁이 부분에 있어서의 자동차 통행을 용이하게 하고 통행인의 시야 확보를 위한 것인 바, 귀 질의와 같은 경우 자동차의 통행이 불가하다 할지라도 통행인의 시야 확보 등을 위하여 가각전제를 하여야 할 것임.(1984.3.20 건설부장관)

**회신** ※ 규정되지 않은 도로의 가각전제

도로폭에 해당되지 않는 도로가 교차하면 가각전제는 안 해도 됨.

예 8m 도로와 3m 도로(기준 미달)

**참고**

도로의 가각전제는 사람 및 차량의 통행, 시야확보 등 기능과 안전을 확보하기 위함이며 이는 지역, 지구, 구역 등과는 무관하게 같이 적용하는 것이 바람직하다.

그러나 건축법 제3조 「적용제외」 제2항에서 적용하지 않고 있다.(법개정 권고의견)

**질의** 너비 4m인 도로와 너비 6m인 도로가 교차되는 부분에 위치한 대지의 도로모퉁이 부분에서의 건축선의 지정

**회신** 건축법 제2조 제1항 제11호의 규정에 의한 도로가 서로 교차되는 부분에 위치한 도로모퉁이 부분의 건축선은 그 대지에 접한 도로경계선의 교차점으로부터 도로경계선을 따라 동법 시행령 제31조 제1항에서 정하는 거리를 각각 후퇴한 2점을 연결한 선으로 합니다.(국토교통부 건축정책과 등록 2009.08.27, 수정 2019.5.24)

**참고**

도로모퉁이의 길이 등(「도시·군계획시설의 결정·구조 및 설치기준에 관한 규칙」 제14조)

① 도로의 교차지점에서의 교통을 원활히 하고 시야를 충분히 확보하기 위하여 필요한 경우 도로모퉁이의 길이를 별표의 기준 이상으로 하여야 한다.

② 도로의 교차방식을 교통섬·변속차로 등을 설치하는 방식에 의하거나 로터리를 설치하는 방식에 의하는 경우에는 제1항의 규정에 불구하고 도로모퉁이의 길이를 당해 교차방식에 적합한 비율로 조정할 수 있다.

③ 도로모퉁이 부분의 보도와 차도의 경계선은 원호(圓弧) 또는 복합곡선이 되도록 하고, 곡선반경은 제9조 제3호의 기능별 분류에 따라 다음 각 호의 구분에 의한다. 이 경우 교차하는 도로의 기능별 분류가 서로 다른 때에는 교차지점의 곡선반경은 곡선반경이 큰 도로의 기준을 적용한다.

1. 주간선도로 : 15m 이상
2. 보조간선도로 : 12m 이상
3. 집산도로 : 10m 이상
4. 국지도로 : 6m 이상

※ 「도시·군계획시설의 결정·구조 및 설치기준에 관한 규칙」【별표】

## 도로모퉁이의 길이(제14조제1항 관련)

(단위 : m)

| 교차각도 | 도로의 너비 | 40 이상 | 35 이상 40 미만 | 30 이상 35 미만 | 25 이상 30 미만 | 20 이상 25 미만 | 15 이상 20 미만 | 12 이상 15 미만 | 10 이상 12 미만 | 8 이상 10 미만 | 6 이상 8 미만 |
|---|---|---|---|---|---|---|---|---|---|---|---|
| 90° 전후 | 40 이상 | 12 | 10 | 10 | 10 | 10 | 8 | 6 | - | - | - |
| | 35 이상 40 미만 | 10 | 10 | 10 | 10 | 10 | 8 | 6 | - | - | - |
| | 30 이상 35 미만 | 10 | 10 | 10 | 10 | 10 | 8 | 6 | 5 | - | - |
| | 25 이상 30 미만 | 10 | 10 | 10 | 10 | 10 | 8 | 6 | 5 | - | - |
| | 20 이상 25 미만 | 10 | 10 | 10 | 10 | 10 | 8 | 6 | 5 | 5 | 5 |
| | 15 이상 20 미만 | 8 | 8 | 8 | 8 | 8 | 8 | 6 | 5 | 5 | 5 |
| | 12 이상 15 미만 | 6 | 6 | 6 | 6 | 6 | 6 | 6 | 5 | 5 | 5 |
| | 10 이상 12 미만 | - | - | 5 | 5 | 5 | 5 | 5 | 5 | 5 | 5 |
| | 8 이상 10 미만 | - | - | - | - | 5 | 5 | 5 | 5 | 5 | 5 |
| | 6 이상 8 미만 | - | - | - | - | 5 | 5 | 5 | 5 | 5 | 5 |
| 60° 전후 | 40 이상 | 15 | 12 | 12 | 12 | 12 | 10 | 8 | 6 | - | - |
| | 35 이상 40 미만 | 12 | 12 | 12 | 12 | 12 | 10 | 8 | 6 | - | - |
| | 30 이상 35 미만 | 12 | 12 | 12 | 12 | 12 | 10 | 8 | 6 | - | - |
| | 25 이상 30 미만 | 12 | 12 | 12 | 12 | 12 | 10 | 8 | 6 | - | - |
| | 20 이상 25 미만 | 12 | 12 | 12 | 12 | 12 | 10 | 8 | 6 | 6 | 6 |
| | 15 이상 20 미만 | 10 | 10 | 10 | 10 | 10 | 10 | 8 | 6 | 6 | 6 |
| | 12 이상 15 미만 | 8 | 8 | 8 | 8 | 8 | 8 | 8 | 6 | 6 | 6 |
| | 10 이상 12 미만 | 6 | 6 | 6 | 6 | 6 | 6 | 6 | 6 | 6 | 6 |
| | 8 이상 10 미만 | - | - | - | - | 6 | 6 | 6 | 6 | 6 | 6 |
| | 6 이상 8 미만 | - | - | - | - | 6 | 6 | 6 | 6 | 6 | 6 |
| 120° 전후 | 40 이상 | 8 | 8 | 8 | 8 | 8 | 6 | 5 | - | - | - |
| | 35 이상 40 미만 | 8 | 8 | 8 | 8 | 8 | 6 | 5 | - | - | - |
| | 30 이상 35 미만 | 8 | 8 | 8 | 8 | 8 | 6 | 5 | 4 | - | - |
| | 25 이상 30 미만 | 8 | 8 | 8 | 8 | 8 | 6 | 5 | 4 | - | - |
| | 20 이상 25 미만 | 8 | 8 | 8 | 8 | 8 | 6 | 5 | 4 | 4 | 4 |
| | 15 이상 20 미만 | 6 | 6 | 6 | 6 | 6 | 6 | 5 | 4 | 4 | 4 |
| | 12 이상 15 미만 | 5 | 5 | 5 | 5 | 5 | 5 | 5 | 4 | 4 | 4 |
| | 10 이상 12 미만 | - | - | 4 | 4 | 4 | 4 | 4 | 4 | 4 | 4 |
| | 8 이상 10 미만 | - | - | - | - | 4 | 4 | 4 | 4 | 4 | 4 |
| | 6 이상 8 미만 | - | - | - | - | 4 | 4 | 4 | 4 | 4 | 4 |

※ 도로모퉁이의 길이

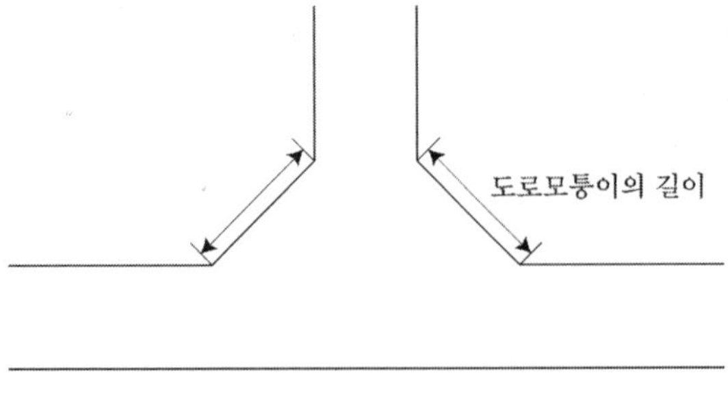

**문제점** 가구 내의 필지연결 도로의 너비는 4～10m 정도가 많다.

「건축법 시행령」의 건축선후퇴 규정에서는 8m 이상 도로는 해당되지 않는 반면 「도시계획시설의 결정·구조 및 설치 기준에 관한 규칙」에서는 6m 미만인 도로에 관한 규정이 없기 때문에 예를 들면 8m·4m 도로 상호간에는 모두 적용받지 않는 문제점이 있다.

**법 제47조 【건축선에 의한 건축제한】**

① 건축물과 담장은 건축선의 수직면(垂直面)을 넘어서는 아니된다. 다만, 지표(地表) 아래 부분은 그러하지 아니하다.

② 도로면으로부터 높이 4.5m 이하에 있는 출입구, 창문, 그 밖에 이와 유사한 구조물은 열고 닫을 때 건축선의 수직면을 넘지 아니하는 구조로 하여야 한다.

**해설** 건축물의 모든 부분은 원칙적으로 건축선의 수직면을 넘을 수 없다. 그러나 지표면하의 부분을 제외한 것은 기초의 크기에 따라 건축선이 달라지거나 편심기초가 되는 것을 방지하자는 의도이며 지표하에는 건축물을 멋대로 지어도 된다는 것은 아니다.

또한 노면으로부터 높이 4.5m(자동차통과높이) 이하에는 공공의 통행에 지장을 주지 않도록 출입구, 창문 등이 개폐시라 할지라도 건축선을 넘어서는 안 되지만 4.5m를 넘는 경우는 예외로 함으로써 창문의 개폐방법에 따라 건축물의 건축선이 조금씩 달라지는 것을 막을 수 있다.

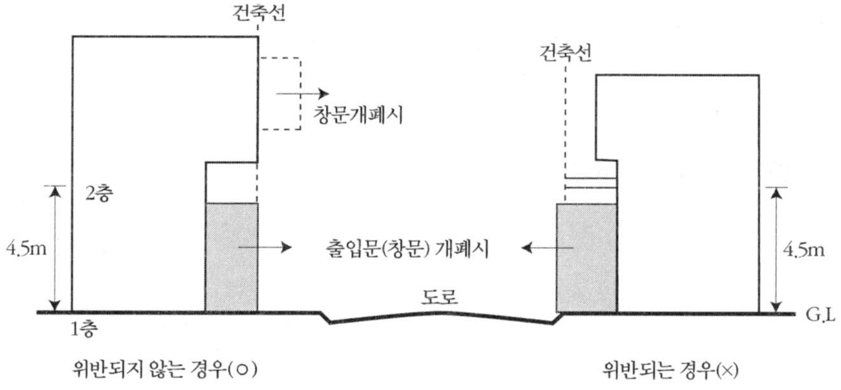


그림 4-11 건축선의 제한

# 제4장 과제하기

**01.** 콘크리트구조로 해야 하는 옹벽의 높이는?

**02.** 대지 안의 조경에 대하여

1) 대상 대지의 규모

2) 건축물에 대하여 조경 등의 조치를 하지 아니할 수 있는 경우는?

3) 옥상조경 면적기준은?

**03.** 대지가 도로에 접해야 하는 최소한의 길이는?

**04.** 연면적 2,000m$^2$ 이상인 건축물의 대지의 접도 규정은?

**05.** 건축물이 건축선을 넘을 수 있는 경우는?

**06.** 건축선은 무엇인가?

**07.** 소요 너비에 미달되는 도로의 건축선은?

**08.** 너비가 6m, 4m인 도로가 90°의 교차 각을 가질 때 교차점으로부터 건축선의 후퇴거리는?

**09.** 공개 공지의 확보에 대하여

1) 대상지역은?

2) 건축물의 종류 및 규모는?

3) 대지 안의 공지 규정의 완화 규정은?

# 제4장 과년도 문제

**01.** 건축법령으로 규정하고 있지 않은 것은?

㉮ 대지 안의 조경에 관한 사항
㉯ 건축물 구조 안전의 확인
㉰ 공개공지 등의 확보
㉱ 지역 및 지구의 지정

**해설** 대지면적 $200m^2$ 이상인 대지에 건축 등을 하는 건축주는 건축조례가 정하는 기준에 의하여 조경을 하여야 하며, 층수가 3층 이상이거나 연면적이 $1,000m^2$ 이상인 건축물, 높이가 13m 이상, 처마높이 9m 이상, 또는 기둥과 기둥 간 거리가 10m 이상인 건축물은 구조계산에 따라 구조안전을 확인하여야 하고, 지역 및 지구의 지정 등은 국토의 계획 및 이용에 관한 법률에 의해 규정되어 있다.

**02.** 다음 중 도로의 변경 신청시 첨부하지 않아도 되는 것은?

㉮ 도로의 지역·지구 표시
㉯ 도로의 구간 연장
㉰ 도로의 변경 전·후의 상태
㉱ 당해 도로의 이해관계자 동의서

**해설** 건축법상 도로를 폐지 또는 변경할 경우에는 시장·군수·구청장의 허가를 받아야 하며 이때는 다음의 서류가 첨부되어야 한다.
- 도로의 구간·연장·너비 및 위치
- 도로의 폐지 또는 변경 전후의 상태
- 이해 관계자의 폐지 또는 변경 동의서

**03.** 면적이 $200m^2$ 이상이 되는 대지 안에 식수 등 조경시설 설치에 관한 기준에서 설치의무대상이 되는 것은?

㉮ 읍·면의 자연녹지지역 안에 건축하는 연면적이 $200m^2$의 주택
㉯ $5,000m^2$ 되는 대지에 건축하는 공장
㉰ 연면적 $400m^2$의 축사
㉱ 염분이 함유되어 있는 대지에 건축하는 경우

**해설** **법 제42조, 영 제27조**
면적이 $200m^2$ 이상인 대지에 건축 등을 하는 건축주는 용도 지역 및 건축물의 규모에 따라 건축조례가 정하는 기준에 의하여 조경하여야 한다.
다음의 경우 조경에 필요한 조치를 하지 아니할 수 있다.
- 녹지지역 안에 건축하는 건축물
- 면적 $5,000m^2$ 미만인 대지에 건축하는 공장
  - 연면적의 합계 $1,500m^2$ 미만인 공장
  - 산업집적활성화 및 공장설립에 관한 법률에 의한 산업단지 안의 공장
- 대지에 염분이 함유되어 있는 경우
- 축사
- 가설건축물
- 연면적 $1,500m^2$ 미만인 물류시설(주거·상업지역 제외)
- 자연환경보전지역, 농림지역, 관리지역 안의 건축물

**04.** 대지면적이 $500m^2$인 경우 신축시 다음 중 식수를 하지 않아도 되는 건축물은?

㉮ 학교
㉯ 공장
㉰ 장례식장
㉱ 교도소

**해설** **법 제42조, 영 제27조**
상기 문제 참조
공장은 대지면적 $5,000m^2$ 미만과 연면적 합계 $1,500m^2$ 미만 그리고 산업집적활성화 및 공장설립에 관한 법률 규정에 의한 산업단지 안의 공장에서는 대지안의 조경을 설치하지 않아도 된다.

**05.** 아래 사항 중 대지 안에 조경을 해야 하는 경우는?

㉮ $3,000m^2$ 대지에 건축하는 공장
㉯ 자연환경보전지역
㉰ 주거지역에서 연면적의 합계 $1,500m^2$ 미만인 물류시설
㉱ $100m^2$의 대지에 건축하는 주택

**해설** **법 제42조, 영 제27조**
상기 문제 참조
본 문제는 문항을 ㉯, ㉰항을 바꾸었다.
물류시설의 경우 연면적의 합계 $1,500m^2$ 미만인 경우 조경의 조치를 하지 않아도 되나 주거지역이나 상업지역에 건축할 경우는 조경 등의 조치를 하여야 한다.

**해답** 1. ㉱ 2. ㉮ 3. ㉯ 4. ㉯ 5. ㉰

**06.** 그림과 같은 대지의 도로 모퉁이 부분의 건축선으로서 도로경계선의 교차점에서의 거리 $a$로 맞는 것은?

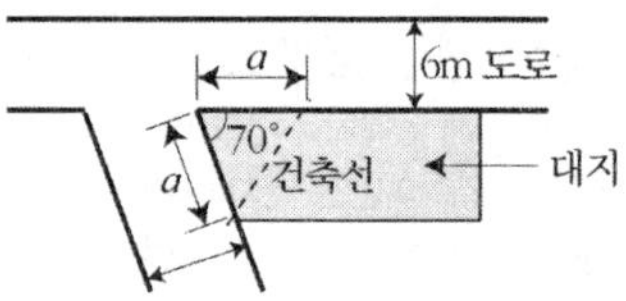


㉮ 1m ㉯ 2m
㉰ 3m ㉱ 4m

**해설** 영 제31조
도로의 경계선에 따라 도로너비 의해 후퇴한 두 점을 연결한 선

(단위 : m)

| 도로의 교차각 | 당해 도로의 너비 | | 교차되는 도로의 너비 |
|---|---|---|---|
| | 6 이상 8 미만 | 4 이상 6 미만 | |
| 90° 미만 | 4 | 3 | 6 이상, 8 미만 |
| | 3 | 2 | 4 이상, 6 미만 |
| 90° 이상 120° 미만 | 3 | 2 | 6 이상, 8 미만 |
| | 2 | 2 | 4 이상, 6 미만 |

∴ 도로교차각이 90° 미만으로서 6m 이상 8m 미만 도로의 너비가 되므로 4m가 된다.

**07.** 도로의 폭이 각각 6m씩 되는 2개의 도로가 90°로 교차하는 모퉁이 대지에서 건축선에 의하여 공제되는 대지면적은 몇 $m^2$인가?

㉮ $2m^2$ ㉯ $3m^2$
㉰ $4.5m^2$ ㉱ $8m^2$

**해설** 영 제31조
상기 문제 참조
도로의 폭이 각각 6m이고, 도로가 90°로 교차하므로 가각전제의 대상이 된다. 후퇴거리는 각각 3m이다. 이를 연결한 선이 건축선이 되므로 $4.5m^2$가 공제된다.

**08.** 도로모퉁이에서의 건축선 지정에 관계없는 것은?

㉮ 교차각 120° 미만
㉯ 교차도로 폭 8m 미만, 4m 이상
㉰ 교차각 90° 이상이냐, 미만이냐
㉱ 대지의 둘레와 전면도로에 접한 길이

**해설** 영 제31조
도로모퉁이에 있어서의 건축선은 그 대지에 접한 도로경계선의 교차점으로부터 그 도로경계선을 따라 다음 표의 거리를 각각 후퇴한 2점을 연결하는 선으로 한다.

| 도로의 교차각 | 당해 도로의 너비 | | 교차되는 도로의 너비 |
|---|---|---|---|
| | 6m 이상 8m 미만 | 4m 이상 6m 미만 | |
| 90° 미만 | 4m | 3m | 6m 이상, 8m 미만 |
| | 3m | 2m | 4m 이상, 6m 미만 |
| 90° 이상 ~120° 미만 | 3m | 2m | 6m 이상, 8m 미만 |
| | 2m | 2m | 4m 이상, 6m 미만 |

∴ 대지의 둘레와 전면도로에 접한 길이는 도로모퉁이에서의 건축선 지정과 관계가 없다.

**09.** 다음 그림과 같은 "갑"과 "을"의 대지의 경우 대지면적의 차이는?

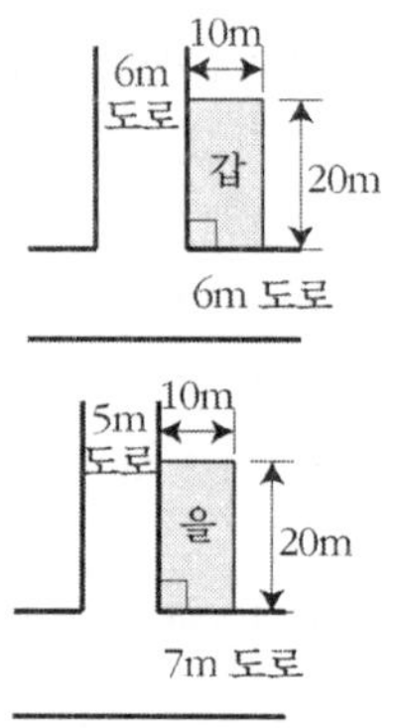


㉮ $0m^2$ ㉯ $2.5m^2$
㉰ $3.5m^2$ ㉱ $6m^2$

**해설** 영 제31조
〈도로모퉁이에서의 건축선(교차점에서의 후퇴길이)〉

(단위 : m)

| 도로의 교차각 | 교차되는 도로의 너비 | 8 미만 6 이상 | 6 미만 4 이상 |
|---|---|---|---|
| 90° 미만 | 8 미만, 6 이상 | 4 | 3 |
| | 6 미만, 4 이상 | 3 | 2 |
| 90° 이상 120° 미만 | 8 미만, 6 이상 | 3 | 2 |
| | 6 미만, 4 이상 | 2 | 2 |

－갑의 경우 : 대지면적(10m×20m)－공제면적(3m×3m/2)=$195.5m^2$
－을의 경우 : 대지면적(10m×20m)－공제면적(2m×2m/2)=$198.0m^2$
∴ 갑과 을의 차이는 $2.5m^2$가 된다.

**해답** 6. ㉱ 7. ㉰ 8. ㉱ 9. ㉯

**10.** 다음 건축물 중 대지 안의 조경을 해야 하는 것은?

㉮ 면적 3,500$m^2$인 대지에 건축하는 공장
㉯ 연면적의 합계가 11,500$m^2$인 공장
㉰ 읍·면의 자연녹지지역에 건축하는 건축물
㉱ 축사

**해설** **법 제42조, 영 제27호**
대지면적 5,000$m^2$ 이상 또는 연면적 합계 1,500$m^2$ 이상인 공장은 조경의무대상이다(대지면적과 연면적에 주의해야 한다).

**11.** 그림과 같은 대지 조건에서 공제되는 대지면적은 얼마인가?

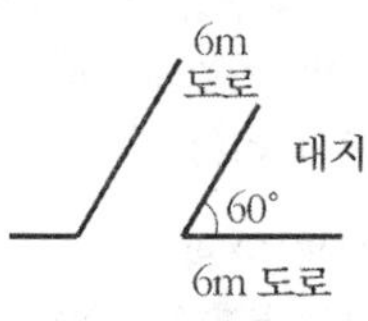


㉮ $8\sqrt{5}\,m^2$　　㉯ $8m^2$
㉰ $4\sqrt{5}\,m^2$　　㉱ $4\sqrt{3}\,m^2$

**해설** **영 제31조**
– 도로모퉁이에서 6m 도로와 6m 도로가 교차하면서 교차각도가 60°이므로 교차점에서 각각 4m 후퇴한 선을 건축선으로 한다. 따라서 도로모퉁이에서의 건축선에 의한 공제면적
– 삼각형의 면적

$= 밑변 \times 높이 \times \frac{1}{2}$

$= 4m \times 2\sqrt{3}\,m \times \frac{1}{2}$ (높이 : $\sin 60° = \frac{h}{4}$

$\therefore h = 4 \times \frac{\sqrt{3}}{2} = 2\sqrt{3}$ )

$= 4\sqrt{3}\,m^2$

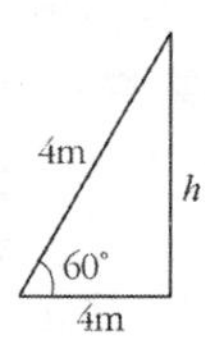


**12.** 면적이 200$m^2$ 이상이 되는 대지 안에 식수 등 조경시설 설치에 관한 기준에서 설치의무대상이 되는 것은?

㉮ 읍·면의 자연녹지지역 안에 건축하는 연면적 200$m^2$의 주택
㉯ 면적 5,000$m^2$인 대지에 건축하는 공장
㉰ 연면적의 합계가 1,000$m^2$인 물류시설
㉱ 대지에 염분이 함유되어 있는 경우

**해설** **영 제27조**
공장은 5,000$m^2$ 미만인 대지 또는 연면적 합계 1,500$m^2$ 미만. 따라서 ㉯항이 5,000$m^2$가 되므로 설치대상이 된다.

**13.** 두 도로의 너비가 각각 6m이고 그 교차각이 90° 이상, 120° 미만인 도로모퉁이 부분의 건축선은 대지에 접한 도로경계선의 교차점으로부터 도로경계선을 따라 각각 얼마를 후퇴하여야 하는가?

㉮ 후퇴하지 않는다.　　㉯ 2m
㉰ 3m　　㉱ 4m

**해설** **영 제31조**

| 도로의 교차각 | 당해 도로의 너비 | | 교차되는 도로의 너비 |
|---|---|---|---|
| | 6m 이상, 8m 미만 | 4m 이상, 6m 미만 | |
| 90° 미만 | 4m | 3m | 6m 이상, 8m 미만 |
| | 3m | 2m | 4m 이상, 6m 미만 |
| 90° 이상~120° 미만 | 3m | 2m | 6m 이상, 8m 미만 |
| | 2m | 2m | 4m 이상, 6m 미만 |

대지의 도로모퉁이 부분의 건축선은 그 대지에 접한 도로경계선의 교차점으로부터 도로경계선에 따라 다음의 표에 의한 거리를 각각 후퇴한 점을 연결한 선으로 정한다.

**14.** 2도로의 너비가 각각 7m이고 그 교차각이 90°인 도로모퉁이에 위치한 대지의 도로모퉁이 부분의 건축선은 대지에 접한 도로경계선의 교차점으로부터 도로경계선을 따라 각각 얼마를 후퇴하여야 하는가?

㉮ 후퇴하지 않는다.　　㉯ 2m
㉰ 3m　　㉱ 4m

**해설** **영 제31조**
상기 문제 참조
두 도로의 너비가 각각 7m가 되고 90° 이상 120° 미만인 경우 3m가 후퇴되어야 한다.

**해답** 10. ㉮ 11. ㉱ 12. ㉯ 13. ㉰ 14. ㉰

**15.** 다음은 건축법령상 예외적으로 대지에 조경 등의 조치를 하지 아니할 수 있는 건축물에 관한 규정의 일부이다. ( )안에 들어갈 숫자를 순서대로 나열한 것으로 가장 적합한 것은?

> ① 면적 ( )$m^2$ 미만인 대지에 건축 하는 공장
> ② 연면적의 합계가 ( )$m^2$ 미만인 공장
> ③ 연면적의 합계가 ( )$m^2$ 미만인 물류 시설로서(주거지역 또는 상업지역에 건축하는 것은 제외한다) 국토교통부령으로 정하는 것

㉮ 3천－2천－1천
㉯ 3천－2천－1천500
㉰ 5천－1천－2천
㉱ 5천－1천500－1천500

해설 **법 제27조**

- 조경 등의 조치를 아니할 수 있는 건축물 규정
  - 녹지지역에 건축하는 건축물
  - 면적 5,000$m^2$ 미만인 대지에 건축하는 공장
  - 연면적 합계 1,500$m^2$ 미만인 공장
  - 관련법에 따른 산업단지의 공장
  - 조경이 불합리한 경우로 건축조례가 정하는 건축물
  - 축사
  - 가설건축물
  - 연면적합계 1,500$m^2$ 미만인 물류시설로서(주거지역 또는 상업지역에 건축하는 것을 제외) 국토교통부령으로 정하는 것
  - 관련법에 따른 관광시설, 휴양업시설, 골프장 등

**16.** 대지와 도로와의 관계에 영향을 주지 않는 것은?

㉮ 건축물의 연면적
㉯ 건축물의 용도
㉰ 대지가 도로에 접하는 부분의 길이
㉱ 대지가 접하는 도로의 너비

해설 **법 제44조, 영 제28조**

건축물은 대지 2m 이상 도로에 접하여야 하며, 건축물의 대지가 접하는 도로의 너비, 그대지가 도로에 접하는 부분의 길이 기타 그 대지와 도로의 관계 필요한 사항이 규정되어 있으며 건축물의 용도는 영향이 없으며 건축물의 연면적의 합계가 2,000$m^2$ 이상인 경우 대지는 너비 6m 이상의 도로에 4m 이상 접하여야 한다.

**17.** 건축법령상 대지에 관한 설명으로 가장 부적합한 것은?

㉮ 대지는 인접한 도로면보다 낮아서는 아니 된다. 다만, 대지의 배수에 지장이 없거나 건축물의 용도상 방습의 필요가 없는 경우에는 인접한 도로면보다 낮아도 된다.
㉯ 대지에 도시·군계획시설인 도로, 공원 등이 있는 경우에 그 도시·군계획시설에 포함되는 대지면적은 대지의 수평투영면적 산정 시 제외한다.
㉰ 일반공업지역에 해당 용도로 쓰는 바닥면적 합계가 5,000$m^2$ 이상인 문화 및 집회시설인 건축물의 대지에는 공개공지를 확보하여야 한다.
㉱ 대지에는 빗물과 오수를 배출하거나 처리하기 위하여 필요한 하수관, 하수구, 저수탱크, 그 밖에 유사한 시설을 하여야 한다.

해설 **법 제43조, 영 제27조의2**

- 공개공지 또는 공개 공간 설치 대상지역
  - 일반주거지역, 준주거지역
  - 상업지역
  - 준공업지역
  - 특별자치시장·특별자치도지사 또는 군수·구청장이 도시화의 가능성이 크다고 인정하여 지정·공고하는 지역
- 설치대상 건축물
  - 문화 및 집회시설, 종교시설, 판매시설(「농수산물 유통 및 가격안정에 관한 법률」에 따른 농수산물유통시설을 제외), 운수시설(여객용 시설만 해당), 업무시설 및 숙박시설로서 해당 용도로 쓰는 바닥면적의 합계가 5,000$m^2$ 이상인 건축물
  - 그 밖에 다중이 이용하는 시설로서 건축조례로 정하는 건축물

**18.** 바닥면적의 합계가 5,000$m^2$ 이상인 건축물의 용도로서 다음 중 공개공지를 확보하지 않아도 되는 것은?

㉮ 위락시설 ㉯ 업무시설
㉰ 판매시설 ㉱ 종교시설

해설 **영 제27조의2**

상기 문제 참조
종교시설은 문화 및 집회시설에 속하고 판매시설은 판매 및 영업시설에 속한다.

해답 15. ㉱ 16. ㉯ 17. ㉰ 18. ㉮

**19.** 환경을 쾌적하게 조성하기 위해서 일반이 사용할 수 있도록 하는 소규모 휴식시설의 공개 공지를 확보하지 않아도 되는 지역은?

㉮ 일반주거지역 ㉯ 준주거지역
㉰ 일반공업지역 ㉱ 준공업지역

**해설 법 제43조**
다음의 지역에서는 공개 공지 등을 확보하여야 한다.
-상업지역·일반주거, 준주거지역, 준공업지역

**20.** 공개공지 또는 공개공간의 설치면적을 건축조례로 정할 수 있는 최대바닥면적은 대지 면적의 몇 %인가?

㉮ 5% ㉯ 10%
㉰ 15% ㉱ 20%

**해설 영 제27조의2**
공개공지 또는 공개공간의 확보면적은 대지면적의 10% 이하의 범위 안에서 건축조례로 정한다.

**21.** 공개공지를 확보한 경우 건축법 규정에 의한 높이 제한이 30m일 때, 당해 건축물의 적용되는 높이 기준이 얼마까지 완화될 수 있는가?

㉮ 30m 이하 ㉯ 33m 이하
㉰ 36m 이하 ㉱ 39m 이하

**해설 영 제27조의2**
일정 규모 이상 공개공지 또는 공개공간을 설치하는 경우 법규정에 의한 용적률과 높이 제한의 경우 법령 기준의 1.2배를 완화받을 수 있다.

**22.** 공개공지 등의 확보에 대한 기술 중 옳지 않은 것은?

㉮ 연면적의 합계가 5,000m$^2$ 이상인 업무시설은 공개공지를 확보해야 한다.
㉯ 일반주거지역은 소규모 휴식시설의 공개공지를 확보해야 한다.
㉰ 연면적의 합계가 5,000m$^2$ 이상인 숙박시설은 공개공간을 확보해야 한다.
㉱ 전용공업지역은 소규모 휴식시설의 공개공지 또는 공개공간을 설치해야 한다.

**해답** 19. ㉰ 20. ㉯ 21. ㉰ 22. ㉱

# 제5장

# 건축물의 구조 및 재료 등

**법 제48조 【구조내력 등】**

① 건축물은 고정하중, 적재하중(積載荷重), 적설하중(積雪荷重), 풍압(風壓), 지진, 그 밖의 진동 및 충격 등에 대하여 안전한 구조를 가져야 한다.

② 제11조제1항에 따른 건축물을 건축하거나 대수선하는 경우에는 대통령령으로 정하는 바에 따라 **구조의 안전**을 확인하여야 한다.

③ 지방자치단체의 장은 제2항에 따른 구조 안전 확인 대상 건축물에 대하여 허가 등을 하는 경우 **내진(耐震)성능** 확보 여부를 확인하여야 한다.(2011.9.16 본항 신설)

④ 제1항에 따른 **구조내력의 기준**과 **구조 계산의 방법** 등에 관하여 필요한 사항은 국토교통부령으로 정한다.(2015.1.6 본항 개정)

**해설** 「건축법」상의 구조의 안전에 관한 기준은 「건축법」의 중요한 목적의 하나이며 특히 이 조문(條文)의 취지는 건축물이 안전하게 존립(存立)할 수 있는 구조와 내력(耐力)을 갖도록 규제하고 있다. 구조설계나 구조계산방법은 기술의 개발에 따라 항상 변할 수 있으므로 기술적 사항에 대해서는 국토교통부장관이 기준을 정할 수 있도록 하여 「건축물의 구조기준 등에 관한 규칙」으로 제정하였다.

**영 제32조 【구조 안전의 확인】**

① 법 제48조제2항에 따라 법 제11조제1항에 따른 건축물을 건축하거나 대수선하는 경우 해당 건축물의 설계자는 국토교통부령으로 정하는 구조기준 등에 따라 그 구조의 안전을 확인하여야 한다.(2014.11.28 본항 개정)

② 제1항에 따라 구조 안전을 확인한 건축물 중 다음 각 호의 어느 하나에 해당하는 건축물의 건축주는 해당 건축물의 설계자로부터 구조 안전의 확인 서류를 받아 법 제21조에 따른 착공

신고를 하는 때에 그 확인 서류를 허가권자에게 제출하여야 한다. 다만, 표준설계도서에 따라 건축하는 건축물은 제외한다.(2018.12.4 단서 신설)

1. 층수가 2층[주요구조부인 기둥과 보를 설치하는 건축물로서 그 기둥과 보가 목재인 목구조 건축물(이하 "**목구조 건축물**"이라 한다)의 경우에는 3층] 이상인 건축물(2017.10.24 본호 개정)
2. 연면적이 200$m^2$(목구조 건축물의 경우에는 500$m^2$) 이상인 건축물. 다만, 창고, 축사, 작물재배사는 제외한다.(2018.12.4 본호 개정)
3. 높이가 13m 이상인 건축물
4. 처마높이가 9m 이상인 건축물
5. 기둥과 기둥 사이의 거리가 10m 이상인 건축물
6. 건축물의 용도 및 규모를 고려한 중요도가 높은 건축물로서 국토교통부령으로 정하는 건축물(2017.10.24 본호 개정)
7. 국가적 문화유산으로 보존할 가치가 있는 건축물로서 국토교통부령으로 정하는 것
8. 제2조제18호가목, 다목 및 라목의 건축물(2024.12.17 본호 개정)
9. 별표 1 제1호의 단독주택 및 같은 표 제2호의 공동주택(2017.10.24 본호 신설)

③ 제1항 및 제2항 각 호 외의 부분 본문에도 불구하고 방화·방수·단열 등의 성능 개선을 위해 기존 건축물을 국토교통부령으로 정하는 바에 따라 증축 또는 대수선하는 건축주에 대해서는 다음 각 호의 요건을 모두 갖춘 경우 국토교통부령으로 정하는 바에 따라 구조 안전의 확인 방법을 달리 적용할 수 있다. 다만, 제3조의2제5호에 해당하는 경우에는 제1호를 적용하지 않는다.(2024.12.17 본항 신설)

1. 주요구조부의 변경이 없을 것
2. 법 제48조제1항에 따른 구조내력(構造耐力)의 변경이 국토교통부령으로 정하는 경미한 변경에 해당할 것

④ 제6조제1항제6호다목에 따라 기존 건축물을 건축 또는 대수선하려는 건축주는 법 제5조제1항에 따라 적용의 완화를 요청할 때 구조 안전의 확인 서류를 허가권자에게 제출하여야 한다. (2024.12.17 본항 개정)

**해설** 건축물을 건축하거나 대수선하는 모든 건축물은 구조기준에 따라 **구조의 안전을 확인**하여야 한다. 그리고 다음에 해당하는 건축물은 **구조 안전의 확인서류를 받아 착공신고시 허가권자에게 서류**를 제출하여야 한다.(표준설계도서는 제외)

- 2층 이상(목구조 건축물은 3층 이상)
- 연면적 200$m^2$ 이상(목구조 건축물의 경우 500$m^2$ 이상으로 하고, 창고, 축사, 작물재배사 제외)
- 높이 13m 이상 또는 처마높이 9m 이상
- 기둥과 기둥 사이(span) – 10m 이상
- 건축물의 용도 및 규모를 고려한 중요도가 높은 건축물(구조기준 제56조)로서 아래 중요도 "특" 또는 중요도 1에 해당하는 건축물

**중요도 및 중요도 계수**

| 중요도 | 특 | 1 | 2 | 3 |
|---|---|---|---|---|
| 건축물의 용도 및 규모 | 1. 연면적 1,000$m^2$ 이상인 위험물 저장 및 처리 시설·국가 또는 지방자치단체의 청사·외국공관·소방서·발전소·방송국·전신전화국·국가 또는 지방자치단체의 데이터센터<br>2. 종합병원, 수술시설이나 응급시설이 있는 병원 | 1. 연면적 1,000$m^2$ 미만인 위험물 저장 및 처리시설·국가 또는 지방자치단체의 청사·외국공관·소방서·발전소 ·방송국·전신전화국, 중요도(특)에 해당하지 않는 데이터센터<br>2. 연면적 5,000$m^2$ 이상인 공연장·집회장·관람장·전시장·운동시설·판매시설·운수시설(화물터미널과 집배송시설은 제외함)<br>3. 아동관련시설·노인복지시설·사회복지시설·근로복지시설<br>4. 5층 이상인 숙박시설·오피스텔·기숙사·아파트·교정시설<br>5. 학교<br>6. 수술시설과 응급시설 모두 없는 병원, 기타 연면적 1,000$m^2$ 이상인 의료시설로서 중요도(특)에 해당하지 않는 건축물 | 1. 중요도(특), (1), (3)에 해당하지 않는 건축물 | 1. 농업시설물, 소규모 창고<br>2. 가설구조물 |
| 중요도 계수 | 1.5 | 1.2 | 1.0 | 1.0 |

※ 비고

중요도(특)에 해당하는 데이터센터는 국가 또는 지방자치단체가 구축이나 운영에 관한 권한 또는 업무를 위임·위탁한 데이터센터를 포함한다.

- 국가적 문화유산으로 보존할 가치가 있는 건축물(「건축물의 구조기준 등에 관한 규칙」 제56조제3항)
  - 국가적문화유산으로 보존할 가치가 있는 박물관, 기념관 기타 이와 유사한 것으로서 연면적의 합계가 5,000$m^2$ 이상인 건축물
- 다음에 해당하는 특수구조 건축물
  - 보, 차양 등이 외벽의 중심선으로부터 3m 이상 돌출된 건축물(영 제2조제18호가목)
  - 무량판 구조를 가진 법규정에 적합한 경우만 해당되는 건축물(영 제2조제18호다목)
  - 특수한 설계·시공·공법 등이 필요한 건축물로서 국토교통부장관이 정하여 고시하는 구조로 된 건축물(영 제2조제18호라목)
- 단독주택 및 공동주택

**참고**

구조의 안전을 확인하는 경우, 건축구조기술사의 협력을 받아야 하는 경우(영 제91조의3 제1항)

1. 6층 이상인 건축물
2. 특수구조 건축물
3. 다중이용 건축물
4. 준다중이용 건축물
5. 3층 이상의 필로티형식 건축물
6. 지진구역 I의 지역(서울특별시, 광역시, 특별자치시, 강원도 북부와 제주도를 제외한 각 도)에 건축하는 건축물로서 중요도가 "특"에 해당하는 건축물(연면적 1,000$m^2$ 이상인 위험물 저장 및 처리시설 등) : 구조기준 제61조 참조

- 방화·방수·단열 등의 성능개선을 위해 기존 건축물을 건축물의 구조기준 등에 관한 규칙 제58조의2에 따라 증축 또는 대수선하는 주요구조부의 변경이 없거나 법에 따른 구조내력의 변경이 건축구조기준에 따른 구조내력의 증가가 5% 이하인 경우 구조안전의 확인방법을 별도로 적용할 수 있도록 함.

**법 제48조의2 【건축물 내진등급의 설정】** [2013.7.16 본조 신설]

① 국토교통부장관은 지진으로부터 건축물의 구조 안전을 확보하기 위하여 건축물의 용도, 규모 및 설계구조의 중요도에 따라 내진등급(耐震等級)을 설정하여야 한다.

② 제1항에 따른 내진등급을 설정하기 위한 내진등급기준 등 필요한 사항은 국토교통부령으로 정한다.

해설 최근 빈번히 발생하고 있는 대규모 지진피해에 대비하기 위하여 건축물의 용도, 규모 및 설계구조의 중요도에 따라 내진등급을 설정하도록 하고 있다.

- 건축물의 구조기준 등에 관한 규칙(제60조)에 따른 건축물의 내진등급 기준을 보면 다음과 같다.

| 건축물의 내진등급 | 건축물의 중요도 | 중요도 계수(IE) |
|---|---|---|
| 특 | 별표 11에 따른 중요도 특 | 1.5 |
| I | 별표 11에 따른 중요도 1 | 1.2 |
| Ⅱ | 별표 11에 따른 중요도 2 및 3 | 1.0 |

※ 여기서 별표 11은 앞의 중요도 및 중요도 계수를 참고하면 됨.

참고 경주지진(2016.9.12, 진도 5.8) 및 포항지진(2017.11.15, 진도 5.4)이 발생하여 내진에 대한 구조안전을 강화하고 있다.

**법 제48조의3 【건축물의 내진능력 공개】**

① 다음 각 호의 어느 하나에 해당하는 건축물을 건축하고자 하는 자는 제22조에 따른 사용승인을 받는 즉시 건축물이 지진 발생 시에 견딜 수 있는 능력(이하 "**내진능력**"이라 한다)을 공개하여야 한다. 다만 제48조제2항에 따른 구조안전 확인 대상 건축물이 아니거나 내진능력 산정이 곤란한 건축물로서 대통령령으로 정하는 건축물은 공개하지 아니한다.(2017.12.26 단서 신설)

1. 층수가 2층[주요구조부인 기둥과 보를 설치하는 건축물로서 그 기둥과 보가 목재인 목구조 건축물(이하 "**목구조 건축물**"이라 한다)의 경우에는 3층] 이상인 건축물(2017.12.26 본호 개정)
2. 연면적이 $200m^2$(목구조 건축물의 경우에는 $500m^2$) 이상인 건축물(2017.12.26 본호 개정)
3. 그 밖에 건축물의 규모와 중요도를 고려하여 대통령령으로 정하는 건축물

② 제1항의 내진능력의 산정 기준과 공개 방법 등 세부사항은 국토교통부령으로 정한다.

**해설** 사용승인을 받는 즉시 건축물의 내진능력을 공개하도록 하고 있는데, 2016년 9월 발생한 경주지진에서 소규모 저층 건축물이 피해가 집중되고 있어 2018.6.27부터는 내진설계 의무 대상 건축물의 범위를 확대 적용함으로써 건축물의 안전성을 확보함과 동시에 국민의 알권리 보장을 확대하는 효과를 가질 수 있다. 다만, 창고, 축사 등으로서 구조안전의 확인서류 제출대상이 아닌 건축물과 소규모 건축구조기준을 적용한 건축물은 내진능력을 공개하지 아니할 수 있다.

**영 제32조의2 【건축물의 내진능력 공개】**

① 법 제48조의3제1항 각 호 외의 부분 단서에서 "대통령령으로 정하는 건축물"이란 다음 각 호의 어느 하나에 해당하는 건축물을 말한다.

1. 창고, 축사, 작물 재배사 및 표준설계도서에 따라 건축하는 건축물로서 제32조제2항제1호 및 제3호부터 제9호까지의 어느 하나에도 해당하지 아니하는 건축물
2. 제32조제1항에 따른 구조기준 중 국토교통부령으로 정하는 소규모건축구조기준을 적용한 건축물

② 법 제48조의3제1항제3호에서 "대통령령으로 정하는 건축물"이란 제32조제2항제3호부터 제9호까지의 어느 하나에 해당하는 건축물을 말한다.

**구조기준 제60조의2 【건축물의 내진능력 산정 기준 및 공개 방법】**

① 법 제48조의3제1항에 따른 내진능력(이하 "**내진능력**"이라 한다)의 산정 기준은 별표 13과 같다.

② 법 제48조의3제1항에 따른 건축물에 대하여 법 제22조에 따라 사용승인을 신청하는 자는 별표 13 제1호가목에 따라 산정한 내진능력을 신청서에 적어 제출하여야 한다. 이 경우 제58조에 따른 구조안전 및 내진설계 확인서를 함께 제출해야 한다.(2024.12.17 본항 개정)

③ 법 제48조의3제1항에 따른 내진능력의 공개는 내진능력을 건축물대장에 기재하는 방법으로 하며, 내진능력의 표기방법은 별표 13 제2호에 따른다.(2024.12.17 본항 개정)

④ 법 제48조의3제1항에 따른 내진능력 공개 대상 건축물이 아닌 건축물의 내진능력을 산정하여 제3항에 따른 방법으로 공개하려는 건축물의 소유자는 별표 13 제1호나목에 따라 내진능력을 확인할 수 있는 자료를 허가권자에게 제출해야 한다.(2024.12.17 본항 신설)

※ **【별표 13】** (2024.12.17 본표 개정)

**내진능력 산정 기준**(제60조의2 관련)

1. 건축물의 내진능력은 다음 각 목의 구분에 따라 산정한다.

가. 제60조의2제2항에 따라 사용승인을 받으려는 건축물: 별표 12에 따른 건축물의 중요도계수($I_E$)를 적용하여 건축구조기준에 따라 내진설계를 하고 설계대로 시공한 경우 해당 중요도계수에 대응되는 내진등급을 건축물의 내진능력으로 본다. 이 경우 사용승인을 받으려는 자는 제58조에 따른 구조안전 및 내진설계 확인서를 제출해야 한다.

나. 제60조의2제4항에 따라 내진능력을 산정하여 공개하려는 건축물: 다음의 구분에 따른 자료를 제출하여 별표 12에 따른 건축물의 내진등급기준에 준하는 내진성능이 확인되는 경우 해당 등급을 건축물의 내진능력으로 본다.

1) 「지진·화산재해대책법」 제16조에 따라 내진보강을 추진한 건축물: 같은 조 제6항에 따라 행정안전부장관이 공시한 내진보강대책에 따른 추진결과
2) 「지진·화산재해대책법」 제16조의2에 따라 내진보강 지원을 받아 내진보강을 추진한 건축물: 같은 법 시행규칙 제3조의4에 따른 건축물 내진성능 확인서
3) 「지진·화산재해대책법」 제16조의3에 따라 행정안전부장관으로부터 지진안전 시설물의 인증을 받은 건축물: 같은 법 시행규칙 제3조의5제2항에 따른 지진안전 시설물 인증서
4) 「시설물의 안전 및 유지관리에 관한 특별법」 제12조제3항에 따라 내진성능평가를 포함한 정밀안전진단을 실시한 건축물: 같은 법 제21조제1항에 따라 고시된 지침에서 정하는 안전점검 및 정밀안전진단 보고서

**2. 내진능력 표기방법**

내진능력은 별표 12에 따른 건축물의 내진등급 구분에 따라 해당 건축물의 내진성능에 해당하는 내진등급(내진특등급, 내진Ⅰ등급, 내진Ⅱ등급)을 표기한다. 이 경우 「지진·화산재해대책법 시행령」 제11조의4제5항에 따른 지진안전 시설물 인증서를 제출한 경우에는 다음 예시에 따라 해당 내용을 함께 표기할 수 있다.

<예시>

| 내진Ⅰ등급으로 산정된 건축물로서 지진안전 시설물 인증서를 제출한 경우 | 내진Ⅰ등급으로 산정된 건축물 |
|---|---|
| 내진Ⅰ등급(인증) | 내진Ⅰ등급 |

참고 **제2조 【내진능력 공개에 관한 적용례】**

제48조의3의 개정규정은 같은 개정규정 시행 후 건축허가를 신청(건축허가를 신청하기 위하여 제4조의2에 따른 건축위원회에 심의를 신청한 경우 및 건축신고를 한 경우를 포함한다)하거나 용도변경 허가를 신청(용도변경 신고를 포함한다)하는 경우부터 적용한다.(2016.1.19 부칙 제2조)

질의 **건축물 증축 시 지진에 대한 안전여부 확인 대상 여부**

건축법시행령 제32조제2항에서 지진에 대한 안전여부 확인 대상 건축물을 정하면서, '사용승인서를 교부받은 후 5년이 경과된 건축물의 증축(연면적의 10분의 1이내의 증축 또는 1개층의 증축에 한함) 및 일부개축의 경우에는 그러하지 아니한다.'라고 명시되어 있는 바, 다음과 같은 경우 지진에 대한 안전여부 확인 대상인지 여부

가. 연면적 1/10 초과로 증가하면서 1개층 증축 공사
나. 연면적 1/10 이하로 증가하면서 2개층 증축 공사

**회신** 건축법 시행령 제32조제2항 단서 규정에 따라 사용승인서를 교부 받은 후 5년이 경과된 건축물로서 연면적의 1/10 이내의 증축(①) 또는 1개층의 증축(②)에 해당하는 경우에는 지진에 대한 안전여부를 확인하지 아니하여도 되는 것으로써 연면적과 층수의 증축을 병행하는 경우에는 조건 ①, ②에 모두 적합하여야 하는 것임 따라서, "가"와 "나"는 이에 해당하지 않아, 지진에 대한 안전여부의 확인이 필요할 것으로 판단됨.(국토교통부 건축정책과, 2013.12.9)

법 **제48조의4 【부속구조물의 설치 및 관리】**

건축관계자, 소유자 및 관리자는 건축물의 부속구조물을 설계·시공 및 유지·관리 등을 고려하여 국토교통부령으로 정하는 기준에 따라 설치·관리하여야 한다.(2016.2.3 본조 신설)

해설 부속구조물의 설계·시공 및 유지·관리는 다음의 규정에 의한다.

- “부속구조물”이란 건축물의 안전·기능·환경 등을 향상시키기 위하여 건축물에 추가적으로 설치하는 환기시설물 등 대통령령으로 정하는 구조물을 말한다.(건축법 제2조제21호)
- 법 제2조제1항제21호에서 “환기시설물 등 대통령령으로 정하는 구조물”이란 급기(給氣) 및 배기(排氣)를 위한 건축 구조물의 개구부(開口部)인 환기구를 말한다.(건축법시행령 제2조제19호)
- 국토교통부령은 건축물의 설비기준등에 관한 규칙 제11조「공동주택 및 다중이용시설의 환기설비기준」등과 제11조의2「환기구의 안전기준」등에 따른다.

**법 제49조 【건축물의 피난시설 및 용도제한 등】**

① 대통령령으로 정하는 용도 및 규모의 건축물과 그 대지에는 국토교통부령으로 정하는 바에 따라 복도, 계단, 출입구, 그 밖의 피난시설과 저수조(貯水槽), 대지 안의 피난과 소화에 필요한 통로를 설치하여야 한다.(2018.4.17 본항 개정)

② 대통령령으로 정하는 용도 및 규모의 건축물의 안전·위생 및 방화(防火) 등을 위하여 필요한 용도 및 구조의 제한, 방화구획(防火區劃), 화장실의 구조, 계단·출입구, 거실의 반자 높이, 거실의 채광·환기, 배연설비와 바닥의 방습 등에 관하여 필요한 사항은 국토교통부령으로 정한다. 다만, 대규모 창고시설 등 대통령령으로 정하는 용도 및 규모의 건축물에 대해서는 방화구획 등 화재 안전에 필요한 사항을 국토교통부령으로 별도로 정할 수 있다.(2021.10.19 본항 단서신설)

③ 대통령령으로 정하는 건축물은 국토교통부령으로 정하는 기준에 따라 소방관이 진입할 수 있는 창을 설치하고, 외부에서 주야간에 식별할 수 있는 표시를 하여야 한다.(2019.4.23 본항 신설)

④ 대통령령으로 정하는 용도 및 규모의 건축물에 대하여 가구·세대 등 간 소음 방지를 위하여 국토교통부령으로 정하는 바에 따라 경계벽 및 바닥을 설치하여야 한다.(2019.4.23 본항 개정)

⑤「자연재해대책법」제12조제1항에 따른 자연재해위험개선지구 중 침수위험지구에 국가·지방자치단체 또는「공공기관의 운영에 관한 법률」제4조제1항에 따른 공공기관이 건축하는 건축물은 침수 방지 및 방수를 위하여 다음 각 호의 기준에 따라야 한다.(2019.4.23 본항 개정)

1. 건축물의 1층 전체를 필로티(건축물을 사용하기 위한 경비실, 계단실, 승강기실, 그 밖에 이와 비슷한 것을 포함한다) 구조로 할 것
2. 국토교통부령으로 정하는 침수 방지시설을 설치할 것

**해설** 피난시설 등의 규정은 화재나 기타 재해(災害)시 안전한 피난과 용이한 소화에 목적이 있으므로 피난계단, 출입구, 복도의 폭, 보행거리, 소화상 필요한 통로의 폭 등에 관한 규정을 엄격히 하고 있다. 피난시설은 재해가 발생할 경우 효과적으로 피난하기 위해서 출구 → 복도 → 계단 → 옥외로의 출구(옥상광장) → 대지 안의 피난 및 소화상 통로 등 유기적인 관계를 고려하여 효율적으로 규정하여야 할 필요가 있다.

소방관이 진입할 수 있는 창 설치와 가구·세대간 소음방지에 관한 규정을 신설하였다.

참고 건축물의 화재시 건축물 내부의 재실자의 피난경로와 소화활동을 위한 소방관의 화재진압경로를 보면 다음과 같다.

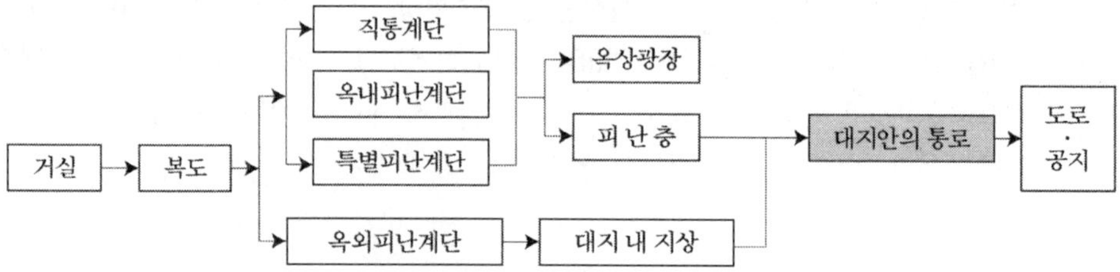


**건축물 내부 거주자의 피난경로**

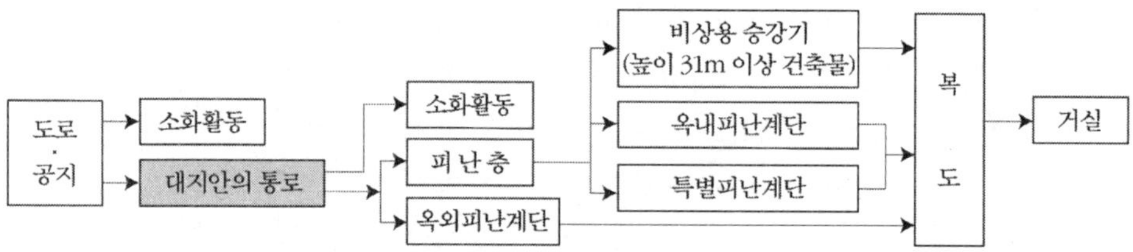


**소방관의 소화활동 경로**

---

**법 제49조의2 【피난시설 등의 유지·관리에 대한 기술지원】**

국가 또는 지방자치단체는 건축물의 소유자나 관리자에게 제49조제1항 및 제2항에 따른 피난시설 등의 설치, 개량·보수 등 유지·관리에 대한 기술지원을 할 수 있다.(2018.8.14 본조 신설)

---

질의 회신 **2개의 건축물간의 지하보행 연결통로 설치**

2개의 건축물이 각각 별개의 대지에 건축되어 있고 또한 구조상 완전히 분리되어 2개의 건축물인 경우 각 건축물의 지하층 부분에 상호간 통행에 전용하기 위한 구조 및 규모로 설치하는 통로가 대지경계선에서 구조물이 분리되고 또한 내화방화상 유효한 구조로 하여 화재 등 유사시를 대비하여 방화셔터의 설치기준(건설교통부 고시 제327호 '81.8.27)에 적합한 구조로 하는 등 구조, 위생, 안전, 방화상 독립된 기능을 유지하는 것으로 당해 허가권자가 인정하는 경우에는 별개의 건축으로 보아 설치가 가능할 것임.(건설교통부 건축 01254-, '90.8.22)

---

**피난·방화규칙 제1조 【목 적】**

이 규칙은 「건축법」 제49조, 제50조, 제50조의2, 제51조, 제52조, 제52조의4, 제53조 및 제64조에 따른 건축물의 피난·방화 등에 관한 기술적 기준을 정함을 목적으로 한다.(2019.10.24 본조 개정)

해설 「건축법」(1999.2.8) 및 동법 시행령(1999.4.30)과 동법 시행규칙(1999.5.11) 등이 개정됨으로써 건축 관련규정을 보완·통합하는 별도의 「건축물의 피난·방화구조등의 기준에 관한 규칙 : 약칭 = 피난·방화규칙」을 부령으로 마련하였다.

- 「건축법」 제49조【건축물의 피난시설 및 용도제한 등】
- 「건축법」 제50조【건축물의 내화구조와 방화벽】
- 「건축법」 제50조의2【고층건축물의 피난 및 안전관리】
- 「건축법」 제51조【방화지구 안의 건축물】
- 「건축법」 제52조【건축물의 내부마감재료】
- 「건축법」 제52조의3【건축자재의 제조 및 유통관리】
- 「건축법」 제53조【지하층】

영 **제34조【직통계단의 설치】**

① 건축물의 피난층(직접 지상으로 통하는 출입구가 있는 층 및 제3항과 제4항에 따른 피난안전구역을 말한다. 이하 같다) 외의 층에서는 피난층 또는 지상으로 통하는 **직통계단**(경사로를 포함한다. 이하 같다)을 거실의 각 부분으로부터 계단(거실로부터 가장 가까운 거리에 있는 1개소의 계단을 말한다)에 이르는 **보행거리**가 30m 이하가 되도록 설치해야 한다. 다만, 건축물(지하층에 설치하는 것으로서 바닥면적의 합계가 300m$^2$ 이상인 공연장·집회장·관람장 및 전시장은 제외한다)의 주요구조부가 내화구조 또는 불연재료로 된 건축물은 그 보행거리가 50m(층수가 16층 이상인 공동주택의 경우 16층 이상인 층에 대해서는 40m) 이하가 되도록 설치할 수 있으며, 자동화 생산시설에 스프링클러 등 자동식 소화설비를 설치한 공장으로서 국토교통부령으로 정하는 공장인 경우에는 그 보행거리가 75m(무인화 공장인 경우에는 100m) 이하가 되도록 설치할 수 있다.(2020.10.8 본항 단서 개정)

② 법 제49조제1항에 따라 피난층 외의 층이 다음 각 호의 어느 하나에 해당하는 용도 및 규모의 건축물에는 국토교통부령으로 정하는 기준에 따라 피난층 또는 지상으로 통하는 **직통계단을 2개소 이상 설치**하여야 한다.(2009.7.16 본항 개정)

1. 제2종 근린생활시설 중 공연장·종교집회장, 문화 및 집회시설(전시장 및 동·식물원은 제외한다), 종교시설, 위락시설 중 주점영업 또는 장례시설의 용도로 쓰는 층으로서 그 층에서 해당 용도로 쓰는 바닥면적의 합계가 200m$^2$(제2종 근린생활시설 중 공연장·종교집회장은 각각 300m$^2$) 이상인 것(2017.2.3 본호 개정)
2. 단독주택 중 다중주택·다가구주택, 제1종 근린생활시설 중 정신과의원(입원실이 있는 경우로 한정한다), 제2종 근린생활시설 중 인터넷컴퓨터게임시설제공업소(해당 용도로 쓰는 바닥면적의 합계가 300m$^2$ 이상인 경우만 해당한다)·학원·독서실, 판매시설, 운수시설(여객용 시설만 해당한다), 의료시설(입원실이 없는 치과병원은 제외한다), 교육연구시설 중 학원, 노유자시설 중 아동 관련 시설·노인복지시설·장애인 거주시설(「장애인복지법」 제58조제1항제1호에 따른 장애인 거주시설 중 국토교통부령으로 정하는 시설을 말한다. 이하 같다) 및 「장애인복지법」 제58조제1항제4호에 따른 장애인 의료재활시설(이하 "장애인 의료재활시설"이라 한다), 수련시설 중 유스호스텔 또는 숙박시설의 용도로 쓰는 3층 이상의 층으로서 그 층의 해당 용도로 쓰는 거실의 바닥면적

의 합계가 200m² 이상인 것(2015.9.22 본호 개정)

3. 공동주택(층당 4세대 이하인 것은 제외한다) 또는 업무시설 중 오피스텔의 용도로 쓰는 층으로서 그 층의 해당 용도로 쓰는 거실의 바닥면적의 합계가 300m² 이상인 것
4. 제1호부터 제3호까지의 용도로 쓰지 아니하는 3층 이상의 층으로서 그 층 거실의 바닥면적의 합계가 400m² 이상인 것
5. 지하층으로서 그 층 거실의 바닥면적의 합계가 200m² 이상인 것

③ **초고층 건축물**에는 피난층 또는 지상으로 통하는 직통계단과 직접 연결되는 피난안전구역(건축물의 피난·안전을 위하여 건축물 중간층에 설치하는 대피공간을 말한다. 이하 같다)을 지상층으로부터 최대 30개 층마다 1개소 이상 설치하여야 한다.(2011.12.30 본항 신설)

④ **준초고층 건축물**에는 피난층 또는 지상으로 통하는 직통계단과 직접 연결되는 피난안전구역을 해당 건축물 전체 층수의 1/2에 해당하는 층으로부터 상하 5개 층 이내에 1개소 이상 설치하여야 한다. 다만, 국토교통부령으로 정하는 기준에 따라 피난층 또는 지상으로 통하는 직통계단을 설치하는 경우에는 그러하지 아니하다.(2011.12.30 본항 신설)

⑤ 제3항 및 제4항에 따른 피난안전구역의 규모와 설치기준은 국토교통부령으로 정한다.
(2011.12.30 본항 신설)

피난·방화규칙 **제8조 [직통계단의 설치기준]**

① 영 제34조제1항 단서에서 "국토교통부령으로 정하는 공장"이란 반도체 및 디스플레이 패널을 제조하는 공장을 말한다.(2019.8.6 본항 개정)

② 영 제34조제2항에 따라 2개소 이상의 직통계단을 설치하는 경우 다음 각 호의 기준에 적합해야 한다.(2019.8.6 본항 개정)

1. 가장 멀리 위치한 직통계단 2개소의 출입구 간의 가장 가까운 직선거리(직통계단 간을 연결하는 복도가 건축물의 다른 부분과 방화구획으로 구획된 경우 출입구 간의 가장 가까운 보행거리를 말한다)는 건축물 평면의 최대 대각선 거리의 1/2 이상으로 할 것. 다만, 스프링클러 또는 그 밖에 이와 비슷한 자동식 소화설비를 설치한 경우에는 1/3 이상으로 한다.
2. 각 직통계단 간에는 각각 거실과 연결된 복도 등 통로를 설치할 것

**해설** ① 피난 층(「건축법 시행령」 제34조제1항)

직접 지상으로 통하는 출입구가 있는 층과 초고층 건축물과 준초고층 건축물에 따른 피난안전구역

※ 지면과 접하지 않아도 지상으로 쉽게 피난할 수 있는 경우에는 피난층으로 간주하는 것이 합리적일 것이다[예 : 지상에 연결통로를 가진 층, 지상으로 연결된 넓은 저층부 옥상부분(Deck 등)을 가진 층].

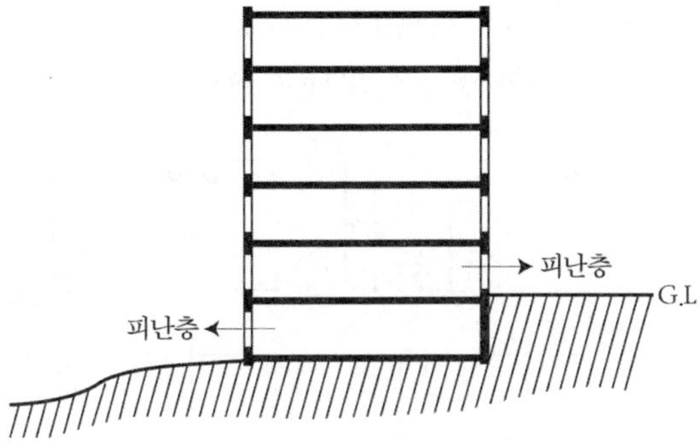


**그림 5-1 피난층의 위치**(고층건축물의 피난안전구역도 피난층에 해당)

② 직통계단

계단과 계단참이 연속되어 연결되는 계단을 말한다(수평통로나 복도 등으로 연결되지 않음). 계단의 구조가 일방으로 상승 또는 하강하게 되어 연결통로를 거쳐야 하는 계단은 직통계단이라고 할 수 없다.

- 직통계단은 계단의 구조가 간단하고 연속되어 동선이 짧아지므로 신속한 피난이 가능하다.
- 상하층간에 계단실의 위치나 계단의 형식·구조 등이 달라져도 직통계단이 되는 경우도 있다.

**문제점** 계단간의 연결복도를 내화구조 등으로 하여 화재·피난 등에 대한 완벽한 조치를 하여 피난에 큰 지장이 없는 경우에는(일정길이 이하의 경우에 한함) 이를 직통계단으로 인정하는 것이 필요하다(법규 개정이 필요함). 왜냐하면 건축물의 형태계획상(저층부, 고층부 또는 층별 매스변화 등) 계단실의 위치변경이 필요한 경우가 많기 때문에 이와 같은 제약조건을 완화하는 것이 필요하기 때문이다.

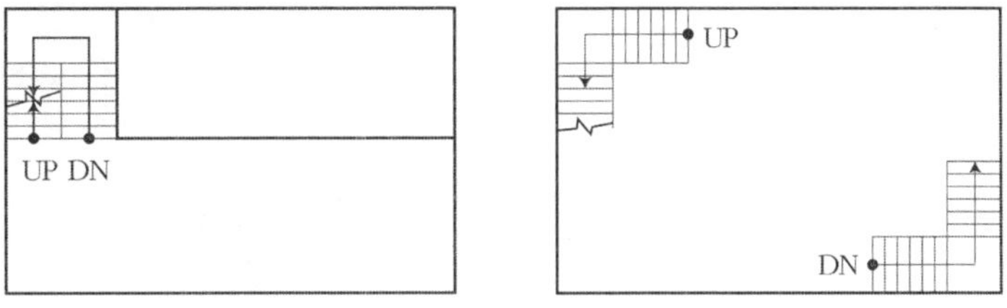


**그림 5-2 계단의 종류**

③ 보행거리 규정

보행거리는 거실 각 부분으로부터 가장 가까운 거리에 있는 1개소의 계단까지 거리

1) 원칙 : 보행거리 30m 이하

2) 완화규정

- 주요구조부가 내화구조 또는 불연재료로 된 건축물 : 50m 이하(다만, 공연장·집회장·관람장·전시장이 지하층에 설치되는 바닥면적 합계 300m$^2$ 이상은 보행거리가 30m 이하가 되어야 함)
- 주요구조부가 내화구조 또는 불연재료로 된 16층 이상인 공동주택의 경우 16층 이상인 층에 대해서는 40m 이하

- 반도체 및 디스플레이 패널을 제조하는 공장 : 자동화생산시설에 자동식소화설비를 설치하는 경우는 75m 이하(무인화 공장은 100m 이하)

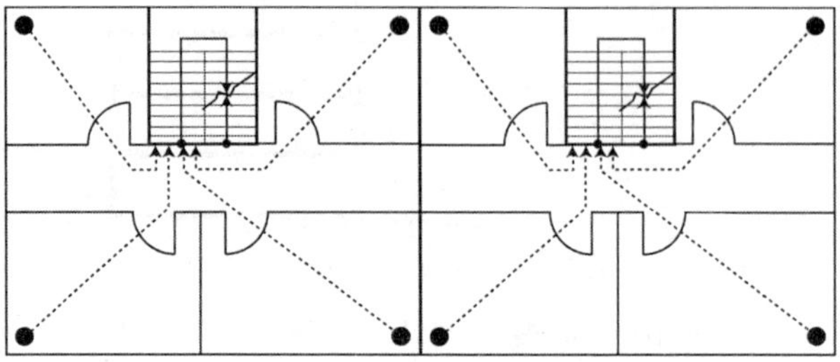

**그림 5-3 보행거리 도면배치**

※ 보행거리는 계단의 개수와 위치, 출입문의 위치, 복도의 길이 등을 규제하게 된다.

※ 내화구조나 불연재료로 된 건축물은 화재로 인한 위험이 적게 되므로 이를 완화하여 줌으로써 내화구조나 불연재료 사용을 유도하기 위함이다.

④ 직통계단의 개수 및 위치

- 특히 수용인원이 많거나 화재로 인한 위험이 많은 건축물은 직통계단의 개수와 그 설치위치가 중요하다. 계단을 한곳에 집중시키지 말고 분산 배치하여 동선을 균배시키는 것이 보행거리를 단축시킬 수 있으며, 화재시 안전하고 피난에도 효과적이다.
- 직통계단 간 이격거리 기준 : 하나의 층에 직통계단 2개소의 출입구 간의 가장 가까운 직선거리는 건축물 평면의 최대 대각선 거리의 1/2 이상으로 하고 스프링클러 등을 설치한 경우 1/3 이상으로 한다.
- 각 직통계단 상호간은 거실과 연결된 복도등 통로로 연결되어야 한다.

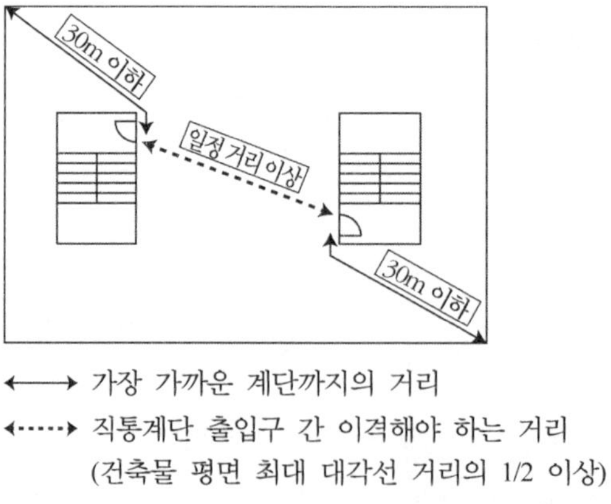


**그림 5-4 직통계단 배치거리 기준**

**피난층 외의 층에서 2개소 이상의 직통계단을 설치해야 하는 건축물**

| 건 물 별 | 바닥면적 | 조 건 |
|---|---|---|
| 1. 문화 및 집회 시설, 종교시설, 장례식장·위락시설 중 주점영업, 장례시설 | 200m² 이상 | 그 층에서 해당 용도로 쓰이는 면적 |
| 2. 제2종 근린생활시설 중 공연장·종교집회장 | 300m² 이상 | 그 층에서 해당 용도로 쓰이는 면적 |
| 3. 다중주택, 다가구주택, 정신과의원, 제2종 근린생활시설 중 학원·독서실, 판매시설, 운수시설, 의료시설, 교육연구시설 중 학원, 노유자시설 중 아동 관련 시설·노인복지시설, 장애인 거주시설, 장애인 의료재활시설, 수련시설 중 유스호스텔 또는 숙박시설 | 200m² 이상 | 3층 이상 해당 용도에 쓰이는 거실 |
| 4. 제2종 근린생활시설 중 인터넷컴퓨터게임시설 제공업소 | 300m² 이상 | 해당 용도에 쓰이는 바닥면적 |
| 5. 공동주택·업무시설 중 오피스텔 | 300m² 이상 | 해당 용도의 거실<br>예외 : 층당 4세대 이하인 공동주택 제외 |
| 6. 기타 | 400m² 이상 | 1·2·3에 해당되지 아니하는 3층 이상 거실 |
| 7. 지하층 | 200m² 이상 | 거실의 바닥면적 |

※ 비고

지하층의 구조(피난·방화규칙 제25조)를 보면 제2종 근린생활시설중 공연장·단란주점·당구장·노래연습장, 문화 및 집회시설 중 예식장·공연장, 수련시설 중 생활권 수련시설·자연권 수련시설, 숙박 시설 중 여관·여인숙, 위락 시설 중 단란주점·주점영업, 「소방시설 설치 및 관리에 관한 법률 시행령」에 의한 다중이용업의 용도에 쓰이는 층으로서 그 층의 거실의 바닥면적의 합계가 50m² 이상인 건축물에는 직통계단을 2개소 이상 설치하여야 한다.

⑤ 초고층 건축물과 준초고층 건축물에서는 피난·안전을 위하여 법규정에 따라 피난안전구역이 설치되는데 이 경우 피난안전구역은 피난층으로 인정되며, 다음과 같은 피난안전구역의 설치기준을 따라야 한다.(피난·방화규칙 제8조의2)

**피난·방화규칙 제8조의2 【피난안전구역의 설치기준】**

① 영 제34조제3항 및 제4항에 따라 설치하는 피난안전구역(이하 "**피난안전구역**"이라 한다)은 해당 건축물의 1개 층을 대피공간으로 하며, 대피에 장애가 되지 아니하는 범위에서 기계실, 보일러실, 전기실 등 건축설비를 설치하기 위한 공간과 같은 층에 설치할 수 있다. 이 경우 피난안전구역은 건축설비가 설치되는 공간과 내화구조로 구획하여야 한다.(2012.1.6 본항 개정)

② 피난안전구역에 연결되는 **특별피난계단**은 피난안전구역을 거쳐서 상·하층으로 갈 수 있는 구조로 설치하여야 한다.

③ 피난안전구역의 **구조** 및 **설비**는 다음 각 호의 기준에 적합하여야 한다.

1. 피난안전구역의 바로 아래층 및 위층은 「녹색건축물 조성 지원법」 제15조제1항에 따라 국토교통부장관이 정하여 고시한 기준에 적합한 단열재를 설치할 것. 이 경우 아래층은 최상층에 있는 거실의 반자 또는 지붕 기준을 준용하고, 위층은 최하층에 있는 거실의 바닥 기준을 준용할 것(2019.8.6 본호 개정)
2. 피난안전구역의 내부마감재료는 불연재료로 설치할 것
3. 건축물의 내부에서 피난안전구역으로 통하는 계단은 특별피난계단의 구조로 설치할 것

4. 비상용 승강기는 피난안전구역에서 승하차 할 수 있는 구조로 설치할 것
5. 피난안전구역에는 식수공급을 위한 급수전을 1개소 이상 설치하고 예비전원에 의한 조명설비를 설치할 것
6. 관리사무소 또는 방재센터 등과 긴급연락이 가능한 경보 및 통신시설을 설치할 것
7. 별표 1의2에서 정하는 기준에 따라 산정한 면적 이상일 것(2012.1.6 본호 신설)
8. 피난안전구역의 높이는 2.1m 이상일 것(2012.1.6 본호 신설)
9. 「건축물의 설비기준 등에 관한 규칙」 제14조에 따른 배연설비(이하 "**배연설비**"라 한다)를 설치할 것(2024.8.26 본호 개정)
10. 그 밖에 소방청장이 정하는 소방 등 재난관리를 위한 설비를 갖출 것(2017.7.26 정부조직법 개정에 따른 부처명칭변경 등을 위한 건설산업기본법 시행규칙 등 부칙에 의거 개정)

※ 「건축물의 피난·방화구조 등의 기준에 관한 규칙」 **[별표 1의2]** (2012.1.6 본표 신설)

### 피난안전구역의 면적 산정기준(제8조의2제3항제7호 관련)

1. 피난안전구역의 면적은 다음 산식에 따라 산정한다.

(피난안전구역 위층의 재실자 수 × 0.5) × 0.28m$^2$

가. 피난안전구역 위층의 재실자 수는 해당 피난안전구역과 다음 피난안전구역 사이의 용도별 바닥면적을 사용 형태별 재실자 밀도로 나눈 값의 합계를 말한다. 다만, 문화·집회용도 중 벤치형 좌석을 사용하는 공간과 고정좌석을 사용하는 공간은 다음의 구분에 따라 피난안전구역 위층의 재실자 수를 산정한다.

1) 벤치형 좌석을 사용하는 공간: 좌석길이 / 45.5cm

2) 고정좌석을 사용하는 공간: 휠체어 공간 수 + 고정좌석 수

나. 피난안전구역 설치 대상 건축물의 용도에 따른 사용 형태별 재실자 밀도는 다음 표와 같다.

| 용 도 | 사용 형태별 | | 재실자 밀도 |
|---|---|---|---|
| 문화·집회 | 고정좌석을 사용하지 않는 공간 | | 0.45 |
| | 고정좌석이 아닌 의자를 사용하는 공간 | | 1.29 |
| | 벤치형 좌석을 사용하는 공간 | | – |
| | 고정좌석을 사용하는 공간 | | – |
| | 무대 | | 1.40 |
| | 게임제공업 등의 공간 | | 1.02 |
| 운동 | 운동시설 | | 4.60 |
| 교육 | 도서관 | 서고 | 9.30 |
| | | 열람실 | 4.60 |
| | 학교 및 학원 | 교실 | 1.90 |
| 보육 | 보호시설 | | 3.30 |
| 의료 | 입원치료구역 | | 22.3 |
| | 수면구역 | | 11.1 |
| 교정 | 교정시설 및 보호관찰소 등 | | 11.1 |
| 주거 | 호텔 등 숙박시설 | | 18.6 |
| | 공동주택 | | 18.6 |
| 업무 | 업무시설, 운수시설 및 관련 시설 | | 9.30 |

| 용 도 | 사용 형태별 | 재실자 밀도 |
|---|---|---|
| 판매 | 지하층 및 1층 | 2.80 |
| | 그 외의 층 | 5.60 |
| | 배송공간 | 27.9 |
| 저장 | 창고, 자동차 관련 시설 | 46.5 |
| 산업 | 공장 | 9.30 |
| | 제조업 시설 | 18.6 |

※ 계단실, 승강로, 복도 및 화장실은 사용 형태별 재실자 밀도의 산정에서 제외하고, 취사장·조리장의 사용 형태별 재실자 밀도는 9.30으로 본다.

2. 피난안전구역 설치 대상 용도에 대한 「건축법 시행령」 별표 1에 따른 **용도별 건축물의 종류**는 다음 표와 같다.

| 용도 | 용도별 건축물 |
|---|---|
| 문화·집회 | 문화 및 집회시설(공연장·집회장·관람장·전시장만 해당한다), 종교시설, 위락시설, 제1종 근린생활시설 및 제2종 근린생활시설 중 휴게음식점·제과점·일반음식점 등 음식·음료를 제공하는 시설, 제2종 근린생활시설 중 공연장·종교집회장·게임제공업 시설, 그 밖에 이와 비슷한 문화·집회시설 |
| 운동 | 운동시설, 제1종 근린생활시설 및 제2종 근린생활시설 중 운동시설 |
| 교육 | 교육연구시설, 수련시설, 자동차 관련 시설 중 운전학원 및 정비학원, 제2종 근린생활시설 중 학원·직업훈련소·독서실, 그 밖에 이와 비슷한 교육시설 |
| 보육 | 노유자시설, 제1종 근린생활시설 중 지역아동센터 |
| 의료 | 의료시설, 제1종 근린생활시설 중 의원, 치과의원, 한의원, 침술원, 접골원(接骨院), 조산원 및 안마원 |
| 교정 | 교정 및 군사시설 |
| 주거 | 공동주택 및 숙박시설 |
| 업무 | 업무시설, 운수시설, 제1종 근린생활시설과 제2종 근린생활시설 중 지역자치센터·파출소·사무소·이용원·미용원·목욕장·세탁소·기원·사진관·표구점, 그 밖에 이와 비슷한 업무시설 |
| 판매 | 판매시설(게임제공업 시설 등은 제외한다), 제1종 근린생활시설 중 수퍼마켓과 일용품 등의 소매점 |
| 저장 | 창고시설, 자동차 관련 시설(운전학원 및 정비학원은 제외한다) |
| 산업 | 공장, 제2종 근린생활시설 중 제조업 시설 |

### 질의 거실의 바닥면적에 공용으로 사용하는 면적은 제외가능 여부

직통계단이 1개소인 건축물의 7층에 제2동 근린생활시설 중 학원을 설치함에 있어 당해 용도에 쓰이는 거실의 바닥면적 합계가 200m² 이상인 경우, 직통계단을 2개소 이상 설치하여야 하는지 및 '거실의 바닥면적'에는 공용으로 사용하는 면적은 제외되는 것인지 여부

**회신**
- 현행 「건축법 시행령」 제34조제2항제2호의 규정에 의하면 제2종 근린생활시설 중 학원·독서실 및 교육연구시설 중 학원 등의 용도에 쓰이는 3층 이상의 층으로서 그 층의 당해 용도에 쓰이는 거실의 바닥면적의 합계가 200m² 이상인 경우에는 직통계단 2개소 이상을 설치토록 규정하고 있으며,
- '거실의 바닥면적'에는 공용으로 사용하는 공중화장실, 계단, 복도 등은 제외하는 것임을 알려드리니 구체적인 적용방안 등에 관하여는 설계도면 등의 관련자료를 갖추어 당해 지역 허가권자와 직접 상의하시기 바랍니다.(건교부 건축 58070-1476, 2003.8.12)

질의회신 **홀, 복도 등의 관람집회시설면적 포함 여부**

「건축법」 제34조제2항제1호로서 "관람집회시설의 용도에 쓰이는 층으로서 그 층의 관람석 또는 집회실의 바닥면적의 합계가 200m² 이상인 것"은 직통계단을 2개소 이상 설치하여야 하는 바, 관람집회시설(예식장) 용도에 홀, 복도, 폐백실, 대기실, 화장실의 면적을 관람석 또는 집회시설의 면적에 포함하여야 함.(건설부 건축 30420-6285, '90.3.16)

영 **제35조 [피난계단의 설치]**

① 법 제49조제1항에 따라 **5층 이상 또는 지하 2층 이하인 층에 설치하는 직통계단**은 국토교통부령으로 정하는 기준에 따라 **피난계단 또는 특별피난계단으로 설치**하여야 한다. 다만, 건축물의 주요구조부가 내화구조 또는 불연재료로 되어 있는 경우로서 다음 각 호의 어느 하나에 해당하는 경우에는 그러하지 아니하다.(2008.10.29 본항 개정)

1. 5층 이상인 층의 바닥면적의 합계가 200m² 이하인 경우
2. 5층 이상인 층의 바닥면적 200m² 이내마다 방화구획이 되어 있는 경우

② 건축물(갓복도식 공동주택은 제외한다)의 11층(공동주택의 경우에는 16층) 이상인 층(바닥면적이 400m² 미만인 층은 제외한다) 또는 지하 3층 이하인 층(바닥면적이 400m² 미만인 층은 제외한다)으로부터 피난층 또는 지상으로 통하는 직통계단은 제1항에도 불구하고 특별피난계단으로 설치하여야 한다.(2008.10.29 본항 개정)

③ 제1항에서 판매시설의 용도로 쓰는 층으로부터의 직통계단은 그 중 1개소 이상을 특별피난계단으로 설치하여야 한다.(2008.10.29 본항 개정)

④ (1995.12.30 본항 삭제)

⑤ 건축물의 5층 이상인 층으로서 문화 및 집회시설 중 전시장 또는 동·식물원, 판매시설, 운수시설(여객용 시설만 해당한다), 운동시설, 위락시설, 관광휴게시설(다중이 이용하는 시설만 해당한다) 또는 수련시설 중 생활권 수련시설의 용도로 쓰는 층에는 제34조에 따른 직통계단 외에 그 층의 해당 용도로 쓰는 바닥면적의 합계가 2,000m²를 넘는 경우에는 그 넘는 2,000m² 이내마다 1개소의 피난계단 또는 특별피난계단(4층 이하의 층에는 쓰지 아니하는 피난계단 또는 특별피난계단만 해당한다)을 설치하여야 한다.(2009.7.16 본항 개정)

⑥ (1999.4.30 본항 삭제)

해설 ① 피난계단 또는 특별피난계단을 설치

- 적용대상 : 5층 이상 또는 지하 2층 이하의 층으로부터 피난층 또는 지상에 통하는 직통계단의 설치인 경우
- 예외 : 주요구조부가 내화구조 또는 불연 재료로 된 건축물로서 5층 이상의 층의 바닥면적의 합계가 200m² 이하이거나 200m² 이내마다 방화구획이 된 경우

② 특별피난계단을 설치

- 적용대상 : ㉠ 11층(공동주택 16층) 이상의 층(바닥면적 400m² 미만인 층 제외) 또는 지하 3층 이하의 층(바닥면적 400m² 미만인 층 제외)

  예외 갓복도식 공동주택

㉡ 5층 이상, 지하 2층 이하의 층에 설치하는 직통계단이 판매시설의 경우 직통계단은 그 중 1개 이상을 특별피난계단으로 한다.

③ 5층 이상 층에 전용되는 피난계단 또는 특별피난계단 설치

5층 이상의 층이 다중이 이용하는 시설 등으로 쓰이는 것으로 그 층의 해당 용도에 쓰이는 바닥면적의 합계가 2,000$m^2$를 넘는 매 2,000$m^2$ 이내마다 1개의 비율로 4층 이하에 쓰이지 않는 피난계단 또는 특별피난계단을 설치

**주의** 5층 이상의 층으로서 각각의 층에 있는 해당 용도에 쓰이는 바닥면적을 합계하는 것을 기준하여야 하며 5층 이상의 층에 있는 모든 당해 용도의 바닥면적을 누적하여 합계하는 것은 아니다. 예를 들면 6층과 7층은 층별로 각각 구분하여 기준 한다.

**질의** **직통계단을 특별피난계단으로 설치 여부**

지하4층, 지상3층의 건축물로 지하2층과 지상2층에 피난층이 있는 경우 지하층에 대한 특별피난계단 적용 문의

**회신** 「건축법 시행령」 제35조제2항의 규정에 의하면, 지하3층 이하인 층(바닥면적이 400$m^2$ 미만인 층은 제외한다)으로부터 피난층 또는 지상으로 통하는 직통계단은 특별피난계단으로 설치하여야 함 따라서, 질의의 건축물의 지하2층이 피난층이라 하더라도 상기 규정에 따라 지하3층 이하의 층의 바닥면적이 400$m^2$ 이상인 경우라면 피난층 또는 지상으로 통하는 직통계단은 특별피난계단으로 설치하여야 함을 알려드림.(국토교통부 건축정책과 등록 2011.12.27, 수정 2019.5.24)

피난·방화규칙 **제9조 [피난계단 및 특별피난계단의 구조]**

① 영 제35조제1항 각 호 외의 부분 본문에 따라 건축물의 5층 이상 또는 지하 2층 이하의 층으로부터 피난층 또는 지상으로 통하는 직통계단(지하 1층인 건축물의 경우에는 5층 이상의 층으로부터 피난층 또는 지상으로 통하는 직통계단과 직접 연결된 지하 1층의 계단을 포함한다)은 피난계단 또는 특별피난계단으로 설치해야 한다.(2019.8.6 본항 개정)

② 제1항에 따른 **피난계단** 및 **특별피난계단**의 구조는 다음 각 호의 기준에 적합해야 한다.

1. 건축물의 **내부**에 설치하는 **피난계단**의 구조
   가. 계단실은 창문·출입구 기타 개구부(이하 "창문 등"이라 한다)를 제외한 당해 건축물의 다른 부분과 내화구조의 벽으로 구획할 것
   나. 계단실의 실내에 접하는 부분(바닥 및 반자 등 실내에 면한 모든 부분을 말한다)의 마감(마감을 위한 바탕을 포함한다)은 불연재료로 할 것(2003.1.6 본목 개정)
   다. 계단실에는 예비전원에 의한 조명설비를 할 것(2003.1.6 본목 개정)
   라. 계단실의 바깥쪽과 접하는 창문 등(망이 들어 있는 유리의 붙박이창으로서 그 면적이 각각 1$m^2$ 이하인 것을 제외한다)은 당해 건축물의 다른 부분에 설치하는 창문 등으로부터 2m 이상의 거리를 두고 설치할 것

마. 건축물의 내부와 접하는 계단실의 창문 등(출입구를 제외한다)은 망이 들어 있는 유리의 붙박이창으로서 그 면적을 각각 $1m^2$ 이하로 할 것

바. 건축물의 내부에서 계단실로 통하는 출입구의 유효너비는 0.9m 이상으로 하고, 그 출입구에는 피난의 방향으로 열 수 있는 것으로서 언제나 닫힌 상태를 유지하거나 화재로 인한 연기 또는 불꽃을 감지하여 자동적으로 닫히는 구조로 된 영 제64조제1항제1호의 60분+ 방화문(이하 "**60분+ 방화문**"이라 한다) 또는 같은 항 제2호의 60분 방화문(이하 "**60분 방화문**"이라 한다)을 설치할 것. 다만, 연기 또는 불꽃을 감지하여 자동적으로 닫히는 구조로 할 수 없는 경우에는 온도를 감지하여 자동적으로 닫히는 구조로 할 수 있다.(2024.11.15 본목 개정)

사. 계단은 내화구조로 하고 피난층 또는 지상까지 직접 연결되도록 할 것

2. 건축물의 **바깥쪽**에 설치하는 **피난계단**의 구조

가. 계단은 그 계단으로 통하는 출입구 외의 창문 등(망이 들어 있는 유리의 붙박이창으로서 그 면적이 각각 $1m^2$ 이하인 것을 제외한다)으로부터 2m 이상의 거리를 두고 설치할 것

나. 건축물의 내부에서 계단으로 통하는 출입구에는 60분+ 방화문 또는 60분 방화문을 설치할 것(2024.11.15 본목 개정)

다. 계단의 유효너비는 0.9m 이상으로 할 것

라. 계단은 내화구조로 하고 지상까지 직접 연결되도록 할 것

3. **특별피난계단**의 구조

가. 건축물의 내부와 계단실은 노대를 통하여 연결하거나 외부를 향하여 열 수 있는 면적 $1m^2$ 이상인 창문(바닥으로부터 1m 이상의 높이에 설치한 것에 한한다) 또는 「건축물의 설비기준 등에 관한 규칙」 제14조의 규정에 적합한 구조의 배연설비가 있는 면적 $3m^2$ 이상인 부속실을 통하여 연결할 것(2012.1.6 본목 개정)

나. 계단실·노대 및 부속실(「건축물의 설비기준 등에 관한 규칙」 제10조제2호가목의 규정에 의하여 비상용 승강기의 승강장를 겸용하는 부속실을 포함한다)은 창문 등을 제외하고는 내화구조의 벽으로 각각 구획할 것

다. 계단실 및 부속실의 접하는 부분(바닥 및 반자 등 실내에 면한 모든 부분을 말한다)의 마감(마감을 위한 바탕을 포함한다)은 불연재료로 할 것(2003.1.6 본목 개정)

라. 계단실에는 예비전원에 의한 조명설비를 할 것(2003.1.6 본목 개정)

마. 계단실·노대 또는 부속실에 설치하는 건축물의 바깥쪽에 접하는 창문 등(망이 들어 있는 유리의 붙박이창으로서 그 면적이 각각 $1m^2$ 이하인 것을 제외한다)은 계단실·노대또는 부속실 외의 당해 건축물의 다른 부분에 설치하는 창문 등으로부터 2m 이상의 거리를 두고 설치할 것

바. 계단실에는 노대 또는 부속실에 접하는 부분 외에는 건축물의 내부와 접하는 창문 등을 설치하지 아니할 것

사. 계단실의 노대 또는 부속실에 접하는 창문 등(출입구를 제외한다)은 망이 들어 있는 유리

의 붙박이창으로서 그 면적을 각각 $1m^2$ 이하로 할 것

아. 노대 및 부속실에는 계단실외의 건축물의 내부와 접하는 창문 등(출입구를 제외한다)을 설치하지 아니할 것

자. 건축물의 내부에서 노대 또는 부속실로 통하는 출입구에는 60분+ 방화문 또는 60분 방화문을 설치하고, 노대 또는 부속실로부터 계단실로 통하는 출입구에는 60분+ 방화문, 60분 방화문 또는 영 제64조제1항제3호의 30분 방화문을 설치할 것. 이 경우 방화문은 언제나 닫힌 상태를 유지하거나 화재로 인한 연기 또는 불꽃을 감지하여 자동적으로 닫히는 구조로 해야 하고, 연기 또는 불꽃으로 감지하여 자동적으로 닫히는 구조로 할 수 없는 경우에는 온도를 감지하여 자동적으로 닫히는 구조로 할 수 있다.(2024.11.15 본목 개정)

차. 계단은 내화구조로 하되, 피난층 또는 지상까지 직접 연결되도록 할 것

카. 출입구의 유효너비는 0.9m 이상으로 하고 피난의 방향으로 열 수 있을 것

③ 영 제35조제1항 각 호 외의 부분 본문에 따른 피난계단 또는 특별피난계단은 **돌음계단**으로 해서는 안되며, 영 제40조에 따라 **옥상광장**을 설치해야 하는 건축물의 피난계단 또는 특별피난계단은 해당 건축물의 옥상으로 통하도록 설치하여야 한다. 이 경우 옥상으로 통하는 출입문은 피난방향으로 열리는 구조로서 피난 시 이용에 장애가 없어야 한다.(2019.8.6 본항 개정)

④ 영 제35조제2항에서 **"갓복도식 공동주택"**이라 함은 각 층의 계단실 및 승강기에서 각 세대로 통하는 복도의 한쪽 면이 외기에 개방된 구조의 공동주택을 말한다.(2021.9.3 본항 개정)

**해설** ① 화기가 직접 닿을 수 있는 곳은 연기 및 불꽃을 차단할 수 있는 시간과 열을 차단할 수 있는 시간을 기준으로 60분+ 방화문, 60분 방화문(종전 : 갑종방화문) 및 30분 방화문(종전 : 을종방화문)을 설치해야 한다.

② 피난계단은 옥내에서 직접 계단으로 출입할 수 있으므로 방화문이 있어도 화재시 화염이나 연기로 계단이 오염될 우려가 있으나 특별피난계단은 별도의 부속실이나 노대를 두어 배연하게 함으로써 화재시 피난의 안전성이 높다.

※ 옥내피난계단의 유효너비의 산정은「건축물의 피난·방화구조 등의 기준에 관한 규칙」제15조 제2항에 적합하게 되어야 하며 옥외피난계단의 경우에는 계단의 유효너비가 건축물용도, 면적 등에 관계없이 0.9m 이상이 되어야 한다.

③ 피난을 위한 계단(피난계단·특별피난계단)은 돌음 계단이 위험하므로 이를 금하고 있다.

④ 피난계단 또는 특별피난계단이 옥상광장으로 통해야 하는 것

- 5층 이상의 층이 문화 및 집회시설 등으로 쓰이는 건축물

**참고** 특별피난계단이 옥내에 설치된 경우(옥외에 개구부가 없을 때)는 부속실에 배연 tower를 설치하고 급기량 $6m^3/sec$ 이상, 배기량 $4m^3/sec$ 이상의 급배기덕트를 두어 기압차에 의해 배연될 수 있도록 하며 필요한 부분에만 작동될 수 있도록 해야 한다. 또 부속실의 보호구역(safety zone)은 $2m^2$ 이상의 면적을 확보하여야 유효하다.(일본 방재연구소 참고자료)

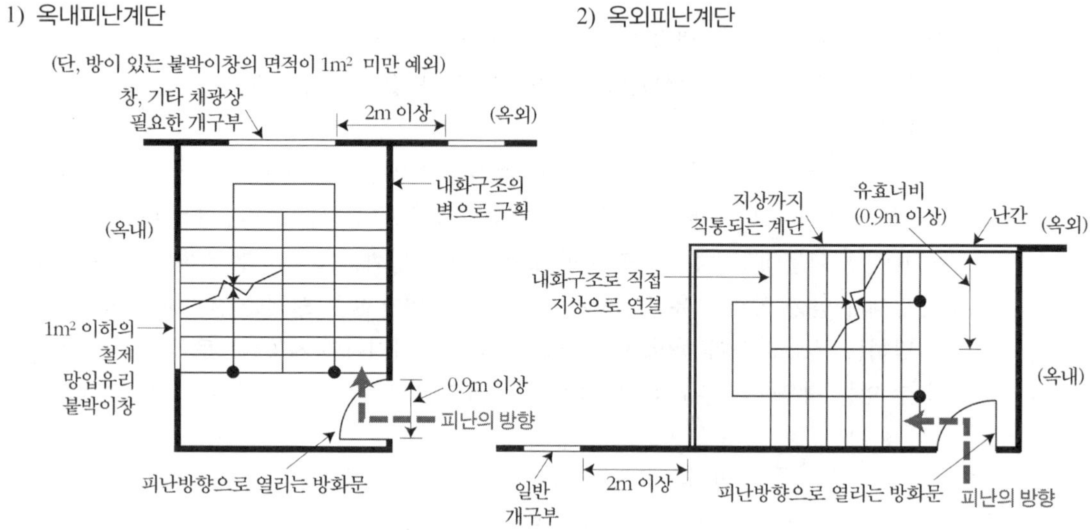


**그림 5-5 피난계단의 구조**

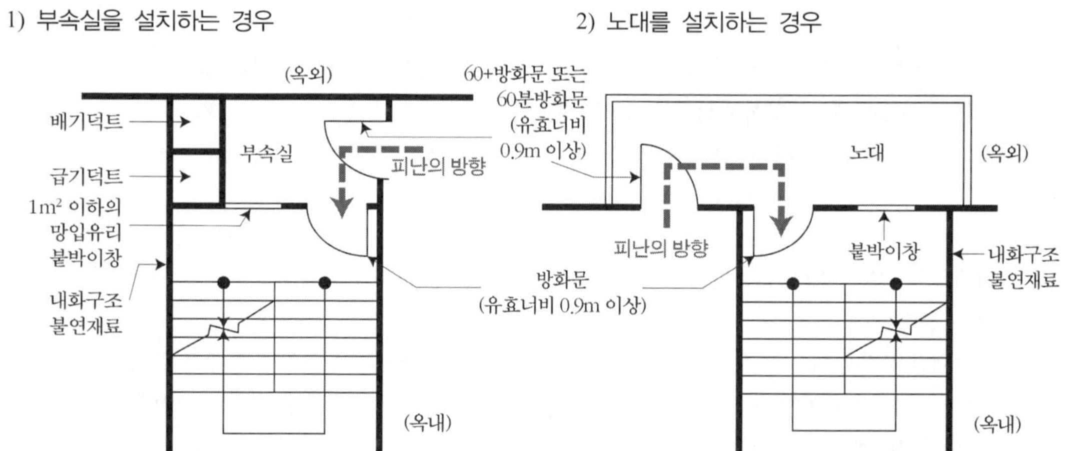


〈부속실을 설치하는 특별피난계단〉 〈노대를 설치하는 특별피난계단〉

**그림 5-6 특별피난계단의 구조**

### 질의 갓복도식 공동주택의 특별피난계단 설치 여부

16층 이상의 갓복도식 공동주택의 복도에 샤시(미서기창)를 설치할 경우 및 샤시의 일부분을 개방하거나 그릴창호를 설치할 경우 복도의 한쪽 면이 외기에 개방된 구조로 보아 「건축법 시행령」 제35조제2항에 의거 특별피난계단을 설치하지 않아도 되는지 여부

**회신** 「건축법물의 피난·방화구조 등의 기준에 관한 규칙」 제9조제4항에서 "갓복도식 공동주택"이라 함은 각 층의 계단실 및 승강기에서 각 세대로 통하는 복도의 한쪽 면이 외기(外氣)에 개방된 구조의 공동주택을 말하는 것이며, 「건축법 시행령」 제35조제2항에서 갓복도식 공동주택을 제외한 16층 이상의 층으로부터 피난층 또는 지상으로 통하는 직통계단은 특별피난계단으로 설치하도록 규정되어 있으므로 질의의 경우

화재시 연기의 배출이나 피난 등의 활동을 현저히 저해할 수 있는 구조로 외기에 개방된 구조로 볼 수 없으므로 특별피난계단을 설치하여야 하는 것임.(국토교통부, 2012.9.26)

### 영 제36조 【옥외 피난계단의 설치】

건축물의 3층 이상인 층(피난층은 제외한다)으로서 다음 각 호의 어느 하나에 해당하는 용도로 쓰는 층에는 제34조에 따른 직통계단 외에 그 층으로부터 지상으로 통하는 옥외피난계단을 따로 설치하여야 한다.(2008.10.29 본조 개정)

1. 제2종 근린생활시설 중 공연장(해당 용도로 쓰는 바닥면적의 합계가 300m$^2$ 이상인 경우만 해당한다), 문화 및 집회시설 중 공연장이나 위락시설 중 주점영업의 용도로 쓰는 층으로서 그 층 거실의 바닥면적의 합계가 300m$^2$ 이상인 것(2014.3.24 본호 개정)
2. 문화 및 집회시설 중 집회장의 용도로 쓰는 층으로서 그 층 거실의 바닥면적의 합계가 1,000m$^2$ 이상인 것

#### ❑ 옥외피난계단을 따로 설치하여야 하는 건축물용도 및 규모

제2종 근린생활시설 중 공연장의 바닥면적 합계가 300m$^2$ 이상과 문화 및 집회시설(공연장)과 위락시설(주점영업) : 300m$^2$ 이상

문화 및 집회 시설(집회장) : 1,000m$^2$ 이상

#### ❑ 조 건

3층 이상의 층(피난층을 제외)으로 당해 용도에 쓰이는 층의 거실의 바닥면적 기준함.

※ 여러 사람이 모이는 곳은 화재시 효과적으로 대피할 수 있게 옥외피난계단을 설치하도록 규정하고 있다(옥외피난계단은 외기에 노출되어 매연, 열 등으로부터 보다 안전할 수 있다).

#### 질의 바닥면적의 합계

「건축법 시행령」 제36조제1호의 규정에 공연·무도 등의 용도에 쓰이는 바닥면적의 합계라 함은 계단실·화장실·휴게실 등이 포함되는지 여부

**회신** 「건축법 시행령」 제36조제1호의 규정에 의한 공연·무도 등의 용도에 쓰이는 바닥면적의 합계를 산정하는 경우에는 공연·무도 등의 용도에 쓰이는 부분(객석 포함)의 바닥면적을 합하는 것으로서, 이에 부수된 계단실·화장실·휴게실 등의 면적은 합산하지 아니하는 것이니 그리 아시기 바랍니다.(서울시 건지 58501-231, '99.2.11)

### 영 제37조 【지하층과 피난층 사이 개방공간 설치】

바닥면적의 합계가 3,000m$^2$ 이상인 공연장·집회장·관람장 또는 전시장을 지하층에 설치하는 경우에는 각 실에 있는 자가 지하층 각 층에서 건축물 밖으로 피난하여 옥외 계단 또는 경사로 등을

이용하여 피난층으로 대피할 수 있도록 천장이 개방된 외부 공간을 설치하여야 한다.
(2008.10.29 본조 개정)

**해설** 건축물의 지하층에 다중이 이용하는 바닥면적의 합계가 3,000$m^2$ 이상의 공연장·집회장·관람장·전시장 등을 설치하는 경우에는 지하층에서 피난층으로 대피할 수 있도록 개방된 외부공간이 설치될 수 있도록 하여야 한다.

### 영 제38조 [관람실 등으로부터의 출구 설치]

법 제49조제1항에 따라 다음 각 호의 어느 하나에 해당하는 건축물에는 국토교통부령으로 정하는 기준에 따라 관람실 또는 집회실로부터의 출구를 설치해야 한다.(2019.8.6 본조 개정)

1. 제2종 근린생활시설 중 공연장·종교집회장(해당 용도로 쓰는 바닥면적의 합계가 각각 300$m^2$ 이상인 경우만 해당한다) (2014.3.24 본호 신설)
2. 문화 및 집회시설(전시장 및 동·식물원은 제외한다)
3. 종교시설
4. 위락시설
5. 장례시설(2017.2.3 본호 개정)

### 피난·방화규칙 제10조 [관람실 등으로부터의 출구의 설치기준]

① 영 제38조 각 호의 어느 하나에 해당하는 건축물의 관람실 또는 집회실로부터 **바깥쪽**으로의 출구로 쓰이는 문은 안여닫이로 해서는 아니된다.(2019.8.6 본항 개정)

② 영 제38조에 따라 문화 및 집회시설 중 공연장의 **개별관람실**(바닥면적이 300$m^2$ 이상인 것만 해당한다)의 출구는 다음 각 호의 기준에 적합하게 설치해야 한다.(2019.8.6 본항 개정)

1. 관람실별로 2개소 이상 설치할 것
2. 각 출구의 유효너비는 1.5m 이상일 것
3. 개별 관람실 출구의 유효너비의 합계는 개별 관람실의 바닥면적 100$m^2$마다 0.6m의 비율로 산정한 너비 이상으로 할 것

**해설** 수용인원이 많은 실내에서 안 여닫이로 하면 비상시 탈출이 곤란하다.

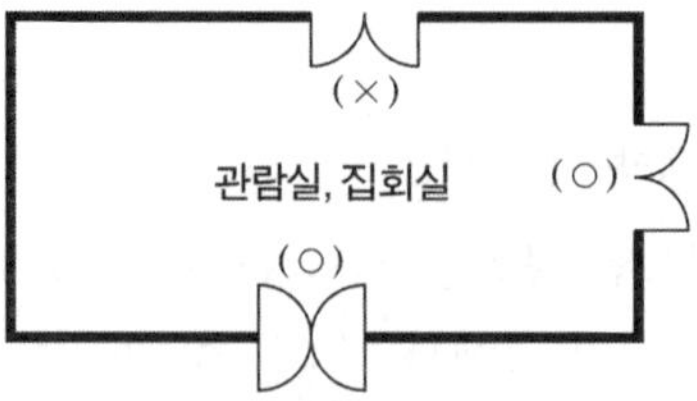


관람실, 집회실 출구

### ❑ 공연장의 개별 관람실의 바닥면적이 300m² 이상인 경우의 출구 설치

- 층별 2 이상 출구(보조출구 또는 비상구)
- 각 출구 유효너비 1.5m 이상
- 개별 관람실 출구의 유효너비 합계(m) ≧ $\frac{0.6\text{m} \times \text{개별 관람실 바닥면적}(\text{m}^2)}{100}$

**영 제39조 【건축물의 바깥쪽으로의 출구 설치】** [2008.10.29 본조 개정]

① 법 제49조제1항에 따라 다음 각 호의 어느 하나에 해당하는 건축물에는 국토교통부령으로 정하는 기준에 따라 그 건축물로부터 바깥쪽으로 나가는 출구를 설치하여야 한다.

1. 제2종 근린생활시설 중 공연장·종교집회장·인터넷컴퓨터게임시설제공업소(해당 용도로 쓰는 바닥면적의 합계가 각각 300m² 이상인 경우만 해당한다) (2014.3.24 본호 신설)
2. 문화 및 집회시설(전시장 및 동·식물원은 제외한다)
3. 종교시설
4. 판매시설
5. 업무시설 중 국가 또는 지방자치단체의 청사
6. 위락시설
7. 연면적이 5,000m² 이상인 창고시설
8. 교육연구시설 중 학교
9. 장례시설(2017.2.3 본호 개정)
10. 승강기를 설치하여야 하는 건축물

② 법 제49조제1항에 따라 건축물의 출입구에 설치하는 **회전문**은 국토교통부령으로 정하는 기준에 적합하여야 한다.

**피난·방화규칙 제11조 【건축물의 바깥쪽으로의 출구의 설치기준】**

① 영 제39조제1항의 규정에 의하여 건축물의 바깥쪽으로 나가는 출구를 설치하는 경우 피난층의 계단으로부터 건축물의 바깥쪽으로의 출구에 이르는 **보행거리**(가장 가까운 출구와의 보행거리를 말한다. 이하 같다)는 영 제34조제1항의 규정에 의한 거리이하로 하여야 하며, 거실(피난에 지장이 없는 출입구가 있는 것을 제외한다)의 각 부분으로부터 건축물의 바깥쪽으로의 출구에 이르는 보행거리는 영 제34조제1항의 규정에 의한 거리의 2배 이하로 하여야 한다.

② 영 제39조제1항에 따라 건축물의 바깥쪽으로 나가는 출구를 설치하는 건축물중 문화 및 집회시설(전시장 및 동·식물원을 제외한다), 종교시설, 장례식장 또는 위락시설의 용도에 쓰이는 건축물의 바깥쪽으로의 출구로 쓰이는 문은 안여닫이로 하여서는 아니된다.(2010.4.7 본항 개정)

③ 영 제39조제1항에 따라 건축물의 바깥쪽으로 나가는 출구를 설치하는 경우 관람실의 바닥면적의 합계가 300m² 이상인 집회장 또는 공연장은 주된 출구 외에 **보조출구** 또는 **비상구**를 2개

소 이상 설치해야 한다.(2019.8.6 본항 개정)

④ 판매시설의 용도에 쓰이는 피난층에 설치하는 건축물의 바깥쪽으로의 출구의 **유효너비**의 합계는 해당 용도에 쓰이는 바닥면적이 최대인 층에 있어서의 해당 용도의 바닥면적 100m$^2$ 마다 0.6m의 비율로 산정한 너비 이상으로 하여야 한다.(2010.4.7 본항 개정)

⑤ 다음 각 호의 어느 하나에 해당하는 건축물의 피난층 또는 피난층의 승강장으로부터 건축물의 바깥쪽에 이르는 통로에는 제15조제5항에 따른 **경사로**를 설치하여야 한다.(2010.4.7 본항 개정)

1. 제1종 근린생활시설 중 지역자치센터·파출소·지구대·소방서·우체국·방송국·보건소·공공도서관·지역건강보험조합 기타 이와 유사한 것으로서 동일한 건축물 안에서 당해 용도에 쓰이는 바닥면적의 합계가 1,000m$^2$ 미만인 것(2010.4.7 본호 개정)
2. 제1종 근린생활시설 중 마을회관·마을공동작업소·마을공동구판장·변전소·양수장·정수장·대피소·공중화장실 기타 이와 유사한 것(2010.4.7 본호 개정)
3. 연면적이 5,000m$^2$ 이상인 판매시설, 운수시설(2010.4.7 본호 개정)
4. 교육연구시설 중 학교(2010.4.7 본호 개정)
5. 업무시설 중 국가 또는 지방자치단체의 청사와 외국공관의 건축물로서 제1종 근린생활시설에 해당하지 아니하는 것
6. 승강기를 설치하여야 하는 건축물

⑥ 「건축법」(이하 "법"이라 한다) 제49조제1항에 따라 영 제39조제1항 각 호의 어느 하나에 해당하는 건축물의 바깥쪽으로 나가는 출입문에 유리를 사용하는 경우에는 **안전유리**를 사용하여야 한다.(2015.7.9 본항 개정)

**해설** ① 피난층 또는 피난층 외의 층에서 보행거리

| 구 분 | 원 칙 | 주요구조부가 내화구조, 불연재료 |
|---|---|---|
| 피난층의 계단으로부터 옥외출구까지, 피난층 외의 층에서 계단으로부터 거실의 각 부분까지 | 30m 이하 | 50m 이하(16층 이상 공동주택 : 40m) |
| 피난층의 거실로부터 옥외출구까지 | 60m 이하 | 100m 이하(16층 이상 공동주택 : 80m) |

※ 지상으로 통하는 직통계단을 거실의 각 부분으로부터 계단에 이르는 보행거리와 피난층에서 계단으로부터 옥외출구까지의 보행거리는 동일함.

② 판매시설에서 피난층의 옥외출구 유효폭 산정

$$\text{유효폭의 합계} \geq \frac{\text{최대인 층바닥면적}}{100\text{m}^2} \times 0.6\text{m}$$

③ 제1종 근린생활시설 중 동사무소·소방서 등과 연면적 5,000m$^2$ 이상인 판매시설, 교육연구시설 중학교, 승강기설치대상 건축물은 외부로부터 1층 또는 피난층의 승강기 입구까지 경사로를 설치(경사도 1 : 8 이하)하도록 하고 신체장애인용 경사로는 경사도가 1 : 12를 넘지 않게 한다.

**참고**

대지 안의 피난통로와 출구와의 관계(미 시카고 Building Code)

미국 시카고 시에서는 건축물의 용도와 수용인원에 따라 출구의 수와 너비가 결정되는데 아래 그림에서와 같이 도로와 접한 앞 건물의 출입구 너비는 후면 건물의 피난을 위한 출입구 너비를 합산(누적)한 것으로 적용하고 있으므로 우리나라에서 적용하는 건축물의 일률적인 출입문 너비와는 차이를 보이고 있다.

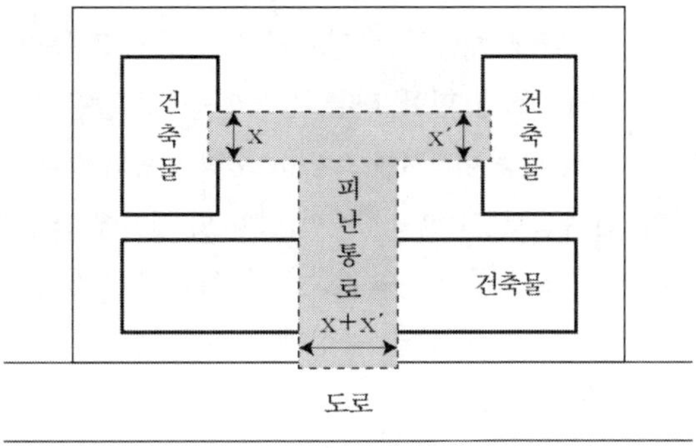


**피난·방화규칙 제12조 【회전문의 설치기준】**

영 제39조제2항의 규정에 의하여 건축물의 출입구에 설치하는 회전문은 다음 각 호의 기준에 적합하여야 한다.

1. 계단이나 에스컬레이터로부터 2m 이상의 거리를 둘 것
2. 회전문과 문틀 사이 및 바닥 사이는 다음 각 목에서 정하는 간격을 확보하고 틈 사이를 고무와 고무펠트의 조합체 등을 사용하여 신체나 물건 등에 손상이 없도록 할 것(2005.7.22 본호 개정)
   가. 회전문과 문틀 사이는 5cm 이상
   나. 회전문과 바닥 사이는 3cm 이하
3. 출입에 지장이 없도록 일정한 방향으로 회전하는 구조로 할 것
4. 회전문의 중심축에서 회전문과 문틀 사이의 간격을 포함한 회전문날개 끝부분까지의 길이는 140cm 이상이 되도록 할 것(2005.7.22 본호 신설)
5. 회전문의 회전속도는 분당회전수가 8회를 넘지 아니하도록 할 것(2005.7.22 본호 신설)
6. 자동회전문은 충격이 가하여지거나 사용자가 위험한 위치에 있는 경우에는 전자감지장치 등을 사용하여 정지하는 구조로 할 것(2005.7.22 본호 신설)

**해설** ① 안전을 위해 회전문과 문틀·바닥 사이의 간격, 회전속도를 규정하고 있다.

**영 제40조 【옥상광장 등의 설치】**

① **옥상광장** 또는 2층 이상인 층에 있는 **노대등**[노대(露臺)나 그 밖에 이와 비슷한 것을 말한다. 이하 같다]의 주위에는 높이 **1.2m** 이상의 **난간**을 설치하여야 한다. 다만, 그 노대등에 출입할 수 없는 구조인 경우에는 그러하지 아니하다.(2018.9.4 본항 개정)

② 5층 이상인 층이 제2종 근린생활시설 중 공연장·종교집회장·인터넷컴퓨터게임시설 제공업소(해당 용도로 쓰는 바닥면적의 합계가 각각 300m² 이상인 경우만 해당한다), 문화 및 집회시설(전시장 및 동·식물원은 제외한다), 종교시설, 판매시설, 위락시설 중 주점영업 또는 장례시설의 용도로 쓰는 경우에는 피난 용도로 쓸 수 있는 **광장**을 옥상에 설치하여야 한다.(2017.2.3 본항 개정)

③ 다음 각 호의 어느 하나에 해당하는 건축물은 옥상으로 통하는 출입문에 「소방시설 설치 및 관리에 관한 법률」 제40조제1항에 따른 성능인증 및 같은 조 제2항에 따른 제품검사를 받은 비상문자동개폐장치(화재 등 비상시에 소방시스템과 연동되어 잠긴 상태가 자동으로 풀리는 장치를 말한다)를 설치해야 한다.(2022.11.29 소방시설 설치 및 관리에 관한 법률 시행령 부칙에 의거 개정)

1. 제2항에 따라 피난 용도로 쓸 수 있는 광장을 옥상에 설치해야 하는 건축물
2. 피난 용도로 쓸 수 있는 광장을 옥상에 설치하는 다음 각 목의 건축물
   가. 다중이용 건축물
   나. 연면적 1,000m² 이상인 공동주택

④ 층수가 11층 이상인 건축물로서 11층 이상인 층의 바닥면적의 합계가 10,000m² 이상인 건축물의 옥상에는 다음 각 호의 구분에 따른 공간을 확보하여야 한다.(2011.12.30 본항 개정)

1. 건축물의 지붕을 평지붕으로 하는 경우: **헬리포트**를 설치하거나 헬리콥터를 통하여 인명 등을 구조할 수 있는 공간(2011.12.30 본호 개정)
2. 건축물의 지붕을 경사지붕으로 하는 경우: 경사지붕 아래에 설치하는 대피공간(2011.12.30 본호 개정)

⑤ 제4항에 따른 헬리포트를 설치하거나 헬리콥터를 통하여 인명 등을 구조할 수 있는 공간 및 경사지붕 아래에 설치하는 대피공간의 설치기준은 국토교통부령으로 정한다.(2021.1.8 본항 개정)

**해설** ① 옥상광장·노대등은 떨어질 위험이 있으므로 높이 1.2m 이상의 난간을 설치하도록 규정하고 있다.

② 피난 용도로 쓸 수 있는 광장을 옥상에 설치하는 다중이용건축물과 연면적 1,000m² 이상인 공동주택 등의 경우에는 화재 등 비상시에 옥상으로 대피할 수 있도록 옥상으로 통하는 출입문에 비상시에 소방시스템과 연동되어 잠김 상태가 자동으로 풀리는 장치를 설치해야 한다.

③ 피난층으로 피난하기 어려울 경우 옥상광장이 피난용으로 유효하며 대형 고층건물에는 헬리포트(헬리콥터착륙장)를 설치하거나 경사지붕 아래에 대피공간을 설치할 수 있도록 규정하고 있다.

**피난·방화규칙 제13조 [헬리포트 및 구조공간 설치기준]**

① 영 제40조제4항제1호에 따라 건축물에 설치하는 헬리포트는 다음 각 호의 기준에 적합해야 한다.(2021.3.26 본항 개정)

1. 헬리포트의 길이와 너비는 각각 22m 이상으로 할 것. 다만, 건축물의 옥상바닥의 길이와 너비가 각각 22m 이하인 경우에는 헬리포트의 길이와 너비를 각각 15m까지 감축할 수 있다.(2003.1.6 본호 개정)

2. 헬리포트의 중심으로부터 반경 12m 이내에는 헬리콥터의 이·착륙에 장애가 되는 건축물·공작물·조경시설 또는 난간 등을 설치하지 아니할 것(2003.1.6 본호 개정)
3. 헬리포트의 주위 한계선은 백색으로 하되, 그 선의 너비는 38cm로 할 것
4. 헬리포트의 중앙부분에는 지름 8m의 "Ⓗ"표지를 백색으로 하되, "H"표지의 선의 너비는 38cm로, "○"표지의 선의 너비는 60cm로 할 것
5. 헬리포트로 통하는 출입문에 영 제40조제3항 각 호 외의 부분에 따른 비상문자동개폐장치(이하 "**비상문자동개폐장치**"라 한다)를 설치할 것(2021.3.26 본호 신설)

② 영 제40조제4항제1호에 따라 옥상에 헬리콥터를 통하여 인명 등을 구조할 수 있는 공간을 설치하는 경우에는 직경 10m 이상의 구조공간을 확보해야 하며, 구조공간에는 구조 활동에 장애가 되는 건축물, 공작물 또는 난간 등을 설치해서는 안 된다. 이 경우 구조공간의 표시기준 및 설치기준 등에 관하여는 제1항제3호부터 제5호까지의 규정을 준용한다.(2021.3.26 본항 개정)

③ 영 제40조제4항제2호에 따라 설치하는 대피공간은 다음 각 호의 기준에 적합해야 한다.(2021.3.26 본항 개정)

1. 대피공간의 면적은 지붕 수평투영면적의 1/10 이상일 것
2. 특별피난계단 또는 피난계단과 연결되도록 할 것
3. 출입구·창문을 제외한 부분은 해당 건축물의 다른 부분과 내화구조의 바닥 및 벽으로 구획할 것
4. 출입구는 유효너비 0.9m 이상으로 하고, 그 출입구에는 60분+ 방화문 또는 60분 방화문을 설치할 것(2024.11.15 본호 개정)

4의2. 제4호에 따른 방화문에 비상문자동개폐장치를 설치할 것(2021.3.26 본호 신설)

5. 내부마감재료는 불연재료로 할 것
6. 예비전원으로 작동하는 조명설비를 설치할 것
7. 관리사무소 등과 긴급 연락이 가능한 통신시설을 설치할 것

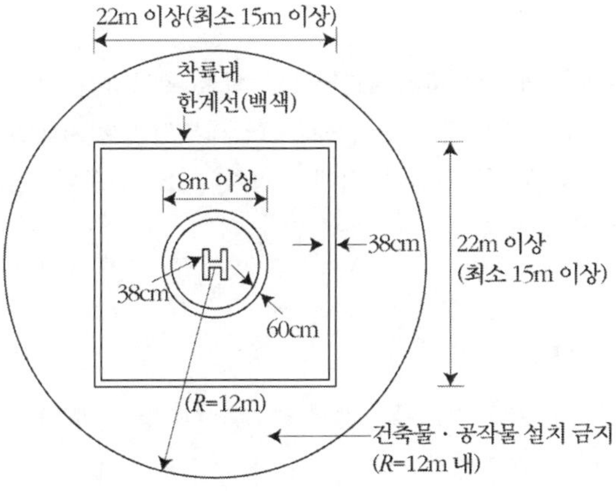


그림 5-7 헬리포트의 설치 기준

영 **제41조 【대지 안의 피난 및 소화에 필요한 통로 설치】**

① 건축물의 대지 안에는 그 건축물 바깥쪽으로 통하는 주된 출구와 지상으로 통하는 피난계단 및 특별피난계단으로부터 도로 또는 공지(공원, 광장, 그 밖에 이와 비슷한 것으로서 피난 및 소화를 위하여 해당 대지의 출입에 지장이 없는 것을 말한다. 이하 이 조에서 같다)로 통하는 **통로**를 다음 각 호의 기준에 따라 설치하여야 한다.(2010.12.13 본항 개정)

1. 통로의 너비는 다음 각 목의 구분에 따른 기준에 따라 확보할 것(2015.9.22 본호 개정)
   가. 단독주택 : 유효 너비 0.9m 이상
   나. 바닥면적의 합계가 $500m^2$ 이상인 문화 및 집회시설, 종교시설, 의료시설, 위락시설 또는 장례시설 : 유효너비 3m 이상(2017.2.3 본목 개정)
   다. 그 밖의 용도로 쓰는 건축물 : 유효 너비 1.5m 이상
2. 필로티 내 통로의 길이가 2m 이상인 경우에는 피난 및 소화활동에 장애가 발생하지 아니하도록 자동차 진입억제용 말뚝 등 통로 보호시설을 설치하거나 통로에 단차(段差)를 둘 것(2016.5.17 본호 개정)

② 제1항에도 불구하고 다중이용 건축물, 준다중이용 건축물 또는 층수가 11층 이상인 건축물이 건축되는 대지에는 그 안의 모든 다중이용 건축물, 준다중이용 건축물 또는 층수가 11층 이상인 건축물에 「소방기본법」 제21조에 따른 소방자동차(이하 "**소방자동차**"라 한다)의 접근이 가능한 통로를 설치하여야 한다. 다만, 모든 다중이용 건축물, 준다중이용 건축물 또는 층수가 11층 이상인 건축물이 소방자동차의 접근이 가능한 도로 또는 공지에 직접 접하여 건축되는 경우로서 소방자동차가 도로 또는 공지에서 직접 소방활동이 가능한 경우에는 그러하지 아니하다.(2015.9.22 본항 개정)

해설 대지 안의 건축물에서 피난 및 소화에 필요한 통로를 설치하여야 하는데 단독주택은 0.9m 이상, 바닥면적의 합계가 $500m^2$ 이상인 문화 및 집회시설과 종교시설, 의료시설 및 위락시설과 장례시설은 3m 이상으로 통로를 설치하여야 하며 그 밖의 용도의 건축물은 1.5m 이상을 확보하여야 하며 필로티 내 통로의 길이가 2m 이상인 경우에는 자동차 진입억제용 말뚝 등 통로 보호시설을 설치하거나 통로에 단차를 두어야 한다.

- 피난과 소화를 위해 함께 사용하기 위한 통로 폭을 확보하기 위함이다.
  - 피난 : 건축물에 수용된 인원이 건축물로부터 외부의 안전지대(도로·공지 등)까지 이동하는 것
  - 소방활동 : 화재진화나 인명구출을 위해 소방차나 소방관들이 외부로부터 건축물까지 출입하는 활동이 주가 된다.

영 **제44조 【피난규정의 적용례】**

건축물이 창문, 출입구, 그 밖의 개구부(開口部)(이하 "창문등"이라 한다)가 없는 내화구조의 바닥 또는 벽으로 구획되어 있는 경우에는 그 구획된 각 부분을 각각 별개의 건축물로 보아 제34조부터 제41조까지 및 제48조를 적용한다.(2018.9.4 본조 개정)

**해설** 한 개의 건축물 안에서도 피난이 어렵게 구획된 경우(창문이 있다 하여도 피난이 어려운 경우도 포함되어야 할 것으로 생각됨) 피난규정을 적용함에 있어 구획된 부분마다 별개의 건축물로 보아야 한다.

- 창문 등이 없이 내화구조의 벽·바닥 등으로 구획된 건축물에 계단·복도 및 출입구를 설치하는 경우 전체 건축물이 아닌 내화구조로 구획된 각 부분을 별개의 건축물로 보아 계단·복도 및 출입구의 설치기준을 적용하여야 한다.

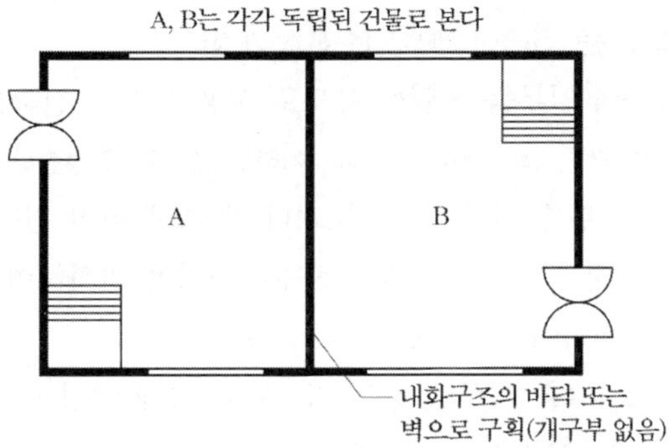


**그림 5-8 내화구조 및 방화구조로 된 구획된 벽**

**영 제46조 [방화구획등의 설치]**

① 법 제49조제2항 본문에 따라 주요구조부가 내화구조 또는 불연재료로 된 건축물로서 연면적이 1,000m²를 넘는 것은 국토교통부령으로 정하는 기준에 따라 다음 각 호의 구조물로 구획(이하 "**방화구획**"이라 한다)을 해야 한다. 다만, 「원자력안전법」 제2조제8호에 및 제10호에 따른 원자로 및 관계시설은 같은 법에서 정하는 바에 따른다.(2022.4.29 본항 개정)

1. 내화구조로 된 바닥 및 벽
2. 제64조제1호·제2호에 따른 방화문 또는 자동방화셔터(국토교통부령으로 정하는 기준에 적합한 것을 말한다. 이하 같다)

② 다음 각 호에 해당하는 건축물의 부분에는 제1항을 **적용하지 않거나** 그 사용에 지장이 없는 범위에서 제1항을 **완화**하여 **적용**할 수 있다.(2022.4.29 본항 개정)

1. 문화 및 집회시설(동·식물원은 제외한다), 종교시설, 운동시설 또는 장례시설의 용도로 쓰는 거실로서 시선 및 활동공간의 확보를 위하여 불가피한 부분(2017.2.3 본호 개정)
2. 물품의 제조·가공 및 운반 등(보관은 제외한다)에 필요한 고정식 대형기기(器機) 또는 설비의 설치를 위하여 불가피한 부분. 다만, 지하층인 경우에는 지하층의 외벽 한쪽 면(지하층의 바닥면에서 지상층 바닥 아래면까지의 외벽 면적 중 1/4 이상이 되는 면을 말한다) 전체가 건물 밖으로 개방되어 보행과 자동차의 진입·출입이 가능한 경우로 한정한다.(2022.4.29 본호 개정)
3. 계단실·복도 또는 승강기의 승강장 및 승강로로서 그 건축물의 다른 부분과 방화구획으로 구획된 부분. 다만, 해당 부분에 위치하는 설비배관 등이 바닥을 관통하는 부분은 제외한다. (2020.10.8 본항 개정)

4. 건축물의 최상층 또는 피난층으로서 대규모 회의장·강당·스카이라운지·로비 또는 피난안전구역 등의 용도로 쓰는 부분으로서 그 용도로 사용하기 위하여 불가피한 부분
5. 복층형 공동주택의 세대별 층간 바닥 부분
6. 주요구조부가 내화구조 또는 불연재료로 된 주차장
7. 단독주택, 동물 및 식물 관련 시설 또는 국방·군사시설(집회, 체육, 창고 등의 용도로 사용되는 시설만 해당한다)로 쓰는 건축물(2023.5.15 본호 개정)
8. 건축물의 1층과 2층의 일부를 동일한 용도로 사용하며 그 건축물의 다른 부분과 방화구획으로 구획된 부분(바닥면적의 합계가 500$m^2$ 이하인 경우로 한정한다) (2019.8.6 본호 신설)

③ 건축물 일부의 주요구조부를 내화구조로 하거나 제2항에 따라 건축물의 일부에 제1항을 완화하여 적용한 경우에는 내화구조로 한 부분 또는 제1항을 완화하여 적용한 부분과 그 밖의 부분을 방화구획으로 구획하여야 한다.(2018.9.4 본항 개정)

④ 공동주택 중 아파트로서 4층 이상인 층의 각 세대가 2개 이상의 직통계단을 사용할 수 없는 경우에는 발코니(발코니의 외부에 접하는 경우를 포함한다)에 인접 세대와 공동으로 또는 각 세대별로 다음 각 호의 요건을 모두 갖춘 대피공간을 하나 이상 설치해야 한다. 이 경우 인접 세대와 공동으로 설치하는 **대피공간**은 인접 세대를 통하여 2개 이상의 직통계단을 쓸 수 있는 위치에 우선 설치되어야 한다.(2023.9.12 본항 본문 개정)
1. 대피공간은 바깥의 공기와 접할 것
2. 대피공간은 실내의 다른 부분과 방화구획으로 구획될 것
3. 대피공간의 바닥면적은 인접 세대와 공동으로 설치하는 경우에는 3$m^2$ 이상, 각 세대별로 설치하는 경우에는 2$m^2$ 이상일 것
4. 대피공간으로 통하는 출입문은 제64조제1항제1호에 따른 60분+ 방화문으로 설치할 것 (2024.6.18 본호 개정)
5. 국토교통부장관이 정하는 기준에 적합할 것(2024.6.18 본호 신설)

⑤ 제4항에도 불구하고 아파트의 4층 이상인 층에서 발코니(제4호의 경우에는 발코니의 외부에 접하는 경우를 포함한다)에 다음 각 호의 어느 하나에 해당하는 구조 또는 시설을 갖춘 경우에는 대피공간을 설치하지 않을 수 있다.(2023.9.12 본항 개정)
1. 발코니와 인접 세대와의 경계벽이 파괴하기 쉬운 경량구조 등인 경우
2. 발코니의 경계벽에 피난구를 설치한 경우
3. 발코니의 바닥에 국토교통부령으로 정하는 하향식 피난구를 설치한 경우
4. 국토교통부장관이 제4항에 따른 대피공간과 동일하거나 그 이상의 성능이 있다고 인정하여 고시하는 구조 또는 시설(이하 이 호에서 "**대체시설**"이라 한다)을 갖춘 경우. 이 경우 국토교통부장관은 대체시설의 성능에 대해 미리 「과학기술분야 정부출연연구기관 등의 설립·운영 및 육성에 관한 법률」 제8조제1항에 따라 설립된 한국건설기술연구원(이하 "**한국건설기술연구원**"이라 한다)의 기술검토를 받은 후 고시해야 한다.(2021.8.10 본호 개정)

⑥ 요양병원, 정신병원, 「노인복지법」 제34조제1항제1호에 따른 노인요양시설(이하 "**노인요양시설**"이라 한다), 장애인 거주시설 및 장애인 의료재활시설의 피난층 외의 층에는 다음 각 호의 어느 하나에 해당하는 시설을 설치하여야 한다.(2015.9.22 본항 신설)
1. 각 층마다 별도로 방화구획된 대피공간
2. 거실에 접하여 설치된 노대등(2018.9.4 본호 개정)
3. 계단을 이용하지 아니하고 건물 외부의 지상으로 통하는 경사로 또는 인접 건축물로 피난할 수 있도록 설치하는 연결복도 또는 연결통로(2018.9.4 본호 개정)

⑦ 법 제49조제2항 단서에서 "대규모 창고시설 등 대통령령으로 정하는 용도 및 규모의 건축물"이란 제2항제2호에 해당하여 제1항을 적용하지 않거나 완화하여 적용하는 부분이 포함된 창고시설을 말한다.(2022.4.29 본항 신설)

해설 ① 용도상 방화구획이 곤란한 건물은 예외로 하고 있으나 마감 재료를 불연재료 또는 준불연재료로 사용하는 것이 좋다.
② 자동방화셔터의 기준에는 구조, 설비, 시공 등에 대한 상세한 기준을 규정하고 있다.
③ 방화구획은 건축계획시 기초적으로 다루어야 할 중요한 사항이다.
④ 방화구획을 일률적으로 규제할 것이 아니라 소화설비, 가연물량(可燃物量)의 정도나 화재하중(火災荷重), 용도, 구조 등의 화재 안전성에 따라 융통성 있게 규제할 필요가 있으며 방화구획상 방화문, 개구부의 크기를 제한하는 것이 좋다.
⑤ 고층건물 및 지하상가 등은 연기에 대한 인명피해가 크며 특히 건축물에 유독성 내장재를 많이 사용하고 있으므로 방연구역(防煙區域)에 대한 고려가 되어야 하며 방화문이 그 기능을 할 수 있도록 규정하고 있다.
⑥ 연면적이 1,000m$^2$를 넘는 건축물 중 물품의 제조·보관 및 운반 등에 필요한 고정식 대형 설비를 설치하는 건축물에는 예외적으로 방화문·자동방화셔터 등을 설치하지 않을 수 있도록 했으나, 2022.4.29부터는 물품 보관에 사용되는 건축물의 경우 물품이 대규모로 적치되어 있는 등 화재 발생 및 확산 위험이 높은 점을 고려하여 물품 보관에 사용되는 건축물에는 방화문·자동방화셔터 등을 의무적으로 설치해야 한다.

### ❑ 방화구획
연소의 방지와 안전한 피난을 위해 방화벽, 자동방화셔터등으로 건축물 내부를 구획하는 것

### ❑ 방화구획의 대상
주요구조부가 내화구조 또는 불연재료로 된 연면적 1,000m$^2$를 넘는 것

### ❑ 방화구획의 기준
다음의 기준에 따라 내화구조로 된 바닥·벽 및 방화문 또는 자동방화셔터 등으로 구획
① 매층마다 구획
② 10층 이하의 층은 바닥면적 1,000m$^2$(스프링클러 등의 설치시는 3,000m$^2$) 이내마다 구획

③ 11층 이상의 층은 바닥면적 $200m^2$(스프링클러 등의 설치시는 $600m^2$) 이내마다 구획(벽 및 반자의 실내 마감을 불연재료로 한 경우 $500m^2$ – 스프링클러 등의 설치시는 $1,500m^2$)

④ 필로티나 그밖에 이와 비슷한 구조의 부분을 주차장으로 사용하는 경우 그 부분은 건축물의 다른 부분과 구획

### ❑ 방화구획 적용의 예외

특수한 건축물의 용도와 거실 사용에 지장을 초래할 수 있는 경우에는 방화구획을 적용하지 않거나 완화할 수 있다.

### ❑ 아파트에서의 대피공간 설치

① 건축물의 내부와 외부를 연결하는 완충 공간인 발코니 중 주택에 설치되는 발코니는 필요에 따라 거실·침실·창고 등 다양한 용도로 사용할 수 있도록 되어, 아파트의 4층 이상의 각 세대가 2개 이상의 직통계단을 사용할 수 없는 경우에는 발코니에 인접세대와 공동으로 또는 각 세대별 다음의 기준에 의한 대피공간 설치

- 바깥의 공기와 접할 것
- 실내의 다른 부분과 방화구획으로 구획될 것
- 대피공간 바닥 면적 : 공동설치시는 $3m^2$ 이상, 세대별 설치시는 $2m^2$ 이상(바닥면적 산정은 벽의 내부선으로 함)

② 대피공간을 설치하지 않아도 되는 경우

- 인접세대와의 경계벽이 파괴하기 쉬운 경량구조인 경우
- 경계벽에 피난구를 설치한 경우
- 발코니 바닥에 다음과 같은 하향식 피난구를 설치한 경우

**〈하향식 피난구의 구조〉**

- 피난구의 덮개를 비차열 1시간 이상의 내화성능을 가져야 하며, 피난구의 유효개구부 규격은 직경 60cm 이상일 것(안전성)
- 상층·하층간 피난구의 수평거리는 15cm 이상 떨어져 있을 것(추락방지 및 심리적 안정감 도모)
- 아래층에서는 바로 위층의 피난구를 열 수 없는 구조일 것(보안성)
- 사다리는 바로 아래층의 바닥면으로부터 50cm 이하까지 내려오는 길이로 할 것(안전성)
- 덮개가 개방될 경우에는 건축물관리시스템 등을 통하여 경보음이 울리는 구조일 것(보안성)
- 피난구가 있는 곳에는 예비전원에 의한 조명설비를 설치할 것(안전성-비상시는 항상 예비전원 사용)

주의

하향식 피난구 출입구(문)의 방향

피난을 위한 하향식 피난구를 설치할 때 출입구(문)의 방향은 피난 방향으로 하여야 한다. 건축물의 피난·방화구조 등의 기준에 관한 규칙 제9조(피난계단 및 특별피난계단의 구조) 제2항제1호바목에서는 건축물의 내부에서 계단실로 통하는 출입구에는 피난의 방향으로 열 수 있는 것으로 하고 있다. 이는 화재 등이 발생할 경우 재실자가 빨리 대피할 수 있도록 하기 위함이다. 하향식 피난구의 설치 목적 또한 화재 등 유사시 피난을 위함으로 출입구(문)은 피난 방향으로 열릴 수 있는 구조가 되어야 안전하고 빠른 대피가 될 수 있기 때문이다.

• 중앙건축위원회의 심의를 거쳐 고시하는 구조 또는 시설을 설치한 경우

### ❑ 요양병원 등에서의 층별 대피공간등의 설치

요양병원, 정신병원, 노인요양시설, 장애인 거주시설 및 장애인 의료재활시설의 피난층 외의 층에는 층별 대피공간, 거실에 설치된 노대등과 지상으로 통하는 경사로 또는 인접 건축물로 피난할 수 있는 연결복도·통로 등을 설치하여야 한다.(2014.5.28 장성요양병원화재, 2018.1.26 밀양세종병원화재 대책)

### ❑ 창고시설의 화재예방 강화를 위한 조치

창고시설 중 방화구획 설치의무규정을 적용하지 않거나 완화하여 적용하는 부분에는 수막(水幕)을 형성하여 화재확산을 방지하는 설비 및 화재 조기진화용 스프링클러 등을 추가로 설치해야 한다.

### 질의 3층 이상의 층과 지하층은 층마다 방화구획 하도록 한 규정과 관련

건축물의 피난·방화구조 등의 기준에 관한 규칙 제14조제1항제2호의 규정에 의거 3층 이상의 층과 지하층은 층마다 방화구획 하도록 한 규정과 관련하여

(1) 스프링클러 설치와 무관하게 적용하여야 하는지 여부
(2) 승강기홀을 건축물의 다른 부분과 방화구획 하여야 하는지 여부
(3) 지하층 램프부분도 방화구획 되어야 하는지 여부

**회신** ① 질의 (1)에 대하여

- 층간 방화구획은 스프링클러 설치 관계없이 하여야 하는 것임.

② 질의 (2)에 대하여

- 동법 시행령 제46조의 규정에 의거 승강기의 승강로 부분(해당 승강기의 승강을 위한 승강 로비 부분을 포함한다)은 방화구획 하여야 하는 것임.

③ 질의 (3)에 대하여

- 지하층의 램프부분에 대하여도 방화구획을 하여야 하는 것입니다.(건교부 건축 58070-2035, 2003.11.5)
- 지하1층에서 지상으로 직접연결하는 부분은 방화구획에서 제외된다(피난·방화규칙 제14조제1항 제2호 참조)

### 질의 근린주차장과 공동주택주차장간의 방화구획

지하주차장을 근린상가와 공동주택이 하나의 층에서 같이 사용할 경우 근린주차장과 공동주택주차장간 방화구획을 설치하여야 하는 지 여부

**회신** 「건축법 시행령」 제46조제2항제6호의 규정에 의하면, 주요구조부가 내화구조 또는 불연재료로 된 주차장은 동조 제1항을 적용하지 아니하거나 그 사용에 지장이 없는 범위에서 완화하여 적용할 수 있으나, 동조 제3항에서 건축물의 일부가 같은법 제50조제1항(내화구조 대상)에 따른 건축물에 해당하는 경우에는 그 부분과 다른 부분을 방화구획으로 구획하도록 하고 있습니다.(국토교통부 건축정책과 등록 2010.11.10, 수정 2019.5.24)

### 질의 방화구획 완화규정 적용

건축물의 지하층에 식당, 창고, 사무실 및 주차장(주차장이 면적은 1,000m² 이상)이 있는 경우 동 주차장에 대하여 건축법시행령 제46조제2항의 규정에 의한 방화구획 완화규정을 적용하고자 하는 경우 주차장과 식당·창고·사무실의 경계부분이 내화구조등으로 설치되어야 하는지 여부

**회신** 「건축법 시행령」 제46조제2항제6호의 규정에 의하면 주요구조부가 내화구조 또는 불연재료로 된 주차장의 부분에 대하여는 동법시행령 동조 제1항의 방화구획 관련 규정을 적용하지 아니하거나 그 사용에 지장을 초래하지 아니하는 범위에서 완화하여 적용할 수 있도록 되어 있으므로, 질의의 경우 주차장에 대하여 상기 방화구획 완화규정을 적용하고자 하는 경우에는 주차장과 타용도의 경계부분은 내화구조 또는 불연재료로 설치되어야 합니다.(국토교통부 건축정책과 등록 2010.11.12, 수정 2019.5.24)

### 질의 계단실, 복도, 승강기 승강로 부분의 방화구획 완화적용 기준

건축물의 계단·복도·승강기의 승강로 부분에 대한 방화구획을 완화 적용받을 수 있는 기준

**회신** 「건축법 시행령」 제46조제2항의 규정에 의하여 방화구획을 하여야 하는 건축물의 경우, 계단실 부분·복도 또는 승강기의 승강로 부분(해당 승강기의 승강을 위한 승강로비 부분을 포함한다)으로서 해당 건축물의 다른 부분과 방화구획으로 구획된 부분에 대하여는 상기 규정에 의한 방화구획 규정을 적용하지 아니하거나 그 사용에 지장을 초래하지 아니하는 범위에서 완화하여 적용할 수 있는 것입니다.(건교부 건축 58070-2381, 2003.12.26)

### 질의 공동주택, 오피스텔 수직풍도의 샤프트를 층간 방화구획 하여야 하는지

공동주택, 오피스텔 용도의 건축물에 설치되는 수직풍도의 샤프트가 「건축법 시행령」 제46조의 규정에 의한 층간 방화구획을 하여야 하는지 여부

**회신** 질의의 수직풍도 샤프트 부분이 해당 건축물의 다른 부분과 방화 구획된 경우라면 내부설비의 구조·기능상 「건축법 시행령」 제46조제2항제3호의 규정에 의한 계단실·복도·승강로 등과 같은 것으로 볼 수 있을 것임을 알려드립니다.(건교부 건축 58070-1658, 2003.9.8)

### 질의 복합건물에서 배연설비를 업무시설부분에만 설치하는 것이 가능한지

1~5층 근린생활시설, 6~10층 업무시설인 건축물에 대하여 배연설비를 6층부터 설치하는 것이 가능한지 여부

**회신** 건축물의 설비 기준 등에 관한 규칙 제14조제1항의 규정에 의하여 6층 이상의 건축물로서 문화 및 집회시설, 판매 및 영업시설, 업무시설 등에 쓰이는 거실에는 동조 동항 각 호에 적합하게 배연 설비를 설치하여야 하는 것인 바, 귀 문의의 경우에는 업무시설이 소재한 층수에 관계없이 업무시설에는 모두 배연설비를 설치하여야 하는 것이니 보다 구체적인 사항은 해당 허가권자에게 문의하시기 바랍니다.(건교부 건축 58070-1413, 2003.8.4)

피난·방화규칙 **제14조 [방화구획의 설치기준]**

① 영 제46조제1항 각 호 외의 부분 본문에 따라 건축물에 설치하는 **방화구획**은 다음 각 호의 **기준**에 적합해야 한다.(2021.3.26 본항 개정)

1. **10층** 이하의 층은 바닥면적 **1,000$m^2$**(스프링클러 기타 이와 유사한 자동식 소화설비를 설치한 경우에는 바닥면적 3,000$m^2$) 이내마다 구획할 것
2. 매층마다 구획할 것 다만, 지하 1층에서 지상으로 직접 연결하는 경사로 부위는 제외한다.(2019.8.6 본호 개정)
3. **11층** 이상의 층은 바닥면적 **200$m^2$**(스프링클러 기타 이와 유사한 자동식 소화설비를 설치한 경우에는 600$m^2$) 이내마다 구획할 것. 다만, 벽 및 반자의 실내에 접하는 부분의 마감을 불연재료로 한 경우에는 바닥면적 **500$m^2$**(스프링클러 기타 이와 유사한 자동식 소화설비를 설치한 경우에는 1,500$m^2$) 이내마다 구획하여야 한다.
4. 필로티나 그 밖에 이와 비슷한 구조(벽면적의 1/2 이상이 그 층의 바닥면에서 위층 바닥 아래면까지 공간으로 된 것만 해당한다)의 부분을 주차장으로 사용하는 경우 그 부분은 건축물의 다른 부분과 구획할 것(2019.8.6 본호 신설)

② 제1항에 따른 **방화구획**은 다음 각 호의 **기준**에 적합하게 설치해야 한다.(2010.4.7 본항 개정)

1. 영 제46조에 따른 방화구획으로 사용하는 60분+ 방화문 또는 60분 방화문은 언제나 닫힌 상태를 유지하거나 화재로 인한 연기 또는 불꽃을 감지하여 자동적으로 닫히는 구조로 할 것. 다만, 연기 또는 불꽃을 감지하여 자동적으로 닫히는 구조로 할 수 없는 경우에는 온도를 감지하여 자동적으로 닫히는 구조로 할 수 있다.(2024.11.15 본호 개정)
2. 다음 각 목에 해당하는 경우 그 부분을 별표 1 제1호에 따른 내화시간(내화채움성능이 인정된 구조로 메워지는 구성 부재에 적용되는 내화시간을 말한다) 이상 견딜 수 있는 내화채움성능이 인정된 구조로 메울 것(2024.8.26 본호 개정)
   가. 급수관·배전관 또는 그 밖의 관이나 전선 등이 방화구획을 관통하여 관통부가 생기는 경우(2024.8.26 본목 신설)
   나. 방화구획의 벽과 벽, 벽과 바닥, 바닥과 바닥 사이에 접합부가 생기는 경우(2024.8.26 본목 신설)
   다. 방화구획과 외벽 사이에 접합부가 생기는 경우(2024.8.26 본목 신설)
   라. 방화구획에 그 밖의 틈이 생기는 경우(2024.8.26 본목 신설)
3. 환기·난방 또는 냉방시설의 풍도가 방화구획을 관통하는 경우에는 그 관통부분 또는 이에 근접한 부분에 다음 각 목의 기준에 적합한 댐퍼를 설치할 것. 다만, 반도체공장 건축물로서 방화구획을 관통하는 풍도의 주위에 스프링클러헤드를 설치하는 경우에는 그렇지 않다.(2019.8.6 본호 개정)
   가. 화재로 인한 연기 또는 불꽃을 감지하여 자동적으로 닫히는 구조로 할 것. 다만, 주방 등 연기가 항상 발생하는 부분에는 온도를 감지하여 자동적으로 닫히는 구조로 할 수 있다.(2019.8.6 본목 개정)

나. 국토교통부장관이 정하여 고시하는 비차열(非遮熱) 성능 및 방연성능 등의 기준에 적합할 것(2019.8.6 본목 개정)

4. 영 제46조제1항제2호 및 제81조제5항제5호에 따라 설치되는 자동방화셔터는 다음 각 목의 요건을 모두 갖출 것. 이 경우 자동방화셔터의 구조 및 성능기준 등에 관한 세부사항은 국토교통부장관이 정하여 고시한다.(2021.12.23 본호 개정)

가. 피난이 가능한 60분+ 방화문 또는 60분 방화문으로부터 3m 이내에 별도로 설치할 것

나. 전동방식이나 수동방식으로 개폐할 수 있을 것

다. 불꽃감지기 또는 연기감지기 중 하나와 열감지기를 설치할 것

라. 불꽃이나 연기를 감지한 경우 일부 폐쇄되는 구조일 것

마. 열을 감지한 경우 완전 폐쇄되는 구조일 것

③ 영 제46조제1항제2호에서 "국토교통부령으로 정하는 기준에 적합한 것"이란 한국건설기술연구원장이 국토교통부장관이 정하여 고시하는 바에 따라 다음 각 호의 사항을 모두 인정한 것을 말한다.(2021.3.26 본항 개정)

1. 생산공장의 품질 관리 상태를 확인한 결과 국토교통부장관이 정하여 고시하는 기준에 적합할 것
2. 해당 제품의 품질시험을 실시한 결과 비차열 1시간 이상의 내화성능을 확보하였을 것

④ 영 제46조제5항제3호에 따른 **하향식 피난구**(덮개, 사다리, 승강식 피난기 및 경보시스템을 포함한다)의 **구조**는 다음 각 호의 기준에 적합하게 설치해야 한다.(2022.4.29 본항 개정)

1. 피난구의 덮개(덮개와 사다리, 승강식피난기 또는 경보시스템이 일체형으로 구성된 경우에는 그 사다리, 승강식피난기 또는 경보시스템을 포함한다)는 품질시험을 실시한 결과 비차열 1시간 이상의 내화성능을 가져야 하며, 피난구의 유효 개구부 규격은 직경 60cm 이상일 것(2022.4.29 본호 개정)
2. 상층·하층간 피난구의 수평거리는 15cm 이상 떨어져 있을 것(2022.4.29 본호 개정)
3. 아래층에서는 바로 위층의 피난구를 열 수 없는 구조일 것
4. 사다리는 바로 아래층의 바닥면으로부터 50cm 이하까지 내려오는 길이로 할 것
5. 덮개가 개방될 경우에는 건축물관리시스템 등을 통하여 경보음이 울리는 구조일 것
6. 피난구가 있는 곳에는 예비전원에 의한 조명설비를 설치할 것

⑤ 제2항제2호에 따른 내화채움방법에 필요한 사항은 국토교통부장관이 정하여 고시한다.(2024.8.26 본항 개정)

⑥ 법 제49조제2항 단서에 따라 영 제46조제7항에 따른 창고시설 중 같은 조 제2항제2호에 해당하여 같은 조 제1항을 적용하지 않거나 완화하여 적용하는 부분에는 다음 각 호의 구분에 따른 설비를 추가로 설치해야 한다.(2022.4.29 본항 신설)

1. 개구부의 경우: 「소방시설 설치 및 관리에 관한 법률」 제12조제1항에 따른 화재안전기준(이하 이 조에서 "**화재안전기준**"이라 한다)을 충족하는 설비로서 수막(水幕)을 형성하여 화재확산을 방지하는 설비(2024.8.26 본호 개정)
2. 개구부 외의 부분의 경우: 화재안전기준을 충족하는 설비로서 화재를 조기에 진화할 수 있도록 설계된 스프링클러

**해설** 화재 발생시 건축물의 구조적 안전을 도모하고 화재의 확산 및 유독가스 발생 등을 방지하는 등 국민의 생명과 재산을 보호하기 위하여 건축자재등 품질인정 및 관리기준(2022.2.11)이 제정되었다. 이 기준이 제정됨으로 기존의 건축물 마감재료의 난연성능 및 화재 확산 방지구조 기준, 내화구조의 인정 및 관리기준, 방화문 및 자동방화셔터의 인정 및 관리기준 등은 폐지되었으며, 새롭게 제정된 건축자재등 품질인정 및 관리기준에는 건축자재등 품질인정 절차, 품질인정의 관리, 품질인정기관의 품질관리 확인점검, 건축물 마감재료의 성능기준 및 화재 확산 방지구조, 방화문 및 자동방화셔터의 성능 기준 등의 내용을 포함하고 있다.

**건축자재등 품질인정업무 절차**

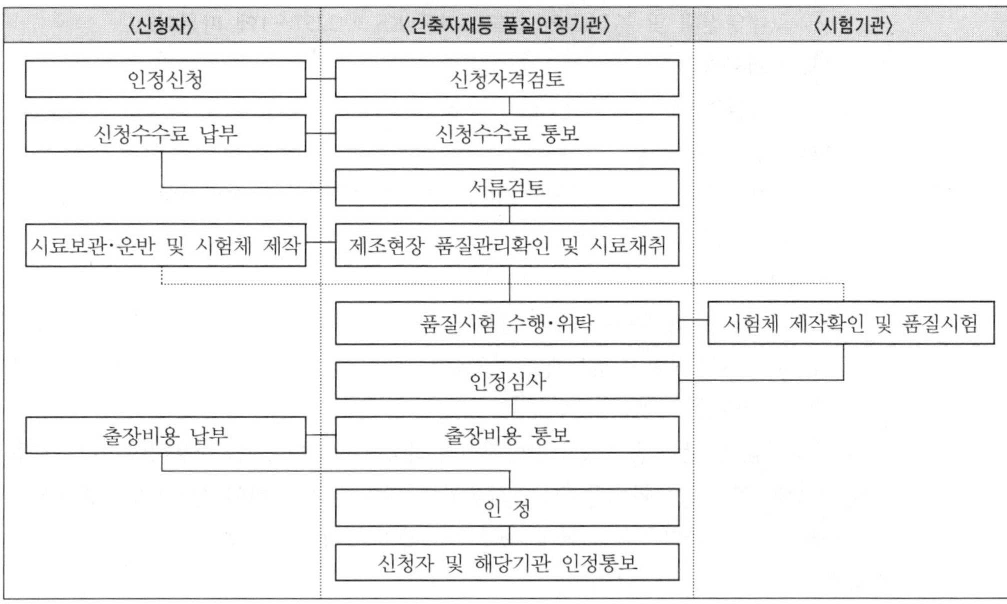


❑ **방화댐퍼의 내화시험 방법**(제35조제1항 관련)

1. **개요**

1.1 목적

이 방화댐퍼의 내화시험방법(이하 "내화시험방법"이라 한다)은 제35조제1항의 내화성능 확인을 위한 시험방법을 정하는 것을 목적으로 한다.

1.2 적용범위

이 내화시험방법은 「산업표준화법」에 따른 한국산업표준(KS)에 우선하여 적용하며, 이 내화시험방법에서 정하지 않은 사항은 한국산업표준(KS)에 따른다. 단, 이 내화시험방법에서 적용하는 한국산업표준은 최신 표준을 적용하여야 한다.

2. **용어의 정의**

이 내화시험방법에서 사용하는 용어는 한국산업표준에서 정한 정의를 적용한다.

3. **시험 방법**

3.1 시험체 제작

3.1.1 시험체는 연결되는 덕트 등을 제외한 방화댐퍼 본체만을 대상으로 하며, 시험체 제작은 한국

산업표준 KS F 2257－1(건축 부재의 내화 시험방법－일반 요구사항) 및 시험신청내용에 따라 가능한 현장 시공조건과 동일하게 제작하여야 한다.

3.1.2 시험체의 크기 등 시험체 제작과 관련된 사항은 한국산업표준 KS F 2257－1에 따른다.

3.2 시험체 양생

시험체의 양생은 일반적인 사용 조건 및 한국산업표준 KS F 2257－1에 따른다.

3.3 내화시험

3.3.1 시험조건

가) 로내열전대 및 가열로의 압력

로내열전대 및 가열로의 압력조건은 KS F 2257－1에 따른다.

나) 시험환경

시험환경 조건은 KS F 2257－1에 따른다.

다) 시험의 실시 등

시험의 실시, 측정 및 관측사항 등 시험조건에 관한 기타의 사항에 대하여는 한국산업표준 KS F 2257－1에 따른다.

3.3.2 시험체수

방화댐퍼의 내화시험은 2회를 실시한다. 수직부재에 설치되는 방화댐퍼의 경우 양면에 대해 각 1회씩 시험하며 수평부재에 설치되는 방화댐퍼의 경우 화재노출면에 대해 2회 시험한다.

3.3.3 내화시험방법

내화시험 전 주위 온도에서 방화댐퍼의 작동장치(모터 등)를 사용하여 10번 개폐하여 작동에 이상이 없는지를 확인한 후, 방화댐퍼를 폐쇄 상태로 하여 한국산업표준 KS F 2257－1의 표준 시간－가열온도 곡선에 따라 가열하면서 차염성을 측정한다.

3.4 판정기준

내화성능은 한국산업표준 KS F 2257－1의 차염성 성능기준에 의하여 결정되어야 한다. 단, 면 패드는 적용하지 않는다.

**4. 시험결과의 표현**

시험성적서에는 신청 내화등급을 표시하고 합·부 표기를 하여야 한다. 기타 시험결과의 표현 및 시험성적서에 명시되어야 할 사항으로서 고시에서 정하지 않은 사항은 한국산업표준 KS F 2257－1에 따른다.

**건축자재등 품질인정 및 관리기준 제36조 【하향식 피난구 성능시험 및 성능 기준】**

① 규칙 제14조제4항에 따른 하향식 피난구는 다음 각 호의 성능을 확보하여야 하며, 성능 확인을 위한 시험은 영 제63조에 따른 건축자재 성능 시험기관에서 할 수 있다.

1. KS F 2257－1(건축부재의 내화시험방법－일반요구사항)에 적합한 수평가열로에서 시험한 결과 KS F 2268－1(방화문의 내화시험방법)에서 정한 비차열 1시간 이상의 내화성능이 있을 것. 다만, 하향식 피난구로서 사다리가 피난구에 포함된 일체형인 경우에는 모두를 하나로 보아 성능을 확보하여야 한다.

2. 사다리는 「소방시설설치유지 및 안전관리에 관한 법률 시행령」 제37조에 따른 '피난사다리의 형식승인 및 제품검사의 기술기준'의 재료기준 및 작동시험기준에 적합할 것
3. 덮개는 장변 중앙부에 637N/0.2m$^2$의 등분포하중을 가했을 때 중앙부 처짐량이 15mm 이하일 것

② 시험성적서는 3년간 유효하다.

**질의** **주차장 방화구획 완화 관련**

연면적 약 9,000m$^2$ 이상의 주요구조부가 내화구조 된 주차장의 방화구획을 완화하여 적용하고자 하는 경우, 주차장에 부속된 화장실, 기계실, 전기실, 엘리베이터홀, 공조실등과 방화구획을 하여야 하는지 아니면 완화하여 방화구획 미적용이 가능한지 여부

**회신** 질의의 층이 건축물의 피난·방화구조 등의 기준에 관한 규칙 제14조제1항제1호에 따라 방화구획을 하여야 하는 바닥면적 기준을 초과하는 경우라면 건축법 시행령 제46조제2항제6호에 따라 주요구조부가 내화구조 또는 불연재료로 된 주차장 내에서는 면적별 방화구획을 하지 않을 수 있으나, 방화구획을 완화하여 적용하지 않는 부분은 주차장과 구획되어야 할 것입니다.(국토교통부 건축정책과, 2017.3.27)

**영 제47조 [방화에 장애가 되는 용도의 제한]**

① 법 제49조제2항 본문에 따라 의료시설, 노유자시설(아동 관련 시설 및 노인복지시설만 해당한다), 공동주택, 장례시설 또는 제1종 근린생활시설(산후조리원만 해당한다)과 위락시설, 위험물저장 및 처리시설, 공장 또는 자동차 관련 시설(정비공장만 해당한다)은 **같은 건축물에 함께 설치할 수 없다.** 다만, 다음 각 호에 해당하는 경우로서 국토교통부령으로 정하는 경우에는 같은 건축물에 함께 설치할 수 있다.(2022.4.29 본항 개정)
1. 공동주택(기숙사만 해당한다)과 공장이 같은 건축물에 있는 경우
2. 중심상업지역·일반상업지역 또는 근린상업지역에서 「도시 및 주거환경정비법」에 따른 재개발사업을 시행하는 경우(2018.2.9 「도시 및 주거환경정비법 시행령」 부칙에 의거 본호 개정)
3. 공동주택과 위락시설이 같은 초고층 건축물에 있는 경우. 다만, 사생활을 보호하고 방범·방화 등 주거 안전을 보장하며 소음·악취 등으로부터 주거환경을 보호할 수 있도록 주택의 출입구·계단 및 승강기 등을 주택 외의 시설과 분리된 구조로 하여야 한다.
4. 「산업집적활성화 및 공장설립에 관한 법률」 제2조제13호에 따른 지식산업센터와 「영유아보육법」 제10조제4호에 따른 직장어린이집이 같은 건축물에 있는 경우(2016.1.19 본호 신설)

② 법 제49조제2항 본문에 따라 다음 각 호에 해당하는 용도의 시설은 같은 건축물에 함께 설치할 수 없다.(2022.4.29 본항 개정)
1. 노유자시설 중 아동 관련 시설 또는 노인복지시설과 판매시설 중 도매시장 또는 소매시장
2. 단독주택(다중주택, 다가구 주택에 한정한다), 공동주택, 제1종 근린생활시설 중 조산원 또는 산후조리원과 제2종 근린생활시설 중 다중생활시설(2013.3.24 본호 개정)

피난·방화규칙 **제14조의2 【복합건축물의 피난시설 등】**

영 제47조제1항 단서의 규정에 의하여 같은 건축물 안에 공동주택·의료시설·아동관련시설 또는 노인복지시설(이하 이 조에서 "**공동주택** 등"이라 한다) 중 하나 이상과 위락시설·위험물저장 및 처리시설·공장 또는 자동차정비공장(이하 이 조에서 "**위락시설** 등"이라 한다) 중 하나 이상을 함께 설치하고자 하는 경우에는 다음 각 호의 기준에 적합하여야 한다.(2005.7.22 본조 개정)

1. 공동주택 등의 출입구와 위락시설 등의 출입구는 서로 그 보행거리가 30m 이상이 되도록 설치할 것
2. 공동주택 등(해당 공동주택 등에 출입하는 통로를 포함한다)과 위락시설 등(해당 위락시설 등에 출입하는 통로를 포함한다)은 내화구조로 된 바닥 및 벽으로 구획하여 서로 차단할 것
3. 공동주택 등과 위락시설 등은 서로 이웃하지 아니하도록 배치할 것
4. 건축물의 주요 구조부를 내화구조로 할 것
5. 거실의 벽 및 반자가 실내에 면하는 부분(반자돌림대·창대 그 밖에 이와 유사한 것을 제외한다. 이하 이 조에서 같다)의 마감은 불연재료·준불연재료 또는 난연재료로 하고, 그 거실로부터 지상으로 통하는 주된 복도·계단 그 밖에 통로의 벽 및 반자가 실내에 면하는 부분의 마감은 불연재료 또는 준 불연 재료로 할 것

해설 같은 건축물(하나로 된 건축물)안에서 방화에 장애가 되는 용도를 함께 설치하지 못하게 하므로 유사시 피난 등에 유효할 수 있도록 하고 있다.

- 화재시 인명피해가 클 수 있는 용도(공동주택 등)와 화재발생위험이 높은 용도(위락시설 등)를 함께 설치하지 못함
- 용도기능상으로도 분리하는 것이 필요한 시설은 분리함
- 그러나 기능 및 복지개념으로 기숙사, 공장과 도시환경정비사업에서는 일부 예외로 하고 있다.
  ① 같은 건축물에 함께 설치할 수 없는 경우(서로의 시설용도가 하나라도 포함되면 안 됨)
    – 의료시설, 아동관련 시설 및 노인복지시설(노유자시설), 공동주택, 장례시설, 산후조리원, 위락시설, 위험물 저장 및 처리시설, 공장, 정비공장(자동차관련시설에 해당되는 것)
  ② 상기 ①과 같은 용도를 같은 건축물에 함께 설치 할 수 없으나, 기숙사와 공장이 같은 건축물 안에 있는 경우 또는 중심·일반·근린상업지역 안에서 「도시 및 주거환경정비법」에 의한 도시환경 정비사업을 시행하는 경우에는 공동주택·의료시설·아동관련 시설·노인복지시설 중 하나 이상(공동주택 등)과 위락시설·위험물 저장 및 처리시설·공장·자동차 정비공장 중 하나 이상(위락시설 등)을 함께 설치할 수 있는데 이때에는 다음 기준에 적합하여야 한다.
    – 공동주택 등과 위락시설 등의 출입구가 서로 그 보행거리가 30m 이상
    – 공동주택 등과 위락시설 등은 내화구조로 된 바닥 및 벽으로 구획하여 차단할 것
    – 공동주택과 위락시설이 서로 이웃하지 않도록 배치
    – 건축물의 주요 구조부를 내화구조로 할 것
    – 거실의 벽 및 반자가 실내에 면하는 부분의 마감 : 불연 재료·준 불연 재료·난연재료로 하여야 함
    – 그 거실에서 지상으로 통하는 주된 복도·계단 그 밖의 통로의 벽 및 반자가 실내에 면하는

부분의 마감 : 불연 재료·준 불연 재료(난연재료는 안 됨)

③ 다음은 같은 건축물 안에 함께 설치할 수 없다(지정된 시설 용도임).
- 아동관련 시설 및 노인복지시설과 도매시장 및 소매시장
- 단독주택(다중주택, 다가구 주택에 한정함), 공동주택, 제1종 근린생활시설 중 조산원 또는 산후조리원과 제2종 근린생활시설 중 다중생활시설

**참고** 화재예방, 소방시설 설치·유지 및 안전관리에 관한 법률(소방시설법) 시행령, 시행규칙 개정의 중요내용(2016)

- 6층 이상의 특정소방대상물에는 스프링클러를 설치(기존 11층 이상)
- 의무사항 위반하면 위반행위의 정도, 횟수별로 과태료를 차등부과기준
- 피난시설, 방화구획 또는 방화시설을 폐쇄, 훼손, 변경하는 등의 행위 1차 100만원, 2차 200만원, 3차 300만원의 과태료
- 아파트 층수와 높이에 따라 소방안전관리대상물을 특급, 1등급, 2등급으로 세분화
- 노유자시설에 설치하는 미끄럼대 등의 피난기구를 피난층을 제외한 지상1층과 2층에도 설치

※ 「화재예방, 소방시설 설치·유지 및 안전관리에 관한 법률」은 2021.11.30 「화재의 예방 및 안전관리에 관한 법률」이 제정되면서 「소방시설 설치 및 관리에 관한 법률」로 전부 개정됨.

### 영 제48조 【계단·복도 및 출입구의 설치】

① 법 제49조제2항 본문에 따라 연면적 $200m^2$를 초과하는 건축물에 설치하는 계단 및 복도는 국토교통부령으로 정하는 기준에 적합해야 한다.(2022.4.29 본항 개정)

② 법 제49조제2항 본문에 따라 제39조제1항 각 호에 해당하는 건축물의 출입구는 국토교통부령으로 정하는 기준에 적합해야 한다.(2022.4.29 본항 개정)

### 피난·방화규칙 제15조 【계단의 설치기준】

① 영 제48조의 규정에 의하여 건축물에 설치하는 계단은 다음 각 호의 기준에 적합하여야 한다.

1. 높이가 3m를 넘는 계단에는 높이 3m 이내마다 유효너비 120cm 이상의 **계단참**을 설치할 것(2015.4.6 본호 개정)
2. 높이가 1m를 넘는 계단 및 계단참의 양옆에는 **난간**(벽 또는 이에 대치되는 것을 포함한다)을 설치할 것
3. 너비가 3m를 넘는 계단에는 계단의 중간에 너비 3m 이내마다 난간을 설치할 것. 다만, 계단의 단높이가 15cm 이하이고, 계단의 단너비가 30cm 이상인 경우에는 그러하지 아니하다.
4. 계단의 **유효 높이**(계단의 바닥 마감면부터 상부 구조체의 하부 마감면까지의 연직방향의 높이를 말한다)는 2.1m 이상으로 할 것(2010.4.7 본호 신설)

② 제1항에 따라 계단을 설치하는 경우 계단 및 계단참의 너비(**옥내계단**에 한정한다), 계단의 단높이 및 단너비의 칫수는 다음 각 호의 기준에 적합해야 한다. 이 경우 돌음계단의 단너비는 그 좁은 너비의 끝부분으로부터 30cm의 위치에서 측정한다.(2005.7.22 본항 개정)

1. **초등학교**의 계단인 경우에는 계단 및 계단참의 유효너비는 150cm 이상, 단 높이는 16cm 이하, 단 유효너비는 26cm 이상으로 할 것(2015.4.6 본호 개정)
2. **중·고등학교**의 계단인 경우에는 계단 및 계단참의 유효너비는 150cm 이상, 단 높이는 18cm 이하, 단 유효너비는 26cm 이상으로 할 것(2015.4.6 본호 개정)
3. **문화 및 집회시설**(공연장·집회장 및 관람장에 한한다)·**판매시설** 기타 이와 유사한 용도에 쓰이는 건축물의 계단인 경우에는 계단 및 계단참의 유효너비를 120cm 이상으로 할 것(2015.4.6 본호 개정)
4. 제1호부터 제3호까지의 건축물 외의 건축물의 계단으로서 다음 각 목의 어느 하나에 해당하는 층의 계단인 경우에는 계단 및 계단참은 유효너비를 120cm 이상으로 할 것(2019.8.6 본호 개정)
   가. 계단을 설치하려는 층이 지상층인 경우: 해당 층의 바로 위층부터 최상층(상부층 중 피난층이 있는 경우에는 그 아래층을 말한다)까지의 거실 바닥면적의 합계가 $200m^2$ 이상인 경우
   나. 계단을 설치하려는 층이 지하층인 경우: 지하층 거실 바닥면적의 합계가 $100m^2$ 이상인 경우
5. **기타**의 계단인 경우에는 계단 및 계단참의 유효너비를 60cm 이상으로 할 것 (2015.4.6 본호 개정)
6. 「산업안전보건법」에 의한 작업장에 설치하는 계단인 경우에는 「산업안전 기준에 관한 규칙」에서 정한 구조로 할 것

③ 공동주택(기숙사를 제외한다)·제1종 근린생활시설·제2종 근린생활시설·문화 및 집회시설·종교시설·판매시설·운수시설·의료시설·노유자시설·업무시설·숙박시설·위락시설 또는 관광휴게시설의 용도에 쓰이는 건축물의 주계단·피난계단 또는 특별피난계단에 설치하는 난간 및 바닥은 아동의 이용에 안전하고 노약자 및 신체장애인의 이용에 편리한 구조로 하여야 하며, 양쪽에 벽 등이 있어 난간이 없는 경우에는 손잡이를 설치하여야 한다.(2010.4.7 본항 개정)

④ 제3항의 규정에 의한 **난간·벽** 등의 **손잡이**와 **바닥마감**은 다음 각 호의 기준에 적합하게 설치하여야 한다.
1. 손잡이는 최대지름이 3.2cm 이상 3.8cm 이하인 원형 또는 타원형의 단면으로 할 것
2. 손잡이는 벽등으로부터 5cm 이상 떨어지도록 하고, 계단으로부터의 높이는 85cm가 되도록 할 것
3. 계단이 끝나는 수평부분에서의 손잡이는 바깥쪽으로 30cm 이상 나오도록 설치할 것

⑤ 계단을 대체하여 설치하는 **경사로**는 다음 각 호의 기준에 적합하게 설치하여야 한다.
1. 경사도는 1 : 8을 넘지 아니할 것
2. 표면을 거친 면으로 하거나 미끄러지지 아니하는 재료로 마감할 것
3. 경사로의 직선 및 굴절부분의 유효너비는 「장애인·노인·임산부등의 편의증진보장에 관한 법률」이 정하는 기준에 적합할 것(2010.4.7 본호 신설)

⑥ 제1항 각 호의 규정은 제5항의 규정에 의한 경사로의 설치기준에 관하여 이를 준용한다.

⑦ 제1항 및 제2항에도 불구하고 영 제34조제4항 후단에 따라 피난층 또는 지상으로 통하는 **직통계단**을 설치하는 경우 계단 및 계단참의 너비는 다음 각 호의 구분에 따른 기준에 적합하여야 한다.(2012.1.6 본항 신설)

1. 공동주택: 120cm 이상
2. 공동주택이 아닌 건축물: 150cm 이상

⑧ 승강기기계실용 계단, 망루용 계단 등 특수한 용도에만 쓰이는 계단에 대해서는 제1항부터 제7항까지의 규정을 적용하지 아니한다.(2012.1.6 본항 개정)

해설
- 통행상 안전을 기하기 위하여 용도별 계단의 종류에 따라 단높이, 단너비, 계단 및 계단참의 너비, 위치 등의 기술적 기준은 국토교통부령으로 정한다.
- 통행의 안전을 위해서 난간을 설치하며 경사가 적은 계단이나 높이가 낮은 계단은 설치하지 않아도 되도록 예외로 하고 있다.

### ❑ 계단의 설치기준

- 계단참 설치 : 높이 3m 이내마다 유효너비 1.2m 이상
- 난간 설치 : ① 높이 1m 넘는 것(양측에 벽이 없는 경우)
  ② 폭이 3m 넘는 경우 중간에 3m 이내마다 설치
  (예외 : 단높이 15cm 이하 단너비 30cm 이상은 설치하지 않아도 된다.)
- 적용의 예외 : 특정한 소수인의 특수용도로 사용하는 계단

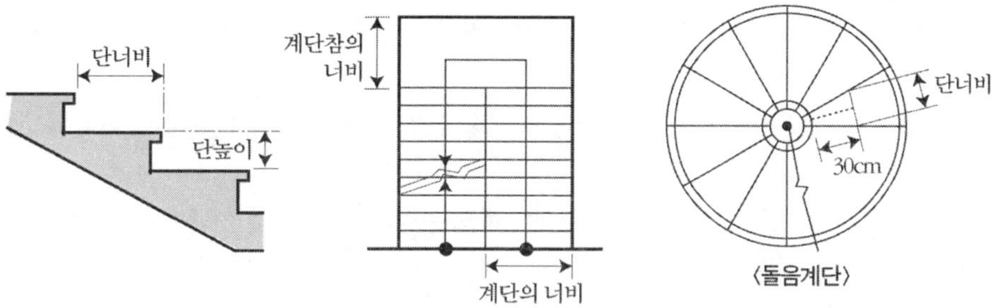


그림 5-9 계단의 너비, 단높이 및 참의 너비

**계단의 구조**

(단위 : cm)

| 계단의 종류 | 계단 및 계단참의 너비 | 단높이 | 단너비 |
|---|---|---|---|
| • 초등학교용의 학생용 계단 | 150 이상 | 16 이하 | 26 이상 |
| • 중·고등학교의 학생용 계단 | 150 이상 | 18 이하 | 26 이상 |
| • 문화 및 집회 시설·판매시설인 경우 | 120 이상 | – | – |
| • 지상층은 위층의 거실 바닥면적의 합계가 $200m^2$ 이상, 지하층은 거실 바닥면적의 합계가 $100m^2$ 이상인 경우 | 120 이상 | – | – |
| • 기타의 계단 | 60 이상 | – | – |

※ 계단과 계단참의 너비는 유효폭(유효너비)을 기준으로 함. 유효폭은 난간, 핸드레일 등을 제외한 내측거리임.

### ❑ 계단에 대체하여 설치하는 경사로

- 계단에 대체하여 설치하는 경사로(ramp)는 사람이 통행하는 것이며 자동차의 진입경사로가 아님에 유의해야 한다. – 자동차용 경사로는 1/6 이하임.
- 경사로의 너비, 참의 위치 및 너비, 난간설치 등은 계단에 준용한다.
- 경사도(수직거리/수평거리) ≦ 1/8

**피난·방화규칙 제15조의2 【복도의 너비 및 설치기준】** [2005.7.22 본조 신설]

① 영 제48조의 규정에 의하여 건축물에 설치하는 복도의 유효너비는 다음 표와 같이 하여야 한다.

| 구 분 | 양옆에 거실이 있는 복도 | 기타의 복도 |
|---|---|---|
| 유치원·초등학교·중학교·고등학교 | 2.4m 이상 | 1.8m 이상 |
| 공동주택·오피스텔 | 1.8m 이상 | 1.2m 이상 |
| 당해 층 거실의 바닥 면적 합계가 200m$^2$ 이상인 경우 | 1.5m 이상<br>(의료시설의 복도는 1.8m 이상) | 1.2m 이상 |

② 문화 및 집회시설(공연장·집회장·관람장·전시장에 한정한다), 종교시설 중 종교집회장, 노유자시설 중 아동 관련 시설·노인복지시설, 수련시설 중 생활권수련시설, 위락시설 중 유흥주점 및 장례식장의 관람실 또는 집회실과 접하는 **복도**의 **유효너비**는 제1항에도 불구하고 다음 각 호에서 정하는 너비로 해야 한다.(2019.8.6 본항 개정)

1. 해당층에서 해당용도로 쓰는 바닥면적의 합계가 500m$^2$ 미만인 경우 1.5m 이상(2019.8.6 본호 개정)
2. 해당층에서 해당용도로 쓰는 바닥면적의 합계가 500m$^2$ 이상 1,000m$^2$ 미만인 경우 1.8m 이상(2019.8.6 본호 개정)
3. 해당층에서 해당용도로 쓰는 바닥면적의 합계가 1,000m$^2$ 이상인 경우 2.4m 이상(2019.8.6 본호 개정)

③ 문화 및 집회시설 중 공연장에 설치하는 **복도**는 다음 각 호의 기준에 적합해야 한다.

1. 공연장의 개별 관람실(바닥면적이 300m$^2$ 이상인 경우에 한정한다)의 바깥쪽에는 그 양쪽 및 뒤쪽에 각각 복도를 설치할 것(2019.8.6 본호 개정)
2. 하나의 층에 개별 관람실(바닥면적이 300m$^2$ 미만인 경우에 한정한다)을 2개소 이상 연속하여 설치하는 경우에는 그 관람석의 바깥쪽의 앞쪽과 뒤쪽에 각각 복도를 설치할 것(2019.8.6 본호 개정)

④ 법 제19조에 따라 「공공주택 특별법 시행령」 제37조제1항제3호에 해당하는 건축물을 「주택법 시행령」 제4조의 준주택으로 용도변경하려는 경우로서 다음 각 호의 요건을 모두 갖춘 경우에는 용도변경한 건축물의 복도 중 양 옆에 거실이 있는 복도의 유효너비는 제1항에도 불구하고 1.5m 이상으로 할 수 있다.(2021.10.15 본항 신설)

1. 용도변경의 목적이 해당 건축물을 「공공주택 특별법」 제43조제1항에 따라 공공매입임대주택으로 공급하려는 공공주택사업자에게 매도하려는 것일 것

2. 둘 이상의 직통계단이 지상까지 직접 연결되어 있을 것
3. 건축물의 내부에서 계단실로 통하는 출입구의 유효너비가 0.9m 이상일 것
4. 제3호의 출입구에는 영 제64조제1호에 따른 방화문을 피난하려는 방향으로 열리도록 설치하되, 해당 방화문은 항상 닫힌 상태를 유지하거나 화재로 인한 연기나 불꽃을 감지하여 자동으로 닫히는 구조일 것. 다만, 연기나 불꽃을 감지하여 자동으로 닫히는 구조로 할 수 없는 경우에는 온도를 감지하여 자동으로 닫히는 구조로 할 수 있다.

해설
- 연면적 200m$^2$를 초과하는 건축물에는 건축물의 용도와 규모에 따라 복도의 유효너비와 설치기준에 적합하도록 하여야 한다.
- 제1종 근린생활시설, 숙박시설 등의 용도로 사용하는 건축물을 기숙사 등 준주택으로 용도변경하여 공공주택사업자에게 매도하는 경우 둘 이상의 직통계단이 지상까지 직접 연결되어 있는 등 화재의 확산을 방지할 수 있는 구조를 갖추면 양 옆에 거실이 있는 복도의 유효너비 기준을 완화 적용할 수 있다.

**❑ 복도의 유효너비**

① 중복도와 편복도의 경우
- 유치원·초·중·고등학교 : 중복도는 2.4m 이상, 기타 복도는 1.8m 이상
- 공동주택·오피스텔 : 중복도는 1.8m 이상, 기타 복도는 1.2m 이상
- 당해 층 거실의 바닥 면적 합계가 200m$^2$ 이상인 경우 : 중복도는 1.5m 이상(의료시설 : 1.8m 이상), 기타복도는 1.2m 이상

② 상기 ① 이외의 용도의 경우
- 공연장·집회장·관람장·전시장, 아동관련시설·노인복지시설·생활권수련시설, 유흥주점, 장례식장 등의 관람실 또는 집회실과 접하는 복도의 유효너비
  - 해당층에서 해당용도로 쓰는 바닥면적의 합계가 500m$^2$ 미만 : 1.5m 이상
  - 해당층에서 해당용도로 쓰는 바닥면적의 합계가 500m$^2$ 이상 1,000m$^2$ 미만 : 1.8m 이상
  - 해당층에서 해당용도로 쓰는 바닥면적의 합계가 1,000m$^2$ 이상 : 2.4m 이상

**❑ 복도의 설치기준**

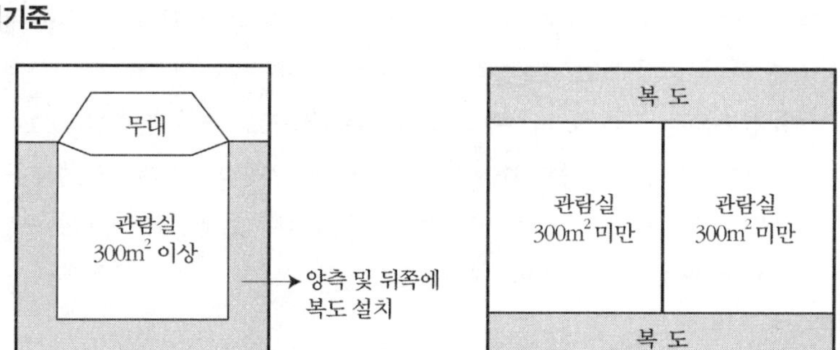


**그림 5-10 문화 및 집회시설 중 공연장에 설치하는 복도**

**영 제50조 【거실반자의 설치】**

법 제49조제2항 본문에 따라 공장, 창고시설, 위험물저장 및 처리시설, 동물 및 식물 관련 시설, 자원순환 관련시설 또는 묘지 관련시설 외의 용도로 쓰는 건축물 거실의 반자(반자가 없는 경우에는 보 또는 바로 위층의 바닥판의 밑면, 그 밖에 이와 비슷한 것을 말한다)는 국토교통부령으로 정하는 기준에 적합해야 한다.(2022.4.29 본조 개정)

**해설** 거실의 반자높이(천장고)를 규정하는 것은 실의 기능상 최소한의 천장고를 유지함으로써 공간을 적절히 활용하려는 이유도 있겠지만 위생적인 면에서 일정한 공기용적을 확보하게 하려는 데 중요한 목적이 있다. 물론 환기를 위한 개구부의 폭 등을 규정하고 있으나 실의 체적도 중요하다.

**피난·방화규칙 제16조 【거실의 반자높이】**

① 영 제50조의 규정에 의하여 설치하는 거실의 반자(반자가 없는 경우에는 보 또는 바로 위층의 바닥판의 밑면 기타 이와 유사한 것을 말한다. 이하 같다)는 그 높이를 2.1m 이상으로 하여야 한다.

② 문화 및 집회시설(전시장 및 동·식물원은 제외한다), 종교시설, 장례식장 또는 위락시설 중 유흥주점의 용도에 쓰이는 건축물의 관람실 또는 집회실로서 그 바닥면적이 200m$^2$ 이상인 것의 반자의 높이는 제1항에도 불구하고 4m(노대의 아랫부분의 높이는 2.7m) 이상이어야 한다. 다만, 기계환기장치를 설치하는 경우에는 그렇지 않다.(2019.8.6 본항 개정)

**해설** 문화 및 집회시설 등 많은 사람을 수용하는 거실은 천장고가 높아야 한다. 그러나 천장고가 지나치게 높으면 열손실이 많기 때문에 적당한 천장고를 유지할 필요가 있다.

**영 제51조 【거실의 채광 등】**

① 법 제49조제2항 본문에 따라 단독주택 및 공동주택의 거실, 교육연구시설 중 학교의 교실, 의료시설의 병실 및 숙박시설의 객실에는 국토교통부령으로 정하는 기준에 따라 채광 및 환기를 위한 창문등이나 설비를 설치해야 한다.(2022.4.29 본항 개정)

② 법 제49조제2항 본문에 따라 다음 각 호에 해당하는 건축물의 거실(피난층의 거실은 제외한다)에는 배연설비를 해야 한다.(2022.4.29 본항 개정)

1. **6층 이상인 건축물**로서 다음 각 목에 해당하는 용도로 쓰는 건축물(2022.4.29 본호 개정)
   가. 제2종 근린생활시설 중 공연장, 종교집회장, 인터넷컴퓨터게임시설제공업소 및 다중생활시설(공연장, 종교집회장 및 인터넷컴퓨터게임시설제공업소는 해당 용도로 쓰는 **바닥면적의 합계가 각각 300m$^2$ 이상**인 경우만 해당한다)
   나. 문화 및 집회시설
   다. 종교시설
   라. 판매시설

마. 운수시설

바. 의료시설(요양병원 및 정신병원은 제외한다)

사. 교육연구시설 중 연구소

아. 노유자시설 중 아동 관련 시설, 노인복지시설(노인요양시설은 제외한다)

자. 수련시설 중 유스호스텔

차. 운동시설

카. 업무시설

타. 숙박시설

파. 위락시설

하. 관광휴게시설

거. 장례시설

2. 다음 각 목에 해당하는 용도로 쓰는 건축물(2022.4.29 본호 개정)

가. 의료시설 중 요양병원 및 정신병원

나. 노유자시설 중 노인요양시설·장애인 거주시설 및 장애인 의료재활시설

다. 제1종 근린생활시설 중 산후조리원

③ 법 제49조제2항 본문에 따라 **오피스텔에 거실 바닥으로부터 높이 1.2m 이하 부분에 여닫을 수 있는 창문을 설치**하는 경우에는 국토교통부령으로 정하는 기준에 따라 추락방지를 위한 **안전시설**을 설치해야 한다.(2022.4.29 본항 개정)

④ 법 제49조제3항에 따라 건축물의 11층 이하의 층에는 소방관이 진입할 수 있는 창을 설치하고, 외부에서 주야간에 식별할 수 있는 표시를 해야 한다. 다만, 다음 각 호의 어느 하나에 해당하는 아파트는 제외한다.

1. 제46조제4항 및 제5항에 따라 대피공간 등을 설치한 아파트

2. 「주택건설기준 등에 관한 규정」 제15조제2항에 따라 비상용승강기를 설치한 아파트

해설 건축물에 설치되는 창, 기타 개구부(開口部)는 일조(日照), 일사, 채광, 통풍, 환기, 조망 등 위생상, 기능상 꼭 필요하므로 개구부 면적의 최소한도를 규정하고 있으며 조명 또는 환기 장치를 한 경우는 이를 예외로 한다. 그리고 6층 이상의 일정용도 건축물의 경우 규정에 의한 배관설비를 하여야 하지만, 의료시설 중 요양병원 및 정신병원, 노유자시설 중 노인요양시설·장애인 거주시설 및 장애인 의료재활시설의 용도로 쓰는 건축물은 해당 건축물의 층수와 관계없이 거실에 배연설비를 설치하여야 한다. 또한 건축물의 11층 이하의 층에는 소방관이 진입할 수 있는 창을 설치하고 외부에서 주야간에 식별할 수 있는 표시를 하되 대피공간 등을 설치하거나 비상용 승강기를 설치한 아파트의 경우에는 그 적용 대상에서 제외하고 있다.

**피난·방화규칙 제17조 【채광 및 환기를 위한 창문 등】**

① 영 제51조에 따라 **채광**을 위하여 거실에 설치하는 창문 등의 면적은 그 거실의 바닥면적의

1/10 이상이어야 한다. 다만, 거실의 용도에 따라 별표 1의 3에 따라 조도 이상의 조명장치를 설치하는 경우에는 그러하지 아니하다.(2012.1.6 본항 개정)

② 영 제51조의 규정에 의하여 **환기**를 위하여 거실에 설치하는 창문 등의 면적은 그 거실의 바닥면적의 1/20 이상이어야 한다. 다만, 기계환기장치 및 중앙관리방식의 공기조화설비를 설치하는 경우에는 그러하지 아니하다.

③ 제1항 및 제2항의 규정을 적용함에 있어서 수시로 개방할 수 있는 미닫이로 구획된 2개의 거실은 이를 1개의 거실로 본다.

④ 영 제51조제3항에서 "국토교통부령으로정하는 기준"이란 높이 1.2m 이상의 난간이나 그 밖에 이와 유사한 추락방지를 위한 안전시설을 말한다.(2010.4.7 본항 신설)

참고

무창층

지상층 중 행정안전부령이 정하는 피난 또는 소화활동상 유효한 개구부의 면적의 합계가 해당 층의 바닥면적의 1/30 이하가 되는 층(「소방시설 설치 및 관리에 관한 법률 시행령」 제2조제1호)

※ 「건축물의 피난·방화구조 등의 기준에 관한 규칙」 **[별표 1의3]**

**거실의 용도에 따른 조도기준**(제17조제1항 관련)

| 거실의 용도구분 \ 조도구분 | | 바닥에서 85cm의 높이에 있는 수평면의 조도(Lx) |
|---|---|---|
| 1. 거주 | 독서·식사·조리<br>기타 | 150<br>70 |
| 2. 집무 | 설계·제도·계산<br>일반사무<br>기타 | 700<br>300<br>150 |
| 3. 작업 | 검사·시험·정밀검사·수술<br>일반작업·제조·판매<br>포장·세척<br>기타 | 700<br>300<br>150<br>70 |
| 4. 집회 | 회의<br>집회<br>공연·관람 | 300<br>150<br>70 |
| 5. 오락 | 오락일반<br>기타 | 150<br>30 |
| 6. 기타 | | 1란 내지 5란 중 가장 유사한 용도에 관한 기준을 적용한다. |

피난·방화규칙 **제18조의2 [소방관 진입창의 기준]**

법 제49조제3항에서 "국토교통부령으로 정하는 기준"이란 다음 각 호의 요건을 모두 충족하는 것을 말한다.(2019.8.6 본조 신설)

1. 2층 이상 11층 이하인 층(직접 지상으로 통하는 출입구가 있는 층은 제외한다)에 각각 1개소 이상 설치할 것. 이 경우 소방관이 진입할 수 있는 창의 가운데에서 벽면 끝까지의 수평거리가 40m 이상인 경우에는 40m 이내마다 소방관이 진입할 수 있는 창을 추가로 설치해야 한다.(2024.11.15 본호 개정)

2. 소방차 진입로 또는 소방차 진입이 가능한 공터에 면할 것
3. 창문의 가운데에 지름 20cm 이상의 역삼각형을 야간에도 알아볼 수 있도록 빛 반사 등으로 붉은색으로 표시할 것
4. 창문의 한쪽 모서리에 타격지점을 지름 3cm 이상의 원형으로 표시할 것
5. 창문 유리의 크기는 폭 90cm 이상, 높이 1m 이상으로 하고, 실내 바닥면으로부터 창의 아랫부분까지의 높이는 80cm[난간이 설치된 노대등(영 제40조제1항에 따른 노대등을 말한다)에 불가피하게 소방관 진입창을 설치하는 경우에는 120cm] 이내로 할 것(2024.8.26 본호 개정)
6. 다음 각 목의 어느 하나에 해당하는 유리를 사용할 것
   가. 플로트판유리로서 그 두께가 6mm 이하인 것
   나. 강화유리 또는 배강도유리로서 그 두께가 5mm 이하인 것
   다. 가목 또는 나목에 해당하는 유리로 구성된 이중 유리(2024.8.26 본목 개정)
   라. 가목 또는 나목에 해당하는 유리로 구성된 삼중 유리. 이 경우 각각의 유리에 비산방지필름을 부착하는 경우에는 그 필름 두께를 50$\mu$m 이하로 해야 한다.(2024.8.26 본목 신설)

**해설** 건축물로 소방관이 진입할 수 있도록 창을 설치하는데 그 기준은 2층 이상 11층 이하인 층에 각각 1개소 이상 설치하고 창문의 가운데에 지름 20cm 이상의 역삼각형을 야간에도 알아볼 수 있도록 반사 등으로 붉은색으로 표시할 수 있도록 한다.

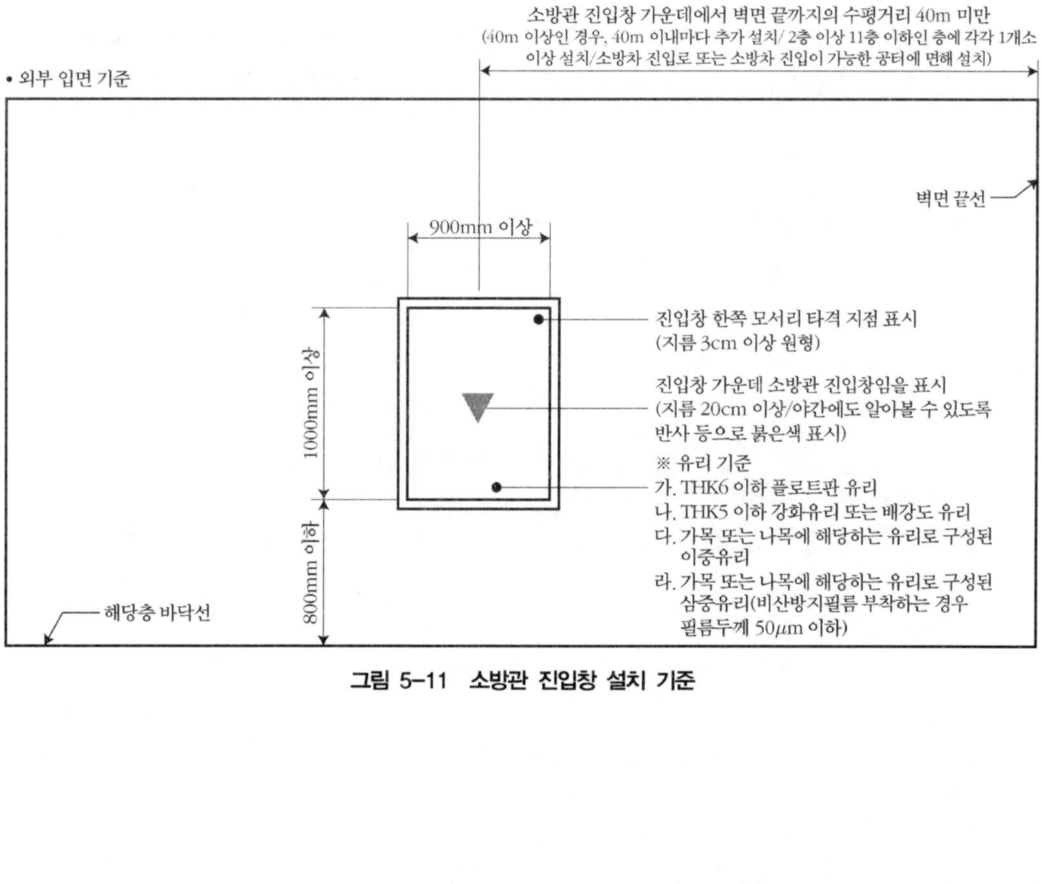


**그림 5-11 소방관 진입창 설치 기준**

**영 제52조 【거실 등의 방습】**

법 제49조제2항 본문에 따라 다음 각 호에 해당하는 거실·욕실 또는 조리장의 바닥 부분에는 국토교통부령으로 정하는 기준에 따라 방습을 위한 조치를 해야 한다.(2022.4.29 본조 개정)

1. 건축물의 최하층에 있는 거실(바닥이 목조인 경우만 해당한다)
2. 제1종 근린생활시설 중 목욕장의 욕실과 휴게음식점 및 제과점의 조리장
3. 제2종 근린생활시설 중 일반음식점, 휴게음식점 및 제과점의 조리장과 숙박시설의 욕실

**해설** 목재는 습기에 약하므로 바닥이 목조인 경우 바닥면 아래 지표면으로부터 바닥높이를 45cm 이상 높이도록 규제하고 있으며 건축물의 내수처리에 관하여 규정하고 있다.

**피난·방화규칙 제18조 【거실 등의 방습】**

① 영 제52조의 규정에 의하여 건축물의 최하층에 있는 **거실바닥의 높이**는 지표면으로부터 45cm 이상으로 하여야 한다. 다만, 지표면을 콘크리트바닥으로 설치하는 등 방습을 위한 조치를 하는 경우에는 그러하지 아니하다.

② 영 제52조에 따라 다음 각 호의 어느 하나에 해당하는 욕실 또는 조리장의 바닥과 그 바닥으로부터 높이 1m까지의 안쪽벽의 마감은 이를 **내수재료**로 해야 한다.(2021.8.27 어려운 법령용어 정비를 위한 국토교통부령에 의거 본항 개정)

1. 제1종 근린생활시설 중 목욕장의 욕실과 휴게음식점의 조리장(2010.4.7 본호 개정)
2. 제2종 근린생활시설 중 일반음식점 및 휴게음식점의 조리장과 숙박시설의 욕실

**영 제53조 【경계벽 등의 설치】**

① 법 제49조제4항에 따라 다음 각 호의 어느 하나에 해당하는 건축물의 경계벽은 국토교통부령으로 정하는 기준에 따라 설치해야 한다.(2019.10.22 본항 개정)

1. 단독주택 중 다가구 주택의 각 가구 간 또는 공동주택(기숙사는 제외한다)의 각 세대 간 경계벽(제2조제14호 후단에 따라 거실·침실 등의 용도로 쓰지 아니하는 발코니 부분은 제외한다)
2. 공동주택 중 기숙사의 침실, 의료시설의 병실, 교육연구시설 중 학교의 교실 또는 숙박시설의 객실 간 경계벽(2014.11.28 본호 개정)
3. 제1종 근린생활시설 중 산후조리원의 다음 각 호의 어느 하나에 해당하는 경계벽(2020.10.8 본호 신설)
   가. 임산부실 간 경계벽
   나. 신생아실 간 경계벽
   다. 임산부실과 신생아실 간 경계벽
4. 제2종 근린생활시설 중 다중생활시설의 호실 간 경계벽(2014.11.28 본호 개정)

5. 노유자시설 중 「노인복지법」 제32조제1항제3호에 따른 노인복지주택(이하 "노인복지주택"이라 한다)의 각 세대 간 경계벽(2010.8.17 본호 신설)
6. 노유자시설 중 노인요양시설의 호실 간 경계벽(2015.9.22 본호 신설)

② 법 제49조제4항에 따라 다음 각 호의 어느 하나에 해당하는 건축물의 층간바닥(화장실의 바닥은 제외한다)은 국토교통부령으로 정하는 기준에 따라 설치해야 한다.(2019.10.22 본항 개정)
1. 단독주택 중 다가구 주택
2. 공동주택(「주택법」 제15조에 따른 주택건설사업계획승인 대상은 제외한다)(2016.8.11 본호 개정)
3. 업무시설 중 오피스텔
4. 제2종 근린생활시설 중 다중생활시설
5. 숙박시설 중 다중생활시설

**해설** 개인 사생활 보호를 위해서는 실 단위로 독립성을 보장할 수 있도록 방음을 해야 하며 이를 위해서 모든 세대간 경계와 학교의 교실, 숙박시설의 객실 간 경계, 다중생활시설의 호실 간 경계, 노인복지주택의 각 세대 간의 경계는 모두 경계벽으로 설치하여야 한다. 또한 건축물의 층간바닥(화장실 바닥 제외)도 일정기준을 갖도록 하여 층간소음을 차단할 수 있도록 하고 있다.

**피난·방화규칙 제19조 【경계벽 등의 구조】**

① 법 제49조제4항에 따라 건축물에 설치하는 경계벽은 내화구조로 하고, 지붕밑 또는 바로 위층의 바닥판까지 닿게 해야 한다.(2019.8.6 본항 개정)

② 제1항에 따른 경계벽은 소리를 차단하는데 장애가 되는 부분이 없도록 다음 각 호의 어느 하나에 해당하는 구조로 하여야 한다. 다만, 다가구 주택 및 공동주택의 세대간의 경계벽인 경우에는 「주택건설기준 등에 관한 규정」 제14조에 따른다.(2014.11.28 본항 개정)
1. 철근콘크리트조·철골철근콘크리트조로서 두께가 10cm 이상인 것
2. 무근콘크리트조 또는 석조로서 두께가 10cm(시멘트모르타르·회반죽 또는 석고플라스터의 바름두께를 포함한다) 이상인 것
3. 콘크리트블록조 또는 벽돌조로서 두께가 19cm 이상인 것
4. 제1호 내지 제3호의 것 외에 국토교통부장관이 정하는 고시하는 기준에 따라 국토교통부장관이 지정하는 자 또는 한국건설기술연구원장이 실시하는 품질시험에서 그 성능이 확인된 것
5. 한국건설기술연구원장이 제27조제1항에 따라 정한 인정기준에 따라 인정하는 것 (2010.4.7 본호 신설)

③ 법 제49조제4항에 따른 가구·세대 등 간 소음방지를 위한 바닥은 경량충격음(비교적 가볍고 딱딱한 충격에 의한 바닥충격음을 말한다)과 중량충격음(무겁고 부드러운 충격에 의한 바닥충격음을 말한다)을 차단할 수 있는 구조로 하여야 한다.(2024.8.26 본항 개정)

④ 제3항에 따른 가구·세대 등 간 소음방지를 위한 바닥의 세부 기준은 국토교통부장관이 정하여 고시한다.(2014.11.28 본항 신설)

참고

벽체의 차음구조 인정 및 관리기준(국토교통부 고시 제2023-25호, 2023.1.12 개정)

– 관련법령 : 건축법 시행령 제53조, 건축물의 피난·방화구조 등의 기준에 관한 규칙 제19조제2항제4호, 주택건설 기준 등에 관한 규정 제14조

**제2조 【용어의 정의】** 이 기준에서 사용하는 용어의 정의는 다음과 같다.

1. "차음구조"라 함은 이 기준에 따라 실시된 품질시험의 결과로부터 한국건설기술연구원장(이하 "원장"이라 한다)이 차음성능을 확인하여 인정한 구조를 말한다.
2. "품질시험"이라 함은 차음성능의 인정에 필요한 시험을 말한다.
3. "제조업자"라 함은 차음구조를 구성하는 주요 재료·제품의 생산 및 제조를 업으로 하는 자를 말한다.
4. "시공자"라 함은 차음구조를 사용하여 건축물을 건축하고자 하는 자로서 건설산업기본법 제9조의 규정에 따라 등록된 일반건설업을 영위하는 자(직영공사인 경우에는 건축주를 말한다)를 말한다.
5. "신청자"라 함은 이 기준에 의하여 차음성능의 인정을 받고자 신청하는 자를 말한다.
6. "차음품목"이라 함은 차음구조를 구분하는데 있어 그 구성 제품의 종류에 따라 유사한 재료성분 및 형태로 묶어 분류한 것을 말한다.

**제3조 【성능기준】** 건축물에 사용하는 차음구조의 경계벽 및 간막이벽은 별표 1에서 정하는 기준 이상의 차음성능을 확보하여야 한다.

**제5조 【차음구조의 인정절차 및 처리기간】**

① 원장은 제4조의 규정에 의하여 신청된 차음구조에 대하여 별표 3의 차음구조 인정절차에 따라 업무를 진행하고, 처리기간은 별표 4에서 정한 기간으로 한다.

② 원장은 차음구조 인정 및 관리업무 수행상 불가피한 사유로 인하여 처리기간이 연장되어야 할 경우에는 1회에 한하여 15일 이내의 범위를 정하여 연장할 수 있으며, 신청자에게 그 사유를 통보하여야 한다.

※ 「벽체의 차음구조 인정 및 관리기준」 **【별표 1】**

## 차음구조 성능기준

| 등 급 | 등급기준(dB) |
|---|---|
| 1급 | $63 \le R_w + C$ 및 세대간 경계벽을 공유하지 않는 경우 |
| 2급 | $58 \le R_w + C < 63$ |
| 3급 | $53 \le R_w + C < 58$ |
| 4급 | $48 \le R_w + C < 53$ |

※ 비고

- $R_w$ : KS F 2808에 따라 실험실에서 측정한 음향감쇠계수(음향투과손실)를 KS F 2862에 따라 평가한 단일수치평가량
- C : KS F 2862에서 규정하고 있는 스펙트럼조정항으로서 특정주파수대역에서 차음성능이 저하하는 것을 평가하기 위해 적용

※ 「벽체의 차음구조 인정 및 관리기준」【별표 3】

## 차음구조 인정업무 절차

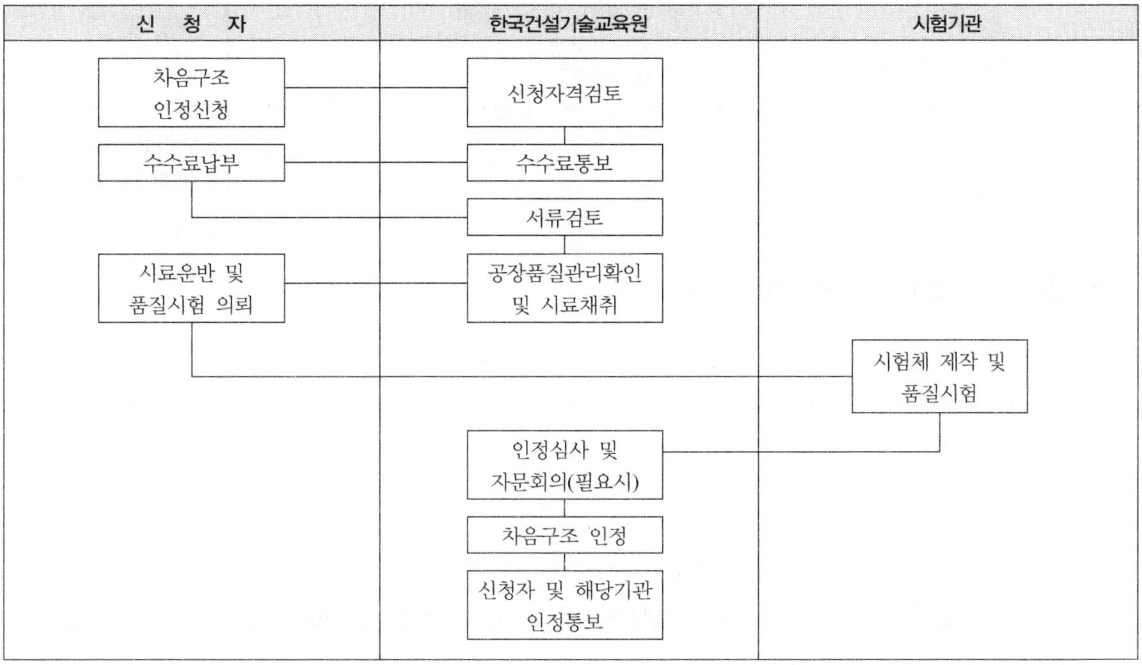


※ 「벽체의 차음구조 인정 및 관리기준」【별표 4】

## 차음구조 인정업무 처리기간

| 순번 | 업무명 | 처리기간 | 처리내용 | 비고 |
|---|---|---|---|---|
| 1 | 신청자격검토 | 7일 | • 신청자격 및 제한조건 검토 | |
| 2 | 수수료통보 | | • 수수료납부요청 | |
| 3 | 신청서류 검토 | | • 인정신청시 첨부도서내용 확인 및 검토<br>1. 차음구조 설계도서<br>– 구조설명서, 재료설명서<br>– 시방서(시공방법 등) 시공관리<br>2. 신청자의 영업개요<br>3. 품질관리 설명서<br>• 자문회의 실시여부 결정 | |
| 4 | 공장품질관리 확인 및 시료채취 | 6일 | • 공장품질관리심사 및 시료채취<br>1. 공장품질관리확인<br>– 신청자의 자본 및 시설<br>– 구조의 제조 및 품질관리에 관한 사항<br>– 구조의 시공에 관한 사항<br>2. 시료채취<br>– 신청된 구조의 배합비 등 확인<br>– 시험에 필요한 시료채취<br>– 시험기관에 시료 전달<br>• 심사결과 정리 및 보고 | |
| 5 | 품질시험성적서 검토 | 3일 | • 시험체제작 및 시험실시<br>• 품질시험성적서 검토 | |

| 순번 | 업무명 | 처리기간 | 처리내용 | 비고 |
|---|---|---|---|---|
| 6 | 수수료정산요청 | 3일 | • 수수료 정산 | |
| 7 | 차음구조 인정 및 공고 | 6일 | • 인정 및 세부인정내용 작성<br>• 인정 공고안 작성<br>• 관련기관 통보<br>• 신청업체에 차음구조 인정서 발급 | |
| 계 | | 25일 | ※ 1개 구조가 추가될 경우 처리기간은 7일씩 증가 | 자문회의를 실시하는 경우 민원기간 10일 증가 |

**질의 오피스텔 칸막이벽의 내화구조 적용 여부**

오피스텔의 각 분양구획별 칸막이벽을 내화구조로 해야 하는지 여부

**회신** 「건축법 시행령」 제53조의 규정(경계벽 및 칸막이벽의 내화구조 의무대상)에는 오피스텔이 포함되지 않음.(서울시 건축 58070-981, '96.3.13)

**피난·방화규칙 제19조의2 [침수 방지시설]**

법 제49조제5항제2호에서 "국토교통부령으로 정하는 침수 방지시설"이란 다음 각 호의 시설을 말한다.(2024.8.26 본조 본문 개정)

1. 차수판(遮水板)
2. 역류방지 밸브

**해설** 자연재해위험 개선 지구 중 침수위험지구에 공공기관이 건축하는 건축물은 침수방지 및 방수를 위하여 건축물의 1층 전체를 필로티 구조로 하여야 하며 차수판, 역류방지밸브 등 침수방지시설을 설치하여야 한다.

**영 제54조 [건축물에 설치하는 굴뚝]**

건축물에 설치하는 굴뚝은 국토교통부령으로 정하는 기준에 따라 설치하여야 한다.

**피난·방화규칙 제20조 [건축물에 설치하는 굴뚝]**

영 제54조에 따라 건축물에 설치하는 굴뚝은 다음 각 호의 기준에 적합하여야 한다.(2010.4.7 본호 개정)

1. 굴뚝의 **옥상 돌출부**는 지붕면으로부터의 수직거리를 1m 이상으로 할 것. 다만, 용마루·계단탑·옥탑 등이 있는 건축물에 있어서 굴뚝의 주위에 연기의 배출을 방해하는 장애물이 있는 경우에는 그 굴뚝의 상단을 용마루·계단탑·옥탑 등보다 높게 하여야 한다.
2. 굴뚝의 상단으로부터 수평거리 1m 이내에 다른 건축물이 있는 경우에는 그 건축물의 처마보다 1m 이상 높게 할 것

3. 금속제 굴뚝으로서 건축물의 지붕속·반자위 및 가장 아랫바닥 밑에 있는 굴뚝의 부분은 금속외의 **불연재료**로 덮을 것(2010.4.7 본호 개정)
4. 금속제 굴뚝은 목재 기타 가연재료로부터 15cm 이상 떨어져서 설치할 것. 다만, 두께 10cm 이상인 금속외의 불연재료로 덮은 경우에는 그러하지 아니하다.(2010.4.7 본호 개정)

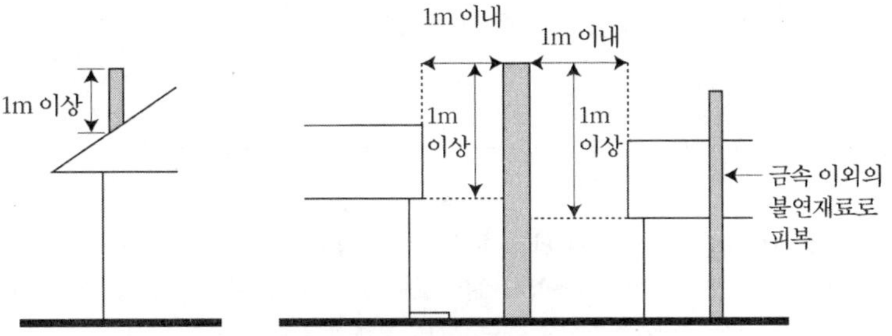


**그림 5-10 굴뚝의 설치**
(※ 장애물이 있는 경우)

### 영 제55조 【창문 등의 차면시설】

**인접 대지경계선으로부터 직선거리 2m 이내**에 이웃 주택의 내부가 보이는 창문 등을 설치하는 경우에는 **차면시설**(遮面施設)**을 설치**하여야 한다.(2008.10.29 본조 개정)

**해설** 주택지에서는 개인사생활(privacy)을 확보하기 위해서 이웃주택의 개구부에 상당히 신경을 쓰게 되고 이로 인하여 논쟁을 벌이는 경우가 많다.

법규에서는 인접대지경계선에서 2m 이내에 이웃주택의 내부가 보이는 개구부에 한하여 차면시설을 의무화하도록 규정하고 있지만 2m를 넘더라도 도의상(道義上) 차면시설을 하거나 수목 등을 심어 가리도록 하는 것이 좋다.

※ 건축물을 건축함에 있어 인접지와의 분쟁으로 인한 민원유발이 많고 그 중에서 일조·채광·전망에 따른 분쟁은 법규사항의 준수여부(공지확보, 높이제한 등)의 확인으로 분쟁이 해소되는 경우가 많지만 시각적 사생활침해로 인한 분규는 유발되는 민원의 대부분을 차지할 뿐 아니라 민원조정이 어렵고 심각한 양상을 보이고 있다. 따라서 창문 등과 함께 옥외계단·복도·발코니 등의 설치기준을 상세히 마련하여 현행법규의 미비점을 보완해 주면 인접지와의 민원유발을 많이 줄일 수 있을 것이다.

**참고** 「민법」 제243조 【차면시설의무】
대지경계로부터 2m 이내의 거리에서 이웃주택의 내부를 관망할 수 있는 창이나 마루를 설치하는 경우에는 적당한 차면시설을 하여야 한다.

**참고**
- 인간이 인지할 수 있는 거리(계획적 관점)
  - 물체를 식별할 수 있는 인간의 시지각(視知覺)은 시야·시력·공간주파수의 세 가지 용도로서 각기 특성을 가지고 있다. 인간이 물체를 식별할 때는 시거리에 따라 다르다. 대상의 시각 속성이란 바라보

는 대상이 시각적으로 어떠한 특성을 갖는가를 의미한다. 여러 가지 사항을 고려할 수 있으나 일반적으로 대상의 크기·형상·색채·질감을 주로 고려한다.

– 차면시설이 필요한 기준이 되는 것은 시거리에 따른 형상과의 관계에 있다고 볼 수 있다. 대상의 외관 크기는 중요한 지표이지만 대상의 물리적 크기에 좌우되기 때문에 시거리로써 고려하면 상대적인 크기에 불과하다. 대상을 보는 방법에 따라 시거리에 대한 절대적인 기준을 보면 인간인 경우 시거리가 12m가 되면 얼굴표정의 식별한계가 되고 2배인 24m인 경우 얼굴의 식별한계 범위가 되며 135m일 경우 인간 활동의 식별 한계를 보이고 1,200m가 될 경우 인간의 인지 한계를 나타나게 되는 인간 스케일(Haman Scale)을 갖게 되는 것이다.

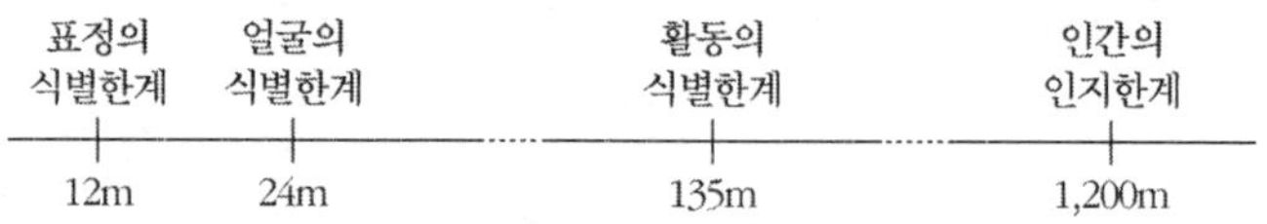


– 이렇게 볼 때 건축물 내부에서 활동하는 사람 표정의 식별한계가 12m를 보이게 되고 건물과 이웃한 창문 등을 통해서 상대방 얼굴의 식별을 24m 거리에서도 가능하게 되므로 민법상 차면시설로 규정된 2m는 사실상 성능기준(Performance)에는 적합하지 않다.

**질의회신** **발코니와 외부계단의 차면시설**

건축물의 거실과 연결된 발코니라면 동 발코니는「건축법 시행령」제55조의 규정에 의한 "개구부"로 보아 차면시설을 하여야 하며, 외부계단을 개구부로 볼 수 없다. 발코니에 차면시설을 하여「건축법 시행령」제86조 규정에 의한 일조권산정을 위한 건축물의 각 부분에 해당하는가 여부는 차면시설의 재료 및 건축물에의 고착여부 등에 따라 사안별로 판단할 사항임.(건설부 건축 30420-7997, '91.3.25)

**법 제50조 【건축물의 내화구조와 방화벽】**

① 문화 및 집회시설, 의료시설, 공동주택 등 대통령령으로 정하는 건축물은 국토교통부령으로 정하는 기준에 따라 주요구조부와 지붕을 내화(耐火)구조로 하여야 한다. 다만, 막구조 등 대통령령으로 정하는 구조는 주요구조부에만 내화구조로 할 수 있다.(2018.8.14 본항 개정 및 단서 신설)

② 대통령령으로 정하는 용도 및 규모의 건축물은 국토교통부령으로 정하는 기준에 따라 방화벽으로 구획하여야 한다.

**해설** 많은 사람이 이용하는 건축물과 항상 화재의 위험성이 있는 건물 등은 방화에 대한 규정이 타 건축물에 비해 엄하게 규정되고 있다.

※ 문화 및 집회시설 등의 건축물, 지붕을 내화구조로 하는 경우와 막구조등 주요구조부에만 내화구조로 할 수 있도록 개정된 규정은 2020.8.15부터 시행됨－지붕과 막구조등이 포함되었음(제50조제1항의 개정내용이 됨).

※ 내화구조는 화재시 상당한 시간 동안 큰 변형을 일으키지 않는 구조로서 그 성능은 화재 후 약간의 수리만 하면 다시 사용할 수 있는 정도의 것이라고 봐야 할 것이다.

※ 구조부에 따라서 내화구조를 다르게 규정하고 있으며 구조내력상 주요부분일수록 내화구조의 기준을 강화하고 있다.

※ 철근콘크리트조 또는 철골철근콘크리트조, 무근콘크리트조, 벽돌조, 석조 또는 콘크리트블록조는

내화구조이다.

※ 철골조 또는 철재로 보강된 구조는 철재가 화재시 쉽게 변형이 생기므로(보통 600℃에서 강도가 반 정도로 떨어짐) 충분한 피복두께를 가져야만 내화구조로 본다.

영 **제2조 [정 의]**

7. "**내화구조**(耐火構造)"란 화재에 견딜 수 있는 성능을 가진 구조로서 국토교통부령으로 정하는 기준에 적합한 구조를 말한다.

피난·방화규칙 **제3조 [내화구조]**

영 제2조제7호에서 "국토교통부령으로 정하는 기준에 적합한 구조"란 다음 각 호의 어느 하나에 해당하는 것을 말한다.(2010.4.7 본조 개정)

1. **벽**의 경우에는 다음 각 목의 어느 하나에 해당하는 것
   가. 철근콘크리트조 또는 철골철근콘크리트조로서 두께가 10cm 이상인 것
   나. 골구를 철골조로 하고 그 양면을 두께 4cm 이상의 철망모르타르(그 바름바탕을 불연재료로 한 것에 한정한다. 이하 이 조에서 같다) 또는 두께 5cm 이상의 콘크리트블록·벽돌 또는 석재로 덮은 것(2019.8.6 본목 개정)
   다. 철재로 보강된 콘크리트블록조·벽돌조 또는 석조로서 철재에 덮은 콘크리트블록 등의 두께가 5cm 이상인 것
   라. 벽돌조로서 두께가 19cm 이상인 것
   마. 고온·고압의 증기로 양생된 경량기포 콘크리트패널 또는 경량기포 콘크리트블록조로서 두께가 10cm 이상인 것
2. **외벽** 중 비내력벽의 경우에는 제1호에도 불구하고 다음 각 목의 어느 하나에 해당하는 것(2019.8.6 본호 개정)
   가. 철근콘크리트조 또는 철골철근콘크리트조로서 두께가 7cm 이상인 것
   나. 골구를 철골조로 하고 그 양면을 두께 3cm 이상의 철망모르타르 또는 두께 4cm 이상의 콘크리트블록·벽돌 또는 석재로 덮은 것
   다. 철재로 보강된 콘크리트블록조·벽돌조 또는 석조로서 철재에 덮은 콘크리트블록 등의 두께가 4cm 이상인 것
   라. 무근콘크리트조·콘크리트블록조·벽돌조 또는 석조로서 그 두께가 7cm 이상인 것
3. **기둥**의 경우에는 그 작은 지름이 25cm 이상인 것으로서 다음 각 목의 어느 하나에 해당하는 것. 다만, 고강도 콘크리트(설계기준강도가 50MPa 이상인 콘크리트를 말한다. 이하 이 조에서 같다)를 사용하는 경우에는 국토교통부장관이 정하여 고시하는 고강도 콘크리트 내화성능 관리기준에 적합해야 한다.(2019.8.6 본호 개정)
   가. 철근콘크리트조 또는 철골철근콘크리트조

나. 철골을 두께 6cm(경량골재를 사용하는 경우에는 5cm) 이상의 철망모르타르 또는 두께 7cm 이상의 콘크리트블록·벽돌 또는 석재로 덮은 것

다. 철골을 두께 5cm 이상의 콘크리트로 덮은 것

4. **바닥**의 경우에는 다음 각 목의 어느 하나에 해당하는 것(2019.8.6 본호 개정)

가. 철근콘크리트조 또는 철골철근콘크리트조로서 두께가 10cm 이상인 것

나. 철재로 보강된 콘크리트블록조·벽돌조 또는 석조로서 철재에 덮은 콘크리트블록 등의 두께가 5cm 이상인 것

다. 철재의 양면을 두께 5cm 이상의 철망모르타르 또는 콘크리트로 덮은 것

5. **보**(지붕틀을 포함한다)의 경우에는 다음 각 목의 어느 하나에 해당하는 것. 다만 고강도 콘크리트를 사용하는 경우에는 국토교통부장관이 정하여 고시하는 고강도 콘크리트 내화성능 관리기준에 적합해야 한다.(2019.8.6 본호 개정)

가. 철근콘크리트조 또는 철골철근콘크리트조

나. 철골을 두께 6cm(경량골재를 사용하는 경우에는 5cm) 이상의 철망모르타르 두께 5cm 이상의 콘크리트로 덮은 것

다. 철골조의 지붕틀(바닥으로부터 그 아랫부분까지의 높이가 4m 이상인 것에 한한다)로서 바로 아래에 반자가 없거나 불연재료로 반자가 있는 것

6. **지붕**의 경우에는 다음 각 목의 어느 하나에 해당하는 것(2019.8.6 본호 개정)

가. 철근콘크리트조 또는 철골철근콘크리트조

나. 철재로 보강된 콘크리트볼로조·벽돌조 또는 석조

다. 철재로 보강된 유리블록 또는 망입유리(두꺼운 판유리에 철망을 넣은 것을 말한다)로 된 것 (2021.8.27 어려운 법령용어정비를 위한 국토교통부령에 의거 본목 개정)

7. **계단**의 경우에는 다음 각 목의 어느 하나에 해당하는 것(2019.8.6 본호 개정)

가. 철근콘크리트조 또는 철골철근콘크리트조

나. 무근콘크리트조·콘크리트블록조·벽돌조 또는 석조

다. 철재로 보강된 콘크리트블록조·벽돌조 또는 석조

라. 철골조

8. 「과학기술분야 정부출연연구기관 등의 설립·운영 및 육성에 관한 법률」 제8조에 따라 설립된 한국건설기술연구원의 장(이하 "한국건설기술연구원장"이라 한다)이 국토교통부장관이 정하여 고시하는 방법에 따라 품질을 시험한 결과 별표 1에 따른 성능기준에 적합할 것(2021.12.23 본호 개정)

9. 다음 각 목의 어느 하나에 해당하는 것으로서 한국건설기술연구원장이 국토교통부장관으로부터 승인받은 기준에 적합한 것으로 인정하는 것(2010.4.7 본호 신설)

가. 한국건설기술연구원장이 인정한 내화구조 표준으로 된 것

나. 한국건설기술연구원장이 인정한 성능설계에 따라 내화구조의 성능을 검증할 수 있는 구조로 된 것

10. 한국건설기술연구원장이 제27조제1항에 따라 정한 인정기준에 따라 인정하는 것
(2010.4.7 본호 신설)

해설 화재시 구조적 안전성을 고려하여 층별, 시간대별(1시간 내화구조, 2시간 내화구조 등)로 내화구조의 기준을 다르게 볼 수 있으며 하중을 크게 받지 않은 건물이나 층에서는 내화구조의 기준을 완화하여 적용할 수 있다.

**주요 구조부별 내화구조의 기준**

| 구조 / 주요 구조부별 | 철근콘크리트조 철골철근콘크리트조 | 철골조 | 무근콘크리트조 콘크리트블록조 벽돌조·석조 | 철재로 보강된 콘크리트블록조 벽돌조·석조 | 기 타 |
|---|---|---|---|---|---|
| 벽 | 두께10cm 이상 | •두께 4cm 이상의 철망모르타르 양면 바름<br>•두께 5cm 이상의 콘크리트블록·벽돌·석재로 덮은 것 | 벽돌조로서 두께 19cm 이상 | 철재에 덮은 두께 5cm 이상인 것 | •철골조의 철망모르타르는 그 바름 바탕을 불연 재료로 한 것에 한한다.<br>•경량기포 콘크리트패널, 경량기포 콘크리트 블록조 두께 10cm 이상인 것 |
| 외벽 중 비내력벽 | 두께 7cm 이상 | •두께 3cm 이상의 철망모르타르 양면바름<br>•두께 4cm 이상의 콘크리트블록·벽돌·석재로 덮은 것 | 두께 7cm 이상 | 철재에 덮은 두께 4cm 이상인 것 | – |
| 기둥 (작은 지름 25cm 이상일 것) | ★ | •두께 6cm(5cm) 이상의 철망모르타르 바름<br>•두께 7cm 이상의 콘크리트블록·벽돌·석재로 덮은 것<br>•두께 5cm 이상의 콘크리트 덮음 | – | – | – |
| 바닥 | 두께 10cm 이상 | – | – | 철재에 덮은 두께 5cm 이상인 것 | 철재의 양면을 두께 5cm 이상의 철망모르타르 또는 콘크리트로 덮은 것 |
| 보 (지붕틀 포함) | ★ | •두께 6cm(5cm) 이상의 철망모르타르 바름<br>•두께 5cm 이상의 콘크리트 덮음 | – | – | 철골조의 지붕틀로서(바닥으로부터 그 아랫부분까지의 높이가 4m 이상인 것)<br>• 바로 아래에 반자가 없거나<br>• 불연재료로 반자가 있는 것 |
| 지붕 | ★ | – | – | ★ | 철재로 보강된 유리블록 또는 망입유리로 된 것 |
| 계단 | ★ | ★ | ★ | ★ | – |

※ (  )는 경량골재를 사용하는 경우, ★는 모두 인정되는 경우

※ 「건축물의 피난·방화구조 등의 기준에 관한 규칙」【별표 1】 (2024.11.15 개정)

## 내화구조의 성능기준(제3조제8호 관련)

1. **일반구조**

(단위 : 시간)

| 용도 | | 구성 부재 | | 벽 | | | | | | 보·기둥 | 바닥 | 지붕·지붕틀 |
|---|---|---|---|---|---|---|---|---|---|---|---|---|
| | | | | 외벽 | | | 내벽 | | | | | |
| | | | | 내력벽 | 비내력벽 | | 내력벽 | 비내력벽 | | | | |
| 용도구분 | | 용도규모 층수/최고높이(m) | | | 연소우려가 있는 부분 | 연소우려가 없는 부분 | | 경계벽 | 승강기·계단실의 수직벽 | | | |
| 일반시설 | 제1종 근린생활시설, 제2종 근린생활시설, 문화 및 집회시설, 종교시설, 판매시설, 운수시설, 교육연구시설, 노유자시설, 수련시설, 운동시설, 업무시설, 위락시설, 자동차 관련 시설(정비공장 제외), 동물 및 식물 관련 시설, 교정 및 군사 시설, 방송통신시설, 발전시설, 묘지 관련 시설, 관광 휴게시설, 장례시설 | 12/50 | 초과 | 3 | 1 | 0.5 | 3 | 2 | 2 | 3 | 2 | 1 |
| | | | 이하 | 2 | 1 | 0.5 | 2 | 1.5 | 1.5 | 2 | 2 | 0.5 |
| | | 4/20 이하 | | 1 | 1 | 0.5 | 1 | 1 | 1 | 1 | 1 | 0.5 |
| 주거시설 | 단독주택, 공동주택, 숙박시설, 의료시설 | 12/50 | 초과 | 2 | 1 | 0.5 | 2 | 2 | 2 | 3 | 2 | 1 |
| | | | 이하 | 2 | 1 | 0.5 | 2 | 1 | 1 | 2 | 2 | 0.5 |
| | | 4/20 이하 | | 1 | 1 | 0.5 | 1 | 1 | 1 | 1 | 1 | 0.5 |
| 산업시설 | 공장, 창고시설, 위험물 저장 및 처리시설, 자동차 관련 시설 중 정비공장, 자연순환 관련 시설 | 12/50 | 초과 | 2 | 1.5 | 0.5 | 2 | 1.5 | 1.5 | 3 | 2 | 1 |
| | | | 이하 | 2 | 1 | 0.5 | 2 | 1 | 1 | 2 | 2 | 0.5 |
| | | 4/20 이하 | | 1 | 1 | 0.5 | 1 | 1 | 1 | 1 | 1 | 0.5 |

2. **적용기준** [지붕 관련 부분은 2020.8.15부터 시행됨(이는 건축법시행령 제56조 건축물의 내화구조에서 지붕이 포함되어 시행되는 시기와 동일하게 하기 위함)]

가. 용도

1) 건축물이 하나 이상의 용도로 사용될 경우 위 표의 용도구분에 따른 기준 중 가장 높은 내화시간의 용도를 적용한다.

2) 건축물의 부분별 높이 또는 층수가 다를 경우 최고 높이 또는 최고 층수를 기준으로 제1호에 따른 구성 부재별 내화시간을 건축물 전체에 동일하게 적용한다.

3) 용도규모에서 건축물의 층수와 높이의 산정은 「건축법 시행령」 제119조에 따른다. 다만, 승강기탑, 계단탑, 망루, 장식탑, 옥탑 그 밖에 이와 유사한 부분은 건축물의 높이와 층수의 산정에서 제외한다.

나. 구성 부재

1) 외벽 중 비내력벽으로서 연소우려가 있는 부분은 제22조제2항에 따른 부분을 말한다.

2) 외벽 중 비내력벽으로서 연소우려가 없는 부분은 제22조제2항에 따른 부분을 제외한 부분을 말한다.

3) 내벽 중 비내력벽인 경계벽은 건축법령에 따라 내화구조로 해야 하는 벽을 말한다.

다. 그 밖의 기준

1) 화재의 위험이 적은 제철·제강공장 등으로서 품질확보를 위해 불가피한 경우에는 지방건축위원회의 심의를 받아 주요구조부의 내화시간을 완화하여 적용할 수 있다.

2) 외벽의 내화성능 시험은 건축물 내부면을 가열하는 것으로 한다.

**피난·방화규칙 제27조 【신제품에 대한 인정기준에 따른 인정】** [2010.4.7 본조 신설]

① 한국건설기술연구원장은 제3조 및 제19조에 따라 성능기준을 판단하기 어려운 신개발품 또는 규격 이외 제품(이하 "**신제품**"이라 한다)에 대하여 성능인정을 하려는 경우에는 자문위원회(이하 "위원회"라 한다)의 심의를 거친 기준을 성능을 확인하기 위한 기준으로 정할 수 있다.

② 제1항에 따른 자문에 응하기 위하여 한국건설기술연구원에 관계 전문가로 구성된 위원회를 둔다.

③ 한국건설기술연구원장은 제1항에 따라 결정된 인정기준을 해당 신청인에게 지체 없이 통보하여야 하고, 한국건설기술연구원의 인터넷 홈페이지에 게시하여야 한다.

④ 제1항부터 제3항까지의 규정에 따른 성능인정 기준 및 절차, 위원회 운영 및 구성, 그 밖에 필요한 구체적인 사항은 한국건설기술연구원장이 정하는 바에 따른다.

**피난·방화규칙 제28조 【인정기준의 제정·개정 신청】** [2010.4.7 본조 신설]

① 제27조에 따른 기준에 따라 성능인정을 받고자 하는 자는 한국건설기술연구원장에게 신제품에 대한 인정기준의 제정 또는 개정을 신청할 수 있다.

② 제1항에 따라 인정기준에 대한 제정 또는 개정 신청이 있는 경우에는 한국건설기술연구원장은 신청내용을 검토하여 신청일부터 30일 내에 제정·개정 추진여부를 신청인에게 통보하여야 한다. 이 경우 인정기준을 제정·개정하지 않기로 한 경우에는 신청인에게 그 사유를 알려야 하며, 신청인이 이의가 있는 경우에는 다시 검토해 줄 것을 요청할 수 있다.

**질의** **데크플레이트 콘크리트 스라브 두께가 각각 다를 경우에 있어서 두께 산정방법**

「건축물의 피난·방화구조 등의 기준에 관한 규칙」 제3조제4호의 규정에 의하면 철근콘크리트조로서 바닥의 두께가 10cm 이상인 것은 내화구조인바, 데크플레이트를 사용하였을 때 콘크리트 스라브 두께가 각각 다를 경우에 있어서 두께 산정방법

**회신** 질의의 경우와 같이 바닥에 데크플레이트를 설치하였을 경우 바닥 두께가 각각 다를 경우에 있어서 두께 산정방법은 가장 얇은 부분의 두께를 말하는 것임을 회신합니다.(건교부 건축 58070-1699, 2003.9.17)

**질의** **공장의 내화구조**

공장의 용도로 쓰이는 바닥면적의 합계가 2,000m$^2$ 이상인 건축물의 외벽·지붕 부재로서 비내력벽부분(샌드위치패널 등)을 내화구조로 하여야 하는지의 여부

**회신** 「건축법 시행령」 제56조 각 호에서 규정한 건축물은 그 주요구조부를 내화구조로 하여야 하는 것인 바, 질의한 패널부재가 외벽·지붕의 마감 구성재로서 비내력 부분인 경우에는 이를 내화구조로 하지 않을 수 있는 것이나 내력부분에 대하여는 내화구조가 되어야 하는 것임.(건설부 건행 01254-466, '92.7.3)

**질의** **철근콘크리트조의 내화구조에 있어 두께가 다를 경우 두께 산정방법 등**

「건축법 시행령」 제3조제3항제4호의 규정에 의하면 철근콘크리트조로서 바닥의 두께가 10cm 이상인 것은 내화구조인 바, 데크플레이트를 사용하였을 때 콘크리트슬라브 두께가 각각 다를 경우에 있어서 두께산정방법과 두께 10cm에 보호모르터의 두께도 포함되는지 여부

**회신** 질의의 경우와 같이 바닥에 데크플레이트를 설치하였을 경우 바닥두께가 각각 다를 경우에 있어서 두께 산정방법은 가장 얇은 부분의 두께를 말하는 것이며, 이때 바닥의 두께에서 보호모르타르는 포함되지 않는 것임.

**영 제56조 [건축물의 내화구조]**

① 법 제50조제1항 본문에 따라 다음 각 호의 어느 하나에 해당하는 건축물(제5호에 해당하는 건축물로서 2층 이하인 건축물은 지하층 부분만 해당한다)의 **주요구조부**와 **지붕**은 내화구조로 해야 한다. 다만, 연면적이 $50m^2$ 이하인 단층의 부속건축물로서 외벽 및 처마 밑면을 방화구조로 한 것과 무대의 바닥은 그렇지 않다.(2019.10.22 본항 개정)

1. 제2종 근린생활시설 중 공연장·종교집회장(해당 용도로 쓰는 바닥면적의 합계가 각각 $300m^2$ 이상인 경우만 해당한다), 문화 및 집회시설(전시장 및 동·식물원은 제외한다), 종교시설, 위락시설 중 주점영업 및 장례시설의 용도로 쓰는 건축물로서 관람실 또는 집회실의 바닥면적의 합계가 $200m^2$(옥외관람석의 경우에는 $1,000m^2$) 이상인 건축물(2019.8.6 본호 개정)
2. 문화 및 집회시설 중 전시장 또는 동·식물원, 판매시설, 운수시설, 교육연구시설에 설치하는 체육관·강당, 수련시설, 운동시설 중 체육관·운동장, 위락시설(주점영업의 용도로 쓰는 것은 제외한다), 창고시설, 위험물저장 및 처리시설, 자동차 관련 시설, 방송통신시설 중 방송국·전신전화국·촬영소, 묘지 관련 시설 중 화장시설·동물화장시설 또는 관광휴게시설의 용도로 쓰는 건축물로서 그 용도로 쓰는 바닥면적의 합계가 $500m^2$ 이상인 건축물(2017.2.3 본호 개정)
3. 공장의 용도로 쓰는 건축물로서 그 용도로 쓰는 바닥면적의 합계가 $2,000m^2$ 이상인 건축물. 다만, 화재의 위험이 적은 공장으로서 국토교통부령으로 정하는 공장은 제외한다.
4. 건축물의 2층이 단독주택 중 다중주택 및 다가구 주택, 공동주택, 제1종 근린생활시설(의료의 용도로 쓰는 시설만 해당한다), 제2종 근린생활시설 중 다중생활시설, 의료시설, 노유자시설 중 아동 관련 시설 및 노인복지시설, 수련시설 중 유스호스텔, 업무시설 중 오피스텔, 숙박시설 또는 장례시설의 용도로 쓰는 건축물로서 그 용도로 쓰는 바닥면적의 합계가 $400m^2$ 이상인 건축물(2017.2.3 본호 개정)
5. 3층 이상인 건축물 및 지하층이 있는 건축물. 다만, 단독주택(다중주택 및 다가구 주택은 제외한다), 동물 및 식물 관련 시설, 발전시설(발전소의 부속용도로 쓰는 시설은 제외한다), 교도소·소년원 또는 묘지 관련 시설(화장시설 및 동물화장시설은 제외한다)의 용도로 쓰는 건축물과 철강 관련 업종의 공장 중 제어실로 사용하기 위하여 연면적 $50m^2$ 이하로 증축하는 부분은 제외한다.(2021.1.5 어려운 법령용어정비를 위한 473개 법령의 일부 개정에 의거 본호 개정)

② 법 제50조제1항 단서에 따라 막구조의 건축물은 주요구조부에만 내화구조로 할 수 있다. (2019.10.22 본항 개정)

해설 ※ 적용에서 제외

- 연면적 $50m^2$ 이하인 단층의 부속건축물로서 외벽 및 처마 밑변을 방화구조로 한 것
- 무대의 바닥
- 막구조의 문화 및 집회시설 등의 건축물을 주요구조부에만(지붕틀 제외함) 내화구조

**주요구조부와 지붕을 내화구조로 하여야 하는 대상 건축물**

| 대상 건축물의 용도 | 해당 용도의 바닥면적($m^2$) | 비 고 |
|---|---|---|
| 1. 문화 및 집회 시설[1], 종교시설, 장례시설 또는 위락시설 중 주점영업 | 200 이상 | 옥외관람석 $1,000m^2$ 이상 |
| 2. 제2종 근린생활시설 중 공연장·종교집회장 | 300 이상 | |
| 3. 문화 및 집회 시설 중 전시장 및 동·식물원, 판매시설, 운수시설, 교육연구시설에 설치하는 체육관·강당, 수련시설, 운동시설 중 체육관 및 운동장, 위락시설[2], 창고시설, 위험물저장 및 처리시설, 자동차관련 시설, 방송통신시설 중 방송국·전신전화국 및 촬영소, 묘지관련 시설 중 화장시설·동물화장시설 또는 관광휴게시설 | 500 이상 | |
| 4. 공 장 | 2,000 이상 | |
| 5. 건축물의 2층이 단독주택 중 다중주택·다가구 주택, 공동주택, 제1종 근린생활시설[3], 제2종 근린생활 시설 중 다중생활시설, 의료시설, 노유자시설 중 아동관련시설·노인복지시설 및 유스호스텔, 업무시설 중 오피스텔, 숙박시설, 장례식장 | 400 이상 | |
| 6. 3층 이상 건축물<br>지하층이 있는 건축물 | 모든 건축물 | 제외되는 건축물 : 단독주택, 동물 및 식물 관련시설, 발전시설(발전소의 부속용도는 제외), 교도소 및 소년원 또는 화장시설 및 동물화장시설을 제외한 묘지관련시설 |

주 1) 전시장 및 동·식물원 제외
2) 주점영업용도는 $200m^2$
3) 의료의 용도에 쓰이는 시설에 한함.

질의 **공장의 내화구조**

공장건축물에서 비내력인 외벽에 대해 내화구조 적용 여부

회신 「건축법」 제40조 제1항 및 「건축법시행령」 제56조 제1항 제4호 규정에 따라 공장의 용도에 쓰이는 건축물로서 그 용도에 사용하는 바닥면적의 합계가 $2,000m^2$ 이상인 경우 주요구조부를 내화구조로 하도록 규정하고 있으며, 여기서 "주요구조부"라 함은 「건축법」 제2조 제1항 제6호에 따르면 내력벽·기둥·바닥보·지붕틀 및 주계단을 말하는 것으로 질의의 비내력인 외벽은 이에 해당하지 않습니다. 다만, 「건축법」 제41조 규정에 따라 「국토의 계획 및 이용에 관한 법률」에 의한 방화지구안에서는 대통령령이 정하는 경우를 제외하고는 건축물의 주요구조부 및 외벽을 내화구조로 하여야 합니다.(법 제40조, 제41조 ⇒ 제50조, 제51조, 2008.3.21) (국토교통부 건축정책과 등록 2009.8.27, 수정 2019.5.24)

**질의** **증축시 내화구조로 해야 하는 부분이 건축물 전체인지 증축부분만인지**

기존 2층 철골조(내화구조가 아님) 공장건축물에 1개 층을 증축하여 건축법령에 의한 주요구조부를 내화구조로 하여야 하는 사항과 관련하여 옥상에 1개 층을 증축하여 3개 층이 되는 경우와 1층 중간에 층을 신설하여 총 3개 층이 되는 경우, 건축물 전체를 대상으로 주요구조부를 내화구조로 하여야 하는지, 아니면 3층만 하여도 되는지

**회신** 「건축법 시행령」 제56조제1항제6호의 규정에 의거 3층 이상의 건축물에 대하여는 주요구조부를 내화구조로 하도록 규정하고 있는바, 질의의 건축물의 경우는 건축물 전체를 대상으로 하여야 하는 것이니, 보다 자세한 사항에 대하여는 설계도면 등의 자료를 갖추어 당해 허가권자와 상의하시기 바랍니다.(건교부 건축 58070-565, 2003.3.29)

**질의** **비내화구조인 기존건축물을 증축하는 경우 건축물 모두를 내화구조로 하여야 하는지**

종전의 법령에 의거 내화구조로 되어있지 않은 기존 공장건축물(기존 연면적 2,200m$^2$)에 연면적 1,000m$^2$를 증축하는 경우, 기존건축물과 증축되는 건축물 모두를 내화구조로 하여야 하는지 여부

**회신** • 「건축법 시행령」 제56조의 규정에 의하면 공장의 용도에 쓰이는 건축물로서 그 용도에 사용하는 바닥면적의 합계가 2,000m$^2$ 이상인 경우 건축물의 주요구조부는 내화구조로 하도록 규정하고 있음을 알려드리니, 보다 구체적인 사항에 대하여는 당초 허가서류 및 설계도면 등의 자료를 갖추어 당해지역 허가권자에게 직접 문의하시기 바랍니다.(건교부 건축 58070-2121, 2003.11.18)

**질의** **공장건축물 기둥의 내화구조 적용 여부**

공장건축물을 건축시 주요구조부인 기둥은 높이에 관계없이 내화구조이어야 하는지 여부

**회신** 「건축법 시행령」 제56조제4호의 규정에 의하여 바닥면적의 합계가 2,000m$^2$ 이상으로서 공장의 용도에 쓰이는 건축물은 그 주요구조부를 내화구조로 하여야 하나, 공장건축물 내화구조 의무화 운용규정(건행 58550-507, '93.5.25)에 의하면 공장건축물의 주요구조부인 기둥은 높이에 관계없이 내화구조이어야 하는 것임.(서울시 건축 58070-856, '96.3.5)

피난·방화규칙 **제20조의2 【내화구조의 적용이 제외되는 공장건축물】**

영 제56조제1항제3호 단서에서 "국토교통부령이 정하는 공장"이란 별표 2의 업종에 해당하는 공장으로서 주요구조부가 불연재료로 되어 있는 2층 이하의 공장을 말한다.(한시적 행정규제 유예 등을 위한 건축물의 피난·방화구조 등의 기준에 관한 규칙 등 일부개정령에 의해 2009.7.1 본호 개정)

※ 「건축물의 피난·방화구조 등의 기준에 관한 규칙」 **【별표 2】** (2010.12.30 본표 개정)

**내화구조의 적용이 제외되는 공장의 업종**(제20조의2 관련)

| 분 류 번 호 | 업 종 |
|---|---|
| 10301 | 과실 및 채소 절임식품 제조업 |
| 10309 | 기타 과일·채소 가공 및 저장처리업 |
| 11201 | 얼음 제조업 |

| 분 류 번 호 | 업 종 |
|---|---|
| 11202 | 생수 제조업 |
| 11209 | 기타 비알콜음료 제조업 |
| 23110 | 판유리 제조업 |
| 23122 | 판유리 가공품 제조업 |
| 23221 | 구조용 정형내화제품 제조업 |
| 23229 | 기타 내화요업제품 제조업 |
| 23231 | 점토벽돌, 블록 및 유사 비내화 요업제품 제조업 |
| 23232 | 타일 및 유사 비내화 요업제품 제조업 |
| 23239 | 기타 구조용 비내화 요업제품 제조업 |
| 23911 | 건설용 석제품 제조업 |
| 23919 | 기타 석제품 제조업 |
| 24111 | 제철업 |
| 24112 | 제강업 |
| 24113 | 합금철 제조업 |
| 24119 | 기타 제철 및 제강업 |
| 24211 | 동 제련, 정련 및 합금 제조업 |
| 24212 | 알루미늄 제련, 정련 및 합금 제조업 |
| 24213 | 연 및 아연 제련, 정련 및 합금 제조업 |
| 24219 | 기타 비철금속 제련, 정련 및 합금 제조업 |
| 24311 | 선철주물 주조업 |
| 24312 | 강주물 주조업 |
| 24321 | 알루미늄주물 주조업 |
| 24322 | 동주물 주조업 |
| 24329 | 기타 비철금속 주조업 |
| 28421 | 운송장비용 조명장치 제조업 |
| 29172 | 공기조화장치 제조업 |
| 30310 | 자동차 엔진용 부품 제조업 |
| 30320 | 자동차 차체용 부품 제조업 |
| 30391 | 자동차용 동력전달 장치 제조업 |
| 30392 | 자동차용 전기장치 제조업 |

주 : 분류번호는 「통계법」 제17조에 따라 통계청장이 고시하는 한국표준산업분류에 의한 분류번호를 말한다.

영 **제2조 [정 의]**

8. **"방화구조**(防火構造)"란 화염의 확산을 막을 수 있는 성능을 가진 구조로서 국토교통부령으로 정하는 기준에 적합한 구조를 말한다.

참고 방화구조는 다른 부분으로 연소(延燒)하는 것을 막을 정도의 간이(簡易)한 구조로서 내화구조보다는 방화성능이 약하다.

피난·방화규칙 **제4조 [방화구조]**

영 제2조제8호에서 "국토교통부령으로 정하는 기준에 적합한 구조"란 다음 각 호의 어느 하나에 해당하는 것을 말한다.

1. 철망모르타르로서 그 바름두께가 2cm 이상인 것
2. 석고판 위에 시멘트모르타르 또는 회반죽을 바른 것으로서 그 두께의 합계가 2.5cm 이상인 것(2010.4.7 본호 개정)
3. 시멘트모르타르 위에 타일을 붙인 것으로서 그 두께의 합계가 2.5cm 이상인 것
4. (2010.4.7 본호 삭제)
5. (2010.4.7 본호 삭제)
6. 심벽에 흙으로 맞벽치기한 것
7. 「산업표준화법」에 따른 한국산업표준(이하 "**한국산업표준**"이라 한다)에 따라 시험한 결과 방화 2급 이상에 해당하는 것(2022.2.10 본호 개정)

영 **제64조 【방화문의 구분】** [2020.10.8 본조 개정]

① 방화문은 다음 각 호와 같이 구분한다.

1. 60분+ 방화문 : 연기 및 불꽃을 차단할 수 있는 시간이 60분 이상이고, 열을 차단할 수 있는 시간이 30분 이상인 방화문
2. 60분 방화문 : 연기 및 불꽃을 차단할 수 있는 시간이 60분 이상인 방화문
3. 30분 방화문 : 연기 및 불꽃을 차단할 수 있는 시간이 30분 이상 60분 미만인 방화문

② 제1항 각 호의 구분에 따른 방화문 인정 기준은 국토교통부령으로 정한다.

피난·방화규칙 **제26조 【방화문의 구조】**

영 제64조제1항에 따른 방화문은 한국건설기술연구원장이 국토교통부장관이 정하여 고시하는 바에 따라 품질을 시험한 결과 영 제64조제1항 각 호의 기준에 따른 성능을 확보한 것이어야 한다. (2021.12.23 본조 개정)

1. (2021.12.23 본호 삭제)
2. (2021.12.23 본호 삭제)

영 **제57조 【대규모 건축물의 방화벽 등】** [2008.10.29 본조 개정]

① 법 제50조제2항에 따라 **연면적 1,000m² 이상인 건축물은 방화벽으로 구획**하되, **각 구획된 바닥면적의 합계는 1,000m² 미만**이어야 한다. 다만, **주요구조부가 내화구조이거나 불연재료인 건축물**과 제56조제1항제5호 단서에 따른 건축물 또는 **내부설비의 구조상 방화벽으로 구획할 수 없는 창고시설의 경우에는 그러하지 아니하다.**

② 제1항에 따른 방화벽의 구조에 관하여 필요한 사항은 국토교통부령으로 정한다.

③ **연면적 1,000m² 이상인 목조 건축물**의 구조는 국토교통부령으로 정하는 바에 따라 **방화구조로 하거나 불연재료**로 하여야 한다.

해설 방화벽은 연소(延燒, 불이 인접건물로 번지는 것)와 대규모 화재를 최대한 방지하기 위한 목적에서 설치하며 방화구획을 하지 않아도 되는 예외를 두고 있다.

① 방화벽을 무근콘크리트나 조적조로 하면 화재 및 소방시에 온도차에 의한 균열이나 변형으로 도괴될 우려가 있으나 일정한 두께 이상으로 안전성이 있으면 방화벽으로 사용될 수 있다.

② 돌출길이 및 개구부

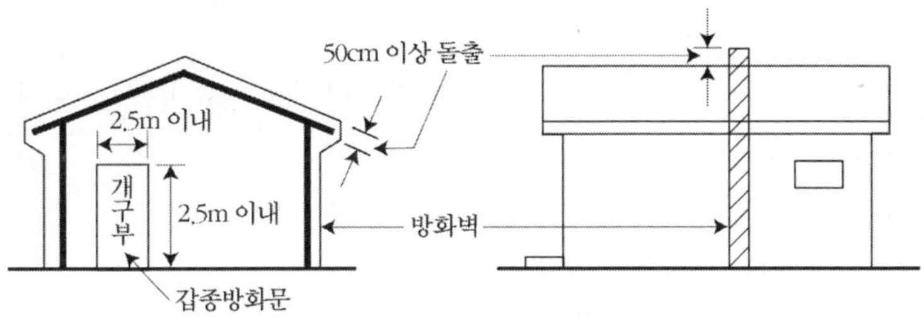


**그림 5-13 방화벽의 설치**

피난·방화규칙 **제21조 [방화벽의 구조]**

① 영 제57조제2항에 따라 건축물에 설치하는 방화벽은 다음 각 호의 기준에 적합해야 한다.

1. 내화구조로서 홀로 설 수 있는 구조일 것
2. 방화벽의 양쪽 끝과 위쪽 끝을 건축물의 외벽면 및 지붕면으로부터 0.5m 이상 튀어나오게 할 것
3. 방화벽에 설치하는 출입문의 너비 및 높이는 각각 2.5m 이하로 하고, 해당 출입문에는 60분+ 방화문 또는 60분 방화문을 설치할 것(2024.11.15 본호 개정)

② 제14조제2항의 규정은 제1항의 규정에 의한 방화벽의 구조에 관하여 이를 준용한다.

피난·방화규칙 **제22조 [대규모 목조건축물의 외벽 등]**

① 영 제57조제3항의 규정에 의하여 **연면적이 1,000$m^2$ 이상인 목조의 건축물은 그 외벽 및 처마밑의 연소할 우려가 있는 부분을 방화구조**로 하되, **그 지붕은 불연재료**로 하여야 한다.

② 제1항에서 **"연소할 우려가 있는 부분"**이라 함은 인접대지경계선·도로중심선 또는 동일한 대지안에 있는 2동 이상의 건축물(연면적의 합계가 500$m^2$ 이하인 건축물은 이를 하나의 건축물로 본다) 상호의 외벽간의 중심선으로부터 **1층에 있어서는 3m 이내, 2층 이상에 있어서는 5m 이내의 거리**에 있는 건축물의 각 부분을 말한다. 다만, 공원·광장·하천의 공지나 수면 또는 내화구조의 벽 기타 이와 유사한 것에 접하는 부분을 제외한다.

해설 ① 1,000$m^2$ 이상인 목조건축물

외벽 및 처마 밑의 연소할 우려가 있는 부분 : 방화구조

지붕 : 불연재료

② 연소(延燒)의 우려가 있는 부분

- 불이 옮기거나 번져서 타기 때문에 이를 방지하기 위해 건축물의 방화를 위한 구조, 재료사용 등을 규정하기 위함이다.

- 인접건축물에 불이 났을(燃燒) 경우 불꽃은 위로 퍼져 올라가기 때문에 위로 갈수록 불이 번져서 탈(延燒) 우려는 커진다. 따라서 1층에서 3m 이내로 되어 있으나 2층 이상에서는 5m 이내로 규정되어 있다.

※ 3m, 5m의 거리 기준(그림 참조)

① 도로의 중심선

② 인지경계선(隣地境界線)

③ 동일 대지 내 2동 이상의 건축물 : 상호의 외벽간의 중심선(연면적의 합계가 500m$^2$ 이내는 하나의 건축물로 본다)

※ 예외 규정

- 공원, 광장, 하천의 공지나 수면
- 내화구조의 벽 기타 이와 유사한 것에 면하는 부분

※ 내화구조의 건축물이라도 밀집지역이나 창문이 큰 경우에는 외벽이나 개구부를 통해서 인접건물로부터 연소할 위험이 있으므로 내화구조 건물에서도 별도의 규정을 만들 필요가 있다.

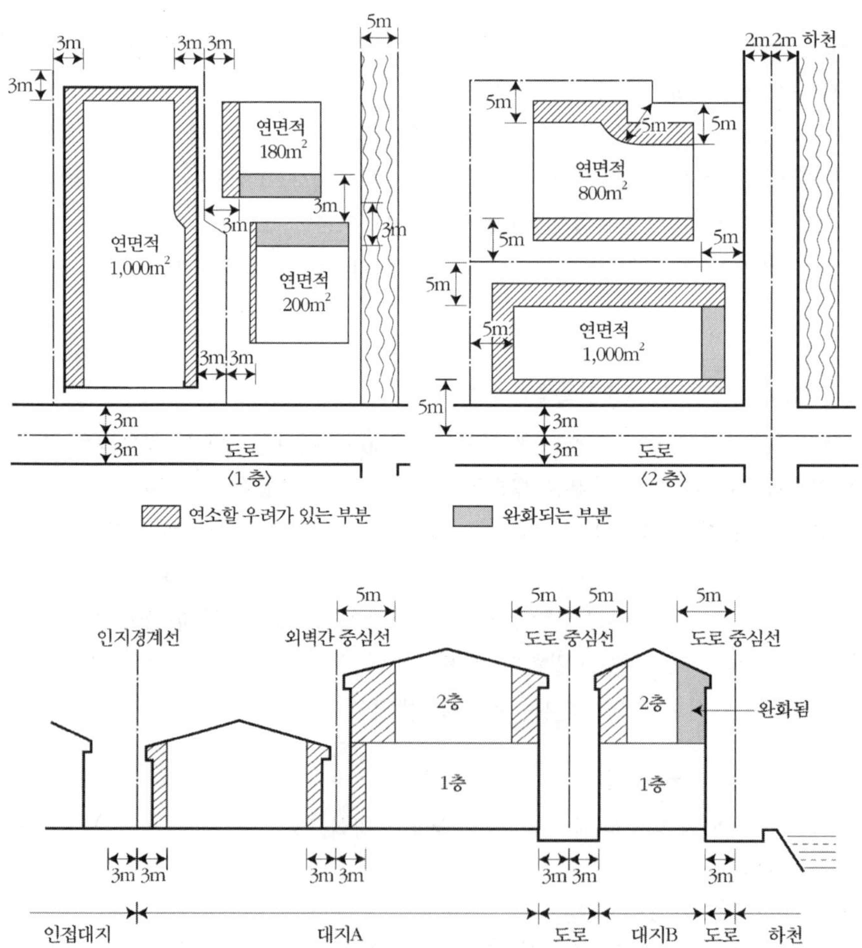


그림 5-14 연소할 우려가 있는 부분

**법 제50조의2 [고층건축물의 피난 및 안전관리]**

① 고층건축물에는 대통령령으로 정하는 바에 따라 피난안전구역을 설치하거나 대피공간을 확보한 계단을 설치하여야 한다. 이 경우 피난안전구역의 설치 기준, 계단의 설치 기준과 구조 등에 관하여 필요한 사항은 국토교통부령으로 정한다.

② 고층건축물에 설치된 피난안전구역·피난시설 또는 대피공간에는 국토교통부령으로 정하는 바에 따라 화재 등의 경우에 피난 용도로 사용되는 것임을 표시하여야 한다.(2015.1.6 본항 신설)

③ 고층건축물의 화재예방 및 피해경감을 위하여 국토교통부령으로 정하는 바에 따라 제48조부터 제50조까지의 기준을 강화하여 적용할 수 있다.(2018.4.17 본항 개정)

해설 현대건축물은 과거에 비해 고층화·대형화되는 경향이 뚜렷하게 나타나고 있다. 그러나 고층건축물에 대한 피난 또는 건축물의 방재 등 안전관리에 관한 건축법령의 규정은 미비하였다. 최근 들어 초고층건축물에 대한 정의와 피난안전구역의 설치 등이 법제화되었으며, 초고층건축물과 고층건축물의 구분을 명확히 하기 위해 고층건축물에 대한 정의가 추가로 규정되었다. 이는 건축물의 높이가 고층화됨에 따라 고층과 초고층 건축물에 대한 구분과 함께 피난 및 안전관리에 대한 기준 등을 정하는데 매우 중요하다고 볼 수 있다.

① **고층건축물**이란 층수가 **30층** 이상이거나 높이가 **120m** 이상인 건축물을 지방자치단체의 장이 구조안전확인 대상 건축물에 대하여 허가 등을 하는 경우 내진성능 확보 여부를 확인하도록 함으로써 지진으로 인한 건축물의 붕괴 등을 예방할 수 있도록 하며, 고층건축물의 화재예방 및 피해경감을 위하여 피난안전구역을 설치하거나 대피공간을 확보한 계단을 설치하도록 하고, 일반 건축물보다 강화된 건축 기준을 적용할 수 있다.

② **초고층건축물**이란 층수가 **50층** 이상이거나 높이가 **200m** 이상인 건축물을 말하는데, 이때 피난층(곧바로 지상으로 갈 수 있는 출입구가 있는 층) 또는 지상으로 통하는 직통계단과 직접 연결되는 피난안전구역을 설치하여야 하는데, 이 경우 피난안전구역은 초고층건축물의 피난·안전을 위하여 지상층으로부터 최대 30개 층마다 설치되는 대피공간으로 용적률 산정시 제외된다.

③ **준초고층건축물**이란 고층건축물 중 초고층건축물이 아닌 것(30층 이상 50층 미만이고 높이 200m 미만)

**피난·방화규칙 제22조의2 [고층건축물 피난안전구역 등의 피난 용도 표시]**

법 제50조의2제2항에 따라 고층건축물에 설치된 피난안전구역, 피난시설 또는 대피공간에는 다음 각 호에서 정하는 바에 따라 화재 등의 경우에 피난 용도로 사용되는 것임을 표시하여야 한다.
(2015.7.9 본조 신설)

1. 피난안전구역

가. 출입구 상부 벽 또는 측벽의 눈에 잘 띄는 곳에 "피난안전구역" 문자를 적은 표시판을 설치할 것

나. 출입구 측벽의 눈에 잘 띄는 곳에 해당 공간의 목적과 용도, 다른 용도로 사용하지 아니할

것을 안내하는 내용을 적은 표시판을 설치할 것

2. 특별피난계단의 계단실 및 그 부속실, 피난계단의 계단실 및 피난용 승강기 승강장
   가. 출입구 측벽의 눈에 잘 띄는 곳에 해당 공간의 목적과 용도, 다른 용도로 사용하지 아니할 것을 안내하는 내용을 적은 표시판을 설치할 것
   나. 해당 건축물에 피난안전구역이 있는 경우 가목에 따른 표시판에 피난안전구역이 있는 층을 적을 것
3. 대피공간 : 출입문에 해당 공간이 화재 등의 경우 대피장소이므로 물건적치 등 다른 용도로 사용하지 아니할 것을 안내하는 내용을 적은 표시판을 설치할 것

### 법 제51조 【방화지구 안의 건축물】

① 「국토의 계획 및 이용에 관한 법률」에 제37조제1항제3호에 따른 방화지구(이하 "방화지구"라 한다) 안에서는 건축물의 주요구조부와 지붕·외벽을 내화구조로 하여야 한다. 다만, 대통령령으로 정하는 경우에는 그러하지 아니하다.(2018.8.14 본항 개정)

② 방화지구 안의 공작물로서 **간판, 광고탑**, 그 밖에 대통령령으로 정하는 공작물 중 건축물의 지붕 위에 설치하는 공작물이나 높이 3m 이상의 **공작물**은 주요부를 불연(不燃)재료로 하여야 한다.

③ 방화지구 안의 지붕·방화문 및 인접 대지 경계선에 접하는 외벽은 국토교통부령으로 정하는 구조 및 재료로 하여야 한다.

**해설** 방화지구(防火地區)는 도시의 화재 및 기타의 재해의 위험을 예방하기 위하여 필요한 때 지정한다. 방화지구 내에서는 특히 연소의 우려가 많은 지붕, 외벽, 개구부 등에 대하여 구조, 재료, 사용이나 방화문 기타의 방화설비에 대하여 규정할 필요가 있다.

※ 방화지구안에서 건축물의 주요구조부와 외벽을 내화구조로 하여야 하는데 2020.8.15부터는 지붕을 포함하도록 개정되었음.

※ 법 제54조제2항의 건축물의 대지가 지역·지구 또는 구역에 걸치는 경우의 조치를 보면 하나의 건축물이 방화지구와 그 밖의 구역에 걸치는 경우에는 그 전부에 대하여 방화지구 안의 건축물에 관한 규정을 적용한다. 다만, 그 건축물이 방화지구와 그 밖의 구역의 경계가 방화벽으로 구획되는 경우에는 그 밖의 구역에 있는 부분에 대하여는 그러하지 아니하다.

### 영 제58조 【방화지구 안의 건축물】

법 제51조제1항에 따라 그 주요구조부 및 외벽을 내화구조로 하지 **아니할 수 있는** 건축물은 다음 각 호와 같다.(2008.10.29 본조 개정)

1. 연면적 $30m^2$ 미만인 단층 부속건축물로서 외벽 및 처마면이 내화구조 또는 불연재료로 된 것
2. 도매시장의 용도로 쓰는 건축물로서 그 주요구조부가 불연재료로 된 것

**해설** 소규모 건물로서 불연재료로 된 것은 제외한다.

**피난·방화규칙 제23조 【방화지구 안의 지붕·방화문 및 외벽 등】**

① 법 제51조제3항에 따라 방화지구 내 건축물의 지붕으로서 내화구조가 아닌 것은 불연재료로 하여야 한다.(2015.7.9 본항 개정)

② 법 제51조제3항에 따라 방화지구 내 건축물의 인접대지경계선에 접하는 외벽에 설치하는 창문 등으로서 제22조제2항에 따른 연소할 우려가 있는 부분에는 다음 각 호의 방화설비를 설치해야 한다.(2021.3.26 본항 개정)

1. 60분+ 방화문 또는 60분 방화문(2024.11.15 본호 개정)
2. 소방법령이 정하는 기준에 적합하게 창문등에 설치하는 드렌처
3. 해당 창문등과 연소할 우려가 있는 다른 건축물의 부분을 차단하는 내화구조나 불연재료로 된 벽·담장 기타 이와 유사한 방화설비
4. 환기구멍에 설치하는 불연재료로 된 방화커버 또는 그물눈이 2mm 이하인 금속망

▶ 드렌처(drencher) : 인접한 건축물의 화재로 인하여 연소(延燒)하는 것을 방지하기 위하여 수막(水幕)을 쳐서 설치하는 것

**법령해석사례**[법제처 안건번호 11-0285]

「국토의 계획 및 이용에 관한 법률」에 따른 방화지구 내의 목조 건축물이 아닌 건축물에도 「건축물의 피난·방화구조 등의 기준에 관한 규칙」 제23조제2항제2호가 적용되는지
(「건축물의 피난·방화구조 등의 기준에 관한 규칙」 제23조제2항제2호 등 관련)

**【질의요지】**

「국토의 계획 및 이용에 관한 법률」에 따른 방화지구 내에 있는 목조 건축물이 아닌 건축물에도 「건축물의 피난·방화구조 등의 기준에 관한 규칙」 제23조제2항제2호가 적용되는지?

**【회답】**

「국토의 계획 및 이용에 관한 법률」에 따른 방화지구 내에 있는 목조 건축물이 아닌 건축물에도 「건축물의 피난·방화구조 등의 기준에 관한 규칙」 제23조제2항제2호가 적용된다고 할 것입니다.

**【이유】**

「건축법」 제50조 및 제51조에 따르면 문화 및 집회시설, 의료시설, 공동주택 등 대통령령으로 정하는 건축물은 국토해양부령으로 정하는 기준에 따라 주요구조부를 내화(耐火)구조로 하여야 하고(제50조제1항), 대통령령으로 정하는 용도 및 규모의 건축물은 국토해양부령으로 정하는 기준에 따라 방화벽으로 구획하여야 하며(제50조제2항), 특히 「국토의 계획 및 이용에 관한 법률」에 따른 방화지구 안에서는 건축물의 주요구조부와 외벽을 내화구조로 하여야 하고(제51조제1항 본문), 방화지구 안의 공작물로서 간판, 광고탑, 그 밖에 대통령령으로 정하는 공작물 중 건축물의 지붕 위에 설치하는 공작물이나 높이 3m 이상의 공작물은 주요부를 불연(不燃)재료로 하여야 하며(제51조제2항), 방화지구 안의 지붕·방화문 및 인접 대지 경계선에 접하는 외벽은 국토해양부령으로 정하는 구조 및 재료로 하여야 합니다(제51조제3항).

그리고 「건축법」 제51조제3항의 위임에 따른 「건축물의 피난·방화구조 등의 기준에 관한 규칙」 제23조제2항에서는 방화지구 내 건축물의 인접대지경계선에 접하는 외벽에 설치하는 창문 등(창문·출입구 기타 개구부를 말함. 이하 같음)

으로서 제22조제2항에 따른 연소할 우려가 있는 부분에는 다음 각 호의 방화문 기타 방화설비를 하여야 한다고 하면서 제2호에서 소방법령이 정하는 기준에 적합하게 창문 등에 설치하는 드렌처를 규정하고 있습니다.

이와 같이 「건축법」 및 그 하위 법령에서는 건축물의 종류, 용도, 규모 등에 따라 갖추어야 할 내화구조, 방화벽 등 건축물의 방화에 관한 사항을 규정하면서 방화지구 내의 건축물에 대해서는 「건축법」 제51조 및 「건축물의 피난·방화구조 등의 기준에 관한 규칙」 제23조에서 그 기준을 정하고 있는바,

우선, 「건축법」 제51조제3항 및 「건축물의 피난·방화구조 등의 기준에 관한 규칙」 제23조제2항에서는 그 적용대상인 건축물을 목조의 건축물로 제한하고 있지 아니하고 있고, 위 규정은 「국토의 계획 및 이용에 관한 법률」 제37조제1항에 따른 용도지구의 하나인 방화지구가 도시정비가 잘 안되어 있고 건축물이 밀집한 지역, 화재발생시 소방에 지장이 있는 지역, 화재발생시 폭발·유독가스 등으로 주변지역에 막대한 피해가 예상되는 공장이나 시설의 주변지역 등에 화재의 위험을 예방하기 위하여 지정되는 것이므로 위 지구 내의 건축물은 연소의 우려가 많은 지붕·외벽 등에 대하여 방화설비를 갖추도록 한 것인 점에 비추어 볼 때, 방화지구 내의 건축물이라면 목조의 건축물 여부와 상관 없이 「건축법」 제51조 제3항 및 「건축물의 피난·방화구조 등의 기준에 관한 규칙」 제23조제2항이 적용된다고 보아야 할 것입니다.

따라서 「국토의 계획 및 이용에 관한 법률」에 따른 방화지구 내에 있는 목조 건축물이 아닌 건축물에도 「건축물의 피난·방화구조 등의 기준에 관한 규칙」 제23조제2항제2호가 적용된다고 할 것입니다.

참고

**외벽 마감재료 기준 및 방화지구 내 건축물 기준에 따른 건축법령 운영지침**

(국토교통부 건축정책과-14129, 2017.10.27) 건축법 제51조제1항 및 제52조제2항

ㅁ 변경사항

(2017.10.24 시달)

| 현행 | 시달 사항 |
|---|---|
| ㅇ 외벽 마감재료 기준의 적용<br>– 건축법 시행령 제61조제2항에 해당하는 건축물은 건축 또는 용도변경 시 현행 외벽 마감재료 기준 적용(법 제52조) | ㅇ 외벽 마감재료 기준의 적용<br>– 건축법 시행령 제61조제2항에 해당하는 건축물은 건축 또는 용도변경 시 현행 외벽 마감재료 기준 적용.<br>– 다만, 2010.12.30 이전에 최초로 건축허가를 신청하거나 건축신고한 건축물은 제외 |
| ㅇ 방화지구 내 건축물의 방화설비<br>– 방화유리를 설치하는 경우 드렌처 등 기타 방화설비 설치 제외하는 것으로 일부지자체에서 운영(법 제51조) | ㅇ 방화지구 내 건축물의 방화설비<br>– 방화유리 설치 여부와 관계없이 드렌처 등 기타 방화설비를 설치하여야 함<br>– 다만, 내화구조인 비내력벽으로 인정받은 유리를 창문등에 설치하는 경우 방화설비 설치 제외 |
| ㅇ 방화지구 내 건축물에 설치하는 커튼월<br>– 일부지자체는 내화구조에 해당되지 아니하여도 방화지구 내 건축물 외벽으로 설치를 허용(법 제51조) | ㅇ 방화지구 내 건축물에 설치하는 커튼월<br>– 내화구조에 해당되지 아니하면 방화지구 내 건축물 외벽으로 설치 불가 |

ㅁ 지침 시달 사유

- (외벽 마감재료) 건축물의 외벽 마감재료를 방화에 지장이 없는 재료로 하도록 하는 건축법 제52조 제2항의 규정은 2009.12.29에 신설되어 2010.12.30에 시행되었으며,
  - 부칙에 따르면 신설규정은 시행 후 최초로 건축허가를 신청하거나 건축신고를 하는 경우부터 적용하도록 하고 있는 바,
  - 법 제52조제2항 규정이 적용되기 전의 기존 건축물*은 법 제52조제2항에 따른 건축물의 피난·방화구조 등의 기준에 관한 규칙 제24조제5항 및 제6항 규정 적용 대상에서 제외하도록 함

    * 2010.12.30 이전에 최초로 건축허가를 신청한 건축물
- (방화유리) 일부 일선 지자체에서 방화유리를 설치하는 경우 드렌처 등 방화설비를 설치하지 않을 수 있도록 운영하고 있으나,
  - 방화유리는 방화지구 내 건축물 중 인접대지경계선에 접하는 연소할 우려가 있는 부분의 창문등

에 설치하는 방화설비에 해당되지 않는 바, 이를 바로잡기 위함

– 다만, 한국건설기술연구원이 내화구조인 비내력벽으로 인정한 유리를 창문등에 설치하는 경우 해당 부분은 창문등이 아닌 법 제51조제1항에 따라 내화구조로 한 외벽에 해당되어 방화설비 설치 규정 적용 대상에서 제외할 수 있음

• (커튼월) 우리부는 외벽 또는 창호 모두로 해석할 수 있는 커튼월을 법 제51조제1항에 따라 내화구조로 하여야 하는 외벽의 대상으로 보는 것은 건축기술발전을 저해할 우려가 있으므로, 동 기준 적용대상으로 보지 않는 것으로 회신한 사례가 있으나,

– 방화지구는 화재의 위험을 예방하기 위하여 지정한 지구이므로, 동 지구 지정의 취지에 맞추어 방화지구 내 건축물에 커튼월을 설치할 경우에는 이를 내화구조로 하는 것이 타당함에 따라 이를 바로잡기 위함

□ 적용례

• 이 지침의 사항은 허가기관에서 이 문서를 접수한 날부터 시행하며,

– 지침의 사항이 건축주 등 건축관계자에게 불리한 경우에는 건축허가를 신청하거나 건축신고를 한 경우*부터 적용함

* 건축허가를 신청하기 위하여 법 제4조의2에 따른 건축위원회에 심의를 신청한 경우를 포함하며 용도변경은 제외함

**법 제52조 【건축물의 마감재료 등】**

① 대통령령으로 정하는 용도 및 규모의 건축물의 벽, 반자, 지붕(반자가 없는 경우에 한정한다) 등 내부의 마감재료[제52조의4제1항의 복합자재의 경우 심재(心材)를 포함한다]는 방화에 지장이 없는 재료로 하되, 「다중이용시설 등의 실내공기질관리법」 제5조 및 제6조에 따른 실내공기질 유지기준 및 권고기준을 고려하고 관계 중앙행정기관의 장과 협의하여 국토교통부령으로 정하는 기준에 따른 것이어야 한다.(2021.3.16 본항 개정)

② 대통령령으로 정하는 건축물의 외벽에 사용하는 마감재료(두 가지 이상의 재료로 제작된 자재의 경우 각 재료를 포함한다)는 방화에 지장이 없는 재료로 하여야 한다. 이 경우 마감재료의 기준은 국토교통부령으로 정한다.(2021.3.16 본항 개정)

③ 욕실, 화장실, 목욕장 등의 바닥 마감재료는 미끄럼을 방지할 수 있도록 국토교통부령으로 정하는 기준에 적합하여야 한다.(2013.7.16 본항 신설)

④ 대통령령으로 정하는 용도 및 규모에 해당하는 건축물 외벽에 설치되는 창호(窓戶)는 방화에 지장이 없도록 인접 대지와의 이격거리를 고려하여 방화성능 등이 국토교통부령으로 정하는 기준에 적합하여야 한다.(2020.12.22 본항 신설)

**해설** 수용인원이 많거나 화재의 우려가 있는 건축물이나 고층 건축물은 화재에 특별히 유의하여야 하므로 건물의 용도별, 실에 따라 그 내장 재료를 규제할 필요가 있다.

• 다중이용시설의 실내공기질유지기준을 고려함

**영 제61조 【건축물의 마감재료 등】**

① 법 제52조제1항에서 "**대통령령으로 정하는 용도 및 규모의 건축물**"이란 다음 각 호의 어느 하나에 해당하는 건축물을 말한다. 다만, 다음 각 호(제8호는 제외한다)의 어느 하나에 해당하는 건축물의 주요구조부가 내화구조 또는 불연재료로 되어 있고 그 거실의 바닥면적(스프링클러나 그 밖에 이와 비슷한 자동식 소화설비를 설치한 바닥면적을 뺀 면적으로 한다. 이하 이 조에서 같다) $200m^2$ 이내마다 방화구획이 되어 있는 건축물은 제외한다.(2024.6.18 본항 개정)

1. 단독주택 중 다중주택·다가구주택(2015.9.22 본호 개정)

1의2. 공동주택(2015.9.22 본호 신설)

1의3. 제1종 근린생활시설 중 의원, 치과의원, 한의원, 조산원(2024.6.18 본호 신설)

2. 제2종 근린생활시설 중 공연장·종교집회장·인터넷컴퓨터게임시설제공업소·학원·독서실·당구장·다중생활시설의 용도로 쓰는 건축물(2015.9.22 본호 개정)
3. 발전시설, 방송통신시설(방송국·촬영소의 용도로 쓰는 건축물로 한정한다) (2021.8.10 본호 개정)
4. 공장, 창고시설, 위험물 저장 및 처리 시설(자가난방과 자가발전 등의 용도로 쓰는 시설을 포함한다), 자동차 관련 시설의 용도로 쓰는 건축물(2021.8.10 본호 개정)
5. **5층** 이상인 층 거실의 바닥면적의 합계가 **$500m^2$** 이상인 건축물
6. 문화 및 집회시설, 종교시설, 판매시설, 운수시설, 의료시설, 교육연구시설 중 학교·학원, 노유자시설, 수련시설, 업무시설 중 오피스텔, 숙박시설, 위락시설, 장례시설(2020.10.8 본호 개정)
7. (2021.8.10 본호 삭제)
8. 「다중이용업소의 안전관리에 관한 특별법 시행령」 제2조에 따른 다중이용업의 용도로 쓰는 건축물(2020.10.8 본호 신설)

② 법 제52조제2항에서 "**대통령령으로 정하는 건축물**"이란 다음 각 호의 건축물을 말한다.
(2021.8.10 본항 개정)

1. 상업지역(근린상업지역은 제외한다)의 건축물로서 다음 각 목의 어느 하나에 해당하는 것
   가. **제1종 근린생활시설, 제2종 근린생활시설, 문화 및 집회시설, 종교시설, 판매시설, 운동시설 및 위락시설의 용도**로 쓰는 건축물로서 그 용도로 쓰는 바닥면적의 합계가 **$2,000m^2$** 이상인 건축물(2019.8.6 본목 개정)
   나. **공장**(국토교통부령으로 정하는 화재 위험이 적은 공장은 제외한다)의 용도로 쓰는 건축물로부터 **6m** 이내에 위치한 건축물
2. 의료시설, 교육연구시설, 노유자시설 및 수련시설의 용도로 쓰는 건축물(2019.8.6 본호 신설)
3. 3층 이상 또는 높이 9m 이상인 건축물(2019.8.6 본호 개정)
4. 1층의 전부 또는 일부를 필로티 구조로 설치하여 주차장으로 쓰는 건축물(2019.8.6 본호 신설)
5. 제1항제4호에 해당하는 건축물(2021.8.10 본호 신설)

③ 법 제52조제4항에서 "대통령령으로 정하는 용도 및 규모에 해당하는 건축물"이란 제2항 각 호의 건축물을 말한다.(2021.5.4 본항 신설)

**해설** 마감재료는 불연재료 또는 준불연재료(거실은 난연재료 가능)로 간단하나 적용되는 대상건축물이 어떤 용도와 규모인지가 중요하다.

**방화에 지장이 없는 건축물 마감 재료 적용대상**

<table>
<tr><th rowspan="2">건축물 용도</th><th rowspan="2">적용 대상<br>해당 용도에 쓰이는<br>거실바닥 면적의 합계</th><th colspan="2">마감 재료</th></tr>
<tr><th>거실부분<br>(벽, 반자)</th><th>복도, 계단<br>기타 통로의<br>벽 및 반자</th></tr>
<tr><td>① 단독주택 중 다중주택·다가구주택과 공동주택</td><td rowspan="4">바닥면적에 관계없이 적용</td><td rowspan="6">불연재료<br>준불연재료<br>난연재료</td><td rowspan="6">불연재료<br>준불연재료</td></tr>
<tr><td>② 제1종 근생 중 의원, 치과의원, 한의원, 조산원과 제2종 근생 중 공연장·종교집회장·인터넷컴퓨터게임시설 제공업소·학원·독서실·당구장·다중생활시설</td></tr>
<tr><td>③ 위험물 저장 및 처리 시설, 자동차관련시설, 방송국, 촬영소, 발전 시설</td></tr>
<tr><td>④ 공장, 창고시설</td></tr>
<tr><td>⑤ 5층 이상의 거실의 바닥 면적</td><td>500m² 이상</td></tr>
<tr><td>⑥ 문화 및 집회시설, 종교시설, 판매시설, 운수시설, 의료시설, 학교, 학원, 노유자시설, 수련시설, 오피스텔, 숙박시설, 위락시설, 장례시설</td><td>바닥면적에 관계없이 적용</td></tr>
<tr><td>⑦ 다중이용업</td><td>바닥면적에 관계없이 적용</td><td></td><td></td></tr>
</table>

* 예외 : 주요 구조부가 내화구조 또는 불연재료로 거실바닥 면적 $200m^2$ 이내마다 방화구획된 건축물은 제외

❑ **외벽마감재료와 건축물 외벽에 설치하는 창호는 방화에 지장없는 재료를 사용하고 인접대지와의 이격거리가 고려되어야 함.**

* 제1종 근린생활시설, 제2종 근린생활시설, 문화 및 집회시설과 종교시설, 판매시설, 운동시설, 위락시설 등의 용도로 쓰는 건축물로서 그 용도로 쓰는 바닥면적의 합계가 $2,000m^2$ 이상인 건축물 및 3층 이상 또는 높이 9m 이상인 건축물, 1층을 필로티 구조로 하는 주차장으로 쓰는 건축물, 공장, 창고시설, 위험물 저장 및 처리시설, 자동차 관련 시설로 쓰는 건축물

**피난·방화규칙 제24조 【건축물의 마감재료 등】**

① 법 제52조제1항에 따라 영 제61조제1항 각 호의 건축물에 대하여는 그 거실의 벽 및 반자의 실내에 접하는 부분(반자돌림대·창대 기타 이와 유사한 것을 제외한다. 이하 이 조에서 같다)의 마감재료(영 제61조제1항제4호에 해당하는 건축물의 경우에는 단열재를 포함한다)는 불연재료·준불연재료 또는 난연재료를 사용해야 한다. 다만, 다음 각 호에 해당하는 부분의 마감재료는 불연재료 또는 준불연재료를 사용해야 한다.(2021.9.3 본항 개정)

1. 거실에서 지상으로 통하는 주된 복도·계단, 그 밖의 벽 및 반자의 실내에 접하는 부분(2021.9.3 본호 신설)
2. 강판과 심재(心材)로 이루어진 복합자재를 마감재료로 사용하는 부분(2021.9.3 본호 신설)

② 영 제61조제1항 각 호의 건축물 중 다음 각 호의 어느 하나에 해당하는 거실의 벽 및 반자의 실내에 접하는 부분의 마감은 제1항에도 불구하고 불연재료 또는 준불연재료로 하여야 한다.

(2010.12.30 본항 개정)

1. 영 제61조제1항 각 호에 따른 용도에 쓰이는 거실 등을 지하층 또는 지하의 공작물에 설치한 경우의 그 거실(출입문 및 문틀을 포함한다)
2. 영 제61조제1항제6호에 따른 용도에 쓰이는 건축물의 거실

③ 제1항 및 제2항에도 불구하고 영 제61조제1항제4호에 해당하는 건축물에서 단열재를 사용하는 경우로서 해당 건축물의 구조, 설계 또는 시공방법 등을 고려할 때 단열재로 불연재료·준불연재료 또는 난연재료를 사용하는 것이 곤란하여 법 제4조에 따른 건축위원회(시·도 및 시·군·구에 두는 건축위원회를 말한다)의 심의를 거친 경우에는 단열재를 불연재료·준불연재료 또는 난연재료가 아닌 것으로 사용할 수 있다.(2021.9.3 본항 신설)

④ 법 제52조제1항에서 "내부마감재료"란 건축물 내부의 천장·반자·벽(경계벽 포함)·기둥 등에 부착되는 마감재료를 말한다. 다만, 「다중이용업소의 안전관리에 관한 특별법 시행령」 제3조에 따른 실내장식물을 제외한다.(2021.9.3 본항 개정)

⑤ 영 제61조제1항제1호의2에 따른 공동주택에는 「다중이용시설 등의 실내공기질관리법」 제11조제1항 및 같은 법 시행규칙 제10조에 따라 환경부장관이 고시한 오염물질방출 건축자재를 사용해서는 안 된다.(2021.9.3 본항 개정)

⑥ 영 제61조제2항제1호부터 제3호까지의 규정 및 제5호에 해당하는 건축물의 외벽에는 법 제52조제2항 후단에 따라 불연재료 또는 준불연재료를 마감재료(단열재, 도장 등 코팅재료 및 그 밖에 마감재료를 구성하는 모든 재료를 포함한다. 이하 이 조에서 같다)로 사용해야 한다. 다만, 국토교통부장관이 정하여 고시하는 화재 확산 방지구조 기준에 적합하게 마감재료를 설치하는 경우에는 난연재료(강판과 심재로 이루어진 복합자재가 아닌 것으로 한정한다)를 사용할 수 있다.(2022.2.10 본항 개정)

1. (2022.2.10 본호 삭제)
2. (2022.2.10 본호 삭제)

⑦ 제6항에도 불구하고 영 제61조제2항제1호·제3호 및 제5호에 해당하는 건축물로서 5층 이하이면서 높이 22m 미만인 건축물의 경우 난연재료(강판과 심재로 이루어진 복합자재가 아닌 것으로 한정한다)를 마감재료로 할 수 있다. 다만, 건축물의 외벽을 국토교통부장관이 정하여 고시하는 화재 확산 방지구조 기준에 적합하게 설치하는 경우에는 난연성능이 없는 재료(강판과 심재로 이루어진 복합자재가 아닌 것으로 한정한다)를 마감재료로 사용할 수 있다.(2022.2.10 본항 개정)

⑧ 제6항 및 제7항에 따른 마감재료가 둘 이상의 재료로 제작된 것인 경우 해당 마감재료는 다음 각 호의 요건을 모두 갖춘 것이어야 한다.(2022.2.10 본항 신설)

1. 마감재료를 구성하는 재료 전체를 하나로 보아 국토교통부장관이 정하여 고시하는 기준에 따라 실물모형시험(실제 시공될 건축물의 구조와 유사한 모형으로 시험하는 것을 말한다. 이하 같다)을 한 결과가 국토교통부장관이 정하여 고시하는 기준을 충족할 것
2. 마감재료를 구성하는 각각의 재료에 대하여 난연성능을 시험한 결과가 국토교통부장관이 정하여 고시하는 기준을 충족할 것. 다만, 제6조제1호에 따른 불연재료 사이에 다른 재료(두

께가 5mm 이하인 경우만 해당한다)를 부착하여 제작한 재료의 경우에는 해당 재료 전체를 하나의 재료로 보고 난연성능을 시험할 수 있으며, 같은 호에 따른 불연재료에 0.1mm 이하의 두께로 도장을 한 재료의 경우에는 불연재료의 성능기준을 충족한 것으로 보고 난연성능 시험을 생략할 수 있다.(2023.8.31 본호 단서 신설)

⑨ 영 제14조제4항 각 호의 어느 하나에 해당하는 건축물 상호 간의 용도변경 중 영 별표 1 제3호다목(목욕장만 해당한다)·라목, 같은 표 제4호가목·사목·카목·파목(골프연습장, 놀이형시설만 해당한다)·더목·러목, 같은 표 제7호다목2) 및 같은 표 제16호가목·나목에 해당하는 용도로 변경하는 경우로서 스프링클러 또는 간이 스크링클러의 헤드가 창문등으로부터 60cm 이내에 설치되어 건축물 내부가 화재로부터 방호되는 경우에는 제6항부터 제8항까지의 규정을 적용하지 않을 수 있다.(2022.2.10 본항 신설)

⑩ 영 제61조제2항제4호에 해당하는 건축물의 외벽[필로티 구조의 외기에 면하는 천장 및 벽체를 포함한다] 중 1층과 2층 부분에는 불연재료 또는 준불연재료를 마감재료로 해야 한다.(2022.2.10 본항 신설)

⑪ 강판과 심재로 이루어진 복합자재를 마감재료로 사용하는 경우 해당 복합자재는 다음 각 호의 요건을 모두 갖춘 것이어야 한다.(2022.2.10 본항 신설)

1. 강판과 심재 전체를 하나로 보아 국토교통부장관이 정하여 고시하는 기준에 따라 실물모형시험을 실시한 결과가 국토교통부장관이 정하여 고시하는 기준을 충족할 것
2. 강판: 다음 각 목의 구분에 따른 기준을 모두 충족할 것
   가. 두께[도금 이후 도장(塗裝) 전 두께를 말한다]: 0.5mm 이상
   나. 앞면 도장 횟수: 2회 이상
   다. 도금의 부착량: 도금의 종류에 따라 다음의 어느 하나에 해당할 것. 이 경우 도금의 종류는 한국산업표준에 따른다.
      1) 용융 아연 도금 강판: 180g/m$^2$ 이상
      2) 용융 아연 알루미늄 마그네슘 합금 도금 강판: 90g/m$^2$ 이상
      3) 용융 55% 알루미늄 아연 마그네슘 합금 도금 강판: 90g/m$^2$ 이상
      4) 용융 55% 알루미늄 아연 합금 도금 강판: 90g/m$^2$ 이상
      5) 그 밖의 도금: 국토교통부장관이 정하여 고시하는 기준 이상
3. 심재: 강판을 제거한 심재가 다음 각 목의 어느 하나에 해당할 것
   가. 한국산업표준에 따른 그라스울 보온판 또는 미네랄울 보온판으로서 국토교통부장관이 정하여 고시하는 기준에 적합한 것
   나. 불연재료 또는 준불연재료인 것

⑫ 법 제52조제4항에 따라 영 제61조제2항 각 호에 해당하는 건축물의 인접대지경계선에 접하는 외벽에 설치하는 창호(窓戶)와 인접대지경계선 간의 거리가 1.5m 이내인 경우 해당 창호는 방화유리창호[한국산업표준 KS F 2845(유리구획 부분의 내화 시험방법)에 규정된 방법에 따라 창틀과 유리 등으로 구성된 유리구획을 시험한 결과 비차열 20분 이상의 성능이 있는 것으로 한정

한다]으로 설치해야 한다. 다만, 스프링클러 또는 간이 스프링클러의 헤드가 창호로부터 60cm 이내에 설치되어 건축물 내부가 화재로부터 방호되는 경우에는 방화유리창호로 설치하지 않을 수 있다.(2024.11.15 본항 개정)

해설
- 「건축법 시행령」에서 외벽의 마감재료를 방화에 지장이 없는 재료로 해야 하는 건축물에 3층 이상 5층 이하 또는 높이 9m 이상 22m 미만인 건축물이 추가됨에 따라 마감재료를 원칙적으로 불연재료 또는 준불연재료로 해야 하나, 국토교통부장관이 정하여 고시하는 화재 확산 방지구조 기준에 적합하게 설치하는 경우 등에는 난연재료를 사용할 수 있으며, 5층 이하이면서 높이 22m 미만인 건축물의 경우에는 난연재료 등으로 할 수 있다.
- 「건축법 시행령」에서 외벽의 마감재료를 방화에 지장이 없는 재료로 해야 하는 건축물에 1층의 전부 또는 일부를 필로티 구조로 설치하여 주차장으로 쓰는 건축물이 추가됨에 따라 필로티 구조로 외기(外氣)에 면하는 천장 및 벽체를 포함하는 건축물의 외벽 중 1층과 2층 부분에는 마감재료를 불연재료 또는 준불연재료로 해야 한다. 그러나 마감재료를 구성하는 재료 전체를 하나로 보아 국토교통부장관이 고시하는 기준에 따라 난연성능을 시험한 결과 불연재료 또는 준불연재료에 해당하는 경우에는 난연재료를 단열재로 할 수 있다.

건축자재등 품질인정 및 관리기준 **제31조 [화재 확산 방지구조]**

① 규칙 제24조제6항에서 "국토교통부장관이 정하여 고시하는 화재 확산 방지구조"는 수직 화재 확산 방지를 위하여 외벽마감재와 외벽마감재 지지구조 사이의 공간(별표 9에서 "화재확산방지재료" 부분)을 다음 각 호 중 하나에 해당하는 재료로 매 층마다 최소 높이 400mm 이상 밀실하게 채운 것을 말한다.

1. 한국산업표준 KS F 3504(석고 보드 제품)에서 정하는 12.5mm 이상의 방화 석고 보드
2. 한국산업표준 KS L 5509(석고 시멘트판)에서 정하는 석고 시멘트판 6mm 이상인 것 또는 KS L 5114(섬유강화 시멘트판)에서 정하는 6mm 이상의 평형 시멘트판인 것
3. 한국산업표준 KS L 9102(인조 광물섬유 단열재)에서 정하는 미네랄울 보온판 2호 이상인 것
4. 한국산업표준 KS F 2257-8(건축 부재의 내화 시험 방법－수직 비내력 구획 부재의 성능 조건)에 따라 내화성능 시험한 결과 15분의 차염성능 및 이면온도가 120K 이상 상승하지 않는 재료

② 제1항에도 불구하고 영 제61조제2항제1호 및 제3호에 해당하는 건축물로서 5층 이하이면서 높이 22m 미만인 건축물의 경우에는 화재확산방지구조를 매 두 개 층마다 설치할 수 있다.

**화재 확산 방지구조의 예**(제31조 관련)

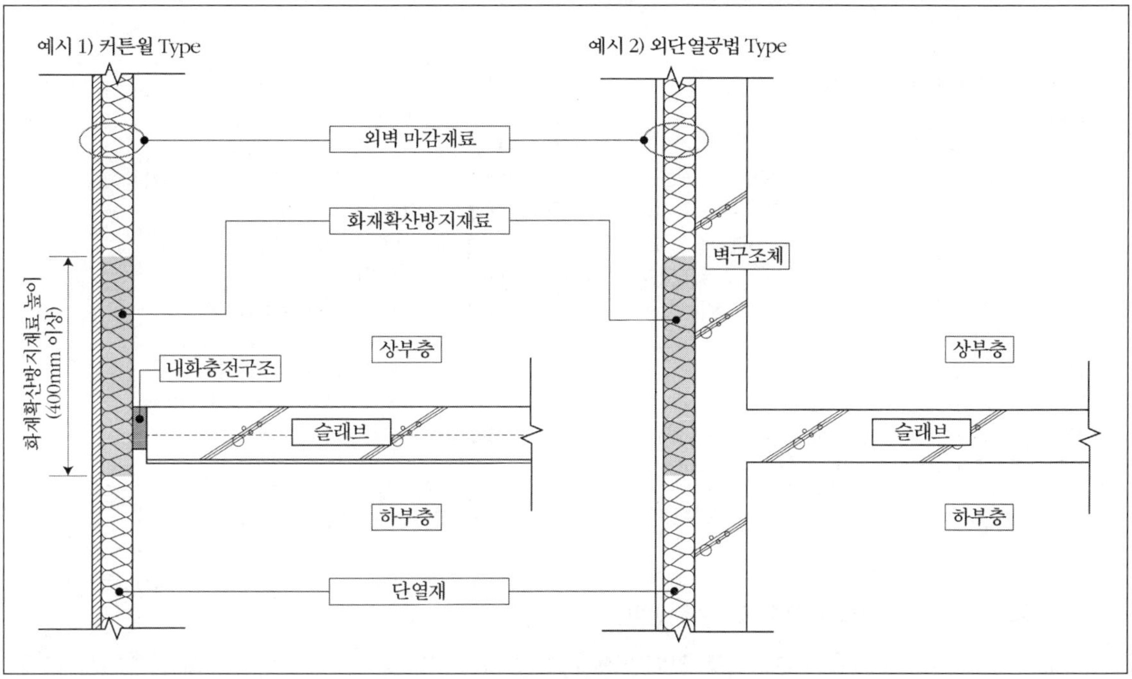


피난·방화규칙 **제24조의2 【화재 위험이 적은 공장과 인접한 건축물의 마감재료】** (2021.9.3 제목 개정)

① 영 제61조제2항제1호나목에서 "국토교통부령으로 정하는 화재위험이 적은 **공장**"이란 별표 3의 업종에 해당하는 공장을 말한다. 다만, 공장의 일부 또는 전체를 기숙사 및 구내식당의 용도로 사용하는 건축물을 제외한다.(2021.9.3 본항 개정)

② (2021.9.3 본항 삭제)

③ (2021.9.3 본항 개정)

※ 「건축물의 피난·방화구조 등의 기준에 관한 규칙」 **【별표 3】** (2014.3.5 본표 개정)

**화재위험이 적은 공장의 업종**(제24조의2제1항 관련)

| 분류번호 | 업 종 | 분류번호 | 업 종 |
|---|---|---|---|
| 10121 | 가금류 가공 및 저장처리업 | 23329 | 그외 기타 콘크리트 제품 및 유사제품 제조업 |
| 10129 | 기타 육류 가공 및 저장처리업 | 23911 | 건설용 석제품 제조업 |
| 10211 | 수산동물 훈제, 조리 및 유사 조제식품 제조업 | 23919 | 기타 석제품 제조업 |
| 10212 | 수산동물 건조 및 염장품 제조업 | 24111 | 제철업 |
| 10213 | 수산동물 냉동품 제조업 | 24112 | 제강업 |
| 10219 | 기타 수산동물 가공 및 저장처리업 | 24113 | 합금철 제조업 |
| 10220 | 수산식물 가공 및 저장처리업 | 24119 | 기타 제철 및 제강업 |
| 10301 | 과실 및 채소 절임식품 제조업 | 24211 | 동 제련, 정련 및 합금 제조업 |
| 10309 | 기타 과일·채소 가공 및 저장처리업 | 24212 | 알루미늄 제련, 정련 및 합금 제조업 |
| 10743 | 장류 제조업 | 24213 | 연 및 아연 제련, 정련 및 합금 제조업 |
| 11201 | 얼음 제조업 | 24219 | 기타 비철금속 제련, 정련 및 합금 제조업 |

| 분류번호 | 업 종 | 분류번호 | 업 종 |
|---|---|---|---|
| 11202 | 생수 생산업 | 24311 | 선철주물 주조업 |
| 11209 | 기타 비알콜음료 제조업 | 24312 | 강주물 주조업 |
| 23110 | 판유리 제조업 | 24321 | 알루미늄주물 주조업 |
| 23122 | 판유리 가공품 제조업 | 24322 | 동주물 주조업 |
| 23192 | 포장용 유리용기 제조업 | 24329 | 기타 비철금속 주조업 |
| 23221 | 구조용 정형내화제품 제조업 | 25112 | 구조용 금속판제품 및 금속공작물 제조업 |
| 23229 | 기타 내화요업제품 제조업 | 25113 | 금속 조립구조재 제조업 |
| 23231 | 점토 벽돌, 블록 및 유사 비내화 요업제품 제조업 | 25119 | 기타 구조용 금속제품 제조업 |
| 23232 | 타일 및 유사 비내화 요업제품 제조업 | 28421 | 운송장비용 조명장치 제조업 |
| 23239 | 기타 구조용 비내화 요업제품 제조업 | 29172 | 공기조화장치 제조업 |
| 23311 | 시멘트 제조업 | 30310 | 자동차 엔진용 부품 제조업 |
| 23312 | 석회 및 플라스터 제조업 | 30320 | 자동차 차체용 부품 제조업 |
| 23323 | 플라스터 제품 제조업 | 30391 | 자동차용 동력전달 장치 제조업 |
| 23325 | 콘크리트 타일, 기와, 벽돌 및 블록 제조업 | 30392 | 자동차용 전기장치 제조업 |
| 23326 | 콘크리트관 및 기타 구조용 콘크리트제품 제조업 | | |

※ 비고: 분류번호는 「통계법」 제17조에 따라 통계청장이 고시하는 한국표준산업분류에 따른 분류번호를 말한다.

**법 제52조의3 【건축자재의 제조 및 유통 관리】**

① 제조업자 및 유통업자는 건축물의 안전과 기능 등에 지장을 주지 아니하도록 건축자재를 제조·보관 및 유통하여야 한다.

② 국토교통부장관, 시·도지사 및 시장·군수·구청장은 건축물의 구조 및 재료의 기준 등이 공사현장에서 준수되고 있는지를 확인하기 위하여 제조업자 및 유통업자에게 필요한 자료의 제출을 요구하거나 건축공사장, 제조업자의 제조현장 및 유통업자의 유통장소 등을 점검할 수 있으며 필요한 경우에는 시료를 채취하여 성능 확인을 위한 시험을 할 수 있다.

③ 국토교통부장관, 시·도지사 및 시장·군수·구청장은 제2항의 점검을 통하여 위법 사실을 확인한 경우 대통령령으로 정하는 바에 따라 공사 중단, 사용 중단 등의 조치를 하거나 관계 기관에 대하여 관계 법률에 따른 영업정지 등의 요청을 할 수 있다.

④ 국토교통부장관, 시·도지사, 시장·군수·구청장은 제2항의 점검업무를 대통령령으로 정하는 전문기관으로 하여금 대행하게 할 수 있다.

⑤ 제2항에 따른 점검에 관한 절차 등에 관하여 필요한 사항은 국토교통부령으로 정한다.

**해설** 제조업자 및 유통업자에 대한 용어 정의가 도입되면서 국토교통부장관, 시·도지사, 시장·군수·구청장은 이들에게 필요한 자료를 요구하거나 건축공사장, 제조업자의 제조현황 및 유통업자의 유통장소 등을 점검할 수 있으며 필요에 따라 시료를 채취하여 성능 확인을 위한 시험을 할 수 있다.

**영 제61조의3 【건축자재 제조 및 유통에 관한 위법 사실의 점검 및 조치】**

① 국토교통부장관, 시·도지사 및 시장·군수·구청장은 법 제52조의3제2항에 따른 점검을 통하여 위법 사실을 확인한 경우에는 같은 조 제3항에 따라 해당 건축관계자 및 제조업자·유통업자

에게 위법 사실을 통보해야 하며, 해당 건축관계자 및 제조업자·유통업자에 대하여 다음 각 호의 구분에 따른 조치를 할 수 있다.(2019.10.22 본항 개정)

1. 건축관계자에 대한 조치
   가. 해당 건축자재를 사용하여 시공한 부분이 있는 경우: 시공부분의 시정, 해당 공정에 대한 공사 중단 및 해당 건축자재의 사용 중단 명령
   나. 해당 건축자재가 공사현장에 반입 및 보관되어 있는 경우: 해당 건축자재의 사용 중단 명령
2. 제조업자 및 유통업자에 대한 조치: 관계 행정기관의 장에게 관계 법률에 따른 해당 제조업자 및 유통업자에 대한 영업정지 등의 요청

② 건축관계자 및 제조업자·유통업자는 제1항에 따라 위법 사실을 통보받거나 같은 항 제1호의 명령을 받은 경우에는 그 날부터 7일 이내에 조치계획을 수립하여 국토교통부장관, 시·도지사 및 시장·군수·구청장에게 제출하여야 한다.

③ 국토교통부장관, 시·도지사 및 시장·군수·구청장은 제2항에 따른 조치계획(제1항제1호가목의 명령에 따른 조치계획만 해당한다)에 따른 개선조치가 이루어졌다고 인정되면 공사 중단 명령을 해제하여야 한다.

**해설** 국토교통부 장관, 시·도지사 및 시장·군수·구청장은 공사현장에서 건축물의 구조 및 재료의 기준 등이 지켜지고 있는지를 점검한 결과 위법 사실을 확인하면 공사시공자, 건축주 등 건축관계자에게 위법 사실 통보, 이미 시공된 부분에 대한 조치계획 수립 및 공사 중단, 자재의 사용 중단 등의 조치를 할 수 있도록 하며, 제조업자 및 유통업자에 대해서는 위법 사실의 통보와 관계 기관의 장에게 관계 법률에 따른 영업정지를 요청할 수 있도록 하고 있다.

**영 제61조의4 【위법 사실의 점검업무 대행 전문기관】**

① 법 제52조의3제4항에서 "대통령령으로 정하는 전문기관"이란 다음 각 호의 기관을 말한다.(2019.10.22 본항 개정)

1. 한국건설기술연구원(2021.8.10 본호 개정)
2. 「국토안전관리원법」에 따른 국토안전관리원(이하 "**국토안전관리원**"이라 한다) (2020.12.1 국토안전관리법 시행령부칙에 의거 본호 개정)
3. 「한국토지주택공사법」에 따른 한국토지주택공사
4. 제63조제2호에 따른 자 및 같은 조 제3호에 따른 시험·검사기관(2021.12.21 본호 신설)
5. 그 밖에 점검업무를 수행할 수 있다고 인정하여 국토교통부장관이 지정하여 고시하는 기관

② 법 제52조의3제4항에 따라 위법 사실의 점검업무를 대행하는 기관의 직원은 그 권한을 나타내는 증표를 지니고 관계인에게 내보여야 한다.(2019.10.22 본항 개정)

**규칙 제27조 【건축자재 제조 및 유통에 관한 위법 사실의 점검 절차 등】**

① 국토교통부장관, 시·도지사 및 시장·군수·구청장은 법 제52조의3제2항에 따른 점검을 하려는 경우에는 다음 각 호의 사항이 포함된 점검계획을 수립해야 한다.(2019.11.18 본항 개정)

1. 점검 대상
2. 점검 항목
   가. 건축물의 설계도서와의 적합성
   나. 건축자재 제조현장에서의 자재의 품질과 기준의 적합성
   다. 건축자재 유통장소에서의 자재의 품질과 기준의 적합성
   라. 건축공사장에 반입 또는 사용된 건축자재의 품질과 기준의 적합성
   마. 건축자재의 제조현장, 유통장소, 건축공사장에서 시료를 채취하는 경우 채취된 시료의 품질과 기준의 적합성
3. 그 밖에 점검을 위하여 필요하다고 인정하는 사항

② 국토교통부장관, 시·도지사 및 시장·군수·구청장은 법 제52조의3제2항에 따라 점검 대상자에게 다음 각 호의 자료를 제출하도록 요구할 수 있다. 다만, 제2호의 서류는 해당 건축물의 허가권자가 아닌 자만 요구할 수 있다.(2019.11.18 본항 개정)

1. 건축자재의 시험성적서 및 납품확인서 등 건축자재의 품질을 확인할 수 있는 서류
2. 해당 건축물의 설계도서
3. 그 밖에 해당 건축자재의 점검을 위하여 필요하다고 인정하는 자료

③ 법 제52조의3제4항에 따라 점검업무를 대행하는 전문기관은 점검을 완료한 후 해당 결과를 14일 이내에 점검을 대행하게 한 국토교통부장관, 시·도지사 또는 시장·군수·구청장에게 보고해야 한다.(2019.11.18 본항 개정)

④ 시·도지사 또는 시장·군수·구청장은 영 제61조의3제1항에 따른 조치를 한 경우에는 그 사실을 국토교통부장관에게 통보해야 한다.(2019.11.18 본항 개정)

⑤ 국토교통부장관은 제1항제2호 각 목에 따른 점검 항목 및 제2항 각 호에 따른 자료제출에 관한 세부적인 사항을 정하여 고시할 수 있다.

**법 제52조의4 【건축자재의 품질관리 등】**

① 복합자재(불연재료인 양면 철판, 석재, 콘크리트 또는 이와 유사한 재료와 불연재료가 아닌 심재로 구성된 것을 말한다)를 포함한 제52조에 따른 마감재료, 방화문 등 대통령령으로 정하는 건축자재의 제조업자, 유통업자, 공사시공자 및 공사감리자는 국토교통부령으로 정하는 사항을 기재한 품질관리서(이하 "**품질관리서**"라 한다)를 대통령령으로 정하는 바에 따라 허가권자에게 제출하여야 한다.(2021.3.16 본항 개정)

② 제1항에 따른 건축자재의 제조업자, 유통업자는 「과학기술분야 정부출연연구기관 등의 설립·운영 및 육성에 관한 법률」에 따른 한국건설기술연구원 등 대통령령으로 정하는 시험기관에

건축자재의 성능시험을 의뢰하여야 한다.(2019.4.23 본항 개정)

③ 제2항에 따른 성능시험을 수행하는 시험기관의 장은 성능시험 결과 등 건축자재의 품질관리에 필요한 정보를 국토교통부령으로 정하는 바에 따라 기관 또는 단체에 제공하거나 공개하여야 한다.(2019.4.23 본항 신설)

④ 제3항에 따라 정보를 제공받은 기관 또는 단체는 해당 건축자재의 정보를 홈페이지 등에 게시하여 일반인이 알 수 있도록 하여야 한다.(2019.4.23 본항 신설)

⑤ 제1항에 따른 건축자재 중 국토교통부령으로 정하는 단열재는 국토교통부장관이 고시하는 기준에 따라 해당 건축자재에 대한 정보를 표면에 표시하여야 한다.(2019.4.23 본항 신설)

⑥ 복합자재에 대한 난연성분 분석시험, 난연성능기준, 시험수수료 등 필요한 사항은 국토교통부령으로 정한다.

해설 건축자재 제조업자, 유통업자, 공사시공자 및 공사감리자는 허가권자에게 품질관리서를 제출하도록 하고, 품질관리서를 제출받은 허가권자가 건축공사 현장에 공급된 복합자재에 대하여 필요한 경우 건축자재의 제조업자, 유통업자로 하여금 한국건설기술연구원 등에 건축자재의 성능시험을 의뢰하여야 한다.

### 영 제62조 【건축자재의 품질관리 등】

① 법 제52조의4제1항에서 "**복합자재**[불연재료인 양면 철판, 석재, 콘크리트 또는 이와 유사한 재료와 불연재료가 아닌 심재(心材)로 구성된 것을 말한다]를 포함한 제52조에 따른 마감재료, 방화문 등 대통령령으로 정하는 건축자재"란 다음 각 호의 어느 하나에 해당하는 것을 말한다.(2019.10.22 본항 개정)

1. 법 제52조의4제1항에 따른 복합자재
2. 건축물의 외벽에 사용하는 마감재료로서 단열재
3. 제64조제1항제1호부터 제3호까지의 규정에 따른 방화문(2020.10.8 본호 개정)
4. 그 밖에 방화와 관련된 건축자재로서 국토교통부령으로 정하는 건축자재

② 법 제52조의4제1항에 따른 건축자재의 제조업자는 같은 항에 따른 품질관리서(이하 "**품질관리서**"라 한다)를 건축자재 유통업자에게 제출해야 하며, 건축자재 유통업자는 품질관리서와 건축자재의 일치 여부 등을 확인하여 품질관리서를 공사시공자에게 전달해야 한다.(2019.10.22 본항 신설)

③ 제2항에 따라 품질관리서를 제출받은 공사시공자는 품질관리서와 건축자재의 일치 여부를 확인한 후 해당 건축물에서 사용된 건축자재 품질관리서 전체를 공사감리자에게 제출해야 한다.(2019.10.22 본항 개정)

④ 공사감리자는 제3항에 따라 제출받은 품질관리서를 공사감리완료보고서에 첨부하여 법 제25조제6항에 따라 건축주에게 제출해야 하며, 건축주는 법 제22조에 따른 건축물의 사용승인을 신청할 때에 이를 허가권자에게 제출해야 한다.(2019.10.22 본항 개정)

**영 제63조 【건축자재 성능 시험기관】**

법 제52조의4제2항에서 "「과학기술분야 정부출연연구기관 등의 설립·운영 및 육성에 관한 법률」에 따른 한국건설기술연구원 등 대통령령으로 정하는 시험기관"이란 다음 각 호의 기관을 말한다.

1. 한국건설기술연구원(2021.8.10 본호 개정)
2. 「건설기술 진흥법」에 따른 건설엔지니어링사업자로서 건축 관련 품질시험의 수행능력이 국토교통부장관이 정하여 고시하는 기준에 해당하는 자(2021.9.14 건설기술 진흥법 시행령 부칙에 의거 본호 개정)
3. 「국가표준기본법」 제23조에 따라 인정받은 시험·검사기관

**피난·방화규칙 제24조의3 【건축자재 품질관리서】**

① 영 제62조제1항제4호에서 "국토교통부령으로 정하는 건축자재"란 영 제46조 및 이 규칙 제14조에 따라 방화구획을 구성하는 내화구조, 자동방화셔터, 내화채움성능이 인정된 구조 및 방화댐퍼를 말한다.(2021.12.23 본항 개정)

② 법 제52조의4제1항에서 "국토교통부령으로 정하는 사항을 기재한 품질관리서"란 다음 각 호의 구분에 따른 서식을 말한다. 이 경우 다음 각 호에서 정한 서류(해당 건축자재의 설치·시공 당시 유효한 서류로 한정한다)를 첨부한다.(2024.8.26 본항 개정)

1. 영 제62조제1항제1호의 경우: 별지 제1호서식. 이 경우 다음 각 목의 서류를 첨부할 것
   가. 난연성능이 표시된 복합자재(심재로 한정한다) 시험성적서[법 제52조의5제1항에 따라 품질인정을 받은 경우에는 법 제52조의6제7항에 따라 국토교통부장관이 정하여 고시하는 품질인정서(이하 "**품질인정서**"라 한다)] 사본(2021.12.23 본목 개정)
   나. 강판의 두께, 도금 종류 및 도금 부착량이 표시된 강판생산업체의 품질검사증명서 사본
   다. 실물모형시험결과가 표시된 복합자재 시험성적서(법 제52조의5제1항에 따라 품질인정을 받은 경우에는 품질인정서) 사본(2022.2.10 본목 개정)
2. 영 제62조제1항제2호의 경우: 별지 제2호서식. 이 경우 다음 각 목의 서류를 첨부할 것(2021.12.23 본호 개정)
   가. 난연성능이 표시된 단열재 시험성적서 사본. 이 경우 단열재가 둘 이상의 재료로 제작된 경우에는 각 재료별로 첨부해야 한다.(2021.12.23 본목 신설)
   나. 실물모형시험 결과가 표시된 단열재 시험성적서(외벽의 마감재료가 둘 이상의 재료로 제작된 경우만 첨부한다) 사본(2021.12.23 본목 신설)
3. 영 제62조제1항제3호의 경우: 별지 제3호서식. 이 경우 연기, 불꽃 및 열을 차단할 수 있는 성능이 표시된 방화문 시험성적서(법 제52조의5제1항에 따라 품질인정을 받은 경우에는 품질인정서) 사본을 첨부할 것(2021.12.23 본호 개정)

3의2. 내화구조의 경우: 별지 제3호의2서식. 이 경우 내화성능 시간이 표시된 시험성적서(법

제52조의5제1항에 따라 품질인정을 받은 경우에는 품질인정서) 사본을 첨부할 것(2021.12.23 본호 신설)

4. 자동방화셔터의 경우: 별지 제4호서식. 이 경우 연기 및 불꽃을 차단할 수 있는 성능이 표시된 자동방화셔터 시험성적서(법 제52조의5제1항에 따라 품질인정을 받은 경우에는 품질인정서) 사본을 첨부할 것(2021.12.23 본호 개정)
5. 내화채움성능이 인정된 구조의 경우: 별지 제5호서식. 이 경우 연기, 불꽃 및 열을 차단할 수 있는 성능이 표시된 내화채움구조 시험성적서(법 제52조의5제1항에 따라 품질인정을 받은 경우에는 품질인정서) 사본을 첨부할 것(2021.12.23 본호 개정)
6. 방화댐퍼의 경우: 별지 제6호서식. 이 경우 「산업표준화법」에 따른 한국산업규격에서 정하는 방화댐퍼의 방연시험방법에 적합한 것을 증명하는 시험성적서 사본을 첨부할 것

③ 공사시공자는 법 제52조의4제1항에 따라 작성한 품질관리서의 내용과 같게 별지 제7호서식의 건축자재 품질관리서 대장을 작성하여 공사감리자에게 제출해야 한다.

④ 공사감리자는 제3항에 따라 제출받은 건축자재 품질관리서 대장의 내용과 영 제62조제3항에 따라 제출받은 품질관리서의 내용이 같은지를 확인하고 이를 영 제62조제4항에 따라 건축주에게 제출해야 한다.

⑤ 건축주는 제4항에 따라 제출받은 건축자재 품질관리서 대장을 영 제62조제4항에 따라 허가권자에게 제출해야 한다.

피난·방화규칙 **제24조의4 【건축자재 품질관리 정보 공개】**

① 법 제52조의4제2항에 따라 건축자재의 성능시험을 의뢰받은 시험기관의 장(이하 "**건축자재 성능시험기관의 장**"이라 한다)은 건축자재의 종류에 따라 국토교통부장관이 정하여 고시하는 사항을 포함한 시험성적서(이하 "**시험성적서**"라 한다)를 성능시험을 의뢰한 제조업자 및 유통업자에게 발급해야 한다.

② 제1항에 따라 시험성적서를 발급한 건축자재 성능시험기관의 장은 그 발급일부터 7일 이내에 국토교통부장관이 정하여 고시하는 기관 또는 단체(이하 "**기관 또는 단체**"라 한다)에 시험성적서의 사본을 제출해야 한다. 다만, 다음 각 호의 어느 하나에 해당하는 경우에는 제외한다.
1. 건축자재의 성능시험을 의뢰한 제조업자 및 유통업자가 건축물에 사용하지 않을 목적으로 의뢰한 경우
2. 법에서 정하는 성능에 미달하여 건축물에 사용할 수 없는 경우

③ 제1항에 따라 시험성적서를 발급받은 건축자재의 제조업자 및 유통업자는 시험성적서를 발급받은 날부터 1개월 이내에 성능시험을 의뢰한 건축자재의 종류, 용도, 색상, 재질 및 규격을 기관 또는 단체에 통보해야 한다. 다만, 제2항 각 호의 어느 하나에 해당하는 경우는 제외한다.

④ 기관 또는 단체는 법 제52조의4제4항에 따라 다음 각 호의 사항을 해당 기관 또는 단체의 홈페이지 등에 게시하여 일반인이 알 수 있도록 해야 한다.
1. 제2항에 따라 제출받은 시험성적서의 사본

2. 제3항에 따라 통보받은 건축자재의 종류, 용도, 색상, 재질 및 규격

⑤ 기관 또는 단체는 국토교통부장관이 정하여 고시하는 시험성적서의 유효기간이 만료되기 1개월 전에 해당 시험성적서를 발급한 건축자재 성능시험기관의 장에게 그 사실을 알려야 한다.

⑥ 기관 또는 단체는 제5항에 따른 유효기간이 지난 시험성적서는 그 사실을 표시하여 해당 기관 또는 단체의 홈페이지 등에 게시해야 한다.

⑦ 기관 또는 단체는 제4항 및 제6항에 따른 정보 공개의 실적을 국토교통부장관에게 분기별로 보고해야 한다.

피난·방화규칙 **제24조의5 【건축자재 표면에 정보를 표시해야 하는 단열재】**

법 제52조의4제5항에서 "국토교통부령으로 정하는 단열재"란 영 제62조제1항제2호에 따른 단열재를 말한다.(2019.10.24 본조 신설)

법 **제52조의5 【건축자재등의 품질인정】** [2020.12.22 본조 신설]

① 방화문, 복합자재 등 대통령령으로 정하는 건축자재와 내화구조(이하 "건축자재등"이라 한다)는 방화성능, 품질관리 등 국토교통부령으로 정하는 기준에 따라 품질이 적합하다고 인정받아야 한다.

② 건축관계자등은 제1항에 따라 품질인정을 받은 건축자재등만 사용하고, 인정받은 내용대로 제조·유통·시공하여야 한다.

해설 최근 제정된(2022.2.11) 건축자재등 품질인정 및 관리기준에서 방화구획과 관련된 방화문 및 자동방화셔터의 성능기준과 그 밖에 건축자재등의 성능기준의 내용을 보면 다음과 같다.

건축자재등 품질인정 및 관리기준 **제33조 【방화문 성능기준 및 구성】**

① 건축물 방화구획을 위해 설치하는 방화문은 건축물의 용도 등 구분에 따라 화재 시의 가열에 규칙 제14조제3항 또는 제26조에서 정하는 시간 이상을 견딜 수 있어야 한다. 화재감지기가 설치되는 경우에는 「자동화재탐지설비 및 시각경보장치의 화재안전기준(NFSC 203)」 제7조의 기준에 적합하여야 한다.

② 차연성능, 개폐성능 등 방화문이 갖추어야 하는 세부 성능에 대해서는 제39조에 따라 국토교통부장관이 승인한 세부운영지침에서 정한다.

③ 방화문은 항상 닫혀있는 구조 또는 화재발생시 불꽃, 연기 및 열에 의하여 자동으로 닫힐 수 있는 구조이어야 한다.

**건축자재등 품질인정 및 관리기준 제34조 [자동방화셔터 성능기준 및 구성]**

① 건축물 방화구획을 위해 설치하는 자동방화셔터는 건축물의 용도 등 구분에 따라 화재 시의 가열에 규칙 제14조제3항에서 정하는 성능 이상을 견딜 수 있어야 한다.

② 차연성능, 개폐성능 등 자동방화셔터가 갖추어야 하는 세부 성능에 대해서는 제39조에 따라 국토교통부장관이 승인한 세부운영지침에서 정한다.

③ 자동방화셔터는 규칙 제14조제2항제4호에 따른 구조를 가진 것이어야 하나, 수직방향으로 폐쇄되는 구조가 아닌 경우는 불꽃, 연기 및 열감지에 의해 완전폐쇄가 될 수 있는 구조여야 한다. 이 경우 화재감지기는 「자동화재탐지설비 및 시각경보장치의 화재안전기준(NFSC 203)」 제7조의 기준에 적합하여야 한다.

④ 자동방화셔터의 상부는 상층 바닥에 직접 닿도록 하여야 하며, 그렇지 않은 경우 방화구획 처리를 하여 연기와 화염의 이동통로가 되지 않도록 하여야 한다.

**건축자재등 품질인정 및 관리기준 제35조 [방화댐퍼 성능기준 및 구성]**

① 규칙 제14조제2항제3호에 따라 방화댐퍼는 다음 각 호의 성능을 확보하여야 하며, 성능 확인을 위한 시험은 영 제63조에 따른 건축자재 성능 시험기관에서 할 수 있다.
  1. 별표 10에 따른 내화성능시험 결과 비차열 1시간 이상의 성능
  2. KS F 2822(방화 댐퍼의 방연 시험 방법)에서 규정한 방연성능

② 제1항의 방화댐퍼의 성능 시험은 다음의 기준을 따라야 한다.
  1. 시험체는 날개, 프레임, 각종 부속품 등을 포함하여 실제의 것과 동일한 구성·재료 및 크기의 것으로 하되, 실제의 크기가 3m × 3m의 가열로 크기보다 큰 경우에는 시험체 크기를 가열로에 설치할 수 있는 최대크기로 한다.
  2. 내화시험 및 방연시험은 시험체 양면에 대하여 각 1회씩 실시한다. 다만, 수평부재에 설치되는 방화댐퍼의 경우 내화시험은 화재노출면에 대해 2회 실시한다.
  3. 내화성능 시험체와 방연성능 시험체는 동일한 구성·재료로 제작되어야 하며, 내화성능 시험체는 가장 큰 크기로, 방연성능 시험체는 가장 작은 크기로 제작되어야 한다.

③ 시험성적서는 2년간 유효하다. 다만, 시험성적서와 동일한 구성 및 재질로서 내화성능 시험체 크기와 방연성능 시험체 크기 사이의 것인 경우에는 이미 발급된 성적서로 그 성능을 갈음할 수 있다.

④ 방화댐퍼는 다음 각 호에 적합하게 설치되어야 한다.
  1. 미끄럼부는 열팽창, 녹, 먼지 등에 의해 작동이 저해받지 않는 구조일 것
  2. 방화댐퍼의 주기적인 작동상태, 점검, 청소 및 수리 등 유지·관리를 위하여 검사구·점검구는 방화댐퍼에 인접하여 설치할 것
  3. 부착 방법은 구조체에 견고하게 부착시키는 공법으로 화재시 덕트가 탈락, 낙하해도 손상되지 않을 것
  4. 배연기의 압력에 의해 방재상 해로운 진동 및 간격이 생기지 않는 구조일 것

**품질인정 업무 및 처리기간**

| 순번 | 업 무 명 | 처 리 내 용 |
|---|---|---|
| 1 | 신청자격 검토 | • 신청자격 및 제한조건 검토 |
| 2 | 수수료 통보 | • 수수료납부요청 |
| 3 | 신청서류 검토 | • 인정신청시 첨부도서내용 확인 및 검토<br>• 운영위원회 실시여부 결정 |
| 4 | 제조현장 품질관리 확인 및 시료채취 | • 제조현장 품질관리상태확인 및 시료채취<br>• 심사결과 정리 및 보고 |
| 5 | 품질시험성적서 검토 | • 품질시험성적서 검토<br>• 인정심사표 작성 |
| 6 | 인정 및 공고 | • 인정서 및 세부인정내용 작성<br>• 인정 공고안 작성<br>• 신청업체에 인정서 발급<br>• 관련기관 통보 |
| 처리기간 | | 25일 |

※ 1개 구조 또는 1개 공장이 추가마다 처리기간은 7일씩 증가
※ 위원회를 실시하는 경우 민원기간 10일 증가
※ 다음 각 호에 해당하는 기간은 처리기간으로 산입하지 아니한다.
1. 신청자가 업무진행의 보류 요청에 따라 업무가 진행되지 않은 기간
2. 천재지변 등 불가피한 사유가 발생하여 업무가 진행되지 않은 기간
3. 수수료 통보에서 납부에 소요되는 기간
4. 제17조의 규정에 의한 보완 등에 소요되는 기간
5. 공장이 해외에 위치하여 공장품질관리확인 및 시료채취를 위한 비자 또는 여권발급 소요되는 기간
6. 시료채취이후부터 시험성적서 제출일까지의 기간

**영 제63조의2 【품질인정 대상 건축자재 등】**

법 제52조의5제1항에서 "방화문, 복합자재 등 대통령령으로 정하는 건축자재와 내화구조"란 다음 각 호의 건축자재와 내화구조(이하 제63조의4 및 제63조의5에서 "건축자재등"이라 한다)를 말한다.
(2021.12.21 본조 신설)

1. 법 제52조의4제1항에 따른 복합자재 중 국토교통부령으로 정하는 강판과 심재로 이루어진 복합자재
2. 주요구조부가 내화구조 또는 불연재료로 된 건축물의 방화구획에 사용되는 다음 각 목의 건축자재와 내화구조
   가. 자동방화셔터
   나. 제62조제1항제4호에 따라 국토교통부령으로 정하는 건축자재 중 내화채움성능이 인정된 구조
3. 제64조제1항 각 호의 방화문
4. 그 밖에 건축물의 안전·화재예방 등을 위하여 품질인정이 필요한 건축자재와 내화구조로서 국토교통부령으로 정하는 건축자재와 내화구조

**피난·방화규칙 제24조의6 【품질인정 대상 복합자재 등】** [2021.12.23 본조 신설]

① 영 제63조의2제1호에서 "국토교통부령으로 정하는 강판과 심재로 이루어진 복합자재"란 강판과 단열재로 이루어진 복합자재를 말한다.

② 영 제63조의2제4호에서 "국토교통부령으로 정하는 건축자재와 내화구조"란 제3조제8호부터 제10호까지의 규정에 따른 내화구조를 말한다.

**피난·방화규칙 제24조의7 【건축자재등의 품질인정 기준】**

법 제52조의5제1항에서 "국토교통부령으로 정하는 기준"이란 다음 각 호의 기준을 말한다. (2021.12.23 본조 신설)

1. 신청자의 제조현장을 확인한 결과 품질인정 또는 품질인정 유효기간의 연장을 신청한 자가 다음 각 목의 사항을 준수하고 있을 것
   가. 품질인정 또는 품질인정 유효기간의 연장 신청 시 신청자가 제출한 다음 각 목에 관한 기준(유효기간 연장 신청의 경우에는 인정받은 기준을 말한다)
      1) 원재료·완제품에 대한 품질관리기준
      2) 제조공정 관리 기준
      3) 제조·검사 장비의 교정기준
   나. 법 제52조의5제1항에 따른 건축자재등(이하 "건축자재등"이라 한다)에 대한 로트번호 부여
2. 건축자재등에 대한 시험 결과 건축자재등이 다음 각 목의 구분에 따른 품질기준을 충족할 것
   가. 영 제63조의2제1호의 복합자재: 제24조에 따른 난연성능
   나. 영 제63조의2제2호가목의 자동방화셔터: 제14조제2항제4호에 따른 자동방화셔터 설치기준
   다. 영 제63조의2제2호나목의 내화채움성능이 인정된 구조: 별표 1 제1호에 따른 내화시간(내화채움성능이 인정된 구조로 메워지는 구성 부재에 적용되는 내화시간을 말한다) 기준
   라. 영 제63조의2제3호의 방화문: 영 제64조제1항 각 호의 구분에 따른 연기, 불꽃 및 열 차단 시간
   마. 제24조의6제2항에 따른 내화구조: 별표 1에 따른 내화시간 성능기준
3. 그 밖에 국토교통부장관이 정하여 고시하는 품질인정과 관련된 기준을 충족할 것

**법 제52조의6 【건축자재등 품질인정기관의 지정·운영 등】** [2020.12.22 본조 신설]

① 국토교통부장관은 건축 관련 업무를 수행하는 「공공기관의 운영에 관한 법률」 제4조에 따른 공공기관으로서 대통령령으로 정하는 기관을 품질인정 업무를 수행하는 기관(이하 "건축자재등 품질인정기관"이라 한다)으로 지정할 수 있다.

② 건축자재등 품질인정기관은 제52조의5제1항에 따른 건축자재등에 대한 품질인정 업무를 수행하며, 품질인정을 신청한 자에 대하여 국토교통부령으로 정하는 바에 따라 수수료를 받을 수 있다.

③ 건축자재등 품질인정기관은 제2항에 따라 품질이 적합하다고 인정받은 건축자재등(이하 "품질

인정자재등"이라 한다)이 다음 각 호의 어느 하나에 해당하면 그 인정을 취소할 수 있다. 다만, 제1호에 해당하는 경우에는 그 인정을 취소하여야 한다.

1. 거짓이나 그 밖의 부정한 방법으로 인정받은 경우
2. 인정받은 내용과 다르게 제조·유통·시공하는 경우
3. 품질인정자재등이 국토교통부장관이 정하여 고시하는 품질관리기준에 적합하지 아니한 경우
4. 인정의 유효기간을 연장하기 위한 시험결과를 제출하지 아니한 경우

④ 건축자재등 품질인정기관은 제52조의5제2항에 따른 건축자재등을 품질 유지·관리 의무가 준수되고 있는지 확인하기 위하여 국토교통부령으로 정하는 바에 따라 제52조의4에 따른 건축자재 시험기관의 시험장소, 제조업자의 제조현장, 유통업자의 유통장소, 건축공사장 등을 점검하여야 한다.

⑤ 건축자재등 품질인정기관은 제4항에 따른 점검 결과 위법 사실을 발견한 경우 국토교통부장관에게 그 사실을 통보하여야 한다. 이 경우 국토교통부장관은 대통령령으로 정하는 바에 따라 공사 중단, 사용 중단 등의 조치를 하거나 관계 기관에 대하여 관계 법률에 따른 영업정지 등의 요청을 할 수 있다.

⑥ 건축자재등 품질인정기관은 건축자재등의 품질관리 상태 확인 등을 위하여 대통령령으로 정하는 바에 따라 제조업자, 유통업자, 건축관계자등에 대하여 건축자재등의 생산 및 판매실적, 시공현장별 시공실적 등의 자료를 요청할 수 있다.

⑦ 그 밖에 건축자재등 품질인정기관이 건축자재등의 품질인정을 운영하기 위한 인정절차, 품질관리등 필요한 사항은 국토교통부장관이 정하여 고시한다.

**영 제63조의3 【건축자재등 품질인정기관】**

법 제52조의6제1항에서 "대통령령으로 정하는 기관"이란 한국건설기술연구원을 말한다.
(2021.12.21 본조 신설)

**영 제63조의4 【건축자재등 품질 유지·관리 의무 위반에 따른 조치】** [2021.12.21 본조 신설]

① 국토교통부장관은 법 제52조의6제5항 전단에 따른 통보를 받은 경우 같은 항 후단에 따라 같은 조 제3항에 따른 품질인정자재등(이하 이 조 및 제63조의5에서 "품질인정자재등"이라 한다)의 제조업자, 유통업자 및 법 제25조의2제1항에 따른 건축관계자등(이하 이 조 및 제63조의5에서 "제조업자등"이라 한다)에게 위법 사실을 통보해야 하며, 제조업자등에게 다음 각 호의 구분에 따른 조치를 할 수 있다.

1. 법 제25조의2제1항에 따른 건축관계자등: 다음 각 목의 구분에 따른 조치
   가. 품질인정자재등을 사용하지 않거나 인정받은 내용대로 시공하지 않은 부분이 있는 경

우: 시공부분의 시정, 해당 공정에 대한 공사 중단과 품질인정을 받지 않은 건축자재등의 사용 중단 명령

나. 품질인정을 받지 않은 건축자재등이 공사현장에 반입되어 있거나 보관되어 있는 경우: 해당 건축자재등의 사용 중단 명령

2. 제조업자 및 유통업자: 관계 기관에 대한 관계 법률에 따른 영업정지 등의 요청

② 제1항에 따른 국토교통부장관의 조치에 관하여는 제61조의3제2항 및 제3항을 준용한다. 이 경우 "건축관계자 및 제조업자·유통업자"는 "제조업자등"으로, "국토교통부장관, 시·도지사 및 시장·군수·구청장"은 "국토교통부장관"으로 본다.

**영 제63조의5 【제조업자등에 대한 자료요청】**

법 제52조의6제1항 및 이 영 제63조의3에 따라 건축자재등 품질인정기관으로 지정된 한국건설기술연구원은 법 제52조의6제6항에 따라 제조업자등에게 다음 각 호의 자료를 요청할 수 있다. (2021.12.21 본조 신설)

1. 건축자재등 및 품질인정자재등의 생산 및 판매 실적
2. 시공현장별 건축자재등 및 품질인정자재등의 시공 실적
3. 품질관리서
4. 그 밖에 제조공정에 관한 기록 등 품질인정자재등에 대한 품질관리의 적정성을 확인할 수 있는 자료로서 국토교통부장관이 정하여 고시하는 자료

**피난·방화규칙 제24조의8 【건축자재등 품질인정 수수료】** [2021.12.23 본조 신설]

① 법 제52조의6제2항에 따른 수수료의 종류는 다음 각 호와 같다.

1. 품질인정 신청 수수료
2. 품질인정 유효기간 연장 신청 수수료

② 제1항에 따른 수수료는 별표 4와 같다.

③ 품질인정 또는 품질인정 유효기간의 연장을 신청하려는 자는 다음 각 호의 구분에 따른 시기에 수수료를 내야 한다.

1. 수수료 중 기본비용 및 추가비용: 품질인정 또는 품질인정 유효기간의 연장 신청을 하는 때
2. 수수료 중 출장비용 및 자문비용: 한국건설기술연구원장이 고지하는 납부시기

④ 한국건설기술연구원장은 다음 각 호의 어느 하나에 해당하는 경우에는 납부된 수수료의 전부 또는 일부를 반환해야 한다.

1. 품질인정 또는 품질인정 유효기간의 연장을 위한 시험·검사 등을 실시하기 전에 신청자가 신청을 철회한 경우
2. 신청을 반려한 경우

3. 수수료를 과오납(過誤納)한 경우

⑤ 수수료의 납부·반환 방법 및 반환 금액 등 수수료의 납부 및 반환에 필요한 세부사항은 국토교통부장관이 정하여 고시한다.

※ 「건축물의 피난·방화구조 등의 기준에 관한 규칙」【별표 4】(2021.12.23 본표 신설)

**건축자재등 품질인정 수수료**(제24조의8제2항 관련)

**1. 품질인정 신청 수수료**

가. 복합자재·방화문 및 자동방화셔터: 다음의 금액을 합산한 금액
  1) 기본비용: 다음의 금액을 합산한 금액
    (1) 특급기술자의 노임단가에 8.7을 곱한 금액과 고급기술자의 노임단가에 16.2를 곱한 금액 및 중급기술자의 노임단가에 5.8을 곱한 금액을 모두 합산한 금액
    (2) 시험·검사 등에 드는 비용으로서 국토교통부장관이 정하여 고시하는 금액
  2) 추가비용: 기본비용에 0.6을 곱한 금액
  3) 출장비용: 출장자가 소속된 기관의 여비 규정에 따른 금액
  4) 자문비용: 특급기술자의 노임단가에 5.2를 곱한 금액과 고급기술자의 노임단가에 20.8을 곱한 금액과 중급기술자의 노임단가에 1.0을 곱한 금액 모두를 합산한 금액

나. 내화구조 및 내화채움구조: 다음의 금액을 합산한 금액
  1) 기본비용: 다음의 금액을 합산한 금액
    (1) 특급기술자의 노임단가에 9.0을 곱한 금액과 고급기술자의 노임단가에 23.2를 곱한 금액 및 중급기술자의 노임단가에 5.8을 곱한 금액을 모두 합산한 금액
    (2) 시험·검사 등에 드는 비용으로서 국토교통부장관이 정하여 고시하는 금액
  2) 추가비용: 기본비용에 0.6을 곱한 금액
  3) 출장비용: 가목3)에 따른 비용
  4) 자문비용: 가목4)에 따른 비용

**2. 품질인정 유효기간 연장 신청 수수료**

가. 복합자재·방화문 및 자동방화셔터: 다음의 금액을 합산한 금액
  1) 기본비용: 다음의 금액을 합산한 금액
    (1) 특급기술자의 노임단가에 6.2를 곱한 금액과 고급기술자의 노임단가에 11.3을 곱한 금액 및 중급기술자의 노임단가에 5.8을 곱한 금액을 모두 합산한 금액
    (2) 시험·검사 등에 드는 비용으로서 국토교통부장관이 정하여 고시하는 금액
  2) 추가비용: 기본비용에 0.6을 곱한 금액
  3) 출장비용: 제1호가목3)에 따른 비용
  4) 자문비용: 제1호가목4)에 따른 비용

나. 내화구조 및 내화채움구조: 다음의 금액을 합산한 금액
  1) 기본비용: 다음의 금액을 합산한 금액
    (1) 특급기술자의 노임단가에 7.2를 곱한 금액과 고급기술자의 노임단가에 15.0을 곱한 금액 및 중급기술자의 노임단가에 5.8을 곱한 금액을 모두 합산한 금액
    (2) 시험·검사 등에 드는 비용으로서 국토교통부장관이 정하여 고시하는 금액
  2) 추가비용: 기본비용에 0.6을 곱한 금액
  3) 출장비용: 제1호가목3)에 따른 비용
  4) 자문비용: 제1호가목4)에 따른 비용

※ 비고 (2014.3.24 별표의 비고 신설)

1. 노임단가는 「통계법」 제27조제1항에 따라 한국엔지니어링진흥협회가 조사·공표하는 임금단가를 8시간으로 나눈 금액을 말한다.
2. 추가비용은 둘 이상의 건축자재등에 대해 품질인정 또는 품질인정 유효기간의 연장을 신청하는 경우의 두 번째 건축자재등부터 산정하여 합산한다.
3. 자문비용은 품질인정 과정에서 외부 전문가의 자문을 받은 경우에만 합산한다.

**피난·방화규칙 제24조의9 【품질인정자재등의 제조업자 등에 대한 점검】** [2021.12.23 본조 신설]

① 한국건설기술연구원장은 법 제52조의6제4항에 따라 매년 1회 이상 법 제52조의4제2항에 따른 시험기관의 시험장소, 법 제52조의6제4항에 따른 제조업자의 제조현장, 유통업자의 유통장소 및 건축공사장을 점검해야 한다.

② 한국건설기술연구원장은 제1항에 따라 제조현장 등을 점검하는 경우 다음 각 호의 사항을 확인해야 한다.

1. 법 제52조의4제2항에 따른 시험기관이 품질인정자재등과 관련하여 작성한 원시 데이터, 시험체 제작 및 확인 기록
2. 법 제52조의6제3항에 따른 품질인정자재등(이하 "**품질인정자재등**"이라 한다)의 품질인정 유효기간 및 품질인정표시
3. 제조업자가 작성한 납품확인서 및 품질관리서
4. 건축공사장에서의 시공 현황을 확인할 수 있는 다음 각 목의 서류
   가. 품질인정자재등의 세부 인정내용
   나. 설계도서 및 작업설명서
   다. 건축공사 감리에 관한 서류
   라. 그 밖에 시공 현황을 확인할 수 있는 서류로서 국토교통부장관이 정하여 고시하는 서류

③ 제1항에 따른 점검의 세부 절차 및 방법은 국토교통부장관이 정하여 고시한다.

**법 제52조의2 【실내건축】** [2014.5.28 본조 신설]

① 대통령령으로 정하는 용도 및 규모에 해당하는 건축물의 실내건축은 방화에 지장이 없고 사용자의 안전에 문제가 없는 구조 및 재료로 시공하여야 한다.

② 실내건축의 구조·시공방법 등에 관한 기준은 국토교통부령으로 정한다.

③ 특별자치시장·특별자치도지사 또는 시장·군수·구청장은 제1항 및 제2항에 따라 실내건축이 적정하게 설치 및 시공되었는지를 검사하여야 한다. 이 경우 검사하는 대상 건축물과 주기(週期)는 건축조례로 정한다.

**해설** 건축물의 실내건축을 방화에 지장이 없고 사용자의 안전에 문제가 없는 구조 및 재료로 시공하여야 하는 대상을 바닥면적의 합계가 5,000m$^2$ 이상인 문화 및 집회·종교·판매·여객·종합병원·관광숙박시설, 16층 이상인 건축물 등 다중 이용 건축물과 건축물의 분양에 관한 법률을 적용받은 30실 이상 오피

스텔 등에 대하여는 의무적으로 적용하고 있으며 그 외 이에 해당하지 않는 단독주택, 공동주택, 제1·2종 근린생활시설 용도 등에 해당하는 건축물에 대하여는 권고할 수 있도록 하고 있으며 의무대상인 경우 실내 건축기준을 위반한 건축주 및 공사시공자는 500만원 이하의 벌금으로 처벌을 받도록 하고 있다.

※ **실내건축의 구조·시공방법 등에 관한 기준**(국토교통부 고시 제2020－742호)의 중요내용을 보면 다음과 같다.

① 거실 외의 부분에도 벽, 반자 등 불연성 재료 사용

– 거실용도가 아닌 위생, 물품저장, 주차, 그 밖에 비슷한 시설의 벽 및 반자 부분의 마감은 불연재료·준불연재료 또는 난연재료*로 한다.

* 불연재료(콘크리트, 벽돌, 유리 등), 준불연재료(석고보드, 미네랄 텍스 등), 난연재료(난연합판, 난연플라스틱판 등)

② 바닥마감재 기준

– 건축물 진입부분, 공용복도, 경사로 등의 바닥은 미끄럼을 방지할 수 있는 구조 및 재료로 하여야 하며, 공용계단 발판은 논슬립 패드 등 미끄럼 방지처리를 한다.

– 화장실, 욕실, 샤워실, 조리실 등의 바닥면은 물에 젖어도 미끄러지지 않는 재질*로 사용하여야 하며, 피난계단의 논슬립 패드는 눈에 잘 띄는 밝은 색상이나 형광색으로 하여야 한다.

* 도자기질 타일로 마감시 KS기준(미끄럼 저항성 마찰기준)에 적합한 재료로 하여야 한다.

③ 안전난간 기준

– 추락방지 등을 위해 난간은 어린이 등이 올라갈 수 없도록 난간살을 세로방향으로 설치하도록 하고, 난간 살의 간격은 10cm 이하, 난간의 높이는 120cm 이상으로 설치하여야 하며, 유리로 된 난간은 파손시에도 비산되지 않는 안전유리로 설치하여야 한다.

④ 완충재료 및 충돌사고 방지 기준

– 어린이나 노약자 등이 있는 건축물의 벽체, 복도 등 내부공간의 모서리는 바닥에서 150m 이상 완충재를 설치하거나 모서리면을 둥글게 처리하여야 하며,

– 충돌사고를 방지하기 위하여 유리문에는 식별 표지등을 설치하여야 하며, 욕실에 설치하는 샤워부스의 재료가 유리인 경우에는 파손시 비산되지 않는 안전유리로 설치하여야 한다.

⑤ 실내출입문 등의 기준

– 실내 출입문은 유효너비를 0.8m 이상으로 하고, 출입문의 개폐에 의한 끼임사고를 방지할 수 있도록 속도제어장치를 설치하여야 하며, 유리문 등 모서리면은 손끼임 방지 완충재를 설치하여야 한다.

**영 제61조의2 【실내건축】**

법 제52조의2제1항에서 "대통령령으로 정하는 용도 및 규모에 해당하는 건축물"이란 다음 각 호의 어느 하나에 해당하는 건축물을 말한다.

1. 다중이용 건축물
2. 「건축물의 분양에 관한 법률」 제3조에 따른 건축물

3. 별표 1 제3호나목 및 같은 표 제4호아목에 따른 건축물(칸막이로 거실의 일부를 가로로 구획하거나 가로 및 세로로 구획하는 경우만 해당한다) (2020.4.21 본호 신설)

**규칙 제26조의5 【실내건축의 구조·시공방법 등의 기준】**

① 법 제52조의2제2항에 따른 실내건축의 구조·시공방법 등에 관한 기준은 다음 각 호의 구분에 따른 기준에 따른다.(2020.10.28 본항 개정)

1. 영 제61조의2제1호 및 제2호에 따른 건축물 : 다음 각 목의 기준을 모두 충족할 것
   가. 실내에 설치하는 칸막이는 피난에 지장이 없고, 구조적으로 안전할 것
   나. 실내에 설치하는 벽, 천장, 바닥 및 반자틀(노출된 경우에 한정한다)은 방화에 지장이 없는 재료를 사용할 것
   다. 바닥 마감재료는 미끄럼을 방지할 수 있는 재료를 사용할 것
   라. 실내에 설치하는 난간, 창호 및 출입문은 방화에 지장이 없고, 구조적으로 안전할 것
   마. 실내에 설치하는 전기·가스·급수·배수·환기시설은 누수·누전 등 안전사고가 없는 재료를 사용하고, 구조적으로 안전할 것
   바. 실내의 돌출부 등에는 충돌, 끼임 등 안전사고를 방지할 수 있는 완충재료를 사용할 것
2. 영 제61조의2제3호에 따른 건축물 : 다음 각 목의 기준을 모두 충족할 것
   가. 거실을 구획하는 칸막이는 주요구조부와 분리·해체 등이 쉬운 구조로 할 것
   나. 거실을 구획하는 칸막이는 피난에 지장이 없고, 구조적으로 안전할 것. 이 경우 「건축사법」에 따라 등록한 건축사 또는 「기술사법」에 따라 등록한 건축구조기술사의 구조안전에 관한 확인을 받아야 한다.
   다. 거실을 구획하는 칸막이의 마감재료는 방화에 지장이 없는 재료를 사용할 것
   라. 구획하는 부분에 추락, 누수, 누전, 끼임 등의 안전사고를 방지할 수 있는 안전조치를 할 것

② 제1항에 따른 실내건축의 구조·시공방법 등에 관한 세부 사항은 국토교통부장관이 정하여 고시한다.

**법 제53조 【지하층】**

① 건축물에 설치하는 지하층의 구조 및 설비는 국토교통부령으로 정하는 기준에 맞게 하여야 한다.

② 단독주택, 공동주택 등 대통령령으로 정하는 건축물의 지하층에는 거실을 설치할 수 없다. 다만, 다음 각 호의 사항을 고려하여 해당 지방자치단체의 조례로 정하는 경우에는 그러하지 아니하다.(2023.12.26 본항 신설)

1. 침수위험 정도를 비롯한 지역적 특성
2. 피난 및 대피 가능성
3. 그 밖에 주거의 안전과 관련된 사항

해설 과거에는 지하층의 설치는 건축구조의 안전과 방공상 중요목적으로 전시(戰時)에 대피장소로 이용해야 하므로 건축물의 용도 및 규모에 따라 지하층의 규모나 구조의 기준을 정해 규정하여 의무적으로 설치하도록 하였으나 현재는 필요에 따라 설치할 수 있도록 자율화하였다. 그리고 최근 들어 지하층이 침수되는 등 주거시설에 대한 안전이 우려되는 점 등을 고려하여 단독, 공동주택 등의 건축물의 지하층에는 거실을 설치할 수 없도록 하였다. 다만 침수위험 등 지역적 특성 등을 감안하여 지자체 조례로 정하는 경우에는 예외로 할 수 있도록 하였다.

**영 제63조의6 [지하층에 거실 설치가 금지되는 건축물]**

법 제53조제2항 각 호 외의 부분 본문에서 "단독주택, 공동주택 등 대통령령으로 정하는 건축물"이란 다음 각 호의 어느 하나에 해당하는 건축물을 말한다. 다만, 지하층에 거실을 부속용도로 설치하는 건축물은 제외한다.(2024.6.18 본조 신설)

1. 단독주택
2. 공동주택

**피난·방화규칙 제25조 [지하층의 구조]**

① 법 제53조에 따라 건축물에 설치하는 **지하층의 구조** 및 **설비**는 다음 각 호의 기준에 적합하여야 한다.(2010.12.30 본항 개정)

1. 거실의 바닥면적이 $50m^2$ 이상인 층에는 직통계단외에 피난층 또는 지상으로 통하는 비상탈출구 및 환기통을 설치할 것. 다만, 제8조제2항 각 호의 기준에 적합한 직통계단이 2개소 이상 설치되어 있는 경우에는 그러하지 아니하다.(2024.8.26 본호 개정)

1의 2. 제2종 근린생활시설 중 공연장·단란주점·당구장·노래연습장, 문화 및 집회시설 중 예식장·공연장, 수련시설 중 생활권수련시설·자연권수련시설, 숙박시설중 여관·여인숙, 위락시설 중 단란주점·유흥주점 또는 「다중이용업소의 안전관리에 관한 특별법 시행령」 제2조에 따른 다중이용업의 용도에 쓰이는 층으로서 그 층의 거실의 바닥면적의 합계가 $50m^2$ 이상인 건축물에는 제8조제2항 각 호의 기준에 적합한 직통계단을 2개소 이상 설치할 것 (2024.8.26 본호 개정)

2. 바닥면적이 $1,000m^2$ 이상인 층에는 피난층 또는 지상으로 통하는 직통계단을 영 제46조의 규정에 의한 방화구획으로 구획되는 각 부분마다 1개소 이상 설치하되, 이를 피난계단 또는 특별피난계단의 구조로 할 것
3. 거실의 바닥면적의 합계가 $1,000m^2$ 이상인 층에는 환기설비를 설치할 것
4. 지하층의 바닥면적이 $300m^2$ 이상인 층에는 식수공급을 위한 급수전을 1개소이상 설치할 것

② 제1항제1호에 따른 지하층의 **비상탈출구**는 다음 각 호의 기준에 적합하여야 한다. 다만, 주택의 경우에는 그러하지 아니하다.(2010.4.7 본항 개정)

1. 비상탈출구의 유효너비는 0.75m 이상으로 하고, 유효높이는 1.5m 이상으로 할 것

2. 비상탈출구의 문은 피난방향으로 열리도록 하고, 실내에서 항상 열 수 있는 구조로 하여야 하며, 내부 및 외부에는 비상탈출구의 표시를 할 것(2010.4.7 본호 개정)
3. 비상탈출구는 출입구로부터 3m 이상 떨어진 곳에 설치할 것
4. 지하층의 바닥으로부터 비상탈출구의 아랫부분까지의 높이가 1.2m 이상이 되는 경우에는 벽체에 발판의 너비가 20cm 이상인 사다리를 설치할 것
5. 비상탈출구는 피난층 또는 지상으로 통하는 복도나 직통계단에 직접 접하거나 통로 등으로 연결될 수 있도록 설치하여야 하며, 피난층 또는 지상으로 통하는 복도나 직통계단까지 이르는 피난통로의 유효너비는 0.75m 이상으로 하고, 피난통로의 실내에 접하는 부분의 마감과 그 바탕은 불연재료로 할 것(2010.4.7 본호 개정)
6. 비상탈출구의 진입부분 및 피난통로에는 통행에 지장이 있는 물건을 방치하거나 시설물을 설치하지 아니할 것
7. 비상탈출구의 유도등과 피난통로의 비상조명등의 설치는 소방법령이 정하는 바에 의할 것

**지하층의 구조 및 설비**

| 바 닥 면 적 | 설 치 기 준 |
|---|---|
| 거실의 바닥면적 $50m^2$ 이상인 층 | 비상탈출구 및 환기통 설치(2 이상 직통계단설치시 예외) |
| 거실의 바닥면적 $50m^2$ 이상인 건축물 | 일정용도 건축물은 직통계단 2개소 설치 |
| 바닥면적 $1,000m^2$ 이상인 층 | 방화구획 부분마다 1 이상 피난계단 또는 특별피난계단 설치 |
| 거실의 바닥면적이 $1,000m^2$ 이상인 층 | 환기설비 |
| 바닥면적 $300m^2$ 이상인 층 | 급수전 1개소 이상 설치 |

법 **제53조의2 【건축물의 범죄예방】** [2014.5.28 본조 신설]

① 국토교통부장관은 범죄를 예방하고 안전한 생활환경을 조성하기 위하여 건축물, 건축설비 및 대지에 관한 범죄예방 기준을 정하여 고시할 수 있다.

② 대통령령으로 정하는 건축물은 제1항의 범죄예방 기준에 따라 건축하여야 한다.

**해설** 건축물의 범죄를 예방하고 안전한 생활환경을 조성하기 위하여 주거용 건축물인 아파트를 포함한 연립주택, 다세대주택과 다가구주택도 그 범위에 포함하고 있으며, 제1종 근린생활시설 중 일용품을 판매하는 소매점, 제2종 근린생활시설 중 다중생활시설에 해당하는 건축물 등은 설계 단계에서 국토교통부장관이 고시하는 범죄예방기준을 반영하여야 한다.(「범죄예방 건축기준 고시」 국토교통부 고시 제2021-930호)

* 셉테드(Crime Prevention Through Environmental Design, CPTED)＝범죄예방환경설계

영 **제63조의7 【건축물의 범죄예방】**

법 제53조의2제2항에서 "대통령령으로 정하는 건축물"이란 다음 각 호의 어느 하나에 해당하는 건축물을 말한다.(2021.12.21 본조 개정)

1. 다가구주택, 아파트, 연립주택 및 다세대주택(2018.12.31 본호 개정)
2. 제1종 근린생활시설 중 일용품을 판매하는 소매점
3. 제2종 근린생활시설 중 다중생활시설
4. 문화 및 집회시설(동·식물원은 제외한다)
5. 교육연구시설(연구소 및 도서관은 제외한다)
6. 노유자시설
7. 수련시설
8. 업무시설 중 오피스텔
9. 숙박시설 중 다중생활시설

* 제2종 근린생활시설 중 다중생활시설 : 다중이용업 중 고시원업으로 바닥면적 500$m^2$ 미만인 것
* 바닥면적 500$m^2$ 이상이 되면 숙박시설이 된다.

# 제5장 과제하기

**01.** 건축물의 설계자로부터 구조안전의 확인서류를 받아 착공신고를 하는 때에 그 확인서류를 허가권자에게 제출하는 경우는?

**02.** 피난층 외의 층에서 직통계단을 2개소 이상 설치해야 하는 건축물은?

**03.** 피난계단의 설치기준에 대하여

1) 대상건축물의 층수

2) 특별피난계단을 설치해야 하는 건축물

3) 옥외피난계단을 설치해야 하는 공연장의 규모는?

4) 옥내로부터 계단실로 통하는 출입구의 유효폭은?

**04.** 피난안전구역의 설치기준은?

**05.** 피난용 옥상광장을 설치해야 하는 건축물은?

**06.** 방화구획에 대하여

1) 10층 이하 층의 구획면적기준

2) 11층 이상 층으로 스프링클러를 설치한 경우 구획되는 바닥면적은?

3) 2)의 경우에서 불연재료로 마감된 경우의 구획되는 바닥면적은?

4) 방화구획을 하지 않아도 되는 경우는?

**07.** 거실의 반자높이는?

**08.** 관람석 바닥면적 200$m^2$인 문화 및 집회 시설의 반자 높이는?

**09.** 문화 및 집회시설 중 공연장에 설치하는 복도의 기준은?

**10.** 내화구조로 건축해야 하는 건축물의 규모는 얼마인가?

**11.** 방화지구 안의 공작물 중 주요부를 불연재료로 해야 하는 것은?

# 제5장 과년도 문제

**01.** 다음 중 거실에 관한 기술 중 틀린 것은?

㉮ 거실의 반자높이는 2.1m 이상이어야 한다.

㉯ 숙박시설의 객실에 채광을 위한 창문 등의 면적은 그 거실 바닥면적의 1/10 이상으로 한다.

㉰ 거실에 설치하는 환기를 위한 창문 등의 면적은 거실 바닥면적의 1/20 이상으로 한다.

㉱ 최하층 거실바닥이 목조인 경우에는 그 바닥높이는 지표면으로부터 60cm 이상으로 한다.

해설 **건축물의 피난·방화구조 등의 기준에 관한 규칙 제16조, 제17조, 제18조**
최하층에 있는 거실바닥의 높이는 지표면으로부터 45cm 이상으로 하되 지표면을 콘크리트바닥으로 설치하는 등 방습을 위한 조치를 하는 경우에는 그러하지 아니한다.

**02.** 계단의 단높이에 관한 기술 중 틀린 것은?

㉮ 고등학교의 계단 너비는 26cm 이상이어야 한다.

㉯ 초등학교 학생용 계단의 단높이는 16cm 이하이어야 한다.

㉰ 중학교 학생용 계단의 단높이는 18cm 이하이어야 한다.

㉱ 판매 및 영업시설 계단의 참너비는 130cm 이상이어야 한다.

해설 **영 제48조, 피난·방화규칙 제15조**
- 계단의 설치 기준이 많이 개정되어 학교의 학생용의 경우만 단높이와 단너비를 규정하고 있으며 기타 건축물은 참너비 등만 규정되어 있다.
- 판매 및 영업시설의 계단 및 계단참의 너비는 120cm 이상

**03.** 연면적 $200m^2$를 초과하는 건축물에 설치하는 계단에 관한 기준으로 옳지 않은 것은?

㉮ 높이가 3m를 넘는 계단에는 높이 3m 이내마다 너비 1.2m 이상의 계단참을 설치할 것

㉯ 높이가 1m를 넘는 계단 및 계단참의 양옆에는 난간을 설치할 것

㉰ 난간·벽 등의 손잡이는 최대지름이 3.2cm 이상 3.8cm 이하인 원형 또는 타원형의 단면으로 할 것

㉱ 계단을 대체하여 설치하는 경사로의 경사도는 1 : 6을 넘지 아니할 것

해설 **영 제48조, 피난·방화규칙 제15조**
상기 문제 참조
계단에 대체하여 설치하는 경사로의 경사도는 1 : 8을 넘지 말아야 하며 1 : 6은 자동차의 경사로가 되며 장애인용 경사로는 1 : 12가 넘지 말아야 한다.

**04.** 건축구조기술사가 구조의 안전을 확인하여야 하는 건축물의 최소 기준은?

㉮ 경간 20m 이상이거나 16층 이상인 건축물

㉯ 경간 20m 이상이거나 6층 이상인 건축물

㉰ 경간 30m 이상이거나 16층 이상인 건축물

㉱ 경간 30m 이상이거나 6층 이상인 건축물

해설 **영 제91조의3, 영 제2조 제18호 나목**
- 6층 이상인 건축물
- 특수구조건축물(기둥과 기둥 사이가 20m 이상인 건축물)
- 다중이용건축물

**05.** 건축물의 옥상에 설치하는 헬리콥터 헬리포트의 설치 기준에 관한 기술 중 틀린 것은?

㉮ 헬리포트 중심에서 반경 12m 이내에는 장애물이 없을 것

㉯ 헬리포트 주위 한계선은 선 너비 38cm로 된 백색으로 표시할 것

㉰ 헬리포트 중앙에는 Ⓗ표지를 백색으로 할 것

㉱ 헬리포트의 길이와 너비는 각각 20m 이상으로 할 것

해설 **피난·방화규칙 제13조**
11층 이상의 층의 바닥면적 합계가 $10,000m^2$ 이상인 건축물(평지붕인 경우)의 옥상에 설치한다.
- 헬리포트의 길이와 너비는 각각 22m 이상일 것
- 헬리포트 중심반경 12m 이내에는 이·착륙 장애의 건축물·공작물 등을 설치하지 아니할 것
- 헬리포트 주위 한계선은 백색, 선 너비 38cm일 것
- 헬리포트 중앙 부분은 지름 8m의 Ⓗ표지를 백색으로 하되 "H" 표지의 선 너비는 38cm, "O" 표지의 선 너비는 60cm일 것

**해답** 1. ㉱ 2. ㉱ 3. ㉱ 4. ㉯ 5. ㉱

**06.** 건축법령상 계단의 설치 기준으로 가장 부적합한 것은?

㉮ 높이가 3m를 넘는 계단에는 높이 3m 이내마다 너비 1m 이상의 계단참을 설치할 것
㉯ 높이가 1m를 넘는 계단 및 계단참의 양 옆에는 난간을 설치할 것
㉰ 난간 손잡이는 계단으로부터의 높이가 85cm가 되도록 설치할 것
㉱ 난간 손잡이는 최대지름이 3.2cm 이상 3.8cm 이하인 원형 또는 타원형의 단면으로 설치할 것

**해설** **피난·방화규칙 제15조**

- 높이가 3m를 넘는 계단은 높이 3m 이내마다 유효너비 1.2m 이상의 계단참 설치
- 상기 문항 용도시설 이외에 공동주택(기숙사 제외) 제1종 및 제2종 근린생활시설, 종교시설, 판매 및 영업시설, 운수시설, 의료시설, 노유자시설, 업무시설, 관광휴게시설 등이 있다.

**07.** 2개 이상의 직통계단을 설치하여야 하는 건축물은? (단, 바닥면적의 합계는 그 층의 당해 용도에 쓰이는 바닥면적의 합계임)

㉮ 300m$^2$인 2층 노인시설
㉯ 300m$^2$인 층당 4세대 공동주택
㉰ 200m$^2$인 2층 업무시설
㉱ 300m$^2$인 문화 및 집회시설

**해설** **영 제34조**

<2개 이상의 직통계단을 설치하여야 하는 건축물>

| 건 물 법 | 바닥면적 | 조 건 |
|---|---|---|
| 1. 문화 및 집회시설, 종교시설 중 장례식장·위락시설 중 주점영업 | 200m$^2$ 이상 | 당해 용도의 층 |
| 2. 단독주택 중 다중주택, 다가구주택, 판매시설, 제2종 근린생활시설 중 학원, 독서실, 운수시설(여객용 시설), 노유자시설 중 아동관련시설, 노인복지시설, 의료시설, 교육연구시설 중 학원·수련시설 중 유스호스텔, 숙박시설 | 200m$^2$ 이상 | 3층 이상 당해 용도에 쓰이는 거실 |
| 3. 공동주택·업무시설 중 오피스텔 | 300m$^2$ 이상 | 당해 용도의 거실 예외 : 층당 4세대 이하인 공동주택 제외 |
| 4. 기타 | 400m$^2$ 이상 | 1, 2, 3에 해당되지 아니하는 3층 이상 거실 |
| 5. 지하층 | 200m$^2$ 이상 | 거실의 바닥 면적 |

**08.** 다음 중 피난층 외의 층으로부터 피난층 또는 지상으로 통하는 직통계단을 2개소 이상 설치해야 하는 것은?

㉮ 문화 및 집회시설의 용도에 쓰이는 층으로서 그 층의 집회실의 바닥면적의 합계가 150m$^2$인 것
㉯ 위락시설 중 주점영업에 쓰이는 바닥면적의 합계가 150m$^2$인 것
㉰ 의료시설의 용도에 쓰이는 3층 이상의 층으로서 그 층의 당해 용도에 쓰이는 바닥면적의 합계가 150m$^2$인 것
㉱ 지하층으로서 거실의 바닥면적의 합계가 200m$^2$인 것

**해설** **영 제34조**
상기 문제 참조

**09.** 15층 건축물에서 12층의 방화구획에 관한 기술 중 맞는 것은?

㉮ 실내마감재가 불연재료가 아닌 경우는 바닥면적 200m$^2$ 이내마다 구획한다.
㉯ 실내마감재가 불연재료인 경우는 바닥면적 600m$^2$ 이내마다 구획한다.
㉰ 바닥면적 1,000m$^2$ 이내마다 구획한다.
㉱ 스프링클러를 설치한 경우에는 바닥면적 3,000m$^2$ 이내마다 구획한다.

**해설** **피난·방화규칙 제14조**
방화구획의 설치 기준

- 10층 이하의 층 – 바닥면적 1,000m$^2$마다 구획(스프링클러 설비 : 3,000m$^2$마다 구획)
- 3층 이상의 층과 지하층은 층마다 구획

**해답** 6. ㉮ 7. ㉱ 8. ㉱ 9. ㉮

–11층 이상의 층–바닥면적 $200m^2$마다 구획(스프링클러 설비 : $600m^2$마다 구획)
[11층 이상의 층으로서 실내마감이 불연재료인 경우 바닥면적 $500m^2$마다 구획(스프링클러 설비 : $1,500m^2$마다 구획)]

**10.** 방화구획의 규정을 적용하여야 하는 것은? (단, 내화구조의 건축물에서 연면적 $1,000m^2$ 이상임)

㉮ 문화 및 집회시설의 용도에 쓰이는 거실
㉯ 건축물의 최상층
㉰ 공동주택의 해당 용도에 쓰이는 부분
㉱ 주요 구조부가 불연재료로 된 주차장 부분

해설 **영 제46조**
방화구획의 규정을 적용하지 아니하거나 완화를 적용할 수 있는 경우
–문화 및 집회시설·종교시설·운동시설·장례식 등 시설 및 활동공간의 확보를 위하여 불가피한 부분
–물품의 제조·가공·보관·운반 등에 필요한 대형기기설비의 설치·운영상 불가피한 경우
–계단실 부분, 복도, 승강기의 승강로 부분이 다른 부분과 방화구획으로 구획된 부분
–건축물의 최상층·피난층으로 대규모 회의장 강당·스카이라운지·로비 등 용도상 불가피한 부분
–복층형 공동주택의 세대 안 층간 바닥 부분
–주요 구조부가 내화구조·불연재료로 된 주차장 부분
–단독주택·동물 및 식물관련시설·교정 및 군사시설 중 군사시설(집회, 체육, 창고 등의 용도)에 쓰이는 건축물

**11.** 10층인 건축물로서 5층 이상의 층이 특정 용도인 경우 피난 용도에 쓸 수 있는 옥상광장을 설치하지 않아도 되는 것은?

㉮ 문화 및 집회시설 ㉯ 숙박시설
㉰ 도매시장 ㉱ 장례식장

해설 **영 제40조**
문화 및 집회시설(전시장, 동·식물원 제외), 종교시설, 판매시설, 장례식장, 위락시설 중 주점영업의 용도에 쓰이는 경우 옥상광장 설치

**12.** 건축물의 피난시설에 관한 설명이 잘못된 것은?

㉮ 직통계단은 거실의 각 부분으로부터 계단에 이르는 보행거리를 원칙적으로 30m 이하가 되게 한다.
㉯ 주요 구조부가 내화구조인 16층 이상인 공동주택의 보행거리는 40m 이하가 되게 한다.
㉰ 면적에 관계없이 지하 2층 이하인 건축물의 직통계단은 피난계단의 구조로 설치하여야 한다.
㉱ 면적에 관계없이 지하 3층 이하인 건축물의 직통계단은 특별피난계단의 구조로 설치하여야 한다.

해설 **영 제34조, 영 제35조**
직통계단은 피난계단 및 특별피난계단으로 구분되며 지하 3층 이하 층으로부터 피난층 또는 지상으로 통하는 직통계단은 특별피난계단으로 설치하여야 한다. 이때 바닥면적이 $400m^2$ 미만인 층은 제외된다.

**13.** 다음 부위 중 피복없이 순수 철골조로 내화구조가 가능한 곳은?

㉮ 보 ㉯ 바닥
㉰ 계단 ㉱ 내력벽

해설 **피난·방화규칙 제3조**
일반적으로 화재에 견딜 수 있는 성능을 가진 내화구조인 경우 피복을 하여야 한다. 특히 철골조의 경우 화재시 직접 접하기 때문에 대부분 그러하다. 그러나 계단의 경우에는 그 자체가 내화 성능을 가졌다고 보아 내화구조로 볼 수 있는 것이다.

**14.** 옥상광장 또는 2층 이상의 층에 있는 노대 기타 이와 유사한 것의 주위에는 높이 얼마 이상의 난간을 설치하여야 하는가?

㉮ 1.0m ㉯ 1.1m
㉰ 1.2m ㉱ 1.3m

해설 **영 제40조**
옥상광장 또는 2층 이상인 층에 있는 노대 등에는 높이 1.2m 이상의 난간을 설치(단, 당해 노대 등에 출입할 수 없는 구조는 제외)

**15.** 1층의 바닥면적이 $3,000m^2$인 8층의 전시시설을 건축할 경우 4층 이상의 층만 전용으로 사용할 수 있는 피난계단은 몇 개소 설치해야 하는가?

㉮ 1개소 ㉯ 2개소
㉰ 5개소 ㉱ 6개소

**해답** 10. ㉰ 11. ㉯ 12. ㉱ 13. ㉰ 14. ㉰ 15. ㉯

해설 영 제35조

5층 이상의 층이 전시장, 동·식물원, 판매시설, 운수시설, 운동시설, 위락시설, 교육휴게시설, 생활권 수련시설 용도의 경우 바닥면적 2,000$m^2$ 이내마다 1개소의 피난계단 또는 특별피난계단 설치

이 경우 해당용도에 쓰이는 바닥면적을 합계하는 것을 기준하는 것이 아님. 따라서 3,000$m^2$/2,000$m^2$ =1.5개소(2개소)

**16.** 각 층의 관람석의 바닥면적 900$m^2$인 공연장에 다음과 같이 각 층별 출구를 설치하였다. 기준에부적합하게 설명된 것은?

㉮ 각 출구의 유효너비를 1.6m 이상으로 하였다.
㉯ 각 층별 출구의 유효너비의 합계를 5.0m로 하였다.
㉰ 각 층별로 3곳에 출구를 설치하였다.
㉱ 출구에 쓰이는 문은 바깥여닫이로 하였다.

해설 피난·방화규칙 제10조

〈관람석 등으로부터의 출구 설치 기준〉
- 공연장 각층 관람석 바닥면적 300$m^2$ 이상인 경우의 출구
  - 관람석별로 2개소 이상 설치
  - 각 출구의 유효너비 : 1.5m 이상
  - 개별 관람석 출구의 유효너비 합계 : 개별 관람석 100$m^2$마다 0.6m 이상 비율로 산정
- 관람석 또는 집회실의 출구
  - 문화 및 집회시설, 위락시설, 장례식장 → 안여닫이를 금지
  - 유효너비 합계 : 0.6×900=5.4m 이상

**17.** 관람집회시설의 관람석 또는 집회실로서 그 바닥면적이 200$m^2$ 이상인 것의 반자 높이는 얼마 이상이어야 하는가?

㉮ 2.1m 이상　　㉯ 2.4m 이상
㉰ 3.0m 이상　　㉱ 4.0m 이상

**18.** 건축법령상 관람석 또는 집회실로부터 바깥쪽으로의 출구로 쓰이는 물을 안여닫이로 하여서는 아니 되는 건축물로 가장 적합한 것은?

① 문화 및 집회시설(전시장 및 동·식물원 제외)
② 위락시설
③ 숙박시설
④ 장례식장

㉮ ①, ②, ③　　㉯ ②, ③, ④
㉰ ①, ③, ④　　㉱ ①, ②, ④

해설 영 제38조, 피난·방화규칙 제10조

〈관람석 또는 집회실로부터의 출구를 설치해야 하는 건축물〉
- 제2종근린생활시설 중 공연장·집회장(해당용도 바닥면적 합계 300$m^2$ 이상의 경우)
- 문화 및 집회시설(전시장 및 동·식물원 제외)
- 종교시설
- 위락시설
- 장례식장

〈관람석 출구 설치기준〉
- 출구로 쓰이는 문은 안여닫이로 하여서는 아니 된다.
- 문화 및 집회시설 중 공연장 개별관람석(바닥면적 300$m^2$ 이상)

출구는 다음 기준에 적합할 것
1. 관람석별로 2개소 이상 설치
2. 각 출구의 유효너비는 1.5m이상
3. 개별 관람석 출구의 유효너비의 합계는 개별관람석의 바닥면적 100$m^2$마다 0.6m의 비율로 산정한 너비 이상

**19.** 목조건축물에서 연면적이 얼마인 경우 건설교통부령이 정한 바에 따라 그 구조를 방화구조로 하거나 불연재료로 하는가?

㉮ 500$m^2$ 이상　　㉯ 1,000$m^2$ 이상
㉰ 1,500$m^2$ 이상　　㉱ 3,000$m^2$ 이상

해설 피난·방화규칙 제22조

연면적 1,000$m^2$ 이상인 목조건축물은 외벽 및 처마 밑의 연소 우려가 있는 부분은 방화구조로 하되 그 지붕은 불연재료로 하여야 한다.

**20.** 건축법령상 구조안전 및 내진설계 확인서를 제출하여야 하는 대상 건축물로 가장 적합한 것은?

① 처마높이가 9m 이상인 건축물
② 층수가 3층 이상인 건축물
③ 높이가 13m 이상인 건축물
④ 기둥과 기중 사이의 거리가 5m 이상인 건축물

㉮ ①, ②, ④　　㉯ ①, ③, ④
㉰ ①, ②, ③　　㉱ ②, ③, ④

해답 16. ㉯ 17. ㉱ 18. ㉱ 19. ㉯ 20. ㉰

해설 **영 제32조 제2항**

**〈설계자로부터 구조 안전의 확인서류를 받아 착공신고시 허가권자에게 제출해야 하는 건축물〉**

- 층수가 3층(대지가 연약하여 구조안전을 확보할 필요가 있는 지역으로서 건축조례로 정하는 지역에서는 2층) 이상인 건축물
- 연면적이 500m² 이상인 건축물(제외는 법령참고)
- 높이가 13m 이상인 건축물
- 처마높이가 9m 이상인 건축물
- 기둥과 기둥사이 거리가 10m 이상인 건축물
- 국토교통부령으로 정하는 지진구역안의 건축물
- 국가적 문화유산으로 보존할 가치가 있는 건축물(국토교통부령이 정하는 것)
- 특수구조 건축물 중 법령이 정하는 것

**21.** 피난층 외의 층이 건축법령이 정하는 기준에 따라 피난층 또는 지상으로 통하는 직통 계간을 2개소 이상 설치하여야 하는 건축물의 용도와 규모로 틀린 것은?

㉮ 위락시설 중 주점영업의 용도에 쓰이는 층으로서 그 층의 집호실의 바닥면적의 합계가 200m² 이상인 것

㉯ 유스호스텔의 용도에 쓰이는 3층으로서 그 층의 당해 용도에 쓰이는 거실의 바닥면적의 합계가 200m² 이상인 것

㉰ 지하층으로서 그 층의 거실의 바닥면적의 합계가 200m² 이상인 것

㉱ 업무시설 중 오피스텔의 용도에 쓰이는 층으로서 그 층의 당해 용도에 쓰이는 거실의 바닥면적의 합계가 200m² 이상인 것

해설 **영 제34조**

- 건축물의 피난층 이외의 층의 공동주택(층당 4세대 이하 제외), 오피스텔의 용도에 해당하는 경우, 그 층으로부터 피난층 또는 지상으로 통하는 직통계단을 2개소 이상 설치하여야 한다. 2개소 이상의 직통계단의 출입구는 피난에 지장이 없도록 일정한 간격을 두어 설치하고, 각 직통계단 상호간에는 각각 거실과 연결된 복도 등 통로를 설치하여야 한다.
- 업무시설 중 오피스텔에 쓰이는 거실 바닥면적 합계는 300m² 이상

**22.** 다음 5층 이상의 건축물 중 옥상광장 설치대상의 용도가 아닌 것은?

㉮ 의료시설 중 격리병원

㉯ 판매시설 중 소매시장

㉰ 위락시설 중 주점영업의 경우

㉱ 판매시설 중 상점

해설 **영 제40조**

옥상광장 설치대상 : 5층 이상의 층이 문화 및 집회시설(전시장, 동·식물원 제외), 판매시설, 장례식장, 위락시설 중 주점영업으로 사용되는 건축물

**23.** 건축법령이 정하는 기준에 따라 거실의 채광 및 환기를 위한 창문 등 또는 설비를 설치하지 않아도 되는 곳은?

㉮ 교육연구 및 복지시설 중 학교의 교실

㉯ 사무소의 설계제도실

㉰ 숙박시설의 객실

㉱ 의료시설의 병실

해설 **영 제51조 제1항**

단독주택의 거실, 공동주택의 거실, 학교의 교실, 의료시설의 병실, 숙박시설의 객실 등의 채광을 위한 창문 등의 면적은 거실 바닥면적 1/10 이상, 환기를 위한 면적은 거실 바닥면적의 1/20 이상이어야 한다.

**24.** 건축물의 직통계단 또는 피난계단 설치에 관한 설명이 잘못된 것은?

㉮ 직통계단은 서실의 각 부분으로부터 계단에 이르는 보행거리를 원칙적으로 30m 이하가 되게 한다.

㉯ 판매 및 영업시설의 용도에 쓰이는 3층 이상의 층으로서 그 층의 당해 용도에 쓰이는 거실의 바닥면적의 합계가 200m² 이상인 경우에는 피난층으로 통하는 직통계단을 2개소 이상 설치한다.

㉰ 5층 이상 또는 지하 2층 이하의 층에 설치하는 직통계단은 피난계단으로 설치하여야 한다.

㉱ 건축물의 주요 구조가 내화구조로 되어 있는 경우 5층 이상의 층의 바닥면적의 합계가 200m²인 경우에 특별피난계단을 설치하여야 한다.

해설 **영 제34조, 영 제35조**

건축물의 주요 구조부가 내화구조, 불연재료로 된 건축물로서 5층 이상의 층의 바닥면적의 합계가 200m² 이하이거나, 바닥면적의 200m² 이내마다 방화구획이 된 경우는 피난계단 또는 특별피난계단을 설치하지 않아도 된다.

**해답** 21. ㉱ 22. ㉮ 23. ㉯ 24. ㉱

**25.** 국토의 계획 및 이용에 관한 법령에 따른 방화지구 안의 건축물에 관하여 건축법령에서 규정한 것으로 가장 적합하지 않은 것은?

㉮ 연면적 $30m^2$ 미만인 단층 부속건축물로서 외벽 및 처마면이 불연 재료로 된 것은 건축물의 주요구조부 및 외벽을 내화구조로 하지 아니할 수 있다.
㉯ 건축물의 지붕으로서 내화구조가 아닌 것은 불연재료로 하여야 한다.
㉰ 도매시장 용도인 건축물로서 주요구조부가 불연 재료로 된 것은 주요구조부 및 외벽을 내화구조로 하지 아니할 수 있다.
㉱ 건축물의 지붕 위에 설치하는 공작물을 주요부를 불연 재료로 하지 아니할 수 있다.

해설 **영 제58조 제2항**
방화지구 안의 공작물로서 간판, 광고탑, 그 밖에 대통령령이 정하는 공작물 중 건축물의 지붕위에 설치하는 공작물이나 높이 3m 이상의 공작물은 주요부를 불연 재료로 하여야 한다.

**26.** 주요 구조부가 내화구조 또는 불연재료로 된 건축물에 있어서는 직통계단까지의 보행거리로 맞는 것은?

㉮ 30m 이하 ㉯ 40m 이하
㉰ 50m 이하 ㉱ 60m 이하

해설 **영 제34조**
－보행거리 : 거실 각 부분으로부터 가장 가까운 거리에 있는 계단까지 거리
－원칙 : 30m 이하
－예외 : 주요 구조부가 내화구조 또는 불연재료인 건축물 : 50m 이하(16층 이하인 공동주택 : 40m 이하)

**27.** 관람석 또는 집회실로서 그 바닥면적이 $200m^2$ 이상인 것의 반자높이를 4m 이상 설치하여야 하는 용도가 아닌 것은?

㉮ 공연장 ㉯ 장례식장
㉰ 공항시설 ㉱ 위락시설 중 주점영업

해설 **피난·방화규칙 제16조**
문화 및 집회시설 중 전시장 및 동·식물원만을 제외하고 나머지 문화 및 집회시설은 포함된다. 또한 노대의 아랫부분의 높이는 2.7m 이상이 되어야 하며 공항시설은 운수시설에 속한다.

**28.** 영화관의 관람석 1개층 바닥면적이 $1,500m^2$인 경우 출구의 너비를 2m로 하였을 때 출구는 최소한 몇 개를 확보해야 하는가?

㉮ 6개소 ㉯ 5개소
㉰ 4개소 ㉱ 3개소

해설 **피난·방화규칙 제10조**
층별 출구 유효 너비

$$\text{합계} \geq \frac{0.6 \times \text{층의 관람석 바닥면적}(m^2)}{100}$$

$= 9m \div 2m = 4.5$개소

**29.** 건축물의 내부에 설치하는 피난계단의 구조에 관한 기술 중 옳지 않은 것은?

㉮ 계단실 및 반자의 실내에 접하는 부분의 마감은 불연재료 또는 준불연재료로 할 것
㉯ 계단실의 바깥쪽과 접하는 창문 등은 당해 건축물의 다른 부분에 설치하는 창문 등으로부터 2m 이상의 거리를 두고 설치할 것
㉰ 건축물의 내부와 접하는 계단실의 창문 등은 망이 들어 있는 유리의 붙박이창으로서 그 면적을 각각 $1m^2$ 이하로 할 것
㉱ 건축물의 내부에서 계단실로 통하는 출입구의 유효 너비는 0.9m 이상으로 할 것

해설 **피난·방화규칙 제9조**
계단실 및 반자의 실내에 접하는 부분의 마감은 불연재료로 하여야 한다.

**30.** 주요구조부를 내화구조에 해야 하는 건축물의 기준으로 옳지 않은 것은?

㉮ 의료시설 중 장례식장으로서 바닥면적의 합계가 $20m^2$ 이상인 것
㉯ 문화 및 집회시설 중 전시장으로서 바닥면적의 합계가 $400m^2$ 이상인 것
㉰ 공장으로서 바닥면적의 합계가 $2,000m^2$ 이상인 것
㉱ 건축물의 2층이 단독주택 중 다중주택으로서 바닥면적의 합계가 $400m^2$ 이상인 것

해설 **영 제56조**
문화 및 집회시설 중 전시장 및 동·식물원, 판매시설 등은 바닥면적의 합계가 $500m^2$ 이상

**해답** 25. ㉱ 26. ㉰ 27. ㉰ 28. ㉯ 29. ㉮ 30. ㉯

**31.** 다음 건축물의 2층에 있어서 그 용도에 쓰이는 바닥면적의 합계가 $400m^2$ 이상일 경우 주요 구조부를 내화구조로 해야 하는 건축물이 아닌 것은?

㉮ 공동주택 ㉯ 의료시설
㉰ 노인복지시설 ㉱ 도서관

해설 **영 제56조**
건축물의 2층이 단독주택 중 다중주택, 공동주택, 제1종 근린생활시설(의료의 용도에 쓰이는 시설), 제2종 근린생활시설 중 고시원, 노유자시설 중 아동관련시설·노인복지시설, 유스호스텔, 업무시설 중 오피스텔 또는 숙박시설의 용도에 쓰이는 건축물로서 그 용도에 쓰이는 바닥면적의 합계가 $400m^2$ 이상의 건축물은 주요구조부를 내화구조로 해야 한다.

**32.** 건축물에 설치하는 지하층의 구조 및 설비의 기준으로 옳지 않는 것은?

㉮ 거실의 바닥면적이 $1,000m^2$ 이상인 층에는 환기설비를 설치할 것
㉯ 바닥면적이 $1,000m^2$ 이상인 층에는 지상으로 통하는 직통계단을 설치할 것
㉰ 지하층의 바닥면적이 $300m^2$ 이상인 층에는 식수공급을 위한 급수전을 1개소 이상 설치할 것
㉱ 바닥면적이 $100m^2$ 이상인 층에는 피난층으로 통하는 비상탈출구를 설치할 것

해설 **피난·방화규칙 제25조**
바닥면적이 $50m^2$ 이상인 층에는 직통계단 외에 피난층 또는 지상으로 통하는 비상 탈출구를 설치

**33.** 건축물에 설치하는 지하층의 구조 및 설비에 관한 기준으로 옳지 않은 것은?

㉮ 바닥면적이 $50m^2$ 이상인 층에는 직통계단 외에 피난층 또는 지상으로 통하는 비상탈출구 및 환기통을 설치할 것
㉯ 지상으로 통하는 직통계단을 방화구획으로 구획되는 각 부분마다 1개소 이상 설치하되, 이를 피난계단 및 특별피난계단의 구조로 할 것
㉰ 거실의 바닥면적의 합계가 $1,000m^2$ 이상인 층에는 환기설비를 할 것
㉱ 지하층의 바닥면적의 합계가 $500m^2$ 이상인 층에는 식수공급을 위한 급수전을 1개소 이상 설치할 것

해설 **피난·방화규칙 제25조**
지하층 바닥면적이 $300m^2$ 이상인 층에는 식수 공급을 위한 급수전을 1개소 이상 설치할 것

**34.** 다음 건축물 중 건축법령이 정하는 기준에 따라 당해 건축물로부터 바깥쪽으로 나가는 출구를 설치하지 않아도 되는 것은?

㉮ 판매 및 영업시설 중 상점
㉯ 의료시설 중 종합병원
㉰ 업무시설 중 지방자치단체의 청사
㉱ 승강기를 설치하여야 하는 건축물

해설 **영 제39조**
– 문화 및 집회시설(전시장 및 동·식물원을 제외)
– 판매시설
– 장례식장
– 업무시설 중 국가 또는 지방자치단체의 청사
– 위락시설
– 연면적 $5,000m^2$ 이상인 창고시설
– 학교
– 승강기를 설치하여야 하는 건축물
– 종교시설

**35.** 건축물의 출입구에 설치하는 회전문의 구조에 대한 설명으로 옳지 않은 것은?

㉮ 계단이나 에스컬레이터로부터 2m 이상의 거리를 둘 것
㉯ 고무와 고무벨트의 조합체 등을 사용하여 사람이나 물건 등이 끼이지 아니하도록 할 것
㉰ 출입에 지장이 없도록 일정한 방향으로 회전하는 구조로 할 것
㉱ 신속한 출입이 이루어지도록 양방향으로 회전하는 구조로 할 것

해설 **피난·방화규칙 제12조**
출입에 지장이 없도록 일정한 방향으로 회전하는 구조로 되어야 하므로 양방향으로의 회전은 안 된다.

**해답** 31. ㉱ 32. ㉱ 33. ㉱ 34. ㉯ 35. ㉱

**36.** 다음 시설물 중 칸막이 벽체를 벽돌로 하였을 경우 두께 1B 이상을 사용하지 않아도 되는 것은?

㉮ 병원의 병실 칸막이벽
㉯ 초등학교 교실 칸막이벽
㉰ 호텔의 객실 간 칸막이벽
㉱ 오피스텔의 분양구획 칸막이벽

해설 **영 제53조**
칸막이벽이나 경계벽의 경우 소리를 차단하는데 장애가 없어야 되고 내화구조로서 화재에 대하여도 안전성을 높여야 한다. 따라서 공동주택(기숙사 제외)의 각 세대 간과 기숙사의 경우에는 침실, 병실, 학교의 교실, 숙박시설의 객실 간은 경계벽 또는 칸막이벽이 되어야 한다.

**37.** 건축물의 출입구에 설치하는 회전문은 계단이나 에스컬레이터로부터 몇 m 이상의 거리를 두도록 되어 있는가?

㉮ 2.0m 이상 ㉯ 2.5m 이상
㉰ 3.0m 이상 ㉱ 3.5m 이상

해설 **피난·방화규칙 제12조**
건축물의 출입구에 설치하는 회전문은 계단이나 에스컬레이터로부터 2.0m 이상의 거리를 두도록 한다.

**38.** 다음 구조 중 방화구조로 볼 수 없는 사항은?

㉮ 심벽에 흙으로 맞벽치기한 것
㉯ 두께 2.0m의 암면보온판 위에 석면시멘트판을 붙인 것
㉰ 시멘트모르타르 위에 타일을 붙인 것으로서 그 두께의 합계가 2.5cm인 것
㉱ 두께 1.2㎝ 이상의 석고판 위에 석면시멘트판을 붙인 것으로서 그 두께의 합계가 2.5cm 이상인 것

해설 **피난·방화규칙 제4조**
㉮, ㉰, ㉱ 이외 두께 2.5cm 이상의 암면보온판 위에 석면시멘트판을 붙인 것, 철망 모르타르로서 그 바름 두께가 2cm 이상인 것, 석면시멘트판 또는 석고판위에 시멘트 모르타르 또는 회반죽을 바른 것으로서 그 두께의 합계가 2.5cm 이상인 것

해답 36. ㉱ 37. ㉮ 38. ㉯

# 제6장

# 지역 및 지구의 건축물

**참고** 「건축법」상의 지역 및 지구 안의 건축물 규정은 주로 집단규정으로서 2000.1.28 「건축법」에서 「도시계획법」으로 이관되었으나 2002.2.4 「도시계획법」과 「국토이용관리법」이 다시 통합 제정되었다. 통합 제정된 「국토의 계획 및 이용에 관한 법률」은 2003.1.1부터 시행되는데 그 중요내용을 보면 우선 종전에는 국토를 도시지역과 비도시지역으로 구분하여 도시지역에는 「도시계획법」을, 비도시지역에는 「국토이용관리법」으로 이원화하여 운용하였으나 국토의 난개발 등이 심화됨으로써 이에 대한 계획적, 체계적인 국토이용체계로 전환할 필요성과 함께 환경친화적 국토의 계획과 이용체계를 구축하려는 취지에서 통합 제정하게 되었다. 본 통합 법령은 전 국토를 종전의 5개 용도지역(도시, 준도시, 농림, 준농림, 자연환경 보전지역)에서 4개 용도지역 (도시, 관리, 농림, 자연환경 보전지역)으로 개편하였으며 준농림지역과 준도시지역은 관리지역으로 편입되어 보전관리, 생산관리, 계획관리지역 등으로 세분된다. 이러한 관리지역 중 계획관리지역과 개발진흥지구 등과 같이 개발수요가 많은 지역에 대하여는 건폐율, 용적률 등을 다른 지역보다 완화하여 적용할 수 있도록 하되, 지구단위계획구역으로 지정하여 토지의 효율적 이용을 도모하고, 고도개발에 따른 기반시설 부족, 환경 훼손 등을 방지할 수 있도록 하고 있으며, 기반시설을 더 이상 설치할 수 없을 정도로 개발이 완료된 지역에서는 추가적인 개발행위로 인하여 기반시설의 용량이 부족하지 아니하도록 건폐율, 용적률을 강화하는 개발밀도관리구역제도를 도입하는 규정 등을 담고 있다.
2018.4.19부터는 용도지구가 개편되는데 미관지구·경관지구가 통합된 경관지구가 되며 이는 자연경관지구·시가지경관지구·특화경관지구로 세분되고 시설보호지구·보존지구가 보호지구로 통합되며, 복합용도지구가 신규로 규정되었다.
따라서 본 장에서는 건축법령과 연관된 규정을 중심으로 그 내용을 살펴보기로 하며 우선 「국토의 계획 및 이용에 관한 법률」에 따라 그동안 개정된 용도지역과 지구의 경과조치 내용을 살펴본다.

### 「국토의 계획 및 이용에 관한 법률」 및 시행령의 부칙에 의한 경과조치 내용

「국토의 계획 및 이용에 관한 법률」 **부칙 제14조 【지역·지구 등에 관한 경과조치】**

① 이 법 시행 당시 종전의 「국토이용관리법」 및 「도시계획법」에 의하여 결정·고시된 다음 표의

오른쪽 칸의 지역·지구는 이 법에 의한 다음 표의 왼쪽간의 용도지역·용도지구 또는 용도구역으로 결정·고시된 것으로 본다.

| 용도지역·용도지구·용도구역 | 종전의 지역·지구 |
|---|---|
| 1. 관리지역 | 1. 준도시지역 및 준농림지역 |
| 2. 취락지구 | 2. 「도시계획법」 제33조제8호의 규정에 의한 취락지구 |
| 3. 개발진흥지구 | 3. 개발촉진지구, 국토이용관리법령에 의한 취락지구, 시설용지지구 중 제2항에 해당하지 아니하는 시설용지지구, 산업촉진지구 |
| 4. 수산자원보호구역 | 4. 수산자원보전지구 |

「국토의 계획 및 이용에 관한 법률」 **부칙 제17조 【준도시지역의 개발에 관한 경과조치 등】**

① 이 법 시행 당시 종전의 「국토이용관리법」에 의하여 지정된 준도시지역 안의 취락지구, 산업촉진지구 및 시설용지지구(부칙 제15조제2항의 규정에 의하여 도시·군계획시설로 보는 시설이 포함된 시설용지지구를 제외한다. 이하 이 조에서 같다)는 제51조의 규정에 의한 제2종 지구단위계획구역으로 지정된 것으로 본다.

② 이 법 시행 당시 종전의 「국토이용관리법」에 의하여 수립된 준도시지역 안의 취락지구, 산업촉진지구 및 시설용지지구에 대한 개발계획 중 제52조의 규정에 의한 제2종 지구단위계획의 내용에 해당하는 사항은 이 법에 의하여 수립된 제2종 지구단위계획으로 본다.

「국토의 계획 및 이용에 관한 법률」 **부칙 제18조 【개발행위허가 등에 관한 경과 조치】**

①~② 생략

③ 이 법 시행일 이후 도시·군관리계획이 최초로 정비되어 관리지역이 세분될 때까지 관리지역에서의 건축물 그 밖의 시설의 용도·종류 및 규모 등의 제한, 건폐율 및 용적률에 관하여는 제76조 내지 제79조의 규정에 불구하고 종전의 「국토이용관리법」에 의한 준농림지역에서의 행위제한 등을 감안하여 대통령령으로 따로 정한다.

「국토의 계획 및 이용에 관한 법률 시행령」 **부칙 제13조 【관리지역 안에서의 행위제한】**

① 법 부칙 제18조제3항의 규정에 의하여 관리지역이 세분될 때까지 관리지역 안에서의 건축제한에 대하여는 별표 27의 규칙을 적용한다.(별표 27은 2016.5.17 삭제되었음)

② 법 부칙 제18조제3항의 규정에 의하여 관리지역이 세분될 때까지 관리지역 안에서의 건폐율 및 용적률은 각각 40% 및 80% 이하의 범위 안에서 특별시·광역시·특별자치시·특별자치도·시 또는 군의 도시·군계획조례가 정하는 바에 의한다. 다만, 관리지역 중 제2종 지구단위계획구역에 대한 건폐율 및 용적률은 각각 60% 및 150% 이하의 범위 안에서 특별시·광역시·특별자치시·특별자치도·시 또는 군의 도시·군계획조례로 정할 수 있다.

「국토의 계획 및 이용에 관한 법률」 **부칙 제19조 [건축물의 용도제한 등에 관한 경과조치]**

이 법 시행 당시 종전의 「국토이용관리법」·「도시계획법」 또는 다른 법률에 의하여 건축허가·용도변경신고·사업승인 등을 신청 중인 건축물 그 밖의 시설의 용도·종류 및 규모 등의 제한, 건폐율 및 용적률에 관하여는 제76조 내지 78조의 규정에 불구하고 종전의 「국토이용관리법」·「도시계획법」 또는 「건축법」의 규정에 의한다.

「국토의 계획 및 이용에 관한 법률 시행령」 **부칙 제3조 [경관지구 및 미관지구에 관한 경과조치]**

① 이 영 시행 전에 종전의 제31조제2항제1호나목에 따라 지정된 수변경관지구는 제31조제2항제1호다목의 개정규정에 따른 특화경관지구로 지정된 것으로 본다.

② 이 영 시행 전에 종전의 제31조제2항제2호에 따라 지정된 다음 표 왼쪽 칸의 미관지구가 법 부칙 제2조제1항에 따라 이 영 시행일부터 1년이 되는 날의 다음 날부터 경관지구로 지정된 것으로 보는 경우에는 제31조제2항제1호의 개정규정에 따른 다음 표 오른쪽 칸의 경관지구로 각각 세분하여 지정된 것으로 본다.

| 종전의 미관지구 | 경관지구 |
|---|---|
| 1. 중심지미관지구 | 1. 시가지경관지구 |
| 2. 일반미관지구 | |
| 3. 역사문화미관지구 | 2. 특화경관지구 |

「국토의 계획 및 이용에 관한 법률 시행령」 **부칙 제4조 [최고고도지구에 관한 경과조치]**

이 영 시행 전에 종전의 제31조제2항제3호에 따라 지정된 최고고도지구는 법 제37조제1항제2호에 따른 고도지구로 지정된 것으로 본다.

「국토의 계획 및 이용에 관한 법률 시행령」 **부칙 제5조 [보존지구 및 시설보호지구에 관한 경과조치]**

① 이 영 시행 전에 종전의 제31조제2항제5호에 따라 지정된 다음 표 왼쪽 칸의 보존지구는 제31조제2항제5호의 개정규정에 따른 다음 표의 오른쪽 칸의 보호지구로 각각 세분하여 지정된 것으로 본다.

| 종전의 보존지구 | 보호지구 |
|---|---|
| 1. 역사문화환경보존지구 | 1. 역사문화환경보호지구 |
| 2. 중요시설물보존지구 | 2. 중요시설물보호지구 |
| 3. 생태계보존지구 | 3. 생태계보호지구 |

② 이 영 시행 전에 종전의 제31조제2항제6호에 따라 지정된 다음 표의 왼쪽 칸의 시설보호지구

는 제31조제2항제5호나목의 개정규정 및 법 제37조제1항제8호에 따른 다음 표의 오른쪽 칸의 중요시설물보호지구 및 특정용도제한지구로 각각 세분하여 지정된 것으로 본다.

| 종전의 시설보호지구 | 중요시설물보호지구 및 특정용도제한지구 |
|---|---|
| 1. 공용시설보호지구 | 1. 중요시설물보호지구 |
| 2. 항만시설보호지구 | |
| 3. 공항시설보호지구 | |
| 4. 학교시설보호지구 | 2. 특정용도제한지구 |

「국토의 계획 및 이용에 관한 법률」 **제36조 【용도지역의 지정】**

① 국토교통부장관, 시·도지사 또는 대도시 시장은 다음 각 호의 어느 하나에 해당하는 용도지역의 지정 또는 변경을 도시·군관리계획으로 결정한다.(2013.3.23 본항 개정)

1. **도시지역** : 다음 각 목의 어느 하나로 구분하여 지정한다.
   가. 주거지역 : 거주의 안녕과 건전한 생활환경의 보호를 위하여 필요한 지역
   나. 상업지역 : 상업 그 밖에 업무의 편익증진을 위하여 필요한 지역
   다. 공업지역 : 공업의 편익증진을 위하여 필요한 지역
   라. 녹지지역 : 자연환경·농지 및 산림의 보호, 보건위생, 보안과 도시의 무질서한 확산을 방지하기 위하여 녹지의 보전이 필요한 지역
2. **관리지역** : 다음 각 목의 어느 하나로 구분하여 지정한다.
   가. 보전관리지역 : 자연환경보호, 산림보호, 수질오염방지, 녹지공간 확보 및 생태계 보전 등을 위하여 보전이 필요하나, 주변의 용도지역과의 관계 등을 고려할 때 자연환경보전지역으로 지정하여 관리하기가 곤란한 지역
   나. 생산관리지역 : 농업·임업·어업생산 등을 위하여 관리가 필요하나, 주변의 용도지역과의 관계 등을 고려할 때 농림지역으로 지정하여 관리하기가 곤란한 지역
   다. 계획관리지역 : 도시지역으로의 편입이 예상되는 지역 또는 자연환경을 고려하여 제한적인 이용·개발을 하려는 지역으로서 계획적·체계적인 관리가 필요한 지역
3. **농림지역**
4. **자연환경보전지역**

② 국토교통부장관, 시·도지사 또는 대도시 시장은 대통령령으로 정하는 바에 따라 제1항 각 호 및 같은 항 각 호 각 목의 용도지역을 도시·군관리계획결정으로 다시 세분하여 지정하거나 이를 변경할 수 있다.(2013.3.23 본항 개정)

「국토의 계획 및 이용에 관한 법률 시행령」 **제30조 【용도지역의 세분】**

① 국토교통부장관, 시·도지사 또는 대도시의 시장(이하 "대도시 시장"이라 한다)은 법 제36조제2항에 따라 도시·군관리계획결정으로 주거지역·상업지역·공업지역 및 녹지지역을 다음 각 호와 같이 세분하여 지정할 수 있다.(2019.8.6 본항 개정)

1. 주거지역
   가. 전용주거지역 : 양호한 주거환경을 보호하기 위하여 필요한 지역
      1) 제1종 전용주거지역 : 단독주택 중심의 양호한 주거환경을 보호하기 위하여 필요한 지역
      2) 제2종 전용주거지역 : 공동주택 중심의 양호한 주거환경을 보호하기 위하여 필요한 지역
   나. 일반주거지역 : 편리한 주거환경을 조성하기 위하여 필요한 지역
      1) 제1종 일반주거지역 : 저층주택을 중심으로 편리한 주거환경을 조성하기 위하여 필요한 지역
      2) 제2종 일반주거지역 : 중층주택을 중심으로 편리한 주거환경을 조성하기 위하여 필요한 지역
      3) 제3종 일반주거지역 : 중·고층 주택을 중심으로 편리한 주거환경을 조성하기 위하여 필요한 지역
   다. 준주거지역 : 주거기능을 위주로 이를 지원하는 일부 상업·업무기능을 보완하기 위하여 필요한 지역
2. 상업지역
   가. 중심상업지역 : 도심·부도심의 업무 및 상업기능의 확충을 위하여 필요한 지역
   나. 일반상업지역 : 일반적인 상업 및 업무기능을 담당하게 하기 위하여 필요한 지역
   다. 근린상업지역 : 근린지역에서의 일용품 및 서비스의 공급을 위하여 필요한 지역
   라. 유통상업지역 : 도시 내 및 지역간 유통기능의 증진을 위하여 필요한 지역
3. 공업지역
   가. 전용공업지역 : 주로 중화학공업·공해성 공업 등을 수용하기 위하여 필요한 지역
   나. 일반공업지역 : 환경을 저해하지 아니하는 공업의 배치를 위하여 필요한 지역
   다. 준공업지역 : 경공업 그 밖의 공업을 수용하되, 주거·상업·업무기능의 보완이 필요한 지역
4. 녹지지역
   가. 보전녹지지역 : 도시의 자연환경·경관·산림 및 녹지공간을 보전할 필요가 있는 지역
   나. 생산녹지지역 : 주로 농업적 생산을 위하여 개발을 유보할 필요가 있는 지역
   다. 자연녹지지역 : 도시의 녹지공간의 확보, 도시확산의 방지, 장래 도시용지의 공급 등을 위하여 보전할 필요가 있는 지역으로서 불가피한 경우에 한하여 제한적인 개발이 허용되는 지역

② 시·도지사 또는 대도시 시장은 해당 시·도 또는 대도시의 도시·군계획조례로 정하는 바에 따

라 도시·군관리계획결정으로 제1항에 따라 세분된 주거지역·상업지역·공업지역·녹지지역을 추가적으로 세분하여 지정할 수 있다.(2019.8.6 본항 신설)

해설 국토교통부장관 또는 시·도지사, 대도시 시장은 용도지역의 지정과 변경을 도시·군관리계획으로 결정할 수 있으며 용도지역을 도시·군관리계획 결정으로 다시 세분하여 지정하거나 변경할 수 있도록 하고 있다. 과거 「도시계획법」은 도시지역을 도시계획구역 안으로서 규정하고 「국토이용관리법」에서는 비도시지역인 도시계획구역 밖의 지역으로 지정·구분하였으나 이를 도시지역, 관리지역, 농림지역, 자연환경보전지역 등으로 용도지역을 크게 4개로 나누고 구분하고 있다.

① 도시지역

- 주거지역
  - 전용주거지역
    - 제1종 전용주거지역 : 단독주택 중심의 주거환경보호
    - 제2종 전용주거지역 : 공동주택 중심의 주거환경보호
  - 일반주거지역
    - 제1종 일반주거지역 : 저층주택을 중심으로한 주거환경 조성
    - 제2종 일반주거지역 : 중층주택을 중심으로한 주거환경 조성
    - 제3종 일반주거지역 : 중·고층주택을 중심으로한 주거환경조성
  - 준주거지역 : 주거기능 위주의 일부상업·업무기능보완
- 상업지역
  - 중심상업지역 : 도심·부도심의 업무 및 상업기능의 확충
  - 일반상업지역 : 일반적인 상업 및 업무기능
  - 근린상업지역 : 근린지역에서의 일용품 및 서비스의 공급
  - 유통상업지역 : 도시 내 및 지역 간 유통기능 증진
- 공업지역
  - 전용공업지역 : 중화학공업·공해성 공업 등을 수용
  - 일반공업지역 : 환경을 저해하지 아니하는 공업의 배치를 위하여
  - 준공업지역 : 공업+주거·상업·업무기능의 보완
- 녹지지역
  - 보전녹지지역 : 도시의 자연환경·경관·산림 및 녹지공간을 보전
  - 생산녹지지역 : 농업적 생산을 위하여 개발을 유보할 필요
  - 자연녹지지역 : 도시의 녹지공간을 확보하고, 제한적 개발

② 관리지역

- 보전관리지역 : 자연환경보호, 산림보호, 수질오염방지, 녹지공간 확보 및 생태계 보전 등을 위하여 보전이 필요하나, 주변의 용도지역과의 관계 등을 고려할 때 자연환경보전지역으로 지정하여 관리하기가 곤란한 지역
- 생산관리지역 : 농업·임업·어업생산 등을 위하여 관리가 필요하나, 주변의 용도지역과의 관계 등을 고려할 때 농림지역으로 지정하여 관리하기가 곤란한 지역
- 계획관리지역 : 도시지역으로의 편입이 예상되는 지역 또는 자연환경을 고려하여 제한적인 이용·개발을 하려는 지역으로서 계획적·체계적인 관리가 필요한 지역

③ **농림지역** : 도시지역에 속하지 아니하는 「농지법」에 의한 농업진흥지역 또는 「산지관리법」에 의한 보전산지 등으로서 농림업의 진흥과 산림의 보전을 위하여 필요한 지역

④ **자연환경보전지역** : 자연환경·수자원·해안·생태계·상수원 및 문화재의 보전과 수산자원의 보호·육성 등을 위하여 필요한 지역

**「국토의 계획 및 이용에 관한 법률」 제76조 【용도지역 및 용도지구 안에서의 건축물의 건축제한 등】**

① 제36조에 따라 지정된 용도지역에서의 건축물이나 그 밖의 시설의 용도·종류 및 규모 등의 제한에 관한 사항은 대통령령으로 정한다.

② 제37조에 따라 지정된 용도지구에서의 건축물이나 그 밖의 시설의 용도·종류 및 규모 등의 제한에 관한 사항은 이 법 또는 다른 법률에 특별한 규정이 있는 경우 외에는 대통령령으로 정하는 기준에 따라 특별시·광역시·특별자치시·특별자치도·시 또는 군의 조례로 정할 수 있다.(2011.4.14 본항 개정)

③ 제1항과 제2항에 따른 건축물이나 그 밖의 시설의 용도·종류 및 규모 등의 제한은 해당 용도지역과 용도지구의 지정목적에 적합하여야 한다.

④ 건축물이나 그 밖의 시설의 용도·종류 및 규모 등을 변경하는 경우 변경후의 건축물이나 그 밖의 시설의 용도·종류 및 규모 등은 제1항과 제2항에 맞아야 한다.

⑤ 다음 각 호의 어느 하나에 해당하는 경우의 건축물이나 그 밖의 시설의 용도·종류 및 규모 등의 제한에 관하여는 제1항부터 제4항까지의 규정에도 불구하고 각 호에서 정하는 바에 따른다.

1. 제37조제1항제6호에 따른 취락지구에서는 취락지구의 지정목적 범위에서 대통령령으로 따로 정한다.(2017.4.18 본호 개정)

1의2. 제37조제1항제7호에 따른 개발진흥지구에서는 개발진흥지구의 지정목적 범위에서 대통령령으로 따로 정한다.(2017.4.18 본호 개정)

1의3. 제37조제1항제9호에 따른 복합용도지구에서는 복합용도지구의 지정목적 범위에서 대통령령으로 따로 정한다.(2017.4.18 본호 신설)

2. 「산업입지 및 개발에 관한 법률」 제2조제8호라목에 따른 농공단지에서는 같은 법에서 정하는 바에 따른다.

3. 농림지역 중 농업진흥지역, 보전산지 또는 초지인 경우에는 각각 「농지법」·「산지관리법」 또는 「초지법」에서 정하는 바에 따른다.

4. 자연환경보전지역중 「자연공원법」에 따른 공원구역, 「수도법」에 따른 상수원보호구역, 「문화재보호법」에 따라 지정된 지정문화재 또는 천연기념물과 그 보호구역, 「해양생태계의 보전 및 관리에 관한 법률」에 따른 해양보호구역인 경우에는 각각 「자연공원법」·「수도법」 또는 「문화재보호법」 또는 「해양생태계의 보전 및 관리에 관한 법률」에서 정하는 바에 따른다.

5. 자연환경보전지역 중 수산자원보호구역인 경우에는 「수산자원 관리법」에서 정하는 바에 따른다.

⑥ 보전관리지역이나 생산관리지역에 대하여 농림축산식품부장관·해양수산부장관·환경부장관 또는 산림청장이 농지 보전, 자연환경 보전, 해양환경 보전 또는 산림 보전에 필요하다고 인정하는 경우에는 「농지법」, 「자연환경보전법」, 「야생생물 보호 및 관리에 관한 법률」, 「해양생태계의 보전 및 관리에 관한 법률」 또는 「산림자원의 조성 및 관리에 관한 법률」에 따라 건축물이나 그 밖의 시설의 용도·종류 및 규모 등을 제한할 수 있다. 이 경우 이 법에 따른 제한의 취지와 형평을 이루도록 하여야 한다.(2013.3.23 본항 개정)

해설 용도지역 및 용도지구 안에서의 건축물 그 밖의 시설의 용도·종류 및 규모 등의 제한은 해당 용도지역 및 용도지구의 지정목적에 적합하도록 하여야 하며 법령이 정하는 기준에 따라 특별시·광역시·특별자치시·특별자치도·시 또는 군의 조례로 정할 수 있도록 하고 있다. 그러나 취락지구 안에서는 취락지구의 지정목적 범위 안에서 별도로 정할 수 있으며, 농공단지는 「산업입지 및 개발에 관한 법률」을 농림지역 중 농업진흥지역, 보전임지 또는 초지인 경우에는 각각 「농지법」·「산지관리법」과 「초지법」이 정하는 바에 따르도록 하고 있으며, 기타 해당되는 「자연공원법」·「수도법」·「문화재보호법」·「해양생태계의 보전 및 관리에 관한 법률」 등도 일부 구역에서는 해당 법령에 의하도록 하고 있다.

「국토의 계획 및 이용에 관한 법률 시행령」 **제71조 [용도지역 안에서의 건축제한]**

① 법 제76조제1항에 따른 용도지역안에서의 건축물의 용도·종류 및 규모 등의 제한(이하 "건축제한"이라 한다)은 다음 각호와 같다.(2014.1.14 본항 개정)

1. 제1종전용주거지역안에서 건축할 수 있는 건축물 : 별표 2에 규정된 건축물
2. 제2종전용주거지역안에서 건축할 수 있는 건축물 : 별표 3에 규정된 건축물
3. 제1종일반주거지역안에서 건축할 수 있는 건축물 : 별표 4에 규정된 건축물
4. 제2종일반주거지역안에서 건축할 수 있는 건축물 : 별표 5에 규정된 건축물
5. 제3종일반주거지역안에서 건축할 수 있는 건축물 : 별표 6에 규정된 건축물
6. 준주거지역안에서 건축할 수 없는 건축물 : 별표 7에 규정된 건축물
7. 중심상업지역안에서 건축할 수 없는 건축물 : 별표 8에 규정된 건축물
8. 일반상업지역안에서 건축할 수 없는 건축물 : 별표 9에 규정된 건축물
9. 근린상업지역안에서 건축할 수 없는 건축물 : 별표 10에 규정된 건축물
10. 유통상업지역안에서 건축할 수 없는 건축물 : 별표 11에 규정된 건축물
11. 전용공업지역안에서 건축할 수 있는 건축물 : 별표 12에 규정된 건축물
12. 일반공업지역안에서 건축할 수 있는 건축물 : 별표 13에 규정된 건축물
13. 준공업지역안에서 건축할 수 없는 건축물 : 별표 14에 규정된 건축물
14. 보전녹지지역안에서 건축할 수 있는 건축물 : 별표 15에 규정된 건축물
15. 생산녹지지역안에서 건축할 수 있는 건축물 : 별표 16에 규정된 건축물
16. 자연녹지지역안에서 건축할 수 있는 건축물 : 별표 17에 규정된 건축물

17. 보전관리지역안에서 건축할 수 있는 건축물 : 별표 18에 규정된 건축물
18. 생산관리지역안에서 건축할 수 있는 건축물 : 별표 19에 규정된 건축물
19. 계획관리지역안에서 건축할 수 없는 건축물 : 별표 20에 규정된 건축물
20. 농림지역안에서 건축할 수 있는 건축물 : 별표 21에 규정된 건축물
21. 자연환경보전지역안에서 건축할 수 있는 건축물 : 별표 22에 규정된 건축물

② 제1항의 규정에 의한 건축제한을 적용함에 있어서 부속건축물에 대하여는 주된 건축물에 대한 건축제한에 의한다.

③ 제1항에도 불구하고 「건축법 시행령」 별표 1에서 정하는 건축물 중 다음 각 호의 요건을 모두 충족하는 건축물의 종류 및 규모 등의 제한에 관하여는 해당 특별시·광역시·특별자치시·특별자치도·시 또는 군의 도시·군계획조례로 따로 정할 수 있다.(2012.4.10 본항 신설)

1. 2012년 1월 20일 이후에 「건축법 시행령」 별표 1에서 새로이 규정하는 건축물일 것
2. 별표 2부터 별표 22까지의 규정에서 정하지 아니한 건축물일 것

**해설** 「국토의 계획 및 이용에 관한 법률」이 제정되면서 종전 「도시계획법」상의 16개 용도지역이 21개의 용도지역으로 확대되었으며 도시지역(도시계획구역 안)과 비도시지역(도시계획구역 밖)의 경계가 없어져 우리나라 전 국토를 용도지역으로 구분할 수 있도록 하였다.

그리고 용도지역에 따라 건축할 수 있는 건축물과 건축할 수 없는 건축물이 규정되어 있으므로 이를 고려하여 건축행위가 이루어져야 한다.

※ 용도지역 안에서의 건축제한인 시행령 별표 2에서 22까지의 내용을 보면 다음과 같다. 이 경우 선택적 허용이란 같은 호의 동일 목의 건축물 종류 또는 면적에 따라 허용 여부를 제한하고 있음을 유의하여야 한다.

- 용도지역 안에서 건축제한이 2014.7.14까지는 포지티브(Positive)방식으로 건축을 제어해 왔으나 2014.7.15부터는 준주거지역, 상업지역(중심, 일반, 근린, 유통), 준공업지역, 계획관리지역 등의 용도지역 안에서의 건축제한이 네거티브(Negative)방식으로 전환됨으로써 Positive와 Negative 방식이 혼용되는 건축제한으로 탄력적 건축물의 건축제한이 이루어지게 되었다.

※ 「국토의 계획 및 이용에 관한 법률 시행령」【별표 2~별표 22】 정리

## 용도지역 안에서의 건축제한(영 제71조 관련)

범 례 ● : 「국토의 계획 및 이용에 관한 법률 시행령」에서 건축허용
○ : 해당 조례로서 건축허용
▲ : 「국토의 계획 및 이용에 관한 법률 시행령」에서 선택적 허용
△ : 해당 조례로서 선택적 허용
× : 건축금지

| 용도별 건축물의 종류 (「건축법 시행령」 별표 1) \ 「국토의 계획 및 이용에 관한 법률 시행령」 별표 \ 지역 | | 주거지역 | | | | | | 상업지역 | | | | 공업지역 | | | 녹지지역 | | | 관리지역 | | | 농림지역 | 자연환경보전지역 |
|---|---|---|---|---|---|---|---|---|---|---|---|---|---|---|---|---|---|---|---|---|---|---|
| | | 제1종 전용 | 제2종 전용 | 제1종 일반 | 제2종 일반 | 제3종 일반 | 준 | 중심 | 일반 | 근린 | 유통 | 전용 | 일반 | 준 | 보전 | 생산 | 자연 | 보전 | 생산 | 계획 | | |
| | 별표 | 2 | 3 | 4 | 5 | 6 | 7 | 8 | 9 | 10 | 11 | 12 | 13 | 14 | 15 | 16 | 17 | 18 | 19 | 20 | 21 | 22 |
| 1. 단독주택 | 가. 단독주택 | ● | ● | ● | ● | ● | ● | △ | ○ | ● | × | × | ○ | ○ | ○ | ● | ● | ● | ● | ● | ● | ▲ |
| | 나. 다중주택 | ● | ● | ● | ● | ● | ● | △ | ○ | ● | × | × | ○ | × | ○ | ● | ● | ● | ● | ● | ● | ▲ |
| | 다. 다가구 주택 | ○ | ● | ● | ● | ● | ● | △ | ○ | ● | × | × | ○ | × | ○ | ● | ● | ● | ● | ● | ● | ▲ |
| | 라. 공관 | ● | ● | ● | ● | ● | ● | △ | ○ | ● | × | × | ○ | ○ | ○ | ● | ● | ● | ● | ● | ● | ▲ |
| 2. 공동주택 | 가. 아파트 | × | ● | × | ● | ● | ● | ○ | △ | ▲ | × | × | × | ○ | × | × | × | × | × | × | × | × |
| | 나. 연립 주택 | ○ | ● | ● | ● | ● | ● | ○ | △ | ○ | × | × | × | ○ | × | ○ | ○ | × | ○ | ○ | × | × |
| | 다. 다세대 주택 | ○ | ● | ● | ● | ● | ● | ○ | △ | ○ | × | × | × | ○ | × | ○ | ○ | × | ○ | ○ | × | × |
| | 라. 기숙사 | × | ● | ● | ● | ● | ● | ○ | △ | ○ | × | × | × | ● | × | ○ | ○ | × | ○ | ○ | × | × |
| 3. 제1종 근린생활 시설 | 가. 식품·잡화 등 일용품을 판매하는 소매점으로 쓰이는 바닥면적 합계 1,000m² 미만 | ● | ● | ● | ● | ● | ● | ● | ● | ● | ● | ● | ● | ● | ▲ | ● | ● | ○ | ● | ● | ○ | ○ |
| | 나. 휴게음식점 등으로 쓰이는 바닥면적 합계 300m² 미만 | ▲ | ▲ | ● | ● | ● | ● | ● | ● | ● | ● | ● | ● | ● | ▲ | ● | ● | × | ○ | ○ | × | × |
| | 다. 이용원·미용원·목욕장·세탁소 | ▲ | ▲ | ● | ● | ● | ● | ● | ● | ● | ● | ● | ● | ● | ▲ | ● | ● | ○ | ○ | ● | ○ | × |
| | 라. 의원·치과의원·조산원·산후조리원·안마원 등 | ▲ | ▲ | ● | ● | ● | ● | ● | ● | ● | ● | ● | ● | ● | ▲ | ● | ● | ○ | ○ | ● | ○ | × |
| | 마. 탁구장·체육도장으로 쓰이는 바닥면적의 합계 500m² 미만 | ▲ | ▲ | ● | ● | ● | ● | ● | ● | ● | ● | ● | ● | ● | ● | ● | ● | ○ | ○ | ● | ○ | × |
| | 바. 지역자치센터, 파출소·소방서· 우체국 등으로 쓰이는 바닥면적의 합계 1,000m² 미만 | ● | ● | ● | ● | ● | ● | ● | ● | ● | ● | ● | ● | ● | ▲ | ● | ● | ○ | ○ | ● | ○ | ○ |
| | 사. 마을회관·마을공동작업소·마을공동구판장, 공중화장실, 대피소 | ▲ | ▲ | ● | ● | ● | ● | ● | ● | ● | ● | ● | ● | ● | ▲ | ● | ● | ○ | ○ | ● | ○ | ○ |
| | 아. 변전소·양수장·정수장·도시가스배관시설·통신용시설 | ▲ | ▲ | ● | ● | ● | ● | ● | ● | ● | ● | ● | ● | ● | ▲ | ● | ● | ○ | ● | ● | ● | ○ |
| | 자. 금융업소, 부동산중개사무소 등으로 바닥면적 합계 30m² 미만 | ▲ | ▲ | ● | ● | ● | ● | ▲ | ● | ● | ● | ● | ● | ● | ▲ | ● | ● | ○ | ○ | ● | ○ | × |
| 4. 제2종 근린생활 시설 | 가. 공연장·종교집회장으로 쓰이는 바닥면적 합계 500m² 미만 | △ | △ | ○ | ○ | ○ | ● | ● | ● | ● | ○ | ● | ● | ● | △ | △ | ● | ○ | ○ | ● | ○ | △ |
| | 나. 자동차영업소로서 바닥면적 합계 1,000m² 미만 | × | × | ○ | ○ | ○ | ● | ● | ● | ● | ○ | ● | ● | ● | ○ | △ | ● | ○ | ○ | ● | ○ | × |
| | 다. 제1종 근린생활시설에 해당하지 않는 서점 | × | × | ○ | ○ | ○ | ● | ● | ● | ● | ○ | ● | ● | ● | △ | △ | ● | ○ | ○ | ● | ○ | × |
| | 라. 총포판매소 | × | × | ○ | ○ | ○ | ● | ● | ● | ● | ○ | ● | ● | ● | ○ | △ | ● | ○ | ○ | ● | ○ | × |
| | 마. 사진관·표구점 | × | × | ○ | ○ | ○ | ● | ● | ● | ● | ○ | ● | ● | ● | ○ | △ | ● | ○ | ○ | ● | ○ | × |
| | 바. 청소년게임제공업소등의 바닥면적 합계 500m² 미만 | × | × | ○ | ○ | ○ | ● | ● | ● | ● | ○ | ● | ● | ● | ○ | △ | ● | ○ | ○ | ● | ○ | × |
| | 사. 제1종 근린생활시설에 해당하지 않는 휴게음식점등 바닥면적 합계 300m² 이상 | × | × | ○ | ○ | ○ | ● | ● | ● | ● | ○ | ● | ● | ● | △ | △ | ● | ○ | × | ○ | × | × |
| | 아. 일반음식점 | × | × | ○ | ○ | ○ | ● | ● | ● | ● | ○ | ● | ● | ● | △ | △ | ● | △ | ○ | ○ | △ | × |
| | 자. 장의사·동물병원·동물미용실 | × | × | ○ | ○ | ○ | ● | ● | ● | ● | ○ | ● | ● | ● | ○ | △ | ● | ○ | ○ | ● | ○ | × |
| | 차. 학원·교습소·직업훈련소로 쓰이는 바닥면적 합계 500m² 미만 | × | × | ○ | ○ | ○ | ● | ● | ● | ● | ○ | ● | ● | ● | ○ | △ | ● | ○ | ○ | ● | ○ | × |

| 용도별 건축물의 종류 (「건축법 시행령」 별표 1) | 지역 / 「국토의 계획 및 이용에 관한 법률 시행령」 별표 | 주거지역 | | | | | | 상업지역 | | | | 공업지역 | | | 녹지지역 | | | 관리지역 | | | 농림지역 | 자연환경보전지역 |
|---|---|---|---|---|---|---|---|---|---|---|---|---|---|---|---|---|---|---|---|---|---|---|
| | | 제1종 전용 | 제2종 전용 | 제1종 일반 | 제2종 일반 | 제3종 일반 | 준 | 중심 | 일반 | 근린 | 유통 | 전용 | 일반 | 준 | 보전 | 생산 | 자연 | 보전 | 생산 | 계획 | | |
| | | 2 | 3 | 4 | 5 | 6 | 7 | 8 | 9 | 10 | 11 | 12 | 13 | 14 | 15 | 16 | 17 | 18 | 19 | 20 | 21 | 22 |
| | 카. 독서실·기원 | × | × | ○ | ○ | ○ | ● | ● | ● | ● | ○ | ● | ● | ● | ○ | △ | ● | ○ | ○ | ● | ○ | × |
| | 타. 테니스장·체력단련장·에어로빅장 · 볼링장 등으로 쓰이는 바닥면적 합계 $500m^2$ 미만 | × | × | ○ | ○ | ○ | ● | ● | ● | ● | ○ | ● | ● | ● | ○ | △ | ● | ○ | ○ | ● | ○ | × |
| | 파. 금융업소, 사무소, 부동산중개사무소 등으로 쓰이는 바닥면적 합계 $500m^2$ 미만 | × | × | ○ | ○ | ○ | ● | ● | ● | ● | ○ | ● | ● | ● | ○ | △ | ● | ○ | ○ | ● | ○ | × |
| | 하. 다중생활시설(고시원)로 쓰이는 바닥면적 합계 $500m^2$ 미만 | × | × | △ | △ | △ | ● | ● | ● | ● | ○ | ● | ● | ● | △ | △ | ● | ○ | ○ | ● | △ | × |
| | 거. 제조업소·수리점 등으로 쓰이는 바닥면적 합계 $500m^2$ 미만(일정규정 조건을 갖추어야 함) | × | × | ○ | ○ | ○ | ● | ● | ● | ● | ○ | ● | ● | ● | ○ | △ | ● | ○ | × | ○ | × | × |
| | 너. 단란주점으로서 바닥면적 $150m^2$ 미만 | × | × | × | × | × | × | ● | ● | ● | ○ | × | ● | × | × | × | × | × | × | × | × | × |
| | 더. 안마시술소·노래연습장 | × | × | △ | △ | △ | ● | ● | ● | ● | ○ | ● | ● | ● | △ | △ | ● | ○ | ○ | ● | △ | × |
| 5. 문화 및 집회시설 | 가. 공연장으로서 제2종 근린생활시설에 해당하지 아니하는 것 | × | × | ○ | ○ | ○ | ○ | ● | | ○ | ○ | × | × | ○ | × | × | ○ | × | × | ○ | × | × |
| | 나. 집회장으로서 제2종 근린생활시설에 해당하지 아니하는 것 | × | × | ○ | ○ | ○ | ○ | ● | | ○ | ○ | × | × | ○ | × | ○ | ○ | × | × | ○ | × | × |
| | 다. 관람장 | × | × | ○ | ○ | ○ | ○ | ● | | ○ | ○ | × | × | ○ | × | × | ○ | × | × | ○ | × | × |
| | 라. 전시장 | △ | △ | ○ | ○ | ○ | ○ | ● | | ○ | ○ | △ | ○ | ○ | ○ | ○ | ○ | × | × | ○ | × | × |
| | 마. 동·식물원 | × | × | ○ | ○ | ○ | ○ | ● | | ○ | ○ | × | × | ○ | × | × | ○ | × | × | ○ | ○ | × |
| 6. 종교시설 | 가. 종교집회장 제2종 근생이 아닌 것 | △ | △ | ● | ● | ● | ● | ● | ● | ● | ○ | × | ○ | ○ | ○ | × | ○ | △ | × | ○ | ○ | △ |
| | 나. 봉안당 | △ | △ | ● | ● | ● | ● | ● | ● | ● | ○ | × | ○ | ○ | ○ | × | ○ | △ | × | ○ | ○ | △ |
| 7. 판매시설 | 가. 도매시장 | × | × | △ | △ | △ | ○ | ● | ● | ▲ | ● | × | × | × | × | × | × | × | △ | × | × | × |
| | 나. 소매시장 | × | × | △ | △ | △ | ○ | ● | ● | ▲ | ● | × | × | × | × | × | × | × | △ | × | × | × |
| | 다. 상점(제3호가목으로 바닥면적 합계 $1,000m^2$ 이상)과 제4호아목의 규정에 해당하지 아니하는 게임 제공업소 | × | × | △ | △ | △ | ○ | ● | ● | ▲ | ● | △ | ▲ | ▲ | × | △ | △ | × | △ | × | × | × |
| 8. 운수시설 | 가. 여객자동차 터미널 및 화물 터미널 | × | × | △ | △ | △ | ○ | ● | ● | ▲ | ● | × | × | × | × | × | × | × | △ | ○ | × | × |
| | 나. 철도역사 | × | × | △ | △ | △ | ○ | ● | ● | ▲ | ● | × | × | × | × | × | × | × | △ | ○ | × | × |
| | 다. 공항시설 | × | × | △ | △ | △ | ○ | ● | ● | ▲ | ● | × | × | × | × | × | × | × | △ | ○ | × | × |
| | 라. 항만시설 | × | × | △ | △ | △ | ○ | ● | ● | ▲ | ● | × | × | × | × | × | × | × | △ | ○ | × | × |
| 9. 의료시설 | 가. 병원(종합병원·병원·치과병원· 한방병원) | × | × | ○ | ○ | ○ | ● | ○ | ● | ● | × | ○ | ○ | ● | ○ | ● | ● | ○ | ○ | ○ | ○ | × |
| | 나. 격리병원(전염병원·마약진료소) | × | × | × | × | × | × | ○ | ● | × | × | ○ | ○ | ● | ○ | ● | ● | ○ | ○ | ● | ○ | × |
| 10. 교육연구 시설 | 가. 학교(초·중·고등학교, 전문대학, 대학교) | △ | △ | ▲ | ● | △ | ● | ○ | ○ | ● | ○ | × | ○ | ● | ▲ | ▲ | ● | ▲ | ▲ | ▲ | ▲ | ▲ |
| | 나. 교육원(연수원 포함) | × | × | △ | △ | △ | ● | ○ | ○ | ● | ○ | × | ○ | ● | × | △ | ● | × | △ | ▲ | × | × |
| | 다. 직업훈련소 | × | × | △ | △ | △ | ● | ○ | ○ | ● | ○ | △ | ○ | ● | × | ○ | ● | × | × | ○ | × | × |
| | 라. 학원(자동차 학원 및 무도학원 등 제외) | × | × | △ | △ | △ | ● | ○ | ○ | ● | ○ | △ | ○ | ● | × | × | ● | × | × | ○ | × | × |
| | 마. 연구소 | × | × | △ | △ | △ | ● | ○ | ○ | ● | ○ | △ | ○ | ● | × | × | ● | × | × | ○ | × | × |
| | 바. 도서관 | × | × | △ | △ | △ | ● | ○ | ○ | ● | ○ | × | ○ | ● | × | × | ● | × | × | ● | ○ | × |
| 11. 노유자시설 | 가. 아동관련시설 | ○ | ○ | ● | ● | △ | ● | ○ | ○ | ● | ○ | ○ | ○ | ● | ○ | ● | ● | ○ | ○ | ● | × | × |
| | 나. 노인복지시설과 사회복지시설, 근로복지시설(다른 용도로 분류되지 아니한 것) | ○ | ○ | ● | ● | △ | ● | ○ | ○ | ● | ○ | ○ | ○ | ● | ○ | ● | ● | ○ | ○ | ● | × | × |
| 12. 수련시설 | 가. 생활권 수련시설 | × | × | △ | △ | △ | ● | ○ | ○ | ● | ○ | × | ○ | ● | ○ | ● | ● | × | ○ | ● | ○ | × |
| | 나. 자연권 수련시설 | × | × | △ | △ | △ | ● | ○ | ○ | ● | ○ | × | ○ | ● | ○ | ● | ● | ○ | ○ | ● | ○ | × |
| | 다. 유스호스텔 | × | × | △ | △ | △ | ● | ○ | ○ | ● | ○ | × | ○ | ● | ○ | ● | ● | × | ○ | ● | ○ | × |
| | 라. 야영장 시설(바닥면적 $300m^2$ 이상일 것) | × | × | △ | △ | △ | ● | ○ | ○ | ● | ○ | × | ○ | ● | ○ | ● | ● | ○ | ○ | ● | ○ | × |
| 13. 운동시설 | 가. 탁구장·체육도장·테니스장 등 제1종 및 제2종 근린생활시설에 해당하지 아니하는 것 | × | × | ○ | ○ | ○ | ● | ○ | ○ | ● | ○ | × | × | × | × | ● | ● | × | × | ○ | × | × |

| 용도별 건축물의 종류(「건축법 시행령」 별표 1) ＼ 「국토의 계획 및 이용에 관한 법률 시행령」 별표 ＼ 지역 | | 주거지역 | | | | | | 상업지역 | | | | 공업지역 | | | 녹지지역 | | | 관리지역 | | | 농림지역 | 자연환경보전지역 |
|---|---|---|---|---|---|---|---|---|---|---|---|---|---|---|---|---|---|---|---|---|---|---|
| | | 제1종 전용 | 제2종 전용 | 제1종 일반 | 제2종 일반 | 제3종 일반 | 준 | 중심 | 일반 | 근린 | 유통 | 전용 | 일반 | 준 | 보전 | 생산 | 자연 | 보전 | 생산 | 계획 | | |
| | | 2 | 3 | 4 | 5 | 6 | 7 | 8 | 9 | 10 | 11 | 12 | 13 | 14 | 15 | 16 | 17 | 18 | 19 | 20 | 21 | 22 |
| | 나. 체육관(1,000m² 미만) | × | × | ○ | ○ | ○ | ● | ○ | ○ | ● | ○ | × | × | × | × | ● | ● | × | × | ○ | × | × |
| | 다. 운동장(육상·구기·궁도·골프 등의 운동장)과 이에 부수되는 건축물 | × | × | △ | ○ | ○ | ● | ○ | ○ | ● | ○ | × | × | × | × | ● | ● | × | × | ● | × | × |
| 14. 업무시설 | 가. 공공업무시설 | × | × | × | △ | △ | ○ | ● | ● | ○ | ○ | × | × | ○ | × | × | × | × | × | × | × | × |
| | 나. 일반업무시설 | × | × | × | △ | △ | ○ | ● | ● | ○ | ○ | × | △ | ○ | × | × | × | × | × | × | × | × |
| 15. 숙박시설 | 가. 일반숙박시설 및 생활숙박시설 | × | × | × | × | × | × | ▲ | ▲ | ▲ | ▲ | × | × | ○ | × | × | △ | × | × | ○ | × | × |
| | 나. 관광숙박시설 | × | × | × | × | × | × | ● | ● | ● | ○ | × | × | ○ | × | × | △ | × | × | ○ | × | × |
| | 다. 다중생활시설(제2종 근생이 아닌 것) | × | × | × | × | × | × | ● | ● | ● | ○ | × | × | ○ | × | × | △ | × | × | ○ | × | × |
| 16. 위락시설 | 가. 단란주점으로서 제2종 근린생활 시설에 해당하지 아니하는 것(바닥면적 150m² 이상) | × | × | × | × | × | × | ● | ● | ○ | ○ | × | × | × | × | × | × | × | × | × | × | × |
| | 나. 유흥주점 | × | × | × | × | × | × | ● | ● | ○ | ○ | × | × | × | × | × | × | × | × | × | × | × |
| | 다. 유원시설업의 시설(제2종 근린생활 시설에 해당하는 것 제외) | × | × | × | × | × | × | ● | ● | ○ | ○ | × | × | × | × | × | × | × | × | × | × | × |
| | 마. 무도장과 무도학원 | × | × | × | × | × | × | × | × | × | × | × | × | × | × | × | × | × | × | × | × | × |
| | 바. 카지노 영업소 | × | × | × | × | × | × | × | × | × | × | × | × | × | × | × | × | × | × | | × | × |
| 17. 공장 | 물품의 제조·공업 또는 수리에 계속적으로 이용되는 건축물로서 제2종 근린생활시설, 위험물저장 및 처리시설, 자동차관련시설, 자원순환 관련 시설 등으로 따로 분류되지 아니한 것 | × | × | △ | △ | △ | △ | △ | △ | △ | × | ● | ● | ▲ | ○ | △ | △ | × | △ | ▲ | × | × |
| 18. 창고시설 | 가. 창고(물품저장시설) | × | × | ○ | ○ | ○ | ○ | ○ | ● | ○ | ● | ● | ● | ● | ▲ | ● | ● | △ | ▲ | ▲ | ▲ | × |
| | 나. 하역장 | × | × | ○ | ○ | ○ | ○ | ○ | ● | ○ | ● | ● | ● | ● | ▲ | ● | ● | △ | ▲ | ▲ | ▲ | × |
| | 다. 물류터미널 | × | × | ○ | ○ | ○ | ○ | ○ | | ○ | ● | ● | ● | ● | ▲ | ● | ● | △ | ▲ | ▲ | ▲ | × |
| | 라. 집배송시설 | × | × | ○ | ○ | ○ | ○ | ○ | | ○ | ● | ● | ● | ● | ▲ | ● | ● | △ | ▲ | ▲ | ▲ | × |
| 19. 위험물 저장 및 처리시설 | 가. 주유소(기계식세차설비포함) 및 석유판매소 | × | × | ○ | ○ | ○ | ○ | ○ | ○ | ○ | ○ | ● | ● | ● | × | ○ | ○ | ○ | ○ | ○ | × | × |
| | 나. 액화석유가스 충전소 | × | × | △ | ○ | ○ | × | × | × | × | × | ● | ● | ● | ○ | ● | ○ | ○ | ○ | ○ | ○ | × |
| | 다. 위험물 제조소 | × | × | × | × | × | ○ | ○ | ○ | ○ | ○ | ● | ● | ● | × | ○ | ○ | ○ | ○ | ○ | × | × |
| | 라. 액화가스 취급소 | × | × | × | × | × | ○ | ○ | ○ | ○ | ○ | ● | ● | ● | × | ○ | ○ | ○ | ○ | ○ | × | × |
| | 마. 유독물보관·저장시설 | × | × | ○ | ○ | ○ | ○ | ○ | ○ | ○ | ○ | ● | ● | ● | × | ○ | ○ | ○ | ○ | ○ | × | × |
| | 바. 고압가스충전·저장소 | × | × | × | × | × | ○ | ○ | ○ | ○ | ○ | ● | ● | ● | × | ○ | ○ | ○ | ○ | ○ | × | × |
| | 사. 도로류 판매소 | × | × | ○ | ○ | ○ | × | × | × | × | × | ● | ● | ● | ○ | ● | ○ | ○ | ○ | ○ | ○ | × |
| | 아. 도시가스 제조시설 | × | × | × | × | × | ○ | ○ | ○ | ○ | ○ | ● | ● | ● | × | ○ | ○ | × | ○ | ○ | × | × |
| | 자. 화약류저장소 | × | × | × | × | × | ○ | ○ | ○ | ○ | ○ | ● | ● | ● | × | ○ | ○ | × | ○ | ○ | × | × |
| 20. 자동차 관련시설 | 가. 주차장(기계식주차설비포함) 및 석유판매소 | △ | △ | ○ | ○ | ○ | ○ | ○ | ○ | ○ | ○ | ● | ● | ● | × | × | ○ | × | × | ○ | × | × |
| | 나. 세차장 | × | × | ○ | ○ | ○ | ○ | ○ | ○ | ○ | ○ | ● | ● | ● | × | × | ○ | × | × | ○ | × | × |
| | 다. 폐차장 | × | × | × | ○ | ○ | ○ | ○ | ○ | ○ | ○ | ● | ● | ● | × | × | ○ | × | × | ○ | × | × |
| | 라. 검사장 | × | × | ○ | ○ | ○ | ○ | ○ | ○ | ○ | ○ | ● | ● | ● | × | × | ○ | × | × | ○ | × | × |
| | 마. 매매장 | × | × | × | ○ | ○ | ○ | ○ | ○ | ○ | ○ | ● | ● | ● | × | × | ○ | × | × | ○ | × | × |
| | 바. 정비공장 | × | × | ○ | ○ | ○ | ○ | ○ | ○ | ○ | ○ | ● | ● | ● | × | × | ○ | × | × | ○ | × | × |
| | 사. 운전학원·정비학원 | × | × | ○ | ○ | ○ | ○ | ○ | ○ | ○ | ○ | ● | ● | ● | × | ○ | ○ | × | ○ | ○ | × | × |
| | 아. 「여객자동차 운수사업법」·「화물 자동차운수사업법」 및 「건설기계 관리법」에 의한 차고 및 주차장 | × | × | ○ | ○ | ○ | ○ | ○ | ○ | ○ | ○ | ● | ● | ● | × | ○ | ○ | × | ○ | ○ | × | × |

| 용도별 건축물의 종류 (「건축법 시행령」 별표 1) | 지역 / 「국토의 계획 및 이용에 관한 법률 시행령」 별표 | 주거지역 | | | | | | 상업지역 | | | | 공업지역 | | | 녹지지역 | | | 관리지역 | | | 농림지역 | 자연환경보전지역 |
|---|---|---|---|---|---|---|---|---|---|---|---|---|---|---|---|---|---|---|---|---|---|---|
| | | 제1종 전용 | 제2종 전용 | 제1종 일반 | 제2종 일반 | 제3종 일반 | 준 | 중심 | 일반 | 근린 | 유통 | 전용 | 일반 | 준 | 보전 | 생산 | 자연 | 보전 | 생산 | 계획 | | |
| | | 2 | 3 | 4 | 5 | 6 | 7 | 8 | 9 | 10 | 11 | 12 | 13 | 14 | 15 | 16 | 17 | 18 | 19 | 20 | 21 | 22 |
| 21. 동물 및 식물관련 시설 | 가. 축사(양잠·양봉·양어시설 및 부화장 포함) | × | × | ○ | ○ | ○ | ○ | × | ○ | ○ | × | × | ○ | ○ | ○ | ● | ● | ○ | ○ | ● | ○ | ○ |
| | 나. 가축시설(가축용 운동시설, 인공수정센터, 관리사 등) | × | × | ○ | ○ | ○ | ○ | × | ○ | ○ | × | × | ○ | ○ | ○ | ● | ● | × | ○ | ● | ○ | × |
| | 다. 도축장 | × | × | ○ | ○ | ○ | ○ | × | ○ | ○ | × | × | ○ | ○ | ○ | ● | ● | × | ○ | ● | ○ | ○ |
| | 라. 도계장 | × | × | ○ | ○ | ○ | ○ | × | ○ | ○ | × | × | ○ | ○ | ○ | ● | ● | × | ○ | ● | ○ | ○ |
| | 마. 작물 재배사 | × | × | ○ | ○ | ○ | ○ | × | ○ | ○ | × | × | ○ | ○ | ○ | ● | ● | ○ | ● | ● | ● | ○ |
| | 바. 종묘배양시설 | × | × | ○ | ○ | ○ | ○ | × | ○ | ○ | × | × | ○ | ○ | ○ | ● | ● | ○ | ● | ● | ● | ○ |
| | 사. 화초 및 분재 등의 온실 | × | × | ○ | ○ | ○ | ○ | × | ○ | ○ | × | × | ○ | ○ | ○ | ● | ● | ○ | ● | ● | ● | ○ |
| | 아. 식물과 관련된 마목 내지 사목의 시설과 유사한 것(동·식물원 제외) | × | × | ○ | ○ | ○ | ○ | × | ○ | ○ | × | × | ○ | ○ | ○ | ● | ● | ○ | ● | ● | ● | ○ |
| 22. 자원순환 관련시설 | 가. 하수 등 처리시설 | × | × | × | × | × | × | × | × | × | × | ● | ● | ● | × | ○ | ● | × | ○ | ● | ○ | × |
| | 나. 고물상 | × | × | × | × | × | × | × | × | × | × | ● | ● | ● | × | ○ | ● | × | ○ | ● | ○ | × |
| | 다. 폐기물 재활용시설 | × | × | × | × | × | × | × | × | × | × | ● | ● | ● | × | ○ | ● | × | ○ | ● | ○ | × |
| | 라. 폐기물 처분시설 | × | × | × | × | × | × | × | × | × | × | ● | ● | ● | × | ○ | ● | × | ○ | ● | ○ | × |
| | 마. 폐기물 감량화시설 | × | × | × | × | × | × | × | × | × | × | ● | ● | ● | × | ○ | ● | × | ○ | ● | ○ | × |
| 23. 교정 (제1종 근린생활시설에 해당하는 것 제외) | 가. 교정시설(구치소·교도소) | × | × | ○ | ○ | ○ | ○ | ○ | ○ | ○ | ○ | ○ | ○ | ○ | ● | ● | ● | ● | ● | ● | ○ | × |
| | 나. 갱생보호시설 | × | × | ○ | ○ | ○ | ○ | ○ | ○ | ○ | ○ | ○ | ○ | ○ | ● | ● | ● | ● | ● | ● | ○ | × |
| | 다. 소년원 및 소년분류심사원 | × | × | ○ | ○ | ○ | ○ | ○ | ○ | ○ | ○ | ○ | ○ | ○ | ● | ● | ● | ● | ● | ● | ○ | × |
| 23의2. 국방·군사시설 (제1종 근린생활시설에 해당하는 것 제외) | 「국방·군사시설 사업에 관한 법률」에 따른 국방·군사시설 | × | × | ○ | ○ | ○ | ○ | ● | ● | ○ | ○ | ○ | ○ | ○ | ● | ● | ● | ● | ● | ● | ○ | ○ |
| 24. 방송통신 시설 | 가. 방송국 | × | × | ○ | ○ | ○ | ○ | ● | ● | ○ | ○ | ○ | ○ | ○ | × | ● | ● | ○ | ○ | ● | ○ | × |
| | 나. 전신전화국 | × | × | ○ | ○ | ○ | ○ | ● | ● | ○ | ○ | ○ | ○ | ○ | × | ● | ● | ○ | ○ | ● | ○ | × |
| | 다. 촬영소 | × | × | ○ | ○ | ○ | ○ | ● | ● | ○ | ○ | ○ | ○ | ○ | × | ● | ● | ○ | ○ | ● | ○ | × |
| | 라. 통신용시설 | × | × | ○ | ○ | ○ | ○ | ● | ● | ○ | ○ | ○ | ○ | ○ | × | ● | ● | ○ | ○ | ● | ○ | × |
| 25. 발전시설 | 발전소 | × | × | ○ | ○ | ○ | ○ | ● | ● | ○ | ○ | ● | ● | ● | × | ● | ● | ○ | ● | ● | | × |
| 26. 묘지관련 시설 | 가. 화장시설 | × | × | × | × | × | × | × | × | × | × | × | × | × | ○ | ○ | ● | ○ | × | ● | ○ | × |
| | 나. 봉안당(종교시설에 해당하는 것 제외) | × | × | × | × | × | × | × | × | × | × | × | × | × | ○ | ○ | ● | ○ | ○ | ● | ○ | × |
| | 다. 묘지와 자연장지에 부수되는 건축물 | × | × | × | × | × | × | × | × | × | × | × | × | × | ○ | ○ | ● | ○ | × | ● | ○ | × |
| | 라. 동물화장시설, 동물건조장시설 및 동물 전용의 납골시설 | × | × | × | × | × | × | × | × | × | × | × | × | × | ○ | ○ | ● | ○ | × | ● | ○ | × |
| 27. 관광휴게 시설 | 가. 야외음악당 | × | × | × | × | × | ○ | × | ○ | × | × | × | × | × | × | × | ● | × | × | ○ | × | × |
| | 나. 야외극장 | × | × | × | × | × | ○ | × | ○ | × | × | × | × | × | × | × | ● | × | × | ○ | × | × |
| | 다. 어린이 회관 | × | × | × | × | × | ○ | × | ○ | × | × | × | × | × | × | × | ● | × | × | ○ | × | × |
| | 라. 관망탑 | × | × | × | × | × | × | × | ○ | × | × | × | × | × | × | × | ● | × | × | ○ | × | × |
| | 마. 휴게소 | × | × | × | × | × | × | × | ○ | × | × | × | × | × | × | × | ● | × | × | ○ | × | × |
| | 바. 공원·유원지 또는 관광지에 부수되는 시설 | × | × | × | × | × | × | × | ○ | × | × | × | × | × | × | × | ● | × | × | ○ | × | × |
| 28. 장례시설 | 가. 장례식장 | × | × | × | × | × | △ | ○ | ● | ● | ○ | × | ○ | ● | ○ | ● | ● | ○ | × | ● | ○ | × |
| | 나. 동물전용의 장례식장 | × | × | × | × | × | △ | ○ | ● | ● | ○ | × | ○ | ● | ○ | ● | ● | ○ | × | ● | ○ | × |
| 29. 야영장시설 | 바닥면적의 합계 $300m^2$ 미만 | × | × | △ | △ | △ | × | △ | △ | × | △ | × | △ | × | ○ | ● | ● | ○ | △ | × | △ | × |

## 1. 제1종 전용주거지역 안에서 건축할 수 있는 건축물 : 별표 2에 규정된 건축물

**1. 건축할 수 있는 건축물**

가. 「건축법 시행령」 별표 1 제1호의 단독주택(다가구 주택을 제외한다)

나. 「건축법 시행령」 별표 1 제3호가목부터 바목까지 및 사목(공중화장실·대피소, 그 밖에 이와 비슷한 것 및 지역아동센터는 제외한다)의 제1종 근린생활시설로서 해당용도에 쓰이는 바닥면적의 합계가 1,000$m^2$ 미만인 것(2014.3.24 「건축법 시행령」 부칙에 의거 개정)

**2. 도시·군계획조례가 정하는 바에 의하여 건축할 수 있는 건축물**

가. 「건축법 시행령」 별표 1 제1호의 단독주택 중 다가구 주택

나. 「건축법 시행령」 별표 1 제2호의 공동주택 중 연립주택 및 다세대 주택

다. 「건축법 시행령」 별표 1 제3호사목(공중화장실·대피소, 그 밖에 이와 비슷한 것 및 지역아동센터만 해당한다) 및 아목에 따른 제1종 근린생활시설로서 해당용도에 쓰이는 바닥면적의 합계가 1,000$m^2$ 미만인 것(2014.3.24 「건축법 시행령」 부칙에 의거 개정)

라. 「건축법 시행령」 별표 1 제4호의 제2종 근린생활시설 중 종교집회장

마. 「건축법 시행령」 별표 1 제5호의 문화 및 집회시설 중 같은 호 라목[박물관, 미술관, 체험관(「건축법 시행령」 제2조 제16호에 따른 한옥으로 건축하는 것만 해당한다) 및 기념관에 한정한다]에 해당하는 것으로서 그 용도에 쓰이는 바닥면적의 합계가 1,000$m^2$ 미만인 것

바. 「건축법 시행령」 별표 1 제6호의 종교시설에 해당하는 것으로서 그 용도에 쓰이는 바닥면적의 합계가 1,000$m^2$ 미만인 것

사. 「건축법 시행령」 별표 1 제10호의 교육연구시설 중 유치원·초등학교·중학교 및 고등학교

아. 「건축법 시행령」 별표 1 제11호의 노유자시설

자. 「건축법 시행령」 별표 1 제20호의 자동차관련시설 중 주차장

- 제1종 전용주거지역은 단독주택 중심의 양호한 주거환경을 보호하는 지역으로 주거지의 기능을 한층 강화, 순화한 지역으로서 법률상 단독주택, 일상생활에 꼭 필요한 제1종 근린생활시설과 해당 지역의 조례로 제2종 근린생활시설 중 종교집회장에 한하여 건축할 수 있도록 하고 있다.
- 제2종 근린생활시설 중 종교집회장의 규모는 바닥면적합계가 500$m^2$ 미만이어야 하며 그 이상이 되면 종교시설이 된다.
- 전용주거지역을 지정한 도시는 극히 적을 뿐만 아니라 지정된 지역의 면적 또한 적기 때문에 큰 비중은 없다.

## 2. 제2종 전용주거지역 안에서 건축할 수 있는 건축물 : 별표 3에 규정된 건축물

**1. 건축할 수 있는 건축물**

가. 「건축법 시행령」 별표 1 제1호의 단독주택

나. 「건축법 시행령」 별표 1 제2호의 공동주택

다. 「건축법 시행령」 별표 1 제3호의 제1종 근린생활시설로서 당해 용도에 쓰이는 바닥면적의 합계가 1,000$m^2$ 미만인 것

**2. 도시·군계획조례가 정하는 바에 의하여 건축할 수 있는 건축물**

가. 「건축법 시행령」 별표 1 제4호의 제2종 근린생활시설 중 종교집회장

나. 「건축법 시행령」 별표 1 제5호의 문화 및 집회시설 중 같은 호 라목[박물관, 미술관, 체험관(「건축법 시행령」 제2조 제16호에 따른 한옥으로 건축하는 것만 해당한다) 및 기념관에 한정한다]에 해당하는 것으로서 그 용도에 쓰이는 바닥면적의 합계가 1,000$m^2$ 미만인 것

다. 「건축법 시행령」 별표 1 제6호의 종교시설에 해당하는 것으로서 그 용도에 쓰이는 바닥면적의 합계가 1,000$m^2$ 미만인 것

라. 「건축법 시행령」 별표 1 제10호의 교육연구시설 중 유치원·초등학교·중학교 및 고등학교

마. 「건축법 시행령」 별표 1 제11호의 노유자시설
바. 「건축법 시행령」 별표 1 제20호의 자동차관련시설 중 주차장

• 제2종 전용주거지역은 공동주택 중심의 양호한 주거환경을 보호하기 위하여 필요한 지역을 말하는 것으로 건축할 수 있는 건축물의 범위는 극히 제한적으로 제1종 전용주거지역과 비슷하나 법률상 저층의 공동주택의 건축이 가능하도록 하고 있다.

## 3. 제1종 일반주거지역 안에서 건축할 수 있는 건축물: 별표 4에 규정된 건축물

1. **건축할 수 있는 건축물**[4층 이하(「주택법 시행령」 제10조제1항제2호에 따른 단지형 연립주택 및 같은 항 제3호에 따른 단지형 다세대 주택인 경우에는 5층 이하를 말하며, 단지형 연립주택의 1층 전부를 필로티 구조로 하여 주차장으로 사용하는 경우에는 필로티 부분을 층수에서 제외하고, 단지형 다세대 주택의 1층 바닥면적의 1/2 이상을 필로티 구조로 하여 주차장으로 사용하고 나머지 부분을 주택 외의 용도로 쓰는 경우에는 해당 층을 층수에서 제외한다. 이하 이 호에서 같다)의 건축물만 해당한다. 다만, 4층 이하의 범위에서 도시·군계획조례로 따로 층수를 정하는 경우에는 그 층수 이하의 건축물만 해당한다](2017.9.19 본호 개정)
   가. 「건축법 시행령」 별표 1 제1호의 단독주택
   나. 「건축법 시행령」 별표 1 제2호의 공동주택(아파트를 제외한다)
   다. 「건축법 시행령」 별표 1 제3호의 제1종 근린생활시설
   라. 「건축법 시행령」 별표 1 제10호의 교육연구시설 중 유치원·초등학교·중학교 및 고등학교
   마. 「건축법 시행령」 별표 1 제11호의 노유자시설
2. **도시·군계획조례가 정하는 바에 의하여 건축할 수 있는 건축물**(4층 이하의 건축물에 한한다. 다만, 4층 이하의 범위 안에서 도시·군계획조례로 따로 층수를 정하는 경우에는 그 층수 이하의 건축물에 한한다)
   가. 「건축법 시행령」 별표 1 제4호의 제2종 근린생활시설(단란주점 및 안마시술소를 제외한다)
   나. 「건축법 시행령」 별표 1 제5호의 문화 및 집회시설(공연장 및 관람장을 제외한다)
   다. 「건축법 시행령」 별표 1 제6호의 종교시설
   라. 「건축법 시행령」 별표 1 제7호의 판매시설 중 같은 호 나목 및 다목(일반게임제공업의 시설은 제외한다)에 해당하는 것으로서 해당용도에 쓰이는 바닥면적의 합계가 2,000$m^2$ 미만인 것(너비 15m 이상의 도로로서 도시·군계획조례가 정하는 너비 이상의 도로에 접한 대지에 건축하는 것에 한한다)과 기존의 도매시장 또는 소매시장을 재건축하는 경우로서 인근의 주거환경에 미치는 영향, 시장의 기능회복 등을 고려하여 도시·군계획조례가 정하는 경우에는 해당용도에 쓰이는 바닥면적의 합계의 4배 이하 또는 대지면적의 2배 이하인 것(2021.1.5 어려운 법령용어정비를 위한 법령 부칙에 의거 본목 개정)
   마. 「건축법 시행령」 별표 1 제9호의 의료시설(격리병원을 제외한다)
   바. 「건축법 시행령」 별표 1 제10호의 교육연구시설 중 제1호 라목에 해당하지 아니하는 것
   사. 「건축법 시행령」 별표 1 제12호의 수련시설(유스호스텔의 경우 특별시 및 광역시 지역에서는 너비 15m 이상의 도로에 20m 이상 접한 대지에 건축하는 것에 한하며, 그 밖의 지역에서는 너비 12m 이상의 도로에 접한 대지에 건축하는 것에 한한다) (2019.3.19 본목 개정)
   아. 「건축법 시행령」 별표 1 제13호의 운동시설(옥외 철탑이 설치된 골프연습장을 제외한다)
   자. 「건축법 시행령」 별표 1 제14호의 업무시설 중 오피스텔로서 그 용도에 쓰이는 바닥면적의 합계가 3,000$m^2$ 미만인 것
   차. 「건축법 시행령」 별표 1 제17호의 공장 중 인쇄업, 기록매체복제업, 봉제업(의류편조업을 포함한다), 컴퓨터 및 주변기기제조업, 컴퓨터 관련 전자제품조립업, 두부제조업, 세탁업의 공장 및 지식산업센터로서 다음의 어느 하나에 해당하지 아니하는 것
      (1) 「대기환경보전법」 제2조제9호에 따른 특정대기유해물질을 배출하는 것
      (2) 「대기환경보전법」 제2조제11호에 따른 대기오염물질배출시설에 해당하는 시설로서 같은 법 시행령 별표 1의3에 따른 1종사업장 내지 4종사업장에 해당하는 것(2023.2.21 개정)

(3) 「물환경보전법」 제2조제8호에 따른 특정수질유해물질을 배출하는 것. 다만, 동법 제34조에 따라 폐수무방류배출시설의 설치허가를 받아 운영하는 경우를 제외한다.

(4) 「물환경보전법」 제2조제10호에 따른 폐수배출시설에 해당하는 시설로서 같은 법 시행령 별표 13에 따른 제1종사업장부터 제4종사업장까지에 해당하는 것

(5) 「폐기물관리법」 제2조제4호에 따른 지정폐기물을 배출하는 것

(6) 「소음·진동관리법」 제7조에 따른 배출허용기준의 2배 이상인 것

카. 「건축법 시행령」 별표 1 제17호의 공장 중 떡 제조업 및 빵 제조업(이하 딸린 과자 제조업을 포함한다. 이하 같다)의 공장으로서 다음 요건을 모두 갖춘 것(2015.12.15 본목 신설)

(1) 해당 용도에 쓰이는 바닥면적의 합계가 1,000$m^2$ 미만일 것

(2) 「악취방지법」에 따른 악취배출시설인 경우에는 악취방지시설 등 악취방지에 필요한 조치를 하였을 것

(3) 차목(1)부터 (6)까지의 어느 하나에 해당하지 아니할 것. 다만, 도시·군계획조례로 「대기환경보전법」, 「물환경보전법」 및 「소음·진동관리법」에 따른 설치 허가·신고 대상 시설의 건축을 제한한 경우에는 그 건축제한시설에도 해당하지 아니하여야 한다.

(4) 해당 특별시장·광역시장·특별자치시장·특별자치도지사·시장 또는 군수가 해당 지방도시계획위원회의 심의를 거쳐 인근의 주거환경 등에 미치는 영향 등이 적다고 인정하였을 것

타. 「건축법 시행령」 별표 1 제18호의 창고시설

파. 「건축법 시행령」 별표 1 제19호의 위험물저장 및 처리시설 중 주유소, 석유판매소, 액화가스 취급소·판매소, 도료류 판매소, 「대기환경보전법」에 따른 저공해자동차의 연료공급시설, 시내버스차고지에 설치하는 액화석유가스충전소 및 고압가스충전·저장소

하. 「건축법 시행령」 별표 1 제20호의 자동차관련시설 중 주차장 및 세차장

거. 「건축법 시행령」 별표 1 제21호의 동물 및 식물관련시설 중 화초 및 분재 등의 온실

너. 「건축법 시행령」 별표 1 제23호의 교정시설(2023.5.15 건축법 시행령 부칙에 의거 본목 개정)

더. 「건축법 시행령」 별표 1 제23호의2 국방·군사시설(2023.5.15 건축법 시행령 부칙에 의거 본목 신설)

러. 「건축법 시행령」 별표 1 제24호의 방송통신시설

머. 「건축법 시행령」 별표 1 제25호의 발전시설

버. 「건축법 시행령」 별표 1 제29호의 야영장 시설(2019.3.19 본목 신설)

- 제1종 일반주거지역 안에서는 건축물의 높이를 4층 이하로 하여야 하며, 해당 지역의 조례가 따로 층수를 정하는 경우 그 층수 이하의 건축물에 한한다.

참고

**「국토의 계획 및 이용에 관한 법률 시행령」의 부칙에서 일반주거지역에 관한 경과조치**

**【부칙 제9조(일반주거지역에 관한 경과조치)】**

① 2000년 7월 1일 당시의 일반주거지역(「도시저소득주민의 주거환경개선에 관한 임시조치법」 제3조의 규정에 의하여 주거환경개선지구로 지정된 지역을 제외한다)·1종 일반주거지역·2종 일반주거지역 또는 3종 일반주거지역이 2003년 6월 30일까지 제30조의 규정에 의한 제1종 일반주거지역·제2종 일반주거지역 또는 제3종 일반주거지역으로 세분·지정되지 아니하거나 다른 지역으로 변경, 지정되지 아니하는 경우 해당 지역은 2003년 7월1일부터 제30조의 규정에 의하여 지정된 제2종 일반주거지역으로 본다.

② 2000년 7월 1일 당시의 일반주거지역(「도시저소득주민의 주거환경개선에 관한 임시조치법」 제3조의 규정에 의하여 주거환경개선지구로 지정된 지역을 제외한다)이 제1항의 규정에 의하여 제1종 일반주거지역·제2종 일반주거지역 또는 제3종 일반주거지역으로 세분·지정되거나 다른 지역으로 변경, 지정될 때까지 해당 지역 안에서의 건축제한에 관하여는 대통령령 제16891호 「도시계획법 시행령」 개정령 별표 18의 개정규정을 적용하고, 건폐율 및 용적률에 관하여는 각각 60% 이하 및 400% 이하의 범위 안에서 특별시·광역시·특별자치시·특별자치도·시 또는 군의 도시·군계획조례가 정하는 비율에 의한다.

③ 2000년 7월1일 당시의 1종 일반주거지역·2종 일반주거지역 및 3종 일반주거지역이 제1항의 규정에 의하여 제1종 일반주거지역·제2종 일반주거지역 또는 제3종 일반주거지역으로 세분·지정되거나 다른 지역으로 변경, 지정될 때까지 해당 지역 안에서의 건축제한·건폐율 제한 및 용적률 제한에 관하여는 대통령령 제16284호「건축법 시행령」중 개정령에 의한 1종 일반주거지역·2종 일반주거지역 및 3종 일반주거지역에 관한 규정을 적용한다.

④ 2004년 12월 31일 이전에「도시저소득주민의 주거환경개선에 관한 임시조치법」제3조의 규정에 의하여 주거환경개선지구로 지정된 지역(동법 제5조의 규정에 의하여 일반주거지역으로 의제되는 지역에 한한다. 이하 이 항 및 제5항에서 같다) 이 2004년 12월 31일까지 제29조의 개정규정에 의한 제1종 일반주거지역·제2종 일반주거지역 또는 제3종 일반주거지역으로 세분·지정되지 아니하거나 다른 지역으로 변경, 지정되지 아니하는 경우 해당 지역은 2005년 1월1일부터 제30조의 규정에 의하여 지정된 제3종 일반주거지역으로 본다.

⑤ 2004년 12월 31일 이전에「도시저소득주민의 주거환경개선에 관한 임시조치법」제3조의 규정에 의하여 주거환경개선지구로 지정된 지역이 제4항의 규정에 의하여 제1종 일반주거지역·제2종 일반주거지역 또는 제3종 일반주거지역으로 세분·지정되지 아니하거나 다른 지역으로 변경, 지정될 때까지 해당 지역 안에서의 건축제한에 관하여는 대통령령 제 16891호「도시계획법 시행령」개정령 별표 18의 규정을 적용한다.

⑥ 제2항·제3항 및 제5항의 규정에 의한 지역 안에서의 건축물이 아닌 시설의 용도·종류 및 규모 등의 제한에 관하여는 제2항·제3항 및 제5항의 규정에 의한 건축물에 관한 사항을 적용한다.

참고 일반주거지역의 세분화(서울시)

| 구분 | 대 상 | 건폐율(법률)(%) | 용적률(%) | | 층 수 | |
|---|---|---|---|---|---|---|
| | | | 법 률 | 조 례 | 법 률 | 조 례 |
| 1종 | •구릉지 및 급경사지<br>•도시경관·역사문화·자연환경 등의 보호가 필요한 곳 | 60 이하 | 100~200 이하 | 150 이하 | 4층 이하 | 4층 이하 |
| 2종 | •평지·중저층 주택 밀집지<br>•역세권 인접지 | 60 이하 | 150~250 이하 | 200 이하 | 도시계획 조례에 따름 | 도시계획 조례에서 제한 |
| 3종 | •역세권 및 간선도로변<br>•도시기반시설 정비가 완료된 고층·고밀화 지역 | 50 이하 | 200~300 이하 | 250 이하 | 제한 없음 | 제한 없음 |

※ **서울시 제2종 일반주거지역 안에서 건축할 수 있는 건축물의 층수**(서울시 도시계획조례 별표 5)

1. 5층 이하의 건축물이 밀집한 지역으로서 스카이라인의 급격한 변화로 인한 도시경관의 훼손을 방지하기 위하여 시 도시계획위원회의 심의를 거쳐 시장이 지정·고시한 구역안에서의 건축물의 층수는 7층 이하로 한다. 다만, 다음 각 목의 어느 하나에 해당하는 경우에는 시도시계획위원회, 시공동위원회, 시도시재정비위원회, 시도시재생위원회 또는 시시장정비사업 심의위원회 등 시도시계획 관련 위원회의 심의를 거쳐 그 층수를 완화할 수 있다.

   가.「전통시장 및 상점가 육성을 위한 특별법」제37조에 따른 시장정비사업 추진계획 승인대상 전통시장: 15층 이하

   나. 균형발전사업지구·산업개발진흥지구 또는「재난 및 안전관리기본법」제27조에 따른 특정관리대상시설 중「건축법 시행령」별표 1 제2호가목에 따른 아파트(이하 "특정관리대상 아파트"라 한다): 10층 이하

다.「건축법 시행령」 별표 1 제2호가목에 따른 아파트를 건축하는 경우: 평균층수 13층 이하

2. 제1호 이외의 지역에서「건축법 시행령」 별표 1 제2호가목에 따른 아파트를 건축하는 경우 경관관리 또는 주거환경 보호를 위해 시도시계획위원회, 시공동위원회, 시도시재정비위원회, 시도시재생위원회 또는 시시장정비사업 심의위원회 등 시도시계획 관련 위원회 심의를 거쳐 층수를 따로 정할 수 있다.

## 4. 제2종 일반주거지역 안에서 건축할 수 있는 건축물: 별표 5에 규정된 건축물

1. **건축할 수 있는 건축물**(경관관리 등을 위하여 도시·군계획조례로 건축물의 층수를 제한하는 경우에는 그 층수 이하의 건축물로 한정한다)(2011. 7. 1 본표 개정)
   가.「건축법 시행령」 별표 1 제1호의 단독주택
   나.「건축법 시행령」 별표 1 제2호의 공동주택
   다.「건축법 시행령」 별표 1 제3호의 제1종 근린생활시설
   라.「건축법 시행령」 별표 1 제6호의 종교시설
   마.「건축법 시행령」 별표 1 제10호의 교육연구시설 중 유치원·초등학교·중학교 및 고등학교(건축법 시행령 부칙에 의거 2009.7.16 개정)
   바.「건축법 시행령」 별표 1 제11호의 노유자시설

2. **도시·군계획조례가 정하는 바에 따라 건축할 수 있는 건축물**(경관관리 등을 위하여 도시·군계획조례로 건축물의 층수를 제한하는 경우에는 그 층수 이하의 건축물로 한정한다) (2011.7.1 본표 개정)
   가.「건축법 시행령」 별표 1 제4호의 제2종 근린생활시설(단란주점 및 안마시술소를 제외한다)
   나.「건축법 시행령」 별표 1 제5호의 문화 및 집회시설(관람장을 제외한다)
   다.「건축법 시행령」 별표 제7호의 판매시설 중 같은 호 나목 및 다목(일반게임제공업의 시설은 제외한다)에 해당하는 것으로서 해당 용도에 쓰이는 바닥면적의 합계가 2,000m$^2$ 미만인 것(너비 15m 이상의 도로로서 도시·군계획조례가 정하는 너비 이상의 도로에 접한 대지에 건축하는 것에 한한다)과 기존의 도매시장 또는 소매시장을 재건축하는 경우로서 인근의 주거환경에 미치는 영향, 시장의 기능회복 등을 고려하여 도시·군계획조례가 정하는 경우에는 해당 용도에 쓰이는 바닥면적의 합계의 4배 이하 또는 대지면적의 2배 이하인 것(2021.1.5 어려운 법령용어정비를 위한 법령 부칙에 의거 본목 개정)
   라.「건축법 시행령」 별표 1 제9호의 의료시설(격리병원을 제외한다)(「건축법 시행령」 부칙에 의거 2008.2.22 본목 개정)
   마.「건축법 시행령」 별표 1 제10호의 교육연구시설 중 제1호마목에 해당하지 아니하는 것
   바.「건축법 시행령」 별표 1 제12호의 수련시설(유스호스텔의 경우 특별시 및 광역시 지역에서는 너비 15m 이상의 도로에 20m 이상 접한 대지에 건축하는 것에 한하며, 그 밖의 지역에서는 너비 12m 이상의 도로에 접한 대지에 건축하는 것에 한한다) (2019.3.19 본목 개정)
   사.「건축법 시행령」 별표 1 제13호의 운동시설
   아.「건축법 시행령」 별표 1 제14호의 업무시설 중 오피스텔·금융업소·사무소 및 같은 호 가목에 해당하는 것으로서 해당 용도에 쓰이는 바닥면적의 합계가 3,000m$^2$ 미만인 것
   자. 별표 4 제2호차목 및 카목의 공장(2015.12.15 본목 개정)
   차.「건축법 시행령」 별표 1 제18호의 창고시설
   카.「건축법 시행령」 별표 1 제19호의 위험물저장 및 처리시설 중 주유소, 석유판매소, 액화가스취급소·판매소, 도료류 판매소,「대기환경보전법」에 따른 저공해자동차의 연료공급시설, 시내버스차고지에 설치하는 액화석유가스충전소 및 고압가스충전·저장소(건축법 시행령 부칙에 의거 2009.7.16 본목 개정)
   타.「건축법 시행령」 별표 1 제20호의 자동차관련시설 중 같은 호 아목에 해당하는 것과 주차장 및 세차장
   파.「건축법 시행령」 별표 1 제21호마목부터 사목까지의 규정에 따른 시설 및 같은 호 아목에 따른 시설 중 식물과

관련된 마목부터 사목까지의 규정에 따른 시설과 비슷한 것(2021.7.6 본목 개정)
하. 「건축법 시행령」 별표 1 제23호의 교정시설(2023.5.15 건축법 시행령 부칙에 의거 본목 개정)
거. 「건축법 시행령」 별표 1 제23호의2 국방·군사시설(2023.5.15 건축법 시행령 부칙에 의거 본목 신설)
너. 「건축법 시행령」 별표 1 제24호의 방송통신시설
더. 「건축법 시행령」 별표 1 제25호의 발전시설
러. 「건축법 시행령」 별표 1 제29호의 야영장 시설(2019.3.19 본목 신설)

- 종전(2011.7.1 이전까지)에 제2종 일반주거지역의 밀도관리를 위하여 용적률 외에 층수를 제한(18층 이하)하던 것을 층수제한 규정을 폐지하여 건축을 활성화하고 지역여건에 맞는 경관관리를 할 수 있도록 바뀌었다.

## 5. 제3종 일반주거지역 안에서 건축할 수 있는 건축물: 별표 6에 규정된 건축물

**1. 건축할 수 있는 건축물**
가. 「건축법 시행령」 별표 1 제1호의 단독주택
나. 「건축법 시행령」 별표 1 제2호의 공동주택
다. 「건축법 시행령」 별표 1 제3호의 제1종 근린생활시설
라. 「건축법 시행령」 별표 1 제6호의 종교시설
마. 「건축법 시행령」 별표 1 제10호의 교육연구시설 중 유치원·초등학교·중학교 및 고등학교(건축법 시행령 부칙에 의거 2009.7.16 개정)
바. 「건축법 시행령」 별표 1 제11호의 노유자시설

**2. 도시·군계획조례가 정하는 바에 의하여 건축할 수 있는 건축물**
가. 「건축법 시행령」 별표 1 제4호의 제2종 근린생활시설(단란주점 및 안마시술소를 제외한다)
나. 「건축법 시행령」 별표 1 제5호의 문화 및 집회시설(관람장을 제외한다)
다. 「건축법 시행령」 별표 1 제7호의 판매시설 중 같은 호 나목 및 다목(일반게임제공업의 시설은 제외한다)에 해당하는 것으로서 해당 용도에 쓰이는 바닥면적의 합계가 2,000$m^2$ 미만인 것(너비 15m 이상의 도로로서 도시·군계획조례가 정하는 너비 이상의 도로에 접한 대지에 건축하는 것에 한한다)과 기존의 도매시장 또는 소매시장을 재건축하는 경우로서 인근의 주거환경에 미치는 영향, 시장의 기능회복 등을 고려하여 도시·군계획조례가 정하는 경우에는 해당 용도에 쓰이는 바닥면적의 합계의 4배 이하 또는 대지면적의 2배 이하인 것(2021.1.5 어려운 법령용어정비를 위한 법령 부칙에 의거 본목 개정)
라. 「건축법 시행령」 별표 1 제9호의 의료시설(격리병원을 제외한다)(「건축법 시행령」 부칙에 의거 2008.2.22 본목 개정)
마. 「건축법 시행령」 별표 1 제10호의 교육연구시설 중 제1호마목에 해당하지 아니하는 것
바. 「건축법 시행령」 별표 1 제12호의 수련시설(유스호스텔의 경우 특별시 및 광역시 지역에서는 너비 15m 이상의 도로에 20m 이상 접한 대지에 건축하는 것에 한하며, 그 밖의 지역에서는 너비 12m 이상의 도로에 접한 대지에 건축하는 것에 한한다) (2016.2.11 본목 개정)
사. 「건축법 시행령」 별표 1 제13호의 운동시설
아. 「건축법 시행령」 별표 1 제14호의 업무시설로서 그 용도에 쓰이는 바닥면적의 합계가 3,000$m^2$ 이하인 것
자. 별표 4 제2호차목 및 카목의 공장(2015.12.15 본목 개정)
차. 「건축법 시행령」 별표 1 제18호의 창고시설
카. 「건축법 시행령」 별표 1 제19호의 위험물저장 및 처리시설 중 주유소, 석유판매소, 액화가스 취급소·판매소, 도료류 판매소, 「대기환경보전법」에 따른 저공해자동차의 연료공급시설, 시내버스차고지에 설치하는 액화석유가스충전소 및 고압가스충전·저장소(건축법 시행령 부칙에 의거 2009.7.16 개정)
타. 「건축법 시행령」 별표 1 제20호의 자동차관련시설 중 같은 호 아목에 해당하는 것과 주차장 및 세차장
파. 「건축법 시행령」 별표 1 제21호마목부터 사목까지의 규정에 따른 시설 및 같은 호 아목에 따른 시설 중 식물과 관련된 마목부터 사목까지의 규정에 따른 시설과 비슷한 것(2021.7.6 본목 개정)

하. 「건축법 시행령」 별표 1 제23호의 교정시설(2023.5.15 건축법 시행령 부칙에 의거 본목 개정)
거. 「건축법 시행령」 별표 1 제23호의2 국방·군사시설(2023.5.15 건축법 시행령 부칙에 의거 본목 신설)
너. 「건축법 시행령」 별표 1 제24호의 방송통신시설
더. 「건축법 시행령」 별표 1 제25호의 발전시설
러. 「건축법 시행령」 별표 1 제29호의 야영장 시설(2019.3.19 본목 신설)

• 제3종 일반주거지역 안에서 건축할 수 있는 건축물은 제2종 일반주거지역에서의 경우와 동일하다.

## 6. 준주거지역 안에서 건축할 수 없는 건축물: 별표 7에 규정된 건축물

**1. 건축할 수 없는 건축물**

가. 「건축법 시행령」 별표 1 제4호의 제2종 근린생활시설 중 단란주점
나. 「건축법 시행령」 별표 1 제7호의 판매시설 중 같은 호 다목의 일반게임제공업의 시설(2019.3.19 본목 신설)
다. 「건축법 시행령」 별표 1 제9호의 의료시설 중 격리병원
라. 「건축법 시행령」 별표 1 제15호의 숙박시설[생활숙박시설로서 공원·녹지 또는 지형지물에 따라 주택 밀집지역과 차단되거나 주택 밀집지역으로부터 도시·군계획조례로 정하는 거리(건축물의 각 부분을 기준으로 한다) 밖에 건축하는 것은 제외한다](2021.1.26 개정)
마. 「건축법 시행령」 별표 1 제16호의 위락시설
바. 「건축법 시행령」 별표 1 제17호의 공장으로서 별표 4 제2호차목(1)부터 (6)까지의 어느 하나에 해당하는 것
사. 「건축법 시행령」 별표 1 제19호의 위험물 저장 및 처리 시설 중 시내버스차고지 외의 지역에 설치하는 액화석유가스 충전소 및 고압가스 충전소·저장소(「환경친화적 자동차의 개발 및 보급 촉진에 관한 법률」 제2조제9호의 수소연료공급시설은 제외한다)(2019.3.19 본목 개정)
아. 「건축법 시행령」 별표 1 제20호의 자동차 관련 시설 중 폐차장
자. 「건축법 시행령」 별표 1 제21호의 가목·다목 및 라목에 따른 시설과 같은 호 아목에 따른 시설 중 같은 호 가목·다목 또는 라목에 따른 시설과 비슷한 것(2021.7.6 본목 개정)
차. 「건축법 시행령」 별표 1 제22호의 자원순환 관련 시설
카. 「건축법 시행령」 별표 1 제26호의 묘지 관련 시설

**2. 지역 여건 등을 고려하여 도시·군계획조례로 정하는 바에 따라 건축할 수 없는 건축물**

가. 「건축법 시행령」 별표 1 제4호의 제2종 근린생활시설 중 안마시술소
나. 「건축법 시행령」 별표 1 제5호의 문화 및 집회시설(공연장 및 전시장은 제외한다)
다. 「건축법 시행령」 별표 1 제7호의 판매시설
라. 「건축법 시행령」 별표 1 제8호의 운수시설
마. 「건축법 시행령」 별표 1 제15호의 숙박시설 중 생활숙박시설로서 공원·녹지 또는 지형지물에 의하여 주택 밀집지역과 차단되거나 주택 밀집지역으로부터 도시·군계획조례로 정하는 거리(건축물의 각 부분을 기준으로 한다) 밖에 건축하는 것(2021.1.26 개정)
바. 「건축법 시행령」 별표 1 제17호의 공장(제1호바목에 해당하는 것은 제외한다.)(2019.3.19 본목 개정)
사. 「건축법 시행령」 별표 1 제18호의 창고시설
아. 「건축법 시행령」 별표 1 제19호의 위험물 저장 및 처리 시설(제1호사목에 해당하는 것은 제외한다)(2019.3.19 본목 개정)
자. 「건축법 시행령」 별표 1 제20호의 자동차 관련 시설(제1호아목에 해당하는 것은 제외한다)(2019.3.19 본목 개정)
차. 「건축법 시행령」 별표 1 제21호의 동물 및 식물 관련 시설(제1호자목에 해당하는 것은 제외한다)(2019.3.19 본목 개정)
카. 「건축법 시행령」 별표 1 제23호의 교정시설(2023.5.15 건축법 시행령 부칙에 의거 본목 개정)
타. 「건축법 시행령」 별표 1 제23호의2 국방·군사시설(2023.5.15 건축법 시행령 부칙에 의거 본목 신설)

파. 「건축법 시행령」 별표 1 제25호의 발전시설
하. 「건축법 시행령」 별표 1 제27호의 관광 휴게시설
거. 「건축법 시행령」 별표 1 제28호의 장례시설(2017.2.3 본목 개정)

- 준주거지역(準住居地域)은 주거기능을 주로 하되, 상업적 기능의 보완이 필요한 지역으로서 상업기능과 주거기능이 혼합된(mixed use) 성격을 가지고 있으며 주거환경을 직접적으로는 저해하지 않은 건축물은 허용된다.

## 7. 중심상업지역 안에서 건축할 수 없는 건축물 : 별표 8에 규정된 건축물

**1. 건축할 수 없는 건축물**

가. 「건축법 시행령」 별표 1 제1호의 단독주택(다른 용도와 복합된 것은 제외한다)
나. 「건축법 시행령」 별표 1 제2호의 공동주택. 다만, 다음의 어느 하나에 해당하는 공동주택은 제외한다.(2024.3.19 본목 개정)
(1) 공동주택과 주거용 외의 용도가 복합된 건축물(다수의 건축물이 일체적으로 연결된 하나의 건축물을 포함한다)로서 공동주택 부분의 면적이 연면적의 합계의 90%(도시·군계획조례로 90% 미만의 범위에서 별도로 비율을 정한 경우에는 그 비율) 미만인 것
(2) 「주택법」 제2조제20호에 따른 도시형 생활주택(주거전용면적이 60m$^2$ 이하인 경우로 한정한다) (2025.1.21 주택법 시행령 부칙에 따라 개정)
다. 「건축법 시행령」 별표 1 제15호의 숙박시설 중 일반숙박시설 및 생활숙박시설. 다만, 다음의 일반숙박시설 또는 생활숙박시설은 제외한다.(2016.11.1 본목 개정)
(1) 공원·녹지 또는 지형지물에 따라 주거지역과 차단되거나 주거지역으로부터 도시·군계획조례로 정하는 거리(건축물의 각 부분을 기준으로 한다) 밖에 건축하는 일반숙박시설(2021.1.26 개정)
(2) 공원·녹지 또는 지형지물에 따라 준주거지역 내 주택 밀집지역, 전용주거지역 또는 일반주거지역과 차단되거나 준주거지역 내 주택 밀집지역, 전용주거지역 또는 일반주거지역으로부터 도시·군계획조례로 정하는 거리(건축물의 각 부분을 기준으로 한다) 밖에 있는 대지에 건축하는 생활숙박시설(2021.1.26 개정)
라. 「건축법 시행령」 별표 1 제16호의 위락시설[공원·녹지 또는 지형지물에 따라 주거지역과 차단되거나 주거지역으로부터 도시·군계획조례로 정하는 거리(건축물의 각 부분을 기준으로 한다) 밖에 건축하는 것은 제외한다] (2021.1.26 개정)
마. 「건축법 시행령」 별표 1 제17호의 공장(제2호바목에 해당하는 것은 제외한다)
바. 「건축법 시행령」 별표 1 제19호의 위험물 저장 및 처리 시설 중 시내버스차고지 외의 지역에 설치하는 액화석유가스 충전소 및 고압가스충전소·저장소(「환경친화적 자동차의 개발 및 보급 촉진에 관한 법률」 제2조제9호의 수소연료공급시설은 제외한다)(2019.3.19 본목 개정)
사. 「건축법 시행령」 별표 1 제20호의 자동차 관련 시설 중 폐차장
아. 「건축법 시행령」 별표 1 제21호의 동물 및 식물 관련 시설
자. 「건축법 시행령」 별표 1 제22호의 자원순환 관련 시설(2014.3.24 「건축법 시행령」 부칙에 의거 개정)
차. 「건축법 시행령」 별표 1 제26호의 묘지 관련 시설

**2. 지역 여건 등을 고려하여 도시·군계획조례로 정하는 바에 따라 건축할 수 없는 건축물**

가. 「건축법 시행령」 별표 1 제1호의 단독주택 중 다른 용도와 복합된 것
나. 「건축법 시행령」 별표 1 제2호의 공동주택[제1호나목(1)에 해당하는 것은 제외한다](2024.3.19 본목 개정)
다. 「건축법 시행령」 별표 1 제9호의 의료시설 중 격리병원
라. 「건축법 시행령」 별표 1 제10호의 교육연구시설 중 학교
마. 「건축법 시행령」 별표 1 제12호의 수련시설(2019.3.19 본목 개정)
바. 「건축법 시행령」 별표 1 제17호의 공장 중 출판업·인쇄업·금은세공업 및 기록매체복제업의 공장으로서 별표 4 제2호 차목(1)부터 (6)까지의 어느 하나에 해당하지 않는 것

사. 「건축법 시행령」 별표 1 제18호의 창고시설
아. 「건축법 시행령」 별표 1 제19호의 위험물 저장 및 처리시설(제1호바목에 해당하는 것은 제외한다)
자. 「건축법 시행령」 별표 1 제20호의 자동차 관련 시설 중 같은 호 나목 및 라목부터 아목까지에 해당하는 것
차. 「건축법 시행령」 별표 1 제23호의 교정시설(2023.5.15 건축법 시행령 부칙에 의거 본목 개정)
카. 「건축법 시행령」 별표 1 제27호의 관광 휴게시설
타. 「건축법 시행령」 별표 1 제28호의 장례시설(2017.2.3 본목 개정)
파. 「건축법 시행령」 별표 1 제29호의 야영장 시설(2019.3.19 본목 신설)

- 중심상업지역(中心商業地域)은 도심 및 부도심 지역 등 도심활동기능을 증진시키는 용도의 건축물과 토지의 고도이용을 도모하기 위한 시설밀도(건폐율, 용적률, 높이 등) 등을 높게 허용하고 있으나 화재·매연·악취·소음 등을 배출하는 용도의 건축물과 도시경관을 해치는 건축물의 건축을 금지하며 방화 및 주차장 등에 관한 규정은 강화, 적용된다.
- 중심상업지역에서는 원칙적으로 공동주택을 건축할 수 없다. 다만, 주상복합건축물의 경우에만 예외적으로(주거부분이 전체 연면적의 90% 미만) 건축이 가능하다.

## 8. 일반상업지역 안에서 건축할 수 없는 건축물 : 별표 9에 규정된 건축물

**1. 건축할 수 없는 건축물**

가. 「건축법 시행령」 별표 1 제15호의 숙박시설 중 일반숙박시설 및 생활숙박시설. 다만, 다음의 일반숙박시설 또는 생활숙박시설은 제외한다.(2016.11.1 본목 개정)
(1) 공원·녹지 또는 지형지물에 따라 주거지역과 차단되거나 주거지역으로부터 도시·군계획조례로 정하는 거리(건축물의 각 부분을 기준으로 한다) 밖에 있는 대지에 건축하는 일반숙박시설(2021.1.26 개정)
(2) 공원·녹지 또는 지형지물에 따라 준주거지역 내 주택 밀집지역, 전용주거지역 또는 일반주거지역과 차단되거나 준주거지역 내 주택 밀집지역, 전용주거지역 또는 일반주거지역으로부터 도시·군계획조례로 정하는 거리(건축물의 각 부분을 기준으로 한다) 밖에 있는 대지에 건축하는 생활숙박시설(2021.1.26 개정)
나. 「건축법 시행령」 별표 1 제16호의 위락시설[공원·녹지 또는 지형지물에 따라 주거지역과 차단되거나 주거지역으로부터 도시·군계획조례로 정하는 거리(건축물의 각 부분을 기준으로 한다) 밖에 건축하는 것은 제외한다] (2021.1.26 개정)
다. 「건축법 시행령」 별표 1 제17호의 공장으로서 별표 4 제2호차목(1)부터 (6)까지의 어느 하나에 해당하는 것
라. 「건축법 시행령」 별표 1 제19호의 위험물 저장 및 처리 시설 중 시내버스차고지 외의 지역에 설치하는 액화석유가스 충전소 및 고압가스 충전소·저장소(「환경친화적 자동차의 개발 및 보급 촉진에 관한 법률」 제2조제9호의 수소연료공급시설은 제외한다)(2019.3.19 본목 개정)
마. 「건축법 시행령」 별표 1 제20호의 자동차 관련 시설 중 폐차장
바. 「건축법 시행령」 별표 1 제21호가목부터 라목까지의 규정에 따른 시설 및 같은 호 아목에 따른 시설 중 동물과 관련된 가목부터 라목까지의 규정에 따른 시설과 비슷한 것(2021.7.6 본목 개정)
사. 「건축법 시행령」 별표 1 제22호의 자원순환 관련 시설(2014.3.24 「건축법 시행령」 부칙에 의거 개정)
아. 「건축법 시행령」 별표 1 제26호의 묘지 관련 시설

**2. 지역 여건 등을 고려하여 도시·군계획조례로 정하는 바에 따라 건축할 수 없는 건축물**

가. 「건축법 시행령」 별표 1 제1호의 단독주택
나. 「건축법 시행령」 별표 1 제2호의 공동주택[공동주택과 주거용 외의 용도가 복합된 건축물(다수의 건축물이 일체적으로 연결된 하나의 건축물을 포함한다)로서 공동주택 부분의 면적이 연면적의 합계의 90%(도시·군계획조례로 90% 미만의 비율을 정한 경우에는 그 비율) 미만인 것은 제외한다]
다. 「건축법 시행령」 별표 1 제12호의 수련시설(2019.3.19 본목 개정)
라. 「건축법 시행령」 별표 1 제17호의 공장(제1호다목에 해당하는 것은 제외한다)
마. 「건축법 시행령」 별표 1 제19호의 위험물 저장 및 처리 시설(제1호라목에 해당하는 것은 제외한다)

바. 「건축법 시행령」 별표 1 제20호의 자동차 관련 시설 중 같은 호 라목부터 아목까지에 해당하는 것
사. 「건축법 시행령」 별표 1 제21호의 동물 및 식물 관련 시설(제1호바목에 해당하는 것은 제외한다)
아. 「건축법 시행령」 별표 1 제23호의 교정시설(2023.5.15 건축법 시행령 부칙에 의거 본목 개정)
자. 「건축법 시행령」 별표 1 제29호의 야영장 시설(2019.3.19 본목 신설)

- 일반상업지역(一般商業地域)은 일반 상업 및 업무 기능을 수용하는 지역으로 중심상업지역에 비해 용도의 규제가 완화되며, 시설 밀도 등이 상대적으로 낮게 적용되고 있으며 특수한 일부건축물을 제외한 대부분의 건축물은 건축이 가능하다.
  ※ 다른 용도가 복합된 주택의 건축을 허용하는 것은 주거 복합건물이 도심의 공동화 방지와 직주근접 등의 효과를 갖기 때문이다.

## 9. 근린상업지역 안에서 건축할 수 없는 건축물 : 별표 10에 규정된 건축물

**1. 건축할 수 없는 건축물**

가. 「건축법 시행령」 별표 1 제9호의 의료시설 중 격리병원
나. 「건축법 시행령」 별표 1 제15호의 숙박시설 중 일반숙박시설 및 생활숙박시설. 다만, 다음의 일반숙박시설 또는 생활숙박시설은 제외한다.(2016.11.1 본목 개정)
(1) 공원·녹지 또는 지형지물에 따라 주거지역과 차단되거나 주거지역으로부터 도시·군계획조례로 정하는 거리(건축물의 각 부분을 기준으로 한다) 밖에 있는 대지에 건축하는 일반숙박시설(2021.1.26 개정)
(2) 공원·녹지 또는 지형지물에 따라 준주거지역 내 주택 밀집지역, 전용주거지역 또는 일반주거지역과 차단되거나 준주거지역 내 주택 밀집지역, 전용주거지역 또는 일반주거지역으로부터 도시·군계획조례로 정하는 거리(건축물의 각 부분을 기준으로 한다) 밖에 있는 대지에 건축하는 생활숙박시설(2021.1.26 개정)
다. 「건축법 시행령」 별표 1 제16호의 위락시설[공원·녹지 또는 지형지물에 따라 주거지역과 차단되거나 주거지역으로부터 도시·군계획조례로 정하는 거리(건축물의 각 부분을 기준으로 한다) 밖에 건축하는 것은 제외한다] (2021.1.26 개정)
라. 「건축법 시행령」 별표 1 제17호의 공장으로서 별표 4 제2호차목(1)부터 (6)까지의 어느 하나에 해당하는 것
마. 「건축법 시행령」 별표 1 제19호의 위험물 저장 및 처리 시설 중 시내버스차고지 외의 지역에 설치하는 액화석유가스 충전소 및 고압가스 충전소·저장소(「환경친화적 자동차의 개발 및 보급 촉진에 관한 법률」 제2조제9호의 수소연료공급시설은 제외한다)(2019.3.19 본목 개정)
바. 「건축법 시행령」 별표 1 제20호의 자동차 관련 시설 중 같은 호 다목부터 사목까지에 해당하는 것
사. 「건축법 시행령」 별표 1 제21호가목부터 라목까지의 규정에 따른 시설 및 같은 호 아목에 따른 시설 중 동물과 관련된 가목부터 라목까지의 규정에 따른 시설과 비슷한 것(2021.7.6 본목 개정)
아. 「건축법 시행령」 별표 1 제22호의 자원순환 관련 시설(2014.3.24 「건축법 시행령」 부칙에 의거 개정)
자. 「건축법 시행령」 별표 1 제26호의 묘지 관련 시설

**2. 지역 여건 등을 고려하여 도시·군계획조례로 정하는 바에 따라 건축할 수 없는 건축물**

가. 「건축법 시행령」 별표 1 제2호의 공동주택[공동주택과 주거용 외의 용도가 복합된 건축물(다수의 건축물이 일체적으로 연결된 하나의 건축물을 포함한다)로서 공동주택 부분의 면적이 연면적의 합계의 90%(도시·군계획조례로 90% 미만의 범위에서 별도로 비율을 정한 경우에는 그 비율) 미만인 것은 제외한다]
나. 「건축법 시행령」 별표 1 제5호의 문화 및 집회시설(공연장 및 전시장은 제외한다)
다. 「건축법 시행령」 별표 1 제7호의 판매시설로서 그 용도에 쓰이는 바닥면적의 합계가 3,000m$^2$ 이상인 것
라. 「건축법 시행령」 별표 1 제8호의 운수시설로서 그 용도에 쓰이는 바닥면적의 합계가 3,000m$^2$ 이상인 것
마. 「건축법 시행령」 별표 1 제16호의 위락시설(제1호다목에 해당하는 것은 제외한다)
바. 「건축법 시행령」 별표 1 제17호의 공장(제1호라목에 해당하는 것은 제외한다)
사. 「건축법 시행령」 별표 1 제18호의 창고시설
아. 「건축법 시행령」 별표 1 제19호의 위험물 저장 및 처리 시설(제1호마목에 해당하는 것은 제외한다)
자. 「건축법 시행령」 별표 1 제20호의 자동차 관련 시설 중 같은 호 아목에 해당하는 것

차. 「건축법 시행령」 별표 1 제21호의 동물 및 식물 관련 시설(제1호사목에 해당하는 것은 제외한다)
카. 「건축법 시행령」 별표 1 제23호의 교정시설(2023.5.15 건축법 시행령 부칙에 의거 본목 개정)
타. 「건축법 시행령」 별표 1 제23호의2 국방·군사시설(2023.5.15 건축법 시행령 부칙에 의거 본목 신설)
파. 「건축법 시행령」 별표 1 제25호의 발전시설
하. 「건축법 시행령」 별표 1 제27호의 관광 휴게시설

• 근린상업지역(近隣商業地域)은 근린단위의 일상생활을 지원해 주는 상업지역으로서 주거기능을 위한 편의시설(일용품 및 서비스)의 건축이 폭넓게 허용되며 주로 노선상업의 형태를 가진다.

## 10. 유통상업지역 안에서 건축할 수 없는 건축물 : 별표 11에 규정된 건축물

1. 건축할 수 없는 건축물
가. 「건축법 시행령」 별표 1 제1호의 단독주택
나. 「건축법 시행령」 별표 1 제2호의 공동주택
다. 「건축법 시행령」 별표 1 제9호의 의료시설
라. 「건축법 시행령」 별표 1 제15호의 숙박시설 중 일반숙박시설 및 생활숙박시설. 다만, 다음의 일반숙박시설 또는 생활숙박시설은 제외한다.(2016.11.1 본목 개정)
(1) 공원·녹지 또는 지형지물에 따라 주거지역과 차단되거나 주거지역으로부터 도시·군계획조례로 정하는 거리(건축물의 각 부분을 기준으로 한다) 밖에 있는 대지에 건축하는 일반숙박시설(2021.1.26 개정)
(2) 공원·녹지 또는 지형지물에 따라 준주거지역 내 주택 밀집지역, 전용주거지역 또는 일반주거지역과 차단되거나 준주거지역 내 주택 밀집지역, 전용주거지역 또는 일반주거지역으로부터 도시·군계획조례로 정하는 거리(건축물의 각 부분을 기준으로 한다) 밖에 있는 대지에 건축하는 생활숙박시설(2021.1.26 개정)
마. 「건축법 시행령」 별표 1 제16호의 위락시설[공원·녹지 또는 지형지물에 따라 주거지역과 차단되거나 주거지역으로부터 도시·군계획조례로 정하는 거리(건축물의 각 부분을 기준으로 한다) 밖에 건축하는 것은 제외한다] (2021.1.26 개정)
바. 「건축법 시행령」 별표 1 제17호의 공장
사. 「건축법 시행령」 별표 1 제19호의 위험물 저장 및 처리 시설 중 시내버스차고지 외의 지역에 설치하는 액화석유가스 충전소 및 고압가스 충전소·저장소(「환경친화적 자동차의 개발 및 보급 촉진에 관한 법률」 제2조제9호의 수소연료공급시설은 제외한다)(2019.3.19 본목 개정)
아. 「건축법 시행령」 별표 1 제21호의 동물 및 식물 관련 시설
자. 「건축법 시행령」 별표 1 제22호의 자원순환 관련 시설(2014.3.24 「건축법 시행령」 부칙에 의거 개정)
차. 「건축법 시행령」 별표 1 제26호의 묘지 관련 시설

2. 지역 여건 등을 고려하여 도시·군계획조례로 정하는 바에 따라 건축할 수 없는 건축물
가. 「건축법 시행령」 별표 1 제4호의 제2종 근린생활시설
나. 「건축법 시행령」 별표 1 제5호의 문화 및 집회시설(공연장 및 전시장은 제외한다)
다. 「건축법 시행령」 별표 1 제6호의 종교시설
라. 「건축법 시행령」 별표 1 제10호의 교육연구시설
마. 「건축법 시행령」 별표 1 제11호의 노유자시설
바. 「건축법 시행령」 별표 1 제12호의 수련시설(2019.3.19 본목 개정)
사. 「건축법 시행령」 별표 1 제13호의 운동시설
아. 「건축법 시행령」 별표 1 제15호의 숙박시설(제1호라목에 해당하는 것은 제외한다)
자. 「건축법 시행령」 별표 1 제16호의 위락시설(제1호마목에 해당하는 것은 제외한다)
차. 「건축법 시행령」 별표 1 제19호의 위험물 저장 및 처리시설(제1호사목에 해당하는 것은 제외한다)
카. 「건축법 시행령」 별표 1 제20호의 자동차 관련 시설(주차장 및 세차장은 제외한다)

타. 「건축법 시행령」 별표 1 제23호의 교정시설(2023.5.15 건축법 시행령 부칙에 의거 본목 개정)
파. 「건축법 시행령」 별표 1 제23호의2 국방·군사시설(2023.5.15 건축법 시행령 부칙에 의거 본목 신설)
하. 「건축법 시행령」 별표 1 제24호의 방송통신시설
거. 「건축법 시행령」 별표 1 제25호의 발전시설
너. 「건축법 시행령」 별표 1 제27호의 관광 휴게시설
더. 「건축법 시행령」 별표 1 제28호의 장례시설(2017.2.3 본목 개정)
러. 「건축법 시행령」 별표 1 제29호의 야영장 시설(2019.3.19 본목 신설)

- 유통상업지역(流通商業地域)은 도시 내 및 지역 간 유통기능의 증진을 위하여 필요한 때 지정하며 대규모 도매시장, 보관창고, 화물자동차터미널, 유통관련업무 등을 집단화하고 도시의 외곽순환도로 주변에 입지하여 도심차량통행을 줄임으로써 교통난을 완화하려는데 취지를 두고 있다. 따라서 특정한 지역으로 한정하여 지역지정을 하게 된다.

## 11. 전용공업지역 안에서 건축할 수 있는 건축물 : 별표 12에 규정된 건축물

**1. 건축할 수 있는 건축물**
가. 「건축법 시행령」 별표 1 제3호의 제1종 근린생활시설
나. 「건축법 시행령」 별표 1 제4호의 제2종 근린생활시설[같은 호 아목·자목·타목(기원만 해당한다)·더목 및 러목은 제외한다](2014.3.24 「건축법 시행령」 부칙에 의거 개정)
다. 「건축법 시행령」 별표 1 제17호의 공장
라. 「건축법 시행령」 별표 1 제18호의 창고시설
마. 「건축법 시행령」 별표 1 제19호의 위험물저장 및 처리시설
바. 「건축법 시행령」 별표 1 제20호의 자동차관련시설
사. 「건축법 시행령」 별표 1 제22호의 자원순환 관련 시설(2014.3.24 「건축법 시행령」 부칙에 의거 개정)
아. 「건축법 시행령」 별표 1 제25호의 발전시설

**2. 도시·군계획조례가 정하는 바에 의하여 건축할 수 있는 건축물**
가. 「건축법 시행령」 별표 1 제2호의 공동주택 중 기숙사
나. 「건축법 시행령」 별표 1 제4호의 제2종 근린생활시설 중 같은 호 아목·자목 및 타목(기원만 해당한다) 및 러목에 해당하는 것(2014.3.24 「건축법 시행령」 부칙에 의거 개정)
다. 「건축법 시행령」 별표 1 제5호의 문화 및 집회시설 중 산업전시장 및 박람회장
라. 「건축법 시행령」 별표 1 제7호의 판매시설(해당 전용공업지역에 소재하는 공장에서 생산되는 제품을 판매하는 경우에 한한다)
마. 「건축법 시행령」 별표 1 제8호의 운수시설
바. 「건축법 시행령」 별표 1 제9호의 의료시설(「건축법 시행령」 부칙에 의거 2008.2.22 본목 개정)
사. 「건축법 시행령」 별표 1 제10호의 교육연구시설 중 직업훈련소(「국민 평생 직업능력 개발법」 제2조제3호에 따른 직업능력개발훈련시설과 그 밖에 동법 제32조에 따른 직업능력개발훈련법인이 직업능력개발훈련을 실시하기 위하여 설치한 시설에 한한다)·학원(기술계학원에 한한다) 및 연구소(공업에 관련된 연구소, 「고등교육법」에 따른 기술대학에 부설되는 것과 공장대지 안에 부설되는 것에 한한다) (2022.2.17 국민 평생 직업능력 개발법 시행령 부칙에 의거 개정)
아. 「건축법 시행령」 별표 1 제11호의 노유자시설
자. 「건축법 시행령」 별표 1 제23호의 교정시설(2023.5.15 건축법 시행령 부칙에 의거 본목 개정)
차. 「건축법 시행령」 별표 1 제23호의2 국방·군사시설(2023.5.15 건축법 시행령 부칙에 의거 본목 신설)
카. 「건축법 시행령」 별표 1 제24호의 방송통신시설

- 전용공업지역(專用工業地域)은 공업의 편익을 도모하고 공해의 확산을 방지하기 위하여 주로 중화학공업, 공해성 공업 및 이에 부수되는 공원지원시설만 건축을 허용하며 주택, 상업시설은 일체 금지되나 해당 지역에 소재하는 공장에서 생산되는 제품을

판매하는 시설은 허용됨.

※ 일반적으로 부속건축물은 주 용도에 따라 건축되므로 별도로 용도제한을 받지 않는다.

## 12. 일반공업지역 안에서 건축할 수 있는 건축물: 별표 13에 규정된 건축물

**1. 건축할 수 있는 건축물**

가. 「건축법 시행령」 별표 1 제3호의 제1종 근린생활시설

나. 「건축법 시행령」 별표 1 제4호의 제2종 근린생활시설(단란주점 및 안마시술소를 제외한다)

다. 「건축법 시행령」 별표 1 제7호의 판매시설(해당 일반공업지역에 소재하는 공장에서 생산되는 제품을 판매하는 시설에 한한다)

라. 「건축법 시행령」 별표 1 제8호의 운수시설

마. 「건축법 시행령」 별표 1 제17호의 공장

바. 「건축법 시행령」 별표 1 제18호의 창고시설

사. 「건축법 시행령」 별표 1 제19호의 위험물저장 및 처리시설

아. 「건축법 시행령」 별표 1 제20호의 자동차관련시설

자. 「건축법 시행령」 별표 1 제22호의 자원순환 관련 시설(2014.3.24 「건축법 시행령」 부칙에 의거 개정)

차. 「건축법 시행령」 별표 1 제25호의 발전시설

**2. 도시·군계획조례가 정하는 바에 의하여 건축할 수 있는 건축물**

가. 「건축법 시행령」 별표 1 제1호의 단독주택

나. 「건축법 시행령」 별표 1 제2호의 공동주택 중 기숙사

다. 「건축법 시행령」 별표 1 제4호의 제2종 근린생활시설 중 안마시술소

라. 「건축법 시행령」 별표 1 제5호의 문화 및 집회시설 중 같은 호 라목에 해당하는 것

마. 「건축법 시행령」 별표 1 제6호의 종교시설

바. 「건축법 시행령」 별표 1 제9호의 의료시설

사. 「건축법 시행령」 별표 1 제10호의 교육연구시설

아. 「건축법 시행령」 별표 1 제11호의 노유자시설

자. 「건축법 시행령」 별표 1 제12호의 수련시설(2019.3.19 본목 개정)

차. 「건축법 시행령」 별표 1 제14호의 업무시설(일반업무시설로서 「산업집적활성화 및 공장설립에 관한 법률」 제2조제13호에 따른 지식산업센터에 입주하는 지원시설에 한정한다)(2011.7.1 본표 개정)

카. 「건축법 시행령」 별표 1 제21호의 동물 및 식물관련시설

타. 「건축법 시행령」 별표 1 제23호의 교정시설(2023.5.15 건축법 시행령 부칙에 의거 본목 개정)

파. 「건축법 시행령」 별표 1 제23호의2 국방·군사시설(2023.5.15 건축법 시행령 부칙에 의거 본목 신설)

하. 「건축법 시행령」 별표 1 제24호의 방송통신시설

거. 「건축법 시행령」 별표 1 제28호의 장례시설(2017.2.3 본목 개정)

너. 「건축법 시행령」 별표 1 제29호의 야영장 시설(2019.3.19 본목 신설)

- 일반공업지역(一般工業地域)은 주변환경에 큰 지장을 주지 않는 건축물의 건축을 허용하면 전용공업지역에 비해 완화 규정하고 있다. 근린편익시설 등은 허용하나 상업, 위락, 숙박, 기타 시설물의 건축은 금지되며 공업에 관련된 일부 용도의 건축물은 선택적으로 허용된다.

## 13. 준공업지역 안에서 건축할 수 없는 건축물: 별표 14에 규정된 건축물

**1. 건축할 수 없는 건축물**

가. 「건축법 시행령」 별표 1 제16호의 위락시설

나. 「건축법 시행령」 별표 1 제26호의 묘지 관련 시설

**2. 지역 여건 등을 고려하여 도시·군계획조례로 정하는 바에 따라 건축할 수 없는 건축물**

가. 「건축법 시행령」 별표 1 제1호의 단독주택
나. 「건축법 시행령」 별표 1 제2호의 공동주택(기숙사는 제외한다)
다. 「건축법 시행령」 별표 1 제4호의 제2종 근린생활시설 중 단란주점 및 안마시술소
라. 「건축법 시행령」 별표 1 제5호의 문화 및 집회시설(공연장 및 전시장은 제외한다)
마. 「건축법 시행령」 별표 1 제6호의 종교시설
바. 「건축법 시행령」 별표 1 제7호의 판매시설(해당 준공업지역에 소재하는 공장에서 생산되는 제품을 판매하는 시설은 제외한다)
사. 「건축법 시행령」 별표 1 제13호의 운동시설
아. 「건축법 시행령」 별표 1 제15호의 숙박시설
자. 「건축법 시행령」 별표 1 제17호의 공장으로서 해당 용도에 쓰이는 바닥면적의 합계가 5,000$m^2$ 이상인 것
차. 「건축법 시행령」 별표 1 제21호의 동물 및 식물 관련 시설
카. 「건축법 시행령」 별표 1 제23호의 교정시설(2023.5.15 건축법 시행령 부칙에 의거 본목 개정)
타. 「건축법 시행령」 별표 1 제23호의2 국방·군사시설(2023.5.15 건축법 시행령 부칙에 의거 본목 신설)
파. 「건축법 시행령」 별표 1 제27호의 관광 휴게시설

- 준공업지역(準工業地域)은 공업·주거·상업 기능이 혼합된 지역으로 경공업, 기타 공업을 수용하되, 주거기능을 보완하며 공장의 규모보다는 공장업태(工場業態)에 의하여 규제함으로써 공해발생이 경미(輕微)한 공장을 보호하기 위한 것이다. 이 지역은 주거와 결합된 가내공업(家內工業)이나 공해가 적은 제조, 가공업소의 건축이 허용되며, 이곳에서 건축이 금지된 공장은 일반공업지역 또는 전용공업지역에 건축하여야 한다.

## 14. 보전녹지지역 안에서 건축할 수 있는 건축물 : 별표 15에 규정된 건축물

**1. 건축할 수 있는 건축물**(4층 이하의 건축물에 한한다. 다만, 4층 이하의 범위 안에서 도시·군계획조례로 따로 층수를 정하는 경우에는 그 층수 이하의 건축물에 한한다)

가. 「건축법 시행령」 별표 1 제10호의 교육연구시설 중 초등학교(졸업 시 초등학교 졸업학력과 동등한 학력이 인정되는 학교를 포함한다) (2024.5.28 본목 개정)
나. 「건축법 시행령」 별표 1 제18호가목의 창고(농업·임업·축산업·수산업용만 해당한다)(건축법 시행령 부칙에 의거 2009.7.16 개정)
다. 「건축법 시행령」 별표 1 제23호의 교정시설(2023.5.15 건축법 시행령 부칙에 의거 본목 개정)
라. 「건축법 시행령」 별표 1 제23호의2 국방·군사시설(2023.5.15 건축법 시행령 부칙에 의거 본목 신설)

**2. 도시·군계획조례가 정하는 바에 의하여 건축할 수 있는 건축물**(4층 이하의 건축물에 한한다. 다만, 4층 이하의 범위 안에서 도시·군계획조례로 따로 층수를 정하는 경우에는 그 층수 이하의 건축물에 한한다)

가. 「건축법 시행령」 별표 1 제1호의 단독주택(다가구 주택을 제외한다)
나. 「건축법 시행령」 별표 1 제3호의 제1종 근린생활시설로서 해당 용도에 쓰이는 바닥면적의 합계가 500$m^2$ 미만인 것
다. 「건축법 시행령」 별표 1 제4호의 제2종 근린생활시설 중 종교집회장
라. 「건축법 시행령」 별표 1 제5호의 문화 및 집회시설 중 같은 호 라목에 해당하는 것
마. 「건축법 시행령」 별표 1 제6호의 종교시설
바. 「건축법 시행령」 별표 1 제9호의 의료시설
사. 「건축법 시행령」 별표 1 제10호의 교육연구시설 중 유치원·중학교·고등학교(졸업 시 중학교·고등학교 졸업학력과 동등한 학력이 인정되는 학교를 포함한다) (2024.5.28 본목 개정)
아. 「건축법 시행령」 별표 1 제11호의 노유자시설
자. 「건축법 시행령」 별표 1 제19호의 위험물저장 및 처리시설 중 액화석유가스충전소 및 고압가스충전·저장소

차. 「건축법 시행령」 별표 1 제21호의 시설(같은 호 다목 및 라목에 따른 시설과 같은 호 아목에 따른 시설 중 동물과 관련된 다목 및 라목에 따른 시설과 비슷한 것은 제외한다) (2021.7.6 본목 개정)
카. 「건축법 시행령」 별표 1 제22호가목의 하수 등 처리시설(「하수도법」 제2조제9호에 따른 공공하수처리시설만 해당한다) (2016.6.30 본목 개정)
타. 「건축법 시행령」 별표 1 제26호의 묘지관련시설(2016.6.30 본목 개정)
파. 「건축법 시행령」 별표 1 제28호의 장례시설(2017.2.3 본목 개정)
하. 「건축법 시행령」 별표 1 제29호의 야영장 시설(2016.6.30 본목 신설)

• 보전녹지지역(保全綠地地域)은 도시의 자연환경 및 경관, 수림과 녹지를 보전하는 지역으로 이 지역에서는 건축이 엄격히 제한된다.

## 15. 생산녹지지역 안에서 건축할 수 있는 건축물: 별표 16에 규정된 건축물

1. **건축할 수 있는 건축물**(4층 이하의 건축물에 한한다. 다만, 4층 이하의 범위안에서 도시·군계획조례로 따로 층수를 정하는 경우에는 그 층수 이하의 건축물에 한한다)
가. 「건축법 시행령」 별표 1 제1호의 단독주택
나. 「건축법 시행령」 별표 1 제3호의 제1종 근린생활시설
다. 「건축법 시행령」 별표 1 제10호의 교육연구시설 중 유치원·초등학교(졸업 시 초등학교 졸업학력과 동등한 학력이 인정되는 학교를 포함한다) (2024.5.28 본목 개정)
라. 「건축법 시행령」 별표 1 제11호의 노유자시설
마. 「건축법 시행령」 별표 1 제12호의 수련시설(2019.3.19 본목 개정)
바. 「건축법 시행령」 별표 1 제13호의 운동시설 중 운동장
사. 「건축법 시행령」 별표 1 제18호가목의 창고(농업·임업·축산업·수산업용만 해당한다)
아. 「건축법 시행령」 별표 1 제19호의 위험물저장 및 처리시설 중 액화석유가스충전소 및 고압가스충전·저장소
자. 「건축법 시행령」 별표 1 제21호의 시설(같은 호 다목 및 라목에 따른 시설과 같은 호 아목에 따른 시설 중 동물과 관련된 다목 및 라목에 따른 시설과 비슷한 것은 제외한다) (2021.7.6 본목 개정)
차. 「건축법 시행령」 별표 1 제23호의 교정시설(2023.5.15 건축법 시행령 부칙에 의거 본목 개정)
카. 「건축법 시행령」 별표 1 제23호의2 국방·군사시설(2023.5.15 건축법 시행령 부칙에 의거 본목 신설)
타. 「건축법 시행령」 별표 1 제24호의 방송통신시설
파. 「건축법 시행령」 별표 1 제25호의 발전시설
하. 「건축법 시행령」 별표 1 제29호의 야영장 시설(2019.3.19 본목 신설)

2. **도시·군계획조례가 정하는 바에 의하여 건축할 수 있는 건축물**(4층 이하의 건축물에 한한다. 다만, 4층 이하의 범위안에서 도시·군계획조례로 따로 층수를 정하는 경우에는 그 층수 이하의 건축물에 한한다)
가. 「건축법 시행령」 별표 1 제2호의 공동주택(아파트를 제외한다)
나. 「건축법 시행령」 별표 1 제4호의 제2종 근린생활시설로서 해당용도에 쓰이는 바닥면적의 합계가 1,000m$^2$ 미만인 것(단란주점을 제외한다)
다. 「건축법 시행령」 별표 1 제5호의 문화 및 집회시설 중 동호 나목 및 라목에 해당하는 것
라. 「건축법 시행령」 별표 1 제7호의 판매시설(농업·임업·축산업·수산업용에 한한다)
마. 「건축법 시행령」 별표 1 제9호의 의료시설
바. 「건축법 시행령」 별표 1 제10호의 교육연구시설 중 중학교·고등학교(졸업시 중학교·고등학교 졸업학력과 동등한 학력이 인정되는 학교를 포함한다)·교육원(농업·임업·축산업·수산업과 관련된 교육시설로 한정한다)·직업훈련소 및 연구소(농업·임업·축산업·수산업과 관련된 연구소로 한정한다) (2024.5.28 본목 개정)
사. 「건축법 시행령」 별표 1 제13호의 운동시설(운동장을 제외한다)
아. 「건축법 시행령」 별표 1 제17호의 공장 중 도정공장·식품공장·제1차산업생산품 가공공장 및 「산업집적활성화 및

공장설립에 관한 법률 시행령」 별표 1 제2호마목의 첨단업종의 공장(이하 "**첨단업종의 공장**"이라 한다)으로서 다음의 어느 하나에 해당하지 아니하는 것(2014.11.11 본목 개정)

(1) 「대기환경보전법」 제2조제9호에 따른 특정대기유해물질을 배출하는 것

(2) 「대기환경보전법」 제2조제11호에 따른 대기오염물질배출시설에 해당하는 시설로서 같은 법 시행령 별표 1의3에 따른 1종사업장 내지 3종사업장에 해당하는 것(2023.3.21 개정)

(3) 「물환경보전법」 제2조제8호에 따른 특정수질유해물질을 배출하는 것. 다만, 동법 제34조에 따라 폐수무방류배출시설의 설치허가를 받아 운영하는 경우를 제외한다.

(4) 「물환경보전법」 제2조제10호에 따른 폐수배출시설에 해당하는 시설로서 같은 법 시행령 별표 13에 따른 제1종사업장부터 제4종사업장까지 해당하는 것

(5) 「폐기물관리법」 제2조제4호에 따른 지정폐기물을 배출하는 것

자. 「건축법 시행령」 별표 1 제18호가목의 창고(농업·임업·축산업·수산업용으로 쓰는 것은 제외한다)

차. 「건축법 시행령」 별표 1 제19호의 위험물저장 및 처리시설(액화석유가스충전소 및 고압가스충전·저장소를 제외한다)

카. 「건축법 시행령」 별표 1 제20호의 자동차관련시설 중 동호 사목 및 아목에 해당하는 것

타. 「건축법 시행령」 별표 1 제21호 다목 및 라목에 따른 시설과 같은 호 아목에 따른 시설 중 동물과 관련된 다목 및 라목에 따른 시설과 비슷한 것(2021.7.6 본목 개정)

파. 「건축법 시행령」 별표 1 제22호의 자원순환 관련 시설(2014.3.24 「건축법 시행령」 부칙에 의거 개정)

하. 「건축법 시행령」 별표 1 제26호의 묘지관련시설

거. 「건축법 시행령」 별표 1 제28호의 장례시설(2017.2.3 본목 개정)

• 생산녹지지역(生産綠地地域)은 주로 농업적 생산을 위하여 개발을 제한하는 지역으로 농업 및 축산업용 건축물과 최소한의 생활시설만 건축을 허용하며 건축물의 높이도 4층 이하로서 생산녹지를 타 용도로 전용(轉用)하는 것을 방지하고 개발을 가급적 억제하고 있다.

## 16. 자연녹지지역 안에서 건축할 수 있는 건축물 : 별표 17에 규정된 건축물

1. **건축할 수 있는 건축물**(4층 이하의 건축물에 한한다. 다만, 4층 이하의 범위 안에서 도시·군계획 조례로 따로 층수를 정하는 경우에는 그 층수 이하의 건축물에 한한다)

가. 「건축법 시행령」 별표 1 제1호의 단독주택

나. 「건축법 시행령」 별표 1 제3호의 제1종 근린생활시설

다. 「건축법 시행령」 별표 1 제4호의 제2종 근린생활시설[같은 호 아목, 자목, 더목 및 러목(안마시술소만 해당한다)은 제외한다](2014.3.24 「건축법 시행령」 부칙에 의거 개정)

라. 「건축법 시행령」 별표 1 제9호의 의료시설(종합병원·병원·치과병원 및 한방병원을 제외한다)

마. 「건축법 시행령」 별표 1 제10호의 교육연구시설(직업훈련소 및 학원을 제외한다)

바. 「건축법 시행령」 별표 1 제11호의 노유자시설

사. 「건축법 시행령」 별표 1 제12호의 수련시설(2019.3.19 본목 개정)

아. 「건축법 시행령」 별표 1 제13호의 운동시설

자. 「건축법 시행령」 별표 1 제18호가목의 창고(농업·임업·축산업·수산업용만 해당한다)(건축법 시행령 부칙에 의거 2009.7.16 개정)

차. 「건축법 시행령」 별표 1 제21호의 동물 및 식물관련시설

카. 「건축법 시행령」 별표 1 제22호의 자원순환 관련 시설(2014.3.24 「건축법 시행령」 부칙에 의거 개정)

타. 「건축법 시행령」 별표 1 제23호의 교정시설(2023.5.15 건축법 시행령 부칙에 의거 본목 개정)

파. 「건축법 시행령」 별표 1 제23호의2 국방·군사시설(2023.5.15 건축법 시행령 부칙에 의거 본목 신설)

하. 「건축법 시행령」 별표 1 제24호의 방송통신시설

거. 「건축법 시행령」 별표 1 제25호의 발전시설

너. 「건축법 시행령」 별표 1 제26호의 묘지관련시설
더. 「건축법 시행령」 별표 1 제27호의 관광휴게시설
러. 「건축법 시행령」 별표 1 제28호의 장례시설(「건축법 시행령」 부칙에 의거 2017.2.3 본목 개정)
머. 「건축법 시행령」 별표 1 제29호의 야영장 시설(2019.3.19 본목 신설)

**2. 도시·군계획 조례가 정하는 바에 의하여 건축할 수 있는 건축물**(4층 이하의 건축물에 한한다. 다만, 4층 이하의 범위 안에서 도시·군계획 조례로 따로 층수를 정하는 경우에는 그 층수 이하의 건축물에 한한다)
가. 「건축법 시행령」 별표 1 제2호의 공동주택(아파트를 제외한다)
나. 「건축법 시행령」 별표 1 제4호아목·자목 및 러목(안마시술소만 해당한다)에 따른 제2종 근린생활시설(2014.3.24 「건축법 시행령」 부칙에 의거 개정)
다. 「건축법 시행령」 별표 1 제5호의 문화 및 집회시설
라. 「건축법 시행령」 별표 1 제6호의 종교시설
마. 「건축법 시행령」 별표 1 제7호의 판매시설 중 다음의 어느 하나에 해당하는 것
(1) 「농수산물유통 및 가격안정에 관한 법률」 제2조에 따른 농수산물공판장
(2) 「농수산물유통 및 가격안정에 관한 법률」 제68조제2항에 따른 농수산물직판장으로서 해당용도에 쓰이는 바닥면적의 합계가 100,000$m^2$ 미만인 것(「농어업·농어촌 및 식품산업 기본법」 제3조제2호 및 제4호에 따른 농업인·어업인 및 생산자단체, 같은 법 제25조에 따른 후계농어업경영인, 같은 법 제26조에 따른 전업농어업인 또는 지방자치단체가 설치·운영하는 것에 한한다)(2011.3.9 본표 개정)
(3) 산업통산자원부장관이 관계 중앙행정기관의 장과 협의하여 고시하는 대형할인점 및 중소기업공동판매시설(2023.3.21 개정)
바. 「건축법 시행령」 별표 1 제8호의 운수시설
사. 「건축법 시행령」 별표 1 제9호의 의료시설 중 종합병원·병원·치과병원 및 한방병원
아. 「건축법 시행령」 별표 1 제10호의 교육연구시설 중 직업훈련소 및 학원
자. 「건축법 시행령」 별표 1 제15호의 숙박시설로서 「관광진흥법」에 따라 지정된 관광지 및 관광단지에 건축하는 것
차. 「건축법 시행령」 별표 1 제17호의 공장 중 다음의 어느 하나에 해당하는 것
(1) 골재선별·파쇄 업종의 공장, 첨단업종의 공장, 아파트형 공장, 도정공장 및 식품공장과 읍·면지역에 건축하는 제재업의 공장으로서 별표 16 제2호아목1) 내지 5)의 어느 하나에 해당하지 아니하는 것(2022.1.18 본목 개정)
(2) 「공익사업을 위한 토지 등의 취득 및 보상에 관한 법률」에 따른 공익사업 및 「도시개발법」에 따른 도시개발사업으로 동일한 특별시·광역시·특별자치시·특별자치도·시 및 군 지역 내에서 이전하는 레미콘 또는 아스콘공장(2018.12.18 지방분권강화를 위한 20개 법령의 일부 개정에 관한 대통령령에 의거 개정)
카. 「건축법 시행령」 별표 1 제18호가목의 창고(농업·임업·축산업·수산업용으로 쓰는 것은 제외한다) 및 같은 호 라목의 집배송시설(「건축법 시행령」 부칙에 의거 2009.7.16 본목 개정)
타. 「건축법 시행령」 별표 1 제19호의 위험물저장 및 처리시설
파. 「건축법 시행령」 별표 1 제20호의 자동차관련시설

• 자연녹지지역(自然綠地地域)은 자연녹지를 최대한 보존·이용함으로써 주민의 휴식과 휴양을 위한 목적에서 지정되는 곳이므로 다른 용도 지역과는 달리 건축물의 용도뿐만 아니라 건폐율, 용적률을 강화하여 적용시키고 토지이용을 극히 제한한다. 반면, 자연녹지지역 안에서의 건축할 수 있는 범위는 크나 건축물의 층수가 4층 이하로서 건폐율, 용적률에 대한 범위가 작다. 자연녹지지역 안에서 법령이나 해당 지방의 조례에서 허용할 수 없는 건축물의 용도는 업무시설, 위락시설뿐이다.

## 17. 보전관리지역 안에서 건축할 수 있는 건축물: 별표 18에 규정된 건축물

**1. 건축할 수 있는 건축물**(4층 이하의 건축물에 한한다. 다만, 4층 이하의 범위 안에서 도시·군계획 조례로 따로 층수를 정하는 경우에는 그 층수 이하의 건축물에 한한다)
가. 「건축법 시행령」 별표 1 제1호의 단독주택

나. 「건축법 시행령」 별표 1 제10호의 교육연구시설 중 초등학교(졸업 시 초등학교 졸업학력과 동등한 학력이 인정되는 학교를 포함한다) (2024.5.28 본목 개정)
다. 「건축법 시행령」 별표 1 제23호의 교정시설(2023.5.15 건축법 시행령 부칙에 의거 본목 개정)
라. 「건축법 시행령」 별표 1 제23호의2 국방·군사시설(2023.5.15 건축법 시행령 부칙에 의거 본목 신설)

2. **도시·군계획 조례가 정하는 바에 의하여 건축할 수 있는 건축물**(4층 이하의 건축물에 한한다. 다만, 4층 이하의 범위 안에서 도시·군계획조례로 따로 층수를 정하는 경우에는 그 층수 이하의 건축물에 한한다)
가. 「건축법 시행령」 별표 1 제3호의 제1종 근린생활시설(휴게음식점 및 제과점을 제외한다)
나. 「건축법 시행령」 별표 1 제4호의 제2종 근린생활시설(같은 호 아목, 자목, 너목 및 더목은 제외한다) (2014.3.24 「건축법 시행령」 부칙에 의거 개정)
다. 「건축법 시행령」 별표 1 제6호의 종교시설 중 종교집회장
라. 「건축법 시행령」 별표 1 제9호의 의료시설
마. 「건축법 시행령」 별표 1 제10호의 교육연구시설 중 유치원·중학교·고등학교(졸업시 중학교·고등학교 졸업학력과 동등한 학력이 인정되는 학교를 포함한다) (2024.5.28 본목 개정)
바. 「건축법 시행령」 별표 1 제11호의 노유자시설
사. 「건축법 시행령」 별표 1 제18호가목의 창고(농업·임업·축산업·수산업용만 해당한다)(건축법 시행령 부칙에 의거 2009.7.16 개정)
아. 「건축법 시행령」 별표 1 제19호의 위험물저장 및 처리시설
자. 「건축법 시행령」 별표 1 제21호가목, 마목부터 사목까지의 규정에 따른 시설과 같은 호 아목에 따른 시설 중 동물 또는 식물과 관련된 가목 및 마목부터 사목까지의 규정에 따른 시설과 비슷한 것(2021.7.6 본목 개정)
차. 「건축법 시행령」 별표 1 제22호가목의 하수 등 처리시설(「하수도법」 제2조제9호에 따른 공공하수처리시설만 해당한다)
카. 「건축법 시행령」 별표 1 제24호의 방송통신시설
타. 「건축법 시행령」 별표 1 제25호의 발전시설
파. 「건축법 시행령」 별표 1 제26호의 묘지관련시설
하. 「건축법 시행령」 별표 1 제28호의 장례시설(「건축법 시행령」 부칙에 의거 2017.2.3 본목 개정)
거. 「건축법 시행령」 별표 1 제29호의 야영장 시설(2016.3.22 본목 신설)

• 보전관리지역은 자연 환경보호, 산림보호, 수질오염방지, 녹지공간 확보 및 생태계 보전 등을 위하여 보전이 필요하나. 주변의 용도지역과의 관계를 고려할 때 자연환경 보전지역으로 지정하여 관리하기가 곤란한 지역으로서 건축물은 4층 이하로서 자연환경 보전지역 안에서 건축할 수 있는 건축물의 범위보다는 넓다고 볼 수 있다.

## 18. 생산관리지역 안에서 건축할 수 있는 건축물 : 별표 19에 규정된 건축물

1. **건축할 수 있는 건축물**(4층 이하의 건축물에 한한다. 다만, 4층 이하의 범위안에서 도시·군계획조례로 따로 층수를 정하는 경우에는 그 층수 이하의 건축물에 한한다)
가. 「건축법 시행령」 별표 1 제1호의 단독주택
나. 「건축법 시행령」 별표 1 제3호가목, 사목(공중화장실, 대피소, 그 밖에 이와 비슷한 것만 해당한다) 및 아목에 따른 제1종 근린생활시설(2014.3.24 「건축법 시행령」 부칙에 의거 개정)
다. 「건축법 시행령」 별표 1 제10호의 교육연구시설 중 초등학교(졸업 시 초등학교 졸업학력과 동등한 학력이 인정되는 학교를 포함한다) (2024.5.28 본목 개정)
라. 「건축법 시행령」 별표 1 제13호의 운동시설 중 운동장
마. 「건축법 시행령」 별표 1 제18호가목의 창고(농업·임업·축산업·수산업용만 해당한다)
바. 「건축법 시행령」 별표 1 제21호마목부터 사목까지의 규정에 따른 시설 및 같은 호 아목에 따른 시설 중 식물과 관련된 마목부터 사목까지의 규정에 따른 시설과 비슷한 것(2021.7.6 본목 개정)
사. 「건축법 시행령」 별표 1 제23호의 교정시설(2023.5.15 건축법 시행령 부칙에 의거 본목 개정)

아. 「건축법 시행령」 별표 1 제23호의2 국방·군사시설(2023.5.15 건축법 시행령 부칙에 의거 본목 신설)
자. 「건축법 시행령」 별표 1 제25호의 발전시설

2. **도시·군계획조례가 정하는 바에 의하여 건축할 수 있는 건축물**(4층 이하의 건축물에 한한다. 다만, 4층 이하의 범위안에서 도시·군계획조례로 따로 층수를 정하는 경우에는 그 층수 이하의 건축물에 한한다)
가. 「건축법 시행령」 별표 1 제2호의 공동주택(아파트를 제외한다)
나. 「건축법 시행령」 별표 1 제3호의 제1종 근린생활시설[같은 호 가목, 나목(국토교통부령으로 정하는 기준에 해당하는 지역에 설치하는 것으로 한정한다), 사목(공중화장실, 대피소, 그 밖에 이와 비슷한 것만 해당한다) 및 아목은 제외한다] (2024.5.28 본목 개정)
다. 「건축법 시행령」 별표 1 제4호의 제2종 근린생활시설[같은 호 아목, 자목, 너목(농기계 수리시설은 제외한다) 및 더목은 제외한다](2022.1.18 본목 개정)
라. 「건축법 시행령」 별표 1 제7호의 판매시설(농업·임업·축산업·수산업용에 한한다)
마. 「건축법 시행령」 별표 1 제9호의 의료시설
바. 「건축법 시행령」 별표 1 제10호의 교육연구시설 중 유치원·중학교·고등학교(졸업 시 중학교、고등학교 졸업학력과 동등한 학력이 인정되는 학교를 포함한다) 및 교육원[농업·임업·축산업·수산업과 관련된 교육시설(나목 및 다목에도 불구하고 「농촌융복합산업 육성 및 지원에 관한 법률」 제2조제2호에 따른 농업인등이 같은 법 제2조제5호에 따른 농촌융복합산업지구 내에서 교육시설과 일반음식점, 휴게음식점 또는 제과점을 함께 설치하는 경우를 포함한다)에 한정한다] (2024.5.28 본목 개정)
사. 「건축법 시행령」 별표 1 제11호의 노유자시설
아. 「건축법 시행령」 별표 1 제12호의 수련시설(2019.3.19 본목 개정)
자. 「건축법 시행령」 별표 1 제17호의 공장(같은 표 제4호의 제2종 근린생활시설 중 제조업소를 포함한다) 중 다음의 어느 하나에 해당하는 것으로서 별표 16 제2호아목(1)부터 (4)까지의 어느 하나에 해당하지 않는 것(2022.1.18 본목 개정)
1) 도정공장
2) 식품공장
3) 읍·면지역에 건축하는 제재업의 공장
4) 천연식물보호제 제조시설(폐수를 전량 재이용 또는 전량 위탁처리하는 경우로 한정한다)
5) 유기농어업자재 제조시설(폐수를 전량 재이용 또는 전량 위탁처리하는 경우로 한정한다)
차. 「건축법 시행령」 별표 1 제19호의 위험물저장 및 처리시설
카. 「건축법 시행령」 별표 1 제20호의 자동차관련시설 중 동호 사목 및 아목에 해당하는 것
타. 「건축법 시행령」 별표 1 제21호가목부터 라목까지의 규정에 따른 시설 및 같은 호 아목에 따른 시설 중 동물과 관련된 가목부터 라목까지의 규정에 따른 시설과 비슷한 것(2021.7.6 본목 개정)
파. 「건축법 시행령」 별표 1 제22호의 자원순환 관련 시설(2014.3.24 「건축법 시행령」 부칙에 의거 개정)
하. 「건축법 시행령」 별표 1 제24호의 방송통신시설
거. 「건축법 시행령」 별표 1 제26호의 묘지관련시설
너. 「건축법 시행령」 별표 1 제28호의 장례시설(2017.2.3 본호 개정)
더. 「건축법 시행령」 별표 1 제29호의 야영장 시설(2019.3.19 본목 신설)

- 생산관리지역은 농업·임업·어업 생산 등을 위하여 관리가 필요하나 주변의 용도 지역과의 관계 등을 고려할 때 농림지역으로 지정하여 관리하기가 곤란한 지역으로서 농림지역보다는 건축물을 건축할 수 있는 범위가 넓고 종전의 준농림지역의 성격을 띠고 있으며 건축물의 층수도 4층 이하로 제한된다.
- 2015.12.15부터는 생산관리지역에서 「농촌융복합산업 육성 및 지원에 관한 법률」에 따라 농업인 등이 생산관리지역의 농촌융복합산업지구 내에서 설치하는 교육시설에는 일반음식점 등의 설치를 허용할 수 있다.

「국토의 계획 및 이용에 관한 법률 시행규칙」 **제11조의9 【생산관리지역에서 휴게음식점을 설치할 수 없는 지역】**

영 별표 19 제2호나목에서 "국토교통부령으로 정하는 기준에 해당하는 지역"이란 별표 1의2의 지역을 말한다.[2024.5.29 본조 신설]

**【별표 1의2】** (2024.5.29 본표 신설)

**생산관리지역에서 휴게음식점을 설치할 수 없는 지역**(제11조의9 관련)

다음 각 호의 어느 하나에 해당하는 지역. 다만, 「하수도법」에 따른 공공하수처리시설이 설치·운영되거나 다음 각 호의 지역 내 10호 이상의 자연마을이 형성된 지역은 제외한다.

1. 저수를 광역상수원으로 이용하는 댐의 계획홍수위선(계획홍수위선이 없는 경우에는 상시만수위선을 말한다. 이하 같다)으로부터 1km 이내인 집수구역
2. 저수를 광역상수원으로 이용하는 댐의 계획홍수위선으로부터 수계상 상류방향으로 유하거리가 20km 이내인 하천의 양안(兩岸 : 양쪽 기슭) 중 해당 하천의 경계로부터 1km 이내인 집수구역
3. 제2호의 하천으로 유입되는 지천(제1지류인 하천을 말하며, 계획홍수위선으로부터 20km 이내에서 유입되는 경우로 한정한다. 이하 이 호에서 같다)의 유입지점으로부터 수계상 상류방향으로 유하거리가 10km 이내인 지천의 양안 중 해당 지천의 경계로부터 500m 이내인 집수구역
4. 상수원보호구역으로부터 500m 이내인 집수구역
5. 상수원보호구역으로 유입되는 하천의 유입지점으로부터 수계상 상류방향으로 유하거리가 10km 이내인 하천의 양안 중 해당 하천의 경계로부터 500m 이내인 집수구역
6. 유효저수량이 300,000$m^3$ 이상인 농업용저수지의 계획홍수위선의 경계로부터 200m 이내인 집수구역
7. 「하천법」에 따른 국가하천·지방하천(도시·군계획조례로 정하는 지방하천은 제외한다)의 양안 중 해당 하천의 경계로부터 직선거리가 100m 이내인 집수구역(「하천법」 제10조에 따른 연안구역을 제외한다)

[주] 1) "집수구역"이란 빗물이 상수원·하천·저수지 등으로 흘러드는 지역으로서 주변의 능선을 잇는 선으로 둘러싸인 구역을 말한다.
2) "유하거리"란 하천·호소 또는 이에 준하는 수역의 중심선을 따라 물이 흘러가는 방향으로 잰 거리를 말한다.
3) "제1지류"란 본천으로 직접 유입되는 지천을 말한다.

## 19. 계획관리지역 안에서 건축할 수 없는 건축물 : 별표 20에 규정된 건축물

**1. 건축할 수 없는 건축물**

가. 4층을 초과하는 모든 건축물

나. 「건축법 시행령」 별표 1 제2호의 공동주택 중 아파트

다. 「건축법 시행령」 별표 1 제3호의 제1종 근린생활시설 중 휴게음식점 및 제과점으로서 국토교통부령으로 정하는 기준에 해당하는 지역에 설치하는 것

라. 「건축법 시행령」 별표 1 제4호의 제2종 근린생활시설 중 다음의 어느 하나에 해당하는 것(2021.1.26 본목 개정)

(1) 「건축법 시행령」 별표 1 제4호아목의 시설 및 같은 호 자목의 일반음식점으로서 국토교통부령으로 정하는 기준에 해당하는 지역에 설치하는 것

(2) 「건축법 시행령」 별표 1 제4호너목의 시설로서 성장관리계획 또는 지구단위계획이 수립되지 않은 지역에 설치하는 것(2024.1.26 개정)

(3) 「건축법 시행령」 별표 1 제4호더목의 단란주점

마. 「건축법 시행령」 별표 1 제7호의 판매시설(성장관리계획 또는 지구단위계획이 수립된 지역에 설치하는 판매시설로서 그 용도에 쓰이는 바닥면적의 합계가 3,000$m^2$ 미만인 경우는 제외한다) (2024.1.26 본목 개정)

바. 「건축법 시행령」 별표 1 제14호의 업무시설

사. 「건축법 시행령」 별표 1 제15호의 숙박시설로서 국토교통부령으로 정하는 기준에 해당하는 지역에 설치하는 것

아. 「건축법 시행령」 별표 1 제16호의 위락시설

자. 「건축법 시행령」 별표 1 제17호의 공장으로서 성장관리계획 및 지구단위계획이 수립되지 않은 지역에 설치하는 것(2024.1.26 본목 개정)

차. 「건축법 시행령」 별표 1 제17호의 공장 중 성장관리계획이 수립된 지역에 설치하는 것으로서 다음의 어느 하나에 해당하는 것. 다만, 「공익사업을 위한 토지 등의 취득 및 보상에 관한 법률」에 따른 공익사업 및 「도시개발법」에 따른 도시개발사업으로 해당 특별시·광역시·특별자치시·특별자치도·시 또는 군의 관할구역으로 이전하는 레미콘 또는 아스콘 공장과 「대기환경보전법」, 「물환경보전법」, 「소음·진동관리법」 또는 「악취방지법」에 따른 배출시설의 설치 허가 또는 신고 대상이 아닌 공장은 제외한다.(2024.1.26 본목 본문개정)

(1) 별표 16 제2호아목(1)부터 (4)까지에 해당하는 것. 다만, 인쇄·출판시설이나 사진처리시설로서 「수질 및 수생태계 보전에 관한 법률」 제2조제8호에 따라 배출되는 특정수질유해물질을 전량 위탁처리하는 경우는 제외한다.

(2) 화학제품시설(석유정제시설을 포함한다). 다만, 다음의 어느 하나에 해당하는 시설로서 폐수를 「하수도법」 제2조제9호에 따른 공공하수처리시설 또는 「물환경보전법」 제2조제17호에 따른 공공폐수시설로 전량 유입하여 처리하거나 전량 재이용 또는 전량 위탁처리하는 경우는 제외한다.(2017.1.17 개정)

(가) 물, 용제류 등 액체성 물질을 사용하지 않고 제품의 성분이 용해·용출되는 공정이 없는 고체성 화학제품 제조시설

(나) 「화장품법」 제2조제3호에 따른 유기농화장품 제조시설

(다) 「농약관리법」 제30조제2항에 따른 천연식물보호제 제조시설

(라) 「친환경농어업 육성 및 유기식품 등의 관리·지원에 관한 법률」 제2조제6호에 따른 유기농어업자재 제조시설

(마) 동·식물 등 생물을 기원(起源)으로 하는 산물(이하 "천연물"이라 한다)에서 추출된 재료를 사용하는 다음의 시설[「대기환경보전법」 제2조제11호에 따른 대기오염물질배출시설 중 반응시설, 정제시설(분리·증류·추출·여과 시설을 포함한다), 용융·용해시설 및 농축시설을 설치하지 않는 경우로서 「수질 및 수생태계 보전에 관한 법률」 제2조제4호에 따른 폐수의 1일 최대 배출량이 20$m^3$ 이하인 제조시설로 한정한다] (2017.1.17 개정)

1) 비누 및 세제 제조시설

2) 공중위생용 해충 구제제 제조시설(밀폐된 단순 혼합공정만 있는 제조시설로서 특별시장·광역시장·특별자치시장·특별자치도지사·시장 또는 군수가 해당 지방도시계획위원회의 심의를 거쳐 인근의 주거환경 등에 미치는 영향이 적다고 인정하는 시설로 한정한다)

(3) 제1차금속, 가공금속제품 및 기계장비 제조시설 중 「폐기물관리법 시행령」 별표 1 제4호에 따른 폐유기용제류를 발생시키는 것

(4) 가죽 및 모피를 물 또는 화학약품을 사용하여 저장하거나 가공하는 것

(5) 섬유제조시설 중 감량·정련·표백 및 염색 시설. 다만, 다음의 기준을 모두 충족하는 염색시설은 제외한다.

(가) 천연물에서 추출되는 염료만을 사용할 것

(나) 「대기환경보전법」 제2조제11호에 따른 대기오염물질 배출시설 중 표백시설, 정련시설이 없는 경우로서 금속성 매염제를 사용하지 않을 것

(다) 「물환경보전법」 제2조제4호에 따른 폐수의 1일 최대 배출량이 20$m^3$ 이하일 것

(라) 폐수를 「하수도법」 제2조제9호에 따른 공공하수처리시설 또는 「물환경보전법」 제2조제17호에 따른 공공폐수시설로 전량 유입하여 처리하거나 전량 재이용 또는 전량 위탁처리할 것(2017.1.17 개정)

(6) 「수도권정비계획법」 제6조제1항제3호에 따른 자연보전권역 외의 지역 및 「환경정책기본법」 제38조에 따른 특별대책지역 외의 지역의 사업장 중 「폐기물관리법」 제25조에 따른 폐기물처리업 허가를 받은 사업장. 다만, 「폐기물관리법」 제25조제5항제5호부터 제7호까지의 규정에 따른 폐기물 중간·최종·종합재활용업으로서 특정수질유해물질이 「물환경보전법 시행령」 제31조제1항제1호에 따른 기준 미만으로 배출되는 경우는 제외한다.

(7) 「수도권정비계획법」 제6조제1항제3호에 따른 자연보전권역 및 「환경정책기본법」 제38조에 따른 특별대책지역에 설치되는 부지면적(둘 이상의 공장을 함께 건축하거나 기존 공장부지에 접하여 건축하는 경우와 둘 이상의 부지가 너비 8m 미만의 도로에 서로 접하는 경우에는 그 면적의 합계를 말한다) 10,000$m^2$ 미만의 것. 다만, 특별

시장·광역시장·특별자치시장·특별자치도지사·시장 또는 군수가 15,000$m^2$ 이상의 면적을 정하여 공장의 건축이 가능한 지역으로 고시한 지역 안에 입지하는 경우나 자연보전권역 또는 특별대책지역에 준공되어 운영 중인 공장 또는 제조업소는 제외한다.

**2. 지역 여건 등을 고려하여 도시·군계획조례로 정하는 바에 따라 건축할 수 없는 건축물**

가. 4층 이하의 범위에서 도시·군계획조례로 따로 정한 층수를 초과하는 모든 건축물

나. 「건축법 시행령」 별표 1 제2호의 공동주택(제1호나목에 해당하는 것은 제외한다)

다. 「건축법 시행령」 별표 1 제4호아목, 자목, 너목 및 러목(안마시술소만 해당한다)에 따른 제2종 근린생활시설 (2014.3.24 「건축법 시행령」 부칙에 의거 개정)

라. 「건축법 시행령」 별표 1 제4호의 제2종 근린생활시설 중 일반음식점·휴게음식점·제과점으로서 도시·군계획조례로 정하는 지역에 설치하는 것과 안마시술소 및 같은 호 너목에 해당하는 것(2014.3.24 「건축법 시행령」 부칙에 의거 개정)

마. 「건축법 시행령」 별표 1 제5호의 문화 및 집회시설

바. 「건축법 시행령」 별표 1 제6호의 종교시설

사. 「건축법 시행령」 별표 1 제8호의 운수시설

아. 「건축법 시행령」 별표 1 제9호의 의료시설 중 종합병원·병원·치과병원 및 한방병원

자. 「건축법 시행령」 별표 1 제10호의 교육연구시설 중 같은 호 다목부터 마목까지에 해당하는 것

차. 「건축법 시행령」 별표 1 제13호의 운동시설(운동장은 제외한다)

카. 「건축법 시행령」 별표 1 제15호의 숙박시설로서 도시·군계획조례로 정하는 지역에 설치하는 것

타. 「건축법 시행령」 별표 1 제17호의 공장 중 다음의 어느 하나에 해당하는 것

(1) 「수도권정비계획법」 제6조제1항제3호에 따른 자연보전권역 외의 지역 및 「환경정책기본법」 제38조에 따른 특별대책지역 외의 지역에 설치되는 경우(제1호자목 및 차목에 해당하는 것은 제외한다) (2021.1.26 개정)

(2) 「수도권정비계획법」 제6조제1항제3호에 따른 자연보전권역 및 「환경정책기본법」 제38조에 따른 특별대책지역에 설치되는 것으로서 제1호자목 및 차목(7)에 해당하지 아니하는 경우(2021.1.26 개정)

(3) 「공익사업을 위한 토지 등의 취득 및 보상에 관한 법률」에 따른 공익사업 및 「도시개발법」에 따른 도시개발사업으로 해당 특별시·광역시·특별자치시·특별자치도·시 또는 군의 관할구역으로 이전하는 레미콘 또는 아스콘 공장

파. 「건축법 시행령」 별표 1 제18호의 창고시설(창고 중 농업·임업·축산업·수산업용으로 쓰는 것은 제외한다)

하. 「건축법 시행령」 별표 1 제19호의 위험물 저장 및 처리 시설

거. 「건축법 시행령」 별표 1 제20호의 자동차 관련 시설

너. 「건축법 시행령」 별표 1 제27호의 관광 휴게시설

- 도시지역으로의 편입이 예상되는 지역 또는 자연환경을 고려하여 제한적인 이용·개발을 하려는 지역으로서 계획적·체계적인 관리가 필요한 지역으로 볼 수 있다. 따라서 건축물을 건축할 수 있는 범위가 보전관리지역이나 생산관리지역보다 넓다고 보면 된다. 그리고 도시·군계획조례가 정하는 바에 따라 계획관리지역 안에서 건축할 수 있는 건축물 중 숙박시설의 경우 해당 용도에 쓰이는 바닥면적의 합계가 660$m^2$ 이하이고, 3층 이하로 건축하는 것으로 한정하였으나 2013.6.11부터는 다른 건축물과 같이 4층 이하의 범위에서 건축할 수 있다.

참고

**성장관리방안을 수립한 경우에 한하여 계획관리지역 내 공장 및 제조업소 설치 허용**(2024.1.26 개정 내용)

계획관리지역에서는 지방자치단체가 성장관리방안을 수립한 경우에 한하여 공장 및 제조업소의 설치를 허용하도록 하되, 공장 밀집도 및 증가율을 고려하여 공포 후 3년부터 7년까지 지역별로 적용 시기를 다음과 같이 달리하고 있음.

[영 부칙] 제2조(계획관리지역 안에 건축할 수 없는 건축물에 관한 적용례) 별표 20 제1호라목, 같은 호 자목, 같은 호 차목(1)부터 (7)까지 외의 부분 및 같은 표 제2호타목(1)·(2)의 개정규정은 다음 각 호의 지역에 대하여 각 호의 구분에 따른 날부터 적용한다.

1. 서울특별시, 부산광역시, 대구광역시, 인천광역시, 광주광역시, 대전광역시, 울산광역시, 세종특별자치시, 경기도 가평군, 경기도 고양시, 경기도 과천시, 경기도 광명시, 경기도 광주시, 경기도 구리시, 경기도 군포시, 경기도 김포시, 경기도 남양주시, 경기도 동두천시, 경기도 부천시, 경기도 성남시, 경기도 수원시, 경기도 시흥시, 경기도 안산시, 경기도 안성시, 경기도 안양시, 경기도 양주시, 경기도 양평군, 경기도 여주시, 경기도 연천군, 경기도 오산시, 경기도 용인시, 경기도 의왕시, 경기도 의정부시, 경기도 이천시, 경기도 파주시, 경기도 평택시, 경기도 포천시, 경기도 하남시, 경기도 화성시, 강원특별자치도 원주시, 강원특별자치도 철원군, 강원특별자치도 춘천시, 강원특별자치도 홍천군, 강원특별자치도 화천군, 강원특별자치도 횡성군, 충청북도 괴산군, 충청북도 보은군, 충청북도 옥천군, 충청북도 음성군, 충청북도 증평군, 충청북도 진천군, 충청북도 청주시, 충청북도 충주시, 충청남도 계룡시, 충청남도 공주시, 충청남도 금산군, 충청남도 논산시, 충청남도 당진시, 충청남도 아산시, 충청남도 천안시, 전북특별자치도 김제시, 전북특별자치도 완주군, 전북특별자치도 익산시, 전북특별자치도 전주시, 전라남도 나주시, 전라남도 담양군, 전라남도 영광군, 전라남도 장성군, 전라남도 함평군, 전라남도 화순군, 경상북도 경산시, 경상북도 경주시, 경상북도 고령군, 경상북도 성주군, 경상북도 영덕군, 경상북도 영천시, 경상북도 청도군, 경상북도 청송군, 경상북도 칠곡군, 경상북도 포항시, 경상남도 거제시, 경상남도 고성군, 경상남도 김해시, 경상남도 밀양시, 경상남도 양산시, 경상남도 진주시, 경상남도 창녕군, 경상남도 창원시, 경상남도 함안군: 공포 후 3년이 경과한 날(2024.1.27 시행)
2. 강원특별자치도 강릉시, 충청북도 영동군, 충청북도 제천시, 충청남도 보령시, 충청남도 부여군, 충청남도 서산시, 충청남도 예산군, 충청남도 청양군, 충청남도 홍성군, 전북특별자치도 군산시, 전북특별자치도 남원시, 전북특별자치도 부안군, 전북특별자치도 임실군, 전북특별자치도 진안군, 전라남도 곡성군, 전라남도 광양시, 전라남도 무안군, 전라남도 순천시, 전라남도 진도군, 경상북도 구미시, 경상북도 김천시, 경상남도 사천시, 경상남도 의령군, 경상남도 통영시: 공포 후 5년이 경과한 날(2026.1.27 시행)
3. 강원특별자치도 고성군, 강원특별자치도 동해시, 강원특별자치도 삼척시, 강원특별자치도 속초시, 강원특별자치도 양구군, 강원특별자치도 양양군, 강원특별자치도 영월군, 강원특별자치도 인제군, 강원특별자치도 정선군, 강원특별자치도 태백시, 강원특별자치도 평창군, 충청북도 단양군, 충청남도 서천군, 충청남도 태안군, 전북특별자치도 고창군, 전북특별자치도 무주군, 전북특별자치도 순창군, 전북특별자치도 장수군, 전북특별자치도 정읍시, 전라남도 강진군, 전라남도 고흥군, 전라남도 구례군, 전라남도 목포시, 전라남도 보성군, 전라남도 신안군, 전라남도 여수시, 전라남도 영암군, 전라남도 완도군, 전라남도 장흥군, 전라남도 해남군, 경상북도 문경시, 경상북도 봉화군, 경상북도 상주시, 경상북도 안동시, 경상북도 영양군, 경상북도 영주시, 경상북도 예천군, 경상북도 울릉군, 경상북도 울진군, 경상북도 의성군, 경상남도 거창군, 경상남도 남해군, 경상남도 산청군, 경상남도 하동군, 경상남도 함양군, 경상남도 합천군: 공포 후 7년이 경과한 날(2028.1.27 시행)

[영 부칙] 제3조(계획관리지역 안에 건축할 수 없는 건축물에 관한 경과조치) 부칙 제2조 각 호에 따른 날 전에 성장관리방안이 수립되지 않은 지역에 설치한 「건축법 시행령」 별표 1 제4호너목의 시설 및 같은 표 제17호의 공장의 경우에는 별표 20 제1호라목, 같은 호 자목, 같은 호 차목(1)부터 (7)까지 외의 부분 및 같은 표 제2호타목(1)·(2)의 개정규정에도 불구하고 종전의 규정에 따른다.

- 계획관리지역에서 휴게음식점 등을 설치할 수 없는 지역을 시행규칙 제12조에서 규정하고 있는데 다음과 같다.

**국토의 계획 및 이용에 관한 법률 시행규칙 제12조 [계획관리지역에서 휴게음식점 등을 설치할 수 없는 지역]**

영 별표 20 제1호다목·라목 및 사목에서 "국토교통부령으로 정하는 기준에 해당하는 지역"이란 별표 2의 지역을 말한다.(2014.1.17 전문 개정)

※ 「국토의 계획 및 이용에 관한 법률 시행규칙」 **【별표 2】** (2021.8.27 본표 개정)

### 계획관리지역에서 휴게음식점 등을 설치할 수 없는 지역(제12조 관련)

다음 각 호의 어느 하나에 해당하는 지역. 다만, 「하수도법」에 따른 공공하수처리시설이 설치·운영되거나 10호 이상의 자연마을이 형성된 지역은 제외한다.

1. 저수를 광역상수원으로 이용하는 댐의 계획홍수위선(계획홍수위선이 없는 경우에는 상시만수위선을 말한다. 이하 같다)으로부터 1km 이내인 집수구역
2. 저수를 광역상수원으로 이용하는 댐의 계획홍수위선으로부터 수계상 상류방향으로 유하거리가 20km 이내인 하천의 양안(兩岸 : 양쪽 기슭) 중 해당 하천의 경계로부터 1km 이내인 집수구역(2021.8.27 어려운 법령용어정비를 위한 국토교통부령 부칙에 의거 개정)
3. 제2호의 하천으로 유입되는 지천(제1지류인 하천을 말하며, 계획홍수위선으로부터 20km 이내에서 유입되는 경우에 한정한다. 이하 이 호에서 같다)의 유입지점으로부터 수계상 상류방향으로 유하거리가 10km 이내인 지천의 양안 중 해당 지천의 경계로부터 500m 이내인 집수구역
4. 상수원보호구역으로부터 500m 이내인 집수구역
5. 상수원보호구역으로 유입되는 하천의 유입지점으로부터 수계상 상류방향으로 유하거리가 10km 이내인 하천의 양안 중 해당 하천의 경계로부터 500m 이내인 집수구역
6. 유효저수량이 30만 $m^2$ 이상인 농업용저수지의 계획홍수위선의 경계로부터 200m 이내인 집수구역
7. 「하천법」에 따른 국가하천·지방하천(도시·군계획조례로 정하는 지방하천은 제외한다)의 양안 중 해당 하천의 경계로부터 직선거리가 100m 이내인 집수구역(「하천법」 제10조에 따른 연안구역을 제외한다)
8. (2024.5.29 본호 삭제)

**주** 1) "집수구역"이란 빗물이 상수원·하천·저수지 등으로 흘러드는 지역으로서 주변의 능선을 잇는 선으로 둘러싸인 구역을 말한다.
2) "유하거리"란 하천·호소 또는 이에 준하는 수역의 중심선을 따라 물이 흘러가는 방향으로 잰 거리를 말한다.
3) "제1지류"란 본천으로 직접 유입되는 지천을 말한다.

## 20. 농림지역 안에서 건축할 수 있는 건축물 : 별표 21에 규정된 건축물

**1. 건축할 수 있는 건축물**

가. 「건축법 시행령」 별표 1 제1호의 단독주택으로서 현저한 자연훼손을 가져오지 아니하는 범위 안에서 건축하는 농어가주택(「농지법」 제32조제1항제3호에 따른 농업인 주택 및 어업인 주택을 말한다. 이하 같다)(2019.12.31 본목 개정)

나. 「건축법 시행령」 별표 1 제3호사목(공중화장실, 대피소, 그 밖에 이와 비슷한 것만 해당한다) 및 아목에 따른 제1종 근린생활시설(2014.3.24 「건축법 시행령」 부칙에 의거 개정)

다. 「건축법 시행령」 별표 1 제10호의 교육연구시설 중 초등학교

라. 「건축법 시행령」 별표 1 제18호가목의 창고(농업·임업·축산업·수산업용만 해당한다)(「건축법 시행령」 부칙에 의거 2009.7.16 본목 개정)

마. 「건축법 시행령」 별표 1 제21호마목부터 사목까지의 규정에 따른 시설 및 같은 호 아목에 따른 시설 중 식물과 관련된 마목부터 사목까지의 규정에 따른 시설과 비슷한 것(2021.7.6 본목 개정)

바. 「건축법 시행령」 별표 1 제25호의 발전시설

**2. 도시·군계획조례가 정하는 바에 의하여 건축할 수 있는 건축물**

가. 「건축법 시행령」 별표 1 제3호의 제1종 근린생활시설[같은 호 나목, 사목(공중화장실, 대피소, 그 밖에 이와 비슷한 것만 해당한다) 및 아목은 제외한다](2014.3.24 「건축법 시행령」 부칙에 의거 개정)

나. 「건축법 시행령」 별표 1 제4호의 제2종 근린생활시설[같은 호 아목, 자목, 너목(농기계수리시설은 제외한다), 더목 및 러목(안마시술소만 해당한다)은 제외한다](2021.1.26 본목 개정)

다.「건축법 시행령」 별표 1 제5호의 문화 및 집회시설 중 같은 호 마목에 해당하는 것
라.「건축법 시행령」 별표 1 제6호의 종교시설
마.「건축법 시행령」 별표 1 제9호의 의료시설
바.「건축법 시행령」 별표 1 제12호의 수련시설(2019.3.19 본목 개정)
사.「건축법 시행령」 별표 1 제19호의 위험물저장 및 처리시설 중 액화석유가스충전소 및 고압가스충전·저장소
아.「건축법 시행령」 별표 1 제21호가목부터 라목까지의 규정에 따른 시설 및 같은 호 아목에 따른 시설 중 동물과 관련된 가목부터 라목까지의 규정에 따른 시설과 비슷한 것(2021.7.6 본목 개정)
자.「건축법 시행령」 별표 1 제22호의 자원순환 관련 시설(2014.3.24「건축법 시행령」 부칙에 의거 개정)
차.「건축법 시행령」 별표 1 제23호의 교정시설(2023.5.15 건축법 시행령 부칙에 의거 본목 개정)
카.「건축법 시행령」 별표 1 제23호의2 국방·군사시설(2023.5.15 건축법 시행령 부칙에 의거 본목 신설)
타.「건축법 시행령」 별표 1 제24호의 방송통신시설
파.「건축법 시행령」 별표 1 제26호의 묘지관련시설
하.「건축법 시행령」 별표 1 제28호의 장례시설(2017.2.3「건축법 시행령」 부칙에 의거 본목 개정)
거.「건축법 시행령」 별표 1 제29호의 야영장 시설(2019.3.19 본목 신설)

※ 비고 (2012. 4.10 비고 신설)
「국토의 계획 및 이용에 관한 법률」 제76조제5항제3호에 따라 농림지역 중 농업진흥지역, 보전산지 또는 초지인 경우에 건축물이나 그 밖의 시설의 용도·종류 및 규모 등의 제한에 관하여는 각각「농지법」,「산지관리법」 또는「초지법」에서 정하는 바에 따른다.

- 농림지역은 도시지역에 속하지 아니하는「농지법」에 의한 농업진흥지역 또는「산지관리법」에 의한 보전산지 등으로서 농림업의 진흥과 산림의 보전을 위하여 필요한 지역이 되므로 주거시설은 단독주택 이외에는 건축할 수 없도록 하고 있으며 기타용도의 건축물도 제한적으로 건축하도록 하고 있다.

## 21. 자연환경보전지역 안에서 건축할 수 있는 건축물: 별표 22에 규정된 건축물

**1. 건축할 수 있는 건축물**
가.「건축법 시행령」 별표 1 제1호의 단독주택으로서 현저한 자연훼손을 가져오지 아니하는 범위 안에서 건축하는 농어가주택
나.「건축법 시행령」 별표 1 제10호의 교육연구시설 중 초등학교

**2. 도시·군계획조례가 정하는 바에 의하여 건축할 수 있는 건축물**(수질오염 및 경관훼손의 우려가 없다고 인정하여 도시·군계획조례가 정하는 지역 내에서 건축하는 것에 한한다)
가.「건축법 시행령」 별표 1 제3호의 제1종 근린생활시설 중 같은 호 가목, 바목, 사목(지역아동센터는 제외한다) 및 아목에 해당하는 것(2014.3.24「건축법 시행령」 부칙에 의거 개정)
나.「건축법 시행령」 별표 1 제4호의 제2종 근린생활시설 중 종교집회장으로서 지목이 종교용지인 토지에 건축하는 것
다.「건축법 시행령」 별표 1 제6호의 종교시설로서 지목이 종교용지인 토지에 건축하는 것
라.「건축법 시행령」 별표 1 제19호바목의 고압가스 충전소·판매소·저장소 중「환경친화적 자동차의 개발 및 보급 촉진에 관한 법률」 제2조제9호의 수소연료공급시설(2019.3.19 본호 신설)
마.「건축법 시행령」 별표 1 제21호가목에 따른 시설 중 양어시설(양식장을 포함한다. 이하 이 목에서 같다), 같은 호 마목부터 사목까지의 규정에 따른 시설, 같은 호 아목에 따른 시설 중 양어시설과 비슷한 것 및 같은 목 중 식물과 관련된 마목부터 사목까지의 규정에 따른 시설과 비슷한 것(2021.7.6 본목 개정)
바.「건축법 시행령」 별표 1 제22호가목의 하수 등 처리시설(「하수도법」 제2조제9호에 따른 공공하수처리시설만 해당한다)
사.「건축법 시행령」 별표 1 제23호의2의 국방·군사시설 중 관할 시장·군수 또는 구청장이 입지의 불가피성을 인정한 범위에서 건축하는 시설
아.「건축법 시행령」 별표 1 제25호의 발전시설
자.「건축법 시행령」 별표 1 제26호의 묘지관련시설

• 자연환경보전지역은 자연환경·수자원·해안·생태계·상수원 및 문화재의 보전과 수자원의 보호·육성 등을 위하여 필요한 지역으로서 보전관리지역으로 지정하여 관리하기가 어려운 지역으로서 건축물의 건축범위는 극히 제한적이며 자연훼손이나 수질오염 및 경관훼손 등의 우려가 없다고 인정하는 경우에만 건축이 가능하다.

「국토의 계획 및 이용에 관한 법률」 **제37조 【용도지구의 지정】**

① 국토교통부장관, 시·도지사 또는 대도시 시장은 다음 각 호의 어느 하나의 용도지구의 지정 또는 변경을 도시·군관리계획으로 결정한다.(2013.3.23 본항 개정)

1. **경관지구** : 경관의 보전·관리 및 형성을 위하여 필요한 지구(2017.4.18 본호 개정)
2. **고도지구** : 쾌적한 환경조성 및 토지의 고도이용과 그 증진을 위하여 건축물의 높이의 최고한도를 규제할 필요가 있는 지구(2017.4.18 본호 개정)
3. **방화지구** : 화재의 위험을 예방하기 위하여 필요한 지구
4. **방재지구** : 풍수해, 산사태, 지반의 붕괴 그 밖에 재해를 예방하기 위하여 필요한 지구
5. **보호지구** : 「국가유산기본법」 제3조에 따른 국가유산, 중요 시설물(항만, 공항 등 대통령령으로 정하는 시설물을 말한다) 및 문화적·생태적으로 보존가치가 큰 지역의 보호와 보존을 위하여 필요한 지구(2023.5.15 국가유산기본법 부칙에 의거 본호 개정)
6. **취락지구** : 녹지지역·관리지역·농림지역·자연환경보전지역·개발제한구역 또는 도시자연공원구역 안의 취락을 정비하기 위한 지구
7. **개발진흥지구** : 주거기능·상업기능·공업기능·유통물류기능·관광기능·휴양기능 등을 집중적으로 개발·정비할 필요가 있는 지구
8. **특정용도제한지구** : 주거 및 교육환경 보호 또는 청소년 보호 등의 목적으로 오염물질 배출시설, 청소년 유해시설 등 특정시설의 입지를 제한할 필요가 있는 지구(2017.4.18 본호 개정)
9. **복합용도지구** : 지역의 토지이용 상황, 개발 수요 및 주변 여건 등을 고려하여 효율적이고 복합적인 토지이용을 도모하기 위하여 특정시설의 입지를 완화할 필요가 있는 지구 (2017.4.18 본호 신설)
10. 그 밖에 대통령령이 정하는 지구

② 국토교통부장관, 시·도지사 또는 대도시 시장은 필요하다고 인정되면 대통령령으로 정하는 바에 따라 제1항 각 호의 용도지구를 도시·군관리계획결정으로 다시 세분하여 지정하거나 이를 변경할 수 있다.(2013.3.23 본항 개정)

③ 시·도지사 또는 대도시 시장은 지역여건상 필요하면 대통령령으로 정하는 기준에 따라 그 시·도 또는 대도시의 조례로 용도지구의 명칭 및 지정목적, 건축이나 그 밖의 행위의 금지 및 제한에 관한 사항 등을 정하여 제1항 각 호의 용도지구외의 용도지구의 지정 또는 변경을 도시·군관리계획으로 결정할 수 있다.(2011.4.14 본항 개정)

④ 시·도지사 또는 대도시 시장은 연안침식이 진행 중이거나 우려되는 지역 등 대통령령으로 정하는 지역에 대해서는 제1항제5호의 방재지구의 지정 또는 변경을 도시·군관리계획으로 결정하여야 한다. 이 경우 도시·군관리계획의 내용에는 해당 방재지구의 재해저감대책을 포함하

여야 한다.(2013.7.16 본항 신설)

⑤ 시·도지사 또는 대도시 시장은 대통령령으로 정하는 주거지역·공업지역·관리지역에 복합용도지구를 지정할 수 있으며, 그 지정기준 및 방법 등에 필요한 사항은 대통령령으로 정한다.(2017.4.18 본항 신설)

참고 **미관지구 등에 관한 경과조치**(법률 제14795호(부칙), 2017.4.18 개정)

제2조(미관지구에 관한 경과조치)

① 이 법 시행 당시 종전의 규정에 따라 지정된 미관지구가 이 법 시행일부터 1년 이내에 제52조제1항제1호의2에 따라 지구단위계획으로 대체되거나 다른 용도지구로 변경지정 되지 아니하는 경우 이 법 시행일부터 1년이 되는 날의 다음 날부터 해당 미관지구는 제37조제1항제1호에 따른 경관지구로 지정된 것으로 본다.

② 이 법 시행 당시 종전의 규정에 따라 지정된 미관지구가 제1항에 따라 지구단위계획을 통하여 대체되거나 다른 용도지구로 변경지정될 때까지 해당 미관지구 안에서의 행위제한에 관하여는 종전의 규정에 따른다.

제3조(보존지구에 관한 경과조치) 이 법 시행 당시 종전의 규정에 따라 지정된 보존지구는 제37조제1항제5호에 따른 보호지구로 지정된 것으로 본다.

제4조(시설보호지구에 관한 경과조치)

① 이 법 시행 당시 종전의 규정에 따라 공용시설·항만 또는 공항시설 보호를 위하여 지정된 시설보호지구는 제37조제1항제5호에 따른 보호지구로 지정된 것으로 본다.

② 이 법 시행 당시 종전의 규정에 따라 학교시설 보호를 위하여 지정된 시설보호지구는 제37조제1항제8호에 따른 특정용도제한지구로 지정된 것으로 본다.

「국토의 계획 및 이용에 관한 법률 시행령」 **제31조 【용도지구의 지정】**

① 법 제37조제1항제5호에서 "항만, 공항 등 대통령령으로 정하는 시설물"이란 항만, 공항, 공용시설(공공업무시설, 공공필요성이 인정되는 문화시설·집회시설·운동시설 및 그 밖에 이와 유사한 시설로서 도시·군계획조례로 정하는 시설을 말한다), 교정시설·군사시설을 말한다. (2017.12.29 본항 신설)

② 국토교통부장관, 시·도지사 또는 대도시 시장은 법 제37조제2항에 따라 도시·군관리계획결정으로 경관지구·방재지구·보호지구·취락지구 및 개발진흥지구를 다음 각 호와 같이 세분하여 지정할 수 있다.(2017.12.29 본항 개정)

1. **경관지구**

가. 자연경관지구 : 산지·구릉지 등 자연경관을 보호하거나 유지하기 위하여 필요한 지구 (2017.12.29 본목 개정)

나. 시가지경관지구 : 지역 내 주거지, 중심지 등 시가지의 경관을 보호 또는 유지하거나 형성하기 위하여 필요한 지구(2017.12.29 본목 개정)

다. 특화경관지구 : 지역 내 주요 수계의 수변 또는 문화적 보존가치가 큰 건축물 주변의 경관 등 특별한 경관을 보호 또는 유지하거나 형성하기 위하여 필요한 지구(2017.12.29 본목 개정)

2. (2017.12.29 본호 삭제)
3. (2017.12.29 본호 삭제)
4. **방재지구**
   가. 시가지방재지구: 건축물·인구가 밀집되어 있는 지역으로서 시설 개선 등을 통하여 재해 예방이 필요한 지구
   나. 자연방재지구: 토지의 이용도가 낮은 해안변, 하천변, 급경사지 주변 등의 지역으로서 건축 제한 등을 통하여 재해 예방이 필요한 지구
5. **보호지구**(2017.12.29 제목 개정)
   가. 역사문화환경보호지구 : 문화재·전통사찰 등 역사·문화적으로 보존가치가 큰 시설 및 지역의 보호와 보존을 위하여 필요한 지구(2017.12.29 본목 개정)
   나. 중요시설물보호지구 : 중요시설물(제1항에 따른 시설물을 말한다. 이하 같다)의 보호와 기능의 유지 및 증진 등을 위하여 필요한 지구(2017.12.29 본목 개정)
   다. 생태계보호지구 : 야생동식물서식처 등 생태적으로 보존가치가 큰 지역의 보호와 보존을 위하여 필요한 지구(2017.12.29 본목 개정)
6. (2017.12.29 본호 삭제)
7. **취락지구**
   가. 자연취락지구 : 녹지지역·관리지역·농림지역 또는 자연환경보전지역안의 취락을 정비하기 위하여 필요한 지구
   나. 집단취락지구 : 개발제한구역안의 취락을 정비하기 위하여 필요한 지구
8. **개발진흥지구**
   가. 주거개발진흥지구 : 주거기능을 중심으로 개발·정비할 필요가 있는 지구
   나. 산업·유통개발진흥지구 : 공업기능 및 유통·물류기능을 중심으로 개발·정비할 필요가 있는 지구
   다. 삭제 <2012.4.10>
   라. 관광·휴양개발진흥지구 : 관광·휴양기능을 중심으로 개발·정비할 필요가 있는 지구
   마. 복합개발진흥지구 : 주거기능, 공업기능, 유통·물류기능 및 관광·휴양기능중 2 이상의 기능을 중심으로 개발·정비할 필요가 있는 지구
   바. 특정개발진흥지구 : 주거기능, 공업기능, 유통·물류기능 및 관광·휴양기능 외의 기능을 중심으로 특정한 목적을 위하여 개발·정비할 필요가 있는 지구

③ 시·도지사 또는 대도시 시장은 지역여건상 필요한 때에는 해당 시·도 또는 대도시의 도시·군계획조례로 정하는 바에 따라 제2항제1호에 따른 경관지구를 추가적으로 세분(특화경관지구의 세분을 포함한다)하거나 제2항제5호나목에 따른 중요시설물보호지구 및 법 제37조제1항

제8호에 따른 특정용도제한지구를 세분하여 지정할 수 있다. (2017.12.29 본항 개정)

④ 법 제37조제3항에 따라 시·도 또는 대도시의 도시·군계획조례로 같은 조 제1항 각 호에 따른 용도지구외의 용도지구를 정할 때에는 다음 각호의 기준을 따라야 한다.(2012.4.10 본항 개정)

1. 용도지구의 신설은 법에서 정하고 있는 용도지역·용도지구 또는 용도구역만으로는 효율적인 토지이용을 달성할 수 없는 부득이한 사유가 있는 경우에 한할 것
2. 용도지구안에서의 행위제한은 그 용도지구의 지정목적 달성에 필요한 최소한도에 그치도록 할 것
3. 당해 용도지역 또는 용도구역의 행위제한을 완화하는 용도지구를 신설하지 아니할 것

⑤ 법 제37조제4항에서 "연안침식이 진행 중이거나 우려되는 지역 등 대통령령으로 정하는 지역"이란 다음 각 호의 어느 하나에 해당하는 지역을 말한다.(2014.1.14 본항 신설)

1. 연안침식으로 인하여 심각한 피해가 발생하거나 발생할 우려가 있어 이를 특별히 관리할 필요가 있는 지역으로서 「연안관리법」 제20조의2에 따른 연안침식관리구역으로 지정된 지역(같은 법 제2조제3호의 연안육역에 한정한다)
2. 풍수해, 산사태 등의 동일한 재해가 최근 10년 이내 2회 이상 발생하여 인명 피해를 입은 지역으로서 향후 동일한 재해 발생 시 상당한 피해가 우려되는 지역

⑥ 법 제37조제5항에서 "대통령령으로 정하는 주거지역·공업지역·관리지역"이란 다음 각 호의 어느 하나에 해당하는 용도지역을 말한다.(2017.12.29 본항 개정)

1. 일반주거지역
2. 일반공업지역
3. 계획관리지역

⑦ 시·도지사 또는 대도시 시장은 법 제37조제5항에 따라 복합용도지구를 지정하는 경우에는 다음 각 호의 기준을 따라야 한다.(2017.12.29 본항 신설)

1. 용도지역의 변경 시 기반시설이 부족해지는 등의 문제가 우려되어 해당 용도지역의 건축제한만을 완화하는 것이 적합한 경우에 지정할 것
2. 간선도로의 교차지(交叉地), 대중교통의 결절지(結節地) 등 토지이용 및 교통 여건의 변화가 큰 지역 또는 용도지역 간의 경계지역, 가로변 등 토지를 효율적으로 활용할 필요가 있는 지역에 지정할 것
3. 용도지역의 지정목적이 크게 저해되지 아니하도록 해당 용도지역 전체 면적의 1/3 이하의 범위에서 지정할 것
4. 그 밖에 해당 지역의 체계적·계획적인 개발 및 관리를 위하여 지정 대상지가 국토교통부장관이 정하여 고시하는 기준에 적합할 것

**해설** 국토교통부장관 또는 시·도지사 또는 대도시시장은 용도지구의 지정 또는 변경을 도시·군관리계획으로 결정하여 필요시에는 용도지구를 도시·군관리계획 결정으로 다시 세분하여 지정하거나 변경할 수 있다.

### ◉ 용도지구의 종류

- 경관지구 : 자연경관지구, 시가지경관지구, 특화경관지구
- 고도지구
- 방화지구
- 방재지구
- 보호지구 : 역사문화환경보호지구, 중요시설물 보호지구, 생태계보호지구
- 취락지구 : 자연취락지구, 집단취락지구
- 개발진흥지구 : 주거개발진흥지구, 산업유통개발진흥지구, 관광·휴양개발진흥지구, 복합개발진흥지구, 특정개발진흥지구
- 특정용도제한지구
- 복합용도지구

**「국토의 계획 및 이용에 관한 법률 시행령」 제72조 【경관지구 안에서의 건축제한】**

① 경관지구 안에서는 그 지구의 경관의 보전·관리·형성에 장애가 된다고 인정하여 도시·군계획조례가 정하는 건축물을 건축할 수 없다. 다만, 특별시장·광역시장·특별자치시장·특별자치도지사·시장 또는 군수가 지구의 지정목적에 위배되지 아니하는 범위 안에서 도시·군계획조례가 정하는 기준에 적합하다고 인정하여 해당 지방자치단체에 설치된 도시·군계획위원회의 심의를 거친 경우에는 그러하지 아니하다.(2017.12.29 본항 개정)

② 경관지구 안에서의 건축물의 건폐율·용적률·높이·최대너비·색채 및 대지 안의 조경 등에 관하여는 그 지구의 경관의 보전·관리·형성에 필요한 범위 안에서 도시·군계획 조례로 정한다.(2017.12.29 본항 개정)

③ 제1항 및 제2항에도 불구하고 다음 각 호의 어느 하나에 해당하는 경우에는 해당 경관지구의 지정에 관한 도시·군관리계획으로 건축제한의 내용을 따로 정할 수 있다.(2017.12.29 본항 신설)

1. 제1항 및 제2항에 따라 도시·군계획조례로 정해진 건축제한의 전부를 적용하는 것이 주변지역의 토지이용 상황이나 여건 등에 비추어 불합리한 경우. 이 경우 도시·군관리계획으로 정할 수 있는 건축제한은 도시·군계획조례로 정해진 건축제한의 일부에 한정하여야 한다.
2. 제1항 및 제2항에 따라 도시·군계획조례로 정해진 건축제한을 적용하여도 해당 지구의 위치, 환경, 그 밖의 특성에 따라 경관의 보전·관리·형성이 어려운 경우. 이 경우 도시·군관리계획으로 정할 수 있는 건축제한은 규모(건축물 등의 앞면 길이에 대한 옆면길이 또는 높이의 비율을 포함한다) 및 형태, 건축물 바깥쪽으로 돌출하는 건축설비 및 그 밖의 유사한 것의 형태나 그 설치의 제한 또는 금지에 관한 사항으로 한정한다.

「국토의 계획 및 이용에 관한 법률 시행령」 **제74조 [고도지구 안에서의 건축제한]**

고도지구 안에서는 도시·군관리계획으로 정하는 높이를 초과하는 건축물을 건축할 수 없다. (2017.12.29 본조 개정)

「국토의 계획 및 이용에 관한 법률 시행령」 **제75조 [방재지구 안에서의 건축제한]**

방재지구 안에서는 풍수해, 산사태, 지반의 붕괴, 지진 그밖에 재해예방에 장애가 된다고 인정하여 조례가 정하는 건축물을 건축할 수 없다. 다만, 특별시장·광역시장·특별자치시장·특별자치도지사·시장 또는 군수가 지구의 지정목적에 위배되지 아니하는 범위 안에서 도시·군계획조례가 정하는 기준에 적합하다고 인정하여 해당 지방자치단체에 설치된 도시·군계획위원회의 심의를 거친 경우에는 그러하지 아니하다.

「국토의 계획 및 이용에 관한 법률 시행령」 **제76조 [보호지구 안에서의 건축제한]**

보호지구 안에서는 다음 각 호의 구분에 따른 건축물에 한하여 건축할 수 있다. 다만, 특별시장·광역시장·특별자치시장·특별자치도지사·시장 또는 군수가 지구의 지정목적에 위배되지 아니하는 범위 안에서 도시·군계획조례가 정하는 기준에 적합하다고 인정하여 관계 행정기관의 장과의 협의와 해당 지방자치단체에 설치된 도시·군계획위원회의 심의를 거친 경우에는 그러하지 아니하다.

1. **역사문화환경보호지구** : 「문화재보호법」의 적용을 받는 문화재를 직접 관리·보호하기 위한 건축물과 문화적으로 보전가치가 큰 지역의 보호 및 보존을 저해하지 아니하는 건축물로서 도시·군계획 조례가 정하는 것(2017.12.29 본호 개정)
2. **중요시설물보호지구** : 중요시설물의 보호와 기능 수행에 장애가 되지 아니하는 건축물로서 도시·군계획조례가 정하는 것. 이 경우 제31조제3항에 따라 공항시설에 관한 보호지구를 세분하여 지정하려는 경우에는 공항시설을 보호하고 항공기의 이·착륙에 장애가 되지 아니하는 범위에서 건축물의 용도 및 형태 등에 관한 건축제한을 포함하여 정할 수 있다.(2017.12.29 본호 개정)
3. **생태계보호지구** : 생태적으로 보존가치가 큰 지역의 보호 및 보존을 저해하지 아니하는 건축물로서 조례가 정하는 것

「국토의 계획 및 이용에 관한 법률 시행령」 **제78조 [취락지구 안에서의 건축제한]**

① 법 제76조제5항제1호의 규정에 의하여 자연취락지구 안에서 건축할 수 있는 건축물은 별표 23과 같다.

② 집단취락지구 안에서의 건축제한에 대하여는 개발제한구역의 지정 및 관리에 관한 특별조치 법령이 정하는 바에 의한다.

※ 「국토의 계획 및 이용에 관한 법률 시행령」 **【별표 23】** (2023.5.15 본표 개정)

## 자연취락지구 안에서 건축할 수 있는 건축물(제78조 관련)

1. **건축할 수 있는 건축물**(4층 이하의 건축물에 한한다. 다만, 4층 이하의 범위안에서 도시·군계획조례로 따로 층수를 정하는 경우에는 그 층수 이하의 건축물에 한한다)
   가. 「건축법 시행령」 별표 1 제1호의 단독주택
   나. 「건축법 시행령」 별표 1 제3호의 제1종 근린생활시설
   다. 「건축법 시행령」 별표 1 제4호의 제2종 근린생활시설[같은 호 아목, 자목, 너목, 더목 및 러목(안마시술소만 해당한다)은 제외한다](2019.8.6 본목 개정)
   라. 「건축법 시행령」 별표 1 제13호의 운동시설
   마. 「건축법 시행령」 별표 1 제18호가목의 창고(농업·임업·축산업·수산업용만 해당한다)
   바. 「건축법 시행령」 별표 1 제21호의 동물 및 식물관련시설
   사. 「건축법 시행령」 별표 1 제23호의 교정시설(2023.5.15 건축법 시행령 부칙에 의거 본목 개정)
   아. 「건축법 시행령」 별표 1 제23호의2 국방·군사시설(2023.5.15 건축법 시행령 부칙에 의거 본목 신설)
   자. 「건축법 시행령」 별표 1 제24호의 방송통신시설
   차. 「건축법 시행령」 별표 1 제25호의 발전시설

2. **도시·군계획조례가 정하는 바에 의하여 건축할 수 있는 건축물**(4층 이하의 건축물에 한한다. 다만, 4층 이하의 범위안에서 도시·군계획조례로 따로 층수를 정하는 경우에는 그 층수 이하의 건축물에 한한다)
   가. 「건축법 시행령」 별표 1 제2호의 공동주택(아파트를 제외한다)
   나. 「건축법 시행령」 별표 1 제4호아목·자목·너목 및 러목(안마시술소만 해당한다)에 따른 제2종 근린생활시설(2019.8.6 본목 개정)
   다. 「건축법 시행령」 별표 1 제5호의 문화 및 집회시설
   라. 「건축법 시행령」 별표 1 제6호의 종교시설
   마. 「건축법 시행령」 별표 1 제7호의 판매시설 중 다음의 어느 하나에 해당하는 것
      (1) 「농수산물유통 및 가격안정에 관한 법률」 제2조에 따른 농수산물공판장
      (2) 「농수산물유통 및 가격안정에 관한 법률」 제68조제2항에 따른 농수산물직판장으로서 해당용도에 쓰이는 바닥면적의 합계가 10,000$m^2$ 미만인 것(「농어업·농어촌 및 식품산업 기본법」 제3조제2호에 따른 농업인·어업인, 같은 법 제25조에 따른 후계농어업경영인, 같은 법 제26조에 따른 전업농어업인 또는 지방자치단체가 설치·운영하는 것에 한한다)
   바. 「건축법 시행령」 별표 1 제9호의 의료시설 중 종합병원·병원·치과병원·한방병원 및 요양병원(2014.11.11 본목 개정)
   사. 「건축법 시행령」 별표 1 제10호의 교육연구시설
   아. 「건축법 시행령」 별표 1 제11호의 노유자시설
   자. 「건축법 시행령」 별표 1 제12호의 수련시설(2019.3.19 본목 개정)
   차. 「건축법 시행령」 별표 1 제15호의 숙박시설로서 「관광진흥법」에 따라 지정된 관광지 및 관광단지에 건축하는 것
   카. 「건축법 시행령」 별표 1 제17호의 공장 중 도정공장 및 식품공장과 읍·면지역에 건축하는 제재업의 공장 및 첨단업종의 공장으로서 별표 16 제2호 아목(1)부터 (4)까지의 어느 하나에 해당하지 아니하는 것(2023.3.21 본목 개정)
   타. 「건축법 시행령」 별표 1 제19호의 위험물저장 및 처리시설
   파. 「건축법 시행령」 별표 1 제20호의 자동차 관련 시설 중 주차장 및 세차장(2016.11.1 본목 신설)
   하. 「건축법 시행령」 별표 1 제22호의 자원순환 관련 시설(2014.3.24 「건축법 시행령」 부칙에 의거 개정)
   거. 「건축법 시행령」 별표 1 제29호의 야영장 시설(2019.3.19 본목 신설)

「국토의 계획 및 이용에 관한 법률 시행령」 **제79조 【개발진흥지구에서의 건축제한】** [2016.2.11 본조 개정]

① 법 제76조제5항제1호의2에 따라 지구단위계획 또는 관계 법률에 따른 개발계획을 수립하는 개발진흥지구에서는 지구단위계획 또는 관계 법률에 따른 개발계획에 위반하여 건축물을 건축할 수 없으며, 지구단위계획 또는 개발계획이 수립되기 전에는 개발진흥지구의 계획적 개발에 위배되지 아니하는 범위에서 도시·군계획조례로 정하는 건축물을 건축할 수 있다.

② 법 제76조제5항제1호의2에 따라 지구단위계획 또는 관계 법률에 따른 개발계획을 수립하지 아니하는 개발진흥지구에서는 해당 용도지역에서 허용되는 건축물을 건축할 수 있다.

③ 제2항에도 불구하고 산업·유통개발진흥지구에서는 해당 용도지역에서 허용되는 건축물 외에 해당 지구계획(해당 지구의 토지이용, 기반시설 설치 및 환경오염 방지 등에 관한 계획을 말한다)에 따라 다음 각 호의 구분에 따른 요건을 갖춘 건축물 중 도시·군계획조례로 정하는 건축물을 건축할 수 있다.

1. 계획관리지역: 계획관리지역에서 건축이 허용되지 아니하는 공장 중 다음 각 목의 요건을 모두 갖춘 것
   가. 「대기환경보전법」, 「물환경보전법」 또는 「소음·진동관리법」에 따른 배출시설의 설치 허가·신고 대상이 아닐 것
   나. 「악취방지법」에 따른 배출시설이 없을 것
   다. 「산업집적활성화 및 공장설립에 관한 법률」 제9조제1항 또는 제13조제1항에 따른 공장설립 가능 여부의 확인 또는 공장설립등의 승인에 필요한 서류를 갖추어 법 제30조제1항에 따라 관계 행정기관의 장과 미리 협의하였을 것
2. 자연녹지지역·생산관리지역·보전관리지역 또는 농림지역: 해당 용도지역에서 건축이 허용되지 않는 공장 중 다음 각 목의 요건을 모두 갖춘 것(2019.8.6 본호 개정)
   가. 산업·유통개발진흥지구 지정 전에 계획관리지역에 설치된 기존 공장이 인접한 용도지역의 토지로 확장하여 설치하는 공장일 것
   나. 해당 용도지역에 확장하여 설치되는 공장부지의 규모가 3,000$m^2$ 이하일 것. 다만, 해당 용도지역 내에 기반시설이 설치되어 있거나 기반시설의 설치에 필요한 용지의 확보가 충분하고 주변지역의 환경오염·환경훼손 우려가 없는 경우로서 도시계획위원회의 심의를 거친 경우에는 5,000$m^2$까지로 할 수 있다.

**해설** 지구단위계획 또는 개발계획을 수립하지 아니하는 산업·유통개발진흥지구 내의 계획관리지역에서는 해당 용도지역에서 설치가 허용되지 아니한 공장이더라도 대기·수질·소음 등의 배출시설 설치 허가·신고 대상이 아니면서 악취배출시설이 없는 경우에는 지구계획에 따라 설치할 수 있도록 하고 지구단위계획 또는 개발계획을 수립하지 아니하는 산업·유통개발진흥지구 내의 계획관리지역에 있는 기존 공장이 지구계획에 따라 원칙적으로 3,000$m^2$ 이하의 범위에서 해당 공장의 입지가 허용되지 아니한 용도지역으로 확장하여 증축하는 것을 허용하며, 개발진흥지구 내의 도시지역 외의 지역뿐만 아니라 도시지역의 세분된 용도지역인 자연녹지지역에서도 건폐율을 완화할 수 있도록 하고 있다.

**「국토의 계획 및 이용에 관한 법률 시행령」 제80조 【특정용도제한지구 안에서의 건축제한】**

특정용도제한지구 안에서는 주거기능 및 교육환경을 훼손하거나 또는 청소년 정서에 유해하다고 인정하여 도시·군계획조례가 정하는 건축물을 건축할 수 없다.(2017.12.29 본조 개정)

**「국토의 계획 및 이용에 관한 법률 시행령」 제81조 【복합용도지구에서의 건축제한】**

법 제76조제5항제1호의3에 따라 복합용도지구에서는 해당 용도지역에서 허용되는 건축물 외에 다음 각 호에 따른 건축물 중 도시·군계획조례가 정하는 건축물을 건축할 수 있다.(2017.12.29 본조 신설)

1. 일반주거지역: 준주거지역에서 허용되는 건축물. 다만, 다음 각 목의 건축물은 제외한다.
   가. 「건축법 시행령」 별표 1 제4호의 제2종 근린생활시설 중 안마시술소
   나. 「건축법 시행령」 별표 1 제5호다목의 관람장
   다. 「건축법 시행령」 별표 1 제17호의 공장
   라. 「건축법 시행령」 별표 1 제19호의 위험물 저장 및 처리 시설
   마. 「건축법 시행령」 별표 1 제21호의 동물 및 식물 관련 시설
   바. 「건축법 시행령」 별표 1 제28호의 장례시설
2. 일반공업지역: 준공업지역에서 허용되는 건축물. 다만 다음 각 목의 건축물은 제외한다.
   가. 「건축법 시행령」 별표 1 제2호가목의 아파트
   나. 「건축법 시행령」 별표 1 제4호의 제2종 근린생활시설 중 단란주점 및 안마시술소
   다. 「건축법 시행령」 별표 1 제11호의 노유자시설
3. 계획관리지역: 다음 각 목의 어느 하나에 해당하는 건축물
   가. 「건축법 시행령」 별표 1 제4호의 제2종 근린생활시설 중 일반음식점·휴게음식점·제과점(별표 20 제1호라목에 따라 건축할 수 없는 일반음식점·휴게음식점·제과점은 제외한다)
   나. 「건축법 시행령」 별표 1 제7호의 판매시설
   다. 「건축법 시행령」 별표 1 제15호의 숙박시설(별표 20 제1호사목에 따라 건축할 수 없는 숙박시설은 제외한다)
   라. 「건축법 시행령」 별표 1 제16호다목의 유원시설업의 시설, 그 밖에 이와 비슷한 시설

**해설** 2018.4.19부터는 복합용도지구로 지정할 수 있는 지역을 일반주거지역, 일반공업지역 및 계획관리지역으로 정하고, 복합용도지구를 지정할 때에는 해당 용도지역의 건축제한만을 완화하여 토지를 효율적으로 이용할 수 있는 지역을 정하도록 지정기준을 새롭게 규정하였다.

**「국토의 계획 및 이용에 관한 법률 시행령」 제82조 【그 밖의 용도지구 안에서의 건축제한】**

제72조부터 제80조에 규정된 용도지구 외의 용도지구 안에서의 건축제한에 관하여는 그 용도 지구지정의 목적달성에 필요한 범위 안에서 특별시·광역시·특별자치시·특별자치도·시 또는 군의 도시·군계획조례로 정한다.(2016.12.30 본조 개정)

「국토의 계획 및 이용에 관한 법률 시행령」 **제83조 【용도 지역·지구 및 용도구역 안에서의 건축제한의 예외 등】**

① 용도지역·용도지구 안에서 도시·군계획시설에 대하여는 제71조 내지 제82조의 규정을 적용하지 아니한다.

② 경관지구 또는 고도지구 안에서의 「건축법 시행령」 제6조제1항제6호에 따른 리모델링이 필요한 건축물에 대해서는 제72조부터 제74조까지의 규정에도 불구하고 「건축법 시행령」 제6조제1항제6호에 따라 건축물의 높이·규모 등의 제한을 완화하여 제한할 수 있다.(2021.7.6 본항 개정)

③ 개발제한구역, 도시자연공원구역, 시가화조정구역 및 수산자원보호구역 안에서의 건축제한에 관하여는 다음 각 호의 법령 또는 규정에서 정하는 바에 따른다.(2015.7.6 본항 개정)

1. 개발제한구역 안에서의 건축제한 : 「개발제한구역의 지정 및 관리에 관한 특별조치법」
2. 도시자연공원구역 안에서의 건축제한 : 「도시공원 및 녹지 등에 관한 법률」
3. 시가화조정구역 안에서의 건축제한 : 제87조부터 제89조까지의 규정
4. 수산자원보호구역 안에서의 건축제한 : 「수산자원관리법」

④ 용도지역·용도지구 또는 용도구역 안에서의 건축물이 아닌 시설의 용도·종류 및 규모 등의 제한에 관하여는 별표 2부터 별표 25까지, 제72조, 제74조부터 제76조까지, 제79조, 제80조 및 제82조에 따른 건축물에 관한 사항을 적용한다. 다만, 다음 각 호의 시설의 용도·종류 및 규모 등의 제한에 관하여는 적용하지 아니한다.(2017.12.29 본항 개정)

1. 「관광진흥법」 제3조제1항제6호에 따른 유원시설업(이하 "유원시설업"이라 한다)을 위한 유기시설(遊技施設)·유기기구(遊技機具)로서 다음 각 목의 요건을 모두 갖춘 시설
   가. 철로를 활용하는 궤도주행형 유기시설·유기기구일 것
   나. 가목의 철로는 「철도사업법」 제4조에 따라 지정·고시된 사항의 변경으로 사업용철도노선에서 제외된 기존 선로일 것
2. 제1호의 유기시설·유기기구를 설치하는 유원시설업을 위하여 「관광진흥법」 제5조제2항에 따라 갖추어야 하는 시설

⑤ 용도지역·용도지구 또는 용도구역 안에서 허용되는 건축물 또는 시설을 설치하기 위하여 공사현장에 설치하는 자재야적장, 레미콘·아스콘생산시설 등 공사용 부대시설은 제4항 및 제55조·제56조의 규정에 불구하고 해당 공사에 필요한 최소한의 면적의 범위 안에서 기간을 정하여 사용 후에 그 시설 등을 설치한 자의 부담으로 원상복구할 것을 조건으로 설치를 허가할 수 있다.

⑥ 방재지구안에서는 제71조에 따른 용도지역안에서의 건축제한 중 층수 제한에 있어서는 1층 전부를 필로티 구조로 하는 경우 필로티 부분을 층수에서 제외한다.(2014.1.14 본항 신설)

⑦ (2017.12.29 본항 삭제)

**해설** 도시·군계획시설이 용도지역과 용도지구 안에서 시행되는 경우 용도지역과 지구의 규정을 적용하지 않는다. 이는 도시·군계획시설의 특성상 용도지역과 지구에 관계없이 입지 할 수 있기 때문이다. 또한 리모델링이 필요한 건축물이 경관지구 또는 고도지구 안에서 시행되는 경우 「건축법 시행령」 제6조 규정에 의한 건축물의 높이와 규모 등의 제한을 완화, 적용하는 것은 리모델링을 활성화하기 위함이다.

「국토의 계획 및 이용에 관한 법률」 **제38조 【개발제한구역의 지정】**

① 국토교통부장관은 도시의 무질서한 확산을 방지하고 도시주변의 자연환경을 보전하여 도시민의 건전한 생활환경을 확보하기 위하여 도시의 개발을 제한할 필요가 있거나 국방부장관의 요청이 있어 보안상 도시의 개발을 제한할 필요가 있다고 인정되면 개발제한구역의 지정 또는 변경을 도시·군관리계획으로 결정할 수 있다.(2013.3.23 본항 개정)

② 개발제한구역의 지정 또는 변경에 필요한 사항은 따로 법률로 정한다.

「국토의 계획 및 이용에 관한 법률」 **제80조 【개발제한구역에서의 행위제한 등】**

개발제한구역에서의 행위제한이나 그 밖에 개발제한구역의 관리에 필요한 사항은 따로 법률로 정한다.

**해설** 개발제한구역의 지정과 구역에서의 행위제한 등은 「개발제한구역의 지정 및 관리에 관한 특별조치법」에서 규정하고 있다.

「국토의 계획 및 이용에 관한 법률」 **제39조 【시가화 조정구역의 지정】**

① 국토교통부장관은 직접 또는 관계 행정기관의 장의 요청을 받아 도시지역과 그 주변지역의 무질서한 시가화를 방지하고 계획적·단계적인 개발을 도모하기 위하여 대통령령이 정하는 기간동안 시가화를 유보할 필요가 있다고 인정되면 시가화조정구역의 지정 또는 변경을 도시·군관리계획으로 결정할 수 있다. 다만, 국가계획과 연계하여 시가화조정구역의 지정 또는 변경이 필요한 경우에는 국토교통부장관이 직접 시가화조정구역의 지정 또는 변경을 도시·군관리계획으로 결정할 수 있다.(2013.7.16 본항 개정 및 단서 신설)

② 시가화조정구역의 지정에 관한 도시·군관리계획의 결정은 제1항에 따른 시가화 유보기간이 끝난 날의 다음날부터 그 효력을 잃는다. 이 경우 국토교통부장관 또는 시·도지사는 대통령령으로 정하는 바에 따라 그 사실을 고시하여야 한다.(2013.7.16 본항 개정)

「국토의 계획 및 이용에 관한 법률 시행령」 **제32조 【시가화 조정구역의 지정】**

① 법 제39조제1항 본문에서 "대통령령으로 정하는 기간"이란 5년 이상 20년 이내의 기간을 말한다.(2014.1.14 본항 개정)

② 국토교통부장관 또는 시·도지사는 법 제39조제1항에 따라 시가화조정구역을 지정 또는 변경하고자 하는 때에는 당해 도시지역과 그 주변지역의 인구의 동태, 토지의 이용상황, 산업발전상황 등을 고려하여 도시·군관리계획으로 시가화유보기간을 정하여야 한다.(2014.1.14 본항 개정)

③ 법 제39조제2항 후단에 따른 시가화조정구역지정의 실효고시는 국토교통부장관이 하는 경우

에는 관보와 국토교통부의 인터넷 홈페이지에, 시·도지사가 하는 경우에는 해당 시·도의 공보와 인터넷 홈페이지에 다음 각 호의 사항을 게재하는 방법으로 한다.(2020.11.24 본항 개정)

1. 실효일자
2. 실효사유
3. 실효된 도시·군 관리계획의 내용

**해설** 국토교통부장관은 도시지역과 그 주변지역의 무질서한 시가화를 방지하고 계획적·단계적인 개발을 도모하기 위하여 5년 이상 20년 이내에 시가화를 유보할 필요가 있다고 인정되는 경우에는 시가화 조정구역의 지정 또는 변경을 도시·군관리계획으로 결정할 수 있다.

「국토의 계획 및 이용에 관한 법률」 **제81조 【시가화조정구역에서의 행위 제한 등】**

① 제39조에 따라 지정된 시가화조정구역에서의 도시·군계획사업은 대통령령이 정하는 사업만 시행할 수 있다.(2011.4.14 본항 개정)

② 시가화조정구역에서는 제56조 및 제76조에도 불구하고 제1항에 따른 도시·군계획사업의 경우 외에는 다음 각 호의 어느 하나에 해당하는 행위에 한정하여 특별시장·광역시장·특별자치시장·특별자치도지사·시장 또는 군수의 허가를 받아 그 행위를 할 수 있다.

1. 농업·임업 또는 어업용의 건축물 중 대통령령이 정하는 종류와 규모의 건축물이나 그 밖의 시설을 건축하는 행위
2. 마을공동시설, 공익시설·공공시설, 광공업 등 주민의 생활을 영위하는데 필요한 행위로서 대통령령으로 정하는 행위
3. 입목의 벌채, 조림, 육림, 토석의 채취 그 밖에 대통령령으로 정하는 경미한 행위

③ 특별시장·광역시장·특별자치시장·특별자치도지사·시장 또는 군수는 제2항에 따른 허가를 하려면 미리 다음 각 호의 어느 하나에 해당하는 자와 협의하여야 한다.(2011.4.14 본항 개정)

1. 제5항 각 호의 허가에 관한 권한이 있는 자
2. 허가대상행위와 관련이 있는 공공시설의 관리자
3. 허가대상행위에 따라 설치되는 공공시설을 관리하게 될 자

④ 시가화조정구역에서 제2항에 따른 허가를 받지 아니하고 건축물의 건축, 토지의 형질 변경 등의 행위를 하는 자에 관하여는 제60조제3항 및 제4항을 준용한다.

⑤ 제2항에 따른 허가가 있는 경우에는 다음 각 호의 허가 또는 신고가 있는 것으로 본다.(2010.5.31 본항 개정)

1. 「산지관리법」 제14조·제15조에 따른 산지전용허가 및 산지전용신고, 같은 법 제15조의2에 따른 산지일시사용허가·신고
2. 「산림자원의 조성 및 관리에 관한 법률」 제36조제1항·제4항에 따른 입목벌채 등의 허가·신고

⑥ 제2항에 따른 허가의 기준 및 신청 절차 등에 관하여 필요한 사항은 대통령령으로 정한다.

「국토의 계획 및 이용에 관한 법률 시행령」 **제88조 【시가화 조정구역 안에서의 행위제한】**

법 제81조제2항의 규정에 의하여 시가화조정구역 안에서 특별시장·광역시장·특별자치시장·특별자치도지사·시장 또는 군수의 허가를 받아 할 수 있는 행위는 **별표 24**와 같다.

※ 「국토의 계획 및 이용에 관한 법률 시행령」 **【별표 24】**

**시가화 조정구역 안에서 할 수 있는 행위**(제88조 관련)

1. **법 제81조제2항제1호의 규정에 의하여 할 수 있는 행위** : 농업·임업 또는 어업을 영위하는 자가 행하는 다음 각 목의 1에 해당하는 건축물 그 밖의 시설의 건축
   가. 축사
   나. 퇴비사
   다. 잠실
   라. 창고(저장 및 보관시설을 포함한다)
   마. 생산시설(단순가공시설을 포함한다)
   바. 관리용 건축물로서 기존 관리용 건축물의 면적을 포함하여 $33m^2$ 이하인 것
   사. 양어장
2. **법 제81조제2항제2호의 규정에 의하여 할 수 있는 행위**
   가. 주택 및 그 부속건축물의 건축으로서 다음의 1에 해당하는 행위
      (1) 주택의 증축(기존주택의 면적을 포함하여 $100m^2$ 이하에 해당하는 면적의 증축을 말한다)
      (2) 부속건축물의 건축(주택 또는 이에 준하는 건축물에 부속되는 것에 한하되, 기존건축물의 면적을 포함하여 $33m^2$ 이하에 해당하는 면적의 신축·증축·재축 또는 대수선을 말한다)
   나. 마을공동시설의 설치로서 다음의 1에 해당하는 행위
      (1) 농로·제방 및 사방시설의 설치
      (2) 새마을회관의 설치
      (3) 기존정미소(개인소유의 것을 포함한다)의 증축 및 이축(시가화조정구역의 인접지에서 시행하는 공공사업으로 인하여 시가화조정구역 안으로 이전하는 경우를 포함한다)
      (4) 정자 등 간이휴게소의 설치
      (5) 농기계수리소 및 농기계용 유류판매소(개인소유의 것을 포함한다)의 설치
      (6) 선착장 및 물양장(소형선 부두)의 설치
   다. 공익시설·공용시설 및 공공시설 등의 설치로서 다음의 1에 해당하는 행위
      (1) 공익사업을 위한 토지 등의 취득 및 보상에 관한 법률 제4조에 해당하는 공익사업을 위한 시설의 설치
      (2) 국가유산의 복원과 국가유산관리용 건축물의 설치(2024.5.7 국가유산기본법 시행령 부칙에 의거 개정)
      (3) 보건소·경찰파출소·119 안전센터·우체국 및 읍·면·동 사무소의 설치
      (4) 공공도서관·전신전화국·직업훈련소·연구소·양수장·초소·대피소 및 공중화장실과 예비군운영에 필요한 시설의 설치
      (5) 농업협동조합법에 의한 조합, 산림조합 및 수산업협동조합(어촌계를 포함한다)의 공동구판장·하치장 및 창고의 설치
      (6) 사회복지시설의 설치
      (7) 환경오염방지시설의 설치
      (8) 교정시설의 설치
      (9) 야외음악당 및 야외극장의 설치

라. 광공업 등을 위한 건축물 및 공작물의 설치로서 다음의 1에 해당하는 행위

(1) 시가화조정구역 지정 당시 이미 외국인투자기업이 경영하는 공장, 수출품의 생산 및 가공공장, 「중소기업 진흥에 관한 법률」 제29조에 따라 중소기업협동화실천계획의 승인을 얻어 설립된 공장 그 밖에 수출진흥과 경제발전에 현저히 기여할 수 있는 공장의 증축(증축면적은 기존시설 연면적의 100%에 해당하는 면적 이하로 하되, 증축을 위한 토지의 형질변경은 증축할 건축물의 바닥면적의 200%를 초과할 수 없다)과 부대시설의 설치

(2) 시가화조정구역 지정 당시 이미 관계법령의 규정에 의하여 설치된 공장의 부대시설의 설치(새로운 대지조성은 허용되지 아니하며, 기존공장 부지 안에서의 건축에 한한다)

(3) 시가화조정구역 지정 당시 이미 광업법에 의하여 설정된 광업권의 대상이 되는 광물의 개발에 필요한 가설건축물 또는 공작물의 설치

(4) 토석의 채취에 필요한 가설건축물 또는 공작물의 설치

마. 기존 건축물의 동일한 용도 및 규모 안에서의 개축·재축 및 대수선

바. 시가화조정구역 안에서 허용되는 건축물의 건축 또는 공작물의 설치를 위한 공사용 가설건축물과 그 공사에 소요되는 블록·시멘트벽돌·쇄석·레미콘 및 아스콘 등을 생산하는 가설공작물의 설치

사. 다음의 1에 해당하는 용도변경행위

(1) 관계법령에 의하여 적법하게 건축된 건축물의 용도를 시가화조정구역 안에서의 신축이 허용되는 건축물로 변경하는 행위

(2) 공장의 업종변경(오염물질 등의 배출이나 공해의 정도가 변경전의 수준을 초과하지 아니하는 경우에 한한다)

(3) 공장·주택 등 시가화 조정 구역 안에서의 신축이 금지된 시설의 용도를 근린생활시설(수퍼마켓·일용품소매점·취사용가스판매점·일반음식점·다과점·다방·이용원·미용원·세탁소·목욕탕·사진관·목공소·의원·약국·접골시술소·안마시술소·침구시술소·조산소·동물병원·기원·당구장·장의사·탁구장 등 간이운동시설 및 간이수리점에 한한다) 또는 종교시설로 변경하는 행위

아. 종교시설의 증축(새로운 대지조성은 허용되지 아니하며, 증축면적은 시가화조정구역 지정 당시의 종교시설 연면적의 200%를 초과할 수 없다)

**3. 법 제81조제2항제3호의 규정에 의하여 할 수 있는 행위**

가. 입목의 벌채, 조림, 육림, 토석의 채취

나. 다음의 1에 해당하는 토지의 형질변경

(1) 제1호 및 제2호의 규정에 의한 건축물의 건축 또는 공작물의 설치를 위한 토지의 형질변경

(2) 공익사업을위한토지등의취득및보상에관한법률 제4조에 해당하는 공익사업을 수행하기 위한 토지의 형질변경

(3) 농업·임업 및 어업을 위한 개간과 축산을 위한 초지조성을 목적으로 하는 토지의 형질변경

(4) 시가화조정구역 지정 당시 이미 광업법에 의하여 설정된 광업권의 대상이 되는 광물의 개발을 위한 토지의 형질변경

다. 토지의 합병 및 분할

※ 용어 : '다음의 1' = '다음의 어느 하나'

**「국토의 계획 및 이용에 관한 법률 시행령」 제89조 【시가화 조정구역 안에서 행위허가의 기준 등】**

① 특별시장·광역시장·특별자치시장·특별자치도지사·시장 또는 군수는 시가화 조정구역의 지정목적 달성에 지장이 있는 경우와 해당 토지 또는 주변토지의 합리적인 이용에 지장이 있다고 인정되는 경우는 법 제81조제2항의 규정에 의한 허가를 하여서는 아니된다.

② 시가화조정구역 안에 있는 산림 안에서의 입목의 벌채·조림 및 육림의 허가기준에 관하여는 「산림법」의 규정에 의한다.

③ 특별시장·광역시장·특별자치시장·특별자치도지사·시장 또는 군수는 별표 25에 규정된 행위에 대하여는 특별한 사유가 없는한 법 제81조의 제2항의 규정에 의한 허가를 거부하여서는 안 된다.

④ 특별시장·광역시장·특별자치시장·특별자치도지사·시장 또는 군수는 법 제81조제2항의 규정에 의한 허가를 함에 있어서 시가화 조정구역의 지정목적상 필요하다고 인정되는 경우에는 조경 등 필요한 조치를 할 것을 조건으로 허가할 수 있다.

⑤ 특별시장·광역시장·특별자치시장·특별자치도지사·시장 또는 군수는 법 제81조제2항의 규정에 의한 허가를 하고자 하는 때에는 해당 행위가 도시·군계획사업의 시행에 지장을 주는지의 여부에 관하여 시가화 조정구역 안에서 시행되는 도시·군계획사업의 시행자의 의견을 들어야 한다.

⑥ 제55조 및 제56조의 규정은 법 제81조제2항의 규정에 의한 허가에 관하여 이를 준용한다.

⑦ 법 제81조제6항의 규정에 의하여 허가를 신청하고자 하는 자는 국토교통부령이 정하는 서류를 특별시장·광역시장·특별자치시장·특별자치도지사·시장 또는 군수에게 제출하여야 한다.
(2013.3.23 본항 개정)

※「국토의 계획 및 이용에 관한 법률 시행령」【별표 25】

**시가화 조정구역 안에서 허가를 거부할 수 없는 행위**(제89조 관련)

1. 제52조제1항 각 호 및 제53조 각 호의 경미한 행위
2. 다음 각 목의 1에 해당하는 행위
   가. 축사의 설치 : 1가구(시가화 조정구역 안에서 주택을 소유하면서 거주하는 경우로서 농업 또는 어업에 종사하는 1세대를 말한다. 이하 이 호에서 같다)당 기존축사의 면적을 포함하는 300m$^2$ 이하(나환자촌의 경우에는 500m$^2$ 이하). 다만, 과수원·초지 등의 관리사 인근에는 100m$^2$ 이하의 축사를 별도로 설치할 수 있다.
   나. 퇴비사의 설치 : 1가구 당 기존퇴비사의 면적을 포함하여 100m$^2$ 이하
   다. 잠실의 설치 : 뽕나무 밭 조성면적 2,000m$^2$ 당 또는 뽕나무 1천800주 당 50m$^2$ 이하
   라. 창고의 설치 : 시가화 조정구역 안의 토지 또는 그 토지와 일체가 되는 토지에서 생산되는 생산물의 저장에 필요한 것으로서 기존창고면적을 포함하여 그 토지면적의 0.5% 이하. 다만, 감귤을 저장하기 위한 경우에는 1% 이하로 한다.
   마. 관리용 건축물의 설치 : 과수원·초지·유실수단지 또는 원예단지 안에 설치하되, 생산에 직접 공여되는 토지면적의 0.5% 이하로서 기존관리용 건축물의 면적을 포함하여 33m$^2$ 이하
3. 「건축법」 제14조제1항 각 호의 건축신고로서 건축허가를 갈음하는 행위(2010.4.29 본호 개정)

「국토의 계획 및 이용에 관한 법률」 **제40조 【수산자원보호구역의 지정】**

해양수산부장관은 직접 또는 관계 행정기관의 장의 요청을 받아 수산자원의 보호·육성을 위하여 필요한 공유수면이나 그에 인접한 토지에 대한 수산자원보호구역의 지정 또는 변경을 도시·군관리계획으로 결정할 수 있다.(2013.3.23 본조 개정)

참고

- **비오톱**(biotope) : 특정한 식물과 동물이 하나의 생활공동체를 이루어 지표상에서 다른 곳과 명확히 구분되는 생물서식지
- **비오톱유형평가** : 5개 등급으로 구분(서식지기능, 생물서식의 잠재성, 식물의 층위구조, 면적 및 희귀도 종합평가)
  1. **비오톱유형평가 등급**
     가. 1등급 : 대상지 전체에 대해 절대적으로 보전이 필요한 비오톱유형
     나. 2등급 : 대상지 전체에 대해 절대적으로 보전을 우선시해야 하는 비오톱유형
     다. 3등급 : 대상지 일부에 대해 보전을 우선하고 잔여지역은 토지이용제한이 필요한 비오톱유형
     라. 4등급 : 대상지 일부 토지에 대한 토지이용제한이 필요한 비오톱유형
     마. 5등급 : 부분적으로 개선이 필요한 비오톱유형
- **개별비오톱평가** : 자연형 비오톱유형, 근자연형 비오톱유형 대상으로 평가하여 3개의 등급으로 구분(자연성, 생물서식지기능, 면적, 위치 등 평가)
  2. **개별비오톱평가 등급**
     가. 1등급 : 특별히 보호가치가 있는 비오톱(보전)
     나. 2등급 : 보호할 가치가 있는 비오톱(보호 및 복원)
     다. 3등급 : 현재로서는 한정적인 가치를 가지는 비오톱(복원)
- **비오톱 평가도** : 비오톱 등급을 지도화한 것
- **도시생태현황도** : 도시행태현황 조사결과 작성된 토지이용현황도, 불투수토양포장도, 현존식생도, 조류분포도, 양서파충류분포도, 어류분포도, 포유류분포도, 비오톱유형도, 비오톱유형평가도, 개별비오톱평가도 등으로 구성된 것
- 도시지역에서 생태·자연환경을 종합적이고 체계적으로 관리·계획하기 위해 지자체별로 도시생태현황조사(비오톱조사)를 일정기간 마다 실시해 도시계획에 반영시키도록 하고 있음. 주요 지자체 중에서는 서울특별시(비오톱등급), 광주광역시, 세종특별자치시(도시생태계보전가치등급)등이 조례를 통해 개발행위허가시 생태환경등급을 반영하고 있음(각 지자체의 도시계획조례에서 반영여부 확인 필요)
- 각 필지별 비오톱 등급은 토지이용계획확인서를 통해 확인할 수 있고 서울시의 경우 2000년도를 시작으로 매 5년마다 도시생태현황을 조사하여 비오톱등급을 조정·공지하고 있음

「국토의 계획 및 이용에 관한 법률」 **제40조의3 【도시혁신구역의 지정 등】**

① 제35조의6제1항에 따른 공간재구조화계획 결정권자(이하 이 조 및 제40조의4에서 "**공간재구조화계획 결정권자**"라 한다)는 다음 각 호의 어느 하나에 해당하는 지역을 도시혁신구역으로 지정할 수 있다.(2024.2.6 본조 신설)

1. 도시·군기본계획에 따른 도심·부도심 또는 생활권의 중심지역
2. 주요 기반시설과 연계하여 지역의 거점 역할을 수행할 수 있는 지역
3. 그 밖에 도시공간의 창의적이고 혁신적인 개발이 필요하다고 인정되는 경우로서 대통령령으로 정하는 지역

② 도시혁신계획에는 도시혁신구역의 지정 목적을 이루기 위하여 다음 각 호에 관한 사항이 포함되어야 한다.

1. 용도지역·용도지구, 도시·군계획시설 및 지구단위계획의 결정에 관한 사항
2. 주요 기반시설의 확보에 관한 사항
3. 건축물의 건폐율·용적률·높이에 관한 사항
4. 건축물의 용도·종류 및 규모 등에 관한 사항
5. 제83조의3에 따른 다른 법률 규정 적용의 완화 또는 배제에 관한 사항
6. 도시혁신구역 내 개발사업 및 개발사업의 시행자 등에 관한 사항
7. 그 밖에 도시혁신구역의 체계적 개발과 관리에 필요한 사항

③ 제1항에 따른 도시혁신구역의 지정 및 변경과 제2항에 따른 도시혁신계획은 다음 각 호의 사항을 종합적으로 고려하여 공간재구조화계획으로 결정한다.

1. 도시혁신구역의 지정 목적
2. 해당 지역의 용도지역·기반시설 등 토지이용 현황
3. 도시·군기본계획 등 상위계획과의 부합성
4. 주변 지역의 기반시설, 경관, 환경 등에 미치는 영향 및 도시환경 개선·정비 효과
5. 도시의 개발 수요 및 지역에 미치는 사회적·경제적 파급효과

④ 다른 법률에서 제35조의6에 따른 공간재구조화계획의 결정을 의제하고 있는 경우에도 이 법에 따르지 아니하고 도시혁신구역의 지정과 도시혁신계획을 결정할 수 없다.

⑤ 공간재구조화계획 결정권자가 제3항에 따른 공간재구조화계획을 결정하기 위하여 제35조의6 제2항에 따라 관계 행정기관의 장과 협의하는 경우 협의 요청을 받은 기관의 장은 그 요청을 받은 날부터 10일(근무일 기준) 이내에 의견을 회신하여야 한다.

⑥ 도시혁신구역 및 도시혁신계획에 관한 도시·군관리계획 결정의 실효, 도시혁신구역에서의 건축 등에 관하여 다른 특별한 규정이 없으면 제53조 및 제54조를 준용한다. 이 경우 "지구단위계획구역"은 "도시혁신구역"으로, "지구단위계획"은 "도시혁신계획"으로 본다.

⑦ 도시혁신구역의 지정 및 변경과 도시혁신계획의 수립 및 변경에 관한 세부적인 사항은 국토교통부장관이 정하여 고시한다.

**해설** 종전의 "입지규제최소구역"은 2024.8.6에 삭제되었으며 이를 대신하여 "도시혁신구역 및 도시혁신계획"으로의 재편을 가져왔다. 따라서 종전의 입지규제최소구역 지정에 관한 경과조치는 다음과 같은 내용을 가지게 된다.

**부칙 제2조**(2024.2.6 개정)

제2조(입지규제최소구역 지정에 관한 경과조치)

① 이 법 시행 전에 종전의 규정에 따라 지정·결정된 입지규제최소구역 및 입지규제최소구역계획은 제40조의3의 개정규정에 따라 도시혁신구역 및 도시혁신계획으로 지정되거나 결정된 것으로 본다.

② 제1항에 따라 지정·결정된 것으로 보는 도시혁신구역 및 도시혁신계획을 변경하려는 경우에는 제35조의6의 개정규정에 따라 공간재구조화계획을 먼저 결정하여야 한다.

**「국토의 계획 및 이용에 관한 법률 시행령」 제32조의3 【도시혁신구역의 지정】**

법 제40조의3제1항제3호에서 "대통령령으로 정하는 지역"이란 다음 각 호의 어느 하나에 해당하는 지역을 말한다.(2024.7.30 본조 신설)

1. 유휴토지 또는 대규모 시설의 이전부지
2. 그 밖에 도시공간의 창의적이고 혁신적인 개발이 필요하다고 인정되는 지역으로서 해당 시·도의 도시·군계획조례로 정하는 지역

**「국토의 계획 및 이용에 관한 법률」 제80조의4 【도시혁신구역에서의 행위 제한】**

용도지역 및 용도지구에 따른 제한에도 불구하고 도시혁신구역에서의 토지의 이용, 건축물이나 그 밖의 시설의 용도·건폐율·용적률·높이 등에 관한 제한 및 그 밖에 대통령령으로 정하는 사항에 관하여는 도시혁신계획으로 따로 정한다.(2024.2.6 본조 신설)

**「국토의 계획 및 이용에 관한 법률 시행령」 제86조의2 【도시혁신구역에서의 행위 제한】**

법 제80조의4에서 "대통령령으로 정하는 사항"이란 건축물이나 그 밖의 시설의 종류 및 규모의 제한에 관한 사항을 말한다.(2024.7.30 본조 신설)

**「국토의 계획 및 이용에 관한 법률」 제83조의3 【도시혁신구역에서의 다른 법률의 적용 특례】**

① 도시혁신구역에 대하여는 다음 각 호의 법률 규정에도 불구하고 도시혁신계획으로 따로 정할 수 있다.(2024.2.6 본조 신설)

1. 「주택법」 제35조에 따른 주택의 배치, 부대시설·복리시설의 설치기준 및 대지조성기준
2. 「주차장법」 제19조에 따른 부설주차장의 설치
3. 「문화예술진흥법」 제9조에 따른 건축물에 대한 미술작품의 설치
4. 「건축법」 제43조에 따른 공개 공지 등의 확보
5. 「도시공원 및 녹지 등에 관한 법률」 제14조에 따른 도시공원 또는 녹지 확보기준
6. 「학교용지 확보 등에 관한 특례법」 제3조에 따른 학교용지의 조성·개발 기준

② 도시혁신구역으로 지정된 지역은 「건축법」 제69조에 따른 특별건축구역으로 지정된 것으로 본다.

③ 시·도지사 또는 시장·군수·구청장은 「건축법」 제70조에도 불구하고 도시혁신구역에서 건축하는 건축물을 같은 법 제73조에 따라 건축기준 등의 특례사항을 적용하여 건축할 수 있는 건축물에 포함시킬 수 있다.

④ 도시혁신구역의 지정·변경 및 도시혁신계획 결정의 고시는 「도시개발법」 제5조에 따른 개발계획의 내용에 부합하는 경우 같은 법 제9조제1항에 따른 도시개발구역의 지정 및 개발계획 수립의 고시로 본다. 이 경우 도시혁신계획에서 정한 시행자는 같은 법 제11조에 따른 사업시행자 지정요건 및 도시개발구역 지정 제안 요건 등을 갖춘 경우에 한정하여 같은 법에 따른 도시개발사업의 시행자로 지정된 것으로 본다.

⑤ 도시혁신계획에 대한 도시계획위원회 심의 시 「교육환경 보호에 관한 법률」 제5조제8항에 따른 지역교육환경보호위원회, 「문화유산의 보존 및 활용에 관한 법률」 제8조에 따른 문화유산위원회(같은 법 제70조에 따른 시·도지정문화유산에 관한 사항의 경우 같은 법 제71조에 따른 시·도문화유산위원회를 말한다) 또는 「자연유산의 보존 및 활용에 관한 법률」 제7조의2에 따른 자연유산위원회(같은 법 제40조에 따른 시·도자연유산에 관한 사항의 경우 같은 법 제41조의2에 따른 시·도자연유산위원회를 말한다)와 공동으로 심의를 개최하고, 그 결과에 따라 다음 각 호의 법률 규정을 완화하여 적용할 수 있다. 이 경우 다음 각 호의 완화 여부는 각각 지역교육환경보호위원회, 문화유산위원회 및 자연유산위원회의 의결에 따른다.

1. 「교육환경 보호에 관한 법률」 제9조에 따른 교육환경보호구역에서의 행위제한
2. 「문화유산의 보존 및 활용에 관한 법률」 제13조에 따른 역사문화환경 보존지역에서의 행위제한
3. 「자연유산의 보존 및 활용에 관한 법률」 제10조에 따른 역사문화환경 보존지역에서의 행위제한

**「국토의 계획 및 이용에 관한 법률」 제40조의4 【복합용도구역의 지정 등】**

① 공간재구조화계획 결정권자는 다음 각 호의 어느 하나에 해당하는 지역을 복합용도구역으로 지정할 수 있다.(2024.2.6 본조 신설)

1. 산업구조 또는 경제활동의 변화로 복합적 토지이용이 필요한 지역
2. 노후 건축물 등이 밀집하여 단계적 정비가 필요한 지역
3. 그 밖에 복합된 공간이용을 촉진하고 다양한 도시공간을 조성하기 위하여 계획적 관리가 필요하다고 인정되는 경우로서 대통령령으로 정하는 지역

② 복합용도계획에는 복합용도구역의 지정 목적을 이루기 위하여 다음 각 호에 관한 사항이 포함되어야 한다.

1. 용도지역·용도지구, 도시·군계획시설 및 지구단위계획의 결정에 관한 사항
2. 주요 기반시설의 확보에 관한 사항
3. 건축물의 용도별 복합적인 배치비율 및 규모 등에 관한 사항
4. 건축물의 건폐율·용적률·높이에 관한 사항
5. 제83조의4에 따른 특별건축구역계획에 관한 사항

6. 그 밖에 복합용도구역의 체계적 개발과 관리에 필요한 사항

③ 제1항에 따른 복합용도구역의 지정 및 변경과 제2항에 따른 복합용도계획은 다음 각 호의 사항을 종합적으로 고려하여 공간재구조화계획으로 결정한다.

1. 복합용도구역의 지정 목적
2. 해당 지역의 용도지역·기반시설 등 토지이용 현황
3. 도시·군기본계획 등 상위계획과의 부합성
4. 주변 지역의 기반시설, 경관, 환경 등에 미치는 영향 및 도시환경 개선·정비 효과

④ 복합용도구역 및 복합용도계획에 관한 도시·군관리계획 결정의 실효, 복합용도구역에서의 건축 등에 관하여 다른 특별한 규정이 없으면 제53조 및 제54조를 준용한다. 이 경우 "지구단위계획구역"은 "복합용도구역"으로, "지구단위계획"은 "복합용도계획"으로 본다.

⑤ 복합용도구역의 지정 및 변경과 복합용도계획의 수립 및 변경에 관한 세부적인 사항은 국토교통부장관이 정하여 고시한다.

「국토의 계획 및 이용에 관한 법률 시행령」 **제32조의4 【복합용도구역의 지정】**

법 제40조의4제1항제3호에서 "대통령령으로 정하는 지역"이란 다음 각 호의 어느 하나에 해당하는 지역을 말한다.(2024.7.30 본조 신설)

1. 복합용도구역으로 지정하려는 지역이 둘 이상의 용도지역에 걸치는 경우로서 토지를 효율적으로 이용하기 위해 건축물의 용도, 종류 및 규모 등을 통합적으로 관리할 필요가 있는 지역
2. 그 밖에 복합된 공간이용을 촉진하고 다양한 도시공간을 조성하기 위해 계획적 관리가 필요하다고 인정되는 지역으로서 해당 시·도의 도시·군계획조례로 정하는 지역

「국토의 계획 및 이용에 관한 법률」 **제80조의5 【복합용도구역에서의 행위 제한】**

① 용도지역 및 용도지구에 따른 제한에도 불구하고 복합용도구역에서의 건축물이나 그 밖의 시설의 용도·종류 및 규모 등의 제한에 관한 사항은 대통령령으로 정하는 범위에서 복합용도계획으로 따로 정한다.(2024.2.6 본조 신설)

② 복합용도구역에서의 건폐율과 용적률은 제77조제1항 각 호 및 제78조제1항 각 호에 따른 용도지역별 건폐율과 용적률의 최대한도의 범위에서 복합용도계획으로 정한다.

「국토의 계획 및 이용에 관한 법률 시행령」 **제86조의3 【복합용도구역에서의 행위 제한】**

법 제80조의5제1항에서 "대통령령으로 정하는 범위"란 건축물이나 그 밖의 시설의 용도·종류 및

규모 등의 제한에 관하여 법 제36조제1항제1호의 도시지역에서 허용되는 범위를 말한다.(2024.7.30 본조 신설)

「국토의 계획 및 이용에 관한 법률」 **제83조의4 【복합용도구역에서의 건축법 적용 특례】**

제83조의3제2항 및 제3항은 복합용도구역에도 적용한다. 이 경우 "도시혁신구역"은 "복합용도구역"으로 본다.(2024.2.6 본조 신설)

「국토의 계획 및 이용에 관한 법률」 **제40조의5 【도시·군계획시설입체복합구역의 지정】**

① 제29조에 따른 도시·군관리계획의 결정권자(이하 "**도시·군관리계획 결정권자**"라 한다)는 도시·군계획시설의 입체복합적 활용을 위하여 다음 각 호의 어느 하나에 해당하는 경우에 도시·군계획시설이 결정된 토지의 전부 또는 일부를 도시·군계획시설입체복합구역(이하 "**입체복합구역**"이라 한다)으로 지정할 수 있다.(2024.2.6 본조 신설)

1. 도시·군계획시설 준공 후 10년이 경과한 경우로서 해당 시설의 개량 또는 정비가 필요한 경우
2. 주변지역 정비 또는 지역경제 활성화를 위하여 기반시설의 복합적 이용이 필요한 경우
3. 첨단기술을 적용한 새로운 형태의 기반시설 구축 등이 필요한 경우
4. 그 밖에 효율적이고 복합적인 도시·군계획시설의 조성을 위하여 필요한 경우로서 대통령령으로 정하는 경우

② 이 법 또는 다른 법률의 규정에도 불구하고 입체복합구역에서의 도시·군계획시설과 도시·군계획시설이 아닌 시설에 대한 건축물이나 그 밖의 시설의 용도·종류 및 규모 등의 제한(이하 이 조에서 "**건축제한**"이라 한다), 건폐율, 용적률, 높이 등은 대통령령으로 정하는 범위에서 따로 정할 수 있다. 다만, 다른 법률에 따라 정하여진 건축제한, 건폐율, 용적률, 높이 등을 완화하는 경우에는 미리 관계 기관의 장과 협의하여야 한다.

③ 제2항에 따라 정하는 건폐율과 용적률은 제77조 및 제78조에 따라 대통령령으로 정하고 있는 해당 용도지역별 최대한도의 200% 이하로 한다.

④ 그 밖에 입체복합구역의 지정·변경 등에 필요한 사항은 국토교통부장관이 정한다.

「국토의 계획 및 이용에 관한 법률 시행령」 **제32조의5 【입체복합구역의 지정】** (2024.7.30 본조 신설)

① 제40조의5제1항제4호에서 "대통령령으로 정하는 경우"란 효율적이고 복합적인 도시·군계획시설의 조성을 위해 필요한 경우로서 해당 시·도 또는 대도시의 도시·군계획조례로 정하는 경우를 말한다.

② 법 제40조의5제2항 본문에서 "대통령령으로 정하는 범위"란 다음 각 호의 구분에 따른 범위를

말한다.

1. 입체복합구역에서의 도시·군계획시설과 도시·군계획시설이 아닌 시설에 대한 건축물이나 그 밖의 시설의 용도·종류 및 규모 등의 제한: 다음 각 목의 구분에 따른 범위
   가. 도시지역의 경우: 법 제36조제1항제1호의 도시지역에서 허용되는 범위
   나. 관리지역, 농림지역 및 자연환경보전지역의 경우: 법 제36조제1항제2호다목의 계획관리지역에서 허용되는 범위
2. 입체복합구역 안에서의 건폐율: 제84조제1항 각 호에 따른 해당 용도지역별 건폐율의 최대한도의 150% 이하의 범위. 이 경우 건폐율은 도시·군계획시설과 도시·군계획시설이 아닌 시설의 건축면적의 합을 기준으로 한다.
3. 입체복합구역 안에서의 용적률: 제85조제1항 각 호에 따른 해당 용도지역별 용적률의 최대한도의 200% 이하의 범위. 이 경우 용적률은 도시·군계획시설과 도시·군계획시설이 아닌 시설의 바닥면적의 합을 기준으로 한다.
4. 입체복합구역 안에서의 건축물의 높이: 다음 각 목의 구분에 따른 범위
   가. 「건축법」 제60조에 따라 제한된 높이의 150% 이하의 범위
   나. 「건축법」 제61조제2항에 따른 채광 등의 확보를 위한 건축물의 높이 제한의 200% 이하의 범위

「국토의 계획 및 이용에 관한 법률」 **제40조의6 【도시혁신구역, 복합용도구역, 입체복합구역에 대한 공공시설등의 설치비용 등】**

① 다음 각 호의 어느 하나에 해당하는 구역 안에서 개발사업이나 개발행위를 하려는 자(제26조제1항제5호에 따라 도시·군관리계획을 입안하거나 제35조의3에 따라 공간재구조화계획을 입안하는 경우 입안 제안자를 포함한다)는 건축물이나 그 밖의 시설의 용도, 건폐율, 용적률 등의 건축제한 완화 또는 행위제한 완화로 인한 토지가치 상승분(「감정평가 및 감정평가사에 관한 법률」에 따른 감정평가법인등이 해당 구역에 따른 계획 등의 변경 전·후에 대하여 각각 감정평가한 토지가액의 차이를 말한다)의 범위에서 해당 구역에 따른 계획으로 정하는 바에 따라 해당 구역 안에 제52조의2제1항 각 호의 시설(이하 이 조 및 제52조의2에서 "**공공시설등**"이라 한다)의 부지를 제공하거나 공공시설등을 설치하여 제공하도록 하여야 한다.(2024.2.6 본조 신설)
1. 제40조의3에 따른 도시혁신구역
2. 제40조의4에 따른 복합용도구역
3. 제40조의5에 따른 입체복합구역

② 제1항에 따른 공공시설등의 부지제공과 설치, 비용납부 등에 관하여는 제52조의2제2항부터 제6항까지를 준용한다. 이 경우 "지구단위계획구역"은 각각 "도시혁신구역", "복합용도구역", "입체복합구역"으로, "지구단위계획"은 각각 "도시혁신계획", "복합용도계획", "도시·군관리계획"으로 본다.

③ 제1항 및 제2항은 제1항 각 호의 구역이 의제되는 경우에도 적용한다. 다만, 다음 각 호의 부담금이 부과(해당 법률에 따라 부담금을 면제하는 경우를 포함한다)되는 경우에는 그러하지 아니하다.

1. 「개발이익 환수에 관한 법률」에 따른 개발부담금
2. 「재건축초과이익 환수에 관한 법률」에 따른 재건축부담금

「국토의 계획 및 이용에 관한 법률」 **제49조 [지구단위계획의 수립]**

① 지구단위계획은 다음 각 호의 사항을 고려하여 수립한다.

1. 도시의 정비·관리·보전·개발 등 지구단위계획구역의 지정 목적
2. 주거·산업·유통·관광휴양·복합 등 지구단위계획구역의 중심기능
3. 해당 용도지역의 특성
4. 그 밖에 대통령령으로 정하는 사항

② 지구단위계획의 수립기준 등은 대통령령으로 정하는 바에 따라 국토교통부장관이 정한다. (2013.3.23 본항 개정)

**해설** 종전(2012.4.10)까지는 지구단위계획을 제1종과 제2종으로 구분함에 따라 도시지역과 계획관리지역의 개발수단으로만 인식하는 한계를 극복하고, 기후변화에 대응한 기존 시가지의 압축도시(Compact City) 개발, 용도지역상의 제한을 넘는 복합용도개발, 유휴부지 및 입지 부적격시설의 이전·재배치를 통한 도심재개발 등 새로운 도시개발방식 등을 수용할 수 있도록 해당용도지역의 특성을 고려하여 지구단위계획을 수립하도록 한다.

「국토의 계획 및 이용에 관한 법률 시행령」 **제42조의3 [지구단위계획의 수립]**

① 법 제49조제1항제4호에서 "대통령령으로 정하는 사항"이란 다음 각 호의 사항을 말한다.

1. 지역 공동체의 활성화
2. 안전하고 지속가능한 생활권의 조성
3. 해당 지역 및 인근 지역의 토지 이용을 고려한 토지이용계획과 건축계획의 조화

② 국토교통부장관은 법 제49조제2항에 따라 지구단위계획의 수립기준을 정할 때에는 다음 각 호의 사항을 고려해야 한다.

1. 개발제한구역에 지구단위계획을 수립할 때에는 개발제한구역의 지정 목적이나 주변환경이 훼손되지 아니하도록 하고, 「개발제한구역의 지정 및 관리에 관한 특별조치법」을 우선하여 적용할 것

1의2. 보전관리지역에 지구단위계획을 수립할 때에는 제44조제1항제1호의2 각목 외의 부분 후단에 따른 경우를 제외하고는 녹지 또는 공원으로 계획하는 등 환경 훼손을 최소화할 것 (2016.5.17 본호 개정)

1의3. 「문화유산의 보존 및 활용에 관한 법률」 제13조에 따른 역사문화환경 보존지역 및 「자연유산의 보존 및 활용에 관한 법률」 제10조에 따른 역사문화환경 보존지역에서 지구단위계획을 수립하는 경우에는 국가유산 및 역사문화환경과 조화되도록 할 것(2024.5.7 국가유산기본법 시행령 부칙에 의거 본호 개정)
2. 지구단위계획구역에서 원활한 교통소통을 위하여 필요한 경우에는 지구단위계획으로 건축물부설주차장을 해당 건축물의 대지가 속하여 있는 가구에서 해당 건축물의 대지 바깥에 단독 또는 공동으로 설치하게 할 수 있도록 할 것. 이 경우 대지 바깥에 공동으로 설치하는 건축물부설주차장의 위치 및 규모 등은 지구단위계획으로 정한다.
3. 제2호에 따라 대지 바깥에 설치하는 건축물부설주차장의 출입구는 간선도로변에 두지 아니하도록 할 것. 다만, 특별시장·광역시장·특별자치시장·특별자치도지사·시장 또는 군수가 해당 지구단위계획구역의 교통소통에 관한 계획 등을 고려하여 교통소통에 지장이 없다고 인정하는 경우에는 그러하지 아니하다.
4. 지구단위계획구역에서 공공사업의 시행, 대형건축물의 건축 또는 2필지 이상의 토지소유자의 공동개발 등을 위하여 필요한 경우에는 특정 부분을 별도의 구역으로 지정하여 계획의 상세 정도 등을 따로 정할 수 있도록 할 것
5. 지구단위계획구역의 지정 목적, 향후 예상되는 여건변화, 지구단위계획구역의 관리 방안 등을 고려하여 제25조제4항제9호에 따른 경미한 사항을 정하는 것이 필요한지를 검토하여 지구단위계획에 반영하도록 할 것
6. 지구단위계획의 내용 중 기존의 용도지역 또는 용도지구를 용적률이 높은 용도지역 또는 용도지구로 변경하는 사항이 포함되어 있는 경우 변경되는 구역의 용적률은 기존의 용도지역 또는 용도지구의 용적률을 적용하되, 공공시설부지의 제공현황 등을 고려하여 용적률을 완화할 수 있도록 계획할 것
7. 제46조 및 제47조에 따른 건폐율·용적률 등의 완화 범위를 포함하여 지구단위계획을 수립하도록 할 것
8. 법 제51조제1항제8호의2에 해당하는 도시지역 내 주거·상업·업무 등의 기능을 결합하는 복합적 토지 이용의 증진이 필요한 지역은 지정 목적을 복합용도개발형으로 구분하되, 3개 이상의 중심기능을 포함하여야 하고 중심기능 중 어느 하나에 집중되지 아니하도록 계획할 것
9. 법 제51조제2항제1호의 지역에 수립하는 지구단위계획의 내용 중 법 제52조제1항제1호 및 같은 항 제4호(건축물의 용도제한은 제외한다)의 사항은 해당 지역에 시행된 사업이 끝난 때의 내용을 유지함을 원칙으로 할 것
10. 도시지역 외의 지역에 지정하는 지구단위계획구역은 해당 구역의 중심기능에 따라 주거형, 산업·유통형, 관광·휴양형 또는 복합형 등으로 지정 목적을 구분할 것
11. 도시지역 외의 지구단위계획구역에서 건축할 수 있는 건축물의 용도·종류 및 규모 등은 해당 구역의 중심기능과 유사한 도시지역의 용도지역별 건축제한 등을 고려하여 지구단위계획으로 정할 것

12. (2021.7.6 본호 삭제)
13. (2021.7.6 본호 삭제)
14. (2021.7.6 본호 삭제)
15. (2021.7.6 본호 삭제)

「국토의 계획 및 이용에 관한 법률」 **제50조 【지구단위계획구역 및 지구단위계획의 결정】**

지구단위계획구역 및 지구단위계획은 도시·군관리계획으로 결정한다.

해설 **◉ 도시·군관리계획과 지구단위계획과의 관계**

지구단위계획은 광역도시계획,도시·군기본계획, 도시·군관리계획 및 관련계획에서 제시한 내용을 지구단위로 구체화·합리화하는 계획으로서, 도시·군관리계획에서는 대상지역과 계획방향을 제시하도록 하고 필요한 경우 구역지정을 한다.

**◉ 도시·군관리계획의 의의**

도시·군관리계획은 특별시, 광역시, 특별자치시, 특별자치도, 시 또는 군의 개발·정비 및 보전을 위하여 수립하는 토지이용·교통·환경·안전·산업·정보통신·보건·후생·안보·문화 등에 관하여 다음 사항 중 1가지 이상이 포함된 계획을 말한다. 다만, 도시·군관리계획을 재정비하는 경우에는 이를 하나의 계획으로 종합하여 수립하도록 한다.

① 용도지역·용도지구의 지정·변경에 관한 계획
② 개발제한구역·시가화 조정구역 또는 수산자원보호구역의 지정·변경에 관한 계획
③ 기반시설의 설치·정비 또는 개량에 관한 계획
④ 도시개발사업 또는 재개발사업에 관한 계획
⑤ 지구단위계획구역의 지정 또는 변경에 관한 계획과 지구단위계획

**◉ 도시·군관리계획의 지위와 성격**

- 도시·군관리계획은 시·군의 제반기능이 조화를 이루고 주민이 편안하고 안전하게 생활할 수 있도록 하면서 해당 시·군의 지속가능한 발전을 도모하기 위하여 수립하는 법정계획이다.
- 도시·군관리계획은 광역도시·군계획 및 도시·군기본계획에서 제시된 시·군의 장기적인 발전방향을 공간에 구체화하고 실현시키는 중기계획이다.
- 도시·군관리계획은 용도지역·용도지구·용도구역에 관한 계획, 기반시설에 관한 계획, 도시개발사업 또는 재개발사업에 관한 계획, 지구단위계획 등을 일관된 체계로 종합화하여 단계적으로 집행할 수 있도록 물적으로 표현하는 계획이다.

「국토의 계획 및 이용에 관한 법률」 **제51조 【지구단위계획구역의 지정 등】**

① 국토교통부장관, 시·도지사, 시장 또는 군수는 다음 각 호의 어느 하나에 해당하는 지역의 전

부 또는 일부에 대하여 지구단위계획구역을 지정할 수 있다.(2013.7.16 본항 개정)

1. 제37조에 따라 지정된 용도지구
2. 「도시개발법」 제3조에 따라 지정된 도시개발구역
3. 「도시 및 주거환경정비법」 제8조에 따라 지정된 정비구역(2017.2.8 도시 및 주거환경정비법 부칙에 의거 개정)
4. 「택지개발촉진법」 제3조에 따라 지정된 택지개발지구
5. 「주택법」 제16조에 따른 대지조성사업지구
6. 「산업입지 및 개발에 관한 법률」 제2조제8호의 산업단지와 같은 조 제12호의 준산업단지
7. 「관광진흥법」 제52조에 따라 지정된 관광단지와 같은 법 제70조에 따라 지정된 관광특구
8. 개발제한구역·도시자연공원구역·시가화조정구역 또는 공원에서 해제되는 구역, 녹지지역에서 주거·상업·공업지역으로 변경되는 구역과 새로 도시지역으로 편입되는 구역 중 계획적인 개발 또는 관리가 필요한 지역

8의2. 도시지역 내 주거·상업·업무 등의 기능을 결합하는 등 복합적인 토지 이용을 증진시킬 필요가 있는 지역으로서 대통령령으로 정하는 요건에 해당하는 지역

8의3. 도시지역 내 유휴토지를 효율적으로 개발하거나 교정시설, 군사시설, 그 밖에 대통령령으로 정하는 시설을 이전 또는 재배치하여 토지 이용을 합리화하고, 그 기능을 증진시키기 위하여 집중적으로 정비가 필요한 지역으로서 대통령령으로 정하는 요건에 해당하는 지역

9. 도시지역의 체계적·계획적인 관리 또는 개발이 필요한 지역
10. 그 밖에 양호한 환경의 확보나 기능 및 미관의 증진 등을 위하여 필요한 지역으로서 대통령령으로 정하는 지역

② 국토교통부장관, 시·도지사, 시장 또는 군수는 다음 각 호의 어느 하나에 해당하는 지역은 지구단위계획구역으로 지정하여야 한다. 다만, 관계 법률에 따라 그 지역에 토지 이용 및 건축에 관한 계획이 수립되어 있는 경우에는 그러하지 아니하다.(2013.7.16 본항 개정)

1. 제1항제3호 및 제4호의 지역에서 시행되는 사업이 끝난 후 10년이 지난 지역
2. 제1항 각 호 중 체계적·계획적인 개발 또는 관리가 필요한 지역으로서 대통령령으로 정하는 지역

③ 도시지역 외의 지역을 지구단위계획구역으로 지정하려는 경우 다음 각 호의 어느 하나에 해당하여야 한다.(2011.4.14 본항 개정)

1. 지정하려는 구역 면적의 50/100 이상이 제36조에 따라 지정된 계획관리지역으로서 대통령령으로 정하는 요건에 해당하는 지역
2. 제37조에 따라 지정된 개발진흥지구로서 대통령령으로 정하는 요건에 해당하는 지역
3. 제37조에 따라 지정된 용도지구를 폐지하고 그 용도지구에서의 행위 제한 등을 지구단위계획으로 대체하려는 지역

④ (2011.4.14 본항 삭제)

**해설** 종전의 제1종 및 제2종 지구단위계획의 형식적 구분을 폐지하고 대신 지구단위계획구역의 지정 목적 및 중심기능, 해당 용도지역의 특성 등을 고려하여 지구단위계획을 수립하도록 하고, 준산업단지, 관광

단지, 도시지역 내 복합적인 토지이용 증진을 위한 체계적인 개발이 필요한 지역, 도시지역 내 유휴토지의 효율적 개발 등을 위한 정비가 필요한 지역에도 지구단위계획구역을 지정할 수 있도록 한다.

◉ **지구단위계획구역의 지정**

- 임의적 지정지역 : 국토교통부장관 또는 시·도지사는 다음 하나에 해당하는 지역의 전부 또는 일부에 대하여 지구단위계획구역을 지정할 수 있다.

① 용도지구(법 제37조)

② 「도시개발법」에 따라 지정된 도시개발구역

③ 「도시 및 주거환경정비법」에 따라 지정된 정비구역

④ 「택지개발촉진법」에 따라 지정된 택지개발지구

⑤ 「주택법」에 따른 대지조성사업지구

⑥ 「산업입지 및 개발에 관한 법률」에 따른 산업단지와 준산업단지

⑦ 「관광진흥법」에 따라 지정된 관광단지와 관광특구

⑧ 개발제한구역·도시자연공원구역·시가화 조정구역 또는 공원에서 해제되는 구역, 녹지지역에서 주거·상업·공업지역으로 변경되는 구역과 새로이 도시지역으로 편입되는 구역 중 계획적인 개발 또는 관리가 필요한 지역

⑨ 도시지역내 일반주거지역, 준주거지역, 준공업지역 및 상업지역에서 낙후된 도심 기능을 회복하거나 도시균형발전을 위한 중심지 육성이 필요한 경우로서 다음 요건에 해당하는 지역

㉮ 주요 역세권, 고속버스 및 시외버스 터미널, 간선도로의 교차지 등 양호한 기반시설을 갖추고 있어 대중교통이 용이한 지역

㉯ 역세원의 체계적·계획적 개발이 필요한 지역

㉰ 3개 이상의 노선이 교차하는 대중교통 결절지로부터 1km 이내에 위치한 지역

㉱ 역세권의 개발 및 이용에 관한 법률에 따른 역세권개발구역, 도시재정비 촉진을 위한 특별법에 따른 고밀복합형 재정비 촉진지구로 지정된 지역

※ **역세권 복합용도개발형 지구단위계획구역의 지정대상지역 확대**

- 역세권 주변의 일반주거지역도 역세권 복합용도개발형 지구단위계획구역으로 지정할 수 있도록 하고, 종전에는 도시·군기본계획에 반영된 경우에만 지정이 가능하도록 하던 제한을 없애 역세권 중심의 복합개발 사업을 신속하게 추진할 수 있도록 하였다.
- **역세권 복합용도개발형 지구단위계획구역**
도시지역 내 주거·상업·업무 등의 기능을 결합하여 복합적인 토지 이용이 가능하도록 지하철, 버스 등 대중교통 이용이 용이한 지역이나 역세권의 체계적·계획적 개발이 필요한 지역에 지정하는 지구단위계획구역(「국토의 계획 및 이용에 관한 법률」 제51조제1항제8호의2 및 같은 법 시행령 제43조제1항)

⑩ 도시지역 내 유휴토지를 효율적으로 개발하거나 교정시설, 군사시설, 철도, 항만, 공항, 공장, 병원, 학교, 공공청사, 공공기관, 시장, 운동장 및 터미널과 도시·군계획조례로 정하는 시설을 이전 또 재배치하여 토지이용을 합리화 하고 그 기능을 증진시키기 위하여 집중적으로 정비가 필요한 지역으로서 5,000m$^2$ 이상으로서 도시·군계획조례로 정하는 면적의 유휴토지 또는 대규모 시설의 이전부지로서 다음에 해당하는 지역

㉮ 대규모 시설의 이전에 따라 도시기능의 재배치 및 정비가 필요한 지역

㉯ 토지의 활용 잠재력이 높고 지역거점 육성이 필요한 지역

㉰ 지역 경제 활성화와 고용창출의 효과가 클 것으로 예상되는 지역

⑪ 도시지역의 체계적·계획적인 관리 또는 개발이 필요한 지역

⑫ 그 밖에 양호한 환경의 확보 또는 기능 및 미관의 증진 등을 위하여 필요한 지역으로서 다음 하나에 해당하는 지역(영 제43조제4항)

㉮ 시범도시의 지정에 관한 규정(법 제127조제1항)에 의하여 지정된 시범도시

㉯ 개발행위허가의 제한에 관한 고시규정(법 제63조제2항)에 의하여 고시된 개발행위허가 제한지역

㉰ 지하 및 공중공간을 효율적으로 개발하고자 하는 지역

㉱ 용도지역의 지정·변경에 관한 도시·군관리계획을 입안하기 위하여 열람 공고된 지역

㉲ 주택 재건축사업에 의하여 공동주택을 건축하는 지역

㉳ 토지와 접하여 공공시설을 설치하고자 하는 자연녹지지역

㉴ 그 밖에 양호한 환경의 확보 또는 기능 및 미관의 증진 등을 위하여 필요한 지역으로서 특별시·광역시·특별자치시·특별자치도·시 또는 군의 도시·군계획조례가 정하는 지역

• 필수적 지정지역

국토교통부장관 또는 시·도지사는 다음 하나에 해당하는 지역에 대하여는 이를 지구단위계획구역으로 지정하여야 한다. 다만, 관계 법률에 의하여 해당 지역에 토지이용 및 건축에 관한 계획이 수립되어 있는 때에는 그러하지 아니하다(법 제51조제2항).

① 임의적 지정지역의 ③ 및 ④의 지역에서 시행되는 사업이 끝난 후 10년이 지난 지역

② 임의적 지정지역의 항목 중 체계적·계획적인 개발 또는 관리가 필요한 다음 하나에 해당하는 지역으로서 그 면적이 300,000m$^2$ 이상인 지역(영 제43조제5항)

㉮ 시가화 조정구역 또는 공원에서 해제되는 지역. 다만, 녹지지역으로 지정 또는 존치되거나 법 또는 다른 법령에 의하여 도시·군계획사업 등 개발계획이 수립되지 아니하는 경우를 제외한다.

㉯ 녹지지역에서 주거지역·상업지역 또는 공업지역으로 변경되는 지역

㉰ 그밖에 특별시·광역시·특별자치시·특별자치도·시 또는 군의 도시·군계획조례로 정하는 지역

### ◉ 도시지역 외의 지역에서 지구단위계획구역의 지정

도시지역 외의 지역을 지구단위계획으로 지정하려는 경우 다음에 해당하여야 한다.

① 지정하려는 구역 면적의 50/100 이상이 계획관리지역으로서 다음의 요건에 해당하는 지역

㉮ 계획관리지역 외 지구단위계획에 포함하는 용도지역은 생산관리 지역 또는 보전관리지역일 것

㉯ 보건관리지역을 포함하는 경우 해당 보전관리지역의 면적은 다음의 구분에 따른 요건을 충족할 것

㉠ 전체 지구단위계획구역 면적이 100,000m$^2$ 이하인 경우 : 전체 지구단위계획구역 면적의 20% 이내

㉡ 전체 지구단위계획구역 면적이 100,000m$^2$ 초과 200,000m$^2$ 이하인 경우 : 20,000m$^2$

㉢ 전체 지구단위계획구역 면적이 200,000m$^2$를 초과하는 경우 : 전체 지구단위계획구역 면적

의 10% 이내

㉰ 지구단위계획구역으로 지정하고자 하는 토지의 면적이 다음의 어느 하나에 규정된 면적 요건에 해당할 것

㉠ 지정하고자 하는 지역에 「건축법 시행령」 별표 1 제2호의 공동주택 중 아파트 또는 연립주택의 건설계획이 포함되는 경우에는 300,000m$^2$ 이상일 것. 이 경우 다음 요건에 해당하는 때에는 일단의 토지를 통합하여 하나의 지구단위계획구역으로 지정할 수 있다.

ⓐ 아파트 또는 연립주택의 건설계획이 포함되는 각각의 토지의 면적이 100,000m$^2$ 이상이고, 그 총면적이 300,000m$^2$ 이상일 것

ⓑ 위 ⓐ의 각 토지는 국토교통부장관이 정하는 범위 안에 위치하고, 국토교통부장관이 정하는 규모 이상의 도로로 서로 연결되어 있거나 연결도로의 설치가 가능할 것

㉡ 지정하고자 하는 지역에 「건축법 시행령」에 의한 공동주택(아파트 또는 연립주택)을 건설하는 경우 100,000m$^2$ 이상일 것

㉢ 위 ㉠ 또는 ㉡의 경우를 제외하고는 30,000m$^2$ 이상일 것

㉱ 해당 지역에 도로·수도공급설비·하수도 등 기반시설을 공급할 수 있을 것

㉲ 자연환경·경관·미관 등을 해치지 아니하고 문화재의 훼손 우려가 없을 것

② 개발진흥지구(법 제37조)로서 다음의 요건에 해당하는 지역(영 제44조제2항)

㉮ 위 ①의 ㉯부터 ㉱까지의 요건에 해당할 것

㉯ 해당 개발진흥지구가 다음의 지역에 위치할 것

㉠ 주거개발진흥지구 및 복합개발진흥지구(주거기능이 포함된 경우에 한함) : 계획관리지역

㉡ 산업유통개발진흥지구 및 복합개발진흥지구(주거기능이 포함되지 아니한 경우에 한함) : 계획관리지역·생산관리지역 또는 농림지역

㉢ 관광·휴양개발진흥지구 : 도시지역 외의 지역

◉ **지구단위계획구역 지정 절차**

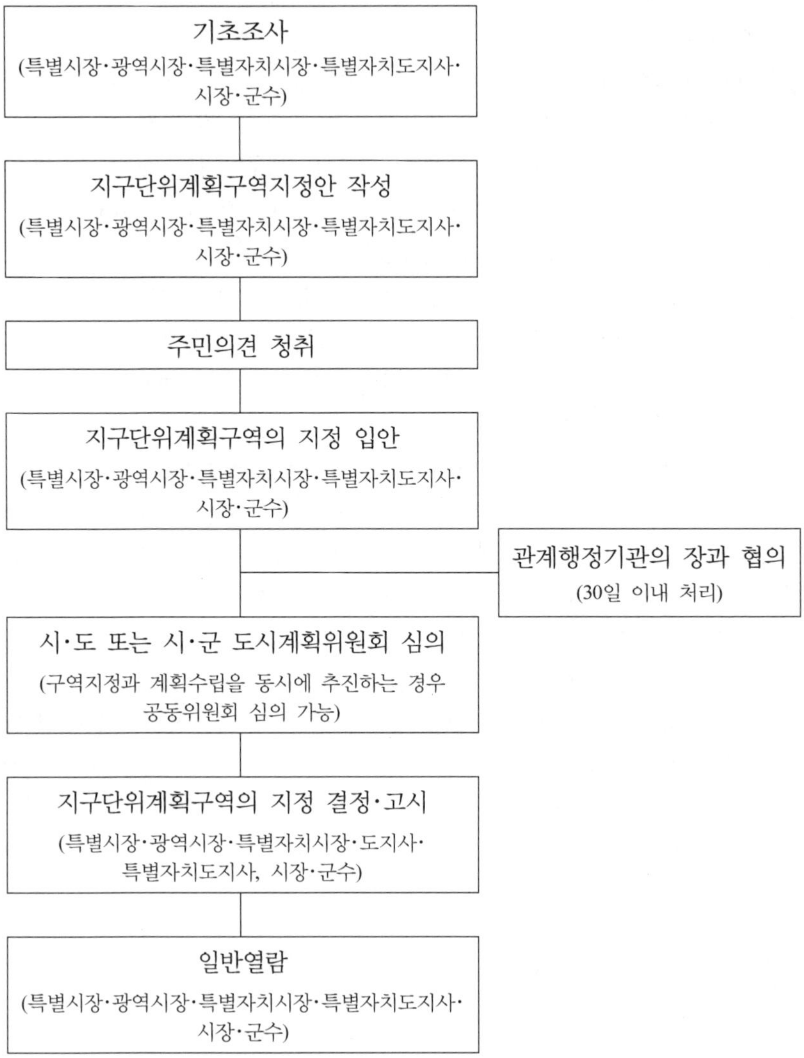

◉ **지구단위계획의 입안 및 결정 절차**

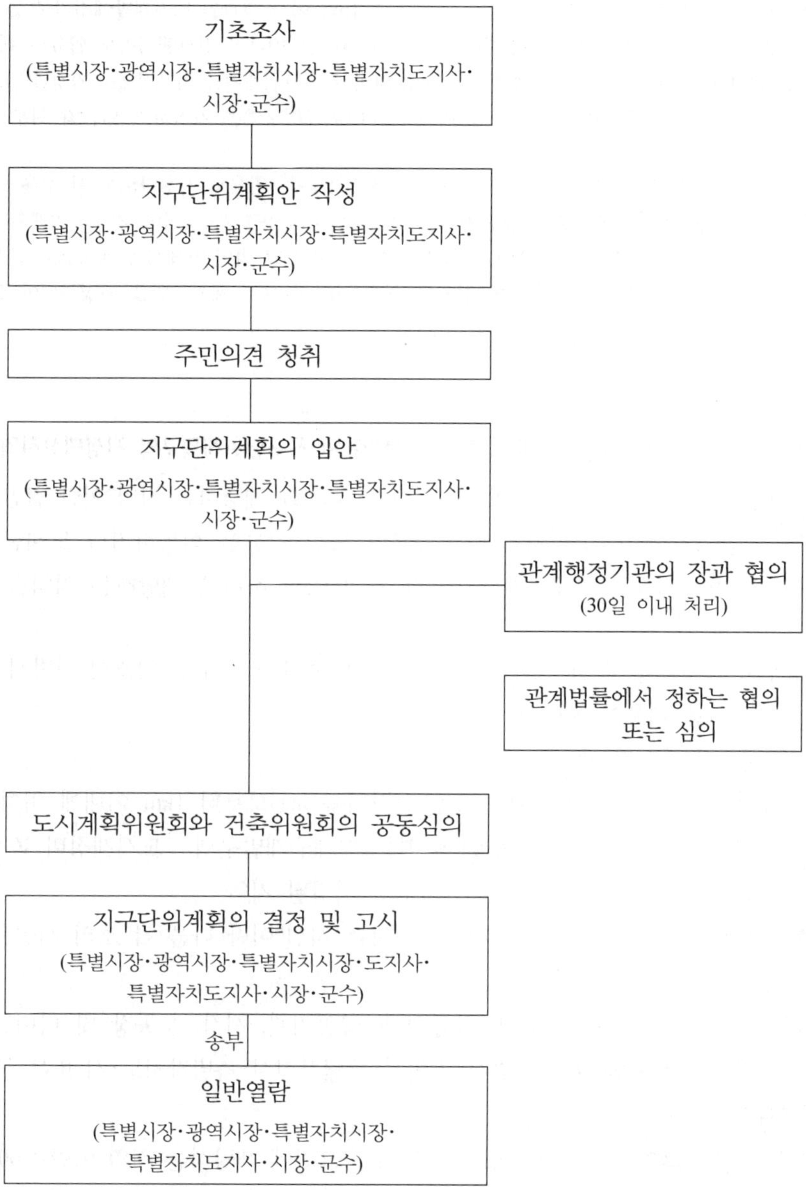

**질의** **지구단위계획의 지정**

지구단위계획(종전 상세계획) 결정 없이 사업이 완료된 후 10년 이상 경과된 택지개발예정지구 등 사업지구에 대해서는 지구단위계획을 의무적으로 지정하여야 하는지 아니면 10년이 경과했더라도 완료된 택지개발사업 등 개발사업계획에 의해 토지이용계획이 수립된 것으로 보아 지구단위계획을 의무적으로 지정할 필요는 없으며 토지이용 변경이 필요한 경우에만 해당되는 지역만 지구단위계획구역을 지정하면 되는지 여부

**회신** 「도시계획법」 제42조제2항의 규정에 의하여 지구단위계획구역으로 지정하도록 한 것은 당초 개발사업 취지와 내용을 살려 구체화된 도시·군계획을 하여 관리하고자 하는 것이며, 지구단위계획수립의 대상구역은 지구단위계획(종전 상시계획)대로 건축한다는 전제로 그 범위 안에서 단계적으로 건축하는 경우를 예외로 두는 것 외에 당초 사업구역 전체를 대상으로 지구단위계획구역을 지정하여야 할 것입니다. (건교부 도시 58400-1129, 2001.12.4)

「국토의 계획 및 이용에 관한 법률 시행령」 **제43조 【도시지역 내 지구단위계획구역 지정대상지역】**

① 법 제51조제1항제8호의2에서 "대통령령으로 정하는 요건에 해당하는 지역"이란 일반주거지역, 준주거지역, 준공업지역 및 상업지역에서 낙후된 도심 기능을 회복하거나 도시균형발전을 위한 중심지 육성이 필요한 경우로서 다음 각 호의 어느 하나에 해당하는 지역을 말한다. (2021.1.26 본항 개정)

1. 주요 역세권, 고속버스 및 시외버스 터미널, 간선도로의 교차지 등 양호한 기반시설을 갖추고 있어 대중교통 이용이 용이한 지역
2. 역세권의 체계적·계획적 개발이 필요한 지역
3. 세 개 이상의 노선이 교차하는 대중교통 결절지(結節地)로부터 1km 이내에 위치한 지역
4. 「역세권의 개발 및 이용에 관한 법률」에 따른 역세권개발구역, 「도시재정비 촉진을 위한 특별법」에 따른 고밀복합형 재정비촉진지구로 지정된 지역

② 법 제51조제1항제8호의3에서 "대통령령으로 정하는 시설"이란 다음 각 호의 시설을 말한다. (2012.4.10 본항 신설)

1. 철도, 항만, 공항, 공장, 병원, 학교, 공공청사, 공공기관, 시장, 운동장 및 터미널
2. 밖에 제1호와 유사한 시설로서 특별시·광역시·특별자치시·특별자치도·시 또는 군의 도시·군계획조례로 정하는 시설

③ 법 제51조제1항제8호의3에서 "대통령령으로 정하는 요건에 해당하는 지역"이란 5,000m$^2$ 이상으로서 도시·군계획조례로 정하는 면적의 유휴토지 또는 대규모 시설의 이전부지로서 다음 각 호의 어느 하나에 해당하는 지역을 말한다.(2018.7.17 본항 개정)

1. 대규모 시설의 이전에 따라 도시기능의 재배치 및 정비가 필요한 지역
2. 토지의 활용 잠재력이 높고 지역거점 육성이 필요한 지역
3. 지역경제 활성화와 고용창출의 효과가 클 것으로 예상되는 지역

④ 법 제51조제1항제10호에서 "대통령령으로 정하는 지역"이란 다음 각 호의 지역을 말한다. (2018.11.13 본항 개정)

1. 법 제127조제1항의 규정에 의하여 지정된 시범도시
2. 법 제63조제2항의 규정에 의하여 고시된 개발행위허가 제한 지역
3. 지하 및 공중공간을 효율적으로 개발하고자 하는 지역
4. 용도지역의 지정·변경에 관한 도시·군관리계획을 입안하기 위하여 열람공고된 지역
5. (2012.4.10 본호 삭제)
6. 주택재건축사업에 의하여 공동주택을 건축하는 지역
7. 지구단위계획구역으로 지정하고자 하는 토지와 접하여 공공시설을 설치하고자 하는 자연녹지지역
8. 그 밖에 양호한 환경의 확보 또는 기능 및 미관의 증진 등을 위하여 필요한 지역으로서 특별시·광역시·특별자치시·특별자치도·시 또는 군의 도시·군계획조례가 정하는 지역

⑤ 법 제51조제2항제2호에서 "대통령령으로 정하는 지역"이란 다음 각호의 지역으로서 그 면적이 300,000m$^2$ 이상인 지역을 말한다.(2018.7.17 본항 개정)

1. 시가화조정구역 또는 공원에서 해제되는 지역. 다만, 녹지지역으로 지정 또는 존치되거나 법 또는 다른 법령에 의하여 도시·군계획사업 등 개발계획이 수립되지 아니하는 경우를 제외한다.
2. 녹지지역에서 주거지역·상업지역 또는 공업지역으로 변경되는 지역
3. 그 밖에 특별시·광역시·특별자치시·특별자치도·시 또는 군의 도시·군계획조례로 정하는 지역(2018.7.17 본호 신설)

「국토의 계획 및 이용에 관한 법률 시행령」 **제44조 【도시지역 외 지역에서의 지구단위계획구역 지정대상지역】**

① 법 제51조제3항제1호에서 "대통령령으로 정하는 요건"이란 다음 각 호의 요건을 말한다.(2014.1.14 본항 개정)

1. 계획관리지역 외에 지구단위계획구역에 포함하는 지역은 생산관리지역 또는 보전관리지역일 것(2016.5.17 본호 개정)

1의2. 지구단위계획구역에 보전관리지역을 포함하는 경우 해당 보전관리지역의 면적은 다음 각 목의 구분에 따른 요건을 충족할 것. 이 경우 개발행위허가를 받는 등 이미 개발된 토지, 「산지관리법」 제25조에 따른 토석채취허가를 받고 토석의 채취가 완료된 토지로서 같은 법 제4조제1항제2호의 준보전산지에 해당하는 토지 및 해당 토지를 개발하여도 주변지역의 환경오염·환경훼손 우려가 없는 경우로서 해당 도시계획위원회 또는 제25조제2항에 따른 공동위원회의 심의를 거쳐 지구단위계획구역에 포함되는 토지의 면적은 다음 각 목에 따른 보전관리지역의 면적 산정에서 제외한다.(2018.11.13 본호 개정)

가. 전체 지구단위계획구역 면적이 100,000m$^2$ 이하인 경우: 전체 지구단위계획구역 면적의 20% 이내

나. 전체 지구단위계획구역 면적이 100,000m$^2$ 초과 200,000m$^2$ 이하인 경우: 20,000m$^2$

(2021.1.26 본목 신설)

다. 전체 지구단위계획구역 면적이 200,000m²를 초과하는 경우: 전체 지구단위계획구역 면적의 10% 이내(2021.1.26 본목 개정)

2. 지구단위계획구역으로 지정하고자 하는 토지의 면적이 다음 각목의 어느 하나에 규정된 면적 요건에 해당할 것

가. 지정하고자 하는 지역에 「건축법 시행령」 별표 1 제2호의 공동주택중 아파트 또는 연립주택의 건설계획이 포함되는 경우에는 300,000m² 이상일 것. 이 경우 다음 요건에 해당하는 때에는 일단의 토지를 통합하여 하나의 지구단위계획구역으로 지정할 수 있다.

1) 아파트 또는 연립주택의 건설계획이 포함되는 각각의 토지의 면적이 100,000m² 이상이고, 그 총면적이 300,000m² 이상일 것

2) 1)의 각 토지는 국토교통부장관이 정하는 범위안에 위치하고, 국토교통부장관이 정하는 규모 이상의 도로로 서로 연결되어 있거나 연결도로의 설치가 가능할 것

나. 지정하고자 하는 지역에 「건축법 시행령」 별표 1 제2호의 공동주택 중 아파트 또는 연립주택의 건설계획이 포함되는 경우로서 다음의 어느 하나에 해당하는 경우에는 100,000m² 이상일 것

1) 지구단위계획구역이 「수도권정비계획법」 제6조제1항제3호의 규정에 의한 자연보전권역인 경우

2) 지구단위계획구역 안에 초등학교 용지를 확보하여 관할 교육청의 동의를 얻거나 지구단위계획구역 안 또는 지구단위계획구역으로부터 통학이 가능한 거리에 초등학교가 위치하고 학생수용이 가능한 경우로서 관할 교육청의 동의를 얻은 경우

다. 가목 및 나목의 경우를 제외하고는 30,000m² 이상일 것

3. 당해 지역에 도로·수도공급설비·하수도 등 기반시설을 공급할 수 있을 것

4. 자연환경·경관·미관 등을 해치지 아니하고 국가유산의 훼손우려가 없을 것(2024.5.7 국가유산기본법 시행령 부칙에 의거 본호 개정)

② 법 제51조제3항제2호에서 "대통령령으로 정하는 요건"이란 다음 각 호의 요건을 말한다. (2018.11.13 본항 개정)

1. 제1항제2호부터 제4호까지의 요건에 해당할 것

2. 당해 개발진흥지구가 다음 각 목의 지역에 위치할 것

가. 주거개발진흥지구, 복합개발진흥지구(주거기능이 포함된 경우에 한한다) 및 특정개발진흥지구 : 계획관리지역

나. 산업·유통개발진흥지구 및 복합개발진흥지구(주거기능이 포함되지 아니한 경우에 한한다) : 계획관리지역·생산관리지역 또는 농림지역

다. 관광·휴양개발진흥지구 : 도시지역외의 지역

③ 국토교통부장관은 지구단위계획구역이 합리적으로 지정될 수 있도록 하기 위하여 필요한 경우에는 제1항 각호 및 제2항 각호의 지정요건을 세부적으로 정할 수 있다.(2013.3.23 본항 개정)

**해설** 비도시지역에서 지구단위계획구역으로 지정 가능한 용도지역이 확대되었는데 지구단위계획구역 면적의 50/100 이상이 계획관리지역인 경우 생산관리지역 외에 보전관리지역도 일정 면적제한 요건을 충족하면 지구단위계획구역 지정 대상지역에 포함할 수 있도록 하되, 보전관리지역은 녹지 또는 공원으로 계획하는 등 환경 훼손을 최소화하도록 하여 합리적이고 효율적인 토지이용을 도모함.

**「국토의 계획 및 이용에 관한 법률」 제52조 【지구단위계획의 내용】**

① 지구단위계획구역의 지정목적을 이루기 위하여 지구단위계획에는 다음 각 호의 사항 중 제2호와 제4호의 사항을 포함한 둘 이상의 사항이 포함되어야 한다. 다만, 제1호의2를 내용으로 하는 지구단위계획의 경우에는 그러하지 아니하다.(2011.4.14 본항 개정)

1. 용도지역이나 용도지구를 대통령령으로 정하는 범위에서 세분하거나 변경하는 사항

1의2. 기존의 용도지구를 폐지하고 그 용도지구에서의 건축물이나 그 밖의 시설의 용도·종류 및 규모 등의 제한을 대체하는 사항

2. 대통령령으로 정하는 기반시설의 배치와 규모

3. 도로로 둘러싸인 일단의 지역 또는 계획적인 개발·정비를 위하여 구획된 일단의 토지의 규모와 조성계획

4. 건축물의 용도제한, 건축물의 건폐율 또는 용적률, 건축물 높이의 최고한도 또는 최저한도

5. 건축물의 배치·형태·색채 또는 건축선에 관한 계획

6. 환경관리계획 또는 경관계획

7. 교통처리계획

8. 그 밖에 토지 이용의 합리화, 도시나 농·산·어촌의 기능 증진 등에 필요한 사항으로서 대통령령으로 정하는 사항

② 지구단위계획은 도로, 상하수도 등 대통령령으로 정하는 도시·군계획시설의 처리·공급 및 수용능력이 지구단위계획구역에 있는 건축물의 연면적, 수용인구 등 개발밀도와 적절한 조화를 이룰 수 있도록 하여야 한다.(2011.4.14 본항 개정)

③ 지구단위계획구역에서는 제76조부터 제78조까지의 규정과 「건축법」 제42조·제43조·제44조·제60조 및 제61조, 「주차장법」 제19조 및 제19조의2를 대통령령으로 정하는 범위에서 지구단위계획으로 정하는 바에 따라 완화하여 적용할 수 있다.

④ (2011.4.14 본항 삭제)

➡ **법령해석사례**[법제처 안건번호 10-0455]

지구단위계획상 보육시설로 지정된 장소에 새로 보육시설을 설치하려는 경우 개정된 「영유아보육법 시행규칙」의 입지제한 규정이 적용되는지 여부(「영유아보육법 시행규칙」 별표 1 등 관련)

**【질의요지】**

「국토의 계획 및 이용에 관한 법률」에 따른 지구단위계획상 보육시설로 지정되어 있던 곳으로서 주유소에 접해 있는

장소에서 보육시설을 운영하다가 폐업한 후 다시 보육시설을 운영하려는 경우, 새로운 보육시설의 설치인가 신청 전에 「영유아보육법 시행규칙」이 개정되어 주유소 등 위험시설로부터 50m 이내에는 보육시설을 설치할 수 없게 되었다면, 같은 장소에 새로운 보육시설의 설치인가가 가능한지?

**【회답】**

「국토의 계획 및 이용에 관한 법률」에 따른 지구단위계획상 보육시설로 지정되어 있던 곳으로서 주유소에 접해 있는 장소에서 보육시설을 운영하다가 폐업한 후 다시 보육시설을 운영하려는 경우, 새로운 보육시설의 설치인가 신청 전에 「영유아보육법 시행규칙」이 개정되어 주유소 등 위험시설로부터 50m 이내에는 보육시설을 설치할 수 없게 되었다면, 같은 장소에 새로운 보육시설의 설치인가를 할 수는 없습니다.

**【이유】**

먼저, 「국토의 계획 및 이용에 관한 법률」에 따르면, 지구단위계획이란 토지이용을 합리화하고 그 기능을 증진시키며 일정 지역을 체계적·계획적으로 관리하기 위한 목적으로 수립하는 도시·군관리계획을 말하고(법 제2조제5호 및 제50조), 그 내용으로 도로나 문화시설, '사회복지시설'과 같은 기반시설의 배치와 규모, 건축물의 용도제한이나 건폐율, 건축물의 배치나 형태 등에 관한 사항을 규정하여(법 제52조제1항 및 같은 법 시행령 제45조제3항제2호) 도시구조 합리화 등을 위한 기반시설의 배치에 관한 사항 등을 규정하고 있으나, 같은 법에서 지구단위계획으로 다른 법령의 규정을 배제하거나 다른 법령에서 정하는 건축기준이나 건축용도 등을 완화하도록 정한 경우 등이 아닌 한, 지구단위계획에 고시된 시설이라는 이유만으로 기반시설과 관련된 개별 법령의 기준이나 인허가 등과 관계 없이 지구단위계획으로 고시된 시설을 바로 설치할 수 있거나 해당 시설이 입주할 수 있는 것은 아니라고 할 것입니다.

한편, 「영유아보육법」 제13조에 따라 보육시설 설치인가를 받고 시설을 운영하던 중 같은 법 제43조에 따라 동 시설을 폐지한 경우, 보육시설의 장은 보육 중인 유아를 다른 보육시설로 옮기는 조치를 하고 인가증 등을 반납하여야 하므로(같은 법 제43조제2항 및 같은 법 시행규칙 36조) 해당 보육시설에 대한 설치인가의 효력은 종료되었다고 볼 것인바, 과거에 보육시설을 운영하던 자로서 보육시설 폐지신고를 한 자가 다시 보육시설을 설치·운영하려는 경우에는 '새로운' 보육시설 설치인가를 받아야 할 것이고, 그렇다면 새로운 설치인가에 관한 판단행위로서 행정행위는 처분 당시에 시행 중인 법령과 허가기준에 의하여야 한다는 원칙(대법원 1998.3.27. 선고, 96누19772 판결례 참조)에 따라 현행 법령을 기준으로 그 설치인가 여부를 판단해야 할 것입니다.

그런데 현행 「영유아보육법」 제13조제1항에서는 국공립보육시설 외의 보육시설을 설치·운영하려는 자는 시장·군수·구청장의 인가를 받도록 규정하고 있고, 이러한 자가 갖추어야 할 보육시설의 설치기준에 관하여 「영유아보육법 시행규칙」 제5조제3항에서는 인가신청서를 받은 시장·군수·구청장은 설치기준에 적합한지 여부 등을 확인한 후 인가여부를 결정하도록 규정하고 있으며, 같은 규칙 제9조 및 별표 1 제1호나목에서는 보육시설의 입지조건 중 하나로 보육시설은 위험시설로부터 50m 이상 떨어진 곳에 위치하여야 하고, 이 경우 위험시설이란 「주택건설기준 등에 관한 규정」 제9조제3항 각 호의 시설을 말하며, 주유소 등의 시설은 「영유아보육법 시행규칙」 제9조 및 별표 1 제1호나목에 따른 위험시설에 해당하므로, 현행 영유아보육법령에 따르면 주유소 등 위험시설로부터 50m 이내에 보육시설을 설치하는 것은 영유아보육법령에 따른 설치기준을 충족하지 못하는 것이 되어 보육시설 설치인가를 할 수 없는 경우에 해당한다고 할 것입니다.

아울러, 위험시설과의 이격거리 확보에 관한 「영유아보육법 시행규칙」 별표 1 제1호나목의 보육시설 입지조건 규정은 2005년 1월 개정되어 신설된 것으로서(2005.1.29. 여성부령 제14호로 전부개정되어 2005.1.30. 시행된 것을 말함), 보육시설의 설치·운영을 신고제에서 인가제로 전환하면서 영유아 보육에 대한 공공성을 강화함에 따라 보육시설의 설치인가에 관한 사항과 설치기준에 관한 사항을 정비하면서 규정된 것이고, 같은 규칙 부칙 제2조제1항에서는 이 규칙 시행 당시 종전의 규정에 의하여 설치된 보육시설은 이 규칙 시행일부터 5년 이내에 같은 규칙 별표 1에 의한 설치기준 중 시설의 구조 및 설비기준을 갖추도록 하고, 같은 조 제2항에서는 제1항의 규정에도 불구하고 이 규칙 시행 전에 설치된 보육시설을 증·개축하거나 보육시설의 대표자나 종류, 소재지 등을 변경하는 경우에는 이 규칙에 의한 기준을 모두 갖추도록 하고 있었습니다.

이는 보육시설과 위험시설 사이의 거리 확보를 강제하지 않은 '종전'의 「영유아보육법 시행규칙」에 따라 설치된 보육시설이라고 하더라도 보육시설 관련 사항의 변경이 있는 경우에는 '새로운' 규정을 적용하도록 하려는 입법자의 정책적의지를 나타낸 것이고, 더욱이 종전에 설치된 보육시설을 폐지한 후 새로운 보육시설을 설치하는 경우에는 같은 규칙의 부칙에서 말하는 '종전'의 시설이 아니므로 같은 규칙 부칙이 적용되지 아니하여, 개정된 설치기준 등이 적용되는 새로운 행위로 보아야 할 것이므로, 새로운 보육시설의 설치인가에 대하여는 현재 시행되고 있는 개정법령을 적용하는 것이 타당하다고 할 것입니다.

따라서 「국토의 계획 및 이용에 관한 법률」에 따른 지구단위계획상 보육시설로 지정되어 있던 곳으로서 주유소에 접해 있는 장소에서 보육시설을 운영하다가 폐업한 후 다시 보육시설을 운영하려는 경우, 새로운 보육시설의 설치인가 신청 전에 「영유아보육법 시행규칙」이 개정되어 주유소 등 위험시설로부터 50m 이내에는 보육시설을 설치할 수 없게 되었다면, 같은 장소에 새로운 보육시설의 설치인가를 할 수는 없습니다.

**「국토의 계획 및 이용에 관한 법률 시행령」 제45조 [지구단위계획의 내용]**

① (2012.4.10 본항 삭제)

② 법 제52조제1항제1호의 규정에 의한 용도지역 또는 용도지구의 세분 또는 변경은 제30조 각 호의 용도지역 또는 제31조제2항 각호의 용도지구를 그 각호의 범위(제31조제3항의 규정에 의하여 도시·군계획조례로 세분되는 용도지구를 포함한다)안에서 세분 또는 변경하는 것으로 한다. 이 경우 법 제51조제1항제8호의2 및 제8호의3에 따라 지정된 지구단위계획구역에서는 제30조 각 호에 따른 용도지역 간의 변경을 포함한다.(2017.12.29 본항 개정)

③ 법 제52조제1항제2호에서 "대통령령으로 정하는 기반시설"이란 다음 각 호의 시설로서 해당 지구단위계획구역의 지정목적 달성을 위하여 필요한 시설을 말한다.(2019.8.6 본항 개정)

1. 법 제51조제1항제2호부터 제7호까지의 규정에 따른 지역인 경우에는 해당법률에 따른 개발사업으로 설치하는 기반시설(2019.8.6 본호 개정)
2. 제2조제1항에 따른 기반시설. 다만, 다음 각 목의 시설 중 시·도 또는 대도시의 도시·군계획조례로 정하는 기반시설은 제외한다.(2019.8.6 본호 개정)
   가. 철도
   나. 항만
   다. 공항
   라. 궤도
   마. 공원(「도시공원 및 녹지 등에 관한 법률」 제15조제1항제3호라목에 따른 묘지공원으로 한정한다)
   바. 유원지
   사. 방송·통신시설
   아. 유류저장 및 송유설비
   자. 학교(「고등교육법」 제2조에 따른 학교로 한정한다)
   차. 저수지
   카. 도축장
3. (2006.8.17 본호 삭제)

④ 법 제52조제1항제8호에서 "대통령령으로 정하는 사항"이란 다음 각 호의 사항을 말한다.(2015.7.6 본항 개정)

1. 지하 또는 공중공간에 설치할 시설물의 높이·깊이·배치 또는 규모
2. 대문·담 또는 울타리의 형태 또는 색채
3. 간판의 크기·형태·색채 또는 재질
4. 장애인·노약자 등을 위한 편의시설계획
5. 에너지 및 자원의 절약과 재활용에 관한 계획
6. 생물서식공간의 보호·조성·연결 및 물과 공기의 순환 등에 관한 계획
7. 국가유산 및 역사문화환경 보호에 관한 계획(2024.5.7 국가유산 기본법 시행령 부칙에 의거 본호 개정)

⑤ 법 제52조제2항에서 "대통령령으로 정하는 도시·군계획시설"이란 도로·주차장·공원·녹지·공공공지, 수도·전기·가스·열공급설비, 학교(초등학교 및 중학교에 한한다)·하수도·폐기물처리 및 재활용시설을 말한다.(2018.11.13 본항 개정)

**해설** • 지구단위계획구역의 지정목적을 달성하기 위하여 지구단위계획에는 다음 사항 중 아래 ③과 ⑤의 사항을 포함한 둘 이상의 사항에 포함되어야 한다. 다만, ②를 내용으로 하는 지구단위계획의 경우에는 그러하지 아니하다.

① 용도지역 또는 용도지구의 세분 또는 변경은 용도지역의 세분규정(영 제30조) 또는 용도지구의 세분규정(영 제31조제2항)에 의한 그 범위[도시·군계획조례로 세분되는 용도지구(영 제31조제3항)를 포함] 안에서 세분 또는 변경하는 것을 말한다.(영 제45조제1항).

② 기본의 용도지구를 폐지하고 그 용도지구에서의 건축물이나 그 밖의 시설의 용도·종류 및 기호 등의 제한을 대체하는 사항

③ 다음의 시설로서 해당 지구단위계획구역의 지정목적 달성을 위하여 필요한 정비 기반시설을 말함(법 제52조제1항제2호)

㉮ 도시개발구역·정비구역·택지개발지구·대지조성사업지구·산업단지와 준산업단지·관광특구(법 제51조제1항제2호부터 제7호의 규정)인 경우에는 해당 법률에 의한 개발사업으로 설치하는 기반시설

㉯ 도로·자동차정류장·주차장·광장·공원(「도시공원 및 녹지 등에 관한 법률」에 따른 묘지공원은 제외한다)·녹지·공공공지·유통업무설비·수도공급설비·전기공급설비·가스공급설비·열공급설비·공동구·시장·학교(「고등교육법」 제2조에 따른 학교는 제외한다)·공공청사·문화시설·체육시설·도서관·연구시설·사회복지시설·공공직업훈련시설·청소년수련시설·하천·유수지·방수설비·사방설비·종합의료시설·하수도·폐기물처리 및 재활용시설·빗물저장 및 이용시설, 폐차장

④ 도로로 둘러싸인 일단의 지역 도는 계획적인 개발·정비를 위하여 구획된 일단의 토지의 규모와 조성계획

⑤ 건축물의 용도제한·건축물의 건폐율 또는 용적률·건축물의 높이의 최고한도 또는 최저한도

⑥ 건축물의 배치·형태·색채 또는 건축선에 관한 계획

⑦ 환경관리계획 또는 경관계획

⑧ 교통처리계획

⑨ 그 밖에 토지이용의 합리화, 도시 또는 농·산·어촌의 기능 증진 등에 필요한 사항으로서 다음의 사항(영 제45조제4항)

㉮ 지하 또는 공중공간에 설치할 시설물의 높이·깊이·배치 또는 규모

㉯ 대문·담 또는 울타리의 형태 또는 색채

㉰ 간판의 크기·형태·색채 또는 재질

㉱ 장애인·노약자 등을 위한 편의시설계획

㉲ 에너지 및 자원의 절약과 재활용에 관한 계획

㉳ 생물서식공간의 보호·조성·연결 및 물과 공기의 순환 등에 관한 계획

- 지구단위계획은 도로·주차장·공원·녹지·공공공지, 수도·전기·가스·열공급설비, 학교(초등학교 및 중등학교에 한함)·하수도·폐기물 처리 및 재활용시설의 처리·공급 및 수용능력이 지구단위계획구역 안에 있는 건축물의 연면적, 수용인구 등 개발밀도와 적정한 조화를 이룰 수 있도록 하여야 한다(법 제52조제2항 및 영 제45조제5항).
- 지구단위계획구역 안에서는 용도지역 및 용도지구 안에서의 건축물의 건축제한 등(법 제76조)과 용도지역 안에서의 건폐율(법 제77조) 및 용도지역 안에서의 용적률(법 제78조)을 비롯한 「건축법」 제42조【대지 안의 조경】, 제43조【공개공지 등의 확보】, 제44조【대지와 도로의 관계】, 제60조【건축물의 높이제한】, 제61조【일조 등의 확보를 위한 건축물의 높이제한】와 「주차장법」 제19조【부설주차장의 설치】 및 제19조의2【부설주차장설치계획서】의 규정을 지구단위계획이 정하는 바에 따라 완화하여 적용할 수 있도록 하고 있다.

**「국토의 계획 및 이용에 관한 법률 시행령」 제46조 【도시지역 내 지구단위계획구역에서의 건폐율 등의 완화적용】**

① 지구단위계획구역(도시지역 내에 지정하는 경우로 한정한다. 이하 이 조에서 같다)에서 건축물을 건축하려는 자가 그 대지의 일부를 법 제52조의2제1항 각 호의 시설(이하 이 조 및 제46조의2에서 "**공공시설등**"이라 한다)의 부지로 제공하거나 공공시설등을 설치하여 제공하는 경우[지구단위계획구역 밖의 「하수도법」 제2조제14호에 따른 배수구역에 공공하수처리시설을 설치하여 제공하는 경우(지구단위계획구역에 다른 공공시설 및 기반시설이 충분히 설치되어 있는 경우로 한정한다)를 포함한다]에는 법 제52조제3항에 따라 그 건축물에 대하여 지구단위계획으로 다음 각 호의 구분에 따라 건폐율·용적률 및 높이제한을 완화하여 적용할 수 있다. 이 경우 제공받은 공공시설등은 국유재산 또는 공유재산으로 관리한다.(2021.7.6 본항 개정)

1. 공공시설등의 부지를 제공하는 경우에는 다음 각 목의 비율까지 건폐율·용적률 및 높이제한을 완화하여 적용할 수 있다. 다만, 지구단위계획구역 안의 일부 토지를 공공시설등의 부지로 제공하는 자가 해당 지구단위계획구역 안의 다른 대지에서 건축물을 건축하는 경우에는 나목의 비율까지 그 용적률만 완화하여 적용할 수 있다.(2021.7.6 본호 개정)

가. 완화할 수 있는 **건폐율**＝해당 용도지역에 적용되는 건폐율 × [1＋공공시설등의 부지로 제공하는 면적(공공시설등의 부지를 제공하는 자가 법 제65조제2항에 따라 용도가 폐지되는 공공시설을 무상으로 양수받은 경우에는 그 양수받은 부지면적을 빼고 산정한다. 이하 이 조에서 같다) ÷ 원래의 대지면적] 이내

나. 완화할 수 있는 **용적률**=해당 용도지역에 적용되는 용적률+[1.5×(공공시설등의 부지로 제공하는 면적×공공시설등 제공 부지의 용적률)÷공공시설등의 부지 제공 후의 대지면적] 이내

다. 완화할 수 있는 **높이**=「건축법」 제60조에 따라 제한된 높이×(1+공공시설등의 부지로 제공하는 면적÷원래의 대지면적) 이내

2. 공공시설등을 설치하여 제공(그 부지의 제공은 제외한다)하는 경우에는 공공시설등을 설치하는 데에 드는 비용에 상응하는 가액(價額)의 부지를 제공한 것으로 보아 제1호에 따른 비율까지 건폐율·용적률 및 높이제한을 완화하여 적용할 수 있다. 이 경우 공공시설등 설치비용 및 이에 상응하는 부지 가액의 산정방법 등은 시·도 또는 대도시의 도시·군계획조례로 정한다.(2012.4.10 본호 개정)

3. 공공시설등을 설치하여 그 부지와 함께 제공하는 경우에는 제1호 및 제2호에 따라 완화할 수 있는 건폐율·용적률 및 높이를 합산한 비율까지 완화하여 적용할 수 있다.(2011.3.9 본호 개정)

② 특별시장·광역시장·특별자치시장·특별자치도지사·시장 또는 군수는 지구단위계획구역에 있는 토지를 공공시설부지로 제공하고 보상을 받은 자 또는 그 포괄승계인이 그 보상금액에 국토교통부령이 정하는 이자를 더한 금액(이하 이 항에서 "반환금"이라 한다)을 반환하는 경우에는 당해 지방자치단체의 도시·군계획조례가 정하는 바에 따라 제1항제1호 각 목을 적용하여 당해 건축물에 대한 건폐율·용적률 및 높이제한을 완화할 수 있다. 이 경우 그 반환금은 기반시설의 확보에 사용하여야 한다.(2013.3.23 본항 개정)

③ 지구단위계획구역에서 건축물을 건축하고자 하는 자가 「건축법」 제43조제1항에 따른 공개공지 또는 공개공간을 같은 항에 따른 의무면적을 초과하여 설치한 경우에는 법 제52조제3항에 따라 당해 건축물에 대하여 지구단위계획으로 다음 각 호의 비율까지 용적률 및 높이제한을 완화하여 적용할 수 있다.(2012.4.10 본항 개정)

1. 완화할 수 있는 용적률=「건축법」 제43조제2항에 따라 완화된 용적률+(당해 용도지역에 적용되는 용적률×의무면적을 초과하는 공개공지 또는 공개공간의 면적의 절반÷대지면적) 이내

2. 완화할 수 있는 높이=「건축법」 제43조제2항에 따라 완화된 높이+(「건축법」 제60조에 따른 높이×의무면적을 초과하는 공개공지 또는 공개공간의 면적의 절반÷대지면적) 이내

④ 지구단위계획구역에서는 법 제52조제3항의 규정에 의하여 도시·군계획조례의 규정에 불구하고 지구단위계획으로 제84조에 규정된 범위안에서 건폐율을 완화하여 적용할 수 있다.(2012.4.10 본항 개정)

⑤ 지구단위계획구역에서는 법 제52조제3항의 규정에 의하여 지구단위계획으로 법 제76조의 규정에 의하여 제30조 각호의 용도지역안에서 건축할 수 있는 건축물(도시·군계획조례가 정하는 바에 의하여 건축할 수 있는 건축물의 경우 도시·군계획조례에서 허용되는 건축물에 한한다)의 용도·종류 및 규모 등의 범위안에서 이를 완화하여 적용할 수 있다.(2012.4.10 본항 개정)

⑥ 지구단위계획구역의 지정목적이 다음 각호의 1에 해당하는 경우에는 법 제52조제3항의 규정에 의하여 지구단위계획으로 「주차장법」 제19조제3항의 규정에 의한 주차장 설치기준을 100%까지 완화하여 적용할 수 있다.(2013.3.23 본항 개정)

1. 한옥마을을 보존하고자 하는 경우
2. 차 없는 거리를 조성하고자 하는 경우(지구단위계획으로 보행자전용도로를 지정하거나 차량의 출입을 금지한 경우를 포함한다)
3. 그 밖에 국토교통부령이 정하는 경우(2008.2.29 본호 개정)

⑦ 다음 각호의 1에 해당하는 경우에는 법 제52조제3항의 규정에 의하여 지구단위계획으로 당해 용도지역에 적용되는 용적률의 120% 이내에서 용적률을 완화하여 적용할 수 있다.(2012.4.10 본항 개정)

1. 도시지역에 개발진흥지구를 지정하고 당해 지구를 지구단위계획구역으로 지정한 경우
2. 다음 각목의 1에 해당하는 경우로서 특별시장·광역시장·특별자치시장·특별자치도지사·시장 또는 군수의 권고에 따라 공동개발을 하는 경우
   가. 지구단위계획에 2필지 이상의 토지에 하나의 건축물을 건축하도록 되어 있는 경우
   나. 지구단위계획에 합벽건축을 하도록 되어 있는 경우
   다. 지구단위계획에 주차장·보행자통로 등을 공동으로 사용하도록 되어 있어 2필지 이상의 토지에 건축물을 동시에 건축할 필요가 있는 경우

⑧ 도시지역에 개발진흥지구를 지정하고 당해 지구를 지구단위계획구역으로 지정한 경우에는 법 제52조제3항에 따라 지구단위계획으로 「건축법」 제60조에 따라 제한된 건축물높이의 120% 이내에서 높이제한을 완화하여 적용할 수 있다.(2012.4.10 본항 개정)

⑨ 제1항제1호나목(제1항제2호 및 제2항에 따라 적용되는 경우를 포함한다), 제3항제1호 및 제7항은 다음 각 호의 어느 하나에 해당하는 경우에는 적용하지 아니한다.(2012.4.10 본항 개정)

1. 개발제한구역·시가화조정구역·녹지지역 또는 공원에서 해제되는 구역과 새로이 도시지역으로 편입되는 구역 중 계획적인 개발 또는 관리가 필요한 지역인 경우
2. 기존의 용도지역 또는 용도지구가 용적률이 높은 용도지역 또는 용도지구로 변경되는 경우로서 기존의 용도지역 또는 용도지구의 용적률을 적용하지 아니하는 경우

⑩ 제1항 내지 제4항 및 제7항의 규정에 의하여 완화하여 적용되는 건폐율 및 용적률은 당해 용도지역 또는 용도지구에 적용되는 건폐율의 150% 및 용적률의 200%를 각각 초과할 수 없다.(2004.1.20 본항 개정)

⑪ 제1항에도 불구하고 법 제51조제1항제8호의2에 따라 지정된 지구단위계획구역 내 준주거지역(제45조제2항 전단에 따라 준주거지역으로 변경하는 경우를 포함한다. 이하 이 조에서 같다)에서 건축물을 건축하려는 자가 그 대지의 일부를 공공시설등의 부지로 제공하거나 공공시설등을 설치하여 제공하는 경우에는 법 제52조제3항에 따라 지구단위계획으로 법 제78조제1항제1호가목에 따른 용적률의 140% 이내의 범위에서 용적률을 완화하여 적용할 수 있다. 이 경우 공공시설등

의 부지를 제공하거나 공공시설등을 설치하여 제공하는 비용은 용적률 완화에 따른 토지가치 상승분[「감정평가 및 감정평가사에 관한 법률」에 따른 감정평가법인등(이하 "감정평가법인등"이라 한다)이 용적률 완화 전후에 각각 감정평가한 토지가액의 차이를 말한다]의 범위로 하며, 그 비용 중 시·도 또는 대도시의 도시·군계획조례로 정하는 비율 이상은 「공공주택 특별법」 제2조제1호가목에 따른 공공임대주택을 제공하는 데에 사용해야 한다.(2021.7.6 본항 개정)

⑫ 법 제51조제1항제8호의2에 따라 지정된 지구단위계획구역 내 준주거지역에서 「공공주택 특별법」에 따른 도심 공공주택 복합사업(같은 법 시행령 별표 4의2 제1호가목의 주거상업고밀지구에서 시행하는 사업으로 한정한다) 또는 「빈집 및 소규모주택 정비에 관한 특례법」에 따른 소규모재개발사업을 시행하는 경우에는 법 제52조제3항에 따라 지구단위계획으로 법 제78조제1항제1호가목에 따른 용적률의 140% 이내의 범위에서 용적률을 완화하여 적용할 수 있다.(2022.1.18 본항 신설)

⑬ 법 제51조제1항제8호의2에 따라 지정된 지구단위계획구역 내 준주거지역에서는 법 제52조제3항에 따라 지구단위계획으로 「건축법」 제61조제2항에 따른 채광(採光) 등의 확보를 위한 건축물의 높이 제한을 200% 이내의 범위에서 완화하여 적용할 수 있다.(2022.1.18 본항 개정)

⑭ 법 제29조에 따른 도시·군관리계획의 결정권자는 지구단위계획구역 내 「국가첨단전략산업 경쟁력 강화 및 보호에 관한 특별조치법」 제2조제1호에 따른 국가첨단전략기술을 보유하고 있는 자가 입주하는(이미 입주한 경우를 포함한다) 「산업입지 및 개발에 관한 법률」 제2조제8호에 따른 산업단지에 대하여 용적률 완화에 관한 산업통상자원부장관의 요청이 있는 경우 같은 법 제3조제1항에 따른 산업입지정책심의회의 심의를 거쳐 법 제52조제3항에 따라 지구단위계획으로 제85조제1항 각 호에 따른 용도지역별 최대한도의 140% 이내의 범위에서 용적률을 완화하여 적용할 수 있다.(2023.3.21 본항 신설)

⑮ 법 제29조에 따른 도시·군관리계획의 결정권자는 지구단위계획구역 내 제1종전용주거지역·제2종전용주거지역·제1종일반주거지역 또는 제2종일반주거지역이 다음 각 호의 요건을 모두 갖춘 경우에는 법 제52조제3항에 따라 해당 지역에 건축하는 「건축법 시행령」 별표 1 제1호의 단독주택, 같은 표 제2호나목의 연립주택 및 같은 호 다목의 다세대주택의 부지에 대해서 지구단위계획으로 제85조제1항제1호부터 제4호까지의 규정에 따른 용도지역별 용적률 최대한도의 120% 이내의 범위에서 용적률을 완화하여 적용할 수 있다.(2024.7.30 본항 신설)

1. 해당 지역에 「도시재생 활성화 및 지원에 관한 특별법」 제2조제6호에 따른 도시재생활성화계획이 수립되어 있을 것
2. 제1호에 따른 도시재생활성화계획이 「건축법 시행령」 별표 1 제1호의 단독주택, 같은 표 제2호나목의 연립주택 및 같은 호 다목의 다세대주택을 건축하는 내용을 포함할 것

**해설** 2012.4.10 이전까지 지구단위계획구역은 제1종과 제2종으로 구분하여 운용하였으나 법령의 개정에 따라 도시지역 내(종전의 제1종지구단위계획구역)와 도시지역 외(종전의 제2종 지구단위계획구역) 지구단위계획구역으로 변경됨에 유의하여야 한다. 이를 도시지역 내·외의 지구단위계획구역에서는 건폐

율, 용적률, 건축물 높이, 주차장 관련 규정의 일부를 완화적용할 수 있도록 하고 있다.

① 도시지역내에서의 지구단위계획 구역내 공공시설 등의 부지(公共施設敷地)를 제공하는 경우 완화

- 완화할 수 있는 건폐율＝해당 용도지역에 적용되는 건폐율 × [1 + 공공시설 등의 부지로 제공하는 면적(공공시설 등의 부지를 제공하는 자가 법 제65조제2항에 따라 용도가 폐지되는 공공시설을 무상으로 양수받은 경우에는 그 양수받은 부지면적을 빼고 산정한다. 이하 이 종에서 같다) ÷ 원래의 대지면적)] 이내
- 완화할 수 있는 용적률＝해당 용도지역에 적용되는 용적률 + [1.5 × (공공시설 등의 부지로 제공하는 면적 × 공공시설 등 제공 부지의 용적률) ÷ 공공시설 부지 제공 후의 대지 면적] 이내
- 완화할 수 있는 높이＝「건축법」 제60조에 따라 제한된 높이 × (1 + 공공시설 등의 부지로 제공하는 면적 ÷ 원래의 대지면적) 이내

② 공공시설을 설치하여 제공(그 부지의 제공은 제외함)하는 경우에 공공시설등을 설치하는데 드는 비용에 상응하는 가액의 부지를 제공한 것으로 보아 ①에 따른 비율까지 완화 적용

③ 특별시장 등은 토지를 공공시설부지로 제공하고 보상을 받은 자 또는 그 포괄승계인이 그 보상금액에 국토해양부령이 정하는 이자를 더한 금액("반환금"이라 한다)을 반환하는 경우에는 해당 지방자치단체의 도시·군계획조례가 정하는 바에 따라 ① 완화 내용을 적용하여 해당 건축물에 대한 건폐율·용적률 및 높이제한을 완화할 수 있다. 이 경우 그 반환금은 기반시설의 확보에 사용하여야 함.

④ 건축법에 따른공개공지(公開空地), 공개공간(公開空間)을 초과 설치하는 경우

- 완화할 수 있는 용적률＝「건축법」 제43조제2항조에 따라 완화된 용적률 + (해당 용도지역에 적용되는 용적률 × 의무면적을 초과하는 공개공지 또는 공개공간의 면적의 절반 ÷ 대지면적) 이내
- 완화할 수 있는 높이＝「건축법」 제43조제2항에 따라 완화된 높이 + (「건축법」 제60조에 따른 높이 × 의무면적을 초과하는 공개공지 또는 공개공간의 면적의 절반 ÷ 대지면적) 이내

⑤ 건폐율·용적률·건축물 높이, 건축물의 용도·종류등의 완화적용

- 건폐율의 완화 : 지구단위계획구역 안에서는 도시·군계획조례의 규정에 불구하고 지구단위계획으로 용도지역 안에서의 건폐율에 관한 규정(영 제84조의 규정)의 범위 안에서 건폐율을 완화하여 적용할 수 있다.
- 용적률의 완화
  다음 하나에 해당하는 경우에는 지구단위계획으로 해당 용도지역에 적용되는 용적률의 120% 이내에서 이를 완화하여 적용할 수 있다.
  - 도시지역에 개발진흥지구를 지정하고 해당 지구를 지구단위계획구역으로 지정한 경우
  - 다음 하나에 해당하는 경우로서 특별시장·광역시장·특별자치시장·특별자치도지사·시장 또는 군수의 권고에 따라 공동개발을 하는 경우
    ㉮ 지구단위계획에 2필지 이상의 토지에 하나의 건축물을 건축하도록 되어 있는 경우
    ㉯ 지구단위계획에 합벽건축을 하도록 되어 있는 경우
    ㉰ 지구단위계획에 주차장·보행자통로 등을 공동으로 사용하도록 되어있어 2필지 이상의 토지에 건축물을 동시에 건축할 필요가 있는 경우
- 건축물 높이의 완화
  도시지역에 개발진흥지구를 지정하고 해당 지구를 지구단위계획구역으로 지정한 경우에는 지구

단위계획으로 「건축법」 제60조에 따라 제한된 건축물 높이의 120% 이내에서 이를 완화하여 적용할 수 있다.

- 건축물의 용도·종류 및 규모의 완화
  지구단위계획구역 안에서는 지구단위계획으로 용도지역 및 용도지구 안에서의 건축물의 건축제한 등에 관한 규정(법 제76조)에 의하여 용도지역의 세분규정(영 제30조)에 의한 용도지역에서 건축할 수 있는 건축물(도시·군계획조례가 정하는 바에 의하여 건축할 수 있는 건축물의 경우에서 허용되는 건축물에 한함)의 용도·종류 및 규모 등의 범위 안에서 이를 완화하여 적용할 수 있다.
- 주차장 설치기준 완화
  도시지역내 지구단위계획구역의 지정목적이 다음 하나에 해당하는 경우에는 도시지역내 지구단위계획으로「주차장법」에 의한 주차장 설치기준(제19조제3항의 규정)을 100%까지 완화하여 적용할 수 있다.
  - 한옥마을을 보존하고자 하는 경우
  - 차 없는 거리를 조성하고자 하는 경우(제1종 지구단위계획으로 보행자 전용도로를 지정하거나 차량의 출입을 금지한 경우를 포함)
  - 그 밖에 국토교통부령이 정하는 경우

⑥ 완화적용의 배제

대지의 일부를 공공시설부지로 제공하는 경우의 용적률 완화(영 제46조제1항제1호나목), 공개공지 또는 공개공간의 의무면적을 초과하는 설치하는 경우의 용적률 완화(영 제46조제3항제1호) 및 용적률의 120% 완화(영 제46조제7항이 규정)는 다음 하나에 해당하는 경우에는 이를 적용하지 아니한다.

- 개발제한구역·시가화 조정구역·녹지지역 또는 공원에서 해제되는 구역과 새로이 도시구역으로 편입되는 구역 중 계획적인 개발 또는 관리가 필요한 지역인 경우
- 기존의 용도지역 또는 용도지구가 용적률이 높은 용도지역 또는 용도지구로 변경되는 경우로서 기존의 용도지역 또는 용도지구의 용적률을 적용하지 아니하는 경우

⑦ 완화적용의 한계 등

앞의 건축물의 용도·종류 및 규모의 완화와 주차장 설치기준완화를 제외한 모두에 완화 적용되는 건폐율 및 용적률은 해당 용도지역 또는 용도지구에 적용되는 건폐율 및 용적률의 150% 및 200%를 각각 초과할 수 없다.

⑧ 역세권 복합용도개발형 지구단위계획구역 내 준주거지역의 용적률 및 건축물의 높이 제한 완화

- 역세권 복합용도개발형 지구단위계획구역 내 준주거지역에서 건축물을 건축할 때 공공시설 등의 부지를 제공하거나 공공시설 등을 설치하여 제공하는 경우에는 용적률을 700%(법정 상한인 500%의 1.4배)까지 완화하여 적용할 수 있도록 하고, 도시·군계획조례로 정하는 비율 이상은 공공임대주택을 제공하는 데에 사용하도록 한다.
- 역세권 복합용도개발형 지구단위계획구역 내 준주거지역에서는 「건축법」에 따른 건축물 높이 제한을 200%까지 완화하여 적용할 수 있다.

⑨ 역세권의 원활한 주택공급을 위하여 역세권 복합용도개발형 지구단위계획구역 내에서의 용적률 완화

- 지구단위계획구역 내 준주거지역에서 도심 공공주택 복합사업 또는 소규모 재개발사업을 시행하는 경우 용적률을 700%(법정상한 500%의 1.4배)까지 완화 적용할 수 있다.
  - 역세권 복합용도개발형 지구단위계획구역: 도시지역 내 주거·상업·업무 등의 기능을 결합하

여 복합적인 토지 이용이 가능하도록 지하철, 버스 등 대중교통 이용이 용이한 지역이나 역세권의 체계적·계획적 개발이 필요한 지역에 지정하는 지구단위계획구역(「국토의 계획 및 이용에 관한 법률」 제51조제1항제8호의2 및 같은 법 시행령 제43조제1항)

「국토의 계획 및 이용에 관한 법률 시행령」 **제46조의2 【공공시설등의 설치비용 납부 등】** [2021.7.6 본조 신설]

① 법 제52조의2제2항에 따라 지구단위계획구역에 공공시설등의 부지를 제공하거나 공공시설등을 설치하여 제공하는 것을 갈음하여 공공시설등의 설치비용을 납부하게 하려는 경우 지구단위계획구역 안의 공공시설등이 충분한지는 특별시장·광역시장·특별자치시장·특별자치도지사·시장 또는 군수가 「건축법」 제4조에 따라 해당 지방자치단체에 두는 건축위원회와 도시계획위원회의 공동 심의를 거쳐 인정한다. 이 경우 심의 및 인정여부의 결정을 할 때에는 다음 각 호의 사항을 고려해야 한다.

1. 현재 지구단위계획구역 안의 공공시설등의 확보 현황
2. 개발사업에 따른 인구·교통량 등의 변화와 공공시설등의 수요 변화 등

② 법 제52조의2제2항에 따라 납부해야 하는 비용은 감정평가법인등이 지구단위계획에 관한 도시·군관리계획 결정의 고시일을 기준으로 용도지역의 변경 또는 도시·군계획시설 결정의 변경 전·후에 대하여 각각 감정평가한 토지가액 차이의 범위에서 시·도 또는 대도시의 도시·군계획조례로 정하는 금액에서 법 제52조의2제1항에 따라 지구단위계획구역 안에 공공시설등의 부지를 제공하거나 공공시설등을 설치하여 제공하는 데 소요된 비용을 공제한 금액으로 한다.

③ 제2항에 따른 비용은 착공일부터 사용승인 또는 준공검사 신청 전까지 납부하되, 시·도 또는 대도시의 도시·군계획조례로 정하는 바에 따라 분할납부할 수 있다.

④ 법 제52조의2제3항에서 "대통령령으로 정하는 비율"이란 20/100 이상 30/100 이하의 범위에서 해당 지구단위계획으로 정하는 비율을 말한다.

해설 지구단위계획 구역에 공공시설 등의 부지를 제공하거나 공공시설 등을 설치하여 제공하는 것을 대신하여 공공시설 등의 설치비용을 납부하게 하는 경우에는 지구단위계획구역 안의 공공시설 등이 충분한지는 특별시장등이 건축위원회와 도시계획위원회의 공동 심의를 거쳐 개발 사업에 따른 인구 및 교통량 등에 따른 공공시설 등의 수요변화 등을 고려하여 인정하도록 하고 지구단위계획구역의 관할이 특별시 또는 광역시인 경우 공공시설 등의 설치비용 납부액 중 지구단위계획구역의 관할구 또는 군에 귀속되도록 하는 비율을 20/100 이상 30/100 이하의 범위에서 지구단위계획으로 정할 수 있다.

「국토의 계획 및 이용에 관한 법률 시행령」 **제47조 【도시지역 외 지구단위계획구역에서의 건폐율 등의 완화적용】**

① 지구단위계획구역(도시지역 외에 지정하는 경우로 한정한다. 이하 이 조에서 같다)에서는 법 제52조제3항에 따라 지구단위계획으로 해당 용도지역 또는 개발진흥지구에 적용되는 건폐율의 150% 및 용적률의 200% 이내에서 건폐율 및 용적률을 완화하여 적용할 수 있다. 다만, 제84조

제4항제2호가목 단서에 해당하는 산업·유통개발진흥지구의 전부 또는 일부에 대해 지구단위계획구역이 지정된 경우에는 같은 규정에 따른 건폐율의 120% 이내의 범위에서 건폐율을 완화하여 적용할 수 있다.(2024.5.28 본항 단서 신설)

② 지구단위계획구역에서는 법 제52조제3항의 규정에 의하여 지구단위계획으로 법 제76조의 규정에 의한 건축물의 용도·종류 및 규모 등을 완화하여 적용할 수 있다. 다만, 개발진흥지구(계획관리지역에 지정된 개발진흥지구를 제외한다)에 지정된 지구단위계획구역에 대하여는 「건축법 시행령」 별표 1 제2호의 공동주택중 아파트 및 연립주택은 허용되지 아니한다.(2012.4.10 본항 개정)

**해설** 지구단위계획구역 안에서는 해당 용도지역에 적용되는 건폐율, 용적률 등을 완화하여 적용할 수 있는데 다음과 같다.

① 도시지역 외 지구단위계획구역에서 건폐율·용적률의 완화

도시지역 외의 지구단위계획구역에서는 지구단위계획으로 해당 용도지역 또는 개발진흥지구에 적용되는 건폐율의 150% 및 용적률의 200% 이내에서 건폐율과 용적률을 완화하여 적용할 수 있다.

② 용도·종류·규모 등의 완화

도시지역 외의 지구단위계획구역에서는 지구단위계획으로 용도지역 및 용도지구 안에서의 건축물의 건축제한 등에 관한 규정(법 제76조)에 의한 건축물의 용도·종류 및 규모 등을 완화하여 적용할 수 있다. 다만, 개발진흥지구(계획관리지역에 지정된 개발진흥지구를 제외)에 지정된 지구단위계획구역에 대하여는 「건축법 시행령」 별표 1 제2호의 공동주택 중 아파트 및 연립주택은 허용되지 아니한다.

「국토의 계획 및 이용에 관한 법률」 **제54조 【지구단위계획구역에서의 건축 등】**

지구단위계획구역에서 건축물(일정 기간 내 철거가 예상되는 경우 등 대통령령으로 정하는 가설건축물은 제외한다)을 건축 또는 용도변경하거나 공작물을 설치하려면 그 지구단위계획에 맞게 하여야 한다. 다만, 지구단위계획이 수립되어 있지 아니한 경우에는 그러하지 아니하다.(2021.1.12 본조 개정)

「국토의 계획 및 이용에 관한 법률 시행령」 **제50조의2 【지구단위계획이 적용되지 않는 가설건축물】**

법 제54조 본문에서 "대통령령으로 정하는 가설건축물"이란 다음 각 호의 어느 하나에 해당하는 가설건축물을 말한다.(2021.7.6 본조 신설)

1. 존치기간(연장된 존치기간을 포함한 총 존치기간을 말한다)이 3년의 범위에서 해당 특별시·광역시·특별자치시·특별자치도·시 또는 군의 도시·군계획조례로 정한 존치기간 이내인 가설건축물. 다만, 다음 각 목의 어느 하나에 해당하는 가설건축물의 경우에는 각각 다음 각 목의 기준에 따라 존치기간을 연장할 수 있다.(2023.7.18 본호 단서 신설)

가. 국가 또는 지방자치단체가 공익 목적으로 건축하는 가설건축물 또는 「건축법 시행령」 제15조제5항제4호에 따른 전시를 위한 견본주택이나 그 밖에 이와 비슷한 가설건축물: 횟

수별 3년의 범위에서 해당 특별시·광역시·특별자치시·특별자치도·시 또는 군의 도시·군계획조례로 정하는 횟수만큼(2023.7.18 본목 신설)

나. 「건축법」 제20조제1항에 따라 특별자치시장·특별자치도지사 또는 시장·군수·구청장의 허가를 받아 도시·군계획시설 및 도시·군계획시설예정지에서 건축하는 가설건축물: 도시·군계획사업이 시행될 때까지(2023.7.18 본목 신설)

2. 재해복구기간 중 이용하는 재해복구용 가설건축물
3. 공사기간 중 이용하는 공사용 가설건축물

「국토의 계획 및 이용에 관한 법률」 **제84조 【둘 이상의 용도지역·용도지구·용도구역에 걸치는 대지에 대한 적용기준】**

① 하나의 대지가 둘 이상의 용도지역·용도지구 또는 용도구역(이하 이 항에서 "용도지역 등"이라 한다)에 걸치는 경우로서 각 용도지역 등에 걸치는 부분 중 가장 작은 부분의 규모가 대통령령으로 정하는 규모 이하인 경우에는 전체 대지의 건폐율 및 용적률은 각 부분이 전체 대지 면적에서 차지하는 비율을 고려하여 다음 각 호의 구분에 따라 각 용도지역등별 건폐율 및 용적률을 가중평균한 값을 적용하고, 그 밖의 건축 제한 등에 관한 사항은 그 대지 중 가장 넓은 면적이 속하는 용도지역 등에 관한 규정을 적용한다. 다만, 건축물이 고도지구에 걸쳐 있는 경우에는 그 건축물 및 대지의 전부에 대하여 고도지구의 건축물 및 대지에 관한 규정을 적용한다.(2017.4.18 본항 개정)

1. **가중평균한 건폐율** $= (f_1x_1 + f_2x_2 + \cdots + f_nx_n)$ / 전체 대지 면적. 이 경우 $f_1$부터 $f_n$까지는 각 용도지역등에 속하는 토지 부분의 면적을 말하고, $x_1$부터 $x_n$까지는 해당 토지 부분이 속하는 각 용도지역등의 건폐율을 말하며, $n$은 용도지역등에 걸치는 각 토지 부분의 총 개수를 말한다.
2. **가중평균한 용적률** $= (f_1x_1 + f_2x_2 + \cdots + f_nx_n)$ / 전체 대지 면적. 이 경우 $f_1$부터 $f_n$까지는 각 용도지역등에 속하는 토지 부분의 면적을 말하고, $x_1$부터 $x_n$까지는 해당 토지 부분이 속하는 각 용도지역등의 용적률을 말하며, $n$은 용도지역등에 걸치는 각 토지 부분의 총 개수를 말한다.

② 하나의 건축물이 방화지구와 그 밖의 용도지역·용도지구 또는 용도구역에 걸쳐 있는 경우에는 제1항에도 불구하고 그 전부에 대하여 방화지구의 건축물에 관한 규정을 적용한다. 다만, 그 건축물이 있는 방화지구와 그 밖의 용도지역·용도지구 또는 용도구역의 경계가 「건축법」 제50조제2항에 따른 방화벽으로 구획되는 경우 그 밖의 용도지역·용도지구 또는 용도구역에 있는 부분에 대하여는 그러하지 아니하다.

③ 하나의 대지가 녹지지역과 그 밖의 용도지역·용도지구 또는 용도구역에 걸쳐 있는 경우(규모가 가장 작은 부분이 녹지지역으로서 해당 녹지지역이 제1항에 따라 대통령령으로 정하는 규모 이하인 경우는 제외한다)에는 제1항에도 불구하고 각각의 용도지역·용도지구 또는 용도구역의 건축물 및 토지에 관한 규정을 적용한다. 다만, 녹지지역의 건축물이 고도지구 또는 방화지구에 걸쳐 있는 경우에는 제1항 단서나 제2항에 따른다.(2017.4.18 본항 개정)

「국토의 계획 및 이용에 관한 법률 시행령」 **제94조 【둘 이상의 용도지역·용도지구·용도구역에 걸치는 토지에 대한 적용기준】**

법 제84조제1항 각 호 외의 부분 본문 및 같은 조 제3항 본문에서 "대통령령으로 정하는 규모"라 함은 330m²를 말한다. 다만, 도로변에 띠 모양으로 지정된 상업지역에 걸쳐 있는 토지의 경우에는 660m²를 말한다.(2017.12.29 본조 개정)

**해설** 하나의 대지가 둘 이상의 용도지역·용도지구·용도구역에 걸치는 경우로서 각 용도지역 등에 걸치는 부분 중 가장 작은 부분의 규모가 330m²(노선상업지역인 경우 660m²) 이하인 경우에는 전체 대지의 건폐율 및 용적률은 각 부분이 전체 대지면적에서 차지하는 비율을 고려하여 각 용도지역별 건폐율 및 용적률을 가중평균한 값을 적용하고 건축제한 등에 관한 사항은 그 대지 중 가장 넓은 면적에 속하는 용도지역 등에 관한 규정을 적용한다. 단, 건축물이 고도지구에 걸치는 경우에는 그 건축물 및 대지의 전부에 대하여 해당지구의 건축물 및 대지에 관한 규정을 적용한다.

◉ **하나의 대지가 둘 이상의 용도지역 등에 걸치는 경우의 건폐율 및 용적률 등의 적용**

- 대지란 필지(筆地)로 나눈 토지를 말하며, 필지는 일정한 요건에 따라 구획되는 토지의 등록 단위를 말한다. 이와 같이 대지는 둘 이상의 필지를 하나의 대지로 합병하거나 하나 이상의 필지의 일부를 별개의 대지로 나누어 분할할 수 있다.

  대지는 상업지역, 주거지역, 공업지역, 녹지지역 등과 같이 용도지역이 구분되어 지정된다. 그런데 하나의 대지에 지정되는 용도지역은 하나만 지정된다. 물론 용도지구나 용도구역은 둘 이상 지정이 가능하나 용도지역만큼은 하나밖에 지정될 수 없다. 이는 둘 이상의 경우 건축법 및 관련법 적용이 될 수 없기 때문이다. 예를 들면 건축할 수 있는 건축물의 용도, 건폐율, 용적률 등 모든 법규정을 적용함에 모호성이 발생하고 적합성을 상실하기 때문이다.

  따라서 하나의 대지가 2 이상의 용도지역 등이 걸치는 경우 건축제한 등에 관한 사항 즉 해당용도지역에 건축할 수 있는 건축물 등은 둘 이상의 대지중 가장 넓은 면적이 속한 용도지역 등에 관한 규정을 적용하며 건폐율 및 용적률은 해당 용도지역별 범위를 가중평균하여 적용한다.

  예를 들면 그림 1과 같이 a, b 지역의 규모는 모두 1,000m²로 동일하고 a지역이 노선상업지역임을 고려하면 b의 주거지역의 일부면적인 660m² 이하까지를 상업지역에 관한 구역을 적용할 수 있다.

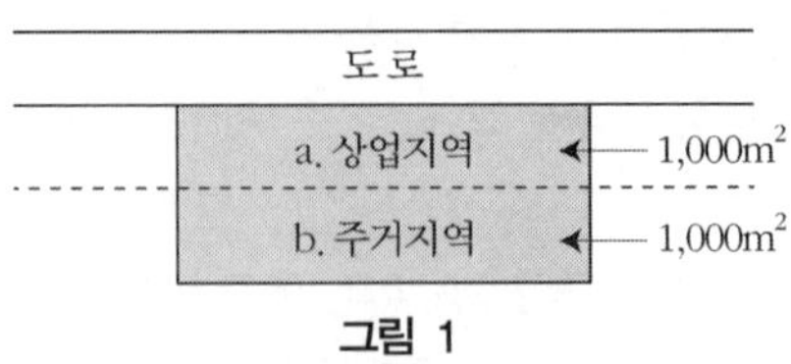


**그림 1**

이때 건폐율 및 용적률은 해당 용도지역별 범위를 가중 평균한 값으로 한다. 따라서 이를 용적률(건폐율)은 $\dfrac{\text{a대지면적} \times \text{a용적률(건폐율)} + \text{b대지면적} \times \text{b용적률(건폐율)}}{\text{a대지면적} + \text{b대지면적}}$ 로 산정하게 된다.

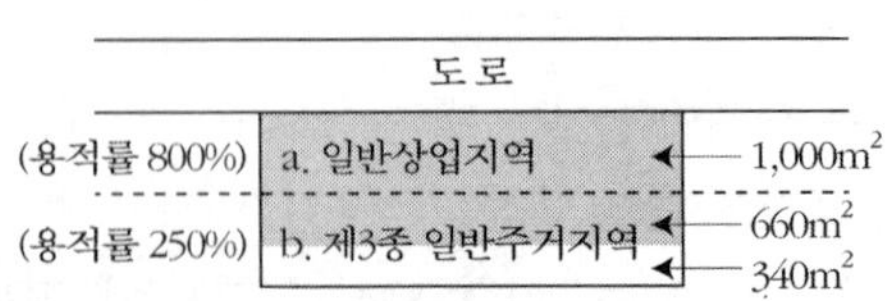


**그림 2**

그림 2와 같다고 가정하면 가중 평균한 용적률은 581.3%가 된다. 이렇게 하면 a와 b 일부면적인 1,660$m^2$의 대지는 9,649.58$m^2$의 지상층 연면적을 갖는다. 만약 a와 b 일부의 용도지역별 각각의 건축밀도와 비교하면 a는 8,000$m^2$, b의 일부는 1,650$m^2$로서 합이 9,650$m^2$가 되어 a와 b 일부의 가중평균한 값과 동일한 건축용적을 갖게 된다. 그리고 b 일부인 340$m^2$는 제3종 일반주거지역의 규정을 그대로 적용받게 된다.

**법 제54조 [건축물의 대지가 지역·지구 또는 구역에 걸치는 경우의 조치]**

① 대지가 이 법이나 다른 법률에 따른 지역·지구(녹지지역과 방화지구는 제외한다. 이하 이 조에서 같다) 또는 **구역에 걸치는 경우**에는 대통령령으로 정하는 바에 따라 **그 건축물과 대지의 전부에 대하여 대지의 과반(過半)이 속하는 지역·지구 또는 구역 안의 건축물 및 대지 등에 관한 이 법의 규정을 적용한다.**(2017.4.18 국토의 계획 및 이용에 관한 법률 부칙에 의거 개정)

② 하나의 건축물이 방화지구와 그 밖의 구역에 걸치는 경우에는 그 전부에 대하여 방화지구 안의 건축물에 관한 이 법의 규정을 적용한다. 다만, 건축물의 방화지구에 속한 부분과 그 밖의 구역에 속한 부분의 경계가 방화벽으로 구획되는 경우 그 밖의 구역에 있는 부분에 대하여는 그러하지 아니하다.

③ 대지가 녹지지역과 그 밖의 지역·지구 또는 구역에 걸치는 경우에는 각 지역·지구 또는 구역 안의 건축물과 대지에 관한 이 법의 규정을 적용한다. 다만, 녹지지역 안의 건축물이 방화지구에 걸치는 경우에는 제2항에 따른다.(2017.4.18 국토의 계획 및 이용에 관한 법률 부칙에 의거 개정)

④ 제1항에도 불구하고 해당 대지의 규모와 그 대지가 속한 용도지역·지구 또는 구역의 성격 등 그 대지에 관한 주변여건상 필요하다고 인정하여 해당 지방자치단체의 조례로 적용방법을 따로 정하는 경우에는 그에 따른다.

해설 대지가 서로 다른 구역·지역 또는 지구에 걸쳐 있는 경우에는 그 대지의 과반(過半)이 속하는 구역·지역 또는 지구 내의 건축물에 관한 규정을 받게 된다. 그러나 방화지구 등에서 건축물이 걸치는 경우에 그 규정을 달리 적용하고 있다.

① 대지가 구역·지역 또는 지구에 걸치는 경우에는 그 대지의 과반이 속하는 지역·지구 또는 구역 안의 건축물 및 대지 등에 관한 규정을 적용

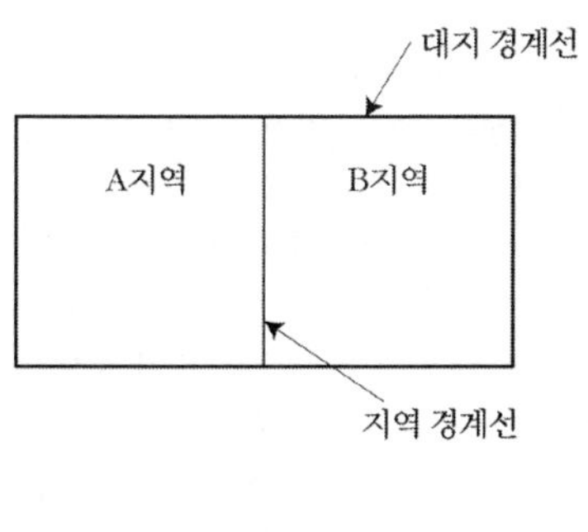


- A지역이 B지역 보다 클 경우 A지역에 관한 규정을 적용

② 하나의 건축물이 방화지구와 그 밖의 구역에 걸치는 경우

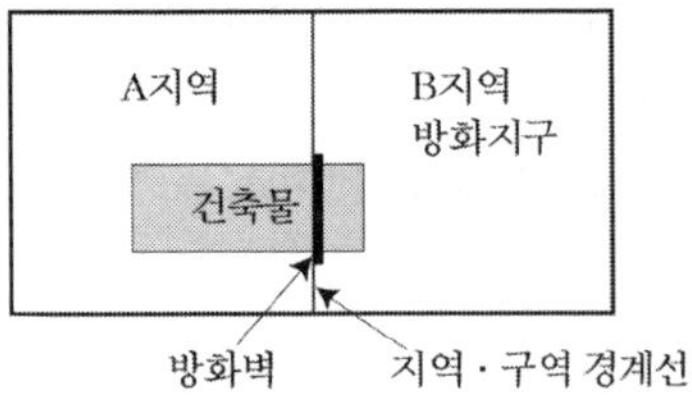


- B지역이 방화지구인 경우
- 건축물이 방화지구와 그 밖의 구역에 걸치는 경우에는 그 전부에 대하여 방화지구 안의 건축물에 관한 규정을 적용함. 따라서 A지역도 방화지구의 규정을 적용하여야 한다. 다만, 지역·구역경계가 방화벽으로 구획되는 경우에는 A지역의 부분은 방화지구 규정을 적용하지 않는다.

③ 대지가 녹지지역과 그 밖의 지역 등에 걸치는 경우

예 A지역이 준공업지역이고 B지역은 자연녹지지역이라고 할 때 건폐율 적용은 A지역이 70%, B지역이 20%를 각각 적용함. 따라서 A지역이 과반을 초과하여도 B지역인 녹지지역을 A지역인 준공업지역의 건폐율을 적용하는 것이 아님.

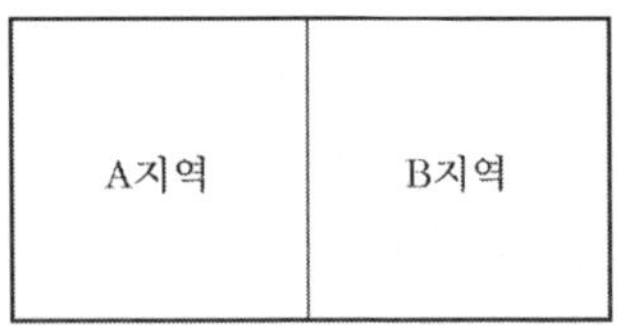


- B지역이 녹지지역인 경우
- 대지가 녹지지역에 걸치는 경우 대지가 과반에 걸치는 것과 관계없이 각 지역·지구 또는 구역 안의 규정을 적용함. 그리고 녹지지역 안의 건축물이 방화지구에 걸치는 경우에는 앞에서 설명한 ②의 규정을 적용함.

**질의 둘 이상의 용도지역지구에 걸친 경우, 용적률 및 건폐율 적용에 관한 문의**

「국토의 계획 및 이용에 관한 법률」 제84조, 대통령령으로 정하는 규모(상업지역 660m$^2$, 기타 330m$^2$) 초과일 경우 용적률 및 건폐율을 어떻게 적용하여야 하는지 질의

대지가 일반상업지역 640m$^2$와 준주거지역 340m$^2$에 걸친 경우

1) 각 용도지역지구에 따른 용적률을 적용한다.
2) 각지역별 가중평균에 의한 용적률을 적용한다.
3) 면적의 과반이 넘는 일반상업지역의 용적률을 적용한다.

만일 각각 적용해야 한다는 것이 답변이라면,
「건축법」 제54조 ① 대지가 이 법이나 다른 법률에 따른 지역·지구(녹지지역과 방화지구는 제외한다. 이하 이 조에서 같다) 또는 구역에 걸치는 경우에는 대통령령으로 정하는 바에 따라 그 건축물과 대지의 전부에 대하여 대지의 과반(過半)이 속하는 지역·지구 또는 구역 안의 건축물 및 대지 등에 관한 이 법의 규정을 적용한다 라는 문구에 위배됨.

**회신** 국토계획법 제76조 내지 제78조 및 도시·군계획조례에 따라 용도지역·용도지구 안에서의 건축제한규정(허용 건축물의 종류, 규모, 건폐율 및 용적률 등)에 적합하여야 입지가 가능하나, 국토계획법 제84조 제1항에 따라 하나의 대지가 둘 이상의 용도지역·용도지구 또는 용도구역(이하 "용도지역 등"이라 함)에 걸치는 경우 각 용도지역 등에 걸치는 부분 중 가장 작은 부분의 규모가 대통령령으로 정하는 규모(국토계획법 시행령 제94조에 의거 330m$^2$, 도로변에 띠 모양으로 지정된 상업지역의 경우 660m$^2$) 이하이면 건폐율·용적률은 가중평균한 값을 적용하고 그 밖의 건축 제한 등에 관한 사항은 그 대지 중 가장 넓은 면적이 속하는 용도지역 등의 규정을 적용하여야 합니다.
다만, 대통령령으로 정하는 규모를 초과하는 경우에는 용도지역선을 기준으로 각각의 용도지역 등의 건축물 및 토지에 관한 규정(건폐율, 용적률, 허용 건축물 등)을 적용하여야 할 것이며, 용도지역의 건축제한 등의 모든 사항이 적합한 경우 건축법령에 따라 건축물을 건축할 수 있으므로, 이 경우 적용되는 건축법

령에서 용도지역에 따라 적용되는 기준이 있을 경우 건축법 제54조를 적용하면 될 것으로 판단합니다. 이에 해당하는지 여부 등 구체적인 사항은 사실 관계 등을 확인할 수 있는 해당 지자체 인·허가권자가 판단하여야 할 것으로 보다 자세한 사항은 관련자료를 갖추어 종합행정업무를 하고 있는 해당 지자체 인·허가권자와 상의하시기 바랍니다.(국토교통부 도시정책과 2017.7.20)

＊「국토계획법」＝「국토의 계획 및 이용에 관한 법률」

**참고**

**단서 규정에 띠모양의 노선상업지역이 포함되지 않은 데 따른 문제**

미관지구, 고도지구와 함께 띠모양의 노선상업지역도 그 지역 전부에 적용하는 것이 좋은데 그렇지 않은 데 따른 문제점이 있다.

① 간선도로변에는 일반적으로 건축선에의 12m 폭으로 띠모양의 노선상업지역을 설정하는데 깊이 24m를 넘는 대지는 상업지역의 규정을 적용 받지 못하고 깊이 24m 이하의 대지는 상업지역에 따른 규정을 적용할 수 있다. 그런데 노선상업지역은 최소대지면적이 클 뿐 아니라 대부분 미관지구로 지정되어 있고 기능상 미관상 큰 규모의 대지를 권장하고 있어 본 법 규정과는 상호 모순이 된다. 왜냐하면 과반 이상 속한 지역의 규정을 적용하는 경우 필지의 분할을 유도하게 되기 때문이다.

예 A대지는 상업지역의 규정이 적용 안 됨.
B대지는 상업지역의 규정이 적용됨.
상업지역이 타지역에 비해 유리하므로 A대지를 분할하려 할 것이며 이는 대지규모 확대가 요구되는 지역에 도리어 대지의 영세화를 초래하는 결과가 된다.

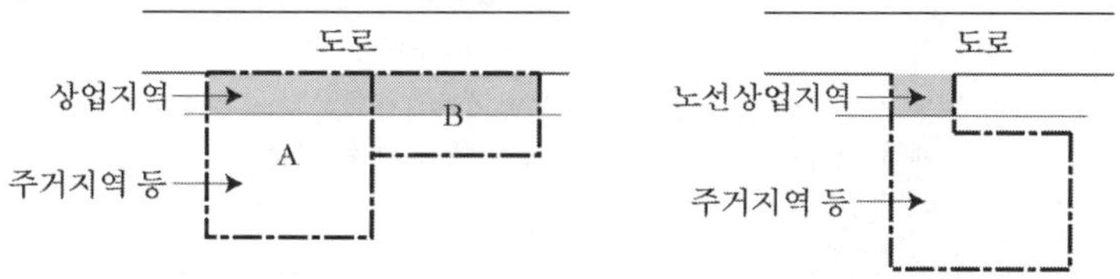


② 대지 전부에 대하여 상업지역을 적용시킬 경우는 깊이가 클수록 유리하다. 따라서 대지의 규모확대는 촉진되어 좋으나, 상업지역에 조금만 걸쳐 있어도 되므로 상업기능이 인접지역을 침식할 수 있는 문제점이 있다.

**참고** 건교부, 건축58550-2066, 2001.8.16

## 대지가 녹지지역과 그 밖의 용도지역에 걸치는 경우 건축물 및 대지에 관한 규정 적용방법

(「건축법」 제54조 관련)

| 구 분 | 건축물이 녹지지역과 기타지역에 걸쳐서 건축되는 경우 | 건축물이 녹지지역과 기타지역에 각각 별동으로 건축되는 경우 |
|---|---|---|
| 예 시 | 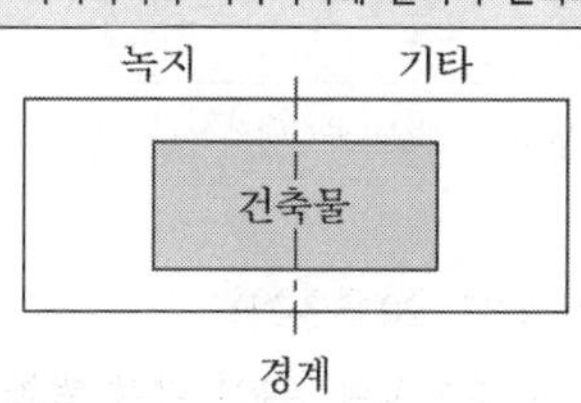  | 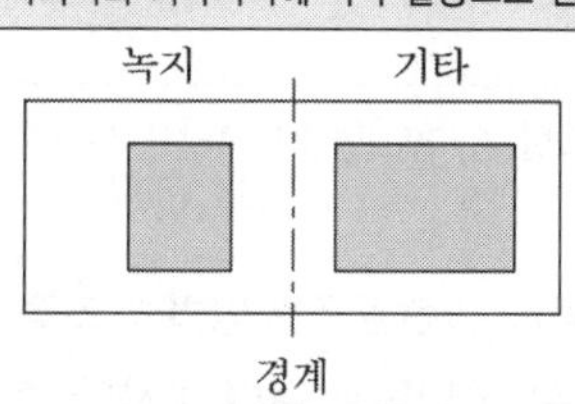  |
| 건축 가능한 용도 (「도시계획법」 제53조) | • 녹지지역과 기타지역에서 모두 건축이 허용되는 건축물만 가능 | • 녹지지역은 녹지지역에서 허용되는 건축물을 기타지역은 기타지역에서 허용되는 건축물 건축 가능 |
| 건 폐 율 (「건축법」 제55조) | • 지역경계선을 기준으로 각 지역별 건폐율을 각각 적용<br>• 건축물대장에는 대지전체를 기준으로 산정한 건폐율 기재 | 좌 동<br>좌 동 |

| 구 분 | 건축물이 녹지지역과 기타지역에 걸쳐서 건축되는 경우 | 건축물이 녹지지역과 기타지역에 각각 별동으로 건축되는 경우 |
|---|---|---|
| 용 적 률<br>(「건축법」 제56조) | • 지역경계선을 기준으로 각 지역별 용적률을 각각 적용<br>• 건축물대장에는 대지전체를 기준으로 산정한 용적률 기재 | 좌 동<br>좌 동 |
| 일조기준<br>(「건축법」 제61조) | • 기타지역이 전용주거지역 및 일반주거지역인 경우 대지전체에 대하여 「건축법 시행령」 제86조제1항 일조기준 적용<br>• 공동주택을 건축하는 경우에는 대지전체에 대하여 「건축법 시행령」 제86조제2항 일조기준을 적용 | • 기타지역이 전용주거지역 및 일반 주거지역인 경우 기타지역에 대하여는 「건축법 시행령」 제86조제1항 일조기준 적용<br>• 공동주택을 건축하는 지역에 대하여는 「건축법 시행령」 제86조제2항 일조기준 적용<br>※ 상기 규정을 적용시 상호 지역경계선을 인접대지경계선으로 함. |

| 구 분 | 건축물이 녹지지역에만 건축되는 경우 | 건축물이 기타지역에만 건축되는 경우 | 녹지(자연, 보전, 생산)지역 상호간에 걸치는 대지에 건축물이 건축되는 경우 |
|---|---|---|---|
| 예 시 | 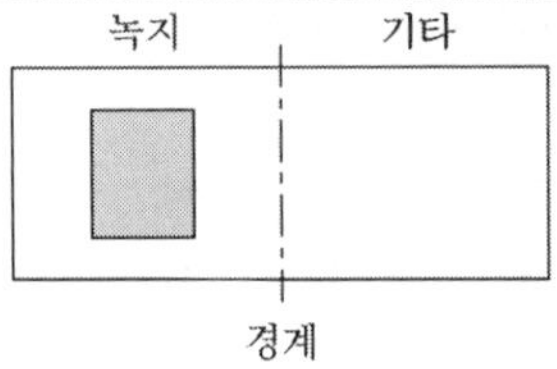  | 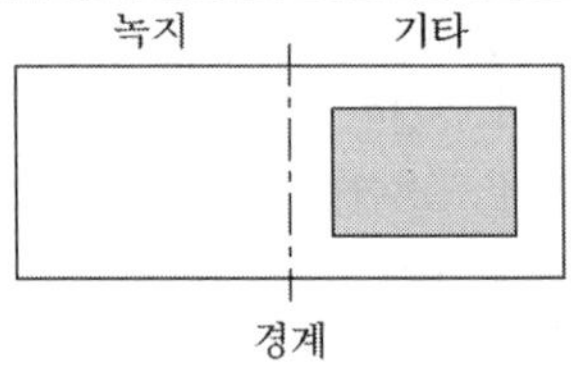  | 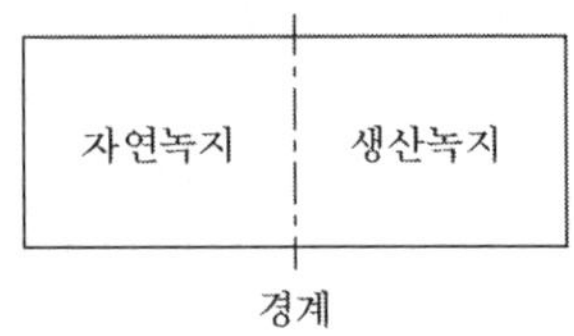  |
| 건축 가능한 용도<br>(「도시계획법」 제53조) | • 녹지지역에서 건축이 허용되는 건축물만 가능 | • 기타지역에서 건축이 허용되는 건축물만 가능 | • 「건축법」 제54조제1항의 규정을 적용하여 대지의 과반이 속하는 지역 내 건축물 및 대지 등에 관한 규정 적용 |
| 건 폐 율<br>(「건축법」 제55조) | • 녹지지역에서 적용되는 건폐율 범위 내에서 건축 가능<br>• 건축물대장에는 대지전체를 기준으로 산정한 건폐율 기재 | • 기타지역에서 적용되는 건폐율 범위 내에서 건축 가능<br>• 좌 동 | |
| 용 적 률<br>(「건축법」 제56조) | • 녹지지역에서 적용되는 용적률 범위 내에서 건축 가능<br>• 건축물대장에는 대지전체를 기준으로 산정한 용적률 기재 | • 기타지역에서 적용되는 건폐율 범위 내에서 건축 가능<br>• 좌 동 | ※ 「건축법」 제54조제1항의 규정에 의해 "녹지지역을 제외한다"라 함은 대지가 녹지지역과 기타지역에 걸치는 경우를 말하는 것이므로 녹지지역 상호간(자연, 보전, 생산)에도 제외한다는 규정이 아님. |
| 일조기준<br>(「건축법」 제61조) | • 공동주택을 건축하는 경우에는 대지전체에 대하여 「건축법 시행령」 제86조제2항 일조기준을 적용<br>※ 상기 규정을 적용시 상호 지역경계선을 인접대지경계선으로 봄 | • 기타지역이 전용주거지역 및 일반주거지역인 경우 기타지역에 대하여는 「건축법 시행령」 제86조제1항 일조기준 적용<br>• 공동주택을 건축하는 지역에 대하여는 「건축법 시행령」 제86조제2항 일조기준 적용<br>※ 좌 동 | |

* 「도시계획법」은 2002년 2월 4일 「국토의 계획 및 이용에 관한 법률」 제정으로 폐지

※ **상기내용과 관련된 적용방법의 조정**(건교부 건축 58550-687, 2002.3.29)

상기업무처리방법과 관련된 사항 중 녹지지역과 기타지역(주거지역 등)에 각각 별동으로 건축물을 건축하거나 기타지역 등에만 건축물을 건축하는 경우 및 녹지지역에만 건축물을 건축하는 경우에 일조권 규정을 적용하기 위한 인접대지 경계선을 녹지지역과 기타지역간의 용도지역 경계선을 기준으로 사용하도록 한 사항에 대하여는 아래와 같이 그 적용방법을 조정하여 통보하니 업무에 착오 없도록 하시기 바랍니다.

– 아 래 –

하나의 대지가 녹지지역과 기타지역의 걸치는 경우로서 ① 기타지역에만 건축하는 경우 ② 녹지지역에만 건축하는 경우 ③ 녹지지역과 기타지역에 별동으로 건축하는 경우, 일조권 적용을 위한 이격거리 산정시 인접대지 경계선 산정

| < 사례① > 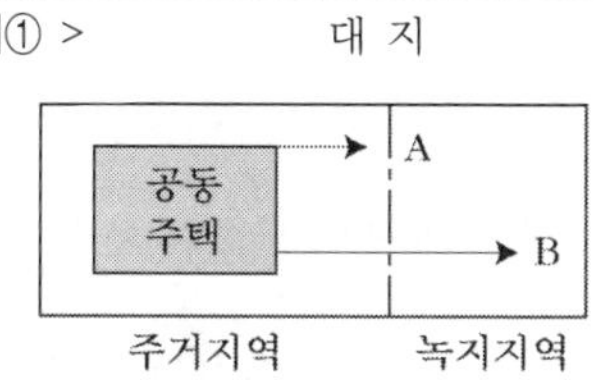 ※ 사례 ②, ③은 생략 | ○ 현행 : A선(용도지역 경계선)을 기준으로 일조권 적용을 위한 이격거리 산정<br>○ 개선 : B선(인접대지경계선)을 기준으로 일조권 적용을 위한 이격거리 산정 |
|---|---|



**질의 차고**

준공업지역, 일부 미관 4종 지구(신청대지의 과반이 아님)인 대지 안에서 자동차관련시설인 「여객자동차운수사업법」에 의한 차고(부대시설 포함)를 미관지구에 걸치지 않게 건축을 할 경우와 건축하고자 하는 경우 자동차관련시설인 「여객자동차운수사업법」에 의한 차고를 건축할 수 있는지 여부

**회신** 「여객자동차운수사업법」에 의한 차고 용도의 건축물을 건축하는 대지가 「건축법」 제46조제1항 규정에 의하여 지역·지구 또는 구역에 걸치는 경우에는 그 건축물 및 대지의 전부에 대하여 그 대지의 과반이 속하는 지역·지구 또는 구역 안의 건축물 및 대지 등에 관한 규정을 적용하여야 하는 것이며, 건축물이 미관지구에 걸치는 경우에는 그 건축물 및 대지의 전부에 대하여 미관지구에 관한 규정을 적용하여야 하는 것이나, 건축물이 없이 「여객자동차운수사업법」에 의한 보유차고의 면적기준을 확보하기 위한 차고지라면 「건축법」 적용 대상이 아님을 알려드립니다.(서울시 건지 58501-10330, '99.5.29)

**영 제77조 【건축물의 대지가 지역·지구 또는 구역에 걸치는 경우】**

법 제54조제1항에 따라 대지가 지역·지구 또는 구역에 걸치는 경우 그 대지의 과반이 속하는 지역·지구 또는 구역의 건축물 및 대지 등에 관한 규정을 그 대지의 전부에 대하여 적용 받으려는 자는 해당 대지의 지역·지구 또는 구역별 면적과 적용 받으려는 지역·지구 또는 구역에 관한 사항을 허가권자에게 제출(전자문서에 의한 제출을 포함한다)하여야 한다.

**해설** 지역·지구·구역의 적용내용을 분명하게 확인하고자 함이다.

**질의 2 이상의 용도지역에 걸치는 대지의 용적률 및 건폐율과 건축제한**

2 이상의 용도지역에 걸치는 대지의 용적률 및 건폐율과 건축제한기준의 적용방법은

**회신** 「국토의 계획 및 이용에 관한 법률」(이하 "국토계획법"이라 함) 제84조제1항에 따라 하나의 대지가 둘 이상의 용도지역·용도지구 또는 용도구역(이하 "용도지역 등"이라 함)에 걸치는 경우 각 용도지역 등에 걸치는 부분 중 가장 작은 부분의 규모가 대통령령으로 정하는 규모(국토계획법 시행령 제94조에 의거 330m$^2$, 도로변에 띠 모양으로 지정된 상업지역의 경우 660m$^2$) 이하이면 건폐율·용적률은 가중평균한

값을 적용하고 그 밖의 건축 제한 등에 관한 사항은 그 대지 중 가장 넓은 면적이 속하는 용도지역 등의 규정을 적용하나, 대통령령으로 정하는 규모를 초과할 경우에는 각각의 용도지역 등의 건축물 및 토지에 관한 규정을 적용하여야 할 것입니다. 또한, 국토계획법 제84조제3항에 따라 하나의 대지가 녹지지역과 그 밖의 용도지역 등에 걸쳐 있는 경우에는 같은 조 제1항에도 불구하고 각각의 용도지역 등의 건축물 및 토지에 관한 규정을 적용하여야 합니다.(국토교통부 도시정책과, 등록 2010.3.31, 수정 2019.5.24)

**질의** **준농림지역과 생산녹지지역에 걸치는 경우의 건축**

하나의 대지가 준농림지역과 생산녹지지역에 걸치는 경우 지역·지구 등에 관한 규정의 적용 여부

**회신** 하나의 대지가 지역·지구 및 구역에 걸치는 경우 「건축법」 제46조 및 동법 시행령 제77조의 규정에 따라야 하는 것이나, 이 경우 「국토이용관리법」 및 「도시계획법」에서 정하는 규정 등 타 법령에도 적합하여야 하는 것임.(서울시 건축 58070-270, '96.1.24)

**질의** **한 필지의 대지가 지역·지구에 걸치는 경우의 건축**

한 필지의 대지가 주거지역과 자연녹지지역(공원)에 걸쳐 있는 경우 「건축법」 제46조의 적용대상 여부와 이 경우 대지면적 산정

**회신** 한 필지의 대지가 주거지역과 자연녹지지역(공원, 도시·군계획시설로 결정된 유원지)에 걸쳐 있는 경우라 하더라도 공원 및 도시·군계획시설로 결정된 유원지는 건축이 금지된 공지로 볼 수 있는 것이므로 「건축법」 제46조의 적용대상이 아닌 것이며, 이 경우 대지면적 산정에 있어서는 주거지역에 한해서만 적용하여야 할 것임.(서울시 건축 58070-1611, '95.4.21)

**질의** 동일부지 내 기존 건축물이 미관지구에 걸쳐 배치되어 있을 경우, 동일부지내 미관지구를 벗어난 곳에서 건물을 증축할 경우 국토의 계획 및 이용에 관한 법률 미관지구내의 규정을 적용하는지

**회신** 국토계획법 제84조제1항 단서에 따라 건축물이 미관지구에 걸쳐 있는 경우에는 그 건축물 및 대지의 전부에 대하여 미관지구의 건축물 및 대지에 관한 규정을 적용하도록 하고 있으므로, 질의 경우는 당해 대지전체에 대하여 미관지구의 건축물 및 대지에 관한 규정이 적용되는 것이 타당할 것임을 알려드립니다.(국토교통부 도시정책과 등록 2010.4.8, 수정 2019.5.24)

* 미관지구는 경관지구로 통합되었음.

법 **제55조 【건축물의 건폐율】**

**대지면적에 대한 건축면적**(대지에 건축물이 둘 이상 있는 경우에는 이들 건축면적의 합계로 한다)**의 비율**(이하 "**건폐율**"이라 한다)의 최대한도는 「국토의 계획 및 이용에 관한 법률」 제77조에 따른 건폐율의 기준에 따른다. 다만, 이 법에서 기준을 완화하거나 강화하여 적용하도록 규정한 경우에는 그에 따른다.

**해설** 건폐율(建蔽率)은 대지 안에서 건축물이 차지하는 비율을 나타내는 밀도지표로서 건폐율을 제한하는

것은 각 건축물의 대지에 최소한의 공지(空地)를 확보하여 충분한 일조(日照), 채광, 통풍을 얻게 하고 화재시의 각 건축물간의 연소방지(延燒防止) 및 소방(消防), 재해시의 피난 등을 용이하게 하는데 목적이 있으며, 건폐율은 지역이나 지구의 성격에 따라 다르며, 도시의 과밀화(過密化)방지를 위해 필요한 경우에는 지방자치단체의 도시·군계획조례로서 정하도록 함으로써 지역실정에 맞는 밀도규제를 할 수 있도록 하고 있다.

**질의** **공원지구 내 취락지구에서의 건폐율**

「자연공원법 시행규칙」 제6조제5항 및 제6항의 규정에 의거 「자연공원법」상의 공원구역 내 취락지구의 건폐율은 60% 이하로 정하고 있으며, 「건축법 시행령」 제78조제2호에서는 공원구역 등을 포함하는 개념인 「국토이용관리법」상 자연환경보전지역에서의 건폐율은 40% 이하로 정하고 있는 바, 공원구역 내 취락지구에서의 건폐율은 자연공원법령에 따라야 하는지 아니면 건축법령에 따라야 하는 것인지 여부

**회신** 「자연공원법」상 공원구역 내 취락지구에 적용되는 건폐율은 자연공원법령의 규정에 의하여야 할 것임. (건교부 건축 58550-2944, 2001.11.21)

**「국토의 계획 및 이용에 관한 법률」 제77조 【용도지역의 건폐율】**

① 제36조에 따라 지정된 용도지역에서 건폐율의 최대한도는 관할 구역의 면적과 인구 규모, 용도지역의 특성 등을 고려하여 다음 각 호의 범위에서 대통령령으로 정하는 기준에 따라 특별시·광역시·특별자치시·특별자치도·특별자치도·시 또는 군의 조례로 정한다.(2013.7.16 본항 개정)

1. 도시지역
   가. 주거지역: 70% 이하
   나. 상업지역: 90% 이하
   다. 공업지역: 70% 이하
   라. 녹지지역: 20% 이하
2. 관리지역
   가. 보전관리지역: 20% 이하
   나. 생산관리지역: 20% 이하
   다. 계획관리지역: 40% 이하
3. 농림지역: 20% 이하
4. 자연환경보전지역: 20% 이하

② 제36조제2항에 따라 세분된 용도지역에서의 건폐율에 관한 기준은 제1항 각 호의 범위에서 대통령령으로 따로 정한다.

③ 다음 각 호의 어느 하나에 해당하는 지역에서의 건폐율에 관한 기준은 제1항과 제2항에도 불구하고 80% 이하의 범위에서 대통령령으로 정하는 기준에 따라 특별시·광역시·특별자치시·특별자치도·시 또는 군의 조례로 따로 정한다.(2011.8.4 본항 개정)

1. 제37조제1항제6호에 따른 취락지구(2017.4.18 본호 개정)

2. 제37조제1항제7호에 따른 개발진흥지구(도시지역 외의 지역 또는 대통령령으로 정하는 용도지역만 해당한다) (2017.4.18 본호 개정)
3. 제40조에 따른 수산자원보호구역
4. 「자연공원법」에 따른 자연공원(2008.12.31 본호 개정)
5. 「산업입지 및 개발에 관한 법률」 제2조제8호라목에 따른 농공단지
6. 공업지역에 있는 「산업입지 및 개발에 관한 법률」 제2조제8호가목부터 다목까지의 규정에 따른 국가산업단지, 일반산업단지 및 도시첨단산업단지와 같은 조 제12호에 따른 준산업단지

④ 다음 각 호의 어느 하나에 해당하는 경우로서 대통령령으로 정하는 경우에는 제1항에도 불구하고 대통령령으로 정하는 기준에 따라 특별시·광역시·특별자치시·특별자치도·시 또는 군의 조례로 건폐율을 따로 정할 수 있다.(2011.9.16 본항 개정)
1. 토지이용의 과밀화를 방지하기 위하여 건폐율을 강화할 필요가 있는 경우
2. 주변 여건을 고려하여 토지의 이용도를 높이기 위하여 건폐율을 완화할 필요가 있는 경우
3. 녹지지역, 보전관리지역, 생산관리지역, 농림지역 또는 자연환경보전지역에서 농업용·임업용·어업용 건축물을 건축하려는 경우
4. 보전관리지역, 생산관리지역, 농림지역 또는 자연환경보전지역에서 주민생활의 편익을 증진시키기 위한 건축물을 건축하려는 경우

⑤ 계획관리지역·생산관리지역 및 대통령령으로 정하는 녹지지역에서 성장관리방안을 수립한 경우에는 제1항에도 불구하고 50% 이하의 범위에서 대통령령으로 정하는 기준에 따라 특별시·광역시·특별자치시·특별자치도·시 또는 군의 조례로 건폐율을 따로 정할 수 있다.
(2021.1.12 개정, 2021.7.13 삭제됨)

**「국토의 계획 및 이용에 관한 법률 시행령」 제84조 【용도지역 안에서의 건폐율】**

① 법 제77조제1항 및 제2항에 따른 건폐율은 다음 각 호의 범위에서 특별시·광역시·특별자치시·특별자치도·시 또는 군의 도시·군계획조례가 정하는 비율 이하로 한다.(2019.12.31 본항 개정)
1. 제1종전용주거지역 : 50% 이하
2. 제2종전용주거지역 : 50% 이하
3. 제1종일반주거지역 : 60% 이하
4. 제2종일반주거지역 : 60% 이하
5. 제3종일반주거지역 : 50% 이하
6. 준주거지역 : 70% 이하
7. 중심상업지역 : 90% 이하
8. 일반상업지역 : 80% 이하
9. 근린상업지역 : 70% 이하
10. 유통상업지역 : 80% 이하

11. 전용공업지역 : 70% 이하
12. 일반공업지역 : 70% 이하
13. 준공업지역 : 70% 이하
14. 보전녹지지역 : 20% 이하
15. 생산녹지지역 : 20% 이하
16. 자연녹지지역 : 20% 이하
17. 보전관리지역 : 20% 이하
18. 생산관리지역 : 20% 이하
19. 계획관리지역 : 40% 이하
20. 농림지역 : 20% 이하
21. 자연환경보전지역 : 20% 이하

② 제1항의 규정에 의하여 도시·군계획조례로 용도지역별 건폐율을 정함에 있어서 필요한 경우에는 당해 지방자치단체의 관할구역을 세분하여 건폐율을 달리 정할 수 있다.(2012.4.10 본항 개정)

③ 법 제77조3항제2호에서 "대통령령으로 정하는 용도지역"이란 자연녹지지역을 말한다.(2016.2.11 본항 신설)

④ 법 제77조제3항에 따라 다음 각 호의 지역에서의 건폐율은 각 호에서 정한 범위에서 특별시·광역시·특별자치시·특별자치도·시 또는 군의 도시·군계획조례로 정하는 비율 이하로 한다.(2019.12.31 본항 개정)

1. 취락지구 : 60% 이하(집단취락지구에 대하여는 개발제한구역의지정및관리에관한특별조치법령이 정하는 바에 의한다)
2. 개발진흥지구 : 다음 각 목에서 정하는 비율 이하
   가. 도시지역 외의 지역에 지정된 경우 : 40%. 다만, 계획관리지역에 제31조제2항제8호나목에 따른 산업·유통개발진흥지구가 지정된 경우에는 60%로 한다.(2024.5.28 본목 단서 신설)
   나. 자연녹지지역에 지정된 경우 : 30%
3. 수산자원보호구역 : 40% 이하
4. 「자연공원법」에 따른 자연공원 : 60% 이하
5. 「산업입지 및 개발에 관한 법률」 제2조제8호라목에 따른 농공단지 : 70% 이하
6. 공업지역에 있는 「산업입지 및 개발에 관한 법률」 제2조제8호가목부터 다목까지의 규정에 따른 국가산업단지·일반산업단지·도시첨단산업단지 및 같은 조 제12호에 따른 준산업단지 : 80% 이하

⑤ 특별시장·광역시장·특별자치시장·특별자치도지사·시장 또는 군수가 제77조제4항제1호에 따라 도시지역에서 토지이용의 과밀화를 방지하기 위하여 건폐율을 낮춰야 할 필요가 있다고 인정하여 당해 지방자치단체에 설치된 도시계획위원회의 심의를 거쳐 정한 구역안에서의 건축물의 경우에는 그 건폐율은 그 구역에 적용할 건폐율의 최대한도의 40% 이상의 범위에서 특별시·광역시·특별자치시·특별자치도·시 또는 군의 도시·군계획조례가 정하는 비율 이하로

한다.(2019.12.31 본항 개정)

⑥ 법 제77조제4항제2호에 따라 다음 각 호의 어느 하나에 해당하는 건축물의 경우에는 제1항에도 불구하고 그 건폐율은 다음 각 호에서 정하는 비율을 초과할 수 없다.(2019.8.6 본항 개정)

1. 준주거지역·일반상업지역·근린상업지역·전용공업지역·일반공업지역·준공업지역 중 방화지구의 건축물로서 주요 구조부와 외벽이 내화구조인 건축물 중 도시·군계획조례로 정하는 건축물: 80% 이상 90% 이하의 범위에서 특별시·광역시·특별자치시·특별자치도·시 또는 군의 도시·군계획조례로 정하는 비율(2019.8.6 본호 개정)

   가. 삭제 <2014.1.14>

   나. 삭제 <2014.1.14>

2. 녹지지역·관리지역·농림지역 및 자연환경보전지역의 건축물로서 법 제37조제4항 후단에 따른 방재지구의 재해저감대책에 부합하게 재해예방시설을 설치한 건축물: 제1항 각 호에 따른 해당 용도지역별 건폐율의 150% 이하의 범위에서 도시·군계획조례로 정하는 비율

3. 자연녹지지역의 창고시설 또는 연구소(자연녹지지역으로 지정될 당시 이미 준공된 것으로서 기존 부지에서 증축하는 경우만 해당한다): 40%의 범위에서 최초 건축허가시 그 건축물에 허용된 건폐율(2014.10.15 본호 개정)

4. 계획관리지역의 기존 공장·창고시설 또는 연구소(2003년 1월 1일 전에 준공되고 기존 부지에 증축하는 경우로서 해당 지방도시계획위원회의 심의를 거쳐 도로·상수도·하수도 등의 기반시설이 충분히 확보되었다고 인정되거나, 도시·군계획조례로 정하는 기반시설 확보 요건을 충족하는 경우만 해당한다): 50%의 범위에서 도시·군계획조례로 정하는 비율

5. 녹지지역·보전관리지역·생산관리지역·농림지역 또는 자연환경보전지역의 건축물로서 다음 각 목의 어느 하나에 해당하는 건축물: 30%의 범위에서 도시·군계획조례로 정하는 비율

   가. 「전통사찰의 보존 및 지원에 관한 법률」 제2조제1호에 따른 전통사찰

   나. 「문화유산의 보존 및 활용에 관한 법률」에 따른 지정문화유산, 「근현대문화유산의 보존 및 활용에 관한 법률」에 따른 국가등록문화유산 또는 「자연유산의 보존 및 활용에 관한 법률」에 따른 천연기념물등(2024.5.7 문화재보호법 시행령 부칙에 의거 본목 개정)

   다. 「건축법 시행령」 제2조제16호에 따른 한옥

6. 종전의 「도시계획법」(2000년 1월 28일 법률 제6243호로 개정되기 전의 것을 말한다) 제2조제1항제10호에 따른 일단의 공업용지조성사업 구역(이 조 제4항제6호에 따른 산업단지 또는 준산업단지와 연접한 것에 한정한다) 내의 공장으로서 관한 특별시장·광역시장·특별자치시장·특별자치도지사·시장 또는 군수가 해당 지방도시계획위원회의 심의를 거쳐 기반시설의 설치 및 그에 필요한 용지의 확보가 충분하고 주변지역의 환경오염 우려가 없다고 인정하는 공장 : 80% 이하의 범위에서 도시·군계획조례로 정하는 비율(2016.5.17 본호 개정)

7. 자연녹지지역의 학교(「초·중등교육법」 제2조에 따른 학교 및 「고등교육법」 제2조제1호부터 제5호까지의 규정에 따른 학교를 말한다)로서 다음 각 목의 요건을 모두 충족하는 학교: 30%의 범위에서 도시·군계획조례로 정하는 비율(2016.5.17 본호 신설)

가. 기존 부지에서 증축하는 경우일 것

나. 학교 설치 이후 개발행위 등으로 해당 학교의 기존 부지가 건축물, 그 밖의 시설로 둘러싸여 부지 확장을 통한 증축이 곤란한 경우로서 해당 도시계획위원회의 심의를 거쳐 기존 부지에서의 증축이 불가피하다고 인정될 것

다. 「고등교육법」 제2조제1호부터 제5호까지의 규정에 따른 학교의 경우 「대학설립·운영 규정」 별표 2에 따른 교육기본시설, 지원시설 또는 연구시설의 증축일 것

8. 자연녹지지역의 주유소 또는 액화석유가스 충전소로서 다음 각 목의 요건을 모두 충족하는 건축물: 30%의 범위에서 도시·군계획조례로 정하는 비율(2021.7.6 본호 신설)

가. 2021년 7월 13일 전에 준공되었을 것

나. 다음의 요건을 모두 충족하는 「환경친화적 자동차의 개발 및 보급 촉진에 관한 법률」 제2조제9호에 따른 수소연료공급시설의 증축이 예정되어 있을 것

1) 기존 주유소 또는 액화석유가스 충전소의 부지에 증축할 것

2) 2024년 12월 31일 이전에 증축 허가를 신청할 것

⑦ 제1항에도 불구하고 법 제77조제4항제3호 및 제4호에 따라 보전관리지역·생산관리지역·농림지역 또는 자연환경보전지역에 「농지법」 제32조제1항에 따라 건축할 수 있는 건축물의 그 건폐율은 60% 이하의 범위에서 특별시·광역시·특별자치시·특별자치도·시 또는 군의 도시·군계획조례로 정하는 비율 이하로 한다.(2023.3.21 본항 개정)

⑧ 제1항에도 불구하고 법 제77조제4항제3호에 따라 생산녹지지역 또는 자연녹지지역(자연녹지지역은 도시·군계획조례로 정하는 지역으로 한정한다. 이하 이 항에서 같다)에 건축할 수 있는 다음 각 호의 건축물의 경우에 그 건폐율은 해당 생산녹지지역 또는 자연녹지지역이 위치한 특별시·광역시·특별자치시·특별자치도·시 또는 군의 농어업 인구 현황, 농수산물 가공·처리시설의 수급실태 등을 종합적으로 고려하여 60% 이하(자연녹지지역의 경우에는 40% 이하)의 범위에서 해당 특별시·광역시·특별자치시·특별자치도·시 또는 군의 도시·군계획조례로 정하는 비율을 이하로 한다.(2024.1.26 본항 개정)

1. 「농지법」 제32조제1항제1호에 따른 농수산물의 가공·처리시설[해당 특별시·광역시·특별자치시·특별자치도·시·군 또는 해당 도시·군계획조례가 정하는 연접한 시·군·구(자치구를 말한다. 이하 같다)에서 생산된 농수산물의 가공·처리시설만 해당한다] 및 농수산업 관련 시험·연구시설(2019.12.11 본호 개정)

2. 「농지법 시행령」 제29조제5항제1호에 따른 농산물 건조·보관시설

3. 「농지법 시행령」 제29조제7항제2호에 따른 산지유통시설(해당 특별시·광역시·특별자치시·특별자치도·시·군 또는 해당 도시·군계획조례가 정하는 연접한 시·군·구에서 생산된 농산물을 위한 산지유통시설만 해당한다) (2019.12.11 본호 개정)

⑨ 제1항에도 불구하고 자연녹지지역에 설치되는 도시·군계획시설 중 유원지의 건폐율은 30%의 범위에서 도시·군계획조례로 정하는 비율 이하로 하며, 공원의 건폐율은 20%의 범위에서 도시·군계획조례로 정하는 비율 이하로 한다.(2019.12.11 본항 개정)

해설 ① **건폐율을 완화(緩和)받을 수 있는 조건**(건폐율 80/100～90/100) : 아래의 조건을 모두 만족
지 역 : 일반상업지역, 근린상업지역, 준주거지역의 방화지구
대 상 : 주요 구조부와 내화구조인 건축물 중 도시·군계획조례로 정하는 건축물

② **녹지지역·관리지역·농림지역 및 자연환경보전지역의 건축물 중 방재지구의 재해저감대책에 부합하게 재해예방시설을 설치한 건축물인 경우 건폐율 완화** : 해당 용도지역별 건폐율의 150% 이하의 범위에서 도시·군계획조례로 정하는 비율

③ **자연녹지지역 안에서 건폐율 완화**
- 자연녹지지역의 건폐율 한도는 20%가 되나 창고시설, 연구소는 40%의 범위에서 최초 건축허가 시 그 건축물이 허용된 건폐율로서 이때 자연녹지지역으로 지정될 당시 이미 준공된 것으로서 기존 부지에서 증축하는 경우만 해당된다.

④ **계획관리지역 안에서 건폐율 완화**
- 건폐율 한도 40%인 계획관리지역에서 기존공장, 창고시설, 연구소 등의 건폐율은 50%의 범위에서 할 수 있다. 이때 조건은 2003년 1월 1일 전에 준공되고 기존 부지에 증축하는 경우로서 기반시설이 충분히 확보되었다고 인정되는 경우에만 해당된다.

⑤ 녹지지역, 보전관리지역, 생산관리지역, 농림지역, 자연환경보전지역에서 기존 건축물인 다음의 건축물, 이들 지역에서는 건폐율 한도가 20%가 되는데 30% 범위에서 완화 적용할 수 있다.
- 전통사찰
- 지정문화유산, 국가등록문화유산, 천연기념물
- 한옥

⑥ **생산녹지지역 또는 자연녹지지역 내 농산물 산지유통시설의 건폐율 완화**
- 생산녹지지역 또는 자연녹지지역에서 도시·군계획조례로 건폐율을 60%(자연녹지지역 40%)까지 완화할 수 있는 건축물의 종류에 해당 지방자치단체에서 생산되는 농산물을 처리하기 위하여 「농지법 시행령」에 따라 설치된 산지유통시설의 경우 건폐율 완화

⑦ **자연녹지지역에서 수소연료공급시설 증축 시 건폐율 한시적 완화**
- 2021년 7월 13일 전에 자연녹지지역 안에서 준공된 주유소 또는 액화석유가스 충전소에 2024년 12월 31일까지 수소연료공급시설의 증축 허가를 신청하는 경우 해당 건축물의 건폐율을 조례가 정하는 바에 따라 30%까지 완화할 수 있다.

**건폐율의 한도** (단위 : %)

| 구 분 | 건폐율의 한도(이하) | 비고 |
|---|---|---|
| 제1종 전용주거지역 | 50 | – |
| 제2종 전용주거지역 | 50 | – |
| 제1종 일반주거지역 | 60 | – |
| 제2종 일반주거지역 | 60 | – |
| 제3종 일반주거지역 | 50 | – |
| 준주거지역 | 70 | 예외규정(80% 이상 90% 이하) : 방화지구의 건축물 |
| 중심상업지역 | 90 | – |
| 일반상업지역 | 80 | 예외규정(80% 이상 90% 이하) : 방화지구의 건축물 |
| 근린상업지역 | 70 | 예외규정(80% 이상 90% 이하) : 방화지구의 건축물 |

| 구 분 | 건폐율의 한도(이하) | 비고 |
|---|---|---|
| 유통상업지역 | 80 | – |
| 전용공업지역 | 70 | 예외규정(80% 이상 90% 이하) : 방화지구의 건축물 |
| 일반공업지역 | 70 | 예외규정(80% 이상 90% 이하) : 방화지구의 건축물 |
| 준공업지역 | 70 | 예외규정(80% 이상 90% 이하) : 방화지구의 건축물 |
| 보전녹지지역 | 20 | – |
| 생산녹지지역 | 20 | – |
| 자연녹지지역 | 20 | 기존공장 등(40% 이하) |
| 보전관리지역 | 20 | – |
| 생산관리지역 | 20 | – |
| 계획관리지역 | 40 | 기존공장 등(50% 이하) |
| 농림지역 | 20 | – |
| 자연환경보전지역 | 20 | – |
| 취락지구 | 60 | 집단취락지구는 개발제한구역의 지정 및 관리에 관한 특별조치법령에 의함 |
| 도시지역 외의 지역에 | 40 | – |
| 지정된 개발진흥지구 | | – |
| 수산자원보호구역 | 40 | |
| 자연공원 | 60 | 「자연공원법」에 의하는 경우 |
| 농공단지 | 70 | 「산업입지 및 개발에 관한 법률」 제2조제8호라목의 규정에 의하는 경우 |
| 국가산업단지·일반산업단지·도시첨단산업단지 및 준산업단지 | 80 | 공업지역 안에 있는 「산업입지 및 개발에 관한 법률」 제2조제8호가목부터 다목의 규정에 의하는 경우 |

※ 특별시장·광역시장·특별자치시장·특별자치도지사·시장·군수는 보전관리지역·생산관리지역·농림지역·자연환경 보전지역에서 「농지법」(제34조) 규정에 의하여 건축되는 건축물은 건폐율 60% 이하의 범위 안에서 해당 조례로 따로 정할 수 있음.

「국토의 계획 및 이용에 관한 법률 시행령」 **제84조의2 【생산녹지지역 등에서 기존 공장의 건폐율】**

① (2022.1.18 본항 삭제)

② 제84조제1항에도 불구하고 법 제77조제4항제2호에 따라 생산녹지지역, 자연녹지지역 또는 생산관리지역에 있는 기존 공장(해당 용도지역으로 지정될 당시 이미 준공된 공장으로 한정한다)의 소유자가 해당 용도지역으로 변경지정된 날부터 10년이 되는 날까지 증축(준공 당시의 부지에서 증축하는 경우로 한정한다) 허가를 신청한 경우에는 건폐율을 40% 이내의 범위에서 최초 건축허가 시 해당 공장에 허용된 건폐율까지 완화하여 적용할 수 있다.(2024.5.28 본항 개정)

③ (2024.5.28 본항 삭제)

④ 제84조제1항에도 불구하고 법 제77조제4항제2호에 따라 생산녹지지역, 자연녹지지역, 생산관리지역 또는 계획관리지역에 있는 기존 공장(해당 용도지역으로 지정될 당시 이미 준공된 것으로 한정한다)이 부지를 확장하여 건축물을 증축하는 경우(해당 용도지역으로 변경지정된 날부터 10년이 되는 날까지 증축허가를 신청하는 경우로 한정한다)로서 다음 각 호의 어느 하나에 해당하는 경우에는 그 건폐율은 40%의 범위에서 해당 특별시·광역시·특별자치시·특별자치도·시 또는 군의

도시·군계획조례로 정하는 비율을 초과해서는 안 된다. 이 경우 제1호의 경우에는 부지를 확장하여 추가로 편입되는 부지(해당 용도지역으로 지정된 이후에 확장하여 추가로 편입된 부지를 포함하며, 이하 "**추가편입부지**"라 한다)에 대해서만 건폐율 기준을 적용하고, 제2호의 경우에는 준공당시의 부지(해당 용도지역으로 지정될 당시의 부지를 말하며, 이하 이 항에서 "**준공당시부지**"라 한다)와 추가편입부지를 하나로 하여 건폐율 기준을 적용한다.(2024.5.28 본항 신설)

1. 추가편입부지에 건축물을 증축하는 경우로서 다음 각 목의 요건을 모두 갖춘 경우
   가. 추가편입부지의 면적이 3,000m$^2$ 이하로서 준공당시부지 면적의 50% 이내일 것
   나. 관할 특별시장·광역시장·특별자치시장·특별자치도지사·시장 또는 군수가 해당 지방도시계획위원회의 심의를 거쳐 기반시설이 충분히 설치되어 있거나 기반시설의 설치에 필요한 용지가 충분히 확보되어 있고, 주변지역의 환경오염 우려가 없다고 인정할 것
2. 준공당시부지와 추가편입부지를 하나로 하여 건축물을 증축하려는 경우로서 다음 각 목의 요건을 모두 갖춘 경우
   가. 제1호 각 목의 요건을 모두 갖출 것
   나. 관할 특별시장·광역시장·특별자치시장·특별자치도지사·시장 또는 군수가 해당 지방도시계획위원회의 심의를 거쳐 다음의 어느 하나에 해당하는 인증 등을 받기 위하여 준공당시부지와 추가편입부지를 하나로 하여 건축물을 증축하는 것이 불가피하다고 인정할 것
      1) 「식품위생법」 제48조에 따른 식품안전관리인증
      2) 「농수산물 품질관리법」 제70조에 따른 위해요소중점관리기준 이행 사실 증명
      3) 「축산물 위생관리법」 제9조에 따른 안전관리인증
   다. 준공당시부지와 추가편입부지를 합병할 것. 다만, 「건축법 시행령」 제3조제1항제2호가목에 해당하는 경우에는 합병하지 않을 수 있다.

해설 기존 공장부지의 용도지역이 과거의 준농림지역 등에서 생산녹지지역 또는 생산관리지역 등으로 변경되어 건폐율 기준이 강화됨에 따라 기존 공장의 추가적인 시설투자가 어려운 사항을 감안하여 한시적으로 건폐율을 완화하는데 생산녹지지역 자연녹지지역 또는 생산관리지역으로 지정되기 이전에 준공된 기존 공장에 대하여 해당용도지역으로 변경지정된 날부터 10년이 되는 날까지 준공 당시의 부지에 40%의 범위에서 최초 건축허가시 그 건축물에 허용된 건폐율까지 증축할 수 있다.

**「국토의 계획 및 이용에 관한 법률 시행령」 제93조의3 【기존 공장에 대한 특례】**

제93조제2항 및 제3항에도 불구하고 녹지지역 또는 관리지역에 있는 기존 공장(해당 용도지역으로 지정될 당시 이미 준공된 공장으로 한정한다)이 다음 각 호의 어느 하나에 해당하는 경우로서 해당 공장의 소유자가 제93조제1항 각 호의 사유가 발생한 날부터 10년이 되는 날까지 증축 또는 개축 허가를 신청하는 경우에는 해당 호에서 정한 비율까지 건폐율을 완화하여 적용할 수 있다.(2024.5.28 본조 개정)

1. 제93조제1항 각 호의 사유로 제71조부터 제80조까지, 제82조부터 제84조까지, 제84조의2, 제86조부터 제89조까지 및 「수산자원관리법 시행령」 제40조제1항에 따른 건축제한 또는 건폐율 규정에 부적합하게 된 기존 공장을 기존 부지 내에서 증축 또는 개축하는 경우로서 증축 또는 개축하려는 부분이 다음 각 목의 요건을 모두 충족하는 경우: 40% 이내의 범위에서 최초 건축허가 시 해당 공장에 허용된 건폐율(2024.5.28 본호 개정)
   가. 증축 또는 개축하려는 부분의 용도가 공장일 것
   나. 증축 또는 개축하려는 부분이 제85조에 따른 용적률 규정에 적합할 것
2. 제93조제1항 각 호의 사유로 제71조부터 제80조까지, 제82조부터 제84조까지, 제84조의2, 제85조부터 제89조까지 및 「수산자원관리법 시행령」 제40조제1항에 따른 건축제한·건폐율 또는 용적률 규정에 부적합하게 된 기존 공장의 부지를 확장하여 건축물을 증축하려는 경우로서 다음 각 목의 어느 하나에 해당하는 경우: 40%. 이 경우 가목의 경우에는 추가편입부지에 대해서만 건폐율 기준을 적용하고, 나목의 경우에는 기존 부지와 추가편입부지를 하나로 하여 건폐율 기준을 적용한다.(2024.5.28 본호 개정)
   가. 추가편입부지에 건축물을 증축하려는 경우로서 다음의 요건을 모두 갖춘 경우
      1) 추가편입부지의 면적이 3,000$m^2$ 이하로서 기존 부지면적의 50% 이내일 것
      2) 증축하려는 부분이 제71조부터 제80조까지, 제82조, 제83조, 제85조부터 제89조까지 및 「수산자원관리법 시행령」 제40조제1항에 따른 건축제한 및 용적률 규정에 적합할 것 (2024.5.28 개정)
      3) 관할 특별시장·광역시장·특별자치시장·특별자치도지사·시장 또는 군수가 해당 지방도시계획위원회의 심의를 거쳐 기반시설이 충분히 설치되어 있거나 기반시설의 설치에 필요한 용지가 충분히 확보되어 있고, 주변지역의 환경오염 우려가 없다고 인정할 것 (2024.5.28 개정)
   나. 기존 부지와 추가편입부지를 하나로 하여 건축물을 증축하려는 경우로서 다음 각 목의 요건을 모두 갖춘 경우
      1) 가목1)부터 3)까지의 요건을 모두 갖출 것
      2) 관할 특별시장·광역시장·특별자치시장·특별자치도지사·시장 또는 군수가 해당 지방도시계획위원회의 심의를 거쳐 다음의 어느 하나에 해당하는 인증 등을 받기 위하여 기존 부지와 추가편입부지를 하나로 하여 건축물을 증축하는 것이 불가피하다고 인정할 것
         가) 「식품위생법」 제48조에 따른 식품안전관리인증
         나) 「농수산물 품질관리법」 제70조에 따른 위해요소중점관리기준 이행 사실 증명
         다) 「축산물 위생관리법」 제9조에 따른 안전관리인증
      3) 기존 부지와 추가편입부지를 합병할 것. 다만, 「건축법 시행령」 제3조제1항제2호가목에 해당하는 경우에는 합병하지 않을 수 있다.

**해설** 녹지지역 또는 관리지역에 있는 기존 공장이 일정조건에 해당되는 경우에는 그 사유가 발생한 날부터 10년이 되는 날까지 증축 또는 개축 허가를 신청할 때 건폐율을 완화적용 받을 수 있다.

**부칙 제3조**(2024.5.28 개정)

제3조(기존 공장의 건폐율에 관한 특례)

① 이 영 시행 전에 생산녹지지역, 자연녹지지역 또는 생산관리지역으로 지정된 지역에 있는 기존 공장(해당 용도지역으로 지정될 당시 이미 준공된 것으로 한정한다)에 대해 건폐율을 완화하여 적용할 수 있는 증축 허가의 신청 기한은 제84조의2제2항 및 제4항의 개정규정에도 불구하고 2035년 12월 31일까지로 한다.

② 이 영 시행 전에 녹지지역 또는 관리지역으로 지정된 지역에 있는 기존 공장(해당 용도지역으로 지정될 당시 이미 준공된 것으로 한정한다)에 대해 건폐율을 완화하여 적용할 수 있는 증축 또는 개축 허가의 신청 기한은 제93조의3의 개정규정에도 불구하고 2035년 12월 31일까지로 한다.

**질의** **도시·군계획시설 내 학교시설의 건폐율 적용방법**

일반주거지역에서 도시·군계획시설로 결정된 학교 부지 내 대학시설을 증축할 경우 건폐율의 적용은 「도시계획법」으로 하는지 「건축법」으로 하는지 여부

**회신** 「건축법」 제47조와 동법 시행령 제78조의 규정에 의하여 일반주거지역에 있어서는 건폐율의 최대 한도는 60/100 이하의 범위 안에서 시·군·구의 조례로 정하도록 하고 있는 바, 질의의 경우 도시·군계획시설의 결정과 관련하여 별도로 정한 사항이 없다면 용도지역에 따른 건폐율 적용은 「건축법」의 적용을 받는 것임.(서울시 건축 58070-4551, '95.11.6)

**판례** 건폐율에 위반되게 건축, 허가된 경우 건축허가의 취소가능 여부

(대법 1995.2.28 제1부 판결 94누12180 건축허가취소처분취소)

- 건축관계법령상 건폐율에 관한 규정을 둔 것은 해당 토지와 인근토지의 이용관계를 조절하고, 토지의 규모나 도로사정 등을 고려하여 토지의 적정한 이용을 확보하기 위한데 있다고 할 것인 바, 이러한 건폐율에 관한 규정에 위반하여 건축허가가 이루어졌다면, 행정청으로서는 언제든지 이를 취소할 수 있고, 다만 그 취소로 인하여 확보되는 공익보다 상대방의 불이익이 더 큰 경우에만 취소가 허용되지 아니한다.
- 건폐율에 관한 규정에 위반하여 이루어진 건축허가의 취소처분이 재량권면탈이라고 한 원심판결을 그 취소로 인하여 얻을 공익과 그로 인해 생길 당사자의 불이익의 교량을 그르친 위법이 있다는 이유로 파기한 사례

**법 제56조 【건축물의 용적률】**

대지면적에 대한 연면적(대지에 건축물이 둘 이상 있는 경우에는 이들 연면적의 합계로 한다)의 비율(이하 "**용적률**"이라 한다)의 최대한도는 「국토의 계획 및 이용에 관한 법률」 제78조에 따른 용적률의 기준에 따른다. 다만, 이 법에서 기준을 완화하거나 강화하여 적용하도록 규정한 경우에는 그에 따른다.

**해설** 용적률(容積率)에 관한 규정목적은 시가지 내에서 높은 건축물을 건축함으로써 건축물의 형태를 평면적인 것에서 입체적인 것으로 하여 대지 내에 많은 공지를 확보함과 동시에 도시 전체에 많은 공지공간을 확보함에 있겠으나 각 용도지역에 따라 그 성격이 다르므로 지역에 따라 일정한 비율로 제한하여 토지를 효율적으로 이용하고 쾌적한 도시환경을 정비하여 균형 있는 도시발전을 기하는 데 주목적이 있는 것으로 해석할 수 있다.

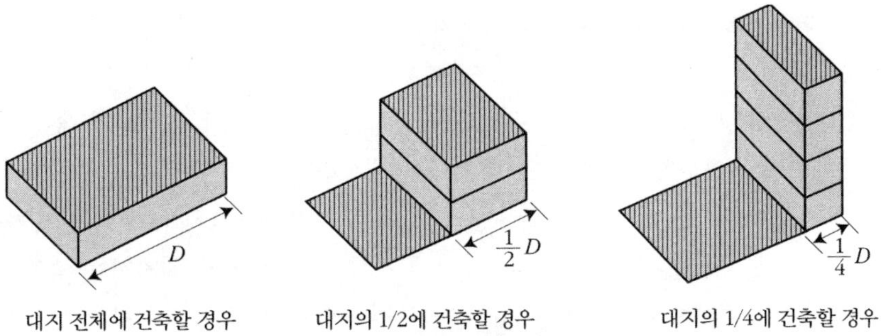


**그림 6-3 용적률의 개념**

**질의** **용적률 적용**

2000년 4월 용적률 320%로 사업승인 된 후, 2000년 11월 사업부지의 인접 일정 토지를 매입하여 설계 변경하는 경우 사업승인시 용적률 또는 현행 용적률 적용 여부

**회신**
- 서울특별시 도시계획조례 부칙 제7조제2항에 의하면 "이 조례 시행 당시 건축허가(건축허가가 포함되는 허가·인가 등을 포함한다)를 신청 중인 경우와 건축허가를 받은 경우의 지역 안에서의 건축제한과 건폐율제한 및 용적률제한에 대하여는 종전의 규정을 적용한다"라고 규정하고 있음.
- 따라서 종전에 사업승인 받은 범위 내에서의 설계변경에 대하여는 종전의 규정에 따라 변경이 가능하나, 사업승인을 받지 않은 부지를 추가하는 변경에 대하여는 새로이 제정된 도시계획조례에서 정하고 있는 용적률을 적용해야 함.(서울시 도시 58410-2689, 2000.12.7)

「국토의 계획 및 이용에 관한 법률」 **제78조 【용도지역에서의 용적률】**

① 제36조에 따라 지정된 용도지역에서 용적률의 최대한도는 관할 구역의 면적과 인구 규모, 용도지역의 특성 등을 고려하여 다음 각 호의 범위에서 대통령령으로 정하는 기준에 따라 특별시·광역시·특별자치시·특별자치도·시 또는 군의 조례로 정한다.(2013.7.16 본항 개정)

1. 도시지역
   가. 주거지역: 500% 이하
   나. 상업지역: 1,500% 이하
   다. 공업지역: 400% 이하
   라. 녹지지역: 100% 이하
2. 관리지역
   가. 보전관리지역: 80% 이하
   나. 생산관리지역: 80% 이하

다. 계획관리지역: 100% 이하. 다만, 성장관리방안을 수립한 지역의 경우 해당 지방자치단체의 조례로 125% 이내에서 완화하여 적용할 수 있다.(2021.1.12 개정, 2021.7.13 삭제됨)

3. 농림지역: 80% 이하
4. 자연환경보전지역: 80% 이하

② 제36조제2항에 따라 세분된 용도지역에서의 용적률에 관한 기준은 제1항 각 호의 범위에서 대통령령으로 따로 정한다.

③ 제77조제3항제2호부터 제5호까지의 규정에 해당하는 지역에서의 용적률에 대한 기준은 제1항과 제2항에도 불구하고 200% 이하의 범위에서 대통령령으로 정하는 기준에 따라 특별시·광역시·특별자치시·특별자치도·시 또는 군의 조례로 따로 정한다.(2011.4.14 본항 개정)

④ 건축물의 주위에 공원·광장·도로·하천 등의 공지가 있거나 이를 설치하는 경우에는 제1항에도 불구하고 대통령령으로 정하는 바에 따라 특별시·광역시·특별자치시·특별자치도·시 또는 군의 조례로 용적률을 따로 정할 수 있다.(2011.4.14 본항 개정)

⑤ 제1항과 제4항에도 불구하고 제36조에 따른 도시지역(녹지지역만 해당한다), 관리지역에서는 창고 등 대통령령으로 정하는 용도의 건축물 또는 시설물은 특별시·광역시·특별자치시·특별자치도·시 또는 군의 조례로 정하는 높이로 규모 등을 제한할 수 있다.(2011.4.14 본항 개정)

⑥ 제1항에도 불구하고 건축물을 건축하려는 자가 그 대지의 일부에 「사회복지사업법」 제2조제4호에 따른 사회복지시설 중 대통령령으로 정하는 시설을 설치하여 국가 또는 지방자치단체에 기부채납하는 경우에는 특별시·광역시·특별자치시·특별자치도·시 또는 군의 조례로 해당 용도지역에 적용되는 용적률을 완화할 수 있다. 이 경우 용적률 완화의 허용범위, 기부채납의 기준 및 절차 등에 필요한 사항은 대통령령으로 정한다.(2013.12.30 본항 신설)

⑦ 이 법 및 「건축법」 등 다른 법률에 따른 용적률의 완화에 관한 규정은 이 법 및 다른 법률에도 불구하고 다음 각 호의 구분에 따른 범위에서 중첩하여 적용할 수 있다. 다만, 용적률 완화 규정을 중첩 적용하여 완화되는 용적률이 제1항 및 제2항에 따라 대통령령으로 정하고 있는 해당 용도지역별 용적률 최대한도를 초과하는 경우에는 관할 시·도지사, 시장·군수 또는 구청장이 제30조제3항 단서 또는 같은 조 제7항에 따른 건축위원회와 도시계획위원회의 공동 심의를 거쳐 기반시설의 설치 및 그에 필요한 용지의 확보가 충분하다고 인정하는 경우에 한정한다.(2021.10.8 본항 신설)

1. 지구단위계획구역: 제52조제3항에 따라 지구단위계획으로 정하는 범위
2. 지구단위계획구역 외의 지역: 제1항 및 제2항에 따라 대통령령으로 정하고 있는 해당 용도지역별 용적률 최대한도의 120% 이하

「국토의 계획 및 이용에 관한 법률 시행령」 **제85조 【용도지역 안에서의 용적률】**

① 법 제78조제1항 및 제2항에 따른 용적률은 다음 각호의 범위에서 관할구역의 면적, 인구규모

및 용도지역의 특성 등을 감안하여 특별시·광역시·특별자치시·특별자치도·시 또는 군의 도시·군계획조례가 정하는 비율을 초과할 수 없다.(2019.8.6 본항 개정)

1. 제1종전용주거지역 : 50% 이상 100% 이하
2. 제2종전용주거지역 : 50% 이상 150% 이하(2019.8.6 본호 개정)
3. 제1종일반주거지역 : 100% 이상 200% 이하
4. 제2종일반주거지역 : 100% 이상 250% 이하(2019.8.6 본호 개정)
5. 제3종일반주거지역 : 100% 이상 300% 이하(2019.8.6 본호 개정)
6. 준주거지역 : 200% 이상 500% 이하
7. 중심상업지역 : 200% 이상 1,500% 이하(2019.8.6 본호 개정)
8. 일반상업지역 : 200% 이상 1,300% 이하(2019.8.6 본호 개정)
9. 근린상업지역 : 200% 이상 900% 이하
10. 유통상업지역 : 200% 이상 1,100% 이하
11. 전용공업지역 : 150% 이상 300% 이하
12. 일반공업지역 : 150% 이상 350% 이하(2019.8.6 본호 개정)
13. 준공업지역 : 150% 이상 400% 이하(2019.8.6 본호 개정)
14. 보전녹지지역 : 50% 이상 80% 이하
15. 생산녹지지역 : 50% 이상 100% 이하
16. 자연녹지지역 : 50% 이상 100% 이하
17. 보전관리지역 : 50% 이상 80% 이하
18. 생산관리지역 : 50% 이상 80% 이하
19. 계획관리지역 : 50% 이상 100% 이하
20. 농림지역 : 50% 이상 80% 이하
21. 자연환경보전지역 : 50% 이상 80% 이하

② 제1항의 규정에 의하여 도시·군계획조례로 용도지역별 용적률을 정함에 있어서 필요한 경우에는 당해 지방자치단체의 관할구역을 세분하여 용적률을 달리 정할 수 있다.
(2012.4.10 본항 개정)

③ 제1항에도 불구하고 다음 각 호의 어느 하나에 해당하는 경우에는 해당 지역의 용적률을 다음 각 호의 구분에 따라 완화할 수 있다.(2018.7.17 본항 개정)

1. 제1항제1호부터 제6호까지의 지역에서 「공공주택 특별법 시행령」 제2조에 따른 공공임대주택 또는 임대의무기간이 8년 이상인 「민간임대주택에 관한 특별법」 제2조제1호에 따른 민간임대주택을 건설하는 경우: 제1항제1호부터 제6호까지에 따른 용도지역별 최대한도의 120% 이내의 범위에서 도시·군계획조례로 정하는 비율(2024.3.19 본호 개정)
2. 다음 각 목의 어느 하나에 해당하는 자가 「고등교육법」 제2조에 따른 학교의 학생이 이용하도록 해당 학교 부지 외에 「건축법 시행령」 별표 1 제2호라목에 따른 기숙사(이하 이 항에

서 "**기숙사**"라 한다)를 건설하는 경우: 제1항 각 호에 따른 용도지역별 최대한도의 범위에서 도시·군계획조례로 정하는 비율

가. 국가 또는 지방자치단체

나. 「사립학교법」에 따른 학교법인

다. 「한국사학진흥재단법」에 따른 한국사학진흥재단

라. 「한국장학재단 설립 등에 관한 법률」에 따른 한국장학재단

마. 가목부터 라목까지의 어느 하나에 해당하는 자가 단독 또는 공동으로 출자하여 설립한 법인

3. 「고등교육법」 제2조에 따른 학교의 학생이 이용하도록 해당 학교 부지에 기숙사를 건설하는 경우: 제1항 각 호에 따른 용도지역별 최대한도의 범위에서 도시·군계획조례로 정하는 비율

4. 「영유아보육법」 제14조제1항에 따른 사업주가 같은 법 제10조제4호의 직장어린이집을 설치하기 위하여 기존 건축물 외에 별도의 건축물을 건설하는 경우: 제1항 각 호에 따른 용도지역별 최대한도의 범위에서 도시·군계획조례로 정하는 비율

5. 제10항 각 호의 어느 하나에 해당하는 시설을 국가 또는 지방자치단체가 건설하는 경우: 제1항 각 호에 따른 용도지역별 최대한도의 범위에서 도시·군계획조례로 정하는 비율

6. 「건축법 시행령」 별표 1 제9호의 의료시설 부지에 「감염병의 예방 및 관리에 관한 법률」 제36조제3항 전단에 따른 감염병관리시설을 설치하는 경우로서 다음 각 목의 요건을 모두 갖춘 경우: 제1항 각 호에 따른 용도지역별 최대한도의 120% 이하의 범위에서 도시·군계획조례로 정하는 비율(2022.1.28 본호 신설)

가. 질병관리청장이 효율적인 감염병 관리를 위하여 필요하다고 인정하는 시설(이하 "**필요감염병관리시설**"이라 한다)을 설치하는 경우일 것

나. 필요감염병관리시설 외 시설의 면적은 제1항에 따라 도시·군계획조례로 정하는 용적률에 해당하는 면적 이내일 것

④ 제3항의 규정은 제46조제9항 각 호의 어느 하나에 해당되는 경우에는 이를 적용하지 아니한다.(2005.9.8 본항 신설)

⑤ 제1항에도 불구하고 법 제37조제4항 후단에 따른 방재지구의 재해저감대책에 부합하게 재해예방시설을 설치하는 건축물의 경우 제1항제1호부터 제13호까지의 용도지역에서는 해당 용적률의 140% 이하의 범위에서 도시·군계획조례로 정하는 비율로 할 수 있다.(2023.7.18 본항 개정)

⑥ 법 제78조제3항의 규정에 의하여 다음 각 호의 지역 안에서의 용적률은 각 호에서 정한 범위안에서 특별시·광역시·특별자치시·특별자치도·시 또는 군의 도시·군계획조례가 정하는 비율을 초과하여서는 아니된다.(2014.1.14 본항 개정)

1. 도시지역외의 지역에 지정된 개발진흥지구 : 100% 이하
2. 수산자원보호구역 : 80% 이하

3. 「자연공원법」에 따른 자연공원: 100% 이하
4. 「산업입지 및 개발에 관한 법률」 제2조제8호라목에 따른 농공단지(도시지역외의 지역에 지정된 농공단지에 한한다) : 150% 이하

⑦ 법 제78조제4항의 규정에 의하여 준주거지역·중심상업지역·일반상업지역·근린상업지역·전용공업지역·일반공업지역 또는 준공업지역안의 건축물로서 다음 각호의 1에 해당하는 건축물에 대한 용적률은 경관·교통·방화 및 위생상 지장이 없다고 인정되는 경우에는 제1항 각호의 규정에 의한 해당 용적률의 120% 이하의 범위안에서 특별시·광역시·특별자치시·특별자치도·시 또는 군의 도시·군계획조례가 정하는 비율로 할 수 있다.(2014.1.14 본항 개정)

1. 공원·광장(교통광장을 제외한다. 이하 이 조에서 같다)·하천 그 밖에 건축이 금지된 공지에 접한 도로를 전면도로로 하는 대지안의 건축물이나 공원·광장·하천 그 밖에 건축이 금지된 공지에 20m 이상 접한 대지안의 건축물
2. 너비 25m 이상인 도로에 20m 이상 접한 대지안의 건축면적이 1,000$m^2$ 이상인 건축물

⑧ 법 제78조제4항의 규정에 의하여 다음 각호의 지역·지구 또는 구역안에서 건축물을 건축하고자 하는 자가 그 대지의 일부를 공공시설부지로 제공하는 경우에는 당해 건축물에 대한 용적률은 제1항 각호의 규정에 의한 해당 용적률의 200% 이하의 범위안에서 대지면적의 제공비율에 따라 특별시·광역시·특별자치시·특별자치도·시 또는 군의 도시·군계획조례가 정하는 비율로 할 수 있다.(2014.1.14 본항 개정)

1. 상업지역
2. (2005.1.15 본호 삭제)
3. 「도시 및 주거환경정비법」에 따른 재개발사업 및 재건축사업을 시행하기 위한 정비구역(2018.2.9 본호 신설)

⑨ 법 제78조제5항에서 "창고 등 대통령령으로 정하는 용도의 건축물 또는 시설물"이란 창고를 말한다.(2014.1.14 본항 신설)

⑩ 법 제78조제6항 전단에서 "대통령령으로 정하는 시설"이란 다음 각 호의 시설을 말한다.(2014.6.30 본항 신설)

1. 「영유아보육법」 제2조제3호에 따른 어린이집
2. 「노인복지법」 제36조제1항제1호에 따른 노인복지관
3. 그 밖에 특별시장·광역시장·특별자치시장·특별자치도지사·시장 또는 군수가 해당 지역의 사회복지시설 수요를 고려하여 도시·군계획조례로 정하는 사회복지시설

⑪ 제1항에도 불구하고 건축물을 건축하려는 자가 법 제78조제6항 전단에 따라 그 대지의 일부에 사회복지시설을 설치하여 기부하는 경우에는 기부하는 시설의 연면적의 2배 이하의 범위에서 도시·군계획 조례로 정하는 바에 따라 추가 건축을 허용할 수 있다. 다만, 해당 용적률은 다음 각 호의 기준을 초과할 수 없다.(2014.6.30 본항 신설)

1. 제1항에 따라 도시·군계획조례로 정하는 용적률의 120%
2. 제1항 각 호의 구분에 따른 용도지역별 용적률의 최대한도

⑫ 국가나 지방자치단체는 법 제78조제6항 전단에 따라 기부 받은 사회복지시설을 제10항 각 호에 다른 시설 외의 시설로 용도변경하거나 그 주요 용도에 해당하는 부분을 분양 또는 임대할 수 없으며, 해당 시설의 면적이나 규모를 확장하여 설치장소를 변경(지방자치단체에 기부한 경우에는 그 관할 구역 내에 서의 설치장소 변경을 말한다)하는 경우를 제외하고는 국가나 지방자치단체 외의 자에게 그 시설을 소유권을 이전할 수 없다.(2014.6.30 본항 신설)

해설 1. 기준용적률의 120% 이하 범위 안에서 완화되는 경우(아래 해당 지역만)

- 대상지역 : 준주거, 중심상업, 일반상업, 근린상업, 전용공업, 일반공업, 준공업지역
- 조 건 :
  ① 공원, 광장(교통광장 제외), 하천, 건축이 금지된 공지에 접한 도로를 전면도로로 하는 대지 안의 건축물
  ② 공원·광장, 하천 기타 건축이 금지된 공지에 20m 이상 접한 경우

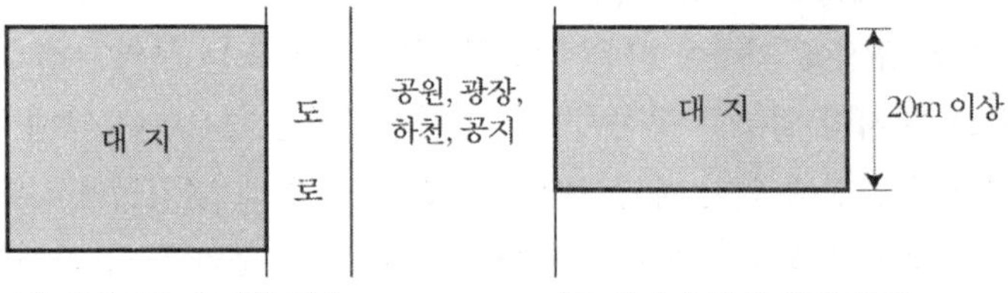

(1) 전면도로가 접할 경우 (2) 대지가 직접 접한 경우

  ③ 25m 이상 도로에 20m 이상 접한 대지 안의 건축면적 1,000m² 이상의 건축물

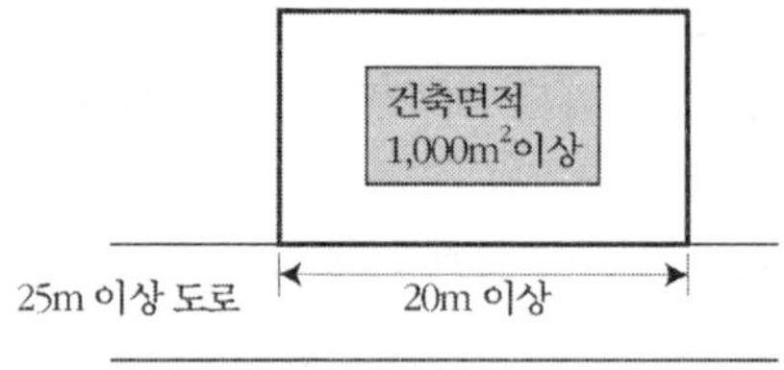


2. 해당 용적률의 200% 이하의 범위 안에서 완화하는 경우

- 대상지역 :
  ① 상업지역
  ② 「도시 및 주거환경정비법」에 의한 주택재개발사업 및 도시환경정비사업과 주택 재건축 사업을 시행하기 위한 정비구역
- 조 건 : 대지면적의 일부를 공공시설부지로 제공
- 완화범위 : 지방자치단체의 조례로 정함.

3. 임대주택의 추가건설

- 대상지역 : 전용주거지역(제1종, 제2종), 일반주거지역(제1종～제3종), 준주거지역
- 완화범위 : 해당 도시·군계획조례에 의한 용적률의 120% 이하의 범위
- 조 건 : 해당 법령에 따른 공공임대주택으로서 임대의무기간이 8년 이상인 경우

4. 대지의 일부에 사회복지시설을 설치하여 기부하는 경우의 완화

민간이 건축물을 건축하는 과정에서 그 대지의 일부에 사회복지시설을 설치하여 국가 또는 지방자치단체에 기부하는 경우에는 그 대지의 용적률을 완화할 수 있는 사회복지시설의 종류를 어린이집, 노인복지관 등으로 정하고, 기부하는 사회복지시설의 연면적의 2배 이하의 범위에서 관할 지방자치단체의 도시·군계획조례로 정하는 바에 따라 해당 대지에 추가 건축을 허용할 수 있도록 하되, 해당 용적률은 도시·군계획조례로 정하는 용적률의 120%와 법령상 용적률의 최대한도를 초과할 수 없도록 하고 있다.

참고

**감염병관리시설 설치를 위한 용적률 특례 부칙 제2조**

**제2조【감염병관리시설 설치를 위한 용적률 특례에 관한 적용례 등】**

① 필요감염병관리시설 설치를 위한 용적률의 상한은 제85조제3항제6호의 개정규정에 따라 도시·군계획조례를 제정하거나 개정하기 전까지는 제85조제1항 각 호에 따른 용도지역별 최대한도의 120%로 한다.

② 2020년 1월 1일부터 이 영 시행 전까지의 기간에 「건축법 시행령」 별표 1 제9호의 의료시설 부지에 감염병관리시설을 새로 설치하거나 추가로 설치한 자가 이 영 시행 이후 같은 부지에 다음 각 호의 요건을 모두 갖추어 필요감염병관리시설 외의 시설을 설치하기 위하여 「건축법」 제11조에 따른 건축허가를 신청하거나 같은 법 제14조에 따른 건축신고를 하는 경우에도 제85조제3항제6호 각 목 외의 부분의 개정규정에 따른 용적률을 적용한다.

1. 질병관리청장이 새로 설치되거나 추가로 설치된 감염병관리시설을 필요감염병관리시설로 인정할 것
2. 필요감염병관리시설 외 시설의 면적은 제85조제1항에 따라 도시·군계획조례로 정하는 용적률에 해당하는 면적 이내일 것

**용적률의 한도**

| 지 역 | 허용용적률 | 비 고 |
|---|---|---|
| 제1종 전용주거지역 | 50% 이상 100% 이하 | – |
| 제2종 전용주거지역 | 50% 이상 150% 이하 | – |
| 제1종 일반주거지역 | 100% 이상 200% 이하 | – |
| 제2종 일반주거지역 | 100% 이상 250% 이하 | – |
| 제3종 일반주거지역 | 100% 이상 300% 이하 | – |
| 준주거지역 | 200% 이상 500% 이하 | 예외 규정 기준용적률의 120% 범위에서 완화 |
| 중심상업지역 | 200% 이상 1,500% 이하 | 예외 규정 기준용적률의 120% 범위에서 완화 |
| 일반상업지역 | 200% 이상 1,300% 이하 | 예외 규정 기준용적률의 120% 범위에서 완화 |
| 근린상업지역 | 200% 이상 900% 이하 | 예외 규정 기준용적률의 120% 범위에서 완화 |
| 유통상업지역 | 200% 이상 1,100% 이하 | – |
| 전용공업지역 | 150% 이상 300% 이하 | 예외 규정 기준용적률의 120% 범위에서 완화 |
| 일반공업지역 | 150% 이상 350% 이하 | 예외 규정 기준용적률의 120% 범위에서 완화 |
| 준공업지역 | 150% 이상 400% 이하 | 예외 규정 기준용적률의 120% 범위에서 완화 |
| 보전녹지지역 | 50% 이상 80% 이하 | – |
| 생산녹지지역 | 50% 이상 100% 이하 | – |
| 자연녹지지역 | 50% 이상 100% 이하 | – |
| 보전관리지역 | 50% 이상 80% 이하 | – |
| 생산관리지역 | 50% 이상 80% 이하 | – |
| 계획관리지역 | 50% 이상 100% 이하 | – |
| 농림지역 | 50% 이상 80% 이하 | – |

| 지 역 | 허용용적률 | 비 고 |
|---|---|---|
| 자연환경보전지역 | 50% 이상 80% 이하 | – |
| 도시지역 외의 지역에 지정된 개발진흥지구 | 100% 이하 | – |
| 수산자원보호구역 | 80% 이하 | – |
| 자연공원 | 100% 이하 | 「산업입지 및 개발에 관한 법률」 |
| 농공단지(도시지역 외의 지역에 지정된 경우) | 100% 이하 | 제2조제5호다목의 규정에 의하는 경우 |

**질의** **세분화된 지역지정에 있는 경우 용적률**

1종 내지 3종 일반주거지역의 지정이 없는 대지에 용적률 400% 이내로 건축허가를 받아 공사 중 2000년 1월 1일 이후 추가로 대지를 매입, 설계변경을 할 경우 용적률 적용방법

**회신**
- 건축조례 제52조제2항 규정에 의거, 일반주거지역의 용적률(제1종 : 200%, 제2종 : 300%, 제3종 : 400%)의 규정을 적용함에 있어 1종 내지 3종 일반주거지역의 지정이 없는 경우에는 2종 일반주거지역의 용적률을 적용하여야 하나, 부칙 제1조 규정에 동 조례 제52조제2항은 2000년 1월 1일부터 시행토록 규정하고 있으므로, 2000년 1월 1일 전에는 종전 규정인 3종 일반주거지역의 용적률을 적용하여야 하는 것이며,
- 해당 질의의 경우 동 조항의 시행일(2000년 1월 1일) 전에 건축허가(「주택건설촉진법」 제33조 규정에 의하여 사업계획승인을 얻어 건축하는 공동주택 제외)를 받는 대지에 대하여는 제3종 일반주거지역의 용적률 400%를 적용하되, 2000년 1월 1일 이후 인접토지를 편입 설계변경을 할 경우에는 건축물의 위치에 관계없이 추가로 편입되는 대지면적에 대한 용적률 300%에 해당하는 건축물의 연면적을 합산 적용하는 것임을 알려드립니다.(서울시 건지 58501-10119, '99.6.1)

「국토의 계획 및 이용에 관한 법률」 **제79조 【용도지역 미지정 또는 미세분 지역에서의 행위 제한 등】**

① 도시지역, 관리지역, 농림지역 또는 자연환경보전지역으로 용도가 지정되지 아니한 지역에 대하여는 제76조부터 제78조까지의 규정을 적용할 때에 자연환경보전지역에 관한 규정을 적용한다.

② 제36조에 따른 도시지역 또는 관리지역이 같은 조 제1항 각 호 각 목의 세부 용도지역으로 지정되지 아니한 경우에는 제76조부터 제78조까지의 규정을 적용할 때에 해당 용도지역이 도시지역인 경우에는 녹지지역 중 대통령령으로 정하는 지역에 관한 규정을 적용하고, 관리지역인 경우에는 보전관리지역에 관한 규정을 적용한다.

**해설** 용도지역이 미지정되고 미세분지역에서의 규정적용은 다음과 같다.

- 도시지역, 관리지역, 농림지역, 자연환경보전지역으로 용도가 지정되지 아니한 경우 : 자연환경보전지역에 관한 제76조, 제77조, 제78조를 적용
- 도시지역과 관리지역이 세부용도지역으로 지정되지 아니한 경우 : 도시지역은 녹지지역에 관한 제76조, 제77조, 제78조 적용, 관리지역은 보전관리지역에 관한 제76조제77조, 제78조 적용
  - 제76조 : 용도지역 및 용도지구에서의 건축물의 건축제한 등
  - 제77조 : 용도지역 안에서의 건폐율
  - 제78조 : 용도지역 안에서의 용적률

**법 제57조 [대지의 분할 제한]**

① 건축물이 있는 대지는 대통령령으로 정하는 범위에서 해당 지방자치단체의 조례로 정하는 **면적에 못 미치게 분할할 수 없다.**

② 건축물이 있는 대지는 제44조, 제55조, 제56조, 제58조, 제60조 및 제61조에 따른 기준에 못 미치게 분할할 수 없다.

③ 제1항과 제2항에도 불구하고 제77조의6에 따라 건축협정이 인가된 경우 그 건축협정의 대상이 되는 대지는 분할할 수 있다.(2014.1.14 본항 신설)

해설 밀도는 대지면적을 기본으로 하여 설정되므로 대지면적의 규모를 제한하는 것은 효율적인 밀도규제를 하기 위한 것이다.

건폐율의 제한으로 영세한 대지에는 소규모의 건축물 밖에 건축할 수 없으므로 자연적으로 소규모 건축물이 밀집하게 되어 일조, 채광, 통풍, 소방, 교통 등에 지장을 초래하게 되고 생활환경 및 도시미관을 악화시키게 된다. 이와 같은 문제를 방지하기 위하여 대지의 분할 규모를 제한하는 것이다. 다만, 건축협정이 인가된 경우는 대지 분할에 미달되어도 대지를 분할할 수 있다.

- 법 제44조 : 대지와 도로의 관계
- 법 제55조 : 건폐율
- 법 제56조 : 용적률
- 법 제58조 : 대지 안의 공지
- 법 제60조 : 건축물의 높이제한
- 법 제61조 : 일조 등의 확보를 위한 건축물의 높이제한

질의 건축물이 있는 대지를 「건축법」 제49조에서 규정하는 있는 분할 제한면적 미만으로 토지를 분할하고자 하는 경우 「국토의 계획 및 이용에 관한 법률」 제56조를 적용할 수 있는지 여부

회신 건축물이 있는 대지를 「건축법」 제49조에서 규정하는 분할 제한면적 미만으로 토지를 분할하고자 하는 경우에는 「국토의 계획 및 이용에 관한 법률」 제56조를 적용할 수 없음.

「국토의 계획 및 이용에 관한 법률」 제56조제1항에서는 각호에서 규정하는 행위로서 대통령령에서 규정하는 행위를 하기 위하여서는 허가를 받아야 한다고 규정하고 있고, 동항 제4호에서는 토지분할을 규정하면서 「건축법」 제49조에서 규정하고 있는 건축물이 있는 대지의 분할은 「국토의 계획 및 이용에 관한 법률」 제56조제1항에 의한 허가대상에서 제외하고 있고, 동법 시행령 제51조제5호에서도 토지분할을 허가의 대상으로 규정하고 있으면서 「건축법」 제49조에서 규정하고 있는 건축물이 있는 대지의 분할은 「국토의 계획 및 이용에 관한 법률」 제56조제1항에 의한 허가대상에서 제외하고 있는 바, 「국토의 계획 및 이용에 관한 법률」 제56조제1항제4호 및 동법 시행령 제51조제5호에서 규정하고 있는 토지분할은 건축물이 없는 나대지의 분할을 의미한다 할 것임.

따라서 건축물이 있는 대지를 「건축법」 제49조에 의한 분할 제한면적 미만으로 토지를 분할하고자 하는 경우에 「국토의 계획 및 이용에 관한 법률」 제56조를 적용할 수 없다 할 것임.(국토교통부, 2013.12.6)

**질의** **용도지역 변경으로 현행 용도지역의 건폐율 규정에 부적합하게 된 경우 대지분할 가능여부**

용도지역 변경(준농림지역 → 자연녹지지역)으로 기존 건축물 및 대지가 현행 자연녹지지역 건폐율(20%)을 초과한 상태에서 3개동의 기존 건축물이 있는 대지를 각각 3개의 대지로 분할하는 경우, 분할 된 각각의 대지에 대한 건폐율이 현행 자연녹지지역 건폐율은 초과하나 용도지역이 준농림지역일 당시 허가받은 기존 건폐율(39.88%)로 대지의 분할이 가능한지 여부

**회신** 「건축법」 제49조제2항의 규정에 의하여 건축물이 있는 대지는 같은 법 제47조의 규정에 미달되게 대지를 분할할 수 없는 것이나, 귀 문의의 경우와 같이 용도지역이 변경됨으로써 대지가 현행 용도지역의 건폐율 규정에 부적합하게 된 경우라면 분할 후 각각의 대지에 대한 건폐율이 기존에 허가받은 건폐율 범위 내라면 대지의 분할이 가능할 것이니, 보다 구체적인 사항은 자세한 자료를 가지고 해당 허가권자에게 직접 문의하시기 바랍니다.(건교부 건축 58070-2265, 2003.12.5)

**질의** **토지분할**

자연녹지지역에서 토지분할을 전제로 하나의 필지 중 일부에 대하여 소매점 신축 목적으로 개발행위허가를 받고자 하는 경우 향후 분할될 잔여지(해당 필지 중 허가대상지에 포함되지 않는 부분)의 면적이 200m² 미만이어도 토지분할이 가능한지 여부

**회신** 「국토의 계획 및 이용에 관한 법률」(이하 국토계획법) 제56조제1항제4호 및 같은 법 시행령 제51조제1항제5호나목에서는 「건축법」 제57조제1항에 따른 분할제한면적 미만으로 토지분할(건축물이 있는 대지의 분할은 제외)을 하는 경우 개발행위허가를 받도록 규정하고 있으며, 분할제한면적 미만으로의 토지분할은 사설도로를 개설하기 위한 분할 등 국토계획법 시행령 별표 1의2 제2호라목(2)(가)~(마)의 어느 하나에 해당하여야 허가를 받을 수 있습니다.(국토교통부 도시정책과, 등록 2007.4.4, 수정 2017.12.28)

**질의** **토지의 건축 후 분할**

개발제한구역 지정이전부터 지목이 "대"인 토지 1,320m²를 소유하고 있는 바, 이를 330m²씩 분할하여 각각의 필지에 건축이 가능한지, 아니면 위 토지상에 4동의 건축물를 건축한 후 건축물별로 토지분할이 가능한지 여부

**회신** 가. 개발제한구역안에서 지목이 "대"인 토지를 주택 또는 근린생활시설의 건축을 위하여 분할하는 경우에는 330m² 이상으로 하도록 하고 있음. 질의의 경우 토지를 330m²씩 분할하여 각각의 필지에 주택 또는 근린생활시설의 건축은 가능할 것이나,

나. 전체토지를 하나의 대지로 하여 4동의 건축물을 건축한 후 건축물별로 분리하기 위하여 대지를 분할하는 것은 허용이 될 수 없습니다.(국토교통부 녹색도시과 등록 2006.7.9, 수정 2017.2.7)

**영 제80조 【건축물이 있는 대지의 분할제한】**

법 제57조제1항에서 "대통령령으로 정하는 범위"란 다음 각 호의 어느 하나에 해당하는 규모 이상을 말한다.

1. **주거지역: 60m²**
2. **상업지역: 150m²**

3. **공업지역: 150m$^2$**
4. **녹지지역: 200m$^2$**
5. **제1호부터 제4호까지의 규정에 해당하지 아니하는 지역: 60m$^2$**

질의회신 **대지면적의 범위**(건축 125-17591)

자연녹지지역 및 생산녹지지역에서 토지형질 변경한 대지상에 건축물을 건축할 경우 건폐율 등의 적용에 있어서는 형질변경 이전의 일단의 토지범위 내 면적까지 포함하여 대지면적으로 보아야 함.(1979.7.24)

법 **제58조 [대지 안의 공지]**

건축물을 건축하는 경우에는 「국토의 계획 및 이용에 관한 법률」에 따른 용도지역·용도지구, 건축물의 용도 및 규모 등에 따라 **건축선 및 인접 대지경계선으로부터 6m 이내**의 범위에서 대통령령으로 정하는 바에 따라 해당 지방자치단체의 조례로 정하는 **거리 이상을 띄워야 한다**.
(2011.5.30 본항 개정)

해설
- 대지 안의 공지는 건폐율 규정과 함께 대지의 수평적 점유비율을 나타내는 척도라고 할 수 있어 대지 안의 공지확보가 많을 경우 건축물의 환경은 질적으로 양호해 지나 건축밀도가 낮아지는 경향이 발생한다. 대지 안의 공지는 미관, 식수, 연소방지, 시선차단, 보행환경 개선 등의 효과를 갖게 하는 역할도 있다. 대지 안의 공지규정은 1999년 2월 8일 「건축법」에서 삭제되었다가 2006년 5월 9일부터 시행되는 것으로 건축물을 건축하는 경우에는 건축물의 용도 및 규모 등에 따라 건축선 및 인접대지 경계선으로부터 6m 이내의 범위 안에서 해당 지방자치단체의 조례로 정하는 거리 이상을 띄우도록 하고 있다.
- 최근 개정된(2016.7.19) 대지의 공지 기준 완화를 보면 대지가 2개 이상의 도로에 접한 경우 그 중 하나의 도로 너비가 20m 이상이면 해당 20m 이상인 도로면에 접한 건축물에 대해서는 건축선으로부터 건축물까지 띄워야 하는 거리를 적용하지 않고 부속용도에 해당하는 건축물의 대지의 공지 기준은 주된 용도에 적용되는 기준의 범위에서 건축조례로 정하는 바에 따라 완화하여 적용할 수 있도록 하였다.

영 **제80조의2 [대지 안의 공지]**

법 제58조에 따라 건축선(법 제46조제1항에 따른 건축선을 말한다. 이하 같다) 및 인접 대지경계선(대지와 대지 사이에 공원, 철도, 하천, 광장, 공공공지, 녹지, 그 밖에 건축이 허용되지 아니하는 공지가 있는 경우에는 그 반대편의 경계선을 말한다)으로부터 건축물의 각 부분까지 띄어야 하는 거리의 기준은 별표 2와 같다.(2014.10.14 본항 개정)

참고

대지안의 공지 기준 한시적 완화

공장의 경우 법적으로 충족한 요건이 되는 경우에는 2024.11.1까지의 기간에 착공신고를 할 때 대지안의 공지 기준을 1/2 완화 적용함.(별표 2 참조)

※ 「건축법 시행령」 【별표 2】 (2021.11.2 본표 개정)

## 대지 안의 공지 기준(제80조의2 관련)

### 1. 건축선으로부터 건축물까지 띄어야 하는 거리(2014.10.14 본호 개정)

| 대상 건축물 | 건축조례에서 정하는 건축기준 |
|---|---|
| 가. 해당 용도로 쓰는 바닥면적의 합계가 500m$^2$ 이상인 공장(전용공업지역 및 일반공업지역 또는 「산업입지 및 개발에 관한 법률」에 따른 산업단지에서 건축하는 공장을 제외한다)으로서 건축조례가 정하는 건축물 | • 준공업지역 : 1.5m 이상 6m 이하<br>• 준공업지역 외의 지역 : 3m 이상 6m 이하 |
| 나. 해당 용도로 쓰는 바닥면적의 합계가 500m$^2$ 이상인 창고(전용공업지역 및 일반공업지역 또는 「산업입지 및 개발에 관한 법률」에 따른 산업단지에서 건축하는 창고를 제외한다)로서 건축조례가 정하는 건축물 | • 준공업지역 : 1.5m 이상 6m 이하<br>• 준공업지역 외의 지역 : 3m 이상 6m 이하 |
| 다. 해당 용도로 쓰는 바닥면적의 합계가 1,000m$^2$ 이상인 판매시설, 숙박시설(일반숙박시설은 제외한다), 문화 및 집회시설(전시장 및 동·식물원을 제외한다) 및 종교시설 | • 3m 이상 6m 이하 |
| 라. 다중이 이용하는 건축물로서 건축조례가 정하는 건축물 | • 3m 이상 6m 이하 |
| 마. 공동주택 | • 아파트 : 2m 이상 6m 이하<br>• 연립주택 : 2m 이상 5m 이하<br>• 다세대 주택 : 1m 이상 4m 이하 |
| 바. 그 밖에 건축조례가 정하는 건축물 | • 1m 이상 6m 이하(한옥의 경우에는 처마선 2m 이하, 외벽선 1m 이상 2m 이하) |

### 2. 인접대지경계선으로부터 건축물까지 띄어야 하는 거리(2015.9.22 본호 개정)

| 대상 건축물 | 건축조례에서 정하는 건축기준 |
|---|---|
| 가. 전용주거지역에 건축하는 건축물(공동주택을 제외한다) | • 1m 이상 6m 이하(한옥의 경우에는 처마선 2m 이하, 외벽선 1m 이상 2m 이하) |
| 나. 해당 용도로 쓰는 바닥면적의 합계가 500m$^2$ 이상인 공장(전용공업지역 및 일반공업지역 또는 「산업입지 및 개발에 관한 법률」에 따른 산업단지에서 건축하는 공장을 제외한다)으로서 건축조례가 정하는 건축물 | • 준공업지역 : 1m 이상 6m 이하<br>• 준공업지역 외의 지역 : 1.5m 이상 6m 이하 |
| 다. 상업지역이 아닌 지역에 건축하는 건축물로서 해당 용도로 쓰는 바닥면적의 합계가 1,000m$^2$ 이상인 판매시설, 숙박시설(일반숙박시설은 제외한다), 문화 및 집회시설(전시장 및 동·식물원을 제외한다) 및 종교시설 | • 1.5m 이상 6m 이하 |
| 라. 다중이 이용하는 건축물(상업지역에서 건축하는 건축물로서 스프링클러나 그 밖에 이와 비슷한 자동식 소화설비를 설치한 건축물은 제외한다)로서 건축조례가 정하는 건축물 | • 1.5m 이상 6m 이하 |
| 마. 공동주택(상업지역에서 건축하는 공동주택으로서 스프링클러나 그 밖에 이와 비슷한 자동식 소화설비를 설치한 공동주택은 제외한다) | • 아파트 : 2m 이상 6m 이하<br>• 연립주택 : 1.5m 이상 5m 이하<br>• 다세대 주택 : 0.5m 이상 4m 이하 |
| 바. 그 밖에 건축조례가 정하는 건축물 | • 0.5m 이상 6m 이하(한옥의 경우에는 처마선 0.5m 이상 2m 이하, 외벽선 1m 이상 2m 이하) |

※ 비고(2021.11.2 비고 개정)

1) 제1호가목 및 제2호나목에 해당하는 건축물 중 법 제11조에 따른 허가를 받거나 법 제14조에 따른 신고를 하고 2009년 7월 1일부터 2015년 6월 30일까지, 2016년 7월 1일부터 2019년 6월 30일까지 또는 2021년 11월 2일부터 2024년 11월 1일까지 법 제21조에 따른 착공신고를 하는 건축물에 대해서는 건축조례로 정하는 건축기준을 1/2로 완화하여 적용한다.

2) 제1호에 해당하는 건축물(별표 1 제1호, 제2호 및 제17호부터 제19호까지의 건축물은 제외한다)이 너비가 20m 이상인 도로를 포함하여 2개 이상의 도로에 접한 경우로서 너비가 20m 이상인 도로(도로와 접한 공공공지 및 녹지를 포함한다)면에 접한 건축물에 대해서는 건축선으로부터 건축물까지 띄어야 하는 거리를 적용하지 않는다.
3) 제1호에 따른 건축물의 부속용도에 해당하는 건축물에 대해서는 주된 용도에 적용되는 대지의 공지 기준 범위에서 건축조례로 정하는 바에 따라 완화하여 적용할 수 있다. 다만, 최소 0.5m 이상은 띄어야 한다.

**질의 회신** **지하주차장 부분에 대하여 대지안의 공지 규정을 적용하여야 하는 지 여부**

「건축법」 제58조에 따른 대지안의 공지는 대지안의 통풍 및 개방감을 확보하고 화재발생시 인접대지 및 건축물로의 연소확산 예방과 피난통로를 확보하기 위한 규정으로서, 화재확산과 피난에 지장을 초래하지 아니하면서 지상에 돌출되지 않은 지하구조물 등은 대지안의 공지 규정을 적용하지 아니하여도 될 것으로 사료되나, 보다 구체적인 사항은 해당 건축허가권자인 시장·군수·구청장에게 문의하시기 바람.(국토교통부, 2013.12.6)

**질의** **드라이에어리어의 대지안의 공지 규정 적용 여부(대지안의 공지)**

지하층은 통풍을 위하여 지상층으로 노출되는 드라이에어리어에 대하여 「건축법」 제50조의 규정에 의한 대지안의 공지 규정을 적용받아서 조례로 정하는 거리 이상을 띄어야 하는 지

**회신** 「건축법」 제50조의 규정에 의한 대지안의 공지 규정은 기본적으로 화재시 화염전파를 방지하고 피난통로를 확보하며 채광 및 통풍을 원활히 하여 주거환경의 향상 등을 위한 것이므로, 지하층의 통풍을 위하여 건축물의 바깥쪽에 설치한 드라이에어리어는 「건축법」 제50조의 규정에 의한 대지안의 공지 규정을 적용하지 않는 것이 바람직할 것이나, 이 경우 드라이에어리어가 지상층에 많이 돌출되어 대지안의 공지를 설치하는 취지에 어긋나거나 장애가 되어서는 아니 될 것임.(국토교통부 건축정책과, 2013.12.6)

**법 제59조 [맞벽건축과 연결복도]**

① 다음 각 호의 어느 하나에 해당하는 경우에는 제58조, 제61조 및 「민법」 제242조를 적용하지 아니한다.
1. 대통령령으로 정하는 지역에서 도시미관 등을 위하여 둘 이상의 건축물 벽을 맞벽(대지경계선으로부터 50cm 이내인 경우를 말한다. 이하 같다)으로 하여 건축하는 경우
2. 대통령령으로 정하는 기준에 따라 인근 건축물과 이어지는 연결복도나 연결통로를 설치하는 경우

② 제1항 각 호에 따른 맞벽, 연결복도, 연결통로의 구조·크기 등에 관하여 필요한 사항은 대통령령으로 정한다.

**해설** 맞벽건축이라 함은 2 이상의 건축물이 대지경계선으로부터 50cm 이내의 경우이다. 이때에는 「민법」에서의 인접대지경계선으로부터 50cm 이상의 거리를 갖도록 하는 규정이 배제 적용되고, 「건축법」 제58조의 대지 안의 공지와 제61조인 일조 등의 확보를 위하여 건축물의 높이규제(북측으로부터 띄우는 거리 등) 등도 배재 적용한다. 최근에 맞벽건축의 경우 상업지역 안의 다중이용 건축물 및 공동주택은 스프링클러나 그 밖에 이와 비슷한 자동식 소화설비를 설치한 경우에만 인접 대지경계선으로부터 건축물까지 띄어야 하는 거리 기준을 적용하지 아니하고, 맞벽건축을 허용함으로써 대지안의 공지 기준이

강화되고 맞벽건축의 대상이 축소되었다.

※「민법」 제242조 : 경계선 부근의 건축

① 건물을 축조함에는 특별한 관습이 없으면 경계로부터 0.5m 이상의 거리를 두어야 한다.

② 인접지소유자는 전항의 규정에 위반한 자에 대하여 건물의 변경이나 철거를 청구할 수 있다. 그러나 건축에 착수한 후 1년을 경과하거나 건물이 완성된 후에는 손해배상만을 청구할 수 있다.

**영 제81조 [맞벽건축과 연결복도]**

① 법 제59조제1항제1호에서 "대통령령으로 정하는 지역"이란 다음 각 호의 어느 하나에 해당하는 지역을 말한다.(2015.9.22 본항 개정)

1. 상업지역(다중이용 건축물 및 공동주택은 스프링클러나 그 밖에 이와 비슷한 자동식 소화설비를 설치한 경우로 한정한다)(2015.9.22 본호 개정)
2. 주거지역(건축물 및 토지의 소유자 간 맞벽건축을 합의한 경우에 한정한다)(2012.12.12 본호 신설)
3. 허가권자가 도시미관 또는 한옥 보전·진흥을 위하여 건축조례로 정하는 구역(2012.12.12 본호 개정)
4. 건축협정구역(2014.10.14 본호 개정)

② (2006.5.8 본항 삭제)

③ 법 제59조제1항제1호에 따른 맞벽은 다음 각 호의 기준에 적합하여야 한다.(2014.10.14 본항 개정)

1. 주요구조부가 내화구조일 것
2. 마감재료가 불연재료일 것

④ 제1항에 따른 지역(건축협정구역은 제외한다)에서 맞벽건축을 할 때 맞벽 대상 건축물의 용도, 맞벽건축물의 수 및 층수 등 맞벽에 필요한 사항은 건축조례로 정한다.(2014.10.14 본항 개정)

⑤ 법 제59조제1항제2호에서 "**대통령령으로 정하는 기준**"이란 다음 각 호의 기준을 말한다.(2008.10.29 본항 개정)

1. 주요구조부가 내화구조일 것
2. 마감재료가 불연재료일 것
3. 밀폐된 구조인 경우 벽면적의 1/10 이상에 해당하는 면적의 창문을 설치할 것. 다만, 지하층으로서 환기설비를 설치하는 경우에는 그러하지 아니하다.
4. 너비 및 높이가 각각 5m 이하일 것. 다만, 허가권자가 건축물의 용도나 규모 등을 고려할 때 원활한 통행을 위하여 필요하다고 인정하면 지방건축위원회의 심의를 거쳐 그 기준을 완화하여 적용할 수 있다.
5. 건축물과 복도 또는 통로의 연결부분에 자동방화셔터 또는 방화문을 설치할 것(2019.8.6 개정)
6. 연결복도가 설치된 대지 면적의 합계가 「국토의 계획 및 이용에 관한 법률 시행령」 제55조에 따른 개발행위의 최대 규모 이하일 것. 다만, 지구단위계획구역에서는 그러하지 아니하다.

⑥ 법 제59조제1항제2호에 따른 연결복도나 연결통로는 건축사 또는 건축구조기술사로부터 안전에 관한 확인을 받아야 한다.(2016.7.19 본항 개정)

**질의** **일반상업지역 건축시 인접대지경계선에서 건축물까지 이격거리 산정방법**

일반상업지역에서 건축물을 건축하고자 하는 경우 인접대지경계선에서 건축물까지의 이격거리 산정방법

**회신** 민법 제242조제1항의 규정에 의하면 인접대지 경계선으로부 건축물의 외벽(노대 등 포함) 끝까지 50cm를 이격하여 건축하도록 규정하고 있으나, 「건축법」 제50조의2제1항제1조 및 동법 시행령 제81조제1항의 규정에 의하여 상업지역에서는 건축물의 벽과 벽 사이가 50cm 미만인 경우에는 민법 제242조를 배제하고 합의서 없이 맞벽으로 건축하도록 규정하고 있는 바, 인접건축물의 이격거리와 관계없이 인접대지 경계선으로부터 25cm 범위 내에서 양측대지 각각 건축할 수 있는 것이니, 이에 대한 보다 구체적인 사항은 해당 지역의 허가권자에게 문의하시기 바랍니다(건교부 건축 58070-149, 2003.1.22)

**질의** **층수가 다른 건축물의 맞벽**

일반 주거지역 내에서의 맞벽건축물을 건축하고자 하는 경우로서, 인접대지의 소유자와 합의하여 층수가 다른 2동의 건축물을 맞벽으로 건축할 수 있는지 여부

**회신** 「건축법」 제50조의2의 규정에 의하여 맞벽건축물을 건축하는 경우, 일반 거주지역 내에서 인접대지소유자와 합의하여 맞벽건축물을 건축하고자 하는 경우에는 인접대지소유자와 함께 건축허가를 신청하되 건축물의 층수가 동일하여야 하는 것이니, 구체적인 사항은 해당 허가권자에게 문의하시기 바랍니다. (건교부 건축 58070-1897, 2001.9.27)

**질의** **상업지역에서 증축**

인접지 건축물이 대지경계선에서 55cm가 이격되어 있는 상업지역에서 인접대지소유자의 합의서 없이 인접대지 경계선에 붙여 증축을 할 수 있는지 여부

**회신** 「건축법」 제50조의2제1항제1호 및 동법 시행령 제81조제1항의 규정에 의하여 상업지역 및 시장·군수·구청장이 도시미관 등을 위하여 건축조례로 정하는 구역에서 건축물의 벽과 벽 사이가 50cm 미만인 경우에는 「민법」 제242조를 배제하고, 합의서 없이 맞벽으로 건축하도록 하고 있는 바, 인접건축물(나대지 포함)의 이격거리와 관계없이 인접대지경계선으로부터 25cm 범위 내에서 양측대지 각각 건축할 수 있는 것이며, 기 건축된 인접대지의 건축물도 인접대지경계선으로부터 25cm 범위 내에서 증축 등이 가능한 것임을 알려드립니다.(건교부, 건축 58070-2852, 2000.10.2)

**질의** **맞벽건축 및 연결복도**

- 「건축법」 제50조의2 【맞벽건축 및 연결복도】에 의하면 맞벽이라 함은 "벽과 벽 사이가 50cm 미만인 경우를 말한다."라고 규정하고 있는데 아래 그림 1 경우와 같이 2개의 벽체가 각각 시공되어야 하는지, 그림 2 경우와 같이 1개의 벽체로 시공되어야 가능한지 여부
- 맞벽으로 각각 허가받은 다세대 주택(연면적 660m$^2$ 이하 4개 층 이하)을 그림 2와 같이 시공한 경우 연면적과 구조적으로 사실상 하나의 건물이 되는 바, 다세대 주택이 아닌 연립주택으로 분류되는지 여부 및 추후 철거시 동시철거를 하여야 하는지 여부

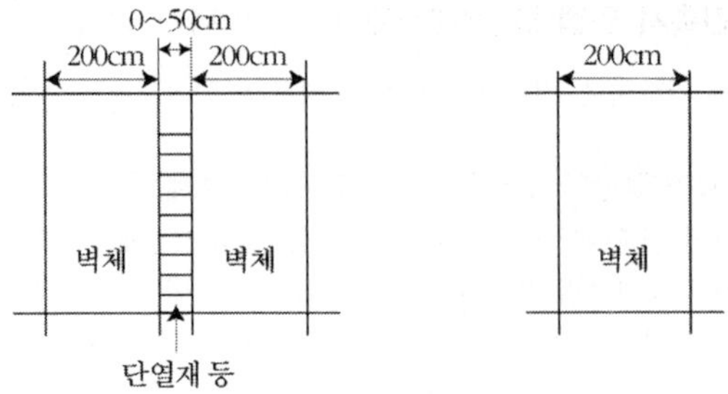


그림 1 그림 2

**회신** 「건축법」 제50조의2의 규정에 의하면 맞벽이라 함은 "벽과 벽 사이가 50cm 미만인 경우"이므로 벽과 벽이 있어야 하는 바, 그림 1의 경우처럼 별도의 벽체가 시공되어 추후 철거시 독립된 철거가 가능하도록 시공해야 하는 것이며, 하나의 벽체가 시공시에는 연면적에 따라 연립주택으로 분류하는 것이 타당할 것으로 판단됨(서울시 건지 58550-3757, 2000.10.30)

**질의** **「건축법」 제50조의2 및 동법 시행령 제81조 규정의 맞벽건축을 하는 경우**

- 맞벽을 단일벽으로 설치 가능 여부 및 반드시 2개의 별개의 벽으로 설치하여야 하는지?
- 한 개의 계단을 설치 공동 사용 가능 여부
- 공동주택 건축물도 맞벽건축이 가능한지 여부

**회신** 맞벽건축은 "도시 미관 등을 위하여 2 이상의 건축물의 벽을 벽과 벽 사이가 50cm 미만이 되게 건축하는 경우"를 말하는 것으로 맞벽건축을 하는 경우 각각 별개의 방화벽 및 계단을 설치하여야 하며, 건축물의 용도에 대한 제한을 두지 않고 있음을 알려 드리오니 구체적인 사항은 해당 건축물의 허가권자에게 자세한 설계도서를 구비 직접 문의하시기 바랍니다.(서울시 건지 58501-10346, '99.7.13)

**법 제60조 【건축물의 높이제한】**

① **허가권자는 가로구역[(街路區域): 도로로 둘러싸인 일단(一團)의 지역**을 말한다. 이하 같다]**을 단위**로 하여 대통령령으로 정하는 기준과 절차에 따라 건축물의 높이를 지정·공고할 수 있다. 다만, 특별자치시장·특별자치도지사 또는 시장·군수·구청장은 가로구역의 높이를 완화하여 적용할 필요가 있다고 판단되는 대지에 대하여는 대통령령으로 정하는 바에 따라 건축위원회의 심의를 거쳐 최고 높이를 완화하여 적용할 수 있다.

② 특별시장이나 광역시장은 도시의 관리를 위하여 필요하면 제1항에 따른 가로구역별 건축물의 높이를 특별시나 광역시의 조례로 정할 수 있다.

③ (2015.5.18 본항 삭제)

④ 허가권자는 제1항 및 제2항에도 불구하고 일조(日照)·통풍 등 주변 환경 및 도시미관에 미치는 영향이 크지 않다고 인정하는 경우에는 건축위원회의 심의를 거쳐 이 법 및 다른 법률에 따른 가로구역의 높이 완화에 관한 규정을 중첩하여 적용할 수 있다.(2022.2.3 본항 신설)

**해설** 건축물 높이제한 규정의 원칙은 도로로 둘러싸인 가로구역을 단위로 하여 건축물 높이를 제한하도록 하고 있다. 2015.5.18 이전까지는 허가권자가 가로구역에 대한 건축물 높이 규정의 기준이 정하여지지 않은 경우 전면도로에 의한 사선제한 개념으로 건축물 높이제한 규정을 따르도록 하였다. 그러나 도로 사선제한 규정은 건축물의 높이를 제한함으로써 용도지역에서 규정한 허용용적률로 개발이 어렵고 건축물의 외관이 계단형으로 도시미관을 저해하는 점을 고려하여 도로에 의한 사선 규제가 폐지되었다. 따라서 도시의 개방감 확보가 특히 요구되는 구역은 별도의 가로구역별 높이를 정하여 높이를 제한하여야 한다. 가로구역을 단위로 하는 건축물 높이제한은 궁극적으로 도심의 스카이라인(sky-line)과 건폐율, 용적률 등과 밀접한 관계를 갖게 되어 지구 또는 구역의 적정한 건축밀도를 유지할 수 있도록 하는 데 그 취지가 있다고 볼 수 있다.

※ **가로구역의 높이 완화**

도시 경관 및 고도 관리를 위하여 가로구역을 단위로 건축물의 높이를 지정·공고하여 관리할 수 있도록 규정하고 있는데, 다른 법률(예컨데 「녹색건축물 조성 지원법」 등)에서는 특정 목적을 달성하기 위한 수단으로써 일정한 요건을 충족하는 경우 지정·공고된 건축물의 높이를 완화하여 적용할 수 있는 특례규정을 두고 있는데 이 때 건축물의 높이 완화 규정을 중복하여 적용할 수 있는지 등에 관한 논란이 발생할 수 있다. 이 경우에 관련 특례규정을 중첩하여 적용할 수 있도록 완화 적용 가능하다.

**영 제82조 【건축물의 높이제한】**

① 허가권자는 법 제60조제1항에 따라 가로구역별로 건축물의 높이를 지정·공고할 때에는 다음 각 호의 사항을 고려하여야 한다.(2014.10.14 본항 개정)

1. 도시·군관리계획 등의 토지이용계획(2012.4.10 본호 개정)
2. 해당 가로구역이 접하는 도로의 너비
3. 해당 가로구역의 상·하수도 등 간선시설의 수용능력
4. 도시미관 및 경관계획
5. 해당 도시의 장래 발전계획

② 허가권자는 제1항에 따라 가로구역별 건축물의 높이를 지정하려면 지방건축위원회의 심의를 거쳐야 한다. 이 경우 주민의 의견청취 절차 등은 「토지이용규제 기본법」 제8조에 따른다. (2014.10.14 본항 개정)

③ 허가권자는 같은 가로구역에서 건축물의 용도 및 형태에 따라 건축물의 높이를 다르게 정할 수 있다.

④ 법 제60조제1항 단서에 따라 가로구역의 높이를 완화하여 적용하는 경우에 대한 구체적인 완화기준은 제1항 각 호의 사항을 고려하여 건축조례로 정한다.(2014.10.14 본항 개정)

**해설** 건축물의 높이제한에는 가로구역별 높이제한, 대지경계선에 의한 높이제한, 인동(隣棟)간격에 의한 높이제한, 절대높이제한 등이 있으나, 이와 같은 높이에 대한 각 제한의 목적은 도시 미관, 일조, 채광, 통풍 등의 위생적인 생활환경조성에 주안점을 두고 있는 것으로 해석할 수 있다.

※ 가로구역(街路區域)에 의한 높이제한

도로로 둘러싸인 일단(一團)의 지역에 건축물의 높이를 정하는 것으로 도시의 개방감과 건축밀도를 고려하여 높이를 제어하게 된다.(법 제60조제1항)

※ 대지경계선에 의한 높이제한

일조·채광·통풍·방화 등을 위하여 건물과 이웃건물 간의 일정한 거리를 확보하려는 의도에서 건물 높이를 대지경계선까지의 거리에 따라 규제한다.

일조 등의 확보를 위한 건축물 높이제한에서는 일반 또는 전용 주거지역 안에서 건축물의 각 부분을 정북방향으로 인접대지경계선으로부터 일정 거리를 띄어 건축하여야 한다.(영 제86조제1항)

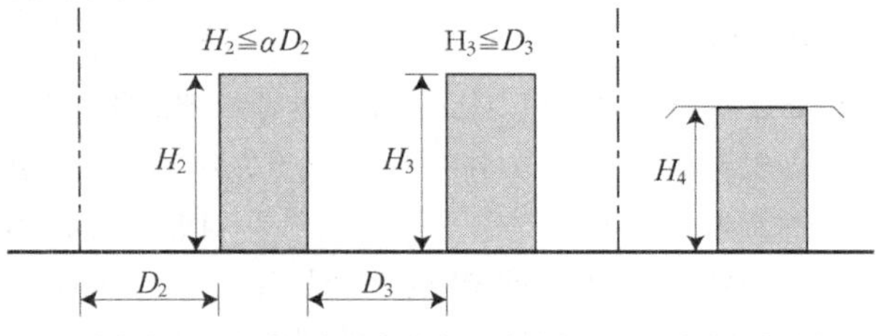


**그림 6-4 높이제한**

※ 인동간격에 의한 높이제한

하나의 대지 안에서 2동 이상의 건축물이 건축될 경우 건물높이와 건물간의 거리관계를 규정한 것으로 공동주택에서 적용하고 있다.(영 제86조제2항)

※ 절대높이제한

대지 안의 건물위치나 대지조건에 무관하게 건축물의 절대높이를 규제하는 방법이다.(전용주거지역 및 고도지구등) : 층수와 높이로 규제(예: 2층 이하로서 높이가 8m 이하)

**질의 인동간격**

두 동 이상의 건축물이 서로 마주보고 있는 경우 띄어야할 거리를 건축물 각 부분 높이의 0.5배 이상의 범위에서 층수에 따라 조례로 달리 정하고자 할 경우 적법 여부

**회신** 「건축법 시행령」 제86조제2항제2호가목에 따라 같은 대지에서 두 동 이상의 건축물이 서로 마주보고 있는 경우(한 동의 건축물 각 부분이 서로 마주보고 있는 경우를 포함한다)에 건축물 각 부분 사이의 거리는 채광을 위한 창문 등이 있는 벽면으로부터 직각방향으로 건축물 각 부분 높이의 0.5배(도시형 생활주택의 경우에는 0.25배) 이상의 범위에서 건축조례로 정하는 거리 이상 띄우도록 하고 있음에 따라, 마주보는 두 동 이상 건축물의 띄어야할 거리를 건축물 각 부분 높이의 0.5배 이상의 범위에서 층수에 따라 정할 수 있음 (건축법시행령 제86조제2항 → 제3항으로 변경, 2015.7.6)
(국토교통부 건축정책과, 등록 2011.12.19, 수정 2019.5.24)

**참고** 건축선 지정은 도로경계선을 지정하는 것이며, 대지 안의 공지를 확보하기 위하여 건축물이 후퇴한 부분(예 : 미관지구 건축물 후퇴)은 해당되지 않는다.

**주의** 건축선은 건축한계선과 건축지정선으로 구분되는데 건축한계선은 도로와 대지의 경계선이고, 건축지정선은 대지 안에 건축물의 위치를 지정한 선이다. 따라서 장래 도로용지로 편입될 예정도로나 소요 폭이 미달되어 건축선 지정이 된 경우는 건축한계선이므로 이를 기준하여 높이규제를 하지만 도로용지가 아닌 단순히 대지 내 공지확보 등을 위하여 건축지정선을 지정한 경우 예를 들면 미관지구 내 건축물 후퇴 등은 높이규제시 도로경계선인 건축선을 기준으로 규제하게 된다.

**법 제61조 【일조 등의 확보를 위한 건축물의 높이제한】**

① **전용주거지역**과 **일반주거지역** 안에서 건축하는 건축물의 높이는 일조 등의 확보를 위하여 정북방향(正北方向)의 인접 대지경계선으로부터의 거리에 따라 대통령령으로 정하는 높이 이하로 하여야 한다.(2022.2.3 본항 개정)

② 다음 각 호의 어느 하나에 해당하는 **공동주택**(일반상업지역과 중심상업지역에 건축하는 것은 제외한다)은 채광(採光) 등의 확보를 위하여 대통령령으로 정하는 높이 이하로 하여야 한다. (2013.5.10 본항 개정)

1. 인접 대지경계선 등의 방향으로 채광을 위한 창문 등을 두는 경우
2. 하나의 대지에 두 동(棟) 이상을 건축하는 경우

③ 다음 각 호의 어느 하나에 해당하면 제1항에도 불구하고 건축물의 높이를 **정남**(正南)**방향**의 인접 대지경계선으로부터의 거리에 따라 대통령령으로 정하는 높이 이하로 할 수 있다. (2011.5.30 본항 개정)

1. 「택지개발촉진법」 제3조에 따른 택지개발지구인 경우
2. 「주택법」 제16조에 따른 대지조성사업지구인 경우
3. 「지역개발 및 지원에 관한 법률」 제11조에 따른 지역개발사업구역일 경우(2014.6.3 「지역개발 및 지원에 관한 법률」 부칙에 의거 개정)
4. 「산업입지 및 개발에 관한 법률」 제6조, 제7조, 제7조의2 및 제8조에 따른 국가산업단지, 일반산업단지, 도시첨단산업단지 및 농공단지인 경우(2014.1.14 본호 개정)
5. 「도시개발법」 제2조제1항제1호에 따른 도시개발구역인 경우
6. 「도시 및 주거환경정비법」 제8조에 따른 정비구역인 경우(2017.2.8 도시 및 주거환경정비법 부칙에 의거 개정)
7. 정북방향으로 도로, 공원, 하천 등 건축이 금지된 공지에 접하는 대지인 경우
8. 정북방향으로 접하고 있는 대지의 소유자와 합의한 경우나 그 밖에 대통령령으로 정하는 경우

④ **2층 이하로서 높이가 8m 이하인 건축물**에는 해당 지방자치단체의 조례로 정하는 바에 따라 **제1항부터 제3항까지의 규정을 적용하지 아니할 수 있다.**

**영 제86조 【일조 등의 확보를 위한 건축물의 높이제한】**

① **전용주거지역**이나 **일반주거지역에서 건축물**을 건축하는 경우에는 법 제61조제1항에 따라 건축물의 각 부분을 정북(正北)방향으로의 인접 대지경계선으로부터 다음 각 호의 범위에서 건축조례로 정하는 거리 이상을 띄어 건축하여야 한다.(2015.7.6 본항 개정)

1. **높이 10m 이하**인 부분 : 인접 대지경계선으로부터 **1.5m 이상**(2023.9.12 본호 개정)
2. **높이 10m를 초과**하는 부분 : 인접 대지경계선으로부터 해당 **건축물 각 부분 높이의 1/2 이상**(2023.9.12 본호 개정)

② 다음 각 호의 어느 하나에 해당하는 경우에는 제1항을 적용하지 아니한다.(2015.7.6 본항 신설)

1. 다음 각 목의 어느 하나에 해당하는 구역 안의 대지 상호간에 건축하는 건축물로서 해당 대지가 너비 20m 이상의 도로(자동차·보행자·자전거 전용도로를 포함하며, 도로에 공공공지, 녹지, 광장, 그 밖에 건축미관에 지장이 없는 도시·군계획시설이 접한 경우 해당 시설을 포함한다)에 접한 경우(2016.7.19 본호 개정)
   가. 「국토의 계획 및 이용에 관한 법률」 제51조에 따른 지구단위계획구역, 같은 법 제37조제1항제1호에 따른 경관지구(2017.12.29 국토의 계획 및 이용에 관한 법률 시행령 부칙에 의거 개정)
   나. 「경관법」 제9조제1항제4호에 따른 중점경관관리구역
   다. 법 제77조의2제1항에 따른 특별가로구역
   라. 도시미관 향상을 위하여 허가권자가 지정·공고하는 구역
2. 건축협정구역 안에서 대지 상호간에 건축하는 건축물(법 제77조의4제1항에 따른 건축협정에 일정 거리 이상을 띄어 건축하는 내용이 포함된 경우만 해당한다)의 경우
3. 건축물의 정북 방향의 인접 대지가 전용주거지역이나 일반주거지역이 아닌 용도지역에 해당하는 경우

③ 법 제61조제2항에 따라 **공동주택**은 다음 각 호의 기준을 충족해야 한다. 다만, 채광을 위한 창문 등이 있는 벽면에서 직각 방향으로 인접 대지경계선까지의 수평거리가 1m 이상으로서 건축조례로 정하는 거리 이상인 다세대 주택은 제1호를 적용하지 않는다.(2021.11.2 본항 개정)

1. 건축물(기숙사는 제외한다)의 각 부분의 높이는 그 부분으로부터 채광을 위한 창문 등이 있는 벽면에서 직각 방향으로 인접 대지경계선까지의 수평거리의 2배(근린상업지역 또는 준주거지역의 건축물은 4배) 이하로 할 것
2. 같은 대지에서 두 동(棟) 이상의 건축물이 서로 마주보고 있는 경우(한 동의 건축물 각 부분이 서로 마주보고 있는 경우를 포함한다)에 건축물 각 부분 사이의 거리는 다음 각 목의 거리 이상을 띄어 건축할 것. 다만, 그 대지의 모든 세대가 동지(冬至)를 기준으로 9시에서 15시 사이에 2시간 이상을 계속하여 일조(日照)를 확보할 수 있는 거리 이상으로 할 수 있다.
   가. 채광을 위한 창문 등이 있는 벽면으로부터 직각방향으로 건축물 각 부분 높이의 0.5배(도시형 생활주택의 경우에는 0.25배) 이상의 범위에서 건축조례로 정하는 거리 이상
   나. 가목에도 불구하고 서로 마주보는 건축물 중 높은 건축물(높은 건축물을 중심으로 마주보는

두 동의 축이 시계방향으로 정동에서 정서 방향인 경우만 해당한다)의 주된 개구부(거실과 주된 침실이 있는 부분의 개구부를 말한다)의 방향이 낮은 건축물을 향하는 경우에는 10m 이상으로서 낮은 건축물 각 부분의 높이의 0.5배(도시형 생활주택의 경우에는 0.25배) 이상의 범위에서 건축조례로 정하는 거리 이상(2021.11.2 본목 개정)

다. 가목에도 불구하고 건축물과 부대시설 또는 복리시설이 서로 마주보고 있는 경우에는 부대시설 또는 복리시설 각 부분 높이의 1배 이상

라. 채광창(창넓이가 0.5m² 이상인 창을 말한다)이 없는 벽면과 측벽이 마주보는 경우에는 8m 이상

마. 측벽과 측벽이 마주보는 경우[마주보는 측벽 중 하나의 측벽에 채광을 위한 창문 등이 설치되어 있지 아니한 바닥면적 3m² 이하의 발코니(출입을 위한 개구부를 포함한다)를 설치하는 경우를 포함한다]에는 4m 이상

3. 주택단지에 두 동 이상의 건축물이 법 제2조제1항제11호에 따른 도로를 사이에 두고 서로 마주보고 있는 경우에는 제2호가목부터 다목까지의 규정을 적용하지 아니하되, 해당 도로의 중심선을 인접 대지경계선으로 보아 제1호를 적용한다.(2024.6.18 본호 개정)

④ 법 제61조제3항 각 호 외의 부분에서 "대통령령으로 정하는 높이"란 제1항에 따른 높이의 범위에서 특별자치시장·특별자치도지사 또는 시장·군수·구청장이 정하여 고시하는 높이를 말한다.

⑤ 특별자치시장·특별자치도지사 또는 시장·군수·구청장은 제4항에 따라 건축물의 높이를 고시하려면 국토교통부령으로 정하는 바에 따라 미리 해당 지역주민의 의견을 들어야 한다. 다만, 법 제61조제3항제1호부터 제6호까지의 어느 하나에 해당하는 지역인 경우로서 건축위원회의 심의를 거친 경우에는 그러하지 아니하다.(2016.5.17 본항 개정)

⑥ 제1항부터 제5항까지를 적용할 때 건축물을 건축하려는 대지와 다른 대지 사이에 다음 각 호의 시설 또는 부지가 있는 경우에는 그 반대편의 대지경계선(공동주택은 인접 대지경계선과 그 반대편 대지경계선의 중심선)을 인접 대지경계선으로 한다.(2016.5.17 본항 개정)

1. 공원(「도시공원 및 녹지 등에 관한 법률」 제2조제3호에 따른 도시공원 중 지방건축위원회의 심의를 거쳐 허가권자가 공원의 일조 등을 확보할 필요가 있다고 인정하는 공원은 제외한다), 도로, 철도, 하천, 광장, 공공공지, 녹지, 유수지, 자동차 전용도로, 유원지(2014.11.11 본호 신설)
2. 다음 각 목에 해당하는 대지(건축물이 없는 경우로 한정한다) (2021.11.2 본호 개정)
   가. 너비(대지경계선에서 가장 가까운 거리를 말한다)가 2m 이하인 대지
   나. 면적이 제80조 각 호에 따른 분할제한 기준 이하인 대지
3. 제1호 및 제2호 외에 건축이 허용되지 아니하는 공지(2014.11.11 본호 신설)

⑦ 제1항부터 제5항까지의 규정을 적용할 때 건축물(공동주택으로 한정한다)을 건축하려는 하나의 대지 사이에 제6항 각 호의 시설 또는 부지가 있는 경우에는 지방건축위원회의 심의를 거쳐 제6항 각 호의 시설 또는 부지를 기준으로 마주하고 있는 해당 대지의 경계선의 중심선을 인접 대지경계선으로 할 수 있다.(2018.9.4 본항 신설)

해설 공동주택의 주동배치간 이격거리는 채광을 위한 공동주택간 띄우는 거리로서 창문 등이 있는 벽면으로부터 직각 방향으로 건축물 각 부분 높이의 0.5배 이상의 범위에서 건축 조례로 정하는 거리 이상으로 규정하고 있다. 이는 아파트 단지 내에서 다양한 주동 형태와 토지의 효율성 측면을 높인다고 할 수 있으나 이는 건축물의 밀도 즉 용적률과 직접 관계되기 때문에 공동주택의 용적률을 증가시키는 요인으로 작용될 우려가 있다고 본다. 공동주택의 경우 단지 내 오픈스페이스는 주거 환경의 질을 결정하는 중요한 요소가 됨으로 주동 간 띄어야 하는 거리가 짧게 되면 주거 환경의 질은 악화될 수 있는 여지를 갖게 된다. 과거(2009.7.16 이전)에 주동 간 거리가 창문 등이 있는 벽면으로부터 직각방향으로 건축물 각 부분 높이의 1.0배 이상을 갖도록 한 경우에도 주동 상호간의 채광 및 통풍 등에 적합하지 못한 경험이 있었음에도 불구하고 오히려 주동 간 거리가 축소됨으로써 주거환경의 질은 저하되는 경향을 초래하게 되었다.

① 정북 및 정남방향 규제의 이원화

일조권에 따른 건축물의 높이제한을 정북방향에서만 규제하였으나 타법령 등에서 정하는 사업의 경우 정남방향으로 띄어 건축하도록 일조 등을 위한 건축물 높이제한 규제가 이원화 되어 있다.

② 정북방향 규제의 문제

대부분의 건물이 남향배치를 선호하며 남측에 넓은 공간을 확보하려는 것이 일반적이나 대지규모가 작고 건축면적을 넓게 확보하려 할 경우 남측공간이 없어지게 되어(특히 분양건물의 경우는 대부분임) 일조권 규정에 따라 북측공지를 많이 남기게 되는 부작용이 크다.

집단적으로 신개발 또는 재개발하는 경우 정남방향으로 적용할 수 있게 함으로써 옥외공지의 활용이 크게 개선되겠지만 정북방향의 규제는 토지이용, 건축물배치계획 및 인접대지와의 민원분쟁 등 상당한 문제점이 있다.

③ 인접대지경계선 문제

대지와 대지 사이에 공원·도로·공지 등이 있는 경우 그 반대쪽 경계선을 인접대지경계선으로 하도록 규정하고 있다. 이와 같은 공공용지도 사유지 이상으로 보호되어야 할 필요성이 있다. 북측으로 공공용지에 접한 대지에는 높은 건축물을 건축할 수 있어 남측 도로에 접한 대지와는 극히 대조적인 불균형을 보이고 있는 문제점이 있다. 따라서 소유권이 미치는 대지경계선(건축선 포함)을 기준으로 하는 것이 합리적이다.

④ 적용대상지역 및 건축물

전용주거지역 ┐
일반주거지역 ┘─모든 건축물(건물용도에 무관)

- 공동주택(일반상업과 중심상업지역에 건축하는 것 제외)

  전용주거지역 또는 일반주거지역 안에서 건축하는 경우에 정북 방향으로부터 인접대지경계선까지 거리규제를 받는다.

- 정남 방향 적용 대상지역

  택지개발 예정지구, 정북 방향으로 접하는 대지 소유자와 합의한 경우 등 법 제61조제3항제1호에서 제8호

- 정북 방향으로의 인접대지 경계선으로부터 띄우는 거리

  건축물의 각 부분을 정북 방향으로의 인접대지 경계선으로부터 띄우는 거리는 다음과 같다. (전용·일반주거지역 안)

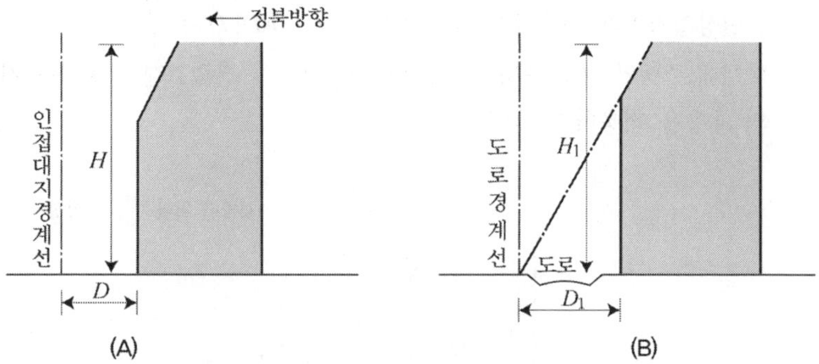


높이($H$) 10m 이하 $D \geqq 1.5$m
높이($H$) 10m 초과부분 $D \geqq \frac{1}{2}H$

$D_1$>20m 이상일 때 또는 건축협정구역 안 등에서는 (A)를 적용하지 않는다.

**그림 6-5 정북 방향 일조권을 위한 건축물의 높이제한**

**예외** 다음 1에서 3에 해당하는 구역 안의 경우에는 정북 방향 규제를 적용하지 아니한다.

1. 다음에 해당하는 구역 안의 대지 상호간에 건축하는 건축물로서 해당대지가 너비 20m 이상의 도로(자동차·보행자·자전거 전용도로를 포함하며, 도로에 공공공지, 녹지, 광장 그 밖에 건축미관에 지장이 없는 도시·군계획시설이 접한 경우 해당시설을 포함)에 접한 경우
   - 「국토의 계획 및 이용에 관한 법률」에 따른 지구단위 계획구역과 경관지구
   - 「경관법」에 따른 중점경관관리구역
   - 「건축법」에 따른 특별가로구역
   - 도시미관 향상을 위하여 허가권자가 지정·공고하는 구역
2. 건축협정구역 안에서 대지 상호간에 건축하는 건축물(법규정에 따른 건축협정에 일정 거리 이상을 띄어 건축하는 내용이 포함된 경우만 해당됨)
3. 건축물의 정북 방향의 인접 대지와 전용주거지역이나 일반주거지역이 아닌 용도지역에 해당하는 경우

⑤ 공동주택

1. 전용주거지역 및 일반주거지역
   정북방향 및 인동거리를 동시 규제함.
   - 정북방향(높이 9m를 초과하는 경우)

     $H \leqq 2D$

     $H$ : 건축물 각 부분의 높이
     $D$ : 인접대지경계선까지의 정북방향 거리-계단, 노대 포함
2. 정북방향이 아닌 기타 방향의 채광창문 등이 있는 벽면에서 직각방향으로 인접대지경계선까지 거리(일반상업지역과 중심상업지역에 건축하는 것을 제외하며 공동주택 기숙사를 제외한다)는 용도지역과 건축물에 따라 다음과 같다.
   - 전용주거지역 및 일반주거지역에서는 정북방향 규제와 동일한 $H \leqq 2D\left(D \geqq \frac{H}{2}\right)$

- 근린상업지역과 준주거지역의 건축물 $H \leq 4D\left(D \geq \dfrac{H}{4}\right)$

※ 다세대 주택인 경우 수평거리가 1m 이상으로서 건축조례가 정하는 거리 이상의 경우에는 위의 내용을 적용하지 아니함.

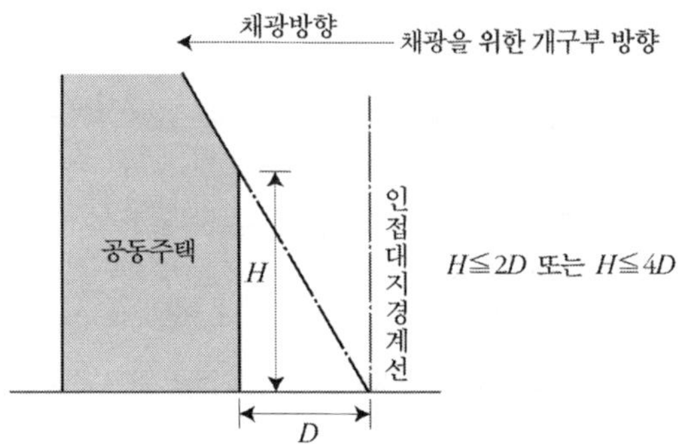


**그림 6-6 공동주택의 채광을 위한 높이제한**

3. 인동거리(동일 대지 안의 두 동이 서로 마주 보는 경우)

※ 동지일 기준 9시～15시 사이에 2시간 이상의 연속 일조 확보

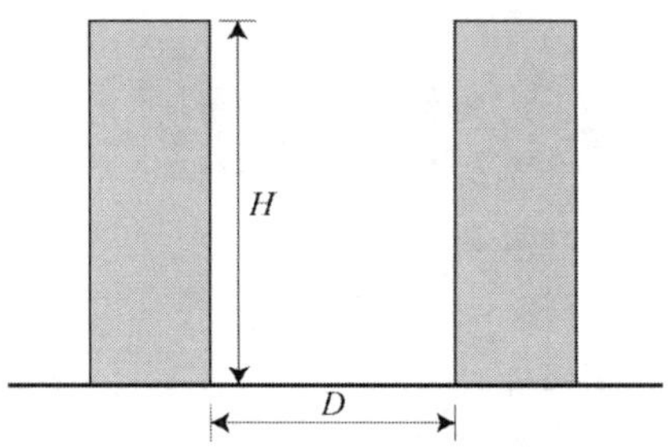


**그림 6-7 공동주택의 인동거리**

- 채광을 위한 창문 등이 있는 벽면으로부터 직각 방향으로 건축물 각 부분 높이의 0.5배 ($D > 0.5H$, 도시형생활주택은 $D \geq 0.25H$)
- 마주보는 건축물 중 높은 건축물의 주된 개구부의 방향이 낮은 건축물을 향하는 경우에는 10m 이상으로서 낮은 건축물 각 부분의 높이의 0.5배(도시형생활주택은 0.25배) 이상의 범위에서 건축조례로 정하는 거리 이상으로 할 수 있음. 이 경우 종전에는 마주보는 두 동의 축이 남동에서 남서 방향인 건축물 중 남쪽 방향의 건축물을 기준으로 채광 확보 거리를 산정하던 것을 두 동의 축이 시계방향으로 정동에서 정서 방향인 건축물 중 낮은 건축물을 기준으로 산정 최소 채광 확보 거리를 10m로 정하여 대지의 효율성과 주동의 다양성을 모색한다는 취지를 갖고 있음.

※ 공동주택의 채광 확보 거리에 관한 경과조치 : (부칙 제5조)

**제5조 【공동주택의 채광 확보 거리에 관한 경과조치】** (2021.11.2 개정)

① 지방자치단체는 이 영 시행일부터 6개월(2022.5.3)이 되는 날까지 제86조제3항제2호나목의 개정규정에 따라 건축조례를 제정하거나 개정해야 한다.

② 제1항에 따라 건축조례가 제정되거나 개정되기 전까지는 종전의 건축조례를 적용한다.

③ 제1항에 따른 기한까지 건축조례가 제정되거나 개정되지 않은 경우의 공동주택 채광 확보 거리에 관하여는 제86조제3항제2호나목의 개정규정에 따른 거리기준(건축조례로 정하는 거리의 하한을 말한다)을 적용한다.

- 건축물과 부대시설 또는 복리시설이 서로 마주보고 있는 경우 부대시설 또는 복리시설 각 부분 높이의 1.0배 이상
- 채광창(창 넓이 $0.5m^2$ 이상)이 없는 벽면과 측벽이 마주보는 경우 8m 이상
- 측벽과 측벽이 마주보는 경우 4m 이상(채광을 위한 창문 등이 설치되지 않은 $3m^2$ 이하의 발코니 포함)

◉ **인접대지경계선 측정기준**(공지가 있는 경우)

일반건축물 : 공지반대쪽 대지경계선($D_1$)

공동주택 : 공지중심선($D_2$) : 공원 등 건축이 금지된 시설·부지 뿐만 아니라 공원 등이 아닌 건축이 금지된 시설·부지의 경우에도 건축심의를 거쳐 중심선으로 할 수 있음.

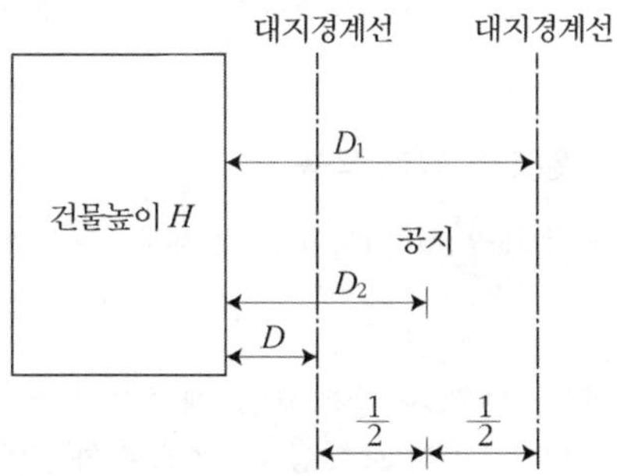


※ 공지 : 공원, 도로, 철도, 하천, 광장, 공공공지, 녹지, 유수지, 자동차 전용도로, 유원지 등

※ 일조 등의 확보를 위한 건축물의 높이제한 기준을 적용할 때, 반대편의 대지경계선을 인접 대지 경계선으로 하는 요건으로 건축물을 건축하려는 대지와 다른 대지 사이에 공원, 도로 등의 시설이 있는 경우 외에 대지와 대지 사이에 너비가 2m 이하인 대지 등 사실상 건축이 허용되지 아니하는 부지가 있는 경우 등

※ 도시공원의 경우에 허가권자가 공원의 일조 등을 확보할 필요가 있다고 인정하는 공원은 대지 경계선에서 측정($D$)

⑥ 건축물의 높이를 고시하기 위하여 30일간 공람하여 주민의 의견을 들어야 한다.

단, 건축물 높이를 정남방향의 인접대지경계선으로부터의 거리를 정하는 경우로서 건축위원회의 심의를 거친 다음의 경우에 속할 때

– 택지개발예정지구

- 대지조성사업지구
- 규정에 의한 복합단지, 광역개발권역 및 개발촉진지구
- 국가산업단지, 일반산업단지, 도시첨단산업단지 및 농공단지
- 도시개발구역
- 「도시 및 주거환경정비법」에 의한 정비구역
- 정북 방향으로 건축이 금지된 공지에 접한 대지

**규칙 제36조 【일조 등의 확보를 위한 건축물의 높이제한】**

특별자치시장·특별자치도지사 또는 시장·군수·구청장은 영 제86조제5항에 따라 건축물의 높이를 고시하기 위하여 주민의 의견을 듣고자 할 때에는 그 내용을 30일간 주민에게 공람시켜야 한다.(2016.5.30 본조 개정)

**질의** **1층에 필로티 설치시 일조권 높이제한 제외 여부**

건축물의 1층에 필로티와 근린생활시설이 설치되어 있는 경우에 일조권 산정높이에서 제외할 수 있는 것인지 여부

**회신** 「건축법 시행령」 제119조 제1항 제5호의 규정에 의하여 건축물의 1층 전체에 필로티가 설치되어 있는 경우에는 제82조 및 제86조 제2항의 규정을 적용하는 경우에 한하여 필로티의 층고를 제외한 높이를 건축물의 높이로 하는 것이나, 귀 질의의 경우처럼 1층에 필로티와 근린생활시설을 복합용도로 사용하는 경우에는 1층 층고높이도 포함하는 것임.(국토교통부 건축정책과, 2013.12.6)

**질의** **공동주택 채광창과 일조권 규정 적용**

공동주택의 단위세대 당 채광창(0.5m² 미만) 및 채광을 위한 유리블록(0.5m² 미만)을 설치할 경우 일조권 규정의 적용방안?

**회신** 「건축법 시행령」 제86조제2항제1호 및 제2호의 규정은 공동주택 단위세대의 일조 및 채광의 확보와 외부 시선으로부터의 사생활 보호 등을 목적으로 하는 바, 동 규정의 취지를 감안할 때 차광이 가능하더라도 시선이 차단되는 유리블록에 대해서까지 위 규정을 적용하는 것은 과도하다고 보이며, 위 규정에서 채광을 위한 창문 등 채광창의 판단기준은 단위세대별로 동일한 벽면에 설치된 창문 등의 면적의 합계가 0.5m² 이상일 경우 채광창 등으로 보아야 할 것으로 판단됨.(국토교통부, 2013.12.6)

**질의** **채광창과 동간 거리**

「건축법 시행령」 제86조제2항제2호 라목에 의거, 측벽과 측벽이 마주보는 경우에 공동주택의 동간 거리를 4m 이상 떨어지도록 정하고 있으나 건축물의 장방향으로 채광창에 설치되지 아니한 경우(출입구 설치 및 계단창 0.5m² 미만 설치되어 있음)에도 이를 측벽으로 보아 당해 규정을 적용할 수 있는지 여부

**회신** 일조 등의 확보를 위한 공동주택의 높이는 동일한 대지 안에서 2동 이상의 건축물이 서로 마주보고 있는 경우 「건축법」 제61조제1항에 따른 정북방향의 인접대지경계선으로부터의 거리에 따른 높이 기준뿐만

아니라 같은 조 제2항 및 같은 법 시행령 제86조제2항제2호 각목의 거리 이상을 띄어 건축하도록 하고 있는 바, 공동주택의 동(棟)간 거리는 일조확보 이외에도 대지(단지) 안의 개방감과 통풍 확보, 사생활 보호 등 주거환경에 필요한 최소한의 거리를 확보하고자 규정한 것임.

이러한 취지로 볼 때 상기 규정 중 "측벽과 측벽이 마주보는 경우 4m 이상을 확보"하도록 하는 것에서 "측벽"이라 함은 일반적인 판상형 공동주택의 "측면의 벽"으로 보는 것이 타당한 것이므로, 공동주택의 서로 마주보는 벽면에 채광을 위한 창문 등을 설치하지 아니하는 인위적인 계획으로 인해 주거환경의 저하와 실거주자의 일조확보 등 생활환경에 극히 불합리하게 되는 경우에는 동 규정의 합목적상 "측벽"에 해당하는 것으로 보기 어려울 것으로 판단됨.

※ 건축법시행령 제86조제2항 → 제3항으로 변경(2015.7.6)

**판례** 일조 및 조망 관련

서울고법 2005. 10. 28 선고 2004나56440 판결[손해배상(기)]

내용: [1] 건물 건축공사의 수급인이 일조방해에 대하여 손해배상책임을 지는 경우

[2] 건물 신축으로 인한 일조침해행위가 사법상 위법한 가해행위로 평가되기 위한 요건 및 공동주택의 경우, 사회통념상 허용되는 일조침해의 수인한도

[3] 일조침해에 대한 공법적 규제의 사법적 의미 및 건물 신축이 건축 당시의 공법적 규제에 형식적으로 적합하다고 하더라도 현실적인 일조침해의 정도가 현저하게 커 사회통념상 수인한도를 넘는 경우, 위법행위로 평가되는지 여부(적극)

[4] 아파트 공사로 인한 일조침해의 경우, 불법행위 성립시기(=아파트 골조공사완료시) 및 소유물에 대한 불법행위를 이유로 취득한 손해배상청구권이 소유권 이전으로 상실되는지 여부(한정 소극)

[5] 일조침해로 인한 재산상 손해의 범위(=해당 부동산의 시가하락분)

[6] 조망이익이 법적인 보호의 대상이 되기 위한 요건

[7] 조망이익의 침해행위가 사법상 위법한 가해행위로 평가되는 경우 및 그 침해 행위가 사회통념상 수익한도를 넘었는지 여부에 관한 판단 기준

[8] 아파트 부지가 원래부터 한강을 조망함에 있어서 특별한 가치를 가지고 있다고 볼 수 없을 뿐만 아니라, 보통의 지역에 인공적으로 고층의 아파트를 축조하여 비로소 넓은 지역의 조망이 가능해진 경우, 인접 부지에 또 다른 고층의 아파트가 건축된다고 하여 그에 대해 조망침해를 주장할 수는 없다고 한 사례

[9] 건설공사에 있어서 소음, 진동, 분진 등의 배출행위가 불법행위로 평가되는 경우

판결: [1] 건물 건축공사의 수급인은 도급계약에 기한 의무이행으로서 건물을 건축하는 것이므로 원칙적으로는 일조침해에 대하여 손해배상책임이 없다고 할 것이지만, 수급인이 스스로 또는 도급인과 서로 의사를 같이 하여 타인이 향수하는 일조를 방해하려는 목적으로 건물을 건축한 경우, 해당 건물이 건축법규에 위반되었고 그로 인하여 타인이 향수하는 일조를 방해하게 된다는 것을 알거나 알 수 있었는데도 과실로 이를 모른 채 건물을 건축한 경우, 도급인과 사실상 공동사업주체로서 이해관계를 같이 하면서 건물을 건축한 경우 등 특별한 사정이 있는 때에는 수급인도 일조방해에 대하여 손해배상책임을 진다.

[2] 건물의 신축으로 인하여 인근 건물의 소유자가 종전부터 향유하고 있던 일조등에 대하여 침해를 받은 경우 그 신축행위가 정당한 권리행사로서의 범위를 벗어나 사법상 위법한 가해행

위로 평가되기 위하여는 그 일조침해의 정도가 사회통념상 일반적으로 허용되는 수인한도를 넘어야 하는바, 대도시 인구의 과밀화 및 토지의 효율적 이용을 위한 건물의 고층화 경향 등을 고려할 때 아파트와 같은 공동주택의 경우 동지일을 기준으로 9시부터 15시까지 사이의 6시간 중 일조시간이 연속하여 2시간 이상 확보되는 경우 또는 동지일을 기준으로 8시에 16시까지 사이의 8시간 중 일조시간이 통틀어서 최소한 4시간 이상 확보되는 경우에는 이를 수인하여야 할 것으로 봄이 사회통념상 상당하다.

[3] 관계 법령에 일조침해에 관한 직접적인 단속법규가 있다면 그 법규에 적합한지 여부가 사법상 위법성을 판단함에 있어서 중요한 판단자료가 될 것이지만, 이러한 공법적 규제에 의하여 확보하고자 하는 일조는 원래 사법상 보호되는 일조를 공법적인 면에서도 가능한 한 보증하려는 것으로서 특별한 사정이 없는 한 일조보호를 위한 최소한도의 기준으로 봄이 상당하고, 구체적인 경우에 있어서는 어떠한 건물의 신축이 건축 당시의 공법적 규제에 형식적으로 적합하다고 하더라도 현실적인 일조침해의 정도가 현저하게 커 사회통념상 수인한도를 넘은 경우에는 위법행위로 평가될 수 있다.

[4] 아파트 공사로 인하여 기존에 있던 아파트의 일조를 침해하는 경우에는 새로 건축되는 아파트의 골조공사 완료시에 불법행위가 성립한다고 할 것이고, 소유물에 대한 불법행위를 이유로 손해배상청구권을 취득한 자는 그 후에 소유권을 상실한다고 하더라도 이미 발생한 손해배상청구권을 새로운 소유자에게 양도하였다는 사정이 없는 한 이미 발생한 손해배상청구권을 상실하지 않는다 할 것인데, 일조침해로 인한 정신적 고통에 대한 위자료의 경우 위와 같은 법리는 더욱 자명하고, 일조침해로 인한 재산상 손해에 있어서도 특별한 사정이 없는 한 새로운 매매계약에는 이미 일조침해로 인한 시가 하락분이 반영되어 가격이 결정될 것이기 때문이다.

[5] 일조침해로 인한 재산상 손해의 범위는 일조침해, 조망침해 및 개방감 상실 등으로 인한 해당 부동산의 시가 하락분이라고 할 것이고, 여기서 '조망침해 및 개방감 상실'이라 함은, 특수한 자연경관이나 조망이익을 고려하지 않고, 단지 일반적으로 아파트나 주택의 거실창 면적에서 하늘이 보이는 면적비율을 의미하는 천공률 침해에 따른 압박감과 폐쇄감을 의미하는 것으로서, 이러한 조망침해 및 개방감 상실은 일조가 침해되면 당연히 그에 수반된다는 점에서 이로 인한 시가 하락분은 일조침해로 인한 통상손해의 범위에 속한다고 할 것이다.

[6] 어느 토지나 건물의 소유자가 종전부터 향유하고 있던 경관이나 조망이 그에게 하나의 생활이익으로서의 가치를 지니고 있다고 객관적으로 인정된다면 법적인 보호의 대상이 될 수 있는 것이나, 이와 같은 조망이익은 원칙적으로 특정의 장소가 그 장소로부터 외부를 조망함에 있어 특별한 가치를 가지고 있고, 그와 같은 조망이익의 향유를 하나의 중요한 목적으로 하여 그 장소에 건물이 건축된 경우와 같이 해당 건물의 소유자나 점유자가 그 건물로부터 향유하는 조망이익이 사회통념상 독자의 이익으로 승인되어야 할 정도로 중요성을 갖는다고 인정되는 경우에 비로소 법적인 보호의 대상이 되는 것이라고 할 것이고, 그와 같은 정도에 이르지 못하는 조망이익의 경우에는 특별한 사정이 없는 한 법적인 보호의 대상이 될 수 없다.

[7] 조망이익이 법적인 보호의 대상이 되는 경우에 이를 침해하는 행위가 사법상 위법한 가해행위로 평가되기 위해서는 조망이익의 침해 정도가 사회통념상 일반적으로 인용하는 수인한도를 넘어야 하고, 그 수인한도를 넘었는지 여부는 조망의 대상이 되는 경관의 내용과 피해건물

이 입지하고 있는 지역에 있어서 건조물의 전체적 상황 등의 사정을 포함한 넓은 의미에서의 지역성, 피해건물의 위치 및 구조와 조망상황, 특히 조망과의 관계에서의 건물의 건축, 사용목적 등 피해건물의 상황, 주관적 성격이 강한 것인지 여부와 여관, 식당 등의 영업과 같이 경제적 이익과 밀접하게 결부되어 있는지 여부 등 해당 조망이익의 내용, 가해건물의 위치 및 구조와 조망방해의 상황 및 건축·사용목적 등 가해건물의 상황, 가해건물 건축의 경위, 조망방해를 회피할 수 있는 가능성의 유무, 조망방해에 관하여 가해자측이 해의(害意)를 가졌는지의 유무, 조망이익이 피해이익으로서 보호가 필요한 정도 등 모든 사정을 종합적으로 고려하여 판단하여야 한다.

[8] 아파트 부지가 원래부터 한강을 조망함에 있어서 특별한 가치를 가지고 있다고 볼 수 없을 뿐만 아니라, 보통의 지역에 인공적으로 고층의 아파트를 축조하여 비로소 넓은 지역의 조망이 가능해진 경우, 인접 부지에 또 다른 고층의 아파트가 건축된다고 하여 그에 대해 조망침해를 주장할 수는 없다고 한 사례.

[9] 통상 건설공사에 있어서는 일정 정도의 소음, 진동, 분진이 수반되기 마련인 점에 비추어, 어떠한 공사에 수반하여 소음, 진동, 분진 등이 발생하였다는 것만으로는 그 공사가 정당한 권리행사로서의 범위를 벗어난 것이라고는 단정할 수 없고, 소음, 진동, 분진 등의 배출 및 그로 인한 피해의 정도가 사회통념상 일반적으로 용인하는 수인한도를 넘어서는 경우에 한하여 그 배출행위는 불법행위가 된다.

**법령해석사례**[법제처 안건번호 11-0475]

준주거지역에서 공동주택을 건축하는 경우, 「건축법」 제61조제1항에 따른 일조 등의 확보를 위한 정북방향의 건축물 높이제한을 적용하여야 하는지 여부(「건축법」 제61조 등 관련)

**【질의요지】**

「건축법」 제61조제1항에서는 "전용주거지역과 일반주거지역 안에서 건축하는 건축물의 높이는 일조(日照) 등의 확보를 위하여 정북방향(正北方向)의 인접 대지경계선으로부터의 거리에 따라 대통령령으로 정하는 높이 이하로 하여야 한다"고 규정하고 있고, 같은 조 제2항에서는 "공동주택(일반상업지역과 중심상업지역에 건축하는 것은 제외한다)의 높이는 제1항에 따른 기준에 맞아야 할 뿐만 아니라 대통령령으로 정하는 높이 이하로 하여야 한다"고 규정하고 있는바, 준주거지역에서 공동주택을 건축하는 경우, 같은 조 제1항에 따른 일조 등의 확보를 위한 정북방향의 건축물 높이제한을 적용하여야 하는지?

**【회답】**

준주거지역에서 공동주택을 건축하는 경우에도 「건축법」 제61조제1항에 따른 일조 등의 확보를 위한 정북방향의 건축물 높이제한을 적용하여야 할 것입니다.

**【이유】**

「건축법」 제61조제1항에서는 전용주거지역과 일반주거지역 안에서 건축하는 건축물의 높이는 일조(日照) 등의 확보를 위하여 정북방향(正北方向)의 인접 대지경계선으로부터의 거리에 따라 대통령령으로 정하는 높이 이하로 하여야 한다고 규정하여 일조 등의 확보를 위한 정북방향의 건축물 높이제한을 규정하고 있고, 같은 조 제2항에서는 공동주택(일반상업지역과 중심상업지역에 건축하는 것은 제외함)의 높이는 제1항에 따른 기준에 맞아야 할 뿐만 아니라 대통령령으로 정하는 높이 이하로 하여야 한다고 규정하고 있습니다.

그런데, 준주거지역에서 공동주택을 건축하는 경우에는 「건축법」 제61조제2항이 적용되는데, 같은 항에서 "제1항에 따른 기준에 맞아야 할 뿐만 아니라"라고 규정하고 있으므로 준주거지역에서 공동주택을 건축하는 경우 같은 조 제1항에 따른 일조 등의 확보를 위한 정북방향의 건축물 높이제한도 적용되는지가 문제될 수 있습니다.

먼저, 일조 등을 위한 높이제한 규정은 구「건축법 시행령」(1971.12.31. 대통령령 제5922호로 일부 개정된 것을 말함) 제120조의2제1항에서 "주거지역 안에서 건축물을 건축하고자 할 때의 건축물의 각 부분의 높이는 그 부분으로부터 인접대지의 경계선까지의 수평거리의 1.5배에 진북방향은 8m, 기타 방향은 17m를 더한 높이를 초과할 수 없다"고 규정함으로써 처음으로 도입되었으며, 일조 등을 위해 인접대지경계선까지 일정거리를 띄우도록 한 것은 주거생활에 있어서 가장 중요한 일조·채광·통풍 등을 위하여 인접한 건축물과의 사이에 일정한 공간을 확보하기 위한 것인바, 「건축법」 제61조제2항에서 "공동주택(일반상업지역과 중심상업지역에 건축하는 것은 제외함)의 높이는 제1항에 따른 기준에 맞아야 할 뿐만 아니라"라고 규정한 것은 일반주거지역 및 전용주거지역 외에서 건축되는 공동주택은 건폐율·용적률이 높아 통상 일반주거지역, 전용주거지역의 건축물보다 그 규모가 커서 이웃의 일조권에 대한 침해의 우려 또한 높기 때문에, 공동주택의 경우에는 정북방향의 일조를 위한 높이제한 규정을 일반주거지역 및 전용주거지역은 물론 준주거지역을 포함하여 타지역(일반상업지역과 중심상업지역은 제외)까지 확대 적용시키겠다는 입법의도가 있는 것으로 보아야 할 것입니다.

한편, 연혁적으로 일조를 위한 정북방향의 높이제한 규정과 공동주택의 채광 규정은 일관되게 분리되어 규정하여 왔으므로 「건축법」 제61조제2항은 공동주택의 채광을 위한 높이제한 규정으로서 비록 그 표현이 "제1항에 따른 기준에 맞아야 할 뿐만 아니라"라고 되어 있다고 하더라도 이것이 제1항에서 규정하고 있지 않은 전용주거지역 및 일반주거지역 외의 지역에서 건축하는 공동주택의 경우에 일조를 위한 정북방향의 높이제한을 제2항에서 추가하려는 것은 아니라는 주장이 있을 수 있으나, 구 「건축법 시행령」(1978.10.30. 대통령령 제9193호로 전부 개정된 것을 말함) 제167조제1항에서는 "주거전용지역 및 주거지역 등에서 건축하는 건축물"과 "공동주택 등"의 높이제한을 규정하면서 "정남 및 정북방향의 높이제한" 및 "정남 및 정북 이외의 방향의 높이제한"을 "주거전용지역 및 주거지역 등에서 건축하는 건축물"과 "공동주택 등"에 같이 적용되도록 규정하고 있음에 비추어 볼 때, 연혁적으로 일조를 위한 정북방향의 높이제한 규정과 공동주택의 채광을 위한 높이제한 규정이 일관되게 분리하여 규정되어 왔다고 보기도 어렵다고 할 것입니다.

그렇다면, 「건축법」 제61조제2항의 문언상 명백하게 "제1항에 따른 기준에 맞아야 할 것"을 규정하고 있는 점, 일조 등을 위한 높이제한 규정의 도입 취지 및 해당 규정의 연혁 등을 종합적으로 고려하여 볼 때, 이 사안처럼 준주거지역 안에서 공동주택을 건축하는 경우에도 「건축법」 제61조제1항에 따른 일조 등의 확보를 위한 정북방향의 건축물 높이제한을 적용하여야 한다고 보아야 할 것입니다.

만약, 「건축법」 제61조제2항의 "제1항에 따른 기준에 맞아야 할 뿐만 아니라"의 의미를 전용주거지역 및 일반주거지역에서 공동주택을 건축하는 경우에 같은 조 제1항의 기준에도 적합하여야 한다는 의미로 해석한다면, 「건축법」 제61조제1항은 전용주거지역 및 일반주거지역에서 건축되는 공동주택을 포함한 모든 건축물에 적용되는 것이므로 「건축법」 제61조제1항의 규정만으로도 충분하여 굳이 같은 조 제2항에서 이를 다시 규정할 필요는 없다고 할 것이고, 「건축법」 제61조제2항에서 "공동주택(일반상업지역과 중심상업지역에 건축하는 것은 제외함)의 높이는 제1항에 따른 기준에 맞아야 할 뿐만 아니라 대통령령으로 정하는 높이 이하로 하여야 한다"고 규정하여 위 조항이 일반상업지역과 중심상업지역에 건축하는 공동주택을 제외한 모든 공동주택에 적용하도록 한 것과도 모순이 된다고 할 것입니다.

따라서 준주거지역에서 공동주택을 건축하는 경우에도 「건축법」 제61조제1항에 따른 일조 등의 확보를 위한 정북방향의 건축물 높이제한을 적용하여야 할 것입니다.

※ 법령정비 권고 사항

「건축법」 제61조제2항이 '공동주택(일반상업지역과 중심상업지역에 건축하는 것은 제외함)의 높이는 제1항에 따른 기준에 맞아야 할 뿐만 아니라 대통령령으로 정하는 높이 이하로 하여야 한다'고 규정하고 있어, 준주거지역에서 공동주택을 건축하는 경우에도 같은 조 제1항에 따른 일조 등의 확보를 위한 정북방향의 건축물 높이제한을 적용하여야 하므로, 정책의 필요에 따라 준주거지역에서 공동주택을 건축하는 경우에 같은 조 제1항의 정북방향의 건축물 높이제한을 적용하지 않으려면 이에 관한 입법적 조치가 있어야 할 것입니다.

참고

## 서울시 공동주택의 일조권 기준

1. 채광방향의 인접대지경계선까지의 일조 기준

– 인접대지경계선 거리의 2배

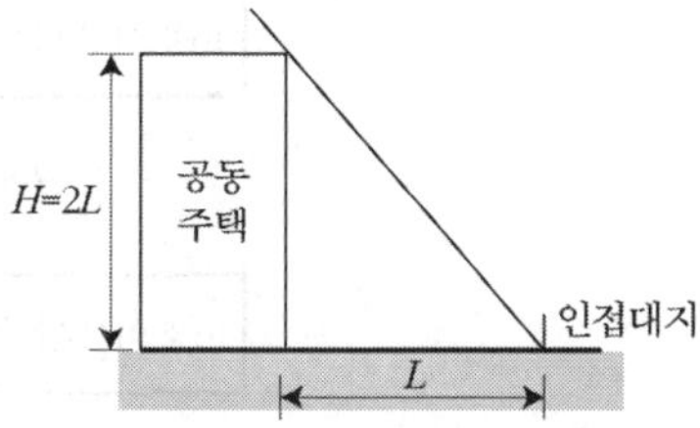


– 도로가 있는 경우 : 도로 중심선에서의 2배

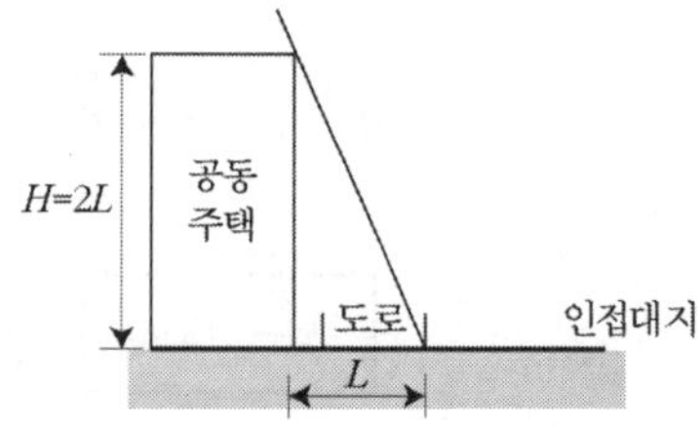


– 근린상업·준주거지역의 주거복합건축물은 주거부분 하단에서 인접대지경계선 거리의 4배

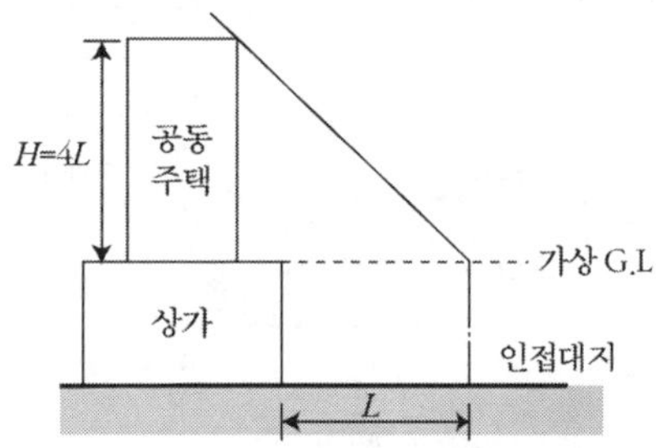


2. 단지 내 인동간격

– 2동 이상 건축물의 채광창 등이 서로 마주 보는 경우(인동거리) : 건축물 각 부분 높이의 1배

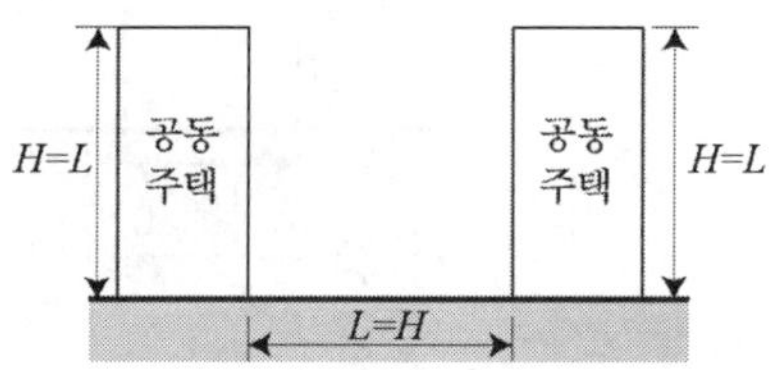


3. 인동간격 완화기준

– 인동거리 1배 적용시 돌출부(계단, 굴뚝 등)가 외벽 길이의 1/8 이하인 경우 제외

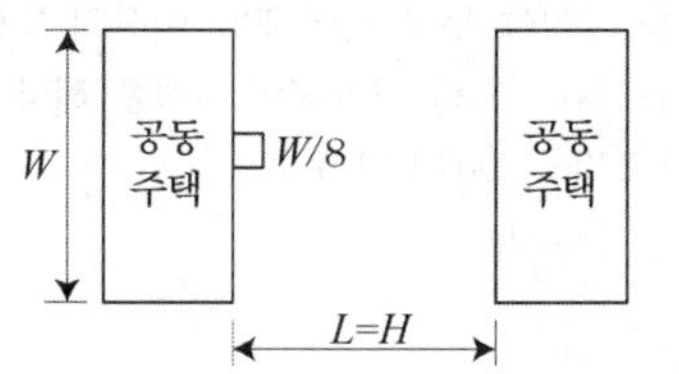


(H: 건축물 높이)

– 채광창이 없는 벽면과 측벽이 마주 보는 경우

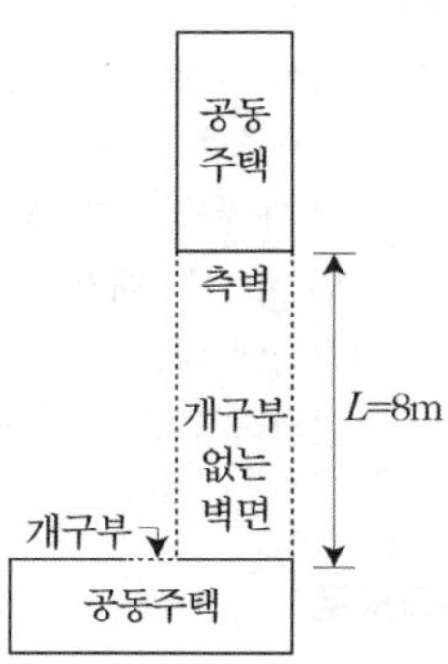

– 12층 이상 동이 겹치는 경우 : $L \geq h$, $L \geq 0.8H$

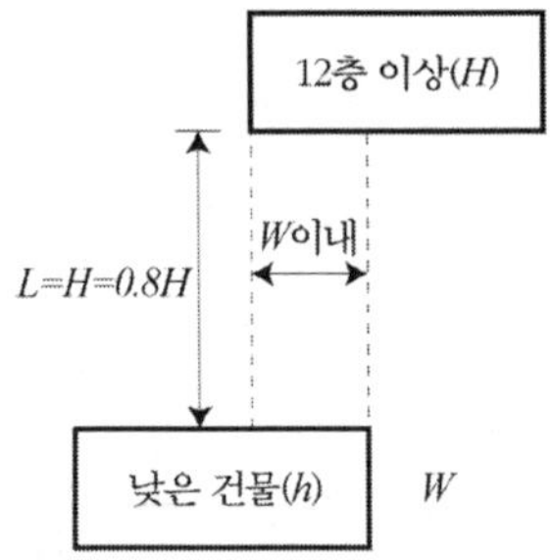


– 16층 이상 탑상형 : $L=0.8H$, 정남북방향 $1H$($H$ : 건축물 높이)

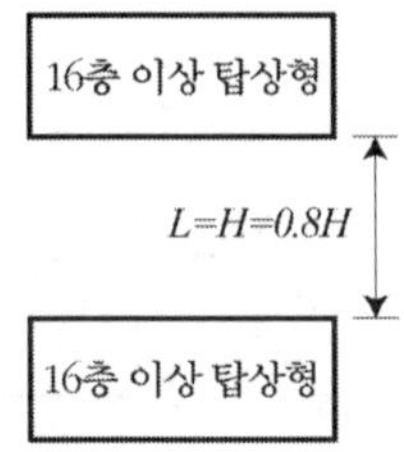


– 개구부가 없는 측벽간의 거리 : $L=6$m 이상

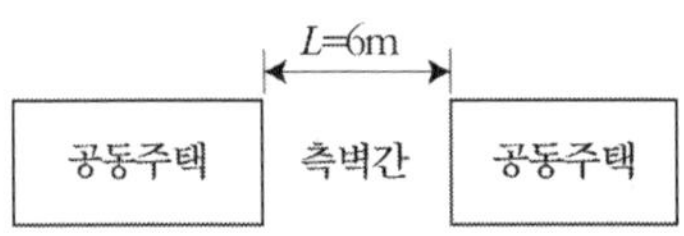


– 남측 건축물이 낮은 경우 인동거리 : $L=0.8H$, $L=h$

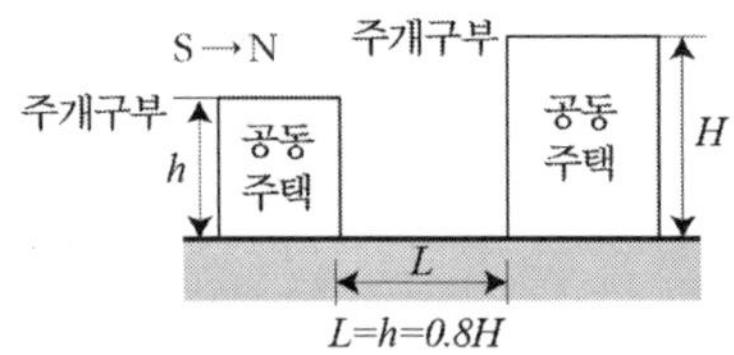


– 부속건축물과의 인동거리 : $L=h$

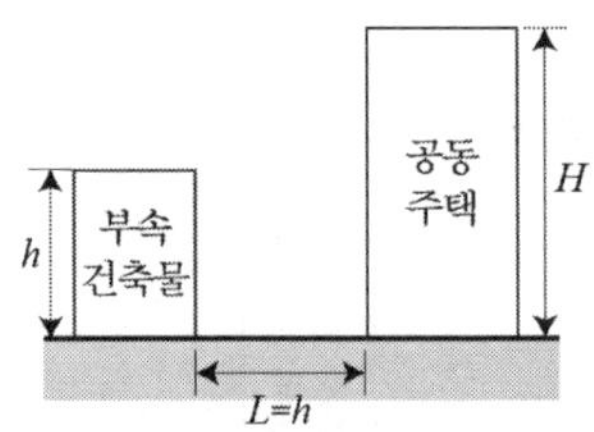


**질의** **도로 및 완충녹지에 접하고 있는 대지의 일조권 높이제한 완화 여부**

신청대지에 접한 너비 8m의 도로가 완충녹지(폭 8m)를 사이에 두고 너비 32m의 도로에 접하고 있는 경우 일조 등의 확보를 위한 건축물의 높이제한 완화를 받을 수 있는지 여부

**회신** 「건축법 시행령」 제86조제1항 단서규정에 의하여 전용주거지역 또는 일반주거지역 안에서 건축물을 건축하는 경우로서 건축물의 미관향상을 위하여 너비 20m 이상의 도로(자동차전용도로를 포함한다)로서 건축조례가 정하는 도로에 접한 대지(도로와 대지의 사이에 도시·군계획시설인 완충녹지가 있는 경우에 그 대지를 포함) 상호간에 건축하는 건축물인 경우에는 동조동항 본문의 규정을 적용하지 아니하는 것인 바, 신청대지에 접한 도로가 완충녹지를 사이에 두고 너비 20m 이상의 도로에 접하고 있는 경우 동 규정에 의한 완화적용이 가능할 것으로 사료되니, 보다 구체적인 사항은 해당 지역의 건축허가권자에게 문의하시기 바랍니다.(건교부 건축 58070-2296, 2003.12.12)

**질의** **통과도로**

주택건설촉진법령에 의한 일단의 주택단지를 통과하는 「건축법」상 도로가 있는 바, 동 도로를 기준으로 정북방향의 일조권 확보를 위한 높이제한 규정 및 각 동간 채광확보를 위한 높이제한 규제의 적용방법

**회신** 질의의 주택단지 내 통과도로가 「건축법」 제2조제11호의 규정에 의한 도로라면, 「건축법 시행령」 제86조제1항 및 제2항 규정의 일조권 확보를 위한 건축물의 높이제한 규정의 적용시 인접대지경계선은 같은 법 시행령 제86조제5항의 규정에서 정하는 바에 따라야 하는 것임을 알려드립니다.(건교부 건축 58550-177, 2001.1.30)

**질의** 건축하고자 하는 대지와 인접대지에 고저차가 있는 경우 일조권 산정을 위한 지표면의 기준은?

**회신** 「건축법 시행령」 제119조 제1항 제5호 나목의 규정에 의하여 동법 제53조의 규정에 의한 건축물의 높이의 산정에 있어 건축물의 대지의 지표면과 인접대지의 지표면에 고저차가 있는 경우에는 그 지표면의 평균수평면을 지표면으로 보며, 다만 전용주거지역 및 일반주거지역을 제외한 지역에서 공동주택을 다른 용도와 복합하여 건축하는 경우에는 공동주택의 가장 낮은 부분을 당해 건축물의 지표면으로 보는 것임.(국토교통부 건축정책과 등록 2009.8.28, 수정 2013.12.9)

**질의** **두 대지간 도로를 사이에 두고 고저차 있는 경우 정북방향 일조권 적용위한 지표면 산정방법**

건축물(공동주택)을 건축하고자 하는 대지와 인접대지 사이에 도로가 있고, 두 대지간 고저차가 있는 경우 정북방향의 일조권 규정을 적용하기 위한 지표면 산정방법

**회신** 「건축법 시행령」 제86조제1항의 규정에 의한 정북방향으로의 일조권 규정을 적용함에 있어서 건축물을 건축하고자하는 대지와 인접대지 사이에 도로가 있고, 두 대지간 고저차가 있는 경우 정북방향 일조권 규정을 적용하기 위한 지표면은 두 대지간 평균수평면이 해당 대지의 지표면이 되는 것이니 보다 구체적인 사항은 해당 허가권자에게 문의하시기 바랍니다.(건교부 건축 58070-2216, 2003.12.1)

**질의** **동일한 대지 안에서 1동의 측벽의 연장선 내에 나머지 한 동이 배치되지 않는 경우 인동간격**

동일한 대지 안에서 2동의 공동주택을 건축하는 경우로서 1동의 측별의 연장선 안에 나머지 1동이 배치되지 아니하는 "ㄴ"자 형태로 배치되어 있는 경우에도 「건축법 시행령」 제86조제2항제2호나목의 규정을 적용하여 8m 이상을 띄어야 하는지 여부

**회신** 「건축법 시행령」 제86조제2항제2호나목의 규정에 의하여 동일한 대지 안에서 2동 이상의 건축물이 서로 마주보고 있는 경우 채광창(창넓이 $0.5m^2$ 이상의 창)이 없는 벽면과 측벽이 마주보는 경우에는 8m 이상으로서 건축조례가 정하는 거리이상을 띄어 건축하여야 하는 것이나, 귀 문의의 경우와 같이 2동의 공동주택 중 한 동의 공동주택 측벽의 연장선 내에 나머지 한 동이 배치되지 않는 경우에는 서로 마주보는 경우에 해당되지 않는 것으로 판단되는 구체적인 사항은 해당 허가권자에게 직접 문의하시기 바랍니다.(건교부 건축 58070-380, 2003.2.28)

※ 건축법시행령 제86조제2항 → 제3항으로 변경(2015.7.6)

**질의** **맞벽으로 건축물 건축시 일조권 규정 적용방법**

맞벽으로 건축물을 건축하는 경우 일조권 규정 적용방법

**회신** 「건축법」 제50조의2 및 같은 법 시행령 제81조의 규정에 따라 맞벽으로 건축물을 건축하는 경우 맞벽으로 하고자 하는 부분에 대하여는 같은 법 제53조 일조권 규정을 적용하지 아니할 수 있을 것이나, 맞벽으로 건축되지 아니한 부분에 대하여는 일조권 규정을 적용하여야 하는 것이니 보다 구체적인 사항을

해당 허가권자에게 문의하시기 바랍니다.(건교부 건축 58070-2233, 2003.12.2)

**질의** **전면에 도로 및 고속도로 진입로와 접하고 있는 경우 정북방향 일조권적용**

일반주거지역 안에서 건축물을 건축하고자하는 대지와 그 인접대지의 전면에 도로(너비 6m)+고속도로 진입로(너비 20m 이상)와 접하고 있는 경우 두 대지 상호간에 정북방향의 일조권 규정을 적용하지 아니할 수 있는지 여부

**회신** 「건축법 시행령」 제86조제1항 단서 규정에 의한 너비 20m 이상의 도로(자동자전용 도로를 포함)로서 건축조례가 정하는 도로에 접한 대지상호간에는 정북방향으로의 일조권 적용을 위한 높이제한을 적용하지 않는 것인바, 귀 문의 경우와 같이 건축물을 건축하고자하는 대지와 인접대지가 너비 6m의 도로와 너비 20m 이상의 고속도로 진입로에 접한 경우에도 상기규정을 적용하여 정북방향의 일조권 규정을 적용하지 아니할 수 있는 것입니다.(건교부 건축 58070-190, 2003.1.28)

**질의** **지하층 일부가 지표면보다 돌출 되는 경우 일조권산정을 위한 동 돌출의 건축물 높이 포함여부**

1999.4.30 이전에 시행되었던 「건축법 시행령」 제86조제1항다목의 규정에 의한 정북방향으로의 일조권 규정을 적용함에 있어 지하층의 일부가 지표면보다 돌출 되는 경우 동 돌출을 건축물의 높이에 포함하여야 하는지의 여부

**회신** 「건축법 시행령」 제86조의 규정에 의한 건축물의 높이산정은 대지의 지표면으로부터 산정하는 것인 바, 지상에 돌출 된 지하층 부분도 건축물의 높이에 산입하여야 하는 것입니다.(건교부 건축 58550-521, 2003.3.24)

**질의** **정북 방향의 일조권 규정 적용**

신청대지에 너비 8m의 도로가 접해 있고, 그 도로에 완충녹지(10m) 및 너비 25m 도로가 순서대로 접해 있을 경우, 2개의 도로와 완충녹지를 하나의 도로로 보아 신청대지의 건축물에 대해 일조 등의 확보를 위한 건축물의 높이제한 규정을 적용하지 않을 수 있는 지 여부

**회신** 가. 건축법시행령 제86조제1항 단서규정에 따르면 전용주거지역 또는 일반주거지역안에서 건축물을 건축하는 경우로서 건축물의 미관향상을 위하여 너비 20m 이상의 도로로서 건축조례가 정하는 도로에 접한 대지(도로와 대지의 사이에 도시계획시설인 완충녹지가 있는 경우에 그 대지를 포함한다) 상호간에 건축하는 건축물의 경우에는 본문의 일조등의 확보를 위한 건축물의 높이제한 규정을 적용하지 아니할 수 있음

나. 질의하신 내용을 검토한 결과, 도로변의 건축물 미관향상을 위한 법 취지상 건축법시행령 제86조제1항 단서규정을 적용할 수 있을 것으로 사료되나, 동 규정 적용 여부는 당해 허가권자가 해당 도로 및 녹지가 각각 건축조례로 정하는 도로 및 도시계획시설에 해당하는 지 여부 등을 판단하여 결정하여야 할 것임(국토교통부 건축정책과 등록 2009.8.28, 수정 2013.12.6)

**질의** **도시기반시설의 지하부분을 상가, 주차장으로 활용시 건축이 금지된 공지로 볼 수 있는지**

「건축법 시행령」 제86조제5항의 규정에 의한 일조 등의 확보를 위한 건축물의 높이제한 규정을 적용함에 있어 「국토의 계획 및 이용에 관한 법률」에 의한 도시기반시설(공공금지)의 지하부분을 상가 또는 주차장으로 활용하는 경우 이를 건축이 금지된 공지로 볼 수 있는지의 여부

**회신** 질의의 경우 공공공지가 도시기반시설로 결정된 경우라면 「건축법 시행령」 제86조제5항의 규정에 의한 건축이 금지된 공지로 볼 수 있을 것으로 사료됩니다.(건교부 건축 58550-1972, 2003.10.29)

### 질의 공동주택이 서로 겹침없이 직각으로 위치하여 마주보지 아니한 경우 일조권적용여부

동일한 대지 안에서 2동의 공동주택이 서로 겹침이 없이 직각으로 위치하여 마주보고 있지 아니한 경우에도 「건축법 시행령」 제86조제2항제2호의 공동주택의 일조권 확보를 위한 규정의 단서 규정(해당 대지 안의 모든 세대가 동지일을 기준으로 9시에서 15시 사이에 2시간 이상을 계속하여 일조를 확보할 수 있는 거리 이상)에 적합하도록 하여야 하는 것인지 여부

**회신** 제86조제2항제2호의 규정에 의하여 공동주택 건축물 각 부분 사이의 거리를 띄어야 하는 것은 동일한 대지 안에서 2동 이상의 공동주택이 서로 마주보고 있는 경우에 적용하는 규정으로서 동일한 대지 안에서 2동의 공동주택건축물이 해당 건축물과 인접건축물이 직각으로 위치하고 해당 건축물의 측벽이 인접건축물과 겹치지 아니한 경우로서 서로 마주보고 있지 아니한 경우에는 동 규정을 적용하지 아니하는 것이니, 이에 대한 보다 자세한 사항에 대하여는 해당 지역의 시장·군수·구청장에게 문의하시기 바랍니다.(건교부 건축 58070-1899, 2003.10.18)

### 질의 회신 건축이 금지된 공지

공동주택을 건축함에 있어 대지와 다른 대지 사이에 공원·도로·철도·하천 등 건축이 금지된 공지가 있는 경우에 「건축법 시행령」 제86조의 규정 적용시 인접대지경계선의 기준은 동령 동조 제5항의 규정에 의하여 제1항의 규정에 의한 정북방향은 해당 대지경계선과 공원 등의 반대편 경계선과의 중심선을 인접대지경계선으로 하고, 기타의 경우에는 그 반대편 경계선을 기준으로 하는 것입니다.(건교부 건축 58550-3326, '99.8.24)

### 질의 정남 방향으로 적용

일조기준을 정남방향으로 적용할 수 있도록 「건축법」이 개정되었는 바, 「건축법」 제53조제3항의 정남방향의 일조권 규정은 조례의 개정 여부에 관계없이 현재 시행이 가능한지 여부

**회신** '99.2.8일자 개정된 「건축법」 제53조제3항 규정에 의한 일조 등의 확보를 위한 높이제한을 정남방향으로 적용하고자 하는 경우에는 동법 시행령 제86조제3항, 제4항 및 동법 시행규칙 제36조에 의거 시장·군수·구청장이 높이를 정하여 고시할 경우 현재 적용이 가능할 것이나, 「건축법 시행령」 제86조제3항에 의거 고시하는 높이의 범위"는 개정된 「건축법 시행령」 제86조제1항 규정과 관련 조례가 개정되기까지는 종전의 조례에서 정하는 범위 안에서 정하여 고시할 수 있는 것입니다.(서울시 건지 58501-10398, '99.6.21)

### 질의 공동주택의 적용

동일 대지 안에서 질의 그림(평면도, 단면도)과 같이 공동주택(아파트) 건축물의 측벽부분과 부대복리시설인 건축물(관리동)이 관리동의 굴뚝으로 서로 연결되어 있고, 관리동 건축물의 접하는 지표면의 높이가 서로 상이한 경우,

가. 1개 동의 건축물로 볼 수 있는지 여부

나. 서울시 건축조례 제60조제4호가목(4)의 규정 적용 대상이라면, 동 규정의 "다른 건축물의 외벽"에서 공동주택(아파트) 건축물의 측벽도 "외벽"에 포함되는지 여부

다. 서울시 건축조례 제60조제4호가목(4)의 규정을 적용시, "관리동 건축물은 각 부분의 높이가 다른 건축물의 외벽까지의 수평거리 이하이어야 하는 바", 관리동 건축물의 높이는 질의 그림에서 A 또는 B인지 여부

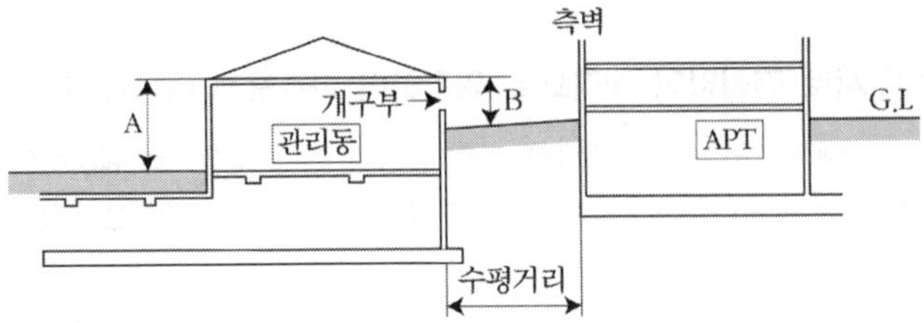


**회신** 가. 질의 그림의 공동주택(아파트) 건축물과 관리동 건축물은 이용형태·구조 등으로 판단할 때 하나(1개동)의 건축물로 보기 어려우며,

나. 서울시 건축조례 제60조제4호가목(4)의 규정을 적용시 아파트의 측벽도 "외벽"에 포함되는 것이며,

다. 질의 그림과 같이 관리 동 건축물의 접하는 지표면의 높이가 서로 상이한 경우, 서울시 건축조례 제60조제4호가목(4)의 규정을 적용시, 관리동 건축물의 각 부분의 높이는 질의 그림의 B로 볼 수 있음을 알려 드리오니, 구체적인 사항은 해당 건축물의 사업계획승인업무 등을 담당하고 있는 관할 구청장에게 자세한 설계도서를 구비 직접 문의하시기 바랍니다.(서울시 건지 58501-0403, '99.6.14)

## 질의 아파트 인동거리 산정

질의 그림과 같이 동일 대지 안에서 공동주택(아파트)이 서로 마주 보고 있는 경우, 서울시 건축조례 개정(안) 제56조제3항 규정에 의한 인동거리 산정방법과 관련,

가. 하나의 대지 안에 2동 이상의 공동주택이 남북방향으로 서로 마주 보고 있으며, 지표면에 고저 차가 있는 경우 인동거리 산정방법

나. 16층 이상인 탑상형 건축물이 서로 마주 보고 있는 경우 인동거리 산정방법

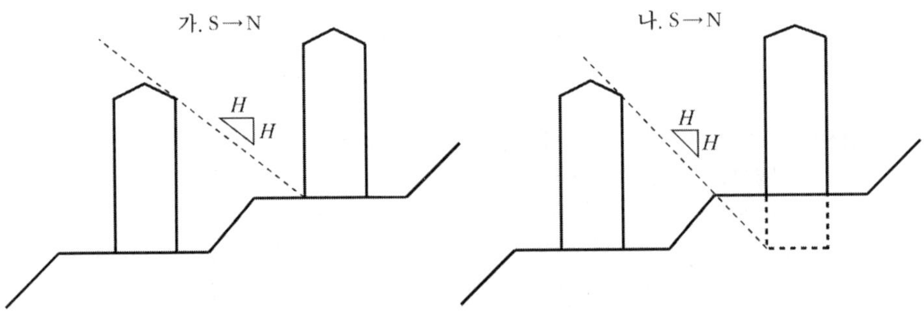


**경사지의 공동주택 인동거리**

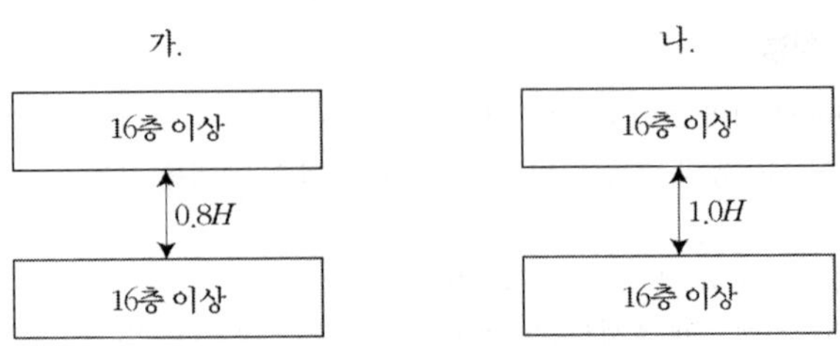


**16층 이상인 탑상형 공동주택의 인동거리**

**회신** 가. 우리 시에서 현재 개정 추진 중인 건축조례 개정(안) 제56조제3항제1호 및 동조 제6항 규정에 의하여 동일한 대지 안에서 2동 이상의 건축물이 서로 마주 보고 있는 경우의 건축물 각 부분 사이의 거리는 채광창이 향하는 방향에 있는 건축물 각 부분의 높이의 1배 이상으로 하되 서로 마주 보는 건축물 중 남쪽방향(마주 보는 2동의 축이 남동에서 남서 방향에 한한다)의 건축물이 낮고, 주 개구부 방향이 남쪽방향을 향하는 경우에는 건축물 사이의 수평거리가 높은 건축물의 높이의 0.8배 이상으로 하여야 하며, 건축물의 높이의 산정에 있어 그 대지의 지표면에 고저 차가 있는 경우에는 각 동의 공동주택의 지표면을 건축물의 높이를 산정하기 위한 지표면으로 보도록 규정하고 있으며,

나. 우리 시 건축조례 개정(안) 제56조제3항제1호나목 규정에 동일한 대지 안에서 2동 이상의 16층 이상인 탑상형 건축물이 서로 마주 보고 있는 경우의 한 건축물의 외벽에서 다른 건축물의 외벽까지의 거리가 각각의 건축물의 높이의 0.8배 이상이고, 정남북 방향의 수평거리의 1배 이상인 경우로 규정하고 있음을 알려 드리오니 참고하시고 우리 시 개정조례(안)은 우리 시 인터넷(주소 : http://www.metro.seoul.kr) 새소식란에 등재되어 있으니, 참조하시기 바랍니다.(서울시 건지 58501-10350, '99.7.14)

**참고** **공동주택에서의 지표면 산정**

「건축법 시행령」 제119조제1항제5호나목에 의하면 "건축물의 대지의 지표면과 인접대지의 지표면 간에 고저 차가 있는 경우에는 그 지표면의 평균 수평면을 지표면으로 본다"라고 규정되어 있다.

그러나 시행령 개정 전('99.4.30 이전)에는 공동주택의 경우 "하나의 대지 안에 2동 이상의 공동주택을 건축하는 경우에 그 대지의 지표면에 고저 차가 있는 경우에는 각 동의 공동주택의 지표면을 건축물의 높이를 산정하기 위한 지표면으로 보며"라고 단서 조항에 명시되어 있었다. 따라서 「건축법」이 개정('99.4.30 이후) 이후에는 특별한 규정이 없어 동일 대지에서 2동 이상이 마주 보고 있을 때 지표면 산정을 할 경우 실질적으로는 평균 수평면을 지표면으로 하여야 한다. 그러나 공동주택인 아파트 단지의 경우 대지 규모가 크게 되므로 상당한 어려움이 따르게 되어 서울시의 경우 종전(각 동의 공동주택의 지표면을 건축물의 높이를 산정하기 위한 지표면)의 규정을 적용하고 있는 것으로 보인다.

# 제6장 과제하기

**01.** 용도지역 및 용도지구 안에서의 건축물의 건축제한은 어느 법에서 규정하고 있나?

**02.** 다음 중 제1종과 제2종 전용주거지역 안에서 건축할 수 있는 건축물과 조례로 건축할 수 있는 건축물을 비교하라.

**03.** 다음 중 제1종, 제2종, 제3종 일반주거지역 안에서 건축할 수 있는 건축물의 차이점은?

**04.** 준주거지역 안에서 건축할 수 없는 건축물은 어느 것인가?

기숙사, 종교시설, 정신병원, 숙박시설, 운동시설, 전시시설, 위락시설, 자동차관련시설

**05.** 중심상업지역 안에서 건축할 수 없는 건축물은? 그리고 조례로 건축할 수 없는 건축물은?

아파트, 교육연구시설, 기숙사, 종합병원, 숙박시설, 창고시설, 문화 및 집회 시설, 운동시설, 전시시설, 묘지관련 시설, 관광휴게시설, 야영장시설

**06.** 일반상업지역 안에서 건축할 수 없는 건축물은? 그리고 조례로 건축할 수 없는 건축물은?

단독주택, 연립주택, 기숙사, 대학교, 식물관련시설, 창고시설, 가축시설, 자동차관련시설, 고물상, 운동시설

**07.** 근린상업지역 안에서 건축할 수 없는 건축물은? 그리고 조례로 건축할 수 없는 건축물은?

공동주택, 노유자시설, 기숙사, 위락시설, 관람장, 가축시설, 자동차운전교습장, 숙박시설, 전시장, 교육연구시설

**08.** 유통상업지역 안에서 건축할 수 없는 것은?

단독주택, 공동주택, 근린공공시설, 업무시설, 숙박시설, 운동시설, 위락시설, 창고시설, 자동차관련시설, 운수시설

**09.** 전용공업지역 안에서 건축할 수 있는 건축물은? 그리고 조례로 건축할 수 있는 건축물은?

기숙사, 아파트, 동물병원, 탁아소, 양로원, 의원, 교회, 초등학교, 집회장, 창고시설, 자동차관련시설, 고물상

**10.** 일반공업지역 안에서 건축할 수 있는 건축물은? 그리고 조례로 건축할 수 있는 건축물은?

단독주택, 공동주택, 의료시설, 판매시설, 동물 및 식물 관련시설, 업무시설, 집회장, 공연장, 종교집회장, 교정시설, 자동차관련시설

**11.** 준공업지역 안에서 건축할 수 없는 건축물은 어느 것인가?

공동주택, 기숙사, 병원, 가축시설, 중학교, 업무시설, 문화 및 집회 시설, 위락시설, 야영장시설

**12.** 보전녹지지역 안에서 건축할 수 있는 건축물은? 그리고 조례로 건축할 수 있는 건축물은?

단독주택, 다세대주택, 연립주택, 200$m^2$인 대중음식점, 유치원, 병원, 중학교, 식물원, 국방·군사시설, 여관, 교회, 야외음악당, 집회장, 묘지관련시설

**13.** 생산녹지지역 안에서 건축할 수 있는 건축물은? 그리고 조례로 건축할 수 있는 건축물은?

연립주택, 아파트, 교회, 전시장, 도서관, 숙박시설, 유스호스텔, 운동시설, 병원, 집회장, 농업용 창고시설, 관광휴게시설, 폐기물재활용시설, 방송국, 교정시설, 장례식장

**14.** 자연녹지지역 안에서 건축할 수 있는 건축물은? 그리고 조례로 건축할 수 있는 건축물은?

단독주택, 연립주택, 아파트, 기숙사, 일반업무시설, 일반숙박시설, 격리병원, 자동차매매장, 운수시설, 방송국, 문화 및 집회시설, 일반창고, 관광호텔, 장례식장

**15.** 보전관리지역 및 생산관리지역 안에서 건축할 수 있는 건축물을 상호 비교하라.

**16.** 자연환경보전지역과 농림지역의 차이점은?

**17.** 계획관리지역은 어떤 경우에 지정하는가?

**18.** 「국토의 계획 및 이용에 관한 법률」에서의 건폐율·용적률의 범위는?

**19.** 용적률이 완화될 수 있는 지역과 그 조건은?

**20.** 대지안의 공지 중 건축선과 인접대지경계선으로부터 건축물까지 띄우는 거리 기준은?

**21.** 맞벽건축과 연결복도에 대하여 기술하라.

**22.** 일조 등의 확보를 위한 공동주택의 건축물 높이제한 규정에 대하여 기술하라.

# 제6장 과년도 문제

**01.** 다음 중 건축물의 대지가 2개 지구에 걸쳐 있을 때 대지의 과반을 걸치지 않았더라도 건축물 대지 전부에 대해 규정을 적용해야 되는 지구는? (단, 조례에 적용방법을 정하지 아니했을 경우)

㉮ 고도지구　　　㉯ 공항지구
㉰ 보존지구　　　㉱ 풍치지구

**해설 국계법 제84조, 법 제54조**
건축물의 전부 또는 일부가 미관지구, 고도지구에 걸치는 경우 그 건축물 및 대지의 전부에 대하여 미관지구, 고도지구 안의 건축물 및 대지에 관한 규정을 적용한다.

**02.** 건축물의 대지가 다음 그림과 같이 지역, 지구에 걸쳐 있을 때 이 대지에 대하여 적용하게 되는 지역, 지구는 어느 것인가?

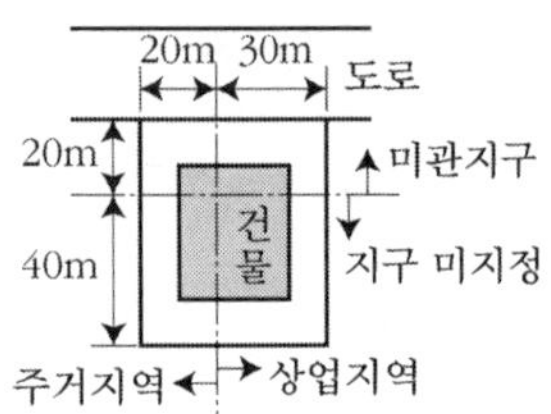


㉮ 대지의 각 부위에 따라 정해진 지역, 지구
㉯ 상업지역, 자구미지정
㉰ 주거지역, 도로변은 미관지구
㉱ 상업지역, 미관지구

**해설 국계법 제84조, 법 제54조**
건축물 및 대지의 전부에 대하여 그 대지의 과반이 속하는 지역·지구 규정을 적용한다. 다만 미관지구 또는 고도지구에 걸치는 경우 이들 지구 규정을 적용

**03.** 공동주택을 다른 용도와 복합하여 건축하는 경우 공동주택의 가장 낮은 부분을 지표면으로 하여 일조 등의 높이를 적용할 수 없는 지역은?

㉮ 준공업지역　　　㉯ 일반주거지역
㉰ 준주거지역　　　㉱ 근린상업지역

**해설 영 제119조 제5호**
– 공동주택을 다른 용도와 복합하여 건축하는 경우 공동주택의 가장 낮은 부분으로 지표면으로 볼 수 있으나 전용주거지역 및 일반주거지역 제외한다.
– 전용주거지역 및 일반주거지역은 일조 등의 확보를 위해 건축물의 높이제한을 받게 된다.

**04.** 건축법령상 건축물이 있는 대지를 분할 할 경우 최소 분할면적이 작은 지역에서 큰 지역의 순으로 가장 적합한 것은?

㉮ 주거지역<녹지지역<상업지역
㉯ 주거지역<공업지역<녹지지역
㉰ 공업지역<상업지역<주거지역
㉱ 공업지역<주거지역<녹지지역

**해설 영 제80조**
대지면적의 최소한도가 삭제되고 대지의 분할 규모를 정하여 그 규모 이상을 가져야 한다.
– 주거지역 : $60m^2$
– 상업지역 : $150m^2$
– 공업지역 : $150m^2$
– 녹지지역 : $200m^2$
– 위 규정에 해당하지 않는 지역 : $60m^2$

**05.** 일조 등의 확보를 위한 건축물의 높이제한에서 건축물의 높이가 9m이하 부분을 정북방향으로의 인접대지경계선으로부터 띄어야 할 최소 거리는?

㉮ 1.0m　　　㉯ 1.5m
㉰ 2.0m　　　㉱ 3.0

**해설 영 제86조 제1항**
**〈전용주거지역이나 일반주거지역에서 건축하는 경우〉**
건축물의 각 부분을 정북(正北)방향으로 인접 대지경계선으로부터 다음 항목의 범위에서 건축조례가 정하는 거리 이상 띄어 건축
– 높이 9m 이하인 부분 : 인접대지경계선으로부터 1.5m 이상
– 높이 9m를 초과하는 부분 : 인접대지경계선으로부터 해당 건축물 각 부분 높이의 2분의 1 이상

**해답** 1. ㉮ 2. ㉱ 3. ㉯ 4. ㉯ 5. ㉯

**06.** 준주거지역에 대지면적 1,000m$^2$에 건축면적 570m$^2$의 건축물을 건축하고자 한다. 용적률을 최대한으로 하고자 할 때 몇 층까지 건축할 수 있는가? (단, 지상층 만을 말함)

㉮ 11층　　㉯ 12층
㉰ 13층　　㉱ 14층

해설 $용적률 = \frac{지상층연면적}{대면적} \times 100(\%)$

준주거지역의 용적률 한도는 700%

건축물의 지상층연면적=1,000m$^2$×7=7,000m$^2$

건축물의 층수(지상층)= $\frac{7{,}000m^2}{570m^2} \fallingdotseq 12.3$

따라서 12층이 최대 층수가 되며 13cm가 되면 지상층연면적이 7,410m$^2$ 된다.

**07.** 대지면적이 500m$^2$이고 건폐율의 최고한도가 60%인 지역에서 최대한도의 바닥면적으로 8층까지 건축할 수 있다면 이 지역의 용적률은 얼마인가?

㉮ 360%　　㉯ 400%
㉰ 480%　　㉱ 500%

해설 **법 제56조**

건축면적=500m$^2$×0.6=300cm$^2$

용적률= $\frac{300m^2 \times 8층}{500} \times 100 = 48\%$

**08.** 대지 안에 건축 가능한 건축면적을 산정하려면 아래의 어느 규정을 적용하여야 하는가?

㉮ 건폐율
㉯ 용적률
㉰ 대지의 분할규모
㉱ 대지 안의 공지

해설 **법 제55조**

건폐율= $\frac{건축면적}{대지면적}$

최대 건축면적=대지면적×건폐율

대지 안의 공지와 대지 내 통로 등은 법령에 없다.

**09.** 건축물이 있는 대지의 분할제한기준으로 옳지 않은 것은?

㉮ 녹지지역 : 200m$^2$ 이상
㉯ 공업지역 : 170m$^2$ 이상
㉰ 상업지역 : 150m$^2$ 이상
㉱ 주거지역 : 60m$^2$ 이상

해설 **영 제80조**

－주거지역 : 60m$^2$ 이상
－상업지역, 공업지역 : 150m$^2$ 이상
－녹지지역 : 200m$^2$ 이상
－기타지역 : 60m$^2$ 이상

**10.** 대지가 지역, 지구 또는 구역에 걸치는 경우에 건축물에 관한 규정 적용으로 옳지 않은 것은?

㉮ 대지가 풍치지구와 고도지구에 걸쳐 있는 경우에 과반수 이상의 풍치지구에 속해 있을 경우에는 풍치지구 건축물에 관한 규정을 적용한다.
㉯ 대지가 보존지구와 미관지구에 걸쳐 있는 경우 과반수 이상의 보존지구에 걸쳐 있는 경우라도 미관 지구 건축물에 관한 규정을 적용한다.
㉰ 하나의 건축물이 방화지구와 그 밖의 구역에 걸치는 경우에는 그 전부에 대하여 방화지구 안의 건축물에 관한 규정을 적용한다.
㉱ 건축물의 방화지구와 그 밖에 경계가 방화벽으로 구획되는 경우에는 그 밖의 구역에 있는 부분에 대하여는 지구 안의 건축물에 대한 규정을 적용하지 아니한다.

해설 **국계법 제84조, 법 제54조**

상기 문제 참조

고도지구, 미관지구 내에 건축물의 일부가 걸려 있을 때는 건물 및 대지 전부에 대해 고도지구나 미관지구 내의 규정을 적용 받는다.

**11.** 인근 건축물과의 연결 복도 또는 연결통로를 설치하는 경우 그 기준으로 틀린 것은?

㉮ 주요구조부가 방화구조일 것
㉯ 마감재료가 불연재료일 것

해답 6. ㉯ 7. ㉰ 8. ㉮ 9. ㉯ 10. ㉮ 11. ㉮

㉰ 밀폐된 구조인 경우 벽면적의 1/10 이상에 해당하는 면적의 창문을 설치할 것

㉱ 너비 및 높이가 각각 5m 이하일 것

**해설** **법 제59조, 영 제81조 제5항**

주요 구조부는 내화구조가 되어야 하며, 상기 항 이외에 건축물과 복도 또는 통로의 연결 부분에 방화셔터 또는 방화문 설치

**12.** 정남방향의 인접대지 경계선으로부터 거리에 따라 건축물의 높이를 제한할 수 있는 지역, 지구, 구역이 아닌 것은?

㉮ 국토이용관리법의 규정에 의한 농림지역

㉯ 도시개발법의 규정에 의한 도시개발구역

㉰ 택지개발촉진법의 규정에 의한 택지개발지구

㉱ 주택법의 규정에 의한 대지조성사업지구

**해설** **법 제61조 제3항**

㉮항은 아니며 ㉯~㉱ 이외에 지역균형개발 및 지방 중소기업육성에 관한 법률에 의한 광역개발권역 및 개발촉진지구, 산업입지 및 개발에 관한법률에 의한 국가산업단지·일반산업단지 및 농공단지, 도시개발법에 의한 도시개발구역, 도시 및 주거환경개선에 의한 정비구역, 정북방향으로 도로 등 건축이 금지된 공지에 접하는 대지, 정북방향으로 접하고 있는 대지의 소유자와 합의한 경우

**13.** 허가권자가 가로구역을 단위로 하여 건축물의 최고높이를 지정할 경우 고려하지 않아도 되는 사항은?

㉮ 도시계획에 의한 토지이용계획

㉯ 당해 가로구역에 접하는 대지의 너비

㉰ 도시미관 및 경관계획

㉱ 당해 가로구역의 상수도 수용능력

**해설** **영 제82조**

당해 가로구역에 접하는 도로의 너비가 된다.

**14.** 일조 등의 확보를 위한 건축물의 높이제한에 있어서 관련 없는 것은?

㉮ 건축물의 연면적

㉯ 정북방향 및 인접대지경계선

㉰ 건축물의 높이

㉱ 연속일조시간

**해설** **영 제86조**

일조 등은 확보는 2시간 연속일조가 되어야 하며, 건축물의 높이에 따라 정북 방향으로 1.5m H/2를 인접대지 경계선으로부터 띄어야 한다. 건축물의 면적과는 무관하다.

**15.** 동일한 대지 안에서 2동의 공동주택이 채광창이 없는 벽면과 측벽이 서로 마주보고 있을 때 일조 등의 확보를 위해 건축조례에서 이들 사이를 서로 띄게 하는 최소거리는?

㉮ 45m ㉯ 6m

㉰ 8m ㉱ 10m

**해설** **영 제86조**

동일한 대지 안에서 2동의 공동주택이 채광창이 없는 벽면과 측벽이 서로 마주보고 있을 때 일조 등의 확보를 위해 8m 이상을 서로 띄운다.

**16.** 용도지역의 지정목적에서 타당하지 않은 것은?

㉮ 주거지역 : 거주의 안녕과 건전한 생활환경의 보호를 위하여 필요한 지역

㉯ 보전녹지지역 : 도시의 자연환경, 경관, 산림 및 녹지공간을 보존할 필요가 있는 지역

㉰ 일반상업지역 : 일반적인 상업 및 업무기능을 담당하기 위하여 필요한 지역

㉱ 일반공업지역 : 경공업, 기타 공업을 수용하되, 주거, 상업, 업무기능의 보완이 필요한 지역

**해설** **국계법 제36조, 영 제30조**

종전(2002.12.31까지)에는 용도지역, 지구 등이 도시계획법에서 규정하고 있었으나 2003.1.1부터는 국토의 계획 및 이용에 관한 법률로 바뀜에 따라 종전 도시계획법의 내용이 포함되어 있다.

전과 거의 비슷하나 일부 내용이 새롭게 바뀐 부분도 있어 유의하여야 함

본 문제에서 다른 것은 일반 공업지역은 환경을 저해하지 아니하는 공업의 배치를 위하여 필요한 지역이 되며, 경공업 그 밖의 공업을 수용하되 주거, 상업 업무기능의 보완이 필요한 지역은 준공업지역이 된다.

**해답** 12. ㉮ 13. ㉯ 14. ㉮ 15. ㉰ 16. ㉱

**17.** 용적률의 최대한도가 낮은 지역에서 높은 지역으로 바르게 나열된 것은?

㉮ 계획관리지역 < 일반공업지역 < 준주거지역
㉯ 계획관리지역 < 준주거지역 < 일반공업지역
㉰ 준주거지역 < 계획관리지역 < 일반공업지역
㉱ 준주거지역 < 일반공업지역 < 계획관리지역

해설 **국계법 시행령 제85조**

- 용도지역안에서의 용적률
  - 준주거지역 : 200% 이상 500% 이하
  - 일반공업지역 : 200% 이상 350% 이하
  - 계획관리지역 ; 50% 이상 100% 이하
- 자치조례별로 지역특성을 고려하여 규정하고 있음.

**18.** 지구단위계획에 포함되는 내용으로 가장 적합하지 않은 것은?

㉮ 환경관리계획
㉯ 경관계획
㉰ 토지의 용도별 수요 및 공급에 관한 계획
㉱ 건축물의 배치·형태·색채 또는 건축선에 관한 계획

해설 **국계법 제52조**

- 지구단위계획의 내용
  - 용도지역이나 용도 지구를 대통령령으로 정하는 범위에서 세분하거나 변경하는 사항
  - 기존 용도지구를 폐지하고 그 용도지구에서의 건축물이나 그 밖의 시설의 용도·종류 및 규모 등의 제한을 대체하는 사항
  - 대통령령으로 정하는 기반시설의 배치의 규모
  - 도로로 둘러싸인 일단의 지역 또는 계획적인 개발·정비를 위하여 구획된 일단의 토지의 규모와 조성계획
  - 건축물의 용도제한, 건축물의 건폐율 또는 용적률, 건축물 높이의 최고한도 또는 최저한도
  - 건축물의 배치·형태·색채 또는 건축선에 관한 계획
  - 환경관리 계획 또는 경관계획
  - 교통처리 계획
  - 그 밖에 법령이 정하는 사항

**19.** 국토의 계획 및 이용에 관한 법령상 용도 지구의 지정에서 경관지구에 포함되지 않는 것은?

㉮ 자연경관지구　　㉯ 역사문화경과지구
㉰ 수변경관지구　　㉱ 시가지경관지구

해설 **국계법 시행령 제31조**

- 경관지구=자연경관지구/수변경관지구/시가지경관지구
- **미관지구 중 역사문화미관지구** : 문화재와 문화적으로 보존가치가 큰 건축물 등의 미관을 유지·관리하기 위하여 필요한 지구

**해답** 17. ㉮ 18. ㉰ 19. ㉯

# 제7장

# 건축설비

**법 제62조 【건축설비기준 등】**

건축설비의 설치 및 구조에 관한 기준과 설계 및 공사감리에 관하여 필요한 사항은 대통령령으로 정한다.

해설 건축물의 고층화·대형화와 설비의 고도화가 이루어지고 있으며 건축설비에 대한 비중이 점점 커지고 있다. 건축설비는 건축물의 기능과 질적 수준향상을 위해 필요한 것으로 급배수, 냉난방 기계설비, 전기통신설비 등 인체의 혈관과 신경계통에 해당된다.

**영 제87조 【건축설비설치의 원칙】**

① 건축설비는 건축물의 안전·방화, 위생, 에너지 및 정보통신의 합리적 이용에 지장이 없도록 설치하여야 하고, 배관피트 및 닥트의 단면적과 수선구의 크기를 해당 설비의 수선에 지장이 없도록 하는 등 설비의 유지·관리가 쉽게 설치하여야 한다.

② 건축물에 설치하는 급수·배수·냉방·난방·환기·피뢰 등 건축설비의 설치에 관한 기술적 기준은 국토교통부령으로 정하되, 에너지 이용 합리화와 관련한 건축설비의 기술적 기준에 관하여는 산업통산자원부장관과 협의하여 정한다.

③ 건축물에 설치하여야 하는 장애인 관련 시설 및 설비는 「장애인·노인·임산부 등의 편의증진 보장에 관한 법률」 제14조에 따라 작성하여 보급하는 편의시설 상세표준도에 따른다.
(2012.12.12 본항 개정)

④ 건축물에는 방송수신에 지장이 없도록 공동시청 안테나, 유선방송 수신시설, 위성방송 수신설비, 에프엠(FM)라디오방송 수신설비 또는 방송 공동수신설비를 설치할 수 있다. 다만, 다음 각 호의 건축물에는 **방송 공동수신설비**를 설치하여야 한다.(2012.12.12 본항 개정)

1. 공동주택(2012.12.12 본호 개정)

2. 바닥면적의 합계가 5,000m$^2$ 이상으로서 업무시설이나 숙박시설의 용도로 쓰는 건축물

⑤ 제4항에 따른 **방송 수신설비**의 설치기준은 과학기술정보통신부장관이 정하여 고시하는 바에 따른다.(2017.7.26 행정안전부와 그 소속기관 직제 부칙에 의거 개정)

⑥ 연면적이 500m$^2$ 이상인 건축물의 대지에는 국토교통부령으로 정하는 바에 따라 「전기사업법」 제2조제2호에 따른 전기사업자가 전기를 배전(配電)하는 데 필요한 **전기설비**를 설치할 수 있는 공간을 확보하여야 한다.(2009.7.16 본항 신설)

⑦ 해풍이나 염분 등으로 인하여 건축물의 재료 및 기계설비 등에 조기 부식과 같은 피해 발생이 우려되는 지역에서는 해당 지방자치단체는 이를 방지하기 위하여 다음 각 호의 사항을 조례로 정할 수 있다.(2010.2.18 본항 신설)

1. 해풍이나 염분 등에 대한 내구성 설계기준

2. 해풍이나 염분 등에 대한 내구성 허용기준

3. 그 밖에 해풍이나 염분 등에 따른 피해를 막기 위하여 필요한 사항

⑧ 건축물에 설치하여야 하는 **우편수취함**은 「우편법」 제37조의2의 기준에 따른다.(2014.10.14 본항 신설)

해설
- 건축설비의 설치에 관한 기술적 기준 : 국토교통부령
- 에너지이용합리화와 관련한 건축설비의 기술적 기준 : 산업통상자원부 장관과 협의 후 정함.
  ※ 에너지이용합리화에 관한 사항은 산업통상자원부 소관업무이므로 이에 관련한 건축설비의 기술적 기준도 산업통상자원부 장관과 협의하도록 함.
- 방송수신설비 : 과학기술정보통신부장관

**설비규칙 제1조 [목 적]**

이 규칙은 「건축법」 제49조, 제62조, 제64조, 제67조 및 제68조와 같은 법 시행령 제87조, 제89조, 제90조까지 및 제91조의3에 따른 건축설비의 설치에 관한 기술적 기준 등에 필요한 사항을 규정함을 목적으로 한다.(2020.4.9 본조 개정)

해설 건축물의 대형화·고층화, 건축설비의 고도화에 따라 건축설비의 합리적 기준이 요구된다. 특히 설비기준은 기술적 사항이므로 「건축법 시행규칙」에서 분리하여 건축물의 설비기준 등에 관한 규칙으로 정하고 있다.

**설비규칙 제11조 [공동주택 및 다중이용시설의 환기설비기준 등]**

① 영 제87조제2항의 규정에 따라 신축 또는 리모델링하는 다음 각 호의 어느 하나에 해당하는 주택 또는 건축물(이하 "**신축공동주택 등**"이라 한다)은 **시간당 0.5회 이상의 환기**가 이루어질 수

있도록 자연환기설비 또는 기계환기설비를 설치해야 한다.(2020.4.9 본항 개정)

1. 30세대 이상의 공동주택(2020.4.9 본호 개정)
2. 주택을 주택 외의 시설과 동일건축물로 건축하는 경우로서 주택이 30세대 이상인 건축물 (2020.4.9 본호 개정)

② 신축공동주택 등에 자연환기설비를 설치하는 경우에는 자연환기설비가 제1항에 따른 환기횟수를 충족하는지에 대하여 법 제4조에 따른 지방건축위원회의 심의를 받아야 한다. 다만, 신축공동주택 등에 「산업표준화법」에 따른 한국산업표준(이하 "**한국산업표준**"이라 한다)의 자연환기설비 환기성능 시험방법(KSF 2921)에 따라 성능시험을 거친 자연환기설비를 별표 1의3에 따른 자연환기설비 설치 길이 이상으로 설치하는 경우는 제외한다.(2015.7.9 본항 개정)

③ 신축 공동주택 등에 자연환기설비 또는 기계환기설비를 설치하는 경우에는 **별표 1의4** 또는 **별표 1의5**의 기준에 적합하여야 한다.(2009.12.31 본항 개정)

④ 특별시장·광역시장·특별자치시장·특별자치도지사 또는 시장·군수·구청장(자치구의 구청장을 말하며, 이하 "허가권자"라 한다)은 30세대 미만인 공동주택과 주택을 주택 외의 시설과 동일 건축물로 건축하는 경우로서 주택이 30세대 미만인 건축물 및 단독주택에 대해 시간당 0.5회 이상의 환기가 이루어질 수 있도록 자연환기설비 또는 기계환기설비의 설치를 권장할 수 있다.(2020.4.9 본항 신설)

⑤ 다중 이용시설을 신축하는 경우에 기계환기설비를 설치해야 하는 다중 이용시설 및 각 시설의 필요 환기량은 **별표 1의6**과 같으며, 설치하여야 하는 기계환기설비의 구조 및 설치는 다음 각 호의 기준에 적합해야 한다.(2020.4.9 본항 개정)

1. 다중이용시설의 기계환기설비 용량기준은 시설이용 인원 당 환기량을 원칙으로 산정할 것
2. 기계환기설비는 다중이용시설로 공급되는 공기의 분포를 최대한 균등하게 하여 실내 기류의 편차가 최소화될 수 있도록 할 것
3. 공기공급체계·공기배출체계 또는 공기흡입구·배기구 등에 설치되는 송풍기는 외부의 기류로 인하여 송풍능력이 떨어지는 구조가 아닐 것
4. 바깥공기를 공급하는 공기공급체계 또는 바깥공기가 도입되는 공기흡입구는 다음 각 목의 요건을 모두 갖춘 공기여과기 또는 집진기(集塵機) 등을 갖출 것(2020.4.9 본호 개정)
   가. 입자형·가스형 오염물질을 제거 또는 여과하는 성능이 일정 수준 이상일 것
   나. 여과장치 등의 청소 및 교환 등 유지관리가 쉬운 구조일 것
   다. 공기여과기의 경우 한국산업표준(KS B 6141)에 따른 입자 포집률이 계수법으로 측정하여 60% 이상일 것
5. 공기배출체계 및 배기구는 배출되는 공기가 공기공급체계 및 공기흡입구로 직접 들어가지 아니하는 위치에 설치할 것
6. 기계환기설비를 구성하는 설비·기기·장치 및 제품 등의 효율과 성능 등을 판정하는데 있어 이 규칙에서 정하지 아니한 사항에 대하여는 해당 항목에 대한 한국산업표준에 적합할 것 (2010.11.5 본호 개정)

해설 공동주택의 경우 30세대 이상 또는 주거복합 건축물에서 주택이 30세대 이상의 신축 또는 리모델링하는 경우에는 시간 당 0.5회 이상의 환기가 이루어 질 수 있도록 자연환기설비 또는 기계환기설비를 설치하여야 하며 자연환기 설비를 설치하는 경우에는 환기횟수가 충족하는지에 대하여 지방 건축위원회의 심의를 받아야 하고, 기계환기설비를 설치하는 경우에 설치기준에 적합하도록 하여야 한다. 그리고 30세대 미만의 공동주택과 주택을 주택외의 시설과 동일 건축물로 건축하는 경우로서 주택이 30세대 미만인 건축물 및 단독주택에 대해 시간당 0.5회 이상의 환기가 이루어질 수 있도록 자연 및 기계환기설비의 설치를 권장 할 수 있도록 한다.

**설비규칙 제11조의2 【환기구의 안전 기준】**

① 영 제87조제2항에 따라 환기구[건축물의 환기설비에 부속된 급기(給氣) 및 배기(排氣)를 위한 건축구조물에 개구부(開口部)를 말한다. 이하 같다]는 보행자 및 건축물 이용자의 안전이 확보되도록 바닥으로부터 2m 이상의 높이게 설치해야 한다. 다만, 다음 각 호의 어느 하나에 해당하는 경우에는 예외로 한다.(2021.8.27 어려운 법령용어정비를 위한 국토교통부령에 의거 본호 개정)

1. 환기구에 벽면에 설치하는 등 사람이 올라설 수 없는 구조로 설치하는 경우, 이 경우 배기를 위한 환기구는 배출되는 공기가 보행자 및 건축물 이용자에게 닿지 아니하도록 설치되어야 한다.
2. 안전울타리 또는 조경 등을 이용하여 접근을 차단하는 구조로 하는 경우

② 모든 환기구에는 국토교통부장관이 정하여 고시하는 강도(强度) 이상의 덮개와 덮개 걸침턱 등 추락방지시설을 설치하여야 한다.

해설 추락 등의 안전사고 방지를 위하여 환기구를 설치하는 경우 바닥으로부터 2m 이상의 높이에 설치하도록 하되 벽면에 설치하는 등 사람이 올라설 수 없는 구조이거나 접근을 차단하는 구조인 경우는 예외로 하고, 모든 환기구에는 일정 이상 강도의 덮개와 덮개 걸침턱 등 추락방지시설을 설치해야 한다.

참고 2014년 10월 환기구 덮개에 다수의 사람들이 올라가 공연을 관람하다가 덮개가 무너져 여러 명의 사상자가 발생한 사고가 있었다.

※ 「건축물의 설비기준 등에 관한 규칙」 **【별표 1의3】** (2021.8.27 본표 개정)

**자연환기설비 설치 길이 산정방법 및 설치 기준**(제11조제2항 관련)

**1. 설치 대상 세대의 체적 계산**

필요한 환기횟수를 만족시킬 수 있는 환기량을 산정하기 위하여, 자연환기설비를 설치하고자 하는 공동주택 단위세대의 전체 및 실별 체적을 계산한다.

**2. 단위세대 전체와 실별 설치길이 계산식 설치기준**

자연환기설비의 단위세대 전체 및 실별 설치길이는 한국산업표준의 자연환기설비 환기성능 시험방법(KSF 2921)에서 규정하고 있는 자연환기설비의 환기량 측정장치에 의한 평가 결과를 이용하여 다음 식에 따라 계산된 설치길이 L값 이상으로

설치하여야 하며. 세대 및 실 특성별 가중치가 고려되어야 한다.

$$L = \frac{V \times N}{Q_{ref}} \times F$$

여기서, $L$ : 세대 전체 또는 실별 설치 길이(유효 개구부길이 기준, m)

$V$ : 세대 전체 또는 실 체적($m^3$)

$N$ : 필요 환기횟수(0.5회/h)

$Q_{ref}$ : 자연환기설비의 환기량 측정장치에 의해 평가된 기준 압력차(2Pa)에서의 환기량($m^3/h \cdot m$)

$F$ : 세대 및 실 특성별 가중치**

※ 비고

* 일반적으로 창틀에 접합되는 부분(endcap)과 실제로 공기유입이 이루어지는 개구부 부분으로 구성되는 자연환기설비에서, 유효 개구부길이(설치길이)는 창틀과 결합되는 부분을 제외한 실제 개구부 부분을 기준으로 계산한다.

** 주동형태 및 단위세대의 설계조건을 고려한 세대 및 실 특성별 가중치는 다음과 같다.

| 구 분 | 조 건 | 가중치 |
|---|---|---|
| 세대 조건 | 1면이 외부에 면하는 경우 | 1.5 |
| | 2면이 외부에 평행하게 면하는 경우 | 1 |
| | 2면이 외부에 평행하지 않게 면하는 경우 | 1.2 |
| | 3면 이상이 외부에 면하는 경우 | 1 |
| 실 조건 | 대상 실이 외부에 직접 면하는 경우 | 1 |
| | 대상 실이 외부에 직접 면하지 않는 경우 | 1.5 |

단, 세대조건과 실 조건이 겹치는 경우에는 가중치가 높은 쪽을 적용하는 것을 원칙으로 한다.

*** 일방향으로 길게 설치하는 형태가 아닌 원형, 사각형 등에는 상기의 계산식을 적용할 수 없으며, 지방건축위원회의 심의를 거쳐야 한다.

※ 「건축물의 설비기준 등에 관한 규칙」 **【별표 1의4】** (2024.8.7 본표 개정)

## 신축 공동주택 등의 자연환기설비 설치 기준(제11조제3항 관련)

제11조제1항에 따라 신축공동주택 등에 설치되는 자연환기설비의 설계·시공 및 성능 평가 방법은 다음 각 호의 기준에 적합하여야 한다.

1. 세대에 설치되는 자연환기설비는 세대 내의 모든 실에 바깥공기를 최대한 균일하게 공급할 수 있도록 설치되어야 한다.
2. 세대의 환기량 조절을 위하여 자연환기설비는 환기량을 조절할 수 있는 체계를 갖추어야 하고, 최대개방 상태에서의 환기량을 기준으로 별표 1의3에 따른 설치 길이 이상으로 설치되어야 한다.
3. 자연환기설비는 순간적인 외부 바람 및 실내외 압력차의 증가로 인하여 발생할 수 있는 과도한 바깥공기의 유입 등 바깥공기의 변동에 의한 영향을 최소화할 수 있는 구조와 형태를 갖추어야 한다.
4. 자연환기설비의 각 부분의 재료는 충분한 내구성 및 강도를 유지하여 작동되는 동안 구조 및 성능에 변형이 없어야 하며, 표면결로 및 바깥공기의 직접적인 유입으로 인하여 발생할 수 있는 불쾌감(콜드드래프트 등)을 방지할 수 있는 재료와 구조를 갖추어야 한다.
5. 자연환기설비는 다음 각 목의 요건을 모두 갖춘 공기여과기를 갖춰야 한다.
   가. 도입되는 바깥공기에 포함되어 있는 입자형·가스형 오염물질을 제거 또는 여과하는 성능이 일정 수준 이상일 것
   나. 한국산업표준(KS B 6141)에 따른 입자 포집률이 질량법으로 측정하여 70% 이상일 것
   다. 청소 또는 교환이 쉬운 구조일 것
6. 자연환기설비를 구성하는 설비·기기·장치 및 제품 등의 효율과 성능 등을 판정함에 있어 이 규칙에서 정하지 아니한 사항에 대하여는 해당 항목에 대한 한국산업표준에 적합하여야 한다.
7. 자연환기설비를 지속적으로 작동시키는 경우에도 대상 공간의 사용에 지장을 주지 아니하는 위치에 설치되어야 한다.
8. (2024.8.7 본호 삭제)

9. 자연환기설비는 가능한 외부의 오염물질이 유입되지 않는 위치에 설치되어야 하고, 화재 등 유사시 안전에 대비할 수 있는 구조와 성능이 확보되어야 한다.
10. 실내로 도입되는 바깥공기를 예열할 수 있는 기능을 갖는 자연환기설비는 최대한 에너지 절약적인 구조와 형태를 가져야 한다.
11. 자연환기설비는 주요 부분의 정기적인 점검 및 정비 등 유지관리가 쉬운 체계로 구성하여야 하고, 제품의 사양 및 시방서에 유지관리 관련 내용을 명시하여야 하며, 유지관리 관련 내용이 수록된 사용자 설명서를 제시하여야 한다.
12. 자연환기설비는 설치되는 실의 바닥부터 수직으로 1.2m 이상의 높이에 설치하여야 하며, 2개 이상의 자연환기설비를 상하로 설치하는 경우 1m 이상의 수직간격을 확보하여야 한다.

※ 「건축물의 설비기준 등에 관한 규칙」 **[별표 1의5]** (2020.4.9 본표 개정)

## 신축공동주택 등의 기계환기설비의 설치기준(제11조제3항 관련)

제11조제1항의 규정에 의한 신축공동주택 등의 환기횟수를 확보하기 위하여 설치되는 기계환기설비의 설계·시공 및 성능평가방법은 다음 각 호의 기준에 적합하여야 한다.

1. 기계환기설비의 환기기준은 시간당 실내공기 교환횟수(환기설비에 의한 최종 공기흡입구에서 세대의 실내로 공급되는 시간당 총 체적 풍량을 실내 총체적으로 나눈 환기횟수를 말한다)로 표시하여야 한다.
2. 하나의 기계환기설비로 세대 내 2 이상의 실에 바깥공기를 공급할 경우의 필요 환기량은 각 실에 필요한 환기량의 합계 이상이 되도록 하여야 한다.
3. 세대의 환기량 조절을 위하여 환기설비의 정격풍량을 최소·적정·최대의 3단계 또는 그 이상으로 조절할 수 있는 체계를 갖추어야 하고, 적정 단계의 필요 환기량은 신축공동주택 등의 세대를 시간당 0.5회로 환기할 수 있는 풍량을 확보하여야 한다.
4. 공기공급체계 또는 공기배출체계는 부분적 손실 등 모든 압력 손실의 합계를 고려하여 계산한 공기공급능력 또는 공기배출능력이 제11조제1항의 환기기준을 확보할 수 있도록 하여야 한다.
5. 기계환기설비는 신축공동주택 등의 모든 세대가 제11조제1항의 규정에 의한 환기횟수를 만족시킬 수 있도록 24시간 가동할 수 있어야 한다.
6. 기계환기설비의 각 부분의 재료는 충분한 내구성 및 강도를 유지하여 작동되는 동안 구조 및 성능에 변형이 없도록 하여야 한다.
7. 기계환기설비는 다음 각 목의 어느 하나에 해당되는 체계를 갖추어야 한다.
   가. 바깥공기를 공급하는 송풍기와 실내공기를 배출하는 송풍기가 결합된 환기체계
   나. 바깥공기를 공급하는 송풍기와 실내공기가 배출되는 배기구가 결합된 환기 체계
   다. 바깥공기가 도입되는 공기흡입구와 실내공기를 배출하는 송풍기가 결합된 환기체계
8. 바깥공기를 공급하는 공기공급체계 또는 바깥공기가 도입되는 공기흡입구는 다음 각 목의 요건을 모두 갖춘 공기여과기 또는 집진기 등을 갖춰야 한다. 다만, 제7호다목에 따른 환기체계를 갖춘 경우에는 별표 1의4 제5호를 따른다.
   가. 입자형·가스형 오염물질을 제거 또는 여과하는 성능이 일정 수준 이상일 것
   나. 여과장치 등의 청소 및 교환 등 유지관리가 쉬운 구조일 것
   다. 공기여과기의 경우 한국산업표준(KS B 6141)에 따른 입자 포집률이 계수법으로 측정하여 60% 이상일 것
9. 기계환기설비를 구성하는 설비·기기·장치 및 제품 등의 효율 및 성능 등을 판정함에 있어 이 규칙에서 정하지 아니한 사항에 대하여는 해당 항목에 대한 한국산업표준에 적합하여야 한다.
10. 기계환기설비는 환기의 효율을 극대화할 수 있는 위치에 설치하여야 하고, 바깥공기의 변동에 의한 영향을 최소화할 수 있도록 공기흡입구 또는 배기구등에 완충장치 또는 석쇠형 철망 등을 설치하여야 한다.
11. 기계환기설비는 주방 가스대 위의 공기배출장치, 화장실의 공기배출 송풍기 등 급속 환기 설비와 함께 설치할 수 있다.
12. 공기흡입구 및 배기구와 공기공급체계 및 공기배출체계는 기계환기설비를 지속적으로 작동시키는 경우에도 대상 공간의 사용에 지장을 주지 아니하는 위치에 설치되어야 한다.
13. 기계환기설비에서 발생하는 소음의 측정은 한국산업표준(KS B 6361)에 따르는 것을 원칙으로 한다. 측정위치는 대표 길이 1m(수직 또는 수평 하단)에서 측정하여 소음이 40dB이하가 되어야 하며, 암소음(측정대상인 소음 외에 주변에 존재하

는 소음을 말한다)은 보정하여야 한다. 다만, 환기설비 본체(소음원)가 거주공간 외부에 설치될 경우에는 대표 길이 1m(수직 또는 수평 하단)에서 측정하여 50dB 이하가 되거나, 거주공간 내부의 중앙부 바닥으로부터 1.0～1.2m 높이에서 측정하여 40dB 이하가 되어야 한다.

14. 외부에 면하는 공기흡입구와 배기구는 교차오염을 방지할 수 있도록 1.5m 이상의 이격거리를 확보하거나, 공기흡입구와 배기구의 방향이 서로 90도 이상 되는 위치에 설치되어야 하고 화재 등 유사 시 안전에 대비할 수 있는 구조와 성능이 확보되어야 한다.
15. 기계환기설비의 에너지 절약을 위하여 열회수형 환기장치를 설치하는 경우에는 한국산업표준(KS B 6879)에 따라 시험한 열회수형 환기장치의 유효 환기량이 표시용량의 90% 이상이어야 하고, 열회수형 환기장치의 안과 밖은 물 맺힘이 발생하는 것을 최소화할 수 있는 구조와 성능을 확보하도록 하여야 한다.
16. 기계환기설비는 송풍기, 열회수형 환기장치, 공기여과기, 공기가 통하는 관, 공기흡입구 및 배기구, 그 밖의 기기 등 주요 부분의 정기적인 점검 및 정비 등 유지관리가 쉬운 체계로 구성되어야 하고, 제품의 사양 및 시방서에 유지관리 관련 내용을 명시하여야 하며, 유지관리 관련 내용이 수록된 사용자 설명서를 제시하여야 한다.
17. 실외의 기상조건에 따라 환기용 송풍기 등 기계환기설비를 작동하지 아니하더라도 자연환기와 기계환기가 동시 운용될 수 있는 혼합형 환기설비가 설계도서 등을 근거로 필요 환기량을 확보할 수 있는 것으로 객관적으로 입증되는 경우에는 기계환기설비를 갖춘 것으로 인정할 수 있다.이 경우, 동시에 운용될 수 있는 자연환기설비와 기계환기설비가 제11조제1항의 환기기준을 각각 만족할 수 있어야 한다.
18. 중앙관리방식의 공기조화설비(실내의 온도·습도 및 청정도 등을 적정하게 유지하는 역할을 하는 설비를 말한다)가 설치된 경우에는 다음 각 목의 기준에 도 적합하여야 한다.
    가. 공기조화설비는 24시간 지속적인 환기가 가능한 것일 것. 다만, 주요 환기설비와 분리된 별도의 환기계통을 병행 설치하여 실내에 존재하는 국소 오염원에서 발생하는 오염물질을 신속히 배출할 수 있는 체계로 구성하는 경우에는 그러하지 아니하다.
    나. 중앙관리방식의 공기조화설비의 제어 및 작동상황을 통제할 수 있는 관리실 또는 기능이 있을 것

※ 「건축물의 설비기준 등에 관한 규칙」 **[별표 1의6]** (2021.8.27 본표 개정)

## 기계환기설비를 설치하여야 하는 다중이용시설 및 각 시설의 필요 환기량(제11조제5항 관련)

### 1. 기계환기설비를 설치해야 하는 다중이용시설

가. 지하시설
   1) 모든 지하역사(출입통로·대기실·승강장 및 환승통로와 이에 딸린 시설을 포함한다) (2021.8.27 어려운 법령용어정비를 위한 국토교통부령에 의거 개정)
   2) 연면적 2,000$m^2$ 이상인 지하도상가(지상건물에 딸린 지하층의 시설 및 연속되어 있는 둘 이상의 지하도상가의 연면적 합계가 2,000$m^2$ 이상인 경우를 포함한다)

나. 문화 및 집회시설
   1) 연면적 2,000$m^2$ 이상인 「건축법 시행령」 별표 1 제5호라목에 따른 전시장(실내 전시장으로 한정한다)
   2) 연면적 2,000$m^2$ 이상인 「건전가정의례의 정착 및 지원에 관한 법률」에 따른 혼인예식장
   3) 연면적 1,000$m^2$ 이상인 「공연법」 제2조제4호에 따른 공연장(실내 공연장으로 한정한다)
   4) 관람석 용도로 쓰이는 바닥면적이 1,000$m^2$ 이상인 「체육시설의 설치·이용에 관한 법률」 제2조제1호에 따른 체육시설
   5) 「영화 및 비디오물의 진흥에 관한 법률」 제2조제10호에 따른 영화상영관

다. 판매시설
   1) 「유통산업발전법」 제2조제3호에 따른 대규모점포
   2) 연면적 300$m^2$ 이상인 「게임산업 진흥에 관한 법률」 제2조제7호에 따른 인터넷컴퓨터게임시설제공업의 영업시설

라. 운수시설

1) 「항만법」 제2조제5호에 따른 항만시설 중 연면적 5,000$m^2$ 이상인 대기실(2021.8.27 어려운 법령용어정비를 위한 국토교통부령에 의거 개정)

2) 「여객자동차 운수사업법」 제2조제5호에 따른 여객자동차터미널 중 연면적 2,000$m^2$ 이상인 대기실(2021.8.27 어려운 법령용어정비를 위한 국토교통부령에 의거 개정)

3) 「철도산업발전기본법」 제3조제2호에 따른 철도시설 중 연면적 2,000$m^2$ 이상인 대기실(2021.8.27 어려운 법령용어정비를 위한 국토교통부령에 의거 개정)

4) 「공항시설법」 제2조제7호에 따른 공항시설 중 연면적 1,500$m^2$ 이상인 여객터미널

마. 의료시설: 연면적이 2,000$m^2$ 이상이거나 병상 수가 100개 이상인 「의료법」 제3조에 따른 의료기관

바. 교육연구시설

1) 연면적 3,000$m^2$ 이상인 「도서관법」 제2조제1호에 따른 도서관

2) 연면적 1,000$m^2$ 이상인 「학원의 설립·운영 및 과외교습에 관한 법률」 제2조제1호에 따른 학원

사. 노유자시설

1) 연면적 430$m^2$ 이상인 「영유아보육법」 제2조제3호에 따른 어린이집

2) 연면적 1,000$m^2$ 이상인 「노인복지법」 제34조제1항제1호에 따른 노인요양시설

아. 업무시설: 연면적 3,000$m^2$ 이상인 「건축법 시행령」 별표 1 제14호에 따른 업무시설

자. 자동차 관련 시설: 연면적 2,000$m^2$ 이상인 「주차장법」 제2조제1호에 따른 주차장(실내주차장으로 한정하며, 같은 법 제2조제3호에 따른 기계식주차장은 제외한다)

차. 장례식장: 연면적 1,000$m^2$ 이상인 「장사 등에 관한 법률」 제28조의2제1항 및 제29조에 따른 장례식장(지하에 설치되는 경우로 한정한다)

카. 그 밖의 시설

1) 연면적 1,000$m^2$ 이상인 「공중위생관리법」 제2조제1항제3호에 따른 목욕장업의 영업시설

2) 연면적 500$m^2$ 이상인 「모자보건법」 제2조제10호에 따른 산후조리원

3) 연면적 430$m^2$ 이상인 「어린이놀이시설 안전관리법」 제2조제2호에 따른 어린이놀이시설 중 실내 어린이놀이시설

## 2. 각 시설의 필요 환기량

| 구분 | | 필요 환기량($m^3$/인·h) | 비 고 |
|---|---|---|---|
| 가. 지하시설 | 1) 지하역사 | 25 이상 | |
| | 2) 지하도상가 | 36 이상 | 매장(상점) 기준 |
| 나. 문화 및 집회시설 | | 29 이상 | |
| 다. 판매시설 | | 29 이상 | |
| 라. 운수시설 | | 29 이상 | |
| 마. 의료시설 | | 36 이상 | |
| 바. 교육연구시설 | | 36 이상 | |
| 사. 노유자시설 | | 36 이상 | |
| 아. 업무시설 | | 29 이상 | |
| 자. 자동차 관련 시설 | | 27 이상 | |
| 차. 장례식장 | | 36 이상 | |
| 카. 그 밖의 시설 | | 25 이상 | |

※ 비고

가. 제1호에서 연면적 또는 바닥면적을 산정할 때에는 실내공간에 설치된 시설이 차지하는 연면적 또는 바닥면적을 기준으로 산정한다.

나. 필요 환기량은 예상 이용인원이 가장 높은 시간대를 기준으로 산정한다.

다. 의료시설 중 수술실 등 특수 용도로 사용되는 실(室)의 경우에는 소관 중앙행정기관의 장이 달리 정할 수 있다.

라. 제1호자목의 자동차 관련 시설의 필요 환기량은 단위면적당 환기량($m^3/m^2$·h)으로 산정한다.

**설비규칙 제13조 【개별난방설비등】**

① 영 제87조제2항의 규정에 의하여 **공동주택**과 **오피스텔**의 난방설비를 개별난방방식으로 하는 경우에는 다음 각 호의 기준에 적합하여야 한다.(2001.1.17 본항 개정)

1. 보일러는 거실 외의 곳에 설치하되, 보일러를 설치하는 곳과 거실 사이의 경계벽은 출입구를 제외하고는 내화구조의 벽으로 구획할 것
2. 보일러실의 윗부분에는 그 면적이 $0.5m^2$ 이상인 환기창을 설치하고, 보일러실의 윗부분과 아랫부분에는 각각 지름 10cm 이상의 공기 흡입구 및 배기구를 항상 열려있는 상태로 바깥공기에 접하도록 설치할 것. 다만, 전기보일러의 경우에는 그러하지 아니하다.
3. (1999.5.11 본호 삭제)
4. 보일러실과 거실 사이의 출입구는 그 출입구가 닫힌 경우에는 보일러가스가 거실에 들어갈 수 없는 구조로 할 것
5. 기름보일러를 설치하는 경우에는 기름저장소를 보일러실 외의 다른 곳에 설치할 것
6. 오피스텔의 경우에는 난방구획을 방화구획으로 된 출입문으로 구획할 것(2017.12.4 본호 개정)
7. 보일러의 연도는 내화구조로서 공동년도로 설치할 것(1996.2.9 본호 신설)

② 가스보일러에 의한 난방설비를 설치하고 가스를 중앙집중공급방식으로 공급하는 경우에는 제1항의 규정에 불구하고 가스관계법령이 정하는 기준에 의하되, 오피스텔의 경우에는 난방구획을 방화구획으로 구획해야 한다.(2024.8.7 본항 개정)

③ 허가권자는 개별 보일러를 설치하는 건축물의 경우 소방청장이 정하며 고시하는 기준에 따라 일산화탄소 경보기를 설치하도록 권장할 수 있다.(2020.4.9 본항 신설)

**해설** 공동주택, 오피스텔의 난방설비를 중앙집중난방방식으로 하지 않을 경우의 규정을 별도로 규정하고 있는 것임.

### 질의 중앙집중공급방식에 해당하는지 여부

서울도시가스공급관에서 단지인입가스 주메타기를 통해 단지 내로 인입하여 단지내 각 세대의 수용가로 가스를 공급하는 경우 건축물의 설비기준 등에 관한 규칙 제13조제2항의 규정 중 "가스보일러에 의한 난방설비를 설치하고 가스를 중앙집중공급방식으로 공급하는 경우"에서 "중앙집중공급방식"에 해당하는 것인지 여부

**회신** 도시가스사업법에 따라 허가를 받은 사업자가 귀 질의의 경우와 같이 가스관을 통해 단지 내 각 세대의 일반 수용가에 공급하는 도시가스의 경우 상기규칙에 의한 "중앙집중공급방식"에 해당하는 것으로 볼 수 있는 것임.(국토교통부 녹색건축과 등록 2008.10.23, 수정 2012.9.26.)

**설비규칙 제14조 【배연설비】**

① 법 제49조제2항에 따라 배연설비를 설치해야 하는 건축물에는 다음 각 호의 기준에 적합하게 배연설비를 설치하여야 한다. 다만, 피난층인 경우에는 그렇지 않다.(2020.4.9 본항 개정)

1. 영 제46조제1항에 따라 건축물이 방화구획으로 구획된 경우에는 그 구획마다 1개소 이상의 배연창을 설치하되, 배연창의 상변과 천장 또는 반자로부터 수직거리가 0.9m 이내일 것. 다만, 반자높이가 바닥으로부터 3m 이상인 경우에는 배연창의 하변이 바닥으로부터 2.1m 이상의 위치에 놓이도록 설치하여야 한다.(2017.12.4 본호 개정)
2. 배연창의 유효면적은 **별표 2**의 산정기준에 의하여 산정된 면적이 $1m^2$ 이상으로서 그 면적의 합계가 해당 건축물의 바닥면적(영 제46조제1항 또는 제3항의 규정에 의하여 방화구획이 설치된 경우에는 그 구획된 부분의 바닥면적을 말한다)의 1/100 이상일 것. 이 경우 바닥면적의 산정에 있어서 거실바닥면적의 1/20 이상으로 환기창을 설치한 거실의 면적은 이에 산입하지 아니한다.(2002.8.31 본호 개정)
3. 배연구는 연기감지기 또는 열감지기에 의하여 자동으로 열 수 있는 구조로 하되, 손으로도 열고 닫을 수 있도록 할 것
4. 배연구는 예비전원에 의하여 열 수 있도록 할 것
5. 기계식 배연설비를 하는 경우에는 제1호 내지 제4호의 규정에 불구하고 소방관계법령의 규정에 적합하도록 할 것

② **특별피난계단** 및 영 제90조제3항의 규정에 의한 **비상용 승강기**의 **승강장**에 설치하는 배연설비의 구조는 다음 각 호의 기준에 적합하여야 한다.(1999.5.11 본항 개정)

1. 배연구 및 배연풍도는 불연재료로 하고, 화재가 발생한 경우 원활하게 배연시킬 수 있는 규모로서 외기 또는 평상시에 사용하지 아니하는 굴뚝에 연결할 것
2. 배연구에 설치하는 수동개방장치 또는 자동개방장치(열감지기 또는 연기감지기에 의한 것을 말한다)는 손으로도 열고 닫을 수 있도록 할 것(1996.2.9 본호 개정)
3. 배연구는 평상시에는 닫힌 상태를 유지하고, 연 경우에는 배연에 의한 기류로 인하여 닫히지 아니하도록 할 것
4. 배연구가 외기에 접하지 아니하는 경우에는 배연기를 설치할 것
5. 배연기는 배연구의 열림에 따라 자동적으로 작동하고, 충분한 공기배출 또는 가압능력이 있을 것
6. 배연기에는 예비전원을 설치할 것
7. 공기유입방식을 급기가압방식 또는 급·배기방식으로 하는 경우에는 제1호 내지 제6호의 규정에 불구하고 소방관계법령의 규정에 적합하게 할 것(1996.2.9 본호 신설)

해설 문화 및 집회시설, 판매시설, 의료시설, 교육연구시설 중 연구소, 아동관련시설, 노인복지시설 및 유스호스텔, 운동시설, 업무시설, 숙박시설, 위락시설 및 관광휴게시설에 쓰이는 거실 등이 6층 이상의 건축물인 경우 배연설비를 하여야 함(단, 피난층인 경우는 예외).

* 화재발생시 인명피해는 유독가스에 의한 질식사가 대부분이므로 연기의 유입차단과 배연이 매우 중요함.

**질의** **배연창의 유효 면적 산정**

높이 1.2m, 폭 2.0m(개폐부분 폭 1.0m)의 미서기형 배연창 2개가 바닥으로부터 천장까지의 높이 2.4m의 벽체에 설치되어 있는 경우 배연창의 유효면적 산정에 대한 질의

**회신** 건축물에 설치하는 배연창은 건축물의 설비기준 등에 관한 규칙 제14조제1항제1호의 규정에 의하여 배연창의 상변과 천장 또는 반자로부터의 수직거리가 0.9m 이내이어야 하는 것이며, 미서기형 배연창은 동 규칙 별표 2 제1호의 기준에 의하여 유효면적을 산정하는 것이나, 귀 질의의 경우 바닥에서 1m 미만의 높이에 위치한 배연창의 부분은 연기의 원활한 배출을 위하여 유효면적 산정시 제외함이 타당할 것이니, 보다 구체적인 사항은 자세한 설계도서를 갖추어 허가권자에게 문의하시기 바랍니다.(건교부 건축 58070-497, 2003.3.20)

※「건축물의 설비기준 등에 관한 규칙」**【별표 2】**

## 배연창의 유효면적 산정기준(제14조제1항제2호 관련)

1. **미서기창** : $H \times l$

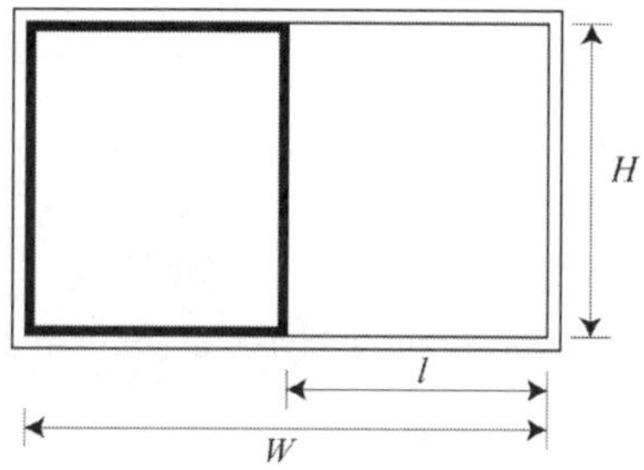


$l$ : 미서기 창의 유효 폭
$H$ : 창의 유효 높이
$W$ : 창문의 폭

2. **Pivot 종축창** : $H \times l'/2 \times 2$

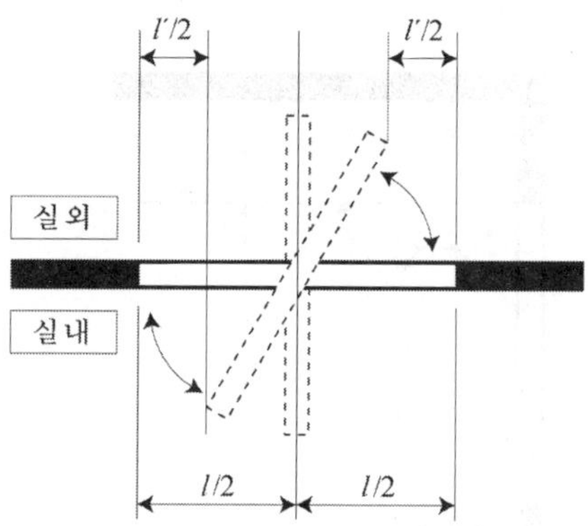


$H$ : 창의 유효 높이
$l$ : 90° 회전시 창호와 직각방향으로 개방된 수평거리
$l'$ : 90° 미만 0° 초과시 창호와 직각방향으로 개방된 수평거리

3\. Pivot 횡축창 : $(W\times l_1)+(W\times l_2)$

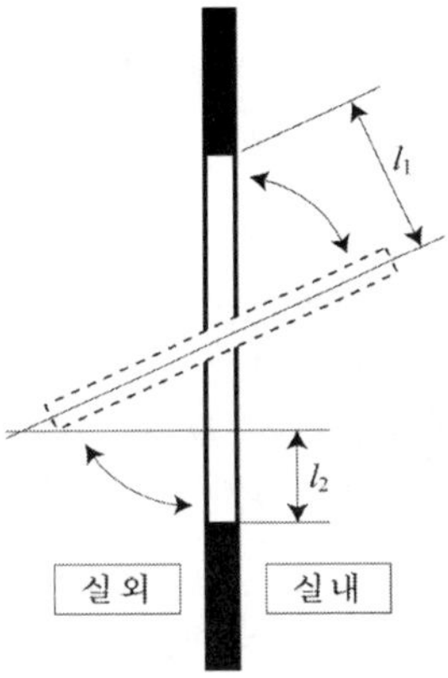


$W$ : 창의 폭
$l_1$ : 실내 측으로 열린 상부창호의 길이 방향으로 평행하게 개방된 순거리
$l_2$ : 실외측으로 열린 하부창호로서 창틀과 평행하게 개방된 순수 수평투영거리

4\. 들창 : $W\times l_2$

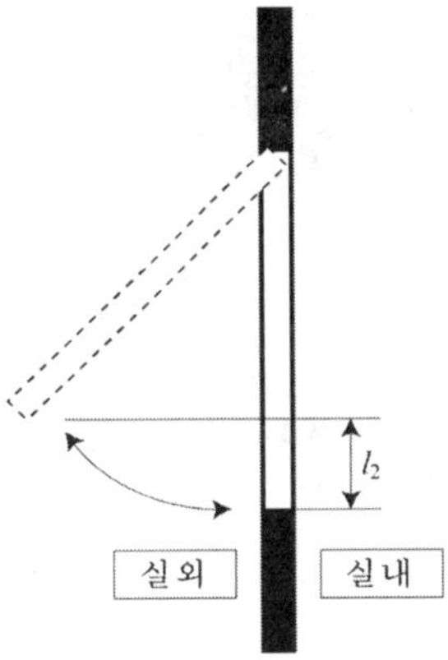


$W$ : 창의 폭
$l_2$ : 창틀과 평행하게 개방된 순수 수평투영거리

5\. 미들창 : 창이 실외 측으로 열리는 경우 : $W\times l_1$
창이 실내 측으로 열리는 경우 : $W\times l_1$(단, 창이 천장(반자)에 근접하는 경우 : $W\times l_2$)

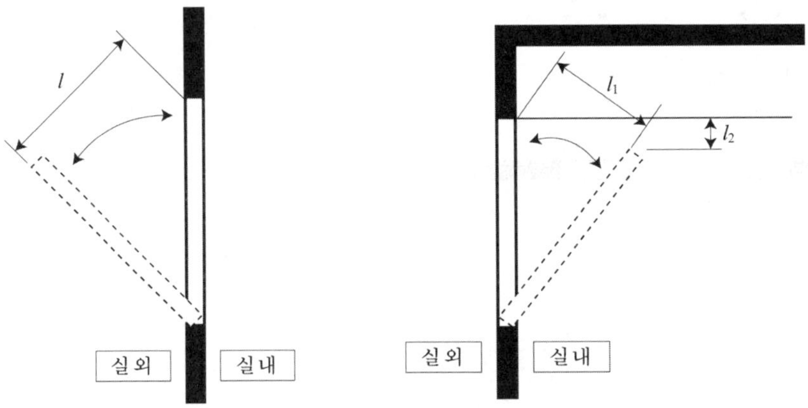


$W$ : 창의 폭
$l$ : 실외 측으로 열린 상부창호의 길이방향으로 평행하게 개방된 순거리
$l_1$ : 실내 측으로 열린 상호창호의 길이방향으로 개방된 순거리
$l_2$ : 창틀과 평행하게 개방된 순수수평투영거리
* 창이 천장(또는 반자)에 근접된 경우
창의 상단에서 천장면까지의 거리 $\leq l_1$

**질의 배연설비**

건축법상 배연설비를 설치하여야 하는 부분

**회신** 「건축물의 설비기준 등에 관한 규칙」 제14조제1항의 규정에 의하면 「건축법시행령」 제87조제2항의 규정에 의하여 6층 이상의 건축물로서 문화 및 집회시설, 판매 및 영업시설, 의료시설, 교육연구 및 복지시설 중 연구소·아동관련시설·노인복지시설 및 유스호스텔, 운동시설, 업무시설, 숙박시설, 위락시설, 관광휴게시설, 제2종 근린생활시설 중 고시원 및 장례식장에 쓰이는 거실에는 피난층을 제외하고 본문 각 호의 기준에 적합하게 배연설비를 설치하여야 하는 것이며, 기타 관계법령에도 적합하여야 할 것임.
(국토교통부 녹색건축과 등록 2008.10.23, 수정 2012.7.27)

**설비규칙 제17조 [배관설비]**

① 건축물에 설치하는 급수·배수 등의 용도로 쓰이는 배관설비의 설치 및 구조는 다음 각 호의 기준에 적합하여야 한다.
1. 배관설비를 콘크리트에 묻는 경우 부식의 우려가 있는 재료는 부식방지조치를 할 것
2. 건축물의 주요부분을 관통하여 배관하는 경우에는 건축물의 구조내력에 지장이 없도록 할 것
3. 승강기의 **승강로** 안에는 승강기의 운행에 필요한 배관설비 외의 배관설비를 설치하지 아니할 것
4. 압력탱크 및 급탕설비에는 폭발 등의 위험을 막을 수 있는 시설을 설치할 것

② 제1항의 규정에 의한 배관설비로서 **배수용**으로 쓰이는 배관설비는 제1항 각 호의 기준 외에 다음 각 호의 기준에 적합하여야 한다.
1. 배출시키는 빗물 또는 오수의 양 및 수질에 따라 그에 적당한 용량 및 경사를 지게 하거나 그에 적합한 재질을 사용할 것
2. 배관설비에는 배수트랩·통기관을 설치하는 등 위생에 지장이 없도록 할 것
3. 배관설비의 오수에 접하는 부분은 내수재료를 사용할 것
4. 지하실 등 공공하수도로 자연배수를 할 수 없는 곳에는 배수용량에 맞는 강제배수시설을 설치할 것
5. 우수관과 오수관은 분리하여 배관할 것(1996.2.9 본호 신설)
6. 콘크리트구조체에 배관을 매설하거나 배관이 콘크리트구조체를 관통할 경우에는 구조체에 덧관을 미리 매설하는 등 배관의 부식을 방지하고 그 구선 및 교체가 용이하도록 할 것 (1996.2.9 본호 신설)

③ (1996.2.9 본항 삭제)

**설비규칙 제17조의2 [물막이 설비]**

① 다음 각 호의 어느 하나에 해당하는 지역에서 건축물을 건축하려는 자는 빗물 등의 유입으로 건축물이 침수되지 않도록 해당 건축물의 지하층 및 1층의 출입구(주차장의 출입구를 포함한다. 이하 이 조에서 같다)에 물막이판 등 해당 건축물의 침수를 방지할 수 있는 설비(이하 "**물막이설비**"

라 한다)를 설치해야 한다. 다만, 해당 건축물의 지하층 및 1층의 출입구를 국토교통부장관이 정하여 고시하는 예상 침수 높이 이상으로 설치한 경우에는 물막이설비를 설치한 것으로 본다.(2024.3.21 본항 개정)

1. 「국토의 계획 및 이용에 관한 법률」 제37조제1항제4호에 따른 **방재지구**
2. 「자연재해대책법 시행령」 제15조제2호마목에 따른 행정안전부장관이 고시하는 지역 (2024.3.21 본호 개정)

② 제1항에 따라 설치되는 물막이 설비는 다음 각 호의 기준에 적합해야 한다.(2021.8.27 어려운 법령용어정비를 위한 국토교통부령에 의거 본항 개정)

1. 건축물의 이용 및 피난에 지장이 없는 구조일 것
2. 그 밖에 국토교통부장관이 정하여 고시하는 기준에 적합하게 설치할 것

참고

기후변화로 인한 침수재해가 증가함에 따라 물막이 설비의 필요성이 커지고 있음.
국토교통부 고시 제2023-483호인 「물막이설비 설치 기술기준」이 2023.8.25 제정되어 시행되고 있음.

설비규칙 **제18조 [먹는물용 배관설비]**

영 제87조제2항의 규정에 의하여 건축물에 설치하는 먹는물용 배관설비의 **설치** 및 **구조**는 다음 각 호의 기준에 적합해야 한다.(2021.8.27 어려운 법령용어정비를 위한 국토교통부령에 의거 본조 개정)

1. 제17조제1항 각 호의 기준에 적합할 것
2. 먹는물용 배관설비는 다른 용도의 배관설비와 직접 연결하지 않을 것
3. 급수관 및 수도계량기는 얼어서 깨지지 아니하도록 별표 3의 2의 규정에 의한 기준에 적합하게 설치할 것(2002.8.31 본호 신설)
4. 제3호에서 정한 기준외에 급수관 및 수도계량기가 얼어서 깨지지 아니하도록 하기 위하여 지역실정에 따라 해당 지방자치단체의 조례로 기준을 정한 경우에는 동기준에 적합하게 설치할 것(2002.8.31 본호 개정)
5. 급수 및 저수탱크는 「수도시설의 청소 및 위생관리 등에 관한 규칙」 별표 1의 규정에 의한 저수조설치기준에 적합한 구조로 할 것(1999.5.11 본호 개정)
6. 먹는물의 급수관의 지름은 건축물의 용도 및 규모에 적정한 규격 이상으로 할 것. 다만, 주거용 건축물은 해당 배관에 의하여 급수되는 가구수 또는 바닥면적의 합계에 따라 **별표 3**의 기준에 적합한 지름의 관으로 배관해야 한다.
7. 먹는물용 급수관은 「수도법 시행규칙」 제10조 및 별표 4에 따른 위생안전기준에 적합한 수도용 자재 및 제품을 사용할 것

※ 「건축물의 설비기준 등에 관한 규칙」【별표 3】(1999.5.11 본표 개정)

## 주거용 건축물 급수관의 지름(제18조 관련)

| 가구 또는 세대수 | 1 | 2~3 | 4~5 | 6~8 | 9~10 | 17 이상 |
|---|---|---|---|---|---|---|
| 급수관 지름의 최소기준(mm) | 15 | 20 | 25 | 32 | 40 | 50 |

※ 비고

1. 가구 또는 세대의 구분이 불분명한 건축물에 있어서는 주거에 쓰이는 바닥면적의 합계에 따라 다음과 같이 가구 수를 산정 한다.
   가. 바닥면적 85$m^2$ 이하 : 1가구
   나. 바닥면적 85$m^2$ 초과 150$m^2$ 이하 : 3가구
   다. 바닥면적 150$m^2$ 초과 300$m^2$ 이하 : 5가구
   라. 바닥면적 300$m^2$ 초과 500$m^2$ 이하 16가구
   마. 바닥면적 500$m^2$ 초과 : 17가구
2. 가압설비 등을 설치하여 급수되는 각 기구에서의 압력이 0.7kg/1cm 이상인 경우에는 위 표의 기준을 적용하지 아니할 수 있다.

※ 「건축물의 설비기준 등에 관한 규칙」【별표 3의2】

## 급수관 및 수도계량기보호함의 설치기준(제18조제3호 관련)

### 1. 급수관의 단열재 두께(단위 : mm)

| 설치장소 \ 관경(mm, 외경) | 설계용 외기온도[℃] | 20 미만 | 20 이상~ 50 미만 | 50 이상~ 70 미만 | 70 이상~ 100 미만 | 100 이상 |
|---|---|---|---|---|---|---|
| • 외기에 노출된 배관<br>• 옥상 등 그밖에 동파가 우려되는 건축물의 부위 | −10 미만 | 200 (50) | 50 (25) | 25 (25) | 25 (25) | 25 (25) |
| | −5미만~−10 | 100 (50) | 40 (25) | 25 (25) | 25 (25) | 25 (25) |
| | 0미만~−5 | 40 (25) | 25 (25) | 25 (25) | 25 (25) | 25 (25) |
| | 0 ℃ 이상 유지 | 20 | | | | |

1) ( )은 기온강하에 따라 자동으로 작동하는 전기 발열선이 설치하는 경우 단열재의 두께를 완화할 수 있는 기준
2) 단열재의 열전도율은 0.04kcal/$m^2$·h·℃ 이하인 것으로 한국산업표준제품을 사용할 것
3) 설계용 외기온도 : 법 제59조제2항의 규정에 의한 에너지 절약설계기준에 따를 것

### 2. 수도계량기 보호함(난방 공간 내에 설치하는 것을 제외한다)

가. 수도계량기와 지수전 및 역지밸브를 지중 혹은 공동주택의 벽면 내부에 설치하는 경우에는 콘크리트 또는 합성수지제 등의 보호함에 넣어 보호할 것
나. 보호함 내 옆면 및 뒷면과 전면판에 각각 단열재를 부착할 것(단열재는 밀도가 높고 열전도율이 낮은 것으로 한국산업표준제품을 사용할 것)
다. 보호함의 배관입출구는 단열재 등으로 밀폐하여 냉기의 침입이 없도록 할 것
라. 보온용 단열재와 계량기 사이공간을 유리섬유 등 보온재로 채울 것
마. 보호통과 벽체사이틈을 밀봉재 등으로 채워 냉기의 침투를 방지할 것

설비규칙 **제20조 【피뢰설비】**

영 제87조제2항에 따라 낙뢰의 우려가 있는 건축물, **높이** 20m 이상의 건축물 또는 영 제118조제1항에 따른 공작물로서 높이 20m 이상의 공작물(건축물에 영 제118조제1항에 따른 공작물을 설치하여

그 전체 높이가 20m 이상인 것을 포함한다)에는 다음 각 호의 기준에 적합하게 피뢰설비를 설치해야 한다.(2012.4.30 본조 개정)

1. 피뢰설비는 한국산업표준이 정하는 피뢰레벨 등급에 적합한 피뢰설비일 것. 다만, 위험물저장 및 처리시설에 설치하는 피뢰설비는 한국산업표준이 정하는 피뢰시스템레벨 Ⅱ 이상이어야 한다.(2010.11.5 본호 개정)
2. 돌침은 건축물의 맨 윗부분으로부터 25cm 이상 돌출시켜 설치하되, 「건축물의 구조기준 등에 관한 규칙」 제9조에 따른 설계하중에 견딜 수 있는 구조일 것(2010.11.5 본호 개정)
3. 피뢰설비의 재료는 최소 단면적이 피복이 없는 동선(銅線)을 기준으로 수뢰부, 인하도선 및 접지극은 50mm$^2$ 이상이거나 이와 동등 이상의 성능을 갖출 것(2021.8.27 어려운 법령용어정비를 위한 국토교통부령에 의거 본호 개정)
4. 피뢰설비의 인하도선을 대신하여 철골조의 철골구조물과 철근콘크리트조의 철근구조체 등을 사용하는 경우에는 전기적 연속성이 보장될 것. 이 경우 전기적 연속성이 있다고 판단되기 위하여는 건축물 금속 구조체의 최상단부와 지표레벨 사이의 전기저항이 0.2옴 이하이어야 한다.(2010.11.5 본호 개정)
5. 측면 낙뢰를 방지하기 위하여 높이가 60m를 초과하는 건축물 등에는 지면에서 건축물 높이의 4/5가 되는 지점부터 최상단부분까지의 측면에 수뢰부를 설치하여야 하며, 지표레벨에서 최상단부의 높이가 150m를 초과하는 건축물은 120m 지점부터 최상단부분까지의 측면에 수뢰부를 설치할 것. 다만, 건축물의 외벽이 금속부재(部材)로 마감되고, 금속부재 상호간에 제4호 후단에 적합한 전기적 연속성이 보장되며 피뢰시스템레벨 등급에 적합하게 설치하여 인하도선에 연결한 경우에는 측면 수뢰부가 설치된 것으로 본다.(2010.11.5 본호 개정)
6. 접지는 환경오염을 일으킬 수 있는 시공방법이나 화학 첨가물 등을 사용하지 아니할 것
7. 급수·급탕·난방·가스 등을 공급하기 위하여 건축물에 설치하는 금속배관 및 금속재 설비는 전위가 균등하게 이루어지도록 전기적으로 접속할 것
8. 전기설비의 접지계통과 건축물의 피뢰설비 및 통신설비 등의 접지극을 공용하는 통합접지공사를 하는 경우에는 낙뢰 등으로 인한 과전압으로부터 전기설비 등을 보호하기 위하여 한국산업표준에 적합한 서지보호장치[서지(surge: 전류·전압 등의 과도 파형을 말한다)로부터 각종 설비를 보호하기 위한 장치를 말한다]를 설치할 것(2021.8.27 어려운 법령용어정비를 위한 국토교통부령에 의거 본호 개정)
9. 그 밖에 피뢰설비와 관련된 사항은 한국산업표준에 적합하게 설치할 것(2010.11.5 본호 개정)

**해설** ① 피뢰는 뇌격(雷擊)에 의한 건축물의 재해를 방지하기 위한 목적으로 높이 20m 이상의 건축물과 낙뢰의 우려가 있는 건축물에 설치하므로 피뢰가 해당 건축물이나 공작물 전부를 보호할 수 있도록 설치해야 한다.

② 측면의 낙뢰를 방지하기 위하여 60m를 초과하는 건축물은 지면에서 4/5가 되는 지점부터 상단부까지 측면에 수뢰부를 설치하여야 하며 지표레벨에서 최상단부의 높이가 150m를 초과하는 건축물은 120m 지점부터 최상단부분까지의 측면에 수뢰부를 설치하여야 한다.

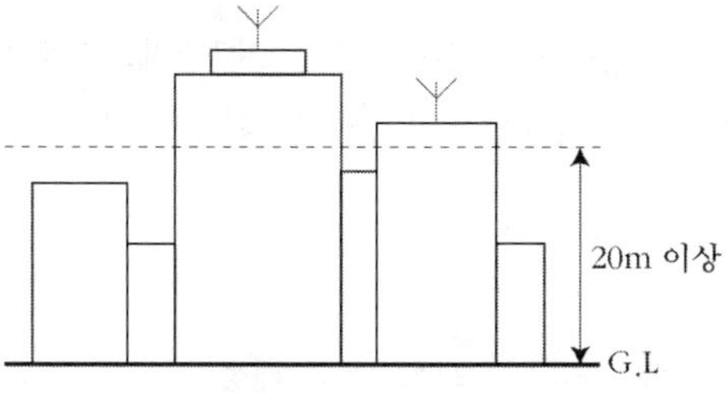


그림 7-1 피뢰설비

**설비규칙 제20조의2 【전기설비 설치공간 기준】**

영 제87조제6항에 따른 건축물에 전기를 배전(配電)하려는 경우에는 별표 3의 3에 따른 공간을 확보하여야 한다.(2010.11.5 본조 신설)

해설 연면적이 500$m^2$ 이상인 건축물의 대지에는 다음과 같이 전기설비 설치공간을 확보하여야 한다.

※ 「건축물의 설비기준 등에 관한 규칙」【별표 3의3】(2013.9.2 본표 개정)

**전기설비 설치공간 확보기준**(제20조의2 관련)

| 수전전압 | 전력수전 용량 | 확보면적 |
|---|---|---|
| 특고압 또는 고압 | 100kW 이상 | 가로 2.8m, 세로 2.8m |
| 저압 | 75kW 이상 150kW 미만 | 가로 2.5m, 세로 2.8m |
| | 150kW 이상 200kW 미만 | 가로 2.8m, 세로 2.8m |
| | 200kW 이상 300kW 미만 | 가로 2.8m, 세로 4.6m |
| | 300kW 이상 | 가로 2.8m 이상, 세로 4.6m 이상 |

※ 비고

1. "저압", "고압" 및 "특고압"의 정의는 각각 「전기사업법 시행규칙」 제2조제8호, 제9호 및 제10호에 따른다.
2. 전기설비 설치공간은 배관, 맨홀 등을 땅속에 설치하는데 지장이 없고 전기사업자의 전기설비 설치, 보수, 점검 및 조작 등 유지관리가 용이한 장소이어야 한다.
3. 전기설비 설치공간은 해당 건축물 외부의 대지상에 확보하여야 한다. 다만, 외부 지상공간이 좁아서 그 공간 확보가 불가능한 경우에는 침수우려가 없고 습기가 차지 아니하는 건축물의 내부에 공간을 확보할 수 있다.
4. 수전전압이 저압이고 전력수전 용량이 300kW 이상인 경우 등 건축물의 전력수전 여건상 필요하다고 인정되는 경우에는 상기 표를 기준으로 건축주와 전기사업자가 협의하여 확보면적을 따로 정할 수 있다.
5. 수전전압이 저압이고 전력수전 용량이 150kW 미만이 경우로서 공중으로 전력을 공급받는 경우에는 전기설비 설치공간을 확보하지 않을 수 있다.(2013.9.2 본호 신설)

**설비규칙 제12조 【온돌의 설치기준】**

① 영 제87조제2항에 따라 건축물에 온돌을 설치하는 경우에는 그 구조상 열에너지가 효율적으로 관리되고 화재의 위험을 방지하기 위하여 **별표 1**의 기준에 적합하여야 한다.(2015.7.9 본항 개정)

② 제1항에 따라 건축물에 온돌을 시공하는 자는 시공을 끝낸 후 별지 제2호 서식의 온돌 설치확

인서를 공사감리자에게 제출하여야 한다. 다만, 제3조제2항에 따른 건축설비설치확인서를 제출한 경우와 공사감리자가 직접 온돌의 설치를 확인한 경우에는 그러하지 아니하다.(2015.7.9 본항 개정)

※ 「건축물의 설비기준 등에 관한 규칙」 **【별표 1의7】** (2024.8.7 본표 개정)

**온돌 설치기준**(제12조제1항 관련)

**1. 온수온돌**

가. 온수온돌이란 보일러 또는 그 밖의 열원으로부터 생성된 온수를 바닥에 설치된 배관을 통하여 흐르게 하여 난방을 하는 방식을 말한다.

나. 온수온돌은 바탕층, 단열층, 채움층, 배관층(방열관을 포함한다) 및 마감층 등으로 구성된다.

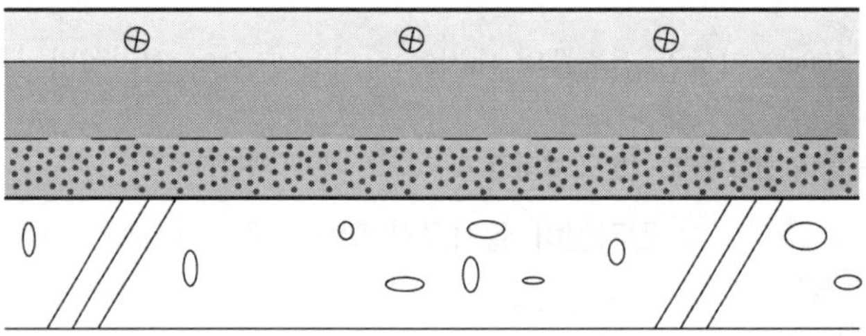


1) 바탕층이란 온돌이 설치되는 건축물의 최하층 또는 중간층의 바닥을 말한다.
2) 단열층이란 온수온돌의 배관층에서 방출되는 열이 바탕층 아래로 손실되는 것을 방지하기 위하여 배관층과 바탕층 사이에 단열재를 설치하는 층을 말한다.
3) 채움층이란 온돌구조의 높이 조정, 차음성능 향상, 보조적인 단열기능 등을 위하여 배관층과 단열층 사이에 완충재 등을 설치하는 층을 말한다.
4) 배관층이란 단열층 또는 채움층 위에 방열관을 설치하는 층을 말한다.
5) 방열관이란 열을 발산하는 온수를 순환시키기 위하여 배관층에 설치하는 온수배관을 말한다.
6) 마감층이란 배관층 위에 시멘트, 모르타르, 미장 등을 설치하거나 마루재, 장판 등 최종 마감재를 설치하는 층을 말한다.

다. 온수온돌의 설치 기준

1) 단열층은 「녹색건축물 조성 지원법」 제15조제1항에 따라 국토교통부장관이 고시하는 기준에 적합하여야 하며, 바닥난방을 위한 열이 바탕층 아래 및 측벽으로 손실되는 것을 막을 수 있도록 단열재를 방열관과 바탕층 사이에 설치하여야 한다. 다만, 바탕층의 축열을 직접 이용하는 심야전기이용 온돌(「한국전력공사법」에 따른 한국전력공사의 심야전력이용기기 승인을 받은 것만 해당하며, 이하 "심야전기이용 온돌"이라 한다)의 경우에는 단열재를 바탕층 아래에 설치할 수 있다.
2) 배관층과 바탕층 사이의 열저항은 「녹색건축물 조성 지원법」 제15조제1항에 따라 국토교통부장관이 정하여 고시하는 기준에 적합해야 한다.(2024.8.7 개정)
3) 단열재는 내열성 및 내구성이 있어야 하며 단열층 위의 적재하중 및 고정하중에 버틸 수 있는 강도를 가지거나 그러한 구조로 설치되어야 한다.
4) 바탕층이 지면에 접하는 경우에는 바탕층 아래와 주변 벽면에 높이 10cm 이상의 방수처리를 하여야 하며, 단열재의 윗부분에 방습처리를 하여야 한다.
5) 방열관은 잘 부식되지 아니하고 열에 견딜 수 있어야 하며, 바닥의 표면온도가 균일하도록 설치하여야 한다.

6) 배관층은 방열관에서 방출된 열이 마감층 부위로 최대한 균일하게 전달될 수 있는 높이와 구조를 갖추어야 한다.
7) 마감층은 수평이 되도록 설치하여야 하며, 바닥의 균열을 방지하기 위하여 충분하게 양생하거나 건조시켜 마감재의 뒤틀림이나 변형이 없도록 하여야 한다.
8) 한국산업규격에 따른 조립식 온수온돌판을 사용하여 온수온돌을 시공하는 경우에는 1)부터 7)까지의 규정을 적용하지 아니한다.
9) 국토교통부장관은 1)부터 7)까지에서 규정한 것 외에 온수온돌의 설치에 관하여 필요한 사항을 정하여 고시할 수 있다.

## 2. 구들온돌

가. 구들온돌이란 연탄 또는 그 밖의 가연물질이 연소할 때 발생하는 연기와 연소열에 의하여 가열된 공기를 바닥 하부로 통과시켜 난방을 하는 방식을 말한다.
나. 구들온돌은 아궁이, 온돌환기구, 공기흡입구, 고래, 굴뚝 및 굴뚝목 등으로 구성된다.

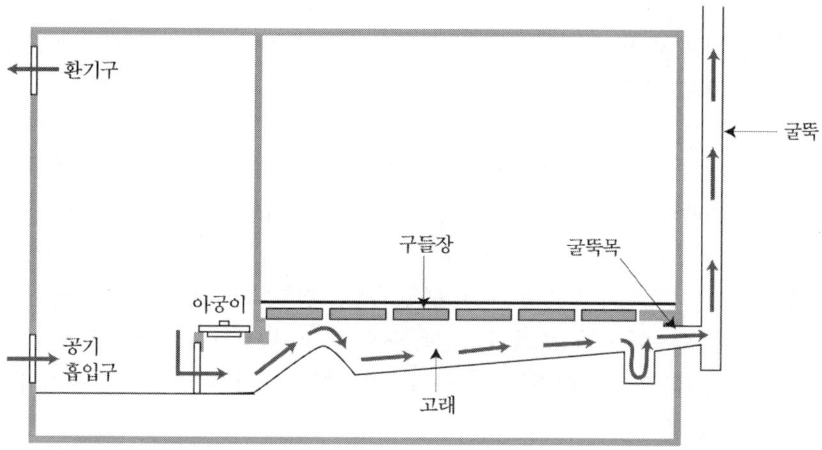


1) 아궁이란 연탄이나 목재 등 가연물질의 연소를 통하여 열을 발생시키는 부위를 말한다.
2) 온돌환기구란 아궁이가 설치되는 공간에서 연탄 등 가연물질의 연소를 통하여 발생하는 가스를 원활하게 배출하기 위한 통로를 말한다.
3) 공기흡입구란 아궁이가 설치되는 공간에서 연탄 등 가연물질의 연소에 필요한 공기를 외부에서 공급받기 위한 통로를 말한다.
4) 고래란 아궁이에서 발생한 연소가스 및 가열된 공기가 굴뚝으로 배출되기 전에 구들 아래에서 최대한 균일하게 흐르도록 하기 위하여 설치된 통로를 말한다.
5) 굴뚝이란 고래를 통하여 구들 아래를 통과한 연소가스 및 가열된 공기를 외부로 원활하게 배출하기 위한 장치를 말한다.
6) 굴뚝목이란 고래에서 굴뚝으로 연결되는 입구 및 그 주변부를 말한다.

다. 구들온돌의 설치 기준
1) 연탄아궁이가 있는 곳은 연탄가스를 원활하게 배출할 수 있도록 그 바닥면적의 1/10이상에 해당하는 면적의 환기용 구멍 또는 환기설비를 설치하여야 하며, 외기에 접하는 벽체의 아랫부분에는 연탄의 연소를 촉진하기 위하여 지름 10cm 이상 20cm 이하의 공기흡입구를 설치하여야 한다.
2) 고래바닥은 연탄가스를 원활하게 배출할 수 있도록 높이/수평거리가 1/5 이상이 되도록 하여야 한다.
3) 부뚜막식 연탄아궁이에 고래로 연기를 유도하기 위하여 유도관을 설치하는 경우에는 20도 이상 45도 이하의 경사를 두어야 한다.
4) 굴뚝의 단면적은 150cm$^2$ 이상으로 하여야 하며, 굴뚝목의 단면적은 굴뚝의 단면적보다 크게 하여야 한다.

5) 연탄식 구들온돌이 아닌 전통 방법에 의한 구들을 설치할 경우에는 1)부터 4)까지의 규정을 적용하지 아니한다.
6) 국토교통부장관은 1)부터 5)까지에서 규정한 것 외에 구들온돌의 설치에 관하여 필요한 사항을 정하여 고시할 수 있다.

**법 제64조 [승강기]**

① 건축주는 **6층** 이상으로서 연면적이 **2,000m²** 이상인 건축물(대통령령으로 정하는 건축물은 제외한다)을 건축하려면 승강기를 설치하여야 한다. 이 경우 승강기의 규모 및 구조는 국토교통부령으로 정한다.

② 높이 31m를 초과하는 건축물에는 대통령령으로 정하는 바에 따라 제1항에 따른 승강기뿐만 아니라 **비상용 승강기**를 추가로 설치하여야 한다. 다만, 국토교통부령으로 정하는 건축물의 경우에는 그러하지 아니하다.

③ 고층건축물에는 제1항에 따라 건축물에 설치하는 승용승강기 중 1대 이상을 대통령령으로 정하는 바에 따라 피난용승강기로 설치하여야 한다.(2018.4.17 본항 신설)

해설 승강기는 건축물의 수직통로(垂直通路) 역할을 하는 것으로서 동선기능을 원활히 하는 데 주목적이 있으며 고층 건축물에는 없어서는 안 될 중요한 건축설비로서 많은 사람이 직접 이용하는 것이므로 특히 구조 및 운행상의 안전에 유의하여야 한다. 따라서 6층 이상으로서 연면적이 2,000m² 이상인 건축물은 승강기를 설치하여야 하고, 높이 31m를 초과하는 건축물의 경우에는 일반승강기 이외에 비상용 승강기를 추가로 설치하여야 한다. 또한 고층건축물에는 승용 승강기 중 1대 이상을 피난용 승강기로 설치하여야 한다. 승강기의 설치기준은 건축물의 높이, 층수, 바닥면적, 용도 등에 따라 그 종류, 설치대수(設置台數) 등을 규정하고 있다.

**영 제89조 [승용 승강기의 설치]**

법 제64조제1항 전단에서 “대통령령으로 정하는 건축물”이란 층수가 6층인 건축물로서 각 층 거실의 바닥면적 300m² 이내마다 1개소 이상의 직통계단을 설치한 건축물을 말한다.

해설 ※ 계단식 아파트를 6층까지 지을 수 있도록 단서규정을 두어 완화한 것이다.
※ 법 제64조제1항 : 6층 이상으로 연면적 2,000m² 이상인 건축물에 승용 승강기 설치(6층 이상인 각 층 거실바닥면적 300m² 이내마다 1개소 이상의 직통계단이 있는 경우는 제외)

**설비규칙 제5조 [승용 승강기의 설치기준]**

「건축법」(이하 “법”이라 한다) 제64조제1항에 따라 건축물에 설치하는 승용 승강기의 설치기준은 **별표 1의2**와 같다. 다만, 승용 승강기가 설치되어 있는 건축물에 1개 층을 증축하는 경우에는 승용 승강기의 승강로를 연장하여 설치하지 아니할 수 있다.(2015.7.9 본조 개정)

※ 「건축물의 설비기준 등에 관한 규칙」 **【별표 1의2】** (2013.9.2 본표 개정)

**승용 승강기의 설치기준**(제5조 관련)

| 6층 이상의 거실면적의 합계 / 건축물의 용도 | | 3,000$m^2$ 이하 | 3,000$m^2$ 초과 |
|---|---|---|---|
| 1. | 가. 문화 및 집회시설(공연장·집회장 및 관람장만 해당한다)<br>나. 판매시설<br>다. 의료시설 | 2대 | 2대에 3,000$m^2$를 초과하는 2,000$m^2$ 이내마다 1대를 더한 수 |
| 2. | 가. 문화 및 집회시설(전시장 및 동·식물원만 해당한다)<br>나. 업무시설<br>다. 숙박시설<br>라. 위락시설 | 1대 | 1대에 3,000$m^2$를 초과하는 2,000$m^2$ 이내마다 1대를 더한 수 |
| 3. | 가. 공동주택<br>나. 교육연구시설<br>다. 노유자시설<br>라. 그 밖의 시설 | 1대 | 1대에 3,000$m^2$를 초과하는 3,000$m^2$ 이내마다 1대를 더한 대수 |

※ 비고 : 승강기의 대수기준을 산정함에 있어 8인승 이상 15인승 이하 승강기는 위 표에 의한 1대의 승강기로 보고, 16인승 이상의 승강기는 위 표에 의한 2대의 승강기로 본다.

**설비규칙 제6조 【승강기의 구조】**

법 제64조에 따라 건축물에 설치하는 승강기·에스컬레이터 및 비상용 승강기의 구조는 「승강기 안전관리법」이 정하는 바에 따른다.(2024.8.7 본조 개정)

**영 제90조 【비상용 승강기의 설치】**

① 법 제64조제2항에 따라 높이 31m를 넘는 건축물에는 다음 각 호의 기준에 따른 대수 이상의 **비상용 승강기**(비상용 승강기의 승강장 및 승강로를 포함한다. 이하 이 조에서 같다)를 설치하여야 한다. 다만, 법 제64조제1항에 따라 설치되는 승강기를 비상용 승강기의 구조로 하는 경우에는 그러하지 아니하다.

1. 높이 31m를 넘는 각 층의 바닥면적 중 최대 바닥면적이 1,500$m^2$ 이하인 건축물: 1대 이상
2. 높이 31m를 넘는 각 층의 바닥면적 중 최대 바닥면적이 1,500$m^2$를 넘는 건축물: 1대에 1,500$m^2$를 넘는 3,000$m^2$ 이내마다 1대씩 더한 대수 이상

② 제1항에 따라 2대 이상의 비상용 승강기를 설치하는 경우에는 화재가 났을 때 소화에 지장이 없도록 일정한 간격을 두고 설치하여야 한다.

③ 건축물에 설치하는 비상용 승강기의 구조 등에 관하여 필요한 사항은 국토교통부령으로 정한다.

해설 ① 비상용 승강기 대수 산정(예외 규정은 별도)

$$\frac{\text{31m를 넘는 각 층 중 최대바닥면적} - 1{,}500}{3{,}000} + 1(\text{소수점 이하는 올림})$$

② 승용 승강기는 집중되어야 효율이 좋으나 비상용 승강기는 분산되어야 피난상, 소방활동에 유효하다.

③ 비상용 승강기는 화재가 발생했을 때 일반인의 피난을 위한 용도로 사용되지만 그보다 소방관이 소방활동을 하기 위한 통로로 주로 사용된다. 비상시에 사용할 수 있도록 충분한 설비가 갖추어져야 할 뿐 아니라 피난층(주로 1층)에서 자유롭게 조작할 수 있어야 한다.

④ 비상용 승강기 구조로 할 경우 승용 승강기를 겸용할 수 있도록 규정하고 있다.

설비규칙 **제9조 【비상용 승강기를 설치하지 아니할 수 있는 건축물】**

법 제64조제2항 단서에서 "국토교통부령이 정하는 건축물"이라 함은 다음 각 호의 건축물을 말한다.(2008.7.10 본조 개정)

1. 높이 31m를 넘는 각 층을 거실 외의 용도로 쓰는 건축물(2006.5.12 본호 개정)
2. 높이 31m를 넘는 각 층의 바닥면적의 합계가 500m² 이하인 건축물(2006.5.12 본호 개정)
3. 높이 31m를 넘는 층수가 4개 층 이하로서 해당 각 층의 바닥면적의 합계가 200m²(벽 및 반자가 실내에 접하는 부분의 마감을 불연재료로 한 경우에는 500m²) 이내마다 방화구획(영 제46조제1항 본문에 따른 방화구획을 말한다. 이하 같다)으로 구획된 건축물(2017.2.4 본호 개정)

해설 ※ 법 제64조제2항

높이 31m를 초과하는 건축물에는 비상용 승강기를 추가로 설치해야 한다.

※ 비상용 승강기는 소방관의 진화·인명구출과 피난을 위해 사용된다.

높이 31m까지는 고가사다리 등을 사용하기 때문에 비상용 승강기를 설치하지 않아도 되며 건축물이 31m를 넘는 경우라도 인명구조와 소방활동이 크지 않을 때는 예외를 두고 있다.

설비규칙 **제10조 【비상용 승강기의 승강장 및 그 승강로의 구조】**

법 제64조제2항에 따른 비상용 승강기의 승강장 및 승강로의 구조는 다음 각 호의 기준에 적합하여야 한다.(2008.7.10 본조 개정)

1. (1996.2.9 본호 삭제)
2. 비상용 승강기 승강장의 구조
   가. 승강장의 창문·출입구 기타 개구부를 제외한 부분은 해당 건축물의 다른 부분과 내화구조의 바닥 및 벽으로 구획할 것. 다만, 공동주택의 경우에는 승강장과 특별피난계단(「건축물의 피난·방화구조등의 기준에 관한 규칙」 제9조의 규정에 의한 특별피난계단을 말한다. 이하 같다)의 부속실과의 겸용부분을 특별피난계단의 계단실과 별도로 구획하는 때에는 승강장을 특별

피난계단의 부속실과 겸용할 수 있다.(1999.5.11 단서 신설)

나. 승강장은 각 층의 내부와 연결될 수 있도록 하되, 그 출입구(승강로의 출입구를 제외한다)에는 60분+ 방화문 또는 60분 방화문을 설치할 것. 다만, 피난층에는 60분+ 방화문 또는 60분 방화문을 설치하지 않을 수 있다.(2024.8.7 본목 개정)

다. 노대 또는 외부를 향하여 열 수 있는 창문이나 제14조제2항의 규정에 의한 배연설비를 설치할 것

라. 벽 및 반자가 실내에 접하는 부분의 마감재료(마감을 위한 바탕을 포함한다)는 불연재료로 할 것

마. 채광이 되는 창문이 있거나 예비전원에 의한 조명설비를 할 것

바. 승강장의 바닥면적은 비상용 승강기 1대에 대하여 $6m^2$ 이상으로 할 것. 다만, 옥외에 승강장을 설치하는 경우에는 그러하지 아니하다.

사. 피난층이 있는 승강장의 출입구(승강장이 없는 경우에는 승강로의 출입구)로부터 도로 또는 공지(공원·광장 기타 이와 유사한 것으로서 피난 및 소화를 위한 해당 대지에의 출입에 지장이 없는 것을 말한다)에 이르는 거리가 30m 이하일 것

아. 승강장출입구 부근의 잘 보이는 곳에 해당 승강기가 비상용 승강기임을 알 수 있는 표지를 할 것

3. 비상용 승강기의 승강로의 구조

가. 승강로는 해당 건축물의 다른 부분과 내화구조로 구획할 것

나. 각 층으로부터 피난층까지 이르는 승강로를 단일구조로 연결하여 설치할 것 (2002.8.31 본목 개정)

• 각 층으로부터 피난층까지 이르는 승강로를 단일구조로 연결하도록 규정

**영 제91조 [피난용승강기의 설치]**

법 제64조제3항에 따른 피난용승강기(피난용승강기의 승강장 및 승강로를 포함한다. 이하 이 조에서 같다)는 다음 각 호의 기준에 맞게 설치하여야 한다.(2018.10.16 본조 신설)

1. 승강장의 바닥면적은 승강기 1대당 $6m^2$ 이상으로 할 것
2. 각 층으로부터 피난층까지 이르는 승강로를 단일구조로 연결하여 설치할 것
3. 예비전원으로 작동하는 조명설비를 설치할 것
4. 승강장의 출입구 부근의 잘 보이는 곳에 해당 승강기가 피난용승강기임을 알리는 표지를 설치할 것
5. 그 밖에 화재예방 및 피해경감을 위하여 국토교통부령으로 정하는 구조 및 설비 등의 기준에 맞을 것

**해설** 고층건축물(30층 이상이거나 높이가 120m 이상)에는 승용승강기 중 1대 이상을 피난용승강기로 설치하도록 하고 있으며 그 승강장의 바닥면적은 승강기 1대당 $6m^2$ 이상으로 하여야 한다.

참고

피난용승강기 설치 기준 적용관련 운영지침(국토부 건축정책과－6035, 2018.10.17)

- 고층건축물의 피난용승강기 설치 의무를 내용으로 하는 건축법 제64조제3항이 신설(2018.4.17 공포, 2018.10.18 시행)됨에 따라, 종전에 부령에서 설치 제외 대상으로 정하던 준초고층 건축물 중 공동주택 또한 피난용승강기 설치 대상에 포함되어 제1항에 따른 승용승강기 중 1대 이상을 피난용승강기로 설치하여야 합니다.
- 한편 제64조제2항에 따라 설치하는 비상용승강기는 일반적으로 승용승강기 외에 추가로 설치되어야 하는 것이나, 이를 추가로 설치하지 않고 승용승강기를 비상용승강기의 구조로 하는 경우에 대해서 건축법령 및 주택법령에서 정하고 있는 바, 동 승강기를 피난용승강기로도 겸용할 수 있는지에 대한 문의가 접수되고 있습니다.
- 비상용승강기의 구조로 한 승용승강기는 화재 시 소방관의 소화 및 구조활동에 사용될 수 있어 비상용승강기 및 피난용승강기 각각의 역할을 고려하였을 때 이를 겸용하는 경우에는 소방관의 동선 및 대피자의 동선에 간섭이 발생할 수 있으므로 비상용승강기의 구조에 적합한 승용승강기를 피난용승강기로 겸용할 수는 없는 것입니다.
- 따라서, 건축법 시행령 제90조제1항 단서 및 주택건설기준 등에 관한 규정 제15조제2항에 따라 승용승강기를 비상용승강기의 구조로 하더라도 1대 이상의 피난용승강기를 추가 설치하여야 함을 알려드립니다.

피난·방화규칙 **제30조 【피난용 승강기의 설치기준】**

영 제91조제5호에서 "국토교통부령으로 정하는 구조 및 설비 등의 기준"이란 다음 각 호를 말한다.(2018.10.18 본조 개정)

1. 피난용 승강기 **승강장**의 구조
   가. 승강장의 출입구를 제외한 부분은 해당 건축물의 다른 부분과 내화구조의 바닥 및 벽으로 구획할 것
   나. 승강장은 각 층의 내부와 연결될 수 있도록 하되, 그 출입구에는 60분＋ 방화문 또는 60분 방화문을 설치할 것. 이 경우 방화문은 언제나 닫힌 상태를 유지할 수 있는 구조이어야 한다.(2024.11.15 본목 개정)
   다. 실내에 접하는 부분(바닥 및 반자 등 실내에 면한 모든 부분을 말한다)의 마감(마감을 위한 바탕을 포함한다)은 불연재료로 할 것
   라. (2018.10.18 본목 삭제)
   마. (2018.10.18 본목 삭제)
   바. (2018.10.18 본목 삭제)
   사. (2014.3.5 본목 삭제)
   아. 다음의 어느 하나에 해당하는 설비를 설치할 것(2024.8.26 본목 개정)
      1) 배연설비
      2) 「소방시설 설치 및 관리에 관한 법률 시행령」 별표 4 제5호가목에 따른 제연설비(이하 "**제연설비**"라 한다)
   자. (2014.3.5 본목 삭제)

2. 피난용 승강기 **승강로**의 구조
   가. 승강로는 해당 건축물의 다른 부분과 내화구조로 구획할 것
   나. (2018.10.18 본목 삭제)
   다. 승강로 상부에 배연설비 또는 제연설비를 설치할 것(2024.8.26 본목 개정)
3. 피난용 승강기 **기계실**의 구조
   가. 출입구를 제외한 부분은 해당 건축물의 다른 부분과 내화구조의 바닥 및 벽으로 구획할 것
   나. 출입구에는 60분+ 방화문 또는 60분 방화문을 설치할 것(2024.11.15 본목 개정)
4. 피난용 승강기 **전용 예비전원**
   가. 정전시 피난용 승강기, 기계실, 승강장 및 폐쇄회로 텔레비전 등의 설비를 작동할 수 있는 별도의 예비전원 설비를 설치할 것
   나. 가목에 따른 예비전원은 초고층 건축물의 경우에는 2시간 이상, 준초고층 건축물의 경우에는 1시간 이상 작동이 가능한 용량일 것
   다. 상용전원과 예비전원의 공급을 자동 또는 수동으로 전환이 가능한 설비를 갖출 것
   라. 전선관 및 배선은 고온에 견딜 수 있는 내열성 자재를 사용하고, 방수조치를 할 것

참고

서울특별시 초고층 건축물 승강기설치 가이드라인(2016.12.12 개정)

**제1조 【목적】** 이 기준은 건축법 제5조제1항, 건축법 시행령 제6조, 서울특별시 건축조례 제3조 완화 규정 중 초고층 건축물의 승강기 설치 완화 적용의 세부운영기준을 정함을 목적으로 한다.

**제2조 【정의】** 이 기준에서 사용하는 용어의 정의는 다음과 같다.

1. 초고층 건축물이라 함은 50층 이상 또는 건물높이가 200m 이상인 건축물(건축물 전부가 공동주택 용도로 쓰는 경우는 제외한다)을 말한다.
2. 승강기라 함은 '승강기시설 안전관리법' 제2조 및 건축법 제64조에서 정한 승강기를 말한다.
3. 성능기반 설계라 함은 건축물의 규모 및 용도에 따른 승강기의 교통수요특성을 교통량계산 및 시뮬레이션 분석에 의하여 승강기의 적재하중, 정격속도, 대수, 그룹핑 및 운행방식을 결정하는 것을 말한다.
4. 5분간 수송능력이라 함은 동일 승강기 그룹을 이용하는 전체 인원 중 동일 승강기 그룹을 통해 5분간 운송된 승객수를 총인원에 대한 비율로 나타내는 것을 말하며 다음 식으로 계산한다.

$$5\text{분간 운송능력}(\%) = \frac{\dfrac{\text{승강기 1대 탑승객수} \times 300(5\text{분})}{\text{평균운전가격}}}{\text{동일 승강기 그룹 이용 전체 인원}} \times 100$$

5. 평균운전간격이라 함은 로비에서 승강기가 출발하고 다음 승강기가 출발할 때까지의 평균 간격을 말하며 일주시간을 동일그룹의 전체 승강기 대수로 나눈 값에 의하여 산출한다.
6. 일주시간이라 함은 승강기가 출발 층에 되돌아온 시점부터 출발 층에서 승객을 태우고 상부 층을 운행하고 다시 출발 층에 되돌아오기까지의 시간을 말하며 다음 식으로 계산된다.

   일주시간 = 주행시간 + 도어개폐시간 + 승객출입시간 + 손실시간
7. 주행시간이라 함은 도어가 닫힌 후 가속, 정속, 감속의 단계를 거쳐 목적 층에 도착하는 시간을 말한다.
8. 승객 출입시간이라 함은 승객이 승강기 탑승 및 하차를 위해 소요되는 시간을 말한다.
9. 비상용 승강기란 화재 시 소화 및 구조 활동을 목적으로 사용되는 승강기를 말한다.
10. 피난층전용 승강기란 화재 등 재난 시 피난시간을 단축시키기 위해 사용되는 승강기를 말한다.

11. 급행용 승강기(셔틀)이라 함은 승객이 주 로비 층에서 승차 후 급속 수송이 필요한 층이나 여타의 구간용 승강기로 환승이 가능한 환승 로비 층까지 왕복 운행하는 승강기를 말한다.
12. 구간용 승강기(로칼)이라 함은 지정된 층의 구간을 운행하는 승강기를 말한다.
13. 업무시설 중 전용이란 운행 승강기군(群)이 같은 층 또는 몇 개 층 구역을 80% 이상 1개 업체가 입주하여 사용하는 것을 의미한다.
14. 업무시설 중 준전용이란 운행 승강기군(群)이 같은 층 또는 몇 개 층 구역을 유사한 업무활동을 하는 여러 업체가 입주하여 사용하는 것을 의미한다.
15. 업무시설 중 소규모 임대란 운행 승강기군(群)이 동일한 층 구역 중 한 개 층만 한 개의 회사 또는 몇 개의 소규모 회사가 입주하여 사용하는 것을 의미한다.
16. 로비층이라 함은 현관에 접속되어 있는 홀, 응접실, 통로, 휴게실, 복도 등을 말하며, 건물 외부와 출입이 가능한 주로비와 급행용 승강기에서 구간용 승강기로 환승하기 위한 환승로비로 구분한다.

**제3조 【승강기 대수 산정】** 승강기 대수 산정은 다음 각 호의 기준에 따라 산정한다.

1. 건축물 용도별 승강기 설치 대수 산정은 승강기의 적재하중, 정격속도, 대수 및 운행 층을 적용하여 5분간 수송능력[별표 1]과 평균운전간격[별표 2]의 기준을 만족하여야 한다.

[별표 1] 5분간 수송능력

| 용도 | 주거시설 | | 숙박시설 | | 업무시설($m^2$) | | | | 판매시설 | |
|---|---|---|---|---|---|---|---|---|---|---|
| | | | | | 구간용(로칼) | | | 급행용(셔틀) | | |
| | 급행용(셔틀) | 구간용(로칼) | 급행용(셔틀) | 구간용(로컬) | 전용 | 준전용 | 소규모 임대 | | 급행용(셔틀) | 구간용(로칼) |
| 5분간 수송능력(%) | 8～10 | 5～7 | 12～15 | 10～15 | 13～16 | 12～14 | 12～14 | 15～20 | 10～15 | 5～7 |

주) 1. 오피스텔 중 주거위주 사용은 주거시설 기준을 업무위주 사용은 업무시설 기준을 따름.

[별표 2] 평균운전간격

| 용도 | 주거시설 | | 숙박시설 | | 업무시설($m^2$) | | 판매시설 | |
|---|---|---|---|---|---|---|---|---|
| | 급행용(셔틀) | 구간용(로칼) | 급행용(셔틀) | 구간용(로컬) | 구간용(로칼) | 급행용(셔틀) | 급행용(셔틀) | 구간용(로칼) |
| 평균운전간격(초) | 40～50 | 40～90 | 35～40 | 30～50 | 20～30 | 25～30 | 30～35 | 40～60 |

2. 전망대 승강기는 공간의 한계성 및 관람시간을 고려하여 지상층과 전망대층을 운행하는 승강기 운송능력이 시간당 사용인원 이상이 되도록 한다.

**제4조 【사용인원 산출】** 건축물의 규모 및 용도에 따른 내부 사용인원은 다음 표에 의해 산출하여야 한다.

| 용도 | 주거시설(실, 세대) | | 숙박시설(객실) | | 업무시설(인/$m^2$) | | | 판매시설(인/$m^2$) |
|---|---|---|---|---|---|---|---|---|
| | 3룸 이하 | 4룸 이하 | 관광호텔 | 일반호텔 | 전용 | 준 전용 | 소규모 임대 | |
| 인원(명) | 4 이상 | 5 이상 | 1.5 이상 | 1.9 이상 | 1/9～1/12 | 1/12～1/14 | 1/12～1/14 | 1/5～1 |

주) 1. 오피스텔 중 주거 위주 사용은 주거시설 기준을 업무 위주 사용은 업무시설 기준을 따름.
2. 업무시설의 경우 상기 산출 기준에 출장, 외근, 파견, 휴가 등으로 인한 이용인구 감소를 고려 점유율 80% 이상으로 하며 기타 용도는 100%를 적용한다.
3. 상기 사항 이외는 국제건축서비스엔지니어링협회(CIBSE GUIDE D) 기준을 적용한다.

**제5조 【혼잡 시간대】** 수송능력 산출을 위한 각 건물 용도별 승강기 이용 혼잡시간대는 다음 기준으로 한다.

| 용도 | 주거시설 | 숙박시설 | 업무시설 | 판매시설 |
|---|---|---|---|---|
| 시간대 | 오후, 저녁 귀가 시간대 (17 : 00 ～ 19 : 00) | 체크-아웃(09 : 00 ～ 11 : 00) 체크-인(13 : 00 ～ 15 : 00) | 아침 출근 시간대 (08 : 00 ～ 09 : 00) | 주말 및 휴일 |

주) 1. 오피스텔 중 주거 위주 사용은 주거시설 기준을, 업무 위주 사용은 업무시설 기준을 따른다.

**제6조 【건물 내 승강기 적정 배치】** 건물 내 이동인구 동선에 대한 혼잡도를 피하고 승강기 이용 승객의 편리성과 이용 효율을 확보하기 위한 추가적 기준은 다음과 같다.

1. 같은 층 구역을 운행하는 승강기의 배치는 이용 승객이 같은 공간의 승강장을 이용할 수 있도록 하고, 재실자가 승강장을 지나가지 않도록 배치하여야 한다. 다만, 비상용 승강기의 경우 이 규정을 적용하지 아니 할 수 있다.
2. 같은 층 구역을 운행하는 승강기군(群)을 병렬 배치할 경우 한쪽 면에 최대 4대까지만 허용하고 그 이상 배치할 경우 주로비에는 승강기 운행상황에 대한 정보를 쉽게 인지할 수 있도록 별도의 추가조치(음향신호장치 및 점멸장치)를 하거나 탑승 전 승객에게 탑승할 승강기를 미리 지정하는 장치(목적 층 선할당시스템 또는 즉시 예보기능) 등을 적용하여야 한다.
3. 운행 층 구역이 서로 다른 두개이상의 승강기군(群)을 근접하여 배치할 경우 각 승강기군(群) 사이에 복도나 경계물 등을 적용하여 탑승객의 혼선을 방지하도록 한다.
4. 판매시설이나 관람시설 등 층간 이동이 많은 건물 용도에는 승객의 수직이동 편의성과 실효성을 감안하여 에스컬레이터로 대체 적용할 수 있다. 다만, 이 경우 원거리 이동승객의 불편성을 감안하여 전체 운행 층수가 10개 층 초과할 경우 별도의 승강기를 추가로 적용한다.
5. 1개의 승강로에 2대의 승강기를 설치하는 경우에는 상·하부카를 이용하는 승객의 원활한 이송을 위해 로비층에 별도의 에스컬레이터 또는 적절한 운송수단을 설치하여야 한다.
6. 승강장 로비면적은 승객이 타고 내릴 때 및 대기할 때를 충분히 고려하여야 한다.

**제7조 【승강기 에너지절약설비】** 전력회수시스템을 구성하여 승강기 운행 중 발생한 회생전력을 효율적으로 이용할 수 있도록 하여야 한다.

**제8조 【피난층전용 승강기】** 「건축법」 제64조 규정에 의한 승강기설치 계획과는 별도로 재난 등으로부터 신속하게 피난할 수 있는 "피난층전용 승강기"의 설치기준은 다음과 같다.

1. 피난층전용 승강기는 대피인원과 대피시간을 분석하여 대수를 산정한다.
2. 평상시는 정상운행을 하고 재난 발생 시에는 피난층전용 승강기 운전모드로 전환하여 피난안전구역과 피난층만을 왕복 운행하도록 하여야 한다.
3. 피난층전용 승강기는 비상시 피난승객이 탑승하기 전에 해당 승강기의 승강로 및 기계실 이상 유무를 관리자가 확인하는 절차를 거침으로써 피난층전용으로 사용 시 만일의 사태에 대비하여야 한다.
4. 비상시 운전모드가 피난층전용 승강기로 전환되면 피난안전구역과 피난 층을 제외한 다른 층의 운행이 작동되지 않도록 하여야 한다.
5. 가이드레일, 브라켓, 중간빔 등 승강기 구조물은 KBC2016 건축구조기준 내진설계기준에 부합되도록 설치하여야 한다.

※ 상기 사항 이외는 국제건축엔지니어링서비스협회 기준 준용한다.

**제9조 【비상용 승강기】** 삭제 <2016.12.12>

질의회신

## 비상용 승강기 승강장

비상용 승강기 승강장의 구조는 복도의 형식에 상관없이 「건축물의 설비기준 등에 관한 규칙」 제10조제2호의 규정에 적합하여야 하는 것이며, 같은 규칙 같은 조 제2호바목의 규정에 의하여 승강장의 바닥면적은 특별피난계단의 부속실과 겸용하더라도 비상용 승강기 1대에 대하여 $6m^2$ 이상(옥외에 승강장을 설치하는 경우 제외)으로 하면 되는 것입니다.(건교부 건축 58550-2668. '99.7.12)

**질의** 하나의 건축물에 근린생활시설과 공동주택을 건축하는 경우 공동주택에 해당하는 부분의 특별피난계단 부속실과 비상용 승강기의 승강장을 겸용할 수 있는 지 여부

**회신** 「건축물의 설비기준 등에 관한 규칙」 제10조제2호가목에 따라 비상용승강기 설치시 공동주택의 경우에는 승강장과 특별피난계단(「건축물의 피난·방화구조 등의 기준에 관한 규칙」 제9조의 규정에 의한 특별피난계단을 말함)의 부속실과의 겸용부분을 특별피난계단의 계단실과 별도로 구획하는 때에는 승강장을 특별피난계단의 부속실과 겸용할 수 있도록 하고 있는 바, 동 규정에 해당하는 공동주택의 경우에만 특별피난계단 부속실과 비상용승강기 승강장을 겸용할 수 있을 것으로 사료되오니, 보다 구체적인 사항은 해당 건축허가권자인 시장·군수·구청장에게 문의하시기 바랍니다.
(국토교통부 건축정책과 등록 2011.12.28, 수정 2019.5.24)

**법 제65조의2 【지능형건축물의 인증】**

① 국토교통부장관은 지능형건축물(Intelligent Building)의 건축을 활성화하기 위하여 지능형건축물 인증제도를 실시한다.(2013.3.23 본항 개정)

② 국토교통부장관은 제1항에 따른 지능형건축물의 인증을 위하여 인증기관을 지정할 수 있다.

③ 지능형건축물의 인증을 받으려는 자는 제2항에 따른 인증기관에 인증을 신청하여야 한다.

④ 국토교통부장관은 건축물을 구성하는 설비 및 각종 기술을 최적으로 통합하여 건축물의 생산성과 설비 운영의 효율성을 극대화할 수 있도록 다음 각 호의 사항을 포함하여 지능형건축물 인증기준을 고시한다.

1. 인증기준 및 절차
2. 인증표시 홍보기준
3. 유효기간
4. 수수료
5. 인증 등급 및 심사기준 등

⑤ 제2항과 제3항에 따른 인증기관의 지정 기준, 지정 절차 및 인증 신청 절차 등에 필요한 사항은 국토교통부령으로 정한다.

⑥ 허가권자는 지능형건축물로 인증을 받은 건축물에 대하여 제42조에 따른 조경설치면적을 85/100까지 완화하여 적용할 수 있으며, 제56조 및 제60조에 따른 용적률 및 건축물의 높이를 115/100의 범위에서 완화하여 적용할 수 있다.

**해설** 지능형건축물 인증제도를 법제화(2011.5.30)하여 건축물의 생산성과 설비운용의 효율성을 극대화한 지능형건축물의 건축이 확대될 수 있도록 하였다. 이에 따라 **지능형건축물의 인증에 관한 규칙**과 **지능형건축물 인증기준**이 마련(2011.11.30)되었으며, 다음과 같은 내용을 담고 있다.

① 지능형건축물 인증기관의 지정기준 및 지정 절차

- 지능형건축물 인증기관으로 지정을 받으려는 자는 건축계획 및 환경 등 전문분야별로 각 2명을 포함하여 12명 이상의 심사전문인력을 보유하고, 인증업무를 수행할 전담조직 및 업무수행 체계에 관한 설명서 등의 서류를 첨부한 지능형건축물 인증기관 지정 신청서를 국토교통부장관에게

제출하여야 하며, 국토교통부장관은 신청한 자가 지능형건축물 인증기관으로서 적합한지를 검토한 후 인증운영위원회의 심의를 거쳐 지정하도록 하고 있다.

② 지능형건축물 인증 신청절차 및 처리기한의 설정

- 지능형건축물의 건축주 등은 해당 건축물의 지능형건축물 자체평가서 및 증명자료 등 인증에 필요한 서류를 첨부하여 지능형건축물인증 신청서를 인증기관에 제출하도록 하고, 지능형건축물 인증기관은 인증신청 후 40일 이내에 인증을 처리하고 불가피한 사유로 처리기간을 연장하려면 20일의 범위에서 한 차례만 연장할 수 있다.

③ 지능형건축물 인증서의 발급 등

- 지능형건축물 인증기관은 인증심사 결과에 따라 건축주 등에게 지능형건축물 인증서를 발급하고, 지능형건축물의 인증을 표시하는 인증 명판을 제공하여야 한다.

④ 예비인증의 신청 등

- 건축주 등은 「건축법」에 따른 허가나 신고 또는 「주택법」에 따른 사업계획승인을 받은 후 건축물설계에 반영된 내용을 대상으로 예비인증을 신청할 수 있고, 예비인증 시 제도적 지원을 받은 건축주 등은 본인증을 받아야 하되, 본인증 등급은 예비인증 등급 이상으로 취득하여야 한다.

⑤ 지능형건축물 인증 후 사후관리

- 지능형건축물의 인증을 받은 건축물의 소유자 또는 관리자는 그 건축물을 인증받은 기준에 맞도록 유지·관리하도록 하고, 지능형건축물 인증기관은 필요한 경우에 지능형건축물 인증을 받은 건축물의 정상 가동 여부를 확인할 수 있다.

**법 제67조 [관계전문기술자]**

① 설계자와 공사감리자는 제40조, 제41조, 제48조부터 제50조까지, 제50조의2, 제51조, 제52조, 제62조 및 제64조와 「녹색건축물 조성 지원법」 제15조에 따른 대지의 안전, 건축물의 구조상 안전, 부속구조물 및 건축설비의 설치 등을 위한 설계 및 공사감리를 할 때 대통령령으로 정하는 바에 따라 다음 각 호의 어느 하나의 자격을 갖춘 관계전문기술자(「기술사법」 제21조제2호에 따라 벌칙을 받은 후 대통령령으로 정하는 기간이 지나지 아니한 자는 제외한다)의 협력을 받아야 한다.(2020.6.9 법률용어정비를 위한 국토교통위원회 소관 78개 법률에 의거 본항 개정)

1. 「기술사법」 제6조에 따라 기술사사무소를 개설등록한 자
2. 「건설기술 진흥법」 제26조에 따라 건설엔지니어링사업자로 등록한 자(2021.3.16 건설기술 진흥법 부칙에 의거 본호 개정)
3. 「엔지니어링산업 진흥법」 제21조에 따라 엔지니어링사업자의 신고를 한 자
4. 「전력기술관리법」 제14조에 따라 설계업 및 감리업으로 등록한 자

② 관계전문기술자는 건축물이 이 법 및 이 법에 따른 명령이나 처분, 그 밖의 관계 법령에 맞고 안전·기능 및 미관에 지장이 없도록 업무를 수행하여야 한다.

**해설** 설계자 및 공사감리자가 그 업무를 수행함에 있어 여러 관계전문기술자(구조기술사, 설비기술사, 토목분야자격자 등)의 협력을 받아야 하고 건축업무에 참여하는 모든 사람은 법 규정을 준수하여 업무를 수행하여야 한다.

- 법 제40조 : 대지의 안전 등
- 법 제41조 : 토지굴착부분에 대한 조치 등
- 법 제48조 : 구조내력 등
- 법 제49조 : 건축물의 피난시설, 용도제한 등
- 법 제50조 : 건축물의 내화구조 및 방화벽
- 법 제50조의2 : 고층건축물의 피난 및 안전관리
- 법 제51조 : 방화지구 안의 건축물
- 법 제52조 : 건축물의 내부 마감재료
- 법 제62조 : 건축설비기준 등
- 법 제64조 : 승강기
- 「녹색건축물 조성 지원법」 제15조 : 건축물에 대한 효율적인 에너지와 녹색건축물 건축의 활성화

**영 제91조의3 【관계전문기술자와의 협력】**

① 다음 각 호의 어느 하나에 해당하는 건축물의 설계자는 제32조제1항에 따라 해당 건축물에 대한 구조의 안전을 확인하는 경우에는 **건축구조기술사**의 협력을 받아야 한다.(2014.11.28 본항 개정)

1. 6층 이상인 건축물(2009.7.16 본호 개정)
2. 특수구조 건축물(2014.11.28 본호 개정)
3. 다중이용 건축물
4. 준다중이용 건축물(2015.9.22 본호 신설)
5. 3층 이상의 필로티형식 건축물(2018.12.4 본호 신설)
6. 제32조제2항제6호에 해당하는 건축물 중 국토교통부령으로 정하는 건축물(2014.11.28 본호 개정)

② 연면적 10,000m$^2$ 이상인 건축물(창고시설은 제외한다) 또는 에너지를 대량으로 소비하는 건축물로서 국토교통부령으로 정하는 건축물에 건축설비를 설치하는 경우에는 국토교통부령으로 정하는 바에 따라 다음 각 호의 구분에 따른 **관계전문기술자**의 협력을 받아야 한다.
(2009.7.16 본항 개정)

1. 전기, 승강기(전기 분야만 해당한다) 및 피뢰침: 「기술사법」에 따라 등록한 건축전기설비기술사 또는 발송배전기술사(2016.5.17 본호 개정)
2. 급수·배수(配水)·배수(排水)·환기·난방·소화·배연·오물처리 설비 및 승강기(기계 분야만 해당한다) : 「기술사법」에 따라 등록한 건축기계설비기술사 또는 공조냉동기계기술사(2017.5.2 본호 개정)
3. 가스설비 : 「기술사법」에 따라 등록한 건축기계설비기술사, 공조냉동기계기술사 또는 가스기술사(2017.5.2 본호 개정)

③ 깊이 **10m** 이상의 토지 굴착공사 또는 높이 **5m** 이상의 옹벽 등의 공사를 수반하는 건축물의 설계자 및 공사감리자는 토지 굴착 등에 관하여 국토교통부령으로 정하는 바에 따라 「기술사법」에 따라 등록한 **토목구조 기술사, 토질 및 기초 기술사, 지질 및 지반 기술사 또는 토목시공**

**기술사**의 협력을 받아야 한다.(2024.12.17 본항 개정)

④ 설계자 및 공사감리자는 안전상 필요하다고 인정하는 경우, 관계 법령에서 정하는 경우 및 설계계약 또는 감리계약에 따라 건축주가 요청하는 경우에는 관계전문기술자의 협력을 받아야 한다.

⑤ 특수구조 건축물 및 고층건축물의 공사감리자는 제19조제3항제1호 각목 및 제2호 각목에 해당하는 공정에 다다를 때 건축구조기술사의 협력을 받아야 한다.(2016.5.17 본항 개정)

⑥ 3층 이상인 필로티형식 건축물의 공사감리자는 법 제48조에 따른 건축물의 구조상 안전을 위한 공사감리를 할 때 공사가 제18조의2제2항제3호나목에 따른 단계에 다다른 경우마다 법 제67조제1항제1호부터 제3호까지의 규정에 따른 관계전문기술자의 협력을 받아야 한다. 이 경우 관계전문기술자는 「건설기술 진흥법 시행령」 별표 1 제3호라목1)에 따른 건축구조 분야의 특급 또는 고급기술자의 자격요건을 갖춘 소속 기술자로 하여금 업무를 수행하게 할 수 있다. (2018.12.4 본항 신설)

⑦ 제1항부터 제6항까지의 규정에 따라 설계자 또는 공사감리자에게 협력한 관계전문기술자는 공사현장을 확인하고 그가 작성한 설계도서 또는 감리중간보고서 및 감리완료보고서에 설계자 또는 공사감리자와 함께 서명날인하여야 한다.(2018.12.4 본항 개정)

⑧ 제32조제1항에 따른 구조 안전의 확인에 관하여 설계자에게 협력한 건축구조기술사는 국토교통부장관이 정하여 고시하는 기준에 따라 구조의 안전을 확인한 건축물의 구조도 등 구조 관련 **서류에 설계자와 함께 서명날인하여야 한다.**(2024.12.17 본항 개정)

⑨ 법 제67조제1항 각 호 외의 부분에서 "대통령령으로 정하는 기간"이란 2년을 말한다. (2016.7.19 본항 신설)

**해설** 건축물의 설계·시공·감리 등이 복잡하고 전문화되면서 건축물을 건축함에 있어 이를 관계전문기술자들의 협력이 필수적이므로 이를 법적으로 규정하였다.

① 건축 구조기술사의 협력을 받아야 하는 건축물

- 층수 6층 이상 건축물
- 특수구조 건축물(기둥 span 20m 이상, 보·차양이 3m 이상 돌출된 건축물, 특수한 설계·시공 등이 필요한 건축물)
- 다중이용 건축물
- 준다중이용 건축물
- 3층 이상의 필로티형식 건축물
- 지진구역 I의 지역(서울특별시, 부산광역시 등)에 건축하는 건축물로서 중요도가 "특"에 해당하는 건축물(연면적 1,000$m^2$ 이상인 위험물 저장 및 처리시설 등) : 구조기준 제61조 참조

※ 영 제19조제3항제1호 각목 및 제2호 각목이란?

- 제1호각목은 공사감리규정에서 공사감리자가 감리중간보고서를 작성하는 시기를 말하는 것으

로 철근콘크리트조, 철골철근콘크리트조, 조적조, 보강콘크리트블록조의 경우를 말하며 제2호 각목은 철골조인 경우가 해당됨.

② 연면적 10,000m$^2$ 이상인 건축물과 에너지를 대량으로 소비하는 건축물(바닥면적의 합계가 500m$^2$ 이상과 에너지 절약계획서를 제출하여야 하는 건축물)의 경우 다음과 같이 협력을 받아야 함.

- 전기, 승강기 및 피뢰침 : 건축전기설비기술사 또는 발송배전기술사
- 급수·배수·환기·난방·소화·배연·오물처리 설비 및 승강기 : 건축기계설비기술사 또는 공조냉동기계기술사
- 가스설비 : 건축기계설비기술사, 공조냉동기계기술사 또는 가스기술사

③ **토목구조 기술사, 토질 및 기초 기술사, 지질 및 지반 기술사, 토목시공 기술사의 협력을 받아야 하는 경우**

- 깊이 10m 이상의 토지굴착공사
- 높이 5m 이상의 옹벽 등의 공사

**규칙 제36조의2 [관계전문기술자]**

① (2010.8.5 본항 삭제)

② 영 제91조의3제3항에 따라 건축물의 설계자 및 공사감리자는 다음 각 호의 어느 하나에 해당하는 사항에 대하여 「기술사법」에 따라 등록한 토목구조 기술사, 토질 및 기초 기술사, 지질 및 지반 기술사 또는 토목시공 기술사의 협력을 받아야 한다.(2024.12.17 본항 개정)

1. 지질조사
2. 토공사의 설계 및 감리
3. 흙막이벽·옹벽설치등에 관한 위해방지 및 기타 필요한 사항

**설비규칙 제2조 [관계전문기술자의 협력을 받아야 하는 건축물]**

「건축법 시행령」(이하 "영"이라 한다) 제91조의3제2항 각 호 외의 부분에서 "국토교통부령으로 정하는 건축물"이란 다음 각 호의 건축물을 말한다.(2020.4.9 본조 개정)

1. 냉동 냉장시설·항온 항습시설(온도와 습도를 일정하게 유지시키는 특수설비가 설치되어 있는 시설을 말한다) 또는 특수청정시설(세균 또는 먼지 등을 제거하는 특수설비가 설치되어 있는 시설을 말한다)로서 해당 용도에 사용되는 바닥면적의 합계가 500m$^2$ 이상인 건축물(1999.5.11 본호 개정)
2. 영 별표 1 제2호가목 및 나목에 따른 아파트 및 연립주택(2013.9.2 본호 신설)
3. 다음 각 목의 어느 하나에 해당하는 건축물로서 해당 용도에 사용되는 바닥면적의 합계가 500m$^2$ 이상인 건축물(2013.9.2 본호 신설)
   가. 영 별표 1 제3호다목에 따른 목욕장
   나. 영 별표 1 제13호가목에 따른 물놀이형 시설(실내에 설치된 경우로 한정한다) 및 같은 호 다목에 따른 수영장(실내에 설치된 경우로 한정한다)

4. 다음 각 목의 어느 하나에 해당하는 건축물로서 해당 용도에 사용되는 바닥면적의 합계가 2,000$m^2$ 이상인 건축물(2013.9.2 본호 개정)
   가. 영 별표 1 제2호라목에 따른 기숙사
   나. 영 별표 1 제9호에 따른 의료시설
   다. 영 별표 1 제12호다목에 따른 유스호스텔
   라. 영 별표 1 제15호에 따른 숙박시설
5. 다음 각 목의 어느 하나에 해당하는 건축물로서 해당 용도에 사용되는 바닥면적의 합계가 3,000$m^2$ 이상인 건축물(2013.9.2 본호 신설)
   가. 영 별표 1 제7호에 따른 판매시설
   나. 영 별표 1 제10호마목에 따른 연구소
   다. 영 별표 1 제14호에 따른 업무시설
6. 다음 각 목의 어느 하나에 해당하는 건축물로서 해당 용도에 사용되는 바닥면적의 합계가 10,000$m^2$ 이상인 건축물(2013.9.2 본호 신설)
   가. 영 별표 1 제5호가목부터 라목까지에 해당하는 문화 및 집회시설
   나. 영 별표 1 제6호에 따른 종교시설
   다. 영 별표 1 제10호에 따른 교육연구시설(연구소는 제외한다)
   라. 영 별표 1 제28호에 따른 장례식장

**해설** 다음의 건축물에 건축설비를 설치하는 경우에는 해당분야의 건축전기설비기술사, 발송배전기술사, 건축기계설비기술사, 공조냉동기계기술사, 가스기술사 등의 협력을 받아야 한다.

① 아파트 및 연립주택

② 바닥면적의 합계가 500$m^2$ 이상인 다음의 건축물
- 냉동 냉장시설·항온 항습시설 또는 특수청정시설로 쓰이는 건축물
- 제1종 근린생활시설인 목욕장
- 운동시설 중 물놀이형 시설과 실내에 설치된 수영장

③ 바닥면적의 합계가 2,000$m^2$ 이상인 다음의 건축물
- 기숙사, 의료시설, 유스호스텔, 숙박시설

④ 바닥면적의 합계가 3,000$m^2$ 이상인 다음의 건축물
- 판매시설, 연구소, 업무시설

⑤ 바닥면적의 합계가 10,000$m^2$ 이상인 다음의 건축물
- 동·식물원을 제외한 문화 및 집회시설, 종교시설, 연구소를 제외한 교육연구시설, 장례식장

**질의** **관계전문기술자**

구조 및 건축설비의 설치 등을 위한 설계에 대한 관계전문기술자와의 협력을 거쳐 건축허가를 득하고 설계자와는 별도로 공사감리자를 계약한 경우 착공신고시 기재하는 관계전문기술자란의 날인은 최초 협력한 관계전문기술자만 가능한 지 제3자의 관계전문기술자도 가능한 지 여부

**회신** 「건축법 시행령」 제91조의3 제5항의 규정에 의하면, 설계자 또는 공사감리자에게 협력한 관계전문기술자는 그가 작성한 설계도서 또는 감리중간보고서 및 감리완료보고서에 설계자 또는 공사감리자와 함께 서명날인하여야 합니다. 따라서, 설계자에게 협력한 관계전문기술자와 공사감리자에게 협력한 관계전문기술자가 상이할 경우 모든 관계전문기술자의 서명을 날인하여 착공신고서를 제출하여야 할 것이니 보다 구체적인 사항은 자세한 자료를 갖추어 현지 상황을 잘 알 수 있는 관할 소재지의 시장·군수·구청장에게 문의하시기 바랍니다.(국토교통부 건축정책과 등록 2011.12.27, 수정 2019.5.24)

**질의** **관계전문기술자가 구조안전진단을 한 경우 중간감리보고서 등의 서명날인 방법**

관계전문기술자가 해당 분야에 협력을 한 경우 및 시공 중에 있는 건축물에 대하여 계약에 의하여 건축주의 요청에 따라 구조안전진단을 한 경우 감리중간보고서 및 감리완료보고서에 각각 서명날인해야 하는지 여부와 관계전문기술자의 구조계산이 필요없는 건축물을 구조기술사 등이 구조계산을 하였을 경우 구조설계도서에 서명날인하여야 하는지 여부

**회신** 「건축법 시행령」 제91조의3제5항의 규정에 의하여 동조 제1항 내지 제4항의 규정에 의하여 협력한 관계전문기술자는 그가 작성한 설계도서 또는 공사감리중간보고서 및 공사감리완료보고서에 각각 서명날인하도록 하고 있음.

**설비규칙 제23조 【건축물의 냉방설비 등】**

① (1999.5.11 본항 삭제)

② 제2조제3호부터 제6호까지의 규정에 해당하는 건축물 중 산업통상자원부장관이 국토교통부장관과 협의하여 고시하는 건축물에 중앙집중냉방설비를 설치하는 경우에는 산업통상자원부장관이 국토교통부장관과 협의하여 정하는 바에 따라 축냉식 또는 가스를 이용한 중앙집중냉방방식으로 하여야 한다.(2013.9.2 본항 개정)

③ 상업지역 및 주거지역에서 건축물에 설치하는 냉방시설 및 환기시설의 배기구와 배기장치의 설치는 다음 각 호의 기준에 모두 적합하여야 한다.(2012.4.30 본항 개정)

1. 배기구는 도로면으로부터 2m 이상의 높이에 설치할 것
2. 배기장치에서 나오는 열기가 인근 건축물의 거주자나 보행자에게 직접 닿지 아니하도록 할 것
3. 건축물의 외벽에 배기구 또는 배기장치를 설치할 때에는 외벽 또는 다음 각 목의 기준에 적합한 지지대 등 보호장치와 분리되지 아니하도록 견고하게 연결하여 배기구 또는 배기장치가 떨어지는 것을 방지할 수 있도록 할 것(2013.12.27 본호 신설)
   가. 배기구 또는 배기장치를 지탱할 수 있는 구조일 것
   나. 부식을 방지할 수 있는 자재를 사용하거나 도장(塗裝)할 것

**해설** 상업지역과 주거지역에서 건축물에 설치하는 냉방 및 환기시설의 배기구는 도로면으로부터 2m 이상의 높이에 설치하거나 배기장치의 열기가 보행자에게 직접 닿지 않도록 하여 보행자에게 위해가 가지 않도록 하여야 한다.

**설비규칙 제3조 【관계전문기술자의 협력사항】**

① 영 제91조의3제2항에 따른 건축물에 전기, 승강기, 피뢰침, 가스, 급수, 배수(配水), 배수(排水), 환기, 난방, 소화, 배연(排煙) 및 오물처리설비를 설치하는 경우에는 건축사가 해당 건축물의 설계를 총괄하고, 「기술사법」에 따라 등록한 건축전기설비기술사, 발송배전(發送配電)기술사, 건축기계설비기술사, 공조냉동기계기술사 또는 가스기술사(이하 "**기술사**"라 한다)가 건축사와 협력하여 해당 건축설비를 설계하여야 한다.(2017.5.2 본항 개정)

② 영 제91조의3제2항에 따라 건축물에 건축설비를 설치한 경우에는 해당 분야의 기술사가 그 설치상태를 확인한 후 건축주 및 공사감리자에게 별지 제1호서식의 건축설비설치확인서를 제출하여야 한다.(2010.11.5 본항 개정)

해설 건축설비를 설치할 경우 설치상태를 확인해서 그 결과를 건축주 및 공사감리자에게 서면으로 제출하여야 한다.

**법 제68조 【기술적 기준】**

① 제40조, 제41조, 제48조부터 제50조까지, 제50조의2, 제51조, 제52조, 제52조의2, 제62조 및 제64조에 따른 대지의 안전, 건축물의 구조상의 안전, 건축설비 등에 관한 기술적 기준은 이 법에서 특별히 규정한 경우 외에는 국토교통부령으로 정하되, 이에 따른 세부기준이 필요하면 국토교통부장관이 세부기준을 정하거나 국토교통부장관이 지정하는 연구기관(시험기관·검사기관을 포함한다), 학술단체, 그 밖의 관련 전문기관 또는 단체가 국토교통부장관의 승인을 받아 정할 수 있다.(2014.5.28 본항 개정)

② 국토교통부장관은 제1항에 따라 세부기준을 정하거나 승인을 하려면 미리 건축위원회의 심의를 거쳐야 한다.

③ 국토교통부장관은 제1항에 따라 세부기준을 정하거나 승인을 한 경우 이를 고시하여야 한다.

④ 국토교통부장관은 제1항에 따른 기술적 기준 및 세부기준을 적용하기 어려운 건축설비에 관한 기술·제품이 개발된 경우, 개발한 자의 신청을 받아 그 기술·제품을 평가하여 신규성·진보성 및 현장 적용성이 있다고 판단하는 경우에는 대통령령으로 정하는 바에 따라 설치 등을 위한 기준을 건축위원회의 심의를 거쳐 인정할 수 있다.(2020.4.7 본항 신설)

해설 국토교통부 장관은 건축설비에 관한 새로운 기술·제품의 기술적 기준을 인정받으려는 자의 신청을 받으면 한국건설기술연구원에 그 기술·제품이 신규성·진보성 및 현장 적용성이 있는지 여부에 대한 검토를 요청할 수 있으며, 기술적 기준의 인정요청을 받은 기술·제품이 신규성·진보성 및 현장 적용성이 있다고 판단되면 그 기술적 기준을 중앙 건축위원회의 심의를 거쳐 인정할 수 있도록 하고 5년의 범위에서 유효기간을 정할 수 있도록 하고 있다.

**영 제91조의4 【신기술·신제품의 건축설비의 기술적 기준】**

① 법 제68조제4항에 따라 기술적 기준을 인정받으려는 자는 국토교통부령으로 정하는 서류를 국토교통부장관에게 제출해야 한다.

② 국토교통부장관은 제1항에 따른 서류를 제출받으면 한국건설기술연구원에 그 기술·제품이 신규성·진보성 및 현장 적용성이 있는지 여부에 대해 검토를 요청 할 수 있다.(2021.8.10 본항 개정)

③ 국토교통부장관은 제1항에 따라 기술적 기준의 인정 요청을 받은 기술·제품이 신규성·진보성 및 현장 적용성이 있다고 판단되면 그 기술적 기준을 중앙건축위원회의 심의를 거쳐 인정할 수 있다.

④ 국토교통부장관은 제3항에 따라 기술적 기준을 인정할 때 5년의 범위에서 유효기간을 정할 수 있다. 이 경우 유효기간은 국토교통부령으로 정하는 바에 따라 연장할 수 있다.

⑤ 국토교통부장관은 제3항 및 제4항에 따라 기술적 기준을 인정하면 그 기준과 유효기간을 관보에 고시하고, 인터넷 홈페이지에 게재해야 한다.

⑥ 제1항부터 제5항까지에서 정한 사항 외에 법 제68조제4항에 따른 건축설비 기술·제품의 평가 및 그 기술적 기준 인정에 관하여 필요한 세부 사항은 국토교통부장관이 정하여 고시할 수 있다.

**규칙 제37조 【신기술·신제품인 건축설비에 대한 기술적 기준 인정신청 등】** [2021.12.31 본조 신설]

① 영 제91조의4제1항에서 "국토교통부령으로 정하는 서류"란 다음 각 호의 서류를 말한다.

1. 신기술·신제품인 건축설비의 구체적인 내용·기능과 해당 건축설비의 신규성·진보성 및 현장 적용성에 관한 내용을 적은 서류
2. 신기술·신제품인 건축설비와 관련된 다음 각 목의 증서·서류 등의 사본
   가. 「건설기술 진흥법 시행령」 제33조제1항에 따라 발급받은 신기술 지정증서
   나. 「특허법」 제86조에 따라 발급받은 특허증
   다. 「산업기술혁신 촉진법 시행령」 제18조제6항에 따라 발급받은 신기술 인증서, 같은 영 제18조의4제2항에 따라 발급받은 신기술적용제품 확인서 및 같은 영 제18조의5제1항에서 준용하는 같은 영 제18조제6항에 따라 발급받은 신제품 인증서
   라. 그 밖에 다른 법령에 따라 발급받은 증서·서류 등
3. 「산업표준화법」 제12조에 따른 한국산업표준 중 인정을 신청하는 신기술·신제품인 건축설비와 관련된 부분
4. 국제표준화기구(ISO)에서 정한 내용 중 인정을 신청하는 신기술·신제품인 건축설비와 관련된 부분
5. 그 밖에 신기술·신제품인 건축설비의 기술적 기준 인정에 필요한 서류로서 국토교통부장관이 정하여 고시하는 서류

② 영 제91조의4제1항에 따라 신기술·신제품인 건축설비의 기술적 기준에 대한 인정을 받으려는 자는 별지 제27호의2서식의 신기술·신제품인 건축설비의 기술적 기준 인정 신청서에 제1항 각 호의 증서·서류 등을 첨부하여 국토교통부장관에게 제출해야 한다. 이 경우, 제1항제2호부터 제5호까지의 증서·서류 등은 해당 증서·서류 등이 있는 경우에만 첨부한다.

③ 법 제68조제4항에 따라 신기술·신제품인 건축설비의 기술적 기준에 대한 인정을 받은 자가 영 제91조의4제4항 후단에 따라 유효기간을 연장받으려는 경우에는 유효기간 만료일의 6개월 전까지 별지 제27호의2서식의 신기술·신제품인 건축설비의 기술적 기준 유효기간 연장 신청서를 국토교통부장관에게 제출해야 한다.

④ 국토교통부장관은 영 제91조의4제4항 후단에 따라 유효기간을 연장하는 경우에는 5년의 범위에서 연장할 수 있다.

**법 제68조의3 【건축물의 구조 및 재료 등에 관한 기준의 관리】**

① 국토교통부장관은 기후 변화나 건축기술의 변화 등에 따라 제48조, 제48조의2, 제49조, 제50조, 제50조의2, 제51조, 제52조, 제52조의2, 제52조의4, 제53조의 건축물의 구조 및 재료 등에 관한 기준이 적정한지를 검토하는 모니터링(이하 이 조에서 "건축모니터링"이라 한다)을 대통령령으로 정하는 기간마다 실시하여야 한다.(2019.4.23 본항 개정)

② 국토교통부장관은 대통령령으로 정하는 전문기관을 지정하여 건축모니터링을 하게 할 수 있다.

**해설** 국토교통부장관이 기후 변화나 건설기술의 변화 등을 고려하여 3년마다 하중기준 등 건축구조 기준의 적정성을 검토하고, 건축구조 기준의 적정성 검토를 위하여 대통령령으로 정하는 전문기관을 지정하여 모니터링 할 수 있도록 하였다.

**영 제92조 【건축모니터링의 운영】** [2015.7.6 본조 신설]

① 법 제68조의3제1항에서 "대통령령으로 정하는 기간"이란 3년을 말한다.

② 국토교통부장관은 법 제68조의3제2항에 다음 각 호의 인력 및 조직을 갖춘 자를 건축모니터링 전문기관으로 지정할 수 있다.

1. 인력 : 「국가기술자격법」에 따른 건축분야 기사 이상의 자격을 갖춘 인력 5명 이상
2. 조직 : 건축모니터링을 수행할 수 있는 전담조직

**해설** 국토교통부장관은 3년마다 건축모니터링을 실시하되, 건축분야 기사 이상의 자격을 갖춘 인력을 5명 이상 보유하고 건축모니터링을 수행할 수 있는 전담조직을 갖춘 자를 전문기관으로 지정하여 이를 대행하게 한다.

# 제7장 과제하기

**01.** 오피스텔의 난방설비를 개별난방방식으로 할 경우의 기준은?

**02.** 배연설비를 하여야 하는 건축물의 용도는?

**03.** 피뢰설비의 기준은?

**04.** 승용 승강기의 설치기준은?

**05.** 비상용 승강기의 설치기준은?

**06.** 비상용 승강기를 설치하지 아니할 수 있는 건축물은?

**07.** 피난용 승강기 승강장의 구조는?

**08.** 지능형 건축물 인증기관의 지정기준 및 지정절차는?

**09.** 건축구조기술사의 협력을 받아야 하는 건축물은?

# 제7장 과년도 문제

**01.** 에너지절약계획서를 제출하여야 하는 업무시설의 최소 연면적의 합계는?

㉮ 500m$^2$ ㉯ 2,000m$^2$
㉰ 3,000m$^2$ ㉱ 1,000m$^2$

**해설** **녹색건축물 조성 지원법 시행령 제10조**

**〈에너지 절약계획서 제출대상〉**

–연면적 합계 500m$^2$ 이상인 건축물

**〈에너지 절약 계획서 제출제외대상〉**

–「건축법 시행령」 별표1 제1호에 따른 단독주택
–문화 및 집회시설 중 동·식물원
–「건축법 시행령」 별표1 제17호부터 제26호까지의 건축물 중 냉방 및 난방 설비를 모두 설치하지 아니하는 건축물
–그 밖에 국토교통부 장관이 에너지절약계획서를 첨부한 필요가 없다고 정하여 고시하는 건축물

* 과거 설비규칙에서 정하던 에너지관련 내용이 녹색건축물 조성지원법으로 통합 강화되었다. 건축물의 에너지효율에 대한 관심이 지속적으로 높아짐에 따라 관련 법률도 강화되는 추세임으로 면밀한 검토가 요구되어진다.

**02.** 건축설비를 기술사가 설계하지 않아도 되는 건축물은?

㉮ 바닥면적 3,000m$^2$인 중앙집중식 냉·난방 설비의 판매시설
㉯ 바닥면적 2,000m$^2$인 개별식 냉·난방 설비의 숙박시설
㉰ 바닥면적 500m$^2$인 특수청정시설
㉱ 바닥면적 300m$^2$인 특수목욕장

**해설** **영 제91조의3, 설비규칙 제2조**

건축기계설비기술사 또는 공조냉동기계기술사의 협력을 받는 경우

–연면적 10,000m$^2$ 이상인 건축물(창고시설 제외)
–해당용도 바닥면적 합계 500m$^2$ 이상인 냉동냉장시설, 항온항습시설 또는 특수청정시설
–아파트 및 연립주택
–해당용도 바닥면적 합계 500m$^2$ 이상인 목욕장, 실내물놀이형시설, 실내수영장
–해당용도 바닥면적 합계 2,000m$^2$ 이상인 기숙사, 의료시설, 유스호스텔, 숙박시설
–해당용도 바닥면적 합계 3,000m$^2$ 이상인 판매시설, 연구소, 업무시설
–해당용도 바닥면적 합계 10,000m$^2$ 이상인 문화 및 집회시설, 종교시설, 교육연구시설(연구소 제외), 장례식장

**03.** 지하층의 바닥면적이 몇 m$^2$ 이상일 때 식수공급을 위한 급수전을 1개 이상 설치하여야 하는가?

㉮ 100m$^2$ ㉯ 200m$^2$
㉰ 300m$^2$ ㉱ 500m$^2$

**해설** **피난·방화규칙 제25조**

바닥면적이 300m$^2$ 이상일 때 식수공급용 급수전을 1개소 이상 설치

**04.** 건축설계, 시공시 관계 전문기술자에게 구조계산 등의 협력을 받아야 되는 대상이 아닌 것은?

㉮ 층수가 5층인 건축물
㉯ 다중이용 건축물
㉰ 깊이가 15m의 토지굴착공사
㉱ 높이 6m의 옹벽공사

**해설** **영 제91조의3**

–토목분야 관계 전문기술자의 협력
 ◦ 깊이 10m 이상의 토지굴착공사 또는 높이 5m 이상의 옹벽공사
–건축구조 기술사 등 관계 전문기술자의 협력
 ◦ 층수가 6층 이상인 건축물
 ◦ 기둥과 기둥 사이의 거리가 30m 이상인 건축물
 ◦ 다중이용 건축물
–건축기계설비기술사 또는 공조냉동기계기술사의 협력을 받아야 하는 건축물

**05.** 깊이 10m 이상의 토착굴착공사시 국가기술자격법에 의한 토목분야 기술계 자격 취득자의 협력을 받아야 할 내용이 아닌 것은?

㉮ 지질조사
㉯ 토공사의 설계 및 감리
㉰ 흙막이벽 및 옹벽 설치 등에 관한 위해방지
㉱ 지하매설물의 구조현황

**해답** 1. ㉮ 2. ㉱ 3. ㉰ 4. ㉮ 5. ㉱

해설 영 제91조의3, 규칙 제36조의2 제2항
깊이 10m 이상의 토지굴착공사와 높이 5m 이상의 옹벽 공사의 경우에는 토목분야관계 전문기술자의 협력을 받아야 하며 이 때 협력받아야 할 내용은 다음과 같다.
- 지질조사
- 토공사의 설계 및 감리
- 흙막이벽·옹벽 설치 등에 관한 위해방지 및 기타 필요한 사항

**06.** 건축기계설비기술사의 협력을 받아야 하는 건축물의 협력사항에 관한 설명이 잘못된 것은?

㉮ 건축기계설비를 설치하는 경우에는 기술사의 조정하에 설계하여야 한다.
㉯ 건축기계설비라 함은 급수, 배수, 냉방, 난방 및 환기의 건축설비를 말한다.
㉰ 건축기계설비의 설치 상태의 확인은 기술사가 한다.
㉱ 기술사는 건축주와 공사감리자에게 건축설비확인서를 제출하여야 한다.

해설 영 제91조의3, 설비규칙 제3조
건축기계설비를 설치하는 경우 기술사는 건축사의 조정하에 설계를 하여야 한다.

**07.** 건축물의 열손실방지규정이 적용되지 아니하는 건물의 부위는?

㉮ 공동주택의 경계벽
㉯ 최상층에 있는 거실의 반자
㉰ 최하층에 있는 거실의 바닥
㉱ 외기에 면하는 거실의 바닥

해설 건축물의 에너지절약설계기준 참고
공동주택의 측벽은 단열재 두께기준이 있으나 경계벽은 없다.

**08.** 공동주택과 오피스텔의 난방설비를 개별난방 설비방식으로 하는 경우 설비기준에 규정되어 있지 아니한 것은?

㉮ 보일러의 설치 장소
㉯ 보일러실의 환기
㉰ 기름보일러에 의한 난방설비용 공급방식
㉱ 보일러의 연도

해설 설비규칙 제13조
〈공동주택·오피스텔의 난방설비를 개별난방방식으로 하는 경우에 대한 설비기준〉
- 보일러는 거실 외에 설치하되 보일러실과 거실 사이의 경계벽은 출입구를 제외하고는 내화구조의 벽으로 구획할 것
- 보일러실 윗부분은 $0.5m^2$ 이상의 환기창을 설치하고 윗부분과 아래 부분은 각각 지름 10cm 이상의 공기흡입구 및 배기구를 항상 열려 있는 상태로 바깥공기에 접하도록 설치할 것(전기보일러의 경우 예외)
- 보일러실과 거실 사이의 출입구는 가스가 거실에 들어갈 수 없는 구조로 할 것
- 기름보일러 설치의 경우 기름 저장소를 보일러실 외의 다른 곳에 설치
- 보일러의 연도는 내화구조로서 공동연도로 설치할 것
- 오피스텔의 경우 난방구획마다 내화구조로 된 벽·바닥과 갑종방화문으로 된 출입문으로 구획할 것

**09.** 오피스텔에 개별난방을 설치하는 기준으로 옳지 않은 것은?

㉮ 보일러는 거실 외의 곳에 설치하되, 보일러를 설치하는 곳과 거실 사이의 경계벽은 출입구를 제외하고는 내화구조의 벽을 구획할 것
㉯ 보일러실의 윗부분에는 그 면적이 $1m^2$ 이상인 환기창을 설치할 것
㉰ 보일러실의 윗부분과 아랫부분에는 지름 10cm 이상의 공기흡입구 및 배기구를 항상 열려 있는 상태로 바깥공기에 접하도록 설치할 것
㉱ 기름보일러를 설치하는 경우에는 기름 저장소를 보일러실 외의 다른 곳에 설치할 것

해설 설비규칙 제13조
상기 문제 참조

**10.** 공동주택의 개별난방방식에서 보일러 설치기준이 틀린 것은?

㉮ 보일러는 거실 외에 설치할 것
㉯ 보일러의 윗부분은 $0.5m^2$ 이상의 환기창을 설치할 것
㉰ 기름보일러에 의한 난방설비 설치시 연료공급은 중앙집중공급방식에 의할 것
㉱ 출입구가 닫힌 경우 보일러가스가 거실로 들어갈 수 없는 구조로 할 것

해답 6. ㉮ 7. ㉮ 8. ㉰ 9. ㉯ 10. ㉰

**해설** **설비규칙 제13조**
상기 문제 참조

**11.** 다음 중 배연설비의 기준에 맞지 않는 것은?

㉮ 배연구는 바닥에서 1m 이상의 높이에 둔다.
㉯ 배연구의 면적은 $1m^2$ 이상, 바닥면적의 1/200 이상으로 한다.
㉰ 배연구는 예비전원에 의해 열 수 있도록 한다.
㉱ 배연구는 열감지에 의해 자동으로 열 수 있는 구조로도 할 수 있다.

**해설** **설비규칙 제14조**
배연구의 면적은 $1m^2$ 이상, 바닥면적의 1/100 이상
이 경우 바닥면적에서 환기창에 필요한 거실바닥면적에 포함되는 1/20은 제외한다.

**12.** 특별피난계단 및 비상용 승강기에 설치하는 배연설비의 구조에 관한 기준으로 옳지 않은 것은?

㉮ 배연구 및 배연풍도는 난연재료로 하고, 화재가 발생한 경우 원활하게 배연시킬 수 있는 규모로서 외기 또는 평상시에 사용하는 굴뚝에 연결할 것
㉯ 배연구에 설치하는 수동개방장치 또는 자동개방장치는 손으로 열고 닫을 수 있도록 할 것
㉰ 배연구가 외기에 접하지 아니하는 경우에는 배연기를 설치할 것
㉱ 배연기에는 예비전원을 설치할 것

**해설** **설비규칙 규칙 제14조**
배연구 및 배연풍도는 불연재료로 하고, 화재가 발생한 경우 원활하게 배연시킬 수 있는 규모로서 외기 또는 평상시에 사용하지 아니하는 굴뚝에 연결할 것

**13.** 배연설비 설치 해당 건축물로서 배연설비를 하지 않아도 되는 부위는?

㉮ 최상층 거실
㉯ 피난층 거실
㉰ 방화구획이 설치된 경우
㉱ 채광창이 설치되어 있는 부위

**해설** **설비규칙 제14조**
상기 문제 참조
피난층인 경우에는 배연설비를 하지 아니한다.

**14.** 6층 이상의 거실면적의 합계가 $18,000m^2$인 의료시설에 설치해야 할 승용 승강기의 최소 대수는?

㉮ 6대　　㉯ 7대
㉰ 8대　　㉱ 10대

**해설** **설비규칙 제5조(별표1의2)**
2대에 $3,000m^2$를 초과하는 $2,000m^2$마다 1대의 비율로 가산함

$$\therefore 2\text{대} + \frac{18,000-3,000}{2,000} = 2+7.5$$
$$= 9.5 \rightarrow 10\text{대}$$

**15.** 주거의 용도에 쓰이는 바닥면적의 합계가 $400m^2$인 주거용 건축물의 음용수용 급수관의 최소 지름은 얼마인가?

㉮ 20mm　　㉯ 32mm
㉰ 40mm　　㉱ 50mm

**해설** **설비규칙 제18조(별표3)**
주거에 쓰이는 바닥면적의 합계가 불분명할 경우 다음과 같이 가구수를 산정하여 급수관 지름을 결정한다.
$-85m^2$ 이하 : 1가구
$-85m^2$ 초과 $150m^2$ 이하 : 3가구
$-150m^2$ 초과 $300m^2$ 이하 : 5가구
$-300m^2$ 초과 $500m^2$ 이하 : 16가구
$-500m^2$ 초과 : 17가구

〈주거용 건축물의 급수관 지름〉

| 가구 또는 세대 수 | 급수관 지름 최소 기준(mm) |
|---|---|
| 1 | 15 |
| 2～3 | 20 |
| 4～5 | 25 |
| 6～8 | 32 |
| 9～10 | 40 |
| 17 이상 | 50 |

**16.** 주거에 쓰이는 바닥면적의 합계가 $450m^2$인 주거용 건축물에 배관하여야 할 최소 관경은 몇 mm인가?

㉮ 25mm　　㉯ 32mm
㉰ 40mm　　㉱ 50mm

**해설** **설비규칙 제18조**
상기 문제 참조

**해답** 11. ㉯ 12. ㉮ 13. ㉯ 14. ㉱ 15. ㉰ 16. ㉰

**17.** 다음 중 비상용 승강기를 설치해야 하는 건축물은?

㉮ 높이 31m를 넘는 각층을 거실 외 용도로 쓰는 건축물
㉯ 높이 31m를 넘는 바닥면적의 합계가 500m$^2$인 건축물
㉰ 높이 31m를 넘는 5개층의 각층 바닥면적 합계가 300m$^2$ 이내마다 방화구획한 건축물
㉱ 높이 31m를 넘는 4개층의 바닥면적 합계가 400m$^2$인 건축물(각층 100m$^2$)

**해설 설비규칙 제9조**
〈비상용 승강기를 설치하지 아니할 수 있는 건축물〉
- 높이 31m를 넘는 각층이 거실외의 용도로 쓰는 경우
- 높이 31m를 넘는 각층의 바닥면적의 합계가 500m$^2$ 이하인 경우
- 높이 31m를 넘는 부분의 층수가 4개층 이하로서 각층 바닥면적 합계가 200m$^2$(벽 및 반자가 실내에 접하는 부분의 마감을 불연재료로 한 경우 500m$^2$) 이내마다 방화구획한 경우

**18.** 높이가 31m를 넘는 층의 최대바닥면적이 3,500m$^2$인 종합병원에 설치하여야 할 비상용 승강기의 최대 대수는?

㉮ 1대 ㉯ 2대
㉰ 3대 ㉱ 4대

**해설 영 제90조**
비상용 승강기 대수 산정=
$$\frac{\text{31m를 넘는 각층 중 최대바닥면적} - 1500}{3{,}000} + 1$$
(소수점 이하는 올림)
따라서 비상용 승강기 대수는
$$\frac{3500-1500}{3{,}000} + 1 = 1.67 = 2\text{대}$$

**19.** 각층 바닥면적 2,000m$^2$인 지하 3층 지상 10층의 사무소 건축에 있어 필요한 최소 승용 승강기의 수는? (단, 지하 1, 2층은 주차장, 지상 10층은 기계실)

㉮ 4대 ㉯ 5대
㉰ 6대 ㉱ 7대

**해설 설비규칙 제5조(별표1의2)**
- 업무시설(사무소)의 경우 : 6층 이상의 거실면적의 합계가 3,000m$^2$ 이하일 때 1대이고, 3,000m$^2$를 초과하는 경우 1대에 2,000m$^2$ 이내마다 1대 비율을 가산한 대수
- 지하 1, 2층은 고려할 필요가 없고 지상 10층의 기계실은 「거실」이 아니다.
- 각층 바닥면적 2,000m$^2$×6층 이상부터 9층까지 4개층 =8,000m$^2$

$$\therefore\ 1\text{대} + \left(8{,}000 - \frac{3{,}000}{2{,}000}\right)$$
$$= 1 + 2.5 = 3.5 \rightarrow 4\text{대가 된다.}$$

**20.** 각층 바닥면적이 2,000m$^2$인 아파트의 승용 승강기의 최소 대수는? (단, 20층짜리로 10과 20층은 기계실임)

㉮ 8대 ㉯ 9대
㉰ 10대 ㉱ 12대

**해설 설비규칙 제5조(별표1의2)**
- 승용 승강기의 설치 원칙은 6층 이상 건축물에 해당
- 공동주택(아파트)의 경우 6층 이상 거실면적 합계가 3,000m$^2$ 이하일 때는 1대, 3,000m$^2$ 초과일 때는 3,000m$^2$마다 1대를 가산
- 6층부터 20층까지 15개층에서 10층과 20층을 빼면 13개층이 되어

$$\frac{(2{,}000\text{m}^2 \times 13\text{개층}) - 3{,}000\text{m}^2}{3{,}000\text{m}^2}$$
$$= 7.67 \fallingdotseq 8 + 1\text{대} = 9\text{대}$$

**21.** 공동주택과 오피스텔의 난방설비를 개별난방 설비방식을 하는 경우 설비기준에 규정되어 있지 아니한 것은?

㉮ 보일러의 설치장소
㉯ 보일러실의 환기
㉰ 보일러의 연도
㉱ 기름보일러에 의한 난방설비용 공급방식

**해설 설비규칙 제13조**
기름보일러를 설치하는 경우 기름 저장소를 보일러실 외의 다른 곳에 설치가 규정되어 있음

해답 17. ㉰ 18. ㉯ 19. ㉮ 20. ㉯ 21. ㉱

**22.** 6층 이상인 건축물의 연면적이 $2,000m^2$ 이상으로서 각각 같은 조건일 때 다음 건축물 중 승용 승강기를 가장 많이 설치해야 하는 시설은?

㉮ 문화 및 집회시설, 판매 및 영업시설
㉯ 교육연구 및 복지시설, 공동주택
㉰ 위락시설, 전시장
㉱ 숙박시설, 업무시설

**해설** **설비규칙 제5조(별표1의2)**
승강기 설치기준 대수가 가장 많은 건축물의 용도는 문화 및 집회시설(공연장, 집회장, 관람장), 판매 및 영업시설(도매시장, 소매시장, 상점), 의료시설(병원, 격리병원) 등 6층 이상의 거실 면적의 합계 $3,000m^2$ 이하인 경우, 2대 초과하는 경우 그 초과하는 매 $2,000m^2$ 이내마다 1대 비율로 가산한 대수가 된다.

**23.** 비상용 승강기의 승강장의 바닥면적은 비상용 승강기 1대에 대하여 얼마로 하는가?

㉮ $5m^2$ 이상　㉯ $6m^2$ 이상
㉰ $7m^2$ 이상　㉱ $8m^2$ 이상

**해설** **설비규칙 제10조 제2호 바목**
비상용 승강기의 승강장의 바닥면적은 비상용 승강기 1대에 대하여 $6m^2$ 이상으로 할 것(단, 옥외에 승강기를 설치하는 경우에는 그러하지 아니하다)

**24.** 공동주택의 개별난방방식에서 난방설비 설치기준으로 틀린 것은?

㉮ 보일러는 거실 외에 설치할 것
㉯ 보일러실의 윗부분에는 $0.5m^2$ 이상인 환기창을 설치할 것
㉰ 보일러실과 거실 사이의 출입구는 그 출입구가 닫힌 경우에는 보일러 가스가 거실에 들어갈 수 없는 구조로 할 것
㉱ 보일러의 연도는 내화구조로서 공동연도를 설치하지 말 것

**해설** **설비규칙 제13조**
－보일러실 연도는 내화구조로서 공동연도로 설치할 것

**25.** 주거의 용도에 쓰이는 바닥면적의 합계가 $300m^2$인 주거용 건축물의 음용수용 급수관 지름의 최소 기준은?

㉮ 20mm　㉯ 25mm
㉰ 32mm　㉱ 40mm

**해설** **설비규칙 제18조(별표 3)**
바닥면적 $150m^2$ 초과 $300m^2$ 이하인 면적은 5가구로 산정하며, 주거용 건축물 가구수(세대수)가 4, 5일 경우 급수관의 최소 지름은 25mm

**26.** 에너지절약계획서를 제출하여야 하는 사람과 시기로 바르게 설명한 것은?

㉮ 건축주가 건축허가를 신청하는 때
㉯ 설계자가 건축허가를 신청하는 때
㉰ 건축주가 착공신고를 신청하는 때
㉱ 설계자가 착공신고를 신청하는 때

**해설** **녹색건축물 조성 지원법 제14조 제1항**
대통령령으로 정하는 건축물을 건축하고자 하는 건축주는 「건축법」 제11조에 따라 건축허가를 신청하거나 같은 법 제19조 제2항에 따라 용도 변경의 허가신청 또는 신고를 하거나 같은 법 제19조 제3항에 따라 건축물대장 기재내용의 변경을 신청하는 경우에는 대통령령으로 정하는 바에 따라 에너지절약계획서를 제출해야 한다.

**27.** 각 층별 바닥면적이 $2,000m^2$이고 그 중 각 층별 거실면적의 합계가 $1,500m^2$이며 층수가 15층인 병원에 16인승 승용 승강기를 설치하려고 할 때 필요한 최소 대수는 얼마인가?

㉮ 4대　㉯ 6대
㉰ 8대　㉱ 10대

**해설** **설비규칙 제5조(별표1의2)**
〈병원(의료시설)의 승용 승강기 설치대수〉

$$=2+\frac{\text{6층 이상의 층의 거실바닥면적}-3,000}{2,000}$$

$$=2+\frac{(1,500\times 10\text{개층})-3,000}{2,000}$$

=8대(8인승 기준)

∴ 8인승 이상 15인승 이하는 1대, 16인승 이상은 2대로 산정하므로 4대

**해답** 22. ㉮ 23. ㉯ 24. ㉱ 25. ㉯ 26. ㉮ 27. ㉮

**28.** 공동주택과 오피스텔의 난방설비를 개별난방방식으로 하는 경우에 대한 기준 중 옳지 않은 것은?

㉮ 보일러실의 윗부분에는 그 면적이 $0.5m^2$ 이상인 환기창을 설치할 것
㉯ 보일러는 거실 외의 곳에 설치하되, 보일러를 설치하는 곳과 거실사이의 경계벽은 출입구를 제외하고는 내화구조의 벽으로 구획할 것
㉰ 보일러의 연도는 방화구조로서 공동연도로 설치할 것
㉱ 기름보일러를 설치하는 경우에는 기름저장소를 보일러실 외의 다른 곳에 설치할 것

해설 **설비규칙 제13조**
보일러의 연도는 내화구조로서 공동 연도로 설치할 것

**29.** 비상용 승강기의 승강장의 구조기준으로 틀린 것은?

㉮ 승강장의 창문, 출입구 기타 개구부를 제외한 부분은 당해 건축물의 다른 부분과 내화구조의 바닥 및 벽으로 구획할 것
㉯ 출입구에는 갑종방화문을 설치할 것
㉰ 벽 및 반자가 실내에 접하는 부분의 마감재료는 불연재료 또는 준불연재료로 할 것
㉱ 승강장의 바닥면적은 비상용 승강기 1대에 대하여 $6m^2$ 이상으로 할 것

해설 **설비규칙 제10조**
벽 및 반자가 실내에 접하는 부분의 마감은 불연재료로 할 것. 따라서 준불연재료는 아니된다.

**30.** 건축물의 용도가 같을 때 승용 승강기 설치기준이 다르게 적용되는 기준은 무엇인가?

㉮ 건축면적
㉯ 연면적의 합계
㉰ 6층 이상의 바닥면적의 합계
㉱ 6층 이상의 거실면적의 합계

해설 **법 제64조, 설비규칙 제5조**
건축물의 용도에 따라 6층 이상의 거실면적의 합계가 $3000m^2$ 이하 또는 $3,000m^2$ 초과시 승용 승강기의 설치기준이 달라진다.

**31.** 건축법령상 지능형건축물(Intelligent Building)로 인증을 받은 건축물에 대하여 완화 적용할 수 있는 건축기준 범위로 가장 적합한 것은?

㉮ 조경설치면적 – 85/100
㉯ 건축물의 건폐율 – 115/100
㉰ 건축물의 용적률 – 120/100
㉱ 건축물의 높이 – 130/100

해설 **법 제65조의2**
– 허가권자는 지능형건축물로 인증을 받은 건축물에 대해서는 조경설치면적을 85/100, 용적률 및 건축물의 높이를 115/100 범위에서 완화하여 적용할 수 있다.

해답 28. ㉰ 29. ㉰ 30. ㉱ 31. ㉮

# 제8장

# 특별건축구역 등

**법 제69조 【특별건축구역의 지정】**

① 국토교통부장관 또는 시·도지사는 다음 각 호의 구분에 따라 도시나 지역의 일부가 특별건축구역으로 특례 적용이 필요하다고 인정하는 경우에는 특별건축구역을 지정할 수 있다. (2014.1.14 본항 개정)

1. 국토교통부장관이 지정하는 경우
   가. 국가가 국제행사 등을 개최하는 도시 또는 지역의 사업구역
   나. 관계법령에 따른 국가정책사업으로서 대통령령으로 정하는 사업구역
2. 시·도지사가 지정하는 경우
   가. 지방자치단체가 국제행사 등을 개최하는 도시 또는 지역의 사업구역
   나. 관계법령에 따른 도시개발·도시재정비 및 건축문화 진흥사업으로서 건축물 또는 공간환경을 조성하기 위하여 대통령령으로 정하는 사업구역
   다. 그 밖에 대통령령으로 정하는 도시 또는 지역의 사업구역

② 다음 각 호의 어느 하나에 해당하는 지역·구역 등에 대하여는 제1항에도 불구하고 특별건축구역으로 지정할 수 없다.

1. 「개발제한구역의 지정 및 관리에 관한 특별조치법」에 따른 개발제한구역
2. 「자연공원법」에 따른 자연공원
3. 「도로법」에 따른 접도구역
4. 「산지관리법」에 따른 보전산지
5. (2016.2.3 본호 삭제)

③ 국토교통부장관 또는 시·도지사는 특별건축구역으로 지정하고자 하는 지역이 「군사기지 및 군사시설 보호법」에 따른 군사기지 및 군사시설 보호구역에 해당하는 경우에는 국방부장관과 사전에 협의하여야 한다.(2016.2.3 본항 신설)

**해설** 조화롭고 창의적인 건축물의 건축을 통하여 도시 경관의 창출, 건설기술 수준의 향상 및 건축 관련제도 개선을 도모하기 위하여 「건축법」이나 관계법령에 따른 일부규정을 적용하지 아니하거나 완화 또는 통합하여 적용할 수 있도록 특별히 지정하는 구역을 특별건축구역이라 한다. 이와 같은 특별건축구역의 지정은 특별히 사업구역을 정할 수 있으나 관계법령에 따라 특별건축구역을 지정할 수 없는 경우도 있다.

① 국가정책사업으로서 조화롭고 창의적인 건축을 위하여 정하는 사업구역과 도시 또는 지역의 사업구역을 위해서 다음과 같은 경우에 특별건축구역을 지정할 수 있다.

- 법령에 따른 행정중심 복합도시의 사업구역
- 법령에 따른 혁신도시의 사업구역
- 법령에 따른 경제자유구역
- 택지개발 사업구역
- 국민 임대주택 건설사업구역
- 「도시 및 주거환경정비법」에 따른 정비구역
- 「도시개발법」에 따른 도시개발구역
- 「도촉법」에 따른 재정비촉진구역
- 국제자유도시의 사업구역
- 국립아시아 문화전당 건설사업구역
- 지구단위계획구역 중 현상설계등에 따른 창의적 개발을 위한 특별계획 구역
- 관광진흥법에 따른 관광지, 관광단지, 관광특구(법 제2조 정의 참조)
- 문화예술진흥법에 따른 문화지구(법 제8조 문화지구의지정·관리 등)
- 국제 행사 등을 개최하는 도시 또는 지역
- 도시지역 또는 해당 용도지역 안에서의 건축제한 적용을 배제할 필요가 있어 주거, 업무, 상업 등 다양한 기능을 결합하여 복합적인 토지이용을 증진시킬 필요가 있는 지역
- 도시경관의 창출, 신기술 등 건설기술 수준향상 및 건축관련 제도개선을 도모하기 위하여 특별건축구역으로 지정할 필요가 있다고 국토교통부장관 또는 시·도지가가 인정하는 도시 또는 지역

② 다음의 지역·구역에서는 특별건축구역의 지정이 될 수 없음

- 「개발제한구역의 지정 및 관리에 관한 특별조치법」에 따른 개발제한구역
- 「자연공원법」에 따른 자연공원
- 「도로법」에 따른 접도구역
- 「산지관리법」에 따른 보전산지

**영 제105조 【특별건축구역의 지정】**

① 법 제69조제1항제1호나목에서 "대통령령으로 정하는 **사업구역**"이란 다음 각 호의 어느 하나에 해당하는 구역을 말한다.(2012.12.12 본항 개정)

1. 「신행정수도 후속대책을 위한 연기·공주지역 행정중심복합도시 건설을 위한 특별법」에 따

른 행정중심복합도시의 사업구역

2.「혁신도시 조성 및 발전에 관한 특별법」에 따른 혁신도시의 사업구역(2018.2.27「혁신도시 조성 및 발전에 관한 특별법 시행령」 부칙에 의거 개정)

3.「경제자유구역의 지정 및 운영에 관한 특별법」 제4조에 따라 지정된 경제자유구역

4.「택지개발촉진법」에 따른 택지개발사업구역

5.「공공주택건설 등에 관한 특별법」 제2조제2호에 따른 공공주택지구(2014.4.29「보금자리주택 건설 등에 관한 특별법 시행령」 부칙에 의거 개정)

6. (2014.10.14 본호 삭제)

7.「도시개발법」에 따른 도시개발구역

8. (2014.10.14 본호 삭제)

9. (2014.10.14 본호 삭제)

10.「아시아문화중심도시 조성에 관한 특별법」에 따른 국립아시아문화전당 건설사업구역

11.「국토의 계획 및 이용에 관한 법률」 제51조에 따른 지구단위계획구역 중 현상설계(懸賞設計) 등에 따른 창의적 개발을 위한 특별계획구역(2012.12.12 본호 신설)

12. (2014.10.14 본호 삭제)

13. (2014.10.14 본호 삭제)

② 법 제69조제1항제2호나목에서 “대통령령으로 정하는 사업구역”이란 다음 각 호의 어느 하나에 해당 하는 구역을 말한다.(2014.10.14 본항 신설)

1.「경제자유구역의 지정 및 운영에 관한 특별법」 제4조에 따라 지정된 경제자유구역

2.「택지개발촉진법」에 따른 택지개발사업구역

3.「도시 및 주거환경정비법」에 따른 정비구역

4.「도시개발법」에 따른 도시개발구역

5.「도시재정비 촉진을 위한 특별법」에 따른 재정비촉진구역

6.「제주특별자치도 설치 및 국제자유도시 조성을 위한 특별법」에 따른 국제자유도시의 사업구역

7.「국토의 계획 및 이용에 관한 법률」 제51조에 따른 지구단위계획구역 중 현상설계(懸賞設計) 등에 따른 창의적 개발을 위한 특별계획구역

8.「관광진흥법」 제52조 및 제70조에 따른 관광지, 관광단지 또는 관광특구

9.「지역문화진흥법」 제18조에 따른 문화지구

③ 법 제69조제1항제2호다목에서 “대통령령으로 정하는 **도시** 또는 **지역**”이란 다음 각 호의 어느 하나에 해당하는 도시 또는 지역을 말한다.

1. (2014.10.14 본호 삭제)

2. 건축문화 진흥을 위하여 국토교통부령으로 정하는 건축물 또는 공간환경을 조성하는 지역

2의2. 주거, 상업, 업무 등 다양한 기능을 결합하는 복합적인 토지 이용을 증진시킬 필요가

있는 지역으로서 다음 각 목의 요건을 모두 갖춘 지역(2013.3.23 본호 개정)

가. 도시지역일 것

나. 「국토의 계획 및 이용에 관한 법률 시행령」 제71조에 따른 용도지역 안에서의 건축제한 적용을 배제할 필요가 있을 것

3. 그 밖에 도시경관의 창출, 건설기술 수준향상 및 건축 관련 제도개선을 도모하기 위하여 특별건축구역으로 지정할 필요가 있다고 시·도지사가 인정하는 도시 또는 지역(2014.10.14 본호 개정)

**규칙 제38조의2 【특별건축구역의 지정】**

영 제105조제3항제2호에서 "국토교통부령으로 정하는 **건축물** 또는 **공간환경**"이란 도시·군계획 또는 건축 관련 박물관, 박람회장, 문화예술회관, 그 밖에 이와 비슷한 문화예술공간을 말한다. (2020.10.28 본조 개정)

**법 제70조 【특별건축구역의 건축물】**

특별건축구역에서 제73조에 따라 건축기준 등의 특례사항을 적용하여 건축할 수 있는 건축물은 다음 각 호의 어느 하나에 해당되어야 한다.

1. 국가 또는 지방자치단체가 건축하는 건축물
2. 「공공기관의 운영에 관한 법률」 제4조에 따른 공공기관 중 대통령령으로 정하는 공공기관이 건축하는 건축물
3. 그 밖에 대통령령으로 정하는 용도·규모의 건축물로서 도시경관의 창출, 건설기술 수준향상 및 건축 관련 제도개선을 위하여 특례 적용이 필요하다고 허가권자가 인정하는 건축물

해설 공공기관에서 건축하는 건축물과 일정한 용도·규모의 건축물로서 도시 경관의 창출, 건설기술 수준향상 및 건축 관련 제도개선을 위하여 특례적용이 필요하다고 허가권자가 인정하는 건축물에 대하여는 건축기준 등의 특례사항을 적용하여 건축물의 건축이 될 수 있도록 하고 있다.

**영 제106조 【특별건축구역의 건축물】**

① 법 제70조제2호에서 "대통령령으로 정하는 **공공기관**"이란 다음 각 호의 공공기관을 말한다. (2009.9.21 본항 개정)

1. 「한국토지주택공사법」에 따른 한국토지주택공사
2. 「한국수자원공사법」에 따른 한국수자원공사
3. 「한국도로공사법」에 따른 한국도로공사

4. (2009.9.21 본호 삭제)
5. 「한국철도공사법」에 따른 한국철도공사(2020.9.10 한국철도시설공단법 시행령 부칙에 의거 본호 개정)
6. 「국가철도공단법」에 따른 국가철도공단
7. 「한국관광공사법」에 따른 한국관광공사
8. 「한국농어촌공사 및 농지관리기금법」에 따른 한국농어촌공사

② 법 제70조제3호에서 "대통령령으로 정하는 용도·규모의 건축물"이란 **별표** 3과 같다.

**해설** 특별건축구역에서 건축기준 등의 특례 사항을 적용할 수 있는 건축물은 국가 또는 지방자치단체가 건축하는 건축물과 한국토지주택공사, 한국수자원공사, 한국도로공사, 한국철도공사, 국가철도공단, 한국관광공사, 한국농촌공사 등 공공 기관에서 건축하는 건축물 등과 다음 "별표 3"에 의한 건축물의 경우가 해당된다.

※ 「건축법 시행령」 **【별표 3】** (2021.1.8 본표 개정)

**특별건축구역의 특례사항 적용 대상 건축물**(제106조제2항 관련)

| 용 도 | 규모(연면적, 세대 또는 동) |
|---|---|
| 1. 문화 및 집회시설, 판매시설, 운수시설, 의료시설, 교육연구시설, 수련시설 | 2,000$m^2$ 이상 |
| 2. 운동시설, 업무시설, 숙박시설, 관광휴게시설, 방송통신시설 | 3,000$m^2$ 이상 |
| 3. 종교시설 | - |
| 4. 노유자시설 | 500$m^2$ 이상 |
| 5. 공동주택(주거용 외의 용도와 복합된 건축물을 포함한다) | 100세대 이상 |
| 6. 단독주택<br>가. 「한옥 등 건축자산의 진흥에 관한 법률」 제2조제2호 또는 제3호의 한옥 또는 한옥건축양식의 단독주택<br>나. 그 밖의 단독주택 | 1) 10동 이상<br>2) 30동 이상 |
| 7. 그 밖의 용도 | 1,000$m^2$ 이상 |

※ 비고
1. 위 표의 용도에 해당하는 건축물은 허가권자가 인정하는 비슷한 용도의 건축물을 포함한다.
2. 용도가 복합된 건축물의 경우에는 해당 용도의 연면적 합계가 기준 연면적을 합한 값 이상이어야 한다. 이 경우 공동주택과 주거용 외의 용도가 복합된 건축물의 경우에는 각각 해당 용도의 연면적 또는 세대 기준에 적합해야 한다.
3. 위 표 제6호가목의 건축물에는 허가권자가 인정하는 범위에서 단독주택 외의 용도로 쓰는 한옥 또는 한옥건축양식의 건축물을 일부 포함할 수 있다.

**법 제71조 【특별건축구역의 지정 절차 등】**

① 중앙행정기관의 장, 제69조제1항 각 호의 사업구역을 관할하는 시·도지사 또는 시장·군수·구청장(이하 이 장에서 "**지정신청기관**"이라 한다)은 특별건축구역의 지정이 필요한 경우에는 다음

각 호의 자료를 갖추어 중앙행정기관의 장 또는 시·도지사는 국토교통부장관에게, 시장·군수·구청장은 특별시장·광역시장·도지사에게 각각 특별건축구역의 지정을 신청할 수 있다.
(2014.1.14 본항 개정)

1. 특별건축구역의 위치·범위 및 면적 등에 관한 사항
2. 특별건축구역의 지정 목적 및 필요성
3. 특별건축구역 내 건축물의 규모 및 용도 등에 관한 사항
4. 특별건축구역의 도시·군관리계획에 관한 사항. 이 경우 도시·군관리계획의 세부 내용은 대통령령으로 정한다.
5. 건축물의 설계, 공사감리 및 건축시공 등의 발주방법 등에 관한 사항
6. 제74조에 따라 특별건축구역 전부 또는 일부를 대상으로 통합하여 적용하는 미술작품, 부설주차장, 공원 등의 시설에 대한 운영관리 계획서. 이 경우 운영관리 계획서의 작성방법, 서식, 내용 등에 관한 사항은 국토해양부령으로 정한다.(2014.1.14 본호 개정)
7. 그 밖에 특별건축구역의 지정에 필요한 대통령령으로 정하는 사항

② 제1항에 따른 지정신청기관 외의 자는 제1항 각 호의 자료를 갖추어 제69조제1항제2호의 사업구역을 관할하는 시·도지사에게 특별건축구역의 지정을 제안할 수 있다.(2020.4.7 본항 신설)

③ 제2항에 따른 특별건축구역 지정 제안의 방법 및 절차 등에 관하여 필요한 사항은 대통령령으로 정한다.(2020.4.7 본항 신설)

④ 국토교통부장관 또는 특별시장·광역시장·도지사는 제1항에 따라 지정신청이 접수된 경우에는 특별건축구역 지정의 필요성, 타당성 및 공공성 등과 피난·방재 등의 사항을 검토하고, 지정 여부를 결정하기 위하여 지정신청을 받은 날부터 30일 이내에 국토교통부장관이 지정신청을 받은 경우에는 국토교통부장관이 두는 건축위원회(이하 "**중앙건축위원회**"라 한다), 특별시장·광역시장·도지사가 지정신청을 받은 경우에는 각각 특별시장·광역시장·도지사가 두는 건축위원회의 심의를 거쳐야 한다.(2014.1.14 본항 개정)

⑤ 국토교통부장관 또는 특별시장·광역시장·도지사는 각각 중앙건축위원회 또는 특별시장·광역시장·도지사가 두는 건축위원회의 심의 결과를 고려하여 필요한 경우 특별건축구역의 범위, 도시·군관리계획 등에 관한 사항을 조정할 수 있다.(2014.1.14 본항 개정)

⑥ 국토교통부장관 또는 시·도지사는 필요한 경우 직권으로 특별건축구역을 지정할 수 있다. 이 경우 제1항 각 호의 자료에 따라 특별건축구역 지정의 필요성, 타당성 및 공공성 등과 피난·방재등의 사항을 검토하고 각각 중앙건축위원회 또는 시·도지사가 두는 건축위원회의 심의를 거쳐야 한다.(2014.1.14 본항 개정)

⑦ 국토교통부장관 또는 시·도지사는 특별건축구역을 지정하거나 변경·해제하는 경우에는 대통령령으로 정하는 바에 따라 주요 내용을 관보(시·도지사는 공보)에 고시하고, 국토교통부장관 또는 특별시장·광역시장·도지사는 지정신청기관에 관계 서류의 사본을 송부하여야 한다.
(2014.1.14 본항 개정)

⑧ 제7항에 따라 관계 서류의 사본을 받은 지정신청기관은 관계 서류에 도시·군관리계획의 결정 사항이 포함되어 있는 경우에는 「국토의 계획 및 이용에 관한 법률」 제32조에 따라 지형도면의 승인신청 등 필요한 조치를 취하여야 한다.(2011.4.14 본항 개정)

⑨ 지정신청기관은 특별건축구역 지정 이후 변경이 있는 경우 변경지정을 받아야 한다. 이 경우 변경지정을 받아야 하는 변경의 범위, 변경지정의 절차 등 필요한 사항은 대통령령으로 정한다.

⑩ 국토교통부장관 또는 시·도지사는 다음 각 호의 어느 하나에 해당하는 경우에는 특별건축구역의 전부 또는 일부에 대하여 지정을 해제할 수 있다. 이 경우 국토교통부장관 또는 특별시장·광역시장·도지사는 지정신청기관의 의견을 청취하여야 한다.(2014.1.14 본항 개정)

1. 지정신청기관의 요청이 있는 경우
2. 거짓이나 그 밖의 부정한 방법으로 지정을 받은 경우
3. 특별건축구역 지정일부터 5년 이내에 특별건축구역 지정목적에 부합하는 건축물의 착공이 이루어지지 아니하는 경우
4. 특별건축구역 지정요건 등을 위반하였으나 시정이 불가능한 경우

⑪ 특별건축구역을 지정하거나 변경한 경우에는 「국토의 계획 및 이용에 관한 법률」 제30조에 따른 도시·군관리계획의 결정(용도지역·지구·구역의 지정 및 변경은 제외한다)이 있는 것으로 본다. (2020.6.9 법률용어정비를 위한 국토교통위원회 소관 78개 법률에 의거 본항 개정)

**해설** 특별건축구역의 지정신청기관은 구역의 지정에 필요한 특별건축구역의 위치·범위 및 면적 등에 관한 사항을 포함한 자료를 갖추어 국토교통부장관 또는 특별시장·광역시장·도지사에게 지정을 신청할 수 있으며 신청이 접수된 날부터 30일 이내에 중앙건축심의위원회(시·도 건축위원회)의 심의를 거쳐야 한다. 또한 국토교통부장관 또는 특별시장·광역시장·도지사는 특별건축구역의 전부 또는 일부에 대하여 지정을 해제할 수 있으며 지정하거나 변경한 경우에는 「국토의 계획 및 이용에 관한 법률」 제30조에 따른 도시·군관리계획의 결정(용도지역·지구·구역의 지정 및 변경은 제외됨)이 있는 것으로 본다.

① 특별건축구역의 전부 또는 일부에 대하여 지정을 해제하는 경우는 다음과 같다.
- 지정 신청기관의 요청이 있는 경우
- 거짓이나 그 밖의 부정한 방법으로 지정을 받은 경우
- 특별건축구역 지정일부터 5년 이내에 특별건축구역 지정목적에 부합하는 건축물의 착공이 이루어지지 아니하는 경우
- 특별건축구역 지정요건 등을 위반하였으나 시정이 불가능한 경우

**영 제107조 【특별건축구역의 지정 절차 등】**

① 법 제71조제1항제4호에 따른 **도시·군관리계획의 세부 내용**은 다음 각 호와 같다. (2012.4.10 본항 개정)

1. 「국토의 계획 및 이용에 관한 법률」 제36조부터 제38조까지, 제38조의2, 제39조, 제40조 및 같은 법 시행령 제30조부터 제32조까지의 규정에 따른 용도지역, 용도지구 및 용도구역에 관한 사항
2. 「국토의 계획 및 이용에 관한 법률」 제43조에 따라 도시·군관리계획으로 결정되었거나 설치된 도시·군계획시설의 현황 및 도시·군계획시설의 신설·변경 등에 관한 사항
3. 「국토의 계획 및 이용에 관한 법률」 제50조부터 제52조까지 및 같은 법 시행령 제43조부터 제47조까지의 규정에 따른 지구단위계획구역의 지정, 지구단위계획의 내용 및 지구단위계획의 수립·변경 등에 관한 사항

② 법 제71조제1항제7호에서 "**대통령령으로 정하는 사항**"이란 다음 각 호의 사항을 말한다. (2012.4.10 본항 개정)

1. 특별건축구역의 주변지역에 「국토의 계획 및 이용에 관한 법률」 제43조에 따라 도시·군관리계획으로 결정되었거나 설치된 도시·군계획시설에 관한 사항
2. 특별건축구역의 주변지역에 대한 지구단위계획구역의 지정 및 지구단위계획의 내용 등에 관한 사항

2의2. 「건축기본법」 제21조에 따른 건축디자인 기준의 반영에 관한 사항

3. 「건축기본법」 제23조에 따라 민간전문가를 위촉한 경우 그에 관한 사항
4. 제105조제3항제2호의2에 따른 복합적인 토지 이용에 관한 사항(제105조제3항제2호의2에 해당하는 지역을 지정하기 위한 신청의 경우로 한정한다) (2014.10.14 본호 개정)

③ 국토교통부장관 또는 시·도지사는 법 제71조제5항에 따라 특별건축구역을 지정하거나 변경·해제하는 경우에는 다음 각 호의 사항을 즉시 관보(시·도지사의 경우에는 공보)에 **고시**하여야 한다.(2014.10.14 본항 개정)

1. 지정·변경 또는 해제의 목적
2. 특별건축구역의 위치, 범위 및 면적
3. 특별건축구역 내 건축물의 규모 및 용도 등에 관한 주요 사항
4. 건축물의 설계, 공사감리 및 건축시공 등 발주방법에 관한 사항
5. 도시·군계획시설의 신설·변경 및 지구단위계획의 수립·변경 등에 관한 사항
6. 그 밖에 국토교통부장관 또는 시·도지사가 필요하다고 인정하는 사항(2014.10.14 본호 개정)

④ 특별건축구역의 지정신청기관이 다음 각 호의 어느 하나에 해당하여 법 제71조제7항에 따라 특별건축구역의 **변경지정**을 받으려는 경우에는 국토교통부령으로 정하는 자료를 갖추어 국토교통부장관 또는 특별시장·광역시장·도지사에게 변경지정 신청을 하여야 한다. 이 경우 특별건축구역의 변경지정에 관하여는 법 제71조제2항 및 제3항을 준용한다.(2014.10.14 본항 개정)

1. 특별건축구역의 범위가 1/10(특별건축구역의 면적이 100,000$m^2$ 미만인 경우에는 1/20) 이상 증가하거나 감소하는 경우
2. 특별건축구역의 도시·군관리계획에 관한 사항이 변경되는 경우
3. 건축물의 설계, 공사감리 및 건축시공 등 발주방법이 변경되는 경우

4. 그 밖에 특별건축구역의 지정 목적이 변경되는 등 국토교통부령으로 정하는 경우

⑤ 제1항부터 제4항까지에서 규정한 사항 외에 특별건축구역의 지정에 필요한 세부 사항은 국토교통부장관이 정하여 고시한다.

**영 제107조의2 【특별건축구역의 지정 제안 절차 등】** [2021.1.8 본조 신설]

① 법 제71조제2항에 따라 특별건축구역 지정을 제안하려는 자는 같은 조 제1항의 자료를 갖추어 시장·군수·구청장에게 의견을 요청할 수 있다.

② 시장·군수·구청장은 제1항에 따라 의견 요청을 받으면 특별건축구역 지정의 필요성, 타당성, 공공성 등과 피난·방재 등의 사항을 검토하여 의견을 통보해야 한다. 이 경우 「건축기본법」 제23조에 따라 시장·군수·구청장이 위촉한 민간전문가의 자문을 받을 수 있다.

③ 법 제71조제2항에 따라 특별건축구역 지정을 제안하려는 자는 시·도지사에게 제안하기 전에 다음 각 호에 해당하는 자의 서면 동의를 받아야 한다. 이 경우 토지소유자의 서면 동의 방법은 국토교통부령으로 정한다.

1. 대상 토지 면적(국유지·공유지의 면적은 제외한다)의 2/3 이상에 해당하는 토지소유자
2. 국유지 또는 공유지의 재산관리청(국유지 또는 공유지가 포함되어 있는 경우로 한정한다)

④ 법 제71조제2항에 따라 특별건축구역 지정을 제안하려는 자는 다음 각 호의 서류를 시·도지사에게 제출해야 한다.

1. 법 제71조제1항 각 호의 자료
2. 제2항에 따른 시장·군수·구청장의 의견(의견을 요청한 경우로 한정한다)
3. 제3항에 따른 토지소유자 및 재산관리청의 서면 동의서

⑤ 시·도지사는 제4항에 따른 서류를 받은 날부터 45일 이내에 특별건축구역 지정의 필요성, 타당성, 공공성 등과 피난·구청장의 의견을 청취(제4항제2호의 의견서를 제출받는 경우는 제외한다)한 후 시·도지사가 두는 건축위원회의 심의를 거쳐야 한다.

⑥ 시·도지사는 제5항에 따라 지정여부를 결정한 날부터 14일 이내에 특별건축구역 지정을 제안한 자에게 그 결과를 통보해야 한다.

⑦ 제5항에 따라 지정된 특별건축구역에 대한 변경지정의 제안에 관하여는 제1항부터 제6항까지의 규정을 준용한다.

⑧ 제1항부터 제7항까지에서 규정한 사항 외에 특별건축구역의 지정에 필요한 세부 사항은 국토교통부장관이 정하여 고시한다.

**해설** 특별건축구역 지정을 제안하려는 경우 대상 토지면적의 2/3 이상에 해당하는 토지소유자 및 국유지·공유지의 재산관리청의 동의를 받은 서면과 특별건축구역 지정목적 및 필요성 등에 관한 자료를 시·도지사에게 제출해야 하며, 시·도지사는 서류를 제출받은 날부터 45일 이내에 관할 시장·군수·구청장의 의견을 청취한 후 건축위원회의 심의를 거쳐 특별건축구역 지정여부를 결정하고, 지정여부를 결정한 날부터 14일 이내에 특별건축구역 지정을 제안한 자에게 그 결과를 통보해야 한다.

**규칙 제38조의4 【특별건축구역의 지정 제안 동의 방법 등】**

① 영제107조의2제3항 각 호 외의 부분 후단에 따른 토지소유자의 동의 방법은 별지 제27호의4서식의 특별건축구역 지정 제안 동의서에 자필로 서명하는 방법으로 한다. 이 경우 토지소유자는 별지 제27호의4서식의 특별건축구역 지정제안 동의서에 주민등록증·여권 등 신원을 확인할 수 있는 신분증명서의 사본을 첨부해야 한다.(2023.6.9 본항 개정)

② 제1항에도 불구하고 토지소유자가 해외에 장기체류하거나 법인인 경우 등 불가피한 사유가 있다고 시·도지사가 인정하는 경우에는 토지소유자의 안감도장을 날인하는 방법으로 한다. 이 경우 토지소유자는 별지 제27호의4서식의 특별건축구역 지정 제안 동의서에 해당 인감증명서를 첨부해야 한다.(2021.12.31 본항 개정)

③ 시·도지사는 영 제107조의2제4항에 따라 토지소유자의 특별건축구역 지정 제안 동의서를 받으면 행정정보의 공동이용을 통해 토지등기사항증명서를 확인해야 한다. 다만, 토지소유자가 확인에 동의하지 않는 경우에는 토지등기사항증명서를 첨부하도록 해야 한다.

**규칙 제38조의3 【특별건축구역의 지정 절차 등】**

① 법 제71조제1항제6호에 따른 운영관리 계획서는 별지 제27호의3서식과 같다.(2021.12.31 본항 개정)

② 제1항에 따른 운영관리 계획서에는 다음 각 호의 **서류**를 첨부하여야 한다.

1. (2011.1.6 본호 삭제)
2. 법 제74조에 따른 통합적용 대상시설(이하 "통합적용 대상시설"이라 한다)의 배치도
3. 통합적용 대상시설의 유지·관리 및 비용분담계획서

③ 영 제107조제4항 각 호 외의 부분에서 "국토교통부령으로 정하는 **자료**"란 법 제72조제1항에 따라 특별건축구역의 지정을 신청할 때 제출한 자료 중 변경된 내용에 따라 수정한 자료를 말한다.

④ 영 제107조제4항제4호에서 "지정 목적이 변경되는 등 국토교통부령으로 정하는 경우"란 다음 각 호의 어느 하나에 해당하는 경우를 말한다.(2011.1.6 본항 개정)

1. 특별건축구역의 지정 목적 및 필요성이 변경되는 경우
2. 특별건축구역 내 건축물의 규모 및 용도 등이 변경되는 경우(건축물의 규모변경이 연면적 및 높이의 1/10 범위 이내에 해당하는 경우 또는 영 제12조제3항 각 호에 해당하는 경우는 제외한다)(2008.8.5 본호 개정)
3. 통합적용 대상시설의 규모가 1/10 이상 변경되거나 또는 위치가 변경되는 경우(2011.1.6 본호 신설)

**법 제72조 【특별건축구역 내 건축물의 심의 등】**

① 특별건축구역에서 제73조에 따라 건축기준 등의 특례사항을 적용하여 건축허가를 신청하고자 하는 자(이하 이 조에서 "**허가신청자**"라 한다)는 다음 각 호의 사항이 포함된 **특례적용계획서**를 첨부하여 제11조에 따라 해당 허가권자에게 건축허가를 신청하여야 한다. 이 경우 특례적용계획서의 작성방법 및 제출서류 등은 국토교통부령으로 정한다.

1. 제5조에 따라 기준을 완화하여 적용할 것을 요청하는 사항
2. 제71조에 따른 특별건축구역의 지정요건에 관한 사항
3. 제73조제1항의 적용배제 특례를 적용한 사유 및 예상효과 등
4. 제73조제2항의 완화적용 특례의 동등 이상의 성능에 대한 증빙내용
5. 건축물의 공사 및 유지·관리 등에 관한 계획

② 제1항에 따른 건축허가는 해당 건축물이 특별건축구역의 지정 목적에 적합한지의 여부와 특례적용계획서 등 해당 사항에 대하여 제4조제1항에 따라 시·도지사 및 시장·군수·구청장이 설치하는 건축위원회(이하 "**지방건축위원회**"라 한다)의 심의를 거쳐야 한다.

③ 허가신청자는 제1항에 따른 건축허가시 「도시교통정비 촉진법」 제16조에 따른 교통평가서의 검토를 동시에 진행하고자 하는 경우에는 같은 법 제16조에 따른 교통평가서에 관한 서류를 첨부하여 허가권자에게 심의를 신청할 수 있다.(2015.7.24 도시교통정비 촉진법 부칙에 의거 본항 개정)

④ 제3항에 따라 교통영향평가서에 대하여 지방건축위원회에서 통합심의한 경우에는 「도시교통정비 촉진법」 제17조에 따른 교통영향평가서의 심의를 한 것으로 본다.(2015.7.24 도시교통정비 촉진법 부칙에 의거 본항 개정)

⑤ 제1항 및 제2항에 따라 심의된 내용에 대하여 대통령령으로 정하는 변경사항이 발생한 경우에는 지방건축위원회의 변경심의를 받아야 한다. 이 경우 변경심의는 제1항에서 제3항까지의 규정을 준용한다.

⑥ 국토교통부장관 또는 특별시장·광역시장·도지사는 건축제도의 개선 및 건설기술의 향상을 위하여 허가권자의 의견을 들어 특별건축구역 내에서 제1항 및 제2항에 따라 건축허가를 받은 건축물에 대하여 모니터링(특례를 적용한 건축물에 대하여 해당 건축물의 건축시공, 공사감리, 유지·관리 등의 과정을 검토하고 실제로 건축물에 구현된 기능·미관·환경 등을 분석하여 평가하는 것을 말한다. 이하 이 장에서 같다)을 실시할 수 있다.(2016.2.3 본항 개정)

⑦ 허가권자는 제1항 및 제2항에 따라 건축허가를 받은 건축물의 특례적용계획서를 심의하는 데에 필요한 국토교통부령으로 정하는 자료를 특별시장·광역시장·특별자치시장·도지사·특별자치도지사는 국토교통부장관에게, 시장·군수·구청장은 특별시장·광역시장·도지사에게 각각 제출하여야 한다.(2016.2.3 본항 개정)

⑧ 제1항 및 제2항에 따라 건축허가를 받은 「건설기술 진흥법」 제2조제6호에 따른 발주청은 설계의도의 구현, 건축시공 및 공사감리의 모니터링, 그 밖에 발주청이 위탁하는 업무의 수행

등을 위하여 필요한 경우 설계자를 건축허가 이후에도 해당 건축물의 건축에 참여하게 할 수 있다. 이 경우 설계자의 업무내용 및 보수 등에 관하여는 대통령령으로 정한다.(2013.5.22 건설기술관리법 전부개정법률 부칙에 의거 개정)

해설 특별건축구역에서 건축허가를 신청할 때는 특례적용계획서를 첨부하여야 하고 지방건축위원회의 심의를 거쳐야 하며 이때 교통영향평가서에 대하여 통합심의한 경우에는 교통영향평가서의 심의를 한 것으로 본다.

**영 제108조 【특별건축구역 내 건축물의 심의 등】** [2008.10.29 본조 개정]

① 법 제72조제5항에 따라 지방건축위원회의 **변경심의**를 받아야 하는 경우는 다음 각 호와 같다.

1. 법 제16조에 따라 변경허가를 받아야 하는 경우
2. 법 제19조제2항에 따라 변경허가를 받거나 변경신고를 하여야 하는 경우
3. 건축물 외부의 디자인, 형태 또는 색채를 변경하는 경우
4. 그 밖에 법 제72조제1항 각 호의 사항 중 국토교통부령으로 정하는 사항을 변경하는 경우

② 법 제72조제8항 전단에 따라 설계자가 해당 건축물의 건축에 참여하는 경우 공사시공자 및 공사감리자는 특별한 사유가 있는 경우를 제외하고는 설계자의 **자문 의견**을 반영하도록 하여야 한다.

③ 법 제72조제8항 후단에 따른 설계자의 **업무내용**은 다음 각 호와 같다.

1. 법 제72조제6항에 따른 모니터링
2. 설계변경에 대한 자문
3. 건축디자인 및 도시경관 등에 관한 설계의도의 구현을 위한 자문
4. 그 밖에 발주청이 위탁하는 업무

④ 제3항에 따른 설계자의 업무내용에 대한 보수는 「엔지니어링산업 진흥법」 제31조에 따른 엔지니어링사업대가의 기준의 범위에서 국토교통부장관이 정하여 고시한다.(2011.1.17 본항 개정)

⑤ 제1항부터 제4항까지에서 규정한 사항 외에 특별건축구역 내 건축물의 심의 및 건축허가 이후 해당 건축물의 건축에 대한 설계자의 참여에 관한 세부 사항은 국토교통부장관이 정하여 고시한다.

**규칙 제38조의5 【특별건축구역 내 건축물의 심의 등】**

① 법 제72조제1항 전단에 따른 특례적용계획서는 별지 제27호의5서식과 같다.(2021.12.31 본항 개정)

② 제1항에 따른 특례적용계획서에는 다음 각 호의 서류를 첨부하여야 한다.

1. 특례적용 대상건축물의 개략설계도서
2. 특례적용 대상건축물의 배치도

3. 특례적용 대상건축물의 내화·방화·피난 또는 건축설비도
4. 특례적용 신기술의 세부 설명자료

③ 영 제108조제1항제4호에서 "법 제72조제1항 각 호의 사항 중 국토교통부령으로 정하는 사항을 변경하는 경우"란 법 제73조제1항의 적용배제 특례사항 또는 같은 조 제2항의 완화적용 특례사항을 변경하는 경우를 말한다.

④ 법 제72조제7항에서 "국토교통부령으로 정하는 자료"란 제2항 각 호의 서류를 말한다.

**법 제73조 【관계 법령의 적용 특례】**

① 특별건축구역에 건축하는 건축물에 대하여는 다음 각 호를 적용하지 아니할 수 있다.
1. 제42조, 제55조, 제56조, 제58조, 제60조 및 제61조(2016.2.3 본호 개정)
2. 「주택법」 제21조 중 대통령령으로 정하는 규정

② 특별건축구역에 건축하는 건축물이 제49조, 제50조, 제50조의2, 제51조부터 제53조까지, 제62조 및 제64조와 「녹색건축물 조성 지원법」 제15조에 해당할 때에는 해당 규정에서 요구하는 기준 또는 성능 등을 다른 방법으로 대신할 수 있는 것으로 지방건축위원회가 인정하는 경우에만 해당 규정의 전부 또는 일부를 완화하여 적용할 수 있다.(2014.1.14 본항 개정)

③ 「소방시설 설치·유지 및 안전관리에 관한 법률」 제9조와 제11조에서 요구하는 기준 또는 성능 등을 대통령령으로 정하는 절차·심의방법 등에 따라 다른 방법으로 대신할 수 있는 경우 전부 또는 일부를 완화하여 적용할 수 있다.(2011.8.4 본항 개정)

**해설** 특별건축구역에서 건축하는 건축물의 경우에는 「건축법」과 관련법의 일부규정을 적용하지 아니할 수 있으며 해당 규정에서 요구하는 기준 또는 성향 등을 다른 방법으로 대신할 수 있는 것으로 지방 건축위원회가 인정하는 경우에는 해당 규정의 전부 또는 일부를 완화하여 적용할 수 있도록 하고 있다.

① 특별건축구역에 건축하는 건축물에서는 다음과 같은 규정을 적용하지 않을 수 있음.
- 대지 안의 조경(제42조)
- 건축물의 건폐율(제55조)
- 대지 안의 공지(제58조)
- 건축물의 높이제한(제60조)
- 일조 등의 확보를 위한 건축물의 높이제한(제61조)
- 주택법 제21조의 대지의 소유권 확보 규정과 관련된 규정 중 다음의 주택건설기준 등에 관한 규정의 일부 조항
  - 제10조 : 공동주택의 배치
  - 제13조 : 기준척도
  - 제29조 : 조경시설 등
  - 제35조 : 비상급수시설

– 제37조 : 난방설비 등
– 제50조 : 근린생활시설 등
– 제52조 : 유치원

② 지방건축위원회가 인정하는 다음의 경우에 한하여 해당 규정의 전부 또는 일부를 완화하여 적용(기준 또는 성능 등을 다른 방법으로 대신할 수 있는 경우에 해당)

- 건축물의 피난시설·용도제한 등(제49조)
- 건축물의 내화구조 및 방화벽(제50조)
- 방화지구 안의 건축물(제51조)
- 건축물의 내부마감재료(제52조)
- 지하층(제53조)
- 건축설비기준 등(제62조)
- 승강기(제64조)
- 건축물의 에너지 이용 및 폐자재 활용(제66조)
- 녹색건축물 조성 지원법 제15조 : 건축물에 대한 효율적인 에너지 관리와 녹색건축물 조성의 활성화

③「소방시설 설치 및 관리에 관한 법률」 규정 중 특정 소방 대상물에 설치하는 소방시설 등의 유지·관리 등(제9조)과 소방시설 기준 적용의 특례(제11조)에서 요구하는 기준 또는 성능 등을 해당 규정에서 정하는 절차·심의방법 등에 따라 다른 방법으로 대신할 수 있는 경우 해당 규정의 전부 또는 일부를 완화하여 적용할 수 있도록 하고 있다.

**영 제109조 【관계 법령의 적용 특례】**

① 법 제73조제1항제2호에서 "대통령령으로 정하는 규정"이란「주택건설기준 등에 관한 규정」 제10조, 제13조, 제29조, 제35조, 제37조, 제50조 및 제52조를 말한다.(2013.6.17「주택건설기준 등에 관한 규정」 부칙에 의해 의거 개정)

② 허가권자가 법 제73조제3항에 따라「소방시설 설치 및 관리에 관한 법률」 제12조 및 제13조에 따른 기준 또는 성능 등을 완화하여 적용하려면「소방시설공사업법」 제30조제2항에 따른 지방소방기술심의위원회의 심의를 거치거나 소방본부장 또는 소방서장과 협의를 하여야 한다.(2022.11.29「소방시설 설치 및 관리에 관한 법률 시행령」 부칙에 의거 개정)

**법 제74조 【통합적용계획의 수립 및 시행】**

① 특별건축구역에서는 다음 각 호의 관계 법령의 규정에 대하여는 개별 건축물마다 적용하지 아니하고 특별건축구역 전부 또는 일부를 대상으로 통합하여 적용할 수 있다.

1.「문화예술진흥법」 제9조에 따른 건축물에 대한 미술작품의 설치

2. 「주차장법」 제19조에 따른 부설주차장의 설치
3. 「도시공원 및 녹지 등에 관한 법률」에 따른 공원의 설치

② 지정신청기관은 제1항에 따라 관계 법령의 규정을 통합하여 적용하려는 경우에는 특별건축구역 전부 또는 일부에 대하여 미술작품, 부설주차장, 공원 등에 대한 수요를 개별법으로 정한 기준 이상으로 산정하여 파악하고 이용자의 편의성, 쾌적성 및 안전 등을 고려한 통합적용계획을 수립하여야 한다.(2014.1.14 본항 개정)

③ 지정신청기관이 제2항에 따라 통합적용계획을 수립하는 때에는 해당 구역을 관할하는 허가권자와 협의하여야 하며, 협의요청을 받은 허가권자는 요청받은 날부터 20일 이내에 지정신청기관에게 의견을 제출하여야 한다.

④ 지정신청기관은 도시·군관리계획의 변경을 수반하는 통합적용계획이 수립된 때에는 관련 서류를 「국토의 계획 및 이용에 관한 법률」 제30조에 따른 도시·군관리계획 결정권자에게 송부하여야 하며, 이 경우 해당 도시·군관리계획 결정권자는 특별한 사유가 없으면 도시·군관리계획의 변경에 필요한 조치를 취하여야 한다.(2020.6.9 법률용어정비를 위한 국토교통위원회 소관 78개 법률에 의거 본항 개정)

**해설** 특별건축구역의 효율적 관리·운용을 위해 건축물에 대한 미술작품, 부설주차장의 설치, 공원의 설치 등의 규정에 대하여는 개별 건축물마다 적용하지 아니하고 특별건축구역 전부 또는 일부를 대상으로 통합하여 적용할 수 있도록 하고 있다.

**법 제75조 【건축주 등의 의무】**

① 특별건축구역에서 제73조에 따라 건축기준 등의 적용 특례사항을 적용하여 건축허가를 받은 건축물의 공사감리자, 시공자, 건축주, 소유자 및 관리자는 시공 중이거나 건축물의 사용승인 이후에도 당초 허가를 받은 건축물의 형태, 재료, 색채 등이 원형을 유지하도록 필요한 조치를 하여야 한다.(2012.1.17 본항 개정)

② (2016.2.3 본항 삭제)

**해설** 특별건축구역 안에서 건축물의 건축은 「건축법」과 관련 법령에 대한 특례사항이 많이 적용되기 때문에 일반 건축물과 달리 유지·관리될 수 있도록 하여야 한다.

• 법 제73조 「관계법령의 적용특례」

**법 제76조 【허가권자 등의 의무】**

① 허가권자는 특별건축구역의 건축물에 대하여 설계자의 창의성·심미성 등의 발휘와 제도개선·기술발전 등이 유도될 수 있도록 노력하여야 한다.

② 허가권자는 제77조제2항에 따른 모니터링 결과를 국토교통부장관 또는 특별시장·광역시장·

도지사에게 제출하여야 하며, 국토교통부장관 또는 특별시장·광역시장·도지사는 제77조에 따른 검사 및 모니터링 결과 등을 분석하여 필요한 경우 이 법 또는 관계 법령의 제도개선을 위하여 노력하여야 한다.(2016.2.3 본항 개정)

해설 특별건축구역을 더욱 발전시키고 효율적으로 운용하기 위해서 허가권자는 제도개선이나 기술발전이 될 수 있도록 꾸준한 노력을 기울여야 한다.

**법 제77조 【특별건축구역 건축물의 검사 등】**

① 국토교통부장관 및 허가권자는 특별건축구역의 건축물에 대하여 제87조에 따라 검사를 할 수 있으며, 필요한 경우 제79조에 따라 시정명령 등 필요한 조치를 할 수 있다.(2014.1.14 본항 개정)

② 국토교통부장관 및 허가권자는 제72조제6항에 따라 모니터링을 실시하는 건축물에 대하여 직접 모니터링을 하거나 분야별 전문가 또는 전문기관에 용역을 의뢰할 수 있다. 이 경우 해당 건축물의 건축주, 소유자 또는 관리자는 특별한 사유가 없으면 모니터링에 필요한 사항에 대하여 협조하여야 한다.(2016.2.3 본항 개정)

해설 특별건축구역의 건축물에 대하여서는 건축지도원 등에 의해 검사를 실시할 수 있으며 필요한 경우에는 시정명령 등을 허가권자가 취할 수 있도록 하고 있다.

- 법 제87조「보고와 검사등」
- 법 제79조「위반건축물등에 관한 조치등」

**법 제77조의2 【특별가로구역의 지정】**

① 국토교통부장관 및 허가권자는 도로에 인접한 건축물의 건축을 통한 조화로운 도시경관의 창출을 위하여 이 법 및 관계 법령에 따라 일부 규정을 적용하지 아니하거나 완화하여 적용할 수 있도록 다음 각 호의 어느 하나에 해당하는 지구 또는 구역에서 대통령령으로 정하는 도로에 접한 대지의 일정 구역을 특별가로구역으로 지정할 수 있다.(2017.1.17 본항 개정)

1. (2017.4.18 국토의 계획 및 이용에 관한 법률 부칙에 의거 삭제)
2. 경관지구
3. 지구단위계획구역 중 미관유지를 위하여 필요하다고 인정하는 구역

② 국토교통부장관 및 허가권자는 제1항에 따라 특별가로구역을 지정하려는 경우에는 다음 각 호의 자료를 갖추어 국토교통부장관 또는 허가권자가 두는 건축위원회의 심의를 거쳐야 한다.

1. 특별가로구역의 위치·범위 및 면적 등에 관한 사항
2. 특별가로구역의 지정 목적 및 필요성
3. 특별가로구역 내 건축물의 규모 및 용도 등에 관한 사항
4. 그 밖에 특별가로구역의 지정에 필요한 사항으로서 대통령령으로 정하는 사항

③ 국토교통부장관 및 허가권자는 특별가로구역을 지정하거나 변경·해제하는 경우에는 국토교통부령으로 정하는 바에 따라 이를 지역 주민에게 알려야 한다.

해설
- 조화로운 도시경관을 창출하기 위해 경관지구, 지구단위계획 중 미관유지를 위해 필요하다고 인정하는 구역의 도로에 접한 대지를 대상으로 특별가로구역(特別街路區域)을 지정하고 법령의 일부 규정의 적용을 배제하거나 완화하여 적용하도록 하였다.
- 구역지정을 받으려면 소정의 자료를 갖추어 해당 건축위원회의 심의를 거치도록 함.(당위성 확립과 전문적인 검증을 위함)

**영 제110조의2 【특별가로구역의 지정】** [2014.10.14 본조 신설]

① 법 제77조의2제1항에서 "대통령령으로 정하는 도로"란 다음 각 호의 어느 하나에 해당하는 도로를 말한다.

1. 건축선을 후퇴한 대지에 접한 도로로서 허가권자(허가권자가 구청장인 경우에는 특별시장이나 광역시장을 말한다. 이하 이 조에서 같다)가 건축조례로 정하는 도로
2. 허가권자가 리모델링 활성화가 필요하다고 인정하는 지정·공고한 지역 안의 도로
3. 보행자전용도로로서 도시미관 개선을 위하여 허가권자가 건축조례로 정하는 도로
4. 「지역문화진흥법」 제18조에 따른 문화지구 안의 도로
5. 그 밖에 조화로운 도시경관 창출을 위하여 필요하다고 인정하여 국토교통부장관이 고시하거나 허가권자가 건축조례로 정하는 도로

② 법 제77조의2제2항제4호에서 "대통령령으로 정하는 사항"이란 다음 각 호의 사항을 말한다.

1. 특별가로구역에서 이 법 또는 관계 법령의 규정을 적용하지 아니하거나 완화하여 적용하는 경우에 해당 규정과 완화 등의 범위에 관한 사항
2. 건축물의 지붕 및 외벽의 형태나 색채 등에 관한 사항
3. 건축물의 배치, 대지의 출입구 및 조경의 위치에 관한 사항
4. 건축선 후퇴 공간 및 공개공지등의 관리에 관한 사항
5. 그 밖에 특별가로구역의 지정에 필요하다고 인정하여 국토교통부장관이 고시하거나 허가권자가 건축조례로 정하는 사항

**규칙 제38조의6 【특별가로구역의 지정 등의 공고】** [2014.10.15 본조 신설]

① 국토교통부장관 및 허가권자는 법 제77조의2제1항 및 제3항에 따라 특별가로구역을 지정하거나 변경 또는 해제하는 경우에는 이를 관보(허가권자의 경우에는 공보)에 공고하여야 한다.

② 국토교통부장관 및 허가권자는 제1항에 따라 특별가로구역을 지정, 변경 또는 해제한 경우에는 해당내용을 관보 또는 공보에 공고한 날부터 30일 이상 일반이 열람할 수 있도록 하여야

한다. 이 경우 국토교통부장관, 특별시장 또는 광역시장은 관계 서류를 특별자치시장·특별자치도 또는 시장·군수·구청장에게 송부하여 일반이 열람할 수 있도록 하여야 한다.

**법 제77조의3 【특별가로구역의 관리 및 건축물의 건축기준 적용 특례 등】** [2014.1.14 본조 신설]

① 국토교통부장관 및 허가권자는 특별가로구역을 효율적으로 관리하기 위하여 국토교통부령으로 정하는 바에 따라 제77조의2제2항 각 호의 지정 내용을 작성하여 관리하여야 한다.

② 특별가로구역의 변경절차 및 해제, 특별가로구역 내 건축물에 관한 건축기준의 적용 등에 관하여는 제71조제9항·제10항(각 호 외의 부분 후단은 제외한다), 제72조제1항부터 제5항까지, 제73조제1항(제77조의2 제1항제3호에 해당하는 경우에는 제55조 및 제56조는 제외한다)·제2항, 제75조제1항 및 제77조제1항을 준용한다. 이 경우 "특별건축구역"은 각각 "특별가로구역"으로, "지정신청기관", "국토교통부장관 또는 시·도지사" 및 "국토교통부장관, 시·도지사 및 허가권자"는 각각 "국토교통부장관 및 허가권자"로 본다.(2020.4.7 본항 개정)

③ 특별가로구역 안의 건축물에 대하여 국토교통부장관 또는 허가권자가 배치기준을 따로 정하는 경우에는 제46조 및 「민법」 제242조를 적용하지 아니한다.(2016.1.19 본항 신설)

**해설** 특별가로구역의 관리 및 건축기준 적용의 특례에서 건축기준 적용 등 특별건축구역의 일부 규정을 준용하도록 한다.

- 특별가로구역 관리내용
  - 위치·범위·면적 등에 관한 사항
  - 지정목적 및 필요성
  - 건축물의 규모 및 용도
  - 특별가로구역에서 이 법 또는 관계 법령의 규정을 적용하지 아니하거나 완화하여 적용하는 경우에 해당 규정과 완화 등의 범위에 관한 사항
  - 건축물의 지붕 및 외벽의 형태나 색채 등에 관한 사항
  - 건축물의 배치, 대지의 출입구 및 조경의 위치에 관한 사항
  - 건축선 후퇴 공간 및 공개공지등의 관리에 관한 사항
  - 그 밖에 특별가로구역의 지정에 필요하다고 인정하여 국토교통부장관이 고시하거나 허가권자가 건축조례로 정하는 사항
- 구역의 변경절차 및 해제, 건축기준 적용 등에 관한 준용(제70조에서 제77조까지는 특별건축구역에 관한 법규정이 됨)
  - 구역변경지정을 받음(제71조제7항)
  - 구역지정 해제할 수 있고(제71조제8항)
  - 특례적용계획서 첨부하여 건축허가 신축(제72조제1항)
  - 건축위원회 심의(제72조제2항)

- 교통영향분석·개선대책에 관한 서류 첨부(제72조제3항)
- 건축위원회 통합심의시 교통영향분석·개선대책의 심의 간주(제72조제4항)
- 변경심의 필요(제72조제5항)
- 적용배제(제73조제1항) 또는 완화적용(제73조제2항)
- 건축기준 등 특례적용(제75조제1항)
- 검사 및 시정명령(제77조제1항)

• 특별가로구역 안의 건축물에 배치기준을 따로 정하는 경우 : 건축선의 지정(제46조) 및 민법 242조 「경계선 부근의 건축」(경계로부터 0.5m 이상 이격) 규정을 적용하지 아니한다.

**규칙 제38조의7 【특별가로구역의 관리】** [2014.10.15 본조 신설]

① 국토교통부장관 및 허가권자는 법 제77조의3제1항에 따라 특별가로구역의 지정 내용을 별지 제27호의서식의 특별가로구역 관리대장에 작성하여 관리하여야 한다.

② 제1항에 따른 특별가로구역 관리대장은 전자적 처리가 불가능한 특별한 사유가 없으면 전자적 처리가 가능한 방법으로 작성하여 관리하여야 한다.

# 제8장 과제하기

**01.** 특별건축구역을 지정할 수 있는 경우와 지정이 될 수 없는 경우를 비교하라.

**02.** 특별건축구역 안의 특례사항 적용대상 건축물의 용도와 규모 등을 논하라.

**03.** 특별건축구역에 대하여 일부 또는 전부에 대하여 지정을 해제할 수 있는 경우에 대하여 쓰시오.

**04.** 특별가로구역의 지정 필요성은?

# 제8장의2

# 건축협정

**법 제77조의4 【건축협정의 체결】**

① 토지 또는 건축물의 소유자, 지상권자 등 대통령령으로 정하는 자(이하 "소유자등"이라 한다)는 전원의 합의로 다음 각 호의 어느 하나에 해당하는 지역 또는 구역에서 건축물의 건축·대수선 또는 리모델링에 관한 협정(이하 "**건축협정**"이라 한다)을 체결할 수 있다.

1. 「국토의 계획 및 이용에 관한 법률」 제51조에 따라 지정된 지구단위계획구역
2. 「도시 및 주거환경정비법」 제2조제2호가목에 따른 주거환경개선사업을 시행하기 위하여 같은 법 제8조에 따라 지정·고시된 정비구역(2017.2.8 도시 및 주거환경정비법 부칙에 의거 개정)
3. 「도시재정비 촉진을 위한 특별법」 제2조제6호에 따른 존치지역
4. 「도시재생 활성화 및 지원에 관한 특별법」 제2조제1항제5호에 따른 도시재생활성화지역 (2017.4.18 본호 신설)
5. 그 밖에 시·도지사 및 시장·군수·구청장(이하 "**건축협정인가권자**"라 한다)이 도시 및 주거환경 개선이 필요하다고 인정하여 해당 지방자치단체의 조례로 정하는 구역(2016.2.3 본호 개정)

② 제1항 각 호의 지역 또는 구역에서 둘 이상의 토지를 소유한 자가 1인인 경우에도 그 토지 소유자는 해당 토지의 구역을 건축협정 대상 지역으로 하는 건축협정을 정할 수 있다. 이 경우 그 토지 소유자 1인을 건축협정 체결자로 본다.

③ 소유자등은 제1항에 따라 건축협정을 체결(제2항에 따라 토지 소유자 1인이 건축협정을 정하는 경우를 포함한다. 이하 같다)하는 경우에는 다음 각 호의 사항을 준수하여야 한다.

1. 이 법 및 관계 법령을 위반하지 아니할 것
2. 「국토의 계획 및 이용에 관한 법률」 제30조에 따른 도시·군관리계획 및 이 법 제77조의11 제1항에 따른 건축물의 건축·대수선 또는 리모델링에 관한 계획을 위반하지 아니할 것

④ 건축협정은 다음 각 호의 사항을 포함하여야 한다.

1. 건축물의 건축·대수선 또는 리모델링에 관한 사항
2. 건축물의 위치·용도·형태 및 부대시설에 관하여 대통령령으로 정하는 사항

⑤ 소유자등이 건축협정을 체결하는 경우에는 **건축협정서**를 작성하여야 하며, 건축협정서에는 다음 각 호의 사항이 명시되어야 한다.

1. 건축협정의 명칭
2. 건축협정 대상 지역의 위치 및 범위
3. 건축협정의 목적
4. 건축협정의 내용
5. 제1항 및 제2항에 따라 건축협정을 체결하는 자(이하 "**협정체결자**"라 한다)의 성명, 주소 및 생년월일(법인, 법인 아닌 사단이나 재단 및 외국인의 경우에는 「부동산등기법」 제49조에 따라 부여된 등록번호를 말한다. 이하 제6호에서 같다)
6. 제77조의5제1항에 따른 건축협정운영회가 구성되어 있는 경우에는 그 명칭, 대표자 성명, 주소 및 생년월일
7. 건축협정의 유효기간
8. 건축협정 위반 시 제재(制裁)에 관한 사항
9. 그 밖에 건축협정에 필요한 사항으로서 해당 지방자치단체의 조례로 정하는 사항

⑥ 제1항제4호에 따라 시·도지사가 필요하다고 인정하여 조례로 구역을 정하려는 때에는 해당 시장·군수·구청장의 의견을 들어야 한다.(2016.2.3 본호 신설)

해설 건축법 규정은 대부분 건축물의 건축을 위한 인·허가 사항을 중심으로 필지 단위를 중심으로 운영하고 지구 등 집단적인 범위는 타 법령의 규정에 의해 규제하고 있다.

지구단위계획, 정비구역, 주거환경개선, 도시재생활성화지역 등 도시 및 건축물의 정비를 토지소유자 등이 자발적으로 참여하여 효율적으로 추진할 수 있도록(주민참여제도 도입 및 활성화) 하고 허가권자와 소유자가 건축협정에 의해 필요한 지원과 건축법 규정의 특례를 할 수 있도록 함.

- 법 규정이 획일적으로 적용되나 지역의 특수상황에 적절히 대처할 수 있는 건축협정은 적법적인 범위 안에서 맞춤형 상호간의 약정에 따르도록 하여 주민참여형의 보완된 정책제도라고 할 수 있다.

▶ **협정(協定)** : 주로 정부가 행정권에 속하는 사항에 대하여 입법부의 동의 없이 단독으로 외국 정부와 맺는 약정(約定, 어떤 일을 약속하여 정함)

▶ **제재(制裁)** : 일정한 규칙이나 관습의 위반에 대하여 제한하거나 금지함 또는 그런 조치

참고

**〈건축협정 건축물의 설계가이드라인 기준〉**

① 용어정의

1. "건축협정구역"이란 토지 또는 건축물의 소유자 등이 「건축법」 제77조의4 및 제77조의6에 따라 건축협정을 체결하여 건축협정인가를 받은 구역을 말한다.
2. "건축협정대지"란 건축협정구역에서 둘 이상의 인접한 대지를 허가권자에게 건축협정인가를 받아 건축을 할 수 있는 대지를 말한다.

3. "건축협정 건축물"이란 건축협정구역내에 건축되는 건축물을 말한다.
4. "맞벽건축"이란 「건축법」 제59조에 따른 맞벽건축을 말한다.
5. "부대시설"이란 건축물에 부속된 다음 각 목에 해당하는 시설 또는 설비를 말한다.
   가. 주차장, 관리사무소, 담장 및 주택단지 안의 도로
   나. 「건축법」 제2조제1항제4호에 따른 건축설비

② 건폐율의 적용

건축협정이 체결된 건축협정구역 안에서 연접한 둘 이상의 대지에서 건축허가를 동시에 신청하는 경우 둘 이상의 대지를 하나의 대지로 보아 건폐율을 적용한다.

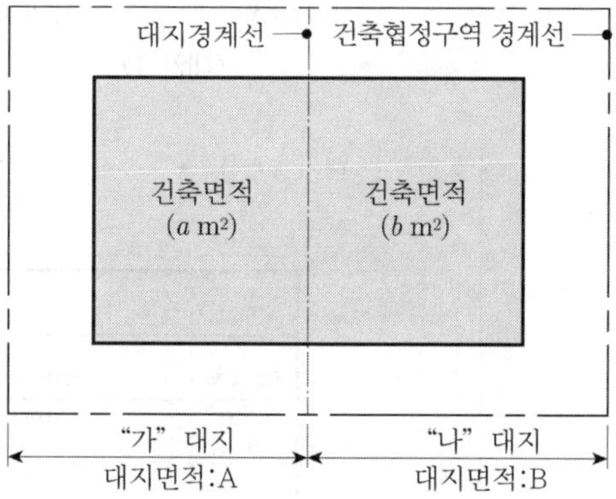


**〈대안 1〉**

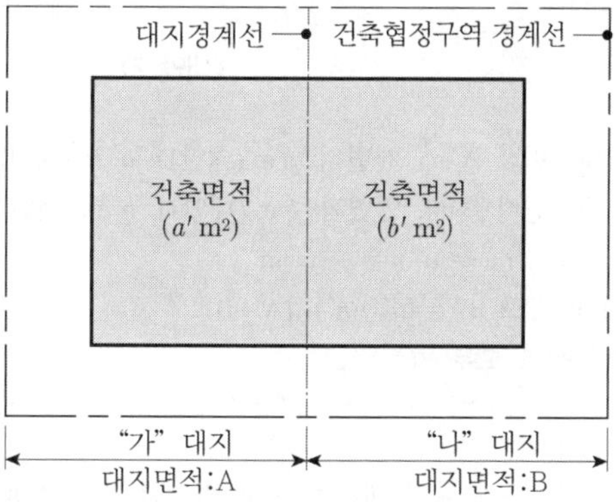


**〈대안 2〉**

- "가" 대지: 대지면적 A $m^2$, 건축면적: $a\,m^2$(대안1), $a'\,m^2$(대안2)
- "나" 대지: 대지면적 B $m^2$, 건축면적: $b\,m^2$(대안1), $b'\,m^2$(대안2)
- 건축면적: $a\,m^2 + b\,m^2 = a'\,m^2 + b'\,m^2$
- 건폐율: $(a+b)/(A+B) = (a'+b')/(A+B)$
- 대안1, 대안2 모두 가능

③ 용적률의 적용

건축협정이 체결된 건축협정구역 안에서 연접한 둘 이상의 대지에서 건축허가를 동시에 신청하는 경우 둘 이상의 대지를 하나의 대지로 보아 용적률을 적용한다.

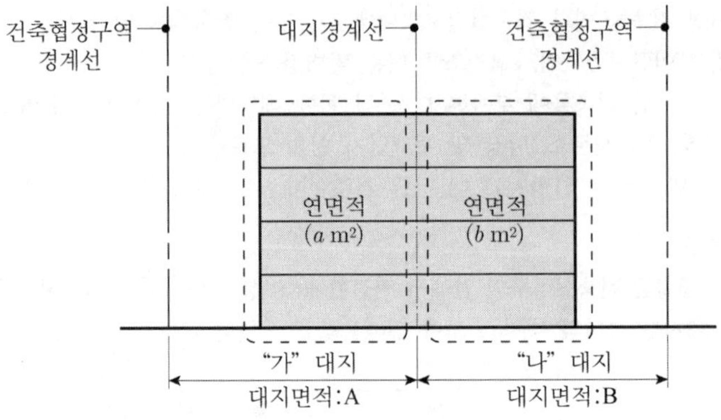


〈대안 1〉

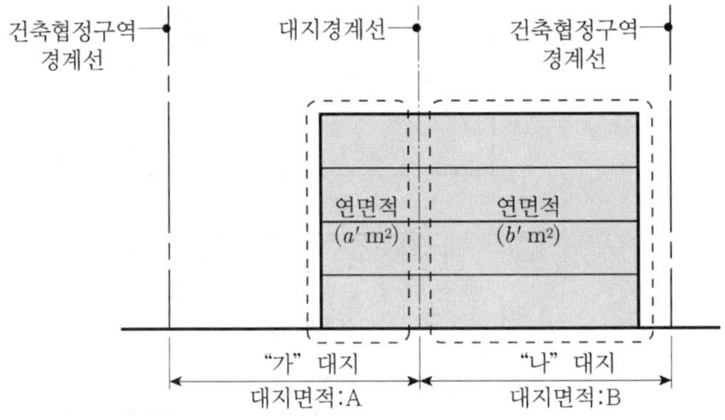


〈대안 2〉

- "가" 대지: 대지면적 A $m^2$, 연면적: $a\,m^2$(대안1), $a'\,m^2$(대안2)
- "나" 대지: 대지면적 B $m^2$, 연면적: $b\,m^2$(대안1), $b'\,m^2$(대안2)
- 연면적: $a\,m^2 + b\,m^2 = a'\,m^2 + b'\,m^2$
- 용적률: $(a+b)/(A+B) = (a'+b')/(A+B)$
- 아래 대안1, 대안2 모두 가능

④ 대지와 도로와의 관계

건축협정구역의 대지는 하나의 대지로 보아 법 제44조를 적용한다.

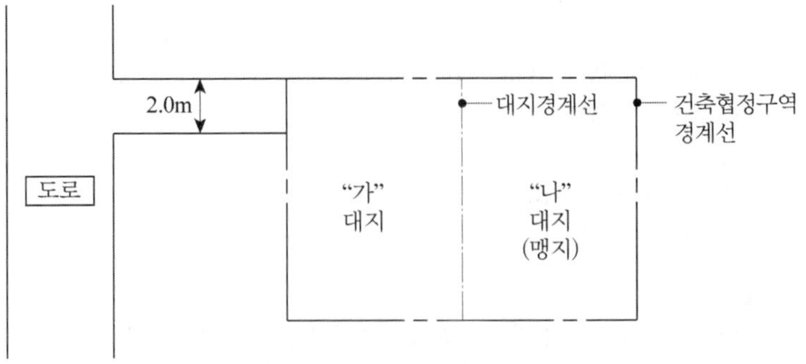


- "가" 부지와 "나" 부지가 건축협정제로 하나의 건축협정구역이 되었을 때, 건축 가능.

⑤ 건축물의 높이제한

건축물의 높이제한은 법 제60조에 따라 적용하되, 건축조례에서 높이를 따로 정한 경우에는 그에 따른다.

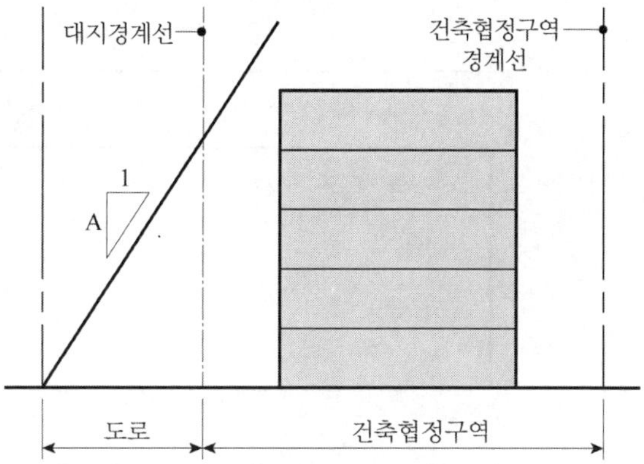


〈건축협정제〉

* 건축협정제 높이 가중치(A)는 자치단체 조례로 정한다.

⑥ 일조 등의 확보를 위한 건축물의 높이제한

전용주거지역과 일반주거지역에 건축협정구역을 인가받은 경우 건축협정구역안에서는 건축협정(맞벽 등)을 체결하는 경우에는 법 제61조를 적용하지 아니한다.

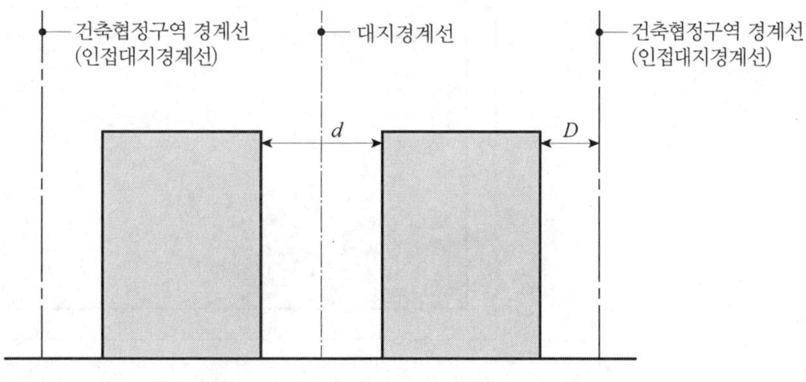


* $D$(건축협정구역 경계선에서의 이격거리) : 적용함.
$d$(건축협정구역 내의 대지경계선에서의 이격거리) : 적용안함.

⑦ 대지안의 공지

건축협정구역 안에서 둘 이상의 대지에 맞벽을 설치할 경우 맞벽이 설치되는 대지경계선은 법 제58조를 적용하지 아니한다.

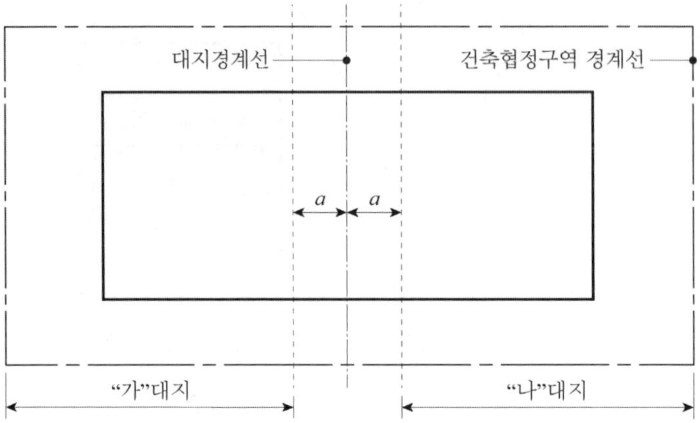


* 대지안의 공지(*a*)는 적용하지 않는다.

⑧ 지하층의 설치

건축협정에 따라 둘 이상의 대지에 건축을 할 경우 건축물의 지하는 공동으로 설치할 수 있다.

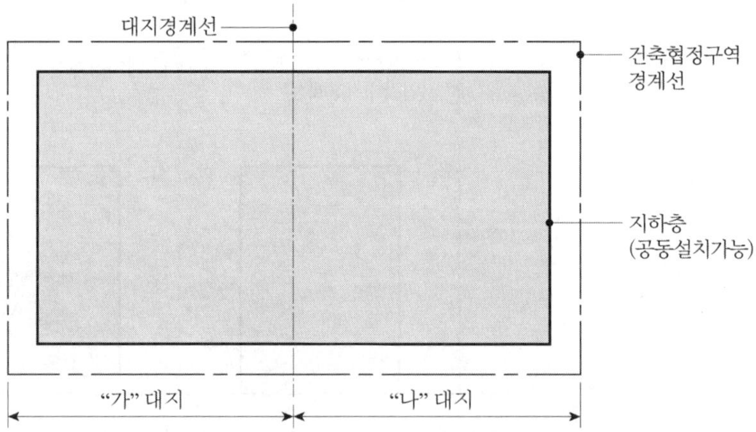


〈지하층 공동설치〉

⑨ 담장 및 출입구

건축협정구역에 건축할 경우 공동으로 담장과 출입구를 설치할 수 있다. 다만, 건축협정 내용에 따라 각 각의 대지에 담과 대문을 설치할 수 있다. 담과 대문을 설치하는 경우 건축협정구역내 통행 등에 지장이 없어야 한다.

⑩ 대지안의 조경

건축협정에 따라 건축할 경우 인가받은 대지를 하나의 대지로 보아 조경을 설치할 수 있다.

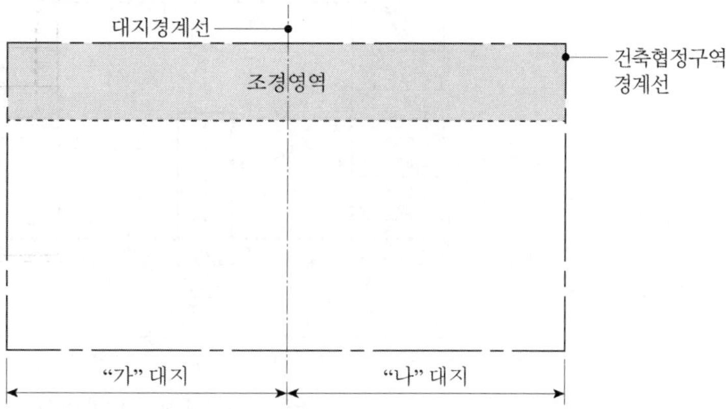


〈1안〉

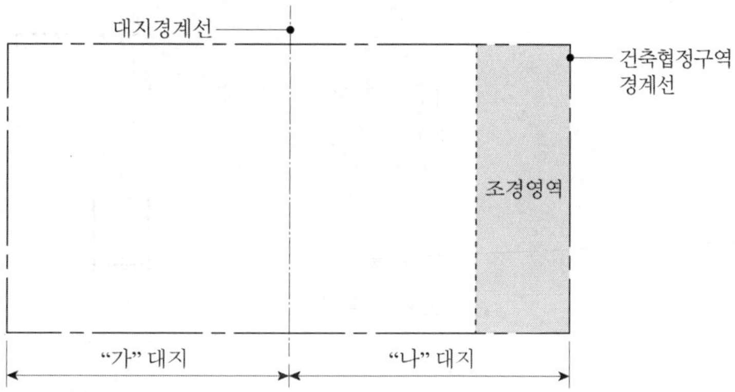


〈2안〉

- 1안 : 조경면적을 건축협정구역 필지에 균등하게 배치
- 2안 : 조경면적을 건축협정구역 어느 한곳에 배치
- 1안, 2안 모두 가능

⑪ 주차장

건축협정구역 내에 건축물을 건축하는 경우, 주차장법 제19조제1항에도 불구하고 건축협정구역 단위로 부설부차장을 설치할 수 있다. 부설주차장의 규모 및 구조·설비기준은 「주차장법 시행령」 [별표 1]에 따른다.

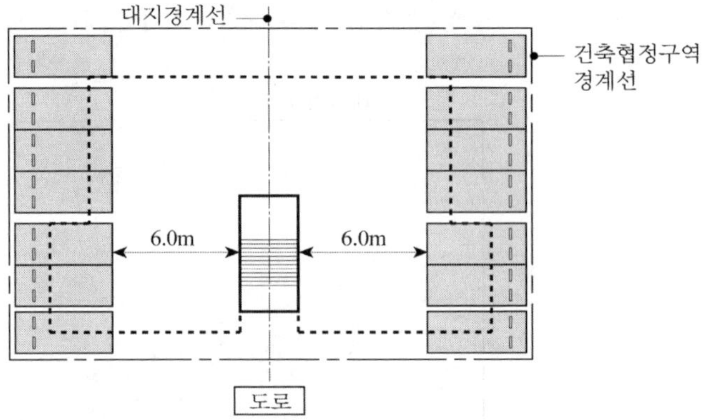


법정주차대수: 14대, 계획주차대수: 14대

**〈1안: 양측부지 배치 내부차로〉**

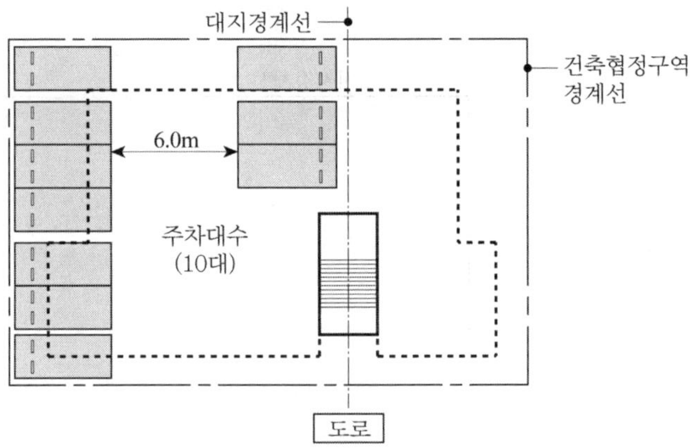


법정주차대수: 10면, 계획주차대수: 10면

**〈2안: 한쪽부지 배치 내부차로〉**

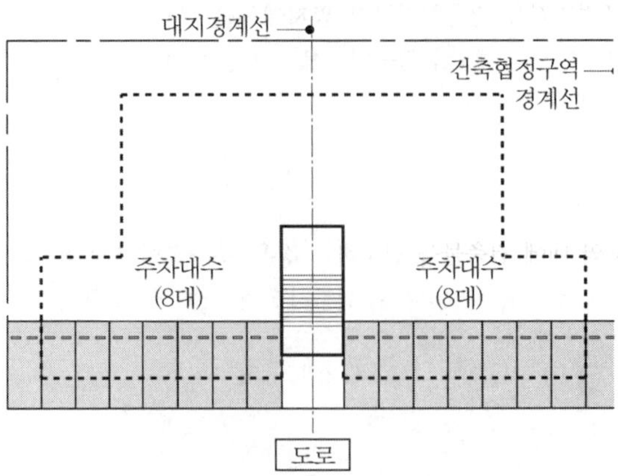


법정주차대수: 16면, 계획주차대수: 16면

**〈3안: 양측부지 배치 차로이용 대칭〉**

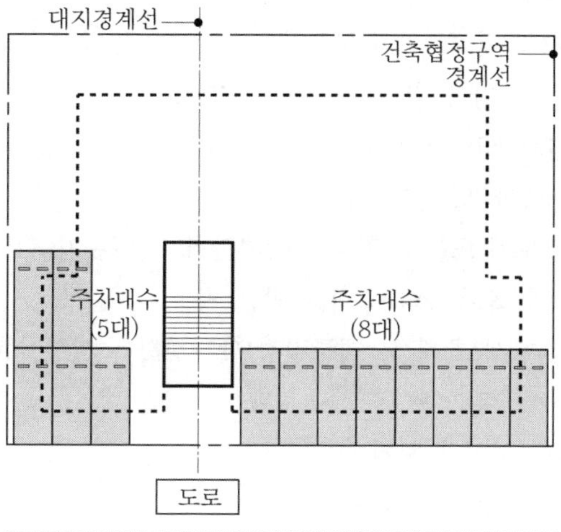


법정주차대수: 13면, 계획주차대수: 13면

**〈4안: 양측부지 배치 차로이용 비대칭〉**

- 1안, 2안, 3안, 4안 모두 가능

⑫ 건축구조계획

1. 건축협정대지 내 건축물의 구조는 각 필지에 따라 독립된 구조로 설치되어야 한다. 다만, 건축협정에 따라 일체 구조로 설계할 수 있다.
2. 건축협정을 체결한 건축협정건축물에 맞벽을 설치하고자 하는 경우 건축물의 맞벽은 각각 독립된 구조체로 건축되어야 한다. 이러한 맞벽은 하나의 구조체(지하층은 제외)로 연결되어서는 아니된다.

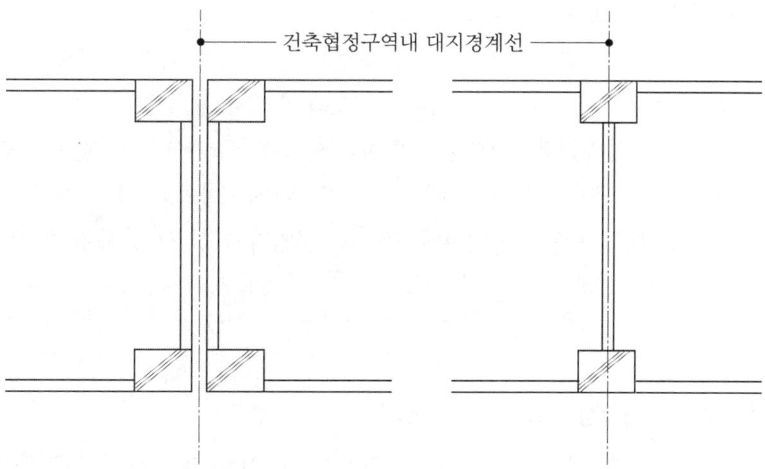


**〈제1안〉** **〈제2안〉**

- 1안(독립구조): 가능함
- 2안(일체구조): 건축협정내용에 따라 가능함

**영 제110조의3 【건축협정의 체결】** [2014.10.14 본조 신설]

① 법 제77조의4제1항 각 호 외의 부분에서 "토지 또는 건축물의 소유자, 지상권자 등 대통령령으로 정하는 자"란 다음 각 호의 자를 말한다.

1. 토지 또는 건축물의 소유자(공유자를 포함한다. 이하 이 항에서 같다)
2. 토지 또는 건축물의 지상권자
3. 그 밖에 해당 토지 또는 건축물에 이해관계가 있는 자로서 건축조례로 정하는 자 중 그 토지 또는 건축물 소유자의 동의를 받은 자

② 법 제77조의4제4항제2호에서 "대통령령으로 정하는 사항"이란 다음 각 호의 사항을 말한다.

1. 건축선
2. 건축물 및 건축설비의 위치
3. 건축물의 용도, 높이 및 층수
4. 건축물의 지붕 및 외벽의 형태
5. 건폐율 및 용적률
6. 담장, 대문, 조경, 주차장 등 부대시설의 위치 및 형태
7. 차양시설, 차면시설 등 건축물에 부착하는 시설물의 형태
8. 법 제59조제1항제1호에 따른 맞벽건축의 구조 및 형태
9. 그 밖에 건축물의 위치, 용도, 형태 또는 부대시설에 관하여 건축조례로 정하는 사항

**법 제77조의5 【건축협정운영회의 설립】**

① 협정체결자는 건축협정서 작성 및 건축협정 관리 등을 위하여 필요한 경우 협정체결자 간의 자율적 기구로서 운영회(이하 "**건축협정운영회**"라 한다)를 설립할 수 있다.

② 제1항에 따라 건축협정운영회를 설립하려면 협정체결자 과반수의 동의를 받아 건축협정운영회의 대표자를 선임하고, 국토교통부령으로 정하는 바에 따라 건축협정인가권자에게 신고하여야 한다. 다만, 제77조의6에 따른 건축협정 인가 신청 시 건축협정운영회에 관한 사항을 포함한 경우에는 그러하지 아니하다.

**규칙 제38조의8 【건축협정운영회의 설립 신고】**

법 제77조의5제1항에 따른 건축협정운영회(이하 "건축협정운영회"라 한다)의 대표자는 같은 조 제2항에 따라 건축협정운영회를 설립한 날부터 15일 이내에 법 제77조의4제1항제5호에 따른 건축협정인가권자(이하 "건축협정인가권자"라 한다)에게 별지 제27호의7서식에 따라 신고해야 한다.(2021.6.25 본조 개정)

**법 제77조의6 【건축협정의 인가】** [2014.1.14 본조 신설]

① 협정체결자 또는 건축협정운영회의 대표자는 건축협정서를 작성하여 국토교통부령으로 정하는 바에 따라 해당 건축협정인가권자의 인가를 받아야 한다. 이 경우 인가신청을 받은 건축협정인가권자는 인가를 하기 전에 건축협정인가권자가 두는 건축위원회의 심의를 거쳐야 한다.

② 제1항에 따른 건축협정 체결 대상 토지가 둘 이상의 특별자치시 또는 시·군·구에 걸치는 경우 건축협정 체결 대상 토지면적의 과반(過半)이 속하는 건축협정인가권자에게 인가를 신청할 수 있다. 이 경우 인가 신청을 받은 건축협정인가권자는 건축협정을 인가하기 전에 다른 특별자치시장 또는 시장·군수·구청장과 협의하여야 한다.

③ 건축협정인가권자는 제1항에 따라 건축협정을 인가하였을 때에는 국토교통부령으로 정하는 바에 따라 그 내용을 공고하여야 한다.

**규칙 제38조의9 【건축협정의 인가 등】** [2014.10.15 본조 신설]

① 법 제77조의4제1항 및 제2항에 따라 건축협정을 체결하는 자(이하 "협정체결자"라 한다) 또는 건축협정운영회의 대표자가 법 제77조의6제1항에 따라 건축협정의 인가를 받으려는 경우에는 별지 제27호의8서식의 건축협정 인가신청서를 건축협정인가권자에게 제출하여야 한다.

② 협정체결자 또는 건축협정운영회의 대표자가 법 제77조의7제1항 본문에 따라 건축협정을 변경하려는 경우에는 별지 제27호의8서식의 건축협정 변경인가신청서를 건축협정인가권자에게 제출하여야 한다.

③ 건축협정인가권자는 법 제77조의6 및 제77조의7에 따라 건축협정을 인가하거나 변경인가한 때에는 해당 지방자치단체의 공보에 공고하여야 하며, 건축협정서 등 관계 서류를 건축협정 유효기간 만료일까지 해당 특별자치시·특별자치도 또는 시·군·구에 비치하여 열람할 수 있도록 하여야 한다.

**법 제77조의7 【건축협정의 변경】** [2014.1.14 본조 신설]

① 협정체결자 또는 건축협정운영회의 대표자는 제77조의6제1항에 따라 인가받은 사항을 변경하려면 국토교통부령으로 정하는 바에 따라 **변경인가**를 받아야 한다. 다만, 대통령령으로 정하는 경미한 사항을 변경하는 경우에는 그러하지 아니하다.

② 제1항에 따른 변경인가에 관하여는 제77조의6을 준용한다.

**법 제77조의8 【건축협정의 관리】**

건축협정인가권자는 제77조의6 및 제77조의7에 따라 건축협정을 인가하거나 변경인가하였을 때에는 국토교통부령으로 정하는 바에 따라 건축협정 관리대장을 작성하여 관리하여야 한다.
(2014.1.14 본조 신설)

**규칙 제38조의10 【건축협정의 관리】** [2014.10.15 본조 신설]

① 건축협정인가권자는 법 제77조의6 및 제77조의7에 따라 건축협정을 인가하거나 변경 인가한 경우에는 별지 제27호의9서식의 건축협정관리대장에 작성하여 관리하어야 한다.

② 제1항에 따른 건축협정관리대장은 전자적 처리가 불가능한 특별한 사유가 없으면 전자적 처리가 가능한 방법으로 작성하여 관리하여야 한다.

**법 제77조의9 【건축협정의 폐지】**

① 협정체결자 또는 건축협정운영회의 대표자는 건축협정을 폐지하려는 경우에는 협정체결자 과반수의 동의를 받아 국토교통부령으로 정하는 바에 따라 건축협정인가권자의 인가를 받아야 한다. 다만, 제77조의13에 따른 특례를 적용하여 제21조에 따른 착공신고를 한 경우에는 대통령령으로 정하는 기간이 지난 후에 건축협정의 폐지 인가를 신청할 수 있다.(2020.6.9 법률용어정비를 위한 국토교통위원회 소관 78개 법률에 의거 본항 개정)

② 제1항에 따른 건축협정의 폐지에 관하여는 제77조의6제3항을 준용한다.

**해설** 건축협정 인가 구역 안에서는 맞벽 건축이 가능하고, 대지안의 조경, 대지와 도로의 관계, 지하층의 설치, 「주차장법」에 따른 부설주차장의 설치를 통합 적용할 수 있도록 특례 규정을 두고 있으나, 특례 적용 이후 건축협정체결자의 과반수 동의를 얻어 건축협정을 폐지하는 편법의 우려가 있어 특례를 적용하여 착공신고를 한 날부터 20년 이내는 건축협정 폐지인가를 신청할 수 없도록 하고 있다.

**영 제110조의4 【건축협정의 폐지 제한 기간】** [2016.5.17 본조 신설]

① 법 제77조의9제1항 단서에서 "대통령령으로 정하는 기간"이란 착공신고를 한 날부터 20년을 말한다.

② 제1항에도 불구하고 다음 각 호의 요건을 모두 갖춘 경우에는 제1항에 따른 기간이 지난 것으로 본다.

1. 법 제57조제3항에 따라 분할된 대지를 같은 조 제1항 및 제2항의 기준에 적합하게 할 것
2. 법 제77조의13에 따른 특례를 적용받지 아니하는 내용으로 건축협정 변경인가를 받고 그에

따라 건축허가를 받을 것. 다만, 법 제77조의13에 따른 특례적용을 받은 내용대로 사용승인을 받은 경우에는 특례를 적용받지 아니하는 내용으로 건축협정 변경인가를 받고 그에 따라 건축허가를 받은 후 해당 건축물의 사용승인을 받아야 한다.

3. 법 제77조의11제2항에 따라 지원받은 사업비용을 반환할 것

**해설** 건축협정을 체결한 후 맞벽건축 등의 특례를 적용하여 착공신고를 한 경우에는 신고일부터 20년이 지난 후에 건축협정 폐지인가를 신청할 수 있도록 하되, 특례로 적용받지 아니한 내용으로 변경하여 건축허가를 받고 지원 받은 사업비용을 반환하는 등의 요건을 갖춘 경우에는 20년이 지난 것으로 보아 폐지인가를 신청할 수 있다.

**규칙 제38조의11 【건축협정의 폐지】** [2014.10.15 본조 신설]

① 협정체결자 또는 건축협정운영회의 대표자가 법 제77조의9에 따라 건축협정을 폐지하려는 경우에는 별지 제27호의10서식의 건축협정 폐지인가신청서를 건축협정인가권자에게 제출하여야 한다.

② 건축협정인가권자는 법 제77조의9에 따라 건축협정의 폐지를 인가한 때에는 해당 지방자치단체의 공보에 공고하여야 한다.

**법 제77조의10 【건축협정의 효력 및 승계】** [2014.1.14 본조 신설]

① 건축협정이 체결된 지역 또는 구역(이하 "**건축협정구역**"이라 한다)에서 건축물의 건축·대수선 또는 리모델링을 하거나 그 밖에 대통령령으로 정하는 행위를 하려는 소유자등은 제77조의6 및 제77조의7에 따라 인가·변경인가된 건축협정에 따라야 한다.

② 제77조의6제3항에 따라 건축협정이 공고된 후 건축협정구역에 있는 토지나 건축물 등에 관한 권리를 협정체결자인 소유자등으로부터 이전받거나 설정받은 자는 협정체결자로서의 지위를 승계한다. 다만, 건축협정에서 달리 정한 경우에는 그에 따른다.

**해설** 건축협정의 지속성을 유지하기 위해서 소유권 등 변동사항이 있어도 이를 승계하도록 함.

- ▶ **설정(設定)** : ① 새로 만들어 정해둠 ② 제한 물권을 새로이 발생시키는 행위
- ▶ **승계(承繼)** : 다른 사람의 권리나 의무를 이어받음

**영 제110조의5 【건축협정에 따라야 하는 행위】**

법 제77조의10제1항에서 "대통령령으로 정하는 행위"란 제110조의3제2항 각 호의 사항에 관한 행위를 말한다.(2016.5.17 본조 개정)

- 영 제110조의3제2항
  1. 건축선
  2. 건축물 및 건축설비의 위치
  3. 건축물의 용도, 높이 및 층수
  4. 건축물의 지붕 및 외벽의 형태
  5. 건폐율 및 용적률
  6. 담장, 대문, 조경, 주차장등 부대시설의 위치 및 형태
  7. 차양시설, 차면시설등 건축물에 부착하는 시설물의 형태
  8. 법제59조제1항제1호에 따른 맞벽 건축의 구조 및 형태
  9. 그 밖에 건축물의 위치, 용도, 형태 또는 부대시설에 관하여 건축조례로 정하는 사항

**법 제77조의11 【건축협정에 관한 계획 수립 및 지원】** [2014.1.14 본조 신설]

① 건축협정인가권자는 소유자등이 건축협정을 효율적으로 체결할 수 있도록 건축협정구역에서 건축물의 건축·대수선 또는 리모델링에 관한 계획을 수립할 수 있다.

② 건축협정인가권자는 대통령령으로 정하는 바에 따라 도로 개설 및 정비 등 건축협정구역 안의 주거환경개선을 위한 사업비용의 일부를 지원할 수 있다.

**해설** 건축협정인가권자가 건축물에 대한 계획 수립과 사업비용의 일부를 지원할 수 있어 효율적 추진을 할 수 있게 함.

**영 제110조의6 【건축협정에 관한 지원】**

법 제77조의4제1항제4호에 따른 건축협정인가권자가 법 제77조의11제2항에 따라 건축협정구역 안의 주거환경개선을 위한 사업비용을 지원하려는 경우에는 법 제77조의4제1항 및 제2항에 따라 건축협정을 체결한 자(이하 "협정체결자"라 한다) 또는 법 제77조의5제1항에 따른 건축협정운영회(이하 "건축협정운영회"라 한다)의 대표자에게 다음 각 호의 사항이 포함된 사업계획서를 요구할 수 있다.(2016.5.17 본조 개정)

1. 주거환경개선사업의 목표
2. 협정체결자 또는 건축협정운영회 대표자의 성명
3. 주거환경개선사업의 내용 및 추진방법
4. 주거환경개선사업의 비용
5. 그 밖에 건축조례로 정하는 사항

**법 제77조의12 【경관협정과의 관계】** [2014.1.14 본조 신설]

① 소유자등은 제77조의4에 따라 건축협정을 체결할 때 「경관법」 제19조에 따른 경관협정을 함께 체결하려는 경우에는 「경관법」 제19조제3항·제4항 및 제20조에 관한 사항을 반영하여 건축협정인가권자에게 인가를 신청할 수 있다.

② 제1항에 따른 인가 신청을 받은 건축협정인가권자는 건축협정에 대한 인가를 하기 전에 건축위원회의 심의를 하는 때에 「경관법」 제29조제3항에 따라 경관위원회와 공동으로 하는 심의를 거쳐야 한다.

③ 제2항에 따른 절차를 거쳐 건축협정을 인가받은 경우에는 「경관법」 제21조에 따른 경관협정의 인가를 받은 것으로 본다.

해설 경관협정과 절차의 중복을 방지하기 위하여 함께 할 수 있도록 절차 간소화를 도모함.

참고

**경관법**

- 제19조 : 경관협정의 변경
- 제19조제3항 : 경관협정 체결 준수사항
- 제19조제4항 : 경관협정에 포함된 사항
- 제20조 : 경관협정운영회의 설립
- 제29조제3항 : 경관위원회와 다른 위원회가 공동심의
- 제21조 : 경관협정의 인가

**법 제77조의13 【건축협정에 따른 특례】** [2014.1.14 본조 신설]

① 제77조의4제1항에 따라 건축협정을 체결하여 제59조제1항제1호에 따라 둘 이상의 건축물 벽을 맞벽으로 하여 건축하려는 경우 맞벽으로 건축하려는 자는 공동으로 제11조에 따른 건축허가를 신청할 수 있다.

② 제1항의 경우에 제17조, 제21조, 제22조 및 제25조에 관하여는 개별 건축물마다 적용하지 아니하고 허가를 신청한 건축물 전부 또는 일부를 대상으로 통합하여 적용할 수 있다.

③ 건축협정의 인가를 받은 건축협정구역에서 연접한 대지에 대하여는 다음 각 호의 관계 법령의 규정을 개별 건축물마다 적용하지 아니하고 건축협정구역의 전부 또는 일부를 대상으로 통합하여 적용할 수 있다.(2016.1.19 본항 개정)

1. 제42조에 따른 대지의 조경
2. 제44조에 따른 대지와 도로와의 관계
3. (2016.1.19 본호 삭제)
4. 제53조에 따른 지하층의 설치
5. 제55조에 따른 건폐율(2016.1.19 본호 개정)

6. 「주차장법」 제19조에 따른 부설주차장의 설치
7. (2016.1.19 본호 삭제)
8. 「하수도법」 제34조에 따른 개인하수처리시설의 설치(2015.5.18 본호 신설)

④ 제3항에 따라 관계 법령의 규정을 적용하려는 경우에는 건축협정구역 전부 또는 일부에 대하여 조경 및 부설주차장에 대한 기준을 이 법 및 「주차장법」에서 정한 기준 이상으로 산정하여 적용하여야 한다.

⑤ 건축협정을 체결하여 둘 이상 건축물의 경계벽을 전체 또는 일부를 공유하여 건축하는 경우에는 제1항부터 제4항까지의 특례를 적용하며, 해당 대지를 하나의 대지로 보아 이 법의 기준을 개별 건축물마다 적용하지 아니하고 허가를 신청한 건축물의 전부 또는 일부를 대상으로 통합하여 적용할 수 있다.(2016.1.19 본항 신설)

⑥ 건축협정구역에 건축하는 건축물에 대하여는 제42조, 제55조, 제56조, 제58조, 제60조 및 제61조와 「주택법」 제35조를 대통령령으로 정하는 바에 따라 완화하여 적용할 수 있다. 다만, 제56조를 완화하여 적용하는 경우에는 제4조에 따른 건축위원회의 심의와 「국토의 계획 및 이용에 관한 법률」 제113조에 따른 지방도시계획위원회의 심의를 통합하여 거쳐야 한다.(2016.2.3 본항 신설)

⑦ 제6항 단서에 따라 통합 심의를 하는 경우 통합 심의의 방법 및 절차 등에 관한 구체적인 사항은 대통령령으로 정한다.(2016.2.3 본항 신설)

⑧ 제6항 본문에 따른 건축협정구역 내의 건축물에 대한 건축기준의 적용에 관하여는 제72조제1항(제2호 및 제4호는 제외한다)부터 제5항까지를 준용한다. 이 경우 "특별건축구역"은 "건축협정구역"으로 본다.(2016.2.3 본항 신설)

**해설** 건축협정구역에서 연접한 대지에 대하여는 건축법의 개별건축 단위로 적용하던 규정을 통합적용할 수 있도록 하였다.(융통성과 효율성을 기하고 구역전체 또는 일부를 통합하는 효과를 가져옴) 현재 건축협정 인가 구역에서 연접한 대지에 대하여는 대지안의 조경, 대지와 도로의 관계, 지하층의 설치, 「주차장법」에 따른 부설주차장의 설치 기준을 개별 건축물마다 적용하지 아니하고 건축협정구역의 전부 또는 일부를 대상으로 통합적용하고 있는데, 건폐율, 「하수도법」에 따른 개인하수처리시설의 설치 기준에 대하여도 건축협정구역의 전부 또는 일부를 대상으로 통합적용할 수 있도록 하였다.

- 제17조 : 건축허가등의 수수료
- 제21조 : 착공신고등
- 제22조 : 건축물의 사용승인
- 제25조 : 건축물의 공사감리

**영 제110조의7 [건축협정에 따른 특례]**

① 건축협정구역에서 건축하는 건축물에 대해서는 법 제77조의13제6항에 따라 법 제42조, 제55조, 제56조, 제60조 및 제61조를 다음 각 호의 구분에 따라 완화하여 적용할 수 있다.(2016.7.19 본조

신설)

1. 법 제42조에 따른 대지의 조경 면적 : 대지의 조경을 도로에 면하여 통합적으로 조성하는 건축협정구역에 한정하여 해당 지역에 적용하는 조경 면적기준의 20/100의 범위에서 완화
2. 법 제55조에 따른 건폐율 : 해당 지역에 적용하는 건폐율의 20/100의 범위에서 완화. 이 경우 「국토의 계획 및 이용에 관한 법률 시행령」 제84조에 따른 건폐율의 최대한도를 초과할 수 없다.(2024.6.18 본호 개정)
3. 법 제56조에 따른 용적률 : 해당 지역에 적용하는 용적률의 20/100의 범위에서 완화. 이 경우 「국토의 계획 및 이용에 관한 법률 시행령」 제85조에 따른 용적률의 최대한도를 초과할 수 없다.(2024.6.18 본호 개정)
4. 법 제60조에 따른 높이 제한 : 너비 6m 이상의 도로에 접한 건축협정구역에 한정하여 해당 건축물에 적용하는 높이 기준의 20/100의 범위에서 완화
5. 법 제61조에 따른 일조 등의 확보를 위한 건축물의 높이 제한 : 건축협정구역 안에서 대지 상호간에 건축하는 공동주택에 한정하여 제86조제3항제1호에 따른 기준의 20/100의 범위에서 완화

② 허가권자는 법 제77조의13제6항 단서에 따라 법 제4조에 따른 건축위원회의 심의와 「국토의 계획 및 이용에 관한 법률」 제113조에 따른 지방도시계획위원회의 심의를 통합하여 하려는 경우에는 다음 각 호의 기준에 따라 통합심의위원회(이하 "**통합심의위원회**"라 한다)를 구성하여야 한다.

1. 통합심의위원회 위원은 법 제4조에 따른 건축위원회 및 「국토의 계획 및 이용에 관한 법률」 제113조에 따른 지방도시계획위원회의 위원 중에서 시·도지사 또는 시장·군수·구청장이 임명 또는 위촉할 것
2. 통합심의위원회의 위원 수는 15명 이내로 할 것
3. 통합심의위원회의 위원 중 법 제4조에 따른 건축위원회의 위원이 1/2 이상이 되도록 할 것
4. 통합심의위원회의 위원장은 위원 중에서 시·도지사 또는 시장·군수·구청장이 임명 또는 위촉할 것

③ 제2항에 따른 통합심의위원회는 다음 각 호의 사항을 검토한다.

1. 해당 대지의 토지이용 현황 및 용적률 완화 범위의 적정성
2. 건축협정으로 완화되는 용적률이 주변 경관 및 환경에 미치는 영향

**해설** 건축협정구역에서 건축하는 건축물의 경우 대지의 조경 면적, 높이 기준 및 일조 등의 확보를 위한 높이 제한에 대해서는 해당 지역에 적용하는 기준의 20/100의 범위에서 완화하고, 건폐율 및 용적률은 해당 지역에 적용하는 기준의 20/100의 범위에서 완화하되, 「국토의 계획 및 이용에 관한 법률」에 따른 최대한도를 초과할 수 없도록 하고 있다. 그리고 허가권자가 건축협정구역에서 용적률을 완화하여 적용하는 경우 그 심의를 거쳐야 하는 건축위원회와 지방도시계획위원회의 통합심의위원회는 건축위원회의 위원 및 지방도시계획위원회의 위원 중 허가권자가 임명 또는 위촉하는 15명 이내의 위원으로 구성하되 건축위원회의 위원이 1/2 이상이 되도록 하고, 통합심의위원회의 위원장은 허가권자가 임명 또는 위촉하도록 하고 있다.

**법 제77조의14 【건축협정 집중구역 지정 등】** [2017.4.18 본조 신설]

① 건축협정인가권자는 건축협정의 효율적인 체결을 통한 도시의 기능 및 미관의 증진을 위하여 제77조의4제1항 각 호의 어느 하나에 해당하는 지역 및 구역의 전체 또는 일부를 건축협정 집중구역으로 지정할 수 있다.

② 건축협정인가권자는 제1항에 따라 건축협정 집중구역을 지정하는 경우에는 미리 다음 각 호의 사항에 대하여 건축협정인가권자가 두는 건축위원회의 심의를 거쳐야 한다.

1. 건축협정 집중구역의 위치, 범위 및 면적 등에 관한 사항
2. 건축협정 집중구역의 지정 목적 및 필요성
3. 건축협정 집중구역에서 제77조의4제4항 각 호의 사항 중 건축협정인가권자가 도시의 기능 및 미관 증진을 위하여 세부적으로 규정하는 사항
4. 건축협정 집중구역에서 제77조의13에 따른 건축협정의 특례 적용에 관하여 세부적으로 규정하는 사항

③ 제1항에 따른 건축협정 집중구역의 지정 또는 변경·해제에 관하여는 제77조의6제3항을 준용한다.

④ 건축협정 집중구역 내의 건축협정이 제2항 각 호에 관한 심의내용에 부합하는 경우에는 제77조의6제1항에 따른 건축위원회의 심의를 생략할 수 있다.

해설 건축협정을 효과적이고 계획적으로 유도하기 위하여 건축협정 집중구역을 지정할 수 있도록 하고 있다.

# 제8장의3

# 결합건축

**법 제77조의15 【결합건축 대상지】**

① 다음 각 호의 어느 하나에 해당하는 지역에서 대지간의 최단거리가 100m 이내의 범위에서 대통령령으로 정하는 범위에 있는 2개의 대지의 건축주가 서로 합의한 경우 2개의 대지를 대상으로 결합건축을 할 수 있다.(2020.4.7 본항 개정)

1. 「국토의 계획 및 이용에 관한 법률」 제36조에 따라 지정된 상업지역
2. 「역세권의 개발 및 이용에 관한 법률」 제4조에 따라 지정된 역세권개발구역
3. 「도시 및 주거환경정비법」 제2조에 따른 정비구역 중 주거환경개선사업의 시행을 위한 구역(2017.2.8 도시 및 주거환경정비법 부칙에 의거 개정)
4. 그 밖에 도시 및 주거환경 개선과 효율적인 토지이용이 필요하다고 대통령령으로 정하는 지역

② 다음 각 호의 어느 하나에 해당하는 경우에는 제1항 각 호의 어느 하나에 해당하는 지역에서 대통령령으로 정하는 범위에 있는 3개 이상 대지의 건축주 등이 서로 합의한 경우 3개 이상의 대지를 대상으로 결합건축을 할 수 있다.(2020.4.7 본항 신설)

1. 국가·지방자치단체 또는 「공공기관의 운영에 관한 법률」 제4조제1항에 따른 공공기관이 소유 또는 관리하는 건축물과 결합 건축하는 경우
2. 「빈집 및 소규모주택 정비에 관한 특례법」 제2조제1항제1호에 따른 빈집 또는 「건축물관리법」 제42조에 따른 빈 건축물을 철거하여 그 대지에 공원, 광장 등 대통령령으로 정하는 시설을 설치하는 경우
3. 그 밖에 대통령령으로 정하는 건축물과 결합 건축하는 경우

③ 제1항 및 제2항에도 불구하고 도시경관의 형성, 기반시설 부족 등의 사유로 해당 지방자치단체의 조례로 정하는 지역 안에서는 결합건축을 할 수 없다.(2020.4.7 본항 신설)

④ 제1항 또는 제2항에 따라 결합건축을 하려는 2개 이상의 대지를 소유한 자가 1명인 경우는 제77조의4제2항을 준용한다.(2020.4.7 본항 개정)

해설 결합건축(結合建築)은 대지가 공간적으로 분리되어 있을 경우 용적률은 통합하여 적용함으로서 선택과 집중이 가능하며 개발권이양(開發權李穰, TDR-transfer of development right)이 가능하다.
토지소유자에게 다른 지역에 대한 개발권을 부여할 수 있다. 즉 상업지역, 역세권개발구역, 주거환경개선사업의 시행을 위한 구역, 건축협정구역, 특별건축구역, 리모델링 활성화구역, 도시재생활성화구역, 건축자산진흥구역 등에서 결합건축을 하게 되면 융통성과 함께 개발인센티브를 부여하는 효과가 있다. 재건축 또는 리모델링의 사업성을 높일 수 있는 제도이다. 그리고 결합건축이 가능한 대지는 2개의 대지 모두가 상업지역등의 12m 이상인 도로로 둘러싸인 구역 안에 있는 대지이어야 한다.

• 제77조의4 제2항 : 둘 이상의 토지를 소유한 자가 1인인 경우 : 협정 체결자로 본다.

### 영 제111조 【결합건축 대상지】

① 법 제77조의15제1항 각 호 외의 부분에서 "대통령령으로 정하는 범위에 있는 2개의 대지"란 다음 각 호의 요건을 모두 충족하는 2개의 대지를 말한다.(2021.1.8 본항 개정)
  1. 2개의 대지 모두가 법 제77조의15제1항 각 호의 지역 중 동일한 지역에 속할 것
  2. 2개의 대지 모두가 너비 12m 이상인 도로로 둘러싸인 하나의 구역 안에 있을 것. 이 경우 그 구역 안에 너비 12m 이상인 도로로 둘러싸인 더 작은 구역이 있어서는 아니 된다.

② 법 제77조의15제1항제4호에서 "대통령령으로 정하는 지역"이란 다음 각 호의 지역을 말한다.(2019.10.22 본항 개정)
  1. 건축협정구역
  2. 특별건축구역
  3. 리모델링 활성화 구역
  4. 「도시재생 활성화 및 지원에 관한 특별법」 제2조제1항제5호에 따른 도시재생활성화지역
  5. 「한옥 등 건축자산의 진흥에 관한 법률」 제17조제1항에 따른 건축자산 진흥구역

③ 법 제77조의15제2항 각 호 외의 부분 본문에서 "대통령령으로 정하는 범위에 있는 3개 이상의 대지"란 다음 각 호의 요건을 모두 충족하는 3개 이상의 대지를 말한다.(2021.1.8 본항 신설)
  1. 대지 모두가 법 제77조의15제1항 각 호의 지역 중 같은 지역에 속할 것
  2. 모든 대지 간 최단거리가 500m 이내일 것

④ 법 제77조의15제2항제2호에서 "공원, 광장 등 대통령령으로 정하는 시설"이란 다음 각 호의 어느 하나에 해당하는 시설을 말한다.(2021.1.8 본항 신설)
  1. 공원, 녹지, 광장, 정원, 공지, 주차장, 놀이터 등 공동이용시설
  2. 그 밖에 제1호에 시설과 비슷한 것으로서 건축조례로 정하는 시설

⑤ 법 제77조의15제2항제3호에서 "대통령령으로 정하는 건축물"이란 다음 각 호의 건축물을 말

한다.(2021.1.8 본항 신설)

1. 마을회관, 마을공동작업소, 마을도서관, 어린이집 등 공동이용건축물
2. 공동주택 중 「민간임대주택에 관한 특별법」 제2조제1호의 민간임대주택
3. 그 밖에 제1호 및 제2호의 건축물과 비슷한 것으로서 건축조례로 정하는 건축물

해설 3개 이상의 대지 모두 상업지역, 역세권 개발구역 등의 같은 지역에 속하고, 모두 대지 간 최단거리가 500m 이내인 경우에는 해당 건축주 등이 서로 합의하여 3개 이상의 대지를 대상으로 결합건축을 할 수 있다.

**법 제77조의16 【결합건축의 절차】** [2016.1.19 본조 신설]

① 결합건축을 하고자 하는 건축주는 제11조에 따라 건축허가를 신청하는 때에는 다음 각 호의 사항을 명시한 결합건축협정서를 첨부하여야 하며 국토교통부령으로 정하는 도서를 제출하여야 한다.

1. 결합건축 대상 대지의 위치 및 용도지역
2. 결합건축협정서를 체결하는 자(이하 "**결합건축협정체결자**"라 한다)의 성명, 주소 및 생년월일(법인, 법인 아닌 사단이나 재단 및 외국인의 경우에는 「부동산등기법」 제49조에 따라 부여된 등록번호를 말한다)
3. 「국토의 계획 및 이용에 관한 법률」 제78조에 따라 조례로 정한 용적률과 결합건축으로 조정되어 적용되는 대지별 용적률
4. 결합건축 대상 대지별 건축계획서

② 허가권자는 「국토의 계획 및 이용에 관한 법률」 제2조제11호에 따른 도시·군계획사업에 편입된 대지가 있는 경우에는 결합건축을 포함한 건축허가를 아니할 수 있다.

③ 허가권자는 제1항에 따른 건축허가를 하기 전에 건축위원회의 심의를 거쳐야 한다. 다만, 결합건축으로 조정되어 적용되는 대지별 용적률이 「국토의 계획 및 이용에 관한 법률」 제78조에 따라 해당 대지에 적용되는 도시계획조례의 용적률의 20/100을 초과하는 경우에는 대통령령으로 정하는 바에 따라 건축위원회 심의와 도시계획위원회 심의를 공동으로 하여 거쳐야 한다.

④ 제1항에 따른 결합건축 대상 대지가 둘 이상의 특별자치시, 특별자치도 및 시·군·구에 걸치는 경우 제77조의6제2항을 준용한다.

해설 결합건축을 하고자 할 때 도서 절차, 결합건축협정체결자의 인적사항에 대하여 규정하고 결합건축허가를 할 수 없는 경우 또 도시계획조례용적률의 일정범위를 초과하는 경우 건축위원회와 도시계획위원회의 공동심의를 거치도록 하였다.

▸ 법 제77조의6 제2항 : 건축협정체결대상 토지면적의 과반이 속하는 건축협정인가권자에게 인가를 신청할 수 있다.

**영 제111조의2 【건축위원회 및 도시계획위원회의 공동 심의】**

허가권자는 법 제77조의16제3항 단서에 따라 건축위원회의 심의와 도시계획위원회의 심의를 공동으로 하려는 경우에는 제110조의7제2항 각 호의 기준에 따라 공동위원회를 구성하여야 한다.(2019.10.22 본조 개정)

**규칙 제38조의12 【결합건축협정서】**

법 제77조의16제1항에 따른 결합건축협정서는 별지 제27호의11서식에 따른다.(2019.11.18 본조 개정)

**법 제77조의17 【결합건축의 관리】**

① 허가권자는 결합건축을 포함하여 건축허가를 한 경우 국토교통부령으로 정하는 바에 따라 그 내용을 공고하고, 결합건축 관리대장을 작성하여 관리하여야 한다.

② 허가권자는 제77조의15제1항에 따른 결합건축과 관련된 건축물의 사용승인 신청이 있는 경우 해당 결합건축협정서상의 다른 대지에서 착공신고 또는 대통령령으로 정하는 조치가 이행되었는지를 확인한 후 사용승인을 하여야 한다.(2020.4.7 본항 개정)

③ 허가권자는 결합건축을 허용한 경우 건축물대장에 국토교통부령으로 정하는 바에 따라 결합건축에 관한 내용을 명시하여야 한다.

④ 결합건축협정서에 따른 협정체결 유지기간은 최소 30년으로 한다. 다만, 결합건축협정서의 용적률 기준을 종전대로 환원하여 신축·개축·재축하는 경우에는 그러하지 아니한다.

⑤ 결합건축협정서를 폐지하려는 경우에는 결합건축협정체결자 전원이 동의하여 허가권자에게 신고하여야 하며, 허가권자는 용적률을 이전받은 건축물이 멸실된 것을 확인한 후 결합건축의 폐지를 수리하여야 한다. 이 경우 결합건축 폐지에 관하여는 제1항 및 제3항을 준용한다.

⑥ 결합건축협정의 준수 여부, 효력 및 승계에 대하여는 제77조의4제3항 및 제77조의10을 준용한다. 이 경우 "건축협정"은 각각 "결합건축협정"으로 본다.

**해설** 건축허가를 한 경우 내용의 공고, 관리대장작성, 사용승인, 협정체결유지기간, 폐지절차 결합건축협정의 준수여부, 효력 및 승계를 규정하고 있다. 허가권자는 결합건축과 관련된 건축물의 사용승인 신청이 있는 경우 해당 결합건축협정서상의 다른 대지에서 착공신고 외에 착공 지연에 귀책사유가 없고 건축허가 취소의 가능성이 없는 경우의 공사 착수 연장 신청 또는 도시·군계획시설의 결정이 있는 경우에는 사용승인을 하도록 하고 있다.

▸ 법 제77조의4 제3항 : 건축협정체결시 준수사항
제77조의10 : 건축협정의 효력 및 승계

**영 제111조의3 【결합건축 건축물의 사용승인】**

법 제77조의17제2항에서 "대통령령으로 정하는 조치"란 다음 각 호의 어느 하나에 해당하는 조치를 말한다.(2019.10.22 본항 개정)

1. 법 제11조제7항 각 호 외의 부분 단서에 따른 공사의 착수기간 연장 신청. 다만, 착공이 지연된 것에 건축주의 귀책사유가 없고 착공 지연에 따른 건축허가 취소의 가능성이 없다고 인정하는 경우로 한정한다.
2. 「국토의 계획 및 이용에 관한 법률」에 따른 도시·군계획시설의 결정

**규칙 제38조의13 【결합건축의 관리】**

① 허가권자는 결합건축을 포함하여 건축허가를 한 경우에는 법 제77조의17제1항에 따라 그 내용을 30일 이내에 해당 지방자치단체의 공보에 공고하고, 별지 제27호의12서식의 결합건축 관리대장을 작성하여 관리해야 한다.(2021.1.8 본항 개정)

② 제1항에 따른 결합건축 관리대장은 전자적 처리가 불가능한 특별한 사유가 없으면 전자적 처리가 가능한 방법으로 작성하여 관리하여야 한다.

**참고** 건축물대장의 기재 및 관리등에 관한 규칙 제7조의4 【결합건축의 기재】 : 국토교통부령 제345호

① 허가권자는 법 제77조의14제1항에 따른 결합건축(이하 "결합건축"이라 한다)을 적용한 건축물에 대해서는 법 제77조의16제3항에 따라 건축물대장에 다음 각 호의 사항을 기재하여야 한다.

1. "결합건축"이라는 표시
2. 결합건축 대상 대지의 위치
3. 결합건축 대상 대지별 다음 각 목에 따른 용적률
   가. 「국토의 계획 및 이용에 관한 법률」 제78조에 따라 조례로 정한 용적률
   나. 결합건축으로 조정되어 적용되는 용적률
4. 결합건축 허가 날짜 및 유효기간

② 제1항 각 호의 사항은 별지 제1호서식, 별지 제3호서식, 별지 제5호서식 및 별지 제7호서식의 그 밖의 기재사항란에 기재하여야 한다.

# 제9장

# 보 칙

**법 제78조 [감 독]**

① 국토교통부장관은 시·도지사 또는 시장·군수·구청장이 한 명령이나 처분이 이 법이나 이 법에 따른 명령이나 처분 또는 조례에 위반되거나 부당하다고 인정하면 그 명령 또는 처분의 취소·변경, 그 밖에 필요한 조치를 명할 수 있다.(2013.3.23 본항 개정)

② 특별시장·광역시장·도지사는 시장·군수·구청장이 한 명령이나 처분이 이 법 또는 이 법에 따른 명령이나 처분 또는 조례에 위반되거나 부당하다고 인정하면 그 명령이나 처분의 취소·변경, 그 밖에 필요한 조치를 명할 수 있다.(2014.1.14 본항 개정)

③ 시·도지사 또는 시장·군수·구청장이 제1항에 따라 필요한 조치명령을 받으면 그 시정 결과를 국토교통부장관에게 지체 없이 보고하여야 하며, 시장·군수·구청장이 제2항에 따라 필요한 조치명령을 받으면 그 시정 결과를 특별시장·광역시장·도지사에게 지체 없이 보고하여야 한다.(2014.1.14 본항 개정)

④ 국토교통부장관 및 시·도지사는 건축허가의 적법한 운영, 위법 건축물의 관리 실태 등 건축행정의 건실한 운영을 지도·점검하기 위하여 국토교통부령으로 정하는 바에 따라 매년 지도·점검 계획을 수립·시행하여야 한다.(2013.3.23 본항 개정)

⑤ 국토교통부장관 및 시·도지사는 제4조의2에 따른 건축위원회의 심의 방법 또는 결과가 이 법 또는 이 법에 따른 명령이나 처분 또는 조례에 위반되거나 부당하다고 인정하면 그 심의 방법 또는 결과의 취소·변경, 그 밖에 필요한 조치를 할 수 있다. 이 경우 심의에 관한 조사·시정명령 및 변경절차 등에 관하여는 대통령령으로 정한다.(2016.1.19 본항 신설)

**해설** 국토교통부장관이 건설행정의 책임자이며 감독자로서 필요한 조치를 할 수 있다. 상급관청에서 하급관청을 통괄·감독할 수 있어야 하며 국토교통부장관이 국가적 정책적인 차원에서 또는 직할적인 사업을 효율적으로 집행할 수 있도록 규명하고 있다.

- 특별시장·광역시장·도지사·특별자치시장·특별자치도지사·시장·군수·구청장의 감독자로서 법령 위반, 부당한 경우에는 필요한 조치를 명할 수 있다.
- 위임된 권한은 합법적인 범위 안에서 행사하여야 한다.
- 광역자치단체(특별시장·광역시장·도지사)와 기초자치단체(시장·군수·구청장)와의 감독관계를 명시함.
- 건축위원회의 심의 방법 또는 결과가 법령·조례 등에 위반되거나 부당한 경우 필요한 조치를 할 수 있다.
- 건축위원회는 인·허가권자의 자문기구이다.

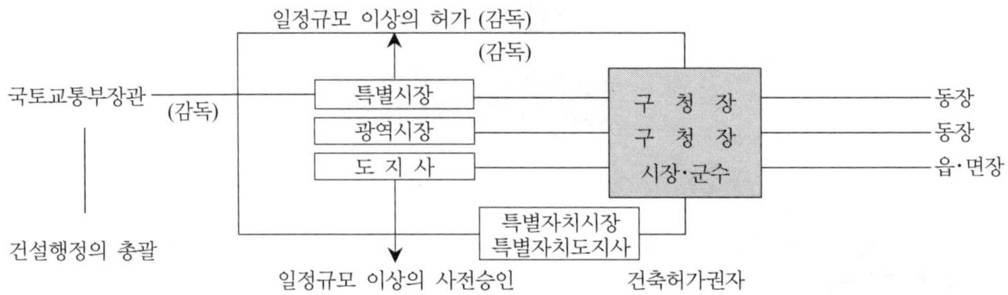


▸ 감독(監督) : 어떤 사람이나 기관(機關)이 다른 사람이나 기관의 행위가 잘못되지 않도록 감시하고, 필요한 경우에는 지휘·명령·제재를 하는 일

▸ 처분(處分) : 이미 있는 권리나 권리의 객체에 대하여 직접 변동을 일으키는 일

**영 제112조 【건축위원회 심의 방법 및 결과 조사 등】** [2016.7.19 본조 신설]

① 국토교통부장관은 법 제78조제5항에 따라 지방건축위원회 심의 방법 또는 결과에 대한 조사가 필요하다고 인정하면 시·도지사 또는 시장·군수·구청장에게 관련 서류를 요구하거나 직접 방문하여 조사를 할 수 있다.

② 시·도지사는 법 제78조제5항에 따라 시장·군수·구청장이 설치하는 지방건축위원회의 심의 방법 또는 결과에 대한 조사가 필요하다고 인정하면 시장·군수·구청장에게 관련 서류를 요구하거나 직접 방문하여 조사를 할 수 있다.

③ 국토교통부장관 및 시·도지사는 제1항 또는 제2항에 따른 조사 과정에서 필요하면 법 제4조의2에 따른 심의의 신청인 및 건축관계자 등의 의견을 들을 수 있다.

**해설** 국토교통부장관 또는 시·도지사는 지방건축위원회 심의 방법 또는 결과에 조사가 필요한 경우에는 서류를 요청하거나 직접 방문할 수 있도록 하고, 심리 신청인 및 건축관계자의 의견을 들을 수 있다.

**영 제113조 【위법·부당한 건축위원회의 심의에 대한 조치】** [2016.7.19 본조 신설]

① 국토교통부장관 및 시·도지사는 제112조에 따른 조사 및 의견청취 후 건축위원회의 심의 방법 또는 결과가 법 또는 법에 따른 명령이나 처분 또는 조례(이하 이 조에서 "건축법규등"이라 한다)에 위반되거나 부당하다고 인정하면 다음 각 호의 구분에 따라 시·도지사 또는 시장·군수·구청장에게 시정명령을 할 수 있다.

1. 심의대상이 아닌 건축물을 심의하거나 심의내용이 건축법규등에 위반된 경우 : 심의결과 취소
2. 건축법규등의 위반은 아니나 심의현황 및 건축여건을 고려하여 특별히 과도한 기준을 적용하거나 이행이 어려운 조건을 제시한 것으로 인정되는 경우 : 심의결과 조정 또는 재심의
3. 심의 절차에 문제가 있다고 인정되는 경우 : 재심의
4. 건축관계자에게 심의개최 통지를 하지 아니하고 심의를 하거나 건축법규등에서 정한 범위를 넘어 과도한 도서의 제출을 요구한 것으로 인정되는 경우 : 심의절차 및 기준의 개선 권고

② 제1항에 따른 시정명령을 받은 시·도지사 또는 시장·군수·구청장은 특별한 사유가 없으면 이에 따라야 한다. 이 경우 제1항제2호 또는 제3호에 따라 재심의 명령을 받은 경우에는 해당 명령을 받은 날부터 15일 이내에 건축위원회의 심의를 하여야 한다.

③ 시·도지사 또는 시장·군수·구청장은 제1항에 따른 시정명령에 이의가 있는 경우에는 해당 심의에 참여한 위원으로 구성된 지방건축위원회의 심의를 거쳐 국토교통부장관 또는 시·도지사에게 이의신청을 할 수 있다.

④ 제3항에 따라 이의신청을 받은 국토교통부장관 및 시·도지사는 제112조에 따른 조사를 다시 실시한 후 그 결과를 시·도지사 또는 시장·군수·구청장에게 통지하여야 한다.

**해설** 국토교통부장관 및 시·도지사는 건축위원회의 심의 방법 또는 결과가 「건축법」 또는 법에 따른 명령이나 처분 또는 조례에 위반되거나 부당하다고 인정하면 심의결과 취소, 심의결과 조정, 재심의 명령 또는 심의절차 및 기준의 개선 권고를 할 수 있도록 하고, 이에 대하여 시·도지사 또는 시장·군수·구청장은 이의신청을 할 수 있도록 하였다.

**규칙 제39조 【건축행정의 지도·감독】**

법 제78조제4항에 따라 국토교통부장관 또는 시·도지사는 연 1회 이상 건축행정의 건실한 운영을 지도·감독하기 위하여 다음 각 호의 내용이 포함된 지도·점검계획을 수립하여야 한다.(2008.12.11 본조 개정)

1. 건축허가 등 건축민원 처리실태
2. 건축통계의 작성에 관한 사항
3. 건축부조리 근절대책

4. 위반건축물의 정비계획 및 실적
5. 기타 건축행정과 관련하여 필요한 사항

**법 제79조 【위반건축물 등에 대한 조치 등】**

① 허가권자는 이 법 또는 이 법에 따른 명령이나 처분에 위반되는 대지나 건축물에 대하여 이 법에 따른 허가 또는 승인을 취소하거나 그 건축물의 건축주·공사시공자·현장관리인·소유자·관리자 또는 점유자(이하 "**건축주등**"이라 한다)에게 공사의 중지를 명하거나 상당한 기간을 정하여 그 건축물의 해체·개축·증축·수선·용도변경·사용금지·사용제한, 그 밖에 필요한 조치를 명할 수 있다.(2019.4.30 건축물관리법 부칙에 의거 본항 개정)

② 허가권자는 제1항에 따라 허가나 승인이 취소된 건축물 또는 제1항에 따른 시정명령을 받고 이행하지 아니한 건축물에 대하여는 다른 법령에 따른 영업이나 그 밖의 행위를 허가·면허·인가·등록·지정 등을 하지 아니하도록 요청할 수 있다. 다만, 허가권자가 기간을 정하여 그 사용 또는 영업, 그 밖의 행위를 허용한 주택과 대통령령으로 정하는 경우에는 그러하지 아니하다.(2014.5.28 본항 개정)

③ 제2항에 따른 요청을 받은 자는 특별한 이유가 없으면 요청에 따라야 한다.

④ 허가권자는 제1항에 따른 시정명령을 하는 경우 국토교통부령으로 정하는 바에 따라 건축물대장에 위반내용을 적어야 한다.(2016.1.19 본항 개정)

⑤ 허가권자는 이 법 또는 이 법에 따른 명령이나 처분에 위반되는 대지나 건축물에 대한 실태를 파악하기 위하여 조사를 할 수 있다.(2019.4.23 본항 신설)

⑥ 제5항에 따른 실태조사의 방법 및 절차에 관한 사항은 대통령령으로 정한다.(2019.4.23 본항 신설)

해설 건설행정의 합리적 운영을 위해서 위반건축물에 대한 조치를 포괄적으로 규정하고 있다.

- 시정명령을 받고 이행하지 않을 경우의 여러 가지 제재조치를 강구하고 있다.
  ※ 제재조치 : 고발, 단전, 단수, 영업허가금지, 이행강제금부과, 압류 등
- 위반건축물은 건축법 및 관련 법 규정을 위한할 경우로서 크게 보면 무허가 건축물과 무단용도변경이 많다.
  - 무허가 건축물 : 「건축법」 제11조, 제14조에 의한 건축허가 및 건축신고등의 절차를 이행하지 아니하고 건축(신축, 증축, 개축, 재축, 이전)행위를 하거나 대수선 하는 행위
  - 무단용도변경 : 「건축법」 제19조 규정에 의한 용도변경 허가, 신고 등의 절차를 이행하지 아니하고 용도 변경한 행위

**질의** **집합건물 구분소유자 일부가 신고없이 엘리베이터 설치 시 본 건축물 전체가 위반건축물이 되는지 여부**

집합건물(지상 5층)의 5층 구분 소유자 중 일부가 허가나 신고 없이 엘리베이터를 설치할 경우 본 건축물 전체가 위반건축물이 되는지 여부

**회신** 「건축법」 제69조제1항의 규정에 의거 건축물이 건축법의 규정에 의한 명령이나 처분에 위반한 경우 허가권자는 해당 건축물의 건축주(공사시공자·현장관리인·소유자·관리자 또는 점유자)등에 대하여 시정(철거·개축·수선·사용금지 등)을 명할 수 있고 이를 이행하지 아니하는 건축주 등에 대하여는 같은 법 제83조의 규정에 의한 이행강제금 부과 등을 할 수 있도록 규정하고 있으므로 이에 대한 구제적인 사항은 해당 행정집행권자인 시장·군수·구청장에게 직접 문의하시기 바랍니다.(건교부 건축 58070-237, 2003.2.5)

**질의** **1990년 당시에 현재와 동일용도로 사용했지만 당시에는 지적되지 않고 현재에 지적이 가능한지 여부**

1988년 준공된 건축물(지하 1층, 지상 4층)의 건축물에 대하여 해당 자치단체의 일제점검(1990.7.2)시 지적된 용도변경 위법사항에 대하여 시정한 후 별도의 용도변경 등이 없이 사용하던 중 1990년 점검 시 해당 구청에서 지적하지 아니하였던 용도변경과 이에 따른 주차대수 위반을 지적되었는 바, 1990년 당시와 동일한 용도로 사용하고 있었음에도 불구하고 당시에는 지적하지 아니하였던 부분을 2002년 현재 용도변경 위반 등을 지적할 수 있는지 여부

**회신** 귀 문의의 경우 점검시 지적여부와 관계없이 건축법령에 위반하여 사용 중인 건축물이라면 건축법 제69조의 규정에 의한 시정명령 등을 할 수 있는 것이며, 이를 이행하지 않는 경우에는 이행강제금이 부과되는 것이니 위반건축물인지 여부 등 구체적인 사항은 해당 허가권자에게 직접 문의하여주시기 바랍니다.(건교부 건축 58070-336, 2003.2.20)

**질의** **위반건축물에서의 행위제한**

건축물의 일부를 무단 용도변경하여 시정명령이 내려진 위반건축물 내의 위반 사항이 없는 부분에 노인여가복지시설인 노인교실 설치 신고행위의 처리가 가능한지 여부

**회신** 「건축법」 제79조제2항에 따라 허가권자는 위반건축물에 대하여 당해 건축물을 사용하여 행할 다른 법령에 의한 영업 기타 행위의 허가를 하지 아니하도록 요청할 수 있음 이와 관련, 상기 규정에서 '허가'란 위반건축물을 사용하여 행할 다른 법령에 의한 영업 기타 행위의 '허가행위'를 말하는 것으로 행정청에 대하여 일정한 사항을 통지함으로써 의무가 끝나는 '신고'에 대하여는 상기의 '허가'에 해당되지 않는 것으로 법제처에서 해석(06-0199, '06.9.8)하고 있는 바, 질의의 경우가 이에 해당되는 경우라면 처리가 가능할 것으로 사료됨.(국토교통부 건축정책과, 등록 2011.12.27, 수정 2019.5.24)

**질의** **위법건축물에 사용검사필증을 교부한 경우의 시정조치**

대지 안의 공지기준에 부적합하게 건축허가를 하여 사용검사의 필증까지 교부한 건축물의 철거 등 시정조치 가능여부

**회신**

- 「건축법」 제8조에 근거하여 건축허가를 함에 있어서는 건축관계법령에 적합한지 여부를 검토하여야 하는 바, 관계공무원이 고의 또는 착오로 인하여 이를 간과하고 허가를 하였다 해도 위법 사항이 당연히 적법한 것으로 추인되는 것은 아니며, 이는 취소권의 범위와 관련하여 검토하여야 할 것이다.
- 건축허가를 취소함에는 「건축법」 위반여부의 정도, 건축시공의 정도, 위법한 건축허가의 원인과 책임이 행정처에 있는가의 여부 등을 고려하여 취소로 인하여 공익에 미치는 효과가 취소됨으로 인하여 개인이 입는 손실정도보다 큰지의 여부를 종합적으로 판단하여 처리하여야 할 것임.
- 다만, 본 건에 대해서는 위법한 채로 준공검사까지 필하였는 바, 준공검사는 성질상 확인행위로 보아야 하며, 확인행위에 대해서는 반드시 불가변성이 있느냐의 여부가 논의 중에 있으나, 대체로 확인행위에 대해서는 취소를 제한하는 입장이며, 이러한 경우에 취소권이 실효 되는 경우도 있는 것인 바, 구체적인 사항은 이러한 사실을 감안하여 해당 허가권자가 조치하여야 할 것임.(서울시 건축 58550-1802, '93.4.6)

영 **제114조 【위반건축물에 대한 사용 및 영업행위의 허용 등】**

법 제79조제2항 단서에서 "대통령령으로 정하는 경우"란 바닥면적의 합계가 400m$^2$ 미만인 축사와 바닥면적의 합계가 400m$^2$ 미만인 농업용·임업용·축산업용 및 수산업용 창고를 말한다.

(2016.1.19 본조 개정)

**해설** • 소규모 축사(건축신고대상)와 1차 산업용 창고는 제외하고 있다.

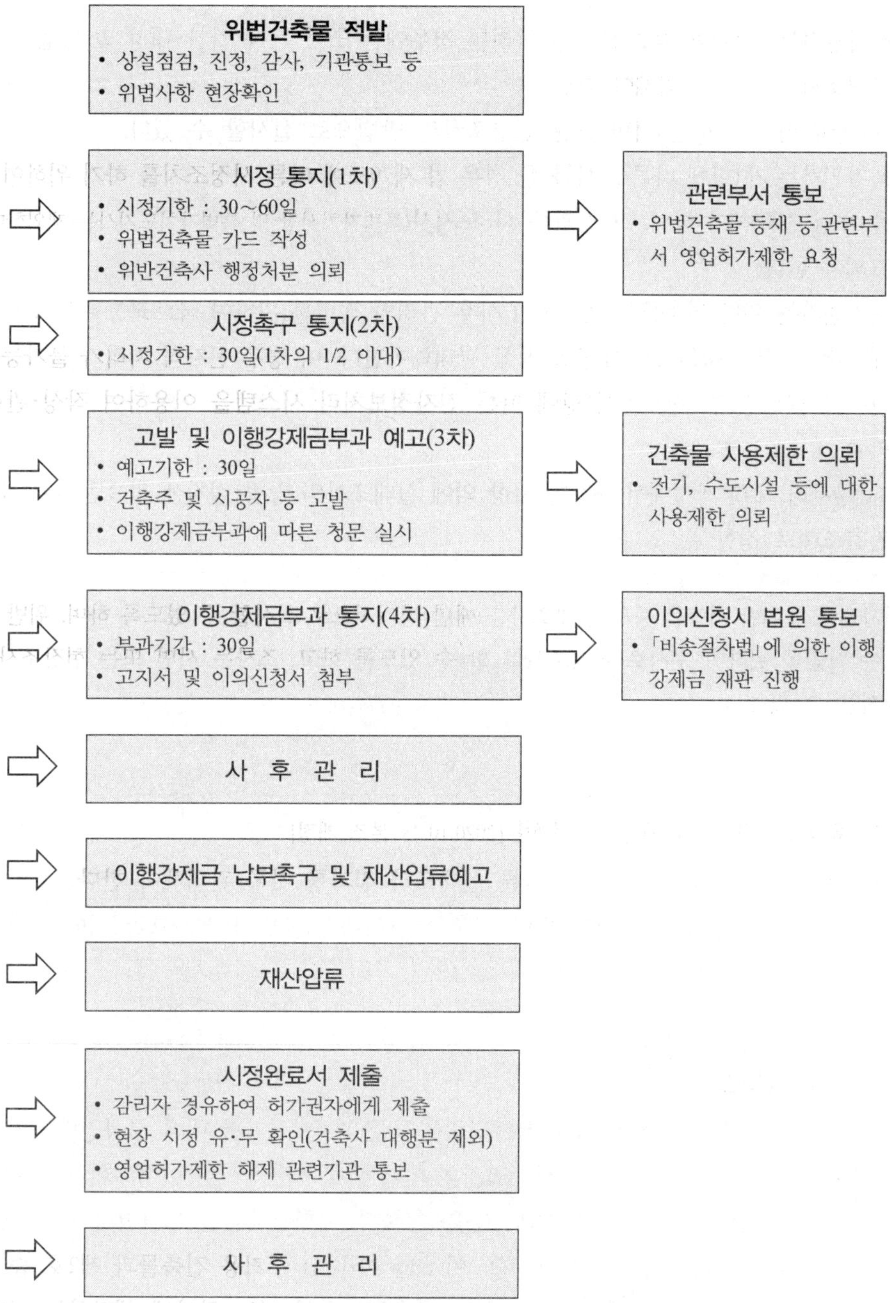


**그림 9-1 위반건축물의 행정조치 절차(서울시)**

**영 제115조 [위반 건축물 등에 대한 실태조사 및 정비]**

① 허가권자는 법 제79조제5항에 따른 실태조사를 매년 정기적으로 하며, 위반행위의 예방 또는 확인을 위하여 수시로 실태조사를 할 수 있다.

② 허가권자는 제1항에 따른 조사를 하려는 경우에는 조사 목적·기간·대상 및 방법 등이 포함된 실태조사 계획을 수립해야 한다.
③ 제1항에 따른 조사는 서면 또는 현장조사의 방법으로 실시할 수 있다.
④ 허가권자는 제1항에 따른 조사를 한 경우 법 제79조에 따른 시정조치를 하기 위하여 정비계획을 수립·시행해야 하며, 그 결과를 시·도지사(특별자치시장 및 특별자치도지사는 제외한다)에게 보고해야 한다.
⑤ 허가권자는 위반 건축물의 체계적인 사후 관리와 정비를 위하여 국토교통부령으로 정하는 바에 따라 위반 건축물 관리대장을 작성·관리해야한다. 이 경우 전자적 처리가 불가능한 특별한 사유가 없으면 법 제32조제1항에 따른 전자정보처리 시스템을 이용하여 작성·관리해야 한다.(2021.11.2 본항 개정)
⑥ 제1항부터 제4항까지에서 규정한 사항 외에 실태조사의 방법·절차에 필요한 세부적인 사항은 건축조례로 정할 수 있다.

해설 허가권자가 위반 건축물 등의 실태조사를 매년 정기적으로 실시할 수 있도록 하며, 위반 행위의 예방 또는 확인을 위하여 수시로 실태조사를 할 수 있도록 하고, 조사는 서면 또는 현장조사의 방법으로 실시할 수 있다.

규칙 **제40조 【위반 건축물에 대한 실태조사】** [2020.10.28 본조 개정]
① 허가권자는 영 제115조제1항에 따른 실태조사 결과를 기록·관리해야 한다.
② 영 제115조제5항 전단에 따른 위반 건축물 관리대장은 별지 제29호 서식에 따른다.

법 **제80조 【이행강제금】**
① 허가권자는 제79조제1항에 따라 시정명령을 받은 후 시정기간 내에 시정명령을 이행하지 아니한 건축주 등에 대하여는 그 시정명령의 이행에 필요한 상당한 이행기한을 정하여 그 기한까지 시정명령을 이행하지 아니하면 다음 각 호의 이행강제금을 부과한다. 다만, 연면적(공동주택의 경우에는 세대 면적을 기준으로 한다)이 60m$^2$ 이하인 주거용 건축물과 제2호 중 주거용 건축물로서 대통령령으로 정하는 경우에는 다음 각 호의 어느 하나에 해당하는 금액의 1/2의 범위에서 해당 지방자치단체의 조례로 정하는 금액을 부과한다.(2019.4.23 본항 개정)
1. 건축물이 제55조와 제56조에 따른 건폐율이나 용적률을 초과하여 건축된 경우 또는 허가를 받지 아니하거나 신고를 하지 아니하고 건축된 경우에는 「지방세법」에 따라 해당 건축물에 적용되는 1m$^2$의 **시가표준액**의 50/100에 해당하는 금액에 **위반면적**을 곱한 금액 이하의 범위에서 위반 내용에 따라 대통령령으로 정하는 비율을 곱한 금액(2015.8.11 본호 개정)

2. 건축물이 제1호 외의 위반 건축물에 해당하는 경우에는 「지방세법」에 따라 그 건축물에 적용되는 시가표준액에 해당하는 금액의 10/100의 범위에서 위반내용에 따라 대통령령으로 정하는 금액

② 허가권자는 영리목적을 위한 위반이나 상습적 위반 등 대통령령으로 정하는 경우에 제1항에 따른 금액을 100/100의 범위에서 해당 지방자치단체의 조례로 정하는 바에 따라 가중하여야 한다.(2020.12.8 본항 개정)

③ 허가권자는 제1항 및 제2항에 따른 이행강제금을 부과하기 전에 제1항에 따른 이행강제금을 부과·징수한다는 뜻을 미리 문서로써 계고(戒告)하여야 한다.(2015.8.11 본항 개정)

④ 허가권자는 제1항 및 제2항에 따른 이행강제금을 부과하는 경우 금액, 부과 사유, 납부기한, 수납기관, 이의제기 방법 및 이의제기 기관 등을 구체적으로 밝힌 문서로 하여야 한다.(2015.8.11 본항 개정)

⑤ 허가권자는 최초의 **시정명령**이 있었던 날을 기준으로 하여 **1년에 2회** 이내의 범위에서 해당 지방자치단체의 조례로 정하는 횟수만큼 그 시정명령이 이행될 때까지 반복하여 제1항 및 제2항에 따른 이행강제금을 부과·징수할 수 있다.(2019.4.23 본항 개정)

⑥ 허가권자는 제79조제1항에 따라 시정명령을 받은 자가 이를 이행하면 새로운 이행강제금의 부과를 즉시 중지하되, 이미 부과된 이행강제금은 징수하여야 한다.

⑦ 허가권자는 제4항에 따라 이행강제금 부과처분을 받은 자가 이행강제금을 납부기한까지 내지 아니하면 「지방행정제재·부과금의 징수 등에 관한 법률」에 따라 징수한다.(2020.3.24 지방세외수입금의 징수 등에 관한 법률 부칙에 의거 본항 개정)

**해설** 위반사항에 대한 시정명령을 받은 후 이행하지 않을 경우 이행강제금을 반복부과·징수할 수 있도록 하여 한번만 부과 징수되는 벌금·과태료가 지닌 문제점(면죄부에 해당될 수 있음)을 보완하고 있다. 그러나 위반건축물에 대한 강제철거가 없어지게 되어 이를 악용하는 사례가 있는 것은 큰 문제이다. 이행강제금의 납부를 이행하지 않을 경우에 대한 제재조처 등 징수대책마련이 필요하다. 위반면적에다 위반내용에 따른 과세시가표준액의 일정비율을 정해 부과·징수함으로써 위반사항의 억제효과를 갖게 된다.

**참고** 위법 건축물 위반 근절을 위한 법적·제도적 노력에도 불구하고 위법적 용도변경과 증축·개축 등이 발생하고 있으며 이에 따른 건축물의 안전사고가 끊이지 않아 영리목적과 상습적으로 반복되는 위반 사례에 대해 이행강제금부과가 가중되었음에도 위반 건축물이 증가함으로 이행강제금의 실효성을 높이기 위해 지자체의 조례로 정하여 "가중할 수 있다"가 아닌 "가중하여야 한다"는 내용으로 개정되어 2021.6.9부터 시행된다. 만약 지자체의 조례로 정하도록 한 가중비율을 정하지 아니한 경우에는 건축법 제80조제2항에 따른 기준 가중비율을 적용한다.

① **이행강제금**(履行强制金)제도는 종전의 벌금, 과태료 등으로 되어 있는 벌칙 규정에 새로운 계기가 되는 조치라고 볼 수 있다.

건축행위가 경제적 이윤극대화를 목적으로 하는 경제활동 중의 하나이기 때문에 위반에 대한 근원적 규제는 위반함으로써 취할 수 있는 경제적 부당 이윤을 환수하는 방법이라고 할 수 있다.

종전까지는 건축법규를 위반하여 건축하는 경우에는 시정명령을 하고 이에 불응할 경우 고발하고 벌

금형이나 과태료를 1회 부과하였다. 그러나 일사부재리(一事不再理)의 원칙에 따라 같은 사안을 2회 이상 처벌하지 못함으로써 벌금이나 과태료를 납부하고 시정하지 않을 경우에는 어려움이 많다. 물론 위반 부분에 대한 시정을 위해서 「행정대집행법」에 의한 대집행을 할 수 있지만 절차가 번거롭고 법원에서 행정집행 가처분을 받아주도록 판결하는 사례가 많아 행정대집행도 사실상 어려운 실정이다. 이러한 문제점을 보완하기 위하여 우리나라 최초로 집행벌 제도인 이행강제금 제도는 위반사항이 자진하여 시정될 때까지 1년 2회씩 위반 면적에 따라 이행강제금을 부과 징수하여 경제적 이익을 환수함으로써 위법 행위를 원천적으로 방지하고자 하는 제도이다.

그러나 규제완화와 민원을 고려하여 60m$^2$ 이하의 주거용 건축물이나 주거용 건축물로서 사용승인을 받지 않고 건축물을 사용한 경우 등 영 제115조의2제1항에 따른 경우 해당 금액의 1/2 범위 안에서 지방자치단체의 조례가 정하는 금액을 완화하여 부과함.

② **이행강제금 부과** : 시정명령을 이행하지 않을 경우 부과함

① 건폐율, 용적률 초과
② 허가를 받지 않거나, 신고하지 않은 경우
→ 1m$^2$ 당 시가 표준액의 50/100×위반면적

③ ①, ②호 이외에 해당되는 경우 : 시가표준액 10/100 범위 안

- 최초의 시정명령이 있은 날을 기준으로 1년 2회 이내의 범위 안에서 시정명령이 이행될 때까지 반복하여 부과·징수할 수 있음.

③ **과태료 및 이행강제금의 징수절차**

- 건축주의 이의 제기(처분고지를 받는 날로부터 30일 이내) → 부과권자는 관할법원에 통보 → 「비송사건절차법」에 의한 재판(관할법원) → 이행강제금은 국고귀속
- 납부하지 않는 경우 : 국세 및 지방세 체납처분의 예에 의하여 징수·재판 중 고발조치, 과태료 부과된 경우에도 계속 부과 조치함.

**법 제80조의2 [이행강제금 부과에 관한 특례]**

① 허가권자는 제80조에 따른 이행강제금을 다음 각 호에서 정하는 바에 따라 감경할 수 있다. 다만, 지방자치단체의 조례로 정하는 기간까지 위반내용을 시정하지 아니한 경우는 제외한다.

1. 축사 등 농업용·어업용 시설로서 500m$^2$(「수도권정비계획법」 제2조제1호에 따른 수도권 외의 지역에서는 1,000m$^2$) 이하인 경우는 1/5을 감경
2. 그 밖에 위반 동기, 위반 범위 및 위반 시기 등을 고려하여 대통령령으로 정하는 경우(제80조 제2항에 해당하는 경우는 제외한다)에는 75/100의 범위에서 대통령령으로 정하는 비율을 감경(2024.3.26 본호 개정)

② 허가권자는 법률 제4381조 건축법개정법률의 시행일(1992년 6월 1일을 말한다) 이전에 이 법 또는 이 법에 따른 명령이나 처분을 위반한 주거용 건축물에 관하여는 대통령령으로 정하는 바에 따라 제80조에 따른 이행강제금을 감경할 수 있다.

**해설** FTA 체결과 관련하여 축산업계 피해 보전대책의 일환으로 이행강제금 경감대상에 축사등 농어업 시설을 정하는데 농업·어업용 시설로서 500m$^2$(수도권 외의 지역에서는 1,000m$^2$) 이하인 경우는 이행강제

금의 1/5에 해당하는 금액을 감경하고, 그 밖에 대통령령으로 정하는 대상의 경우에는 75/100에 해당하는 금액의 범위에서 대통령령으로 정하는 비율을 감경하되, 지방자치단체 조례로 정한 기간까지 위반 내용을 시정하지 아니하는 경우에는 감경 특례를 배제하도록 하고 있다. 또한 법률 제4381호 건축법 전부개정법률의 시행일(1992년 6월 1일) 이전의 건축법 위반 주거용 건축물에 대하여는 대통령령으로 정한 바에 따라 이행강제금을 감경할 수 있다.

▸ **감경(減輕)** : 본래 정하여진 형벌보다 가벼운 형벌에 처함. 또는 그런 형벌에 처하여짐. 형(刑)의 감경

**법령해석사례**[법제처 안건번호 09-0113]

조경의무면적 위반 시 이행강제금의 산정 기준(「건축법 시행령」 별표 15 제3호 관련)

**【질의요지】**

「건축법 시행령」 별표 15 제3호에 해당하는 건축물에 대한 이행강제금과 관련하여 "위반한 조경의무면적에 해당하는 바닥면적"은 위반면적인지, 아니면 조경의무면적 대비 위반면적 비율을 연면적에 곱하여 산출한 면적인지?

**【회답】**

「건축법 시행령」 별표 15 제3호에 해당하는 건축물에 대한 이행강제금에 있어서 "위반한 조경의무면적에 해당하는 바닥면적"은 위반면적을 말합니다.

**【이유】**

「건축법」 제35조제1항에 따르면 건축물의 소유자나 관리자는 건축물, 대지 및 건축설비를 제42조 등의 규정에 적합하도록 유지·관리하여야 하고, 같은 법 제42조제1항에 따르면 면적이 200$m^2$ 이상인 대지에 건축을 하는 건축주는 용도지역 및 건축물의 규모에 따라 해당 지방자치단체의 조례로 정하는 기준에 따라 조경이나 그 밖에 필요한 조치를 하도록 하고 있습니다.

그리고 「건축법」 제79조제1항에서는 허가권자는 대지나 건축물이 이 법 또는 이 법에 따른 명령이나 처분에 위반되면 그 건축물의 건축주 등에게 공사의 중지를 명하거나 상당한 기간을 정하여 그 건축물의 철거, 개축 등 필요한 조치를 명할 수 있도록 규정하고 있고, 같은 법 제80조제1항제2호에서는 시정명령을 받은 후 이행하지 아니한 경우 이행강제금을 부과하되, 건폐율이나 용적률을 초과하여 건축된 경우 등이 아닌 경우에는 「지방세법」에 따라 건축물에 적용되는 시가표준액의 일정 범위에서 대통령령으로 정하는 금액을 부과할 수 있도록 하고 있습니다.

이에 관하여 「건축법 시행령」 제115조의2제2항 및 별표 15에서는 「건축법」 제80조제1항제2호에 따른 이행강제금의 산정기준을 정하고, 같은 법 시행령 별표 15 제3호에서는 유지·관리상태가 법령 등의 기준에 적합하지 아니한 건축물의 경우 시가표준액의 3/100에 해당하는 이행강제금을 부과하되, 같은 법 제42조를 위반한 경우에는 "위반한 조경의무면적에 해당하는 바닥면적의 시가표준액"을 시가표준액으로 보아 이행강제금을 산정하도록 하고 있습니다.

이 사안에서는 "위반한 조경의무면적에 해당하는 바닥면적"이 위반면적만을 의미하는 것인지, 아니면 조경의무면적 대비 위반면적 비율을 연면적에 곱하여 산출한 면적을 의미하는 것인지가 문제됩니다.

먼저, 「건축법 시행령」 별표 15 제3호에서 유지·관리 상태가 법령 등의 기준에 적합하지 아니한 건축물의 이행강제금 금액의 산정기준을 정함에 있어서 조경의무면적에 해당하는 "바닥면적"의 시가표준액이라고 규정한 취지를 살펴보면, 「건축법」 제42조제1항에 따라 조경을 해야 하는지는 면적이 200$m^2$ 이상인 대지에 건축하는지를 기준으로 하지만, 일단 조경을 해야 하는 경우에는 그 조경의무면적이 건축물의 규모 등에 따라 정해지는 것이고, 조경의무면적이 정해진 후 부과하는 이행강제금 역시 조경의무를 위반한 건축물에 대하여 부과하는 것이므로, 조경의무면적 불이행에 따른 이행강제금의 산정기준이 되는 시가표준액도 위반건축물의 "바닥면적"의 시가표준액을 기준으로 하려는 것으로 이해하여야

할 것입니다.

이 사안과 관련하여 「건축법 시행령」 별표 15 제3호에서는 위반한 "조경의무면적에 해당하는"이라고 명시적으로 규정하고 있고 위반한 "조경의무면적의 비율에 해당하는" 등으로 규정하고 있지 않은 점과, 같은 영 제119조제1항제4호에서 연면적은 하나의 건축물의 각 층의 바닥면적의 합계라고 규정하고 있어 연면적과 바닥면적은 법령상 명확히 구분되는 개념이므로, 같은 영 별표 15 제3호에서 위반한 조경의무면적에 해당하는 바닥면적이라고 규정하면서 이에 대한 예외를 두고 있지 않은데도 불구하고 이를 연면적으로 보아 이행강제금을 산출할 법령상 근거가 전혀 없는 점에서 볼 때, "위반한 조경의무면적에 해당하는 바닥면적"이란 대지의 조경에 관한 규정인 「건축법」 제42조제1항 및 위 규정에 따른 지방자치단체의 조례 등을 위반한 면적 자체를 말하는 것이라고 할 것입니다.

또한 이행강제금은 비대체적 작위의무 또는 부작위의무를 이행하지 않을 경우에 그 의무를 강제적으로 이행하도록 하기 위하여 일정한 기간 안에 의무이행을 하지 않으면 일정한 금전벌에 처할 것을 계고하고, 그 기간 안에 이행을 하지 않으면 금전벌에 처하여 의무자를 심리적으로 압박하여 자발적으로 이행하게 하기 위한 것이므로, 조경의무면적을 위반한 건축물에 대해서는 그 위반된 면적에 해당하는 이행강제금을 산출하여 부과하는 것이 타당하고, 만약 이행강제금을 산출하는데 있어서 위반된 바닥면적이 아닌 위반 비율과 연면적의 곱을 기초로 하게 되면 결과적으로 건축주가 조경할 수 있는 대지면적을 넘어서는 면적이 이행강제금 부과대상 면적이 될 수도 있어, 위반건축물의 건축주가 시정해야 하는 조경의무면적을 넘어서는 면적에 기초하여 산출된 과도한 이행강제금을 부과하게 되는 문제점이 있다고 할 것입니다.

따라서 「건축법 시행령」 별표 15 제3호에 해당하는 건축물에 대한 이행강제금과 관련하여 "위반한 조경의무면적에 해당하는 바닥면적"은 위반면적을 말합니다.

### 질의 이행강제금 부과대상자

적법하게 건축허가를 받은 기존의 건축물이 있는 대지에 소유자가 아닌 임차인이 건축허가(신고)를 받지 않고 별동의 건축물을 증축한 경우 건축물에 대한 시정명령 및 이행강제금 부과 대상자는 증축행위를 한 임차인인지, 아니면 기존 건축물이 있는 대지의 소유자인지 여부

**회신** 이행강제금제도는 건축법 위반에 따른 경제적 이익을 반복적으로 환수함으로써 건축주 등의 위반사항 자진 시정을 촉구하기 위한 집행벌로서 「건축법」 제79조에 의한 시정명령을 받은 후 시정명령을 이행하지 아니한 건축물의 건축주·공사시공자·현장관리인·소유자·관리자 또는 점유자(이하 "건축주등"이라 한다)에게 부과하는 것임.

허가권자는 시정 의무가 있는 자, 시정할 수 있는 자 등에게 시정명령하는 것이므로 질의의 경우에는 당해 불법 증축한 임차인에게 시정명령을 하고 이행 여부에 따라 이행강제금을 부과함이 타당할 것임. (국토교통부, 2013.12.6)

### 질의 이의 없이 체납한 이행강제금의 경우 체납자 결손처분을 해야 하는지 여부

「건축법」 제83조제6항의 규정에 이행강제금의 징수 및 이의절차에 관하여는 동법 제82조제3항 내지 제5항의 규정을 준용토록 하고 있는 바, 이행강제금을 부과 받은 자가 이의제기 기간 내 이의를 제기하지 아니하고 체납한 경우에는 국세 또는 지방세 체납처분의 예에 의하여 징수할 수 있다고 규정되어 있으므로 「지방재정법」 제69조 내지 제70조의 규정을 준용하여 소멸시효가 완성된 건에 대해 체납자 결손처분을 하여야 하는지 여부

**회신** 「건축법」 제83조제6항의 규정에 이행강제금을 부과 받은 자가 이의제기 기간 내 이의를 제기하지 아니하고 체납한 경우에는 국세 또는 지방세 체납처분의 예에 의하여 이를 징수토록 하고 있는 바, 이는 건축법령상 이행강제금의 체납처분의 징수방법에 대하여 지방세법 등을 적용하도록 한 것으로서 결손처분에 관한 규정까지 준용토록 한 것은 아닙니다.(건교부 건축 58070-2285, 2003.12.10)

질의 **이행강제금**

옥상에 설치된 물탱크를 주택의 용도로 무단으로 사용한 경우 이행강제금 산정 문의

회신 건축법령을 위반한 경우 이행강제금은 「건축법」 제80조제1항에 따라 허가를 받지 아니하거나 신고를 하지 아니하고 건축된 경우에는 「지방세법」에 따라 해당 건축물에 적용되는 1m$^2$의 시가표준액의 100분의 50에 해당하는 금액에 위반면적을 곱한 금액 이하를, 상기 외의 위반 건축물에 해당하는 경우에는 「지방세법」에 따라 그 건축물에 적용되는 시가표준액에 해당하는 금액의 100분의 10의 범위에서 위반내용에 따라 대통령령으로 정하는 금액을 부과함 따라서, 질의의 위반내용에 따라 상기 규정에 따른 이행강제금을 부과하는 것이니 보다 구체적인 사항은 위반건축물의 지도·단속업무를 담당하고 있는 관할 소재지의 시장·군수·구청장에게 문의하시기 바람 참고로, 동일 위반면적에 위반사항이 수개인 경우 이행강제금이 가장 많이 적용되는 위반사항을 기준으로 이행강제금을 부과함(국토교통부 건축정책과 등록 2011.12.27, 수정 2019.5.24)

질의 회신 **이행강제금 부과기준**

「건축법」 제83조 규정의 이행강제금 부과 절차는 같은 법 제69조의 규정에 의한 시정명령을 하고 동 시정명령을 이행하지 아니한 경우에 부과하는 것으로, 「지방세법」 등 관계법령상의 부과 제척기이나 「형사소송법」상 공소시효를 준용하지 아니함을 알려 드리니 착오 없으시기 바랍니다.(건교부 건축 58550-413, '99.2.1)

질의 **건축물의 부설주차장을 타 용도로 사용하는 경우 이행강제금을 부과할 수 있는지**

회신 「주차장법」 제19조의4제4항의 규정에서 부설주차장을 다른 용도로 사용하거나 부설주차장 본래의 기능을 유지하지 아니하는 경우에는 해당 시설물을 「건축법」 제69조제1항의 규정에 의한 위반건축물로 보아 「건축법」 제69조제2항 본문의 규정을 적용하도록 정하고 있으므로, 「주차장법」은 위반하였으나 「건축법」에 의한 이행강제금을 부과할 수 있는 사유에 해당하지 아니하는 경우에는 「건축법」 제83조의 규정에 의한 이행강제금은 부과할 수 없습니다.(건교부 도교 91100-366, '99.4.20)

질의 **이행강제금 부과 시 시가표준액 산정기준 시점**

건축법 제80조의 규정에 의한 이행강제금을 부과하는 경우 시가표준액 산정은 위법행위 발생시점을 기준으로 하는 지 또는 부과시점을 기준으로 하는 지 여부

회신 건축법 제80조 규정에 의한 이행강제금 제도는 건축법 위반에 따른 경제적 이익을 반복적으로 차감·환수함으로써 건축주 등의 위반사항 자진 시정을 촉구하기 위한 집행벌로서 건축법 제79조에 의한 시정명령을 받은 후 시정명령을 이행하지 아니한 건축물의 건축주·공사시공자·현장관리인·소유자·관리자 또는 점유자(이하 "건축주 등"이라 한다)에게 부과하는 것임 이 경우 건축주 등이 건축법 위반을 통하여 얻는 경제적 이익은 현재시점을 기준으로 판단하여야 할 것으로 이행강제금을 부과하는 시점의 시가표준액을 기준으로 산정하여야 할 것임.(국토교통부 건축정책과 등록 2009.8.28, 수정 2019.5.24)

질의 **위반건축물의 이행강제금 경감기준시의 "연면적"**

위반건축물에 대한 이행강제금 및 과태료의 경감기준을 운용함에 있어 공동주택의 경우 "연면적"

**회신** 위반건축물에 대한 이행강제금 및 과태료의 경감기준상의 대상건축물 중 "연면적"이라 함은 단독주택은 각 층의 바닥면적의 합계로 공동주택은 세대별 분양면적(전용면적+공용면적)을 말하는 것임.(서울시 건축 58070-156, '96.1.18)

### 질의 이행강제금 부과요율 적용방법

부설주차장의 일부를 다른 용도로 사용하여 이행강제금이 부과되는 경우 과세시가(부설주차장 부과 대상 아님) 표준액의 50%를 전체면적에 대해 부과하는지 및 동 위반건축물이 건폐율 또는 용적률을 초과하지 않는 경우에는 과세시가표준액의 10%를 적용하여 부과할 수 있는지 여부

**회신** 「건축법」 제83조제1항의 규정에 의한 이행강제금의 산정은 위반면적을 기준으로 하며, 그 부과는 「건축법」에 의한 건폐율 또는 용적률을 초과하여 건축된 경우 또는 허가를 받지 아니하거나 신고를 하지 아니하고 건축된 경우에는 동항 제1호를, 그 외의 경우에는 동항 제2호를 적용하는 것임.(서울시 건축 58070-5121, '95.12.15)

### 질의 이행강제금의 납부의무자

이행강제금을 체납한 상태에서 위반건축물이 경매 또는 소유권 이전이 된 경우 체납된 이행 강제금의 납부의무자

**회신** 「건축법」 제69조제1항의 규정에 의하여 시정명령을 받은 건축주 등이 시정명령을 이행하지 아니한 경우 시장 등은 「건축법」 제83조의 규정에 의하여 이행강제금을 부과하는 것이며, 이 경우 건축주 등이라 함은 위반사항에 대한 시정명령을 이행하여야 할 해당 건축물의 현재 소유권자를 말하는 것임.(서울시 건축 58070-35, '96.1.8)

**영 제115조의2 【이행강제금의 부과 및 징수】**

① 법 제80조제1항 각 호 외의 부분 단서에서 "대통령령으로 정하는 경우"란 다음 각 호의 경우를 말한다.(2011.12.30 본항 개정)

1. 법 제22조에 따른 사용승인을 받지 아니하고 건축물을 사용한 경우
2. 법 제42조에 따른 대지의 조경에 관한 사항을 위반한 경우
3. 법 제60조에 따른 건축물의 높이제한을 위반한 경우
4. 법 제61조에 따른 일조 등의 확보를 위한 건축물의 높이제한을 위반한 경우
5. 그 밖에 법 또는 법에 따른 명령이나 처분을 위반한 경우(별표 15 위반 건축물란의 제1호의2, 제4호부터 제9호까지의 규정에 해당하는 경우는 제외한다)로서 건축조례로 정하는 경우(2020.10.8 본호 개정)

② 법 제80조제1항제2호에 따른 이행강제금의 산정기준은 별표 15와 같다.

③ 이행강제금의 부과 및 징수 절차는 국토교통부령으로 정한다.

**해설** • 위반건축물에 대한 이행강제금은 위반내용에 따라 달리 적용되며 시가표준액에 대한 백분율로 계산되는 금액이 부과된다.

- 시가표준액의 2/100 : 사용승인을 얻지 않고 사용중인 건축물
- 시가표준액의 3/100
  ◦ 「건축법」의 명령이나 처분에 위반한 건축물
- 시가표준액의 5/100 : 방화지구 안에서의 건축에 관한 법령 등의 기준에 적합하지 아니한 건축물
- 시가표준액의 10/100
  ◦ 허가 또는 신고하지 않고 용도 변경한 건축물
  ◦ 건축선에 적합하지 아니한 건축물
  ◦ 내화구조 및 방화벽이 기준에 적합하지 아니한 건축물
  ◦ 높이제한에 위반한 건축물
  ◦ 일조 등의 확보를 위한 높이제한에 위반한 건축물
  ◦ 건축설비의 설치, 구조에 관한 기준과 그 설계 및 공사감리에 관한 변경 등의 기준에 위반한 건축물
  ◦ 대지의 조경에 관한 사항을 위반한 건축물
  ◦ 구조내력의 기준에 적합하지 아니한 건축물
  ◦ 피난시설, 건축물의 용도, 구조의 제한, 방화구획, 계단, 거실의 반자 높이, 거실의 채광, 환기와 바닥 방습 등이 법령 등의 기준에 적합하지 아니한 건축물

※ 「건축법 시행령」 **【별표 15】** (2020.10.8 본표 개정)

**이행강제금의 산정기준**(제115조의2 제2항 관련)

| 위반건축물 | 해당 법조문 | 이행강제금의 금액 |
|---|---|---|
| 1. 허가를 받지 않거나 신고를 하지 않고 제3조의2제8호에 따른 증설 또는 해체로 대수선을 한 건축물 | 법 제11조<br>법 제14조 | 시가표준액의 10/100에 해당하는 금액 |
| 1의2. 허가를 받지 아니하거나 신고를 하지 아니하고 용도변경을 한 건축물 | 법 제19조 | 허가를 받지 아니하거나 신고를 하지 아니하고 용도변경을 한 부분의 시가표준액의 10/100에 해당하는 금액 |
| 2. 사용승인을 받지 아니하고 사용 중인 건축물 | 법 제22조 | 시가표준액의 2/100에 해당하는 금액 |
| 3. 대지의 조경에 관한 사항을 위반한 건축물 (2020.10.8 신설) | 법 제42조 | 시가표준액(조경의무를 위반한 면적에 해당하는 바닥면적의 시가표준액)의 10/100에 해당하는 금액 |
| 4. 건축선에 적합하지 아니한 건축물 | 법 제47조 | 시가표준액의 10/100에 해당하는 금액 |
| 5. 구조내력기준에 적합하지 아니한 건축물 | 법 제48조 | 시가표준액의 10/100에 해당하는 금액 |
| 6. 피난시설, 건축물의 용도·구조의 제한, 방화구획, 계단, 거실의 반자 높이, 거실의 채광·환기와 바닥의 방습 등이 법령 등의 기준에 적합하지 아니한 건축물 | 법 제49조 | 시가표준액의 10/100에 해당하는 금액 |
| 7. 내화구조 및 방화벽이 법령 등의 기준에 적합하지 아니한 건축물 | 법 제50조 | 시가표준액의 10/100에 해당하는 금액 |
| 8. 방화지구 안의 건축물에 관한 법령 등의 기준에 적합하지 아니한 건축물 | 법 제51조 | 시가표준액의 10/100에 해당하는 금액 |
| 9. 법령 등에 적합하지 않은 마감재료를 사용한 건축물 | 법 제52조 | 시가표준액의 10/100에 해당하는 금액 |
| 10. 높이제한을 위반한 건축물 | 법 제60조 | 시가표준액의 10/100에 해당하는 금액 |
| 11. 일조 등의 확보를 위한 높이제한을 위반한 건축물 | 법 제61조 | 시가표준액의 10/100에 해당하는 금액 |
| 12. 건축설비의 설치·구조에 관한 기준과 그 설계 및 공사감리에 관한 법령 등의 기준을 위반한 건축물 | 법 제62조 | 시가표준액의 10/100에 해당하는 금액 |

| 위반건축물 | 해당 법조문 | 이행강제금의 금액 |
|---|---|---|
| 13. 그 밖에 이 법 또는 이 법에 따른 명령이나 처분을 위반한 건축물 | | 시가표준액의 3/100 이하로서 위반행위의 종류에 따라 건축조례로 정하는 금액(건축조례로 규정하지 아니한 경우에는 3/100으로 한다) |

**규칙 제40조의2 【이행강제금의 부과 및 징수절차】**

영 제115조의2제3항에 따른 이행강제금의 부과 및 징수절차는 「**국고금관리법 시행규칙**」을 준용한다. 이 경우 납입고지서에는 이의신청방법 및 이의신청기간을 함께 기재하여야 한다.(2006.5.12 본조 신설)

**영 제115조의3 【이행강제금의 탄력적 운영】** [2016.2.11 본조 신설]

① 법 제80조제1항제1호에서 "대통령령으로 정하는 비율"이란 다음 각 호의 구분에 따른 비율을 말한다. 다만, 건축조례로 다음 각 호의 비율을 낮추어 정할 수 있되, 낮추는 경우에도 그 비율은 60/100 이상이어야 한다.

1. 건폐율을 초과하여 건축한 경우: 80/100
2. 용적률을 초과하여 건축한 경우: 90/100
3. 허가를 받지 아니하고 건축한 경우: 100/100
4. 신고를 하지 아니하고 건축한 경우: 70/100

② 법 제80조제2항에서 "영리목적을 위한 위반이나 상습적 위반 등 대통령령으로 정하는 경우"란 다음 각 호의 어느 하나에 해당하는 경우를 말한다. 다만, 위반행위 후 소유권이 변경된 경우는 제외한다.

1. 임대 등 영리를 목적으로 법 제19조를 위반하여 용도변경을 한 경우(위반면적이 $50m^2$를 초과하는 경우로 한정한다)
2. 임대 등 영리를 목적으로 허가나 신고 없이 신축 또는 증축한 경우(위반면적이 $50m^2$를 초과하는 경우로 한정한다)
3. 임대 등 영리를 목적으로 허가나 신고 없이 다세대주택의 세대수 또는 다가구주택의 가구수를 증가시킨 경우(5세대 또는 5가구 이상 증가시킨 경우로 한정한다)
4. 동일인이 최근 3년 내에 2회 이상 법 또는 법에 따른 명령이나 처분을 위반한 경우
5. 제1호부터 제4호까지의 규정과 비슷한 경우로서 건축조례로 정하는 경우

**해설** 이행강제금 부과 비율을 건폐율을 위반한 경우에는 산정액의 80/100, 용적률을 위반한 경우에는 90/100, 무허가 건축인 경우에는 100/100, 무신고 건축인 경우에는 70/100으로 위반내용에 따라 차등적으로 정하되, 건축조례로 각 비율을 60/100까지 낮추어 정할 수 있도록 하고, 이행강제금의 가중 사유를 임대 등 영리를 목적으로 $50m^2$ 이상을 「건축법」을 위반하여 용도변경을 하거나 무신고·무허가로 신축 또는 증축한 경우, 무신고·무허가로 다세대주택의 세대수 또는 다가구주택의 가구수를 5세대 또는 5가구 이상 증가시킨 경우 및 동일인이 최근 3년 내에 2회 이상 「건축법」 또는 같은 법에 따른 명령이나 처분을 위반한 경우 등으로 정하고 있다.

**영 제115조의4 【이행강제금의 감경】**

① 법 제80조의2제1항제2호에서 "대통령령으로 정하는 경우"란 다음 각 호의 어느 하나에 해당하는 경우를 말한다.(2024.6.18 본항 단서 삭제)

1. 위반행위 후 소유권이 변경된 경우
2. 임차인이 있어 현실적으로 임대기간 중에 위반내용을 시정하기 어려운 경우(법 제79조제1항에 따른 최초의 시정명령 전에 이미 임대차계약을 체결한 경우로서 해당 계약이 종료되거나 갱신되는 경우는 제외한다) 등 상황의 특수성이 인정되는 경우
3. 위반면적이 30m$^2$ 이하인 경우(별표 1 제1호부터 제4호까지의 규정에 따른 건축물로 한정하며, 「집합건물의 소유 및 관리에 관한 법률」의 적용을 받는 집합건축물은 제외한다)
4. 「집합건물의 소유 및 관리에 관한 법률」의 적용을 받는 집합건축물의 구분소유자가 위반한 면적이 5m$^2$ 이하인 경우(별표 1 제2호부터 제4호까지의 규정에 따른 건축물로 한정한다)
5. 법 제22조에 따른 사용승인 당시 존재하던 위반사항으로서 사용승인 이후 확인된 경우
6. 법률 제12516호 가축분뇨의 관리 및 이용에 관한 법률 일부개정법률 부칙 제9조에 따라 같은 조 제1항 각 호에 따른 기간(같은 조 제3항에 따른 환경부령으로 정하는 규모 미만의 시설의 경우 같은 항에 따른 환경부령으로 정하는 기한을 말한다) 내에 「가축분뇨의 관리 및 이용에 관한 법률」 제11조에 따른 허가 또는 변경허가를 받거나 신고 또는 변경신고를 하려는 배출시설(처리시설을 포함한다)의 경우(2018.9.4 본호 개정)

6의2. 법률 제12516호 가축분뇨의 관리 및 이용에 관한 법률 일부개정법률 부칙 제10조의2에 따라 같은 조 제1항에 따른 기한까지 환경부장관이 정하는 바에 따라 허가신청을 하였거나 신고한 배출시설(개 사육시설은 제외하되, 처리시설은 포함한다)의 경우(2018.9.4 본호 신설)

7. 그 밖에 위반행위의 정도와 위반 동기 및 공중에 미치는 영향 등을 고려하여 감경이 필요한 경우로서 건축조례로 정하는 경우

② 법 제80조의2제1항제2호에서 "대통령령으로 정하는 비율"이란 다음 각 호의 구분에 따른 비율을 말한다. 다만, 법 제80조제1항 각 호 외의 부분 단서에 해당하는 경우에는 같은 항 각 호 외의 부분 단서에 따른 금액의 50/100을 말한다.(2024.6.18 본항 단서 신설)

1. 제1항제1호부터 제6호까지 및 제6호의2의 경우: 75/100(2024.6.18 본호 개정)
2. 제1항제7호의 경우: 건축조례로 정하는 비율

③ 법 제80조의2제2항에 따른 이행강제금의 감경 비율은 다음 각 호와 같다.

1. 연면적 85m$^2$ 이하 주거용 건축물의 경우: 80/100
2. 연면적 85m$^2$ 초과 주거용 건축물의 경우: 60/100

**해설** 이행강제금의 감경 사유를 위반행위 후 소유권이 변경되거나 임대기간 중 위반내용을 시정하기 어려운 특수한 사정이 있는 경우, 사용승인 당시 존재하던 위반사항이 사용승인 이후 확인된 경우 등으로 정하고, 원칙적인 감경 비율은 50/100으로 정할 수 있도록 하고 있다.

**법 제82조 【권한의 위임과 위탁】**

① 국토교통부장관은 이 법에 따른 권한의 일부를 대통령령으로 정하는 바에 따라 시·도지사에게 위임할 수 있다.

② 시·도지사는 이 법에 따른 권한의 일부를 대통령령으로 정하는 바에 따라 시장(행정시의 시장을 포함하며, 이하 이 조에서 같다)·군수·구청장에게 위임할 수 있다.

③ 시장·군수·구청장은 이 법에 따른 권한의 일부를 대통령령으로 정하는 바에 따라 구청장(자치구가 아닌 구의 구청장을 말한다)·동장·읍장 또는 면장에게 위임할 수 있다.

④ 국토교통부장관은 제31조제1항과 제32조제1항에 따라 건축허가 업무 등을 효율적으로 처리하기 위하여 구축하는 전자정보처리 시스템의 운영을 대통령령으로 정하는 기관 또는 단체에 위탁할 수 있다.

**해설** 건설행정의 권한은 국토교통부장관에게 있고, 권한의 일부를 시장·군수·구청장에게 위임하되, 위임을 받지 않는 것은 국토교통부장관의 승인을 얻어야 하며, 승인권 중 일부를 특별시장·광역시장·특별자치시장·특별자치도지사 또는 도지사에게 위임한다.

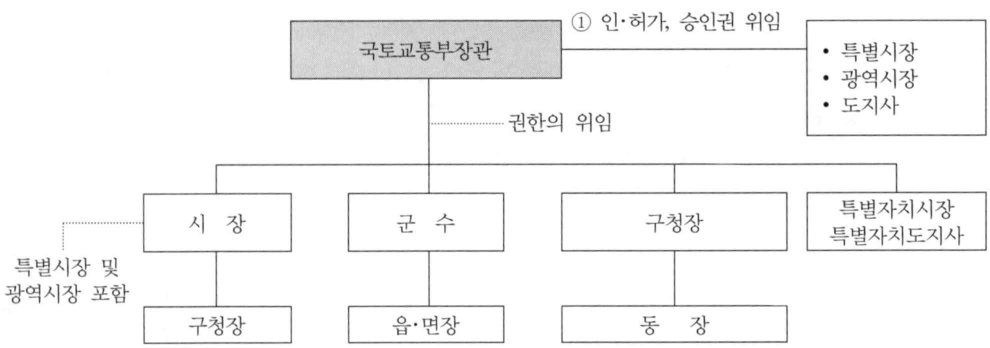


※ 권한의 위임은 행정조직과 연계되어 있다.[권한(權限) : 유효한 행정사무의 범위를 말함]

**영 제117조 【권한의 위임·위탁】**

① 국토교통부장관은 법 제82조제1항에 따라 법 제69조 및 제71조(제6항은 제외한다)에 따른 특별건축구역의 지정, 변경 및 해제에 관한 권한을 시·도지사에게 위임한다.(2021.1.8 본항 개정)

② (1999.4.30 본항 삭제)

③ 법 제82조제3항에 따라 **구청장**(자치구가 아닌 구의 구청장을 말한다) 또는 동장·읍장·면장(「지방자치단체의 행정기구와 정원기준 등에 관한 규정」 별표 3 비고 제2호에 따라 행정안전부장관이 시장·군수·구청장과 협의하여 정하는 동장·읍장·면장으로 한정한다)에게 위임할 수 있는 권한은 다음 각 호와 같다.(2024.3.29 지방자치단체의 행정기구와 정원기준 등에 관한 규정에 의거 개정)

1. 6층 이하로서 연면적 2,000$m^2$ 이하인 건축물의 건축·대수선 및 용도변경에 관한 권한
2. 기존 건축물 연면적의 3/10 미만의 범위에서 하는 증축에 관한 권한

④ 법 제82조제3항에 따라 **동장·읍장** 또는 **면장**에게 위임할 수 있는 권한은 다음 각 호와 같다. (2009.7.16 본항 신설)

1. 법 제14조에 따른 건축물의 건축 및 대수선에 관한 권한(2018.9.4 본호 개정)
2. 법 제20조제3항에 따른 가설건축물의 축조 및 이 영 제15조의2에 따른 가설건축물의 존치기간 연장에 관한 권한(2018.9.4 본호 개정)
3. (2018.9.4 본호 삭제)
4. 법 제83조에 따른 옹벽 등의 공작물 축조에 관한 권한(2018.9.4 본호 개정)

⑤ 법 제82조제4항에서 "대통령령으로 정하는 **기관** 또는 **단체**"란 다음 각 호의 기관 또는 단체 중 국토교통부장관이 정하여 고시하는 기관 또는 단체를 말한다.(2013.11.20 본항 개정)

1. 「공공기관의 운영에 관한 법률」 제5조에 따른 공기업
2. 「정부출연연구기관 등의 설립·운영 및 육성에 관한 법률」 및 「과학기술분야 정부출연연구기관 등의 설립·운영 및 육성에 관한 법률」에 따른 연구기관

**해설** ※ 행정의 지방자치화·민주화·분권화 등을 위해서는 권한의 위임이 이루어져야 한다.

① 국토교통부장관은 특별건축구역의 지정, 변경 및 해제에 관한 권한을 시·도지사에게 위임

② 자치구가 아닌 구의 구청장에게 위임할 수 있는 권한

- 6층 이하로서 연면적이 2,000$m^2$ 이하인 건축, 대수선, 용도변경과 기존 건축물 연면적의 3/10 미만의 증축

③ 동장·읍장·면장에게 위임할 수 있는 권한

- 건축신고(법 제14조), 가설건축물의 축조신고(법 제20조제2항), 사용승인에 관한 권한 중 건축신고 대상 건축물만 해당, 공작물 축조신고(법 제83조)

**질의** **전문인력 확보와 관련한 위임업무 처리 여부**

「건축법 시행령」 제117조제4항의 규정에 의하여 읍·면, 동장에게 위임된 건축신고업무는 전문인력을 확보되지 않은 경우에도 동에서 처리해야 하는지 여부

**회신** 건축법령에서 위임한 업무의 처리는 그 위임자(구청장)와 수임자(동장) 사이에 별도로 정한 사항이 없는 한 수임자(동장)가 처리해야 할 것임.(서울시 건축 58550-1254, '96.4.2)

**질의** **위임업무에 따른 부수업무에 대한 위임 여부**

「건축법 시행령」 제117조제4항의 규정에 의하여 동장에게 위임된 건축신고업무를 처리함에 있어 동 위임사항을 조례에 따로 정해야 하는지와 동 신고업무에 부수된 착공신고·사용승인 및 위반건축물에 대한 조치·벌칙·이행강제금·행정대집행 등에 관한 업무도 함께 위임된 것으로 보아 동장이 처리할 수 있는지 여부

**회신** 건축법령에서 기 위임된 사항은 따로 위임규정을 둘 필요는 없으며, 동 위임업무에 부수된 사항이 다른 행정기관(상급기관 포함)의 권한에 속하지만 동장이 이를 종합 처리해야 할 필요가 있는 경우에는 지방자치법령과 조례 등에 의하여 따로 위임해야 할 것임.(서울시 건축 58550-389, '96.1.31)

**영 제119조의11 【고유식별정보의 처리】**

국토교통부장관(법 제82조에 따라 국토교통부장관의 권한을 위임받거나 업무를 위탁받은 자를 포함한다), 시·도지사, 시장, 군수, 구청장(해당 권한이 위임·위탁된 경우에는 그 권한을 위임·위탁받은 자를 포함한다)은 다음 각 호의 사무를 수행하기 위하여 불가피한 경우 「개인정보 보호법 시행령」 제19조에 따른 주민등록번호 또는 외국인등록번호가 포함된 자료를 처리할 수 있다.(2021.1.8 본조 개정)

1. 법 제11조에 따른 건축허가에 관한 사무
2. 법 제14조에 따른 건축신고에 관한 사무
3. 법 제16조에 따른 허가와 신고사항의 변경에 관한 사무
4. 법 제19조에 따른 용도변경에 관한 사무
5. 법 제20조에 따른 가설건축물의 건축허가 또는 축조신고에 관한 사무
6. 법 제21조에 따른 착공신고에 관한 사무
7. 법 제22조에 따른 건축물의 사용승인에 관한 사무
8. 법 제31조에 따른 건축행정 전산화에 관한 사무
9. 법 제32조에 따른 건축허가 업무 등의 전산처리에 관한 사무
10. 법 제33조에 따른 전산자료의 이용자에 대한 지도·감독에 관한 사무
11. 법 제38조에 따른 건축물대장의 작성·보관에 관한 사무
12. 법 제39조에 따른 등기촉탁에 관한 사무
13. 법 제71조제2항 및 이 영 제107조의2에 따른 특별건축구역의 지정 제안에 관한 사무 (2021.1.8 본호 신설)

**법 제83조 【옹벽 등의 공작물에의 준용】**

① 대지를 조성하기 위한 옹벽, 굴뚝, 광고탑, 고가수조(高架水槽), 지하 대피호, 그 밖에 이와 유사한 것으로서 대통령령으로 정하는 공작물을 축조하려는 자는 대통령령으로 정하는 바에 따라 특별자치시장·특별자치도지사 또는 시장·군수·구청장에게 신고하여야 한다.(2014.1.14 본항 개정)

② 제1항에 따른 공작물의 소유자나 관리자는 국토교통부령으로 정하는 바에 따라 공작물의 유지·관리 상태를 점검하고 그 결과를 특별자치시장·특별자치도지사 또는 시장·군수·구청장에게 보고하여야 한다.(2019.4.30 건축물관리법 부칙에 의거 2020.5.1 본항 삭제)

③ 제14조, 제21조제5항, 제29조, 제40조제4항, 제41조, 제47조, 제48조, 제55조, 제58조, 제60조, 제61조, 제79조, 제84조, 제85조, 제87조와 「국토의 계획 및 이용에 관한 법률」 제76조는 대통령령으로 정하는 바에 따라 제1항의 경우에 준용한다.(2019.4.30 건축물관리법 부칙에 의거 본항 개정)

**해설** 「건축법」 규정의 일부가 공작물에 준용되는 것은 공작물이라 할지라도 구조상 안전해야 하며 도로와 건축선에 관해 규정에 위반되어서도 아니되며 지하대피호를 제외한 공작물은 거주하지 않으므로 용도·피난, 위생 등에 관해서는 적용이 제외되나 건축물에 관한 규정의 대부분이 공작물에도 적용된다.

▶ **준용(準用)** : 어떤 법규를 법 스스로가 명문(明文)으로서 유사한 법규에 유추(類推)하여 적용하는 것(적용(適用)하는 것과는 다르다－준용은 변형하여 적용하는 것이다)

**영 제118조 【옹벽 등의 공작물에의 준용】**

① 법 제83조제1항에 따라 공작물을 축조(건축물과 분리하여 축조하는 것을 말한다. 이하 이 조에서 같다)할 때 특별자치시장·특별자치도지사 또는 시장·군수·구청장에게 신고를 해야 하는 공작물은 다음 각 호와 같다.(2020.12.15 본항 개정)

1. 높이 6m를 넘는 굴뚝
2. (2020.12.15 본호 삭제)
3. 높이 4m를 넘는 장식탑, 기념탑, 첨탑, 광고탑, 광고판, 그 밖에 이와 비슷한 것(2020.12.15 본호 개정)
4. 높이 8m를 넘는 고가수조나 그 밖에 이와 비슷한 것
5. 높이 2m를 넘는 옹벽 또는 담장
6. 바닥면적 $30m^2$를 넘는 지하대피호
7. 높이 6m를 넘는 골프연습장 등의 운동시설을 위한 철탑, 주거지역·상업지역에 설치하는 통신용 철탑, 그 밖에 이와 비슷한 것
8. 높이 8m(위험을 방지하기 위한 난간의 높이는 제외한다) 이하의 기계식 주차장 및 철골 조립식 주차장(바닥면이 조립식이 아닌 것을 포함한다)으로서 외벽이 없는 것
9. 건축조례로 정하는 제조시설, 저장시설(시멘트사일로를 포함한다), 유희시설, 그 밖에 이와 비슷한 것
10. 건축물의 구조에 심대한 영향을 줄 수 있는 중량물로서 건축조례로 정하는 것
11. 높이 5m를 넘는 「신에너지 및 재생에너지 개발·이용·보급 촉진법」 제2조제2호가목에 따른 태양에너지를 이용하는 발전설비와 그 밖에 이와 비슷한 것(2016.1.19 본호 신설)

② 제1항 각 호의 어느 하나에 해당하는 공작물을 축조하려는 자는 공작물 축조신고서와 국토교통부령으로 정하는 설계도서를 특별자치시장·특별자치도지사 또는 시장·군수·구청장에게 제출(전자문서에 의한 제출을 포함한다)하여야 한다.(2014.10.14 본항 개정)

③ 제1항 각 호의 공작물에 관하여는 법 제83조제3항에 따라 법 제14조, 제21조제5항, 제29조, 제40조제4항, 제41조, 제47조, 제48조, 제55조, 제58조, 제60조, 제61조, 제79조, 제84조, 제85조, 제87조 및 「국토의 계획 및 이용에 관한 법률」 제76조를 준용한다. 다만, 제1항제3호의 공작물로서 「옥외광고물 등의 관리와 옥외광고산업 진흥에 관한 법률」에 따라 허가를 받거나 신고를 한 공작물에 관하여는 법 제14조를 준용하지 않고, 제1항제5호의 공작물에 관하여는 법 제58조를 준용하지 않으며, 제1항제8호의 공작물에 관하여는 법 제55조를 준용하지 않고, 제1항제3호·제8호의 공작물에 관해서만 법 제61조를 준용한다.(2021.5.4 본항 개정)

④ 제3항 본문에 따라 법 제 48조를 준용하는 경우 해당 공작물에 대한 구조 안전 확인의 내용

및 방법 등은 국토교통부령으로 정한다.(2013.11.20 본항 신설)

⑤ 특별자치시장·특별자치도지사 또는 시장·군수·구청장은 제1항에 따라 공작물 축조신고를 받았으면 국토교통부령으로 정하는 바에 따라 공작물 관리대장에 그 내용을 작성하고 관리하여야 한다.(2014.10.14 본항 개정)

⑥ 제5항에 따른 공작물 관리대장은 전자적 처리가 불가능한 특별한 사유가 없으면 전자적 처리가 가능한 방법으로 작성하고 관리하여야 한다.

해설 ※ 건축물과 분리하여 축조할 경우 「건축법」 규정을 준용함.

- 법 제14조 : 건축신고(높이 4m를 넘는 장식탑, 기념탑, 첨탑, 광고탑, 광고판 등이 「옥외광고물 등의 관리와 옥외광고산업 진흥에 관한 법률」에 의하여 별도로 허가 또는 신고 받은 것은 건축신고를 준용하지 아니함)
- 법 제21조제5항 : 「건설산업기본법」에 위반하여 시공 불가
- 법 제29조 : 공용건축물에 대한 특례
- 법 제40조제4항 : 옹벽설치
- 법 제41조 : 토지굴착부분에 대한 조치 등
- 법 제47조 : 건축선에 의한 건축제한
- 법 제48조 : 구조내력 등
- 법 제55조 : 건폐율(높이 8m 이하의 기계식 주차장 및 철골조립식 주차장으로서 외벽이 없는 것은 준용하지 않는다. 그러나 높이 8m 이상이 되면 준용됨)
- 법 제58조 : 대지 안의 공지
- 법 제60조 : 건축물의 높이제한
- 법 제61조 : 일조 등의 확보를 위한 건축물의 높이제한(높이 4m를 넘는 장식탑, 기념탑, 첨탑, 광고탑, 광고판 설치 및 높이 8m 이하 기계식 주차장 및 철골조립식 주차장으로서 외벽이 없는 것 등을 준용함.
- 법 제79조 : 위반건축물 등에 대한 조치 등
- 법 제84조 : 면적·높이 및 층수의 산정
- 법 제85조 : 「행정대집행법」 적용의 특례
- 법 제87조 : 보고 및 검사 등
- 「국토의 계획 및 이용에 관한 법률」 제76조 : 용도지역 및 용도지구 안에서의 건축물의 건축제한 등

➡ 법령해석사례[법제처 안건번호 09-0198]

대지조성용이 아닌 옹벽 등에 대하여 건축법령이 적용되는지 여부
(「건축법」 제83조제1항 및 같은 법 시행령 제118조제1항제5호 관련)

**【질의요지】**

「건축법」 제83조제1항에서는 "대지를 조성하기 위한 옹벽"으로서 대통령령으로 정하는 것을 신고대상 공작물로서 규정하고 있고, 해당 위임에 따라 같은 법 시행령 제118조제1항제5호에서는 "높이 2m를 넘는 옹벽 또는 담장"을 규정하고

있는바, 대지를 조성하기 위한 것이 아닌 용도, 예컨대 도로용이나 농지에 농지개량용으로 설치하는 옹벽에 대하여 건축법령이 적용되는지?

【회답】

대지를 조성하기 위한 것이 아닌 용도로 설치하는 옹벽에 대하여는 건축법령이 적용되지 않습니다.

**질의** **건축물과 분리하여 축조하는 것**

「건축법 시행령」 제118조의 규정 중 "건축물과 분리하여 축조하는 것"이라 함은 어떤 의미를 말하는 것인지 여부

**회신** 「건축법 시행령」 제118조의 규정 중 "건축물과 분리하여 축조하는 것"이라 함은 건축물의 건축허가 또는 건축신고와 분리하여 공작물만을 별도로 신고하여 축조하는 경우를 말하는 것입니다.(건교부 건축 58070-3526, 2000.12.11)

**질의** **공유수면점·사용**

'98.12.30 「공유수면관리법 시행령」 및 '99.1.12 동법 시행규칙 개정으로 "공유수면점·사용(공작물을 설치) 허가기간의 연장, 착공 및 준공신고"에 관한 사항이 폐지되었으나 공사착공연장신청이 있는 경우 착공기간 연장 등의 조치를 할 수 있는지 여부

**회신** 공작물설치를 위하여 공유수면점·사용을 허가한 기간 내(규칙 별지 제3호 서식 및 관리청의 허가사항)에서는 착공신고가 불필요하며 동 허가기간이 종료된 경우에는 규칙 제11조의 규정에 의거 허가기간 연장신청을 받아 관리청이 새로운 허가 여부 및 기간을 결정하여야 함.(해양수산부 연안 58160-214, '99.5.24)

【이유】

- 공작물 설치를 위한 공사 착공 및 준공 신고를 폐지한 것은 동 착공·준공일자의 변경에 따라 공유수면점용기간이 연장되는 경우에는 그 연장허가를 받아야 되기 때문에 착공·준공에 대한 신고는 불필요하다고 판단한 것이며,
- 공유수면점용 허가기간은 관리청이 공유수면관리 및 협의기관의 의견 등을 종합 검토하여 결정할 사안이기 때문에 공유수면점용 또는 사용허가기간의 최대범위를 정한 "종전의 규칙 별표 1"을 폐지하였기 때문임.

**질의** **공작물인지의 여부**

국제공항 화물청사건축물에 기둥과 지붕(철골트러스)으로 구성된 캐노피를 설치하여 화물처리장으로 이용하고자 할 때 이를 건축법령상 공작물로 보는지 여부

**회신** 「건축법」 제2조제2호의 규정에 의해 건축물이라 함은 토지에 정착하는 공작물 중 지붕과 기둥 또는 벽이 있는 것과 이에 부수되는 시설물을 말하고, 공작물은 동법 시행령 제118조의 규정에 의한 것을 말하는 것인 바, 질의의 경우 기존 건축물에 철골 등을 이용한 시설물을 설치하는 것은 위의 규정에 의한 공작물로 볼 수 없으며, 이는 기존 건축물의 면적증가 등으로 인한 증축에 해당된다 할 것임.(서울시 건축 58550-4841, '93.12.8)

질의 회신 **외벽이 없는 기계식 주차장 건축물**

건축물과 분리하여 축조하는 높이 6m 이하로서 외벽이 없는 기계식 주차장은 「건축법 시행령」 제118조제1항 제8호의 규정에 의해 공작물 축조허가를 득한 후 설치하여야 함.(건설부 건축 30420-6038, 90.3.16)

질의 회신 **콘크리트배처프런트 설치**

콘크리트배처프런트는 「건축법 시행령」('90.1.18 대통령령 제12906호 개정) 제118조제1항제9호 규정의 제조시설에 해당하므로 공작물 설치허가를 받아야 할 것임.(건설부 건축 01254-, '90.3.13)

※ 배치플랜트(배처플런트) : 레미콘을 생산하기 위하여 설치되는 골재저장통·계량장치 및 혼합장치를 가진 설비

질의 회신 **지하층 외벽과 옹벽**

일반적으로 외벽이라 함은 건축물의 외측(지하층 포함)에 면하는 벽을, 옹벽이라 함은 토압에 저항하여 흙이 무너지지 못하게 만든 벽체를 지칭하는 것으로서, 건축법령(「건축법」 제73조 및 동법 시행령 제118조)상 옹벽에 대하여는 대지를 조성하기 위하여 건축물과 분리하여 축조하는 벽체를 말하는 것임. 별도의 옹벽이 없는 지하층의 외벽에 면하는 건축법령을 적용함에 있어 옹벽으로 보지 아니함.(건설부 건축 01254-, '88.12.16)

규칙 **제41조 【공작물축조신고】**

① 법 제83조 및 영 제118조에 따라 옹벽 등 공작물의 축조신고를 하려는 자는 별지 제30호서식의 공작물축조신고서에 다음 각 호의 서류 및 도서를 첨부하여 특별자치시장·특별자치도지사 또는 시장·군수·구청장에게 제출(전자문서로 제출하는 것을 포함한다)해야 한다. 다만, 제6조제1항에 따라 건축허가를 신청할 때 건축물의 건축에 관한 사항과 함께 공작물의 축조신고에 관한 사항을 제출한 경우에는 공작물축조신고서의 제출을 생략한다.(2020.10.28 본항 개정)

1. 공작물의 배치도
2. 공작물의 구조도
3. 「건축물의 구조기준 등에 관한 규칙」 별지 제2호서식의 구조안전 및 내진설계 확인서(높이가 8m 이상인 공작물인 경우에만 첨부한다) (2021.12.31 본호 개정)
4. 별지 제30호의2서식의 공작물 내풍설계 확인서(높이가 8m 이상인 공작물인 경우에만 첨부한다) (2021.12.31 본호 신설)

② 특별자치시장·특별자치도지사 또는 시장·군수·구청장은 제1항에 따른 공작물축조신고서를 받은 때에는 영 제118조제4항에 따라 별지 제30호의3서식의 공작물의 구조 안전 점검표를 작성·검토한 후 별지 제31호서식의 공작물축조신고필증을 신고인에게 발급하여야 한다.
(2021.12.31 본항 개정)

③ (2020.5.1 본항 삭제)

④ 영 제118조제5항의 규정에 의한 공작물관리대장은 별지 제32호서식에 의한다.
(2014.11.28 본항 개정)

해설 법 적용에 있어 용어의 정의 및 계측에 관한 기본사항이므로 명백하게 규정할 필요가 있다.(영 119조 참조)

**법 제85조 【「행정대집행법」 적용의 특례】**

① 허가권자는 제11조, 제14조, 제41조와 제79조제1항에 따라 필요한 조치를 할 때 다음 각 호의 어느 하나에 해당하는 경우로서 「행정대집행법」 제3조제1항과 제2항에 따른 절차에 의하면 그 목적을 달성하기 곤란한 때에는 해당 절차를 거치지 아니하고 대집행할 수 있다.

1. 재해가 발생할 위험이 절박한 경우
2. 건축물의 구조 안전상 심각한 문제가 있어 붕괴 등 손괴의 위험이 예상되는 경우
3. 허가권자의 공사중지명령을 받고도 따르지 아니하고 공사를 강행하는 경우(2020.6.9 법률용어 정비를 위한 국토교통위원회 소관 78개 법률에 의거 본호 개정)
4. 도로통행에 현저하게 지장을 주는 불법건축물인 경우
5. 그 밖에 공공의 안전 및 공익에 매우 저해되어 신속하게 실시할 필요가 있다고 인정되는 경우로서 대통령령으로 정하는 경우(2020.6.9 법률용어정비를 위한 국토교통위원회 소관 78개 법률에 의거 본호 개정)

② 제1항에 따른 대집행은 건축물의 관리를 위하여 필요한 최소한도에 그쳐야 한다.

**해설** 위반건축물을 조치함에 있어 간단하거나 긴급을 요하는 사항은 일정한 수속절차를 거치자면 번거로울 뿐 아니라 상당한 기간을 요하므로 그동안 위법사항이 심화될 우려가 있다. 효율적인 건축행정을 기하기 위해서 「행정대집행법」(行政代執行法)에 규정한 절차없이 대집행할 수 있도록 하고 있다.

- 법 제11조 : 건축허가
- 법 제14조 : 건축신고
- 법 제41조 : 토지굴착부분에 대한 조치 등
- 법 제79조제1항 : 위반건축물 등에 대한 조치 등

▶ **행정대집행** : 행정상의 강제집행 수단의 하나로서 남이 대신할 수 있는 행위가 의무자에 의하여 이행되지 않는 경우에 해당 행정청이 스스로 하거나 제삼자에게 시키고 그 비용을 의무자에게 징수하도록 하는 일

**참고**

「행정대집행법」(行政代執行法)

**제2조 【대집행과 그 비용징수】** 법률(법률의 위임에 의한 명령, 지방자치단체의 조례(條例)를 포함한다. 이하 같다)에 의하여 직접 명령되었거나 또는 법률에 의거한 행정청의 명령에 의한 행위로서 타인(他人)이 대신하여 행할 수 있는 행위를 의무자가 이행(履行)하지 아니하는 경우 다른 수단으로써 그 이행을 확보하기 곤란하고 또 그 불이행을 방지함이 심히 공익(公益)을 해(害)할 것으로 인정될 때에는 해당 행정청(當該 行政廳)은 스스로 의무자가 하여야 할 행위를 하거나 또는 제삼자로 하여금 이를 하게 하여 그 비용을 의무자로부터 징수할 수 있다.

**제3조 【대집행의 절차】** ① 전 조(前 條)의 규정에 의한 처분(이하 "대집행"이라 한다)을 하려 함에 있어서는 상당한 이행기간을 정하여 그 기한까지 이행되지 아니할 때에는 대집행을 한다는 뜻을 미리 문서로써 계고(戒告)하여야 한다.

② 의무자가 전 항의 계고(戒告)를 받고 지정기한까지 그 의무를 이행하지 아니할 때에는 해당 행정청(當該 行政廳)은 대집행 영장으로써 대집행을 할 시기, 대집행을 시키기 위하여 파견(派遣)하는 집행책임자의 성명과 대집행에 요하는 비용의 계산에 의한 견적액(見積額)을 의무자에게 통지하여야 한다.

③ 비상시 또는 위험이 절박(切迫)한 경우에 있어서 해당 행위(當該 行爲)의 급속(急速)한 실시를 요하여 전 2항에 규정한 수속을 취(取)할 여유가 없을 때에는 그 수속을 거치지 아니하고 대집행을 할 수 있다.

※ 계고(戒告) : 행정상 의무의 이행을 최고(催告 : 법률상 일정한 행위를 할 것을 상대방에게 요구하는 통지. 의무이행의 통지)하는 행정주체의 통치행위

**영 제119조의2 【「행정대집행법」 적용의 특례】**

법 제85조제1항제5호에서 "대통령령으로 정하는 경우"란 「대기환경보전법」에 따른 대기오염물질 또는 「물환경보전법」에 따른 수질오염물질을 배출하는 건축물로서 주변 환경을 심각하게 오염시킬 우려가 있는 경우를 말한다.(2019.10.22 본조 개정)

**법 제86조 【청 문】**

허가권자는 제79조에 따라 허가나 승인을 취소하려면 청문을 실시하여야 한다.

해설 청문(聽聞)은 행정기관이 규칙의 제정·행정처분, 쟁송의 재결, 결정 또는 행정처분을 행함에 있어서 처분의 상대방, 그 밖의 이해관계인 및 제삼자의 의견을 듣기 위하여 취하는 절차이며 행정처분의 과오를 줄이고 합리적이고 민주적인 절차를 통해 민원을 해소하자는데 그 취지가 있다.

- 법 제79조 : 위반건축물 등에 대한 조치

**법 제87조 【보고와 검사 등】**

① 국토교통부장관, 시·도지사, 시장·군수·구청장, 그 소속 공무원, 제27조에 따른 업무대행자 또는 제37조에 따른 건축지도원은 건축물의 건축주등, 공사감리자, 공사시공자 또는 관계전문기술자에게 필요한 자료의 제출이나 보고를 요구할 수 있으며, 건축물·대지 또는 건축공사장에 출입하여 그 건축물, 건축설비, 그 밖에 건축공사에 관련되는 물건을 검사하거나 필요한 시험을 할 수 있다.(2016.2.3 본항 개정)

② 제1항에 따라 검사나 시험을 하는 자는 그 권한을 표시하는 증표를 지니고 이를 관계인에게 내보여야 한다.

③ 허가권자는 건축관계자등과의 계약 내용을 검토할 수 있으며, 검토결과 불공정 또는 불합리한 사항이 있어 부실설계·시공·감리가 될 우려가 있는 경우에는 해당 건축주에게 그 사실을 통보하고 해당 건축물의 건축공사 현장을 특별히 지도·감독하여야 한다.(2016.2.3 본항 신설)

해설 건축행정에 관여하는 자는 그 업무수행을 위하여 자료제출·보고, 공사장출입, 검사, 시험 등을 할 수 있도록 하되 그 권한을 표시하는 증표를 제시하도록 하여 엉뚱한 피해를 방지하고자 함.

법 **제87조의2 【지역건축안전센터 설립】**

① 지방자치단체의 장은 다음 각 호의 업무를 수행하기 위하여 관할 구역에 지역건축안전센터를 설치할 수 있다.(2022.6.10 본항 개정)

1. 제21조, 제22조, 제27조 및 제87조에 따른 기술적인 사항에 대한 보고·확인·검토·심사 및 점검(2020.4.7 본호 개정)

1의2. 제11조, 제14조 및 제16조에 따른 허가 또는 신고에 관한 업무(2020.4.7 본호 신설)

2. 제25조에 따른 공사감리에 대한 관리·감독

3. (2019.4.30 건축물관리법 부칙에 의거 본호 삭제)

4. 그 밖에 대통령령으로 정하는 사항

② 제1항에도 불구하고 다음 각 호의 어느 하나에 해당하는 지방자치단체의 장은 관할 구역에 지역건축안전센터를 설치하여야 한다.(2022.6.10 본항 신설)

1. 시·도
2. 인구 50만명 이상 시·군·구
3. 국토교통부령으로 정하는 바에 따라 산정한 건축허가 면적(직전 5년 동안의 연평균 건축허가 면적을 말한다) 또는 노후건축물 비율이 전국 지방자치단체 중 상위 30% 이내에 해당하는 인구 50만명 미만 시·군·구

③ 체계적이고 전문적인 업무 수행을 위하여 지역건축안전센터에 「건축사법」 제23조제1항에 따라 신고한 건축사 또는 「기술사법」 제6조제1항에 따라 등록한 기술사 등 전문인력을 배치하여야 한다.(2022.6.10 본항 개정)

④ 제1항부터 제3항까지의 규정에 따른 지역건축안전센터의 설치·운영 및 전문인력의 자격과 배치기준 등에 필요한 사항은 국토교통부령으로 정한다.(2022.6.10 본항 개정)

해설 지방자치단체가 지역건축안전센터를 설립하여 허가권자의 건축허가 및 공사감리 등에 대한 관리·감독 업무 등을 지원할 수 있도록 하고 지역건축안전센터의 운영을 위하여 건축안전특별회계를 설치할 수 있도록 제도화 하였다.

지자체 인구 50만 이상에서 지역건축안전센터를 의무적으로 설치하는 규정은 2022.1.1부터 시행되고 있으나 건축물 관련사고에 대한 불안을 해소하기 위해서는 광역자치단체나 대도시 외에도 건축허가 및 노후건축물 비율 등이 높은 지방자치단체에 지역건축안전센터를 설치할 필요성이 제기되어 건축허가 면적 또는 노후건축물 비율이 전국지방자치단체 중 상위 30% 이내에 해당하는 인구 50만명 미만의 시·군·구에 대해서도 지역건축안전센터의 설치를 2023.6.11부터 의무화하였다.

영 **제119조의3 【지역건축안전센터의 업무】**

법 제87조의2제1항제4호에서 "대통령령으로 정하는 사항"이란 관할 구역 내 건축물의 안전에 관한 사항으로서 해당 지방자치단체의 조례로 정하는 사항을 말한다.(2018.6.26 본조 신설)

**규칙 제43조의2 【지역건축안전센터의 설치 및 운영 등】**

① 시·도지사 및 시장·군수·구청장이 법 제87조의2에 따라 설치하는 지역건축안전센터(이하 "지역건축안전센터"라 한다)에는 센터장 1명과 법 제87조의2제1항 각 호의 업무를 수행하는 데 필요한 전문인력을 둔다.

② 시·도지사 및 시장·군수·구청장은 해당 지방자치단체 소속 공무원 중에서 건축행정에 관한 학식과 경험이 풍부한 사람이 제1항에 따른 센터장(이하 "센터장"이라 한다)을 겸임하게 할 수 있다.

③ 센터장은 지역건축안전센터의 사무를 총괄하고, 소속 직원을 지휘·감독한다.

④ 제1항에 따른 전문인력(이하 "전문인력"이라 한다)은 다음 각 호의 어느 하나에 해당하는 자격을 갖춘 사람으로서 건축행정에 관한 학식과 경험이 풍부한 사람으로 한다.

1. 「건축사법」 제2조제1호에 따른 건축사
2. 다음 각 목의 어느 하나에 해당하는 사람
   가. 「국가기술자격법」에 따른 건축구조기술사
   나. 「건설기술 진흥법 시행령」 별표 1에 따른 건설기술인 중 건축구조 분야 고급기술인 이상의 자격기준을 갖춘 사람(2021.6.25 본목 개정)
3. 「국가기술자격법」에 따른 건축시공기술사
4. 다음 각 목의 어느 하나에 해당하는 사람
   가. 「국가기술자격법」에 따른 건축기계설비기술사
   나. 「건설기술 진흥법 시행령」 별표 1에 따른 건설기술인 중 건축기계설비 분야 고급기술인 이상의 자격기준을 갖춘 사람(2021.6.25 본목 개정)
5. 다음 각 목의 어느 하나에 해당하는 사람
   가. 「국가기술자격법」에 따른 지질 및 지반기술사 또는 토질 및 기초기술사
   나. 「건설기술 진흥법 시행령」 별표 1에 따른 건설기술인 중 토질·지질 분야 고급기술인 이상의 자격기준을 갖춘 사람(2021.6.25 본목 개정)

⑤ 시·도지사 및 시장·군수·구청장은 별표 8에 따른 산정기준에 따라 지역건축안전센터의 전문인력을 확보하기 위하여 노력하여야 한다. 다만, 다음 각 호에 해당하는 전문인력(이하 "**필수전문인력**"이라 한다)은 각각 1명 이상 두어야 한다.(2023.6.9 본항 개정)

1. 제4항제1호에 따른 전문인력(2023.6.9 본호 신설)
2. 제4항제2호 또는 제3호에 따른 전문인력(2023.6.9 본호 신설)

⑥ 시장·군수·구청장이 지역의 규모·예산·인력 및 건축허가 등의 신청 건수를 고려하여 단독으로 지역건축안전센터를 설치·운영하는 것이 곤란하다고 판단하는 경우에는 둘 이상의 시·군·구가 공동으로 하나의 지역건축안전센터를 설치·운영할 수 있다. 이 경우 공동으로 지역건축안전센터를 설치·운영하려는 시장·군수·구청장은 지역건축안전센터의 공동 설치 및 운영에 관한 협약을 체결하여야 한다.

⑦ 국토교통부장관은 법 제87조의2제2항에 따라 지역건축안전센터를 설치해야 하는 지방자치단체를 5년마다 고시해야 한다.(2023.6.9 본항 신설)

⑧ 법 제87조의2제2항제3호에 따라 건축허가 면적 또는 노후건축물 비율은 다음 각 호의 구분에 따라 산정한다.(2023.6.9 본항 신설)

1. 건축허가 면적: 제7항에 따라 국토교통부장관이 고시하는 해의 직전연도부터 과거 5년 동안 법 제11조에 따라 건축허가(신축만 해당한다)를 받은 건축물의 연면적 합계를 5로 나눈 면적
2. 노후건축물 비율: 제7항에 따라 국토교통부장관이 고시하는 해의 직전연도의 전체 건축물 중 법 제22조에 따라 최초로 사용승인을 받은 후 30년 이상이 지난 건축물이 차지하는 비율

⑨ 제1항부터 제8항까지에서 규정한 사항 외에 지역건축안전센터의 조직 및 운영 등에 필요한 사항은 해당 지방자치단체의 조례로 정한다.(2023.6.9 본항 개정)

해설 지역건축안전센터에는 센터장 1명을 두되, 해당 지방자치단체 소속 공무원이 센터장을 겸임할 수 있으며, 시·도지사 및 시장·군수·구청장은 건축사, 건축구조기술사 등의 자격을 갖춘 사람 중에서 건축행정에 관한 학식과 경험이 풍부한 전문인력의 확보를 위해서 노력하되, 지역건축안전센터에 건축사 및 건축구조기술사 등 필수전문인력은 각각 1명 이상 두도록 하고, 시장·군수·구청장이 단독으로 지역건축안전센터를 설치·운영하는 것이 곤란하다고 판단하는 경우에는 둘 이상의 시·군·구가 공동으로 하나의 지역건축안전센터를 설치·운영할 수 있도록 하고 있다. 또한 지역건축안전센터의 적정 전문인력 인원 산정기준을 정하고 있는데, 최근 3년간 연평균 해당 지방자치단체의 건축 신고·허가 건수, 업무 난이도 등을 고려하여 시·도지사 및 시장·군수·구청장이 지역건축안전센터에 확보하기 위해 노력하여야 하는 적정 전문인력 인원의 산정식 등 산정기준을 규정하고 있다.

※ 「건축법 시행규칙」【별표 8】 (2018.6.15 본표 신설)

### 지역건축안전센터의 적정 전문인력 인원 산정기준(제43조의2제5항 관련)

**1. 지역건축안전센터의 적정 전문인력 인원은 다음의 산정식에 따라 산정한다.**

$$\text{적정 전문인력 인원(명)} = \frac{\text{최근 3년간 연평균 건축 신고·허가 건수}}{\text{1인당 연간 건축 신고·허가 처리가능 건수}} \times \text{필수전문인력인원(명)}$$

**2. 제1호의 산정식에 적용되는 용어의 정의**

가. "최근 3년간 연평균 건축 신고·허가 건수"란 최근 3년간 연평균 해당 지방자치단체의 건축신고 건수에 해당 업무의 난이도를 가중한 값과 최근 3년간 연평균 해당 지방자치단체의 건축허가 건수에 해당 업무의 난이도를 가중한 값을 더한 값을 말한다.

나. "1인당 연간 건축 신고·허가 처리가능 건수"란 해당 업무의 난이도를 고려하여 공무원 1명이 1일 동안 통상적으로 처리할 수 있는 건축 신고·허가 건수에 근무일수를 곱한 값을 말한다.

다. "필수전문인력 인원"이란 제43조의2제5항 단서에 따라 지역건축안전센터에 필수적으로 두어야 하는 전문인력 인원으로 2명을 말한다.

**3. 제1호의 산정식에 적용되는 산정기준: 다음 각 목의 구분에 따른다.**

가. 특별시·광역시·특별자치시·도, 특별시·광역시·경기도의 시 또는 자치구

| 적용용어 | 산정기준 |
|---|---|
| 최근 3년간 연평균 건축 신고·허가 건수 | 0.76(업무 난이도) × 최근 3년간 연평균 건축신고 건수 + 1.4(업무 난이도) × 최근 3년간 연평균 건축허가 건수 |
| 1인당 연간 건축 신고·허가 처리가능 건수 | 5건 × 21일 × 12개월 = 1,260 |

나. 도(경기도는 제외한다)의 시·군·자치구, 특별자치도, 광역시·경기도의 군

| 적용용어 | 산정기준 |
|---|---|
| 최근 3년간 연평균 건축 신고·허가 건수 | 0.9(업무 난이도) × 최근 3년간 연평균 건축신고 건수 + 1.4(업무 난이도) × 최근 3년간 연평균 건축허가 건수 |
| 1인당 연간 건축 신고·허가 처리가능 건수 | 7건 × 21일 × 12개월 = 1,764 |

다. 공통사항

1) 적정 전문인력 인원은 소수점 첫째자리에서 반올림하여 산정한다.

2) 적정 전문인력 인원은 제43조의2제4항에 따른 전문인력 인원만을 말한다.

**법 제87조의3 【건축안전특별회계의 설치】** [2017.4.18 본조 신설]

① 시·도지사 또는 시장·군수·구청장은 관할 구역의 지역건축안전센터 설치·운영 등을 지원하기 위하여 건축안전특별회계(이하 "**특별회계**"라 한다)를 설치할 수 있다.

② 특별회계는 다음 각 호의 재원으로 조성한다.

1. 일반회계로부터의 전입금
2. 제17조에 따라 납부되는 건축허가 등의 수수료 중 해당 지방자치단체의 조례로 정하는 비율의 금액(2020.4.7 본호 신설)
3. 제80조에 따라 부과·징수되는 이행강제금 중 해당 지방자치단체의 조례로 정하는 비율의 금액
4. 제113조에 따라 부과·징수되는 과태료 중 해당 지방자치단체의 조례로 정하는 비율의 금액 (2020.4.7 본호 신설)
5. 그 밖의 수입금

③ 특별회계는 다음 각 호의 용도로 사용한다.

1. 지역건축안전센터의 설치·운영에 필요한 경비
2. 지역건축안전센터의 전문인력 배치에 필요한 인건비
3. 제87조의2제1항 각 호의 업무 수행을 위한 조사·연구비
4. 특별회계의 조성·운용 및 관리를 위하여 필요한 경비
5. 그 밖에 건축물 안전에 관한 기술지원 및 정보제공을 위하여 해당 지방자치단체의 조례로 정하는 사업의 수행에 필요한 비용

**법 제88조 【건축분쟁전문위원회】**

① 건축등과 관련된 다음 각 호의 분쟁(「건설산업기본법」 제69조에 따른 조정의 대상이 되는 분쟁은 제외한다. 이하 같다)의 조정(調停) 및 재정(裁定)을 하기 위하여 국토교통부에 건축분쟁전문위원회(이하 "**분쟁위원회**"라 한다)를 둔다.(2014.5.28 본항 개정)

1. 건축관계자와 해당 건축물의 건축등으로 피해를 입은 인근주민(이하 "**인근주민**"이라 한다) 간의 분쟁
2. 관계전문기술자와 인근주민 간의 분쟁
3. 건축관계자와 관계전문기술자 간의 분쟁
4. 건축관계자 간의 분쟁
5. 인근주민 간의 분쟁
6. 관계전문기술자 간의 분쟁
7. 그 밖에 대통령령으로 정하는 사항

② (2014.5.28 본항 삭제)

③ (2014.5.28 본항 삭제)

해설 현대 도시사회는 개인주의가 팽배해 있으며 토지의 고도이용·건축물의 대형화 등 경제활동에 따른 이해관계가 복잡하고 첨예하여 건축에 대한 많은 민원이 야기되고 있는 실정이다. 따라서 이를 뒷받침할 수 있는 제도적 방법으로 국토교통부에 중앙건축분쟁전문위원회를 설치하여 운영하도록 함으로써 건축 민원으로 인한 건축분쟁 당사자는 물론 건축분쟁으로 파생되는 제반문제를 최소화하기 위함이다.

▸ **재정(裁定)** : (예비적) 판결

### 영 제119조의4 【분쟁조정】

① 법 제88조에 따라 분쟁의 조정 또는 재정(이하 "**조정등**"이라 한다)을 받으려는 자는 국토교통부령으로 정하는 바에 따라 신청 취지와 신청사건의 내용을 분명하게 밝힌 조정등의 신청서를 국토교통부에 설치된 건축분쟁전문위원회(이하 "**분쟁위원회**"라 한다)에 제출(전자문서에 의한 제출을 포함한다)하여야 한다.(2014.11.28 본항 개정)

② 조정위원회는 법 제95조제2항에 따라 당사자나 참고인을 조정위원회에 출석하게 하여 의견을 들으려면 회의 개최 5일 전에 서면(당사자 또는 참고인이 원하는 경우에는 전자문서를 포함한다)으로 출석을 요청하여야 하며, 출석을 요청받은 당사자 또는 참고인은 조정위원회의 회의에 출석할 수 없는 부득이한 사유가 있는 경우에는 미리 서면 또는 전자문서로 의견을 제출할 수 있다.

③ 법 제88조·제89조 및 제91조부터 제104조까지의 규정에 따른 분쟁의 조정등을 할 때 서류의 송달에 관하여는 「민사소송법」 제174조부터 제197조까지를 준용한다.(2014.11.28 본항 개정)

④ 조정위원회 또는 재정위원회는 법 제102조제1항에 따라 당사자가 분쟁의 조정등을 위한 감정·진단·시험 등에 드는 비용을 내지 아니한 경우에는 그 분쟁에 대한 조정등을 보류할 수 있다.(2009.8.5 본항 개정)

⑤ (2014.11.28 본항 삭제)

**영 제119조의5 【선정대표자】**

① 여러 사람이 공동으로 조정등의 당사자가 될 때에는 그 중에서 3명 이하의 대표자를 선정할 수 있다.

② 분쟁위원회는 당사자가 제1항에 따라 대표자를 선정하지 아니한 경우 필요하다고 인정하면 당사자에게 대표자를 선정할 것을 권고할 수 있다.(2014.11.28 본항 개정)

③ 제1항 또는 제2항에 따라 선정된 대표자(이하 "**선정대표자**"라 한다)는 다른 신청인 또는 피신청인을 위하여 그 사건의 조정등에 관한 모든 행위를 할 수 있다. 다만, 신청을 철회하거나 조정안을 수락하려는 경우에는 서면으로 다른 신청인 또는 피신청인의 동의를 받아야 한다.

④ 대표자가 선정된 경우에는 다른 신청인 또는 피신청인은 그 선정대표자를 통해서만 그 사건에 관한 행위를 할 수 있다.

⑤ 대표자를 선정한 당사자는 필요하다고 인정하면 선정대표자를 해임하거나 변경할 수 있다. 이 경우 당사자는 그 사실을 지체 없이 분쟁위원회에 통지하여야 한다.(2014.11.28 본항 개정)

**영 제119조의6 【절차의 비공개】**

분쟁위원회가 행하는 조정등의 절차는 법 또는 이 영에 특별한 규정이 있는 경우를 제외하고는 공개하지 아니한다.(2014.11.28 본조 개정)

**규칙 제42조 【출입검사원증】**

법 제87조제2항에 따른 검사나 시험을 하는 자의 권한을 표시하는 증표는 별지 제33호서식과 같다.
(2008.12.11 본조 개정)

**규칙 제43조의3 【분쟁조정의 신청】**

① 영 제119조의4제1항에 따라 분쟁의 조정 또는 재정(이하 "**조정등**"이라 한다)을 받으려는 자는 다음 각 호의 사항을 기재하고 서명·날인한 분쟁조정등신청서에 참고자료 또는 서류를 첨부해 국토교통부에 설치된 건축분쟁전문위원회(이하 "**분쟁위원회**"라 한다)에 제출(전자문서로 제출하는 것을 포함한다)해야 한다.(2021.6.25 본항 개정)

1. 신청인의 성명(법인의 경우에는 명칭) 및 주소
2. 당사자의 성명(법인의 경우에는 명칭) 및 주소
3. 대리인을 선임한 경우에는 대리인의 성명 및 주소
4. 분쟁의 조정등을 받고자 하는 사항(2006.5.12 본호 개정)
5. 분쟁이 발생하게 된 사유와 당사자간의 교섭경과

6. 신청연월일

② 제1항의 경우에 증거자료 또는 서류가 있는 경우에는 그 원본 또는 사본을 분쟁조정등신청서에 첨부하여 제출할 수 있다.(2006.5.12 본항 개정)

**규칙 제43조의4 【분쟁위원회의 회의·운영 등】**

① 법 제88조에 따른 분쟁위원회의 위원장은 분쟁위원회를 대표하고 분쟁위원회의 업무를 총괄한다.(2021.8.27 어려운 법령용어정비를 위한 국토교통부령 부칙에 의거 본항 개정)

② 분쟁위원회의 위원장은 분쟁위원회의 회의를 소집하고 그 의장이 된다.(2014.11.28 본항 개정)

③ 분쟁위원회의 위원장이 부득이한 사유로 직무를 수행할 수 없는 때에는 부위원장이 그 직무를 대행한다.(2014.11.28 본항 개정)

④ 분쟁위원회의 사무를 처리하기 위하여 간사를 두되, 간사는 국토교통부 소속 공무원 중에서 분쟁위원회의 위원장이 지정한 자가 된다.(2014.11.28 본항 개정)

⑤ 분쟁위원회의 회의에 출석한 위원 및 관계전문가에 대하여는 예산의 범위 안에서 수당을 지급할 수 있다. 다만, 공무원인 위원이 그 소관 업무와 직접적으로 관련되어 출석하는 경우에는 그러하지 아니 하다.(2014.11.28 본항 개정)

**법 제89조 【분쟁위원회의 구성】**

① 분쟁위원회는 위원장과 부위원장 각 1명을 포함한 15명 이내의 위원으로 구성한다.(2014.5.28 본항 개정)

② 분쟁위원회의 위원은 건축이나 법률에 관한 학식과 경험이 풍부한 자로서 다음 각 호의 어느 하나에 해당하는 자 중에서 국토교통부장관이 임명하거나 위촉한다. 이 경우 제4호에 해당하는 자가 2명 이상 포함되어야 한다.(2014.5.28 본항 개정)

1. 3급 상당 이상의 공무원으로 1년 이상 재직한 자(2014.5.28 본호 개정)
2. (2014.5.28 본호 삭제)
3. 「고등교육법」에 따른 대학에서 건축공학이나 법률학을 가르치는 조교수 이상의 직(職)에 3년 이상 재직한 자
4. 판사, 검사 또는 변호사의 직에 6년 이상 재직한 자
5. 「국가기술자격법」에 따른 건축분야 기술사 또는 「건축사법」 제23조에 따라 건축사사무소 개설신고를 하고 건축사로 6년 이상 종사한 자(2014.5.28 본호 개정)
6. 건설공사나 건설업에 대한 학식과 경험이 풍부한 자로서 그 분야에 15년 이상 종사한 자

③ (2014.5.28 본항 삭제)

④ 분쟁위원회의 위원장과 부위원장은 위원 중에서 국토교통부장관이 위촉한다.(2014.5.28 본항 개정)

⑤ 공무원이 아닌 위원의 임기는 3년으로 하되, 연임할 수 있으며, 보궐위원의 임기는 전임자의 남은 임기로 한다.

⑥ 분쟁위원회의 회의는 재적위원 과반수의 출석으로 열고 출석위원 과반수의 찬성으로 의결한다.(2014.5.28 본항 개정)

⑦ 다음 각 호의 어느 하나에 해당하는 자는 분쟁위원회의 위원이 될 수 없다.(2014.5.28 본항 개정)

1. 피성년후견인, 피한정후견인 또는 파산선고를 받고 복권되지 아니한 자
2. 금고 이상의 실형을 선고받고 그 집행이 끝나거나(집행이 끝난 것으로 보는 경우를 포함한다) 집행이 면제된 날부터 2년이 지나지 아니한 자
3. 법원의 판결이나 법률에 따라 자격이 정지된 자

⑧ 위원의 제척·기피·회피 및 위원회의 운영, 조정 등의 거부와 중지 등 그 밖에 필요한 사항은 대통령령으로 정한다.(2014.5.28 본항 신설)

**해설** 분쟁위원회의 구성은 위원장과 부위원장 각 1인을 포함한 15인 이내로 위원을 구성하도록 하고 있다.

- ▶ **피성년후견인(被成年後見人)** : 질병, 장애, 노령 그 밖의 사유로 인한 정신적 제약으로 사물을 처리할 능력이 지속적으로 결여된 사람으로서 가정법원으로부터 성년후견개시의 심판을 받은 사람(민법 제9조)
- ▶ **피한정후견인(被限定後見人)** : 가정법원으로부터 한정후견개시의 심판을 받은 사람으로서 종전의 한정치산자(한정치산자)에 해당한다(제한능력자).(2013년 7월 개정민법 제12조1항)
- ▶ **금고(禁錮)** : 자유형의 하나, 교도소에 가두어 두기만 하고 노역은 시키지 않는다.
- ▶ **제척(除斥)** : 배제하여 물리침, 특정사건에 대하여 법률에서 정한 특수한 관계가 있을 때 직무집행에서 배제
- ▶ **기피(忌避)** : 꺼리거나 싫어하여 피함 소송 당사자가 법관이나 직원의 직무집행을 거부하는 것
- ▶ **회피(回避)** : 법관 자신이 기피의 원인이 있다고 생각되는 경우에는 자발적으로 그 직물의 집행으로부터 탈퇴하는 제도(형사소송법 제24조)

**영 제119조의7 【위원의 제척 등】** [2014.11.28 본조 신설]

① 법 제89조제8항에 따라 분쟁위원회의 위원이 다음 각 호의 어느 하나에 해당하면 그 직무 집행에서 제외된다.

1. 위원 또는 그 배우자나 배우자였던 자가 해당 분쟁사건(이하 "사건"이라 한다)의 당사자가 되거나 그 사건에 관하여 당사자와 공동권리자 또는 의무자의 관계에 있는 경우
2. 위원이 해당 사건의 당사자와 친족이거나 친족이었던 경우
3. 위원이 해당 사건에 관하여 진술이나 감정을 한 경우
4. 위원이 해당 사건에 당사자의 대리인으로서 관여하였거나 관여한 경우
5. 위원이 해당 사건의 원인이 된 처분이나 부작위에 관여한 경우

② 분쟁위원회는 제척 원인이 있는 경우 직권이나 당사자의 신청에 따라 제척의 결정을 한다.

③ 당사자는 위원에게 공정한 직무집행을 기대하기 어려운 사정이 있으면 분쟁위원회의 기피신청을 할 수 있으며, 분쟁위원회는 기피신청이 타당하다고 인정하면 기피의 결정을 하여야 한다.

④ 위원은 제1항이나 제3항의 사유에 해당하면 스스로 그 사건의 직무집행을 회피할 수 있다.

▶ **부작위(不作爲)** : 마땅히 해야 할 것으로 기대되는 처분 또는 행위를 하지 않는 것

**영 제119조의8 【조정등의 거부와 중지】** [2014.11.28 본조 신설]

① 법 제89조제8항에 따라 분쟁위원회는 분쟁의 성질상 분쟁위원회에서 조정 등을 하는 것이 맞지 아니하다고 인정하거나 부정한 목적으로 신청하였다고 인정되면 그 조정 등을 거부할 수 있다. 이 경우 조정 등의 거부 사유를 신청인에게 알려야 한다.

② 분쟁위원회는 신청된 사건의 처리 절차가 진행되는 도중에 한쪽 당사자가 소(訴)를 제기한 경우에는 조정 등의 처리를 중지하고 이를 당사자에게 알려야 한다.

**법 제91조 【대리인】**

① 당사자는 다음 각 호에 해당하는 자를 대리인으로 선임할 수 있다.

1. 당사자의 배우자, 직계존·비속 또는 형제자매
2. 당사자인 법인의 임직원
3. 변호사

② (2014.5.28 본항 삭제)

③ 대리인의 권한은 서면으로 소명하여야 한다.

④ 대리인은 다음 각 호의 행위를 하기 위하여는 당사자의 위임을 받아야 한다.

1. 신청의 철회
2. 조정안의 수락
3. 복대리인의 선임

▶ **소명(疏明)** : 까닭이나 이유를 밝혀 설명함. 증명보다 낮은 정도의 심증이다.

**법 제92조 【조정 등의 신청】**

① 건축물의 건축등과 관련된 분쟁의 조정 또는 재정(이하 "조정등"이라 한다)을 신청하려는 자는 분쟁위원회에 조정등의 신청서를 제출하여야 한다.(2014.5.28 본항 개정)

② 제1항에 따른 조정신청은 해당 사건의 당사자 중 1명 이상이 하며, 재정신청은 해당 사건 당사자 간의 합의로 한다. 다만, 분쟁위원회는 조정신청을 받으면 해당 사건의 모든 당사자에게 조정신청이 접수된 사실을 알려야 한다.(2014.5.28 본항 개정)

③ 분쟁위원회는 당사자의 조정신청을 받으면 60일 이내에, 재정신청을 받으면 120일 이내에 절차를 마쳐야 한다. 다만, 부득이한 사정이 있으면 분쟁위원회의 의결로 기간을 연장할 수 있다.(2014.5.28 본항 개정)

**해설** 분쟁위원회는 기간을 정하여 그 절차를 완료하여야 하는데 당사자의 조정신청을 받은 때에는 60일 이

내에 재정신청을 받은 때에는 120일 이내에 그 절차를 마쳐야 한다.

▶ **조정(調整)** : 분쟁당사자 사이에 제3자가 중개하여 화해에 이르도록 함으로써 분쟁의 해결을 도모하는 제도

▶ **재정신청(裁定申請)** : 검사의 불기소 처분에 불복하여 그 불기소처분의 당부를 가려 달라고 직접 고등법원에 신청하는 제도

**법 제93조 【조정등의 신청에 따른 공사중지】**

① (2014.5.28 본항 삭제)

② (2014.5.28 본항 삭제)

③ 시·도지사 또는 시장·군수·구청장은 위해 방지를 위하여 긴급한 상황이거나 그 밖에 특별한 사유가 없으면 조정등의 신청이 있다는 이유만으로 해당 공사를 중지하게 하여서는 아니된다.

▶ **소(訴)** : 법원에 민사소송을 제기하는 행위로서, 어떤 자가 다른 자를 상대로 하여 자기의 권리주장의 당부(當否)에 관하여 특정의 법원에 대하여 심판의 신청소를 제기하는 자를 원고, 그 상대방을 피고라 하며 심판의 대상이 되는 원고의 특정의 권리주장을 소송상의 의미에서 청구라 함. '소가 없으면 재판도 없다'라는 말과 같이 소송은 소를 기다려서 개시되며 또한 법원은 소로 요구된 청구내용, 범위에 관하여서만 재판을 할 수 있음.

**법 제94조 【조정위원회와 재정위원회】**

① 조정은 3명의 위원으로 구성되는 조정위원회에서 하고, 재정은 5명의 위원으로 구성되는 재정위원회에서 한다.

② 조정위원회의 위원(이하 "**조정위원**"이라 한다)과 재정위원회의 위원(이하 "**재정위원**"이라 한다)은 사건마다 분쟁위원회의 위원 중에서 위원장이 지명한다. 이 경우 재정위원회에는 제89조제2항제4호에 해당하는 위원이 1명 이상 포함되어야 한다.(2014.5.28 본항 개정)

③ 조정위원회와 재정위원회의 회의는 구성원 전원의 출석으로 열고 과반수의 찬성으로 의결한다.

**법 제95조 【조정을 위한 조사 및 의견 청취】**

① 조정위원회는 조정에 필요하다고 인정하면 조정위원 또는 사무국의 소속 직원에게 관계 서류를 열람하게 하거나 관계 사업장에 출입하여 조사하게 할 수 있다.(2014.5.28 본항 개정)

② 조정위원회는 필요하다고 인정하면 당사자나 참고인을 조정위원회에 출석하게 하여 의견을 들을 수 있다.

③ 분쟁의 조정신청을 받은 조정위원회는 조정기간 내에 심사하여 조정안을 작성하여야 한다.(2014.5.28 본항 개정)

**법 제96조 【조정의 효력】**

① 조정위원회는 제95조제3항에 따라 조정안을 작성하면 지체 없이 각 당사자에게 조정안을 제시하여야 한다.

② 제1항에 따라 조정안을 제시받은 당사자는 제시를 받은 날부터 15일 이내에 수락 여부를 조정위원회에 알려야 한다.

③ 조정위원회는 당사자가 조정안을 수락하면 즉시 조정서를 작성하여야 하며, 조정위원과 각 당사자는 이에 기명날인하여야 한다.

④ 당사자가 제3항에 따라 조정안을 수락하고 조정서에 기명날인하면 조정서의 내용은 재판상 화해와 동일한 효력을 갖는다. 다만, 당사자가 임의로 처분할 수 없는 사항에 관한 것은 그러하지 아니하다.(2020.12.22 본항 개정)

**법 제97조 【분쟁의 재정】**

① 재정은 문서로써 하여야 하며, 재정 문서에는 다음 각 호의 사항을 적고 재정위원이 이에 기명날인하여야 한다.

1. 사건번호와 사건명
2. 당사자, 선정대표자, 대표당사자 및 대리인의 주소·성명
3. 주문(主文)
4. 신청 취지
5. 이유
6. 재정 날짜

② 제1항제5호에 따른 이유를 적을 때에는 주문의 내용이 정당하다는 것을 인정할 수 있는 한도에서 당사자의 주장 등을 표시하여야 한다.

③ 재정위원회는 재정을 하면 지체 없이 재정 문서의 정본(正本)을 당사자나 대리인에게 송달하여야 한다.

**법 제98조 【재정을 위한 조사권 등】**

① 재정위원회는 분쟁의 재정을 위하여 필요하다고 인정하면 당사자의 신청이나 직권으로 재정위원 또는 소속 공무원에게 다음 각 호의 행위를 하게 할 수 있다.

1. 당사자나 참고인에 대한 출석 요구, 자문 및 진술 청취
2. 감정인의 출석 및 감정 요구
3. 사건과 관계있는 문서나 물건의 열람·복사·제출 요구 및 유치
4. 사건과 관계있는 장소의 출입· 조사

② 당사자는 제1항에 따른 조사 등에 참여할 수 있다.

③ 재정위원회가 직권으로 제1항에 따른 조사 등을 한 경우에는 그 결과에 대하여 당사자의 의견을 들어야 한다.
④ 재정위원회는 제1항에 따라 당사자나 참고인에게 진술하게 하거나 감정인에게 감정하게 할 때에는 당사자나 참고인 또는 감정인에게 선서를 하도록 하여야 한다.
⑤ 제1항제4호의 경우에 재정위원 또는 소속 공무원은 그 권한을 나타내는 증표(證票)를 지니고 이를 관계인에게 내보여야 한다.

▸ 증표(證票) : 증명이나 증거가 될 만한 표
▸ 감정인(鑑定人) : 전문적 학식경험에 속하는 법칙, 또는 이를 구체적 사실에 적용하여 얻은 판단은 법원에 보고하는 자를 말한다.(형사소송법 제169조)
▸ 직권(職權) : 직무상의 권한, 공무원이나 법인 등의 기관이 그 지위나 자격으로 행할 수 있는 사무나 그런 사무의 범위

**법 제99조 【재정의 효력 등】**

재정위원회가 재정을 한 경우 재정 문서의 정본이 당사자에게 송달된 날부터 60일 이내에 당사자 양쪽이나 어느 한쪽으로부터 그 재정의 대상인 건축물의 건축등의 분쟁을 원인으로 하는 소송이 제기되지 아니하거나 그 소송이 철회되면 그 재정내용은 재판상 화해와 동일한 효력을 갖는다. 다만, 당사자가 임의로 처분할 수 없는 사항에 관한 것은 그러하지 아니하다.(2020.12.22 본항 개정)

**법 제100조 【시효의 중단】**

당사자가 재정에 불복하여 소송을 제기한 경우 시효의 중단과 제소기간을 산정할 때에는 재정신청을 재판상의 청구로 본다.(2020.6.9 법률용어정비를 위한 국토교통위원회 소관 78개 법률에 의거 본조 개정)

▸ 시효(時效) : 일정한 사실 상태가 일정기간 동안 계속되는 경우.
진실된 권리관계와 합치여부를 묻지 않고 법률상 사실상태.

**법 제101조 【조정 회부】**

분쟁위원회는 재정신청이 된 사건을 조정에 회부하는 것이 적합하다고 인정하면 직권으로 직접 조정할 수 있다.(2014.5.28 본항 개정)

**법 제102조 【비용부담】**

① 분쟁의 조정등을 위한 감정·진단·시험 등에 드는 비용은 당사자 간의 합의로 정하는 비율에

따라 당사자가 부담하여야 한다. 다만, 당사자 간에 비용부담에 대하여 합의가 되지 아니하면 조정위원회나 재정위원회에서 부담비율을 정한다.

② 조정위원회나 재정위원회는 필요하다고 인정하면 대통령령으로 정하는 바에 따라 당사자에게 제1항에 따른 비용을 예치하게 할 수 있다.

③ 제1항에 따른 비용의 범위에 관하여는 국토교통부령으로 정한다.(2014.5.28 본항 개정)

**영 제119조의9 【조정등의 비용 예치】**

법 제102조제2항에 따라 조정위원회 또는 재정위원회는 조정등을 위한 비용을 예치할 금융기관을 지정하고 예치기간을 정하여 당사자로 하여금 비용을 예치하게 할 수 있다.(2014.11.28 본조 신설)

**규칙 제43조의5 【비용부담】**

법 제102조제3항에 따라 조정등의 당사자가 부담할 비용의 범위는 다음 각 호와 같다. (2010.8.5 본항 개정)

1. 감정·진단·시험에 소요되는 비용
2. 검사·조사에 소요되는 비용
3. 녹음·속기록·참고인 출석에 소요되는 비용, 그 밖에 조정등에 소요되는 비용. 다만, 다음 각 목의 어느 하나에 해당하는 비용을 제외한다.
   가. 분쟁위원회의 위원 또는 영 제119조의9제2항에 따른 사무국(이하 "사무국"이라 한다) 소속 직원이 분쟁위원회의 회의에 출석하는데 소요되는 비용(2014.11.28 본목 개정)
   나. 분쟁위원회의 위원 또는 사무국 소속 직원의 출장에 소요되는 비용(2014.11.28 본목 개정)
   다. 우편료 및 전신료(2008.3.14 본목 개정)

**법 제103조 【분쟁위원회의 운영 및 사무처리 위탁】**

① 국토교통부장관은 분쟁위원회의 운영 및 사무 처리를 「국토안전관리원법」에 따른 국토안전관리원(이하 "**국토안전관리원**"이라 한다)에 위탁할 수 있다.(2020.6.9 「국토안전관리원법」 부칙에 의거 본항 개정)

② 분쟁위원회의 운영 및 사무 처리를 위한 조직 및 인력 등은 대통령령으로 정한다.(2014.5.28 본항 개정)

③ 국토교통부장관은 예산의 범위에서 분쟁위원회의 운영 및 사무 처리에 필요한 경비를 국토안전관리원에 출연 또는 보조할 수 있다.(2020.6.9 「국토안전관리원법」 부칙에 의거 본항 개정)

**영 제119조의10 [분쟁위원회의 운영 및 사무처리]**

① 국토교통부장관은 법 제103조제1항에 따라 분쟁위원회의 운영 및 사무 처리를 **국토안전관리원**에 위탁한다.(2020.12.1 국토안전관리원법 시행령 부칙에 의거 본항 개정)

② 제1항에 따라 위탁을 받은 국토안전관리원은 그 소속으로 분쟁위원회 사무국을 두어야 한다.(2020.12.1 국토안전관리원법 시행령 부칙에 의거 본항 개정)

**법 제104조 [조정 등의 절차]**

제88조부터 제103조까지의 규정에서 정한 것 외에 분쟁의 조정등의 방법·절차 등에 관하여 필요한 사항은 대통령령으로 정한다.

**법 제104조의2 [건축위원회의 사무의 정보보호]**

건축위원회 또는 관계 행정기관 등은 제4조의5의 민원심의 및 제92조의 분쟁조정 신청과 관련된 정보의 유출로 인하여 신청인과 이해관계인의 이익이 침해되지 아니하도록 노력하여야 한다. (2014.5.28 본조 신설)

**법 제105조 [벌칙 적용 시 공무원 의제]**

다음 각 호의 어느 하나에 해당하는 사람은 공무원이 아니더라도 「형법」 제129조부터 제132조까지의 규정과 「특정범죄가중처벌 등에 관한 법률」 제2조와 제3조에 따른 벌칙을 적용할 때에는 공무원으로 본다.(2014.1.14 본조 개정)

1. 제4조에 따른 건축위원회의 위원(2014.1.14 본호 신설)

1의2. 제13조의2제2항에 따라 안전영향평가를 하는 자(2016.2.3 본호 신설)

1의3. 제52조의3제4항에 따라 건축자재를 점검하는 자(2019.4.23 본호 개정)

2. 제27조에 따라 현장조사·검사 및 확인업무를 대행하는 사람(2014.1.14 본호 개정)
3. 제37조에 따른 건축지도원
4. 제82조제4항에 따른 기관 및 단체의 임직원
5. 제87조의2제3항에 따라 지역건축안전센터에 배치된 전문인력(2022.6.10 본호 개정)

해설 업무의 권한위임이 이루어지지 않은 상태에서 공무원이 아닌 자가 공무원의 업무를 대행 또는 건축분쟁전문위원회의 위원 등으로 활동할 때 공무원 의제(公務員 擬制) 규정을 적용하여 처벌한다는 것은 논리상 이해할 수는 있지만 업무대행으로 폭주하는 공무원의 업무를 보조한다는 점에서 보면 현실적으로 처벌규정에서만 의제를 적용한다는 것은 불합리하다고 볼 수 있다.

▸ **의제(擬制)** : 본질이 다른 것을 일정한 법률적으로 다룸에 있어서 동일한 것으로 보고 동일한 효과를 주는 일(legal fiction)

- 「형법」 제129조(수뢰·사전수뢰)
- 「형법」 제130조(제3자 뇌물제공)
- 「형법」 제131조(수뢰 후 부정처사, 사후수뢰)
- 「형법」 제132조(주선수뢰)
- 「특정범죄가중처벌 등에 관한 법률」 제2조(뇌물죄의 가중처벌)
  - 수뢰액이 5천만원 이상인 때에는 무기 또는 10년 이상의 징역
  - 수뢰액이 1천만원 이상 5천만원 미만인 때에는 5년 이상의 유기 징역
- 「특정범죄가중처벌 등에 관한 법률」 제3조(알선수재)
  - 5년 이하의 징역 또는 1천만원 이하의 벌금

# 제9장 과제하기

**01.** 이행강제금의 취지와 부과기준은?

**02.** 「건축법」의 준용을 받게 되는 공작물의 규모는?

1) 굴뚝
2) 광고탑
3) 옹벽
4) 지하대피호
5) 골프연습장
6) 기계식주차장

**03.** 건축분쟁전문위원회를 구분하고 그 역할은?

# 제9장 과년도 문제

**01.** 다음의 공작물 중 건축법의 적용을 받는 것은?

㉮ 바닥면적 $20m^2$의 지하대피호
㉯ 높이 3m의 광고탑
㉰ 높이 8m의 골프장의 철탑
㉱ 높이 7m의 고가수조

**해설** **영 제118조**
- 지하대피호 : 바닥면적 $30m^2$ 이상
- 광고탑·광고판 : 높이 4m 이상
- 고가수조 : 높이 8m 이상
- 골프 연습장의 철탑, 주거·상업지역 안에 설치하는 통신용 철탑 : 높이 6m 이상

**02.** 건축법령상 이행강제금에 관한 설명으로 가장 적합한 것은?

㉮ 최초의 시정명령이 있었던 날을 기준으로 하여 1년에 3회 이내의 범위에서 그 시정명령이 이행될 때까지 이행강제금을 부과할 수 있다.
㉯ 이행강제금을 부과하는 경우 금액, 부과사유, 납부기한, 수납기관, 이의제기 방법 및 이의제기 기관 등을 구체적으로 밝힌 문서로 하여야 한다.
㉰ 시정명령을 받은 자가 이를 이행하면 새로운 이행강제금의 부과를 즉시 중지하되, 이미 납부된 이행강제금은 환불한다.
㉱ 이행강제금을 부과하기 전에 이행강제금을 부과·징수한다는 뜻을 미리 문서로 계고할 필요가 있다.

**해설** **법 제80조 참고**
가. 1년에 2회 이내의 범위에서 부과
다. 이미 부과된 이행강제금은 징수
라. 이행강제금 부과전 부과 내용을 미리 문서로 알려야 함.

**03.** 건축물의 건축등과 관련된 건축분쟁전문 위원회 조정대상이 되는 분쟁으로 가장 적합하지 않은 것은?

㉮ 건축주와 허가권자 간의 분쟁
㉯ 관계전문기술자 간의 분쟁
㉰ 건축 관계자와 해당 건축물의 건축 등으로 피해를 입은 인근주민 간의 분쟁
㉱ 인근주민 간의 분쟁

**해설** **법 제88조 제1항**
**〈건축분쟁전문위원회 조정대상〉**
- 건축 관계자와 해당 건축물의 건축 등으로 피해를 입은 인근주민 간의 분쟁
- 관계전문기술자와 인근주민간의 분쟁
- 건축 관계자와 관계전문기술자 간의 분쟁
- 건축 관계자 간의 분쟁
- 인근주민 간의 분쟁
- 관계전문기술자 간 분쟁
- 그 밖에 대통령령으로 정하는 사항

**해답** 1. ㉰ 2. ㉯ 3. ㉮

# 제10장

# 벌 칙

**법 제106조 【벌 칙】**

① 제23조, 제24조제1항, 제25조제3항, 제52조의3제1항 및 제52조의5제2항을 위반하여 설계·시공·공사감리 및 유지·관리와 건축자재의 제조 및 유통을 함으로써 건축물이 부실하게 되어 착공 후 「건설산업기본법」 제28조에 따른 하자담보책임 기간에 건축물의 기초와 주요구조부에 중대한 손괴를 일으켜 일반인을 위험에 처하게 한 설계자·감리자·시공자·제조업자·유통업자·관계전문기술자 및 건축주는 10년 이하의 징역에 처한다.(2020.12.22 본항 개정)

② 제1항의 죄를 범하여 사람을 죽거나 다치게 한 자는 무기징역이나 3년 이상의 징역에 처한다.

**해설** ※「건축법」 제23조 : 건축물의 설계－건축사
「건축법」 제24조제1항 : 건축시공－공사시공자
「건축법」 제25조제3항 : 건축물의 공사감리－공사감리자
「건축법」 제52조의3제1항 : 제조업자, 유통업자
「건축법」 제52조의5제2항 : 건축자재 등의 건축관계자

▸ **손괴(損壞)** : 어떤 물건을 망가뜨림

▸ **하자담보** : 매매 따위의 유상계약에 있어서 그 목적인 물건 자체에 숨은 흠이 있을 적에 매주(賣主)가 지는 담보책임

**참고**

「건설산업기본법」 제28조 【건설공사수급인의 하자담보책임】

- 벽돌쌓기식구조·철근콘크리트구조·철골구조·철골철근콘크리트구조 등은 건설공사의 완공일로부터 10년의 범위 내
- 기타구조로 된 것은 건설공사의 완공일로부터 5년의 범위 내
- 담보책임이 없는 경우
  - 발주자가 제공한 재료의 품질이나 규격 등의 기준미달로 인하거나 재료의 성질로 인한 경우
  - 발주자의 지시에 따라 시공한 경우

– 발주자가 건설공사의 목적물을 관계법령에 의한 내구연한 또는 설계상의 구조내력을 초과하여 사용한 경우

참고 「형법」

(단위 : 만원 이하)

| 죄 명 | 종 전 | 개 정 |
|---|---|---|
| 공무원자격 사칭 | 60 | 700 |
| 직권남용 – 권리행사방해 | 벌금형 없음 | 1,000 |
| 뇌물공여 | 100 | 2,000 |
| 공무집행방해 | 벌금형 없음 | 1,000 |
| 허위공문서 작성 등 | 벌금형 없음 | 2,000 |
| 사문서위조 등 | 벌금형 없음 | 1,000 |
| 일반교통방해 | 200 | 1,500 |

※ 19개 범죄는 종전 징역형이었으나 징역형이나 벌금형 중 선택 가능

### 법 제107조 [벌 칙]

① 업무상 과실로 제106조제1항의 죄를 범한 자는 5년 이하의 징역이나 금고 또는 5억원 이하의 벌금에 처한다.(2016.2.3 본항 개정)

② 업무상 과실로 제106조제2항의 죄를 범한 자는 10년 이하의 징역이나 금고 또는 10억원 이하의 벌금에 처한다.(2016.2.3 본항 개정)

### 법 제108조 [벌 칙]

① 다음 각 호의 어느 하나에 해당하는 자는 3년 이하의 징역이나 5억원 이하의 벌금에 처한다. (2019.4.23 본항 개정)

1. 도시지역에서 제11조제1항, 제19조제1항 및 제2항, 제47조, 제55조, 제56조, 제58조, 제60조, 제61조 또는 제77조의10을 위반하여 건축물을 건축하거나 대수선 또는 용도변경을 한 건축주 및 공사시공자
2. 제52조제1항 및 제2항에 따른 방화에 지장이 없는 재료를 사용하지 아니한 공사시공자 또는 그 재료 사용에 책임이 있는 설계자나 공사감리자
3. 제52조의3제1항을 위반한 건축자재의 제조업자 및 유통업자
4. 제52조의4제1항을 위반하여 품질관리서를 제출하지 아니하거나 거짓으로 제출한 제조업자, 유통업자, 공사시공자 및 공사감리자
5. 제52조의5제1항을 위반하여 품질인정기준에 적합하지 아니함에도 품질인정을 한 자 (2020.12.22 본호 신설)

② 제1항의 경우 징역과 벌금은 병과(併科)할 수 있다.

해설 「건축법」이 공공복리의 증진을 도모하는데 중요한 목적을 두고 있으나 공익성을 무시한 사유재산의 최대 이용을 기하려 하므로 「건축법」을 효율적으로 시행하기 위해서는 위법 건축행위에 대한 적절한 조치를 취하고 있으며 그 중요성이나 정도에 따라서 벌칙내용을 다르게 규정하고 있다.

- 법 제11조제1항 : 건축허가
- 법 제19조 : 용도변경
- 법 제47조 : 건축선에 의한 건축제한
- 법 제52조 : 건축물의 마감재료
- 법 제52조의3 : 건축자재의 제조 및 유통관리
- 법 제52조의4 : 건축자재의 품질관리등
- 법 제52조의5 : 건축자재 등의 품질인정
- 법 제55조 : 건축물의 건폐율
- 법 제56조 : 용적률(容積率)
- 법 제58조 : 대지 안의 공지
- 법 제60조 : 건축물의 높이제한
- 법 제61조 : 일조 등의 확보를 위한 건축물의 높이제한
- 법 제77조의10 : 건축협정의 효력 및 승계

▸ **벌칙** : 어떤 행위를 명하고 제한(制限)하며 또는 금지하고 규정을 위반한 자에 대하여 벌을 과하는 규정

▸ **벌금** : 범죄의 처벌로서 부과하는 돈으로 재산형(財産刑)의 하나이다. 금액은 범죄의 경중에 따라 다르며 벌금을 낼 능력이 없을 경우에는 노역(勞役)으로 대신한다. – 유형의 결함을 보충하기 위한 제도

▸ **병과(併科)** : 동시에 둘 이상의 형벌에 처하는 일

**법 제109조 [벌 칙]**

다음 각 호의 어느 하나에 해당하는 자는 2년 이하의 징역이나 2억원 이하의 벌금에 처한다.

1. 제27조제2항에 따른 보고를 거짓으로 한 자(2017.4.18 본호 신설)
2. 제87조의2제1항제1호에 따른 보고·확인·검토·심사 및 점검을 거짓으로 한 자(2017.4.18 본호 신설)

해설 현장조사·검사 및 확인업무를 대행하는 자가 시장·군수·구청장에게 서면으로 보고하여야 하는 데 이때 규정에 의한 보고를 허위로 한 경우와 지역건축안전센터에 해당 규정을 거짓으로 한 경우에는 2년 이하의 징역 또는 2억원 이하의 벌금에 해당된다.

**법 제110조 [벌 칙]**

다음 각 호의 어느 하나에 해당하는 자는 2년 이하의 징역 또는 1억원 이하의 벌금에 처한다. (2016.2.3 본조 개정)

1. 도시지역 밖에서 제11조제1항, 제19조제1항 및 제2항, 제47조, 제55조, 제56조, 제58조, 제60조,

제61조, 제77조의10을 위반하여 건축물을 건축하거나 대수선 또는 용도변경을 한 건축주 및 공사시공자(2016.1.19 본호 개정)

1의2. 제13조제5항을 위반한 건축주 및 공사시공자(2016.2.3 본호 신설)

2. 제16조(변경허가 사항만 해당한다), 제21조제5항, 제22조제3항 또는 제25조제7항을 위반한 건축주 및 공사시공자(2017.4.18 본호 개정)

3. 제20조제1항에 따른 허가를 받지 아니하거나 제83조에 따른 신고를 하지 아니하고 가설건축물을 건축하거나 공작물을 축조한 건축주 및 공사시공자

4. 다음 각 목의 어느 하나에 해당하는 자(2008.3.28 본호 개정)

가. 제25조제1항을 위반하여 공사감리자를 지정하지 아니하고 공사를 하게 한 자

나. 제25조제1항을 위반하여 공사시공자 본인 및 계열회사를 공사감리자로 지정한 자

5. 제25조제3항을 위반하여 공사감리자로부터 시정 요청이나 재시공 요청을 받고 이에 따르지 아니하거나 공사 중지의 요청을 받고도 공사를 계속한 공사시공자

6. 제25조제6항을 위반하여 정당한 사유 없이 감리중간보고서나 감리완료보고서를 제출하지 아니하거나 거짓으로 작성하여 제출한 자

6의2. 제27조제2항을 위반하여 현장조사·검사 및 확인 대행 업무를 한 자(2016.2.3 본호 신설)

7. (2019.4.30 건축물관리법 부칙에 의거 본호 삭제)

8. 제40조제4항을 위반한 건축주 및 공사시공자

8의2. 제43조제1항, 제49조, 제50조, 제51조, 제53조, 제58조, 제61조제1항·제2항 또는 제64조를 위반한 건축주, 설계자, 공사시공자 또는 공사감리자(2016.2.3 본호 신설)

9. 제48조를 위반한 설계자, 공사감리자, 공사시공자 및 제67조에 따른 관계전문기술자

9의2. 제50조의2제1항을 위반한 설계자, 공사감리자 및 공사시공자(2011.9.16 본호 신설)

9의3. 제48조의4를 위반한 건축주, 설계자, 공사감리자, 공사시공자 및 제67조에 따른 관계전문기술자(2016.2.3 본호 신설)

10. (2019.4.23 본호 삭제)

11. (2019.4.23 본호 삭제)

12. 제62조를 위반한 설계자, 공사감리자, 공사시공자 및 제67조에 따른 관계전문기술자(2008.6.5 본호 신설)

**해설** 처벌대상

- 법 제11조제1항 : 건축허가
- 법 제19조 : 용도변경
- 법 제47조 : 건축선에 의한 건축제한
- 법 제55조 : 건폐율
- 법 제56조 : 용적률
- 법 제58조 : 대지안의 공지
- 법 제60조 : 건축물의 높이제한

→ 건축주 및 공사시공자

- 법 제61조 : 일조 등의 확보를 위한 건축물의 높이제한
- 법 제16조 : 허가·신고 사항의 변경
- 법 제21조제5항 : 건설산업기본법 제41조 위반(건축주)
- 법 제22조제3항 : 사용검사 후 건축물 사용
- 법 제25조제7항 : 공사감리자의 지정취소 및 보수지급거부
- 법 제20조제1항 : 가설건축물
- 법 제83조 : 옹벽 등 공작물에의 준용
- 법 제25조제1항 : 공사감리자지정－건축주
- 법 제25조제3항 : 공사감리자의 공사감리－공사감리자, 공사시공자
- 법 제25조제6항 : 공사감리일지, 작성 보고－공사감리자, 건축주
- 법 제40조제4항 : 옹벽설치 등－건축주, 공사시공자
- 법 제48조 : 구조내력 등－설계자, 공사감리자, 공사시공자, 관계전문기술자
- 법 제50조의2 : 고층건축물의 피난 및 안전관리－설계자, 공시감리자, 공사시공자
- 법 제62조 : 건축설비기준 등 설계자, 공사감리자, 공사시공자, 관계전문기술자
- 법 제67조 : 관계전문기술자
- 법 제77조의10 : 건축협정의 효력 및 승계

**판례** 용도변경한 행위의「건축법」위반(대법 1991.4.23, 91도77)

당국의 허가를 받지 아니하고 그 용도가 목욕탕, 헬스클럽으로 된 상가건물을 교회로 용도변경하였다면 그 후 공포시행 된 주택건설기준 등에 관한 규정(1991.1.15. 대통령령 제13252호) 제5조제7호, 제6조제1항 제7호에 의하여 종교생활에 사용할 수 있는 시설이 공동주택의 복리시설에 해당하게 되어 주택단지에 설치할 수 있게 되었다 하더라도 건축물의 용도를 변경함에 있어 당국의 허가를 받도록 한 관계법령이 개정되지 아니한 이상 이는 *「건축법」 제54조제1항, **제5조제1항 본문, ***제48조 위반의 범죄행위를 구성한다 할 것이다.

*「건축법」 제79조
**「건축법」 제8조제1항
***「건축법」 제14조

**판례** 공사를 집행한 행위자(대법 1990.10.12. 90도1219)

「건축법」* 제54조에 의하면 허가 없이 건축물을 건축하거나 대수선하는 행위에 관하여는 그 건축주만을 처벌대상으로 하고 있고, 법인의 경우에는 그 대표자를 건축주로 보고 있으므로 건축주 아닌 자가 건축공사나 수선공사를 집행하였다 하더라도 동인과 건축주 사이에 공범관계가 성립되지 아니하는 한 해당 행위자는 「건축법」 위반의 책임을 지지 아니하는 것인 바, 기독교 재단 소유의 교회건물의 대수선 공사에 관하여 위 재단산하 해당 교회의 장로 겸 운영위원회 위원장이 건축에 관한 실무책임자로서 운영위원회의 결의에 따라 공사를 집행만 한 경우에는 「건축법」 제54조 위반의 죄책을 지지 아니한다.

*「건축법」 제79조

**법 제111조 [벌 칙]**

다음 각 호의 어느 하나에 해당하는 자는 5천만원 이하의 벌금에 처한다.(2016.2.3 본조 개정)

1. 제14조, 제16조(변경신고 사항만 해당한다), 제20조제3항, 제21조제1항, 제22조제1항 또는 제83조제1항에 따른 신고 또는 신청을 하지 아니하거나 거짓으로 신고하거나 신청한 자(2016.2.3 본호 개정)
2. 제24조제3항을 위반하여 설계 변경을 요청받고도 정당한 사유 없이 따르지 아니한 설계자
3. 제24조제4항을 위반하여 공사감리자로부터 상세시공도면을 작성하도록 요청받고도 이를 작성하지 아니하거나 시공도면에 따라 공사하지 아니한 자

3의2. 제24조제6항을 위반하여 현장관리인을 지정하지 아니하거나 착공신고서에 이를 거짓으로 기재한 자(2016.2.3 본호 신설)

3의3. (2019.4.23 본호 삭제)

4. 제28조제1항을 위반한 공사시공자
5. 제41조나 제42조를 위반한 건축주 및 공사시공자

5의2. 제43조제4항을 위반하여 공개공지등의 활용을 저해하는 행위를 한 자(2019.4.23 본호 신설)

6. 제52조의2를 위반하여 실내건축을 한 건축주 및 공사시공자(2014.5.28 본호 신설)

6의2. 제52조의4제5항을 위반하여 건축자재에 대한 정보를 표시하지 아니하거나 거짓으로 표시한 자(2019.4.23 본호 신설)

7. (2019.4.30 건축물관리법 부칙에 의거 본호 삭제)
8. (2009.2.6 본호 삭제)

**해설** 처벌대상

| 처벌대상 | 대상자 |
|---|---|
| • 법 제14조 : 건축신고 | 위반한 자(해당자) |
| • 법 제20조제3항 : 재해복구용 등 가설건축물 신고 | 위반한 자(해당자) |
| • 법 제21조제1항 : 착공신고 | 위반한 자(해당자) |
| • 법 제22조제1항 : 사용검사 신청 | 위반한 자(해당자) |
| • 법 제24조제3항 : 설계변경 요청－설계자 | |
| • 법 제24조제4항 : 상세시공도면 작성－공사시공자 | |
| • 법 제28조제1항 : 공사현장의 위해방지 | 공사시공자 |
| • 법 제41조토지굴착 부분에 대한 조치 등 | 건축주 및 공사시공자 |
| • 법 제42조 : 대지 안의 조경 | 건축주 및 공사시공자 |
| • 법 제52조의2 : 실내건축 | 건축주 및 공사시공자 |

**질의 사용검사 전 사전입주자 및 공사감리자 처벌 여부**

사용검사 전 입주한 사실이 있다고 감리소홀로 보아 「건축법」 제80조제2항에 의거 200만원 이하의 벌금에 처할 수 있는지 및 공사감리자 의무를 이행하지 않은 경우로 보아 「건축사법 시행규칙」 별표 3 제4호다목에 의거 4월 이내의 업무정지처분을 할 수 있는지

**회신** 질의의 사전입주가 원칙적으로 공사감리 대상에서는 제외된다 할 수 있겠으나, 「건축법」 제18조제3항의 규정에 의하여 건축주는 사용검사 필증의 교부를 받은 후가 아니면 그 건축물을 사용하거나 사용하게 할 수 없는 것이며, 동법 제21조제2항의 규정에 의하여 공사감리자는 동 법령 등에 위반된 사항을 발견한 경우 이를 시정하도록 건축주 및 공사시공자에게 서면으로 통지하여야 하고, 시정하지 아니하는 경우에는 시장·군수·구청장에게 보고해야 하는 것인바, 해당 공사감리자에 대한 처분은 이와 같은 절차의 이행여부 및 현지의 구체적인 사항을 종합검토하여 처분청이 판단할 사항임.(서울시 건축 58070-4523, '95.11.4)

**법 제112조 [양벌규정]**

① 법인의 대표자, 대리인, 사용인, 그 밖의 종업원이 그 법인의 업무에 관하여 제106조의 위반행위를 하면 행위자를 벌할 뿐만 아니라 그 법인에도 10억원 이하의 벌금에 처한다. 다만, 법인이 그 위반행위를 방지하기 위하여 해당 업무에 관하여 상당한 주의와 감독을 게을리하지 아니한 때에는 그러하지 아니하다.

② 개인의 대리인, 사용인, 그 밖의 종업원이 그 개인의 업무에 관하여 제106조의 위반행위를 하면 행위자를 벌할 뿐만 아니라 그 개인에게도 10억원 이하의 벌금에 처한다. 다만, 개인이 그 위반행위를 방지하기 위하여 해당 업무에 관하여 상당한 주의와 감독을 게을리하지 아니한 때에는 그러하지 아니하다.

③ 법인의 대표자, 대리인, 사용인, 그 밖의 종업원이 그 법인의 업무에 관하여 제107조부터 제111조까지의 규정에 따른 위반행위를 하면 행위자를 벌할 뿐만 아니라 그 법인에도 해당 조문의 벌금형을 과(科)한다. 다만, 법인이 그 위반행위를 방지하기 위하여 해당 업무에 관하여 상당한 주의와 감독을 게을리하지 아니한 때에는 그러하지 아니하다.

④ 개인의 대리인, 사용인, 그 밖의 종업원이 그 개인의 업무에 관하여 제107조부터 제111조까지의 규정에 따른 위반행위를 하면 행위자를 벌할 뿐만 아니라 그 개인에게도 해당 조문의 벌금형을 과한다. 다만, 개인이 그 위반행위를 방지하기 위하여 해당 업무에 관하여 상당한 주의와 감독을 게을리하지 아니한 때에는 그러하지 아니하다.

**해설** 행위자뿐만 아니라 관계자도 벌칙을 적용하도록 규정하고 있다.

▸ **양벌규정(兩罰規定)** : 상벌규정이라고 하는데 공동으로 책임을 묻고 처벌하는 규정이다.

**법 제113조 [과태료]**

① 다음 각 호의 어느 하나에 해당하는 자에게는 200만원 이하의 과태료를 부과한다. (2009.2.6 본항 신설)

1. 제19조제3항에 따른 건축물대장 기재내용의 변경을 신청하지 아니한 자(2014.5.28 본호 신설)
2. 제24조제2항을 위반하여 공사현장에 설계도서를 갖추어 두지 아니한 자
3. 제24조제5항을 위반하여 건축허가 표지판을 설치하지 아니한 자

4. 제52조의3제2항 및 제52조의6제4항에 따른 점검을 거부·방해 또는 기피한 자(2020.12.22 본호 개정)
5. 제48조의3제1항 본문에 따른 공개를 하지 아니한 자(2017.12.26 본호 개정)

② 다음 각 호의 어느 하나에 해당하는 자에게는 100만원 이하의 과태료를 부과한다. (2014.5.28 본항 개정)
1. 제25조제4항을 위반하여 보고를 하지 아니한 공사감리자
2. 제27조제2항에 따른 보고를 하지 아니한 자
3. (2019.4.30 건축물관리법 부칙에 의거 본호 삭제)
4. (2019.4.30 건축물관리법 부칙에 의거 본호 삭제)
5. 제75조제2항을 위반하여 정당한 사유 없이 허가권자에게 모니터링보고서를 제출하지 아니하거나 거짓이나 그 밖의 부정한 방법으로 모니터링보고서를 제출한 건축주 또는 소유자 (2016.2.3 본호 삭제)
6. 제77조제2항을 위반하여 모니터링에 필요한 사항에 협조하지 아니한 건축주, 소유자 또는 관리자
7. 제79조제5항을 위반한 자(2016.1.19 본호 삭제)
8. 제83조제2항에 따른 보고를 하지 아니한 자(2014.5.28 본호 신설)
9. 제87조제1항에 따른 자료의 제출 또는 보고를 하지 아니하거나 거짓 자료를 제출하거나 거짓 보고를 한 자

③ 제24조제6항을 위반하여 공정 및 안전관리 업무를 수행하지 아니하거나 공사 현장을 이탈한 현장관리인에게는 50만원 이하의 과태료를 부과한다.(2018.8.14 본항 개정)

④ 제1항부터 제3항에 따른 과태료는 대통령령으로 정하는 바에 따라 국토교통부장관, 시·도지사 또는 시장·군수·구청장이 부과·징수한다.(2016.2.3 본항 개정)

⑤ (2009.2.6 본항 삭제)

⑥ (2009.2.6 본항 삭제)

**해설** 과태료(過怠料)는 행정처분으로 부과 징수할 수 있으나 벌금은 법원의 판결에 의해 부과 징수된다는 점에서 큰 차이가 있다. 건축이 경제활동이므로 원칙적으로 벌금에서 과태료로 대폭 전환하는 것이 필요하다. 절차의 간소화를 기할 수 있으며 비용부담 방법으로 충분한 억제효과를 가질 수 있다. 그러나 법 집행의 엄중함을 위해서는 중요한 위법사항은 형벌이 필요하다.

▸ **과태료(過怠料)** : 벌금이나 과료(科料)와 달리 형벌의 성질을 가지지 않는 법령위반(주로 행정법규)에 대하여 과해지는 금전벌

- 법 제19조제3항 : 건축물대장 기재내용의 변경 신청
- 법 제24조제2항 : 공사현장에 설계도서 비치
- 법 제24조제5항 : 공사허가 표시판 설치
- 법 제48조의3제1항 : 건축물의 내진능력 공개
- 법 제25조제4항 : 공사 시공자의 시공

- 법 제27조제2항 : 조사·검사·확인 결과의 보고
- 법 제75조제2항 : 모니터링 보고서를 제출하지 아니하는 경우
- 법 제77조제2항 : 모니터링에 필요한 사항에 협조하지 않는 경우
- 법 제79조제5항 : 표지 설치의 거부 또는 방해
- 법 제83조제2항 : 공작물에의 준용 등을 보고하지 아니하는 경우
- 법 제87조제1항 : 공사 현장에 출입하여 검사 등

영 **제121조 【과태료의 부과기준】**

법 제113조제1항부터 제3항까지의 규정에 따른 과태료의 부과기준은 별표 16과 같다.(2017.2.3 본조 개정)

※ 「건축법 시행령」 **【별표 16】** (2021.12.21 본표 개정)

**과태료의 부과기준**(제121조 관련)

**1. 일반기준**

가. 위반행위의 횟수에 따른 과태료의 가중된 부과기준은 최근 1년간 같은 위반행위로 과태료 부과처분을 받은 경우에 적용한다. 이 경우 기간의 계산은 위반행위에 대하여 과태료 부과처분을 받은 날과 그 처분 후 다시 같은 위반행위를 하여 적발된 날을 기준으로 한다.(2020.10.8 본목 개정)

나. 과태료 부과 시 위반행위가 둘 이상인 경우에는 부과금액이 많은 과태료를 부과한다.

다. 부과권자는 위반행위의 정도, 동기와 그 결과 등을 고려하여 제2호에 따른 과태료 금액의 1/2 범위에서 그 금액을 늘릴 수 있다. 다만, 과태료를 늘려 부과하는 경우에도 법 제113조제1항부터 제3항까지의 규정에 따른 과태료 금액의 상한을 넘을 수 없다.

라. 부과권자는 다음의 어느 하나에 해당하는 경우에는 제2호에 따른 과태료 금액의 1/2 범위에서 그 금액을 줄일 수 있다. 다만, 과태료를 체납하고 있는 위반행위자의 경우에는 그 금액을 줄일 수 없으며, 감경 사유가 여러 개 있는 경우라도 감경의 범위는 과태료 금액의 1/2을 넘을 수 없다.

1) (2020.10.8 삭제)
2) 위반행위가 사소한 부주의나 오류 등으로 인한 것으로 인정되는 경우
3) 위반행위자가 법 위반상태를 바로 정정하거나 시정하여 해소한 경우
4) 그 밖에 위반행위의 정도, 동기와 그 결과 등을 고려하여 줄일 필요가 있다고 인정되는 경우

**2. 개별기준**

(단위: 만원)

| 위반행위 | 근거 법조문 | 과태료 금액 | | |
|---|---|---|---|---|
| | | 1차 위반 | 2차 위반 | 3차 이상 위반 |
| 가. 법 제19조제3항에 따른 건축물대장 기재내용의 변경을 신청하지 않은 경우 | 법 제113조제1항제1호 | 50 | 100 | 200 |
| 나. 법 제24조제2항을 위반하여 공사현장에 설계도서를 갖추어 두지 않은 경우 | 법 제113조제1항제2호 | 50 | 100 | 200 |
| 다. 법 제24조제5항을 위반하여 건축허가 표지판을 설치하지 않은 경우 | 법 제113조제1항제3호 | 50 | 100 | 200 |
| 라. 법 제24조제6항 후단을 위반하여 공정 및 안전관리업무를 수행하지 않거나 공사 현장을 이탈한 경우 | 법 제113조제3항 | 20 | 30 | 50 |
| 마. 법 제52조의3제2항 및 제52조의6제4항에 따른 점검을 거부·방해 또는 기피한 경우 | 법 제113조제1항제4호 | 50 | 100 | 200 |

| 위반행위 | 근거 법조문 | 과태료 금액 | | |
|---|---|---|---|---|
| | | 1차 위반 | 2차 위반 | 3차 이상 위반 |
| 바. 공사감리자가 법 제25조제4항을 위반하여 보고를 하지 않은 경우 | 법 제113조제2항제1호 | 30 | 60 | 100 |
| 사. 법 제27조제2항에 따른 보고를 하지 않은 경우 | 법 제113조제2항제2호 | 30 | 60 | 100 |
| 아. (2020.4.28 삭제) | | | | |
| 자. (2020.4.28 삭제) | | | | |
| 차. 법 제48조의3제1항 본문에 따른 공개를 하지 아니한 경우 | 법 제113조제1항제5호 | 50 | 100 | 200 |
| 카. 건축주, 소유자 또는 관리자가 법 제77조제2항을 위반하여 모니터링에 필요한 사항에 협조하지 않은 경우 | 법 제113조제2항제6호 | 30 | 60 | 100 |
| 타. (2020.4.28 삭제) | | | | |
| 파. 법 제87조제1항에 따른 자료의 제출 또는 보고를 하지 않거나 거짓 자료를 제출하거나 거짓 보고를 한 경우 | 법 제113조제2항제9호 | 30 | 60 | 100 |

**질의** **과태료와 이행강제금의 부과시점**

1992.6.1(법률 제4381호) 이전에 발생한 위반건축물에 대하여 당시 과태료 처분이 없었다면 「건축법」 부칙 제6조 규정에 의거 종전 「건축법」 제56조의2의 규정에 의한 과태료 처분을 할 수 있는지 여부

**회신** 과태료와 이행강제금을 부과하고자 할 때 그 발생일의 판단은 위반행위일을 기준으로 하는 것이며, 1992.6.1 이전에 위반 행위가 발생한 건축물에 대하여는 종전의 규정에 의한 과태료를 부과하고 1992.6.1 이후(법률 제4381호)에 위반행위가 발생한 건축물에 대하여는 현행 「건축법」 제83조의 규정에 따라 이행강제금을 부과하여야 하는 것이니, 질의의 경우와 같이 1992.6.1 이전에 발생한 위반건축물에 대하여는 동법 부칙 제6조의 규정에 의해 종전의 규정을 적용하여 과태료를 부과하면 되는 것임.
(서울시 건축 58550-3001, 1995.7.21)

# 건축물의 구조기준 등에 관한 규칙

(2024.12.17 개정)

## 제1장 총 칙

**제1조 [목 적]**

이 규칙은 「건축법」 제48조, 제48조의2, 제48조의3 및 같은 법 시행령 제32조에 따라 건축물의 구조내력의 기준 및 구조계산의 방법과 그에 사용되는 하중 등 구조안전에 관하여 필요한 사항을 규정함을 목적으로 한다.(2017.1.20 본조 개정)

해설 ※ 건축물구조에 관한 기술적 기준 등을 묶어 별도의 규칙으로 제정하였으며 건축기술발전에 신축적으로 대처하기 위하여 앞으로는 건축물의 구조내력에 관한 기준을 별도로 고시하여 적용토록 하였음.

※ 「건축법」 제48조 구조내력 등 : 건축물의 고정하중, 적재하중, 적설, 풍압, 지진 및 진동, 충격 등에 의한 구조내력의 기준 및 구조계산의 방법 등에 관하여 필요한 사항은 국토교통부령으로 정한다.

※ 「건축법」 제48조의2 : 건축물 내진등급의 설정

※ 「건축법」 제48조의3 : 건축물의 내진능력 공개(16층 이상, 바닥면적 5,000m$^2$ 이상인 건축물 등)

※ 영 제32조 : 구조안전의 확인

**제2조 [정 의]**

이 규칙에서 사용되는 용어의 정의는 다음과 같다.

해설 1. **구조부재**(構造部材) : 건축물의 기초·벽·기둥·바닥판·지붕틀·토대·사재(가새·버팀대·귀잡이 그 밖에 이와 유사한 것을 말한다)·가로재(보·도리 그 밖에 이와 유사한 것을 말한다) 등으로 건축물에 작용하는 제9조에 따른 설계하중에 대하여 그 건축물을 안전하게 지지하는 기능을 가지는 건축물의 구조내력상 주요한 부분을 말한다.

※ 내력 부분은 힘을 받는 주요구조부재이다.

2. **부재력**(部材力) : 하중(荷重) 및 외력에 의하여 구조부재에 생기는 축방향력·휨모멘트·전단력·비틀림 등을 말한다.

※ 축방향력(軸方向力 : axial force)은 부재의 축방향으로 작용하는 힘이다.

※ 휨모멘트(曲 moment : bending moment)는 부재를 휘게 작용하는 모멘트이다.

※ 전단력(剪斷力 : shearing force)는 부재의 단면에 접하여 평행으로 작용하는 힘

※ 비틀림(torsion)은 같은 부재가 회전력을 받을 때 생기는 변형상태

※ 부재응력의 3종류는 축방향력, 전단력, 휨모멘트이다.

3. (2009.12.31 본호 삭제)
4. **구조내력**(構造耐力) : 구조부재 및 이와 접하는 부분 등이 견딜 수 있는 부재력을 말한다.
5. **벽**(壁) : 두께에 직각으로 측정한 수평치수가 그 두께의 3배를 넘는 수직부재를 말한다.

   ※ 길이가 두께의 3배 이상인 것을 벽이라 한다.
6. **기 둥** : 높이가 최소단면치수의 3배 혹은 그 이상이고 주로 축방향의 압축하중을 지지하는 데 쓰이는 부재를 말한다.

   ※ 기둥(柱 — column, post) : 재축방향의 압축력을 주로 받는 부재로 높이가 단면의 최소치의 3배 이상인 것

   ※ 최소단면치수는 중심축에서 짧은 부분이다.
7. "비구조요소"란 다음 각 목의 것으로서 국토교통부장관이 정하여 고시하는 것을 말한다.(2018.11.9 본호 신설)

   가. 건축비구조요소: 구조내력을 부담하지 아니하는 건축물의 구성요소로서 배기구, 부착물 및 비구조벽체 등의 부재

   나. 기계·전기비구조요소: 건축물에 설치하는 기계 및 전기 시스템과 이를 지지하는 부착물 및 장비
8. (2009.12.31 본호 삭제)
9. (2009.12.31 본호 삭제)
10. (2009.12.31 본호 삭제)
11. (2009.12.31 본호 삭제)
12. (2009.12.31 본호 삭제)
13. "구조계획서"란 건축물의 사용 목적과 하중 조건 및 지반 특성 등을 고려하여 구조 부재의 재료와 형상, 개략적인 크기 등을 결정하고, 구조적으로 안전한 공간을 만드는 구조설계 초기 과정의 도서를 말한다.
14. "구조설계도"란 구조설계의 최종 결과물로서 구조부재의 구성, 형상, 접합상세 등을 표현하는 도면을 말한다.
15. "구조설계도서"란 구조계획서, 구조설계도, 구조계산서, 구조 분야의 공사 시방서를 말한다.

**제3조 【적용범위 등】**

① 이 규칙은 「건축법」(이하 "**법**"이라 한다) 제48조에 따라 건축물이 안전한 구조를 갖기 위한 최소 기준으로 법 제23조부터 제25조까지 및 제35조에 따른 건축물의 설계, 시공, 공사감리 및 유지·관리에 적용하여야 한다.

② 이 규칙에 규정된 사항 외의 세부적인 기준은 법 제68조 및 이 규칙의 위임에 의하여 국토교통부장관이 고시하는 다음 각 호의 구분에 따른 기준에 따른다.(2017.2.3 본항 개정)

1. 소규모건축물[2층 이하이면서 연면적 500$m^2$ 미만인 건축물로서 「건축법 시행령」(이하 "**영**"이라 한다) 제32조제2항제3호부터 제8호까지의 어느 하나에도 해당하지 아니하는 건축물을

말한다. 이하 같다] 외 건축물의 경우 : 건축구조기준(특수목적 건축기준을 포함한다. 이하 같다) (2024.12.17 본호 개정)

2. 소규모건축물의 경우: 건축구조기준 또는 소규모건축구조기준

③ 제21조부터 제55조까지의 규정에 따른 구조안전에 관한 기준은 소규모건축물에 대하여만 적용된다.(2017.2.3 본항 개정)

# 제2장 구조설계

## 제1절 구조설계의 원칙

**제4조 【안전성】**

① 건축물의 구조에 관한 설계는 건축물의 용도·규모·구조의 종별과 지반의 상황 등을 고려하여 기초·기둥·보·바닥·벽·비구조요소 등을 유효하게 배치하여 건축물 전체가 이에 작용하는 제9조에 따른 설계하중에 대하여 구조내력상 안전하도록 하여야 한다.(2018.11.9 본항 개정)

② 구조부재인 벽은 건축물에 작용하는 횡력(橫力)에 대하여 유효하게 견딜 수 있도록 균형있게 배치하여야 한다.(2009.12.31 본항 개정)

③ 건축물의 구조는 그 지반의 부동침하(不同沈下)·떠오름·미끄러짐·전도(顚倒) 또는 동해(凍害)에 대하여 구조내력에 지장이 없어야 한다.

해설 ① 구조내력의 안전성을 위하여 구조설계의 원칙을 선언적으로 규정하고 있다.

② 벽은 횡력에 약하다.

③ 지반의 안전성을 확보해야 한다. 부동침하(不同沈下)·떠오름·미끄러짐(sliding)·전도(顚倒)·동해(凍害) 등은 건축물의 기초부분의 안전성에 직접적인 영향을 미친다.

**제5조 【구조부재의 사용성 및 내구성】**

① 건축물의 구조부재는 사용에 지장이 되는 변형이나 진동이 생기지 아니하도록 필요한 강성(剛性)을 확보하여야 하며, 순간적인 파괴현상이 생기지 아니하도록 인성(靭性)의 확보를 고려하여야 한다.(2009.12.31 본항 개정)

② 구조부재로서 특히 부식이나 닳아 없어질 우려가 있는 것에 대하여는 이를 방지할 수 있는 재료를 사용하는 등 필요한 조치를 하여야 한다.(2009.12.31 본항 개정)

③ 구조부재로 사용되는 목재로서 벽돌·콘크리트·흙 그 밖에 이와 유사한 함수성(含水性)의 물체에 접하는 부분에는 방부제를 바르거나 이와 동등 이상의 효과를 가진 방부조치(防腐措置)를 하여야 한다.

④ 건축물의 벽으로서 직접 흙과 접하는 부분은 대문·담장 그 밖에 이와 유사한 공작물 또는 건축물을 제외하고는 내수재료(耐水材料)를 사용하여야 한다.

해설 ① 건축물의 구조적 안전성을 높이기 위해서는 **강성**(剛性, stiffness·rigidity : 부재나 구조물이 외력을 받을 때 변형을 작게 하려는 저항성질로서 탄성계수 E가 큰 것이 좋다)이 있어야 하며 지진 등 순간하중에 대해서는 **인성**(靭性, toughness : 큰 외력을 가했을 때 큰 변형이 일어나면서도 파괴되지 않고 견딜 수 있는 질긴 성질)을 가지는 것이 중요하다.

② 창고의 내부기둥, 계단, 개찰구(改札口) 등 마손(磨損)이 심한 부분은 철재, 콘크리트, 타일 등 내마모성재료(耐磨耗性材料)를 사용하거나 처음부터 이에 대비하여 그 부분의 부재단면을 크게 하는 등의 기타 필요한 조치를 강구해야 한다.

③ 구조부재는 건축 당시뿐만 아니라 계속적으로 일정한 내력을 가져야 하므로 썩기 쉬운 곳은 **방부제**(防腐劑, antiseptic)를 바르거나 **방부조치**를 해야 한다.

※ **방부재** : 크레오소트, 콜타르, 아스팔트, PCP(penta-chloro phenol), 페인트, 황산동, 불화소다, 염화아연 등

※ **방부조치** : 목재의 방부조치방법은 방부제칠, 표면단화, 침지(沈漬), 가압주입법(加壓注入法) 등

## 제2절 설계하중

**제8조 【적용범위】**

① 건축물에 작용하는 각종 설계하중의 산정은 이 절의 규정에 의한다.

② 건축물이 건축되는 지역, 건축물의 용도 그 밖의 환경 등의 실제의 하중조건에 대한 조사분석에 의하여 설계하중을 산정할 때에는 이 절의 규정을 적용하지 아니할 수 있다. 이 경우 그 산정근거를 명시하여야 한다.

**제9조 【설계하중】**

① 건축물의 구조설계에 적용되는 설계하중은 다음 각 호와 같다.(2009.12.31 본항 개정)

1. 고정하중
2. 활하중(活荷重) (2020.11.9 본호 개정)

2의2. 지붕활하중(2020.11.9 본호 개정)

3. 적설하중
4. 풍하중
5. 지진하중
6. 토압 및 지하수압(2009.12.31 본호 개정)
7. 온도하중

8. 유체압 및 용기내용물 하중(2009.12.31 본호 개정)
9. 운반설비 및 부속장치 하중(2009.12.31 본호 신설)
10. 그 밖의 하중(2009.12.31 본호 신설)

② 제1항에 따른 설계하중의 산정기준 및 방법은 「건축 구조 기준」에서 정하는 바에 의한다.(2009.12.31 본항 개정)

③ 건축물의 구조설계를 할 때에는 제1항 각 호의 하중과 이들의 조합에 따른 영향을 건축물의 실제상태에 따라 고려하여야 한다.(2009.12.31 본항 개정)

## 제3절 구조계산 등

**제9조의2 【구조계산】**

법 제48조제2항에 따라 구조의 안전을 확인하여야 하는 건축물의 구조계산은 「건축구조기준」에서 정하는 바에 따른다.(2009.12.31 본조 신설)

**제9조의3 【건축물의 규모제한】**

주요구조부가 비보강조적조인 건축물은 지붕높이 15m 이하, 처마높이 11m 이하 및 3층 이하로 해야 한다.(2020.11.9 본조 개정)

## 제4절 기초의 구조 기준

**제18조 【허용지내력】**

지반의 허용지내력(許容地耐力)은 「건축구조기준」에 따른 지반조사 및 하중시험에 의하여 정하여야 한다. 다만, 지반조사 및 하중시험에 의하지 아니하는 경우에는 별표 8에 따른 값으로 할 수 있다.

※ 「건축물의 구조기준 등에 관한 규칙」 【별표 8】

## 지반의 허용지내력(제18조 관련)

(단위 : kN/m²)

| 지 반 | | 장기응력(연속적으로 작용하는 힘에 의한 변형력)에 대한 허용지내력 | 단기응력에 대한 허용지내력 |
|---|---|---|---|
| 경암반 | 화강암·석록암·편마암·안산암 등의 화성암 및 굳은 역암 등의 암반 | 4000 | 장기응력에 대한 허용지내력값의 1.5배로 한다. |
| 연암반 | 판암·편암 등의 수성암의 암반 | 2000 | |
| | 혈암·토단반 등의 암반 | 1000 | |
| 자 갈 | | 300 | |
| 자갈과 모래와의 혼합물 | | 200 | |
| 모래 섞인 점토 또는 롬토 | | 150 | |
| 모래 또는 점토 | | 100 | |

**제19조 【기초】**

① 직접기초는 상부구조의 하중을 기초지반에서 직접 부담하되, 기초밑면의 지반에 작용하는 압력이 허용지내력을 초과하지 아니하도록 하여야 한다.(2009.12.31 본항 개정)

② 말뚝기초는 말뚝의 부재력이 말뚝의 허용지지력을 초과하지 않도록 하여야 하며, 침하 등에 의하여 상부구조에 유해한 영향을 미치지 아니하도록 하여야 한다.(2009.12.31 본항 개정)

# 제3장 소규모 건축물의 구조기준

## 제1절 통 칙

**제21조 【목적】**

이 장은 소규모 건축물의 구조안전을 확보하기 위하여 필요한 사항 및 이와 관련한 구조기준 등을 정함을 목적으로 한다.

**제22조 【적용범위】**

소규모 건축물에 해당하는 목구조·조적식 구조(組積式構造)·보강블록구조·콘크리트구조 건축물의 기술적 기준은 이 장이 정하는 바에 따른다. 다만, 「건축구조기준」에 따라 설계하는 경우에는 이 장의 규정을 적용하지 않을 수 있다.

**해설** 소규모건축물에 해당하는 범위는 「건축법 시행령」 제32조제1항의 규정에 해당하지 아니하는 건축물을 말하는 것으로 층수 3층 이상, 연면적 1,000m 이상, 높이 13m 이상, 처마높이 9m 이상, 기둥과 기둥간의 거리가 10m 이상이 아닌 건축물을 말하는 것으로 제21조 내지 제55조에서 말하는 소규모 건축물의 범위가 된다.

## 제2절 목구조

**제23조 【적용범위】**

이 절의 규정은 목구조의 건축물이나 목구조와 조적식 구조 그 밖의 구조를 병용하는 건축물에서 목구조로 된 부분에 이를 적용한다. 다만, 정자(亭子) 그 밖에 이와 유사한 건축물 또는 연면적 $10m^2$ 이하인 광·창고 그 밖에 이와 유사한 건축물에 대하여는 그러하지 아니한다.

해설 목구조로 된 부분이라 함은 벽·기둥·보·도리·토대·가새·트러스(truss)·지붕널·바닥판 등 구조내력상 중요한 구조부분과 이에 부수(附隨)되는 부분을 포함한다.

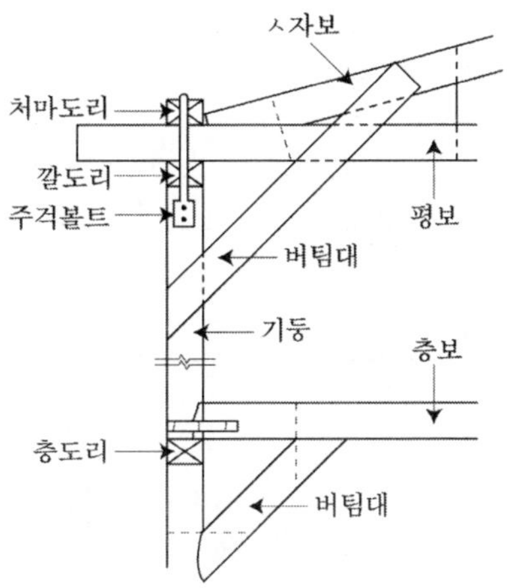


**목구조의 구조부**

**제24조 【압축재의 최소단면 및 모서리에 설치하는 기둥】**

① 목재로 된 구조부재인 압축재의 단면적은 $4,500mm^2$ 이상으로 하여야 한다.

② 2층 이상인 건축물에 있어서는 모서리에 설치하는 기둥 또는 이에 준하는 기둥은 통재기둥(通材기둥: 이음 없이 하나로 만들어진 기둥을 말한다)으로 해야 한다. 다만, 이은 기둥의 경우 그 이은 부분을 통재기둥과 동등 이상의 내력을 가지도록 보강한 경우에는 그렇지 않다.(2021.8.27 어려운 법령용어정비를 위한 국토교통부령에 의거 본항 개정)

해설
- 세장비는 기둥단면의 형을 정할 때 중요한 요소이며 세장비의 값이 적을수록 큰 하중에 견딘다.
- 통재기둥(通才柱)은 접합부(接合部)가 없는 1개 부재(部材)로 된 기둥으로 구조내력상 강도가 크다. 모서리기둥은 휨모멘트가 많이 걸리고 힌지(hinge)구조에 의한 구조적 변형을 가급적 줄이려는 뜻에서 통재기둥을 하도록 규정하고 있다.

**제25조 【가세】**

① 인장력을 받는 가새는 두께 15mm 이상이고 폭 90mm 이상인 목재 또는 이와 동등 이상의 강도를 가지는 강재를 사용하여야 한다.

② 압축력을 받는 가새는 두께 35mm 이상이고 골조기둥의 1/3쪽에 해당하는 두께인 목재를 사용하여야 한다.

③ 가새는 그 두 끝부분을 기둥·보 그 밖의 구조부재인 가로재와 잇도록 하여야 한다.

④ 가새에는 파내기 그 밖에 이와 유사한 손상을 주어 그 내력에 지장을 가져오게 하여서는 아니 된다.

해설 • 가새(diagonal bracing)는 수평력(水平力)에 견디게 하고 수직·수평재의 각도변형을 방지하여 안정한 구조로 하기 위한 목적으로 쓰이는 경사재로서 버팀대보다 강하다. 가새의 경사는 45°에 가까울수록 유리하다.

가새는 힘의 방향에 따라 인장 또는 압축력을 받게 되므로 힘이 교체(交替)되는 곳은 인장력 및 압축력을 받을 수 있도록 가새를 설치하여야 한다.

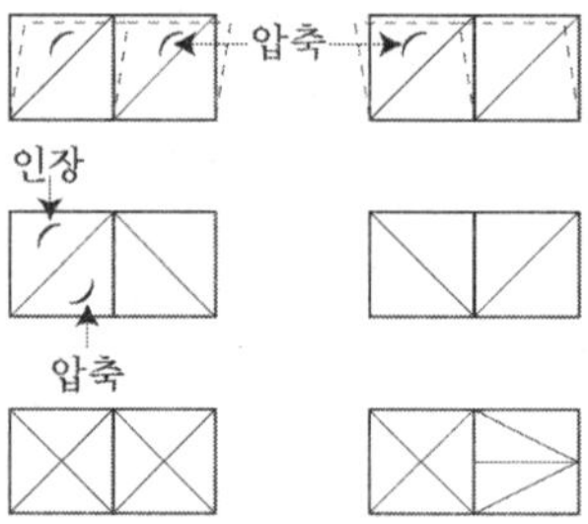


가 새

**제26조 【바닥틀 및 지붕틀】**

바닥틀 및 지붕틀의 모서리에는 귀잡이를 사용하고, 지붕틀에는 가새를 설치하여야 한다.

해설 • 목조뼈대는 대부분 4각형을 이루게 되어 변형이 생기는 불안정한 구조가 되므로 이를 세모형으로 하여 안정한 구조로 만들 필요가 있다. 따라서 가새, 귀잡이, 버팀대 등을 설치하여 수평력에 안전한 조치를 취한다.

• 하늘가새는 지붕과 지붕틀을 안정한 구조로 만들기 위하여 설치한다.

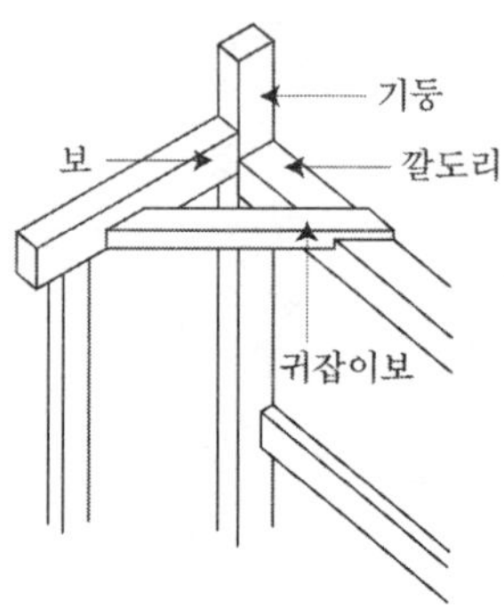


귀잡이

**제27조 [방부조치]**

① 구조부재에 사용하는 목재로서 벽돌·콘크리트·흙 그 밖에 이와 유사한 함수성 물체에 접하는 부분에는 방부제를 바르거나 이와 동등 이상의 효과를 가지는 방부조치를 하여야 한다.

② 지표면상 1m 이하의 높이에 있는 기둥·가새 및 토대 등 부식의 우려가 있는 부분은 방부제를 바르거나 이와 동등 이상의 방부효과를 가지는 구조로 하여야 한다.

해설
- 목재는 습기(濕氣)에 변형(變形), 부식(腐蝕)되기 쉬우므로 방수(防水), 방습(防濕), 방부(防腐)에 특히 유의하여 필요한 조치를 하도록 하여야 한다.

## 제3절 조적식 구조

**제28조 [적용범위]**

① 이 절의 규정은 벽돌구조·돌구조·콘크리트블록구조 그 밖의 조적식 구조(보강블록구조를 제외한다. 이하 이 절에서 같다)의 건축물이나 조적식 구조와 목구조 그 밖의 구조를 병용하는 건축물의 조적식 구조로 된 부분에 이를 적용한다.

② 높이 4m 이하이고 연면적 $20m^2$ 이하인 건축물에 대하여는 제29조·제30조·제35조·제36조·제38조 및 제40조의 규정에 한하여 이를 적용한다.

③ 구조부재가 아닌 조적식 구조의 경계벽으로서 그 높이가 2m 이하인 것에 대하여는 제29조·제30조·제33조 및 제35조제3항만 적용한다.(2014.11.28 본항 개정)

해설
- 조적식구조의 건물 높이 4m 이하이고 연면적 $20m^2$ 이하인 건축물은 조적식 구조의 설계(제29조), 기초(제30조), 개구부(제35조), 벽의 홈(제36조), 난간 및 난간벽(제38조), 내력부분의 받침방법(제40조) 등만 적용하고 조적식 구조의 칸막이벽으로서 그 높이가 2m 이하인 경우에는 조적식 구조의 설계, 기초, 칸막이벽의 두께, 개구부의 폭이 1.8m를 넘는 개구부의 상부에 철근콘크리트 구조의 윗인방(引枋)을 설치하여야 한다.

**제29조 [조적식 구조의 설계]**

① 조적재는 통줄눈이 되지 아니하도록 설계하여야 한다.

② 조적식 구조인 각 층의 벽은 편심하중이 작용하지 아니하도록 설계하여야 한다.

해설
- 통줄눈(straight joint)은 힘을 균등하게 아래로 전달시키기가 어렵고 지중(地中)의 습기가 스며들기 쉬우므로 막힌줄눈(breaking joint)으로 조적해야 한다.
- 편심하중(偏心荷重)을 받게 되면 구조적으로 약해진다.

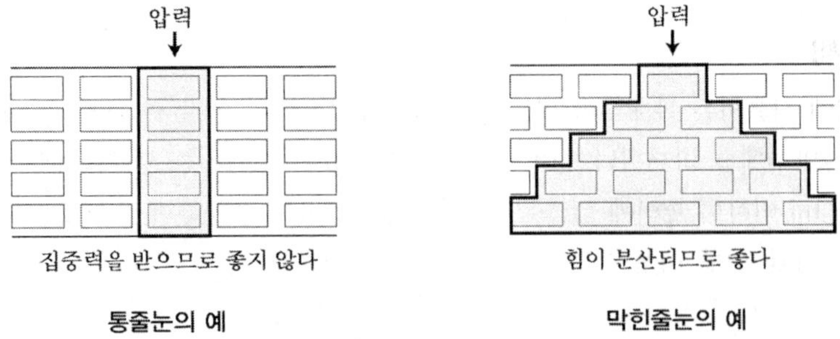


벽돌조적방법과 하중전달

**제30조 【기초】**

① 조적식 구조인 내력벽의 기초(최하층의 바닥면 이하에 해당하는 부분을 말한다)는 연속기초로 하여야 한다.

② 제1항의 규정에 의한 기초 중 기초판은 철근콘크리트구조 또는 무근콘크리트구조로 하고, 기초벽의 두께는 250mm 이상으로 하여야 한다.

해설
- 조적식 구조에서 연속기초(continuous footing)는 벽기초(壁基礎), 줄기초(帶形基礎)라고 하며 벽체를 따라 기초가 연속된 것이다. 내력벽에는 반드시 연속기초로 하여야 한다.
- 기초판(基礎板, footing plate)은 일체(一體)가 되도록 철근콘크리트, 무근콘크리트로 한다.
- 기초벽(基礎壁)은 습기 등으로 약하게 되므로 두께를 크게 하여 보강하도록 하고 있다.

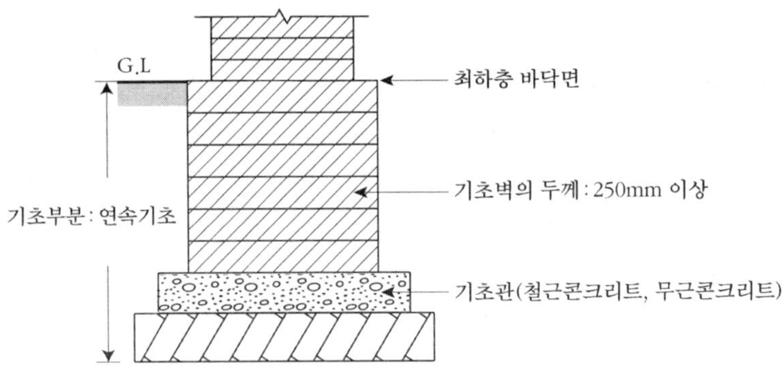


조적구조의 기초

**제31조 【내력벽의 높이 및 길이】**

① 조적식 구조인 건축물 중 2층 건축물에 있어서 2층 내력벽의 높이는 4m를 넘을 수 없다.

② 조적식 구조인 내력벽의 길이[대린벽(對隣壁: 서로 직각으로 교차되는 벽을 말한다)의 경우에는 그 접합된 부분의 각 중심을 이은 선의 길이를 말한다. 이하 이 절에서 같다]는 10m를 넘을 수 없다.(2021.8.27 어려운 법령용어정비를 위한 국토교통부령에 의거 본항 개정)

③ 조적식 구조인 내력벽으로 둘러쌓인 부분의 바닥면적은 $80m^2$를 넘을 수 없다.

해설
- 벽의 길이는 벽에 교차하는 벽 또는 붙임기둥, 부축벽(扶築壁)의 중심간을 말한다.
- 대린벽(對隣壁)은 서로 이웃(相隣)하여 접착한 2개의 벽을 말한다.
- 부축벽으로서 그 높이가 부축벽에 접착하는 벽높이의 1/3 이상일 때는 대린벽으로 간주한다.
- 조적벽이 너무 높거나(높이제한), 너무 길게 되면(길이제한) 전도(顚倒)될 우려가 있다.
- 내력벽 상호간의 길이를 규제하고 기타 구조적 안전을 위하여 내력벽으로 둘러싸인 바닥면적을 $80m^2$ 이내로 규정하고 있다.

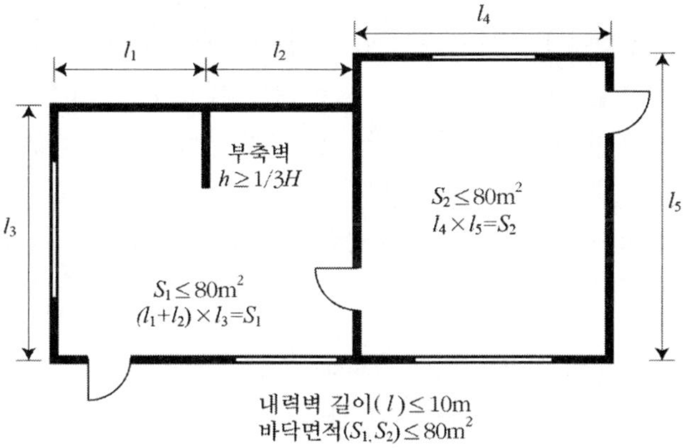


**내력벽의 길이 및 면적**

**제32조 【내력벽의 두께】**

① 조적식 구조인 내력벽의 두께(마감재료의 두께는 포함하지 아니한다. 이하 이 절에서 같다)는 바로 위층의 내력벽의 두께 이상이어야 한다.

② 조적식 구조인 내력벽의 두께는 그 건축물의 층수·높이 및 벽의 길이에 따라 각각 다음 표의 두께 이상으로 하되, 조적재가 벽돌인 경우에는 해당 벽높이의 1/20 이상, 블록인 경우에는 해당 벽높이의 1/16 이상으로 하여야 한다.

| 건축물의 높이 | | 5m 미만 | | 5m 이상 11m 미만 | | 11m 이상 | |
|---|---|---|---|---|---|---|---|
| 벽의 길이 | | 8m 미만 | 8m 이상 | 8m 미만 | 8m 이상 | 8m 미만 | 8m 이상 |
| 층별 두께 | 1층 | 150mm | 190mm | 190mm | 190mm | 190mm | 290mm |
| | 2층 | – | – | 190mm | 190mm | 190mm | 190mm |

③ 제2항의 규정을 적용함에 있어서 그 조적재가 돌이거나, 돌과 벽돌 또는 블록 등을 병용하는 경우에는 내력벽의 두께는 제2항의 두께에 2/10를 가산한 두께 이상으로 하되, 해당 벽높이의 1/15분 이상으로 하여야 한다.

④ 조적식 구조인 내력벽으로 둘러싸인 부분의 바닥면적이 $60m^2$를 넘는 경우에는 그 내력벽의 두께는 각각 다음 표의 두께 이상으로 하되, 조적식 구조의 재료별 내력벽 두께에 관하여는 제2항 및 제3항의 규정을 준용한다.

| 건축물의 층수 | | 1층 | 2층 |
|---|---|---|---|
| 층별 두께 | 1층 | 190mm | 290mm |
| | 2층 | – | 190mm |

⑤ 토압을 받는 내력벽은 조적식 구조로 하여서는 아니된다. 다만, 토압을 받는 부분의 높이가 2.5m를 넘지 아니하는 경우에는 조적식 구조인 벽돌구조로 할 수 있다.

⑥ 제5항 단서의 경우 토압을 받는 부분의 높이가 1.2m 이상인 때에는 그 내력벽의 두께는 그 바로 위층의 벽의 두께에 100mm를 가산한 두께 이상으로 하여야 한다.

⑦ 조적식 구조인 내력벽을 이중벽으로 하는 경우에는 제1항 내지 제6항의 규정은 해당 이중벽 중 하나의 내력벽에 대하여 적용한다. 다만, 건축물의 최상층(1층인 건축물의 경우에는 1층을 말한다)에 위치하고 그 높이가 3m를 넘지 아니하는 이중벽인 내력벽으로서 그 각벽 상호간에 가로·세로 각각 400mm 이내의 간격으로 보강한 내력벽에 있어서는 그 각벽의 두께의 합계를 해당 내력벽의 두께로 본다.

해설
- 내력벽의 두께는 각 항의 규정을 모두 적용하여 저촉되지 않아야 한다.
- 모르타르바름을 하면 실제로는 구조적으로 상당히 보강될 수 있으나 타일, 붙임 돌, 모르타르 등 마감재료의 두께는 내력벽의 두께에 포함시키지 않는다.

例 : 건축물 높이 10m, 벽의 길이 7m로서 1층벽 높이 6m일 때 벽돌조 1층 내력벽의 최소두께는 얼마인가?

解 : ②항 표에서 190mm 이상이면 되나 ③항에서 해당 벽높이의 1/20 이상이어야 하므로 벽두께는 300mm 이상이라야 한다.

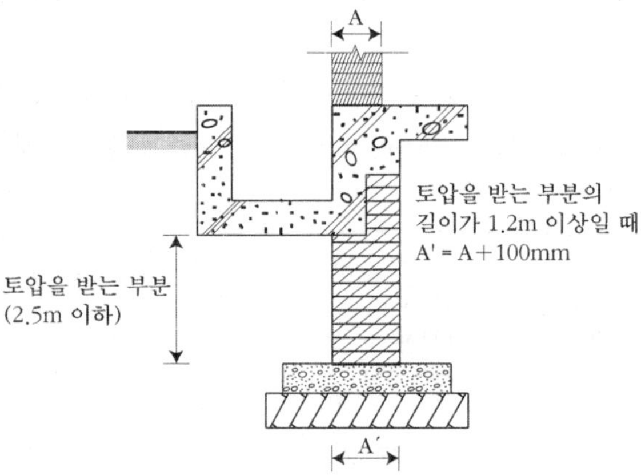


**토압을 받는 부분**

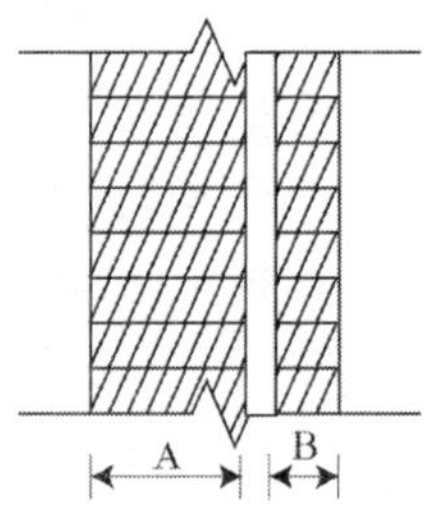


* 이중벽에서는 A 또는 B의 어느 한쪽만 적용된다.
예외규정 : 최상층으로 높이 3m 이하이고 두 벽 상호간을 가로세로 400mm 이내마다 보강하였을 경우는 벽두께는 A+B이다.

**이중벽**

### 제33조 【경계벽 등의 두께】

① 조적식 구조인 경계벽(내력벽이 아닌 그 밖의 벽을 포함한다. 이하 이 절에서 같다)의 두께는 90mm 이상으로 하여야 한다.(2014.11.28 본항 개정)

② 조적식 구조인 경계벽의 바로 위층에 조적식 구조인 경계벽이나 주요 구조물을 설치하는 경우에는 해당 경계벽의 두께는 190mm 이상으로 하여야 한다. 다만, 제34조에 따른 테두리보를 설치하는 경우에는 그러하지 아니하다.(2014.11.28 본항 개정)

③ 제32조의 규정은 조적식 구조인 경계벽의 두께에 관하여 이를 준용한다.(2014.11.28 본항 개정)

해설
- 조적식 구조인 경계벽의 두께는 90mm 이상
- 경계벽의 바로 위층에 조적식 구조인 경계벽이나 주요구조물이 설치되는 경우는 190mm 이상 (단, 테두리보를 설치할 경우 예외)
- 내력벽의 두께(제32조)의 규정은 조적식 구조인 경계벽의 두께에도 준용함

**제34조 [테두리보]**

건축물의 각 층의 조적식 구조인 내력벽 위에는 그 춤이 벽두께의 1.5배 이상인 철골구조 또는 철근콘크리트구조의 테두리보를 설치하여야 한다. 다만, 1층인 건축물로서 벽두께가 벽의 높이의 1/16 이상이거나 벽길이가 5m 이하인 경우에는 목조의 테두리보를 설치할 수 있다.

해설 조적식 구조인 내력벽 위에는 춤이 벽두께의 1.5배 이상인 철골, 철근콘크리트구조의 테두리보 설치 (단, 1층인 건축물로서 벽 두께가 벽의 높이의 1/16 이상 또는 벽 길이가 5m 이하인 때는 목조의 테두리보로 할 수 있음)

**제35조 [개구부]**

① 조적식 구조인 벽에 있는 창·출입구 그 밖의 개구부(開口部)의 구조는 다음 각 호의 기준에 의한다.

1. 각 층의 대린벽으로 구획된 각 벽에 있어서 개구부의 폭의 합계는 그 벽의 길이의 1/2 이하로 하여야 한다.
2. 하나의 층에 있어서의 개구부와 그 바로 위층에 있는 개구부와의 수직거리는 600mm 이상으로 하여야 한다. 같은 층의 벽에 상하의 개구부가 분리되어 있는 경우 그 개구부 사이의 거리도 또한 같다.

② 조적식 구조인 벽에 설치하는 개구부에 있어서는 각 층마다 그 개구부 상호간 또는 개구부와 대린벽의 중심과의 수평거리는 그 벽의 두께의 2배 이상으로 하여야 한다. 다만, 개구부의 상부가 아치구조인 경우에는 그러하지 아니하다.

③ 폭이 1.8m를 넘는 개구부의 상부에는 철근콘크리트구조의 위 인방(引枋: 문이나 창의 아래나 위로 가로질러 설치하여, 상부 무게를 받치도록 하는 구조물을 말한다)을 설치해야 한다.(2021.8.27 어려운 법령용어정비를 위한 국토교통부령에 의거 본항 개정)

④ 조적식 구조인 내어민창 또는 내어쌓기 창은 철골 또는 철근콘크리트로 보강하여야 한다.

해설 • 개구부 폭의 합계

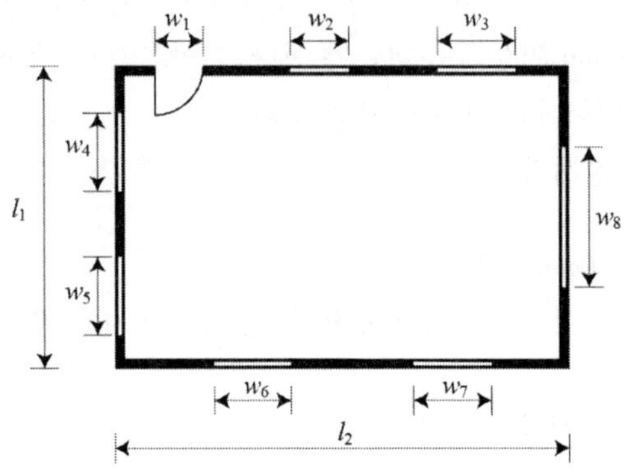


개구부폭의 합계≤벽길이의 $\frac{1}{2}$

$$w_1 + w_2 + w_3 \le \frac{l_2}{2}$$

$$w_4 + w_5 \le \frac{l_1}{2}$$

$$w_6 + w_7 \le \frac{l_2}{2}$$

$$w_8 \le \frac{l_1}{2}$$

**조적식 구조의 개구부 폭**

• 개구부 간의 거리

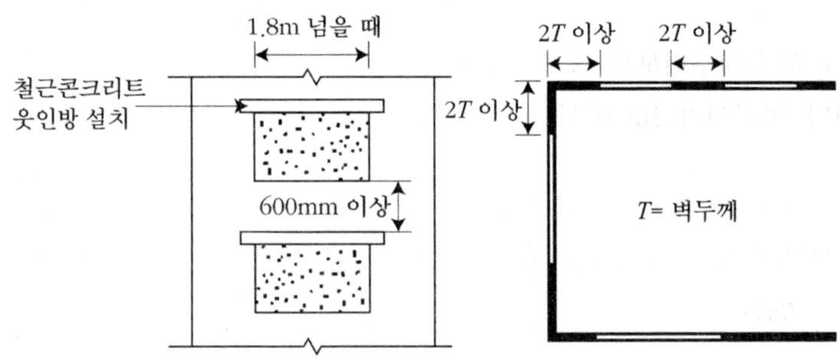


**조적식 구조벽의 개구부**

※ $W$ >1.8m이면 철근콘크리트 웃인방 설치. 단, 개구부 상부가 아치인 경우는 제외

**제36조 [벽의 홈]**

조적식 구조인 벽에 그 층의 높이의 **3/4 이상**인 연속한 **세로홈**을 설치하는 경우에는 그 홈의 깊이는 벽의 두께의 **1/3 이하**로 하고, **가로홈**을 설치하는 경우에는 그 홈의 깊이는 벽의 두께의 **1/3 이하**로 하되, 길이는 **3m 이하**로 하여야 한다.

해설 배관(配管)을 매설(埋設)하거나 배선(配線), 기타의 목적으로 조적식 구조의 벽체에 홈을 파면 구조체가 약해지므로 구조내력상 홈의 깊이를 제한할 필요가 있다.

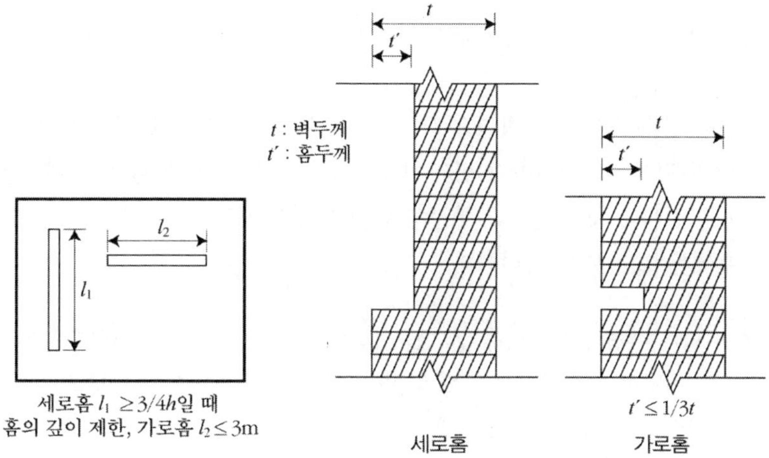


**조적식 구조인 벽의 홈**

**제37조 【목골조적식 구조 또는 철골조적식 구조인 벽】**

목골조적식 구조 또는 철골조적식 구조인 벽의 조적식 구조의 부분은 목골 또는 철골의 골조에 볼트·꺾쇠 그 밖의 철물로 고정시켜야 한다.

**해설** 구조체 골구와 조적조를 일체시키면 구조적 안전성이 크다.

**제38조 【난간 및 난간벽】**

난간 또는 난간벽을 설치하는 경우에는 철근 등으로 보강하되, 그 밑부분을 테두리보 또는 바닥판(최상층에 있어서는 옥상 바닥판을 포함한다. 이하 같다)에 정착시켜야 한다.

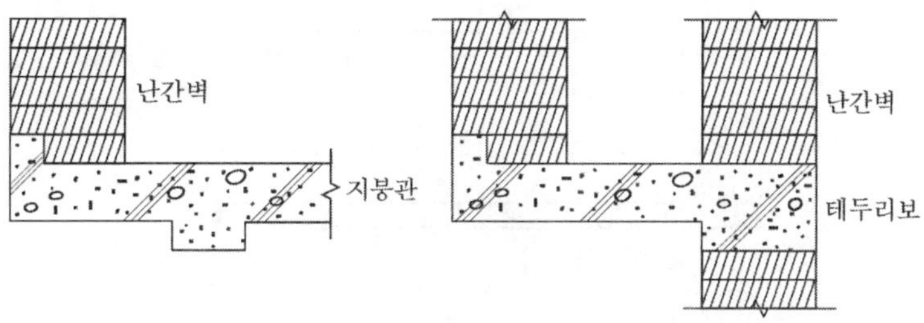


**조적식 구조의 난간벽**

**제39조 【조적식 구조인 담】**

조적식 구조인 담의 구조는 다음 각 호의 기준에 의한다.

1. 높이는 3m 이하로 할 것

2. 담의 두께는 190mm 이상으로 할 것. 다만, 높이가 2m 이하인 담에 있어서는 90mm 이상으로 할 수 있다.
3. 담의 길이 2m 이내마다 담의 벽면으로부터 그 부분의 담의 두께 이상 튀어나온 버팀벽을 설치하거나, 담의 길이 4m 이내마다 담의 벽면으로부터 그 부분의 담의 두께의 1.5배 이상 튀어나온 버팀벽을 설치할 것. 다만, 각 부분의 담의 두께가 제2호의 규정에 의한 담의 두께의 1.5배 이상인 경우에는 그러하지 아니하다.

해설 조적식 구조인 담은 수평횡력에 의해 전도될 위험이 크므로 높이, 두께, 버팀벽 설치에 대해서 규정하고 있으며 특히 버팀벽은 내력벽에서 대린벽이나 부축벽에 해당되는 개념으로 볼 수 있다.

• 담 높이와 두께

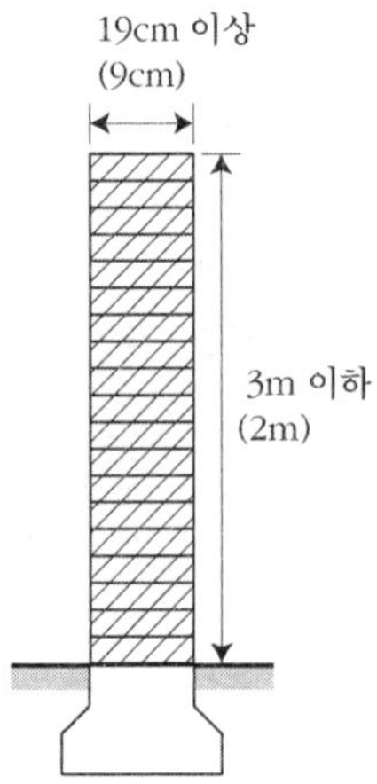


높이 2m 이하일 때 $t \geqq 9$cm
높이 3m 이하일 때 $t \geqq 19$cm

• 버팀벽의 설치

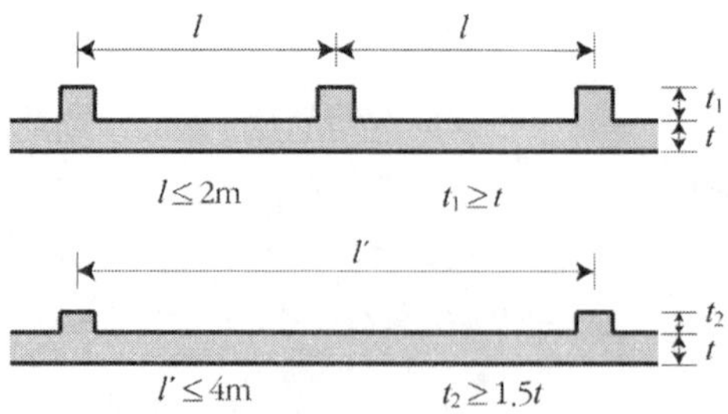


**조적식 구조의 담벽 버팀벽**

• 버팀벽을 설치하지 않아도 되는 경우
  - 높이 3m 이하는 담두께 28.5cm(19cm×1.5) 이상
  - 높이 2m 이하는 담두께 13.5cm(9cm×1.5) 이상

**제40조 【구조부재의 받침방법】**

조적식 구조인 구조부재는 목구조인 구조부분으로 받쳐서는 아니된다.

## 제4절 보강블록 구조

**제41조 【적용범위】**

① 이 절의 규정은 보강블록 구조의 건축물이나 보강블록 구조와 철근콘크리트 구조 그 밖의 구조를 병용하는 건축물의 보강블록 구조인 부분에 이를 적용한다.

② 높이 4m 이하이고, 연면적 $20m^2$ 이하인 건축물에 대하여는 제42조 및 제45조의 규정에 한하여 이를 적용한다.

해설
- 보강블록 구조는 블록조에 철근콘크리트 또는 시멘트모르터 등으로 보강(補强)한 것이다.
- 보강블록 구조의 기초(제42조)와 보강블록 구조의 담(제45조)의 규정은 높이 4m 이하이고 연면적 $20m^2$ 이하인 건축물에 한하여 적용한다.

**제42조 【기초】**

보강블록구조인 내력벽의 기초(최하층 바닥면 이하의 부분을 말한다)는 연속기초로 하되 그 중 기초판 부분은 철근콘크리트구조로 하여야 한다.

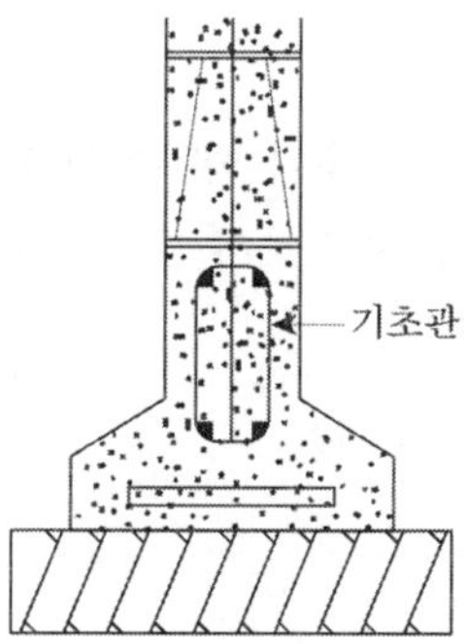


**보강블록구조의 연속기초**

**제43조 【내력벽】**

① 건축물의 각 층에 있어서 건축물의 길이방향 또는 너비방향의 보강블록 구조인 내력벽의 길이(대린벽의 경우에는 그 접합된 부분의 각 중심을 이은 선의 길이를 말한다. 이하 이 절에서 같다)는 각각

그 방향의 내력벽의 길이의 합계가 그 층의 바닥면적 $1m^2$에 대하여 0.15m 이상이 되도록 하되, 그 내력벽으로 둘러싸인 부분의 바닥면적은 $80m^2$를 넘을 수 없다.

② 보강블록 구조인 내력벽의 두께(마감재료의 두께를 포함하지 아니한다. 이하 이 절에서 같다)는 150mm 이상으로 하되, 그 내력벽의 구조내력에 주요한 지점간의 수평거리의 1/50 이상으로 하여야 한다.

③ 보강블록 구조의 내력벽은 그 끝부분과 벽의 모서리부분에 12mm 이상의 철근을 세로로 배치하고, 9mm 이상의 철근을 가로 또는 세로 각각 800mm 이내의 간격으로 배치하여야 한다.

④ 제3항의 규정에 의한 세로철근의 양단은 각각 그 철근지름의 40배 이상을 기초판 부분이나 테두리보 또는 바닥판에 정착시켜야 한다.

**해설** 보강블록 구조는 조적식 구조와는 달리 벽의 길이를 바닥면적에 따라 규제하고 있다.

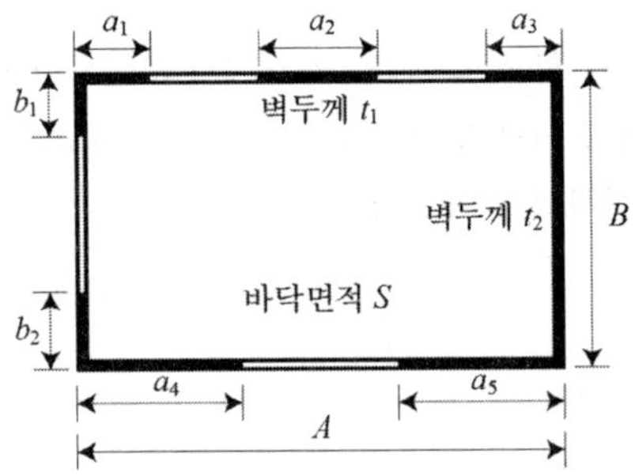


**내력벽의 계산방법**

**제44조 【테두리보】**

보강블록 구조인 내력벽의 각 층의 벽 위에는 춤이 벽두께의 1.5배 이상인 철근콘크리트 구조의 테두리보를 설치하여야 한다. 다만, 최상층의 벽으로서 그 벽 위에 철근콘크리트 구조의 옥상바닥판이 있는 경우에는 그러하지 아니하다.

**제45조 【보강블록 구조의 담】**

보강블록 구조인 담의 구조는 다음 각 호의 기준에 의한다.

1. 담의 높이는 3m 이하로 할 것
2. 담의 두께는 150mm 이상으로 할 것. 다만, 높이가 2m 이하인 담에 있어서는 90mm 이상으로 할 수 있다.
3. 담의 내부에는 가로 또는 세로 각각 800mm 이내의 간격으로 철근을 배치하고, 담의 끝 및 모서리부분에는 세로로 직경 9mm 이상의 철근을 배치할 것

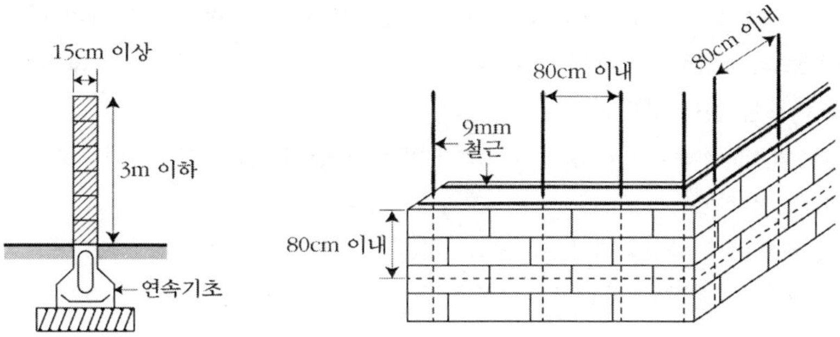


**보강블록 구조의 담**

**제46조 【준용규정】**

제35조제2항 내지 제4항, 제36조, 제38조 및 제40조의 규정은 보강블록구조의 건축물이나 보강블록구조와 그 밖의 구조를 병용하는 건축물의 경우 그 보강블록 구조인 부분에 대하여 이를 준용한다.

해설
- 제35조제2항~제4항 : 조적조 구조인 벽에 설치하는 개구부 수평거리, 윗이방, 돌출창의 보강
- 제36조 : 벽의 홈
- 제38조 : 난간 및 난간벽
- 제40조 : 내력부분의 받침방법

## 제5절 콘크리트 구조

**제47조 【적용범위】**

① 이 절의 규정은 철근콘크리트 구조의 건축물이나 철근콘크리트 구조와 조적식 구조 그 밖의 구조를 병용하는 건축물의 경우 그 철근콘크리트 구조인 부분에 이를 적용한다.

② 높이가 4m 이하이고 연면적이 30m$^2$ 이하인 건축물이나 높이가 3m 이하인 담에 대하여는 제49조 및 제51조의 규정에 한하여 이를 적용한다.

해설
- 제49조 : 콘크리트의 양생
- 제51조 : 철근을 덮는 두께

**제48조 【콘크리트의 배합】**

① 철근콘크리트 구조에 사용하는 콘크리트의 4주(週) 압축강도는 15MPa(경량골재를 사용하는 경우에는 11MPa) 이상이어야 한다.

② 콘크리트는 설계기준강도에 맞도록 골재 및 시멘트의 배합비와 물 및 시멘트의 배합비를 정하여 배합하여야 한다.

해설
- **경량콘크리트**(輕量-, light-weight concrete)는 기건비중(氣乾比重) 2.0 이하의 콘크리트이다.
- **골재·시멘트의 배합비**는 시멘트 : 모래 : 자갈=1 : 2 : 4로 쓰고 역학적으로 중요하지 않은 곳은 1 : 3 : 6의 콘크리트를 많이 쓴다.
- **물·시멘트의 비**(water-cement ratio, w/c)는 시멘트 중량에 따른 물의 중량으로 물·시멘트의 비가 크면 강도가 저하된다.
  국토교통부·대한건축학회에서 채택하고 있는 물·시멘트비 식
  보통 포틀랜드시멘트의 경우

$$X=\frac{61}{F/K+0.34}(\mathrm{o/wt})$$

$X$ : 물·시멘트의 비, $F$ : 콘크리트소요강도, $K$ : 시멘트강도

**제49조 【콘크리트의 양생】**

콘크리트는 시공 중 및 시공 후 콘크리트의 압축강도가 5MPa 이상일 때까지(콘크리트의 압축강도 시험을 실시하여 압축강도를 확인하지 아니할 경우 5일간) 콘크리트의 온도가 섭씨 2도 이상이 유지되도록 하고, 콘크리트의 응고 및 경화가 건조나 진동 등으로 인하여 영향을 받지 아니하도록 양생하여야 한다.

해설 콘크리트는 화학작용으로 응고(凝固, setting), 경화(硬化, hardening)되는데 적합한 온도와 습기가 유지되도록 양생(養生, curing)하여야 한다. 특히 초기에 화학작용이 급격히 이루어지기 때문에 일정한 온도·습도 조건을 유지해 주어야 한다.

**제50조 【거푸집 및 받침기둥의 제거】**

① 구조부재의 거푸집 및 받침기둥은 콘크리트의 자체중량 및 시공 중에 받는 하중으로 인한 변형·균열 그 밖에 구조내력에 영향을 주지 않을 정도로 응고 또는 경화될 때까지는 이를 제거해서는 안 된다.(2021.8.27 어려운 법령용어정비를 위한 국토교통부령에 의거 본항 개정)
② 제1항의 규정에 의한 거푸집 및 받침기둥을 존치시켜야 할 기간은 해당 건축물의 부분 또는 위치, 시멘트의 종류, 콘크리트 양생의 방법 및 환경 그 밖의 조건 등을 고려하여 정한다.

해설 일반적으로 응력을 많이 받는 곳일수록 존치기간이 길다.

**제51조 【철근을 덮는 두께】**

철근을 덮는 콘크리트의 두께는 다음 각 호의 기준에 의한다.

1. 흙에 접하거나 옥외의 공기에 직접 노출되는 콘크리트의 경우
   가. 직경 29mm 이상의 철근 : 60mm 이상

나. 직경 16mm 초과 29mm 미만의 철근 : 50mm 이상
다. 직경 16mm 이하의 철근 : 40mm 이상
2. 옥외의 공기나 흙에 직접 접하지 않는 콘크리트의 경우
가. 슬래브, 벽체, 장선 : 20mm 이상
나. 보, 기둥 : 40mm 이상

해설 • 철근의 녹슬기, 화재로 인한 철근의 가열 등을 방지하기 위해서는 적당한 피복두께(被覆厚, covering depth)가 있어야 된다.
- 흙에 접하거나 옥외에 노출되는 경우
  ◦ 직경 29mm 이상의 철근 : 60mm 이상
  ◦ 직경 16mm 초과 29mm 미만의 철근 : 50mm 이상
  ◦ 직경 16mm 이하의 철근 : 40mm 이상
- 흙에 접하거나 옥외에 노출되는 경우
  ◦ 슬래브, 벽체, 장선 : 20mm 이상
  ◦ 보, 기둥 : 40mm 이상

**제52조 [보의 구조]**

구조부재인 보는 복근(複筋)으로 배근하되, 주근(主筋)은 직경 12mm 이상의 것을 사용하여야 한다. 다만, 늑근(肋筋)은 직경 6mm 이상의 것을 사용하여야 하며, 그 배치간격은 보춤의 3/4 이하 또는 450mm 이하이어야 한다.

해설 복근보(複筋梁)는 인장 측이나 압축 측에 철근을 배근하는 보이며(홑근 보는 인장측에만 배근), 늑근은 전단력(剪斷力)에 강하도록 보의 주근을 둘러 감은 철근이다.

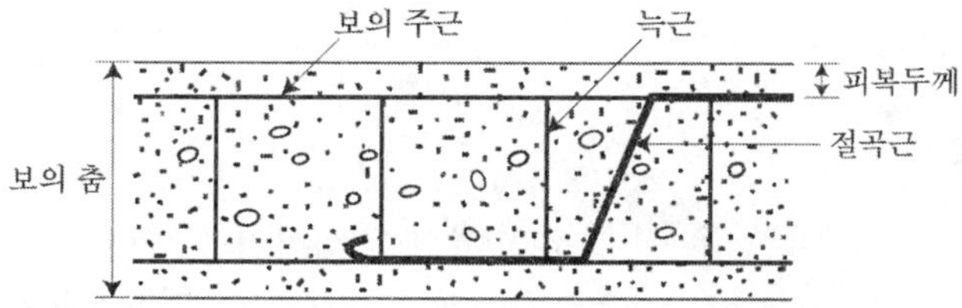


**보의 구조**

**제53조 [콘크리트슬래브의 구조]**

구조부재인 콘크리트슬래브(기성 콘크리트 제품인 것을 제외한다)의 구조는 다음 각 호의 기준에 의한다.

1. 콘크리트슬래브의 두께는 80mm 이상으로서 별표 9에 의하여 산정한 두께 이상이어야 한다.

2. 최대휨모멘트를 받는 부분에 있어서의 인장철근의 간격은 단변방향은 200mm 이하로 하고 장변방향은 300mm 이하로 하되, 슬래브의 두께의 3배 이하로 하여야 한다.

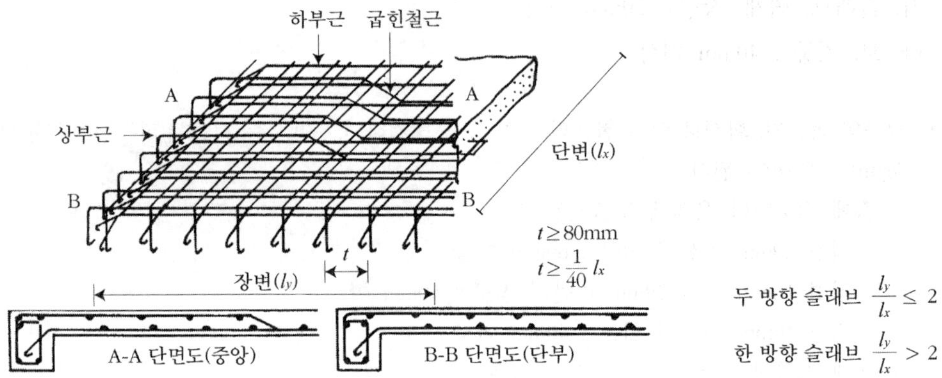


**철근의 배근**

※ 「건축물의 구조기준 등에 관한 규칙」 **【별표 9】**

**콘크리트 슬래브의 최소두께**(제53조제1호 관련)

(단위 : mm)

| 지 지 조 건 | 주변이 고정된 슬래브 | 캔틸레버 슬래브 |
|---|---|---|
| $\beta \leq 2$의 경우(2방향 슬래브) | $l_n$ / $(36+9\beta)$ | – |
| $\beta > 2$의 경우(1방향 슬래브) | $l$ / 28 | $l$ / 10 |

※ 비고

$\beta$ : 슬래브의 단변에 대한 장변의 순경간(純徑間) 비

$l_n$ : 2방향 슬래브 장변의 순경간(mm)

$l$ : 1방향 슬래브 단변의 보 중심간 거리(mm)

**제54조 【내력벽의 구조】**

구조부재인 콘크리트 벽체는 다음 각 호의 기준에 적합하여야 한다.

1. 내력벽의 최소두께는 벽의 최상단에서 4.5m까지는 150mm 이상이어야 하며, 각 3m 내려감에 따라 10mm씩의 비율로 증가시켜야 한다. 다만, 두께가 120mm 이상의 경우로서 구조계산에 의하여 안전하다고 확인된 경우에는 그러하지 아니하다.
2. 내력벽의 배근은 9mm 이상의 것을 450mm 이하의 간격으로 하고, 벽두께의 3배 이하이어야 한다. 이 경우 벽의 두께가 200mm 이상일 때에는 벽 양면에 복근으로 하여야 한다.

**제55조 【무근(無根)콘크리트 구조】**

무근콘크리트로 된 구조의 건축물이나 무근콘크리트로 된 구조와 조적식 구조 그 밖의 구조를 병용하는 건축물의 무근콘크리트로 된 구조부분에 대하여는 제3절(제29조제1항 및 제30조제2항을 제외한다)의 규정과 제49조의 규정을 준용한다.

해설
- 조적조의 규정 중 조적재는 통줄눈이 되지 않도록 설계하는 것(제29조제1항)과 기초 밑받침 및 그 상부부분의 두께(제30조제2항)의 규정을 제외한 제3절의 조적식구조의 규정을 준용한다.
- 철근콘크리트조의 규정 중 콘크리트의 양생(제49조)을 준용한다.

## 제4장 구조안전의 확인(2009.12.31 본장 신설)

**제56조 【적용범위】**

① 영 제32조제1항에 따른 각 단계별 구조 안전(지진에 대한 구조 안전을 포함한다)확인의 절차, 내용 및 방법은 제57조에서 제59조까지에 따른다.(2014.11.28 본항 개정)

② 영 제32조제2항제6호에서 "국토교통부령으로 정하는 건축물"이란 별표 11에 따른 중요도 "특" 또는 중요도 1에 해당하는 건축물을 말한다.(2017.10.24 본항 개정)

③ 영 제32조제2항제7호에서 "국가적 문화유산으로 보존할 가치가 있는 건축물로서 국토해양부령이 정하는 것"이란 국가적 문화유산으로 보존할 가치가 있는 박물관·기념관 그 밖에 이와 유사한 것으로서 연면적의 합계가 5,000m$^2$ 이상인 건축물을 말한다.(2014.11.28 본항 개정)

해설 건축물의 용도 및 규모에 따른 중요도 및 중요도계수는 별표 11과 같다.

※ 「건축물의 구조기준 등에 관한 규칙」【별표 11】(2024.12.17 본표 개정)

### 중요도 및 중요도계수(제56조제2항 관련)

| 중요도 | 특 | 1 | 2 | 3 |
|---|---|---|---|---|
| 건축물의 용도 및 규모 | 1. 연면적 1,000m$^2$ 이상인 위험물 저장 및 처리 시설·국가 또는 지방자치단체의 청사·외국공관·소방서·발전소·방송국·전신전화국·국가 또는 지방자치단체의 데이터센터<br>2. 종합병원, 수술시설이나 응급시설이 있는 병원 | 1. 연면적 1,000m$^2$ 미만인 위험물 저장 및 처리시설·국가 또는 지방자치단체의 청사·외국공관·소방서·발전소·방송국·전신전화국, 중요도(특)에 해당하지 않는 데이터센터<br>2. 연면적 5,000m$^2$ 이상인 공연장·집회장·관람장·전시장·운동시설·판매시설·운수시설(화물터미널과 집배송시설은 제외함)<br>3. 아동관련시설·노인복지시설·사회복지시설·근로복지시설<br>4. 5층 이상인 숙박시설·오피스텔·기숙사·아파트·교정시설<br>5. 학교<br>6. 수술시설과 응급시설 모두 없는 병원, 기타 연면적 1,000m$^2$ 이상인 의료시설로서 중요도(특)에 해당하지 않는 건축물 | 1. 중요도(특), (1), (3)에 해당하지 않는 건축물 | 1. 농업시설물, 소규모창고<br>2. 가설구조물 |
| 중요도계수 | 1.5 | 1.2 | 1.0 | 1.0 |

※ 비고 : 중요도(특)에 해당하는 데이터센터는 국가 또는 지방자치단체가 구축이나 운영에 관한 권한 또는 업무를 위임·위탁한 데이터센터를 포함한다.

**제57조 【구조설계도서의 작성】**

구조설계도서는 이 규칙에 적합하도록 작성하여야 하며 구조설계도서에 포함할 내용과 구조안전 확인의 기술적 기준은 「건축구조기준」 또는 「소규모건축구조기준」에서 정하는 바에 따른다. (2017.2.3 본조 개정)

**제58조 【구조안전확인서 제출】**

영 제32조제2항 각 호의 어느 하나에 해당하는 건축물로서 같은 조 제1항에 따라 구조안전의 확인(지진에 대한 구조안전을 포함한다)을 한 건축물에 대해서는 법 제21조에 따른 착공신고를 하는 경우에 다음 각 호의 구분에 따른 구조안전 및 내진설계 확인서를 작성하여 제출하여야 한다. (2017.2.3 본조 개정)

1. 6층 이상 건축물 : 별지 제1호서식에 따른 구조안전 및 내진설계 확인서
2. 소규모건축물 : 별지 제2호서식에 따른 구조안전 및 내진설계 확인서 또는 별지 제3호서식에 따른 구조안전 및 내진설계 확인서
3. 제1호 및 제2호 외의 건축물: 별지 제2호서식에 따른 구조안전 및 내진설계 확인서

**제58조의2 【성능 개선을 위한 증축·대수선에 따른 구조안전확인서 제출의 특례】** (2024.12.17 본조 신설)

① 영 제32조제3항 각 호 외의 부분 본문에 따라 기존 건축물을 다음 각 호에 따라 증축 또는 대수선하는 건축주는 법 제21조에 따른 착공신고를 할 때 별지 제4호서식의 구조안전확인서를 제출해야 한다.

1. 지붕 또는 외벽을 수선·변경 또는 증설하기 위한 증축(건축물의 건폐율·용적률 및 높이의 변경이 법 제26조에 따른 허용오차 범위 내인 경우로 한정한다)
2. 다음 각 목의 어느 하나에 해당하는 대수선
   가. 영 제3조의2제5호에 따른 대수선(방화문 또는 방화셔터를 설치하거나 변경하는 경우로서 방화구획을 위한 바닥 또는 벽의 일부를 수선하는 경우로 한정한다)
   나. 영 제3조의2제9호에 따른 대수선(건축물의 외벽에 벽돌 또는 석재 등 건축구조기준에 따른 무거운 마감재료를 설치하지 않는 경우로 한정한다)
3. 제1호 또는 제2호에 준하는 증축 또는 대수선으로서 지방자치단체의 건축에 관한 조례로 정하는 증축 또는 대수선

② 영 제32조제3항제2호에서 "국토교통부령으로 정하는 경미한 변경"이란 건축구조기준에 따른 구조내력의 증가가 5% 이하인 변경을 말한다.

**제59조 【공사단계의 구조안전확인】**

공사감리자는 건축물의 착공신고 또는 실제 착공일 전까지 구조부재와 관련된 상세시공도면이 적정하게 작성되었는지와 구조계산서 및 구조설계도서에 적합하게 작성되었는지에 대하여 검토하여 확인하여야 한다.

**제60조 【건축물의 내진등급기준】**

법 제48조의2제2항에 따른 건축물의 내진등급기준은 별표 12와 같다.(2014.2.7 본조 신설)

※ 「건축물의 구조기준 등에 관한 규칙」 **【별표 12】**

**건축물의 내진등급기준**(제60조 관련)

| 건축물의 내진등급 | 건축물의 중요도 | 중요도계수($I_E$) |
|---|---|---|
| 특 | 별표 11에 따른 중요도 특 | 1.5 |
| Ⅰ | 별표 11에 따른 중요도 1 | 1.2 |
| Ⅱ | 별표 11에 따른 중요도 2 및 3 | 1.0 |

**제60조의2 【건축물의 내진능력 산정 기준 및 공개 방법】** [2017.1.20 본조 신설]

① 법 제48조의3제1항에 따른 내진능력(이하 "**내진능력**"이라 한다)의 산정 기준은 별표 13과 같다.

② 법 제48조의3제1항에 따른 건축물에 대하여 법 제22조에 따라 사용승인을 신청하는 자는 별표 13 제1호가목에 따라 산정한 내진능력을 신청서에 적어 제출하여야 한다. 이 경우 제58조에 따른 구조안전 및 내진설계 확인서를 함께 제출해야 한다.(2024.12.17 본항 개정)

③ 법 제48조의3제1항에 따른 내진능력의 공개는 내진능력을 건축물대장에 기재하는 방법으로 하며, 내진능력의 표기방법은 별표 13 제2호에 따른다.(2024.12.17 본항 개정)

④ 법 제48조의3제1항에 따른 내진능력 공개 대상 건축물이 아닌 건축물의 내진능력을 산정하여 제3항에 따른 방법으로 공개하려는 건축물의 소유자는 별표 13 제1호나목에 따라 내진능력을 확인할 수 있는 자료를 허가권자에게 제출해야 한다.(2024.12.17 본항 신설)

※ 「건축물의 구조기준 등에 관한 규칙」 **【별표 13】** (2024.12.17 본표 개정)

**내진능력 산정 기준 등**(제60조의2 관련)

1. 건축물의 내진능력은 다음 각 목의 구분에 따라 산정한다.
   가. 제60조의2제2항에 따라 사용승인을 받으려는 건축물: 별표 12에 따른 건축물의 중요도계수($I_E$)를 적용하여 건축구조기준에 따라 내진설계를 하고 설계대로 시공한 경우 해당 중요도계수에 대응되는 내진등급을 건축물의 내진능력으로 본다. 이 경우 사용승인을 받으려는 자는 제58조에 따른 구조안전 및 내진설계 확인서를 제출해야 한다.
   나. 제60조의2제4항에 따라 내진능력을 산정하여 공개하려는 건축물: 다음의 구분에 따른 자료를 제출하여 별표 12에 따

른 건축물의 내진등급기준에 준하는 내진성능이 확인되는 경우 해당 등급을 건축물의 내진능력으로 본다.

1) 「지진·화산재해대책법」 제16조에 따라 내진보강을 추진한 건축물: 같은 조 제6항에 따라 행정안전부장관이 공시한 내진보강대책에 따른 추진결과
2) 「지진·화산재해대책법」 제16조의2에 따라 내진보강 지원을 받아 내진보강을 추진한 건축물: 같은 법 시행규칙 제3조의4에 따른 건축물 내진성능 확인서
3) 「지진·화산재해대책법」 제16조의3에 따라 행정안전부장관으로부터 지진안전 시설물의 인증을 받은 건축물: 같은 법 시행규칙 제3조의5제2항에 따른 지진안전 시설물 인증서
4) 「시설물의 안전 및 유지관리에 관한 특별법」 제12조제3항에 따라 내진성능평가를 포함한 정밀안전진단을 실시한 건축물: 같은 법 제21조제1항에 따라 고시된 지침에서 정하는 안전점검 및 정밀안전진단 보고서

**2. 내진능력 표기방법**

내진능력은 별표 12에 따른 건축물의 내진등급 구분에 따라 해당 건축물의 내진성능에 해당하는 내진등급(내진특등급, 내진Ⅰ등급, 내진Ⅱ등급)을 표기한다. 이 경우 「지진·화산재해대책법 시행령」 제11조의4제5항에 따른 지진안전 시설물 인증서를 제출한 경우에는 다음 예시에 따라 해당 내용을 함께 표기할 수 있다.

<예시>

| 내진Ⅰ등급으로 산정된 건축물로서 지진안전 시설물 인증서를 제출한 경우 | 내진Ⅰ등급으로 산정된 건축물 |
|---|---|
| 내진Ⅰ등급(인증) | 내진Ⅰ등급 |

**제61조 【건축구조기술사와의 협력】**

영 제91조의3제1항제6호에 따라 건축물의 설계자가 해당 건축물에 대한 구조의 안전을 확인하는 경우 건축구조기술사의 협력을 받아야 하는 건축물은 별표 10에 따른 지진구역 Ⅰ의 지역에 건축하는 건축물로서 별표 11에 따른 중요도가 특에 해당하는 건축물로 한다.(2024.12.17 본조 개정)

※ 「건축물의 구조기준 등에 관한 규칙」 **【별표 10】** (2017.10.24 본표 개정)

**지진구역 및 지역계수**(제61조 관련)

| 지진구역 | 행정구역 | | 지진구역계수 |
|---|---|---|---|
| Ⅰ | 시 | 서울특별시, 부산광역시, 인천광역시, 대구광역시, 대전광역시, 광주광역시, 울산광역시, 세종특별자치시 | 0.22g |
| | 도 | 경기도, 강원도 남부[주1)], 충청북도, 충청남도, 전라북도, 전라남도, 경상북도, 경상남도 | |
| Ⅱ | 도 | 강원도 북부[주2)], 제주도 | 0.14g |

※ 비고
주1) 강원도 남부 : 강릉시, 동해시, 삼척시, 원주시, 태백시, 영월군, 정선군
주2) 강원도 북부 : 속초시, 춘천시, 고성군, 양구군, 양양군, 인제군, 철원군, 평창군, 화천군, 홍천군, 횡성군

**부칙** <제260호, 2015.12.21>

**제1조 【시행일】** 이 규칙은 공포 후 6개월이 경과한 날부터 시행한다.

**제2조 【건축구조기술사와의 협력에 관한 적용례】** 제61조의 개정규정은 이 규칙 시행 이후 법 제11조에 따른 건축허가를 신청(건축허가를 신청하기 위하여 법 제4조에 따른 건축위원회에 심의를 신청한 경우 및 법 제14조에 따른 건축신고를 한 경우를 포함한다)하거나 법 제19조에 따른 용도변경 허가를 신청(용도변경 신고 및 건축물대장 기재내용의 변경 신청을 포함한다)하는 경우부터 적용한다.

**부칙** <제397호, 2017.1.20>

**제1조 【시행일】** 이 규칙은 2017년 1월 20일부터 시행한다.

**제2조 【지진구역 및 지역계수에 관한 경과조치】** 다음 각 호의 어느 하나에 해당하는 경우에는 별표 10의 개정규정에도 불구하고 종전의 규정에 따른다.

1. 이 규칙 시행 전에 법 제11조에 따른 건축허가·대수선허가, 법 제14조에 따른 건축신고 또는 법 제19조에 따른 용도변경 허가·신고를 받거나 수리된 경우
2. 이 규칙 시행 전에 법 제11조에 따른 건축허가·대수선허가의 신청(법 제11조에 따른 건축허가 또는 대수선허가를 신청하기 위하여 법 제4조의2에 따른 건축위원회 심의를 신청한 경우를 포함한다), 법 제14조에 따른 건축신고, 법 제19조에 따른 용도변경 허가의 신청 또는 같은 조에 따른 용도변경 신고를 한 경우
3. 이 규칙 시행 이후 제1호 및 제2호에 따라 받은 건축허가, 대수선허가 또는 건축신고에 대하여 변경허가를 받거나 변경신고를 하는 경우

**부칙** <제394호, 2017.2.3>

이 규칙은 2017년 2월 4일부터 시행한다.

**부칙** <제458호, 2017.10.24>

이 규칙은 2017년 12월 1일부터 시행한다.

**부칙** <제517호, 2018.6.1>

이 규칙은 공포한 날부터 시행한다.

**부칙** <제555호, 2018.11.9>

**제1조 【시행일】** 이 규칙은 공포한 날부터 시행한다.

**제2조 【구조안전 및 내진설계 확인서에 관한 적용례】** 별지 제1호서식부터 별지 제3호서식까지의 개정규정은 이 규칙 시행 이후 제58조에 따라 구조안전 및 내진설계 확인서를 제출하는 경우부터 적용한다.

**부칙** <제688호, 2020.2.12>

**제1조 【시행일】** 이 규칙은 공포한 날부터 시행한다.

**제2조 【구조안전 및 내진설계 확인서에 관한 적용례】** 별지 제3호서식의 개정규정은 이 규칙 시행 이후 제58조에 따라 구조안전 및 내진설계 확인서를 제출하는 경우부터 적용한다.

**부칙** <제777호, 2020.11.9>

이 규칙은 공포한 날부터 시행한다.

**부칙** <제919호, 2021.12.9>

**제1조 【시행일】** 이 규칙은 공포한 날부터 시행한다.

**제2조 【건축물의 중요도 및 중요도계수에 관한 적용례】** 별표 11의 개정규정은 이 규칙 시행 이후 법 제11조에 따른 건축허가나 대수선허가(법 제16조에 따른 변경허가 및 변경신고는 제외한다)의 신청(건축허가나 대수선허가를 신청하기 위하여 법 제4조의2제1항에 따라 건축위원회에 심의를 신청한 경우를 포함한다) 또는 법 제14조에 따른 건축신고(법 제16조에 따른 변경허가 및 변경신고는 제외한다)를 하는 경우부터 적용한다.

**부칙** <제1420호, 2024.12.17>

**제1조 【시행일】** 이 규칙은 공포한 날부터 시행한다.

**제2조 【건축물의 내진능력 산정 기준 및 공개 방법에 관한 경과조치】** 이 규칙 시행 전에 법 제22조제1항에 따른 사용승인을 신청한 경우의 내진능력 산정 기준 및 공개 방법에 관하여는 제60조의2제2항·제3항 및 별표 13의 개정규정에도 불구하고 종전의 규정에 따른다.

# 주차장법의 주요내용

## 1. 총 칙

### ❏ 규정 내용

주차장의 설치·정비 및 관리에 필요한 사항을 규정

### ❏ 목 적

자동차교통을 원활하게 하여 공중의 편의를 도모함을 목적

### ❏ 용어의 정의

① **주차장** : 자동차의 주차를 위한 시설로서 노상, 노외, 부설주차장을 말한다.

- 노상주차장
  도로의 노면 또는 교통광장(교차점광장에 한함)의 일정한 구역에 설치된 주차장으로서 일반의 이용에 제공되는 것
- 노외주차장
  도로의 노면 및 교통광장 외의 장소에 설치된 주차장으로서 일반의 이용에 제공되는 것
- 부설주차장
  이 법에 의하여, 건축물(골프연습장, 기타 주차수요를 유발하는 시설 포함)에 부대하여 설치된 주차장으로서 해당 건축물·시설의 이용자 또는 일반의 이용에 제공되는 것

② **기계식 주차장치** : 노외주차장 및 부설주차장에 설치하는 주차설비로서 기계장치에 의하여 자동차를 주차할 장소로 이동시키는 설비

③ **기계식 주차장** : 기계식 주차장치를 설비한 노외주차장 및 부설주차장

④ **도 로** : 「건축법」 제2조제1항제11호의 규정에 의한 도로로서 자동차통행이 가능한 것

⑤ **자동차** : 「도로교통법」(제2조제18호)에 따른 자동차 및 같은 법 제2조제19호에 따른 원동기장치 자전거

⑥ **주 차** : 「도로교통법」(제2조제24호) 규정에 의한 주차

⑦ **주차단위구획** : 자동차 1대를 주차할 수 있는 구획

⑧ **주차구획** : 하나 이상의 주차단위구획으로 이루어진 구획 전체

⑨ **전용주차구획** : 경형자동차 등 일정한 자동차에 한정하여 주차가 허용되는 주차구획

⑩ **건축물** : 「건축법」(제2조제1항제2호) 규정에 의한 건축물

⑪ **주차전용 건축물** : 건축물의 연면적 중 아래의 비율 이상이 주차장으로 사용되는 건축물

※ 비율기준(영 제1조의2)

- 단독주택, 공동주택, 제1종 및 제2종 근린생활시설, 문화 및 집회시설, 종교시설, 판매시설, 운수시설, 운동시설, 업무시설, 창고시설, 자동차 관련시설인 경우는 70%(주차환경개선지구 내에 위치한 건축물의 경우 60%) 이상
- 기타 용도의 경우 : 건축물 연면적의 95% 이상

※ 연면적 산정

원칙 : 「건축법」의 규정에 의함.

예외 : 기계장치를 이용한 주차장의 연면적 산정

자동차주차면적+기계실+관리사무소 등

⑫ 주차전용 건축물에 있어서의 조건(법 제12조의2)

- 특별시·광역시·특별자치시·특별자치도·시·군의 조례로 다음의 범위
  - 건폐율 : 90/100 이하
  - 용적률 : 1,500% 이하
  - 대지면적의 최소한도 : $45m^2$ 이상
  - 높이제한
- 대지가 12m 미만 도로와 접하는 경우 : $H \leqq 3D$ 이하
- 대지가 12m 이상 도로와 접하는 경우

$$H \leqq \frac{36}{\text{도로의 너비}} \text{배 (단, 배율이 1.8배 미만인 경우 1.8배)}$$

$H$ : 건축물 각 부분의 높이

$D$ : 대지에 접한 도로의 반대쪽 경계선까지의 수평거리

## ❑ 주차장 설비기준 등(법 제6조)

경형자동차(배기량 1,000cc 미만) 및 환경친화적 자동차는 전용주차구획을 일정 비율 이상 정할 수 있다. 경사진 곳에 주차장을 설치하는 경우 미끄럼 방지시설과 미끄럼 주의 안내표지를 갖추어야 한다.

### A. 주차장의 형태(규칙 제2조)

① 자주식 주차장 : 운전자가 자동차를 직접 운전하여 주차장으로 들어가는 주차장

세분 : 지하식+지평식+건축물식(공작물식 포함)

② 기계식 주차장 : 자동차가 기계장치에 의하여 주차장으로 들어가는 주차장

세분 : 지하식·건축물식

### B. 주차장의 주차단위구획(규칙 제3조)

- 평행주차형식의 경우

| 구 분 | 너 비 | 길 이 |
|---|---|---|
| 경형 | 1.7m 이상 | 4.5m 이상 |
| 일반형 | 2.0m 이상 | 6.0m 이상 |
| 보도와 차도의 구분이 없는 주거지역의 도로 | 2.0m 이상 | 5.0m 이상 |
| 이륜자동차 전용 | 1.0m 이상 | 2.3m 이상 |

- 평행주차형식 외의 경우

| 구 분 | 너 비 | 길 이 |
|---|---|---|
| 경형 | 2.0m 이상 | 3.6m 이상 |
| 일반형 | 2.5m 이상 | 5.0m 이상 |
| 확장형 | 2.6m 이상 | 5.2m 이상 |
| 장애인 전용 | 3.3m 이상 | 5.0m 이상 |
| 이륜자동차 전용 | 1.0m 이상 | 2.3m 이상 |

## 2. 노상 주차장

① 특별시장·광역시장·특별자치시장·특별자치도지사, 시장·군수·구청장이 설치 및 폐지할 수 있으며 위탁 관리를 할 수 있다.

② 다음 경우는 지체없이 폐지하여야 한다.

- 대중교통수단의 운행장애, 교통소통에 장해를 주는 경우
- 노외주차장 설치 등으로 노상주차장이 불필요하게 된 경우

### ❑ 노상주차장의 구조, 설비기준(규칙 제4조)

**설치할 수 없는 곳**

① 주간선도로
단, 분리대 등으로서 도로교통에 크게 지장이 없을 경우는 예외

② 너비가 6m 미만의 도로(지방자치단체의 조례로 정하는 경우 예외)

③ 종단경사도(자동차 진행방향의 기울기 4% 초과도로)
단, 종단구배가 6% 이하 도로로서 보·차 분리가 되고 차도의 너비가 13m 이상일 경우 가능

④ 고속도로·자동차전용도로·고가도로

⑤ 주차대수 규모가 20대 이상 50대 미만인 경우 : 장애인 전용 주차구획 1면 이상 설치,
50대 이상인 경우 : 주차대수의 2%부터 4%까지의 범위에서 지자체의 조례로 정하는 비율 이상

## 3. 노외주차장

### ❑ 노외주차장의 설치 등

**A. 설치 일반**

- 설치 또는 폐지한 자는 시장·군수·구청장에게 통보
- 노외주차장을 설치한 자가 관리한다.(위탁관리 가능)

**B. 단지조성사업 등에 따른 노외주차장의 설치의무**(법 제12의3, 영 제4조)

단지조성사업 등을 시행하는 때에는 다음에 따라 노외주차장을 설치하여야 한다.

① 설치대상이 되는 사업의 종류

- 택지개발사업
- 주택지조성사업
- 아파트지구개발사업
- 도시재개발사업
- 산업단지개발사업
- 도시철도건설사업
- 도시개발사업

② 경형자동차 및 환경친화적 자동차 전용주차구획의 설치 비율

- 단지조성사업 등으로 설치되는 노외주차장에는 경형자동차와 환경친화적 전용주차구획을 다음의 비율이 모두 충족되도록 설치하여야 함.

– 경형자동차를 위한 전용주차구획과 환경친화적 자동차를 위한 전용주차구획을 합한 주차구획 : 총주차대수의 10/100 이상
– 환경친화적 자동차를 위한 전용주차구획 : 총주차대수의 5/100 이상

③ 주차장의 규모

• 교통영향평가대상사업은 협의서에 기재된 주차장의 연면적에서 부설주차장의 면적을 뺀 면적으로 하되 아래 면적 이상으로 하여야 함.
  – 철도건설사업(연장 20km 이상)의 경우
    다음 산식에 의하여 산출할 주차대수를 수용할 수 있는 면적

$$\frac{\text{철도개설 5년 후 1개 역의 1일 평균승차인원}}{210} \times \frac{\text{철도연장(km)}}{8}$$

  – 철도건설사업 외의 단지조성사업 등의 경우 : 사업부지면적의 0.6%
• 교통영향평가를 받지 아니할 경우 해당 사업부지면적의 0.6% 이상의 면적

### ❑ 노외주차장의 설치계획기준(규칙 제5조)

① **노외주차장의 유치권** : 토지이용현황, 노외주차장 이용자의 보행거리 및 보행자를 위한 도로상황 등을 참작하여, 이용자에게 편의를 도모할 수 있게 정하여야 한다.

② **노외주차장의 규모** : 유치권 내의 전반적 주차수요와 기설치 또는 설치계획인 주차용 시설이나 장소와의 연관성을 참작한 적정 규모

③ **노외주차장의 지역** : 녹지지역이 아닌 지역에 설치할 수 있다.(단, 예외규정 있음.)

④ **노외주차장의 배치** : 주차수요가 많은 곳에 설치. 가급적 공원·광장·대로변·도시철도역 및 상가인접지역 등에 연접.(단지조성사업 등에 따라 노외주차장에 한함.)

⑤ **노외주차장의 출구 및 입구**(차로의 노면이 도로의 노면에 접하는 부분. 이하 같다)의 설치 금지 장소
가. 「도로교통법」에 의하여 정차·주차가 금지되는 도로의 부분
나. 횡단보도(육교·지하횡단보도 포함)에서 5m 이내의 도로의 부분
다. 너비 4m 미만(주차대수 200대 이상인 경우는 너비 6m 미만)의 도로와 종단구배 10%를 초과하는 도로
라. 유아원, 유치원, 초등학교, 특수학교, 노인복지시설, 장애인 복지시설 및 아동전용시설 등의 출입구로부터 20m 이내의 도로의 부분

⑥ **노외주차장 출구·입구의 연결도로 선택**
도로가 2 이상인 경우, 자동차교통에 지장이 적은 도로에 출구·입구를 설치. 보행자 교통에 지장이 있거나 특별한 이유가 있는 경우는 예외

⑦ **대규모 노외주차장**(400대 초과)의 **출구·입구**(차로의 노면이 도로의 노면에 접하는 부분)
각각 따로 설치(출입구 너비의 합이 5.5m 이상으로 출구와 입구가 차선 등으로 분리되는 경우 제외)

⑧ **장애인 전용 주차구획** : 주차대수 50대 이상인 경우 2%부터 4%의 범위에서 지자체의 조례로 정하는 비율 이상

### ❑ 노외주차장의 구조 및 설비기준(규칙 제6조)

#### A. 일반노외주차장

① 주차장 출구·입구 부분의 각지 전제
자동차의 회전이 용이하도록 필요한 경우, 차로와 도로가 접하는 부분을 곡선형으로 하여야 함

② **주차장 출구 부분의 구조**

출구로부터 2m(이륜자동차 전용 출구의 경우에는 1.3m) 후퇴한 차로의 중심선상 1.4m의 높이에서 도로의 중심선에 직각으로 향한 좌·우측 각 60°의 범위 안에서 그 도로를 통행하는 차를 확인할 수 있는 구조

③ **차로(車路)의 배치**

가. 주차부분의 장·단변 중 1변 이상이 차로에 접할 것

나. 차로의 너비

- 이륜자동차 전용 노외주차장

| 주 차 형 식 | 차로의 너비 | |
|---|---|---|
| | 출입구가 2개 이상인 경우 | 출입구가 1개인 경우 |
| 평행주차 | 2.25m | 3.5m |
| 직각주차 | 4.0m | 4.0m |
| 45° 대향(對向)주차 | 2.3m | 3.5m |

- 이륜자동차 전용 노외주차장 외의 노외주차장인 경우

| 주 차 형 식 | 차로의 너비 | |
|---|---|---|
| | 출입구가 2개 이상인 경우 | 출입구가 1개인 경우 |
| 평행주차 | 3.3m | 5.0m |
| 직각주차 | 6.0m | 6.0m |
| 60° 대향(對向)주차 | 4.5m | 5.5m |
| 45° 대향(對向)주차 | 3.5m | 5.0m |
| 교차주차 | 3.5m | 5.0m |

④ **주차장 출·입구의 너비**

- 총주차대수 49대 이하 : 3.5m 이상
- 총주차대수 50대 이상 : ① 출구·입구를 분리하거나, ② 5.5m 이상

⑤ **자주식 주차장의 차로**(적용대상 : ① 지하식·건물식 주차장 ② 기계식 주차장의 자주식 부분)

가. 차로의 높이 : 바닥면으로부터 2.3m 이상

나. 굴곡부(경사로의 곡선) : 자동차가 6m 이상의 내변반경으로 회전이 가능할 것(같은 경사로를 이용하는 주차장의 총주차대수가 50대 이하인 경우에는 5m, 이륜자동차 전용 3m)

다. 경사로의 차로 너비 : 다음과 같이 하고, 양측 벽면으로부터 30cm의 지점에 높이 10cm 이상~15cm 미만의 연석(경계석)을 설치(연석부분은 차로의 너비에 포함됨)

| 구 분 | 1차선의 경우 | 2차선의 경우 |
|---|---|---|
| 직선형 | 3.3m 이상 | 6.0m 이상 |
| 곡선형 | 3.6m 이상 | 6.5m 이상 |

라. 경사로의 종단구배 : 직선 부분은 17% 이하, 곡선 부분은 14% 이하

마. 경사로의 노면 : 거친 면으로 할 것

바. 오르막 경사로로서 도로와 접하는 부분으로부터 3m 이내인 경사로의 종단경사도는 직선 부분에서는 8.5%를, 곡선 부분에서는 7%를 초과해서는 안 됨

* 주차장에서 나오는 자동차 운전자의 시야 미확보로 인한 사고방지를 위함

사. 주차대수 규모가 50대 이상인 경우의 경사로는 다음 기준을 따름
- 너비 6m 이상인 2차로를 확보하거나 진입차로와 진출차로를 분리할 것
- 다음 표와 같이 완화구간(경사로를 지나는 자동차가 지면에 접촉하지 않도록 종단경사로가 경사로 최대 종단경사도의 1/2 이하로 설계된 구간)을 설치할 것

완화구간의 설치 기준

| 대상 주차장 | 완화구간의 위치 | 완화구간의 길이 |
|---|---|---|
| 1. 주차대수 규모가 50대 이상 100대 미만인 주차장 | 경사로의 볼록형 부분 | 1.7m |
| 2. 주차대수 규모가 100대 이상인 주차장 | 경사로의 볼록형 부분 | 1.7m |
| | 경사로의 오목형 부분 | 2m |

※ 비고
1. 위 표에서 "경사로의 볼록형 부분"이란 오르막 방향으로 진행하면서 종단경사도가 직선 부분의 경우 8.5%, 곡선 부분의 경우 7% 이상 감소하는 부분을 말한다.
2. 위 표에서 "경사로의 오목형 부분"이란 내리막 방향으로 진행하면서 종단경사도가 직선 부분의 경우 8.5%, 곡선 부분의 경우 7% 이상 증가하는 부분을 말한다.

참고 주차장 경사로 완화구간 설치 등에 관한 경과조치 (규칙 2023.12.1 부칙 제2조)

**제2조【주차장 경사로 완화구간 설치 등에 관한 경과조치】** 이 규칙 시행 당시 종전의 규정에 따라 설치된 주차장과 다음 각 호의 어느 하나에 해당하는 경우로서 해당 시설물 또는 그 부지에 설치되는 주차장의 경사로 완화구간 설치에 관하여는 제6조제1항제5호바목, 사목 및 별표 1(제11조제1항 본문에 따라 준용하는 경우를 포함한다)의 개정규정에도 불구하고 종전의 규정에 따른다.
1. 이 규칙 시행 전에 「건축법」 제11조에 따라 시설물의 건축허가(해당 허가가 의제되는 다른 법률에 따른 허가·인가·승인 등을 포함한다)를 받았거나 신청한 경우
2. 이 규칙 시행 전에 「건축법」 제14조에 따른 건축신고 또는 같은 법 제83조에 따른 공작물 축조 신고(해당 신고가 의제되는 다른 법률에 따른 허가·인가·승인 등을 포함한다)를 한 경우
3. 이 규칙 시행 전에 시설물의 건축허가를 받거나 건축신고를 하기 위하여 「건축법」 제4조의2제1항에 따라 건축위원회에 심의를 신청한 경우
4. 제1호 및 제2호에 해당하는 경우로서 이 규칙 시행 이후 「건축법」 제16조제1항에 따라 건축허가·신고사항을 변경하거나 같은 법 제19조제1항에 따라 시설물의 용도변경(해당 건축허가·신고사항의 변경 또는 용도변경이 의제되는 다른 법률에 따른 허가·인가·승인 등을 포함한다)을 하는 경우

**제3조【주차장 경보장치 설치에 관한 경과조치】** 부칙 제1조 단서에 따른 시행일 당시 종전의 규정에 따라 설치된 주차장과 부칙 제2조 각 호의 어느 하나에 해당하는 경우로서 해당 시설물 또는 그 부지에 설치되는 주차장의 경보장치 설치에 관하여는 제6조제1항제10호(제11조제1항 본문에 따라 준용하는 경우를 포함한다)의 개정규정에도 불구하고 종전의 규정에 따른다.

⑥ **주차부분의 높이** : 바닥면으로부터 2.1m 이상

⑦ **자동차용 승강기의 설치** : 30대마다 1대(예외규정 인정)

⑧ **주차장 내부공간의 일산화탄소(CO)의 허용농도** : 50ppm 이하
* 다중이용시설 등의 「실내공기질관리법」 규정에 의한 실내 주차장은 25ppm 이하
* 이용차량이 가장 빈번한 시각 전후 8시간의 평균값

⑨ **조명장치** : 자주식주차장으로서 지하식 또는 건축물식 노외주차장에는 벽면에서부터 50cm 이내를 제외한 바닥면의 최소 조도(照度)와 최대 조도를 다음 각 목과 같이 한다.

* 주차구획 및 차로 : 최소 조도는 10 lx 이상, 최대 조도는 최소 조도의 10배 이내
* 주차장 출구 및 입구 : 최소 조도는 300 lx 이상, 최대 조도는 없음
* 사람이 출입하는 통로 : 최소 조도는 50 lx 이상, 최대 조도는 없음

⑩ **경보장치**

- 주차장의 출입구로부터 3m 이내의 장소로서 보행자가 경보장치의 작동을 식별할 수 있는 곳에 위치
- 경보장치는 자동차의 출입시 경광(警光)과 50dB 이상의 경보음이 발생하도록 해야 함

⑪ **방범설치** : 폐쇄회로 텔레비전(녹화장치 포함) 또는 네트워크 카메라 포함한 방범설비 설치 및 관리 – 주차대수 30대 초과시

⑫ **2층 이상의 건축물식 주차장** : 추락방지 안전시설을 설치

⑬ 주차구획은 평평한 장소(예외 : 경사도가 7% 이하로 인정되는 곳)

⑭ 노외주차장은 확장형 주차단위구획을 30% 이상 설치(평행주차 형식의 주차단위 구획수는 제외)

⑮ 환경친화적 자동차의 전용주차구획을 총주차대수의 5/100 이상 설치(단, 시장 등이 조례로 5/100보다 상향할 수 있음)

⑯ 하천구역 및 공유수면으로서 주차장이 설치된 지역에서는 자동차 침수를 방지하기 위하여 다음 시설을 모두 설치

가. 차량 출입을 통제하기 위한 주차 차단기
나. 주차장 전체를 볼 수 있는 폐쇄회로 텔레비전 또는 네트워크 카메라
다. 차량 침수가 발생할 우려가 있는 경우에 차량 대피를 안내할 수 있는 방송설비 또는 전광판

**B. 노외주차장의 부대시설의 제한**(규칙 제6조제4항)

① 노외주차장에 설치할 수 있는 부대시설은 다음과 같으며, 그 총 면적은 주차장 총 시설면적의 20% 이하이어야 한다.

- 관리사무소, 휴게소 및 공중화장실
- 간이매점, 자동차 장식품 판매점 및 전기자동차 충전시설
- 주유소(허가권자가 설치한 노외주차장만 해당)
- 노외주차장의 관리·운영상 필요한 편의시설
- 특별자치도·시·군 또는 자치구(이하 "시·군 또는 구"라 한다)의 조례로 정하는 이용자 편의시설

② 노외주차장에 설치하는 부대시설의 면적을 상기 ①의 규정에 불구하고 특별시·광역시·특별자치시·특별자치도·시·군·구의 조례로 정할 수 있도록 하고 있는데, 이 경우 부대시설이 차지하는 면적의 비율은 주차장 총 시설면적의 40%를 초과할 수 없도록 하고 있으며 이를 점검하기 위하여 시장·군수·구청장은 연 1회 지도점검을 실시하여야 한다.

## 4. 부설주차장

### ❑ 부설주차장의 설치의무

**A. 부설주차장의 설치기준**(법 제19조제1항, 영 제6조제1항)

- 「국토의 계획 및 이용에 관한 법률」의 규정에 의한 도시지역·지구단위계획 구역 및 지방자치단체의 조례가 정하는 관리지역 안에서 건축물, 골프연습장, 기타 주차수요를 유발하는 시설을 건축 또는 설치

하고자 하는 자는 시행령 별표 1에 따라, 그 시설물의 내부 또는 부지 안에 부설주차장(화물의 하역, 기타 사업수행을 위한 주차장 포함)을 설치해야 한다.

※ 「주차장법 시행령」【별표 1】(2021.3.30 본표 개정)

**부설주차장의 설치대상 시설물 종류 및 설치기준**(영 제6조제1항 관련)

| 시 설 물 | 설 치 기 준 |
|---|---|
| 1. 위락시설 | ○ 시설면적 $100m^2$당 1대(시설면적/$100m^2$) |
| 2. 문화 및 집회시설(관람장을 제외한다), 종교시설, 판매시설, 운수시설, 의료시설(정신병원·요양소 및 격리병원을 제외한다), 운동시설(골프장·골프연습장 및 옥외수영장은 제외한다), 업무시설(외국공관 및 오피스텔은 제외한다), 방송통신시설 중 방송국, 장례식장 | ○ 시설면적 $150m^2$당 1대(시설면적/$150m^2$) |
| 3. 제1종 근린생활시설[「건축법 시행령」 별표 1제3호바목 및 사목(공중화장실, 대피소, 지역아동센터는 제외한다)은 제외한다], 제2종 근린생활시설, 숙박시설 | ○ 시설면적 $200m^2$당 1대(시설면적/$200m^2$) |
| 4. 단독주택(다가구 주택은 제외한다) | ○ 시설면적 $50m^2$ 초과 $150m^2$ 이하 : 1대<br>○ 시설면적 $150m^2$ 초과 : 1대에 $150m^2$를 초과하는 $100m^2$당 1대를 더한 대수[1 + {(시설면적 − $150m^2$)/$100m^2$}] |
| 5. 다가구 주택, 공동주택(기숙사는 제외한다), 업무시설 중 오피스텔 | ○ 주택건설기준 등에 관한 규정 제27조제1항에 따라 산정된 주차대수. 이 경우 다가구 주택 및 오피스텔의 전용면적은 공동주택의 전용면적 산정방법을 따른다. |
| 6. 골프장, 골프연습장, 옥외수영장, 관람장 | ○ 골프장 : 1홀당 10대(홀의 수×10)<br>○ 골프연습장 : 1타석당 1대(타석의 수×1)<br>○ 옥외수영장 : 정원 15인당 1대(정원/15인)<br>○ 관람장 : 정원 100인당 1대(정원/100인) |
| 7. 수련시설, 공장(아파트형은 제외한다), 발전시설 | ○ 시설면적 $350m^2$당 1대(시설면적/$350m^2$) |
| 8. 창고시설 | ○ 시설면적 $400m^2$당 1대(시설면적/$400m^2$) |
| 9. 학생용 기숙사 | ○ 시설면적 $400m^2$당 1대(시설면적/$400m^2$) |
| 10. 방송통신설비 중 데이터센터(2021.3.30 신설) | ○ 시설면적 $400m^2$당 1대(시설면적/$400m^2$) |
| 11. 그 밖의 건축물 | ○ 시설면적 $300m^2$당 1대(시설면적/$300m^2$) |

※ 비고

1. 시설물의 종류는 다른 법령에 특별한 규정이 없으면 「건축법 시행령」 별표 1에 따르되, 다음 각 목의 어느 하나에 해당하는 시설물을 건축하거나 설치하려는 경우에는 부설주차장을 설치하지 않을 수 있다.
   가. 제1종 근린생활시설 중 변전소·양수장·정수장·대피소·공중화장실, 그 밖의 이와 유사한 시설
   나. 종교시설 중 수도원·수녀원·제실 및 사당
   다. 동물 및 식물관련시설(도축장 및 도계장은 제외한다)
   라. 방송통신시설(방송국·전신전화국·통신용시설 및 촬영소만을 말한다) 중 송신·수신 및 중계시설
   마. 주차전용건축물(노외주차장인 주차전용건축물만을 말한다)에 주차장 외의 용도로 설치하는 시설물(판매시설 중 백화점·쇼핑센터·대형점과 문화 및 집회시설 중 영화관·전시장·예식장은 제외한다)
   바. 「도시철도법」에 따른 역사(「철도의 건설 및 철도시설 유지관리에 관한 법률」 제2조제7호에 따른 철도건설사업으로 건설되는 역사를 포함한다)(2019.3.12 본목 개정)
   사. 「건축법 시행령」 제6조제1항제4호에 따른 전통한옥 밀집지역 안에 있는 전통한옥
2. 시설물의 시설면적은 공용면적을 포함한 바닥면적의 합계를 말하되, 하나의 부지 안에 둘 이상의 시설물이 있는 경우에는 각 시설물의 시설면적을 합한 면적을 시설면적으로 하며, 시설물 안의 주차를 위한 시설의 바닥면적은 해당 시설물의 시설면적에서 제외한다.
3. 시설물의 소유자는 부설주차장(해당 시설물의 부지에 설치하는 부설주차장은 제외한다)의 부지의 소유권을 취득하여 이를 주차장 전용으로 제공해야 한다. 다만, 주차전용건축물에 부설주차장을 설치하는 경우에는 그 건축물의 소유권을 취득해야 한다.

4. 용도가 다른 시설물이 복합된 시설물에 설치하여야 하는 부설주차장의 주차대수는 용도가 다른 각 시설물별 설치기준에 의하여 산정(위 표 제5호의 시설물은 주차대수의 산정대상에서 제외하되, 비고 제8호에서 정한 기준을 적용하여 산정된 주차대수는 별도로 합산한다)한 소수점 이하 첫째자리까지의 주차대수를 합하여 산정한다. 다만, 단독주택(다가구 주택은 제외한다. 이하 이 호에서 같다)의 용도로 사용되는 시설의 면적이 $50m^2$ 이하인 경우 단독주택의 용도로 사용되는 시설의 면적에 대한 부설주차장의 주차대수는 단독주택의 용도로 사용되는 시설의 면적을 $100m^2$로 나눈 대수로 한다.
5. 시설물을 용도변경하거나 증축함에 따라 추가로 설치하여야 하는 부설주차장의 주차대수는 용도변경하는 부분 또는 증축으로 인하여 면적이 증가하는 부분(이하 "증축하는 부분"이라 한다)에 대하여만 설치기준을 적용하여 산정한다. 다만, 위 표 제5호에 따른 시설물을 증축하는 경우에는 증축 후 시설물의 전체면적에 대하여 위 표 제5호에 따른 설치기준을 적용하여 산정한 주차대수에서 증축 전 시설물의 면적에 대하여 증축시점의 위 표 제5호에 따른 설치기준을 적용하여 산정한 주차대수를 뺀 대수로 한다.
6. 설치기준(위 표 제5호에 따른 설치기준은 제외한다. 이하 이 호에서 같다)에 의하여 주차대수를 산정함에 있어서 소수점 이하의 수(시설물을 증축하는 경우 먼저 증축하는 부분에 대하여 설치기준을 적용하여 산정한 수가 0.5 미만인 때에는 그 수와 나중에 증축하는 부분들에 대하여 설치기준을 적용하여 산정한 수를 합산한 수의 소수점 이하의 수. 이 경우 합산한 수가 0.5 미만인 때에는 0.5 이상이 될 때까지 합산하여야 한다)가 0.5 이상인 경우에는 이를 1로 본다. 다만, 해당 시설물 전체에 대하여 설치기준(시설물을 설치한 후 법령·조례의 개정 등으로 설치기준 또는 설치제한기준이 변경된 경우에는 변경된 설치기준 또는 설치제한기준을 말한다)을 적용하여 산정한 총주차대수가 1대 미만인 경우에는 주차대수를 0으로 본다.
7. 용도변경되는 부분에 대하여 설치기준을 적용하여 산정한 주차대수가 1대 미만인 경우에는 주차대수를 0으로 본다. 다만, 용도변경되는 부분에 대하여 설치기준을 적용하여 산정한 주차대수의 합(2회 이상 나누어 용도변경하는 경우를 포함한다)이 1대 이상인 경우에는 그러하지 아니하다.
8. 단독주택 및 공동주택 중 「주택건설기준 등에 관한 규정」이 적용되는 주택에 대하여는 같은 규정에 의한 기준을 적용한다.
9. 승용차와 승용차 외의 자동차가 함께 사용하는 부설주차장의 경우에는 승용차 외의 자동차의 주차가 가능하도록 하여야 하며, 승용차 외의 자동차가 더 많이 이용하는 부설주차장의 경우에는 그 이용빈도에 따라 승용차 외의 자동차의 주차에 적합하도록 승용차 외의 자동차가 이용할 주차장을 승용차용주차장과 구분하여 설치하여야 한다. 이 경우 주차대수의 산정은 승용차를 기준으로 한다.
10. 「장애인·노인·임산부 등의 편의증진보장에 관한 법률 시행령」 제4조에 따라 장애인전용주차구획을 설치하여야 하는 시설물에는 부설주차장의 설치기준상 부설주차장주차대수의 2%부터 4%까지의 범위에서 장애인의 주차수요를 감안하여 지방자치단체의 조례로 정하는 비율 이상을 장애인전용주차구획으로 구분·설치하여야 한다. 다만, 부설주차장의 설치기준상 부설주차장의 주차대수가 10대 미만인 경우에는 그러하지 아니하다.
11. 제6조제2항에 따라 지방자치단체의 조례로 부설주차장의 설치기준을 강화 또는 완화하는 때에는 시설물의 시설면적·홀·타석·정원을 기준으로 한다.
12. 경형자동차의 전용주차구획으로 설치된 주차단위구획은 전체 주차단위구획 수의 10%까지 부설주차장의 설치기준에 따라 설치된 것으로 본다.
13. 2008년 1월 1일 전에 설치된 기계식주차장치로서 다음 각 목에 열거된 형태의 기계식주차장치를 설치한 주차장을 다른 형태의 주차장으로 변경하여 설치하는 경우에는 변경 전의 주차대수의 1/2에 해당하는 주차대수를 설치하더라도 변경 전의 주차대수로 인정한다.(2014.12.30 본호 개정)
    가. 2단 단순승강 기계식주차장치 : 주차구획이 2층으로 되어 있고 위층에 주차된 자동차를 출고하기 위하여는 반드시 아래층에 주차되어 있는 자동차를 출고하여야 하는 형태로서, 주차구획 안에 있는 평평한 운반기구를 위·아래로만 이동하여 자동차를 주차하는 기계식주차장치
    나. 2단 경사승강 기계식주차장치 : 주차구획이 2층으로 되어 있고 주차구획 안에 있는 경사진 운반기구를 위·아래로만 이동하여 자동차를 주차하는 기계식주차장치
14. 제13호에 따라 기계식주차장치를 설치한 주차장을 변경하여 변경 전의 주차대수로 인정받은 후 해당 시설물의 용도변경 또는 증축 등으로 인하여 주차장을 추가로 설치하여야 하는 경우에는 제13호 각 목의 기계식주차장치를 설치한 주차장을 변경하면서 경감된 주차대수도 포함하여 설치하여야 한다.
15. "학생용 기숙사"란 기숙사 중 「초·중등교육법」 제2조 및 「고등교육법」 제2조에 따른 학교에 재학 중인 학생을 위한 기숙사를 말한다.

**B. 조례에 의한 설치기준**(영 제6조)

- 다음의 경우 특별시·광역시·특별자치시·특별자치도·시·군의 조례로 시설물의 종류를 세분하거나 설치기준을 따로 정할 수 있다.
  – 오지·벽지·도서지역·도심지의 간선도로변

- 관리지역으로서 주차난이 발생할 우려가 없는 경우
- 단독주택, 공동주택, 숙박시설 또는 업무시설 중 오피스텔에서 세대별 또는 호실별로 정하고자 하는 경우
- 기계식주차장을 설치하는 경우로서 해당 지역의 주차장확보율, 주차장 이용실태, 교통여건 등을 고려하여 별표 1의 부설주차장의 설치기준과 다르게 정하고자 하는 경우
- 대한민국주재 외국공관 안의 외교관 또는 그 가족이 거주하는 구역 등 일반인의 출입이 통제되는 구역 안에서 주택 등의 시설물을 건축하는 경우
- 시설면적이 10,000m$^2$ 이상인 공장을 건축하는 경우
- 판매시설, 문화 및 집회시설 등 「자동차관리법」 제3조제1항제2호에 따른 승합자동차(중형 또는 대형 승합자동차만 해당한다)의 출입이 빈번하게 발생하는 시설물을 건축하는 경우

• 특별시·광역시·특별자치시·특별자치도·시장·군수가 필요하다고 인정하는 경우 설치기준(영 제6조의1)의 1/2 범위 안에서 완화 또는 강화할 수 있다.

• 부설주차장의 기준을 따로 정하는 경우 해당 지역 안의 구역별로 부설주차장설치기준을 달리할 수 있다.

• 부설주차장의 추가 확보 없이 건축물의 용도를 변경하는 경우
  - 사용승인 후 5년이 경과된 연면적 1,000m$^2$ 미만의 용도변경(단, 문화 및 집회 시설 중 공연장·집회장·관람장, 위락시설 및 주택 중 다세대 주택·다가구 주택의 용도로 변경하는 경우 제외)
  - 해당 건축물 안에서 용도 상호간의 변경을 하는 경우(설치기준이 높은 용도의 면적이 증가하는 경우 제외)

C. **부설주차장의 인근 설치**(영 제7조)

• 주차대수 300대 이하인 경우에는 시설물의 부지 인근에 단독 또는 공동으로 다음과 같이 설치할 수 있다.
  - 해당 부지의 경계선으로부터 부설주차장의 경계선까지의 직선거리 300m 이내 또는 도보거리 600m 이내
  - 해당 시설물이 소재하는 동·리 및 해당 시설물과의 통행 여건이 편리하다고 인정되는 인접 동·리

❑ **부설주차장설치**(법 제19조제6항·제7항·제19조의2)

• 허가권자는 주차장의 설치비용을 납부한자에게 그에 상응하는 범위 안에서 노외주차장 무상사용권을 부여한다. 노외주차장이 없는 경우에서 주차장설치비용을 감액할 수 있다. 설치비용의 산정, 감액기준은 지방자치단체의 조례로 정한다.
• 부설주차장설치계획서 제출(허가·인가, 용도변경신고)

❑ **노외주차장 또는 부설주차장의 설치제한**(규칙 제7의2)

• 노외주차장 또는 부설주차장(주택 및 오피스텔의 부설주차장 제외)의 설치를 제한할 수 있는 지역은 자동차교통이 혼잡한 상업지역, 준주거지역 또는 교통혼잡 특별관리구역으로서 도시철도 등 대중교통수단 이용이 편리한 지역에 한정함.
• 부설주차장 설치제한의 최고한도는 별표 1의 설치기준 이내로 함
  ※ 판매시설과 같은 건축물의 부설주차장은 설치제한지역에 포함되면 주차설치의 상한제가 적용되나 주

거용도(오피스텔 포함)인 경우에는 상한제가 적용되지 않음.

## ❑ 부설주차장 설치비용 납부와 설치의무 면제

### A. 주차장 설치의무의 면제(영 제8조제1항)

시설물이 다음에 해당하는 때에는 주차장 설치비용을 시장·군수에 납부함으로써 부설주차장의 설치에 갈음할 수 있다.

① 시설물의 위치

- 「도로교통법」에 의한 차량통행의 금지장소, 또는 주변토지이용상황으로 인하여 부설주차장 설치기준 등(영 제6조, 제7조)에 의한 설치가 곤란하다고 시장·군수 또는 구청장이 인정하는 장소
- 출입구가 도심지 등의 간선도로변에 위치하여 자동차교통에 혼잡을 가중시킬 우려가 있는 경우

② 시설물의 용도·규모

다음에 해당하지 아니하는 것

- 연면적 10,000$m^2$ 이상의 판매시설 및 운수시설
- 연면적 15,000$m^2$ 이상의 문화 및 집회 시설, 위락시설, 숙박시설, 업무시설

③ 부설주차장의 규모 : 주차대수 300대 이하

## ❑ 부설주차장의 용도변경

부설주차장은 주차장 외의 용도로 사용할 수 없으나 다음의 경우에는 예외가 된다.

**용도를 변경할 수 있는 경우**(영 제12조)

- 「도로교통법」(제6조)의 규정에 의한 차량통행금지 또는 주변토지이용상황 등으로 시장·군수·구청장이 주차장 이용이 불가능하다고 인정하는 경우－단, 주차장으로 이용할 수 있는 시기가 오면 즉시 주차장으로 환원
- 직거래 장터 개설 등 지역경제 활성화를 위하여 시장·군수 또는 구청장이 정하여 고시하는 바에 따라 주차장을 일시적으로 이용하려는 경우로서 시장·군수 또는 구청장이 해당 주차장의 이용에 지장이 없다고 인정하는 경우
- 해당 시설물의 설치기준 또는 설치제한기준을 초과하는 주차장으로서 그 초과부분에 대하여 시장·군수·구청장의 확인을 받은 경우
- 「국토의 계획 및 이용에 관한 법률」 규정에 의한 도시·군계획사업으로 인하여 사용할 수 없게 된 주차장으로 시장·군수·구청장의 확인을 받은 경우
- 「도시교통정비 촉진법 시행령」 제13조의2제1항 각 호에 따른 건축물(「주택건설기준 등에 관한 규정」이 적용되는 공동주택은 제외한다)의 주차장이 「도시교통정비 촉진법」 제33조제1항제4호에 따른 승용차공동이용 지원(승용차공동이용을 위한 전용주차구획을 설치하고 공동이용을 위한 승용자동차를 상시 배치하는 것을 말한다.)을 위하여 사용되는 경우로서 다음 각 목의 모든 요건을 충족하는지 여부에 대하여 시장·군수 또는 구청장의 확인을 받은 경우

  가. 주차장 외의 용도로 사용하는 주차장의 면적이 승용차공동이용 지원을 위하여 설치한 전용주차구획 면적의 2배를 초과하지 아니할 것

  나. 주차장 외의 용도로 사용하는 주차장의 면적이 해당 주차장의 전체 주차구획 면적의 10/100을 초과

하지 아니할 것

다. 해당 주차장이 승용차공동이용 지원에 사용되지 아니하는 경우에는 주차장 외의 용도로 사용하는 부분을 즉시 주차장으로 환원하는 데에 지장이 없을 것

### ❑ 부설주차장의 구조 및 설비기준

**A. 부설주차장의 구조 및 설비기준**(규칙 제11조제1항)

노외주차장의 구조 및 설비기준을 준용한다.

**B. 단독주택 및 다세대 주택의 부설주차장에 대한 특례**(규칙 제11조제1항, 후단)

단독주택 및 다세대 주택으로서 해당 부설주차장을 이용하는 차량의 소통에 지장이 없다고 시장·군수·구청장이 인정하는 주택에 관하여는 위 A의 기준을 적용하지 아니한다.

**C. 소규모 자주식 주차장에 대한 완화**(규칙 제11조제5항)

부설주차장의 총주차대수 규모가 8대 이하인 자주식 주차장인 경우에는 다음의 기준을 적용한다.

- 차로의 너비는 2.5m 이상. 다만, 주차형식에 의한 차로의 너비는 다음과 같이 한다.

(단위 : m)

| 주차형식 | 차로의 너비 |
|---|---|
| 평행주차 | 3.0 |
| 직각주차 | 6.0 |
| 60도 대향주차 | 4.0 |
| 45도 대향주차 | 3.5 |
| 교차주차 | 3.5 |

- 보·차 구분 없는 12m 미만 도로 : 그 도로를 차로로 하여 주차단위구획을 배치할 수 있다. (차로의 너비는 도로를 포함 6m 이상－평행주차 4m 이상－으로 한다)
- 보·차 구분이 있는 12m 이상 : 도로에 접하고, 5대 이하인 부설주차장은 그 도로를 차로로 하여 직각주차형식으로 주차단위구획을 배치할 수 있다.
- 주차대수 5대 이하의 주차단위구획은 차로를 기준으로 하여 세로로 2대까지 접하여 배치
- 출입구의 너비는 3.0m 이상(막다른 도로 2.5m 이상)
- 시설물과 주차단위구획 사이 : 보행인 통행로 0.5m 이상

## 5. 기계식 주차장

### ❑ 설치기준(규칙 제16조의2)

노외주차장 설치기준의 일부 규정이 적용되며, 건축물 부설주차장의 일부도 준용한다.

**A. 주차장치 출입구 전면에 전면공지 또는 방향전환장치의 설치**

- 중형 기계식 주차장
  - 너비 8.1m 이상, 길이 9.5m 이상의 전면공지
  - 직경 4.0m 이상의 방향전환장치와 접하여 1m 이상의 여유공지 확보

- 대형 기계식 주차장
  - 너비 10m 이상, 길이 11m 이상의 전면공지
  - 직경 4.5m 이상의 방향전환장치와 접하여 1m 이상의 여유공지 확보

B. 기계식 주차장치의 내부에 방향전환장치를 설치할 경우와 2층 이상으로 주차구획이 배치되어 있고 출입구가 있는 층의 모든 주차구획을 기계식 주차장치 출입구로 사용할 수 있는 기계식 주차장의 경우 : 상기 A의 규정에 불구하고 노외주차장의 구조 및 설비기준의 일부를 적용(제6조제1항제3호)하여 부설주차장의 구조 및 설비기준 중 일부(제11조제4항제2호)의 규정이 준용된다.

### C. 기계식주차장치 출입구의 크기

- 중형기계식주차장 : 너비 2.3m 이상, 높이 1.6m 이상
- 대형기계식주차장 : 너비 2.4m 이상, 높이 1.9m 이상
- 사람이 통행하는 경우 : 높이 1.8m 이상

### D. 주차구획의 크기

(단위 : m 이상)

| | 너비 | 높이 | 길이 |
|---|---|---|---|
| 중형 기계식 주차장 | 2.2 | 1.6 | 5.15 |
| 대형 기계식 주차장 | 2.3 | 1.9 | 5.3 |

* 차량의 길이가 5.1m 이상인 경우 : 차량의 길이보다 0.2m 이상 확보

- 운반기 바닥의 너비
  중형 : 1.9m 이상, 대형 : 1.95m 이상
  사람출입통로 : 너비 50cm 이상, 높이 1.8m 이상

### E. 진입로 또는 정류장 설치

- 도로에서 기계식 주차장치 출입구까지의 차로 또는 전면공지와 접하는 장소에 자동차가 대기할 수 있는 장소를 설치
  - 정류장
    중형기계식주차장 : 길이 5.05m 이상, 너비 1.9m 이상
    대형기계식주차장 : 길이 5.3m 이상, 너비 2.15m 이상
  - 정류장의 확보 : 주차대수 20대를 초과하는 매 20대마다 1대분
  - 정류장을 확보한 것으로 보는 경우
- 주차장 출·입구가 따로 설치되어 있는 경우
- 진입로의 너비가 6m 이상으로 종단구배 6% 이하인 경우에는 진입로 길이 6m마다 1대분의 정류장을 확보한 것으로 봄
- 조도 : 주차구획 50룩스 이상
  출입구 150룩스 이상

### F. 기계식 주차장의 검사

- 사용검사의 유효기간 : 3년(기계식 주차장의 설치를 완료하고 이를 사용하기 전에 실시하는 검사)
- 정기검사의 유효기간 : 2년(사용검사의 유효기간이 지난 후 계속하여 사용하고자 하는 경우에 주기적으로 실시하는 검사)
- 사용검사·정기검사를 연기할 수 있는 사유(영 제12조의3)
  - 기계식 주차장이 설치된 건축물의 흠으로 인하여 그 건축물과 기계식 주차장의 사용이 불가능하게 된 경우
  - 기계식 주차장의 사용을 중지한 경우(설치가 의무화된 부설주차장의 경우 제외)
  - 천재지변, 기타 정기검사를 받지 못할 부득이한 사유가 발생한 경우
- 기계식 주차장 관리인의 배치 : 자동차 대수가 20대 이상인 기계식 주차장치가 설치된 때에는 주차장 이용자의 안전을 위하여 기계식 주차장치 관리인을 두어야 함.
- 기계식 주차장의 정밀안전검사 실시시기(영 제12조의15 신설)
  - 최초 정밀안전검사 : 설치된 날로부터 10년이 속하는 정기검사 유효기간 만료일 전 180일부터 만료일까지
  - 정밀안전검사 : 최초 정밀안전검사일로부터 4년이 되는 날 전후 31일 이내 받지 않을 경우 50만원의 과태료

## ❑ **기계식 주차장치의 철거**(법 제19조의13)

- 노후, 고장 등으로 작동이 불가능한 경우(설치한 날로부터) 5년 이상으로 슈이 정하는 기간이 경과한 경우)
- 시설물의 구조 또는 안전상 철거가 불가피한 경우
- 철거로 인해 부설주차장 시설기준에 미달하게 되는 때는 인근에 부설주차장 설치 또는 설치비용을 납부함
- 기계식 주차장치가 설치되었던 바닥면적에 해당하는 주차장은 해당 시설물 또는 그 부지 안에 확보해야 함.
- 특별시장·광역시장·특별자치도지사·특별자치시장·시장·군수 또는 구청장은 법 제19조의13제4항에 따라 기계식주차장의 수급 실태 및 이용 특성 등을 고려하여 기계식주차장치의 철거가 필요하다고 인정하는 경우에는 해당 지방자치단체의 조례로 정하는 바에 따라 별표 1에 따른 부설주차장 설치기준을 철거되는 기계식주차장치의 종류별로 1/2의 범위에서 완화할 수 있음.
- 앞의 내용에 따라 완화된 부설주차장 설치기준에 따라 설치한 주차장의 경우 해당 시설물이 증축되거나 부설주차장 설치기준이 강화되는 용도로 변경될 때에는 그 증축 또는 용도변경하는 부분에 대해서는 완화된 앞의 내용에도 불구하고 별표 1에 따른 부설주차장 설치기준을 적용함.
- 철거신고를 받은 경우 7일 이내에 신고수리여부를 통지

## ❑ 청 문

특별시장, 광역시장 또는 도지사는 안전도인정을 최소하고자 하는 경우 청문을 실시해야 함.

> **참고** 「기계식 주차장치의 안전기준 및 검사기준 등에 관한 규정」에 기계식 주차장치에 대한 별도의 규정을 참고하기 바랍니다.

# QR코드로 보는 건축법규

| | | | | |
|---|---|---|---|---|
| 1. 건축기본법 | 2. 건축기본법 시행령 | 3. 건축법 | 4. 건축법 시행령 | 5. 건축법 시행규칙 |
| 6. 주차장법 | 7. 주차장법 시행령 | 8. 주차장법 시행규칙 | 9. 국토의 계획 및 이용에 관한 법률 | 10. 국토의 계획 및 이용에 관한 법률 시행령 |
| 11. 국토의 계획 및 이용에 관한 법률 시행규칙 | 12. 주택법 | 13. 주택법 시행령 | 14. 주택법 시행규칙 | 15. 소방기본법 |
| 16. 소방기본법 시행령 | 17. 소방기본법 시행규칙 | 18. 소방시설 설치 및 관리에 관한 법률 | 19. 소방시설 설치 및 관리에 관한 법률 시행령 | 20. 소방시설 설치 및 관리에 관한 법률 시행규칙 |

**QR코드[Quick Response Code]**

바코드보다 훨씬 많은 정보를 담을 수 있는 격자무늬의 2차원 코드이다.
스마트폰으로 QR코드를 스캔하면 해당 법규를 제공받을 수 있다.

**▶ QR코드 다운로드**

1) 아이폰앱과 안드로이드앱에서 QR코드 검색 후 애플리케이션 다운로드
2) 네이버와 다음 홈페이지에서 QR코드 실행

**▶ QR코드 사용법**

애플리케이션 실행하시면 사진 찍는 화면이 나옵니다. 화면에 맞춰서 QR코드를 대주시면 자동으로 인식합니다. 너무 가까우면 초점이 맞지 않으니 적당한 간격으로 가만히 있으면 인식이 될 겁니다.

## □ 저자약력 □

**• 최 찬 환** (崔璨煥)

연세대학교 건축공학과 및 동 대학원 : 공학사, 공학석사
서울대학교 환경대학원 환경계획학과 : 도시계획학 석사
연세대학교 대학원 건축공학과 : 공학박사
서울시립대학교 건축학부 교수
현) 서울시립대학교 건축학부 명예교수

**• 김 문 일** (金文溢)

서울시립대학교 건축공학과 : 공학사
서울시립대학교 대학원 건축공학과 : 공학석사
서울시립대학교 대학원 건축학과 : 건축학박사
서울시립대학교 도시과학연구원 교수
현) 도시발전연구원 고문

**• 최 기 원** (崔基元)

고려대학교 공과대학 건축학과 : 공학사
서울대학교 대학원 건축학과 : 공학석사
건축연구소 스튜디오 T.A.G. 대표
숭실대학교 건축학부 겸임교수
수원대학교 건축도시학부 겸임교수
현) 대전대학교 건축학과 조교수



2025년 2월 개정신판

**건축법규 학생용** 값 28,000원

| | | | |
|---|---|---|---|
| 저 자 | 최 | 찬 | 환 |
| | 김 | 문 | 일 |
| | 최 | 기 | 원 |
| 발행인 | 문 | 형 | 진 |

2025년 2월 19일 개정인쇄
2025년 2월 26일 개정발행

발행처 세 진 사

㊞ 02859 서울특별시 성북구 보문로 38 세진빌딩
TEL : 02) 922-6371～3, 923-3422 / FAX : 02) 927-2462
Homepage : www.sejinbook.com
<등록. 1976. 9. 21 / 서울 제307-2009-22호>